AF294105

DIE CROSS-METHODE
UND IHRE PRAKTISCHE ANWENDUNG

VON

DR. ING. HABIL. RICHARD GULDAN
O. PROFESSOR AN DER TECHNISCHEN HOCHSCHULE HANNOVER

MIT 800 TEXTABBILDUNGEN, 75 TAFELN
UND 46 ZAHLENBEISPIELEN

Springer-Verlag Wien GmbH
1955

ISBN 978-3-7091-8020-4   ISBN 978-3-7091-8019-8
DOI 10.1007/ 978-3-7091-8019-8

Vorwort.

Es unterliegt wohl keinem Zweifel, daß für die Berechnung von Rahmentragwerken gegenwärtig neben dem „Drehwinkelverfahren" die Cross-Methode in der
Praxis die weiteste Verbreitung gefunden hat. Eine Fülle von Aufsätzen und Abhandlungen in verschiedenen Fachzeitschriften des In- und Auslandes und auch
viele Spezialbücher der Baustatik befassen sich mit diesem Berechnungsverfahren.
Dennoch fehlte es aber bisher an einem umfassenden Werk, das neben gründlichen
Darlegungen der maßgebenden statischen Zusammenhänge und der Besonderheiten
dieser Methode auch alle für eine rationelle praktische Anwendung erforderlichen
Hilfsmittel in Form von bequem benutzbaren, systematisch angelegten Zahlen-
und Kurventafeln aufweist und gleichzeitig eine möglichst große Anzahl sorgfältig
ausgewählter und vollständig durchgerechneter Musterbeispiele der verschiedensten
Tragwerksarten enthält. Diese berechtigten Wünsche der an der Cross-Methode
und den verwandten Momentenverteilungsverfahren besonders interessierten Fachkreise soll nun das vorliegende Buch erfüllen.

Für den Gesamtaufbau und die Gliederung des neuen Werkes waren die gleichen
Prinzipien maßgebend, die sich bereits bei dem bisher in fünf Auflagen erschienenen
Buch „Rahmentragwerke und Durchlaufträger"[1] bestens bewährt haben. Die enge
Verwandtschaft des darin erschöpfend behandelten Drehwinkelverfahrens mit den
sog. Momentenverteilungsverfahren und damit vor allem mit der Cross-Methode,
gestattet die unmittelbare Verwendung fast des gesamten Tafelmaterials aus dem
Buch „Rahmentragwerke". Es konnten daher die meisten Zahlen- und Kurventafeln
von dort auch in das neue Buch völlig unverändert übernommen werden. Sie ermöglichen mit den neu hinzugetretenen Hilfstafeln weitgehende Vereinfachungen
bei der zahlenmäßigen Berechnung von Rahmentragwerken sowohl nach der Cross-
Methode als auch nach den verschiedenen Momenten- und Drehwinkelausgleichsverfahren, die im Laufe der letzten Jahre bekannt geworden sind. Das gesamte Werk
ist wiederum in drei Teile gegliedert, um eine gute Übersicht zu gewährleisten und
seinen praktischen Gebrauch zu erleichtern.

Im *Ersten* Teil des Buches ist in fünf Abschnitten alles enthalten, was für das Verständnis der Cross-Methode und ihre erfolgreiche Anwendung in der Praxis erforderlich ist. Bereits im *ersten* Abschnitt werden die allgemeinen Rechnungsgrundlagen ausführlich dargelegt und die wichtigsten Grundbegriffe der Rahmenstatik
in einprägsamer und anschaulicher Weise vermittelt. Im Anschluß daran wird das
Wesen der unverschieblichen und verschieblichen Tragwerke eingehend erläutert
und an Hand zahlreicher Beispiele eine systematische Gliederung und Gruppierung
der im Hochbau und Brückenbau vorkommenden geradstäbigen Rahmensysteme
vorgenommen. Damit kann sich auch der Anfänger, dem erfahrungsgemäß alle mit
der Verschieblichkeit von Rahmentragwerken zusammenhängenden Fragen meist
erhebliche Schwierigkeiten bereiten, rasch einen Überblick über die Verformungs-

---

[1] Guldan, R., „Rahmentragwerke und Durchlaufträger", 5. Aufl., Wien: Springer-
Verlag, 1952.

eigenschaften der mannigfaltigsten Tragwerkstypen verschaffen, soweit sie für die rechnerische Behandlung von Wichtigkeit sind. Der *zweite* Abschnitt, der den „Tragwerken ohne Vouten" gewidmet ist, befaßt sich in ausführlichen Darlegungen mit den Prinzipien der CROSS-Methode und ihrer praktischen Anwendung auf die einzelnen Typen der unverschieblichen und verschieblichen Tragwerke. Die stets im Anschluß an die theoretischen Erörterungen in einer kurzen Zusammenfassung gegebene Beschreibung des gesamten Rechnungsganges mit Hinweisen auf die dabei zu benutzenden Formeln und Hilfstafeln sowie die in allen Einzelheiten vollständig durchgerechneten Einführungsbeispiele dienen als sichere Wegweiser für die zweckmäßigste Durchführung der einzelnen Rechnungsoperationen. Nach den gleichen Gesichtspunkten werden im *dritten* Abschnitt „Tragwerke mit Vouten" behandelt. Hier gewinnt die zahlenmäßige Ermittlung der verschiedenen Stabfestwerte und Volleinspannmomente mit Hilfe der im Dritten Teil des Buches zusammengestellten Hilfstafeln besondere Bedeutung. Im *vierten* Abschnitt wird die Ermittlung der Einflußlinien bei Rahmentragwerken und Durchlaufträgern nach zwei verschiedenen Berechnungsverfahren gezeigt, die unter gleichzeitiger Verwendung der beigegebenen Hilfstafeln auch für die CROSS-Methode besonders gut geeignet sind. Im *fünften* Abschnitt des Ersten Teiles werden die Wirkung von Temperaturänderungen sowie verschiedene Nebeneinflüsse wie Schwinden, Auflagerverschiebungen und Formänderungen durch die Stablängskräfte behandelt und ihre rechnungsmäßige Berücksichtigung unter den üblichen vereinfachenden Voraussetzungen erläutert.

Der *Zweite* Teil des Buches ist ausschließlich der praktischen Anwendung der CROSS-Methode vorbehalten. Es wird dort an weiteren 34 aus den Gebieten des allgemeinen Hochbaues, des Hallen- und Brückenbaues sorgfältig ausgewählten Zahlenbeispielen gezeigt, wie die Berechnung mit allen Einzelheiten systematisch und übersichtlich unter Anwendung weitgehender Mechanisierung in leicht prüfbarer Form vorgenommen werden kann. Es kommen dabei die verschiedensten Tragwerksformen symmetrischer und unsymmetrischer Ausbildung zur Behandlung, u. zw. teils mit unverschieblichen, teils mit verschieblichen Knotenpunkten. Die meisten dieser Tragwerke werden sowohl ohne als auch mit Vouten durchgerechnet; auf diese Weise ergeben sich nicht nur eine große Anzahl anschaulicher Musterbeispiele für diese beiden Tragwerkstypen, sondern auch wertvolle Vergleichsmöglichkeiten für den Einfluß und die günstige Wirkung der Vouten bei Rahmentragwerken und Durchlaufträgern.

Der *Dritte* Teil des Buches enthält insgesamt 75 Hilfstafeln, u. zw. teils Zahlen- und teils Kurventafeln. Anordnung und Ausstattung der einzelnen Tafeln sind so getroffen, daß ein Größtmaß an Übersicht und eine möglichst bequeme Benutzbarkeit erreicht wird. Die statische Bedeutung der zu entnehmenden Werte ist stets aus den schematischen Abbildungen in den Tabellenköpfen mit einem Blick erfaßbar, so daß Verwechslungen und andere Fehlerquellen weitgehend ausgeschaltet sind.

So möge denn auch das neue Werk, das wiederum in gleicher Weise für ein einführendes, gründliches Studium und für die vielseitigen Erfordernisse der Praxis bestimmt ist, eine freundliche Aufnahme in der Fachwelt finden und dazu beitragen, die Berechnung von Rahmentragwerken und Durchlaufträgern weiter zu vereinfachen und zu erleichtern.

Mein Dank gilt allen, die durch ihre wertvolle Hilfe die Vollendung des umfangreichen Werkes unterstützten, insbesondere meinen Assistenten und Mitarbeitern. Herr Dipl.-Ing. RIEMANN übernahm das Durchrechnen der Zahlenbeispiele, Herr cand. arch. WADEWITZ führte gewissenhaft die ihm anvertrauten Arbeiten zur Aufstellung verschiedener neuer Hilfstafeln durch und Herr cand. arch. GROSSE-

BOES beteiligte sich beim Ausarbeiten der Abbildungen; Herr Dipl.-Ing. BUDDEN-HAGEN unterstützte mich durch Kontrollrechnungen und Herr cand. arch. GÖPFERT durch die vorzügliche Ausführung der zahlreichen Textzeichnungen. Besonderen Dank schulde ich Herrn Dipl.-Ing. REIMANN für seine langjährige und vielfältige Mitarbeit; durch unermüdliche Hingabe und größte Zuverlässigkeit hat er sich beim Lesen der Korrekturen und allen damit verbundenen Kontrollrechnungen immer wieder bewährt.

Hohe Anerkennung gebührt dem Verlag, der mir auch bei der Herausgabe dieses Werkes in großzügiger Weise entgegenkam und viele Sonderwünsche erfüllt hat.

Hannover, im Juni 1955.   **R. GULDAN.**

Inhaltsverzeichnis. Seite

Dritter Abschnitt.
Tragwerke mit Vouten.

Vierter Abschnitt.

Einflußlinien für statisch unbestimmte Tragwerke.

Fünfter Abschnitt.

Temperaturwirkung bei statisch unbestimmten Tragwerken und andere Nebeneinflüsse.

Zweiter Teil.

Zahlenbeispiele.

Erster Abschnitt.

Rahmentragwerke ohne Vouten.

Zweiter Abschnitt.

Rahmentragwerke mit Vouten.

Dritter Abschnitt.
Tragwerke mit Einflußlinien und bei Temperaturwirkung.

Dritter Teil.
Zahlen- und Kurventafeln.

Zusammenstellung der wichtigsten Bezeichnungen

mit Hinweisen auf jene Gleichungen, Abbildungen und Tafeln, die näheren Aufschluß über die statische Bedeutung und Berechnung der einzelnen Größen geben.

1. Momente.

$\mathfrak{M}_1$, $\mathfrak{M}_2$ — „Volleinspannmomente" *beidseitig* voll eingespannter Stäbe: Gl. (7), (35), (197) bis (203); Abb. 3, 11a, b, 12a, b, 316a, 447a, 449; Tafel 2 bis 4, 15 bis 18, 21 bis 24.

$\mathfrak{M}^0_1$ — „Volleinspannmoment" von „Gelenkstäben", d. s. *einseitig* voll eingespannte, auf der anderen Seite *gelenkig* angeschlossene Stäbe: Gl. (36), (207); Abb. 316b, 449; Tafel 5, 6, 19, 20, 25, 26.

M_n — „Knotenrestmoment" im unverdrehbar festgehaltenen Knoten n: Gl. (22), (22a), (209); Abb. 310 bis 312, 450a—c.

$M'_{n,i}$ — „Verteilungsmomente" oder „Momentenanteile" am freigelassenen Knoten n, d. s. jene Momente, die durch Verteilung des Knotenrestmomentes M_n in den fest angeschlossenen Stäben n,i entstehen: Gl. (31), (212); Abb. 312, 450a—c.

$M''_{i,n}$ — „Übergangsmomente" oder „übergeleitete Momente", d. s. die durch Weiterleitung der $M'_{n,i}$-Momente an den gegenüberliegenden voll eingespannt gedachten Stabenden i auftretenden Momente: Gl. (34a), (217); Abb. 314, 315, 452a, b; Tafel 31 bis 34.

$\overline{M}$ — „Volleinspannmomente", die an den voll eingespannt gedachten Stabenden durch eine Verschiebung Δ bzw. durch einen „Stockwerkschub" S hervorgerufen werden: Gl. (58), (87), (226), (230), (231) bzw. (96), (121), (238), (254); Abb. 364, 373, 466a, 467a bzw. 374, 378, 468, 472.

$M^{(0)}$ — „Stabendmomente" im unverschieblich festgehaltenen Tragwerk: Abb. 382a, b.

$M^{(1)}$, $M^{(2)}$, ... — Die durch Ausgleich der Volleinspannmomente $\overline{M}^{(1)}$, $\overline{M}^{(2)}$, ... bei Verfahren I erhaltenen Verschiebungsmomente: Gl. (145); Abb. 397b, 399b.

$M^{(I)}$, $M^{(II)}$, ... — Die durch Ausgleich der Volleinspannmomente $\overline{M}^{(1)}$, $\overline{M}^{(2)}$, ... bei Verfahren II erhaltenen M-Werte: Gl. (146), (146a); Abb. 410b, 412b.

2. „Festwerte" von Stäben mit konstanten Querschnitten.

k — „Steifigkeitszahl" beidseitig fest angeschlossener Stäbe: Gl. (5), (13), (25); Abb. 7a.

$k^0 = 0,75\,k$ — „Steifigkeitszahl" von „Gelenkstäben": Gl. (19); Abb. 9.

$k' = 0,5\,k$ — „Steifigkeitszahl" von „Symmetrie-Stäben" bei symmetrischer Tragwerksbelastung: Gl. (41); Abb. 330.

$k'' = 1,5\,k$ — „Steifigkeitszahl" von „Symmetrie-Stäben" bei antimetrischer Tragwerksbelastung: Gl. (46); Abb. 341a.

3. „Festwerte" von Stäben mit veränderlichen Querschnitten (Voutenstäbe).

a_1, a_2, b — „Steifigkeitszahlen" von beidseitig fest angeschlossenen Stäben: Gl. (160), (170), (179a), (180a); Abb. 434, 435; Tafel 7 bis 10.

a^0 — „Steifigkeitszahl" eines „Gelenkstabes": Gl. (190a, b); Abb. 441a, b; Tafel 11, 12.

a' „Steifigkeitszahl" eines „Symmetrie-Stabes" bei symmetrischer Tragwerksbelastung: Gl. (193a, b); Abb. 442; Tafel 13, 14.

a'' „Steifigkeitszahl" eines „Symmetrie-Stabes" bei antimetrischer Tragwerksbelastung: Gl. (195a); Abb. 443.

$a_1,\ a_2,\ b$ $\dfrac{1}{EJ_c}$-fache Steifigkeitszahlen von beidseitig fest angeschlossenen Stäben mit der Länge $l = 1$: Gl. (179a), (180a), (187); Tafel 7 bis 10.

a^0 $\dfrac{1}{EJ_c}$-fache Steifigkeitszahl eines „Gelenkstabes" mit der Länge $l = 1$: Gl. (190b); Tafel 11, 12.

a' $\dfrac{1}{EJ_c}$-fache Steifigkeitszahl eines „Symmetrie-Stabes" mit der Länge $l = 1$ bei symmetrischer Tragwerksbelastung: Gl. (193b); Tafel 13, 14.

4. „Verteilungszahlen" und „Überleitungszahlen".

$\mu_{n,i}$ „Verteilungszahlen" im Knoten n für die dort zusammentreffenden fest angeschlossenen Stäbe n,i: Gl. (17b), (29), (31), (41a), (212) bis (214); Abb. 7b, 313, 315, 450a—c.

$\gamma_{m,n}$ „Überleitungszahl" bzw. „Übergangszahl" zur Überleitung eines Momentes $M_{m,n}$ vom Stabende m zum anderen, unverdrehbar gedachten Stabende n: Gl. (32), (33), (217) bis (221); Abb. 314, 452a, b; Tafel 31 bis 34.

5. Winkelwerte.

τ_n „Endtangentenwinkel", d. i. der Winkel der Tangente an die Biegelinie am Stabende n: Gl. (1), (2), (39), (44), (52), (153); Abb. 1 bis 6, 7a, 8, 9, 10b, 362, 363.

φ_n „Knotendrehwinkel", d. i. der Winkel, um welchen sich ein Rahmenknoten n infolge der Belastung verdreht: Gl. (16); Abb. 7a, 8, 9, 10b, 362, 363.

ψ „Stabdrehwinkel", d. i. der Winkel, um welchen die Stabsehne gedreht wird: Gl. (50), (51); Abb. 362, 363.

$\alpha_1,\ \alpha_2,\ \beta$ „Endtangentenwinkel" eines frei aufliegend gedachten Stabes $1-2$ infolge eines Momentes $M_1 = 1$ bzw. $M_2 = 1$: Gl. (158); Abb. 432b, c; Tafel 27 bis 30.

$\alpha^0_1,\ \alpha^0_2$ „Endtangentenwinkel" eines frei aufliegend gedachten Stabes $1-2$ infolge der äußeren Belastung: Gl. (35), (158), (197), (204); Abb. 316a, b, 432f, 444; Tafel 35 bis 42.

$\bar{\alpha}_1,\ \bar{\alpha}_2,\ \bar{\beta}$ EJ_c-fache Wert des „Endtangentenwinkels" eines frei aufliegend gedachten Stabes $1-2$ mit der Länge $l = 1$ infolge eines Momentes $M_1 = 1$ bzw. $M_2 = 1$: Gl. (186), (187); Abb. 440; Tafel 27 bis 30.

$\bar{\alpha}^0_1,\ \bar{\alpha}^0_2$ EJ_c-fache Wert des „Endtangentenwinkels" eines frei aufliegend gedachten Stabes $1-2$ mit der Länge $l = 1$ infolge der äußeren Belastung: Tafel 35 bis 38.

6. Verschiebungsgrößen.

$\varDelta$ Die „gegenseitigen" Verschiebungen von Stabenden senkrecht zur Stabachse: Gl. (50), (51); Abb. 362 bis 365.

δ Die „absolute" Verschiebung eines Stabendes senkrecht zur Stabachse: Abb. 362, 363.

7. Kräfte und Belastungen.

F „Festhaltekräfte", d. s. die in den gedachten Festhaltelagern eines verschieblichen Rahmentragwerkes auftretenden Auflagerreaktionen Gl. (65) bis (69) bzw. (66a) bis (68a), (71) bis (75) bzw. (72a) bis (74a), (77) bis (81); Abb. 366, 366a, 370a—c, 371, 371a.

S	„Stockwerkschub", d. i. die Summe aller oberhalb des betrachteten Stockwerkes in waagrechter Richtung angreifenden Kräfte, einschl. der umgekehrten Festhaltekräfte F: Gl. (82), (82a), (86); Abb. 372a—d.
Q	„Querkraft" eines Rahmenstabes bzw. Trägerfeldes: Gl. (284); Abb. 494.
Q_0	„Querkraft" bezogen auf den frei aufliegenden Träger: Gl. (284).
A	„Auflagerkraft" bzw. „Aktionskraft" eines Rahmenstabes: Gl. (64) bis (65a), (70) bis (71a), (76) bis (77a); Abb. 366a, 367, 368a, b, 371a, b.
$\mathfrak{A}$	„Auflagerkraft" bzw. „Aktionskraft" bezogen auf den frei aufliegend gedachten Stab: Gl. (65a), (66), (71a), (77a); Abb. 368a.
P	„Einzellast" in kg oder t.
g	Gleichmäßig verteilte ständige Belastung in kg/m oder t/m.
p	Gleichmäßig verteilte Nutzlast in kg/m oder t/m.
$q = g + p$	Gleichmäßig verteilte Vollbelastung in kg/m oder t/m.

8. Verschiedenes.

J_c	„Querschnitts-Trägheitsmoment" bei Voutenstäben im Bereich konstanter Querschnitte: Gl. (179a), (180a), (182); Abb. 437, 438; (für Rechtecksquerschnitte Tafel 1).
J_A	„Querschnitts-Trägheitsmoment" des Auflager-Querschnittes bei Voutenstäben: Gl. (182); Abb. 437, 438; (für Rechtecksquerschnitte Tafel 1).
J_0	„Vergleichs-Trägheitsmoment" bei Stäben mit veränderlichen Querschnitten: Gl. (12), (177).
$\sum_e$	Summe über alle beidseitig *voll eingespannten* Stäbe: Gl. (104), (129), (246), (257); Abb. 377, 475.
$\sum_g$	Summe über alle *einseitig gelenkig* angeschlossenen, auf der anderen Seite voll eingespannten Stäbe: Gl. (107), (131); Abb. 377.
$\sum_{go}$	Summe über alle Stäbe mit Gelenk *oben*: Gl. (104), (129), (246), (257); Abb. 377, 475.
$\sum_{gu}$	Summe über alle Stäbe mit Gelenk *unten*: Gl. (104), (129), (246), (257); Abb. 377, 475.

Erster Teil.

Allgemeine statische Rechnungsgrundlagen.

I. Einleitung.

Alle statisch unbestimmten Tragwerke sind bekanntlich dadurch gekennzeichnet, daß zu ihrer Berechnung die drei statischen Gleichgewichtsbedingungen $\Sigma H = 0$, $\Sigma V = 0$ und $\Sigma M = 0$ nicht genügen. Bei den verschiedenen zur Anwendung kommenden Berechnungsverfahren müssen daher auch noch gewisse Formänderungsgrößen zu Hilfe genommen werden; beim Kraftgrößenverfahren sind dies z. B. Verschiebungen und Stabendverdrehungen, beim Drehwinkelverfahren Knoten- und Stabdrehwinkel oder Knotenverschiebungen. Auch beim Festpunktverfahren wird die Lage der Festpunkte mit Hilfe von Stabenddrehwinkeln ermittelt. Allerdings treten diese Formänderungsgrößen bei der zahlenmäßigen Berechnung der Tragwerke nicht immer direkt in Erscheinung.

Auch bei dem Momentenverteilungsverfahren nach Cross, das viel Gemeinsames mit dem Drehwinkelverfahren und mit der Festpunktmethode besitzt, spielen diese Formänderungsgrößen eine wichtige Rolle. Es können daher die Rechnungsgrundlagen des Drehwinkelverfahrens und ebenso die dafür geschaffenen Hilfstafeln für Volleinspannmomente, Stabfestwerte, Steifigkeitszahlen und Winkelwerte auch bei der Cross-Methode unmittelbar Verwendung finden.

Wenn auch die Berechnung einfacher Tragwerke nach dem Cross-Verfahren weitgehend mechanisiert werden kann, ist es für das richtige Verständnis und die erfolgreiche Anwendung doch unerläßlich, mit den allgemeinen Grundlagen der Baustatik gut vertraut zu sein. Es sollen daher im folgenden die wichtigsten Zusammenhänge in Kürze möglichst anschaulich dargelegt und verschiedene Grundbegriffe der Statik in elementarer Weise soweit erläutert werden, als dies für die praktische Berechnung erforderlich und nützlich erscheint. Die Beschreibung des Cross-Verfahrens mit allen Einzelheiten erfolgt erst im zweiten Abschnitt.

II. Rechnungsgrundlagen.

1. Beziehungen zwischen Stabendmomenten und Stabenddrehwinkeln.

In Abb. 1 ist die Momentenlinie eines frei aufliegenden Trägers für eine gegebene Belastung mit der zugehörigen Biegelinie dargestellt. An den Auflagern 1 und 2 schließen die Tangenten an die Biegelinie mit der ursprünglichen Stabachse die Winkel τ_1 und τ_2 ein. Diese beiden Winkel sind, wie aus Abb. 1 hervorgeht, auch identisch mit den entsprechenden Verdrehungswinkeln der beiden Auflagerquerschnitte. Zwischen den Winkelwerten τ_1 und τ_2 und der Momentenfläche des Stabes 1—2 besteht nach dem Satz von MOHR eine einfache Beziehung. Man kann nämlich die Endtangentenwinkel bzw. Auflagerdrehwinkel τ_1 und τ_2 in wahrer Größe erhalten, wenn man die M-Fläche als Belastung des Stabes 1—2 auffaßt, hierfür die Auflagerdrücke $\mathfrak{A}_1$ und $\mathfrak{A}_2$ ermittelt und durch EJ dividiert.

Es ist somit

$$\tau_1 = \frac{\mathfrak{A}_1}{EJ} \quad \text{und} \quad \tau_2 = \frac{\mathfrak{A}_2}{EJ}, \tag{1}$$

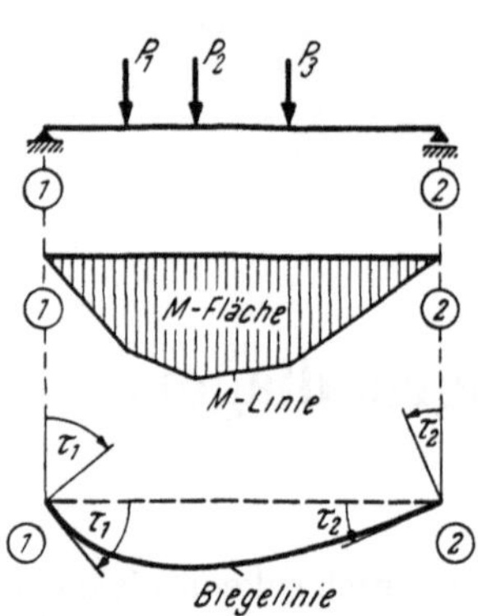

Abb. 1. Belastung, M-Linie, Biegelinie und Auflagerdrehwinkel.

wobei E den Elastizitätsmodul und J das Querschnittsträgheitsmoment des Stabes bedeuten. Diese Beziehung gilt für alle geraden Stäbe von statisch bestimmten und statisch unbestimmten Tragwerken mit beliebigen M-Flächen.

Besonders einfach wird die Ermittlung von τ_1 und τ_2 für dreieckförmige Momentenflächen. Dieser Fall ergibt sich z. B. bei dem in Abb. 2 dargestellten Stab, der bei 1 elastisch eingespannt und bei 2 gelenkig angeschlossen ist; das am Stabende 1 angreifende Moment M bewirkt dort einen Verdrehungswinkel τ_1 und am anderen Ende τ_2. Die M-Linie, die bei unbelasteten Stäben stets geradlinig sein muß, bildet hier wegen $M_2 = 0$ eine dreieckförmige M-Fläche. Somit erhält man nach Gl. (1)

$$\tau_1 = \frac{\mathfrak{A}_1}{EJ} = \frac{1}{EJ}\,\frac{M\,l}{3} \quad \text{und}\quad \tau_2 = \frac{\mathfrak{A}_2}{EJ} = \frac{1}{EJ}\,\frac{M\,l}{6}. \tag{2}$$

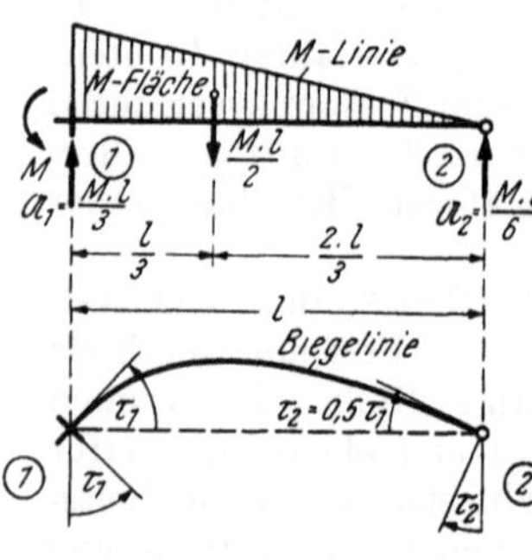

Abb. 2. Biegelinie und Auflagerdrehwinkel für eine dreieckförmige Momentenfläche.

In diesem Falle ist also ohne Beachtung der erst später festzulegenden Vorzeichen

$$\tau_2 = 0,5\,\tau_1, \tag{3}$$

d. h. der Gelenkdrehwinkel ist bei einem unbelasteten Stab mit konstantem Querschnitt stets halb so groß wie der gleichzeitig am anderen Stabende auftretende Verdrehungswinkel.

Sind für ein Feld eines Durchlaufträgers oder für einen Stab eines Rahmentragwerkes die äußere Belastung und die beiden Auflagerdrehwinkel τ_1 und τ_2 bekannt, so sind damit auch die Stabendmomente M_1 und M_2 bestimmbar. Die Ableitung dieser Beziehung ist sehr einfach. Man drückt in Gl. (1) die Werte $\mathfrak{A}_1$ und $\mathfrak{A}_2$ mit Hilfe des angegebenen MOHRschen Satzes als Funktion der gesuchten Stabendmomente M_1 und M_2 und der äußeren Belastung aus und erhält auf diese Weise zwei Gleichungen mit den Unbekannten M_1 und M_2. Die Auflösung dieser beiden Gleichungen führt nach entsprechenden Vereinfachungen zu den wichtigen Ausdrücken

$$\boxed{\begin{aligned} M_1 &= \frac{4\,EJ}{l}\,\tau_1 + \frac{2\,EJ}{l}\,\tau_2 + \mathfrak{M}_1 \\[2mm] M_2 &= \frac{4\,EJ}{l}\,\tau_2 + \frac{2\,EJ}{l}\cdot\tau_1 + \mathfrak{M}_2. \end{aligned}} \tag{4}$$

Hierin bedeuten also τ_1 und τ_2 die wahren Werte der Stabenddrehwinkel unter der Wirkung der gegebenen Belastung, E den Elastizitätsmodul, J das Trägheitsmoment des Stabquerschnittes und l die Stablänge; die beiden Werte $\mathfrak{M}_1$ und $\mathfrak{M}_2$ enthalten den Einfluß der äußeren Belastung und bedeuten die Einspannmomente bei gedachter beidseitiger voller Einspannung des betrachteten Stabes.

Die Schreibweise der vorstehenden Ausdrücke kann noch weiter vereinfacht werden, wenn in Anpassung an die Gepflogenheiten beim CROSS-Verfahren der Wert

$$k = \frac{4\,E\,J}{l} \tag{5}$$

eingeführt wird. Damit lauten die Ansätze (4)

$$\boxed{\begin{aligned} M_1 &= k\,(\tau_1 + 0,5\,\tau_2) + \mathfrak{M}_1 \\ M_2 &= k\,(\tau_2 + 0,5\,\tau_1) + \mathfrak{M}_2. \end{aligned}} \tag{6}$$

Der hier neu eingeführte Wert k ist, wie aus (5) hervorgeht, nur von den geometrischen Abmessungen des Stabes sowie von dem Werte E abhängig und gibt ein Maß für die Steifigkeit des Stabes gegen Biegung an. Er wird daher allgemein als „Steifigkeitszahl" oder auch als „Stabfestwert" bezeichnet.

2. Sonderfälle.

Die Formeln (6) gelten allgemein für beliebig belastete gerade Stäbe von statisch bestimmten und statisch unbestimmten Tragwerken und somit auch für alle Sonderfälle. Einige solcher Sonderfälle, die auch beim CROSS-Verfahren eine Rolle spielen, sollen schon hier in Betracht gezogen werden.

1. Stab belastet und beide Enden voll eingespannt (Abb. 3). In diesem Falle sind $\tau_1 = 0$ und $\tau_2 = 0$, und es wird aus (6)

$$M_1 = \mathfrak{M}_1 \quad \text{und} \quad M_2 = \mathfrak{M}_2. \tag{7}$$

Es sind hier also die Stabendmomente M_1 und M_2 identisch mit den „Volleinspannmomenten" $\mathfrak{M}_1$ und $\mathfrak{M}_2$ des Stabes, die für häufig vorkommende Belastungsfälle nach gebrauchsfertigen Formeln (vgl. Tafel 2 bis 4) berechnet werden können. Diese $\mathfrak{M}$-Werte bilden sowohl für das Drehwinkelverfahren als auch für die CROSS-Methode die Ausgangswerte, durch welche die äußere Belastung erfaßt wird.

2. Stab unbelastet, bei 2 voll eingespannt und an seinem Ende 1 um den Winkel τ_1 verdreht (Abb. 4). Es ist also $\mathfrak{M}_1 = 0$, $\mathfrak{M}_2 = 0$ sowie $\tau_2 = 0$ und es wird nach (6)

$$M_1 = k\,\tau_1 \quad \text{und} \quad M_2 = 0,5\,k\,\tau_1. \tag{8}$$

Das Moment M_2 an der Einspannstelle ist somit bei unbelasteten Stäben halb so groß wie das am anderen Stabende 1 auftretende Moment M_1. Diese einfache Beziehung gilt aber nur für Stäbe mit konstanten Querschnitten.

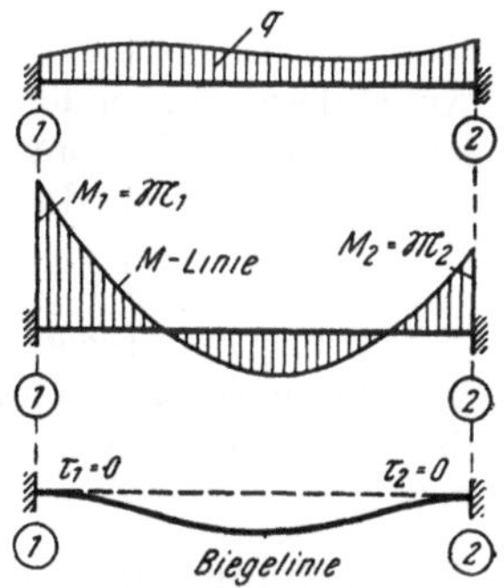

Abb. 3. *M*-Linie und Biegelinie bei belastetem Stab mit beidseitig voller Einspannung.

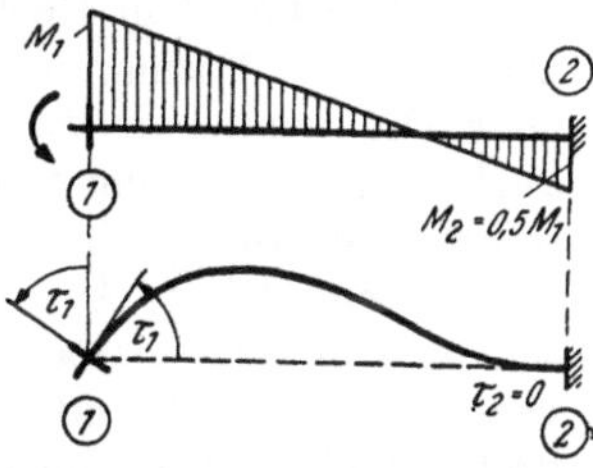

Abb. 4. *M*-Linie und Biegelinie bei unbelastetem Stab mit Volleinspannung bei 2.

3. Stab unbelastet, bei 1 voll eingespannt und an seinem Ende 2 um den Winkel τ_2 verdreht (Abb. 5). Hier ist $\mathfrak{M}_1 = 0$, $\mathfrak{M}_2 = 0$ und $\tau_1 = 0$. Damit wird nach (6)

$$M_1 = 0{,}5\,k\,\tau_2 \quad \text{und} \quad M_2 = k\,\tau_2. \tag{8 a}$$

In sinngemäßer Übereinstimmung mit (8) ist also wiederum das Moment an der Einspannstelle halb so groß wie das am anderen Stabende 2 vorhandene Moment M_2.

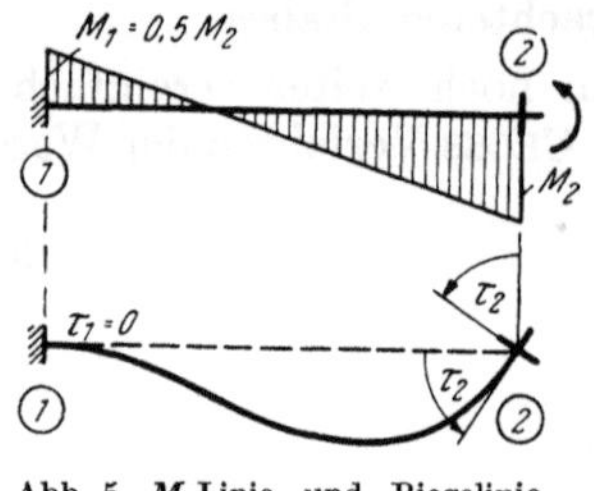

Abb. 5. M-Linie und Biegelinie bei unbelastetem Stab mit Volleinspannung bei 1.

4. Stab unbelastet, bei 2 gelenkig angeschlossen und bei 1 um den Winkel τ_1 verdreht (Abb. 6). In diesem Falle sind nur $\mathfrak{M}_1 = 0$ und $\mathfrak{M}_2 = 0$. Der am Stabende 2 im Gelenk auftretende Drehwinkel ist nach (3) halb so groß wie der am Stabende 1 hervorgerufene Stabenddrehwinkel bzw. Endtangentenwinkel τ_1. Berücksichtigt man noch den entgegengesetzten Drehsinn dieser beiden Verdrehungswinkel, so kann unter Bezugnahme auf (3) auch geschrieben werden

$$\tau_2 = -\,0{,}5\,\tau_1. \tag{9}$$

Damit ergibt sich aus den allgemeinen Formeln (6) das unter den hier getroffenen Annahmen am Stabende 1 auftretende Moment

$$M_1 = k\,(\tau_1 + 0{,}5\,\tau_2) = k\,(\tau_1 - 0{,}25\,\tau_1)$$

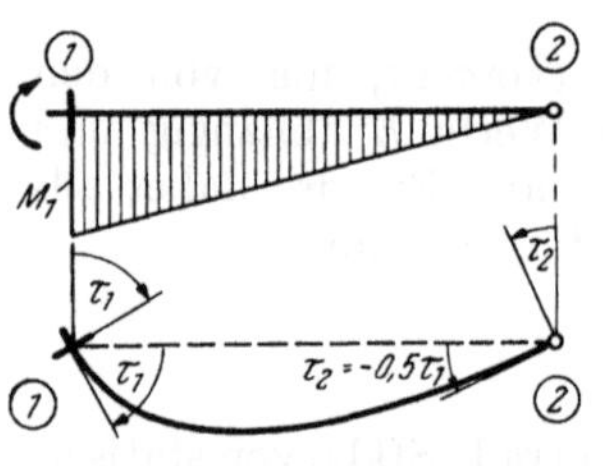

Abb. 6. M-Linie und Biegelinie bei unbelastetem Stab mit Gelenk bei 2.

oder

$$M_1 = 0{,}75\,k\,\tau_1. \tag{10}$$

Am anderen Stabende ist $M_2 = 0$, weil im Gelenk kein Moment übertragen werden kann. Dieses Ergebnis müßten allerdings auch die Formeln (6) rein mechanisch liefern, wenn man die entsprechenden τ-Werte einsetzt, also

$$M_2 = k\,(\tau_2 + 0{,}5\,\tau_1) = k\,(-\,0{,}5\,\tau_1 + 0{,}5\,\tau_1) = 0.$$

Die hier herausgegriffenen vier Sonderfälle treten auch bei praktischen Rahmenberechnungen sehr häufig auf. Den Ergebnissen der angestellten Betrachtungen, die an Hand der Abb. 3 bis 6 gewonnen wurden, kommt daher besondere Wichtigkeit zu.

3. Zusammenhänge zwischen den „absoluten" und den „relativen" Steifigkeitszahlen k.

Wenn die Steifigkeitszahlen gemäß (5) mit ihrem „absoluten", also wahren Wert $k^* = 4\,EJ/l$ in Rechnung gestellt werden, so erhält man sowohl die Momente als auch die Formänderungswerte, z. B. Durchbiegungen, Knotenverschiebungen oder Drehwinkel in wahrer Größe. Die gesuchten Momente ergeben sich aber auch dann mit ihrem richtigen Wert, wenn sämtliche Steifigkeitszahlen des Tragwerkes mit dem z-fachen Wert angenommen werden, wenn also an Stelle der „absoluten" Werte k^* nur „relative" Werte k verwendet werden. Allerdings erscheinen in solchen Fällen die verschiedenen Formänderungswerte, z. B. Stabendverschiebungen $\varDelta$ und Knotenverschiebungen δ oder Knotendrehwinkel φ, Stabdrehwinkel ψ, Endtangentenwinkel τ oder Durchbiegungen f usw. nicht in ihrer wahren Größe, sondern $1/z$-fach verzerrt. Die wahren Werte dieser Formänderungsgrößen können dann aber sehr einfach durch Multiplikation der erhaltenen $1/z$-fach verzerrten Werte mit dem Verzerrungsfaktor z ermittelt werden. Es gelten somit folgende Beziehungen, wenn die mit * bezeichneten Größen die „wahren" Werte und die gleichnamigen, aber ohne * die 1/z-fach **verzerrten** Werte bedeuten:

$$\varphi^* = \varphi \cdot z; \quad \psi^* = \psi \cdot z; \quad \varDelta^* = \varDelta \cdot z; \quad \delta^* = \delta \cdot z; \quad \tau^* = \tau \cdot z; \quad f^* = f \cdot z. \tag{11}$$

Wählt man beispielsweise als Verzerrungsfaktor

$$z = \frac{1}{4EJ_0}, \tag{12}$$

wobei J_0 entweder ein öfter wiederkehrendes Querschnittsträgheitsmoment oder irgendeinen runden Wert, z. B. 0,001 m⁴ bedeutet, so wird

$$z = \frac{1000}{4E} \tag{12a}$$

und es ergeben sich die für die Rechnung zu verwendenden „relativen" Steifigkeitszahlen k mit

$$k = k^* \cdot z = \frac{4EJ}{l} \cdot \frac{1000}{4E}$$

oder einfach

$$k = \frac{J}{l} \cdot 1000, \tag{13}$$

wobei J in m⁴ und l in m einzuführen sind.

Für die Durchführung der Rahmenberechnung genügt es in der Regel, diese k-Zahlen mit Rechenschiebergenauigkeit zu ermitteln. Die hierzu erforderlichen J-Werte können für Rechtecksquerschnitte aus der Zahlentafel 1 entnommen werden.

4. Grundaufgabe des Momentenverteilungsverfahrens.

Mit Hilfe der Formeln (6) läßt sich auch folgende, beim CROSS-Verfahren immer wieder auftretende Grundaufgabe leicht lösen:

Es ist ein Tragwerksteil mit dem Knotenpunkt n und vier dort zusammentreffenden Stäben gegeben, die auf der Gegenseite voll eingespannt sind (Abb. 7a). Die Steifigkeitszahlen dieser Stäbe sind k_1, k_2, k_3, k_4.

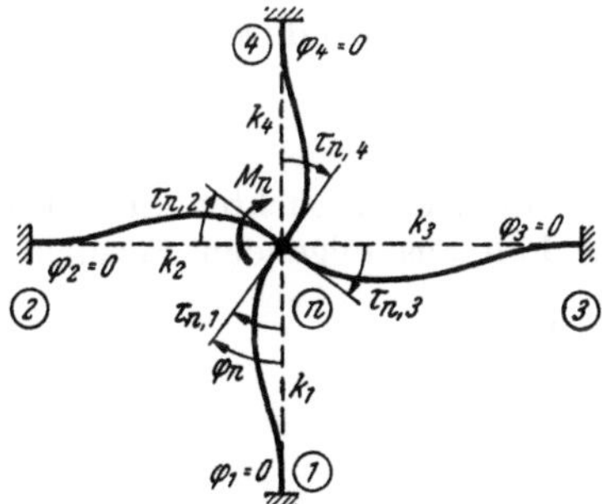

Abb. 7a. Verformung eines Rahmenteiles durch ein Knotenmoment M_n; volle Einspannung der Stäbe bei 1, 2, 3, 4.

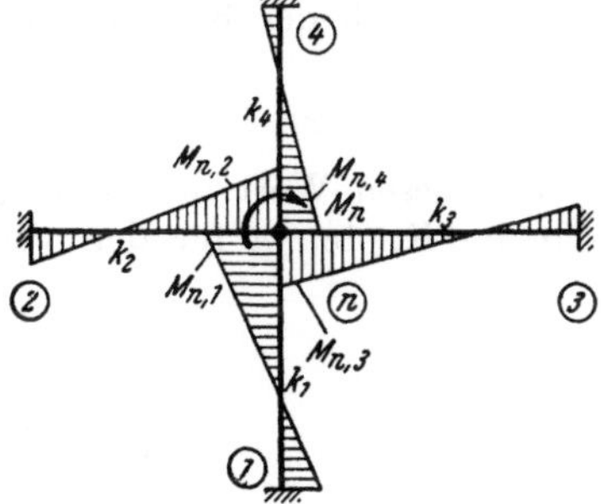

Abb. 7b. Verteilung des Knotenmomentes M_n auf die einzelnen Rahmenstäbe.

Die Steifigkeitszahlen dieser Stäbe sind k_1, k_2, k_3, k_4. Im Knoten n greife ein äußeres Moment M_n von bekannter Größe an, das sich auf die vier Stäbe verteilt (Abb. 7b). Die einzelnen Momentenanteile sind zu ermitteln.

Man kann hier zunächst folgende Überlegung anstellen: Durch das im Knoten n angreifende Moment M_n wird dieser eine Verdrehung um den Betrag φ_n erfahren. Damit werden aber auch die Stabenden aller im Knoten n steif angeschlossenen Stäbe um den gleichen Winkel φ_n verdreht, wie an Hand der Abb. 7a leicht festzustellen ist. Dieser Winkel φ_n, der als Knotendrehwinkel bezeichnet werden kann, ist hier also identisch mit den Winkeln $\tau_{n,1}$, $\tau_{n,2}$, $\tau_{n,3}$, $\tau_{n,4}$ der Endtangenten an die Biegelinien aller vier im Knoten n zusammentreffenden Stäbe in bezug auf ihre ursprüngliche Stabachse. Man kann somit schreiben:

$$\tau_{n,1} = \tau_{n,2} = \tau_{n,3} = \tau_{n,4} = \varphi_n.$$

Da die einzelnen Stäbe unbelastet vorausgesetzt werden, so liegt der vorher behandelte Sonderfall 2 vor, und es ergeben sich die vier Stabanschlußmomente im Knoten n nach (8) mit den hier gewählten Bezeichnungen folgendermaßen:

$$
\begin{aligned}
M_{n,1} &= k_1\, \tau_{n,1} = k_1\, \varphi_n \\
M_{n,2} &= k_2\, \tau_{n,2} = k_2\, \varphi_n \\
M_{n,3} &= k_3\, \tau_{n,3} = k_3\, \varphi_n \\
M_{n,4} &= k_4\, \tau_{n,4} = k_4\, \varphi_n.
\end{aligned}
\tag{14}
$$

Schon aus diesen Ergebnissen ist zu erkennen, daß die durch das Knotenmoment M_n hervorgerufenen vier Stabanschlußmomente $M_{n,1}$, $M_{n,2}$, $M_{n,3}$, $M_{n,4}$ im Knoten n sich so verhalten wie die Steifigkeitszahlen k_1, k_2, k_3, k_4 der einzelnen Stäbe.

Die vier Stabanschlußmomente müssen dem Knotenmoment M_n das Gleichgewicht halten, d. h. es muß für den herausgeschnitten gedachten Knoten n die Bedingung $\Sigma M = 0$ erfüllt sein. Man kann demnach allgemein schreiben:

$$M_n + \Sigma M_{n,i} = 0 \tag{15}$$

oder ausführlicher mit der hier verwendeten Bezeichnung

$$M_n = -\,\Sigma M_{n,i} = -\,(M_{n,1} + M_{n,2} + M_{n,3} + M_{n,4}).$$

Nach (14) erhält man weiter

$$M_n = -\,\varphi_n\,(k_1 + k_2 + k_3 + k_4)$$

oder wieder in allgemeiner Form

$$M_n = -\,\varphi_n\,\Sigma k.$$

Daraus ergibt sich der Knotendrehwinkel bzw. der Stabenddrehwinkel

$$\varphi_n = -\,\frac{M_n}{\Sigma k}. \tag{16}$$

Führt man diesen Wert in (14) ein, so erhält man die gesuchten Stabanschlußmomente im Knoten n für den vorliegenden Fall aus folgenden Formeln:

$$
\begin{aligned}
M_{n,1} &= -\,\frac{k_1}{\Sigma k}\, M_n \\[2mm]
M_{n,2} &= -\,\frac{k_2}{\Sigma k}\, M_n \\[2mm]
M_{n,3} &= -\,\frac{k_3}{\Sigma k}\, M_n \\[2mm]
M_{n,4} &= -\,\frac{k_4}{\Sigma k}\, M_n.
\end{aligned}
$$

Für einen Knoten n mit beliebig vielen fest angeschlossenen, an den gegenüberliegenden Enden voll eingespannten Stäben ergibt sich für die Verteilung eines Knotenmomentes M_n somit die allgemeine Formel

$$M_{n,i} = -\,\frac{k_{n,i}}{\Sigma k_{n,i}}\, M_n \tag{17}$$

oder

$$\boxed{M_{n,i} = -\,\mu_{n,i}\, M_n,} \tag{17a}$$

wobei

$$\mu_{n,i} = \frac{k_{n,i}}{\Sigma\, k_{n,i}}$$

(17 b)

bedeutet.

Man bezeichnet die Werte $\mu_{n,i}$ als „Momentenverteilungszahlen" im Rahmenknoten n. Sie werden nach (17 b) erhalten als Quotienten aus der Steifigkeitszahl $k_{n,i}$ jenes Stabes, dessen Momentenanteil gesucht wird, und der Summe der Steifigkeitszahlen k aller im Knoten n fest angeschlossenen Stäbe.

Mit Hilfe dieser μ-Zahlen, die also nur von den Steifigkeitszahlen k abhängig sind, kann die Verteilung eines Knotenmomentes M_n nach (17 a) sehr einfach vorgenommen werden.

5. Berücksichtigung gelenkiger Stabanschlüsse.

A. Momentenverteilung in Rahmenknoten mit Gelenkanschlüssen.

Wenn von den in einem Knoten n zusammentreffenden Stäben einige steif, die anderen aber gelenkig angeschlossen sind, so beteiligen sich die gelenkig angeschlossenen Stäbe nicht an der durch eine Knotenverdrehung φ_n hervorgerufenen Verformung. In Abb. 8 ist als Beispiel für einen solchen Fall ein Teil eines Rahmentragwerkes mit vier Stäben dargestellt, von welchen im Knotenpunkt n drei steif angeschlossen, der vierte hingegen gelenkig gelagert ist. Die gegenüberliegenden Stabenden 1, 2, 3, 4 sind voll eingespannt. Wird nun der Knoten n um einen Winkel φ_n verdreht, so werden auch die Endquerschnitte der drei in n biegungssteif angeschlossenen Stäbe die gleiche Verdrehung erfahren, während der in n gelenkig gelagerte Stab von dieser Verformung nicht betroffen wird, also völlig spannungslos bleibt. Es ist somit, wie auch aus Abb. 8 ersichtlich,

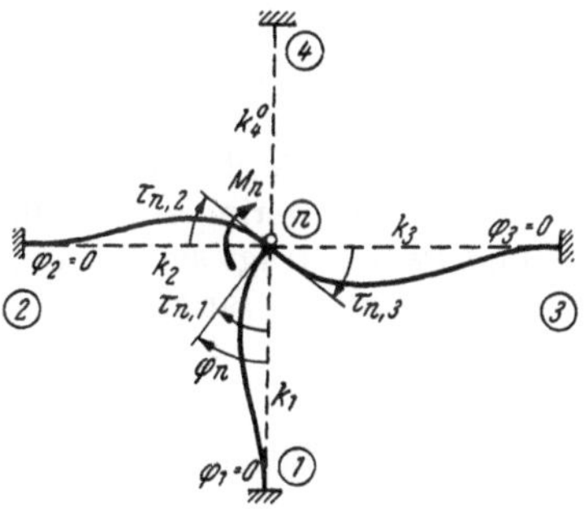

Abb. 8. Rahmenteil mit gelenkigem Anschluß des Stabes 4 im Knoten n; Verformung durch ein Knotenmoment M_n.

$$\tau_{n,1} = \tau_{n,2} = \tau_{n,3} = \varphi_n$$

und

$$\tau_{n,4} = 0.$$

Daraus ergibt sich, daß ein im Knoten n eines Rahmentragwerkes angreifendes Moment M_n nur auf die in diesem Knoten biegungssteif angeschlossenen Stäbe zu verteilen ist.

B. Momentenverteilung in Rahmenknoten mit gegenüberliegenden Gelenken.

Stäbe, die in einem Knotenpunkt n biegungssteif angeschlossen, am gegenüberliegenden Ende aber gelenkig gelagert sind, haben eine geringere Steifigkeit als Stäbe mit voller Einspannung an dieser Stelle. Dieser Umstand wird natürlich auch bei der Verteilung eines Knotenmomentes M_n zum Ausdruck kommen.

Der in Abb. 9 dargestellte Teil eines Rahmentragwerkes zeigt einen solchen Fall. Der Stab $n-1$ ist bei n biegungssteif, bei 1 gelenkig angeschlossen. Die übrigen drei in n steif angeschlossenen Stäbe sind auf der Gegenseite voll eingespannt. Die durch Verdrehung des Knotens n um den Winkel φ_n entstehenden Biegelinien sämtlicher vier Stäbe haben bei n die gleichen Endtangentenwinkel, und zwar ist auch hier wieder

$$\tau_{n,1} = \tau_{n,2} = \tau_{n,3} = \tau_{n,4} = \varphi_n.$$

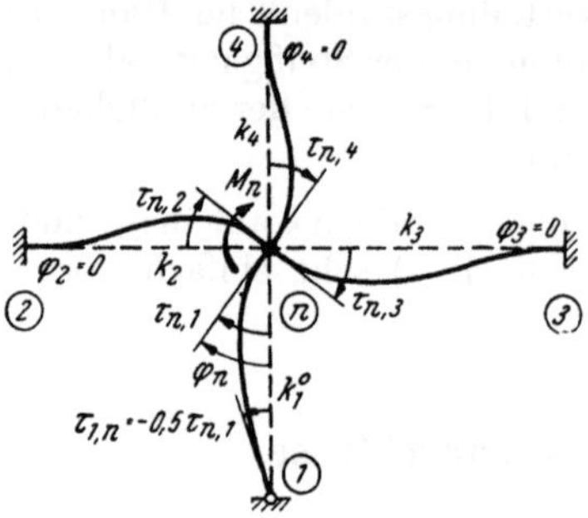

Abb. 9. Rahmenteil mit Gelenk bei 1 und voller Einspannung bei 2, 3, 4; Verformung durch ein Knotenmoment M_n.

In den gegenüberliegenden Stabenden sind die Endtangentenwinkel bei den fest eingespannten Stäben gleich Null, beim gelenkig angeschlossenen Stab $n-1$ ist aber nach (9) im Gelenk

$$\tau_{1,n} = -\,0{,}5\,\tau_{n,1} = -\,0{,}5\,\varphi_n.$$

Daraus ist zu ersehen, daß der im Knotenpunkt n erzeugte Verdrehungswinkel $\tau_{n,1} = \varphi_n$ im gegenüberliegenden Gelenk einen entgegengesetzt gerichteten Drehwinkel von halber Größe hervorruft. Damit kann man aber sofort den Momentenanteil berechnen, der von einem Knotenmoment M_n auf den Gelenkstab $n-1$ übertragen wird. Denn nach (10) wird mit den hier verwendeten Bezeichnungen

$$M_{n,1} = 0{,}75\,k_1\,\varphi_n. \tag{18}$$

Die Anteile der übrigen drei Stäbe ergeben sich nach (14) mit

$$M_{n,2} = k_2\,\varphi_n; \qquad M_{n,3} = k_3\,\varphi_n; \qquad M_{n,4} = k_4\,\varphi_n.$$

Vergleicht man nun den Anteil des Gelenkstabes $n-1$ mit den Anteilen der übrigen auf der Gegenseite fest eingespannten Stäbe, so erkennt man, daß sich diese beiden Anteile bei gleichen k-Werten wie $0{,}75:1$ verhalten. Dadurch kommt bereits die geringere Steifigkeit der Gelenkstäbe zahlenmäßig zum Ausdruck, und zwar beträgt sie nur 75% der Steifigkeitszahl k von beidseitig fest angeschlossenen Stäben. Bezeichnet man also die Steifigkeitszahl von Gelenkstäben mit k^0, so wird

$$\boxed{k^0 = 0{,}75\,k} \tag{19}$$

oder unter Beachtung von (5) auch

$$k^0 = \frac{3\,E\,J}{l}. \tag{19 a}$$

Für den Gelenkstab in Abb. 9 kann somit die Gl. (18) auch in der Form

$$M_{n,1} = k^0_{\,1}\,\varphi_n \tag{18 a}$$

geschrieben werden, da man nach (19) an Stelle von $0{,}75\,k_1$ den Wert $k^0_{\,1}$ setzen kann.

Bei Verwendung dieser verminderten Steifigkeitszahl k^0 nach (19) können die Verteilungszahlen μ in den einzelnen Knotenpunkten sinngemäß nach (17 b) ermittelt werden.

III. Vorzeichenregeln für Knotenmomente, Stabendmomente und Stabenddrehwinkel.

Die Vorzeichen der Knotenmomente bzw. Stabendmomente sind für das hier zur Anwendung kommende Berechnungsverfahren nach dem Drehsinn festzulegen, da diese Momente für die statischen Gleichgewichtsbedingungen $\Sigma M = 0$ in den Knotenpunkten gebraucht werden. Diese Vorzeichen sind also unabhängig von der allgemeinen Vorzeichenregel für „Biegungsmomente" in beliebigen Stabquerschnitten, da sich diese Regel nur auf die Lage der Zugzone des Stabes an der betrachteten Stelle bezieht.

Bei der praktischen Anwendung der CROSS-Methode hat es sich entgegen den Gepflogenheiten beim Drehwinkelverfahren allgemein eingebürgert, jene Knotenmomente und Stabendmomente als *positiv* zu bezeichnen, die den Knoten im *Uhrzeigersinn* zu drehen versuchen. In Abb. 10a bis d ist diese Regel anschaulich dargestellt; es handelt sich um einen Rahmenknoten mit belastetem Kragarm. Die Momente sind an der Zugseite der einzelnen Stäbe angetragen. Die Stabendmomente $M_{n,1}$, $M_{n,2}$, $M_{n,3}$ im Knotenpunkt n sind also nach der angegebenen Vorzeichenregel positiv, weil sie den Knoten im Uhrzeigersinn zu drehen versuchen, das Anschlußmoment M_k des Kragarmes aber negativ, weil es den Knoten entgegen dem Uhrzeigersinn verdreht. Nach der statischen Gleichgewichtsbedingung $\Sigma M = 0$ muß die algebraische Summe aller Momente, also

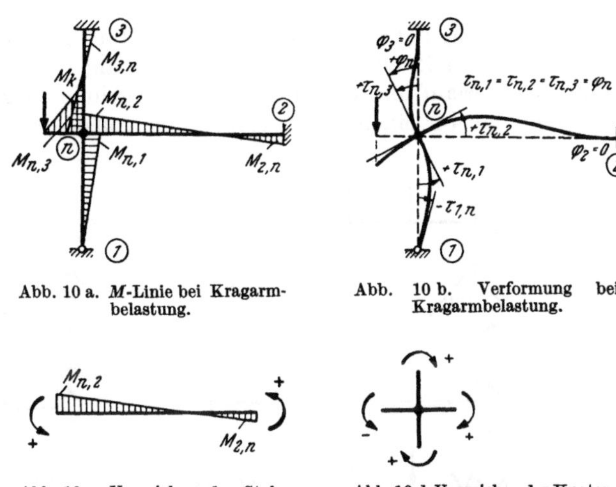

Abb. 10 a. *M*-Linie bei Kragarmbelastung.

Abb. 10 b. Verformung bei Kragarmbelastung.

Abb. 10 c. Vorzeichen der Stabendmomente.

Abb. 10 d. Vorzeichen der Knotenmomente.

Abb. 10 a, b, c, d. Vorzeichen für Momente und Drehwinkel.

des Knotenmomentes und sämtlicher Stabanschlußmomente, stets den Wert Null ergeben.

Das Vorzeichen der Momente kann auch am herausgeschnittenen Stab gemäß Abb. 10 c festgestellt werden. Hier sind die Momente dann positiv, wenn sie das Stabende entgegen dem Uhrzeigersinn verdrehen, und negativ, wenn die Verdrehung im Uhrzeigersinn erfolgt.

Mit der aufgestellten Vorzeichenregel für die Stabendmomente ist auch die Vorzeichenregel für die Knotendrehwinkel φ und die Stabendtangentenwinkel oder Stabenddrehwinkel τ bereits festgelegt: Diese Winkel sind bei einer Verdrehung entgegen dem Uhrzeigersinn positiv. Aus Abb. 10b ist ersichtlich, daß der Knotendrehwinkel φ_n sowohl der Größe als auch der Richtung nach mit den Stabenddrehwinkeln $\tau_{n,1}$, $\tau_{n,2}$, $\tau_{n,3}$ übereinstimmt. Sie erhalten alle positive Vorzeichen, weil sie aus einer Drehung entgegen dem Uhrzeigersinn entstanden sind. In Abb. 10d sind am herausgeschnittenen Knoten n der Drehsinn der in Abb. 10a dargestellten Momente und die damit festgelegten Vorzeichen eingetragen.

Diese wichtigen, für das CROSS-Verfahren üblichen *Vorzeichenregeln* sollen nun noch einmal unter Bezugnahme auf die Abb. 10a bis d kurz zusammengefaßt werden:

1. Die Knotenmomente bzw. die Stabanschlußmomente oder Stabendmomente am herausgeschnittenen Knoten sind positiv, wenn sie den Knoten im Uhrzeigersinn zu drehen versuchen (Abb. 10d).

2. Die Stabanschlußmomente oder Stabendmomente am herausgeschnittenen Stab sind positiv, wenn sie das Stabende entgegen dem Uhrzeigersinn zu drehen versuchen (Abb. 10c).

3. Die Knotendrehwinkel φ und Stabenddrehwinkel τ sind positiv, wenn die Verdrehung entgegen dem Uhrzeigersinn erfolgt (Abb. 10b).

4. Die „Biegungsmomente" werden in allen Abbildungen stets an der Zugseite der Stäbe angetragen (Abb. 10a, c).

Zur Einprägung dieser Vorzeichenregel für die „Volleinspannmomente" $\mathfrak{M}$ sind in Abb. 11 und 12 einige typische Lastfälle am voll eingespannten Träger mit dem Momentenverlauf und der zugehörigen Biegelinie dargestellt. Aus Abb. 11a ist ersichtlich, daß für einen voll eingespannten, von oben belasteten liegenden Stab $\mathfrak{M}_{\text{links}}$

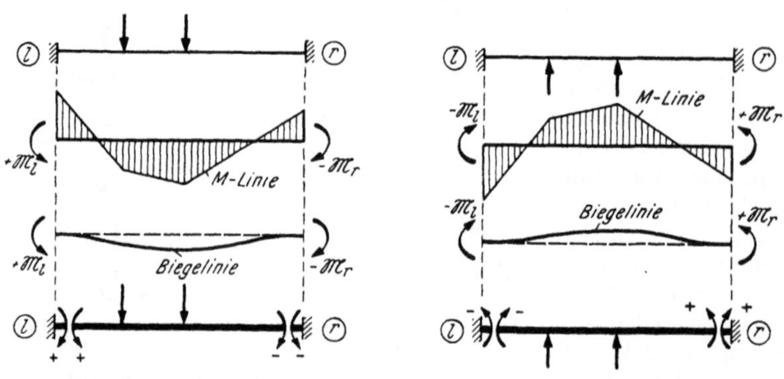

Abb. 11a. Belastung von oben.   Abb. 11b. Belastung von unten.

Abb. 11a, b. Vorzeichen der Stabanschlußmomente $\mathfrak{M}$ bei Belastung von oben bzw. von unten.

positiv (weil dieses Einspannmoment das Stabende entgegen dem Uhrzeigersinn dreht), während $\mathfrak{M}_{\text{rechts}}$ negativ ist (weil es in umgekehrtem Sinne dreht). Für einen liegenden Stab, der von unten belastet wird (Abb. 11b), ergibt sich umgekehrt $\mathfrak{M}_{\text{links}}$ negativ und $\mathfrak{M}_{\text{rechts}}$ positiv.

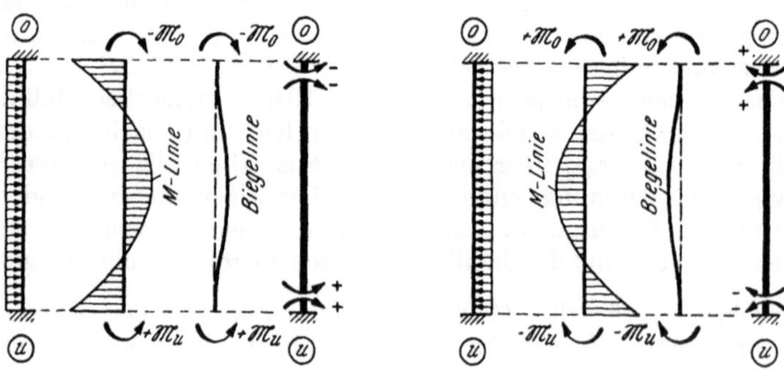

Abb. 12a. Belastung von links.   Abb. 12b. Belastung von rechts.

Abb. 12a, b. Vorzeichen der Stabanschlußmomente $\mathfrak{M}$ bei Belastung von links bzw. von rechts.

Wird ein stehender Stab von links belastet (Abb. 12a), so wird $\mathfrak{M}_{\text{unten}}$ positiv (weil dieses Einspannmoment den Knoten im Uhrzeigersinn, bzw. das Stabende entgegen dem Uhrzeigersinn dreht) und $\mathfrak{M}_{\text{oben}}$ negativ. Ist der Stab von rechts belastet (Abb. 12b), so tritt wieder das Umgekehrte ein.

IV. Beziehungen zwischen Belastung, Querkraft und Biegungsmoment.

1. Zusammenhänge zwischen Querkraft und Biegungsmoment.

Über die Begriffe Querkraft und Biegungsmoment sowie über ihre Beziehungen zueinander und zur äußeren Belastung muß völlige Klarheit herrschen, auch wenn es sich nur um die Berechnung einfacherer Tragwerke handelt. Unerläßlich ist aber eine sichere Beherrschung dieser Zusammenhänge bei der Berechnung statisch unbestimmter Tragwerke und bei der Auswertung der dabei erhaltenen Ergebnisse. Es sollen daher hier die wichtigsten Sätze der Baustatik kurz erläutert und ihre praktische Anwendung an verschiedenen Beispielen gezeigt werden. Zunächst sei eine Klarstellung der Begriffe Querkraft und Biegungsmoment am einfachen Träger gegeben:

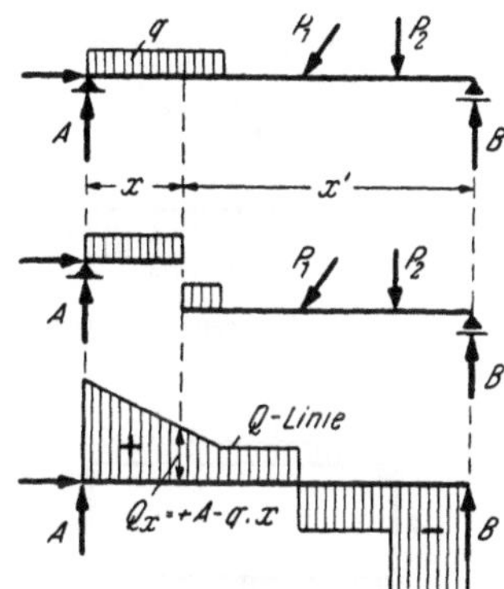

Abb. 13. Q-Linie bei beliebiger Belastung.

Die Querkraft in einem beliebigen Querschnitt eines Trägers ist gleich der Summe der senkrecht zur Stabachse wirkenden Komponenten aller links oder rechts von diesem Querschnitt angreifenden Kräfte. Die Querkraft ist positiv, wenn sie links vom Querschnitt nach oben oder rechts vom Querschnitt nach unten gerichtet ist (siehe Abb. 13).

Das Biegungsmoment in einem beliebigen Querschnitt eines Trägers ist gleich der Summe der statischen Momente aller links oder rechts von diesem Querschnitt angreifenden Kräfte in bezug auf den Schwerpunkt des betrachteten Querschnittes. Das Biegungsmoment ist positiv, wenn es an der Unterseite des Trägers Zug erzeugt (siehe Abb. 14).

Für die Querkraft gibt es auch noch eine wichtige mathematische Definition, die sowohl für einfache Träger als auch für Rahmenstäbe allgemeine Gültigkeit besitzt, und zwar ist

$$\frac{dM}{dx} = Q, \tag{20}$$

d. h. die erste Ableitung des Biegungsmomentes M nach x ergibt die Querkraft Q. Da nun die erste Ableitung einer Funktion die Steigung der Kurventangente darstellt, so ergibt sich aus (20), daß die Steigung der M-Linie an jeder beliebigen

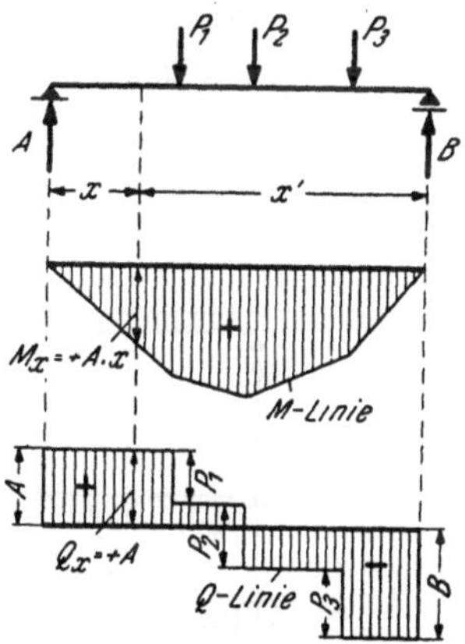

Abb. 14. M-Linie und Q-Linie bei Einzellasten.

Stelle gleich ist der Querkraft an dieser Stelle. Man kann also sinngemäß die Beziehung (20) auch in der Form

$$\text{tg } \alpha_M = Q \tag{20 a}$$

schreiben, wobei tg α_M die Steigung der M-Linie bedeutet.

Aus den Beziehungen (20) bzw. (20a) können folgende wichtige Zusammenhänge zwischen der Momentenlinie und der Querkraft Q festgestellt werden, die auch aus den Abb. 14 bis 20 unmittelbar zu ersehen sind:

1. In Trägerbereichen, wo die M-Linie eine Gerade bildet, also mit einer konstanten Steigung zur Trägerachse verläuft, ist die Querkraft

konstant, d. h. die Q-Linie verläuft in dieser Strecke parallel zur Trägerachse (vgl. Abb. 14, 16, 17, 20).

2. Je steiler die M-Linie gegen die Trägerachse verläuft, d. h. je größer der tg ihres Steigungswinkels gegen die Trägerachse ist, desto größer ist die Querkraft an dieser Stelle (vgl. Abb. 14 bis 20).

3. Wo die Querkraft ihr Vorzeichen wechselt, liegt auch der tiefste Punkt der M-Linie (vgl. Abb. 14 bis 20).

4. Wo die Steigung der M-Linie gegen die Trägerachse gleich Null ist, dort ist auch die Querkraft gleich Null (vgl. Abb. 15, 17, 18, 19).

5. Wo in der Momentenlinie ein Knick auftritt, d. h. wo sie eine plötzliche Richtungsänderung aufweist, dort muß in der Q-Linie eine Unstetigkeit vorhanden sein (vgl. Abb. 14, 16, 20).

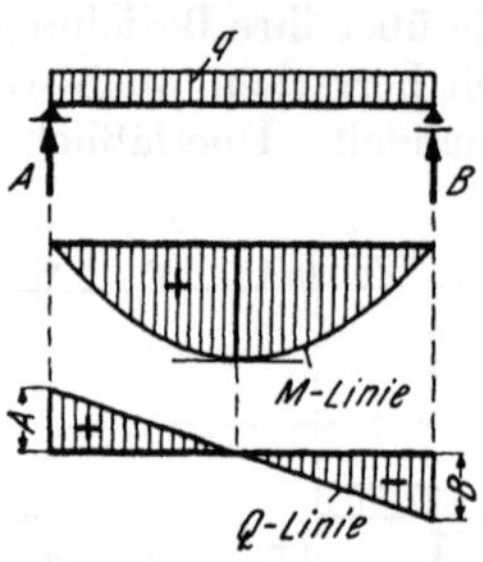

Abb. 15. Durchgehende Gleichlast.

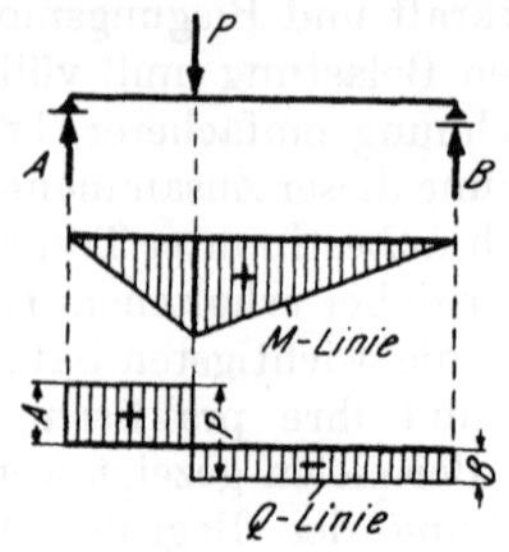

Abb. 16. Einzellast.

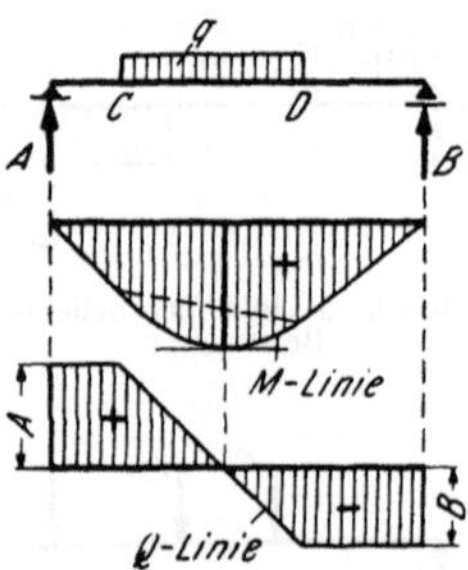

Abb. 17. Streckenlast.

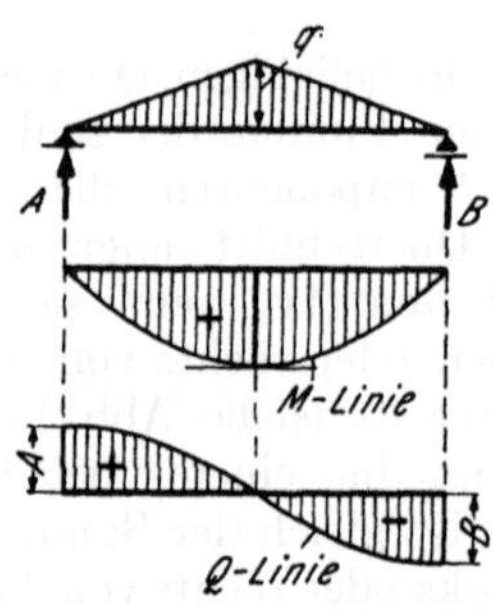

Abb. 18. Dreieckslast.

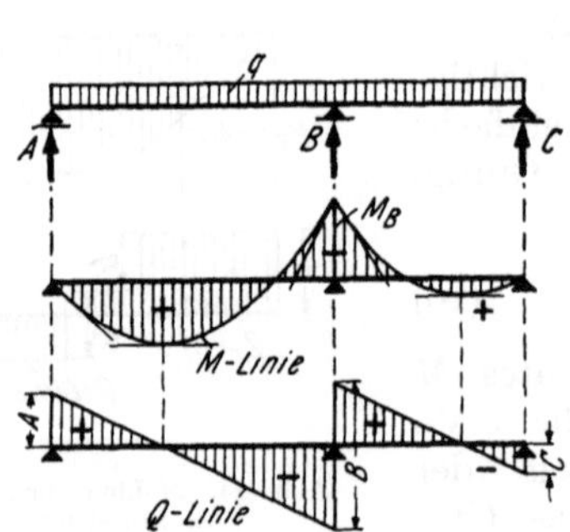

Abb. 19. M-Linie und Q-Linie für einen 2-Feldträger mit Gleichlast.

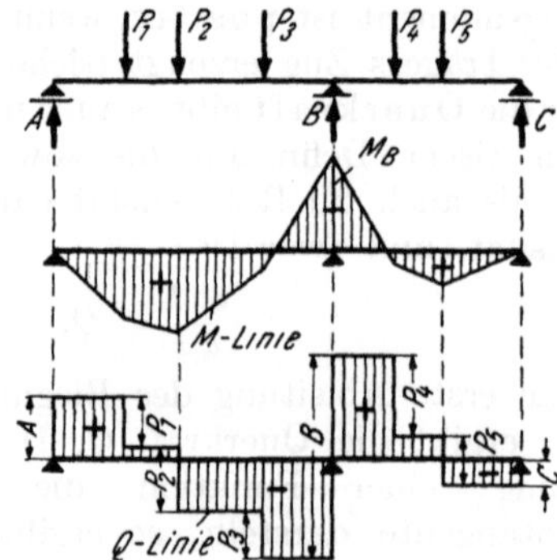

Abb. 20. M-Linie und Q-Linie für einen 2-Feldträger mit Einzellasten.

2. Vorzeichenregel für die Querkraft aus der Momentenlinie.

Aus der Beziehung (20) bzw. (20a) ergibt sich nicht nur die Größe der Querkraft aus der Momentenlinie, sondern auch der Richtungssinn, also das Vorzeichen, und zwar gilt hier unter der Voraussetzung, daß die Biegungsmomente stets an der Zugseite der Stäbe angetragen werden, folgende Vorzeichenregel für die Querkraft:

Fällt die Momentenlinie von links nach rechts ($\searrow$), so ist die Querkraft **positiv**, d. h. links vom Querschnitt nach oben gerichtet.

Steigt die Momentenlinie von links nach rechts ($\nearrow$), so ist die Querkraft **negativ**, d. h. links vom Querschnitt nach unten gerichtet.

Diese Regel gilt allgemein sowohl für **liegende** als auch für **stehende** Stäbe. Es ist dabei auch völlig gleichgültig, ob liegende Stäbe von oben oder von unten und stehende von links oder von rechts betrachtet werden. An Hand der Abb. 14 bis 20 kann diese Vorzeichenregel leicht erprobt werden. Sie leistet auch in der Rahmenberechnung sehr gute Dienste und gibt dem Konstrukteur der Stahlbetonstatik ein sicheres Mittel in die Hand, um den Richtungssinn der Aufbiegungen (Hauptzugeisen) in den verschiedenen Rahmenstäben zu bestimmen bzw. zu überprüfen. Es ist dabei nur zu beachten, daß die statisch erforderlichen Schrägeisen immer denselben Richtungssinn aufzuweisen haben wie die M-Linie. In Abb. 21 sind

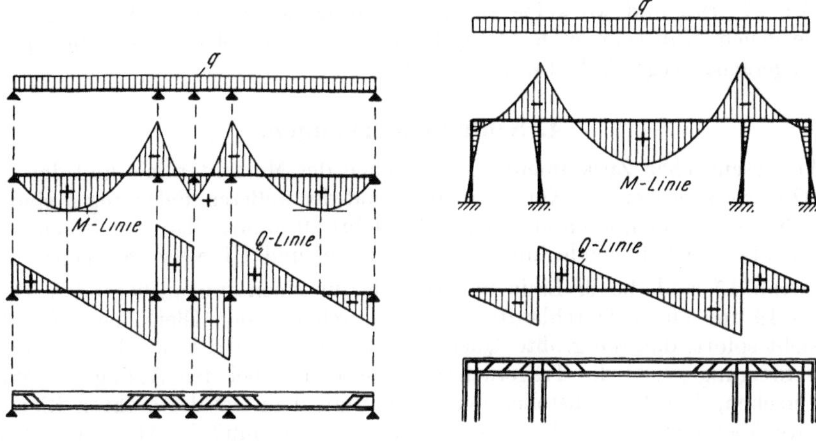

<table>
<tr><td>Abb. 21. Durchlaufträger.</td><td>Abb. 22. Dreifeldrahmen.</td></tr>
</table>

Abb. 21 und 22. Richtungssinn der M-Linie und Lage der Schrägeisen bei Stahlbetontragwerken.

die Momentenlinie und die Q-Linie sowie die Lage der Schrägeisen für einen Durchlaufträger mit sehr verschiedenen Spannweiten dargestellt. Man beachte die Lage der Aufbiegungen im zweiten und dritten Feld, die ebenso wie die M-Linie in diesen Feldern auf der ganzen Länge den gleichen Richtungssinn aufweisen. In Abb. 22 sind diese Zusammenhänge für einen 3-Feldrahmen veranschaulicht. Hier haben die Aufbiegungen und die Momentenlinie in den beiden Außenfeldern auf der ganzen Länge den gleichen Richtungssinn.

3. Zusammenhänge zwischen Querkraft und äußerer Belastung.

Eine ähnliche Beziehung wie zwischen M-Linie und Querkraft nach (20) bzw. (20a) besteht auch zwischen der Q-Linie und dem Belastungswert q. Es ist hier

$$\frac{dQ}{dx} = -q; \tag{21}$$

die erste Ableitung der Querkraft nach x ist also gleich dem negativen Belastungswert q, d. h. die Steigung der Q-Linie an jeder beliebigen Stelle eines Trägers bzw. eines Rahmenstabes ist gleich der Belastung $(-q)$ an dieser Stelle. Man könnte somit auch schreiben

$$\operatorname{tg} \alpha_Q = |q|. \tag{21 a}$$

Aus dem gesetzmäßigen Zusammenhang zwischen der Q-Linie und der äußeren Belastung q, der durch die Gl. (21) bzw. (21a) zum Ausdruck kommt, können einige für das praktische Rechnen besonders wichtige, ganz allgemein gültige Tatsachen festgestellt werden:

1. Wenn die Q-Linie eine konstante Steigung gegen die Trägerachse oder Stabachse aufweist, muß auch die Belastung in diesem Bereich konstant sein (vgl. Abb. 15, 17, 19).

2. Wenn die Steigung der Q-Linie gegen die Trägerachse gleich Null ist, so ist auch die Belastung in diesem Bereich gleich Null (vgl. Abb. 14, 16, 17, 20).

Diese Sätze gelten natürlich auch umgekehrt: in Stabbereichen, wo die Belastung konstant ist, muß die Steigung der Q-Linie ebenfalls konstant sein (vgl. Abb. 15, 17, 19), und wo keine Belastung vorhanden ist, muß die Steigung der Q-Linie gleich Null sein, d. h. die Q-Linie verläuft in solchen Bereichen parallel zur Trägerachse (vgl. Abb. 14, 16, 17, 20).

4. Schlußbemerkungen.

Alle wesentlichen Zusammenhänge zwischen der Momentenlinie und der Querkraft Q sowie zwischen der Querkraftlinie und der äußeren Belastung q sind, wie bereits hervorgehoben, auch aus den Abb. 14 bis 20 unmittelbar ersichtlich. Hierzu seien aber noch folgende kurze Erläuterungen und Hinweise gegeben:

In Abb. 15 sind die M-Linie und Q-Linie für einen frei aufliegenden Träger, in Abb. 19 für einen Durchlaufträger bei durchgehender Gleichlast dargestellt. Man sieht sofort, daß die größte Querkraft stets dort auftritt, wo die M-Linie die größte Steigung gegen die Trägerachse aufweist, also bei den Auflagern. Weiter ist zu ersehen, daß die Nullstellen der Q-Linie mit dem Ort der größten Biegungsmomente übereinstimmen. Die Steigung der Q-Linie muß in Abb. 19 in beiden Feldern gleich groß sein, weil in beiden Feldern dieselbe durchgehende Gleichlast wirkt. Es tritt hier auch deutlich in Erscheinung, daß die M-Linie bei der Mittelstütze wesentlich steiler verläuft als bei den Randstützen; die Querkraft muß also bei der Mittelstütze bedeutend größer sein als an den Randstützen. In Abb. 17 ist die Steigung der Q-Linie von A bis C und D bis B gleich Null, weil in diesen Bereichen keine Belastung vorhanden ist; im Bereich zwischen C und D zeigt die Q-Linie eine konstante Steigung, weil dort eine gleichmäßige Streckenlast einwirkt. In Abb. 18 muß die Steigung der Q-Linie am Auflager gleich Null sein und gegen die Trägermitte stetig anwachsen, weil auch der Belastungswert q am Auflager gleich Null ist und gegen die Trägermitte ansteigt.

V. Das Wesen unverschieblicher und verschieblicher Tragwerke.

Bei den meisten Berechnungsverfahren für statisch unbestimmte Tragwerke, so z. B. bei der Drehwinkel- und bei der Festpunktmethode sowie auch beim GRINTER- und CROSS-Verfahren, ist eine strenge Unterscheidung zwischen Tragwerken mit „unverschieblichen" und „verschieblichen" Knotenpunkten erforderlich. Die Berechnung von unverschieblichen Tragwerken ist dabei stets wesentlich einfacher und kürzer und läßt sich meist weitgehend mechanisieren, während die verschieblichen Tragwerke gewisse statische Überlegungen und einen bedeutend größeren Aufwand an Zahlenrechnungen erfordern. Es ist also in jedem Falle notwendig, sofort zu erkennen, ob es sich um ein unverschiebliches oder um ein verschiebliches Tragwerk handelt bzw. welche Knoten eine Verschiebung erfahren. Diese Beurteilung bereitet dem Anfänger häufig gewisse Schwierigkeiten, weshalb die Besonderheiten der beiden Tragwerksgruppen hier ausführlich erörtert werden.

Es ist zwar ohne weiteres einleuchtend, daß die Knoten von nicht festgehaltenen Stockwerkrahmen bei waagrechter Belastung, also z. B. bei Windlast, waagrechte Verschiebungen erleiden. Schwerer vorstellbar ist es aber, daß solche Rahmen — selbst wenn sie nur lotrecht belastet sind — auch waagrechte Verschiebungen erfahren können. Dabei ist es nicht immer leicht, von vornherein festzustellen, ob diese Verschiebung nach links oder nach rechts erfolgt. Ein klarer Einblick in diese Zusammenhänge ist aber bei der Berechnung solcher Tragwerke nach dem Drehwinkelverfahren, der Festpunktmethode und auch nach dem CROSS-Verfahren unerläßlich. Diese wichtigen Zusammenhänge sollen nun anschließend durch verschiedene Betrachtungen am einfachen Rahmen im wesentlichen geklärt werden.

Es sei z. B. der in Abb. 23 a dargestellte symmetrische Rahmen durch eine lotrechte Einzellast unsymmetrisch belastet und durch ein gedachtes Lager im Knoten 2′ gegen seitliche Verschiebungen festgehalten. Unter dieser Voraussetzung

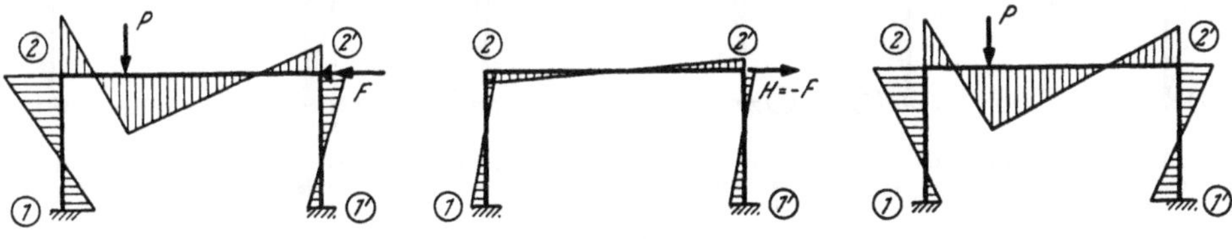

<table>
<tr><td>Abb. 23 a. M-Verlauf im festgehaltenen Zustand mit Festhaltekraft F.</td><td>Abb. 23 b. M-Verlauf infolge der Verschiebungskraft H = − F.</td><td>Abb. 23 c. Endgültiger M-Verlauf: Überlagerung von a) und b).</td></tr>
</table>

Abb. 23 a, b, c. Eingespannter Rahmen bei unsymmetrischer, lotrechter Belastung.

ergibt sich der in Abb. 23 a eingezeichnete Momentenverlauf. Schon aus den verschieden großen Steigungen der M-Linien in den beiden Rahmenstielen ist ersichtlich, daß die Querkräfte in diesen beiden Stäben verschieden groß sind. Die Querkraft $Q_{2,1}$ des Rahmenstieles 2—1 trachtet den Rahmenriegel 2—2′ nach rechts, die Querkraft $Q_{2',1'}$ hingegen, ihn nach links zu verschieben. Da nun im vorliegenden Fall $Q_{2,1}$ größer ist als $Q_{2',1'}$, so überwiegt die nach rechts gerichtete Verschiebungskraft und übt auf das gedachte Lager im Knoten 2′ einen Druck aus, der gleich ist der Differenz der beiden Stielquerkräfte. Wenn also der Rahmen unverschieblich bleiben soll, muß er in dem gedachten Lager bei 2′ mit einer Kraft F festgehalten werden, die der Verschiebungskraft von der Größe $Q_{2,1} - Q_{2',1'}$ entgegenwirkt. Man bezeichnet die Kraft F, die auch als Auflagerreaktion in dem gedachten Lager aufgefaßt werden kann, als „Festhaltekraft", und zwar ist also hier $F = Q_{2,1} - Q_{2',1'}$.

Denkt man sich nun das angenommene Lager beseitigt, so verschwindet auch die Festhaltekraft F, und es wird die vorher auf das Lager ausgeübte Verschiebungskraft $H = - F$ voll auf den Rahmen übertragen und verschiebt diesen in ihrer Wirkungsrichtung, im vorliegenden Falle also nach rechts.

Es handelt sich hier gewissermaßen um einen fingierten Belastungsfall mit einer nach rechts gerichteten waagrechten Einzellast von der Größe $H = - F$, die in der Rahmenecke 2′ angreift. Der diesem Lastfall entsprechende M-Verlauf ist in Abb. 23 b dargestellt. Durch Überlagerung der beiden Momentenbilder aus dem Lastfall nach Abb. 23 a unter Voraussetzung unverschieblicher Knoten und aus dem fingierten Lastfall nach Abb. 23b erhält man den endgültigen Momentenverlauf in Abb. 23c, worin also die Verschieblichkeit der Rahmenknoten 2 und 2' bereits berücksichtigt ist.

Vergleicht man dieses Momentenbild mit jenem im festgehaltenen Zustand, so fällt zunächst auf, daß das Moment im Knoten 2 kleiner und das im Knoten 2' größer geworden ist. Die Steigung der M-Linien in den beiden Rahmenstielen.muß nun aber gleich groß sein und entgegengesetzte Richtung aufweisen, weil auch die Querkräfte in beiden Stielen gleich groß und entgegengesetzt gerichtet sein müssen. Denn nur so ist die Gleichgewichtsbedingung $\Sigma H = 0$ für einen gedachten waagrechten Schnitt durch die beiden Rahmenstiele erfüllt. Wäre das in Abb. 23a dargestellte symmetrische Tragwerk auch symmetrisch belastet, dann wäre $Q_{2,1} = Q_{2',1'}$ und damit $F = 0$, d. h. der Rahmen wäre in diesem Zustand unverschieblich.

Zum Vergleich ist in Abb. 24a, b, c der M-Verlauf für einen Zweigelenkrahmen mit unsymmetrischer Einzellast dargestellt, und zwar wieder gesondert im fest-

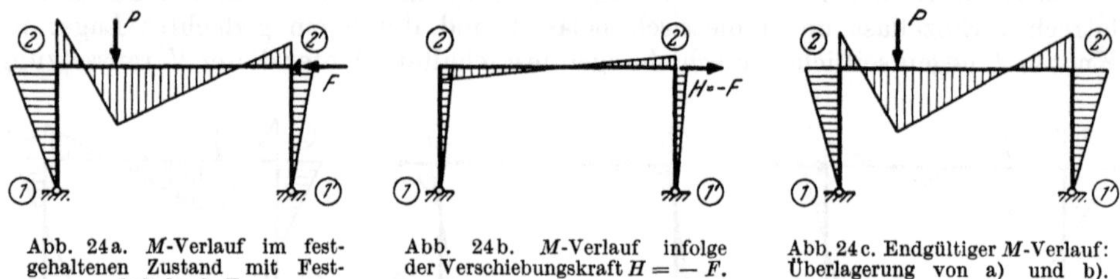

Abb. 24a. M-Verlauf im fest-
gehaltenen Zustand mit Fest-
haltekraft F.

Abb. 24b. M-Verlauf infolge
der Verschiebungskraft $H = -F$.

Abb. 24c. Endgültiger M-Verlauf:
Überlagerung von a) und b).

Abb. 24 a, b, c. Zweigelenkrahmen bei unsymmetrischer, lotrechter Belastung.

gehaltenen Zustand (Abb. 24a) sowie für die Verschiebungskraft $H = -F$ (Abb. 24b) und für den endgültigen Zustand, der sich durch Überlagerung der M-Linien aus Abb. 24a und b ergibt (Abb. 24c). Es zeigt sich hier, daß die beiden Eckmomente $M_{2,1}$ und $M_{2',1'}$ trotz der unsymmetrischen Belastung gleich groß sind.

Schon aus diesen beiden Beispielen ist zu ersehen, daß es für die Feststellung der Verschiebungsrichtung notwendig ist, die Richtung der Querkräfte bzw. der Aktionskräfte an den Stabenden zu kennen. Unter der Voraussetzung, daß die Momentenlinie an der Zugseite der einzelnen Stäbe angetragen ist, läßt sich für die Richtung der Verschiebung eine einfache Merkregel aufstellen.

Diese *Merkregel* ist aus den Abb. 25 bis 28 ersichtlich und besteht darin, daß man sich jeweils vom Stabende aus in der Richtung der M-Linie einen Pfeil denkt; zeigt dieser Pfeil bei *stehenden* Stäben nach links, so ist dort auch die Aktionskraft nach links gerichtet und trachtet das Stabende nach links zu verschieben. Das trifft z. B. in Abb. 25a und b für das Stabende 2 und in Abb. 26a und b für das Stabende 1 zu. Das Umgekehrte tritt ein, wenn der Pfeil nach rechts gerichtet ist (vgl. die Stabenden 1 in Abb. 25a und b und die Stabenden 2 in Abb. 26a und b). Sinngemäß gilt diese Regel auch bei *liegenden* Stäben: Zeigt am Stabende der Pfeil in der Momentenlinie nach unten, so ist auch die Aktionskraft nach unten gerichtet und trachtet dieses Stabende nach unten zu verschieben. Das trifft z. B. in Abb. 27a, b bei Stabende 1 und in Abb. 28a, b bei Stabende 2 zu. Ist der Pfeil hingegen nach oben gerichtet, so tritt das Umgekehrte ein (vgl. die Stabenden 2 in Abb. 27a, b und die Stabenden 1 in Abb. 28a, b).

Wenn in einem verschieblichen Rahmenknoten mehrere Stäbe zusammentreffen, so sind vorerst die einzelnen Aktionskräfte mit ihrer Verschiebungsrichtung nach der vorstehenden Regel festzulegen, um dann ihre Gesamtwirkung in diesem Knoten ermitteln zu können.

Bei der Berechnung nach dem Verfahren von CROSS ist die Verschieblichkeit der Rahmen durch einen besonderen Rechnungsgang zu berücksichtigen. Eine sichere Unterscheidung zwischen unverschieblichen und verschieblichen Tragwerken ist daher sehr wichtig. Die Art der Verschieblichkeit ist allerdings nur auf Grund gewisser statischer Überlegungen feststellbar. Diese Überlegungen können aber wesentlich erleichtert werden, wenn man die häufiger vorkommenden Tragwerksarten in verschiedene Gruppen mit besonderen Merkmalen zusammenfaßt. Dabei empfiehlt es sich, die symmetrischen und unsymmetrischen Tragwerke als Hauptgruppen zu wählen und diese dann nach ihren Verschiebungseigenschaften weiter zu unterteilen. Man gelangt dabei zu folgenden Gruppierungen:

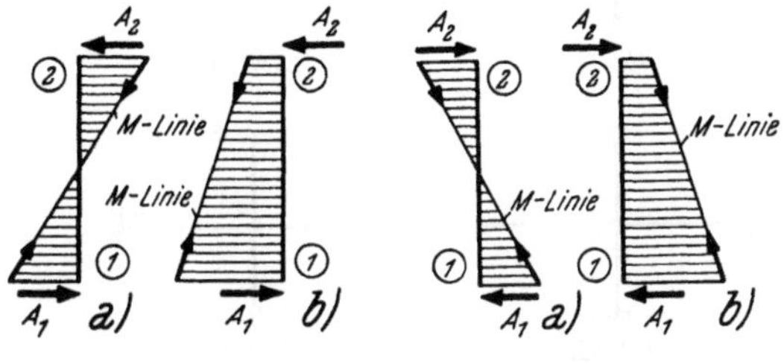

Abb. 25a, b.   Abb. 26a, b.

Abb. 25a, b und 26a, b. Richtungsbestimmung der „Aktionskräfte" und der Stabendverschiebungen aus der M-Linie bei Rahmenstielen.

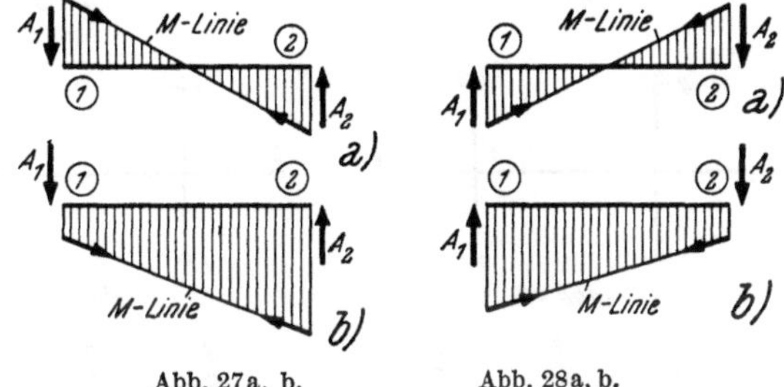

Abb. 27a, b.   Abb. 28a, b.

Abb. 27a, b und 28a, b. Richtungsbestimmung der „Aktionskräfte" und der Stabendverschiebungen aus der M-Linie bei Rahmenriegeln.

1. Symmetrische Tragwerke.

A. Bei jeder Belastung unverschieblich (vgl. Abb. 29 bis 86).

B. Nur bei symmetrischer Belastung unverschieblich (vgl. Abb. 87 bis 159).

C. Bei symmetrischer Belastung nur lotrecht, bei unsymmetrischer Belastung auch waagrecht verschieblich (vgl. Abb. 160 bis 189).

D. Bei symmetrischer und unsymmetrischer Belastung nur waagrecht verschieblich (vgl. Abb. 190 bis 201).

E. Bei symmetrischer und unsymmetrischer Belastung lotrecht und waagrecht verschieblich (vgl. Abb. 202 bis 212).

2. Unsymmetrische Tragwerke.

A. Bei jeder Belastung unverschieblich (vgl. Abb. 213 bis 240).

B. Bei jeder Belastung nur waagrecht verschieblich (vgl. Abb. 241 bis 274).

C. Bei jeder Belastung nur lotrecht verschieblich (vgl. Abb. 275 bis 286).

D. Bei jeder Belastung waagrecht und lotrecht verschieblich (vgl. Abb. 287 bis 309).

Für jede einzelne der vorgenannten Untergruppen der symmetrischen und unsymmetrischen Tragwerke ist auf den Seiten 18 bis 30 eine reiche Auswahl der verschiedensten Tragsysteme zusammengestellt. Die besonderen Kennzeichen und Merkmale der Untergruppen können auf diese Weise am besten veranschaulicht werden und prägen sich in dieser Gegenüberstellung auch leichter ein. Bei den späteren Darlegungen der zu behandelnden Berechnungsverfahren wird öfter auf die hier zusammengestellten Beispiele verwiesen werden.

1/A. Symmetrische Tragwerke, die bei jeder Belastung unverschieblich sind (Abb. 29 bis 86).

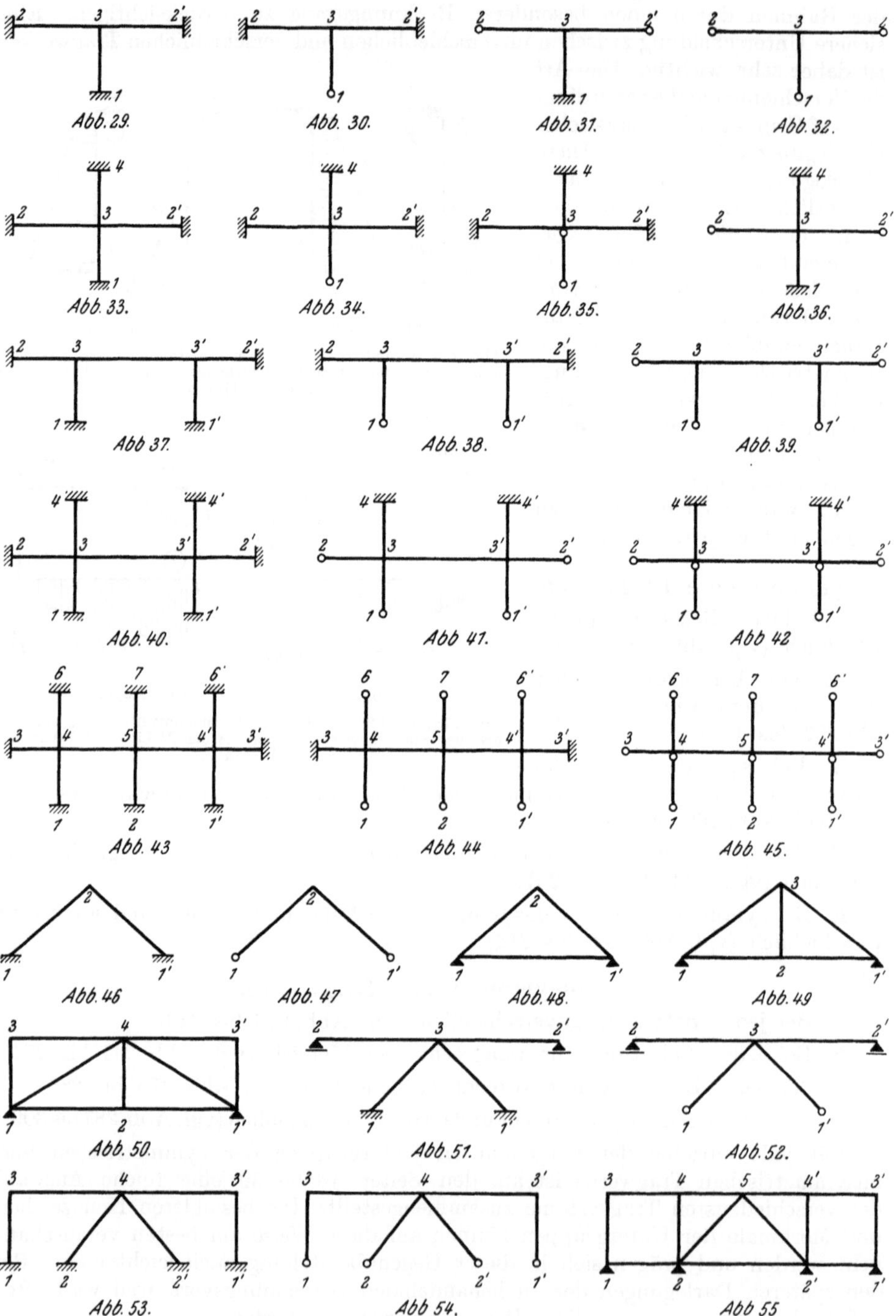

Abb. 29.   Abb. 30.   Abb. 31.   Abb. 32.

Abb. 33.   Abb. 34.   Abb. 35.   Abb. 36.

Abb 37.   Abb. 38.   Abb. 39.

Abb. 40.   Abb 41.   Abb 42

Abb. 43   Abb. 44   Abb. 45.

Abb. 46   Abb. 47   Abb. 48.   Abb. 49

Abb. 50.   Abb. 51.   Abb. 52.

Abb. 53.   Abb 54.   Abb 55

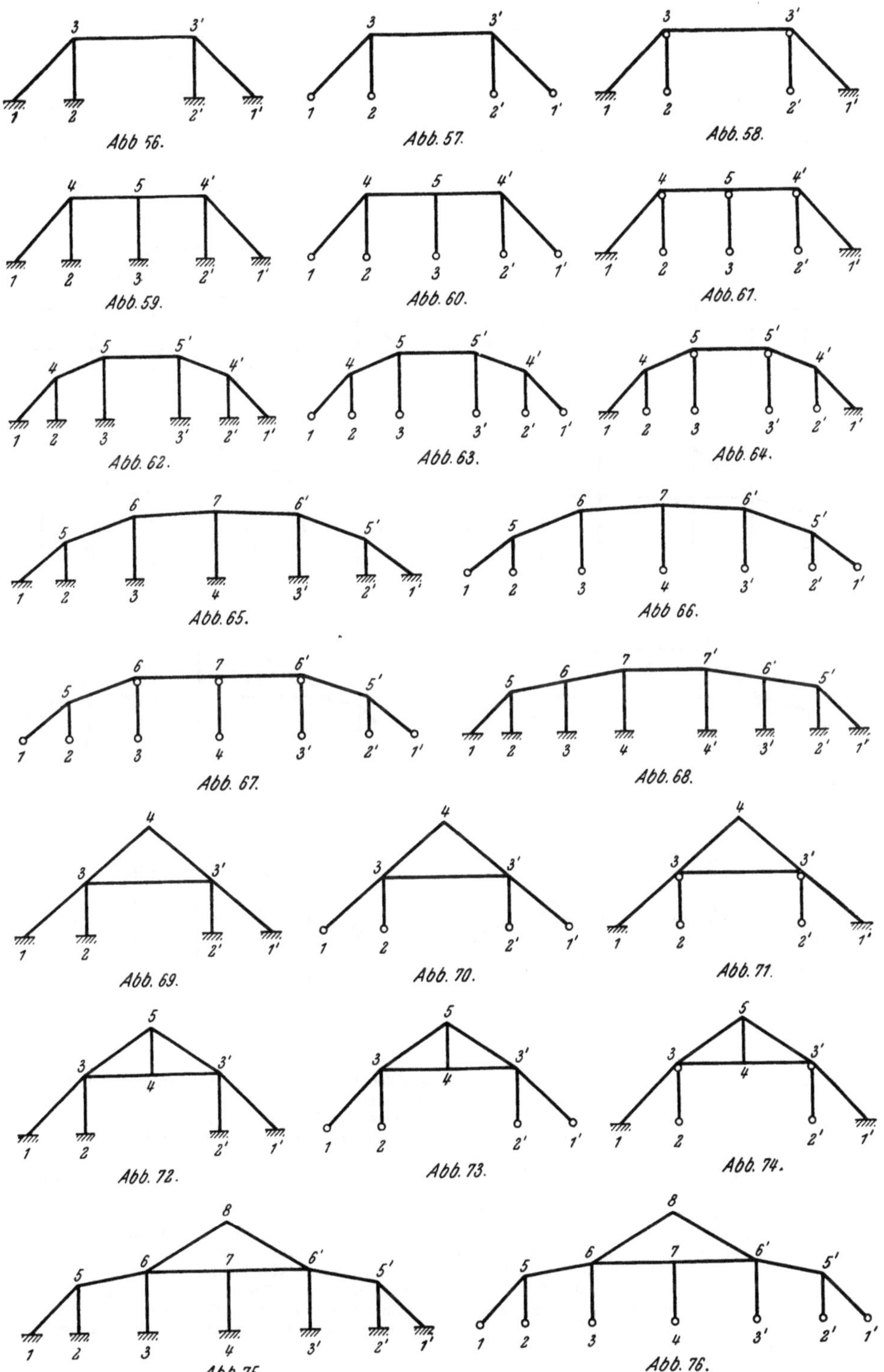

3   3'   Abb. 56.   1   2   2'   1'
3   3'   Abb. 57.   1   2   2'   1'
3   3'   Abb. 58.   1   2   2'   1'
4   5   4'   Abb. 59.   1   2   3   2'   1'
4   5   4'   Abb. 60.   1   2   3   2'   1'
4   5   4'   Abb. 61.   1   2   3   2'   1'
5   5'   4   4'   Abb. 62.   1   2   3   3'   2'   1'
5   5'   4   4'   Abb. 63.   1   2   3   3'   2'   1'
5   5'   4   4'   Abb. 64.   1   2   3   3'   2'   1'
6   7   6'   5   5'   Abb. 65.   1   2   3   4   3'   2'   1'
6   7   6'   5   5'   Abb 66.   1   2   3   4   3'   2'   1'
6   7   6'   5   5'   Abb. 67.   1   2   3   4   3'   2'   1'
7   7'   6   6'   5   5'   Abb. 68.   1   2   3   4   4'   3'   2'   1'
4   3   3'   Abb. 69.   1   2   2'   1'
4   3   3'   Abb. 70.   1   2   2'   1'
4   3   3'   Abb. 71.   1   2   2'   1'
5   3   3'   4   Abb. 72.   1   2   2'   1'
5   3   3'   4   Abb. 73.   1   2   2'   1'
5   3   3'   4   Abb. 74.   1   2   2'   1'
8   5   6   7   6'   5'   Abb. 75.   1   2   3   4   3'   2'   1'
8   5   6   7   6'   5'   Abb. 76.   1   2   3   4   3'   2'   1'

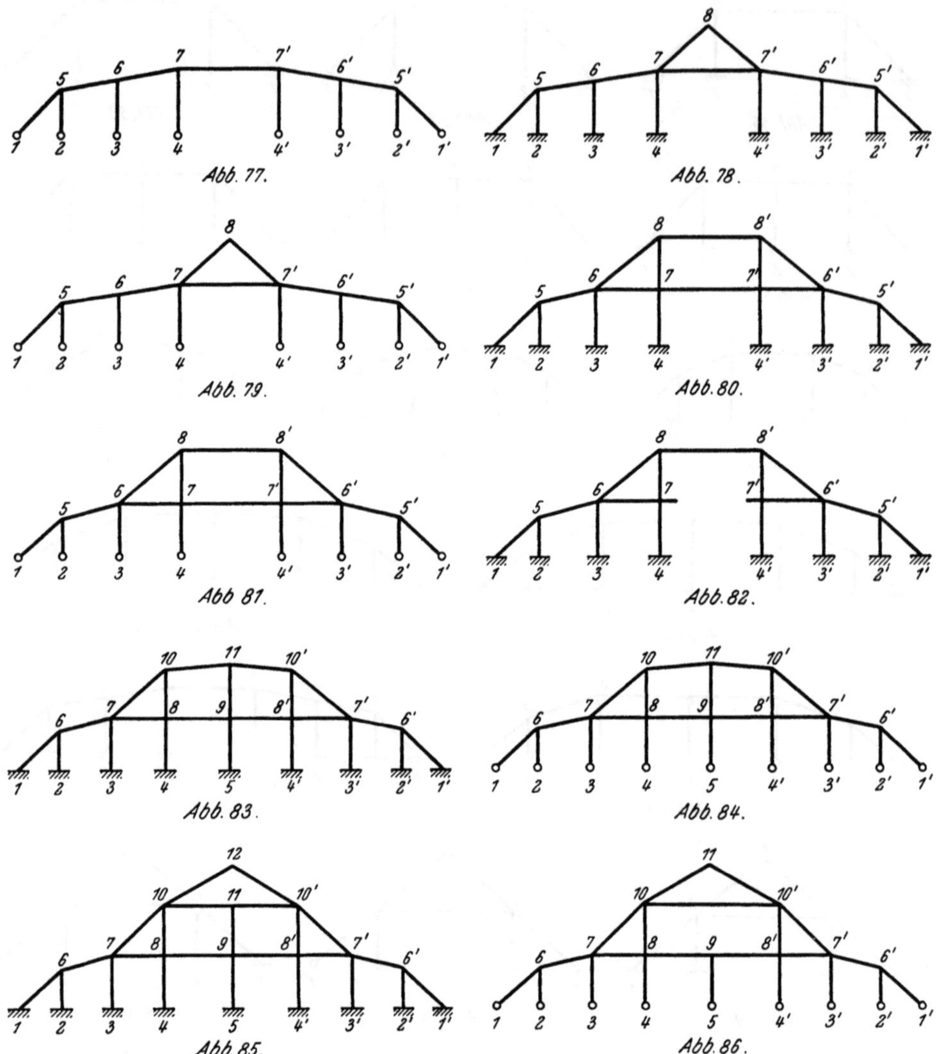

Bemerkungen zu den Abb. 29 bis 201. Die Unverschieblichkeit der in Gruppe 1/A zusammengefaßten Tragwerke wird bei den Systemen in Abb. 29 bis 45 durch feste Gelenke oder durch voll eingespannte Stabenden, bei den Systemen in Abb. 46 bis 86 durch „Stab-Dreiecke" gesichert. Die Berechnung „unverschieblicher" Tragwerke ist Seite 31 ff. ausführlich behandelt (siehe auch Einführungsbeispiele 1 bis 4 und Zahlenbeispiele 1 bis 16).

Bei den in Abb. 87 bis 159 dargestellten symmetrischen Tragwerken ist nach den an Hand der Abb. 23a—c gegebenen ausführlichen Erläuterungen leicht verständlich, daß diese Rahmenformen nur bei symmetrischer Belastung *unverschieblich*, bei unsymmetrischer Belastung jedoch waagrecht *verschieblich* sind (vgl. Einführungsbeispiele 3 und 4 sowie Zahlenbeispiele 5 bis 8, 13 bis 16, 18, 19).

Es ist aber zu beachten, daß viele symmetrische Tragwerke auch bei symmetrischer Belastung *verschiebliche* Knotenpunkte aufweisen, wie z. B. die in Abb. 160 bis 189 dargestellten Systeme, die bei jeder Belastung *lotrecht*, und die Tragwerke in den Abb. 190 bis 201, die bei jeder Belastung *waagrecht* verschieblich sind. Es verschieben sich z. B. in dem Tragwerk der Abb. 162 die Knoten 2, 5, 3, 6, 2′, 5′ und in dem Tragwerk der Abb. 172 die Knoten 4, 7, 4′, 7′ bei jeder Belastung lotrecht; hingegen sind z. B. in dem Tragwerk der Abb. 190 die Knoten 3, 4, 3′, 4′, und in dem Tragwerk der Abb. 193 die Knoten 5, 6, 5′, 6′ bei jeder, also auch bei symmetrischer Belastung waagrecht verschieblich.

1/B. Symmetrische Tragwerke, die nur bei symmetrischer Belastung unverschieblich sind (Abb. 87 bis 159).

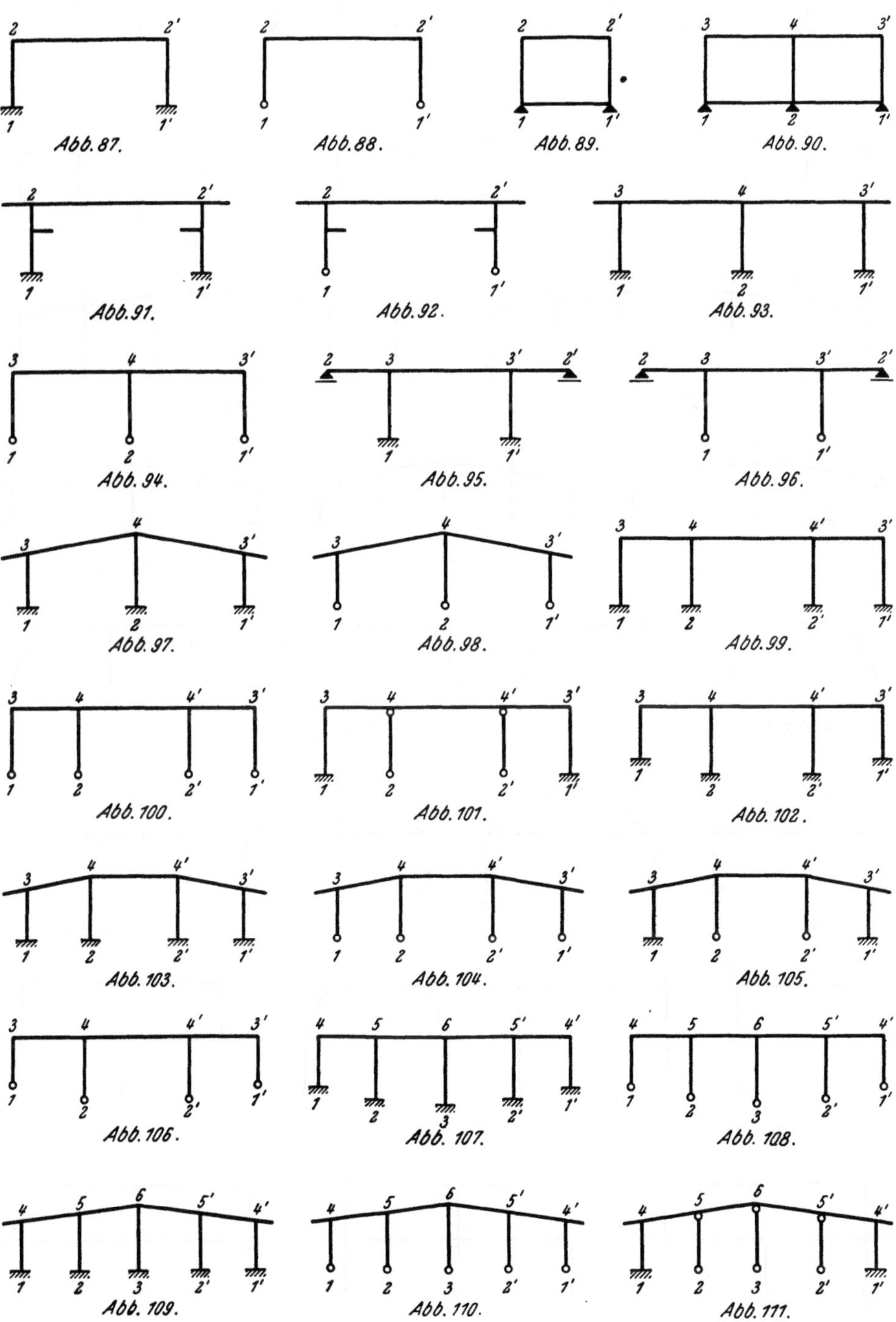

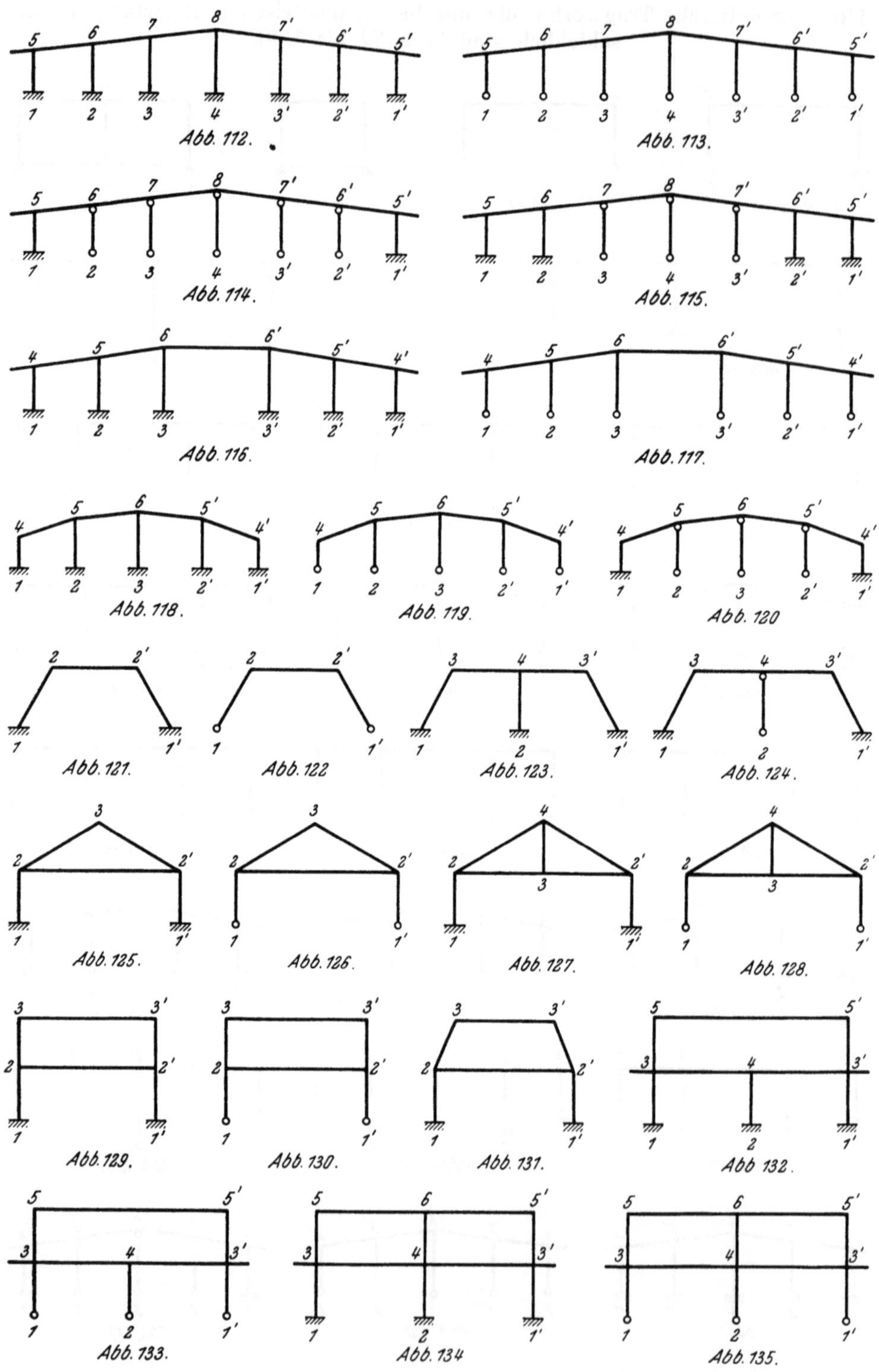
Abb. 112.
Abb. 113.
Abb. 114.
Abb. 115.
Abb. 116.
Abb. 117.
Abb. 118.
Abb. 119.
Abb. 120
Abb. 121.
Abb. 122
Abb. 123.
Abb. 124.
Abb. 125.
Abb. 126.
Abb. 127.
Abb. 128.
Abb. 129.
Abb. 130.
Abb. 131.
Abb 132.
Abb. 133.
Abb. 134
Abb. 135.

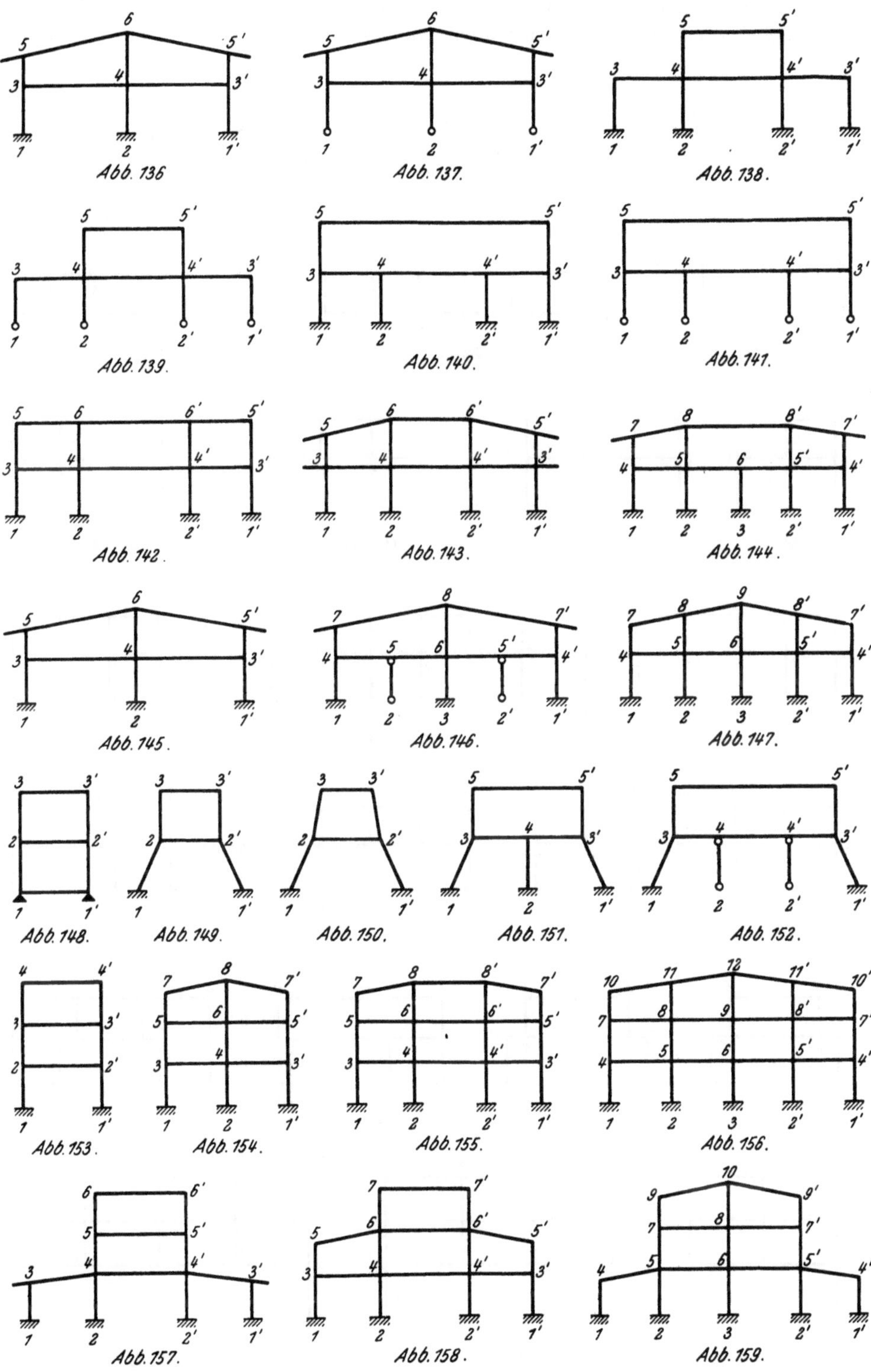

Abb. 136. Abb. 137. Abb. 138.

Abb. 139. Abb. 140. Abb. 141.

Abb. 142. Abb. 143. Abb. 144.

Abb. 145. Abb. 146. Abb. 147.

Abb. 148. Abb. 149. Abb. 150. Abb. 151. Abb. 152.

Abb. 153. Abb. 154. Abb. 155. Abb. 156.

Abb. 157. Abb. 158. Abb. 159.

1/C. Symmetrische Tragwerke, die bei symmetrischer Belastung nur lotrecht, bei unsymmetrischer Belastung auch waagrecht verschieblich sind (Abb. 160 bis 189).

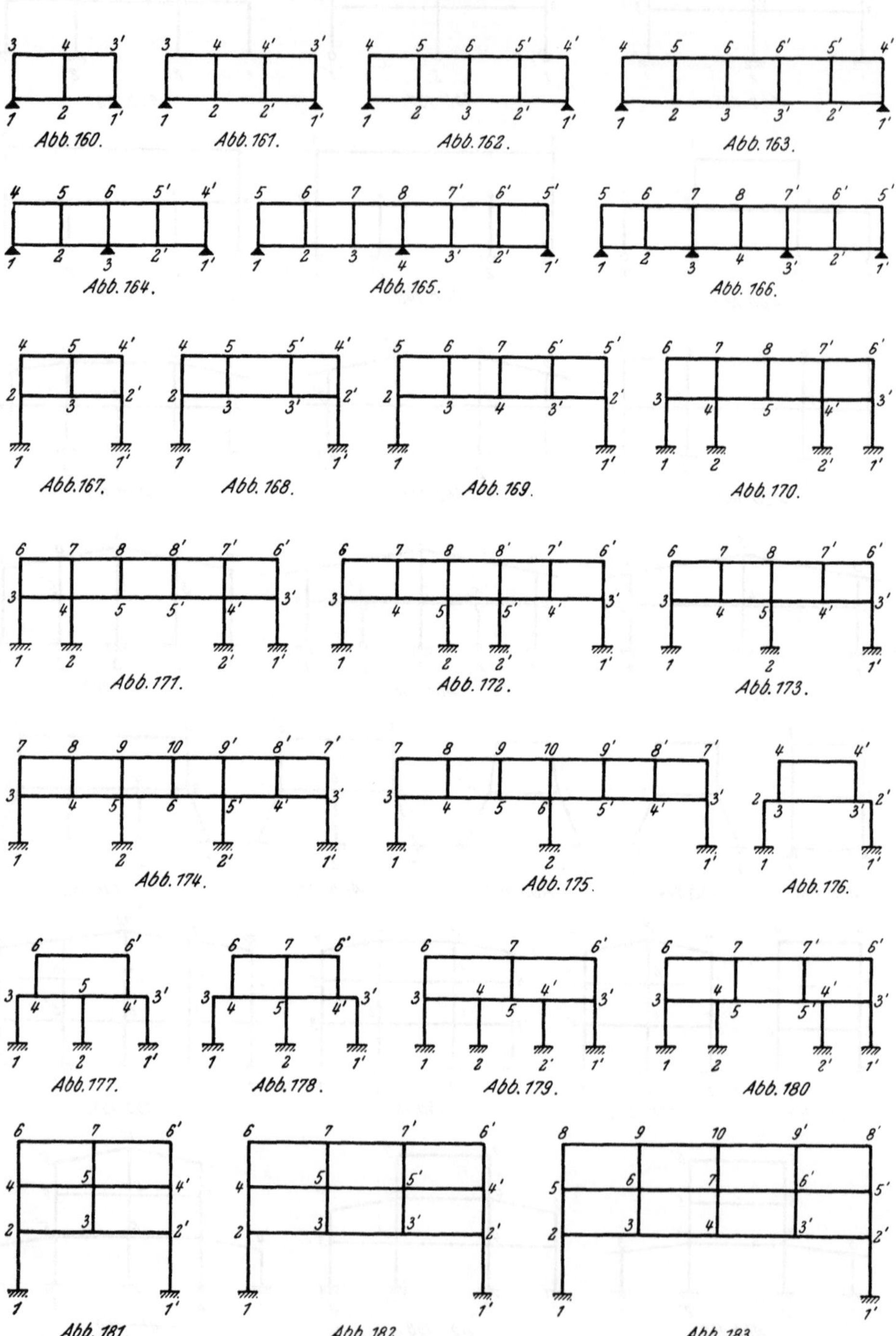

Abb. 160.   Abb. 161.   Abb. 162.   Abb. 163.

Abb. 164.   Abb. 165.   Abb. 166.

Abb. 167.   Abb. 168.   Abb. 169.   Abb. 170.

Abb. 171.   Abb. 172.   Abb. 173.

Abb. 174.   Abb. 175.   Abb. 176.

Abb. 177.   Abb. 178.   Abb. 179.   Abb. 180

Abb. 181.   Abb. 182.   Abb. 183.

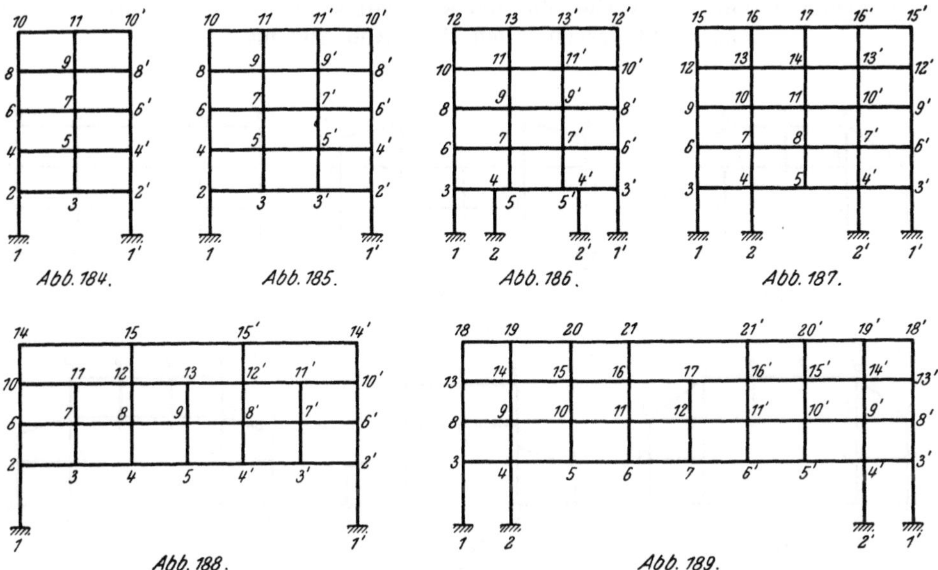

Abb. 184.   Abb. 185.   Abb. 186.   Abb. 187.

Abb. 188.   Abb. 189.

1/D. Symmetrische Tragwerke, die bei symmetrischer und unsymmetrischer Belastung nur waagrecht verschieblich sind (Abb. 190 bis 201).

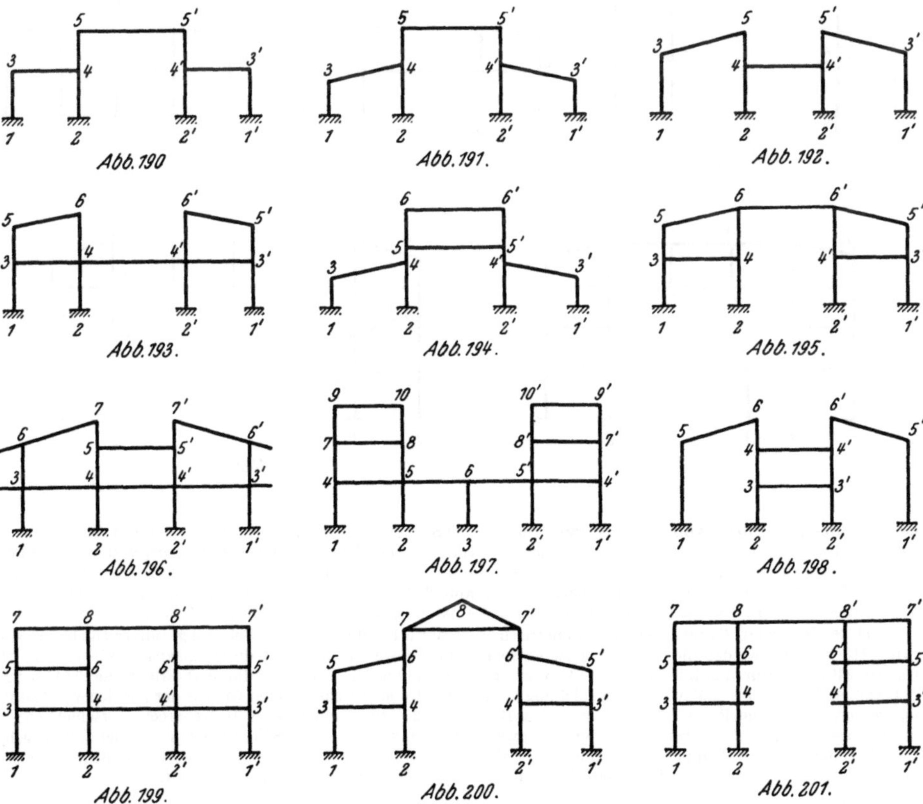

Abb. 190   Abb. 191.   Abb. 192.

Abb. 193.   Abb. 194.   Abb. 195.

Abb. 196.   Abb. 197.   Abb. 198.

Abb. 199.   Abb. 200.   Abb. 201.

1/E. Symmetrische Tragwerke, die bei symmetrischer Belastung lotrecht und waagrecht verschieblich sind (Abb. 202 bis 212).

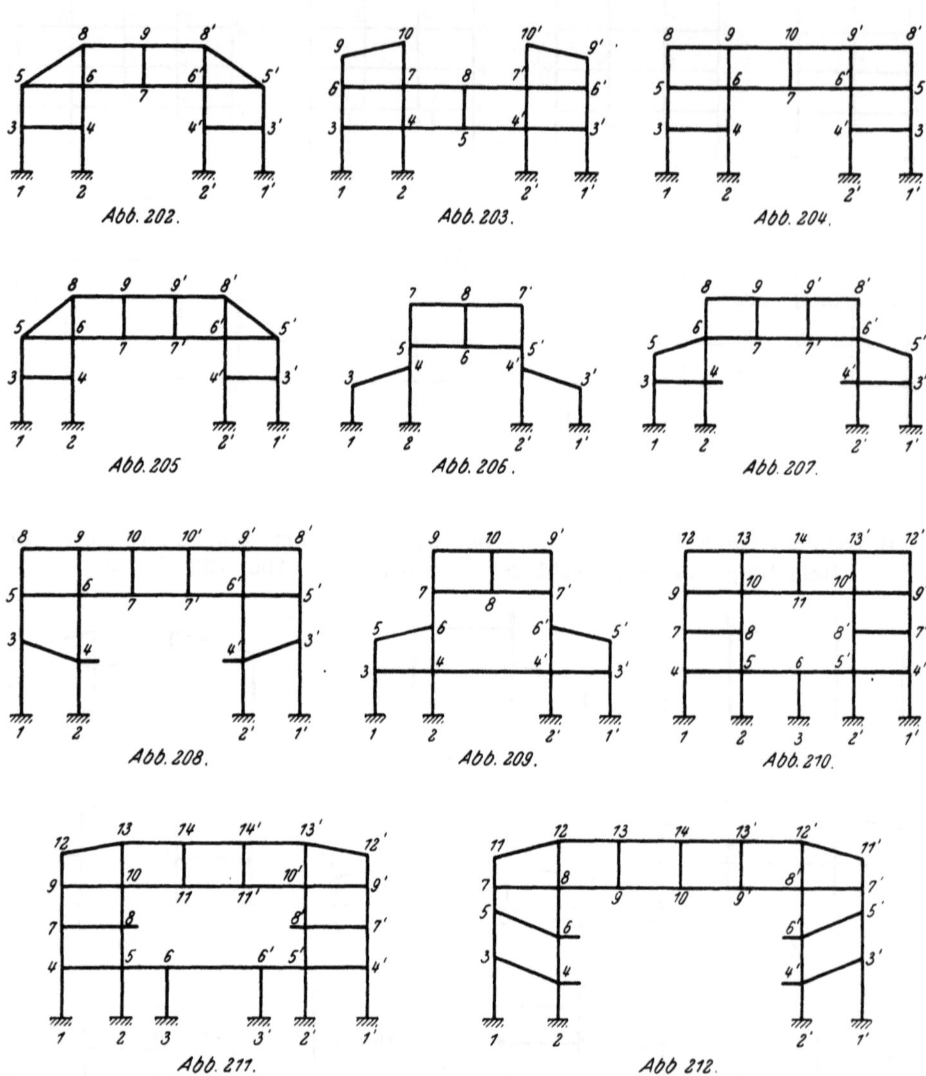

Bemerkungen zu den Abb. 202 bis 309. Die zur vorstehenden Gruppe gehörigen „symmetrischen" Tragwerke sind dadurch gekennzeichnet, daß sie auch bei symmetrischer Belastung *lotrecht* und *waagrecht* verschiebliche Knotenpunkte aufweisen. So führen z. B. in dem Tragwerk der Abb. 202 die Knoten 7 und 9 lotrechte, die Knoten 3, 4, 3′, 4′ hingegen waagrechte Verschiebungen aus; in Abb. 203 verschieben sich die Knoten 5 und 8 lotrecht, und die Knoten 9, 10, 9′, 10′ waagrecht. Ein ähnliches Verhalten zeigen auch die übrigen Tragwerke dieser Gruppe.

Bei der folgenden Gruppe der „unsymmetrischen" Tragwerke, die bei jeder Belastung „unverschieblich" sind (Abb. 213 bis 240), werden die Knotenpunkte entweder durch feste Gelenke oder durch Einspannstellen (Abb. 213 bis 219, 240), oder durch „Stab-Dreiecke" (Abb. 222 bis 225, 230 bis 235), oder aber durch „Festhaltelager" (Abb. 220, 221, 226 bis 229, 236 bis 239) an der Verschiebung verhindert. In der anschließenden Gruppe der „bei jeder Belastung nur *waagrecht* verschieblichen" Tragwerke sind z. B. in Abb. 263 die Knoten 5 bis 10 waagrecht verschieblich; in der Gruppe der „nur *lotrecht* verschieblichen" Tragwerke erleiden z. B. in Abb. 281 die Knoten 4, 7 und 5, 8 lotrechte Verschiebungen; in der Gruppe der „sowohl *lotrecht* als auch *waagrecht* verschieblichen" Systeme verschieben sich z. B. in Abb. 300 die Knoten 4 bis 12 waagrecht und gleichzeitig die Knoten 8 und 11 lotrecht.

2/A. Unsymmetrische Tragwerke, die bei jeder Belastung unverschieblich sind (Abb. 213 bis 240).

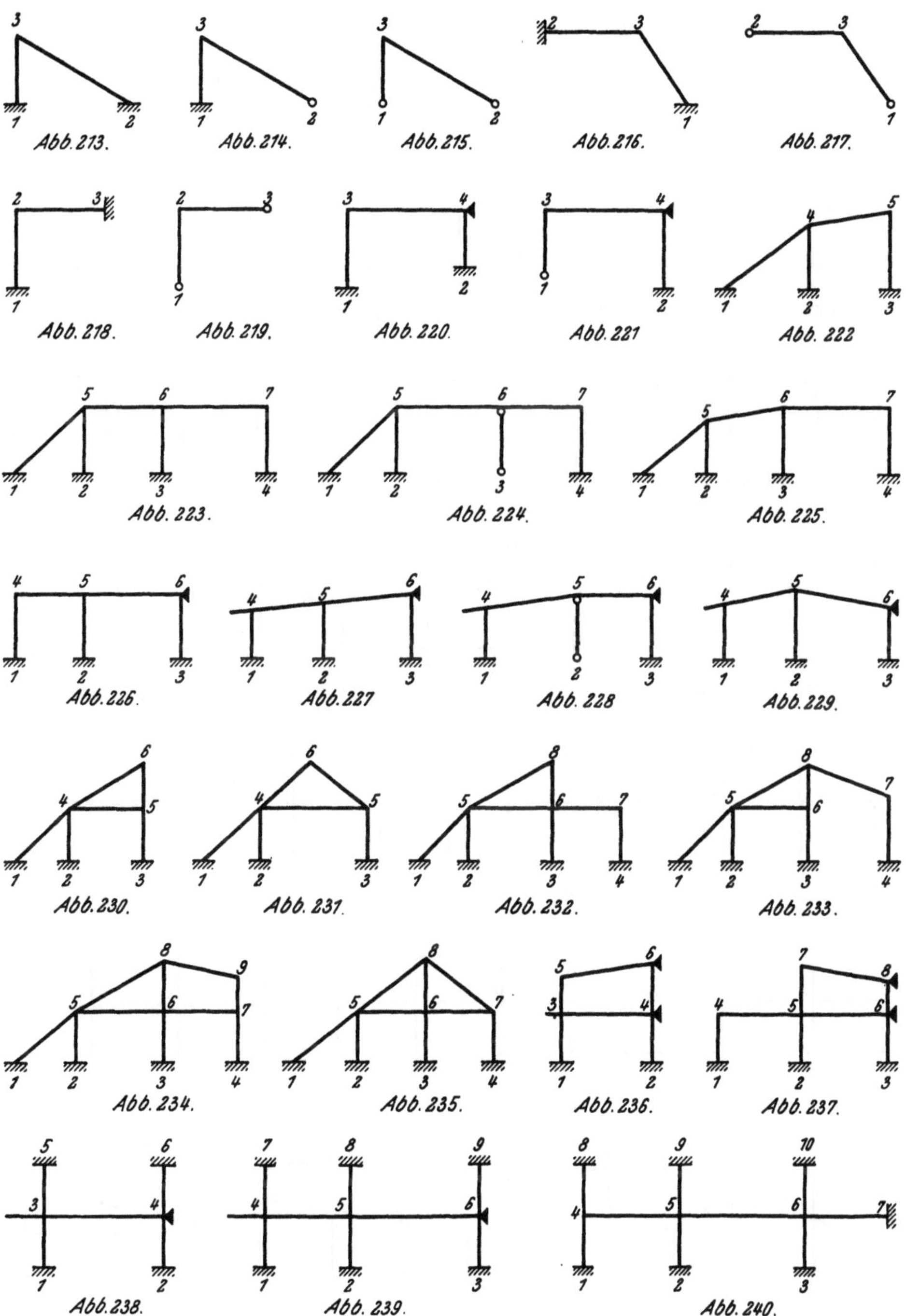

Abb. 213. Abb. 214. Abb. 215. Abb. 216. Abb. 217.

Abb. 218. Abb. 219. Abb. 220. Abb. 221 Abb. 222

Abb. 223. Abb. 224. Abb. 225.

Abb. 226. Abb. 227 Abb. 228 Abb. 229.

Abb. 230. Abb. 231 Abb. 232. Abb. 233.

Abb. 234. Abb. 235. Abb. 236. Abb. 237.

Abb. 238. Abb. 239. Abb. 240.

2/B. Unsymmetrische Tragwerke, die bei jeder Belastung nur waagrecht verschieblich sind (Abb. 241 bis 274).

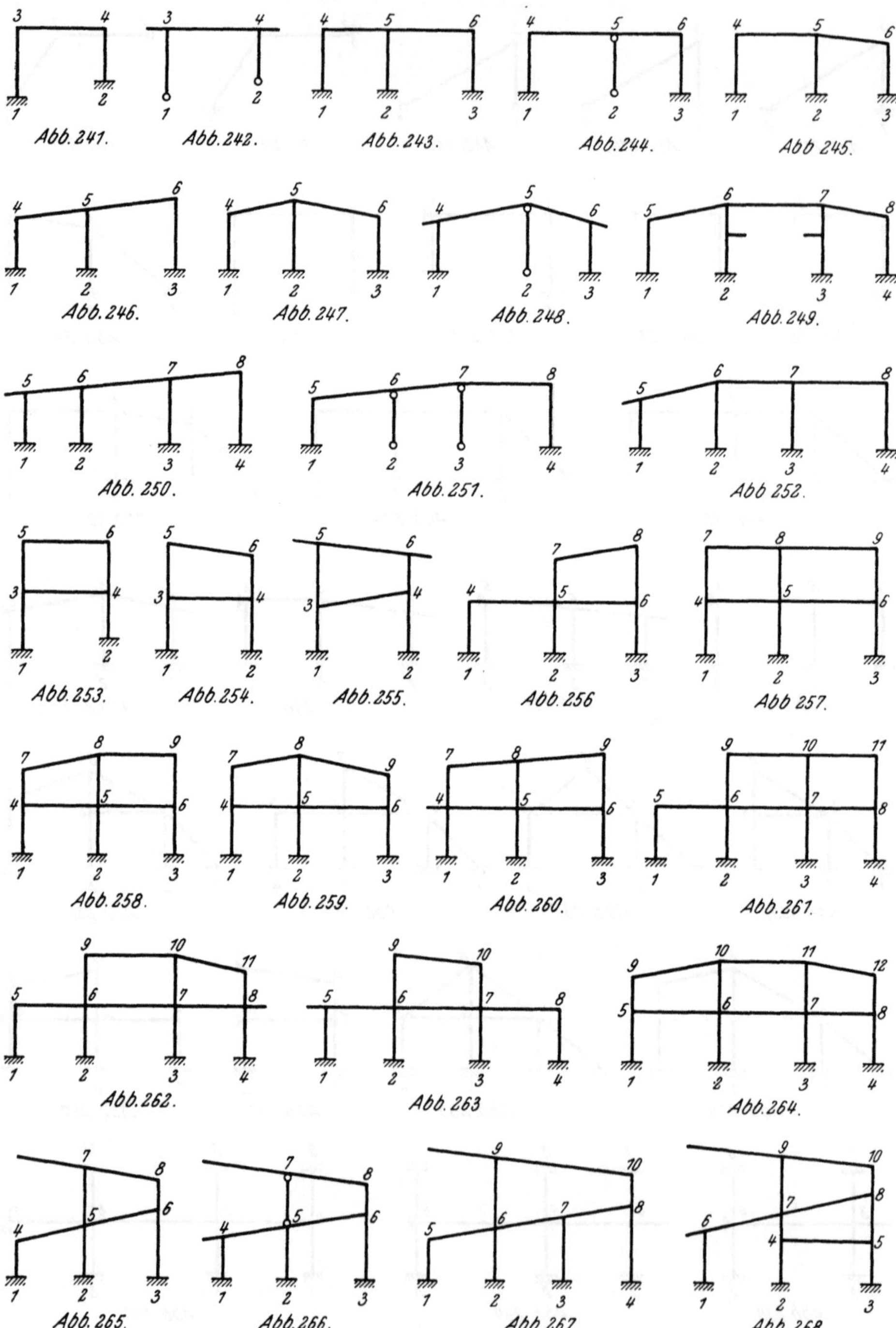

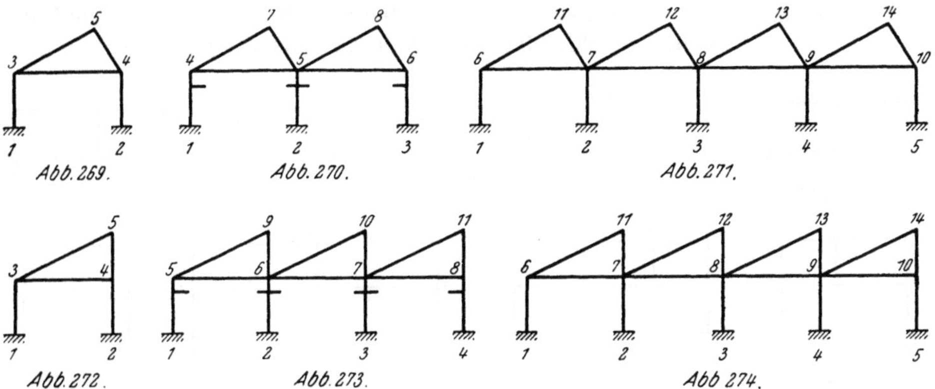

Abb. 269. Abb. 270. Abb. 271.

Abb. 272. Abb. 273. Abb 274.

2/C. Unsymmetrische Tragwerke, die bei jeder Belastung nur lotrecht verschieblich sind (Abb. 275 bis 286).

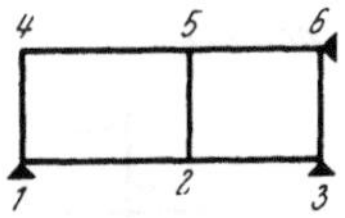

Abb. 275 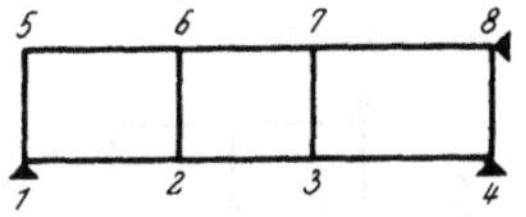 Abb. 276. 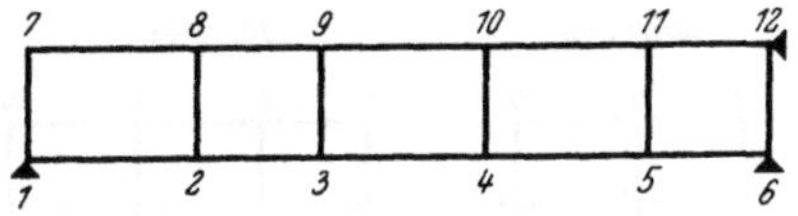 Abb. 277.

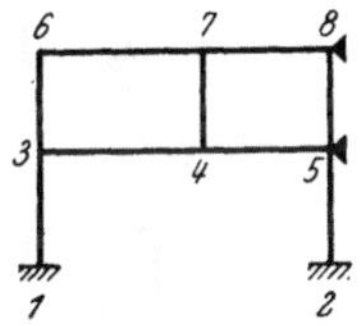

Abb. 278. 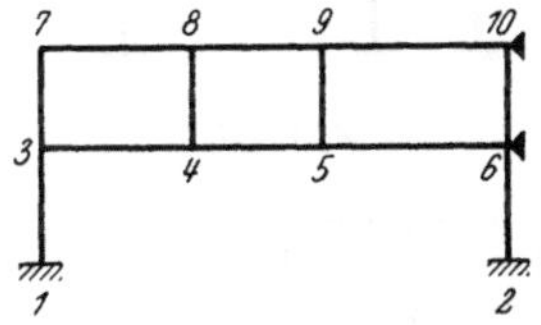 Abb. 279. 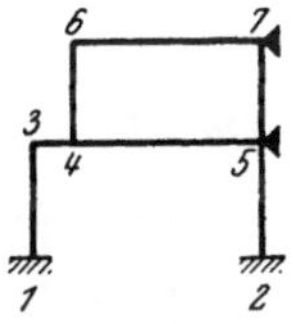 Abb. 280. 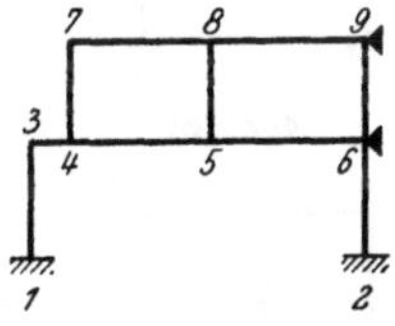 Abb. 281.

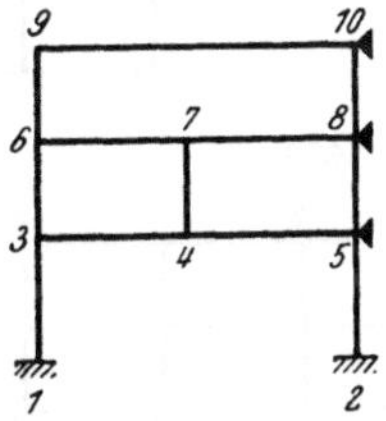

Abb. 282. 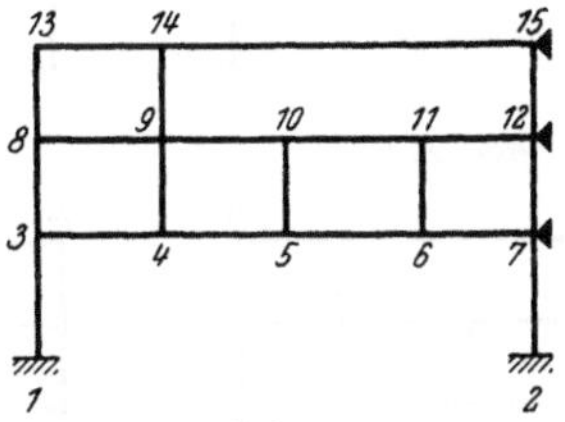 Abb. 283. 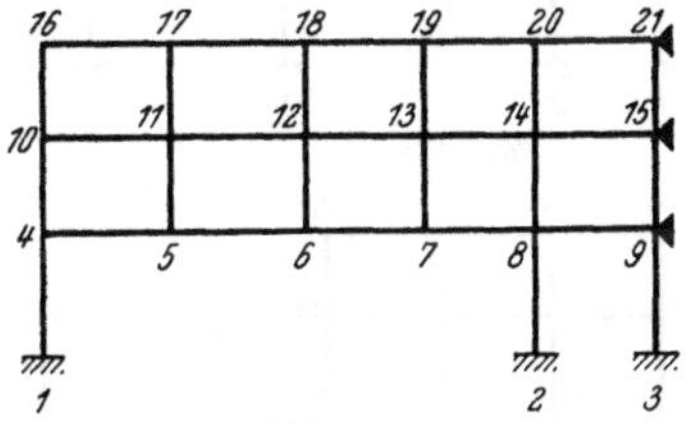 Abb. 284.

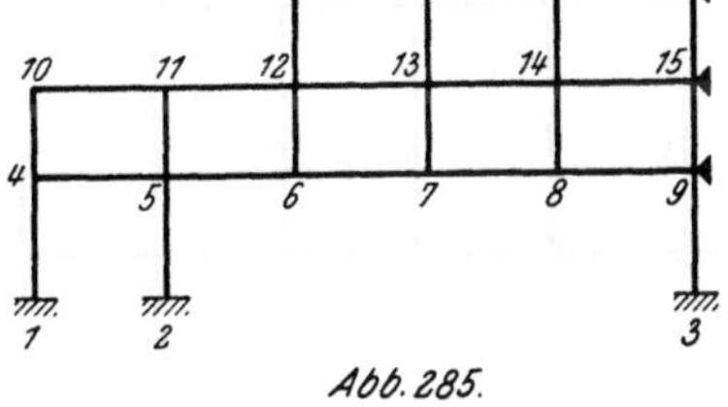

Abb. 285. 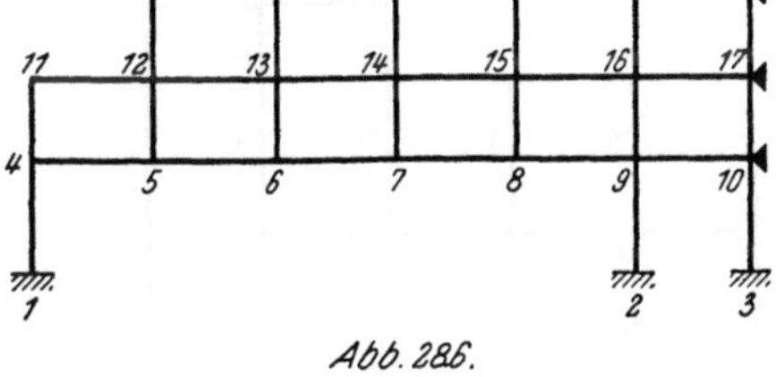 Abb. 286.

2/D. Unsymmetrische Tragwerke, die bei jeder Belastung waagrecht und lotrecht verschieblich sind (Abb. 287 bis 309).

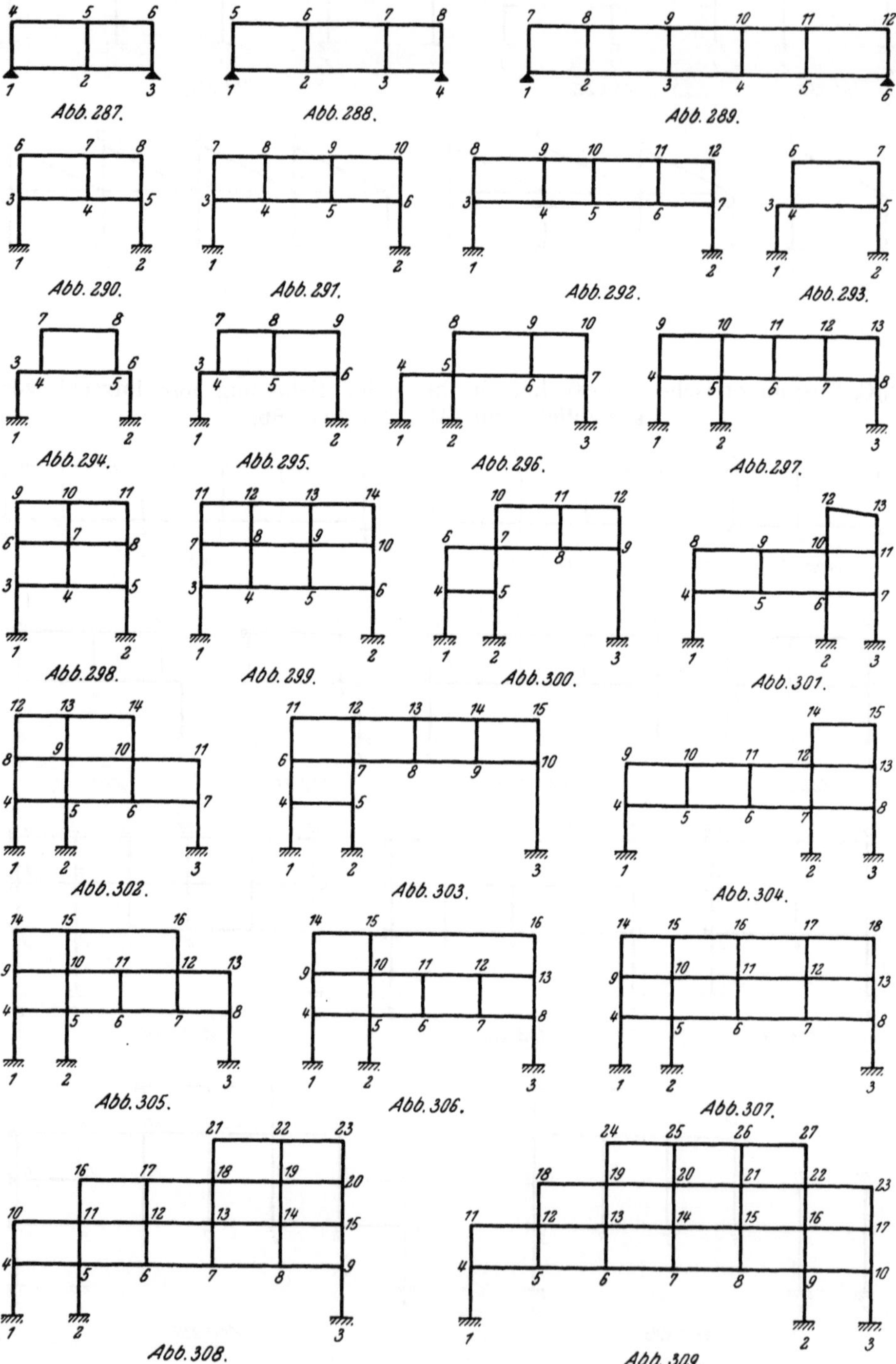

Abb. 287.   Abb. 288.   Abb. 289.

Abb. 290.   Abb. 291.   Abb. 292.   Abb. 293.

Abb. 294.   Abb. 295.   Abb. 296.   Abb. 297.

Abb. 298.   Abb. 299.   Abb. 300.   Abb. 301.

Abb. 302.   Abb. 303.   Abb. 304.

Abb. 305.   Abb. 306.   Abb. 307.

Abb. 308.   Abb. 309.

Zweiter Abschnitt.

Tragwerke ohne Vouten.

I. Vorbemerkung.

Die Cross-Methode stellt, ähnlich wie das Festpunktverfahren, eine Berechnungsart für statisch unbestimmte Tragwerke dar, bei welcher der Grad der statischen Unbestimmtheit nirgends unmittelbar in Erscheinung tritt und auch gar nicht festgestellt zu werden braucht. Die Vorzüge der Cross-Methode kommen besonders bei den Tragwerken mit unverschieblichen Knotenpunkten zur Geltung, da bei diesen Systemen der Berechnungsvorgang sehr einfach ist und weitgehend mechanisiert werden kann. Im Grunde stellt diese Methode ein Iterationsverfahren dar, dessen Konvergenz besonders bei unverschieblichen Tragwerken sehr günstig ist und daher schon nach verhältnismäßig wenig Rechnungswiederholungen zu den für praktische Bedürfnisse als hinreichend genau zu bezeichnenden Endergebnissen führt.

Die Berechnungsmethode nach Cross wurde bereits in einer ungewöhnlich großen Zahl von Büchern und Aufsätzen nach den verschiedensten Gesichtspunkten behandelt. Das Literaturverzeichnis Seite 471 zeigt nur einen kleinen Ausschnitt aus der Vielzahl von Arbeiten, die bisher im In- und Ausland über das Cross-Verfahren erschienen sind.

II. Unverschiebliche Tragwerke.

Die charakteristischen Merkmale und Besonderheiten der „unverschieblichen Tragwerke" wurden bereits im ersten Abschnitt ausführlich behandelt. Es wurden dort auch zahlreiche Beispiele für die verschiedenen Untergruppen dieser Tragwerksarten zusammengestellt. So sind beispielsweise in den Abb. 29 bis 86 symmetrische Tragwerke dargestellt, die bei jeder Art von Belastung unverschieblich sind, während die in den Abb. 87 bis 159 gezeigten symmetrischen Systeme nur bei symmetrischer Belastung zu den „unverschieblichen" Tragwerken zu zählen sind. In den Abb. 213 bis 240 sind hingegen verschiedene unsymmetrische, bei jeder Belastung unverschiebliche Tragwerke wiedergegeben.

1. Das Prinzip der Cross-Methode.

A. Allgemeines.

Man denke sich zunächst sämtliche Knoten des gegebenen Tragwerkes unverdrehbar festgehalten. Es treten in diesem Zustand unter der gegebenen Belastung keine Knotendrehwinkel und damit auch keine Stabendverdrehungen auf, d. h. sämtliche Rahmenstäbe wirken als beidseitig voll eingespannte Träger. Der unter dieser willkürlichen Annahme auftretende Momentenverlauf in den einzelnen belasteten Feldern kann somit nach gebrauchsfertigen Formeln für voll eingespannte Träger ermittelt werden. In den unbelasteten Stäben ergeben sich unter den getroffenen Voraussetzungen keinerlei Momente, weil bei diesen Stäben auch keine Verformung auftreten kann. Man erhält also auf diese Weise die Stabanschlußmomente der in einem Rahmenknoten zusammentreffenden Stäbe zunächst vollkommen unabhängig voneinander. Jedes einzelne dieser „Volleinspannmomente" $\mathfrak{M}$ versucht die vorläufig noch festgehaltenen Rahmenknoten zu verdrehen. Der Richtungssinn dieser Verdrehung ist immer identisch mit dem Drehsinn des betrachteten Momentes in bezug auf den Rahmenknoten. Dabei werden in den einzelnen Knoten durch die dort angeschlossenen Stäbe in der Regel teils linksdrehende und teils rechtsdrehende Volleinspannmomente übertragen. Würde die Summe der linksdrehenden Volleinspannmomente $\mathfrak{M}$ gleich sein der Summe der rechtsdrehenden, dann wäre der Knoten im Gleichgewicht. In der Regel wird das aber nicht der Fall sein, sondern es werden die links- oder rechtsdrehenden Stabanschlußmomente einen Überschuß ergeben. Diesen Momentenüberschuß in einem Knoten n, den man einfach als „Restmoment" M_n bezeichnet, erhält man, wenn man die algebraische Summe aller im betrachteten Knoten vorhandenen Volleinspannmomente $\mathfrak{M}$ bildet. Das „Restmoment" im Knoten n ist somit

$$M_n = \Sigma \mathfrak{M}_{n,i}. \qquad (22)$$

Denkt man sich nun einen der bisher unverdrehbar festgehaltenen Knoten mit dem Restmoment M_n losgelassen, dann wird er sich sofort um einen gewissen Winkel φ_n verdrehen und dabei in den biegungssteif angeschlossenen Stäben Gegenmomente M' erzeugen, deren Summe gleich dem vorhandenen Restmoment M_n ist und diesem das Gleichgewicht hält. Das Knotenrestmoment M_n verteilt sich, wie bereits Seite 5 ausführlich dargelegt worden ist, im Verhältnis der Steifigkeitszahlen k auf die einzelnen Stäbe und pflanzt sich bis zur Einspannstelle an ihrem anderen Ende fort. Nach Verteilung des Knotenrestmomentes M_n und Überleitung der M'-Momente denkt man sich den zuerst losgelassenen Knoten wieder unverdrehbar festgehalten und gibt einen anderen Knoten frei. Es wiederholt sich der gleiche Vorgang, wobei aber zu beachten ist, daß das zu verteilende Restmoment M_n dieses Knotens unter Berücksichtigung der durch Weiterleitung dort bereits zur Wirkung gelangenden M''-Momente zu ermitteln ist; in solchen Fällen ist daher

$$M_n = \Sigma \mathfrak{M}_{n,i} + \Sigma M''_{n,i}. \qquad (22\,a)$$

In dieser Weise wird fortgeschritten, bis alle Momente, einschließlich der weitergeleiteten, in allen Knotenpunkten ausgeglichen sind. Durch algebraische Addition sämtlicher zu den einzelnen Stabenden gehörigen Momentenanteile M' und M'', einschließlich der Volleinspannmomente $\mathfrak{M}$, erhält man schließlich die endgültigen Stabendmomente des gesamten Tragwerkes. Es wird also z. B. das Stabanschlußmoment $M_{n,i}$ eines Stabes $n - i$:

$$M_{n,i} = \mathfrak{M}_{n,i} + \Sigma M'_{n,i} + \Sigma M''_{n,i}. \qquad (23)$$

Die praktische Durchführung der Rechnung geschieht am besten so, daß der Ausgleich immer bei jenem Knoten vorgenommen wird, wo das größte Restmoment M_n auftritt. Zur Erzielung einer besseren Übersicht können alle verteilten und weitergeleiteten Momentenwerte in eine Rahmenskizze eingetragen werden.

B. Momentenverteilungszahlen μ.

Die bisher durchgeführten Überlegungen mögen an einem einfachen Fall noch etwas ausführlicher erläutert werden. In Abb. 310 sei ein unverschiebliches Rahmentragwerk mit den voll eingespannten Stabenden 1, 2, 3 und einer gelenkigen Lagerung bei 4 gegeben. Von den vier im Knoten n zusammentreffenden Stäben sind zwei mit einer Gleichlast q belastet. Denkt man sich nun auch den Knotenpunkt n zunächst unverdrehbar festgehalten, dann wirken die beiden Stäbe $2-n$ und $n-3$ als beidseitig voll eingespannte Träger, und die Stabanschlußmomente in den einzelnen Knoten sind identisch mit den Volleinspannmomenten $\mathfrak{M}$ dieser Stäbe.

Diese $\mathfrak{M}$-Werte würden sich im vorliegenden Falle nach Tafel 2 ergeben, u. zw.

für *Stab 2—n:* $\qquad \mathfrak{M}_{2,n} = + \dfrac{q\,l^2_1}{12}; \qquad \mathfrak{M}_{n,2} = -\dfrac{q\,l^2_1}{12}$

für *Stab n—3:* $\qquad \mathfrak{M}_{n,3} = + \dfrac{q\,l^2_2}{12}; \qquad \mathfrak{M}_{3,n} = -\dfrac{q\,l^2_2}{12}.$

Es soll vorerst nur der Knoten n betrachtet werden. Dort greifen das Volleinspannmoment $\mathfrak{M}_{n,2}$ des Stabes n—2 und das Volleinspannmoment $\mathfrak{M}_{n,3}$ des Stabes n—3 an. Das Moment $\mathfrak{M}_{n,2}$ trachtet den Knoten n entgegen dem Uhrzeigersinn zu drehen, erhält also nach der bereits festgelegten Vorzeichenregel (Seite 8) ein negatives Vorzeichen, während das Volleinspannmoment $\mathfrak{M}_{n,3}$ den Knoten n im Uhrzeigersinn zu drehen versucht und daher positiv ist. In Abb. 310a ist der Knoten n mit den beiden angreifenden Volleinspannmomenten $\mathfrak{M}$ gesondert dargestellt. Wären nun diese beiden Momente $\mathfrak{M}_{n,2}$ und $\mathfrak{M}_{n,3}$ gleich groß, dann brauchte man den Knoten n nicht weiter festzuhalten, er würde ohnehin keine Verdrehung erfahren, da sich die beiden Momente das Gleichgewicht hielten. Dieser Fall ist z. B. gegeben, wenn die beiden Stablängen l_1 und l_2 und auch die in beiden Feldern wirkenden Belastungen gleich groß sind. Nun überwiegt aber im vorliegenden Fall das Moment $\mathfrak{M}_{n,3}$, das den Knoten nach rechts zu drehen versucht. Im Knoten n ist also unter gleichzeitiger Wirkung der beiden Volleinspannmomente $\mathfrak{M}_{n,2}$ und $\mathfrak{M}_{n,3}$ kein Gleichgewicht vorhanden, d. h. die statische Gleichgewichtsbedingung $\Sigma M = 0$ ist für die am herausgeschnittenen Knoten n angreifenden Momente nicht erfüllt; es bleibt ein „Restmoment" übrig, das mit M_n bezeichnet werden soll, also zum Unterschied gegen alle übrigen Momente nur einen Zeiger, nämlich die Knotennummer erhält. Im vorliegenden Falle ist somit dieses „Restmoment"

$$M_n = \mathfrak{M}_{n,3} - \mathfrak{M}_{n,2}.$$

Läßt man nun den bisher festgehaltenen Knoten n los, so wird er unter dem Einfluß des Restmomentes M_n sofort eine Drehung nach rechts um den Winkel φ_n erfahren. Dieser Knotendrehwinkel φ_n ist identisch mit den gleich großen Endtangentenwinkeln $\tau_{n,1}$, $\tau_{n,2}$, $\tau_{n,3}$, $\tau_{n,4}$ der nun entstehenden Biegelinien aller vier im Knoten n steif angeschlossenen Rahmenstäbe.

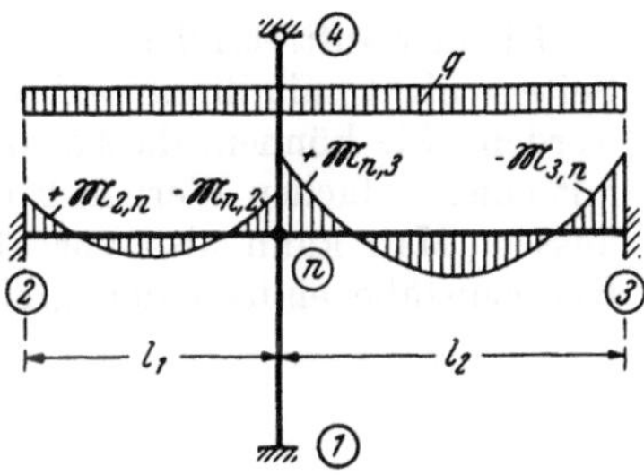

Abb. 310. M-Verlauf für Gleichlast bei unverdrehbaren Knoten.

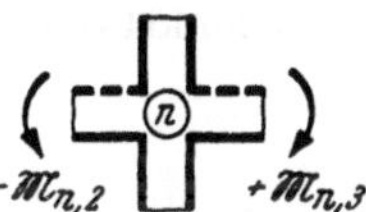

Abb. 310a. Drehsinn und Vorzeichen der Stabanschlußmomente $\mathfrak{M}$ am Knoten n.

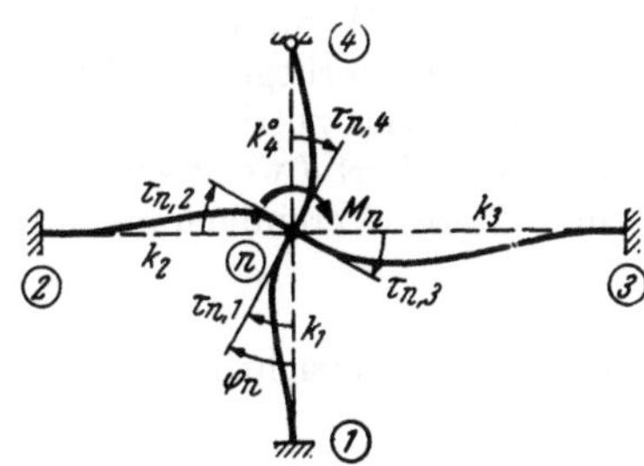

Abb. 311. Verformung nach dem Loslassen von Knoten n.

In Abb. 311 ist für diesen Zustand die Verformung der im Knoten n zusammentreffenden vier Stäbe dargestellt, von welchen der Stab n—4 in 4 gelenkig angeschlossen ist. Seine Steifigkeitszahl beträgt daher nach (19) nur $k^0_4 = 0{,}75\,k_4$. In den unter der Wirkung des Restmomentes M_n verbogenen Stäben treten in den Anschlußquerschnitten am Knoten n Gegenmomente M' auf, deren Größe von den Steifigkeitszahlen k_1, k_2, k_3, k^0_4 der einzelnen Stäbe abhängig ist. Die Ermittlung dieser Momentenanteile wurde Seite 5 ausführlich behandelt. Die dort erhaltenen

Ergebnisse können hier unmittelbar übernommen werden. Mit den in Abb. 311 gewählten Bezeichnungen erhält man nach (17) sinngemäß:

$$M'_{n,1} = -\frac{k_1}{\varSigma k}\, M_n$$

$$M'_{n,2} = -\frac{k_2}{\varSigma k}\, M_n$$

$$M'_{n,3} = -\frac{k_3}{\varSigma k}\, M_n \tag{24}$$

$$M'_{n,4} = -\frac{k^0_4}{\varSigma k}\, M_n.$$

Die hier auftretenden Steifigkeitszahlen k brauchen aber nach den Ausführungen Seite 4 nicht mit ihrem wahren Wert $k^* = 4\,EJ/l$ bzw. $k^{0*} = 3\,EJ/l$ verwendet zu werden. Sie können, da sie sowohl im Zähler als auch im Nenner auftreten, auch mit einem z-fachen Wert in Rechnung gestellt werden, ohne das Ergebnis zu beeinflussen. Man kann also vor allem den Faktor $4\,E$ fortlassen und für sämtliche Rahmenstäbe einfach den „relativen" Steifigkeitswert

oder
$$\boxed{k = \frac{J}{l}} \tag{25}$$

$$k = \frac{J}{l}\cdot 1000 \quad\text{bzw.}\quad \frac{J}{l}\cdot 10\,000 \tag{25 a}$$

in Rechnung stellen, wenn J in m^4 und l in m eingeführt wird. Sinngemäß könnte man bei Gelenkstäben als „relativen" Steifigkeitswert

$$k^0 = \frac{0{,}75\,J}{l} \tag{26}$$

oder unter Bezugnahme auf (25 a) auch

$$k^0 = \frac{750\,J}{l} \quad\text{bzw.}\quad \frac{7\,500\,J}{l} \tag{26 a}$$

verwenden. Wenn in Sonderfällen die Querschnittsträgheitsmomente bei sämtlichen Stäben des vorliegenden Tragwerkes gleich groß sind, wie das z. B. bei Durchlaufträgern meist zutrifft, so kann in der Formel (25) für die Steifigkeitszahlen auch noch der Wert J weggekürzt werden, und man erhält die relativen Steifigkeitswerte in weiterer Vereinfachung mit

$$k = \frac{1}{l} \tag{27}$$

oder, um übersichtlichere Zahlenwerte zu erhalten,

$$k = \frac{10}{l} \quad\text{bzw.}\quad \frac{100}{l}, \tag{27 a}$$

wenn l in m eingeführt wird. Der Verzerrungsfaktor z ist in diesem Falle gemäß (12)

$$z = \frac{10}{4\,E\,J} \quad\text{bzw.}\quad \frac{100}{4\,E\,J}. \tag{27 b}$$

Der Richtungssinn und damit die Vorzeichen dieser vier aus (24) bestimmbaren Knotenanschlußmomente $M'_{n,1}$, $M'_{n,2}$, $M'_{n,3}$, $M'_{n,4}$ müssen immer entgegengesetzt dem des Knotenrestmomentes M_n sein, denn ihre Summe muß diesem Knotenmoment M_n das Gleichgewicht halten. Die statische Bedingung $\varSigma M = 0$ ist damit im Knoten n erfüllt.

In Abb. 312 ist der Knoten n mit der nach dem Loslassen unter der Wirkung des Knotenrestmomentes M_n eintretenden Verformung der dort einmündenden Stäbe dargestellt. Die Zugzonen dieser Stäbe sind gestrichelt angedeutet, der

Richtungssinn aller einwirkenden Momente ist durch Pfeile gekennzeichnet. Die Verteilung des Restmomentes M_n im Knoten n auf die hier biegungssteif angeschlossenen Stäbe geschieht also, wie schon aus den Gl. (17) hervorgeht, nach einem ganz bestimmten Schlüssel, der nur von der Steifigkeit der einzelnen Stäbe abhängig ist.

Wie bereits bei (17) festgelegt wurde, bezeichnet man die für die Verteilung des Knotenrestmomentes M_n maßgebenden Faktoren $\dfrac{k}{\Sigma k}$ als „Momentenverteilungszahlen" μ. Es ist somit im vorliegenden Fall

$$\mu_1 = \frac{k_1}{\Sigma k}, \quad \mu_2 = \frac{k_2}{\Sigma k}, \quad \mu_3 = \frac{k_3}{\Sigma k}, \quad \mu_4 = \frac{k^0_4}{\Sigma k}, \tag{28}$$

wobei

$$\Sigma k = k_1 + k_2 + k_3 + k^0_4. \tag{28 a}$$

Die Summe dieser Verteilungszahlen μ muß für jeden Knoten den Wert 1 ergeben.

Allgemein können zur eindeutigen Festlegung der Momentenverteilungszahlen μ (ähnlich wie für die Stabendmomente) zwei Zeiger verwendet werden, wobei sich der erste Zeiger auf den betrachteten Knoten, der zweite auf das gegenüberliegende Stabende bezieht. Man erhält dann in Übereinstimmung mit (17 b)

und zur Probe

$$\boxed{\mu_{n,i} = \frac{k_{n,i}}{\Sigma k_{n,i}}} \tag{29}$$

$$\Sigma \mu_{n,i} = 1. \tag{30}$$

Nach dieser allgemeinen Schreibweise ergeben sich somit in Anlehnung an (24) für ein Knotenrestmoment M_n die Momentenanteile $M'_{n,i}$ der im Knoten n biegungssteif angeschlossenen Stäbe $n{-}i$ mit

$$\boxed{M'_{n,i} = - \mu_{n,i} M_n,} \tag{31}$$

wobei $\mu_{n,i}$ nach (29) zu bestimmen ist.

Die Momentenverteilungszahl μ für einen bestimmten Stab ist also gleich dem Quotienten aus der Steifigkeitszahl k bzw. k^0 dieses Stabes und der Summe der Steifigkeitszahlen aller in dem betrachteten Knoten biegungssteif angeschlossenen Stäbe.

Die Summe der nach (31) für einen Knoten n erhaltenen M'-Momente muß wieder gleich dem zur Verteilung gelangenden Restmoment M_n sein, aber mit umgekehrtem Vorzeichen, also

$$\Sigma M'_{n,i} = - M_n. \tag{31 a}$$

Bei der praktischen Rechnung empfiehlt es sich, diese Verteilungszahlen μ im Bereich eines jeden Knotens in eine Rahmenskizze gemäß Abb. 313 einzutragen.

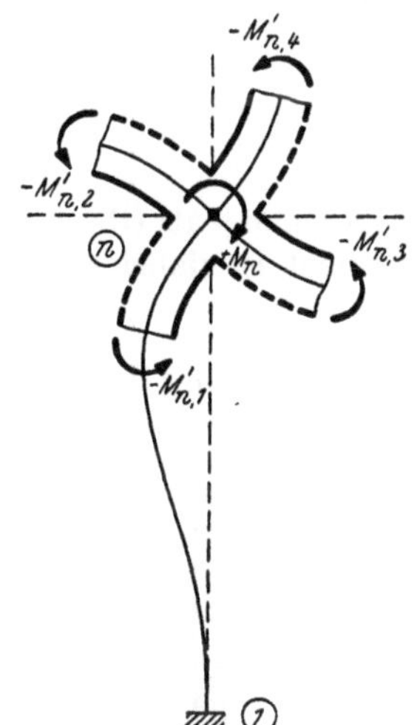

Abb. 312. Verformung im losgelassenen Knoten n; Drehsinn und Vorzeichen der „Verteilungsmomente".

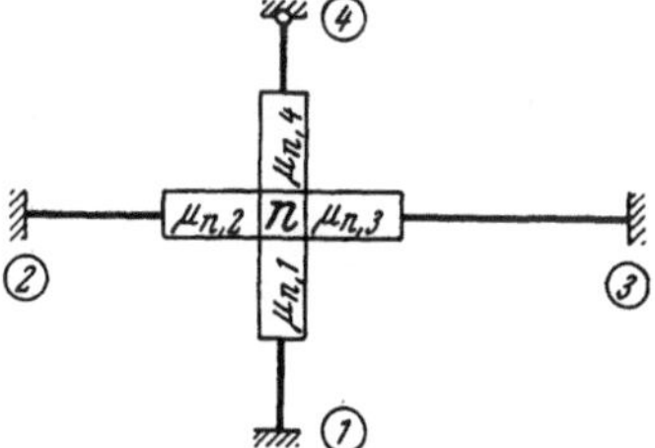

Abb. 313. Systemskizze mit Verteilungszahlen μ.

C. Überleitungszahlen γ.

Durch Verteilung des Knotenrestmomentes M_n auf die im Knoten n angeschlossenen Stäbe $n{-}i$ erhält man die Stabanschlußmomente $M'_{n,i}$, die nun über die einzelnen Stäbe zu den benachbarten voll eingespannt gedachten Stabenden weiterzuleiten sind. Nach den bereits im ersten Abschnitt Seite 3 angestellten Betrachtungen hat sich ergeben, daß ein Moment M_1 bei der Überleitung von dem Stabende 1 auf das andere voll eingespannte Stabende 2 dort das Moment $M_2 = 0,5\ M_1$ hervorruft. In Abb. 314 ist der hiebei längs des gesamten Stabes 1—2 auftretende Momentenverlauf und die zugehörige Biegelinie dargestellt. In der Entfernung $l/3$ von der Einspannstelle 2 tritt in der Biegelinie ein Wendepunkt, also in der M-Linie ein Nullpunkt auf. Das Moment M_2 versucht das Stabende links bzw. den Knoten 2 rechts zu drehen, ist somit nach der festgelegten Vorzeichenregel ebenso wie das am Stabende 1 wirkende Moment M_1 positiv. Das Vorzeichen des überzuleitenden Momentes stimmt also stets mit dem Vorzeichen des am anderen Stabende hervorgerufenen Momentes überein. Allgemein besteht zwischen diesen beiden Momenten die Beziehung

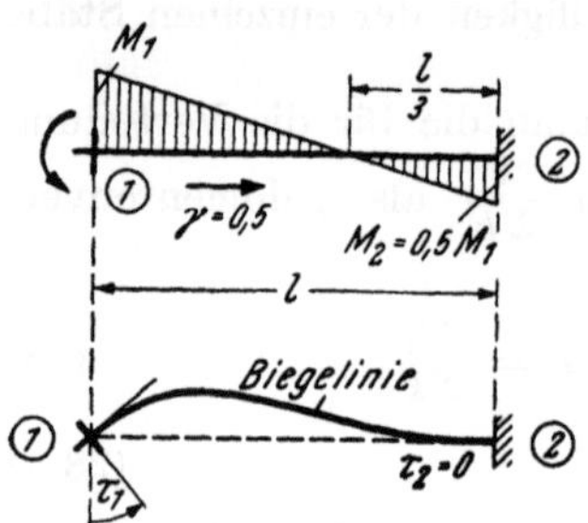

Abb. 314. Überleitung von M_1 zu Knoten 2 und zugehörige Biegelinie.

$$M_2 = \gamma\,M_1, \tag{32}$$

wobei man γ als Überleitungszahl bezeichnet. Für Stäbe mit konstantem Trägheitsmoment ist dabei stets

$$\gamma = 0,5. \tag{33}$$

Bei Stäben mit veränderlichen Querschnitten müssen allerdings, wie später noch gezeigt wird, diese γ-Werte für jeden Stab gesondert ermittelt werden.

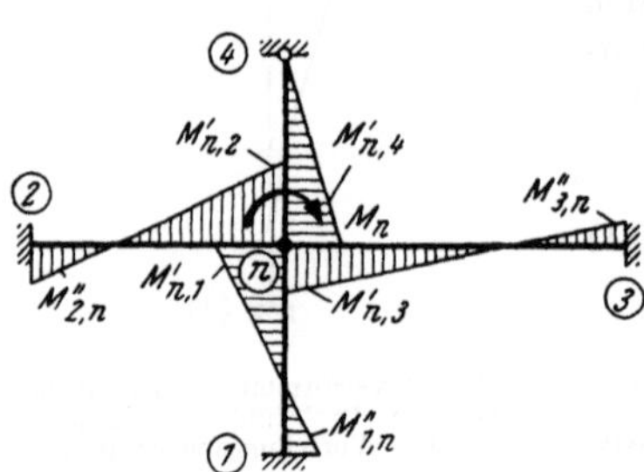

Abb. 315. M-Verlauf zu Abb. 311.

Die bisher gewonnenen Erkenntnisse sind in Abb. 315 einprägsam veranschaulicht, wo der zur Abb. 311 gehörige M-Verlauf schematisch dargestellt ist. Daraus ist zu entnehmen, wie sich die durch das Knotenrestmoment M_n in den anschließenden Stäben hervorgerufenen M'-Momente nach den gegenüberliegenden, voll eingespannten Knoten fortpflanzen. Die dort auftretenden Momente bezeichnet man als „Übergangsmomente" M''; sie sind nach (33) stets halb so groß wie die am losgelassenen Knoten vorhandenen Momente M'. Es gilt also unter Voraussetzung konstanter Stabquerschnitte die Formel

$$M'' = 0,5\ M', \tag{34}$$

oder mit der exakten Bezeichnung

$$M''_{i,n} = 0,5\ M'_{n,i}. \tag{34 a}$$

D. Volleinspannmomente 𝔐.

Für die Durchführung der Berechnung nach dem Cross-Verfahren sind zunächst die Stabanschlußmomente zu bestimmen, die bei gedachter voller Einspannung sämtlicher steif angeschlossenen Stäbe unter der gegebenen Belastung auftreten. Diese Ausgangsmomente, die weiterhin als „Volleinspannmomente" 𝔐 bezeichnet werden sollen, können für die üblichen Belastungsfälle in der Regel nach gebrauchsfertigen Formeln ermittelt werden. Solche Formeln sind für gleichmäßig verteilte Streckenlasten auf Tafel 2, für verschiedene symmetrische und unsymmetrische Dreiecklasten und Trapezlasten auf Tafel 3 und für verschiedene Gruppen von Einzellasten auf Tafel 4 angegeben. Für beliebig verteilte Einzellasten empfiehlt sich die Verwendung der Einflußlinien für Volleinspannmomente, die ebenfalls auf Tafel 4 dargestellt sind. In diesen Tafeln ist für die einzelnen Belastungsfälle auch stets die zugehörige M_0-Linie mit allen zum Aufzeichnen des endgültigen M-Verlaufes erforderlichen Ordinaten dargestellt.

Die Momente $\mathfrak{M}^0$ für einseitig voll eingespannte, auf der anderen Seite gelenkig gelagerte Träger sind aus den Tafeln 5 und 6 zu entnehmen.

Bei Belastungsfällen, für welche keine gebrauchsfertigen Formeln zur Verfügung stehen, können die Volleinspannmomente $\mathfrak{M}$ unter Berücksichtigung der Seite 10 festgelegten Vorzeichenregel und unter Verwendung der in Abb. 316a gewählten Bezeichnungen

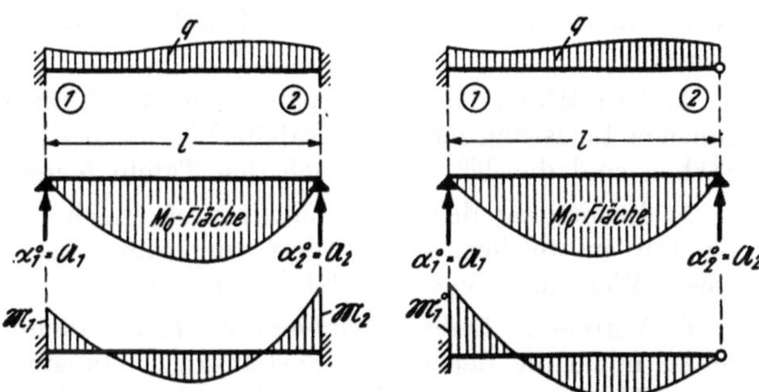

Abb. 316a. Beidseitig voll eingespannter Träger.

Abb. 316b. Einseitig gelenkig angeschlossener Träger.

Abb. 316a, b. Ermittlung der Volleinspannmomente $\mathfrak{M}$ bzw. $\mathfrak{M}^0$ aus den α^0-Werten.

für beidseitig voll eingespannte Träger nach folgenden, allgemein gültigen Formeln ermittelt werden:

$$\mathfrak{M}_1 = + 2\,\frac{2\,\alpha^0{}_1 - \alpha^0{}_2}{l} \quad \text{und} \quad \mathfrak{M}_2 = - 2\,\frac{2\,\alpha^0{}_2 - \alpha^0{}_1}{l}. \tag{35}$$

Hierin bedeuten $\alpha^0{}_1$ und $\alpha^0{}_2$ die infolge der äußeren Belastung entstehenden EJ-fachen Stabenddrehwinkel des frei aufliegend gedachten Stabes 1—2. Nach dem Satz von MOHR sind sie identisch mit den Auflagerdrücken $\mathfrak{A}_1$ und $\mathfrak{A}_2$ der als Belastung aufgefaßten Momentenfläche M_0. Es können also an Stelle der in (35) auftretenden Winkelwerte α^0 die entsprechenden Auflagerdrücke $\mathfrak{A}_1$ und $\mathfrak{A}_2$ der M_0-Fläche gesetzt werden.

Für einseitig voll eingespannte Träger erhält man das Volleinspannmoment $\mathfrak{M}^0$ für beliebige Belastung gemäß Abb. 316b nach der Formel

$$\mathfrak{M}^0{}_1 = + \frac{3\,\alpha^0{}_1}{l}, \tag{36}$$

wobei $\alpha^0{}_1$ dieselbe Bedeutung hat wie in (35).

Damit können die zum Verständnis des Momentenverteilungsverfahrens und seiner Anwendung notwendigen Erläuterungen abgeschlossen werden. Es folgen nun noch einige kurze Anweisungen für die zahlenmäßige Durchführung dieser Berechnungsmethode.

E. Beschreibung des Rechnungsganges bei unverschieblichen Tragwerken ohne Vouten.

Bei der praktischen Anwendung der CROSS-Methode zur Berechnung unverschieblicher Tragwerke mit stabweise konstanten Trägheitsmomenten wird zweckmäßigerweise folgender Vorgang eingehalten:

1. Feststellung der Tragwerksabmessungen, also der Stablängen und der Querschnittsgrößen.

2. Ermittlung der Querschnittsträgheitsmomente J (für Rechtecksquerschnitte nach Tafel 1) sowie der „relativen" Steifigkeitszahlen k, und zwar bei beidseitig steif angeschlossenen Stäben nach (25a) aus $k = 1000\,J/l$ oder $10000\,J/l$ und bei einseitig gelenkig gelagerten Stäben nach (26a) aus $k^0 = 750\,J/l$ oder $7500\,J/l$.

3. Ermittlung der Momentenverteilungszahlen μ nach (29) aus $\left|\mu_{n,i} = \dfrac{k_{n,i}}{\Sigma k_{n,i}}\right.$ für die in den Knoten biegungssteif angeschlossenen Stäbe und Eintragung dieser Werte in die Systemskizze. Die Überleitungszahlen γ sind hier nach (33) stets $\gamma = 0,5$.

4. Ermittlung der Volleinspannmomente $\mathfrak{M}$ für die einzelnen Stäbe aus der gegebenen Belastung nach den Tafeln 2 bis 4; bei einseitig gelenkig angeschlossenen Stäben sind die $\mathfrak{M}^0$-Werte nach den Tafeln 5 und 6 zu berechnen.

5. Ermittlung des Restmomentes M_n nach (22) aus $M_n = \Sigma \mathfrak{M}_{n,i}$ für jenen Knoten, in welchem dieser Wert am größten ist; in der Rechnungs-Skizze wird dieser Wert in eine eckige Klammer gesetzt.

6. Verteilung dieses Restmomentes M_n auf die im Knoten n steif angeschlossenen Stäbe mit Hilfe der in der Systemskizze eingetragenen μ-Zahlen; nach (31) ist stets $M'_{n,i} = -\mu_{n,i}\,M_n$. Einschreiben der so erhaltenen Momentenanteile $M'_{n,i}$ in die Systemskizze; zum Zeichen des vollzogenen Ausgleiches sind diese M'-Werte zu unterstreichen.

7. Überleitung der Momentenanteile $M'_{n,i}$ zu den benachbarten Knoten i; dabei bleiben die Vorzeichen erhalten, und es wird nach (34a) das Übergangsmoment $M''_{i,n} = 0,5\,M'_{n,i}$.

8. Ermittlung des Restmomentes M_n in einem anderen Knoten n, wobei die dorthin bereits weitergeleiteten M''-Momente mit zu berücksichtigen sind; es wird also jetzt nach (22a) $M_n = \Sigma \mathfrak{M}_{n,i} + \Sigma M''_{n,i}$.

9. Verteilung dieses Restmomentes M_n nach Ziffer 6 auf die in dem betrachteten Knoten n steif angeschlossenen Stäbe $n-i$ und Überleitung der erhaltenen Momentenanteile $M'_{n,i}$ gemäß Ziffer 7; Ermittlung des Restmomentes M_n in einem weiteren Knoten nach Ziffer 8 und Verteilung auf die Anschlußstäbe wie hier unter Ziffer 9 angegeben. Dieser Vorgang ist solange fortzusetzen und zu wiederholen, bis die in den einzelnen Knoten verteilten Momente M' genügend klein geworden sind und nicht mehr weitergeleitet zu werden brauchen, ohne die angestrebte Genauigkeit zu beeinträchtigen.

10. Ermittlung der endgültigen Anschlußmomente gemäß (23) durch algebraische Addition der in den einzelnen Zahlengruppen der Rechnungs-Skizze bereits untereinander stehenden Teilbeträge $\mathfrak{M}$, M', M''.

11. Durchführung der Rechenproben $\Sigma M = 0$ für die einzelnen Rahmenknoten.

12. Maßstäbliches Aufzeichnen der endgültigen M-Linie, wobei die Momente stets an der Zugseite der einzelnen Stäbe aufzutragen sind.

F. Einführungsbeispiel 1: Zweifeldiger Rahmenteil mit voller Einspannung in den Knoten 1, 2, 4, 5.

Die Stablängen, Querschnittsabmessungen und Belastungen sind aus Abb. 317 zu entnehmen. Die Ermittlung der Trägheitsmomente J und der „relativen" Steifigkeitszahlen k wird zweckmäßigerweise in einer Tabelle vorgenommen.

Festwerttabelle.

Stab	Querschnitt b/h (cm)	Trägheitsmoment J (m⁴)	Länge l (m)	$k = 1000\,J/l$
1—3	40/50	0,00417	4,5	0,93
2—3	40/70	0,01143	6,0	1,91
3—4	40/70	0,01143	10,0	1,14
3—5	40/40	0,00213	4,0	0,53

Diese Steifigkeitswerte k werden zur besseren Übersicht in die sog. Festwertskizze (Abb. 318) eingetragen.

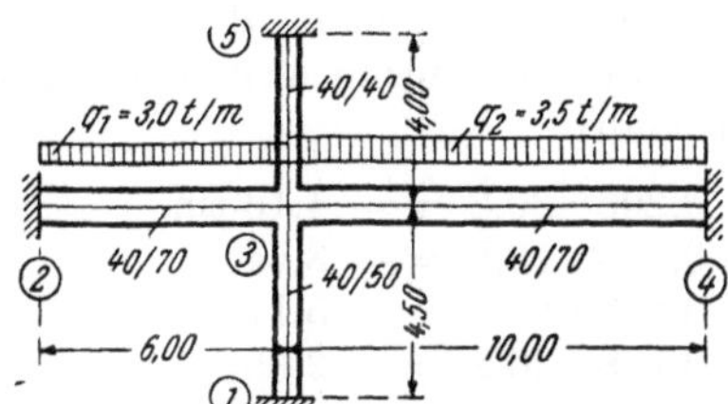

Abb. 317. Tragwerksabmessungen und Belastungsangaben.

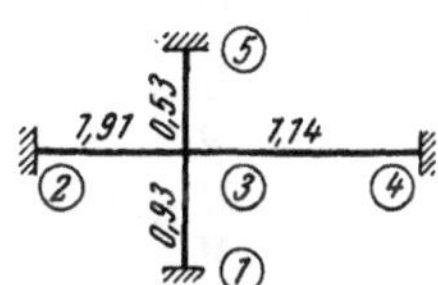

Abb. 318. Festwertskizze (k-Werte).

Momentenverteilungszahlen μ.

Nach (29) ist allgemein $\mu_{n,i} = \dfrac{k_{n,i}}{\Sigma k_{n,i}}$. Die μ-Werte brauchen hier nur für den Knoten 3 ermittelt zu werden. Für diesen Knoten erhält man an Hand der Festwertskizze (Abb. 318):

$$\Sigma k = k_{3,1} + k_{3,2} + k_{3,4} + k_{3,5} = 0,93 + 1,91 + 1,14 + 0,53 = 4,51$$

und damit:

$$\mu_{3,1} = \frac{k_{3,1}}{\Sigma k} = \frac{0,93}{4,51} = 0,206 \qquad \mu_{3,4} = \frac{k_{3,4}}{\Sigma k} = \frac{1,14}{4,51} = 0,253$$

$$\mu_{3,2} = \frac{k_{3,2}}{\Sigma k} = \frac{1,91}{4,51} = 0,423 \qquad \mu_{3,5} = \frac{k_{3,5}}{\Sigma k} = \frac{0,53}{4,51} = 0,118.$$

Zur Probe muß nach (30) die Summe dieser μ-Zahlen den Wert 1 ergeben, also hier:

$$0,206 + 0,423 + 0,253 + 0,118 = 1.$$

Die erhaltenen μ-Zahlen schreibt man in eine gesonderte Rahmenskizze an die Stabenden bei Knoten 3 ein, um die weitere Zahlenrechnung bequemer zu gestalten (vgl. Abb. 319).

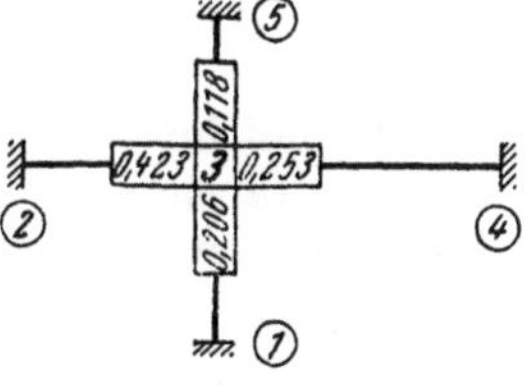

Abb. 319. Tragwerksskizze mit Verteilungszahlen μ.

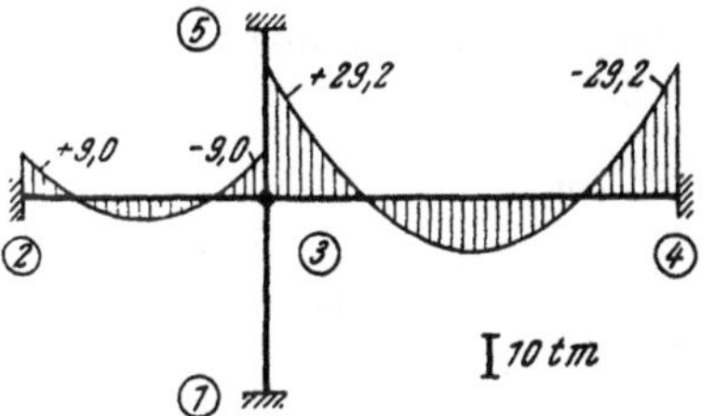

Abb. 320. *M*-Verlauf bei unverdrehbaren Knoten.

Volleinspannmomente $\mathfrak{M}$.

Stab 2—3. Nach Tafel 2 erhält man

$$\mathfrak{M}_{2,3} = + \frac{q_1 l^2_1}{12} = + \frac{3,0 \cdot 6,0^2}{12} =$$

$$= + 9,0 \text{ tm}; \quad \mathfrak{M}_{3,2} = - 9,0 \text{ tm}.$$

Stab 3—4.

$$\mathfrak{M}_{3,4} = + \frac{q_2\, l^2_2}{12} = + \frac{3,5 \cdot 10,0^2}{12} = + 29,2 \text{ tm}; \quad \mathfrak{M}_{4,3} = - 29,2 \text{ tm}.$$

Diese Momente sind in Abb. 320 eingetragen.

Momentenausgleich.

Durch algebraische Addition der Volleinspannmomente $\mathfrak{M}$ im *Knoten 3* (vgl. Abb. 320) erhält man nach (22) das „Restmoment"

$$M_3 = \Sigma\, \mathfrak{M}_{3,i} = \mathfrak{M}_{3,2} + \mathfrak{M}_{3,4} = - 9,0 + 29,2 = + 20,2 \text{ tm}.$$

Dieses Knoten-Restmoment $M_3 = + 20,2$ tm ist nach dem Loslassen des Knotens 3 auf die hier einmündenden Stäbe mit Hilfe der in Abb. 319 eingetragenen μ-Zahlen zu verteilen. Nach (31) erhält man:

$$M'_{3,1} = - \mu_{3,1}\, M_3 = - 0,206 \cdot 20,2 = - 4,16 \text{ tm}$$
$$M'_{3,2} = - \mu_{3,2}\, M_3 = - 0,423 \cdot 20,2 = - 8,54 \text{ ,,}$$
$$M'_{3,4} = - \mu_{3,4}\, M_3 = - 0,253 \cdot 20,2 = - 5,11 \text{ ,,}$$
$$M'_{3,5} = - \mu_{3,5}\, M_3 = - 0,118 \cdot 20,2 = - 2,38 \text{ ,, }.$$

Zur Probe muß die algebraische Summe dieser 4 Teilmomente gleiche Größe und entgegengesetztes Vorzeichen haben wie das verteilte Restmoment M_3, also

$$- 4,16 - 8,54 - 5,11 - 2,38 = - 20,20 \text{ tm} = - M_3.$$

Damit ist das Gleichgewicht im Knoten 3 hergestellt.

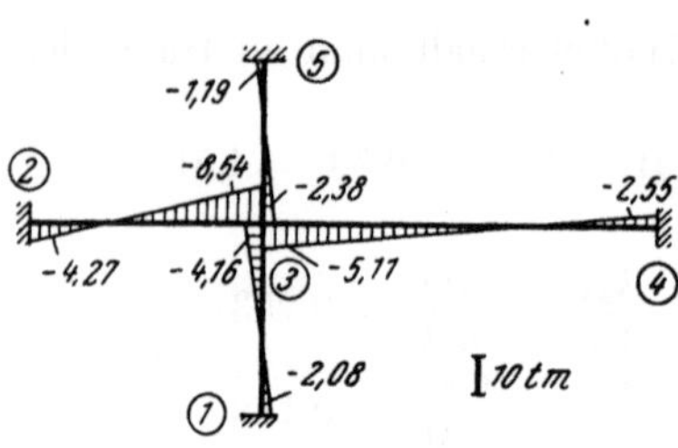

Abb. 321. M-Verlauf nach Verteilung von $M_3 = + 20,2$ tm.

Überleitung der Teilmomente $M'_{3,i}$. Die Überleitungszahl γ ist bei allen Stäben mit konstantem Querschnitt nach (33) gleich 0,5, d. h., alle Momente sind bei der Überleitung auf das andere Stabende einfach zu halbieren. Die Vorzeichen bleiben dabei unverändert. Man erhält somit die Übergangsmomente (vgl. Abb. 321)

$$M''_{1,3} = 0,5\, M'_{3,1} = 0,5\, (- 4,16) = - 2,08 \text{ tm}$$
$$M''_{2,3} = 0,5\, M'_{3,2} = 0,5\, (- 8,54) = - 4,27 \text{ ,,}$$
$$M''_{4,3} = 0,5\, M'_{3,4} = 0,5\, (- 5,11) = - 2,55 \text{ ,,}$$
$$M''_{5,3} = 0,5\, M'_{3,5} = 0,5\, (- 2,38) = - 1,19 \text{ ,,}.$$

Da nun im vorliegenden Fall die Knoten 1, 2, 4, 5 nicht nur vorübergehend, sondern tatsächlich voll eingespannt sind, braucht kein weiterer Knoten mehr losgelassen zu werden; der Momentenausgleich ist daher bereits beendet.

Summierung der Momentenanteile. Die endgültigen Stabanschlußmomente ergeben sich nun durch die algebraische Addition der jeweils zusammengehörigen Teilbeträge, nämlich der Volleinspannmomente $\mathfrak{M}$, der verteilten Momente M' und der übergeleiteten Momente M'' nach (23) allgemein in der Form

$$M_{n,i} = \mathfrak{M}_{n,i} + \Sigma M'_{n,i} + \Sigma M''_{n,i}.$$

Man erhält somit:

$$M_{1,3} = M''_{1,3} \qquad\qquad\qquad\qquad = - 2,08 \text{ tm}$$
$$M_{2,3} = \mathfrak{M}_{2,3} + M''_{2,3} = + 9,00 - 4,27 \quad = + 4,73 \text{ ,,}$$
$$M_{3,1} = M'_{3,1} \qquad\qquad\qquad\qquad = - 4,16 \text{ ,,}$$
$$M_{3,2} = \mathfrak{M}_{3,2} + M'_{3,2} = - 9,00 - 8,54 \quad = - 17,54 \text{ ,,}$$

$$M_{3,4} = \mathfrak{M}_{3,4} + M'_{3,4} = + 29,2 - 5,11 \quad = + 24,09 \text{ tm}$$
$$M_{3,5} = M'_{3,5} \qquad\qquad\qquad = - 2,38 \text{ ,,}$$
$$M_{4,3} = \mathfrak{M}_{4,3} + M''_{4,3} = - 29,2 - 2,55 \quad = - 31,75 \text{ ,,}$$
$$M_{5,3} = M'''_{5,3} \qquad\qquad\qquad = - 1,19 \text{ ,,}$$

In Abb. 322 sind diese Momente maßstäblich eingezeichnet. Zur Probe muß im Knoten 3 die Bedingung $\Sigma M_{n,i} = 0$ erfüllt sein, also

$$M_{3,1} + M_{3,2} + M_{3,4} + M_{3,5} = - 4,16 - 17,54 + 24,09 - 2,38 = 0.$$

Anmerkung: Die statische Bedeutung der schrittweise erhaltenen Zwischenergebnisse kann für den vorliegenden Fall sehr gut an Hand der Abb. 320, 321, 322 verfolgt werden. Abb. 320 zeigt den M-Verlauf der ersten Rechnungsstufe unter der Voraussetzung, daß sämtliche Knoten unverdrehbar festgehalten werden. Es ist klar ersichtlich, daß so im Knoten 3 kein Gleichgewicht herrschen würde, wenn dieser Knoten nicht festgehalten wäre, denn es überwiegt das Moment $\mathfrak{M}_{3,4}$ gegenüber $\mathfrak{M}_{3,2}$. Das überschüssige Restmoment $M_3 = \mathfrak{M}_{3,4} - \mathfrak{M}_{3,2}$ versucht den Knoten 3 nach *rechts* zu drehen und ist daher *positiv*. In Abb. 321 ist der M-Verlauf, der sich nach Loslassen des Knotenpunktes 3 durch Verteilung des Restmomentes M_3 und

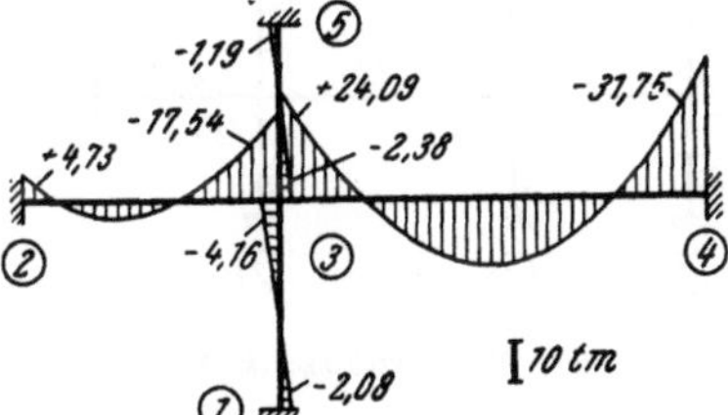

Abb. 322. Endgültiger M-Verlauf.

Weiterleitung zu den benachbarten Knoten ergibt, eingezeichnet. Es ist zu ersehen, daß der Hauptteil des Restmomentes M_3 von den bedeutend steiferen Rahmenriegeln aufgenommen wird, während die beiden Rahmenstiele 3—1 und 3—5 geringere Anteile erhalten. Durch Überlagerung der beiden Momentenbilder aus Abb. 320 und Abb. 321 erhält man den endgültigen M-Verlauf für die vorhandene Belastung, der in Abb. 322 dargestellt ist.

G. Einführungsbeispiel 2: Dreifeldiger Rahmenteil mit voller Einspannung in den Knotenpunkten 1, 2, 3, 7, 8, 9, 10.

Die Tragwerksabmessungen und Belastungsangaben sind aus Abb. 323 zu entnehmen. Die Ermittlung der „relativen" Steifigkeitszahlen erfolgt wieder tabellarisch.

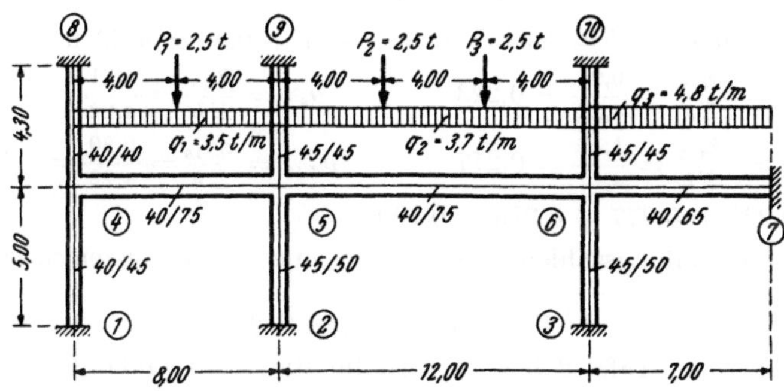

Abb. 323. Tragwerksabmessungen und Belastungsangaben.

Festwerttabelle.

Stab	Querschnitt b/h (cm)	Trägheitsmoment J (m⁴)	Länge l (m)	$k = 1000\, J/l$
1—4	40/45	0,00304	5,0	0,61
2—5, 3—6	45/50	0,00469	5,0	0,94
4—5	40/75	0,01406	8,0	1,76
5—6	40/75	0,01406	12,0	1,17
6—7	40/65	0,00915	7,0	1,31
4—8	40/40	0,00213	4,3	0,50
5—9, 6—10	45/45	0,00342	4,3	0,80

Die k-Zahlen werden in die Festwertskizze (Abb. 324) übertragen.

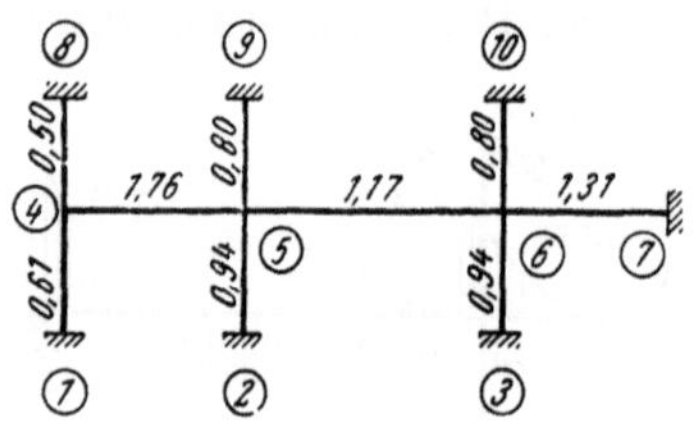

Abb. 324. Festwertskizze (k-Werte).

Momentenverteilungszahlen μ.

Die Verteilungszahlen μ sind für die verdrehbaren Knoten 4, 5 und 6 zu ermitteln.

Sie ergeben sich allgemein nach (29) aus $\mu_{n,\,i} = \dfrac{k_{n,\,i}}{\Sigma k_{n,i}}$.

An Hand der Festwertskizze (Abb. 324) erhält man für *Knoten 4*:

$$\Sigma k = 0,61 + 1,76 + 0,50 = 2,87$$

und damit

$$\mu_{4,\,1} = \frac{k_{4,\,1}}{\Sigma k} = \frac{0,61}{2,87} = 0,213$$

$$\mu_{4,\,5} = \frac{k_{4,\,5}}{\Sigma k} = \frac{1,76}{2,87} = 0,613$$

$$\mu_{4,\,8} = \frac{k_{4,\,8}}{\Sigma k} = \frac{0,50}{2,87} = 0,174.$$

Zur Probe muß die Summe der μ-Zahlen nach (30) in jedem Knoten den Wert 1 ergeben; also hier $0,213 + 0,613 + 0,174 = 1$.

Für *Knoten 5* ist $\Sigma k = 0,94 + 1,76 + 1,17 + 0,80 = 4,67$ und damit

$$\mu_{5,2} = \frac{k_{5,\,2}}{\Sigma k} = \frac{0,94}{4,67} = 0,201 \qquad \mu_{5,6} = \frac{k_{5,\,6}}{\Sigma k} = \frac{1,17}{4,67} = 0,251$$

$$\mu_{5,4} = \frac{k_{5,\,4}}{\Sigma k} = \frac{1,76}{4,67} = 0,377 \qquad \mu_{5,9} = \frac{k_{5,\,9}}{\Sigma k} = \frac{0,80}{4,67} = 0,171.$$

Probe: $0,201 + 0,377 + 0,251 + 0,171 = 1$.

Für *Knoten 6* ist $\Sigma k = 0,94 + 1,17 + 1,31 + 0,80 = 4,22$ und damit

$$\mu_{6,3} = \frac{k_{6,\,3}}{\Sigma k} = \frac{0,94}{4,22} = 0,223 \qquad \mu_{6,7} = \frac{k_{6,\,7}}{\Sigma k} = \frac{1,31}{4,22} = 0,310$$

$$\mu_{6,5} = \frac{k_{6,\,5}}{\Sigma k} = \frac{1,17}{4,22} = 0,277 \qquad \mu_{6,10} = \frac{k_{6,\,10}}{\Sigma k} = \frac{0,80}{4,22} = 0,190.$$

Probe: $0,223 + 0,277 + 0,310 + 0,190 = 1$.

Sämtliche Verteilungszahlen μ werden in eine eigene Systemskizze (Abb. 325) eingetragen.

Volleinspannmomente $\mathfrak{M}$.

Stab 4—5. Nach Tafel 2 bzw. 4 wird für die vorliegende Belastung:

$$\mathfrak{M}_{4,\,5} = -\,\mathfrak{M}_{5,\,4} = \frac{q_1\,l^2_{\,1}}{12} + \frac{P\,l_1}{8} = \frac{3,5 \cdot 8,0^2}{12} + \frac{2,5 \cdot 8,0}{8} = 18,7 + 2,5 = +\,21,2 \text{ tm.}$$

Stab 5—6.

$$\mathfrak{M}_{5,\,6} = -\;\mathfrak{M}_{6,\,5} = \frac{q_2\,l^2_2}{12} + \frac{2\,P\,l_2}{9} = \frac{3,7\cdot 12,0^2}{12} + \frac{2\cdot 2,5\cdot 12,0}{9} =$$
$$= 44,4 + 6,67 = +\;51,1\ \text{tm}.$$

Stab 6—7.

$$\mathfrak{M}_{6,\,7} = -\;\mathfrak{M}_{7,\,6} = \frac{q_3\,l^2_3}{12} = \frac{4,8\cdot 7,0^2}{12} = +\;19,6\ \text{tm}.$$

Momentenausgleich.

Der Momentenausgleich wird am besten nach den auf Seite 38 gegebenen Anweisungen in einer Systemskizze gemäß Abb. 325 durchgeführt. In diese Skizze schreibt man zunächst die Momentenverteilungszahlen μ ein und auch die Volleinspannmomente $\mathfrak{M}$, die zur Unterscheidung von den noch zu ermittelnden Momentenanteilen mit einem Stern versehen werden. Nun denkt man sich den *Knoten 6* freigelassen, weil dort das größte Restmoment auftritt, und zwar ist nach (22):

$$M_6 = \varSigma\,\mathfrak{M}_{6,\,i} = \mathfrak{M}_{6,\,5} + \mathfrak{M}_{6,\,7} = -\;51,1 + 19,6 = -\;31,5\ \text{tm}.$$

Dieses Knotenrestmoment schreibt man in die Systemskizze ein und kennzeichnet es durch eine eckige Klammer. Mit Hilfe der μ-Zahlen wird es auf die vier im Knoten 6 zusammentreffenden Stäbe verteilt; man erhält nach (31):

$$M'_{6,3} = -\;\mu_{6,3}\;M_6 = -\;0,223\;(-\;31,5) = +\;7,02\ \text{tm}$$
$$M'_{6,5} = -\;\mu_{6,5}\;M_6 = -\;0,277\;(-\;31,5) = +\;8,73\ \text{,,}$$
$$M'_{6,7} = -\;\mu_{6,7}\;M_6 = -\;0,310\;(-\;31,5) = +\;9,77\ \text{,,}$$
$$M'_{6,10} = -\;\mu_{6,10}\;M_6 = -\;0,190\;(-\;31,5) = +\;5,98\ \text{,, .}$$

Zur Probe muß nach (31a) die Summe dieser vier Teilmomente gleiche Größe und entgegengesetztes Vorzeichen haben wie das ausgeglichene Restmoment M_6, also $\varSigma\,M_{6,\,i} = -\;M_6$; mit den vorstehenden Werten ergibt sich

$$7,02 + 8,73 + 9,77 + 5,98 = +\;31,50\ \text{tm} = -\;M_6.$$

Die M'-Werte schreibt man bei der praktischen Durchführung der Berechnung nicht gesondert an, sondern trägt sie sofort in die Systemskizze ein und unterstreicht sie zum Zeichen, daß jetzt das Knotenrestmoment M_6 ausgeglichen und damit der Knoten 6 im Gleichgewicht ist. Die M'-Momente werden nun auf die anderen Stabenden weitergeleitet, indem man dort die halben M'-Beträge mit den gleichen Vorzeichen anschreibt. Man erhält somit nach (34a) folgende Übergangsmomente M''

$$M''_{3,6} = 0,5\cdot 7,02 = +\;3,51\ \text{tm}$$
$$M''_{5,6} = 0,5\cdot 8,73 = +\;4,37\ \text{,,}$$
$$M''_{7,6} = 0,5\cdot 9,77 = +\;4,89\ \text{,,}$$
$$M''_{10,6} = 0,5\cdot 5,98 = +\;2,99\ \text{,, .}$$

Diese Weiterleitung wird in der Systemskizze durch einen Pfeil angedeutet, der von den M'-Werten zu den halb so großen M''-Werten zeigt, die zur besseren Übersicht immer in gleicher Zeilenhöhe angeschrieben werden.

44   Unverschiebliche Tragwerke.

Nun denkt man sich den Knoten 6 wieder unverdrehbar festgehalten und den *Knoten 5* freigelassen, der jetzt das größte Restmoment aufweist, und zwar ist nach (22a)

$$M_5 = \Sigma \mathfrak{M}_{5,i} + \Sigma M''_{5,i} = \mathfrak{M}_{5,4} + \mathfrak{M}_{5,6} + M''_{5,6} = -21,2 + 51,1 + 4,37 = +34,3\,\text{tm}.$$

Durch die Verteilung dieses Restmomentes M_5 auf die Stäbe des Knotens 5 erhält man nach (31)

$$\begin{aligned}
M'_{5,2} &= -\mu_{5,2}\,M_5 = -0,201 \cdot 34,3 = -\ \ 6,89\ \text{tm}\\
M'_{5,4} &= -\mu_{5,4}\,M_5 = -0,377 \cdot 34,3 = -12,93\ \ ,,\\
M'_{5,6} &= -\mu_{5,6}\,M_5 = -0,251 \cdot 34,3 = -\ \ 8,61\ \ ,,\\
M'_{5,9} &= -\mu_{5,9}\,M_5 = -0,171 \cdot 34,3 = -\ \ 5,87\ \ ,,\ .
\end{aligned}$$

Zur Probe muß nach (31a) auch hier die Summe aller im Knoten 5 erhaltenen Teilmomente M' gleiche Größe, aber entgegengesetzten Richtungssinn haben wie das verteilte Restmoment M_5, also $\Sigma M'_{5,i} = -M_5$; mit den entsprechenden Zahlenwerten erhält man

$$-\ 6,89 - 12,93 - 8,61 - 5,87 = -34,30\,\text{tm} = -M_5.$$

Die M'-Werte schreibt man wieder sofort in die Systemskizze ein und unterstreicht

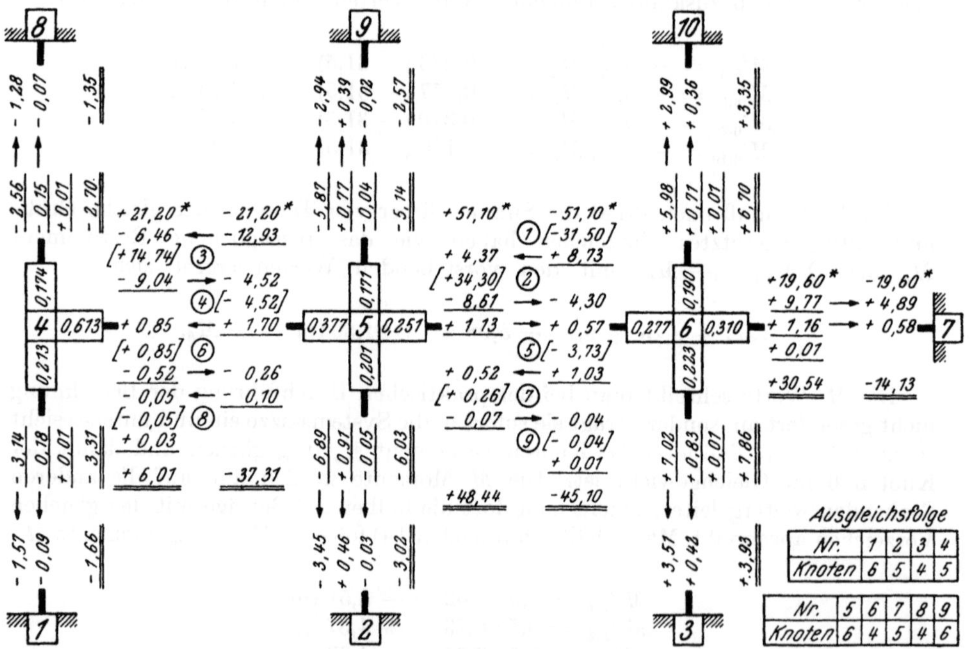

Ausgleichsfolge				
Nr.	1	2	3	4
Knoten	6	5	4	5

Nr.	5	6	7	8	9
Knoten	6	4	5	4	6

Abb. 325. Rechnungs-Skizze.

sie zum Zeichen des vollzogenen Ausgleichs. Die Weiterleitung dieser M'-Werte auf die anderen Stabenden ergibt dort die halben Werte mit gleichem Vorzeichen, und zwar:

$$M''_{2,5} = 0,5 \,(-\ \ 6,89) = -\ 3,45 \text{ tm} \qquad M''_{6,5} = 0,5 \,(-\ 8,61) = -\ 4,30 \text{ tm}$$
$$M''_{4,5} = 0,5 \,(-\ 12,93) = -\ 6,46 \text{ ,,} \qquad M''_{9,5} = 0,5 \,(-\ 5,87) = -\ 2,94 \text{ ,, .}$$

Nach dem Einschreiben dieser M'''-Werte in die Systemskizze denkt man sich den Knoten 5 wieder festgehalten und den *Knoten 4* losgelassen. Hier ist das Restmoment nach (22a)

$$M_4 = \mathfrak{M}_{4,5} + M''_{4,5} = +\ 21,2 - 6,46 = +\ 14,74 \text{ tm.}$$

Die Verteilung von M_4 auf die drei im Knoten 4 einmündenden Stäbe ergibt mit den μ-Zahlen nach (31)

$$M'_{4,1} = -\ \mu_{4,1}\, M_4 = -\ 0,213 \cdot 14,74 = -\ 3,14 \text{ tm}$$
$$M'_{4,5} = -\ \mu_{4,5}\, M_4 = -\ 0,613 \cdot 14,74 = -\ 9,04 \text{ ,,}$$
$$M'_{4,8} = -\ \mu_{4,8}\, M_4 = -\ 0,174 \cdot 14,74 = -\ 2,56 \text{ ,, .}$$

Unter die sofort in die Systemskizze eingetragenen M'-Momente wird zum Zeichen des vollzogenen Ausgleichs ein Strich gesetzt. Ihre Weiterleitung auf die anderen Stabenden ergibt dort wieder die halben Beträge mit gleichen Vorzeichen, und zwar:

$$M''_{1,4} = -\ 1,57 \text{ tm}; \qquad M''_{5,4} = -\ 4,52 \text{ tm}; \qquad M''_{8,4} = -\ 1,28 \text{ tm.}$$

Der nächste Ausgleich erfolgt bei *Knoten 5*, bei welchem jetzt das größte Restmoment auftritt. In diesem Knoten ist nach dem hier bereits durchgeführten Ausgleich nur das weitergeleitete Moment $M''_{5,4} = -\ 4,52$ tm hinzugekommen. Das neue Restmoment im Knoten 5 ist daher $M_5 = M''_{5,4} = -\ 4,52$ tm und wird in üblicher Weise mit den μ-Zahlen auf die einzelnen Knotenstäbe verteilt; man erhält:

$$M'_{5,2} = -\ \mu_{5,2}\, M_5 = -\ 0,201 \,(-\ 4,52) = +\ 0,91 \text{ tm}$$
$$M'_{5,4} = -\ \mu_{5,4}\, M_5 = -\ 0,377 \,(-\ 4,52) = +\ 1,70 \text{ ,,}$$
$$M'_{5,6} = -\ \mu_{5,6}\, M_5 = -\ 0,251 \,(-\ 4,52) = +\ 1,13 \text{ ,,}$$
$$M'_{5,9} = -\ \mu_{5,9}\, M_5 = -\ 0,171 \,(-\ 4,52) = +\ 0,77 \text{ ,, .}$$

Zur Probe muß $\Sigma M'_{5,i} = -\ M_5 = +\ 4,52$ tm sein. Die M'-Momente können sofort in die Systemskizze eingetragen und zum Zeichen des vollzogenen Ausgleichs unterstrichen werden. Die Weiterleitung auf die anderen Stabenden ergibt

$$M''_{2,5} = 0,5 \cdot 0,91 = +\ 0,46 \text{ tm}$$
$$M''_{4,5} = 0,5 \cdot 1,70 = +\ 0,85 \text{ ,,}$$
$$M''_{6,5} = 0,5 \cdot 1,13 = +\ 0,57 \text{ ,,}$$
$$M''_{9,5} = 0,5 \cdot 0,77 = +\ 0,39 \text{ ,, .}$$

In gleicher Weise wird bei *Knoten 6* verfahren, der nun ein Restmoment $M_6 = -\ 3,73$ tm aufweist. Dieser Vorgang wird bei den einzelnen Knoten in der Reihenfolge nach dem jeweils größten Restmoment so oft wiederholt, bis die verteilten M'-Momente so klein geworden sind, daß die gewünschte Genauigkeit der endgültigen Momente gesichert erscheint; es brauchen dann die M'-Momente nicht mehr weitergeleitet zu werden. Der Ausgleich der Knotenrestmomente geschah im vorliegenden Fall der Reihe nach in folgenden Knoten: 6, 5, 4, 5, 6, 4, 5, 4, 6.

Die endgültigen Stabanschlußmomente gewinnt man schließlich durch Addition der zusammengehörigen Teilbeträge $\mathfrak{M}$, M' und M'' für jedes Stabende. Man erhält somit allgemein nach (23)

$$M_{n,i} = \mathfrak{M}_{n,i} + \Sigma M'_{n,i} + \Sigma M''_{n,i},$$

d. h. es werden alle in die Systemskizze eingetragenen, in den einzelnen Kolonnen untereinanderstehenden Momenten-Teilbeträge mit Ausnahme der eingeklammerten Knotenrestmomente M_n algebraisch addiert. Aus Abb. 325 ist ersichtlich, daß bei unbelasteten Stäben die endgültigen Momente sich nur aus M'- und M''-Momenten zusammensetzen, und in Fällen, wo diese Stäbe voll eingespannt sind (hier bei Knoten 1, 2, 3, 8, 9, 10), sogar nur aus M'''-Beträgen.

Es ergeben sich also im vorliegenden Falle die endgültigen Stabanschlußmomente an Hand der Systemskizze (Abb. 325), wenn sämtliche Teilbeträge nochmals gesondert herausgeschrieben werden,

im Knoten 1:

$$M_{1,4} = -\ 1{,}57 - 0{,}09 \qquad\qquad = -\ 1{,}66 \text{ tm}$$

im Knoten 2:

$$M_{2,5} = -\ 3{,}45 + 0{,}46 - 0{,}03 \qquad\qquad = -\ 3{,}02 \ ,,$$

im Knoten 3:

$$M_{3,6} = +\ 3{,}51 + 0{,}42 \qquad\qquad = +\ 3{,}93 \ ,,$$

im Knoten 4:

$$M_{4,1} = -\ 3{,}14 - 0{,}18 + 0{,}01 \qquad\qquad = -\ 3{,}31 \ ,,$$
$$M_{4,5} = +\ 21{,}20 - 6{,}46 - 9{,}04 + 0{,}85 - 0{,}52 - 0{,}05 + 0{,}03 = +\ 6{,}01 \ ,,$$
$$M_{4,8} = -\ 2{,}56 - 0{,}15 + 0{,}01 \qquad\qquad = -\ 2{,}70 \ ,,$$

im Knoten 5:

$$M_{5,2} = -\ 6{,}89 + 0{,}91 - 0{,}05 \qquad\qquad = -\ 6{,}03 \ ,,$$
$$M_{5,4} = -\ 21{,}20 - 12{,}93 - 4{,}52 + 1{,}70 - 0{,}26 - 0{,}10 = -\ 37{,}31 \ ,,$$
$$M_{5,6} = +\ 51{,}10 + 4{,}37 - 8{,}61 + 1{,}13 + 0{,}52 - 0{,}07 = +\ 48{,}44 \ ,,$$
$$M_{5,9} = -\ 5{,}87 + 0{,}77 - 0{,}04 \qquad\qquad = -\ 5{,}14 \ ,,$$

im Knoten 6:

$$M_{6,3} = +\ 7{,}02 + 0{,}83 + 0{,}01 \qquad\qquad = +\ 7{,}86 \ ,,$$
$$M_{6,5} = -\ 51{,}10 + 8{,}73 - 4{,}30 + 0{,}57 + 1{,}03 - 0{,}04 + 0{,}01 = -\ 45{,}10 \ ,,$$
$$M_{6,7} = +\ 19{,}60 + 9{,}77 + 1{,}16 + 0{,}01 \qquad\qquad = +\ 30{,}54 \ ,,$$
$$M_{6,10} = +\ 5{,}98 + 0{,}71 + 0{,}01 \qquad\qquad = +\ 6{,}70 \ ,,$$

im Knoten 7:

$$M_{7,6} = -\ 19{,}60 + 4{,}89 + 0{,}58 \qquad\qquad = -\ 14{,}13 \ ,,$$

im Knoten 8:

$$M_{8,4} = -\ 1{,}28 - 0{,}07 \qquad\qquad = -\ 1{,}35 \ ,,$$

im Knoten 9:

$$M_{9,5} = -\ 2{,}94 + 0{,}39 - 0{,}02 \qquad\qquad = -\ 2{,}57 \ ,,$$

im Knoten 10:

$$M_{10,6} = +\ 2{,}99 + 0{,}36 \qquad\qquad = +\ 3{,}35 \ ,, \ .$$

In den Knoten 4, 5, 6 kann die Probe $\Sigma M = 0$ vorgenommen werden, d. h. es muß dort die algebraische Summe aller Knotenanschlußmomente den Wert Null ergeben. Es können allerdings geringfügige Abweichungen innerhalb der Rechenschiebergenauigkeit auftreten; sie ergeben sich auch wegen der während der Rechnung laufend notwendigen Abrundungen der letzten Dezimalen bei den einzelnen Teilbeträgen und sind durchaus statthaft.

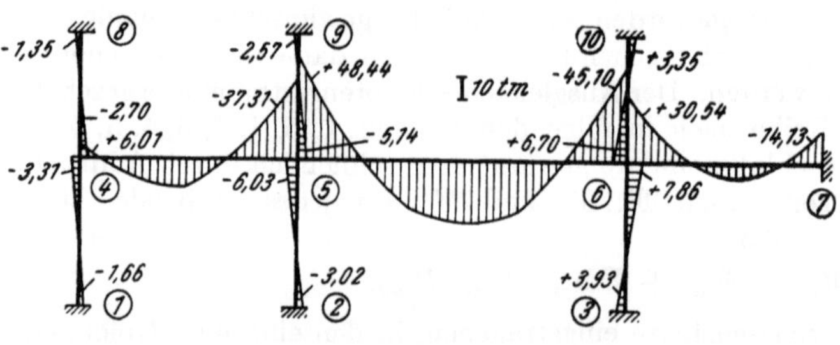

Abb. 326. Endgültiger M-Verlauf.

In Abb. 326 ist der gesamte M-Verlauf maßstäblich dargestellt.

2. Symmetrische Tragwerke.

Bei symmetrisch ausgebildeten und symmetrisch belasteten Tragwerken ergeben sich auch bei der Verwendung der Cross-Methode erhebliche Vereinfachungen in der zahlenmäßigen Durchführung der Berechnung. Nach der Form des Tragwerkes ist hier grundsätzlich zu unterscheiden, ob die Symmetrale Knotenpunkte trifft oder Stäbe schneidet; beide Fälle sollen anschließend getrennt behandelt werden.

A. Die Symmetrale trifft Knotenpunkte.

In den Abb. 327a und 328a sind zwei symmetrisch ausgebildete und symmetrisch belastete Tragwerke mit der zugehörigen, ebenfalls symmetrischen Verformung dargestellt. Es ist leicht einzusehen, daß in diesem Falle die in der Symmetrale liegenden Knotenpunkte keine Verdrehung erleiden können und daß alle dort biegungssteif ange-schlossenen Stäbe sich so verhalten, als wären sie in diesen Knotenpunkten voll eingespannt. Die mit der Symmetrale zusammen-fallenden Stäbe erleiden überhaupt keine Verfor-mung und sind daher spannungslos. Man braucht somit für die Berechnung solcher Tragwerke mit „Knoten-Symmetrale" nur jenen Rahmenteil in Betracht zu ziehen, der sich bei Annahme voller Einspannung der in der Symmetrale liegenden Stabenden ergibt. Es genügt daher, an Stelle des in Abb. 327a gezeich-neten Rahmens nur den in

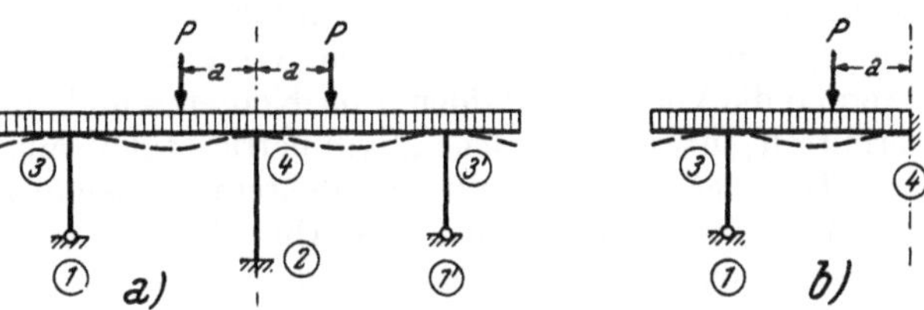

Abb. 327a, b. Symmetrisch belastete Zweifeldrahmen mit „Knoten-Symmetrale".

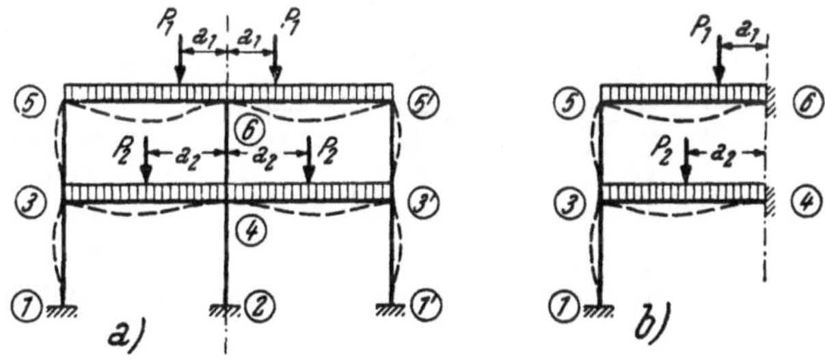

Abb. 328a, b. Symmetrisch belastete Stockwerkrahmen mit „Knoten-Symmetrale".

Abb. 327b dargestellten Rahmenteil zu berechnen, der nur noch einen freien Knoten enthält. Ebenso braucht an Stelle des in Abb. 328a dargestellten Gesamtrahmens nur der in Abb. 328b ersichtliche Tragwerksteil behandelt zu werden, der zwei freie Knoten enthält.

Weitere Beispiele von Tragwerken mit Knoten-Symmetralen zeigen die Abb. 29—36, 43—47, 49—54, 59—61, 65—67, 72—76, 83—85, 90, 93, 94, 97, 98, 107—115, 118—120, 123, 124, 127, 128, 134—137, 145—147, 154, 156, 159, 164, 165, 173, 175, 178, 197. Auch in diesen Fällen kann von den hier erläuterten Vereinfachungen Gebrauch gemacht werden. Einen Sonderfall stellen die in den Abb. 160, 162, 166, 167, 169, 170, 174, 179, 181, 183, 184, 187, 202—204, 206, 210, 212 gezeigten Tragwerke dar, bei welchen ebenfalls Knoten-Symmetralen vorhanden sind. Die bei diesen Tragwerken von der Symmetrale getroffenen Knotenpunkte sind zwar ebenfalls unverdrehbar, bleiben aber auch in diesem Zustand lotrecht verschieblich.

B. Die Symmetrale schneidet Stäbe.

Einen solchen Fall zeigt Abb. 329. Die Symmetrie kann hier auch bei Verwendung der CROSS-Methode ausgenutzt werden, wenn die symmetrisch gelegenen Knoten jeweils paarweise losgelassen, alle übrigen aber unverdrehbar festgehalten werden. Im vorliegenden Fall würde man z. B. zuerst die Knoten 3 und 3' freilassen,

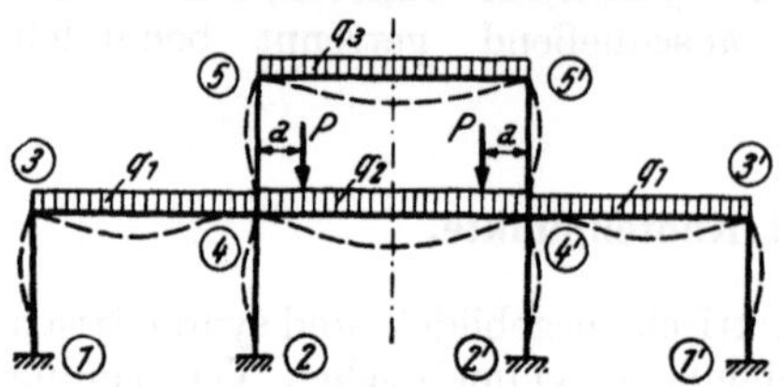

Abb. 329. Symmetrisch belasteter Rahmen mit „Stab-Symmetrale".

das vorhandene Restmoment M_3 auf die beiden Stäbe 3—1 und 3—4 mit Hilfe der μ-Zahlen verteilen und weiterleiten, dann die Knoten 3 und 3' wieder festhalten und sodann die Knoten 4 und 4' loslassen. Hier ergeben sich nun scheinbare Schwierigkeiten in der Verteilung der Restmomente M_4 und M'_4, die gleichzeitig wirksam sind. Es läßt sich aber auch hier die Momentenverteilung auf einen Knoten, also z. B. auf Knoten 4 beschränken, wenn man für den „Symmetrie-Stab" 4—4' an Stelle der üblichen Steifigkeitszahl $k = J/l$ nur den Wert $k' = 0,5\,k$ in Rechnung stellt. Damit werden die Verteilungszahlen μ im Knoten 4 und allgemein in allen jenen Knoten ermittelt, in welchen solche „Symmetrie-Stäbe" angeschlossen sind.

Die hier zunächst nur angedeuteten Zusammenhänge müssen aber noch ausführlicher erläutert werden. In Abb. 330 ist der Teil eines symmetrischen Tragwerkes dargestellt, der im Bereich des „Symmetrie-Stabes" n—n' liegt und die benachbarten Knoten 1, 2, 3 bzw. 1', 2', 3' enthält. Es sollen nun die Restmomente

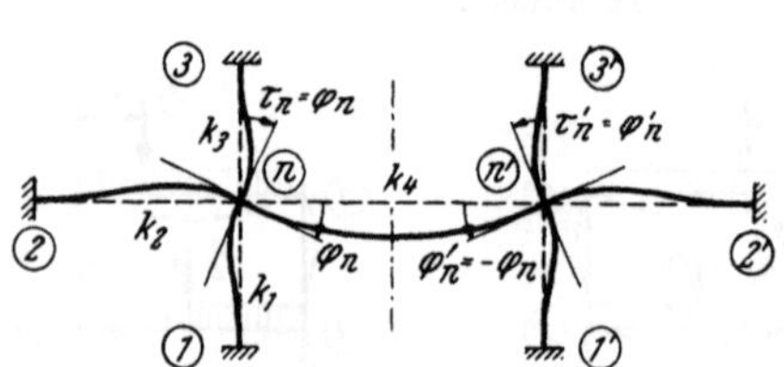

Abb. 330. Rahmenteil mit „Stab-Symmetrale"; Verformung durch symmetrisch wirkende Knotenmomente $M_n = - M'_n$.

$M_n = - M'_n$ in den beiden symmetrisch gelegenen und gleichzeitig losgelassenen Knoten n und n' auch gleichzeitig ausgeglichen, also auf die dort angeschlossenen Knotenstäbe verteilt werden. Es ist ohne weiteres klar, daß sich die beiden symmetrisch gelegenen und symmetrisch belasteten Tragwerksteile gegenseitig beeinflussen, aber doch so, daß die endgültige Verformung dieses Tragwerksteiles wieder symmetrisch ist. Die Biegelinien unter gleichzeitiger Wirkung der beiden Rest-

momente $M_n = - M'_n$ sind in Abb. 330 ebenfalls dargestellt. Die beiden Knotendrehwinkel φ_n und φ'_n sind gleich groß und entgegengesetzt gerichtet. Die Endtangentenwinkel τ_n bzw. τ'_n der Biegelinien aller in n bzw. n' angeschlossenen Stäbe stimmen der Größe und Richtung nach mit den Knotendrehwinkeln φ_n bzw. φ'_n überein. Man könnte also die im Knoten n auftretenden vier Stabanschlußmomente nach (8) bzw. (6) mit den hier gewählten Bezeichnungen als Funktion des gemeinsamen Verdrehungswinkels $\tau_n = - \tau'_n$ ausdrücken und würde so der Reihe nach erhalten

$$M_{n,1} = k_1 \tau_n; \quad M_{n,2} = k_2 \tau_n; \quad M_{n,3} = k_3 \tau_n;$$
$$M_{n,n'} = k_4 (\tau_n + 0,5\,\tau'_n) = k_4 (\tau_n - 0,5\,\tau_n) = 0,5\,k_4 \tau_n. \tag{37}$$

Die Summe dieser vier Stabanschlußmomente im Knoten n muß dem Knotenrestmoment M_n das Gleichgewicht halten, d. h. es muß die statische Gleichgewichtsbedingung $\Sigma M = 0$ im Knoten n erfüllt sein. Mit den hier gewählten Bezeichnungen erhält man also die Bedingung:

$$\Sigma M_{n,i} + M_n = 0, \tag{38}$$

wobei nach (37)

$$\Sigma M_{n,i} = k_1\,\tau_n + k_2\,\tau_n + k_3\,\tau_n + 0{,}5\,k_4\,\tau_n.$$

Führt man diesen Ausdruck in (38) ein, so ergibt sich

$$\tau_n\,(k_1 + k_2 + k_3 + 0{,}5\,k_4) + M_n = 0.$$

Aus dieser Gleichung ist der gemeinsame Stabenddrehwinkel τ_n bestimmbar, und zwar wird

$$\tau_n = -\,\frac{M_n}{k_1 + k_2 + k_3 + 0{,}5\,k_4}. \tag{39}$$

Setzt man diesen Wert τ_n in die zuerst aufgestellten Momentenformeln (37) ein, so ergeben sich bereits die vier Momentenanteile im Knoten n, die unter gleichzeitiger Wirkung der beiden Knotenmomente M_n und M'_n im Knoten n bzw. n' entstehen, und zwar:

$$
\begin{aligned}
M_{n,1} &= k_1\,\tau_n = -\,\frac{k_1}{k_1 + k_2 + k_3 + 0{,}5\,k_4}\,M_n = -\,\mu_{n,1}\,M_n \\[2mm]
M_{n,2} &= k_2\,\tau_n = -\,\frac{k_2}{k_1 + k_2 + k_3 + 0{,}5\,k_4}\,M_n = -\,\mu_{n,2}\,M_n \\[2mm]
M_{n,3} &= k_3\,\tau_n = -\,\frac{k_3}{k_1 + k_2 + k_3 + 0{,}5\,k_4}\,M_n = -\,\mu_{n,3}\,M_n \\[2mm]
M_{n,n'} &= 0{,}5\,k_4\,\tau_n = -\,\frac{0{,}5\,k_4}{k_1 + k_2 + k_3 + 0{,}5\,k_4}\,M_n = -\,\mu_{n,n'}\,M_n.
\end{aligned}
\tag{40}
$$

Aus den vorstehenden Beziehungen ist zu ersehen, daß auch in diesem Fall, wo gleichzeitig zwei symmetrisch gelegene Knoten n und n' losgelassen werden, eine Verteilung in dem Knoten n für sich vorgenommen werden kann. Die dabei maßgebenden Verteilungszahlen μ unterscheiden sich aber von den sonst üblichen Werten, die sich bei Loslassung von nur einem Knoten ergeben, dadurch, daß hier gemäß (40) die in Rechnung zu stellende Steifigkeitszahl des Symmetriestabes $n{-}n'$ nur $0{,}5\,k$ beträgt, also nur mit dem halben Wert angesetzt werden darf. Diese Herabminderung drückt den Einfluß des bei n' gleichzeitig wirksamen Knotenrestmomentes $M'_n = -\,M_n$ aus. Der Steifigkeitswert $0{,}5\,k$ von Symmetrie-Stäben soll künftig mit k' bezeichnet werden. Es gilt also:

$$\boxed{k' = 0{,}5\,k.} \tag{41}$$

Bei der Verteilung der Restmomente in Knotenpunkten, in welchen auch Symmetrie-Stäbe angeschlossen sind, ist für diese somit stets der k'-Wert zu verwenden. Die Verteilungszahlen μ sind dann wieder nach (29):

$$\mu_{n,i} = \frac{k_{n,i}}{\Sigma k_{n,i}} \quad \text{bzw.} \quad \mu_{n,n'} = \frac{k'_{n,n'}}{\Sigma k_{n,i}}, \tag{41a}$$

wobei auch in $\Sigma k_{n,i}$ der k'-Wert des Symmetriestabes einzusetzen ist.

Weitere Beispiele von symmetrischen Tragwerken, bei welchen die Symmetrale durch Stabmitten verläuft, zeigen die Abb. 37—42, 56—58, 62—64, 68, 77, 80—82, 87—89, 91, 92, 95, 96, 99—106, 116, 117, 121, 122, 129—131, 138—143, 148—150, 152, 153, 155, 157, 158, 161, 163, 168, 171, 172, 176, 180, 182, 185, 186, 190—196, 198, 199, 201, 205, 207, 208, 211.

Es gibt auch zahlreiche Tragwerke, deren Symmetrale sowohl durch Knotenpunkte als auch durch Stabmitten verläuft; Rahmensysteme dieser Art zeigen die Abb. 48, 55, 69—71, 78, 79, 86, 125, 126, 132, 133, 144, 151, 177, 188, 189, 200, 209. Bei der Berechnung solcher Tragwerke sind für die Symmetrie-Stäbe die Steifigkeitszahlen k' nach (41) einzuführen, während bei den in der Symmetrale gelegenen Knotenpunkten volle Einspannung anzunehmen ist.

C. Einführungsbeispiel 3: Symmetrisches Rahmentragwerk mit schrägen Riegeln, voller Einspannung bei 2, 2′, 3 und gelenkiger Lagerung bei 1, 1′.

Die Tragwerksabmessungen und Belastungsangaben sind aus Abb. 331 zu entnehmen. Die Symmetrale verläuft durch die Knotenpunkte 6 und 8; wegen der hier vorliegenden symmetrischen Belastung kann in diesen Knoten für die Berechnung volle Einspannung angenommen werden und es braucht nur die in Abb. 332 dargestellte Tragwerkshälf-

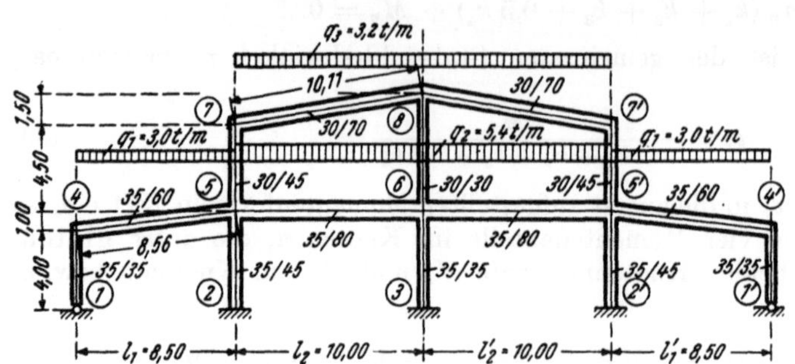

Abb. 331. Tragwerksabmessungen und Belastungsangaben.

te in Betracht gezogen zu werden. Die Ermittlung der Steifigkeitswerte erfolgt tabellarisch.

Festwerttabelle.

Stab	Querschnitt b/h (cm)	Trägheitsmoment J (m⁴)	Länge l (m)	$k = 10\,000\,J/l$
1—4	35/35	0,00125	4,00	3,12[1]
2—5	35/45	0,00266	5,00	5,32
4—5	35/60	0,00630	8,56	7,36
5—6	35/80	0,01493	10,00	14,93
5—7	30/45	0,00228	4,50	5,07
7—8	30/70	0,00858	10,11	8,49

[1] Für den Gelenkstab 1—4 ist der Steifigkeitswert k^0 nach (19) zu berechnen, und zwar ist $k^0_{1,4} = 0,75\,k_{1,4} = 0,75 \cdot 3,12 = 2,34$.

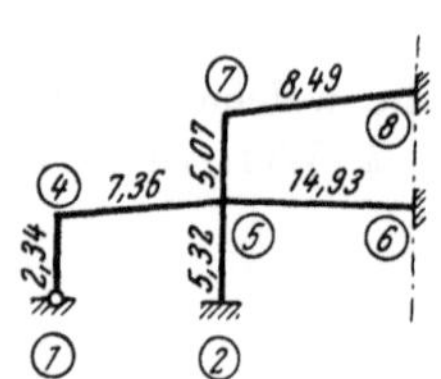

Abb. 332. Festwertskizze (k- und k⁰-Werte).

Sämtliche Werte k und k^0 werden in die Festwertsskizze (Abb. 332) übertragen.

Momentenverteilungszahlen μ.

Die μ-Zahlen sind hier nur für die Knotenpunkte 4, 5 und 7 zu bestimmen.

Allgemein wird nach (29) $\mu_{n,i} = \dfrac{k_{n,i}}{\Sigma k_{n,i}}$.

Für *Knoten 4* ist $\Sigma k = 2,34 + 7,36 = 9,70$ und damit

$$\mu_{4,1} = \frac{2,34}{9,70} = 0,241; \qquad \mu_{1,5} = \frac{7,36}{9,70} = 0,759.$$

Probe nach (30): $0,241 + 0,759 = 1$.

Für *Knoten 5* ist $\Sigma k = 5,32 + 7,36 + 14,93 + 5,07 = 32,68$ und damit

$$\mu_{5,2} = \frac{5,32}{32,68} = 0,163 \qquad \mu_{5,6} = \frac{14,93}{32,68} = 0,457$$

$$\mu_{5,4} = \frac{7,36}{32,68} = 0,225 \qquad \mu_{5,7} = \frac{5,07}{32,68} = 0,155.$$

Probe: $0,163 + 0,225 + 0,457 + 0,155 = 1$.

Für *Knoten 7* ist $\Sigma k = 5{,}07 + 8{,}49 = 13{,}56$ und damit

$$\mu_{7,\,5} = \frac{5{,}07}{13{,}56} = 0{,}374; \qquad \mu_{7,\,8} = \frac{8{,}49}{13{,}56} = 0{,}626.$$

Probe: $0{,}374 + 0{,}626 = 1$.

Sämtliche μ-Zahlen werden in eine Systemskizze (Abb. 333) eingetragen.

Volleinspannmomente $\mathfrak{M}$.

Stab 4—5

$$\mathfrak{M}_{4,\,5} = + \frac{q_1\,l^2_1}{12} = \frac{3{,}0 \cdot 8{,}5^2}{12} = + 18{,}1 \text{ tm} \qquad \mathfrak{M}_{5,\,4} = - 18{,}1 \text{ tm}$$

Stab 5—6

$$\mathfrak{M}_{5,\,6} = + \frac{q_2\,l^2_2}{12} = \frac{5{,}4 \cdot 10{,}0^2}{12} = + 45{,}0 \;,, \qquad \mathfrak{M}_{6,\,5} = - 45{,}0 \;,,$$

Stab 7—8

$$\mathfrak{M}_{7,\,8} = + \frac{q_3\,l^2_2}{12} = \frac{3{,}2 \cdot 10{,}0^2}{12} = + 26{,}7 \;,, \qquad \mathfrak{M}_{8,\,7} = - 26{,}7 \;,, \; .$$

Momentenausgleich.

Die Durchführung der weiteren Berechnung geschieht am besten unter Zuhilfenahme der schematischen Systemskizze gemäß Abb. 333, die nicht maßstäblich zu sein braucht. In diese Skizze sind zuerst die Verteilungszahlen μ und die Volleinspannmomente $\mathfrak{M}$ einzutragen, die zur Unterscheidung von den übrigen Werten durch einen Stern zu kennzeichnen sind. Es empfiehlt sich, die Teilbeträge für die laufend ermittelten Stabendmomente stets so einzuschreiben, daß die zusammengehörigen Werte M' und M'' in gleicher Zeile stehen und daß der neben M' angebrachte Überleitungspfeil auf das übergeleitete Moment M'' gerichtet ist. Es soll also die Schreibrichtung

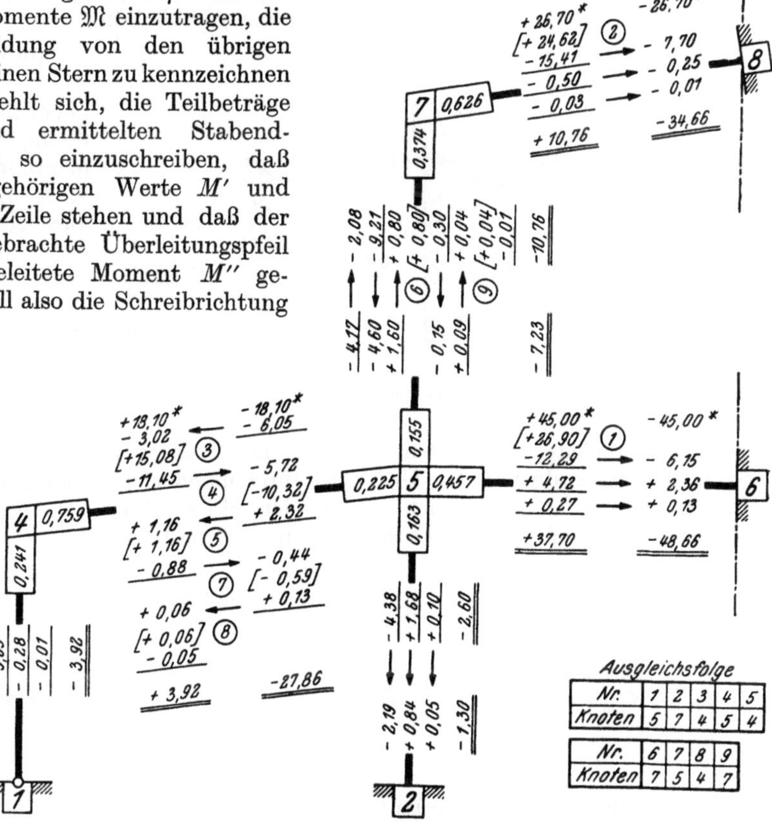

Abb. 333. Rechnungs-Skizze.

immer übereinstimmen mit der Stabrichtung, und zwar sowohl bei stehenden, als auch bei liegenden oder schrägen Stäben.

Die Verteilung beginnt im vorliegenden Fall am besten bei *Knoten 5*, der das größte Restmoment $M_5 = \Sigma \mathfrak{M}_{5,i} = \mathfrak{M}_{5,4} + \mathfrak{M}_{5,6} = -18,1 + 45,0 = +26,9$ tm aufweist. Nach Verteilung dieses Momentes, das zur Unterscheidung von den übrigen M-Werten in eine eckige Klammer gesetzt wird, mit Hilfe der in der Rechnungs-Skizze eingeschriebenen μ-Zahlen und nach Weiterleitung zu den Nachbarknoten wird das Restmoment im *Knoten 7* mit $M_7 = +24,62$ tm verteilt und weitergeleitet. Alle so erhaltenen M'- und M'''-Werte werden mit ihren Vorzeichen an die zugehörigen Stabenden geschrieben.

Es werden also im Zuge der gesamten Berechnung abwechselnd immer folgende drei Rechenoperationen wiederholt:

1. Verteilung des durch eine eckige Klammer zu kennzeichnenden Knoten-Restmomentes M_n mit Hilfe der μ-Zahlen. Man erhält so die M'-Momente mit geändertem Vorzeichen. Durch einen Strich unter diese Werte wird der nun vollzogene Momentenausgleich in diesem Knoten angedeutet.

2. Die M'-Werte werden mit einem Pfeil in Richtung auf das gegenüberliegende Stabende versehen und mit dem halben Wert und gleichem Vorzeichen als M''-Werte am anderen Stabende angeschrieben.

3. Die Ermittlung des Restmomentes M_n in einem anderen Knoten, in welchem dieser Wert am größten ist, und Verteilung gemäß Punkt 1.

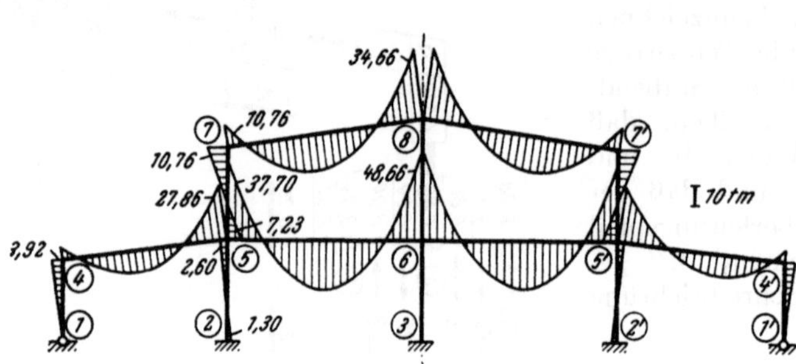

Abb. 334. Momentenverlauf.

Im vorliegenden Fall wurde in dieser Art nacheinander die Verteilung der Restmomente in den Knoten 5, 7, 4, 5, 4, 7, 5, 4, 7 durchgeführt und jeweils auf das andere Stabende weitergeleitet. Nach dem letzten Ausgleich im *Knoten 7* sind die verteilten Momente M' bereits so klein geworden, daß sie nicht mehr weitergeleitet zu werden brauchen. Durch algebraische Addition der jedem Stabende zugeordneten, in Gruppen untereinander stehenden Momentenanteile $\mathfrak{M}$, M' und M'' ergeben sich die in der Skizze durch Doppelstriche gekennzeichneten endgültigen Stabanschlußmomente, und zwar:

$$M_{2,5} = -1,30 \text{ tm} \qquad M_{5,2} = -\ 2,60 \text{ tm} \qquad M_{6,5} = -48,66 \text{ tm}$$

$$M_{5,4} = -27,86 \text{ ,,}$$

$$M_{4,1} = -3,92 \text{ ,,} \qquad M_{5,6} = +37,70 \text{ ,,} \qquad M_{7,5} = -10,76 \text{ ,,}$$

$$M_{4,5} = +3,92 \text{ ,,} \qquad M_{5,7} = -\ 7,23 \text{ ,,} \qquad M_{7,8} = +10,76 \text{ ,,}$$

$$M_{8,7} = -34,66 \text{ ,, .}$$

Der gesamte Momentenverlauf für den angegebenen Belastungsfall ist in Abb. 334 eingezeichnet.

D. Einführungsbeispiel 4: Symmetrischer fünfschiffiger Hallenrahmen mit Kragarmen und Fußgelenken.

Die Tragwerksabmessungen und Belastungsangaben sind aus Abb. 335 zu entnehmen. Wegen der Symmetrie des Tragwerkes und der Belastung braucht für die Berechnung nur eine Tragwerkshälfte in Betracht gezogen zu werden. Die Steifigkeitszahlen k bzw. k^0 für die Gelenkstäbe werden nachstehend tabellarisch ermittelt.

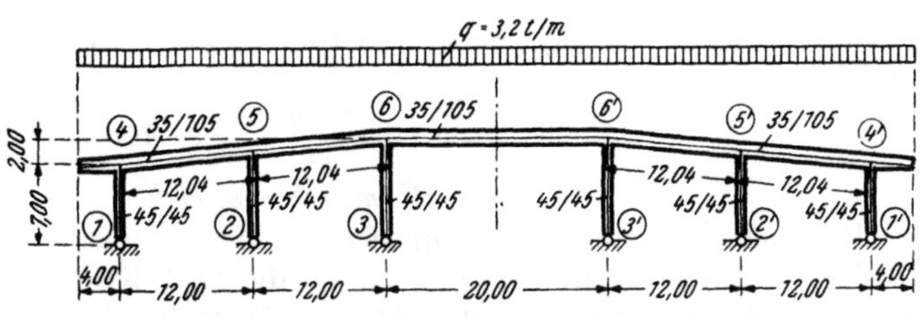

Abb. 335. Tragwerksabmessungen und Belastungsangaben.

Festwerttabelle.

Stab	Querschnitt b/h (cm)	Trägheitsmoment J (m⁴)	Länge l (m)	$k = 10\,000\,J/l$	$k^0 = 0{,}75\,k$
1—4	45/45	0,00342	7,00	4,89	3,66
2—5	45/45	0,00342	8,00	4,28	3,21
3—6	45/45	0,00342	9,00	3,80	2,85
4—5	35/105	0,03376	12,04	28,04	—
5—6	35/105	0,03376	12,04	28,04	—
6—6'	35/105	0,03376	20,00	16,88[1]	—

[1] Für den Symmetriestab 6—6' wird nach (41) $k' = 0{,}5\,k = 0{,}5 \cdot 16{,}88 = 8{,}44$.

Sämtliche Steifigkeitszahlen k, k^0 und k' werden in die Festwertskizze (Abb. 336) eingetragen.

Momentenverteilungszahlen μ.

Die μ-Zahlen sind hier für die Knotenpunkte 4, 5 und 6 nach (29) an Hand der Abb. 336 zu ermitteln.

Für *Knoten 4* ist $\Sigma k = 3{,}66 + 28{,}04 = 31{,}70$ und damit

$$\mu_{4,1} = \frac{3{,}66}{31{,}70} = 0{,}115; \qquad \mu_{4,5} = \frac{28{,}04}{31{,}70} = 0{,}885.$$

Probe: $0{,}115 + 0{,}885 = 1$.

Für *Knoten 5* ist $\Sigma k = 3{,}21 + 28{,}04 + 28{,}04 = 59{,}29$ und damit

$$\mu_{5,2} = \frac{3{,}21}{59{,}29} = 0{,}054; \qquad \mu_{5,4} = \mu_{5,6} = \frac{28{,}04}{59{,}29} = 0{,}473.$$

Probe: $0{,}054 + 0{,}473 + 0{,}473 = 1$.

Für *Knoten 6* wird $\Sigma k = 2{,}85 + 28{,}04 + 8{,}44 = 39{,}33$ und damit

$$\mu_{6,3} = \frac{2{,}85}{39{,}33} = 0{,}072; \quad \mu_{6,5} = \frac{28{,}04}{39{,}33} = 0{,}713; \quad \mu_{6,6'} = \frac{8{,}44}{39{,}33} = 0{,}215.$$

Probe: $0{,}072 + 0{,}713 + 0{,}215 = 1$.

Volleinspannmomente $\mathfrak{M}$.

Kragarm. Das Moment am Kragarm, das in den Knoten 4 übertragen wird, ist von vornherein bekannt. Für das Vorzeichen gilt die übliche Regel Seite 9; es wird:

$$\mathfrak{M}_{4,K} = -\frac{q\,a^2}{2} = -\frac{3{,}2 \cdot 4{,}0^2}{2} = -25{,}6 \text{ tm}.$$

Stab 4—5

$$\mathfrak{M}_{4,5} = + \frac{q\,l^2}{12} + \frac{3,2 \cdot 12,0^2}{12} = + 38,4 \text{ tm}; \quad \mathfrak{M}_{5,4} = - 38,4 \text{ tm}.$$

Stab 5—6

$$\mathfrak{M}_{5,6} = + 38,4 \text{ tm}; \; \mathfrak{M}_{6,5} = - 38,4 \text{ tm}.$$

Stab 6—6′

$$\mathfrak{M}_{6,6'} = + \frac{3,2 \cdot 20,0^2}{12} = + 106,7 \text{ tm}.$$

Momentenausgleich.

Die bisher ermittelten Ausgangswerte μ und $\mathfrak{M}$ werden in die Rechnungs-Skizze (Abb. 337) eingetragen: Die μ-Werte an die Stab-Kreuzungsstellen, die $\mathfrak{M}$-Werte, die zur Unterscheidung von den übrigen Werten mit einem * zu versehen sind, an die entsprechenden Stabenden. Nach diesen Vorbereitungen kann der Momentenausgleich beginnen, und zwar hier im *Knoten 6*, wo das größte Restmoment auftritt, nämlich

$$M_6 = \Sigma\,\mathfrak{M}_{6,i} = \mathfrak{M}_{6,6'} + \mathfrak{M}_{6,5} = + 106,7 - 38,4 = + 68,3 \text{ tm}.$$

Dieser Wert $M_6 = + 68,3$ tm wird in eine eckige Klammer gesetzt und mit Hilfe der μ-Zahlen auf die drei im Knoten 6 zusammentreffenden Stäbe, nämlich auf den Gelenkstab 6—3, den Normalstab 6—5 und den Symmetriestab 6—6′ verteilt. Durch die schon vorher ermittelten und in die Rahmenskizze eingeschriebenen μ-Zahlen sind die in diesem Sonderfall maßgebenden Steifigkeitszahlen k^0 bzw. k' schon berücksichtigt, so daß die Verteilung in der bereits bekannten Weise rein mechanisch erfolgen kann. Man erhält

$$
\begin{aligned}
M'_{6,3} &= - 0,072 \cdot 68,3 = - 4,92 \text{ tm} \\
M'_{6,5} &= - 0,713 \cdot 68,3 = - 48,70 \text{ ,,} \\
M'_{6,6'} &= - 0,215 \cdot 68,3 = - 14,68 \text{ ,, .}
\end{aligned}
$$

Zum Zeichen des erfolgten Ausgleiches werden die angeschriebenen M'-Werte unterstrichen. Hier ergibt sich nach (31a) die Probe $\Sigma M'_{6,i} = - M_6$; mit den vorstehenden Zahlenwerten erhält man somit:

$$- 4,92 - 48,70 - 14,68 = - 68,30 \text{ tm} = - M_6.$$

Bei der Weiterleitung der M'-Momente auf das andere Stabende bleibt das Vorzeichen gleich. Nach (34) sind dabei stets die weitergeleiteten Werte $M'' = 0,5\,M'$. Im vorliegenden Fall ist nur der Wert $M'_{6,5}$ zum Knoten 5 zu leiten, denn im Gelenk 3 tritt kein Moment auf und über den Symmetriestab 6—6′ entfällt wegen Verwendung des k'-Wertes ebenfalls die Weiterleitung. Man braucht somit nur zu rechnen:

$$M''_{5,6} = 0,5\,(- 48,70) = - 24,35 \text{ tm}.$$

Nun wird *Knoten 5* losgelassen, weil dort das größte Restmoment auftritt. Es ergibt sich nach (22a) als algebraische Summe aller Volleinspannmomente $\mathfrak{M}$ in diesem Knoten und aller dorthin bereits weitergeleiteten, aber noch nicht ausgeglichenen Momente M'', also

$$M_5 = \Sigma\,\mathfrak{M}_{n,i} + \Sigma M''_{n,i} = - 38,4 + 38,4 - 24,35 = - 24,35 \text{ tm}.$$

Dieses wieder durch eine eckige Klammer zu kennzeichnende Restmoment M_5 wird nun mit Hilfe der μ-Zahlen in diesem Knoten auf die anschließenden Stäbe verteilt. Man erhält:

$$
\begin{aligned}
M'_{5,2} &= - 0,054\,(- 24,35) = + 1,31 \text{ tm} \\
M'_{5,4} &= - 0,473\,(- 24,35) = + 11,52 \text{ ,,} \\
M'_{5,6} &= - 0,473\,(- 24,35) = + 11,52 \text{ ,, .}
\end{aligned}
$$

Probe: $\Sigma M'_{5,i} = - M_5 = + 24,35$ tm.

Zum Zeichen des erfolgten Ausgleiches werden diese M'-Werte unterstrichen.

Die Weiterleitung der M'-Werte zu den benachbarten Knoten 4 und 6 ergibt mit $\gamma = 0{,}5$

$$M''_{4,5} = 0{,}5\ M'_{5,4} = 0{,}5 \cdot 11{,}52 = +\ 5{,}76\ \text{tm}$$
$$M''_{6,5} = 0{,}5\ M'_{5,6} = 0{,}5 \cdot 11{,}52 = +\ 5{,}76\ \text{,,}\ .$$

Die Weiterleitung zum Gelenk 2 entfällt, weil dort alle Momente gleich Null sind.

Nun folgt der Ausgleich im *Knoten 4*, da hier das größte Restmoment vorhanden ist. Es ergibt sich als algebraische Summe aller Volleinspannmomente $\mathfrak{M}$ einschließlich des Kragmomentes $\mathfrak{M}_{4,K}$ und der bereits weitergeleiteten M''-Momente, also

$$M_4 = \mathfrak{M}_{4,5} + \mathfrak{M}_{4,K} + M''_{4,5} = +\ 38{,}4 - 25{,}6 + 5{,}76 = +\ 18{,}56\ \text{tm}.$$

Der Kragarm beteiligt sich nicht an der Aufnahme dieses Restmomentes, da er der Knotenverdrehung keinen Widerstand entgegensetzen kann. Das Rest-

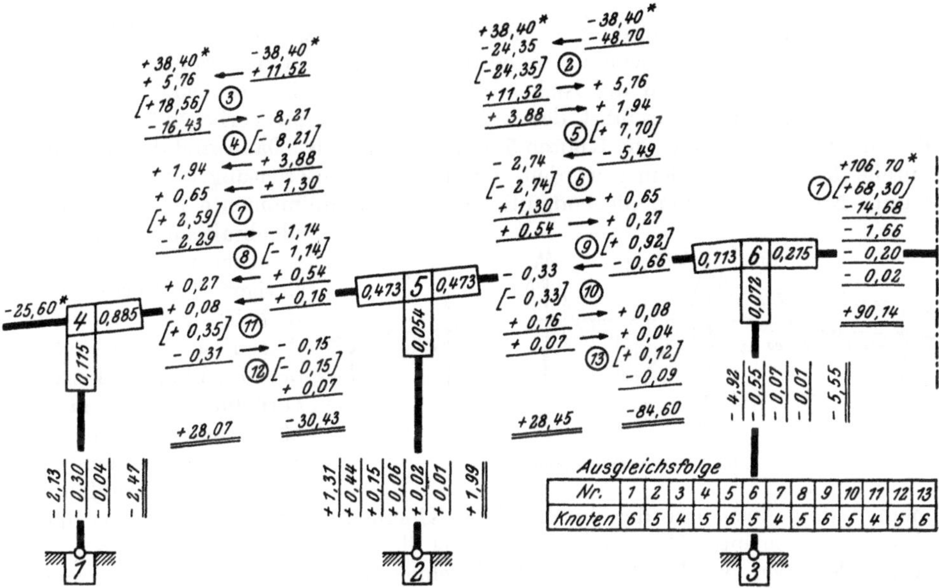

Abb. 337. Rechnungs-Skizze.

moment $M_4 = +\ 18{,}56$ tm wird also mit Hilfe der beiden μ-Zahlen in diesem Knoten nur auf die Stäbe 4—1 und 4—5 verteilt. Es ergibt sich

$$M'_{4,1} = -\ 0{,}115 \cdot 18{,}56 = -\ 2{,}13\ \text{tm};$$
$$M'_{4,5} = -\ 0{,}885 \cdot 18{,}56 = -\ 16{,}43\ \text{tm}.$$

Zum Zeichen des erfolgten Ausgleiches werden diese beiden M'-Werte in der Skizze unterstrichen. Die Weiterleitung zum Knoten 5 ergibt:

$$M''_{5,4} = 0{,}5\ (-\ 16{,}43) = -\ 8{,}21\ \text{tm}.$$

Jetzt wird wiederum *Knoten 5* losgelassen. Hier ist das aufzuteilende Restmoment $M_5 = -\ 8{,}21$ tm.

Mit den entsprechenden μ-Zahlen erhält man

$$M'_{5,2} = -\ 0{,}054\ (-\ 8{,}21) = +\ 0{,}44\ \text{tm}$$
$$M'_{5,4} = -\ 0{,}473\ (-\ 8{,}21) = +\ 3{,}88\ \text{,,}$$
$$M'_{5,6} = -\ 0{,}473\ (-\ 8{,}21) = +\ 3{,}88\ \text{,,}\ .$$

Probe: $\Sigma M'_{5,i} = -\ M_5 = +\ 8{,}21\ \text{tm}.$

Die Weiterleitung dieser M'-Momente zu den Knoten 4 und 6 ergibt mit $\gamma = 0{,}5$

$$M''_{4,5} = 0{,}5 \; M'_{5,4} = + \, 1{,}94 \, \text{tm}; \quad M''_{6,5} = 0{,}5 \; M'_{5,6} = + \, 1{,}94 \, \text{tm}.$$

Nun folgt der Ausgleich bei *Knoten 6* mit $M_6 = + \, 7{,}70 \, \text{tm}$. Man erhält mit den entsprechenden μ-Zahlen

$$M'_{6,3} = - \, 0{,}072 \cdot 7{,}70 = - \, 0{,}55 \, \text{tm}$$
$$M'_{6,5} = - \, 0{,}713 \cdot 7{,}70 = - \, 5{,}49 \,\text{,,}$$
$$M'_{6,6'} = - \, 0{,}215 \cdot 7{,}70 = - \, 1{,}66 \,\text{,,} \;.$$

Probe: $\Sigma M'_{6,i} = - \, M_6 = - \, 7{,}70 \, \text{tm}.$

Hier braucht nur das Moment $M'_{6,5}$ weitergeleitet zu werden. Man erhält

$$M''_{5,6} = 0{,}5 \; M'_{6,5} = 0{,}5 \, (- \, 5{,}49) = - \, 2{,}74 \, \text{tm}.$$

Der weitere Rechnungsvorgang geschieht im Prinzip in gleicher Weise. Der Ausgleich wird stets bei jenem Knoten durchgeführt, der das größte Restmoment aufweist; damit ist auch die Reihenfolge des Ausgleichs gegeben. Wie aus der Systemskizze ersichtlich, führt der weitere Ausgleich im vorliegenden Fall nach diesen Grundsätzen über die Knoten 5, 4, 5, 6, 5, 4, 5, 6. Dann sind die Momentenanteile M' bereits so klein geworden, daß auf ihre Weiterleitung verzichtet werden kann. Nunmehr können die endgültigen Stabanschlußmomente nach (23) durch

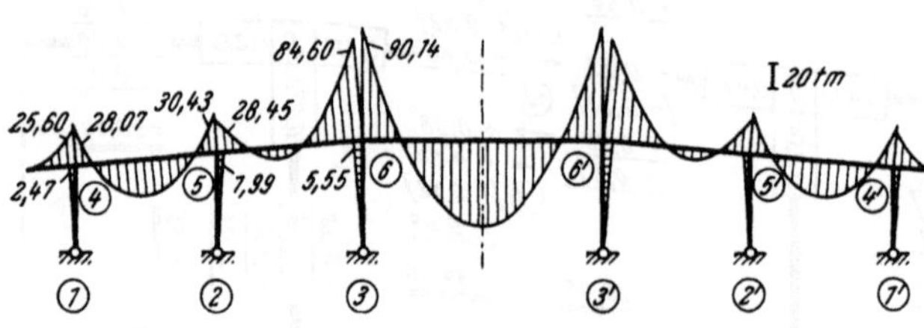
Abb. 338. Momentenverlauf.

algebraische Summation sämtlicher zusammengehöriger Teilwerte $\mathfrak{M}$, M' und M'' gebildet werden. Alle diese Werte sind aus der Rechnungs-Skizze zu entnehmen. Es sind dort also stets alle in einer Kolonne stehenden Werte von Stabanschlußmomenten (mit Ausnahme der durch eckige Klammern besonders gekennzeichneten Knotenrestmomente M_n), unter Beachtung ihrer Vorzeichen zu addieren. Zur Kontrolle sollen sie aber hier für die einzelnen Stabendmomente noch gesondert zusammengestellt werden. Um die Knotenpunktprobe $\Sigma M = 0$ sofort durchführen zu können, werden hiebei die zu jedem Knoten gehörenden Werte stets in Gruppen zusammengefaßt. Man erhält also:

$$M_{4,K} = - \, 25{,}60 \, \text{tm}$$
$$M_{4,1} = - \quad 2{,}13 - 0{,}30 - 0{,}04 \qquad\qquad\qquad\qquad\qquad = - \quad 2{,}47 \,\text{,,}$$
$$M_{4,5} = + \quad 38{,}40 + 5{,}76 - 16{,}43 + 1{,}94 + 0{,}65 - 2{,}29 + 0{,}27 +$$
$$+ \quad 0{,}08 - 0{,}31 \qquad\qquad\qquad\qquad\qquad = + \; 28{,}07 \,\text{,,}$$
$$M_{5,2} = + \quad 1{,}31 + 0{,}44 + \quad 0{,}15 + 0{,}06 + 0{,}02 + 0{,}01 \qquad = + \quad 1{,}99 \,\text{,,}$$
$$M_{5,4} = - \quad 38{,}40 + 11{,}52 - \quad 8{,}21 + 3{,}88 + 1{,}30 - 1{,}14 + 0{,}54 +$$
$$+ \quad 0{,}16 - 0{,}15 + 0{,}07 \qquad\qquad\qquad\qquad = - \; 30{,}43 \,\text{,,}$$
$$M_{5,6} = + \quad 38{,}40 - 24{,}35 + 11{,}52 + 3{,}88 - 2{,}74 + 1{,}30 + 0{,}54 -$$
$$- \quad 0{,}33 + 0{,}16 + 0{,}07 \qquad\qquad\qquad\qquad = + \; 28{,}45 \,\text{,,}$$
$$M_{6,3} = - \quad 4{,}92 - 0{,}55 - \quad 0{,}07 - 0{,}01 \qquad\qquad\qquad = - \quad 5{,}55 \,\text{,,}$$
$$M_{6,5} = - \quad 38{,}40 - 48{,}70 + \quad 5{,}76 + 1{,}94 - 5{,}49 + 0{,}65 + 0{,}27 -$$
$$- \quad 0{,}66 + 0{,}08 + 0{,}04 - 0{,}09 \qquad\qquad\qquad = - \; 84{,}60 \,\text{,,}$$
$$M_{6,6'} = + \quad 106{,}70 - 14{,}68 - \quad 1{,}66 - 0{,}20 - 0{,}02 \qquad = + \; 90{,}14 \,\text{,,}.$$

In Abb. 338 ist der M-Verlauf maßstäblich aufgetragen.

E. Antimetrische Belastung.

Auch für solche Belastungsfälle, die vor allem bei dem Seite 119 erläuterten B.U.-Verfahren vorkommen, kann die Symmetrie des Tragwerkes vorteilhaft ausgenutzt werden. Die Durchführungsart der Rechnung hängt wiederum davon ab, ob die Symmetrale des Tragwerkes durch Knotenpunkte oder durch Stabmitten verläuft. Beide Möglichkeiten sollen auch hier getrennt behandelt werden.

a) Tragwerke mit Knoten-Symmetralen.

In Abb. 339 ist ein solches Tragwerk mit einer antimetrischen Belastung gegeben; die zugehörige M-Linie zeigt Abb. 339a. Die Berechnung braucht auch hier nur für eine Tragwerkshälfte mit der entsprechenden Belastung gemäß Abb. 340 vorgenommen zu werden, wenn man für die Steifigkeitszahlen der in der Symmetrale gelegenen Stäbe die halben Werte in Rechnung stellt. Das trifft hier für den

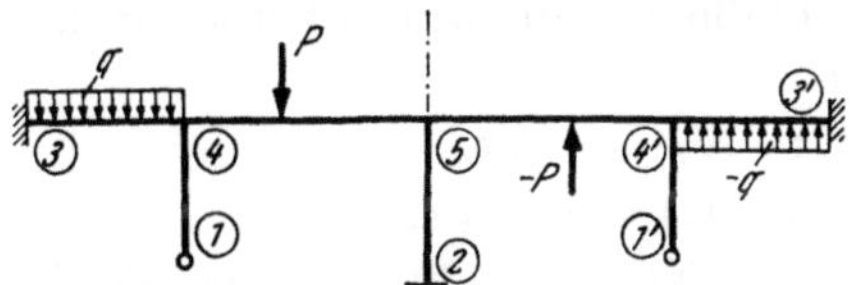

Abb. 339. Tragwerk mit „Knoten-Symmetrale" bei antimetrischer Belastung.

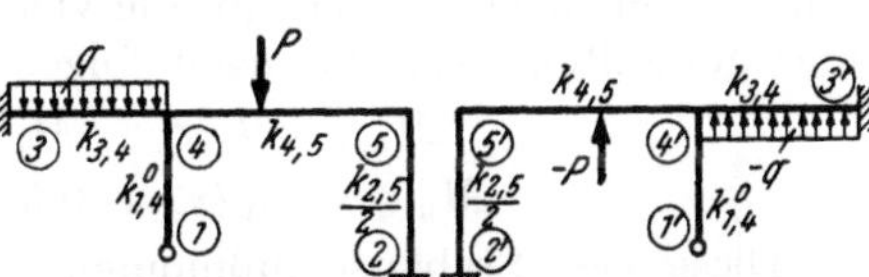

Abb. 340. Die der Berechnung zugrunde liegenden Tragwerkshälften bei antimetrischer Belastung.

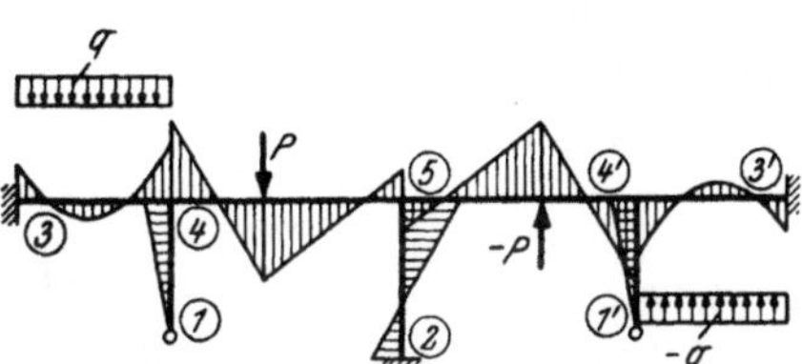

Abb. 339a. M-Linie zu Abb. 339.

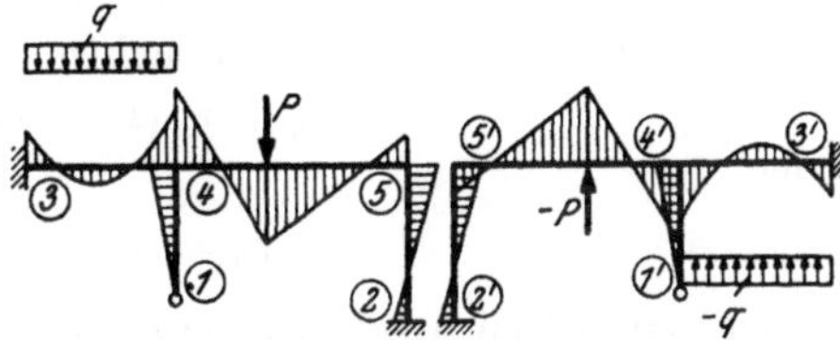

Abb. 340a. M-Linie zu Abb. 340.

Stab 2—5 zu. Die M-Linien für die beiden Tragwerkshälften sind in Abb. 340a dargestellt. Es ist zu erkennen, daß bei dieser Berechnungsart für die in der Symmetrale gelegenen Stäbe, für welche nur die halben Steifigkeitszahlen angenommen worden sind, auch die Momente mit dem halben Wert erscheinen. Sie sind also zu verdoppeln, um auch in diesen Stäben die gesuchten wahren Momentenwerte zu erhalten (vgl. Zahlenbeispiel Nr. 3).

Wie Seite 120 näher dargelegt wird, gelten diese Überlegungen im Prinzip auch für verschiebliche Tragwerke (vgl. Zahlenbeispiele Nr. 19 und 30).

b) Tragwerke mit Stab-Symmetralen.

Obwohl die Berechnung auch hier auf eine Tragwerkshälfte beschränkt werden kann, ist ihre Durchführung doch verschieden von jener für Tragwerke mit Knoten-Symmetralen. Die hier maßgebenden Zusammenhänge sollen ganz allgemein für den in Abb. 341 dargestellten symmetrisch ausgebildeten Tragwerksteil mit den antimetrisch wirkenden Knotenmomenten $M_n = M'_n$ erläutert werden. Die Verformung, die sich bei gleichzeitigem Loslassen der beiden Rahmenknoten n und n' und damit unter gleichzeitiger Wirkung dieser beiden Knotenmomente $M_n = M'_n$ ergibt, ist in Abb. 341a dargestellt. Die beiden Knotendrehwinkel φ_n und φ'_n sind gleich groß und haben auch gleichen Drehsinn, also gleiches Vorzeichen.

Die Endtangentenwinkel τ_n bzw. τ'_n der Biegelinien der einzelnen in dem Knotenpunkt n bzw. n' zusammentreffenden Stäbe stimmen sowohl der Größe als auch der Richtung nach mit den beiden Knotendrehwinkeln φ_n bzw. φ'_n überein. Man

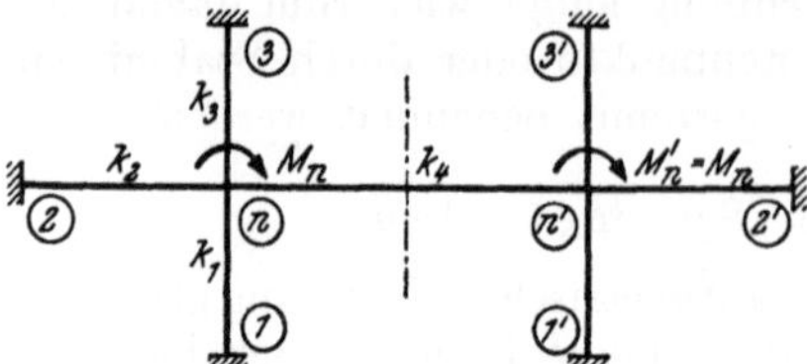

Abb. 341. Rahmenteil [mit „Stab-Symmetrale"; antimetrische Belastung durch Knotenmomente M_n und $M'_n = M_n$.

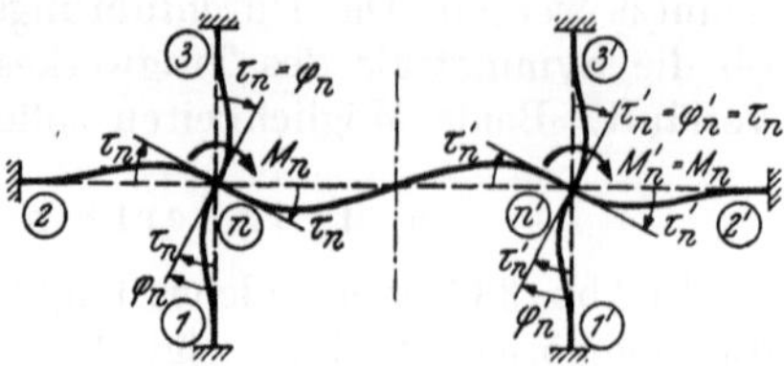

Abb. 341a. Tragwerksverformung unter gleichzeitiger Wirkung der beiden Knotenmomente M_n und $M'_n = M_n$.

erhält somit nach (8) bzw. (6) die vier Stabanschlußmomente im Knoten n mit den hier gewählten Bezeichnungen folgendermaßen:

$$M_{n,1} = k_1\,\tau_n; \quad M_{n,2} = k_2\,\tau_n; \quad M_{n,3} = k_3\,\tau_n;$$
$$M_{n,n'} = k_4\,(\tau_n + 0{,}5\,\tau'_n) = k_4\,(1{,}5\,\tau_n) = 1{,}5\,k_4\,\tau_n. \tag{42}$$

Diese vier Stabanschlußmomente müssen dem Knotenpunkt M_n das Gleichgewicht halten, d. h. es muß hier die Bedingung $\Sigma M = 0$ erfüllt sein. Diese Bedingung kann auch in der Form

$$M_n + \Sigma M_{n,i} = 0 \quad \text{oder} \quad M_n + (M_{n,1} + M_{n,2} + M_{n,3} + M_{n,n'}) = 0$$

geschrieben werden. Unter Beachtung von (42) erhält man weiter

$$M_n + \tau_n\,(k_1 + k_2 + k_3 + 1{,}5\,k_4) = 0 \tag{43}$$

oder

$$\tau_n = -\,\frac{M_n}{k_1 + k_2 + k_3 + 1{,}5\,k_4}. \tag{44}$$

Führt man diesen Ausdruck für τ_n in die Formeln (42) für die Stabendmomente ein, so erhält man die unter der gleichzeitigen Wirkung von M_n und M'_n im Knoten n auftretenden Anschlußmomente, nämlich

$$M_{n,1} = k_1\,\tau_n = -\,\frac{k_1}{k_1 + k_2 + k_3 + 1{,}5\,k_4}\,M_n = -\,\mu_{n,1}\,M_n$$

$$M_{n,2} = k_2\,\tau_n = -\,\frac{k_2}{k_1 + k_2 + k_3 + 1{,}5\,k_4}\,M_n = -\,\mu_{n,2}\,M_n$$

$$M_{n,3} = k_3\,\tau_n = -\,\frac{k_3}{k_1 + k_2 + k_3 + 1{,}5\,k_4}\,M_n = -\,\mu_{n,3}\,M_n \tag{45}$$

$$M_{n,n'} = 1{,}5\,k_4\,\tau_n = -\,\frac{1{,}5\,k_4}{k_1 + k_2 + k_3 + 1{,}5\,k_4}\,M_n = -\,\mu_{n,n'}\,M_n.$$

Es können also auch bei antimetrischen Belastungsfällen zwei symmetrisch gelegene Rahmenknoten gleichzeitig losgelassen werden. Die Verteilungszahlen μ zur Bestimmung der Stabanschlußmomente im Knoten n unterscheiden sich nach (45) von den gewöhnlichen μ-Zahlen nur dadurch, daß hier die Steifigkeitszahl des Symmetriestabes n—n' mit 1,5 zu multiplizieren ist. Dieser Faktor 1,5 drückt den Einfluß des bei n' gleichzeitig wirksamen, gleichgerichteten Knotenmomentes $M'_n = M_n$ aus. Man kann daher für die Symmetriestäbe sofort den Steifigkeitswert $1{,}5\,k$ in Rechnung stellen und zur Unterscheidung von den k-Werten hiefür die Bezeichnung k'' einführen. Es ist somit

$$\boxed{k'' = 1{,}5\,k.} \tag{46}$$

Diese Steifigkeitswerte k'' gelangen auch bei dem Seite 121 besprochenen B.U.-Verfahren zur Anwendung.

3. Durchlaufträger ohne Vouten.

A. Allgemeines.

Der Durchlaufträger nimmt unter den statisch unbestimmten Tragwerken eine gewisse Sonderstellung ein; für seine Berechnung sind daher auch viele spezielle Verfahren entwickelt worden. Es können aber auch alle Berechnungsmethoden verwendet werden, die ganz allgemein für Rahmentragwerke gelten. Dabei ist im

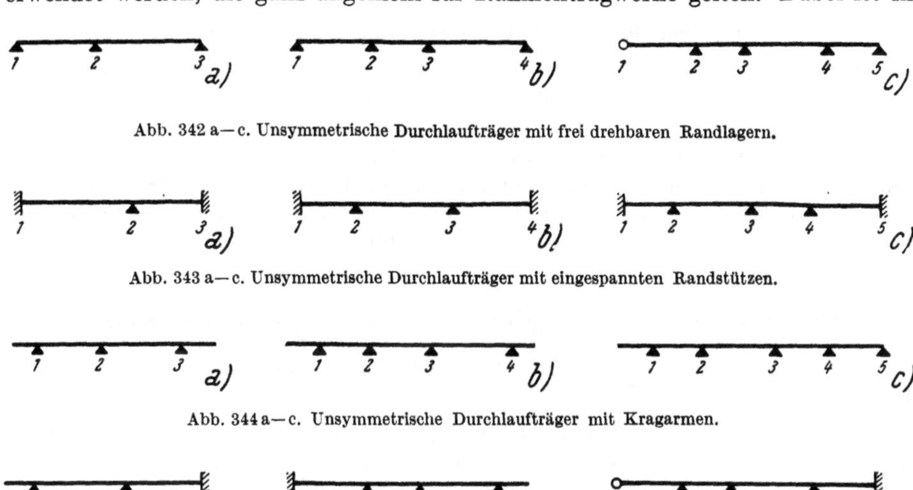

Abb. 342 a—c. Unsymmetrische Durchlaufträger mit frei drehbaren Randlagern.

Abb. 343 a—c. Unsymmetrische Durchlaufträger mit eingespannten Randstützen.

Abb. 344 a—c. Unsymmetrische Durchlaufträger mit Kragarmen.

Abb. 345 a—c. Unsymmetrische Durchlaufträger mit verschiedenen Endlagern.

Prinzip genau so vorzugehen, wie bei unverschieblichen Rahmensystemen. Für die zahlenmäßige Durchführung der Berechnung kann man auch die Durchlaufträger in verschiedene Gruppen einteilen, indem man sowohl ihre Form als Ganzes als auch die Art der Endauflagerung berücksichtigt. Nach diesen Gesichtspunkten sind zu unterscheiden:

1. Unsymmetrische Durchlaufträger, und zwar

a) mit frei drehbaren Randlagern (vgl. Abb. 342 a—c),
b) mit eingespannten Randstützen (vgl. Abb. 343 a—c),
c) mit Kragarmen (vgl. Abb. 344 a—c),
d) Kombinationen der vorgenannten Trägerarten (vgl. Abb. 345 a—c).

2. Symmetrische Durchlaufträger, und zwar

a) mit der Symmetrale durch ein Auflager (vgl. Abb. 346 a—d),
b) mit der Symmetrale durch ein Feld (vgl. Abb. 347 a—c).

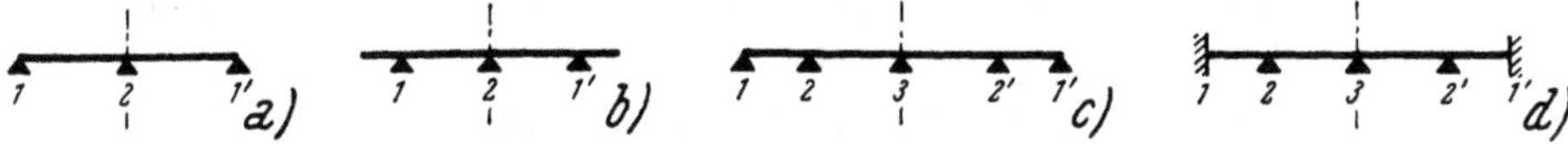

Abb. 346 a—d. Durchlaufträger mit „Auflager-Symmetralen".

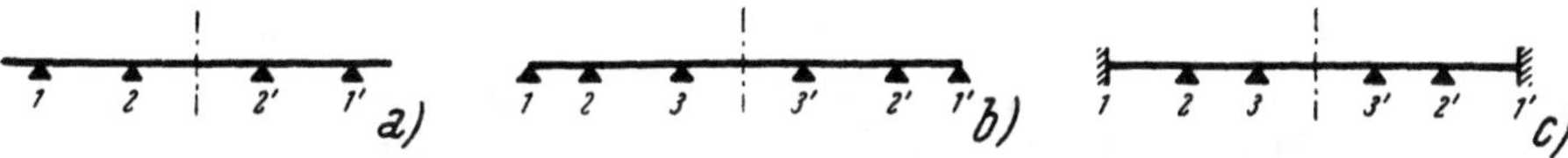

Abb. 347 a—c. Durchlaufträger mit „Feld-Symmetralen".

In bezug auf die Endlauflager gilt auch bei den symmetrischen Durchlaufträgern dieselbe Unterscheidung wie bei den unsymmetrischen Systemen. Es können frei gelagerte oder voll eingespannte Trägerenden oder Kragarme vorhanden sein.

Für symmetrische Durchlaufträger sind bei symmetrischer Belastung die gleichen Vereinfachungen sinngemäß in Anwendung zu bringen, wie sie bei den Rahmentragwerken Seite 47 ff. ausführlich erläutert worden sind.

B. Berechnung unsymmetrischer Durchlaufträger.

Dieser allgemeine Fall soll zuerst behandelt werden. Die Berechnung solcher Träger könnte ohne weiteres nach dem auf Seite 38 für unverschiebliche Rahmentragwerke ausführlich beschriebenen Rechnungsgang vorgenommen werden; es ist aber zweckmäßig, hier auf einige Besonderheiten dieses Tragsystems und auf die damit verbundenen Vereinfachungen in der Berechnung ausdrücklich hinzuweisen. Es wird daher der gesamte Rechnungsgang für Durchlaufträger nachstehend völlig unabhängig von den früheren Beschreibungen in kurzer Zusammenfassung dargelegt.

Beschreibung des Rechnungsganges für unsymmetrische Durchlaufträger.

1. Festlegung der Spannweiten und Querschnittsabmessungen in den einzelnen Feldern.

2. Ermittlung der Trägheitsmomente J (für Rechtecksquerschnitte nach Tafel 1), der relativen Steifigkeitszahlen $k = J/l$ bzw. bei gelenkiger Lagerung in den Randfeldern $k^0 = 0,75\,J/l$. Wenn J in allen Feldern gleich groß ist, so wird nach (27) bzw. (27a) einfach $k = 1/l$ bzw. $k = 10/l$ oder $100/l$ und bei Randfeldern mit gelenkiger Lagerung $k^0 = 0,75/l$ bzw. $k^0 = 7,5/l$ oder $75/l$.

3. Ermittlung der Momentenverteilungszahlen nach (29) aus $\mu = k/\Sigma k$ für jede Stütze, wobei Σk die Summe der Steifigkeitszahlen in den Feldern links und rechts der betrachteten Stütze und k die Steifigkeitszahl jenes Feldes bedeutet, dessen μ-Zahl zu ermitteln ist. Bei Randfeldern mit gelenkigen oder freien Endlagern ist wieder der Steifigkeitswert k^0 in Rechnung zu stellen. Die Überleitungszahlen γ sind bei feldweise konstantem Trägheitsmoment stets gleich 0,5.

4. Ermittlung der Volleinspannmomente $\mathfrak{M}$ für die einzelnen Mittelfelder aus der gegebenen Belastung nach den Tafeln 2 bis 4. In den Randfeldern mit gelenkigen oder freien Endlagern sind die $\mathfrak{M}^0$-Werte für die bei der Innenstütze voll eingespannt gedachten, außen aber frei gelagerten Träger nach Tafel 5 und 6 zu ermitteln.

5. Bestimmung des Knotenrestmomentes $M_n = \mathfrak{M}_{n,\,n-1} + \mathfrak{M}_{n,\,n+1}$ bei jener Stütze n, bei welcher dieser Wert am größten ist. Hierbei bedeuten $\mathfrak{M}_{n,\,n-1}$ und $\mathfrak{M}_{n,\,n+1}$ die Volleinspannmomente links bzw. rechts der betrachteten Stütze n. Bei Trägern, die von oben nach unten belastet sind, wird nach der auch hier geltenden Vorzeichenregel (vgl. Seite 9) $\mathfrak{M}_{n,\,n-1}$ stets negativ und $\mathfrak{M}_{n,\,n+1}$ stets positiv sein. Der Knoten mit max M_n wird als erster losgelassen.

6. Verteilung dieses Knotenrestmomentes M_n nach (31) auf die bei der Stütze n zusammentreffenden Felder mit Hilfe der in der Rechnungs-Skizze eingetragenen μ-Zahlen. Einschreiben der so erhaltenen Momentenanteile $M'_{n,\,n-1}$ und $M'_{n,\,n+1}$ mit entgegengesetztem Vorzeichen von M_n in die Rechnungs-Skizze.

7. Überleitung dieser Momentenanteile M', die einmal unterstrichen werden, zu den benachbarten Stützen. Dabei bleiben die Vorzeichen erhalten und es wird das übergeleitete Moment $M'' = 0,5\,M'$.

8. Ermittlung des Restmomentes M_n einer anderen Stütze, wobei die dorthin bereits weitergeleiteten, aber noch nicht ausgeglichenen M''-Momente nach (22a) mit in Rechnung zu stellen sind, also $M_n = \Sigma\mathfrak{M} + \Sigma M''$.

9. Verteilung dieses Restmomentes M_n nach Ziffer 6 auf die beiden an der betrachteten Stütze n zusammentreffenden Stäbe, Überleitung der so erhaltenen Momentenanteile M' nach Ziffer 7, Ermittlung des Restmomentes M_n bei einer weiteren Stütze nach Ziffer 8 und Verteilung auf die hier zusammentreffenden zwei Stäbe nach Ziffer 6. Dieser Vorgang ist so lange fortzusetzen, bis die in den einzelnen Knoten verteilten Momente M' genügend klein geworden sind und nicht mehr weitergeleitet zu werden brauchen, ohne die gewünschte Genauigkeit zu beeinträchtigen.

10. Ermittlung der endgültigen Stützenmomente durch algebraische Addition aller jeweils links bzw. rechts einer jeden Stütze vorhandenen Teilbeträge, also der Volleinspannmomente $\mathfrak{M}$, der Verteilungsmomente M' und der weitergeleiteten Momente M''. Es ergibt sich somit gemäß (23) $M_{n,i} = \mathfrak{M}_{n,i} + \Sigma M'_{n,i} + \Sigma M''_{n,i}$. Zur Probe müssen die so erhaltenen Werte links und rechts einer jeden Stütze gleiche Größe, aber entgegengesetztes Vorzeichen haben. Es empfiehlt sich, die endgültige M-Linie maßstäblich aufzuzeichnen.

C. Einführungsbeispiel 5: Durchlaufträger über zwei ungleichen Feldern mit durchgehend gleichem Querschnitt, voller Einspannung bei 1 und gelenkiger Lagerung bei 3.

Die Spannweiten und Belastungsangaben sind aus Abb. 348 zu entnehmen.

Steifigkeitswerte k.

Da die Querschnittsträgheitsmomente in beiden Feldern gleich groß sind, können die „relativen" Steifigkeitswerte nach (27a) mit $k = \dfrac{10}{l}$ bzw. bei gelenkiger Endauflagerung mit $k^0 = \dfrac{7,5}{l}$ in Rechnung gestellt werden.

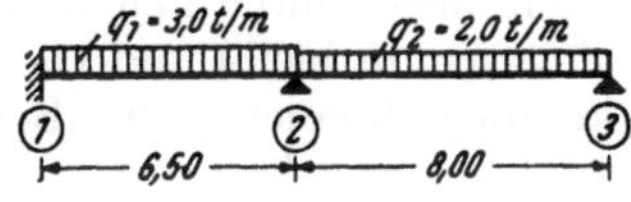

Abb. 348. Spannweiten und Belastungsangaben.

Es wird also im Feld 1: $k_{2,1} = \dfrac{10}{l_1} = \dfrac{10}{6,5} = 1{,}54$

und im Feld 2: $\qquad k^0_{2,3} = \dfrac{7,5}{l_2} = \dfrac{7,5}{8,0} = 0{,}94.$

Diese k-Zahlen sind in Abb. 349 eingetragen.

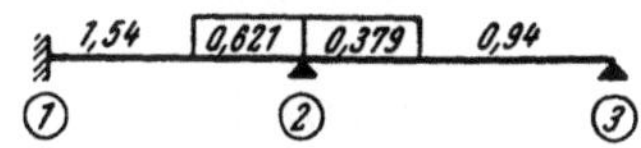

Abb. 349. Festwerte k bzw. k^0 und Verteilungszahlen μ.

Momentenverteilungszahlen μ.

Die μ-Zahlen werden hier nur für Stütze 2 gebraucht. Hier ist $\Sigma k = k_{2,1} + k^0_{2,3} = 1{,}54 + 0{,}94 = 2{,}48$, also wird nach (29)

$$\mu_{2,1} = \frac{k_{2,1}}{\Sigma k} = \frac{1,54}{2,48} = 0{,}621 \quad \text{und} \quad \mu_{2.3} = \frac{k^0_{2,3}}{\Sigma k} = \frac{0,94}{2,48} = 0{,}379.$$

Probe: $0{,}621 + 0{,}379 = 1.$

Die μ-Zahlen sind in Abb. 349 eingeschrieben.

Volleinspannmomente $\mathfrak{M}$.

Im Feld 1:

$$\mathfrak{M}_{1,2} = -\mathfrak{M}_{2,1} = +\frac{q_1 l^2_1}{12} = +\frac{3,0 \cdot 6,5^2}{12} = +10{,}56 \text{ tm.}$$

Im Feld 2:

Das Volleinspannmoment $\mathfrak{M}^0_{2,3}$ ist unter Annahme einer vollen Einspannung bei Stütze 2 und gelenkiger Lagerung bei Stütze 3 zu berechnen. Es ist nach Tafel 5

$$\mathfrak{M}^0_{2,3} = + \frac{q_2\, l^2_2}{8} = + \frac{2,0 \cdot 8,0^2}{8} = + 16,0 \text{ tm.}$$

Momentenausgleich.

Es kommt hier nur der Knoten bei Stütze 2 für das Loslassen in Betracht, da Stütze 1 voll eingespannt bleibt und bei Stütze 3 eine gelenkige Lagerung vorhanden ist (vgl. Abb. 352). Das Restmoment M_2 bei Stütze 2 ist nach (22)

$$M_2 = \Sigma \mathfrak{M}_{2,i} = \mathfrak{M}_{2,1} + \mathfrak{M}_{2,3} = -10,56 + 16,0 = + 5,44 \text{ tm.}$$

Dieses Restmoment ist mit den μ-Zahlen auf die beiden Felder links und rechts von der Stütze 2 zu verteilen. Man erhält damit nach (31) die M'-Momente (vgl. Abb. 353), und zwar:

$$M'_{2,1} = -\mu_{2,1}\, M_2 = -0,621 \cdot 5,44 = -3,38 \text{ tm}$$
$$M'_{2,3} = -\mu_{2,3}\, M_2 = -0,379 \cdot 5,44 = -2,06 \text{ ,, .}$$

Die Summe dieser Momentenanteile muß gleich sein dem verteilten Restmoment und muß entgegengesetztes Vorzeichen haben, also

$$-3,38 - 2,06 = -5,44 \text{ tm} = -M_2.$$

Von diesen Momenten ist nur $M'_{2,1}$ auf die andere Seite zum Auflager 1 weiterzuleiten. Man erhält mit $\gamma = 0,5$

$$M''_{1,2} = 0,5\, M'_{2,1} = 0,5\,(-3,38) = -1,69 \text{ tm.}$$

Damit ist bei Stütze 2 das Gleichgewicht hergestellt. Dieses Gleichgewicht wird auch nicht mehr durch neu hinzutretende M'''-Momente gestört, weil die Stütze 1 voll eingespannt bleibt und von Stütze 3, die ein Gelenk bildet, ebenfalls keine Momente kommen können. Die Berechnung der Teilmomente ist somit bereits beendet.

Endgültige Momente.

Die endgültigen Stützenmomente werden durch algebraische Addition der Volleinspannmomente $\mathfrak{M}$ und der zugehörigen M'- bzw. M''-Momente ermittelt. Man erhält gemäß (23) allgemein:

$$M_{n,i} = \mathfrak{M}_{n,i} + \Sigma M'_{n,i} + \Sigma M''_{n,i}.$$

Also bei Stütze 1:

$$M_{1,2} = \mathfrak{M}_{1,2} + M''_{1,2} = +10,56 - 1,69 = +8,87 \text{ tm.}$$

Bei Stütze 2 erhält man das Moment auf zweifache Art:

$$M_{2,1} = \mathfrak{M}_{2,1} + M'_{2,1} = -10,56 - 3,38 = -13,94 \text{ tm}$$
$$M_{2,3} = \mathfrak{M}_{2,3} + M'_{2,3} = +16,00 - 2,06 = +13,94 \text{ ,, .}$$

Zur Probe müssen beide Werte gleich groß sein und entgegengesetztes Vorzeichen haben.

Die gesamte Berechnung, die hier ausführlich mit allen Einzelheiten vorgenommen worden ist, kann mit viel geringerem Schreibaufwand wesentlich rascher in einer Systemskizze durchgeführt werden, wie aus Abb. 350 ersichtlich ist. Darin sind zunächst die Verteilungszahlen μ links und rechts der Stütze 2 eingeschrieben. Darunter, in Zeile (1), stehen die Volleinspannmomente $\mathfrak{M}$, in Zeile (2) in eckiger Klammer das Knotenrestmoment

$$M_2 = \mathfrak{M}_{2,1} + \mathfrak{M}_{2,3} = +5,44 \text{ tm.}$$

In Zeile (3) sind die M'-Werte angeschrieben, die sich durch Verteilung von M_2 auf die in der Stütze 2 zusammentreffenden Stäbe ergeben. Die Verteilung erfolgt mit Hilfe der in der Skizze eingetragenen μ-Zahlen. Man erhält $M'_{2,1} = -3,38$ tm; $M'_{2,3} = -2,06$ tm. Die Vorzeichen dieser Momentenanteile sind entgegengesetzt dem des verteilten Stützenrestmomentes. Zum Zeichen des vollzogenen Ausgleichs sind diese Werte unterstrichen. In der gleichen Zeile wird das weitergeleitete Moment M'' eingeschrieben; dieser Vorgang wird stets durch einen Pfeil angezeigt. Zur Stütze 1 gelangt das Moment $M''_{1,2} = 0,5\,M'_{2,1} = -1,69$ tm. Bei weitergeleiteten Momenten tritt kein Vorzeichenwechsel ein. Da nun kein Knoten mehr loszulassen ist und zum Gelenk 3 keine Weiterleitung erfolgt, ist der Momentenausgleich beendet und es können durch

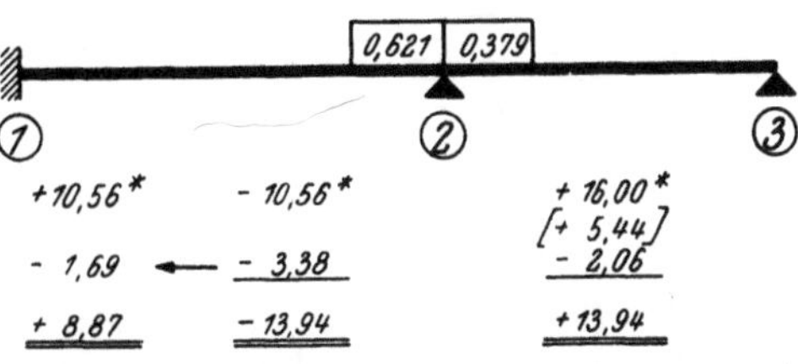

Abb. 350. Rechnungs-Skizze.

algebraische Addition die endgültigen Momente an den einzelnen Stützen ermittelt werden. Diese Addition kann direkt in der Tabelle erfolgen. Es sind dabei sämtliche untereinander geschriebenen Werte, also die Volleinspannmomente $\mathfrak{M}$, die M'- und die M''-Werte gemäß (23) mit zu erfassen. Das durch Klammer hervorgehobene Stützenrestmoment ist aber nicht mit in diese Addition einzubeziehen. Die so erhaltenen Momente sind in Abb. 351 maßstäblich aufgezeichnet.

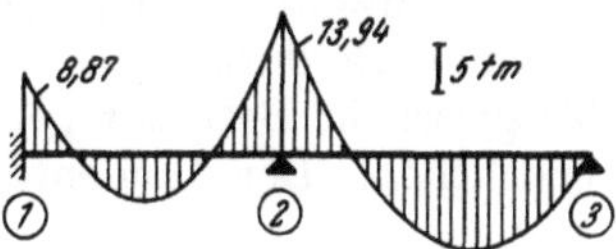

Abb. 351. Endgültige Momentenlinie.

Schlußbemerkung: An diesem Zahlenbeispiel können Sinn und Bedeutung der in den einzelnen Rechenstufen gewonnenen Ergebnisse sehr gut veranschaulicht werden. Die Momente im Ausgangszustand bei unverdrehbar festgehaltenem Knoten 2 sind in Abb. 352 dargestellt, die nach dem Loslassen des Knotens 2 verteilten und weitergeleiteten Momente in Abb. 353. Durch Überlagerung dieser

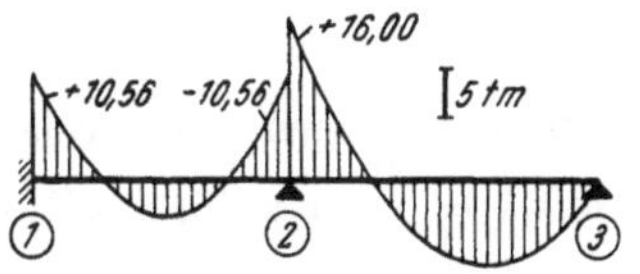

Abb. 352. M-Linie bei unverdrehbaren Knoten 1 und 2.

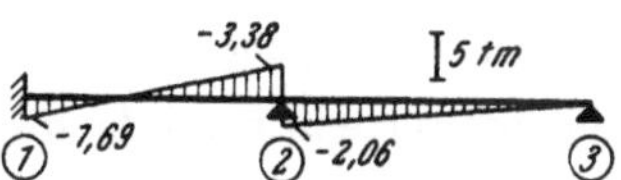

Abb. 353. Verteilte und weitergeleitete Momente.

beiden Momentenbilder, also durch algebraische Addition gemäß (23), ergibt sich bereits der endgültige Momentenverlauf im gesamten Tragwerk, der aus Abb. 351 ersichtlich ist.

D. Symmetrische Durchlaufträger.

Bei symmetrisch ausgebildeten und symmetrisch belasteten Durchlaufträgern ergeben sich in der Berechnung im Prinzip dieselben Vereinfachungen, die bei den unverschieblichen Rahmentragwerken S. 47 ff. ausführlich erläutert worden sind. Man wird also auch hier zu unterscheiden haben, ob die Symmetrale eine Stütze trifft oder durch eine Feldmitte verläuft. Beide Fälle sollen anschließend wieder getrennt behandelt werden.

a) Die Symmetrale trifft ein Auflager.

Vertreter dieser Gruppe von Durchlaufträgern sind in den Abb. 346a, b, c, d zusammengestellt. In Abb. 354 ist ein solches Tragsystem mit einer symmetrischen

Belastung und der zugehörigen Biegelinie dargestellt. Da die Biegelinie in der Symmetrieachse eine waagrechte Tangente aufweist, verhält sich das Tragwerk genau so, als ob es an dieser Stütze voll eingespannt wäre. Man braucht somit für die Berechnung nur die Hälfte des Tragwerkes in Betracht zu ziehen, wenn bei der in der Symmetrieachse gelegenen Stütze eine volle Einspannung angenommen wird. Diesen Tragwerksteil zeigt Abb. 354a,

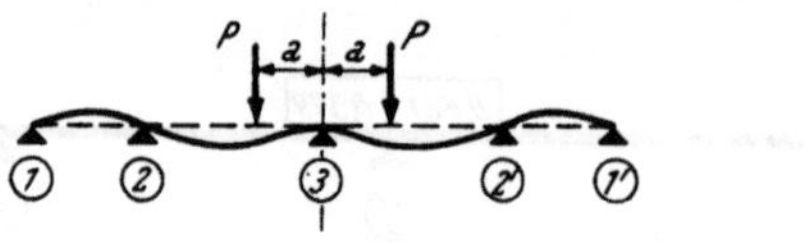

Abb. 354. Durchlaufträger mit „Auflager-Symmetrale".

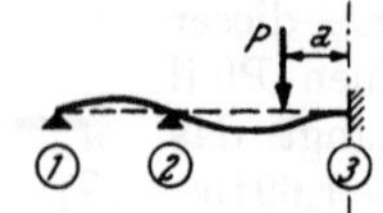

Abb. 354 a. Tragwerkshälfte mit Einspannung bei 3.

der nun für sich wie ein unsymmetrischer Durchlaufträger über nur *zwei* Feldern in üblicher Art zu berechnen ist. Das soll anschließend an einem Zahlenbeispiel mit allen Einzelheiten gezeigt werden.

b) **Einführungsbeispiel 6: Symmetrischer Durchlaufträger über vier Feldern mit Kragarmen.**

Spannweiten und Belastungsangaben sind aus Abb. 355 zu entnehmen. Da die Symmetrale durch eine Stütze verläuft, braucht für die Berechnung nur das halbe Tragwerk in Betracht gezogen zu werden. Dieser Tragwerksteil ist in Abb. 356 ersichtlich. Der Momentenausgleich erstreckt sich also nur über diesen Teil.

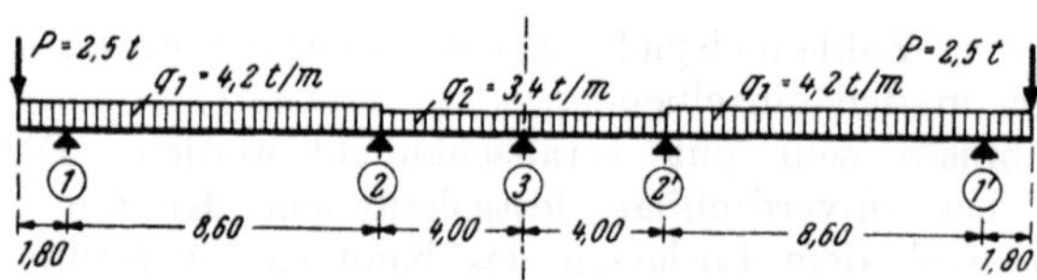

Abb. 355. Spannweiten und Belastungsangaben.

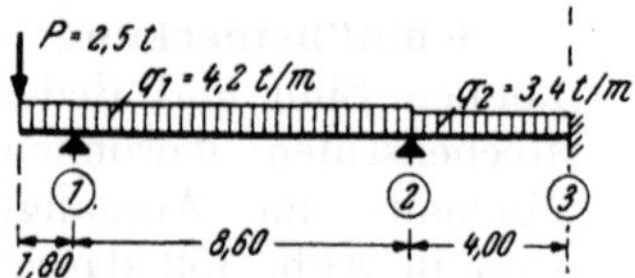

Abb. 356. Tragwerkshälfte mit Einspannung bei 3.

Steifigkeitswerte k.

Wegen durchgehend konstanter Trägheitsmomente können die „relativen" Steifigkeitswerte in vereinfachter Art gemäß (27 a) mit $k = \dfrac{10}{l}$ bzw. für das Randfeld mit dem gelenkigen Randauflager $k^0 = \dfrac{7,5}{l}$ in Rechnung gestellt werden. Man erhält also

$$k^0_{1,2} = \frac{7,5}{l} = \frac{7,5}{8,6} = 0,87; \qquad\qquad k_{2,3} = \frac{10}{l} = \frac{10}{4,0} = 2,50.$$

Momentenverteilungszahlen μ.

Die μ-Zahlen werden hier nur für Stütze 2 gebraucht, weil weder bei Stütze 1, noch im voll eingespannten Auflager 3 ein Momentenausgleich erfolgt; nach (29) wird

$$\mu_{2,1} = \frac{k^0_{2,1}}{\Sigma k} = \frac{0,87}{0,87 + 2,50} = \frac{0,87}{3,37} = 0,258; \qquad \mu_{2,3} = \frac{k_{2,3}}{\Sigma k} = \frac{2,50}{3,37} = 0,742.$$

Probe: $\Sigma \mu = 0,258 + 0,742 = 1$.

Die μ-Werte werden in die Systemskizze (Abb. 357) bei Stütze 2 angeschrieben.

Volleinspannmomente 𝔐.

Am Kragarm:

$$\mathfrak{M}_{1,K} = - \frac{q_1 a^2}{2} - Pa = - \frac{4,2 \cdot 1,8^2}{2} - 2,5 \cdot 1,8 = - 6,8 - 4,50 = - 11,30 \text{ tm}.$$

Feld 1—2:

Hier braucht wegen gelenkiger Lagerung bei Stütze 1 nur $\mathfrak{M}^0_{2,1}$ ermittelt zu werden, und zwar ist für einen solchen Gelenkstab nach Tafel 5

$$\mathfrak{M}^0_{2,1} = -\frac{q_1 l^2_1}{8} = -\frac{4,2 \cdot 8,6^2}{8} = -38,8 \text{ tm}.$$

Feld 2—3:

$$\mathfrak{M}_{2,3} = -\mathfrak{M}_{3,2} = +\frac{q_2 l^2_2}{12} = +\frac{3,4 \cdot 4,0^2}{12} = +4,53 \text{ tm}.$$

Momentenausgleich.

Die weitere Rechnung soll zunächst ausführlich in allen Einzelheiten gezeigt werden; erst im Anschluß daran wird die praktische Durchführung des Momentenausgleiches in der Systemskizze (Abb. 357) erläutert.

Bei Durchlaufträgern mit Kragarmen ist es meist zweckmäßig, zuerst das Kragmoment weiterzuleiten. Im vorliegenden Fall wird also $M'_{1,2} = -\mathfrak{M}_{1,K} = +$ $+11,30$ tm und somit das übergeleitete Moment $M''_{2,1} = 0,5\, M'_{1,2} = +5,65$ tm. Im Knoten 2 ergibt sich nun das Restmoment nach (22a) mit

$$M_2 = \Sigma\mathfrak{M} + \Sigma M'' = \mathfrak{M}^0_{2,1} + \mathfrak{M}_{2,3} + M''_{2,1} =$$
$$= -38,8 + 4,53 + 5,65 = -28,62 \text{ tm}.$$

Mit Hilfe der μ-Zahlen verteilt man dieses Knotenrestmoment auf die beiden an der Stütze 2 zusammentreffenden Stäbe. Nach (31) erhält man die M'-Momente:

$$M'_{2,1} = -\mu_{2,1}\, M_2 = -0,258\,(-28,62) = +\ 7,38 \text{ tm}$$
$$M'_{2,3} = -\mu_{2,3}\, M_2 = -0,742\,(-28,62) = +21,24 \text{ ,, } .$$

Zur Probe muß die Summe dieser beiden M'-Werte gleiche Größe, aber entgegengesetztes Vorzeichen wie das verteilte Knotenrestmoment M_n haben, also

$$+\ 7,38 + 21,24 = +28,62 \text{ tm} = -M_2.$$

Von den beiden M'-Momenten ist nur $M'_{2,3}$ zur Stütze 3 weiterzuleiten. Man erhält

$$M''_{3,2} = 0,5\, M'_{2,3} = 0,5 \cdot 21,24 = +10,62 \text{ tm}.$$

Damit ist der Momentenausgleich beendet, da die Stütze 3 voll eingespannt bleibt und bei Stütze 2 das Gleichgewicht bereits hergestellt ist.

Die endgültigen Momente ergeben sich durch algebraische Addition der jeweils zusammengehörigen Volleinspannmomente $\mathfrak{M}$, der M'- und M''-Werte. Nach (23) erhält man allgemein

$$M_{n,i} = \mathfrak{M}_{n,i} + \Sigma M'_{n,i} + \Sigma M''_{n,i}$$

und damit für den vorliegenden Fall:

$$M_{2,1} = \mathfrak{M}^0_{2,1} + M'_{2,1} + M''_{2,1} = -38,8 + 7,38 + 5,65 \qquad = -25,77 \text{ tm}$$
$$M_{2,3} = \mathfrak{M}_{2,3} + M'_{2,3} \quad = +4,53 + 21,24 \qquad\qquad\quad = +25,77 \text{ ,,}$$
$$M_{3,2} = \mathfrak{M}_{3,2} + M''_{3,2} = -4,53 + 10,62 \qquad\qquad\quad = +\ \ 6,09 \text{ ,,}$$

Das Kragmoment bleibt unverändert $\mathfrak{M}_{1,K}$ $= -11,30$,, .

In Abb. 358 ist der M-Verlauf für das gesamte Tragsystem maßstäblich dargestellt.

Schlußbemerkung: Die gesamte Berechnung hätte auch hier wieder wesentlich kürzer innerhalb einer Systemskizze durchgeführt werden können, wie aus Abb. 357 hervorgeht, wo die einzelnen hier eingehend erläuterten Zwischenwerte eingetragen sind. Der Vorgang unter Verwendung dieser Rechnungs-Skizze ist folgender:

    1. Übertragung der bereits ermittelten $\mathfrak{M}$-Werte (Zeile 1).

    2. Weiterleitung des Kragmomentes zur Stütze 2; aus $M'_{1,2} = -\mathfrak{M}_{1,K} =$ $= +11,30$ tm erhält man $M''_{2,1} = 0,5\, M'_{1,2} = +5,65$ tm (Zeile 2).

3. Ermittlung des Restmomentes $M_2 = -28{,}62$ tm bei Stütze 2 und Anschreiben dieses Wertes in Klammer (Zeile 3).

4. Verteilung dieses Restmomentes mit Hilfe der μ-Zahlen auf die Stäbe links und rechts der Stütze 2. Man erhält so die beiden Werte $M'_{2,1} = +7{,}38$ tm und $M'_{2,3} = +21{,}24$ tm. Sie sind in Zeile (4) angeschrieben und zum Zeichen des vollzogenen Ausgleichs unterstrichen.

5. Weiterleitung von $M'_{2,3}$ zur Stütze 3 durch Halbieren dieses Wertes, der mit gleichem Vorzeichen in dieselbe Zeile (4) geschrieben wird.

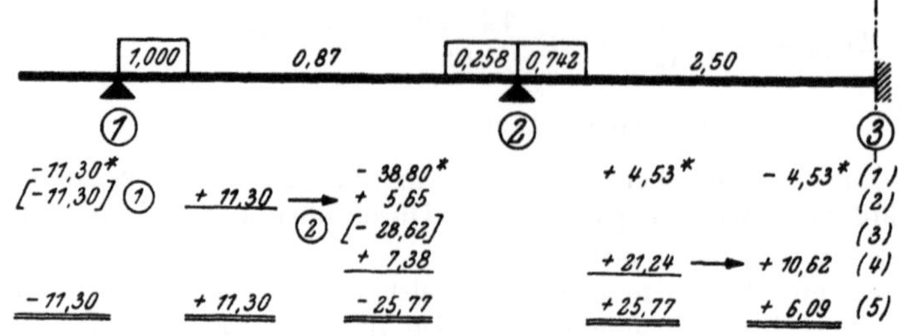
Abb. 357. Rechnungs-Skizze.

6. Ermittlung der endgültigen Stützenmomente durch algebraische Addition sämtlicher bei den einzelnen Stabenden untereinanderstehenden Werte mit Ausnahme des eingeklammerten Stützen-Restmomentes M_2. In Zeile (5) sind diese endgültigen Werte angeschrieben und doppelt unterstrichen. Zur Probe müssen stets die links und rechts der Mittelstütze erscheinenden Werte gleich groß sein und entgegengesetztes Vorzeichen aufweisen.

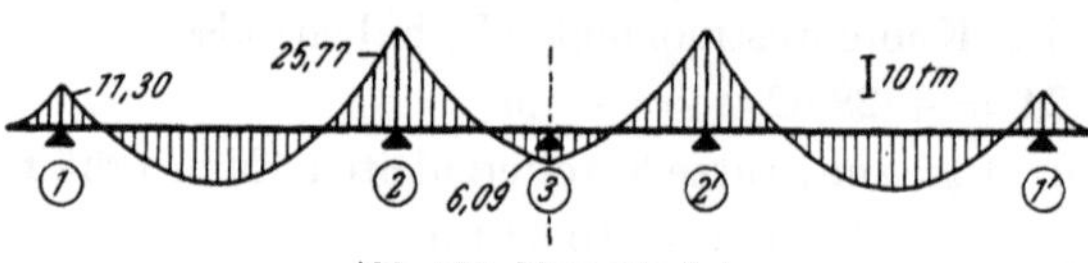
Abb. 358. Momentenlinie.

Den gesamten M-Verlauf zeigt Abb. 358. Bemerkenswert an diesem Momentenbild ist, daß im Bereich der Mittelstütze 3 positive Biegungsmomente auftreten; es zeigt sich hier der überwiegende Einfluß der verhältnismäßig großen Spannweiten der Felder 1—2 bzw. 1'—2' gegenüber den Spannweiten der Felder 2—3 bzw. 2'—3.

c) Die Symmetrale schneidet ein Feld.

Auch in diesem Fall kann, wie aus den Erläuterungen Seite 48 f. hervorgeht, die Berechnung auf eine Hälfte des Tragwerkes beschränkt werden, wenn für die Steifigkeitszahl des Mittelfeldes, also des von der Symmetrieachse geschnittenen Stabes, nach (41) der Wert $k' = 0{,}5\,k$ in Rechnung gestellt wird. Die Verteilung der Knoten-Restmomente in der der Symmetrale benachbarten Stütze erfolgt mit Hilfe der mit k' ermittelten Verteilungszahlen μ. Die Überleitung der M'-Momente zu der symmetrisch gelegenen Stütze kann dadurch entfallen. Die Volleinspannmomente $\mathfrak{M}$ werden allerdings auch im Mittelfeld in gleicher Weise wie in den übrigen Feldern unter Annahme beidseitig voller Einspannung ermittelt. Die praktische Durchführung der Rechnung soll im folgenden an einem Zahlenbeispiel noch näher erläutert werden.

d) Einführungsbeispiel 7: Symmetrischer Durchlaufträger über fünf Feldern mit eingespannten Enden.

Die Tragwerksabmessungen und Belastungsangaben sind aus Abb. 359 zu entnehmen.

Die „relativen" Steifigkeitszahlen k, die hier wegen Verschiedenheit der Querschnitte in den einzelnen Feldern nach den allgemeinen Formeln (25a) zu berechnen sind, werden am besten tabellarisch ermittelt.

Die Berechnung erstreckt sich aus Symmetriegründen nur auf das halbe Tragwerk.

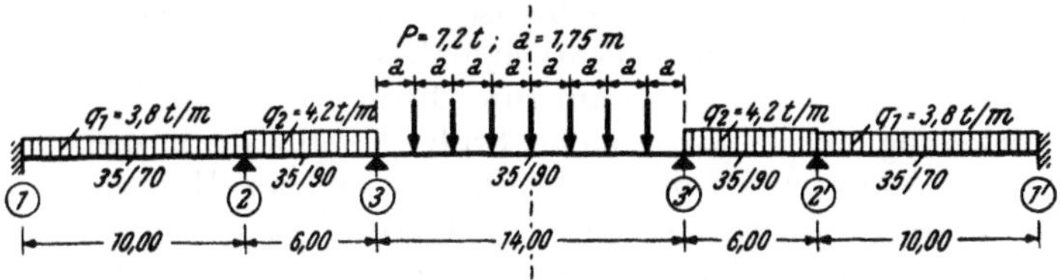

Abb. 359. Tragwerksabmessungen und Belastungsangaben.

Festwerttabelle.

Feld	Querschnitt b/h (cm)	Trägheitsmoment J (m⁴)	Länge l (m)	$k = 1000\,J/l$
1—2	35/70	0,01000	10,0	1,00
2—3	35/90	0,02126	6,0	3,54
3—3'	35/90	0,02126	14,0	1,52[1]

[1] Für den Symmetriestab 3—3' ist nach (41) der Steifigkeitswert $k' = 0,5\,k = 0,5 \cdot 1,52 = 0,76$ in Rechnung zu stellen.

Die Werte k und k' überträgt man in die Systemskizze (Abb. 360) und schreibt sie dort jeweils in der Feldmitte an.

Momentenverteilungszahlen μ.

Diese μ-Zahlen sind nach (29) für die Stützen 2 und 3 zu ermitteln.

Für Stütze 2:

$$\mu_{2,1} = \frac{k_{2,1}}{\Sigma k} = \frac{1,0}{1,0 + 3,54} = \frac{1,0}{4,54} = 0,220; \qquad \mu_{2,3} = \frac{k_{2,3}}{\Sigma k} = \frac{3,54}{4,54} = 0,780.$$

Probe: $0,220 + 0,780 = 1$.

Für Stütze 3:

$$\mu_{3,2} = \frac{k_{3,2}}{\Sigma k} = \frac{3,54}{3,54 + 0,76} = \frac{3,54}{4,30} = 0,823; \qquad \mu_{3,3'} = \frac{k'_{3,3'}}{\Sigma k} = \frac{0,76}{4,30} = 0,177.$$

Probe: $0,823 + 0,177 = 1$.

Diese μ-Zahlen werden in die Systemskizze (Abb. 360) jeweils links und rechts der einzelnen Stützen eingeschrieben.

Volleinspannmomente $\mathfrak{M}$.

Feld 1:

$$\mathfrak{M}_{1,2} = + \frac{q_1 l^2_1}{12} = + \frac{3,8 \cdot 10,0^2}{12} = + 31,7 \text{ tm}; \quad \mathfrak{M}_{2,1} = -31,7 \text{ tm}.$$

Feld 2:

$$\mathfrak{M}_{2,3} = + \frac{q_2 l^2_2}{12} = + \frac{4,2 \cdot 6,0^2}{12} = + 12,6 \text{ tm}; \quad \mathfrak{M}_{3,2} = -12,6 \text{ tm}.$$

Feld 3:

Nach Tafel 4 ist für die hier vorliegende Belastungsart

$$\mathfrak{M}_{3,3'} = + \frac{P\,l}{12} \cdot \frac{n^2 - 1}{n} = + \frac{7,2 \cdot 14,0}{12} \cdot \frac{8^2 - 1}{8} = + 66,2 \text{ tm}.$$

Die Werte werden unter die Systemskizze (Abb. 360) in Zeile (1) geschrieben.

5*

Momentenausgleich.

Der Verlauf der weiteren Berechnung, die unter der Systemskizze (Abb. 360) zur besseren Übersicht in sehr ausführlicher Schreibweise vorgenommen wird, soll hier nur kurz erläutert werden. Es ist sofort ersichtlich, daß bei Stütze 3 das größte Restmoment $M_3 = + 66,2 - 12,6 = + 53,6$ tm auftritt. Dieser Wert ist in Zeile (2) angeschrieben. Seine Verteilung mit den μ-Zahlen bei Stütze 3 ergibt die in Zeile (3) angeschriebenen Werte, die geändertes Vorzeichen erhalten und als Hinweis auf den vollzogenen Ausgleich unterstrichen werden. Der Wert $M'_{3,2} = - 44,11$ tm wird, wie der Pfeil anzeigt, zur Stütze 2 weitergeleitet und ergibt dort den halben Betrag $M''_{2,3} = - 22,05$ tm, der in der gleichen Zeile (3) eingetragen wird. Das

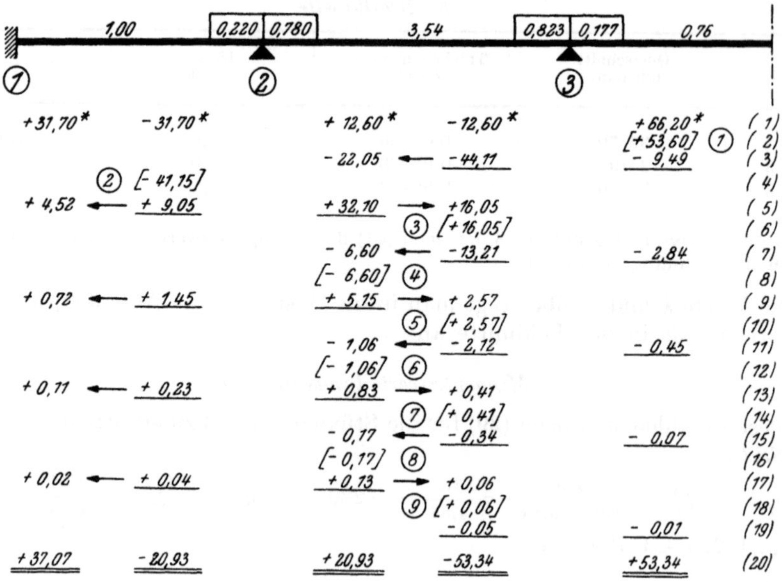

Abb. 360. Rechnungs-Skizze in ausführlicher Schreibweise.

Restmoment bei Stütze 2 nimmt nun den Wert $M_2 = - 31,7 + 12,6 - 22,05 = - 41,15$ tm an (Zeile 4) und wird mit den μ-Zahlen verteilt. Die dabei erhaltenen M'-Werte werden mit geändertem Vorzeichen in die nächste Zeile (5) geschrieben. In dieser Zeile sind auch die weitergeleiteten M''-Werte eingetragen. Bei Stütze 3 ist nun das Restmoment $M_3 = + 16,05$ tm, das in Zeile (6) angeschrieben wird, zu verteilen. Das geschieht in Zeile (7), in der auch das zur Stütze 2 weiterzuleitende Moment $M'' = - 6,60$ tm eingetragen wird. Dieser Wert ist als Restmoment (siehe Zeile 8) im Knoten 2 zu verteilen und weiterzuleiten (Zeile 9). In der gleichen Art wird der Ausgleich und die Weiterleitung der Momente fortgesetzt, bis in Zeile (19) die verteilten Werte bei Stütze 3 genügend klein geworden sind. Es folgt dann die algebraische Addition aller untereinanderstehenden Momentenwerte, mit Ausnahme der in Klammern geschriebenen Knoten-Restmomente. Es ergeben sich so die in Zeile (20) angeschriebenen endgültigen Stützenmomente. Für die Stütze 2 und 3 erhält man jeweils zwei Ergebnisse, die gleiche Größe und entgegengesetzte Vorzeichen haben müssen. In Abb. 361 sind die erhaltenen Momente maßstäblich aufgezeichnet.

Anmerkung. In Abb. 360a ist der Momentenausgleich in gedrängter Schreibweise, aber nach den gleichen Grundsätzen wie in der eingehend beschriebenen Abb. 360 durchgeführt.

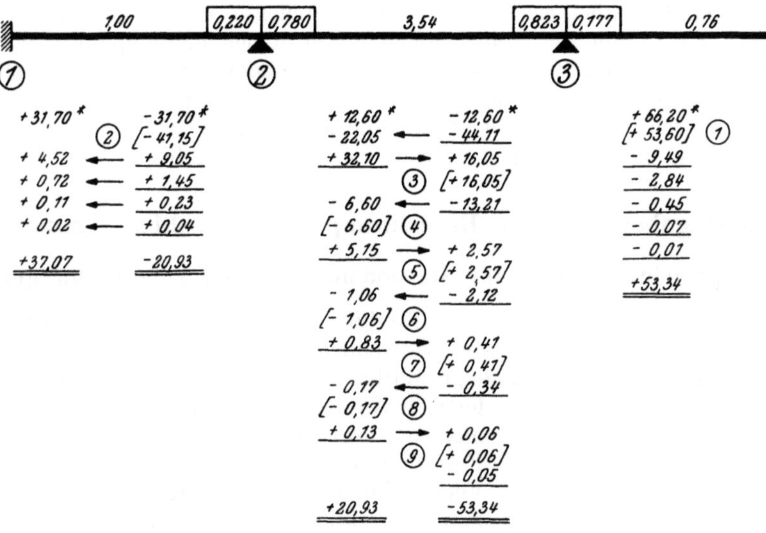

Abb. 360a. Rechnungs-Skizze in gedrängter Schreibweise.

Schlußbemerkung. Zur Ermittlung der Maximal-Momentenlinie bei Durchlaufträgern muß stets eine Reihe von Belastungskombinationen berücksichtigt werden. Dies kann auch bei Verwendung der Cross-Methode im Prinzip in zweifacher Art

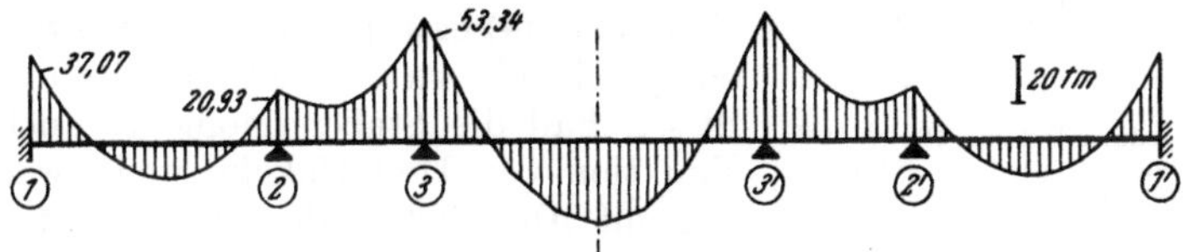

Abb. 361. Momentenlinie.

geschehen: entweder man stellt — ähnlich wie bei der Festpunktmethode — die Belastung zunächst nur feldweise in Rechnung und führt dann die maßgebenden Belastungskombinationen für die Größtwerte der Feld- und Stützen-Momente durch, oder man verwendet sofort die Belastungskombinationen, die die Größtwerte der Feld- bzw. Stützen-Momente ergeben.

III. Verschiebliche Tragwerke.

1. Vorbemerkung.

Wie bereits im ersten Abschnitt, Seite 14 ff., eingehend dargelegt wurde, ist diese Art von Tragwerken dadurch gekennzeichnet, daß einige ihrer Knotenpunkte unter der einwirkenden Belastung Verschiebungen erfahren. Dieser Umstand wirkt sich bei allen Berechnungsverfahren aus, die auf den Formänderungen der Tragwerke beruhen, also z. B. bei dem Drehwinkelverfahren, der Festpunktmethode und auch bei der Cross-Methode.

Ähnlich wie bei der Festpunktmethode kann auch bei der CROSS-Methode die gesamte Berechnung von verschieblichen Tragwerken im Prinzip so vorgenommen werden, daß man zuerst den M-Verlauf für das vorläufig durch gedachte Lager willkürlich als unverschieblich angenommene Tragwerk in der bereits bekannten Art ermittelt; die dabei erhaltenen Stabendmomente werden als $M^{(0)}$-Momente bezeichnet. Die durch die Verschieblichkeit einzelner Knotenpunkte des Tragwerkes hervorgerufenen Zusatzmomente sind gesondert in weiteren Rechnungsgängen zu bestimmen. Die auf diese Weise erhaltenen sog. „Verschiebungsmomente" werden zu den zuerst ermittelten $M^{(0)}$-Werten algebraisch addiert, und man gewinnt so die endgültigen Momente eines verschieblichen Tragwerkes.

2. Grundaufgaben bei der Berechnung von Verschiebungsmomenten.

A. Allgemeine Formeln für Stabendmomente und Vorzeichenregeln.

Zur Ermittlung der unter dem Einfluß verschieblicher Knotenpunkte auftretenden „Verschiebungsmomente" verwendet man stets gewisse Ausgangswerte, deren Berechnung hier kurz gezeigt werden soll. Die Herleitung von gebrauchsfertigen Ansätzen kann am besten aus den allgemeinen Ausdrücken für die Stabendmomente als Funktion von Knoten- und Stabdrehwinkeln oder Verschiebungsgrößen erfolgen. In den Gl. (4) bzw. (6) wurden diese Ausdrücke für Stabendmomente unter der Voraussetzung abgeleitet, daß die Stabenden zwar Verdrehungen τ, aber keine gegenseitigen Verschiebungen erleiden. Wenn aber die Enden eines Rahmenstabes sowohl Verdrehungen als auch gegenseitige Verschiebungen $\varDelta$ gemäß Abb. 362 aufweisen, dann sind die in (4) bzw. (6) angegebenen Sonderformeln entsprechend zu erweitern. Man erhält für diesen Fall die Stabendmomente auch wieder als Funktion von Drehwinkeln, und zwar unter Bezug auf Abb. 362 in der allgemeinen Form:

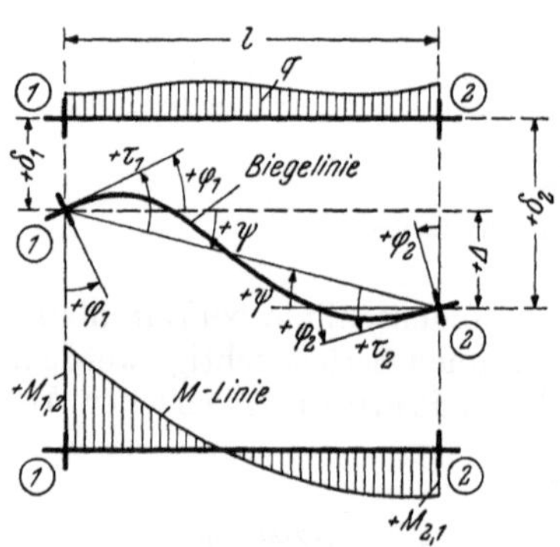

Abb. 362. Biegelinie, M-Linie, Drehwinkel und Verschiebungsgrößen eines Rahmenstabes.

$$\boxed{\begin{aligned} M_{1,2} &= \frac{4\,E\,J}{l}\,\varphi_1 + \frac{2\,E\,J}{l}\,\varphi_2 + \frac{6\,E\,J}{l}\,\psi + \mathfrak{M}_{1,2} \\ M_{2,1} &= \frac{4\,E\,J}{l}\,\varphi_2 + \frac{2\,E\,J}{l}\,\varphi_1 + \frac{6\,E\,J}{l}\,\psi + \mathfrak{M}_{2,1}. \end{aligned}} \tag{47}$$

Eine ausführliche Ableitung dieser beiden Formeln ist bei Gl. (185) unter Berücksichtigung des allgemeinen Falles beliebig veränderlicher Stabquerschnitte gegeben.

Wenn in Übereinstimmung mit (5) wieder

$$k = \frac{4\,E\,J}{l} \tag{48}$$

gesetzt wird, ergeben sich die Gl. (47) in einfacher Schreibweise:

$$\boxed{\begin{aligned} M_{1,2} &= k\,(\varphi_1 + 0{,}5\,\varphi_2 + 1{,}5\,\psi) + \mathfrak{M}_{1,2} \\ M_{2,1} &= k\,(\varphi_2 + 0{,}5\,\varphi_1 + 1{,}5\,\psi) + \mathfrak{M}_{2,1}. \end{aligned}} \tag{49}$$

Hierin bedeuten unter Bezugnahme auf Abb. 362:

φ_1 bzw. φ_2 . . . . . die Winkel, um welche die Knotenpunkte 1 bzw. 2 verdreht werden („Knotendrehwinkel"),

ψ . . . . den Winkel, um welchen sich die Stabsehne verdreht („Stabdrehwinkel"),

τ_1 bzw. τ_2 . . . . . die Winkel, welche die Endtangenten an die Biegelinie mit der Stabsehne einschließen („Endtangentenwinkel"),

δ_1 bzw. δ_2 . . . . . die Gesamtwerte der senkrecht zur ursprünglichen Lage der Stabachse gemessenen Verschiebungen der Stabenden 1 bzw. 2 („wirkliche" Verschiebungen),

$\Delta = \delta_2 - \delta_1$ . . . . die gegenseitige Verschiebung der beiden Stabenden senkrecht zur Stabachse („gegenseitige" oder „relative" Verschiebung),

$\mathfrak{M}_{1,2}$ bzw. $\mathfrak{M}_{2,1}$ Volleinspannmomente des Stabes 1—2.

Vorzeichenregel. Für die in den vorstehenden Formeln und Gleichungen auftretenden Formänderungsgrößen und Momente gelten gemäß Abb. 362 und in Übereinstimmung mit den Festlegungen Seite 9 folgende Vorzeichenregeln:

1. Die Knotendrehwinkel φ und Endtangentenwinkel τ sind positiv, wenn die Verdrehung entgegen dem Uhrzeigersinn erfolgt.

2. Die Stabdrehwinkel ψ sind positiv, wenn die Verdrehung im Uhrzeigersinn erfolgt.

3. Die Stabanschlußmomente M und die Volleinspannmomente $\mathfrak{M}$ sind positiv, wenn sie den Knoten im Uhrzeigersinn zu verdrehen versuchen.

4. Die „gegenseitigen" oder „relativen" Stabendverschiebungen Δ sind positiv, wenn sie positive Stabdrehwinkel erzeugen, d. h. wenn der Stab im Uhrzeigersinn verdreht wird.

5. Die „wirklichen" Stabendverschiebungen δ sind positiv, wenn sie von oben nach unten und von links nach rechts erfolgen.

Der Stabdrehwinkel ψ ist nach Abb. 362 gegeben durch die Beziehung

$$\operatorname{tg} \psi = \frac{\Delta}{l} \tag{50}$$

oder wegen der Kleinheit des Winkels auch durch

$$\psi = \frac{\Delta}{l}, \tag{51}$$

wenn l die Stablänge bedeutet.

Aus Abb. 362 ergeben sich noch weitere Beziehungen für die Endtangentenwinkel von Rahmenstäben:

$$\tau_1 = \varphi_1 + \psi; \quad \tau_2 = \varphi_2 + \psi. \tag{52}$$

In allen Fällen, wo $\psi = 0$ wird, also bei allen unverschieblichen Rahmentragwerken, sind die Endtangentenwinkel τ_1 und τ_2 identisch mit den entsprechenden Knotendrehwinkeln φ_1 und φ_2. Für diesen Sonderfall $\psi = 0$ wird somit aus (52)

$$\tau_1 = \varphi_1; \quad \tau_2 = \varphi_2. \tag{53}$$

Wenn nun in der Gl. (49) an Stelle des Stabdrehwinkels ψ die „gegenseitige" Stabendverschiebung Δ eingeführt wird, d. h. wenn für $\psi = \dfrac{\Delta}{l}$ gesetzt wird, so ergeben sich die Gleichungen für die Stabendmomente in folgender Form:

$$M_{1.2} = k\left(\varphi_1 + 0.5\,\varphi_2 + \frac{1.5\,\varDelta}{l}\right) + \mathfrak{M}_{1,2}$$

$$M_{2,1} = k\left(\varphi_2 + 0.5\,\varphi_1 + \frac{1.5\,\varDelta}{l}\right) + \mathfrak{M}_{2,1}.$$

$$(54)$$

Für den später oft gebrauchten Ansatz für die Summe der beiden Stabendmomente erhält man somit

$$M_{1,2} + M_{2,1} = 1.5\,k\left(\varphi_1 + \varphi_2 + \frac{2\,\varDelta}{l}\right) + \mathfrak{M}_{1,2} + \mathfrak{M}_{2,1}. \tag{55}$$

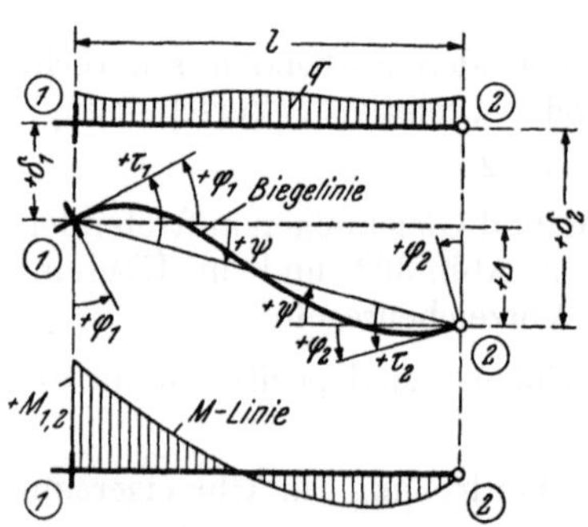

Abb. 363. Biegelinie, M-Linie, Drehwinkel und Formänderungsgrößen eines Rahmenstabes mit Gelenk bei 2.

Bei einem Stab, der an dem Ende 2 gelenkig angeschlossen ist, lautet der Ausdruck für das Anschlußmoment auf der gelenklosen Seite 1 mit den Bezeichnungen der Abb. 363 für den allgemeinen Fall, daß der Stab belastet ist und auch eine „gegenseitige" Stabendverschiebung $\varDelta$ auftritt:

$$M_{1,2} = 0.75\,k\left(\varphi_1 + \frac{\varDelta}{l}\right) + \mathfrak{M}^0_{1,2}, \tag{56}$$

wobei $\mathfrak{M}^0_{1,2}$ das Volleinspannmoment bedeutet, welches am voll eingespannten Stabende 1 auftritt, wenn das Stabende 2 gelenkig gelagert ist. Führt man auch hier an Stelle von k die für Gelenkstäbe maßgebende Steifigkeitszahl $k^0 = 0.75\,k$ ein, so wird

$$M_{1,2} = k^0\left(\varphi_1 + \frac{\varDelta}{l}\right) + \mathfrak{M}^0_{1,2}. \tag{57}$$

Mit Hilfe dieser unter der Voraussetzung von Stabendverdrehungen und Stabendverschiebungen aufgestellten allgemeinen Ansätze für die Stabanschlußmomente können ähnlich wie für unverschiebliche Tragwerke auch hier beliebige Sonderfälle und Kombinationen behandelt werden, die wieder zu vereinfachten Ausdrücken und Formeln führen. Einige von diesen Sonderfällen, die für das weitere Verfahren von großer Bedeutung sind, sollen anschließend noch näher erläutert werden.

B. Sonderfälle.

1. Der Stab ist unbelastet, an seinen Enden unverdrehbar, aber verschiebbar (Abb. 364). In diesem Falle sind $\varphi_1 = 0$, $\varphi_2 = 0$, $\mathfrak{M}_{1,2} = \mathfrak{M}_{2,1} = 0$, und die Gl. (54) vereinfachen sich in folgender Weise:

$$M_{1,2} = M_{2,1} = \frac{1.5\,k}{l}\cdot\varDelta, \tag{58}$$

d. h. es werden unter diesen Voraussetzungen beide Stabendmomente gleich groß. Sie sind direkt proportional der Verschiebung $\varDelta$ sowie der Stabsteifigkeit k, aber umgekehrt proportional der Stablänge l.

Setzt man nach (5) für die Steifigkeitszahl k den wahren Wert $k^* = \dfrac{4\,EJ}{l}$ ein, so geht Gl. (58) über in

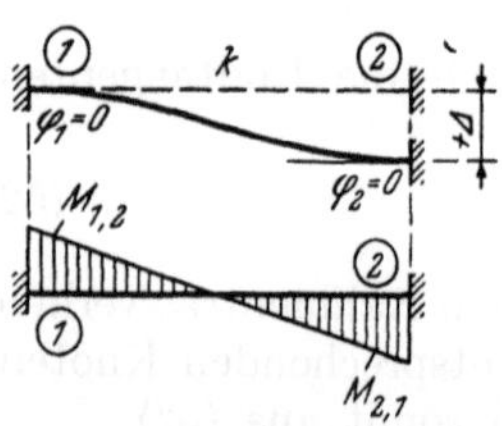

Abb. 364. Beidseitig eingespannter, unbelasteter Stab mit Verschiebung $+\varDelta$.

$$M_{1,2} = M_{2,1} = \frac{6\,EJ}{l^2}\cdot\varDelta. \tag{59}$$

Mit Formel (59) können die Stabendmomente für eine zahlenmäßig gegebene oder angenommene Verschiebung $\varDelta$ berechnet werden.

Anmerkung: Diese Aufgabe spielt bei dem später zu behandelnden Berechnungsverfahren I (Seite 90 ff.) für ein- und mehrstöckige Rahmen eine wichtige Rolle. Dort werden als Hilfswerte die sog. „Verschiebungsmomente" der Rahmenstiele für eine **willkürlich** anzunehmende Stockwerkverschiebung $\varDelta$ gebraucht. In diesem Falle kann die einfachere Formel (58) mit den „relativen" k-Werten benutzt werden. Setzt man also in (58) beispielsweise $\varDelta = 2$ ein, so erhält man die „Verschiebungsmomente"

$$M_{1,2} = M_{2,1} = \frac{1,5\,k}{l} \cdot 2. \tag{60}$$

2. Der Stab ist unbelastet, auf einer Seite unverdrehbar, auf der anderen Seite gelenkig und verschiebbar gelagert (Abb. 365). Hier ist $\varphi_1 = 0$, $\mathfrak{M}^0_{2,1} = 0$, und es ergibt sich aus (56)

$$M_{1,2} = \frac{0,75\,k}{l} \cdot \varDelta. \tag{61}$$

Führt man wieder an Stelle von k die Steifigkeitszahl $k^0 = 0,75\,k$ für Gelenkstäbe ein, so lautet die Gl. (61)

$$\boxed{M_{1,2} = \frac{k^0}{l} \cdot \varDelta.} \tag{62}$$

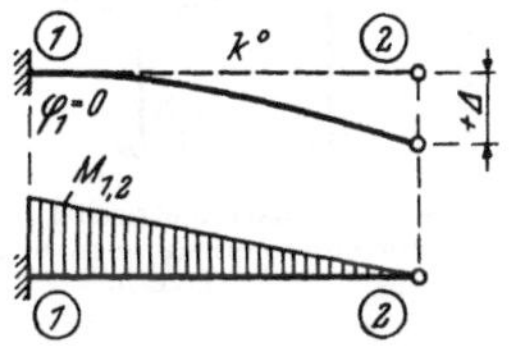

Setzt man in (62) für die Steifigkeitszahl k^0 nach (19a) den wahren Wert $k^{0*} = \dfrac{3\,EJ}{l}$ ein, so erhält man

Abb. 365. Einseitig gelenkig gelagerter, unbelasteter Stab mit Verschiebung $+\,\varDelta$.

$$M_{1,2} = \frac{3\,EJ}{l^2} \cdot \varDelta. \tag{63}$$

Ein Vergleich der entsprechenden Gl. (59) mit (63) zeigt, daß bei einem Stab, der auf einer Seite unverdrehbar, auf der anderen Seite gelenkig angeschlossen ist, bei einer Stabendverschiebung nur ein halb so großes Anschlußmoment auftritt als bei unverdrehbarer Lagerung auf beiden Seiten.

Über die Verwendung der Formel (62) mit dem „relativen" Steifigkeitswert k^0 zur Ermittlung von Verschiebungsmomenten für beliebig wählbare $\varDelta$-Werte gilt im Prinzip das gleiche, was zum vorher behandelten Sonderfall unter „Anmerkung" gesagt worden ist.

C. Ermittlung der Festhaltekräfte F in unverschieblich festgehaltenen Knotenpunkten.

a) Bei Stockwerksrahmen.

Wenn in einem verschieblichen Rahmentragwerk die verschieblichen Knotenpunkte durch gedachte Auflager an der Verschiebung verhindert werden, so treten in diesen Auflagern Reaktionskräfte auf, die man als Festhaltekräfte bezeichnet. Diese Festhaltekräfte spielen sowohl bei der Festpunktmethode als auch bei der Cross-Methode eine wichtige Rolle. Ihre zahlenmäßige Ermittlung nach gebrauchsfertigen Formeln soll anschließend für den allgemeinen Fall von Stockwerksrahmen mit verschieden langen Stielen eingehend dargelegt werden. Für Geschosse mit gleich langen Stielen gelten dann im Prinzip die gleichen Formeln.

In Abb. 366 ist ein unsymmetrischer, beliebig belasteter dreistieliger, dreigeschossiger Stockwerksrahmen gegeben, der unter dieser Belastung waagrecht verschieblich wäre. Die Verschiebung wird aber durch gedachte Lager in den Rahmenknoten 6, 9 und 12 zunächst verhindert. In diesem Zustand sei der Momentenverlauf zahlenmäßig ermittelt, und es sollen nun die in den gedachten Auflagern 6, 9 und 12 auftretenden Auflagerreaktionen, also die sog. Festhaltekräfte F_1, F_2 und F_3, bestimmt werden. Um z. B. F_2 zu ermitteln, denke man sich den Rahmenriegel 7—8—9, der durch F_2 unverschieblich festgehalten wird, durch knapp oberhalb und unterhalb seiner Knotenpunkte geführte Schnitte aus dem Tragwerk herausgetrennt und betrachte ihn mit allen einwirkenden äußeren Kräften und sämtlichen Schnittkräften gemäß Abb. 366 a gesondert. Da sich der Stabzug unter der Einwirkung aller dieser Kräfte weiterhin im Gleichgewicht befindet, muß für ihn auch die Gleichgewichtsbedingung $\Sigma H = 0$ erfüllt sein, die mit den allgemeinen Bezeichnungen folgendermaßen lautet:

$$\underset{R}{\Sigma} P + \underset{\mu}{\Sigma} A^o{}_\mu + \underset{\mu+1}{\Sigma} A^u{}_{\mu+1} + F = 0. \qquad (64)$$

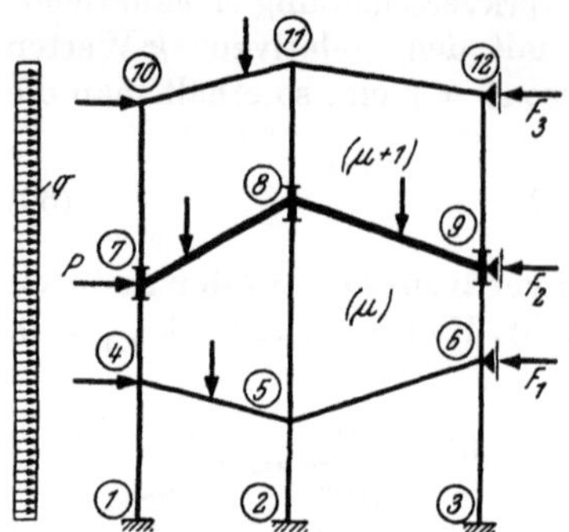

Abb. 366. Unsymmetrischer, beliebig belasteter Stockwerksrahmen, mit Festhaltelagern.

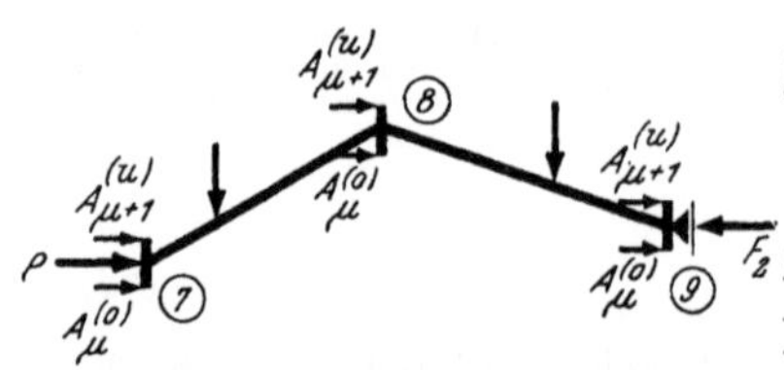

Abb. 366a. Herausgeschnittener Rahmenriegel zwischen Geschoß μ und $(\mu + 1)$.

Hierin bedeuten:

$\underset{R}{\Sigma} P$ ....die Summe aller auf den herausgeschnittenen Riegel in waagrechter Richtung einwirkenden äußeren Kräfte; bei etwaigen schrägen Lasten die Summe ihrer waagrechten Komponenten.

$\underset{\mu}{\Sigma} A^o{}_\mu$ und $\underset{\mu+1}{\Sigma} A^u{}_{\mu+1}$ die Summe der an den *oberen* und *unteren* Schnittstellen der Stiele auftretenden waagrechten „Aktionskräfte" in den beiden übereinanderliegenden Stockwerken μ und $(\mu + 1)$.

F ....die Festhaltekraft im gedachten Lager.

Damit erhält man die Festhaltekraft F für irgendeinen Riegel zwischen den Geschossen μ und $(\mu + 1)$ eines Stockwerkrahmens mit

$$\boxed{F = - \left(\underset{R}{\Sigma} P + \underset{\mu}{\Sigma} A^o{}_\mu + \underset{\mu+1}{\Sigma} A^u{}_{\mu+1} \right).} \qquad (65)$$

Für die zahlenmäßige Ermittlung von F nach diesem Ausdruck muß auch der Richtungssinn der einzelnen Beiträge von P, $A^o{}_\mu$ und $A^u{}_{\mu+1}$ beachtet und hiefür eine Vorzeichenregel festgelegt werden. Unter Annahme von positiven Stielanschlußmomenten zeigt Abb. 367 die Richtung der an den Schnittstellen wirkenden „Aktionskräfte" in den zwei übereinanderliegenden Stockwerken μ und $(\mu + 1)$. Nun gelte folgende

Vorzeichenregel: Die von links nach rechts gerichteten Kräfte werden positiv, die von rechts nach links wirkenden negativ angenommen ($\overrightarrow{}+ \overleftarrow{}-$).

Die in (65) auftretenden Glieder $\underset{\mu}{\Sigma} A^o{}_\mu$ und $\underset{\mu+1}{\Sigma} A^u{}_{\mu+1}$ stimmen zahlenmäßig mit den Querkräften in den Riegelanschlußstellen überein, sind aber hier als „Aktionskräfte" in Rechnung zu stellen. Sie bestehen für den allgemeinen Fall, daß auch die Stiele belastet sind, aus zwei Beiträgen, und zwar:

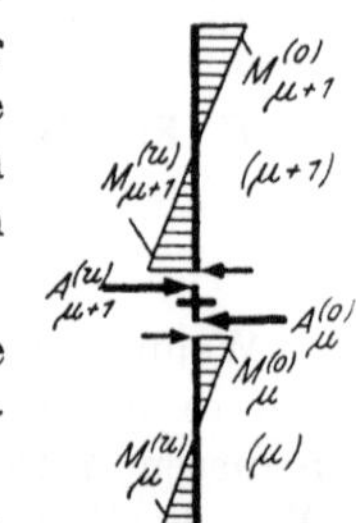

Abb. 367. Richtung der „Aktionskräfte" bei *positiven* Stielendmomenten in den Geschossen μ und $(\mu + 1)$.

1. Aus den Auflagerdrücken $\mathfrak{A}$ der frei aufliegend gedachten Stiele infolge der unmittelbar auf sie einwirkenden äußeren Lasten (vgl. Abb. 368a),

2. aus den durch die Stabendmomente M^o und M^u (Momente am *oberen* und *unteren* Stielende) erzeugten Anteile $\dfrac{M^o + M^u}{l}$ (vgl. Abb. 368b).

Mit der festgelegten Vorzeichenregel und unter Voraussetzung von positiven Stabendmomenten erhält man nach Abb. 367 und 368a, b die an den Anschlußstellen auftretenden „Aktionskräfte" $\sum\limits_{\mu} A^o{}_\mu$ und $\sum\limits_{\mu+1} A^u{}_{\mu+1}$, wenn die Stiele selbst auch noch unmittelbar belastet sind, aus folgenden Formeln:

$$\sum_{\mu} A^o{}_\mu = \sum_{\mu} \mathfrak{A}^o{}_\mu - \sum_{\mu} \frac{M^o{}_\mu + M^u{}_\mu}{l_\mu}$$

$$\sum_{\mu+1} A^u{}_{\mu+1} = \sum_{\mu+1} \mathfrak{A}^u{}_{\mu+1} + \sum_{\mu+1} \frac{M^o{}_{\mu+1} + M^u{}_{\mu+1}}{l_{\mu+1}}. \tag{65 a}$$

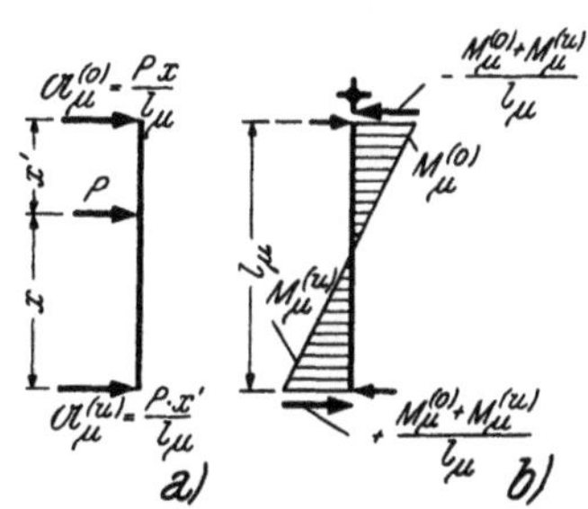

Abb. 368a, b. Anteile und Richtung der „Aktionskräfte" am oberen und unteren Stielende bei *positiven* Stielanschlußmomenten.

Hierin bedeuten sinngemäß wie vorher:

$\sum\limits_{\mu} \mathfrak{A}^o$ und $\sum\limits_{\mu+1} \mathfrak{A}^u{}_{\mu+1}$ die Summe der an den oberen und unteren Schnittstellen der Stiele auftretenden Aktionskräfte in den beiden übereinanderliegenden Stockwerken μ und $(\mu + 1)$ unter Voraussetzung beidseitig frei aufliegender Stiele; $\mathfrak{A}$-Werte treten also nur bei solchen Stielen auf, die selbst unmittelbar belastet sind.

$M^o{}_\mu$ und $M^u{}_\mu$ ... die oberen bzw. unteren Stielanschlußmomente im Stockwerk μ.

$M^o{}_{\mu+1}$ und $M^u{}_{\mu+1}$ die oberen bzw. unteren Stielanschlußmomente im Stockwerk $(\mu + 1)$.

l_μ und $l_{\mu+1}$ ..... die Längen der einzelnen Stiele im Stockwerk μ bzw. $(\mu + 1)$.

Die Summe bezieht sich auf alle Stiele des betrachteten Stockwerkes. Durch Einsetzen der Ausdrücke (65a) in (65) erhält man die Festhaltekraft F als Funktion der Stabendmomente und der äußeren Belastung in folgender Form:

$$F = - \left(\sum_R P + \sum_\mu \mathfrak{A}^o{}_\mu + \sum_{\mu+1} \mathfrak{A}^u{}_{\mu+1} - \sum_\mu \frac{M^o{}_\mu + M^u{}_\mu}{l_\mu} + \sum_{\mu+1} \frac{M^o{}_{\mu+1} + M^u{}_{\mu+1}}{l_{\mu+1}} \right). \tag{66}$$

Wenn die einzelnen Stiele selbst unbelastet, aber Knotenlasten vorhanden sind, werden die $\mathfrak{A}$-Werte gleich Null und es vereinfacht sich die vorstehende Gleichung zu:

$$F = - \left(\sum_R P - \sum_\mu \frac{M^o{}_\mu + M^u{}_\mu}{l_\mu} + \sum_{\mu+1} \frac{M^o{}_{\mu+1} + M^u{}_{\mu+1}}{l_{\mu+1}} \right). \tag{67}$$

Wenn auch die Knotenlasten entfallen, dann wird

$$F = \sum_\mu \frac{M^o{}_\mu + M^u{}_\mu}{l_\mu} - \sum_{\mu+1} \frac{M^o{}_{\mu+1} + M^u{}_{\mu+1}}{l_{\mu+1}}. \tag{68}$$

Wenn hingegen nur waagrecht wirkende Knotenlasten P, aber keine Stabbelastungen vorhanden sind, so werden in Formel (66) sämtliche Momente und $\mathfrak{A}$-Werte gleich Null und man erhält einfach

$$F = - \sum_R P. \tag{69}$$

Die vorstehenden Formeln gelten natürlich auch für die Rahmentragwerke mit geschoßweise gleich langen Stielen; es tritt aber dann die Vereinfachung ein, daß die Stiellängen l_μ bzw. $l_{\mu+1}$ jeweils vor das Summenzeichen gesetzt werden können. Man erhält also gemäß Abb. 369 die Festhaltekraft F für ein

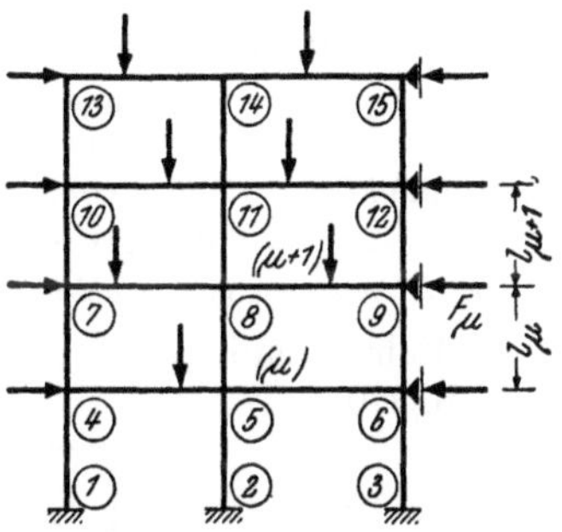

Abb. 369. Stockwerksrahmen mit geschoßweise gleich langen Stielen.

gedachtes Lager in einem Knoten über dem Stockwerk μ nach (66) in folgender Form:

$$F = - \left[\sum_R P + \sum_\mu \mathfrak{A}^o{}_\mu + \sum_{\mu+1} \mathfrak{A}^u{}_{\mu+1} - \frac{1}{l_\mu} \sum_\mu (M^o{}_\mu + M^u{}_\mu) + \frac{1}{l_{\mu+1}} \sum_{\mu+1} (M^o{}_{\mu+1} + M^u{}_{\mu+1}) \right]. \qquad (66\,a)$$

Bei unbelasteten Stielen wird nach (67)

$$F = - \left[\sum_R P - \frac{1}{l_\mu} \sum_\mu (M^o{}_\mu + M^u{}_\mu) + \frac{1}{l_{\mu+1}} \sum_{\mu+1} (M^o{}_{\mu+1} + M^u{}_{\mu+1}) \right]. \qquad (67\,a)$$

Wenn auch die Knotenlasten entfallen, dann wird nach (68)

$$F = \frac{1}{l_\mu} \sum_\mu (M^o{}_\mu + M^u{}_\mu) - \frac{1}{l_{\mu+1}} \sum_{\mu+1} (M^o{}_{\mu+1} + M^u{}_{\mu+1}). \qquad (68\,a)$$

Für einstöckige Rahmen vereinfachen sich vorstehende Formeln noch wesentlich; sie sollen nachstehend gesondert aufgestellt werden.

b) Festhaltekraft bei 1-stöckigen Rahmen.

Es können hier die für den allgemeinen Fall von mehrstöckigen Rahmen abgeleiteten Formeln direkt übernommen werden, wenn man die für das Obergeschoß geltenden Glieder $M^o{}_{\mu+1}$ und $M^u{}_{\mu+1}$ streicht. Weiter kann aber auch der Index μ entfallen, da hier nur ein Geschoß vorhanden ist. Damit kann die Gleichgewichtsbedingung (64) unter Bezugnahme auf Abb. 370a in folgender Form geschrieben werden:

$$\sum_R P + \Sigma A^o + F = 0. \qquad (70)$$

Hierin bedeuten:

$\sum\limits_R P$ ....die Summe der auf den Riegel in waagrechter Richtung einwirkenden äußeren Einzellasten; bei etwaigen Schräglasten deren waagrechte Komponenten

$$\left(\overset{\longrightarrow}{\underset{\longleftarrow}{\,}} \overset{+}{\underset{-}{\,}} \right)$$

ΣA^o ....die Summe der an den oberen Stielenden übertragenen Aktionskräfte.

F ....die Festhaltekraft im gedachten Lager.

Damit erhält man die Festhaltekraft

$$F = - \left(\sum_R P + \Sigma A^o \right). \qquad (71)$$

Die in den vorstehenden Formeln vorkommenden Werte für die an den oberen Stielenden auftretenden „Aktionskräfte" A^o erhält man sinngemäß nach (65a) aus

$$A^o = \Sigma \mathfrak{A}^o - \sum \frac{M^o + M^u}{l}. \qquad (71\,a)$$

Hierin bedeuten:

$\Sigma \mathfrak{A}^o$ ....die Summe der an den oberen Stielenden auftretenden Aktionskräfte unter Voraussetzung beidseitig frei aufliegender Stiele (vgl. Abb. 368a),

M^o und M^u .....die oberen bzw. die unteren Stielanschlußmomente,

l ....die Länge der einzelnen Stiele.

Die Σ beziehen sich wieder auf sämtliche Rahmenstiele.

Führt man (71a) in (71) ein, so wird für eine beliebige Belastung nach Abb. 370a

$$\boxed{F = - \left(\sum_R P + \Sigma \mathfrak{A}^o - \sum \frac{M^o + M^u}{l} \right).} \qquad (72)$$

Wenn gemäß Abb. 370b in waagrechter Richtung nur eine Knotenlast P vorhanden ist, während die Stiele unbelastet sind und die Riegelbelastung lotrecht wirkt, dann ist $\Sigma \mathfrak{A}^o = 0$, und die vorstehende Formel vereinfacht sich zu

$$F = -\left(P - \sum \frac{M^o + M^u}{l} \right). \tag{73}$$

Wenn auch die waagrechte Knotenlast entfällt (Abb. 370c), dann wird

$$F = \sum \frac{M^o + M^u}{l}. \tag{74}$$

Wenn jedoch nur waagrecht wirkende Knotenlasten P, aber keine Stabbelastungen vorhanden sind, so werden in Formel (72) die Werte M^o, M^u und $\mathfrak{A}^o$ gleich Null und man erhält einfach

$$F = -\sum_R P. \tag{75}$$

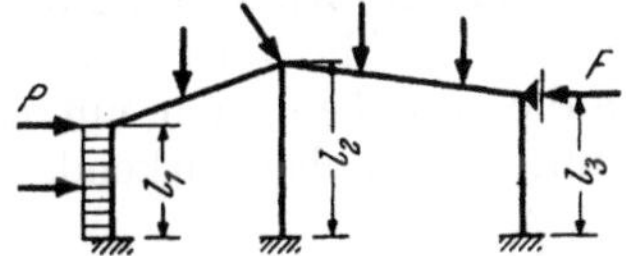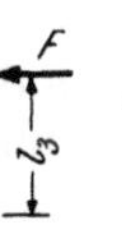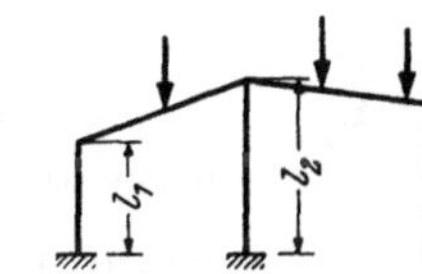

Abb. 370a. Beliebige lotrecht und waagrecht wirkende Belastung.	Abb. 370 b. Lotrechte Riegelbelastung und waagrechte Knotenlast P.	Abb. 370 c. Lotrechte Riegelbelastung.

Abb. 370 a, b, c. Unverschieblich festgehaltener einstöckiger Rahmen mit verschiedenen Belastungen.

Die hier aufgestellten Formeln gelten auch für 1-stöckige Rahmen mit g l e i c h l a n g e n Stielen; in diesem Falle kann allerdings die Stiellänge vor das Summenzeichen gesetzt werden. Man erhält dann für den allgemeinen Fall beliebiger Belastung gemäß (72)

$$F = -\left[\sum_R P + \Sigma \mathfrak{A}^o - \frac{1}{l} \Sigma (M^o + M^u) \right]; \tag{72 a}$$

wenn die Stiele unbelastet sind, wird gemäß (73)

$$F = -\left[\sum_R P - \frac{1}{l} \Sigma (M^o + M^u) \right]; \tag{73 a}$$

wenn weder Knotenlasten noch Stielbelastungen vorhanden sind (Abb. 370 c), ergibt sich

$$F = \frac{1}{l} \Sigma (M^o + M^u). \tag{74 a}$$

c) Festhaltekräfte bei lotrecht verschieblichen Tragwerken.

Die verschiedenen Arten von lotrecht verschieblichen Tragwerken sind bereits im ersten Abschnitt ausführlich besprochen worden. Es wurde dort zur Gewinnung einer besseren Übersicht eine Unterteilung in einzelne Gruppen vorgenommen und für jede Gruppe eine Anzahl von Beispielen gewählt; so zeigen die Abb. 160 bis 189 symmetrische Tragwerke, die bei symmetrischer Belastung nur lotrecht verschieblich sind, während in den Abb. 275 bis 286 unsymmetrische, bei jeder Belastung lotrecht verschiebliche Tragwerke zusammengestellt sind.

Die Ermittlung der Festhaltekräfte in den gedachten Lagern soll im folgenden nur für einen allgemeinen Fall behandelt werden; die dabei gewonnenen Ausdrücke können dann sinngemäß für die verschiedenen Tragwerksarten Verwendung finden.

In Abb. 371 ist ein unsymmetrisches Tragwerk mit lotrecht verschieblichen, aber durch gedachte Lager zunächst unverschieblich festgehaltenen Knotenpunkten dargestellt. Zur Berechnung der Festhaltekraft in einem solchen Lager denkt man

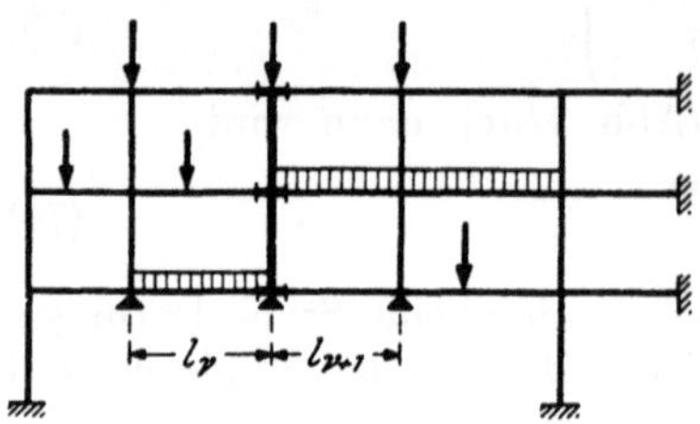

Abb. 371. Lotrecht verschiebliches Tragwerk, unverschieblich festgehalten.

sich unmittelbar links und rechts der übereinanderliegenden Knotenpunkte Schnitte durch die einmündenden Riegel geführt und betrachtet den so aus dem Tragwerk herausgeschnittenen lotrechten Stabzug gemäß Abb. 371a mit allen auf ihn einwirkenden äußeren Kräften und sämtlichen an den Schnittstellen übertragenen „Aktionskräften" A gesondert. In Abb. 371b ist ein Knoten dieses Stabzuges mit den auf ihn einwirkenden Schnittkräften unter Voraussetzung positiver Riegelanschlußmomente herausgezeichnet. Die Gleichgewichtsbedingung $\Sigma V = 0$ für den gesamten Stabzug nach Abb. 371a lautet also in allgemeiner Schreibweise, wenn die von oben nach unten wirkenden Kräfte positives und die von unten nach oben wirkenden Kräfte negatives Vorzeichen erhalten:

$$\Sigma P + \Sigma A_\nu^{(r)} + \Sigma A^{(l)}{}_{\nu+1} + F = 0. \tag{76}$$

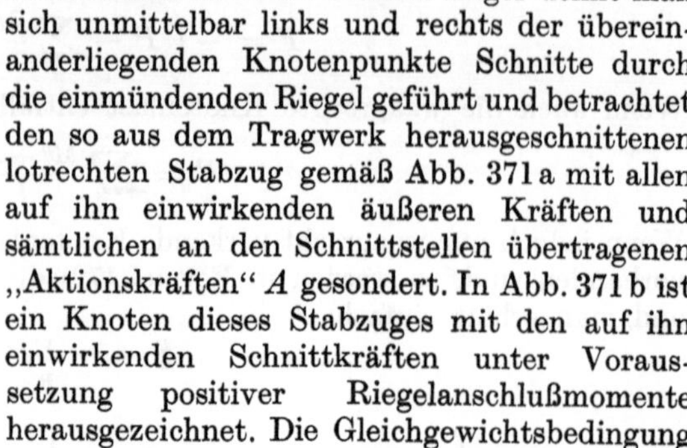

Daraus ergibt sich die Festhaltekraft F für irgendeine lotrecht verschiebliche Knotenreihe mit

$$F = -(\Sigma P + \Sigma A_\nu^{(r)} + \Sigma A^{(l)}{}_{\nu+1}). \tag{77}$$

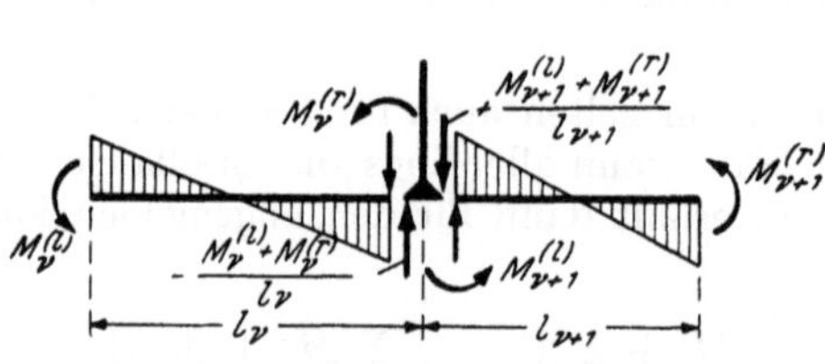

Abb. 371a. Herausgeschnittener Rahmenstiel mit Belastung, Schnittkräften und positiv angenommener Festhaltekraft F.

Abb. 371b. Anteile und Richtungssinn der „Aktionskräfte" bei positiven Stabanschlußmomenten.

Hierin bedeuten:

ΣP . . . . die Summe der lotrecht wirkenden Anteile aller an den herausgeschnittenen Stielen angreifenden äußeren Kräfte.

$A_\nu^{(r)}$ bzw. $A^{(l)}{}_{\nu+1}$ .. die Summe der rechten Aktionskräfte aller Stäbe des Feldes (ν) bzw. der linken Aktionskräfte aller Stäbe des Feldes $(\nu+1)$ an den Schnittstellen.

Die in (77) auftretenden Aktionskräfte $\Sigma A_\nu^{(r)}$ und $\Sigma A^{(l)}{}_{\nu+1}$ bestehen im allgemeinen wieder aus je zwei Beiträgen. Sie ergeben sich unter der Voraussetzung positiver Stabendmomente gemäß Abb. 371b und der festgelegten Vorzeichenregel für die Kraftrichtung ähnlich wie bei den waagrecht verschieblichen Tragwerken [vgl. Gl. (65a)], und zwar

$$\Sigma A_\nu^{(r)} = \Sigma \mathfrak{A}_\nu^{(r)} - \sum \frac{M_\nu^{(l)} + M_\nu^{(r)}}{l_\nu}$$

$$\Sigma A^{(l)}{}_{\nu+1} = \Sigma \mathfrak{A}^{(l)}{}_{\nu+1} + \sum \frac{M^{(l)}{}_{\nu+1} + M^{(r)}{}_{\nu+1}}{l_{\nu+1}}. \tag{77a}$$

Hierin bedeuten sinngemäß wie früher:

$\Sigma \mathfrak{A}_\nu^{(r)}$ und $\Sigma \mathfrak{A}^{(l)}{}_{\nu+1}$ ... die Summe der rechten Aktionskräfte aller frei aufliegend gedachten Stäbe im Feld (ν) bzw. der linken Aktionskräfte aller frei aufliegend gedachten Stäbe im Feld $(\nu+1)$. (Die $\mathfrak{A}$-Werte treten also nur bei solchen Stielen auf, die selbst unmittelbar belastet sind).

$M_\nu^{(l)}$ und $M_\nu^{(r)}$ ....die linken bzw. rechten Anschlußmomente der Riegel im Feld (ν).

$M^{(l)}_{\nu+1}$ und $M^{(r)}_{\nu+1}$...die linken bzw. rechten Anschlußmomente der Riegel im Feld $(\nu + 1)$.

l_ν und $l_{\nu+1}$ ....die Stablängen im Felde (ν) bzw. $(\nu + 1)$.

Die Σ beziehen sich auf alle Riegel der Felder (ν) bzw. $(\nu + 1)$.

Setzt man (77a) in (77) ein, so erhält man die Festhaltekraft F in irgendeinem Lager eines lotrecht verschieblichen Tragwerkes unter Beachtung der festgelegten Vorzeichenregel $\left(\begin{smallmatrix}+&-\\ \downarrow&\uparrow\end{smallmatrix}\right)$:

$$F = -\left[\Sigma P + \Sigma \mathfrak{A}_\nu^{(r)} + \Sigma \mathfrak{A}^{(l)}_{\nu+1} - \frac{1}{l_\nu} \Sigma(M_\nu^{(l)} + M_\nu^{(r)}) + \right.$$
$$\left. + \frac{1}{l_{\nu+1}} \Sigma(M^{(l)}_{\nu+1} + M^{(r)}_{\nu+1})\right]. \qquad (78)$$

Bei unbelasteten Riegeln vereinfacht sich die vorstehende Gleichung zu

$$F = -\left[\Sigma P - \frac{1}{l_\nu} \Sigma(M_\nu^{(l)} + M_\nu^{(r)}) + \frac{1}{l_{\nu+1}} \Sigma(M^{(l)}_{\nu+1} + M^{(r)}_{\nu+1})\right]. \qquad (79)$$

Wenn auch die Knotenlasten P entfallen, erhält man

$$F = \frac{1}{l_\nu} \Sigma(M_\nu^{(l)} + M_\nu^{(r)}) - \frac{1}{l_{\nu+1}} \Sigma(M^{(l)}_{\nu+1} + M^{(r)}_{\nu+1}). \qquad (80)$$

Sind schließlich nur lotrecht wirkende Knotenlasten P, aber keine Belastungen der Stiele und Riegel vorhanden, so werden in (78) sämtliche Momente und auch die $\mathfrak{A}$-Werte gleich Null; es wird dann einfach

$$F = -\Sigma P. \qquad (81)$$

D. Ermittlung des Stockwerkschubes S bei unverdrehbar festgehaltenen Knotenpunkten.

In Abb. 372a ist ein beliebig belasteter Stockwerkrahmen dargestellt, der zunächst durch seitliche Lager in den Knoten 4, 6, 8 unverschieblich festgehalten wird. In diesen gedachten Lagern treten Reaktionskräfte $F_1^{(0)}$, $F_2^{(0)}$, $F_3^{(0)}$ auf,

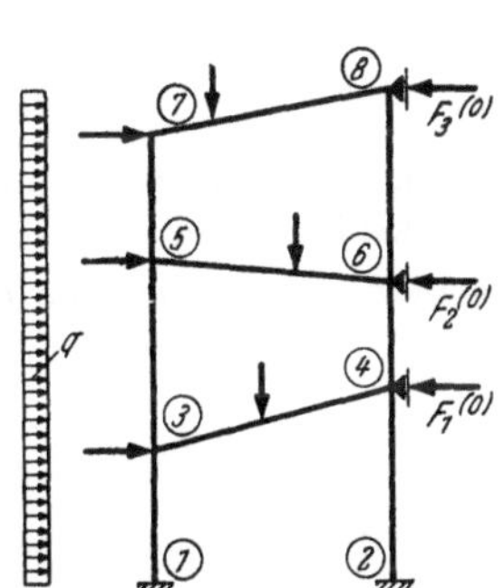

Abb. 372a. *Unverschieblich* festgehaltenes Tragwerk mit den Festhaltekräften $F_1^{(0)}$, $F_2^{(0)}$, $F_3^{(0)}$.

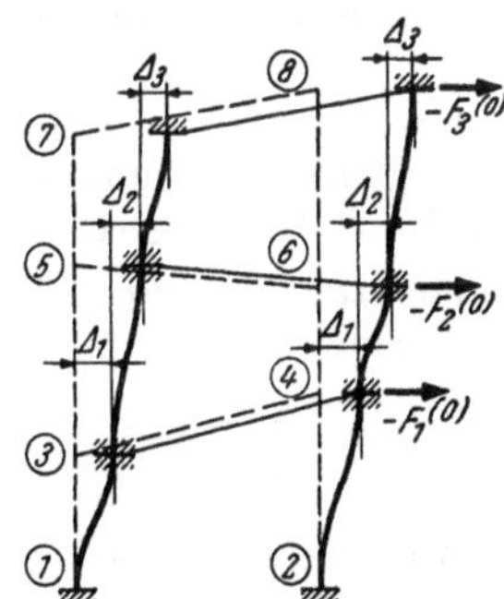

Abb. 372b. Verformung des Tragwerkes bei *unverdrehbar* festgehaltenen Knoten nach Beseitigung der Auflager.

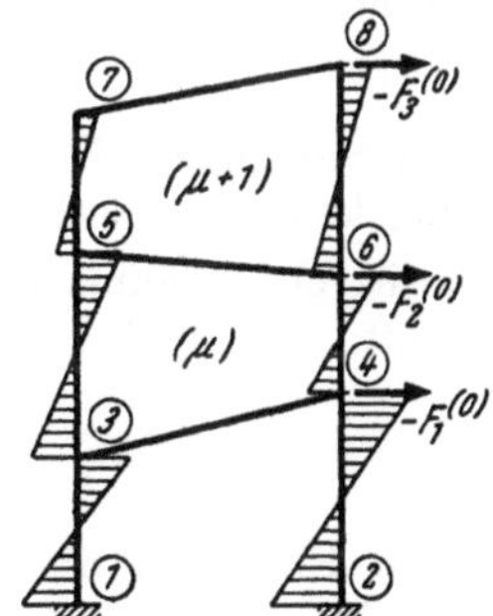

Abb. 372c. M-Verlauf für den in Abb. 372b dargestellten Verformungszustand.

die identisch sind mit den Festhaltekräften des Rahmens. Denkt man sich nun die zur Verhinderung der Knotenverschieblichkeit angebrachten Lager beseitigt, zugleich aber sämtliche Knoten unverdrehbar festgehalten, dann bewirken die Verschiebungskräfte, die vorher durch die gleich großen Festhaltekräfte im Gleichgewicht gehalten wurden, Knotenverschiebungen und als Folge davon Formänderungen in den Rahmenstielen der einzelnen Stockwerke. In Abb. 372b ist der Verformungszustand und in Abb. 372c der zugehörige M-Verlauf nach Beseitigung der gedachten Auflager schematisch dargestellt. Es wirken somit jetzt in den einzelnen Knotenpunkten waagrechte Kräfte, die gleiche Größe, aber umgekehrte Richtung aufweisen wie die ursprünglichen Festhaltekräfte F. Die von diesen Verschiebungskräften $(-F_1^{(0)}, -F_2^{(0)}, -F_3^{(0)})$ hervorgerufenen gegenseitigen Verschiebungen der unverdrehbar festgehaltenen Stielenden betragen in den einzelnen Geschossen $\Delta_1, \Delta_2, \Delta_3$. Es ist unmittelbar zu erkennen, daß diese Verschiebungen direkt proportional sein müssen der algebraischen Summe aller jeweils oberhalb des betrachteten Geschosses waagrecht wirkenden „Verschiebungskräfte", die hier nur aus den umgekehrten Festhaltekräften F bestehen; man bezeichnet diese oberhalb eines Stockwerkes μ vorhandene Kräftesumme als „Stockwerkschub" S_μ und kann daher für den vorliegenden Fall schreiben:

$$S_\mu = - \Sigma F, \tag{82}$$

wobei die Festhaltekräfte F je nach der vorliegenden Belastungsart nach den Formeln (72) bis (75) bzw. (72a) bis (74a) zu berechnen sind und die Summe sich auf alle oberhalb des betrachteten Stockwerkes μ wirkenden Festhaltekräfte bezieht. Es ist also z. B. unter Bezug auf Abb. 372b:

$$\text{Im 1. Geschoß} \quad S_1 = - \Sigma F = - F_1^{(0)} - F_2^{(0)} - F_3^{(0)},$$
$$\text{im 2.} \quad \text{''} \quad S_2 = - \Sigma F = - F_2^{(0)} - F_3^{(0)}, \tag{82a}$$
$$\text{im 3.} \quad \text{''} \quad S_3 = - \Sigma F = - F_3^{(0)}.$$

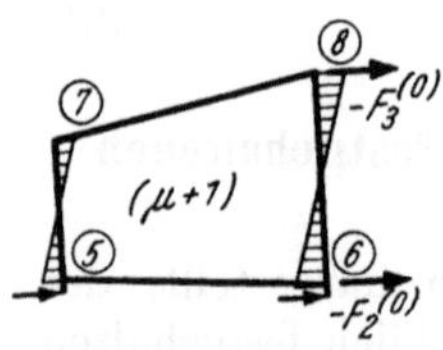

Abb. 372 d. Abgetrennter Tragwerksteil aus Abb 372c mit Schnittkräften.

Denkt man sich nun in irgendeinem Geschoß μ des in Abb. 372c dargestellten Tragwerkes einen waagrechten Schnitt geführt und an den einzelnen Schnittstellen die dort wirkenden Querkräfte angebracht, so ergibt sich aus der Gleichgewichtsbedingung $\Sigma H = 0$ für den abgetrennten Tragwerksteil in Abb. 372d die einfache Beziehung

$$- \Sigma F = \underset{\mu}{\Sigma} Q \tag{83}$$

und unter Beachtung von (82) auch

$$S_\mu = \underset{\mu}{\Sigma} Q, \tag{84}$$

d. h. der Stockwerkschub S_μ ist gleich der Summe aller in diesem Stockwerk durch die umgekehrten Festhaltekräfte F hervorgerufenen Querkräfte. Bei Annahme von positiven Volleinspannmomenten $\overline{M}^o$ und $\overline{M}^u$ erhält man für die Summe der Querkräfte im Stockwerk μ allgemein

$$\underset{\mu}{\Sigma} Q = \underset{\mu}{\Sigma} \frac{\overline{M}^o + \overline{M}^u}{l}. \tag{85}$$

Durch Einsetzen dieses Ausdruckes in (84) ergibt sich die wichtige Formel für den Stockwerkschub S_μ im Geschoß μ:

$$\boxed{S_\mu = \underset{\mu}{\Sigma} \frac{\overline{M}^o + \overline{M}^u}{l}.} \tag{86}$$

E. Ermittlung der Volleinspannmomente $\overline{M}$ für $\Delta = 1$ bei unverdrehbaren Stabenden.

Es ist hier die Aufgabe zu lösen, den M-Verlauf für einen unbelasteten Stab zu ermitteln, dessen Endquerschnitte voll eingespannt sind und eine gegenseitige Verschiebung um den Betrag $\Delta = 1$ erfahren. In Abb. 373 ist die unter dieser

Annahme auftretende Verbiegung des Stabes und der zugehörige M-Verlauf gezeichnet. Es ist ohne weiteres klar, daß sich bei dieser Verformung — unter Voraussetzung konstanter Querschnitte auf der ganzen Länge — in der Stabmitte ein Wendepunkt ergibt und daher dort ein Momenten-Nullpunkt auftritt. Damit steht auch fest, daß in diesem Falle das Anschlußmoment $\overline{M}^o$ am oberen Stabende gleich dem Anschlußmoment $\overline{M}^u$ am unteren Stabende sein muß. Die Größe dieser Werte ergibt sich unmittelbar aus (58), wenn für $\varDelta = 1$ gesetzt wird, mit

$$\overline{M}^o = \overline{M}^u = \frac{1{,}5\,k}{l}. \tag{87}$$

Führt man für die Steifigkeitszahl k nach (5) den wahren Wert $k^* = \dfrac{4\,EJ}{l}$ ein, so erhält man gemäß (59)

$$\overline{M}^o = \overline{M}^u = \frac{6\,EJ}{l^2}. \tag{87a}$$

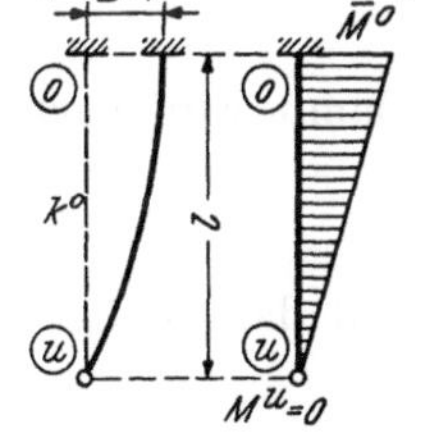

Abb. 373. $\overline{M}$-Momente eines beidseitig voll eingespannten Stabes für $\varDelta = 1$.

Die Seite 72 f. gegebenen Erläuterungen über die zahlenmäßige Verwendung der beiden Formeln (58) und (59) gelten auch hier sinngemäß. Demnach kann also die vereinfachte Formel (87) auch mit dem „relativen" k-Wert immer dann angewendet werden, wenn — wie z. B. beim Berechnungsverfahren I, Seite 91 ff. — die Verschiebungsmomente für willkürlich wählbare Verschiebungen $\varDelta = 1$ zu berechnen sind.

F. Ermittlung der Volleinspannmomente $\overline{M}$ für $\varDelta = 1$ bei Stäben mit einseitig gelenkigem Anschluß.

Für einen unbelasteten Stab, der nur auf einer Seite voll eingespannt, auf der anderen Seite, z. B. am unteren Ende, gelenkig angeschlossen ist (Abb. 373a), ergibt sich das Volleinspannmoment $\overline{M}^o$ für $\varDelta = 1$ aus (61) mit

$$\overline{M}^o = \frac{0{,}75\,k}{l} \tag{88}$$

oder gemäß (62) mit der Steifigkeitszahl $k^0 = 0{,}75\,k$ für Gelenkstäbe:

$$\overline{M}^o = \frac{k^0}{l}. \tag{89}$$

Setzt man hier für die Steifigkeitszahl k^0 nach (19a) den wahren Wert $k^{0*} = \dfrac{3\,EJ}{l}$ ein, so erhält man

$$\overline{M}^o = \frac{3\,EJ}{l^2}. \tag{89a}$$

Abb. 373 a. $\overline{M}$-Moment eines einseitig voll eingespannten Gelenkstabes für $\varDelta = 1$.

Dieselbe Formel ergibt sich auch aus (63) für $\varDelta = 1$.

Ebenso wie Formel (87) kann auch Formel (89) mit der „relativen" Steifigkeitszahl verwendet werden, wenn es sich um die Ermittlung von Volleinspannmomenten für willkürlich wählbare Verschiebungen $\varDelta = 1$ handelt.

G. Ermittlung der durch den Stockwerkschub S hervorgerufenen Volleinspannmomente $\overline{M}^o$ und $\overline{M}^u$.

a) Stockwerke mit gleich langen Stielen.

α) Stiele oben und unten unverdrehbar (Abb. 374).

Der Begriff „Stockwerkschub" in einem Rahmentragwerk mit unverdrehbar festgehaltenen, aber verschiebbaren Knotenpunkten ist bereits Seite 79 erläutert worden. Durch einen solchen Stockwerkschub S erfahren die oberen Knotenpunkte eines Geschosses μ gegenüber den unteren eine waagrechte Verschiebung $\varDelta_\mu$; diese Stabendverschiebung $\varDelta_\mu$ bewirkt in den einzelnen Stielen mit den Steifigkeitszahlen k_1, k_2, k_3 usw. an den oberen und unteren Anschlußstellen Volleinspannmomente $\overline{M}^o$ und $\overline{M}^u$, für deren Ermittlung hier gebrauchsfertige Formeln auf-

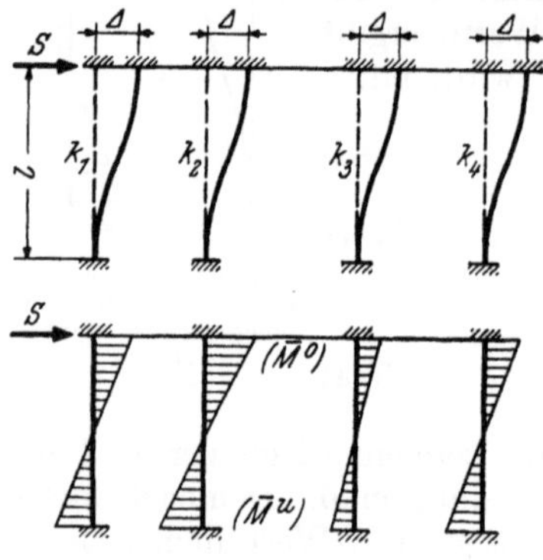

gestellt werden sollen. Hierzu geht man am besten von der Gl. (86) aus, die eine allgemeine Beziehung zwischen dem Stockwerkschub S_μ im Geschoß μ und den dort auftretenden Volleinspannmomenten $\overline{M}^o$ und $\overline{M}^u$ darstellt, unter der Voraussetzung, daß die einzelnen Stiele verschiedene Längen aufweisen. Im vorliegenden Fall ist aber vorausgesetzt, daß sämtliche Stiele gleiche Länge haben; es kann somit der Wert $\dfrac{1}{l}$ vor das Summenzeichen gesetzt werden und (86) erscheint in der Form

$$S_\mu = \frac{1}{l_\mu} \sum_\mu \left(\overline{M}^o + \overline{M}^u \right). \tag{90}$$

Abb. 374. Geschoß mit *gleich* langen, oben und unten unverdrehbaren Stielen; Verformung und Momente durch Stockwerkschub S.

Die Summe bezieht sich auf alle [Stiele des Stockwerkes μ.

Gemäß den hier getroffenen Voraussetzungen von unverdrehbaren Knotenpunkten und unbelasteten Stäben (vgl. Abb. 374) ist $\varphi_1 = 0$, $\varphi_2 = 0$, $\mathfrak{M}_{1,2} = \mathfrak{M}_{2,1} = 0$, und es kann daher für die Summe der beiden Stabendmomente $\overline{M}^o$ und $\overline{M}^u$ eines Stieles nach (55) folgender vereinfachte Ausdruck gesetzt werden:

$$\left(\overline{M}^o + \overline{M}^u \right) = 1{,}5\,k\ \frac{2\,\varDelta_\mu}{l_\mu} = 3\,k\,\frac{\varDelta_\mu}{l_\mu}. \tag{91}$$

Damit wird nach (90)

$$S_\mu = \frac{3\,\varDelta_\mu}{l^2_\mu}\,\sum_\mu k \tag{92}$$

und daraus die vom Stockwerkschub S_μ hervorgerufene Stockwerksverschiebung

$$\varDelta_\mu = \frac{l^2_\mu}{3\,\sum_\mu k} \cdot S_\mu. \tag{93}$$

Nach (58) erhält man mit den hier gewählten Bezeichnungen für einen unbelasteten Stab i mit der Steifigkeitszahl k_i bei unverdrehbaren, aber um $\varDelta_\mu$ verschobenen Stabenden die Volleinspannmomente aus

$$\overline{M}^o{}_i = \overline{M}^u{}_i = \frac{1{,}5\,k_i}{l_\mu} \cdot \varDelta_\mu. \tag{94}$$

Damit ergibt sich nach Einführung von $\varDelta_\mu$ aus (93)

$$\overline{M}^o{}_i = \overline{M}^u{}_i = \frac{1{,}5\,k_i}{l_\mu} \cdot \frac{l^2_\mu}{3\,\sum_\mu k} \cdot S_\mu \tag{95}$$

oder

$$\boxed{\ \overline{M}^o{}_i = \overline{M}^u{}_i = \frac{k_i \cdot l_\mu}{2\,\sum_\mu k} \cdot S_\mu.\ } \tag{96}$$

Hierin bedeuten $\sum\limits_{\mu} k$ die Summe der Steifigkeitszahlen sämtlicher Stiele des Stockwerkes μ und k_i die Steifigkeitszahl des betrachteten Stieles i, dessen Volleinspannmomente $\overline{M}^o{}_i$ und $\overline{M}^u{}_i$ zu berechnen sind.

Man kann also mit Formel (96) sofort die in den einzelnen Stielen eines Stockwerkes auftretenden Momente bestimmen, wenn die Stielenden unverdrehbar, aber unter der Einwirkung des Stockwerkschubes S_μ verschiebbar sind.

β) *Stiele oben gelenkig, unten unverdrehbar* (Abb. 375).

Wenn sämtliche Stiele an ihrem oberen Ende gelenkig angeschlossen, am unteren Ende aber unverdrehbar festgehalten sind, so ist in (90) $\overline{M}^o = 0$ zu setzen, und man erhält

$$S_\mu = \frac{1}{l_\mu} \sum_{\mu} \overline{M}^u. \qquad (97)$$

Nun ist für einen Gelenkstab i mit der Steifigkeitszahl $k^o{}_i$ nach (62)

$$\overline{M}^u = \frac{k^o{}_i}{l_\mu} \cdot \varDelta_\mu \qquad (98)$$

und damit nach (97)

$$S_\mu = \frac{1}{l_\mu} \sum_{\mu} \frac{k^o{}_i}{l_\mu} \cdot \varDelta_\mu = \frac{\varDelta_\mu}{l^2{}_\mu} \sum_{\mu} k^o \qquad (99)$$

oder

$$\varDelta_\mu = \frac{l^2{}_\mu}{\sum\limits_{\mu} k^o} \cdot S_\mu. \qquad (100)$$

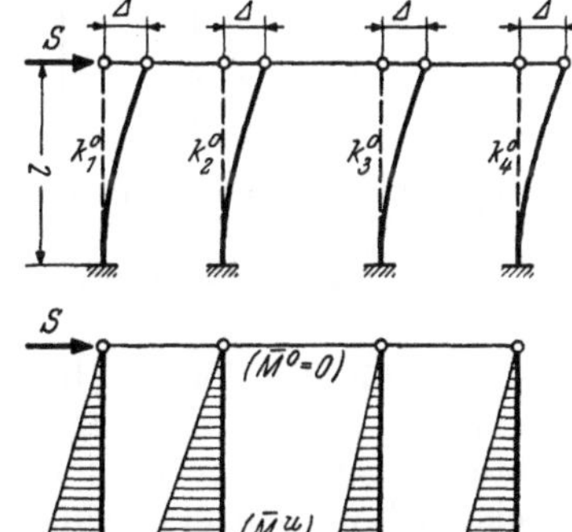

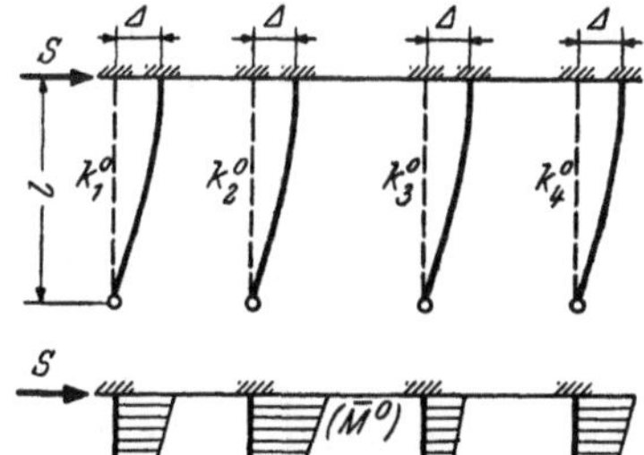

Abb. 375. Geschoß mit *gleich* langen, oben gelenkigen, unten unverdrehbaren Stielen; Verformung und Momente durch Stockwerkschub S.

Führt man diesen Wert für $\varDelta_\mu$ in (98) ein, so ergibt sich im Stockwerk μ das untere Einspannmoment $\overline{M}^u$ für irgendeinen Stiel i mit der Steifigkeitszahl $k^o{}_i$:

$$\overline{M}^u = \frac{k^o{}_i}{l_\mu} \cdot \frac{l^2{}_\mu}{\sum\limits_{\mu} k^o} \cdot S_\mu \,,$$

also

$$\boxed{\overline{M}^u = \frac{k^o{}_i \cdot l_\mu}{\sum\limits_{\mu} k^o} \cdot S_\mu.} \qquad (101)$$

Die Summe bezieht sich auf alle Stiele des betrachteten Stockwerkes.

γ) *Stiele unten gelenkig, oben unverdrehbar* (Abb. 376).

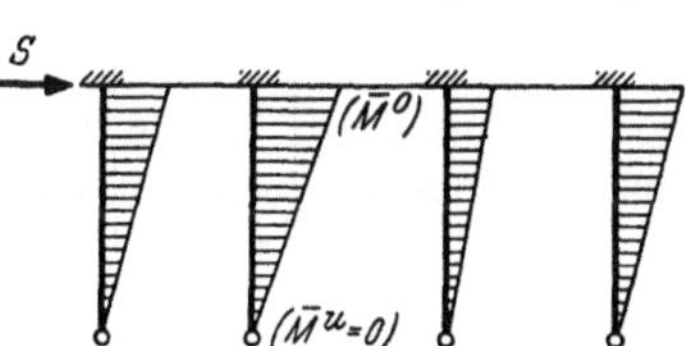

Abb. 376. Geschoß mit *gleich* langen, unten gelenkigen, oben unverdrehbaren Stielen; Verformung und Momente durch Stockwerkschub S.

Wenn sämtliche Stiele eines Stockwerkes unten gelenkig, oben aber unverdrehbar festgehalten sind, so erhält man nach den vorstehenden Ableitungen im Geschoß μ sinngemäß das obere Volleinspannmoment $\overline{M}^o$ für irgendeinen Stiel i mit der Steifigkeitszahl $k^o{}_i$ aus

$$\boxed{\overline{M}^o = \frac{k^o{}_i \cdot l_\mu}{\sum\limits_{\mu} k^o} \cdot S_\mu.} \qquad (102)$$

δ) Stiele gelenkig oder unverdrehbar in beliebiger Anordnung (Abb. 377).

Im allgemeinen können die Stiele eines Stockwerkes in beliebiger Anordnung entweder oben oder unten gelenkig angeschlossen oder unverdrehbar festgehalten

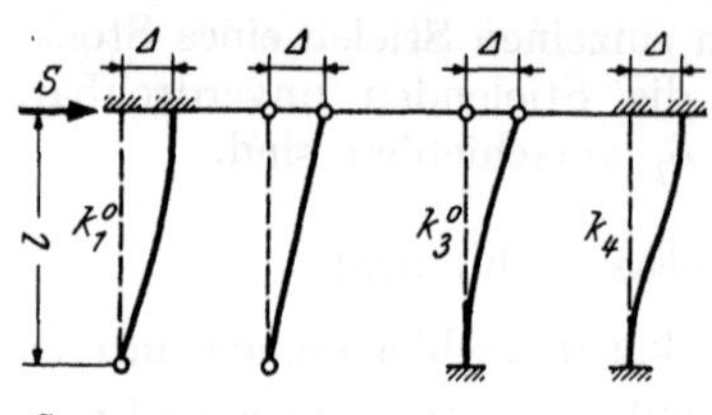

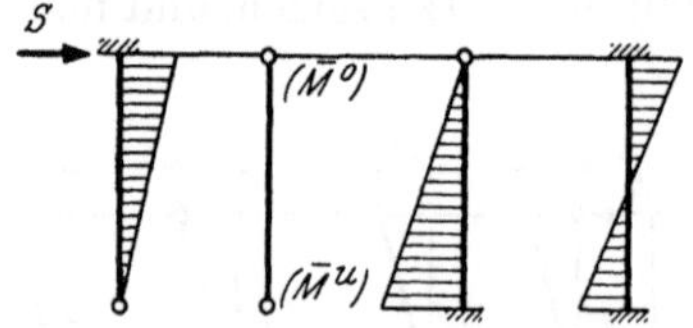

Abb. 377. Geschoß mit *gleich* langen, teils gelenkigen, teils unverdrehbaren Stielen in beliebiger Anordnung; Verformung und Momente durch Stockwerkschub S.

sein. In Abb. 377 ist ein solcher Fall dargestellt. Für die von dem vorhandenen Stockwerkschub S_μ in den einzelnen Stielen hervorgerufenen Volleinspannmomente $\overline{M}^o$ bzw. $\overline{M}^u$ können wiederum gebrauchsfertige Formeln abgeleitet werden. Man geht am besten von der allgemeinen Formel (90) aus:

$$S_\mu = \frac{1}{l_\mu} \sum_\mu \left(\overline{M}^o + \overline{M}^u \right). \tag{103}$$

Hier ist aber für die Bildung $\sum\limits_\mu \left(\overline{M}^o + \overline{M}^u \right)$ zu unterscheiden zwischen Stäben, die oben und unten unverdrehbar gelagert sind und solchen, die entweder oben oder unten ein Gelenk haben, und schließlich solchen, die sowohl oben als auch unten gelenkig angeschlossen, also als Pendelstützen ausgebildet sind. Sie liefern keinen Beitrag für die Formel (103), denn für sie ist stets $\overline{M}^o = \overline{M}^u = 0$. Es kommen demnach nur die Beiträge der beidseitig unverdrehbar festgehaltenen und der einseitig gelenkig gelagerten Stiele in Betracht. Beide Fälle sind bereits gesondert behandelt worden und können hier übernommen werden. Man kann also Gl. (103) für den vorliegenden Fall ausführlicher in folgender Form schreiben:

$$S_\mu = \frac{1}{l_\mu} \sum_e \left(\overline{M}^o + \overline{M}^u \right) + \frac{1}{l_\mu} \sum_{gu} \overline{M}^o + \frac{1}{l_\mu} \sum_{go} \overline{M}^u, \tag{104}$$

wobei sich $\sum\limits_e$ auf alle oben und unten voll eingespannten Stiele und $\sum\limits_{gu}$ bzw. $\sum\limits_{go}$ auf die Stiele mit Gelenken **unten** bzw. **oben** beziehen.

Für beidseitig voll eingespannte Stäbe gilt gemäß (90) bzw. (92)

$$\frac{1}{l_\mu} \sum_e \left(\overline{M}^o + \overline{M}^u \right) = \frac{3\,\varDelta_\mu}{l^2_\mu} \sum_e k. \tag{105}$$

Für einseitig gelenkig angeschlossene Stäbe ist nach (62)

$$\overline{M} = \frac{k^0}{l_\mu} \cdot \varDelta_\mu. \tag{106}$$

Es können somit die in (104) getrennt geschriebenen Beiträge für $\overline{M}^o$ und $\overline{M}^u$ zusammengefaßt werden, und man erhält

$$\frac{1}{l_\mu} \sum_{gu} \overline{M}^o + \frac{1}{l_\mu} \sum_{go} \overline{M}^u = \frac{1}{l_\mu} \sum_g \frac{k^0}{l_\mu} \cdot \varDelta_\mu = \frac{\varDelta_\mu}{l^2_\mu} \sum_g k^0. \tag{107}$$

Hierin bezieht sich $\sum\limits_g$ auf alle einseitig, also entweder oben oder unten gelenkig angeschlossenen Stiele des betrachteten Stockwerkes.

Führt man die Ausdrücke (105) und (107) in (104) ein, so erhält man

oder
$$S_\mu = \frac{3\varDelta_\mu}{l^2_\mu} \sum_e k + \frac{\varDelta_\mu}{l^2_\mu} \sum_g k^0 \tag{108}$$

$$\varDelta_\mu = \frac{l^2_\mu}{3 \sum\limits_e k + \sum\limits_g k^0} \cdot S_\mu. \tag{109}$$

Damit können auch bereits die gebrauchsfertigen Formeln zur Ermittlung der Volleinspannmomente $\overline{M}^o$ bzw. $\overline{M}^u$ für eine gegenseitige Verschiebung $\varDelta_\mu$ unter Berücksichtigung unverdrehbarer oder gelenkiger Lagerung in beliebiger Anordnung aufgestellt werden, und zwar:

1. Für oben und unten unverdrehbar festgehaltene Stiele. In diesem Fall erhält man das Kopf- und Fußmoment im Stockwerk für einen Stiel i nach (58) durch Einsetzen des $\varDelta_\mu$-Wertes aus (109), also

$$\overline{M}^o{}_i = \overline{M}^u{}_i = \frac{1{,}5\,k_i}{l_\mu}\cdot\varDelta_\mu = \frac{1{,}5\,k_i}{l_\mu}\cdot\frac{l^2{}_\mu}{3\sum_e k + \sum_g k^0}\cdot S_\mu \tag{110}$$

oder

$$\overline{M}^o{}_i = \overline{M}^u{}_i = \frac{1{,}5\,k_i\cdot l_\mu}{3\sum_e k + \sum_g k^0}\cdot S_\mu. \tag{111}$$

2. Für oben gelenkig angeschlossene, unten unverdrehbar festgehaltene Stiele. Es ergibt sich das Volleinspannmoment am unteren Ende des Stieles i im Stockwerk μ aus (62) unter Beachtung von (109) mit

$$\overline{M}^u{}_i = \frac{k^0{}_i}{l_\mu}\cdot\frac{l^2{}_\mu}{3\sum_e k + \sum_g k^0}\cdot S_\mu \tag{112}$$

oder

$$\overline{M}^u{}_i = \frac{k^0{}_i\cdot l_\mu}{3\sum_e k + \sum_g k^0}\cdot S_\mu. \tag{113}$$

Hierin bezieht sich $\sum\limits_e$ auf alle oben und unten voll eingespannten, $\sum\limits_g$ auf die einseitig gelenkig angeschlossenen Stiele.

3. Für unten gelenkig angeschlossene, oben unverdrehbar festgehaltene Stiele. Hier kann zur Ermittlung des Volleinspannmomentes $\overline{M}^o$ am oberen Stabende ebenfalls die Formel (113) verwendet werden; man erhält also auch hier für einen Stiel i mit der Steifigkeitszahl $k^0{}_i$

$$\overline{M}^o{}_i = \frac{k^0{}_i\cdot l_\mu}{3\sum_e k + \sum_g k^0}\cdot S_\mu. \tag{114}$$

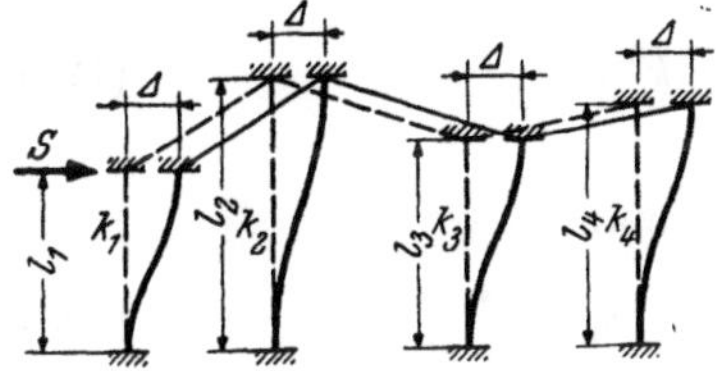
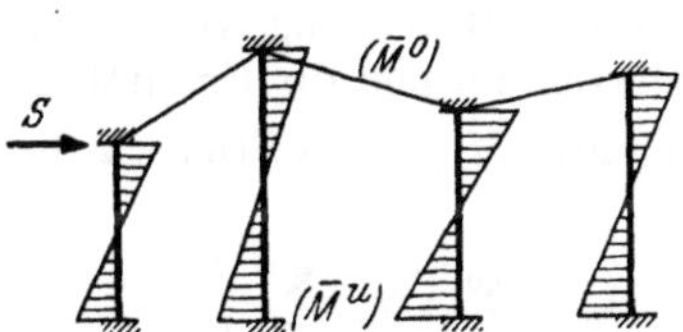
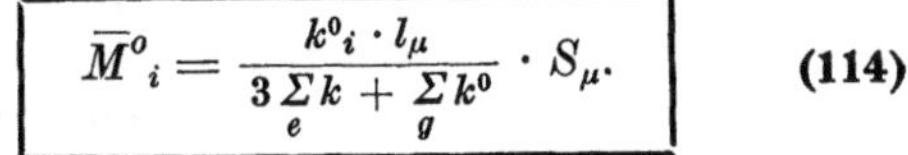

Abb. 378. Geschoß mit *ungleich* langen, oben und unten unverdrehbaren Stielen; Verformung und Momente durch Stockwerkschub S.

b) **Stockwerke mit ungleich langen Stielen.**

α) *Stiele oben und unten unverdrehbar* (Abb. 378).

Wenn in einem Stockwerk μ mit ungleich langen, oben und unten unverdrehbar festgehaltenen Stielen nach Abb. 378 ein Stockwerkschub S_μ wirkt und dort Volleinspannmomente $\overline{M}^o$ und $\overline{M}^u$ hervorruft, so gilt wieder die allgemeine Gl. (86):

$$S_\mu = \sum_\mu \frac{\overline{M}^o + \overline{M}^u}{l}. \tag{115}$$

Setzt man nach (91) für die Momentensumme eines Stieles i mit der Steifigkeitszahl k_i und der Länge l_i

$$\overline{M}^o{}_i + \overline{M}^u{}_i = \frac{3\,k_i\,\varDelta_\mu}{l_i} \tag{116}$$

oder in vereinfachter Schreibweise

$$\overline{M}{}^{o}{}_{i} + \overline{M}{}^{u}{}_{i} = 3\,\overline{k}_{i} \cdot \varDelta_{\mu}, \tag{117}$$

wobei

$$\overline{k}_{i} = \frac{k_{i}}{l_{i}}, \tag{118}$$

so lautet (115)

$$S_{\mu} = 3\,\varDelta_{\mu} \sum_{\mu} \frac{\overline{k}_{i}}{l_{i}}. \tag{119}$$

Daraus erhält man sofort

$$\varDelta_{\mu} = \frac{S_{\mu}}{3} \sum_{\mu} \frac{l_{i}}{\overline{k}_{i}}. \tag{120}$$

Mit diesem Ausdruck für $\varDelta_{\mu}$ ergeben sich nach (58) unter Beachtung von (118) bereits die gesuchten Volleinspannmomente $\overline{M}{}^{o}{}_{i}$ und $\overline{M}{}^{u}{}_{i}$ für einen beliebigen Stiel i des Geschosses μ, und zwar:

$$\overline{M}{}^{o}{}_{i} = \overline{M}{}^{u}{}_{i} = \frac{1,5\,k_{i}}{l_{i}} \cdot \varDelta_{\mu} = 1,5\,\overline{k}_{i} \cdot \frac{S_{\mu}}{3} \sum_{\mu} \frac{l_{i}}{\overline{k}_{i}}$$

oder

$$\boxed{\overline{M}{}^{o}{}_{i} = \overline{M}{}^{u}{}_{i} = \frac{\overline{k}_{i}}{2} \sum_{\mu} \frac{l_{i}}{\overline{k}_{i}} \cdot S_{\mu}.} \tag{121}$$

Die Summe bezieht sich auf alle Stiele des Stockwerkes μ.

β) Stiele oben gelenkig, unten unverdrehbar (Abb. 379).

Es ist also bei sämtlichen Stielen das obere Anschlußmoment $\overline{M}{}^{o} = 0$, und es wird nach (86) in Verbindung mit (62)

$$S_{\mu} = \sum_{\mu} \frac{\overline{M}{}^{u}}{l} = \varDelta_{\mu} \sum_{\mu} \frac{k^{0}}{l^{2}} \tag{122}$$

oder

$$S_{\mu} = \varDelta_{\mu} \sum_{\mu} \frac{\overline{k}{}^{0}}{l}, \tag{123}$$

wenn analog (118)

$$\overline{k}{}^{0} = \frac{k^{0}}{l} \tag{124}$$

gesetzt wird.

Aus (123) erhält man

$$\varDelta_{\mu} = S_{\mu} \sum_{\mu} \frac{l}{\overline{k}{}^{0}} \tag{125}$$

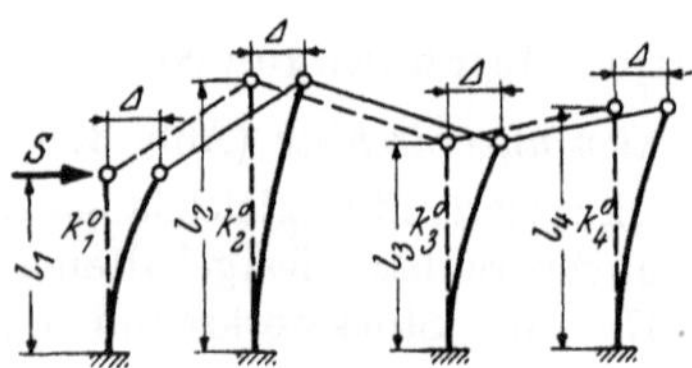

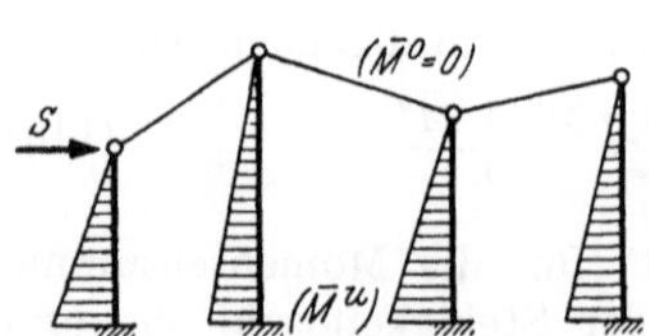

Abb. 379. Geschoß mit *ungleich* langen, oben gelenkigen, unten unverdrehbaren Stielen; Verformung und Momente durch Stockwerkschub S.

und damit aus (62) unter Beachtung von (124) bereits die gebrauchsfertige Formel zur Ermittlung des Volleinspannmomentes $\overline{M}{}^{u}{}_{i}$ eines Stieles i im Stockwerk μ:

$$\overline{M}{}^{u}{}_{i} = \frac{k^{0}{}_{i}}{l_{i}} \cdot \varDelta_{\mu} = \overline{k}{}^{0}{}_{i} \cdot S_{\mu} \sum_{\mu} \frac{l}{\overline{k}{}^{0}}$$

oder

$$\boxed{\overline{M}{}^{u}{}_{i} = \overline{k}{}^{0}{}_{i} \sum_{\mu} \frac{l}{\overline{k}{}^{0}} \cdot S_{\mu}.} \tag{126}$$

γ) *Stiele unten gelenkig, oben unverdrehbar* (Abb. 380).

In diesem Falle erhält man nach den vorangegangenen Ableitungen sinngemäß im Stockwerk μ mit dem Stockwerkschub S_μ das obere Volleinspannmoment $\overline{M}^o{}_i$ in irgendeinem Stiel i mit der Steifigkeitszahl $k^0{}_i$ und der Länge l_i:

$$\overline{M}^o{}_i = \overline{k}^0{}_i \sum_\mu \frac{l}{\overline{k}^0} \cdot S_\mu. \qquad (127)$$

Hierin bedeutet nach (124)

$$\overline{k}^0{}_i = \frac{k^0{}_i}{l_i}.$$

δ) *Stiele gelenkig oder unverdrehbar in beliebiger Anordnung* (Abb. 381).

Sind Gelenkstäbe und unverdrehbar gelagerte Stäbe gemäß Abb. 381 in beliebiger Anordnung vorhanden, so sind die vorstehenden Ableitungen entsprechend zu kombinieren. Ausgangspunkt hierzu bildet wiederum die Gl. (86), die eine Beziehung zwischen dem Stockwerkschub S_μ im Geschoß μ und den dort vorhandenen Volleinspannmomenten $\overline{M}^o$ und $\overline{M}^u$ darstellt; sie lautet:

$$S_\mu = \sum_\mu \frac{\overline{M}^o + \overline{M}^u}{l}. \qquad (128)$$

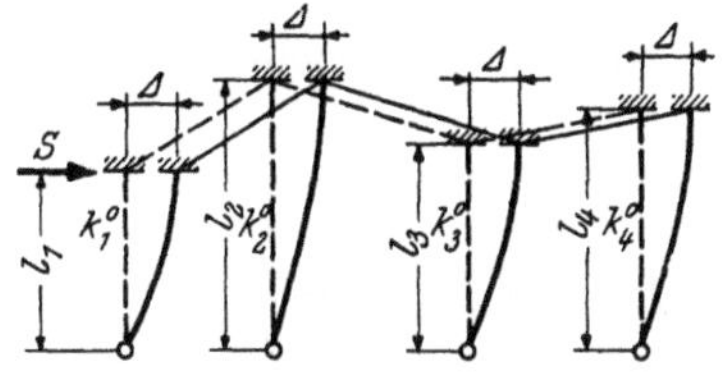

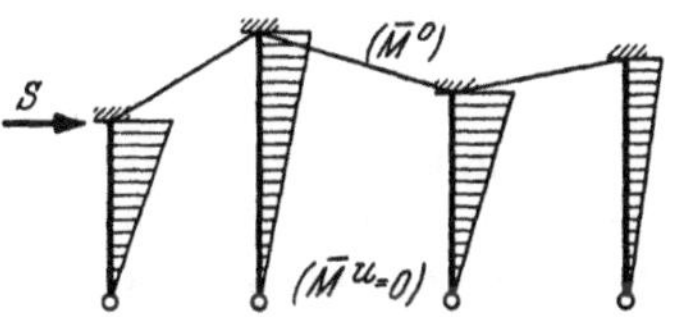

Abb. 380. Geschoß mit *ungleich* langen, unten gelenkigen, oben unverdrehbaren Stielen; Verformung und Momente durch Stockwerkschub S.

Um die Unterscheidung zwischen den einseitig gelenkig gelagerten und den beidseitig voll eingespannten Stielen besser zum Ausdruck zu bringen, ist es zweckmäßig, die Gl. (128) gemäß (104) ausführlicher in folgender Form zu schreiben:

$$S_\mu = \sum_e \frac{\overline{M}^o + \overline{M}^u}{l} + \sum_{gu} \frac{\overline{M}^o}{l} + \sum_{go} \frac{\overline{M}^u}{l}, \qquad (129)$$

wobei sich $\sum\limits_e$ auf alle Stiele mit beidseitig fester Einspannung, $\sum\limits_{gu}$ bzw. $\sum\limits_{go}$ auf alle Stiele mit Gelenk unten bzw. Gelenk oben beziehen.

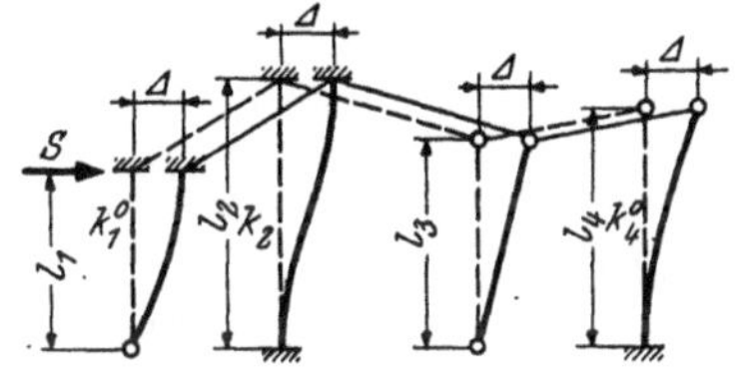

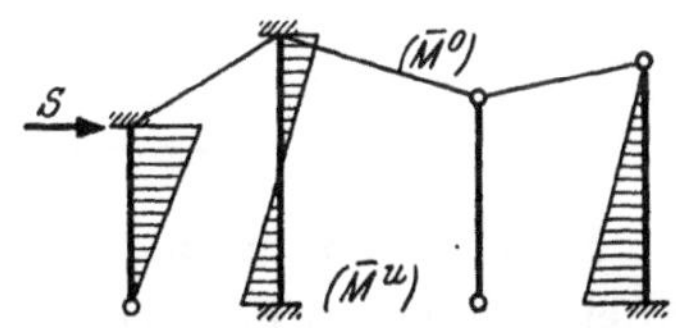

Abb. 381. Geschoß mit *ungleich* langen, teils gelenkigen, teils unverdrehbaren Stielen in beliebiger Anordnung; Verformung und Momente durch Stockwerkschub S.

Für beidseitig voll eingespannte Stiele erhält man unter Verwendung von (58)

$$\sum_e \frac{\overline{M}^o + \overline{M}^u}{l} = 3 \Delta_\mu \sum_e \frac{k}{l^2}, \qquad (130)$$

für einseitig gelenkig angeschlossene Stiele unter Verwendung von (62)

$$\sum_{gu} \frac{\overline{M}^o}{l} + \sum_{go} \frac{\overline{M}^u}{l} = \Delta_\mu \sum_g \frac{k^0}{l^2}, \qquad (131)$$

wobei sich $\sum\limits_g$ auf sämtliche einseitig, also entweder oben oder unten, gelenkig angeschlossenen Stiele bezieht.

Nach Einführung der Ansätze (130) und (131) in (129) ergibt sich

$$S_\mu = 3\,\Delta_\mu \sum_e \frac{k}{l^2} + \Delta_\mu \sum_g \frac{k^0}{l^2} \tag{132}$$

oder unter Beachtung von (118) und (124),

$$S_\mu = 3\,\Delta_\mu \sum_e \frac{\bar k}{l} + \Delta_\mu \sum_g \frac{\bar k^0}{l}. \tag{132 a}$$

Daraus erhält man

$$\Delta_\mu = \frac{S_\mu}{3 \sum_e \dfrac{\bar k}{l} + \sum_g \dfrac{\bar k^0}{l}}. \tag{133}$$

Damit können für die Kopf- bzw. Fußmomente der Stiele wieder gebrauchsfertige Formeln unter Berücksichtigung der verschiedenartigen Anschlüsse aufgestellt werden. Zur besseren Übersicht werden im folgenden die einzelnen Fälle getrennt angeführt.

1. Für oben und unten unverdrehbar festgehaltene Stiele. Aus (58) erhält man nach Einführung des Δ_μ-Wertes aus (133) und unter Beachtung von (118) für einen Stiel i mit den Stabfestwerten k_i bzw. $\bar k_i$ im Stockwerk μ:

$$\overline{M}{}^o{}_i = \overline{M}{}^u{}_i = \frac{1{,}5\,k_i}{l_i} \cdot \Delta_\mu = 1{,}5\,\bar k_i \cdot \frac{S_\mu}{3 \sum_e \dfrac{\bar k}{l} + \sum_g \dfrac{\bar k^0}{l}}$$

oder

$$\boxed{\overline{M}{}^o{}_i = \overline{M}{}^u{}_i = \frac{1{,}5\,\bar k_i}{3 \sum_e \dfrac{\bar k}{l} + \sum_g \dfrac{\bar k^0}{l}} \cdot S_\mu.} \tag{134}$$

2. Für oben gelenkig angeschlossene, unten unverdrehbar festgehaltene Stiele. In diesem Fall erhält man das Volleinspannmoment $\overline{M}{}^u{}_i$ am unteren Ende eines Stieles i mit den Stabfestwerten $k^0{}_i$ bzw. $\bar k^0{}_i$ aus (62) und (133) unter Beachtung von (124) mit

$$\overline{M}{}^u{}_i = \frac{k^0{}_i}{l_i} \cdot \Delta_\mu = \bar k^0{}_i \cdot \frac{S_\mu}{3 \sum_e \dfrac{\bar k}{l} + \sum_g \dfrac{\bar k^0}{l}} \tag{135}$$

oder

$$\boxed{\overline{M}{}^u{}_i = \frac{\bar k^0{}_i}{3 \sum_e \dfrac{\bar k}{l} + \sum_g \dfrac{\bar k^0}{l}} \cdot S_\mu.} \tag{136}$$

3. Für unten gelenkig angeschlossene, oben unverdrehbar festgehaltene Stiele. Hier ergibt sich das Volleinspannmoment $\overline{M}{}^o{}_i$ am oberen Ende eines

Stieles i mit dem Stabfestwert $\bar{k}^0_i$ sinngemäß wie vorher aus

$$\overline{M}^o_i = \frac{\bar{k}^0_i}{3\sum_e \frac{\bar{k}}{l} + \sum_g \frac{\bar{k}^0}{l}} \cdot S_\mu, \tag{137}$$

wobei nach (118) bzw. (124)

$$\bar{k} = \frac{k}{l} \quad \text{und} \quad \bar{k}^0_i = \frac{k^0_i}{l_i}.$$

3. Anwendung der Cross-Methode auf waagrecht verschiebliche Tragwerke ohne Vouten.

Der diesem Verfahren zugrunde liegende Gedanke wurde im Prinzip bereits in der Vorbemerkung Seite 69 f. kurz erläutert. Die wichtigsten Zusammenhänge sollen hier an Hand des in Abb. 382a dargestellten beliebig belasteten Stockwerksrahmens noch eingehender behandelt werden. Man denke sich die einzelnen Knotenpunkte des Tragwerkes durch fingierte Lager zunächst gegen waagrechte Verschie-

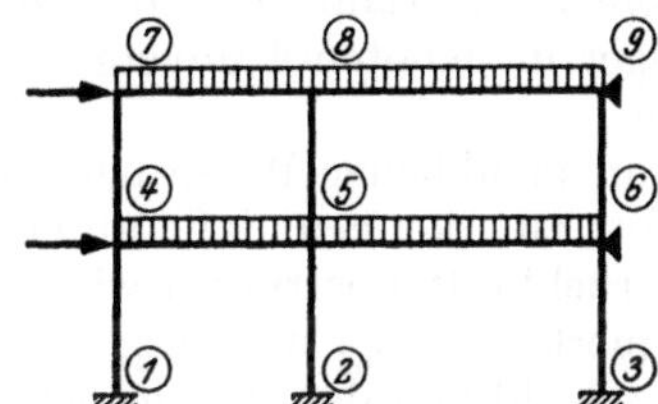

Abb. 382 a. Beliebig belasteter Stockwerksrahmen mit Festhaltelagern.

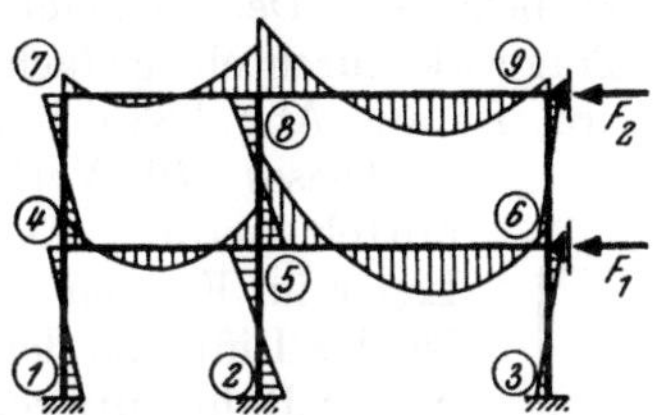

Abb. 382 b. $M^{(0)}$-Verlauf im unverschieblich festgehaltenen Rahmen mit Festhaltekräften F_1, F_2.

bungen festgehalten. Für diesen Zustand können die Momente in der gleichen Art wie bei wirklich unverschieblichen Tragwerken schrittweise durch Verteilung und Weiterleitung nach den Anweisungen Seite 38 ermittelt werden. Man bezeichnet diese Momente für das willkürlich unverschieblich festgehaltene Tragwerk zur Unterscheidung von den übrigen Momenten mit $M^{(0)}$; sie sind für den vorliegenden Fall in Abb. 382b aufgetragen. Nun bestimmt man in den gedachten Lagern die Auflagerreaktionen; diese Gegenkräfte, die als „Festhaltekräfte" F bezeichnet werden, müßten wirksam sein, wenn das Tragwerk keine Verschiebungen erfahren soll. Denkt man sich alle willkürlich angenommenen Lager beseitigt, so wirken die vorher auf diese Lager übertragenen Kräfte als Knotenlasten auf das Tragwerk selbst ein und verursachen dadurch Knotenverschiebungen und Stabverbiegungen, also auch Biegungsmomente, die weiterhin einfach „Verschiebungsmomente" genannt werden. Diese Verschiebungsmomente sind in Abb. 382c schematisch dargestellt und müssen in einem gesonderten Rechnungsgang ermittelt werden. Durch Überlagerung der Momente $M^{(0)}$ im festgehaltenen Rahmen (vgl. Abb. 382b) und der Verschiebungsmomente (vgl. Abb. 382c) erhält man den endgültigen M-Verlauf, der aus Abb. 382d ersichtlich ist.

Zur Berechnung von waagrecht verschieblichen Tragwerken auf dieser Grundlage kommen unter Verwendung der Cross-Methode hauptsächlich zwei Verfahren in Betracht, und zwar entweder unter Zuhilfenahme von sog. „Verschiebungsgleichungen" oder unter ausschließlicher Anwendung der Momentenverteilung nach Cross. Diese beiden Berechnungsarten sollen anschließend als „Verfahren I" und „Verfahren II" getrennt dargelegt werden.

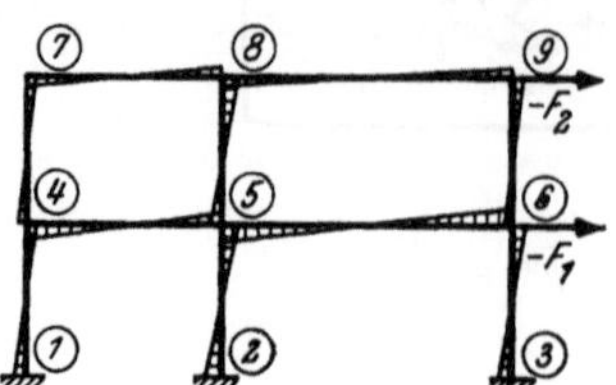

Abb. 382 c. Verschiebungsmomente infolge $- F_1$ und $- F_2$ nach Beseitigung der Festhaltelager.

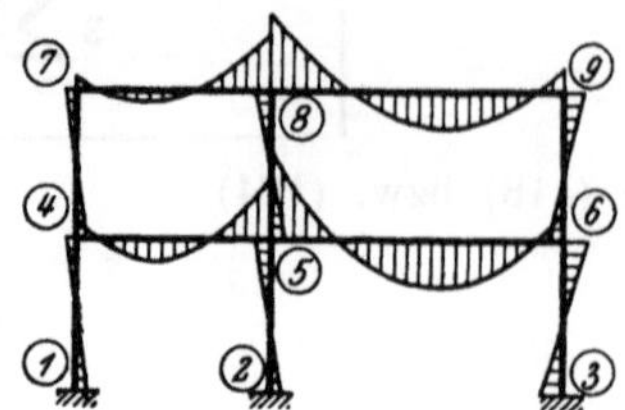

Abb. 382 d. Endgültiger M-Verlauf; Überlagerung der M-Linien aus Abb. 382 b und 382 c.

A. Verfahren I (mit Verschiebungsgleichungen).

a) Anwendung auf 1-stöckige Rahmen.

In Abb. 383 ist ein 1-stöckiges Rahmentragwerk dargestellt, das zur Gruppe der unsymmetrischen verschieblichen Systeme gehört. Es ist mit einer lotrechten Einzellast P belastet. Der zugehörige Momentenverlauf $M^{(0)}$, der sich ergibt, wenn das Tragwerk durch ein gedachtes Lager im Knoten 4 unverschieblich festgehalten wird, ist aus Abb. 383 a ersichtlich.

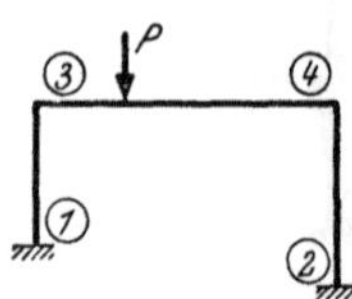

Abb. 383. Unsymmetrischer Rahmen mit Einzellast P.

Dieser $M^{(0)}$-Verlauf kann in üblicher Weise nach Cross ermittelt werden. Es ist sofort zu erkennen, daß auf das gedachte Lager im Knoten 4 eine Druckkraft übertragen wird, die gleich ist der Differenz der Stielquerkräfte $Q_{3,1}$ und $Q_{4,2}$; denn es wird in den Rahmenriegel 3—4 sowohl von dem Rahmenstiel 3—1 als auch von dem Rahmenstiel 4—2 eine Druckkraft übertragen, die jeweils gleich ist der Querkraft am oberen Ende der Stiele. In Abb. 383 a sind diese beiden auf den herausgeschnittenen Riegel 3—4 einwirkenden Aktionskräfte angedeutet.

Wären die beiden Druckkräfte $Q_{3,1}$ und $Q_{4,2}$ gleich groß, wie z. B. bei einem symmetrisch ausgebildeten und symmetrisch belasteten Rahmen dieser Art, dann brauchte das gedachte Auflager nicht in Aktion zu treten, weil dort keine Kräfte zu

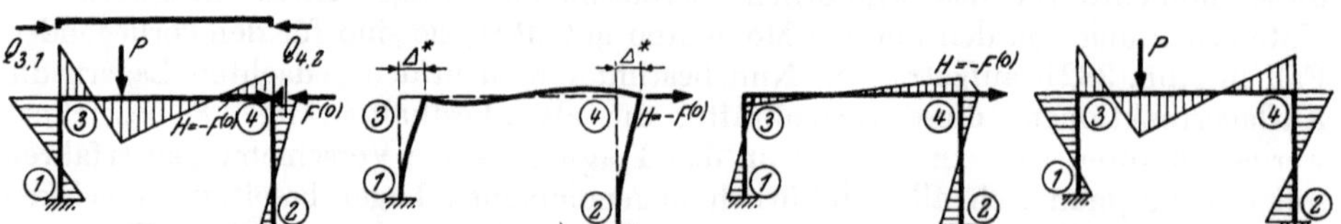

Abb. 383 a. Momente $M^{(0)}$, Festhaltekraft $F^{(0)}$, Aktionskräfte Q für den unverschieblichen Rahmen.

Abb. 383 b. Rahmenverformung durch die Horizontalkraft $H = - F^{(0)}$.

Abb. 383 c. „Verschiebungsmomente" $M^{(1)}$ infolge $H = - F^{(0)}$.

Abb. 383 d. Endgültiger M-Verlauf; Überlagerung der Momente $M^{(0)}$ und $M^{(1)}$ aus Abb. 383 a und 383 c.

übertragen wären. Im vorliegenden Fall sind aber die beiden Stielquerkräfte verschieden, und zwar ist hier $Q_{3,1}$ — wie schon aus der größeren Steigung der M-Linie im linken Stiel ersichtlich ist — bedeutend größer als $Q_{4,2}$. Die Differenz dieser beiden Aktionskräfte ergibt also die auf das gedachte Lager tatsächlich ausgeübte horizontale Kraft H, und zwar ist hier

$$H = Q_{3,1} - Q_{4,2}. \tag{138}$$

In dem gedachten Lager entsteht eine gleich große, aber entgegengesetzte Auflagerreaktion, die der horizontalen Kraft H das Gleichgewicht halten muß. Diese Auflagerreaktion bezeichnet man als „Festhaltekraft" $F^{(0)}$, um damit auch den Zusammenhang mit den $M^{(0)}$-Momenten für das unverschieblich festgehaltene Tragwerk zum Ausdruck zu bringen. Aus Gleichgewichtsgründen muß also hier unter
Bezugnahme auf Abb. 383a folgende Bedingung gelten:

$$\text{Aktionskraft } H = - \ (\text{Reaktionskraft } F^{(0)})$$

oder einfach

$$H = - \ F^{(0)}. \tag{139}$$

H ist die von links nach rechts wirkende „Aktionskraft", also die auf das gedachte
Lager übertragene Kraft, und $F^{(0)}$ die vom Auflager ausgeübte „Reaktionskraft",
die hier von rechts nach links gerichtet ist.

Wenn man dieses gedachte Lager entfernt, so muß die horizontale Kraft
$H = - F^{(0)}$ vom Rahmen selbst übernommen werden. Als Folge dieser statischen
Veränderung ergibt sich eine Verschiebung des Rahmenriegels 3—4 nach rechts
um den Betrag $\varDelta^*$ und damit auch eine Verformung des gesamten Tragwerkes,
wie aus Abb. 383b zu ersehen ist. Die diesem Belastungszustand entsprechenden

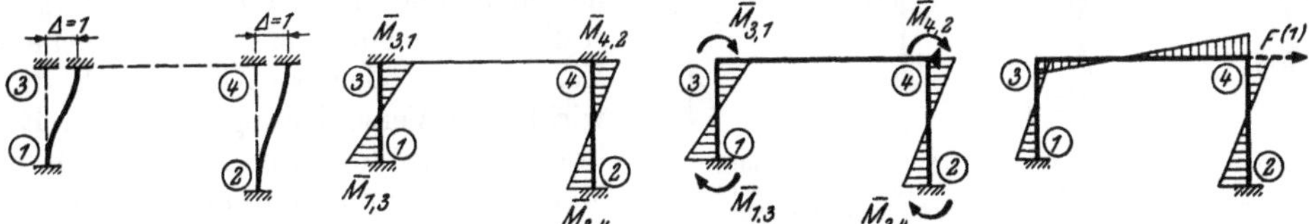

<table>
<tr><td>Abb. 384a. Verschiebung
der unverdrehbar festge-
haltenen Knoten 3 und 4
um $\varDelta = 1$.</td><td>Abb. 384b. Volleinspann-
momente $\overline{M}$ zu Abb. 384a.</td><td>Abb. 385a. Belastung des
wieder unverschieblich fest-
gehaltenen Rahmens mit
den $\overline{M}$-Momenten aus Abb.
384b.</td><td>Abb. 385b. $M^{(1)}$-Linie für
$\varDelta = 1$ mit Verschiebungs-
kraft $F^{(1)}$.</td></tr>
</table>

„Verschiebungsmomente" $M^{(1)}$ sind in Abb. 383c angedeutet. Durch Überlagerung
dieser Verschiebungsmomente mit den Momenten $M^{(0)}$ im festgehaltenen Zustand
(vgl. Abb. 383a) erhält man den endgültigen Momentenverlauf für die gegebene
Belastung (vgl. Abb. 383d).

Für die Größe der Verschiebungsmomente ist somit in erster Linie die Verschiebungskraft $H = - F^{(0)}$ maßgebend, deren zahlenmäßige Ermittlung für verschiedene Belastungsfälle nach gebrauchsfertigen Formeln vorgenommen werden
kann. Bei der Berechnung dieser Verschiebungsmomente $M^{(1)}$ nach dem hier zu er-
läuternden „Verfahren I" geht man folgendermaßen vor:

Man denke sich sämtliche Rahmenknoten u n v e r d r e h b a r festgehalten und
sodann die oberen Stielenden 3 und 4 um einen willkürlichen Betrag $\varDelta$ (z. B. $\varDelta = 1$
oder 2 oder 10) nach rechts verschoben. In Abb. 384a, b ist dieser Vorgang mit
seiner Auswirkung auf die Verformung und die dabei auftretenden Momente unter
Zugrundelegung des bisher behandelten Rahmens dargestellt. Es treten in diesem
Zustand also nur in den Rahmenstielen „Volleinspannmomente" auf, die aus den
gebrauchsfertigen Formeln (58) bzw. (87), bei einseitig gelenkigem Anschluß aus
(62) bzw. (89) leicht berechnet werden können. Diese durch eine willkürliche
Verschiebung $\varDelta$ entstandenen „Volleinspannmomente" werden künftig zur besseren
Unterscheidung von den übrigen M-Werten stets mit $\overline{M}$ bezeichnet.

Nun denkt man sich den Rahmen in dieser Lage wieder u n v e r s c h i e b l i c h festgehalten, aber die bisher vorhanden gewesene volle Einspannung in den beiden
Knoten 3 und 4 gelöst. Damit ergibt sich der in Abb. 385a dargestellte Belastungs-

fall. Der Ausgleich der beiden Volleinspannmomente $\bar{M}_{3,1}$ und $\bar{M}_{4,2}$ kann nach den Anweisungen Seite 38 folgendermaßen vorgenommen werden:

Man beginnt beispielsweise bei Knoten 3. Dort ist das Knotenrestmoment M_3 gleich dem vorher aus der willkürlichen Verschiebung ermittelten Volleinspannmoment $\bar{M}_{3,1}$. Dieser Wert $M_3 = \bar{M}_{3,1}$ ist mit Hilfe der μ-Zahlen auf Stiel und Riegel zu verteilen und weiterzuleiten. Sodann ist Knoten 4 auszugleichen. Das Restmoment ergibt sich hier mit $M_4 = \bar{M}_{4,2} + M''_{4,3}$. Nach vollständiger Beendigung dieses Ausgleiches erhält man den in Abb. 385b wiedergegebenen $M^{(1)}$-Verlauf. Die $M^{(1)}$-Linie entspricht somit der Knotenverschiebung um einen beliebigen Betrag, z. B. um $\varDelta = 1$.

Wenn nun dieser willkürlich angenommene Betrag $\varDelta$ genau so groß wäre wie die zu erwartende tatsächliche Verschiebung $\varDelta^*$, so wären auch die für $\varDelta$ ermittelten Momente $M^{(1)}$ identisch mit den wirklichen Verschiebungsmomenten des Tragwerkes und könnten daher sofort zu den $M^{(0)}$-Momenten des unverschieblichen Tragwerkes addiert werden, um die endgültigen Momente zu erhalten. Ist jedoch $\varDelta \gtrless \varDelta^*$, so sind auch die für den angenommenen Wert $\varDelta$ erhaltenen und in Abb. 385b dargestellten Momente $M^{(1)}$ im gleichen Verhältnis größer bzw. kleiner als die wirklichen Verschiebungsmomente. Es brauchen also die für $\varDelta$ ermittelten Momente $M^{(1)}$ nur mit einem zunächst allerdings noch nicht bekannten Proportionalitätsfaktor c multipliziert zu

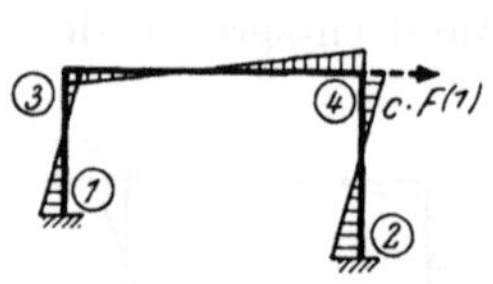

Abb. 386. M-Verlauf für die tatsächliche Verschiebung $\varDelta$ mit zugehöriger Verschiebungskraft c. $F^{(1)}$.

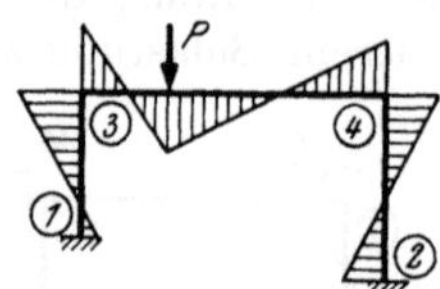

Abb. 387. Endgültiger M-Verlauf; Überlagerung der M-Linien aus Abb. 383a und 386.

werden, um die richtigen Verschiebungsmomente in Abb. 386 zu erhalten.

Dieser Faktor c kann leicht aus der Bedingung ermittelt werden, wonach die aus dem endgültigen M-Verlauf (vgl. Abb. 387) errechnete Festhaltekraft $F = 0$ sein muß, d. h. daß die algebraische Summe aus der Festhaltekraft $F^{(0)}$ für das unverschieblich festgehaltene Tragwerk (vgl. Abb. 383a) und der mit c multiplizierten Verschiebungskraft $F^{(1)}$ für die angenommene Verschiebung $\varDelta = 1$ (vgl. Abb. 385b) gleich Null sein muß. Das führt zu der Bedingungsgleichung

$$F^{(0)} + c \cdot F^{(1)} = 0. \tag{140}$$

Die hier vorkommende Festhaltekraft $F^{(0)}$ ist je nach der vorhandenen Belastungsart bei ungleich langen Stielen nach den Formeln (72) bis (75), bei gleich langen Stielen nach (72a) bis (74a) zu berechnen, während die Festhaltekraft $F^{(1)}$ stets nach (74) zu ermitteln ist. Aus (140) erhält man den gesuchten Umrechnungsfaktor

$$c = -\frac{F^{(0)}}{F^{(1)}}. \tag{141}$$

Wenn man mit diesem Faktor c die mit dem angenommenen $\varDelta$-Wert ermittelten Verschiebungsmomente $M^{(1)}$ aus Abb. 385b multipliziert, so erhält man die bei der tatsächlich auftretenden Verschiebung $\varDelta^*$ entstehenden Momente in Abb. 386. Durch Überlagerung der in Abb. 383a gezeichneten $M^{(0)}$-Momente und der durch Multiplikation mit c erhaltenen wirklichen Verschiebungsmomente aus Abb. 386 ergeben sich die gesuchten endgültigen Momente, die in Abb. 387 dargestellt sind. Es gilt also für 1-stöckige Rahmen die Beziehung

$$\boxed{M = M^{(0)} + c \cdot M^{(1)}.} \tag{142}$$

Zur Probe muß für die endgültigen Momente in Abb. 387 die Bedingung $\varSigma H = 0$ erfüllt sein, d. h. es muß im vorliegenden Falle die Querkraft im Stiel 1—3 gleiche

Größe, aber entgegengesetzte Richtung aufweisen wie die Querkraft im Stiel 2—4. Es muß also die Steigung der M-Linie in den beiden Rahmenstielen gleich groß und entgegengesetzt sein, weil die Steigung der M-Linie identisch ist mit der Querkraft, wie im allgemeinen Teil Seite 11 ausführlich erläutert worden ist. Diese Bedingung $\Sigma H = 0$ ist gleichbedeutend mit der Bedingung $F = 0$, d. h. daß für den M-Verlauf im endgültigen Zustand die je nach der vorliegenden Belastungsart aus (72) bis (74) zu berechnende Festhaltekraft den Wert Null ergeben muß.

Anschließend soll die praktische Durchführung der Berechnung nach dem hier erläuterten „Verfahren I" in schlagwortartiger Zusammenfassung nochmals kurz dargelegt werden.

b) Beschreibung des Rechnungsganges nach Verfahren I (mit Verschiebungsgleichungen) für 1-stöckige Rahmen ohne Vouten.

·Die Berechnung läßt sich in folgende Abschnitte gliedern:

1. Ermittlung der Momente $M^{(0)}$ unter der gegebenen Belastung für das unverschieblich festgehaltene Tragwerk nach der Seite 38 gegebenen ausführlichen Beschreibung (vgl. Abb. 383a).

2. Ermittlung der diesem Zustand entsprechenden „Festhaltekraft" $F^{(0)}$ je nach der vorliegenden Belastungsart aus (72) bis (75) bzw. (72a) bis (74a).

3. Ermittlung der Volleinspannmomente $\overline{M}$ in den Rahmenstielen für eine willkürliche Verschiebung Δ (z. B. $\Delta = 1$ oder 2 oder 10) bei unverdrehbaren Stabenden nach (58) bzw. bei einseitig gelenkig angeschlossenen Stielen nach (62) (vgl. Abb. 384a, b).

4. Ausgleich der unter Ziffer 3 bestimmten Volleinspannmomente $\overline{M}$ für den wieder unverschieblich festgehaltenen Rahmen (vgl. Abb. 385a, b); Durchführung dieser Berechnung wie unter Ziffer 1 angegeben. Man erhält damit die $M^{(1)}$-Momente.

5. Ermittlung der diesen Verschiebungsmomenten $M^{(1)}$ entsprechenden Festhaltekraft $F^{(1)}$; bei ungleich langen Stielen nach (74), bei durchweg gleich langen Stielen nach (74a).

6. Ermittlung des Umrechnungsfaktors c aus der Verschiebungsgleichung (140) oder aus Formel (141).

7. Ermittlung der endgültigen M-Werte durch Überlagerung der unter Ziffer 1 ermittelten Anteile $M^{(0)}$ für den unverschieblich festgehaltenen Rahmen und der mit c multiplizierten Werte $M^{(1)}$; somit wird gemäß (142) $M = M^{(0)} + c \cdot M^{(1)}$.

8. Durchführung der Rechenproben $\Sigma M = 0$ in allen Knotenpunkten sowie $\Sigma H = 0$ für die durchschnittenen Stiele; es muß jetzt auch die nach den Gl. (72) bis (74) bzw. (72 a) bis (74 a) zu berechnende Festhaltekraft F in dem gedachten Lager gleich Null sein.

9. Maßstäbliches Aufzeichnen der endgültigen M-Linie.

In dem folgenden Einführungsbeispiel wird die praktische Anwendung des Verfahrens I noch ausführlicher gezeigt. (Vgl. auch das Zahlenbeispiel Nr. 17 im Zweiten Teil des Buches).

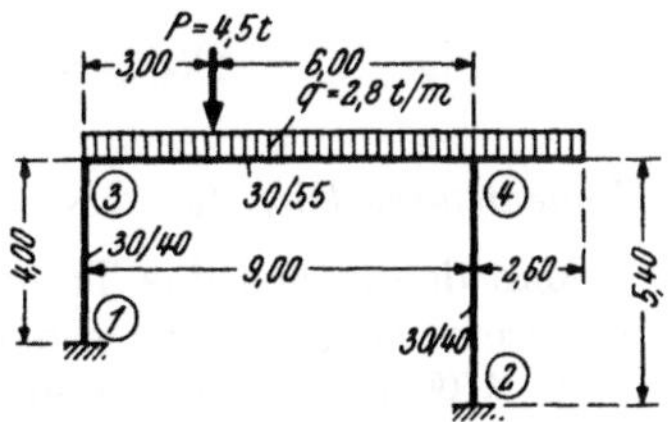

Abb. 388. Tragwerksabmessungen und Belastungsangaben.

c) Einführungsbeispiel 8: Unsymmetrisches Tragwerk mit Kragarm.

Die Tragwerksabmessungen und Belastungsangaben sind aus Abb. 388 zu entnehmen. Die „relativen" Steifigkeitszahlen $k = 10\,000\,J/l$ werden nachstehend tabellarisch ermittelt.

Festwerttabelle.

Stab	b/h (cm)	J (m⁴)	l (m)	$k = 10\,000\,J/l$
1—3	30/40	0,00160	4,00	4,00
2—4	30/40	0,00160	5,40	2,96
3—4	30/55	0,00416	9,00	4,62

Sämtliche k-Zahlen werden in die Festwertskizze (Abb. 389) übertragen.

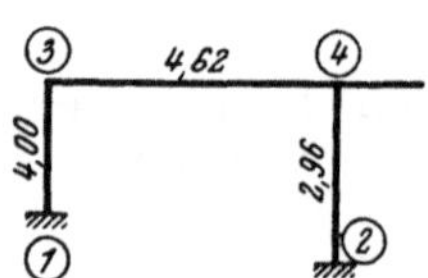

Abb. 389. Festwertskizze (k-Werte).

Momentenverteilungszahlen μ.

Die Verteilungszahlen μ sind hier für die Knoten 3 und 4 zu ermitteln. Nach (29) ist allgemein $\mu_{n,i} = \dfrac{k_{n,i}}{\Sigma k_{n,i}}$.

An Hand der Festwertskizze (Abb. 389) erhält man für *Knoten 3* $\Sigma k = k_{3,1} + k_{3,4} = 4,00 + 4,62 = 8,62$ und damit

$$\mu_{3,1} = \frac{k_{3,1}}{\Sigma k} = \frac{4,00}{8,62} = 0,464; \qquad \mu_{3,4} = \frac{k_{3,4}}{\Sigma k} = \frac{4,62}{8,62} = 0,536;$$

zur Probe muß nach (30) die Summe dieser μ-Zahlen den Wert 1 ergeben, also hier

$$0,464 + 0,536 = 1.$$

Für *Knoten 4* wird $\Sigma k = k_{4,2} + k_{4,3} = 2,96 + 4,62 = 7,58$ und damit

$$\mu_{4,2} = \frac{k_{4,2}}{\Sigma k} = \frac{2,96}{7,58} = 0,391; \qquad \mu_{4,3} = \frac{k_{4,3}}{\Sigma k} = \frac{4,62}{7,58} = 0,609.$$

Probe: $0,391 + 0,609 = 1$.

Volleinspannmomente $\mathfrak{M}$.

Stab 3—4: $q = 2,8$ t/m; $P = 4,5$ t; $l = 9,0$ m. Nach Tafel 2 bzw. 4 wird:

$$\mathfrak{M}_{3,4} = + \frac{q\,l^2}{12} + \frac{P\,a\,b^2}{l^2} = \frac{2,8 \cdot 9,0^2}{12} + \frac{4,5 \cdot 3,0 \cdot 6,0^2}{9,0^2} = 18,9 + 6,0 = + 24,9 \text{ tm,}$$

$$\mathfrak{M}_{4,3} = - \frac{q\,l^2}{12} - \frac{P\,a^2\,b}{l^2} = - \frac{2,8 \cdot 9,0^2}{12} - \frac{4,5 \cdot 3,0^2 \cdot 6,0}{9,0^2} =$$

$$= - 18,9 - 3,0 = - 21,9 \text{ tm.}$$

Kragarm: $q = 2,8$ t/m, $l = 2,6$ m,

$$\mathfrak{M}_{4,K} = + \frac{q\,l^2}{2} = + \frac{2,8 \cdot 2,6^2}{2} = + 9,46 \text{ tm.}$$

Momentenausgleich für das unverschieblich festgehaltene Tragwerk ($M^{(0)}$-Momente).

Man denkt sich das Tragwerk durch ein Lager im Knoten 3 festgehalten. Die in diesem Zustand unter der Einwirkung der äußeren Lasten auftretenden Momente $M^{(0)}$ können mit den bereits bekannten Momentenverteilungszahlen μ und Volleinspannmomenten $\mathfrak{M}$ am besten in einer Systemskizze durch Ausgleich ermittelt werden. Diese Rechnung ist in Abb. 390 durchgeführt. Dort sind zunächst die μ-Werte und die zur besseren Übersicht mit einem Stern zu bezeichnenden $\mathfrak{M}$-Werte einzutragen, worauf der Ausgleich in dem Knoten 3 mit dem größten Restmoment $M_3 = + 24,9$ tm begonnen wird. Die Verteilung ergibt $M'_{3,1} = = - 11,55$ tm und $M'_{3,4} = - 13,35$ tm. Beide Beträge werden in die Rechnungs-Skizze eingeschrieben und zum Zeichen des durchgeführten Ausgleiches unterstrichen.

Sodann leitet man das Riegelmoment auf das andere Stabende weiter und erhält dort $M''_{4,3} = -6{,}67$ tm. Nun folgt der Ausgleich bei Knoten 4 mit $M_4 = \mathfrak{M}_{4,3} +$ $+ \mathfrak{M}_{4,K} + M''_{4,3} = -21{,}90 +$ $+ 9{,}46 - 6{,}67 = -19{,}11$ tm. Die Verteilung im Knoten 4 ergibt $M'_{4,2} = +7{,}47$ tm und $M'_{4,3} = +11{,}64$ tm. Zum Zeichen des vollzogenen Ausgleiches werden diese Beträge wieder unterstrichen; das Riegelmoment wird auf das andere Stabende weitergeleitet. Der weitere Ausgleich erfolgt abwechselnd in den beiden Knoten 3 und 4, bis die gewünschte Genauigkeit erreicht ist. Durch algebraische Addition der zusammengehörigen Teilmomente $\mathfrak{M}$, M' und M'' und

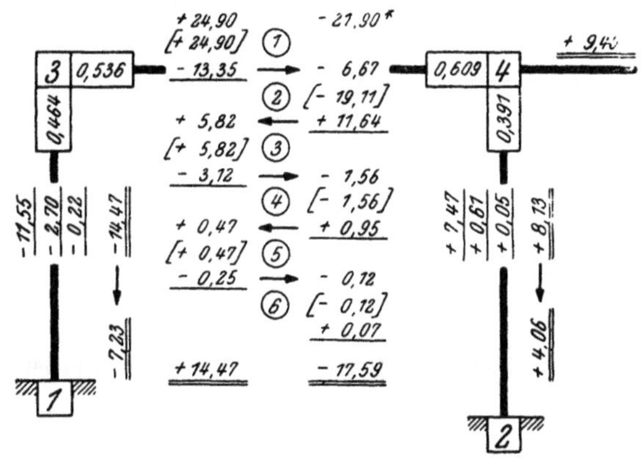

Abb. 390. Rechnungs-Skizze zur Ermittlung der $M^{(0)}$-Momente.

nach Weiterleitung der beiden Stielmomente zu den Einspannstellen 1 und 2 ergeben sich die endgültigen, in der Rechnungs-Skizze doppelt unterstrichenen $M^{(0)}$-Momente, und zwar:

$$M_{1,3} = -7{,}23 \text{ tm} \qquad M_{3,1} = -14{,}47 \text{ tm} \qquad M_{4,2} = +8{,}13 \text{ tm}$$
$$M_{2,4} = +4{,}06 \text{ ,,} \qquad M_{3,4} = +14{,}47 \text{ ,,} \qquad M_{4,3} = -17{,}59 \text{ ,,}$$
$$M_{4,K} = +9{,}46 \text{ ,, .}$$

Diese $M^{(0)}$-Momente sind in Abb. 391 maßstäblich aufgetragen.

Ermittlung der Festhaltekraft $F^{(0)}$.

Aus Abb. 391 ist sofort ersichtlich, daß die Steigung der M-Linie im Stiel 1—3 bedeutend größer ist als im Stiel 2—4, daß also auch die Querkraft im Stiel 1—3 größer sein muß als im Stiel 2—4. In dem gedachten Lager bei Knoten 3 ergibt sich somit als Reaktion eine Zugkraft. Zu diesem Ergebnis gelangt

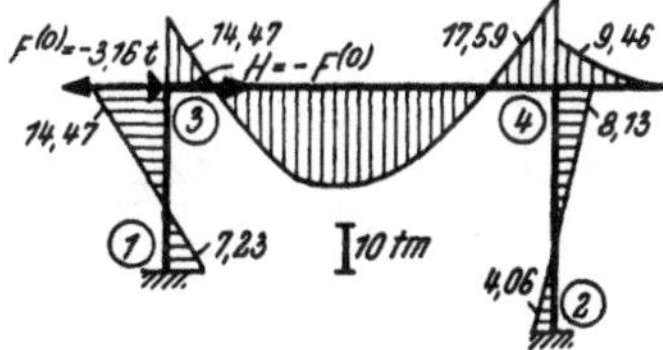

Abb. 391. $M^{(0)}$-Verlauf im unverschieblich festgehaltenen Tragwerk mit Festhaltekraft $F^{(0)}$.

man auch rein mechanisch durch Benutzung der gebrauchsfertigen Formeln zur Ermittlung der Festhaltekräfte. Nach (74) ist

$$F = \sum \frac{M^o + M^u}{l}.$$

Führt man die $M^{(0)}$-Werte aus Abb. 390 bzw. 391 ein, so erhält man

$$F^{(0)} = \frac{M_{3,1} + M_{1,3}}{l_{1,3}} + \frac{M_{4,2} + M_{2,4}}{l_{2,4}} = \frac{-14{,}47 - 7{,}23}{4{,}00} + \frac{8{,}13 + 4{,}06}{5{,}40} =$$
$$= -5{,}42 + 2{,}26 = -3{,}16 \text{ t.}$$

Nach der festgelegten Vorzeichenregel für waagrechte Kräfte ($\xrightarrow{+}$, $\xleftarrow{-}$) ist diese Festhaltekraft $F^{(0)}$, wie bereits durch allgemeine Überlegungen zu erkennen war, nach links gerichtet. Würde man jedoch das Lager beseitigen, dann würde sich der Rahmen unter der Wirkung der in Abb. 391 angedeuteten horizontalen Kraft $H = -F^{(0)}$ nach **r e c h t s** verschieben.

Volleinspannmomente $\overline{M}$ für $\Delta = 2$.

Nun folgt die Ermittlung der Stielmomente für eine beliebige, nach rechts gerichtete Verschiebung Δ bei unverdrehbaren Stielenden. Um keine zu kleinen Momente zu erhalten, wird hier $\Delta = 2$ gewählt. Damit wird nach (58)

$$\overline{M}^o = \overline{M}^u = \frac{1,5\,k}{l} \cdot \Delta = \frac{1,5\,k}{l} \cdot 2 = \frac{3\,k}{l},$$

also im vorliegenden Fall

$$\overline{M}_{3,1} = \overline{M}_{1,3} = \frac{3 \cdot 4,0}{4,0} = 3,00 \text{ tm} \quad \text{und} \quad \overline{M}_{4,2} = \overline{M}_{2,4} =$$

$$= \frac{3 \cdot 2,96}{5,40} = 1,644 \text{ tm}.$$

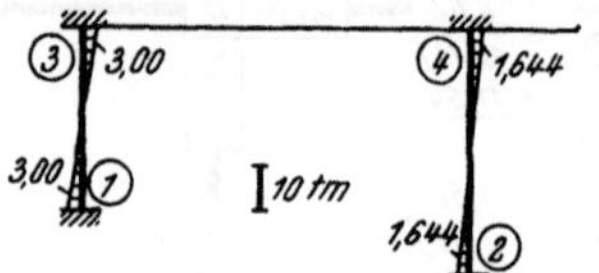

Abb. 392a. Volleinspannmomente $\overline{M}$ für Verschiebung $\Delta = 2$ bei unverdrehbaren Knoten.

Diese $\overline{M}$-Momente sind in Abb. 392a maßstäblich aufgetragen.

Ermittlung der $M^{(1)}$-Momente.

Nun macht man den Rahmen wieder *unverschieblich* und läßt die vorher *unverdrehbar* festgehaltenen Knoten 3 und 4 frei. Für diesen Zustand wird der Ausgleich der Volleinspannmomente $\overline{M}$ aus Abb. 392a vorgenommen. Dieser Ausgleich wird in üblicher Art nach den Anweisungen Seite 38 in der Systemskizze Abb. 392b durchgeführt. Dort werden die schon bekannten Momentenverteilungszahlen μ und die mit einem Stern zu bezeichnenden $\overline{M}$-Momente eingeschrieben. Die in der Systemskizze doppelt unterstrichenen Ergebnisse stellen bereits die $M^{(1)}$-Momente dar, sie lauten:

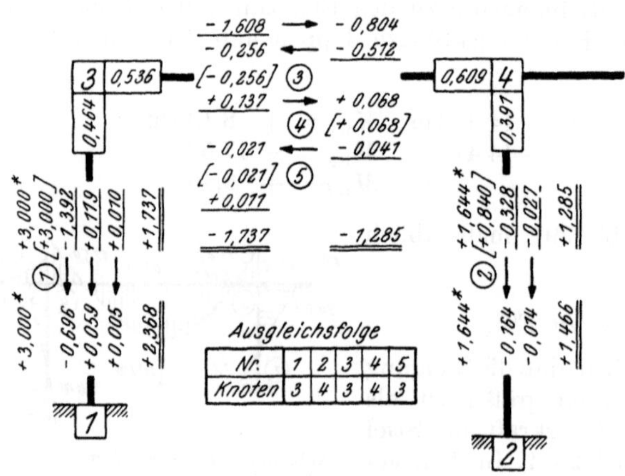

Abb. 392b. Rechnungs-Skizze zur Ermittlung der $M^{(1)}$-Momente.

$$M_{1,3} = +\,2,368 \text{ tm} \qquad M_{3,1} = +\,1,737 \text{ tm} \qquad M_{4,2} = +\,1,285 \text{ tm}$$
$$M_{2,4} = +\,1,466 \text{ ,,} \qquad M_{3,4} = -\,1,737 \text{ ,,} \qquad M_{4,3} = -\,1,285 \text{ ,, .}$$

In Abb. 393 sind diese $M^{(1)}$-Momente maßstäblich aufgetragen.

Festhaltekraft $F^{(1)}$.

Die dem $M^{(1)}$-Verlauf entsprechende Festhaltekraft $F^{(1)}$ ergibt sich nach (74) aus

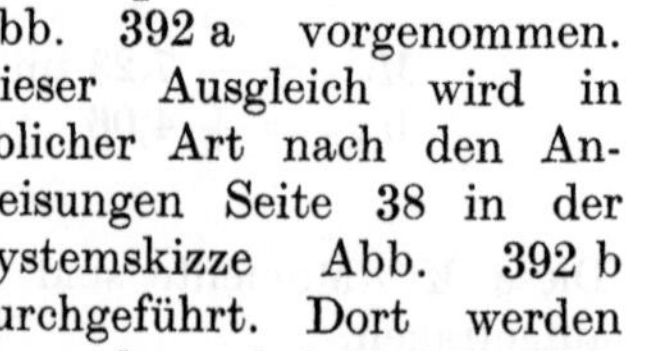

$$F^{(1)} = \sum \frac{M^o + M^u}{l}.$$

Abb. 393. $M^{(1)}$-Linie mit Festhaltekraft $F^{(1)}$.

Unter Bezugnahme auf die in Abb. 392b bzw. 393 eingeschriebenen $M^{(1)}$-Werte erhält man

$$F^{(1)} = \frac{M_{3,1} + M_{1,3}}{l_{1,3}} + \frac{M_{4,2} + M_{2,4}}{l_{2,4}} = \frac{1,737 + 2,368}{4,00} + \frac{1,285 + 1,466}{5,40} =$$

$$= 1,026 + 0,509 = +\,1,535 \text{ t}.$$

Ermittlung des Umrechnungsfaktors c.

Der Faktor c, mit dem die $M^{(1)}$-Momente zu multiplizieren sind, um die wahren Verschiebungsmomente zu erhalten, ergibt sich aus der Verschiebungsgleichung (140):

$$F^{(0)} + c \cdot F^{(1)} = 0.$$

Setzt man die bereits bekannten Werte $F^{(0)} = -3,16$ t und $F^{(1)} = +1,535$ t in diese Gleichung ein, so erhält man

$$-3,16 + c \cdot 1,535 = 0$$

und daraus

$$c = \frac{3,16}{1,535} = +2,06.$$

Endgültige Momente.

Diese erhält man nach (142) aus $M = M^{(0)} + c \cdot M^{(1)}$. Es ergeben sich also an Hand der Abb. 391 und 393:

$$
\begin{aligned}
M_{1,3} &= -\ \ 7,23 + 2,06 \cdot \ \ \ \ 2,368 \ \ \ = -\ \ 2,35 \ \text{tm}\\
M_{2,4} &= +\ \ 4,06 + 2,06 \cdot \ \ \ \ 1,466 \ \ \ = +\ \ 7,08 \ \text{„}\\
M_{3,1} &= -14,47 + 2,06 \cdot \ \ \ \ 1,737 \ \ \ = -10,89 \ \text{„}\\
M_{3,4} &= +14,47 + 2,06 \cdot (-1,737) = +10,89 \ \text{„}\\
M_{4,2} &= +\ \ 8,13 + 2,06 \cdot \ \ \ \ 1,285 \ \ \ = +10,78 \ \text{„}\\
M_{4,3} &= -17,59 + 2,06 \cdot (-1,285) = -20,24 \ \text{„}\\
M_{4,K} &= \hphantom{+14,47 + 2,06 \cdot (-1,737) } = +\ \ 9,46 \ \text{„ .}
\end{aligned}
$$

Diese Momente sind in Abb. 394 maßstäblich aufgezeichnet. Zur Probe muß für diesen endgültigen M-Verlauf die Gleichgewichtsbedingung $\Sigma H = 0$ bzw. $F = 0$ erfüllt sein. Nach (74) wird:

$$F = \sum \frac{M^o + M^u}{l} = \frac{-10,89 - 2,35}{4,00} + \frac{10,78 + 7,08}{5,40} =$$

$$= -3,31 + 3,307 = -0,003 \sim 0.$$

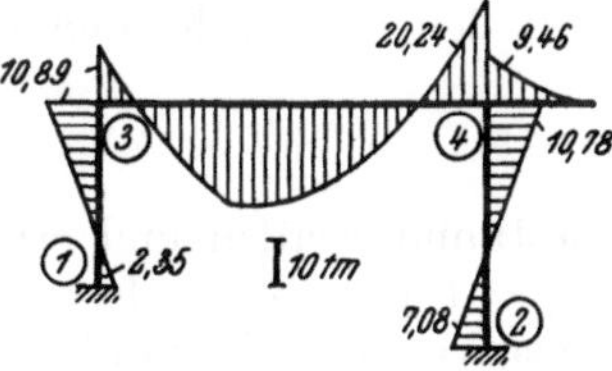

Abb. 394. Endgültiger M-Verlauf.

d) Anwendung auf Stockwerkrahmen.

Mehrstöckige Rahmen sind in der Regel mehrfach verschieblich, wenn sie nicht durch bauliche Maßnahmen, z. B. durch steife Decken, die selbst in starren Wänden oder Dreieckverbänden festgehalten sind, an der Verschiebung verhindert werden. In den Abb. 129 bis 148 und 153 bis 159 sind beispielsweise verschiedene symmetrische Stockwerkrahmen dargestellt, die bei unsymmetrischer Belastung waagrecht verschieblich sind, während die Abb. 253 bis 268 unsymmetrische, bei jeder Belastung waagrecht verschiebliche Stockwerkrahmen zeigen.

Zur Berechnung solcher *mehrstöckiger* Tragwerke kann im Prinzip das vorher für *einstöckige* Rahmen eingehend erläuterte Verfahren unter Annahme verschiedener fingierter Belastungszustände angewendet werden. Es gestaltet sich allerdings durch die mehrfache Verschieblichkeit insofern umständlicher, als der gezeigte Berechnungsvorgang zur Ermittlung der Verschiebungsmomente für beliebige Verschiebungen Δ und der zugehörigen Festhaltekräfte F für jedes Stockwerk gesondert vorzunehmen ist. Die Durchführung der gesamten Berechnung soll nun in allen Einzelheiten an Hand der Abb. 395 a, b bis 399 a, b für ein *zweistöckiges* Rahmentragwerk eingehend dargelegt werden.

Man ermittelt wieder zuerst den Momentenverlauf für die in Abb. 395 a gegebene Belastung unter der Voraussetzung unverschieblich festgehaltener Knotenpunkte. Das Ergebnis dieser Berechnung ist in Abb. 395 b ersichtlich. Für diesen Zustand bestimmt man auch die in den gedachten Lagern auftretenden Festhaltekräfte $F_1^{(0)}$ und $F_2^{(0)}$ je nach der vorliegenden Belastung aus (66a) bis (68a) oder (69). Nun denkt man sich alle Lager entfernt, die oberen Stielenden des *ersten* Geschosses

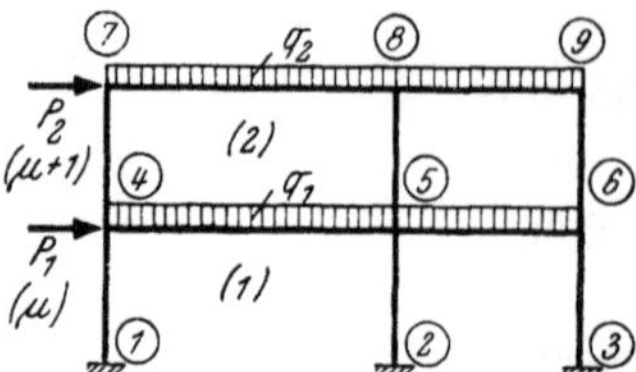

Abb. 395 a. Waagrecht verschiebliches Tragwerk mit Belastung.

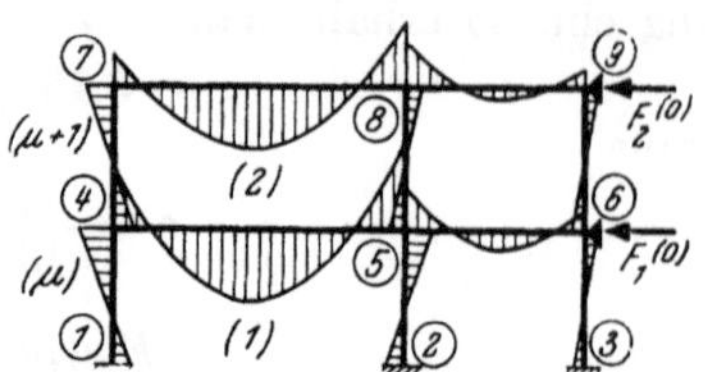

Abb. 395 b. $M^{(0)}$-Linie für das unverschieblich festgehaltene Tragwerk mit den Festhaltekräften $F_1^{(0)}$, $F_2^{(0)}$.

unverdrehbar festgehalten und gleichzeitig um einen willkürlichen Betrag Δ_1 (z. B. $\Delta_1 = 1$ oder 2 oder 10) nach rechts verschoben. Die dabei eintretende Verformung ist aus Abb. 396 a ersichtlich: Die Stiele des *ersten* Geschosses werden S-förmig gekrümmt mit einem Wendepunkt in halber Höhe, das Tragwerk oberhalb dieses Geschosses wird nur parallel zu sich selbst verschoben, ohne eine Verformung zu erleiden, und bleibt daher in diesem Zustand völlig spannungslos. Die zugehörigen Volleinspannmomente $\overline{M}^o$ und $\overline{M}^u$ der Stiele können wieder sehr einfach gemäß (58) mit den entsprechenden k-Werten aus

$$\overline{M}^o = \overline{M}^u = \frac{1{,}5\,k}{l} \cdot \Delta$$

bestimmt werden und erhalten, da die nach rechts angenommene Verschiebung $\Delta_1 = 1$ gemäß der festgesetzten Vorzeichenregel Seite 71 positiv ist, ebenfalls positives Vorzeichen (Abb. 396 b).

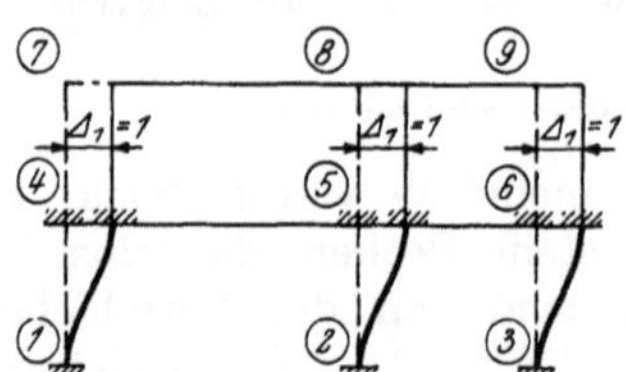

Abb. 396 a. Obere Stielenden des 1. Geschoßes unverdrehbar festgehalten, aber um $\Delta_1 = 1$ verschoben.

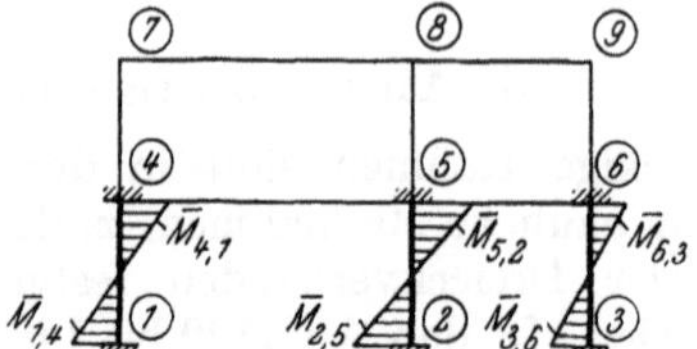

Abb. 396 b. Volleinspannmomente $\overline{M}$ für $\Delta_1 = 1$.

Als nächsten Schritt denke man sich den Rahmen in diesem Zustand wieder unverschieblich festgehalten, zugleich aber die vorher unverdrehbar angenommenen Knoten gelöst. Es werden also jetzt die nach (58) ermittelten Volleinspannmomente $\overline{M}_{4,1}$, $\overline{M}_{5,2}$ und $\overline{M}_{6,3}$ in den Knoten 4, 5 und 6 Verdrehungen und damit Verformungen und Momente in den einzelnen Stäben hervorrufen. Diese Momente können in üblicher Weise nach CROSS bestimmt werden. Der dabei in Rechnung zu stellende Belastungsfall ist in Abb. 397 a veranschaulicht, während in Abb. 397 b bereits die zugehörigen Momente nach dem Ausgleich dargestellt sind. Es ist dies also der Momentenverlauf $M^{(1)}$ im gesamten Rahmentragwerk infolge der Verschiebung der Stielenden des *ersten* Geschosses um den willkürlichen Betrag Δ_1 nach rechts. In diesem Zustand treten aber wieder horizontale Auflagerkräfte bzw. Festhaltekräfte in den gedachten Lagern des *ersten* und *zweiten* Geschosses auf. Sie werden mit $F_1^{(1)}$ und $F_2^{(1)}$ bezeichnet, wobei sich der untere Zeiger auf die Stockwerke (1), (2) usw., der obere auf den Verschiebungszustand (Δ_1) bezieht. Diese Festhaltekräfte werden nach (68a) berechnet.

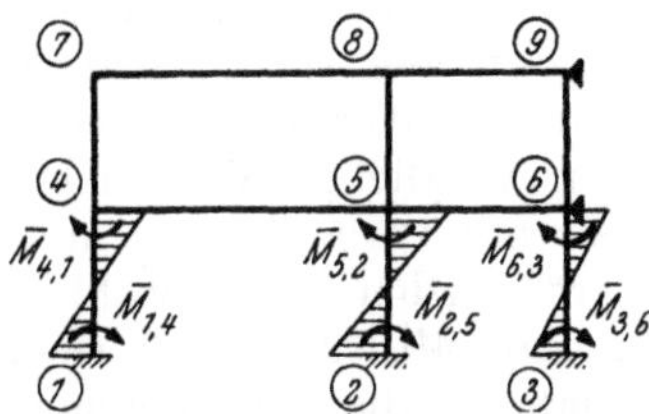

Abb. 397 a. Knoten wieder unverschieblich, aber frei drehbar, belastet mit den Volleinspannmomenten $\overline{M}$ aus Abb. 396 b.

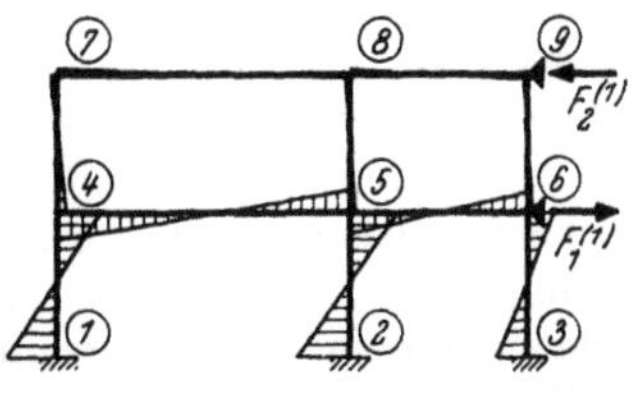

Abb. 397 b. $M^{(1)}$-Linie zu Abb. 397 a mit den zugehörigen Festhaltekräften $F_1^{(1)}$, $F_2^{(1)}$.

Nun wird derselbe Vorgang im *zweiten* Geschoß durchgeführt. Man hält sämtliche Knoten unverdrehbar fest, verschiebt aber die oberen Stielenden des zweiten Geschosses um einen willkürlichen Betrag Δ_2 (z. B. $\Delta_2 = 1$ oder 2 oder 10) nach rechts, während die unteren Stielenden unverschieblich festgehalten werden. Dieser Zustand ist in Abb. 398a mit der dabei auftretenden Verformung dargestellt.

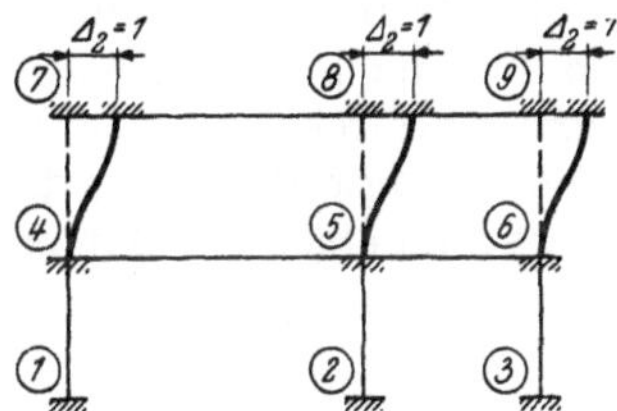

Abb. 398 a. Alle Knoten unverdrehbar, die Stielenden des 2. Geschoßes um $\Delta_2 = 1$ verschoben.

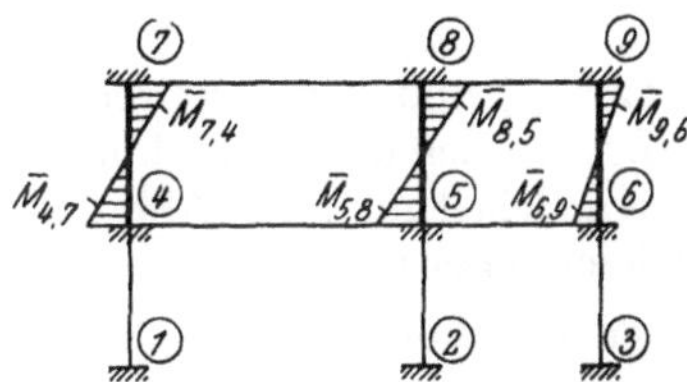

Abb. 398 b. Volleinspannmomente $\overline{M}$ für $\Delta_2 = 1$.

Die zugehörigen Volleinspannmomente $\overline{M}$ der Stiele können wieder nach (58) berechnet werden. Sie ergeben sich wiederum positiv, weil auch Δ_2 positiv ist, und sind in Abb. 398b eingezeichnet. Nun denkt man sich die unverdrehbar ange-

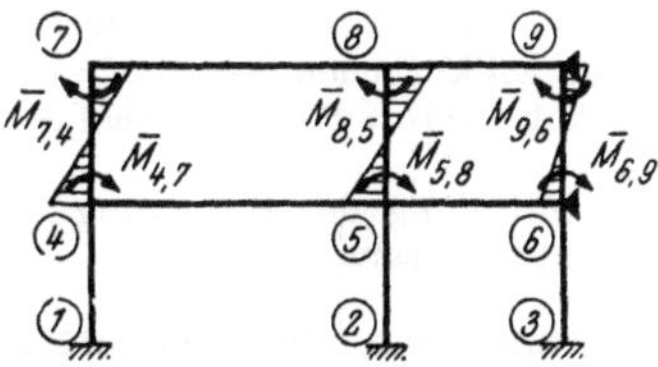

Abb. 399 a. Rahmen unverschieblich, Knoten frei drehbar, belastet mit den Volleinspannmomenten $\overline{M}$ aus Abb. 398 b.

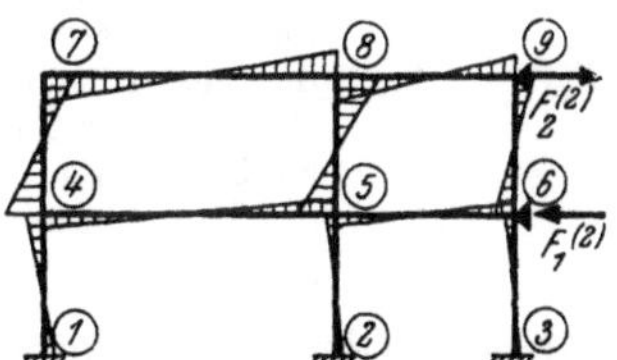

Abb. 399 b. $M^{(2)}$-Linie zu Abb. 399 a mit den zugehörigen Festhaltekräften $F_1^{(2)}$, $F_2^{(2)}$.

nommenen Knoten 4 bis 9 losgelassen und gleicht die dort einwirkenden Volleinspannmomente $\overline{M}_{7,4}$, $\overline{M}_{4,7}$, $\overline{M}_{8,5}$, $\overline{M}_{5,8}$, $\overline{M}_{9,6}$, $\overline{M}_{6,9}$ an den Stielenden (vgl. Abb. 399a) nach Cross aus. Die zugehörigen Momente zeigt Abb. 399b. Es ist dies also der Momentenverlauf $M^{(2)}$ für die willkürliche Verschiebung der Stielenden des *zweiten* Geschosses um Δ_2. Die zugehörigen Festhaltekräfte $F_1^{(2)}$ und $F_2^{(2)}$ können wieder nach (68a) bestimmt werden. In der gleichen Weise ist zu verfahren, wenn noch weitere Stockwerke vorhanden sind.

Würden nun für den vorliegenden Rahmen die beiden willkürlich angenommenen Stockwerksverschiebungen Δ_1 und Δ_2 ihrer Größe und Richtung nach zufällig mit den unter der vorhandenen Belastung tatsächlich auftretenden Verschiebungen $\Delta_1{}^*$ und $\Delta_2{}^*$ übereinstimmen, so ergäbe die Überlagerung der $M^{(0)}$-Linie aus dem unverschieblichen Zustand mit den schon bestimmten Verschiebungsmomenten $M^{(1)}$ und $M^{(2)}$ für Δ_1 und Δ_2 bereits den gesuchten endgültigen M-Verlauf. Da diese beiden Verschiebungen aber nur willkürliche Werte darstellen, die weder der Größe noch dem Vorzeichen nach mit den wirklichen Verschiebungen $\Delta_1{}^*$ und $\Delta_2{}^*$ übereinzustimmen brauchen, müssen sie mit vorläufig noch unbekannten „Umrechnungsfaktoren" c_1 bzw. c_2 multipliziert werden, die sowohl die Größe als auch das Vorzeichen der Verschiebungsmomente $M^{(1)}$ und $M^{(2)}$ richtigstellen. Hat man diese c-Werte bestimmt, so braucht man nur die Verschiebungsmomente $M^{(1)}$ für Δ_1 aus Abb. 397b mit c_1, die Werte $M^{(2)}$ für Δ_2 aus Abb. 399b mit c_2 zu multiplizieren, um die wirklichen Verschiebungsmomente zu erhalten, die dann mit den Momenten $M^{(0)}$ im festgehaltenen Zustand aus Abb. 395b zu überlagern sind und damit den endgültigen M-Verlauf ergeben.

Zur zahlenmäßigen Bestimmung der c-Werte verwendet man die statische Gleichgewichtsbedingung $\Sigma H = 0$ in den einzelnen Stockwerken oder $F = 0$ für die einzelnen Festhaltelager. Nach diesen Bedingungen darf im endgültigen Zustand, wo also alle gedachten Lager entfernt sind, keine Festhaltekraft mehr auftreten. Es muß daher für jedes Geschoß die algebraische Summe aus den mit c_1 bzw. c_2 multiplizierten Festhaltekräften für die beiden Verschiebungszustände Δ_1 bzw. Δ_2 und den entsprechenden Festhaltekräften $F_1{}^{(0)}$ bzw. $F_2{}^{(0)}$ in den gedachten Lagern des unverschieblich festgehaltenen Tragwerkes unter der Wirkung der gegebenen Belastung nach Abb. 395b den Wert Null ergeben. Man erhält somit folgende Gleichungen:

Für das *erste* Geschoß: $F_1{}^{(0)} + c_1\,F_1{}^{(1)} + c_2\,F_1{}^{(2)} = 0.$

Für das *zweite* Geschoß: $F_2{}^{(0)} + c_1\,F_2{}^{(1)} + c_2\,F_2{}^{(2)} = 0.$ (143)

Hierin bedeuten:

$F_1{}^{(0)}$ und $F_2{}^{(0)}$ .... die Festhaltekräfte in den gedachten Lagern des 1. bzw. 2. Geschosses unter der gegebenen Belastung (vgl. Abb. 395b). Sie sind je nach der vorhandenen Stielbelastung aus (66a), (67a), (68a) oder (69) zu berechnen.

$F_1{}^{(1)}$ und $F_2{}^{(1)}$ .... die Festhaltekräfte in den gedachten Lagern des 1. und 2. Geschosses nach der willkürlichen Verschiebung Δ_1 (z. B. $\Delta_1 = 1$ oder 2 oder 10) nach rechts (vgl. Abb. 397b). Sie sind aus (68a) zu berechnen.

$F_1{}^{(2)}$ und $F_2{}^{(2)}$ .... die Festhaltekräfte infolge der willkürlichen Verschiebung Δ_2 (z. B. $\Delta_2 = 1$ oder 2 oder 10) (vgl. Abb. 399b). Sie sind ebenfalls aus (68a) zu berechnen.

c_1 und c_2 .... die Umrechnungsfaktoren zur Erfüllung der Bedingung $\Sigma F = 0$ für jeden herausgeschnitten gedachten Riegel.

Aus diesen beiden Gleichungen können die Unbekannten c_1 und c_2 ermittelt werden. Damit erhält man für den vorliegenden Fall eines 2-stöckigen Rahmens die gesuchten endgültigen Momente M für den freien Rahmen aus der Beziehung

$$M = M^{(0)} + c_1\,M^{(1)} + c_2\,M^{(2)}.$$ (144)

Für n-stöckige Rahmen sind die Gl. (143) sinngemäß auf die noch vorhandenen Festhaltelager zu erweitern, und man erhält dann

$$\boxed{M = M^{(0)} + c_1\,M^{(1)} + c_2\,M^{(2)} + \ldots.\ c_n M^{(n)}.}$$ (145)

Hierin bedeuten die Werte $M^{(1)}$, $M^{(2)}$, ... $M^{(n)}$ die Verschiebungsmomente, die den nacheinander gesondert in den einzelnen Stockwerken angebrachten willkürlichen Verschiebungen Δ_1, Δ_2, ... Δ_n nach rechts entsprechen.

Tragwerke mit ungleich langen Stielen in einzelnen Stockwerken werden in gleicher Weise berechnet. Es sind dann bei der Ermittlung der Festhaltekräfte $F^{(0)}$ je nach der vorliegenden Stielbelastung die Formeln (66), (67), (68) oder (69) zu verwenden, während zur Berechnung der Festhaltekräfte für die einzelnen Verschiebungszustände Δ_1, Δ_2, ... Δ_n stets die vereinfachte Formel (68) benutzt werden kann. .

e) Beschreibung des Rechnungsganges nach Verfahren I (mit Verschiebungsgleichungen) für mehrstöckige Rahmen ohne Vouten.

Bei der praktischen Anwendung des soeben eingehend dargelegten Verfahrens I zur Berechnung der Momente bei mehrstöckigen Rahmentragwerken ergeben sich folgende markante Abschnitte:

1. Ermittlung der Momente $M^{(0)}$ für die vorhandene Belastung unter der Voraussetzung unverschieblich festgehaltener Knotenpunkte nach der Seite 38 gegebenen ausführlichen Beschreibung (vgl. Abb. 395a, b).

2. Berechnung der diesem Zustand entsprechenden Festhaltekräfte $F_1^{(0)}$, $F_2^{(0)}$, ... $F_n^{(0)}$ in den einzelnen Stockwerken (1), (2), ... (n): Bei ungleich langen Stielen nach (66), (67), (68) oder (69), bei gleich langen Stielen nach (66a), (67a), (68a) oder (69) (vgl. Abb. 395b).

3. Ermittlung der Volleinspannmomente $\overline{M}$ in den Stielen des *ersten* Geschosses unter Annahme einer willkürlichen Verschiebung Δ_1 (z. B. $\Delta_1 = 1$ oder 2 oder 10) nach rechts bei unverdrehbar festgehaltenen Stabenden: Für beidseitig festangeschlossene Stiele nach (58) (vgl. Abb. 396a, b) und für einseitig gelenkig angeschlossene Stiele nach (62).

4. Ausgleich der unter Ziffer 3 bestimmten Volleinspannmomente $\overline{M}$ bei Annahme unverschieblicher, aber frei drehbarer Knotenpunkte wie unter Ziffer 1 angegeben; man erhält damit die $M^{(1)}$-Momente. Berechnung der zugehörigen Festhaltekräfte $F_1^{(1)}$, $F_2^{(1)}$, ... $F_n^{(1)}$ in den einzelnen Stockwerken (1), (2), ... (n) nach (68) bzw. (68a) (vgl. Abb. 397a, b).

5. Ermittlung der Volleinspannmomente $\overline{M}$ in den Stielen des *zweiten* Geschosses unter der Annahme einer willkürlichen Verschiebung Δ_2 (z. B. $\Delta_2 = 1$ oder 2 oder 10) nach rechts bei unverdrehbar festgehaltenen Stabenden wie unter Ziffer 3 beschrieben (vgl. Abb. 398a, b).

6. Ausgleich der unter Ziffer 5 bestimmten Volleinspannmomente $\overline{M}$ bei Annahme unverschieblicher, aber frei drehbarer Knotenpunkte wie unter Ziffer 1 beschrieben; man erhält damit die $M^{(2)}$-Momente. Berechnung der zugehörigen Festhaltekräfte $F_1^{(2)}$, $F_2^{(2)}$, ... $F_n^{(2)}$ in den einzelnen Stockwerken (1), (2), ... (n) nach (68) bzw. (68a) (vgl. Abb. 399a, b).

7. Durchführung der unter Ziffer 5 und 6 beschriebenen Rechenoperationen der Reihe nach für alle übrigen Stockwerke.

8. Aufstellung der Verschiebungsgleichungen gemäß (143) und Auflösung nach den Unbekannten c_1, c_2, ... c_n.

9. Berechnung der endgültigen Momente M durch Überlagerung der unter Ziffer 1 ermittelten Anteile $M^{(0)}$ für den unverschieblich festgehaltenen Rahmen und der mit den entsprechenden c-Werten multiplizierten Verschiebungsmomente

$M^{(1)}$, $M^{(2)}$, ... $M^{(n)}$ aus den einzelnen Verschiebungszuständen Δ_1, Δ_2, ... Δ_n, also nach (145): $M = M^{(0)} + c_1\,M^{(1)} + c_2\,M^{(2)} + \dots c_n\,M^{(n)}$.

10. Durchführung der Rechenproben $\Sigma M = 0$ in den einzelnen Knotenpunkten und $\Sigma H = 0$ in den einzelnen Stockwerken bzw. $F = 0$ in den gedachten Lagern nach (66) bis (68) bzw. (66a) bis (68a) und maßstäbliches Auftragen der endgültigen M-Linie.

f) Einführungsbeispiel 9: Unsymmetrischer, zweistöckiger, dreistieliger Rahmen.

Die Tragwerksabmessungen und Belastungsangaben sind aus Abb. 400 zu entnehmen. Es handelt sich hier um denselben Rahmen, der im Zweiten Teil des Buches

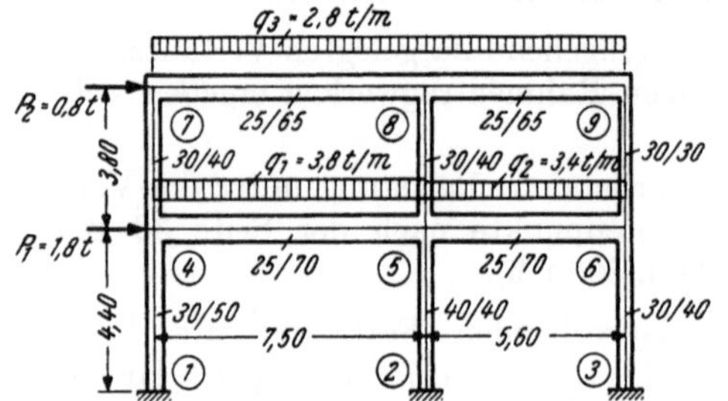

Abb. 400. Tragwerksabmessungen und Belastungsangaben.

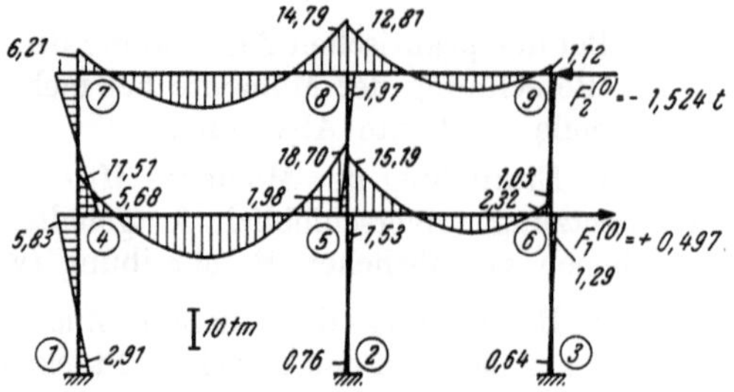

Abb. 401. $M^{(0)}$-Verlauf mit Festhaltekräften $F_1^{(0)}$ und $F_2^{(0)}$.

als Zahlenbeispiel Nr. 4 unter der Voraussetzung unverschieblich festgehaltener Knotenpunkte berechnet worden ist. Somit können die dort ermittelten Festwerte k, die Verteilungszahlen μ und auch die $M^{(0)}$-Werte hier übernommen werden (siehe Abb. 401). Zur Erzielung einer besseren Übersicht soll die gegebene lotrechte und waagrechte Belastung nachstehend getrennt behandelt werden.

a) Lotrechte Belastung.
$M^{(0)}$-Momente.

Die Ermittlung dieser $M^{(0)}$-Momente für den in den gedachten Lagern (1) und (2) unverschieblich festgehaltenen Rahmen kann hier entfallen; sie wurde mit allen Einzelheiten im Zahlenbeispiel Nr. 4, Seite 207, vorgenommen. Die dort erhaltenen Ergebnisse sind in Abb. 401 dargestellt.

Festhaltekräfte $F_1^{(0)}$, $F_2^{(0)}$.

Für Stockwerke mit gleich langen unbelasteten Stielen erhält man die Festhaltekräfte nach (68a) allgemein aus

$$F = \frac{1}{l_\mu}\,\Sigma_\mu\,(M^o{}_\mu + M^u{}_\mu) - \frac{1}{l_{\mu+1}}\,\Sigma_{\mu+1}\,(M^o{}_{\mu+1} + M^u{}_{\mu+1}).$$

Mit der gewählten Bezeichnung wird somit an Hand der Abb. 401 bzw. 551 für das *erste* Geschoß

$$F_1^{(0)} = \frac{1}{l_{1,4}}\,(M_{4,1} + M_{1,4} + M_{5,2} + M_{2,5} + M_{6,3} + M_{3,6}) -$$

$$- \frac{1}{l_{4,7}}\,(M_{7,4} + M_{4,7} + M_{8,5} + M_{5,8} + M_{9,6} + M_{6,9}) =$$

$$= \frac{1}{4,40}\,(-5,83 - 2,91 + 1,53 + 0,76 + 1,29 + 0,64) -$$

$$- \frac{1}{3,80}\,(-6,21 - 5,68 + 1,97 + 1,98 + 1,12 + 1,03) = +0,497\ \text{t}$$

und in gleicher Weise für das *zweite* Geschoß

$$F_2{}^{(0)} = \frac{1}{3,80}\,(-\,6,21 - 5,68 + 1,97 + 1,98 + 1,12 + 1,03) = -\,1,524\,\text{t}.$$

Volleinspannmomente $\overline{M}$ für $\varDelta_1 = 2$ im ersten Geschoß.

Nach (58) ist allgemein $\overline{M}^o = \overline{M}^u = \dfrac{1,5\,k}{l} \cdot \varDelta$. Damit erhält man

$$\overline{M}_{1,4} = \overline{M}_{4,1} = \frac{1,5 \cdot 7,11}{4,40} \cdot 2 = 4,85 \ \text{tm}$$

$$\overline{M}_{2,5} = \overline{M}_{5,2} = \frac{1,5 \cdot 4,84}{4,40} \cdot 2 = 3,30 \ \text{,,}$$

$$\overline{M}_{3,6} = \overline{M}_{6,3} = \frac{1,5 \cdot 3,64}{4,40} \cdot 2 = 2,48 \ \text{,, .}$$

In Abb. 402a sind diese $\overline{M}$-Momente eingezeichnet.

Ermittlung der $M^{(1)}$-Momente.

Die $\overline{M}$-Momente in Abb. 402a werden in der Rechnungs-Skizze (Abb. 402b) in der üblichen Art nach den Anweisungen Seite 38 ausgeglichen; die hierzu erforderlichen μ-Werte können aus dem Zahlenbeispiel Nr. 4, Seite 205 ff., übernommen

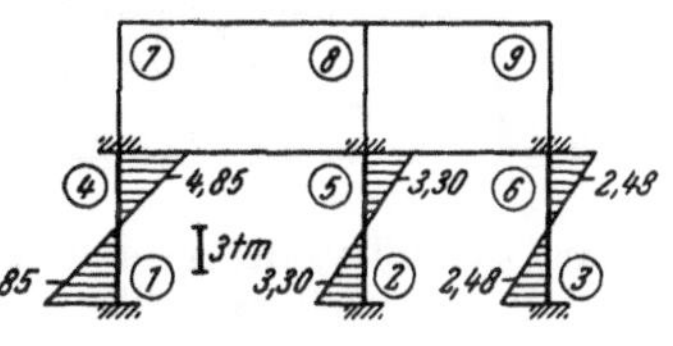

Abb. 402a. Volleinspannmomente $\overline{M}$ für $\varDelta_1 = 2$.

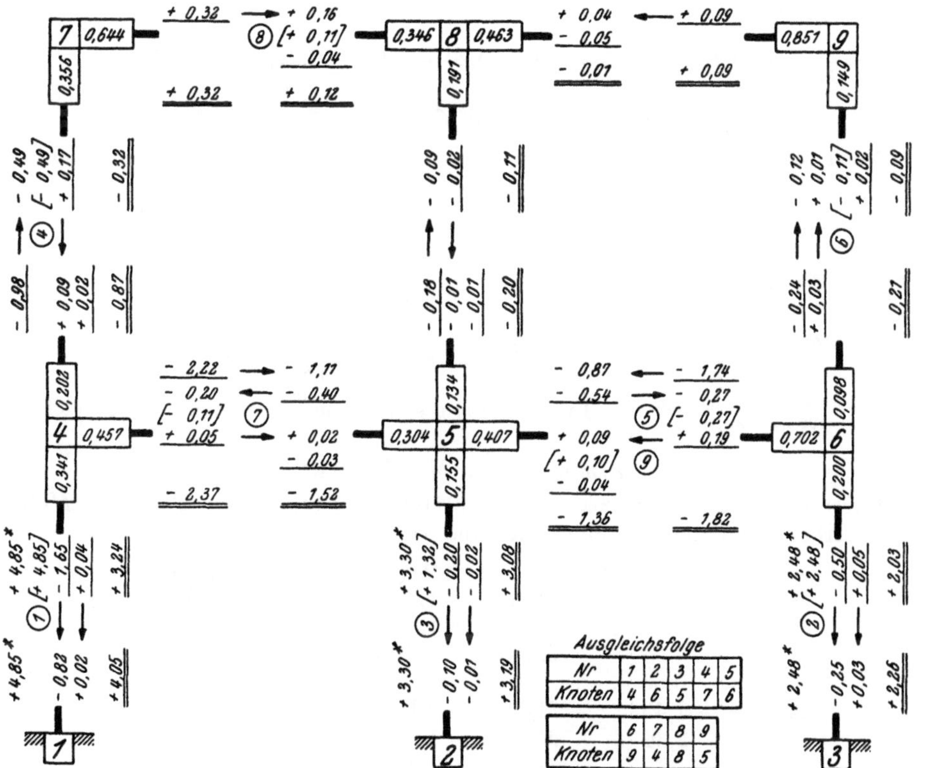

Abb. 402b. Rechnungs-Skizze zur Ermittlung der $M^{(1)}$-Momente.

werden. Die Ergebnisse des Ausgleiches stellen bereits die $M^{(1)}$-Momente dar; sie lauten:

$$M_{1,4} = + 4{,}05 \text{ tm} \qquad M_{5,2} = + 3{,}08 \text{ tm} \qquad M_{7,4} = - 0{,}32 \text{ tm}$$
$$M_{2,5} = + 3{,}19 \text{ ,,} \qquad M_{5,4} = - 1{,}52 \text{ ,,} \qquad M_{7,8} = + 0{,}32 \text{ ,,}$$
$$M_{3,6} = + 2{,}26 \text{ ,,} \qquad M_{5,6} = - 1{,}36 \text{ ,,}$$
$$M_{5,8} = - 0{,}20 \text{ ,,} \qquad M_{8,5} = - 0{,}11 \text{ ,,}$$
$$M_{4,1} = + 3{,}24 \text{ ,,} \qquad\qquad\qquad\qquad M_{8,7} = + 0{,}12 \text{ ,,}$$
$$M_{4,5} = - 2{,}37 \text{ ,,} \qquad M_{6,3} = + 2{,}03 \text{ ,,} \qquad M_{8,9} = - 0{,}01 \text{ ,,}$$
$$M_{4,7} = - 0{,}87 \text{ ,,} \qquad M_{6,5} = - 1{,}82 \text{ ,,}$$
$$M_{6,9} = - 0{,}21 \text{ ,,} \qquad M_{9,6} = - 0{,}09 \text{ ,,}$$
$$M_{9,8} = + 0{,}09 \text{ ,, } .$$

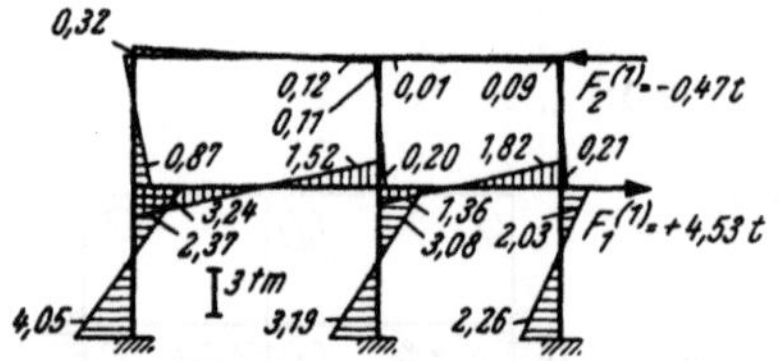

Abb. 403. $M^{(1)}$-Verlauf mit Festhaltekräften $F_1^{(1)}$ und $F_2^{(1)}$.

In Abb. 403 sind die $M^{(1)}$-Momente maßstäblich aufgetragen.

Festhaltekräfte $F_1^{(1)}$, $F_2^{(1)}$.

Die in den gedachten Lagern der beiden Stockwerke auftretenden Festhaltekräfte ergeben sich wieder nach (68a). An Hand der Abb. 403 erhält man für das *erste* Geschoß

$$F_1^{(1)} = \frac{1}{4{,}40}\,(3{,}24 + 4{,}05 + 3{,}08 + 3{,}19 + 2{,}26 + 2{,}03) - \frac{1}{3{,}80}\,(-0{,}32 - 0{,}87 - $$
$$- 0{,}11 - 0{,}20 - 0{,}09 - 0{,}21) = + 4{,}06 + 0{,}47 = + 4{,}53 \text{ t},$$

für das *zweite* Geschoß

$$F_2^{(1)} = \frac{1}{3{,}80}\,(-0{,}32 - 0{,}87 - 0{,}11 - 0{,}20 - 0{,}09 - 0{,}21) = - 0{,}47 \text{ t}.$$

Volleinspannmomente $\overline{M}$ für $\Delta_2 = 2$ im zweiten Geschoß.

Nach (58) wird allgemein $\overline{M}^o = \overline{M}^u = \dfrac{1{,}5\,k}{l} \cdot \Delta$. Somit erhält man hier

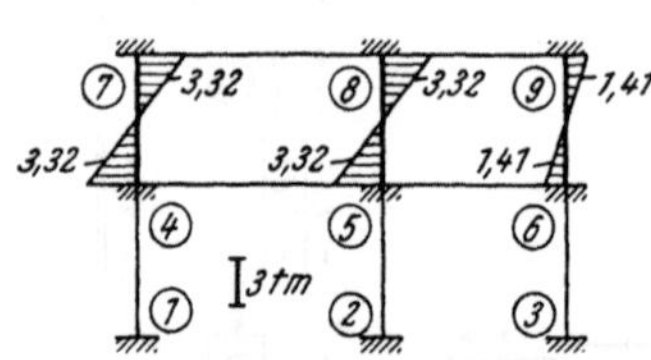

Abb. 404 a. Volleinspannmomente $\overline{M}$ für $\Delta_2 = 2$.

$$\overline{M}_{4,7} = \overline{M}_{7,4} = \frac{1{,}5 \cdot 4{,}21}{3{,}80} \cdot 2 = 3{,}32 \text{ tm}$$

$$\overline{M}_{5,8} = \overline{M}_{8,5} = \frac{1{,}5 \cdot 4{,}21}{3{,}80} \cdot 2 = 3{,}32 \text{ ,,}$$

$$\overline{M}_{6,9} = \overline{M}_{9,6} = \frac{1{,}5 \cdot 1{,}79}{3{,}80} \cdot 2 = 1{,}41 \text{ ,, } .$$

In Abb. 404 a sind diese $\overline{M}$-Momente eingezeichnet.

Ermittlung der $M^{(2)}$-Momente.

Durch den in der Systemskizze Abb. 404 b durchgeführten Ausgleich der $\overline{M}$-Momente erhält man die $M^{(2)}$-Momente, und zwar:

$$M_{1,4} = - 0{,}42 \text{ tm} \qquad M_{5,2} = - 0{,}35 \text{ tm} \qquad M_{7,4} = + 2{,}10 \text{ tm}$$
$$M_{2,5} = - 0{,}17 \text{ ,,} \qquad M_{5,4} = - 1{,}26 \text{ ,,} \qquad M_{7,8} = - 2{,}10 \text{ ,,}$$
$$M_{3,6} = - 0{,}09 \text{ ,,} \qquad M_{5,6} = - 1{,}23 \text{ ,,}$$
$$M_{5,8} = + 2{,}84 \text{ ,,} \qquad M_{8,5} = + 2{,}81 \text{ ,,}$$
$$M_{4,1} = - 0{,}85 \text{ ,,} \qquad\qquad\qquad\qquad M_{8,7} = - 1{,}54 \text{ ,,}$$
$$M_{4,5} = - 1{,}49 \text{ ,,} \qquad M_{6,3} = - 0{,}18 \text{ ,,} \qquad M_{8,9} = - 1{,}27 \text{ ,,}$$
$$M_{4,7} = + 2{,}34 \text{ ,,} \qquad M_{6,5} = - 1{,}09 \text{ ,,}$$
$$M_{6,9} = + 1{,}27 \text{ ,,} \qquad M_{9,6} = + 1{,}23 \text{ ,,}$$
$$M_{9,8} = - 1{,}23 \text{ ,, } .$$

In Abb. 405 sind diese Momente maßstäblich aufgezeichnet.

Nr.	1	2	3	4	5	6	7	8
Knoten	4	8	7	5	6	8	9	4

Nr	9	10	11	12	13	14	15
Knoten	8	7	8	9	6	4	8

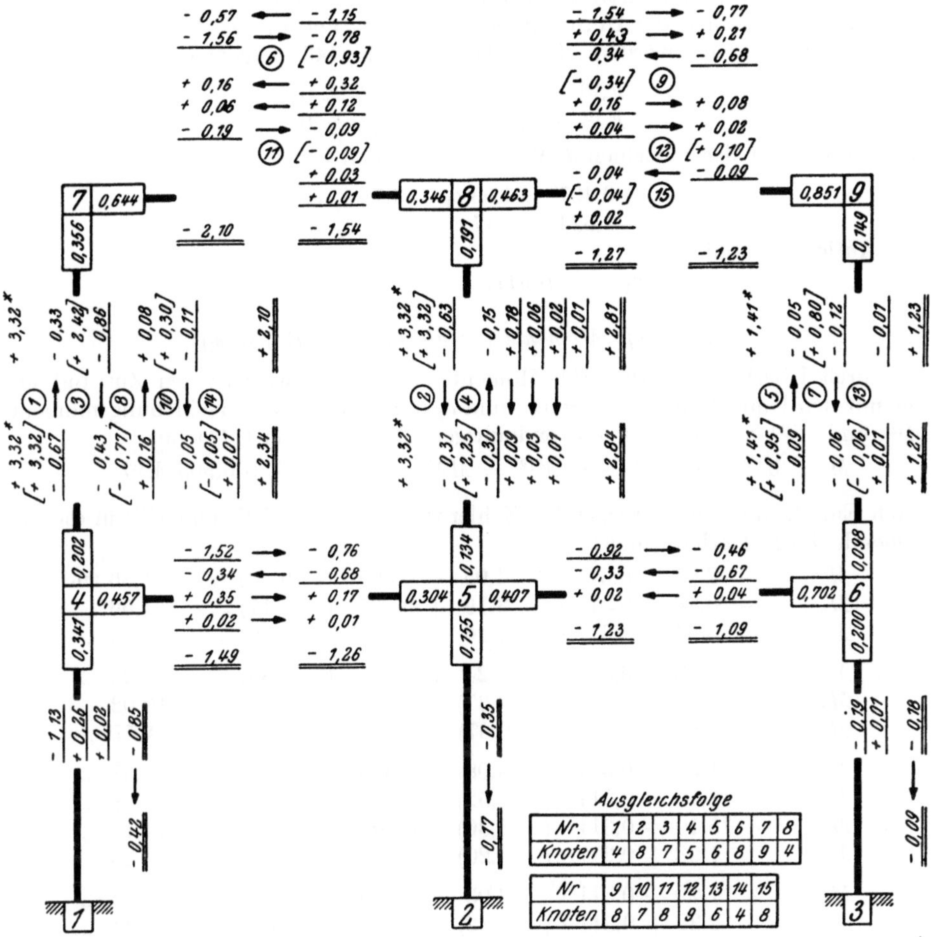

Abb. 404 b. Rechnungs-Skizze zur Ermittlung der $M^{(2)}$-Momente.

Festhaltekräfte $F_1^{(2)}$, $F_2^{(2)}$.

Nach (68a) erhält man an Hand der Abb. 404 b bzw. 405 für das *erste* Geschoß

$$F_1^{(2)} = \frac{1}{4{,}40}(-0{,}85 - 0{,}42 - 0{,}35 - 0{,}17 - 0{,}18 - 0{,}09) - \frac{1}{3{,}80}(2{,}10 + 2{,}34 + 2{,}81 + 2{,}84 + 1{,}23 + 1{,}27) = -0{,}47 - 3{,}31 = -3{,}78 \text{ t},$$

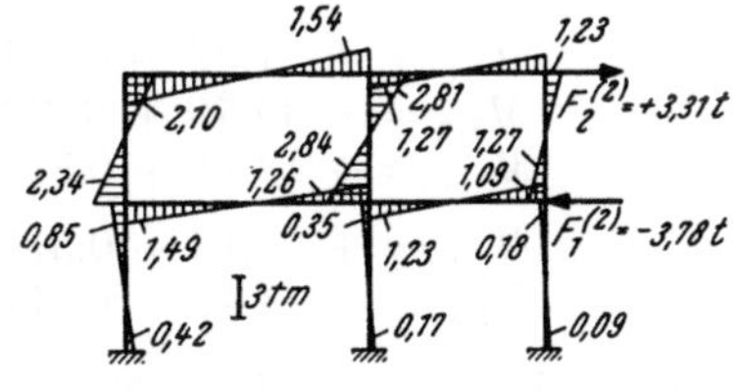

Abb. 405. $M^{(2)}$-Verlauf mit Festhaltekräften $F_1^{(2)}$ und $F_2^{(2)}$.

für das *zweite* Geschoß

$$F_2^{(2)} = \frac{1}{3{,}80}(2{,}10 + 2{,}34 + 2{,}81 + 2{,}84 + 1{,}23 + 1{,}27) = +3{,}31 \text{ t}.$$

Ermittlung der Umrechnungsfaktoren c_1 und c_2.

Mit den nun zahlenmäßig bekannten Festhaltekräften $F_1^{(0)}$, $F_2^{(0)}$, $F_1^{(1)}$, $F_2^{(1)}$, $F_1^{(2)}$ und $F_2^{(2)}$ können die Umrechnungsfaktoren c_1 und c_2 aus den Verschiebungsgleichungen ermittelt werden. Diese lauten nach (143) allgemein:

$$F_1^{(0)} + c_1\,F_1^{(1)} + c_2\,F_1^{(2)} = 0$$
$$F_2^{(0)} + c_1\,F_2^{(1)} + c_2\,F_2^{(2)} = 0.$$

Nach Einsetzen der einzelnen F-Werte erhält man

$$+\,0{,}497 + 4{,}53\,c_1 - 3{,}78\,c_2 = 0$$
$$-\,1{,}524 - 0{,}47\,c_1 + 3{,}31\,c_2 = 0.$$

Die Auflösung ergibt

$$c_1 = +\,0{,}311, \qquad c_2 = +\,0{,}505.$$

Endgültige Momente für die lotrechte Belastung.

Durch Überlagerung der $M^{(0)}$-Momente aus dem festgehaltenen Zustand und der mit den Umrechnungsfaktoren c_1 und c_2 multiplizierten Verschiebungsmomente $M^{(1)}$ und $M^{(2)}$ ergeben sich die endgültigen Momente aus (144) mit

$$M = M^{(0)} + c_1\,M^{(1)} + c_2\,M^{(2)} = M^{(0)} + 0{,}311\,M^{(1)} + 0{,}505\,M^{(2)}.$$

Nach Einsetzen der entsprechenden Zahlenwerte für $M^{(0)}$, $M^{(1)}$ und $M^{(2)}$ in die vorstehende Formel erhält man:

$$
\begin{aligned}
M_{1,4} &= -\ 2{,}91 + 0{,}311 \cdot\ \ \ \ 4{,}05\ + 0{,}505 \cdot (-\,0{,}42) = -\ 1{,}86 \text{ tm}\\
M_{2,5} &= +\ 0{,}76 + 0{,}311 \cdot\ \ \ \ 3{,}19\ + 0{,}505 \cdot (-\,0{,}17) = +\ 1{,}66\ \text{„}\\
M_{3,6} &= +\ 0{,}64 + 0{,}311 \cdot\ \ \ \ 2{,}26\ + 0{,}505 \cdot (-\,0{,}09) = +\ 1{,}29\ \text{„}\\[4pt]
M_{4,1} &= -\ 5{,}83 + 0{,}311 \cdot\ \ \ \ 3{,}24\ + 0{,}505 \cdot (-\,0{,}85) = -\ 5{,}25\ \text{„}\\
M_{4,5} &= +11{,}51 + 0{,}311 \cdot (-\,2{,}37) + 0{,}505 \cdot (-\,1{,}49) = +10{,}02\ \text{„}\\
M_{4,7} &= -\ 5{,}68 + 0{,}311 \cdot (-\,0{,}87) + 0{,}505 \cdot\ \ \ \ 2{,}34\ = -\ 4{,}77\ \text{„}\\[4pt]
M_{5,2} &= +\ 1{,}53 + 0{,}311 \cdot\ \ \ \ 3{,}08\ + 0{,}505 \cdot (-\,0{,}35) = +\ 2{,}31\ \text{„}\\
M_{5,4} &= -18{,}70 + 0{,}311 \cdot (-\,1{,}52) + 0{,}505 \cdot (-\,1{,}26) = -19{,}81\ \text{„}\\
M_{5,6} &= +15{,}19 + 0{,}311 \cdot (-\,1{,}36) + 0{,}505 \cdot (-\,1{,}23) = +14{,}15\ \text{„}\\
M_{5,8} &= +\ 1{,}98 + 0{,}311 \cdot (-\,0{,}20) + 0{,}505 \cdot\ \ \ \ 2{,}84\ = +\ 3{,}35\ \text{„}\\[4pt]
M_{6,3} &= +\ 1{,}29 + 0{,}311 \cdot\ \ \ \ 2{,}03\ + 0{,}505 \cdot (-\,0{,}18) = +\ 1{,}83\ \text{„}\\
M_{6,5} &= -\ 2{,}32 + 0{,}311 \cdot (-\,1{,}82) + 0{,}505 \cdot (-\,1{,}09) = -\ 3{,}44\ \text{„}\\
M_{6,9} &= +\ 1{,}03 + 0{,}311 \cdot (-\,0{,}21) + 0{,}505 \cdot\ \ \ \ 1{,}27\ = +\ 1{,}60\ \text{„}\\[4pt]
M_{7,4} &= -\ 6{,}21 + 0{,}311 \cdot (-\,0{,}32) + 0{,}505 \cdot\ \ \ \ 2{,}10\ = -\ 5{,}25\ \text{„}\\
M_{7,8} &= +\ 6{,}21 + 0{,}311 \cdot\ \ \ \ 0{,}32\ + 0{,}505 \cdot (-\,2{,}10) = +\ 5{,}25\ \text{„}\\[4pt]
M_{8,5} &= +\ 1{,}97 + 0{,}311 \cdot (-\,0{,}11) + 0{,}505 \cdot\ \ \ \ 2{,}81\ = +\ 3{,}36\ \text{„}\\
M_{8,7} &= -14{,}79 + 0{,}311 \cdot\ \ \ \ 0{,}12\ + 0{,}505 \cdot (-\,1{,}54) = -15{,}53\ \text{„}\\
M_{8,9} &= +12{,}81 + 0{,}311 \cdot (-\,0{,}01) + 0{,}505 \cdot (-\,1{,}27) = +12{,}17\ \text{„}\\[4pt]
M_{9,6} &= +\ 1{,}12 + 0{,}311 \cdot (-\,0{,}09) + 0{,}505 \cdot\ \ \ \ 1{,}23\ = +\ 1{,}71\ \text{„}\\
M_{9,8} &= -\ 1{,}12 + 0{,}311 \cdot\ \ \ \ 0{,}09\ + 0{,}505 \cdot (-\,1{,}23) = -\ 1{,}71\ \text{„}\ .
\end{aligned}
$$

In Abb. 406 sind diese Momente maßstäblich aufgetragen.

b) Waagrechte Belastung.

Da hier nur Knotenlasten vorhanden sind, können die Festhaltekräfte sofort angegeben werden. Man erhält sie auch rein mechanisch aus (69) mit $F = -\,\varSigma P$, also

$$F_1^{(0)} = -\,P_1 = -\,1{,}8\ \text{t}, \qquad F_2^{(0)} = -\,P_2 = -\,0{,}8\ \text{t}.$$

Durch Einsetzen der Festhaltekräfte $F_1^{(0)}$ und $F_2^{(0)}$ und der bereits ermittelten Festhaltekräfte $F_1^{(1)} = + 4{,}53$ t und $F_1^{(2)} = - 3{,}78$ t für den Verschiebungszustand $\varDelta_1 = 2$ sowie $F_2^{(1)} = - 0{,}47$ t und $F_2^{(2)} = + 3{,}31$ t für den Verschiebungszustand $\varDelta_2 = 2$ in die Verschiebungsgleichung (143) erhält man

$$- 1{,}8 + 4{,}53\,c_1 - 3{,}78\,c_2 = 0$$
$$- 0{,}8 - 0{,}47\,c_1 + 3{,}31\,c_2 = 0.$$

Die Auflösung ergibt die Umrechnungsfaktoren

$$c_1 = + 0{,}680 \quad \text{und} \quad c_2 = + 0{,}338.$$

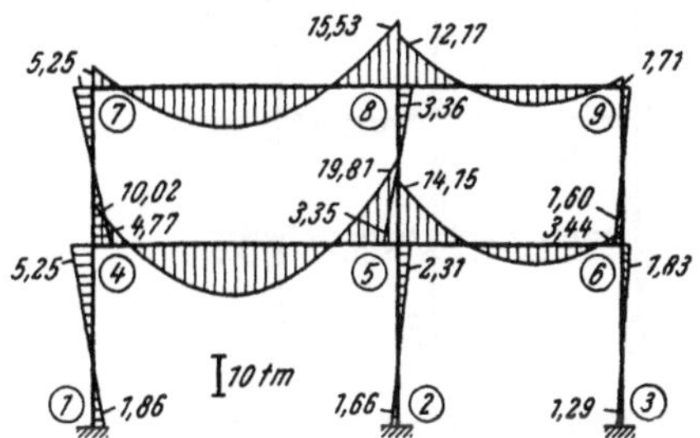

Abb. 406. Endgültiger M-Verlauf für die lotrechte Belastung.

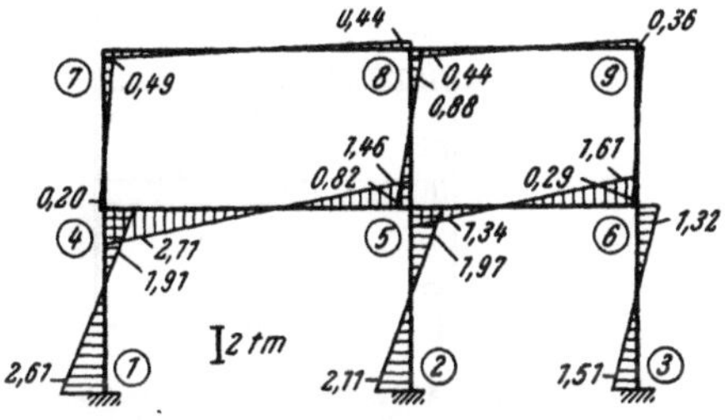

Abb. 407. Endgültiger M-Verlauf für die waagrechte Belastung.

Endgültige Momente für die waagrechte Belastung.

In diesem Falle sind die $M^{(0)}$-Werte für das festgehaltene Tragwerk durchweg gleich Null, und es ergeben sich die endgültigen Momente aus der vereinfachten Formel (144)

$$M = c_1 M^{(1)} + c_2 M^{(2)} = 0{,}680\,M^{(1)} + 0{,}338\,M^{(2)}.$$

Durch Einsetzen der entsprechenden Werte $M^{(1)}$ und $M^{(2)}$ erhält man:

$$
\begin{aligned}
M_{1,4} &= 0{,}680 \cdot 4{,}05 + 0{,}338 \cdot (- 0{,}42) = + 2{,}61 \text{ tm}\\
M_{2,5} &= 0{,}680 \cdot 3{,}19 + 0{,}338 \cdot (- 0{,}17) = + 2{,}11 \text{ ,,}\\
M_{3,6} &= 0{,}680 \cdot 2{,}26 + 0{,}338 \cdot (- 0{,}09) = + 1{,}51 \text{ ,,}\\[4pt]
M_{4,1} &= 0{,}680 \cdot 3{,}24 + 0{,}338 \cdot (- 0{,}85) = + 1{,}91 \text{ ,,}\\
M_{4,5} &= 0{,}680 \cdot (- 2{,}37) + 0{,}338 \cdot (- 1{,}49) = - 2{,}11 \text{ ,,}\\
M_{4,7} &= 0{,}680 \cdot (- 0{,}87) + 0{,}338 \cdot 2{,}34 = + 0{,}20 \text{ ,,}\\[4pt]
M_{5,2} &= 0{,}680 \cdot 3{,}08 + 0{,}338 \cdot (- 0{,}35) = + 1{,}97 \text{ ,,}\\
M_{5,4} &= 0{,}680 \cdot (- 1{,}52) + 0{,}338 \cdot (- 1{,}26) = - 1{,}46 \text{ ,,}\\
M_{5,6} &= 0{,}680 \cdot (- 1{,}36) + 0{,}338 \cdot (- 1{,}23) = - 1{,}34 \text{ ,,}\\
M_{5,8} &= 0{,}680 \cdot (- 0{,}20) + 0{,}338 \cdot 2{,}84 = + 0{,}82 \text{ ,,}\\[4pt]
M_{6,3} &= 0{,}680 \cdot 2{,}03 + 0{,}338 \cdot (- 0{,}18) = + 1{,}32 \text{ ,,}\\
M_{6,5} &= 0{,}680 \cdot (- 1{,}82) + 0{,}338 \cdot (- 1{,}09) = - 1{,}61 \text{ ,,}\\
M_{6,9} &= 0{,}680 \cdot (- 0{,}21) + 0{,}338 \cdot 1{,}27 = + 0{,}29 \text{ ,,}\\[4pt]
M_{7,4} &= 0{,}680 \cdot (- 0{,}32) + 0{,}338 \cdot 2{,}10 = + 0{,}49 \text{ ,,}\\
M_{7,8} &= 0{,}680 \cdot 0{,}32 + 0{,}338 \cdot (- 2{,}10) = - 0{,}49 \text{ ,,}\\[4pt]
M_{8,5} &= 0{,}680 \cdot (- 0{,}11) + 0{,}338 \cdot 2{,}81 = + 0{,}88 \text{ ,,}\\
M_{8,7} &= 0{,}680 \cdot 0{,}12 + 0{,}338 \cdot (- 1{,}54) = - 0{,}44 \text{ ,,}\\
M_{8,9} &= 0{,}680 \cdot (- 0{,}01) + 0{,}338 \cdot (- 1{,}27) = - 0{,}44 \text{ ,,}\\[4pt]
M_{9,6} &= 0{,}680 \cdot (- 0{,}09) + 0{,}338 \cdot 1{,}23 = + 0{,}36 \text{ ,,}\\
M_{9,8} &= 0{,}680 \cdot 0{,}09 + 0{,}338 \cdot (- 1{,}23) = - 0{,}36 \text{ ,, .}
\end{aligned}
$$

In Abb. 407 ist der gesamte M-Verlauf maßstäblich eingezeichnet.

B. Verfahren II (ohne Verschiebungsgleichungen).

a) Allgemeines.

Der erste Teil der Rechnung kann genau so erfolgen wie bei Verfahren I: Man kann auch hier zuerst die Momente $M^{(0)}$ unter der Voraussetzung unverschieblich festgehaltener Knotenpunkte ermitteln und für diesen Zustand wieder die zugehörigen Festhaltekräfte $F_1^{(0)}$, $F_2^{(0)}$, $F_3^{(0)}$ in den gedachten Lagern (1), (2), (3) be-

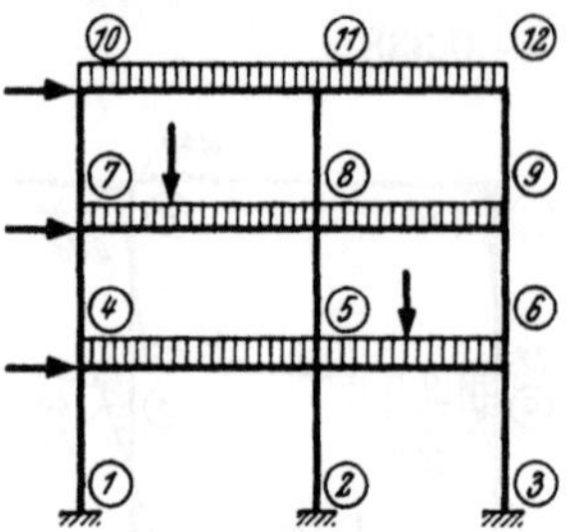

Abb. 408a. Waagrecht verschieblicher Rahmen mit Belastung.

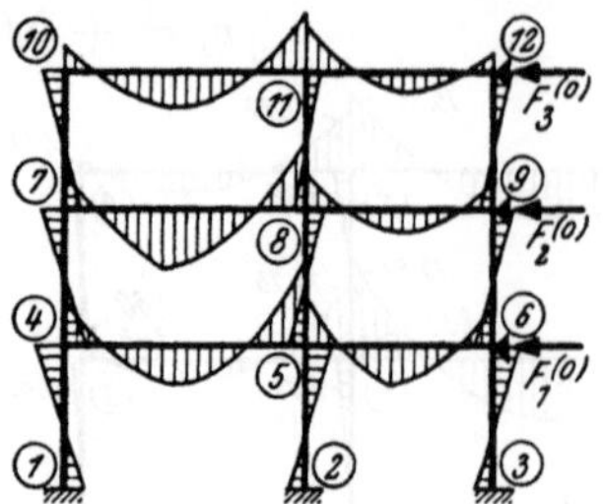

Abb. 408b. $M^{(0)}$-Linie für das unverschieblich festgehaltene Tragwerk mit den Festhaltekräften $F_1^{(0)}$, $F_2^{(0)}$, $F_3^{(0)}$.

rechnen, und zwar je nach der vorhandenen Stielbelastung nach (66) bis (69) bzw. (66a) bis (68a) (vgl. Abb. 408a, b). Zur Ermittlung der Verschiebungsmomente wird aber ein anderer Weg eingeschlagen, der an Hand von Abb. 409a, b bis 412a, b näher erläutert werden soll.

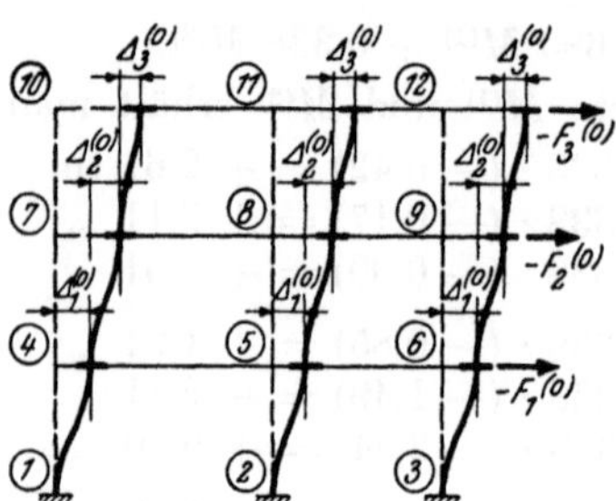

Abb. 409a. Sämtliche Festhaltelager beseitigt; Verformungszustand bei unverdrehbar festgehaltenen Stielenden unter der Wirkung von $-F_1^{(0)}$, $-F_2^{(0)}$, $-F_3^{(0)}$.

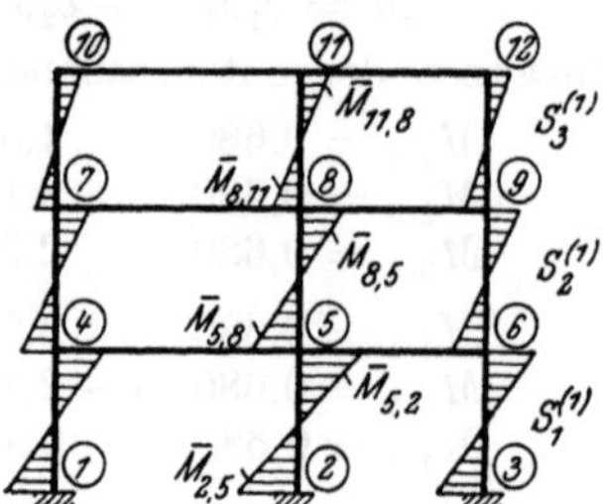

Abb. 409b. Volleinspannmomente $\overline{M}^{(1)}$ infolge der Stockwerkschübe $S_1^{(1)} = $ $= -F_1^{(0)} - F_2^{(0)} - F_3^{(0)}$; $S_2^{(1)} = $ $= -F_2^{(0)} - F_3^{(0)}$; $S_3^{(1)} = -F_3^{(0)}$.

Man nimmt zunächst sämtliche Stielenden unverdrehbar an und beseitigt in diesem Zustand alle Festhaltelager gleichzeitig. Damit treten die umgekehrten Festhaltekräfte $F^{(0)}$ aus Abb. 408b in Aktion und rufen die in Abb. 409a angedeuteten Verschiebungen $\Delta^{(0)}$ und S-förmigen Verbiegungen in den Stielen hervor. Die diesem „ersten" Verschiebungszustand entsprechenden Volleinspannmomente $\overline{M}^{(1)}$ der Stiele in den einzelnen Geschossen gemäß Abb. 409b sind nur von den jetzt vorhandenen Stockwerkschüben $S_1^{(1)}$, $S_2^{(1)}$, $S_3^{(1)}$ und den Stielsteifigkeiten k abhängig und können nach (96) berechnet werden. Als nächsten Schritt macht man den Rahmen durch gedachte Lager wieder unverschieblich, läßt die vorher unverdrehbar festgehaltenen Knoten frei und gleicht die in Abb. 409b eingetragenen Volleinspannmomente $\overline{M}^{(1)}$ aus. Dieser Belastungszustand ist in Abb. 410a dargestellt. Dabei genügt es, den Ausgleich dieser $\overline{M}^{(1)}$-Momente nur *einmal* vorzunehmen und die erhaltenen Momentenanteile M' jeweils auf das andere Stabende weiterzuleiten. Die so verbleibenden Knotenrestmomente werden im weiteren Rechnungsgang mit den übrigen Knotenrestmomenten gemeinsam ausgeglichen[1]. Die nach diesem Ausgleich erhaltenen $M^{(I)}$-Momente mit den zugehörigen neuen Festhaltekräften $F_1^{(1)}$, $F_2^{(1)}$, $F_3^{(1)}$ sind in Abb. 410b schematisch dargestellt.

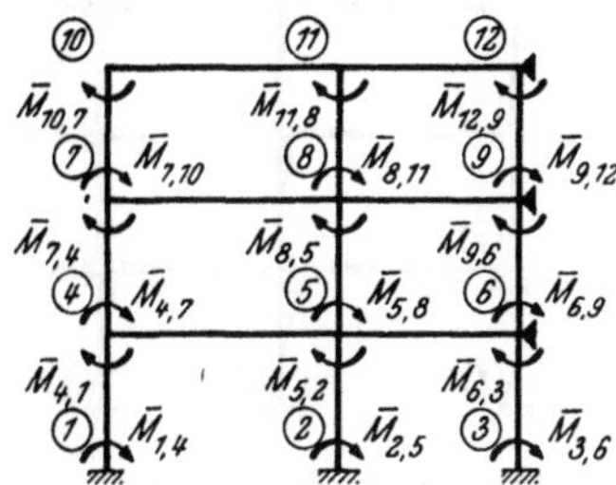

Abb. 410a. Rahmen wieder unverschieblich festgehalten, Knoten frei drehbar und belastet durch die Volleinspannmomente $\overline{M}^{(1)}$ aus Abb. 409b.

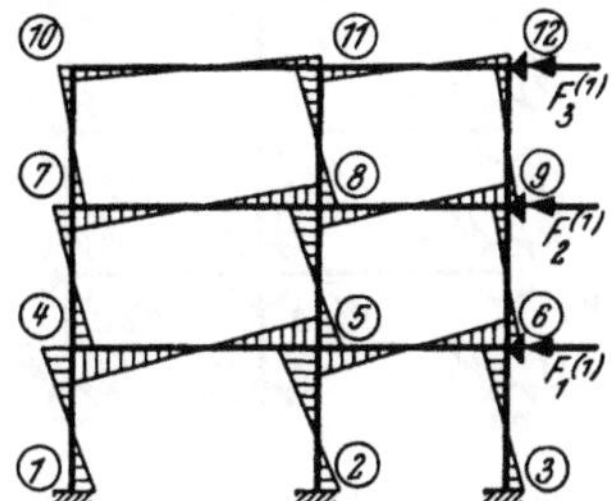

Abb. 410b. $M^{(I)}$-Momente zu Abb. 410a mit den zugehörigen Festhaltekräften $F_1^{(1)}$, $F_2^{(1)}$, $F_3^{(1)}$.

Der weitere Schritt besteht darin, daß man jetzt wieder sämtliche Knoten unverdrehbar festhält und alle fingierten Auflager entfernt. Es werden so die neuen Festhaltekräfte $F_1^{(1)}$, $F_2^{(1)}$, $F_3^{(1)}$ in umgekehrter Richtung wirksam und erzeugen die in Abb. 411a ersichtliche Verformung des Tragwerkes. Dieser „zweite" Ver-

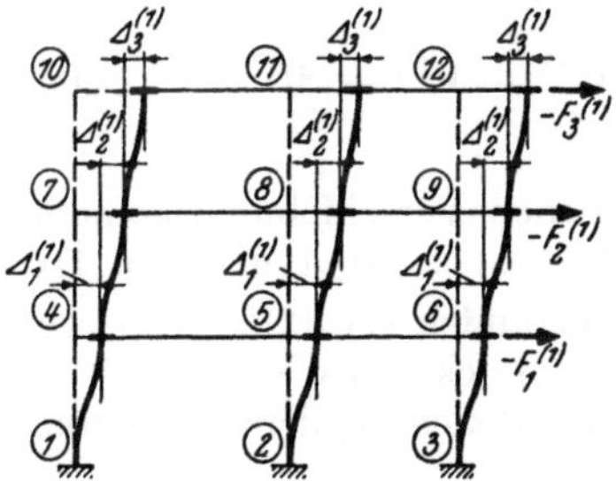

Abb. 411a. Sämtliche Festhaltelager beseitigt; Verformungszustand bei unverdrehbar festgehaltenen Stielenden unter der Wirkung von $-F_1^{(1)}$, $-F_2^{(1)}$, $-F_3^{(1)}$.

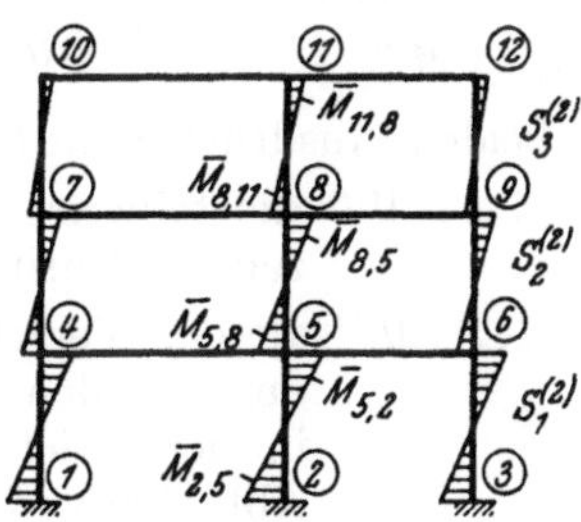

Abb. 411b. Volleinspannmomente $\overline{M}^{(2)}$ infolge der Stockwerkschübe
$$S_1^{(2)} = -F_1^{(1)} - F_2^{(1)} - F_3^{(1)};$$
$$S_2^{(2)} = -F_2^{(1)} - F_3^{(1)};$$
$$S_3^{(2)} = -F_3^{(1)}.$$

schiebungszustand ergibt die in Abb. 411b schematisch dargestellten $\overline{M}^{(2)}$-Momente in den Rahmenstielen; sie können aus den neuen Stockwerkschüben $S_1^{(2)}$, $S_2^{(2)}$, $S_3^{(2)}$ nach (96) berechnet werden. Das Verfahren wird gemäß Abb. 412a, b fortgesetzt, wobei der Ausgleich wiederum nur einmal in jedem Knoten erfolgt. Man erhält damit neue, bereits viel kleinere Festhaltekräfte $F_1^{(2)}$, $F_2^{(2)}$ und $F_3^{(2)}$ und auch viel kleinere Volleinspannmomente $\overline{M}^{(3)}$.

Dieser hier geschilderte Vorgang, die Knotenpunkte des Tragwerkes abwechselnd unverdrehbar und unverschiebbar festzuhalten, wird gemäß Abb. 411a, b und 412a, b

---

[1] Vgl. auch Haller und Kranl: Vereinfachte Berechnung der Rahmenstütze, Der Bauingenieur 1942.

so lange fortgesetzt, bis die zuletzt ermittelten Festhaltekräfte und die Verteilungsmomente M' so klein geworden sind, daß ihre Vernachlässigung die gewünschte
Genauigkeit der Ergebnisse nicht mehr beeinträchtigt.

Die algebraische Addition sämtlicher Momente — also der gemäß Abb. 408b
erhaltenen Werte $M^{(0)}$ für den unverschieblich festgehaltenen Rahmen sowie der

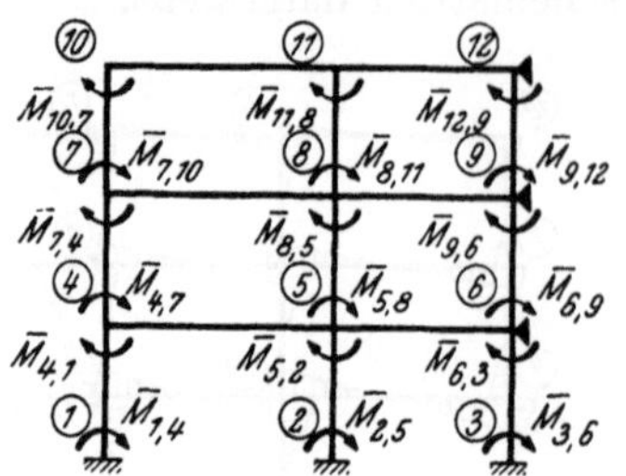

Abb. 412 a. Rahmen wieder unverschieblich festgehalten, Knoten frei drehbar:
Belastung: Volleinspannmomente $\overline{M}^{(2)}$
aus Abb. 411 b.

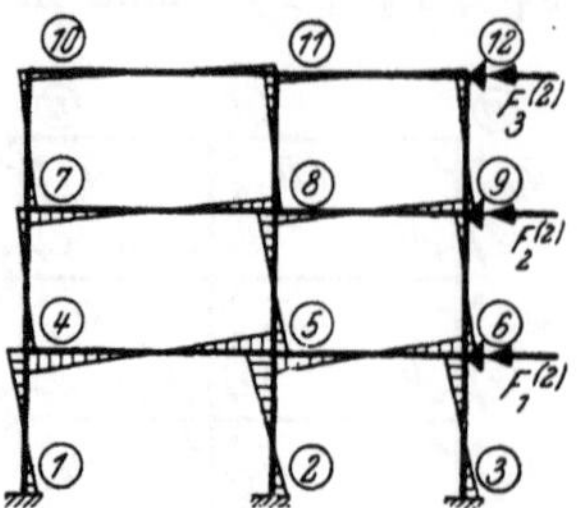

Abb. 412 b. $M^{(II)}$-Momente zu
Abb. 412 a mit den neuen Festhaltekräften $F_1^{(2)}$, $F_2^{(2)}$, $F_3^{(2)}$.

aus den Stockwerkschüben S gerechneten, nur in den Stielen auftretenden Volleinspannmomente $\overline{M}$ (vgl. Abb. 409b und 411b) und der einzelnen Anteile der ausgeglichenen Verschiebungsmomente gemäß Abb. 410b, 412b usw. — ergibt dann
die endgültigen Momente des freien Rahmens unter der gegebenen Belastung,
und zwar die *Riegelmomente* M_R mit

$$M_R = M^{(0)} + M^{(I)} + M^{(II)} + \dots M^{(r)} \tag{146}$$

und die *Stielmomente* M_{St} mit

$$M_{St} = M^{(0)} + M^{(I)} + M^{(II)} + \dots M^{(r)} + \overline{M}^{(1)} + \overline{M}^{(2)} + \dots \overline{M}^{(r)}. \tag{146a}$$

In diesen beiden Ausdrücken bedeuten

$M^{(I)}, M^{(II)}, \dots M^{(r)}$ die teilweise ausgeglichenen Verschiebungsmomente der einzelnen Schritte (1), (2), ... (r) (vgl. Abb. 410b, 412b).

$\overline{M}^{(1)}, \overline{M}^{(2)}, \dots \overline{M}^{(r)}$ die den Verschiebungszuständen (1), (2), ... (r) entsprechenden, von den zugehörigen Stockwerkschüben $S^{(1)}, S^{(2)}, \dots S^{(r)}$
in den Stielen hervorgerufenen Volleinspannmomente (vgl.
Abb. 409b, 411b).

Der Vorgang bei der praktischen Berechnung nach den hier entwickelten
Grundsätzen wird Seite 111 nochmals schlagwortartig zusammengefaßt.

Schlußbemerkung: Auf einige Vereinfachungen in der zahlenmäßigen Durchführung der gesamten Berechnung, die eine fühlbare Abkürzung des Schreib- und
Rechenaufwandes ergeben, sei hier noch ausdrücklich hingewiesen. Man kann z. B. auf
die gesonderte Ermittlung der $M^{(0)}$-Momente, also auf den Ausgleich der Volleinspannmomente $\mathfrak{M}$ im unverschieblich festgehaltenen Tragwerk ganz verzichten;
es genügt, diese Volleinspannmomente für das gleichzeitig unverdrehbar und unverschiebbar festgehaltene Tragsystem zu ermitteln und bereits für diesen Zustand
die Festhaltekräfte $\overline{F}_1$, $\overline{F}_2$, $\overline{F}_3$ nach den Formeln (66) bis (69) bei Stockwerken mit
ungleich langen Stielen bzw. nach den Formeln (66a) bis (68a) bei Stockwerken
mit gleich langen Stielen zu berechnen. Diese Werte stimmen aber nicht mit
den Festhaltekräften $F^{(0)}$ überein. Man ermittelt sodann die Stockwerkschübe
$S_1^{(1)}, S_2^{(1)}, S_3^{(1)}$ usw. für die einzelnen Geschosse nach (82): $S_\mu = -\Sigma \overline{F}$; wobei
sich die Summe auf alle oberhalb des betrachteten Stockwerkes μ wirkenden Verschiebungskräfte $-\overline{F}$ bezieht. Mit Hilfe dieser Stockwerkschübe $S^{(1)}$ werden die

Volleinspannmomente $\overline{M}^{(1)}$ ermittelt und gemeinsam mit den noch nicht ausgeglichenen Volleinspannmomenten $\mathfrak{M}$ des unverschieblich und unverdrehbar festgehaltenen Rahmens einmal ausgeglichen und weitergeleitet. Der weitere Rechnungsgang vollzieht sich dann in gleicher Weise wie vorher ausführlich beschrieben. Die endgültigen Momente in den Riegeln und Stielen ergeben sich auch hier wieder nach den Formeln (146) bzw. (146a), wenn dort an Stelle der nicht ermittelten $M^{(0)}$-Werte die Volleinspannmomente $\mathfrak{M}$ gesetzt werden.

Eine weitere Abkürzung der behandelten Berechnungsart läßt sich durch das Seite 112 ff. erläuterte Sonderverfahren erzielen.

Nun folgen noch die kurzen Anweisungen für die Anwendung des allgemeinen Verfahrens II.

b) Beschreibung des Rechnungsganges nach Verfahren II (ohne Verschiebungsgleichungen).

Die gesamte Berechnung kann unter Bezugnahme auf die Abb. 408 bis 412 in folgende Abschnitte gegliedert werden:

1. Ermittlung der Momente $M^{(0)}$ für die gegebene Belastung unter Annahme unverschieblich festgehaltener Knotenpunkte nach der Seite 38 gegebenen ausführlichen Beschreibung (vgl. Abb. 408a, b).

2. Ermittlung der in den gedachten Auflagern der einzelnen Stockwerke (1), (2), ... (n) auftretenden Festhaltekräfte $F_1^{(0)}$, $F_2^{(0)}$, ... $F_n^{(0)}$; je nach der vorliegenden Belastung sind dabei zu verwenden die Formeln (66) bis (69) bzw. (66a) bis (68a) (vgl. Abb. 408a, b).

3. Berechnung der unter der Wirkung der Stockwerkschübe $S_1^{(1)}, S_2^{(1)}, S_3^{(1)}, \ldots S_n^{(1)}$ am oberen und unteren Ende der Stiele auftretenden Volleinspannmomente $\overline{M}^{(1)}$ in den einzelnen Stockwerken unter der Annahme verschieblicher, aber unverdrehbarer Knotenpunkte: Für Stockwerke mit oben und unten unverdrehbaren Stielen nach (96), für Stockwerke mit oben oder unten gelenkig angeschlossenen Stielen nach (101) bzw. (102), für Stockwerke mit gelenkig oder unverdrehbar angeschlossenen Stielen in beliebiger Anordnung nach (111), (113) bzw. (114) (vgl. Abb. 409a, b).

4. Ermittlung der $M^{(I)}$-Momente durch Ausgleich der Volleinspannmomente $\overline{M}^{(1)}$ unter der Annahme unverschieblich festgehaltener, aber der Reihe nach für Verdrehungen freigelassener Knotenpunkte. Die $\overline{M}$-Momente werden in der Rechnungsskizze zur Unterscheidung von den übrigen M-Werten mit einem * versehen und in eine runde Klammer gesetzt. Die Durchführung dieser Rechnung kann wieder in der gleichen Art erfolgen, wie Seite 38 ausführlich beschrieben (vgl. Abb. 410a, b). Es genügt hier aber, den Ausgleich der $\overline{M}$-Werte (einschließlich der etwa vorhandenen M''-Momente) in jedem Knoten zunächst nur einmal durchzuführen und die dabei erhaltenen M'-Momente an die anderen Stabenden weiterzuleiten.

5. Ermittlung der den $M^{(I)}$-Momenten entsprechenden neuen Festhaltekräfte $F_1^{(1)}$, $F_2^{(1)}$, ... $F_n^{(1)}$ in den einzelnen Stockwerken (1), (2), ... (n) nach den unter Ziffer 2 angegebenen Formeln (vgl. Abb. 410b).

6. Berechnung der unter den neuen Stockwerkschüben $S_1^{(2)}, S_2^{(2)}, S_3^{(2)}, \ldots S_n^{(2)}$ am oberen und unteren Ende der einzelnen Stiele auftretenden Volleinspannmomente $\overline{M}^{(2)}$, wie unter Ziffer 3 beschrieben (vgl. Abb. 411a, b).

7. Wiederholung der unter Ziffer 4, 5 und 6 genannten Rechenoperationen, bis die zuletzt ermittelten Festhaltekräfte F wegen ihrer Kleinheit vernachlässigt werden können und gleichzeitig auch die in den einzelnen Knoten durch Verteilung erhaltenen M'-Werte genügend klein geworden sind, so daß ihre Weiterleitung unterbleiben kann, ohne die angestrebte Genauigkeit der Ergebnisse zu beeinträchtigen.

8. Berechnung der endgültigen Momente in den Riegeln nach (146) und in den Stielen nach (146a) durch Überlagerung der nach Ziffer 1 ermittelten Anteile $M^{(0)}$ für den unverschieblich festgehaltenen Rahmen und der Verschiebungsmomente aus den einzelnen Rechnungsstufen (1), (2), ... (r).

9. Durchführung der Rechenproben $\Sigma M = 0$ für die einzelnen Knotenpunkte sowie $\Sigma H = 0$ bzw. $F = 0$ für die einzelnen Stockwerke unter Verwendung der Formeln (66) bis (68) bzw. (66a) bis (68a) und maßstäbliches Aufzeichnen der endgültigen M-Linie.

(Vgl. Zahlenbeispiel Nr. 17, Seite 235.)

c) Sonderverfahren mit „fingierten" Knotenlasten.

α) *Allgemeine Erläuterungen.*

Bei der Berechnung waagrecht verschieblicher Tragwerke nach Verfahren II kann durch Annahme von fingierten Knotenlasten meist eine wesentliche Abkürzung der gesamten Zahlenrechnung erreicht werden. Der Sinn dieses Verfahrens beruht auf folgenden Überlegungen:

Bei der Durchführung der Rechnung in der üblichen Art erkennt man, daß durch die Annahme unverdrehbarer Knotenpunkte die Gesamtsteifigkeit des Rahmens gegen seitliche Verschiebungen bedeutend größer wird und daß sich deshalb die Knotenverschiebungen unter der Wirkung der gegebenen waagrechten Belastung bzw. der umgekehrten Festhaltekräfte $F^{(0)}$ zunächst viel kleiner ergeben als im Endzustand, in dem sämtliche Rahmenknoten losgelassen, also elastisch verdrehbar sind. In der Rechnung zeigt sich die Auswirkung dieses Umstandes dadurch, daß die den $M^{(I)}$-Momenten (vgl. Abb. 410b) entsprechenden neuen Festhaltekräfte wohl kleiner geworden sind als die $F^{(0)}$-Werte, aber meist noch die gleiche Richtung haben wie diese. Nach neuerlicher Beseitigung der Festhaltelager wird sich also der Rahmen in solchen Fällen wieder in derselben Richtung verschieben wie vorher. Es ist nun naheliegend, durch geeignete Maßnahmen diese Knotenverschiebungen schon im ersten Rechnungsgang näher an den endgültigen Zustand heranzubringen, weil dann auch die zugehörigen neuen Festhaltekräfte F bzw. die neuen Stockwerkschübe S entsprechend kleinere Werte annehmen und dadurch die Zahl der Rechnungswiederholungen erheblich verringert werden kann.

Um dieses Ziel praktisch zu erreichen, genügt es in der Regel, in der obersten Rahmenecke eine zusätzliche „fingierte" Knotenlast P' in gleicher Richtung wie die gegebene Knotenlast P anzunehmen. Man setzt also an dieser Stelle statt der wirklichen Knotenlast P zunächst den Wert $P + P'$ in Rechnung; dadurch werden sowohl die nach (82) zu berechnenden Stockwerkschübe $S^{(1)}$ im ersten Rechnungsgang als auch die von ihnen hervorgerufenen Volleinspannmomente $\overline{M}^{(1)}$ in den Rahmenstielen entsprechend vergrößert (vgl. Abb. 413a). Weiter werden damit aber auch die aus den $\overline{M}^{(1)}$-Werten durch Momentenausgleich zu bestimmenden $M^{(I)}$-Momente entsprechend größer (vgl. Abb. 413b). Die zugehörigen Festhaltekräfte $F^{(1)}$ sind nun nach Beseitigung der gedachten Lager in umgekehrter Richtung als Verschiebungskräfte in Rechnung zu stellen. In diesem Rechnungsabschnitt macht man die ursprünglich vorgenommene Vergrößerung der tatsächlich vorhandenen Belastung wieder rückgängig, indem man jetzt die „fingierte" Knotenlast P' in umgekehrter Richtung angreifen läßt (vgl. Abb. 413c). Damit

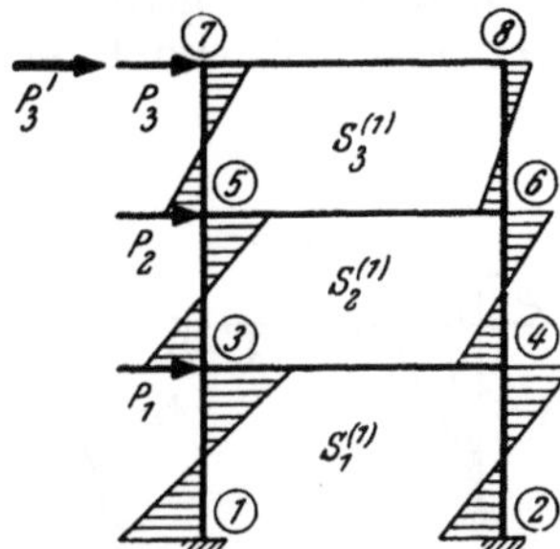

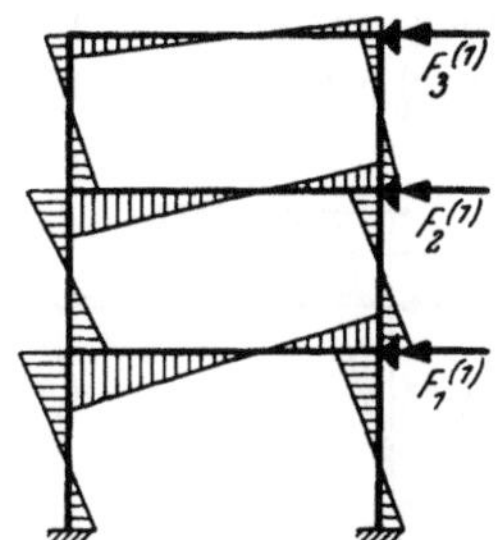

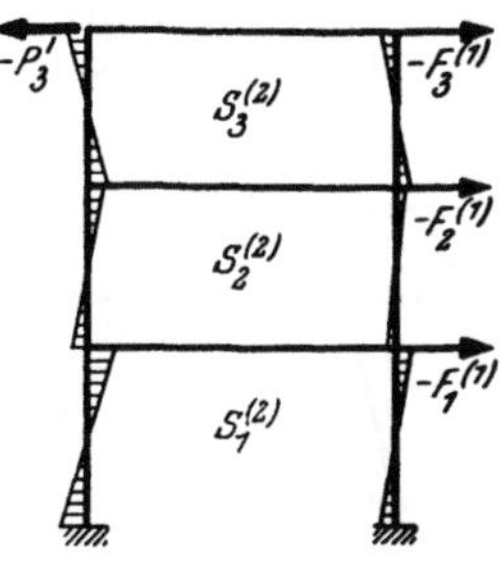

Abb. 413a. $\overline{M}^{(1)}$-Momente bei *unverdrehbar* festgehaltenen Knoten infolge der äußeren Belastung P_1, P_2, P_3 und der „fingierten" Last P'_3.

Abb. 413b. Die durch Ausgleich der $\overline{M}^{(1)}$-Momente erhaltenen $M^{(I)}$-Momente mit den Festhaltekräften $F_1^{(1)}$, $F_2^{(1)}$, $F_3^{(1)}$.

Abb. 413c. $\overline{M}^{(2)}$-Momente bei wieder *unverdrehbar* festgehaltenen Knoten infolge der umgekehrten Festhaltekräfte $-F_1^{(1)}$, $-F_2^{(1)}$, $-F_3^{(1)}$ und der umgekehrten „fingierten" Knotenlast $-P'_3$.

ergeben sich die gemäß (82) in den einzelnen Geschossen in Rechnung zu stellenden Stockwerkschübe aus

$$S^{(2)} = - \Sigma F^{(1)} - P'. \tag{147}$$

Es wird somit z. B. unter Bezugnahme auf Abb. 413c und unter Beachtung der Vorzeichenregel $(\overset{\rightarrow}{\underset{\leftarrow}{-}} \overset{+}{-})$

für das *erste* Geschoß

$$S_1^{(2)} = F_1^{(1)} + F_2^{(1)} + F_3^{(1)} - P'_3,$$

für das *zweite* Geschoß

$$S_2^{(2)} = F_2^{(1)} + F_3^{(1)} - P'_3 \tag{148}$$

und für das *dritte* Geschoß

$$S_3^{(2)} = F_3^{(1)} - P'_3.$$

Die Werte $S^{(2)}$ ergeben sich bei günstiger Wahl der „fingierten" Knotenlast P' bereits sehr klein und daher auch die daraus nach (96) zu berechnenden Volleinspannmomente $\overline{M}^{(2)}$ (vgl. Abb. 413c) sowie die damit durch Ausgleich erhaltenen $M^{(II)}$-Momente. Die weitere Rechnung kann man in üblicher Art fortsetzen, bis der gewünschte Genauigkeitsgrad erreicht ist. Es können aber auch im nächsten Rechnungsgang wieder neu zu wählende fingierte Knotenlasten P'' angenommen werden, wenn die aus den $M^{(II)}$-Momenten zu ermittelnden Festhaltekräfte $F^{(2)}$ noch zu groß erscheinen.

β) Anhaltspunkte für die Wahl der „fingierten" Knotenlasten.

Sinn und Zweck „fingierter" Knotenlasten P' können am besten am 1-stöckigen Rahmen erkannt werden. In den Abb. 414a, b, c sind drei solcher Rahmen, die sich nur durch das Steifigkeitsverhältnis k_r/k_s zwischen Riegel und Stiel voneinander unterscheiden, mit je einer waagrechten Knotenlast P dargestellt. Im Falle a) beträgt $k_r/k_s = 10$, d. h. es überwiegt hier die Riegelsteifigkeit. Im Falle b) ist $k_r/k_s = 1$, die beiden Steifigkeiten sind also gleich groß; im Falle c) beträgt $k_r/k_s = 0{,}1$, die Riegelsteifigkeit ist hier somit wesentlich kleiner als die der Stiele. Für alle drei Fälle sind die durch P hervorgerufenen Tragwerksverformungen sowohl unter Annahme unverdrehbar festgehaltener Knotenpunkte (gestrichelt) als auch für den endgültigen Zustand (voll) eingezeichnet. Daraus kann man ersehen, daß im Falle a) der Unterschied zwischen den Δ-Werten bei unverdrehbaren Knoten und den $\Delta^{(E)}$-Werten im endgültigen Zustand nur gering ist, und zwar verhält sich hier $\Delta : \Delta^{(E)} = 1 : 1{,}049$. Im Falle b) ergibt sich $\Delta : \Delta^{(E)} = 1 : 1{,}428$, im Falle c) wird hingegen $\Delta : \Delta^{(E)} = 1 : 2{,}875$.

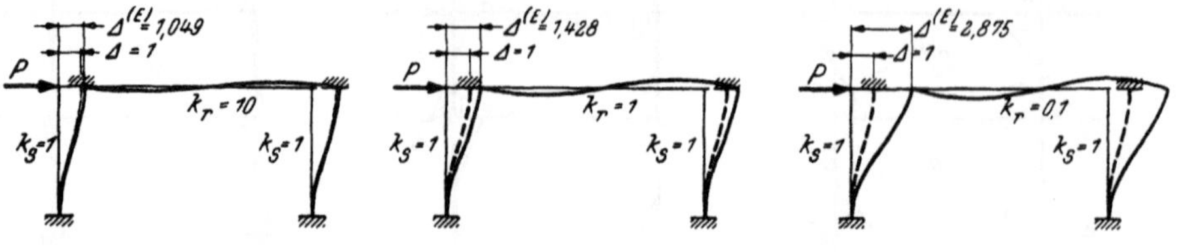

<table>
<tr><td>Abb. 414 a. Verformung bei $k_s = 1$
und $k_r = 10$.</td><td>Abb. 414 b. Verformung bei $k_s = 1$
und $k_r = 1$.</td><td>Abb. 414 c. Verformung bei $k_s = 1$
und $k_r = 0{,}1$.</td></tr>
</table>

Abb. 414 a, b, c. Relative Stabendverschiebungen Δ (bei unverdrehbaren Knoten) bzw. $\Delta^{(E)}$ (im endgültigen Zustand) bei verschiedenen Steifigkeitszahlen k_s und k_r am einfachen Rahmen.

Wenn man also bei Verwendung des Ausgleichsverfahrens II schon im ersten Rechnungsgang erreichen will, daß die durch den Stockwerkschub S bei unverdrehbaren Knotenpunkten hervorgerufene Verschiebung Δ wenigstens ungefähr den endgültigen Wert $\Delta^{(E)}$ annimmt, so muß vorübergehend zur tatsächlich vor-

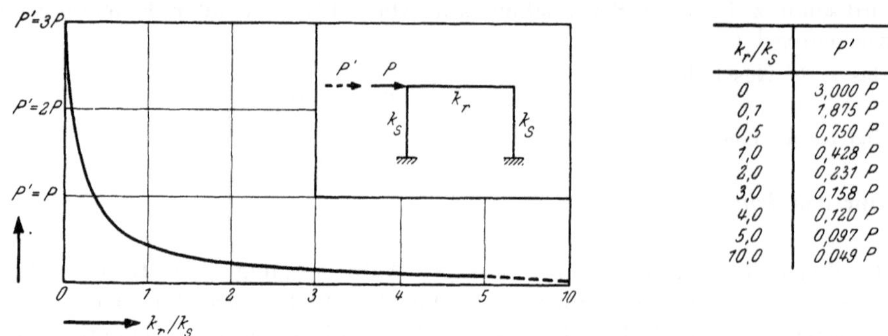

k_r/k_s	P'
0	3,000 P
0,1	1,875 P
0,5	0,750 P
1,0	0,428 P
2,0	0,231 P
3,0	0,158 P
4,0	0,120 P
5,0	0,097 P
10,0	0,049 P

Abb. 415. Abhängigkeit der „fingierten" Knotenlast P' vom Steifigkeitsverhältnis k_r/k_s am einfachen Rahmen.

handenen Knotenlast P noch zusätzlich eine „fingierte" Knotenlast P' hinzugefügt werden. Die Größe dieser Last P' ergibt sich aus dem Verhältnis der beiden Verschiebungen $\Delta^{(E)}$ und Δ und ist somit abhängig von dem jeweils vorliegenden Steifigkeitsverhältnis k_r/k_s. So würde sich unter Bezugnahme auf die Abb. 414 a, b, c, im Falle a) mit $\Delta^{(E)} = 1{,}049\,\Delta$ für P' nur ein kleiner Wert ergeben, nämlich $P' = 0{,}049\,P$. In solchen Fällen kann man daher auf die Verwendung einer fingierten Knotenlast überhaupt verzichten. Im Falle b) mit $\Delta^{(E)} = 1{,}428\,\Delta$ wäre eine fingierte Last $P' = 0{,}428\,P$ in Rechnung zu stellen, während im Falle c) mit $\Delta^{(E)} = 2{,}875\,\Delta$ für $P' = 1{,}875\,P$ gewählt werden müßte, um sofort $\Delta = \Delta^{(E)}$ zu erhalten.

Wenn im Grenzfalle $k_r/k_s = 0$ wird, d. h. wenn die Steifigkeit des Riegels 0 oder die der Stiele ∞ ist bzw. wenn der Riegel gelenkig an die Stiele angeschlossen wird, ergibt sich $\Delta : \Delta^{(E)} = 1 : 4$ und somit $P' = 3\,P$. Diese Zusammenhänge, also die Abhängigkeit der „fingierten" Knotenlast P' von dem Steifigkeitsverhältnis k_r/k_s, sind für den einfachen Rahmen in Abb. 415 in einem Diagramm bzw. einer Zahlentafel dargestellt. Daraus ist zu ersehen, daß der „fingierten" Knotenlast P' nur für Steifigkeitsverhältnisse $k_r/k_s = 0$ bis 3 besondere Bedeutung zukommt. Ihre Größe schwankt in diesem Bereich zwischen $3\,P$ und $0{,}158\,P$. Für Steifigkeitsverhältnisse $k_r/k_s > 3$ werden auch ohne Zuhilfenahme von fingierten Knotenlasten bei Verwendung von Verfahren II nur wenige Rechnungswiederholungen erforderlich sein.

Bei eingeschossigen Rahmen mit mehr als einem Feld gelten im Prinzip die gleichen Überlegungen. Auch da werden für die Wahl der fingierten Knotenlasten P' die Steifigkeitsverhältnisse zwischen den Riegeln und den Stielen maßgebend sein. Ausschlaggebend sind dabei in der Regel die Stiele mit der größten Steifigkeit. Da für P' nur ein ungefährer Wert benötigt wird, genügt meist eine rohe Schätzung.

Auch für mehrstöckige Rahmen kann die Größe der in der obersten Rahmenecke anzubringenden „fingierten" Knotenlast P' nach den gleichen Erwägungen angenommen werden. Anhaltspunkte für die Wahl von P' gewinnt man in solchen Fällen aus Tafel 43. Darin sind für *zwei-* und *dreistöckige* Rahmen die relativen Verschiebungen $\varDelta = 1$ bei unverdrehbaren Knoten und $\varDelta^{(E)}$ für den endgültigen Zustand unter Annahme verschiedener Steifigkeitsverhältnisse zwischen Riegel und Stiel enthalten. Man kann daraus leicht abschätzen, welche fingierte Knotenlast P' in der obersten Rahmenecke zusätzlich anzunehmen ist, um gleich im ersten Rechnungsgang ungefähr die im Endzustand eintretenden Verschiebungen $\varDelta^{(E)}$ in den einzelnen Geschossen zu erzwingen. Bei vielstöckigen Rahmen ist die Annahme von fingierten Knotenlasten P' in mehreren Geschossen zu empfehlen.

In dem Zahlenbeispiel Nr. 18 ist die praktische Anwendung des hier erläuterten Verfahrens an einem *zweigeschossigen* Rahmen gezeigt.

IV. Lotrecht verschiebliche Tragwerke.

1. Vorbemerkung.

In den Abb. 160 bis 189 sind als Beispiele verschiedene symmetrische Tragwerke dargestellt, die bei symmetrischer Belastung nur lotrecht verschieblich sind; hingegen zeigen die Abb. 275 bis 286 einige unsymmetrische, bei jeder Belastung nur lotrecht verschiebliche Tragwerke. Für die Berechnung solcher Tragwerkssysteme kommt in erster Linie das Verfahren I (mit Verschiebungsgleichungen) in Betracht. Bei Symmetrie des Tragwerkes und der Belastung kann aber auch das Verfahren II (ohne Verschiebungsgleichungen) zur Anwendung kommen und im Prinzip in gleicher Weise durchgeführt werden wie bei Stockwerkrahmen. Bei Verfahren I sind stets zuerst die Momente $M^{(0)}$ für das durch gedachte Lager unverschieblich festgehaltene Tragwerk zu berechnen und für diesen Zustand dann die Festhaltekräfte zu ermitteln. Hierfür können je nach der vorhandenen Riegelbelastung die gebrauchsfertigen Formeln (78), (79), (80) oder (81) verwendet werden. Im übrigen ist die Rechnung in gleicher Weise durchzuführen wie bei den waagrecht verschieblichen Tragwerken; ausführliche Erläuterungen sind daher hier nicht mehr erforderlich, es wird aber anschließend eine zusammenfassende Beschreibung des gesamten Rechnungsganges gegeben.

2. Beschreibung des Rechnungsganges bei Verwendung von Verfahren I (mit Verschiebungsgleichungen).

Die zahlenmäßige Durchführung der Rechnung soll an Hand des in Abb. 416a dargestellten beliebig belasteten Tragwerkes mit den zwei lotrecht verschieblichen

Knotenreihen 4—9 und 5—10 kurz dargelegt werden. Man unterscheidet folgende
Abschnitte:

1. Ermittlung der Momente $M^{(0)}$ für die gegebene Belastung unter Voraussetzung **unverschieblich** festgehaltener Knotenpunkte (vgl. Abb. 416b). Durchführung dieses Rechnungsabschnittes nach den Anweisungen Seite 38.

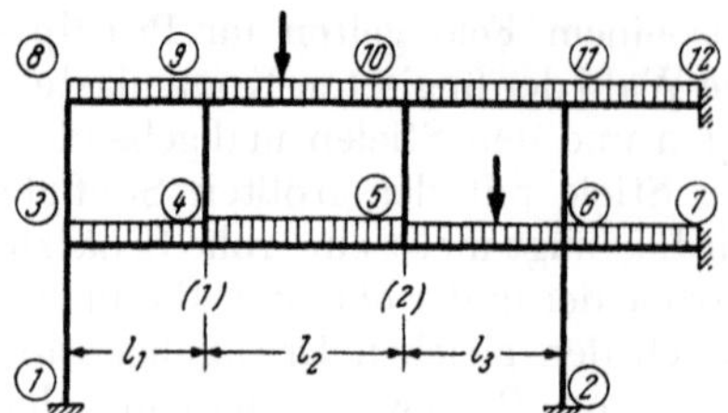

Abb. 416 a. Beliebig belastetes Tragwerk mit den
lotrecht verschieblichen Knotenreihen (1) und (2).

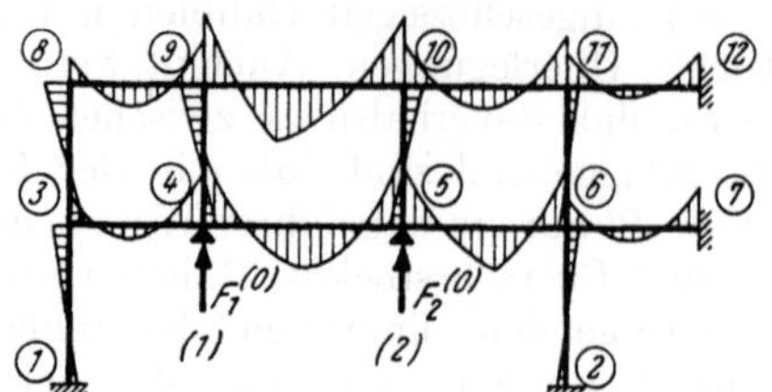

Abb. 416 b. $M^{(0)}$-Linie für das *unverschieblich* festgehaltene Tragwerk mit den Festhaltekräften
$$F_1^{(0)},\ F_2^{(0)}.$$

2. Berechnung der in diesem Zustand in den gedachten Lagern (1) und (2)
auftretenden Festhaltekräfte $F_1^{(0)}$ und $F_2^{(0)}$ nach den für verschiedene Belastungsarten aufgestellten Formeln (78) bis (81); (vgl. Abb. 416b).

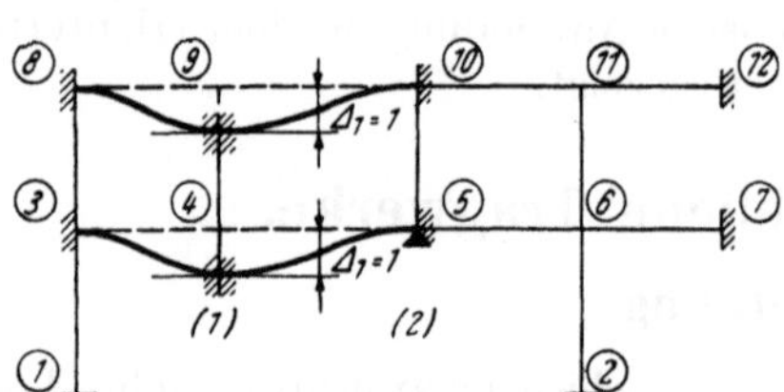

Abb. 417 a. Sämtliche Knoten *unverdrehbar* festgehalten, Knotenreihe (1) um $\varDelta_1 = 1$ nach unten
verschoben.

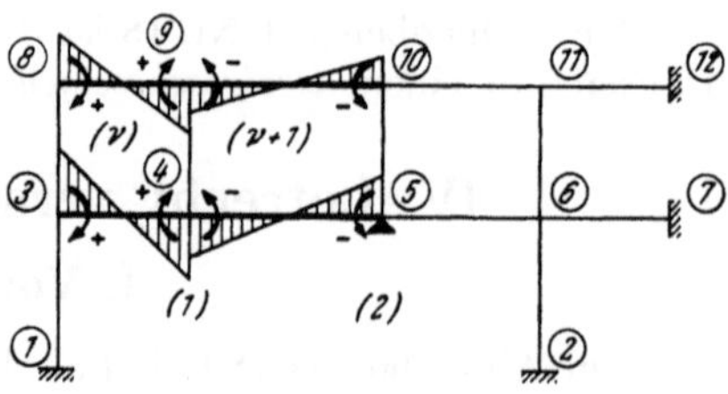

Abb. 417 b. Volleinspannmomente $\overline{M}$ für den
Zustand in Abb. 417 a.

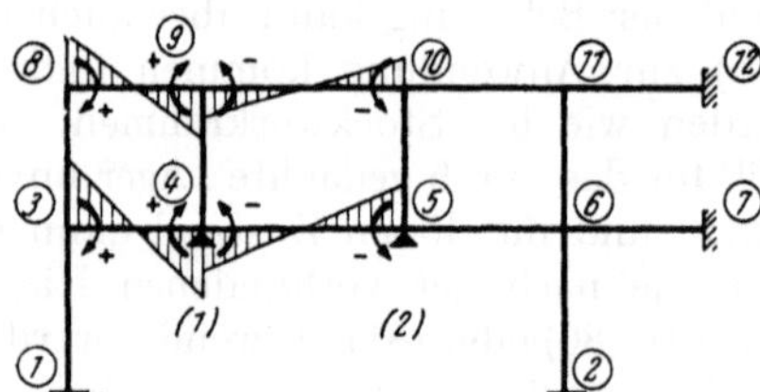

Abb. 418 a. Rahmen *unverschieblich*, Knoten frei
drehbar, belastet mit den Volleinspannmomenten
$\overline{M}$ aus Abb. 417 b.

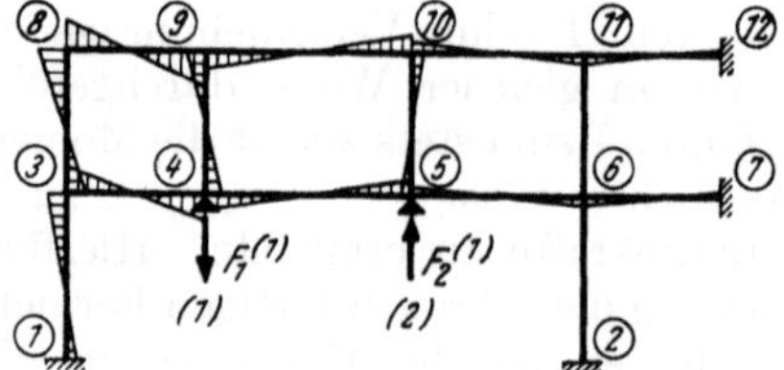

Abb. 418 b. Die durch Ausgleich der $\overline{M}$-Momente
aus Abb. 418 a erhaltenen $M^{(1)}$-Momente mit den
Festhaltekräften $F_1^{(1)},\ F_2^{(1)}.$

3. Annahme einer beliebigen lotrechten Verschiebung der verschieblichen
Knotenreihe (1) um $\varDelta_1$ (z. B. $\varDelta_1 = 1$ oder 2 oder 10) unter der Voraussetzung, daß
sämtliche Knoten **unverdrehbar** festgehalten sind (vgl. Abb. 417a) und Ermittlung
der zugehörigen Volleinspannmomente $\overline{M}^{(l)}$ und $\overline{M}^{(r)}$ in den Riegeln des **ersten** und

zweiten Feldes unter Beachtung ihres Vorzeichens (vgl. Abb. 417b). Nach (58) wird stets

$$\overline{M}^{(l)} = \overline{M}^{(r)} = \frac{1{,}5\,k}{l} \cdot \varDelta. \tag{149}$$

Da nach der festgelegten Vorzeichenregel Seite 71 die nach unten angenommene Knotenverschiebung $\varDelta$ als „Stabendverschiebung" für das Feld 1 ein positives Vorzeichen erhält, weil sie positive Stabdrehwinkel erzeugt, hingegen für Feld 2 ein negatives Vorzeichen, weil dort negative Stabdrehwinkel entstehen, werden die nach (58) zu berechnenden Volleinspannmomente im Feld 1 positiv und im Feld 2 negativ; bei einseitig gelenkig angeschlossenen Riegeln erfolgt die Berechnung der $\overline{M}$-Momente nach (62).

4. Ausgleich der nach Ziffer 3 bestimmten Volleinspannmomente $\overline{M}$ bei Annahme wieder unverschieblich festgehaltener, aber frei verdrehbarer Knotenpunkte (vgl. Abb. 418a); man erhält damit die $M^{(1)}$-Momente. Berechnung der zugehörigen Festhaltekräfte $F_1^{(1)}$ und $F_2^{(1)}$ in den gedachten Lagern (1) und (2) nach (80); (vgl. Abb. 418b).

5. Ermittlung der Volleinspannmomente $\overline{M}^{(l)}$ und $\overline{M}^{(r)}$ in den Riegeln des zweiten und dritten Feldes unter Annahme einer beliebigen lotrechten Verschiebung der Knotenreihe (2) um $\varDelta_2$ (z. B. $\varDelta_2 = 1$ oder 2 oder 10) und unter der Voraussetzung, daß wieder sämtliche Knoten unverdrehbar festgehalten sind (vgl. Abb. 419a, b); die Durchführung dieser Berechnung erfolgt wie unter Ziffer 3 beschrieben.

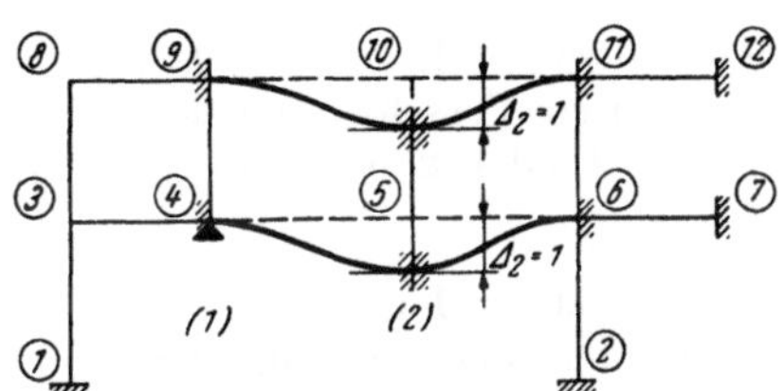

Abb. 419a. Alle Knoten *unverdrehbar* festgehalten, Knotenreihe (2) um $\varDelta_2 = 1$ nach unten verschoben.

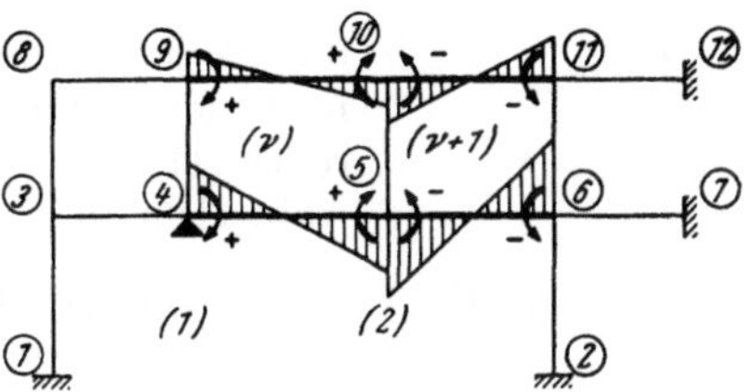

Abb. 419b. Volleinspannmomente $\overline{M}$ für den Zustand in Abb. 419a.

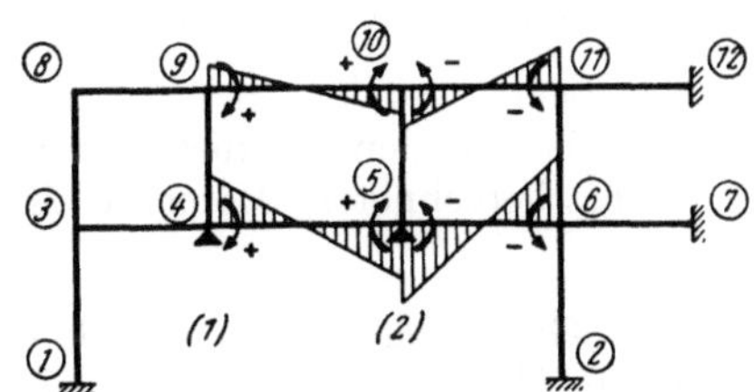

Abb. 420a. Rahmen *unverschieblich*, Knoten frei drehbar, belastet mit den Volleinspannmomenten $\overline{M}$ aus Abb. 419b.

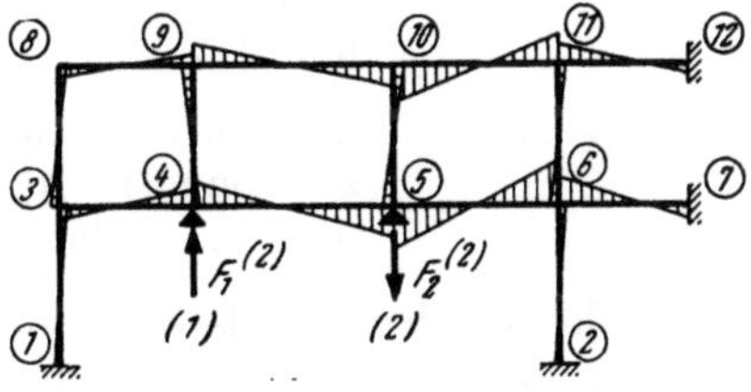

Abb. 420b. Die durch Ausgleich der $\overline{M}$-Momente aus Abb. 420a erhaltenen $M^{(2)}$-Momente mit den Festhaltekräften $F_1^{(2)}$, $F_2^{(2)}$.

6. Ausgleich der nach Ziffer 5 bestimmten Volleinspannmomente $\overline{M}$ bei Annahme wieder unverschieblich festgehaltener, aber frei verdrehbarer Knotenpunkte (vgl. Abb. 420a, b); man erhält so die $M^{(2)}$-Momente. Berechnung der zugehörigen Festhaltekräfte $F_1^{(2)}$ und $F_2^{(2)}$ in den gedachten Lagern (1) und (2) nach (80); (vgl. Abb. 420b).

7. Wiederholung der unter Ziffer 5 und 6 beschriebenen Rechenoperationen der Reihe nach für die übrigen noch vorhandenen Festhaltelager (vgl. Abb. 421).

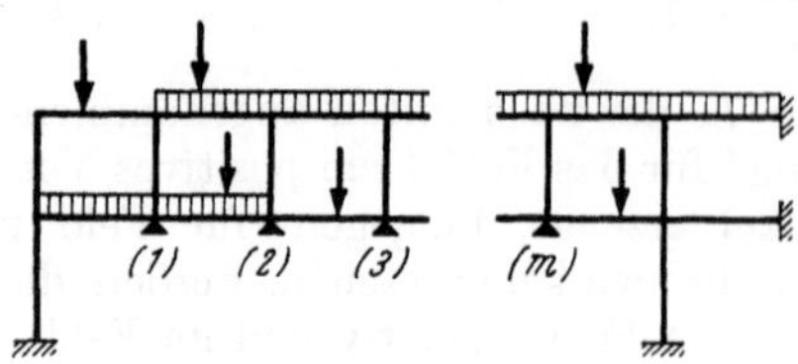

Abb. 421. Tragwerk mit lotrecht verschieblichen Knotenreihen bei beliebiger Belastung; fingierte Lager in (1), (2), ... (m).

8. Aufstellung der Verschiebungsgleichungen auf Grund der Bedingung $\Sigma V = 0$ für die lotrecht verschieblichen Knotenreihen (1), (2) usw.; sie lauten analog den für horizontal verschiebliche Tragwerke aufgestellten Gl. (143) mit den hier gewählten Bezeichnungen sinngemäß für das Tragwerk der Abb. 416a, b bis 420a, b:

$$\text{für die Knotenreihe (1)} \ldots F_1^{(0)} + c_1 F_1^{(1)} + c_2 F_1^{(2)} = 0$$
$$\text{für die Knotenreihe (2)} \ldots F_2^{(0)} + c_1 F_2^{(1)} + c_2 F_2^{(2)} = 0 \tag{150}$$

oder für beliebig viele lotrecht verschiebliche Knotenreihen gemäß Abb. 421:

$$\text{für die Knotenreihe (1)} \ldots F_1^{(0)} + c_1 F_1^{(1)} + c_2 F_1^{(2)} + \ldots c_m F_1^{(m)} = 0$$
$$\text{für die Knotenreihe (2)} \ldots F_2^{(0)} + c_1 F_2^{(1)} + c_2 F_2^{(2)} + \ldots c_m F_2^{(m)} = 0 \tag{151}$$
$$\text{für die Knotenreihe (m)} \ldots F_m^{(0)} + c_1 F_m^{(1)} + c_2 F_m^{(2)} + \ldots c_m F_m^{(m)} = 0.$$

Hierin bedeuten mit Bezug auf Abb. 421:

$F_1^{(0)}, F_2^{(0)}, \ldots F_m^{(0)}$ die Festhaltekräfte in den gedachten Lagern (1), (2), ... (m), für die gegebene äußere Belastung (vgl. auch Abb. 416a, b),

$F_1^{(1)}, F_2^{(1)}, \ldots F_m^{(1)}$ die Festhaltekräfte in den gedachten Lagern (1), (2), ... (m), nach der willkürlichen lotrechten Verschiebung der Knotenreihe (1) um Δ_1 (z. B. $\Delta_1 = 1$ oder 2 oder 10); (vgl. auch Abb. 418a, b),

$F_1^{(2)}, F_2^{(2)}, \ldots F_m^{(2)}$ die Festhaltekräfte in den gedachten Lagern (1), (2), ... (m), nach der willkürlichen lotrechten Verschiebung der Knotenreihe (2) um Δ_2 (z. B. $\Delta_2 = 1$ oder 2 oder 10); (vgl. auch Abb. 420a, b),

$F_1^{(m)}, F_2^{(m)}, \ldots F_m^{(m)}$ die Festhaltekräfte in den gedachten Lagern (1), (2), ... (m), nach der willkürlichen Verschiebung der Knotenreihe (m) um Δ_m,

$c_1, c_2, \ldots \ldots c_m$ die Umrechnungsfaktoren für die aus den willkürlichen Verschiebungen $\Delta_1, \Delta_2, \ldots \ldots \Delta_m$ berechneten Momente $M^{(1)}, M^{(2)}, \ldots \ldots M^{(m)}$.

9. Auflösung der gemäß Ziffer 8 aufgestellten Gleichungen nach den Unbekannten $c_1, c_2, \ldots c_m$ und Berechnung der endgültigen Momente nach der sinngemäß auch für lotrecht verschiebliche Tragwerke geltenden Beziehung (145)

$$M = M^{(0)} + c_1 M^{(1)} + c_2 M^{(2)} + \ldots c_m M^{(m)}. \tag{152}$$

Hierin bedeuten $M^{(0)}$ die Momente aus dem unverschieblich festgehaltenen Tragwerk für die gegebene Belastung gemäß Abb. 416b, ferner $M^{(1)}, M^{(2)}, \ldots M^{(m)}$ die den einzelnen Verschiebungszuständen $\Delta_1, \Delta_2, \ldots \Delta_m$ entsprechenden Momente gemäß Abb. 418b, 420b.

10. Durchführung der Rechenproben $\Sigma M = 0$ für die einzelnen Knotenpunkte sowie $\Sigma V = 0$ bzw. $F = 0$ für die einzelnen lotrecht verschieblichen Knotenreihen unter Verwendung der für die verschiedenen Belastungsarten aufgestellten Formeln (78) bis (80) und maßstäbliches Aufzeichnen der endgültigen M-Linie. (Vgl. Zahlenbeispiel Nr. 22.)

V. Das B.U.-Verfahren bei symmetrischen Tragwerken.

Die Anwendung des Cross-Verfahrens bei symmetrisch ausgebildeten und symmetrisch belasteten Tragwerken wurde bereits Seite 57 ff. eingehend behandelt. Es lassen sich in diesen Fällen wesentliche Vereinfachungen bei der Berechnung erzielen. Wenn aber die Belastung auf einem symmetrischen Tragwerk unsymmetrisch verteilt ist, so wäre das Tragwerk genau so zu berechnen wie ein

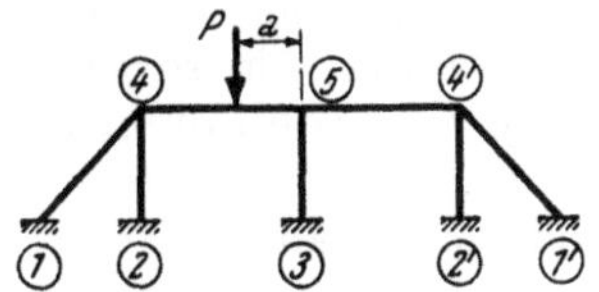

Abb. 422. Unverschiebliches symmetrisches Tragwerk mit unsymmetrischer Belastung P.

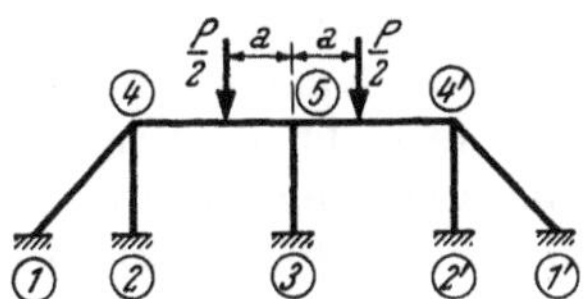

Abb. 422 a. Symmetrisch einwirkende Belastung $P/2$.

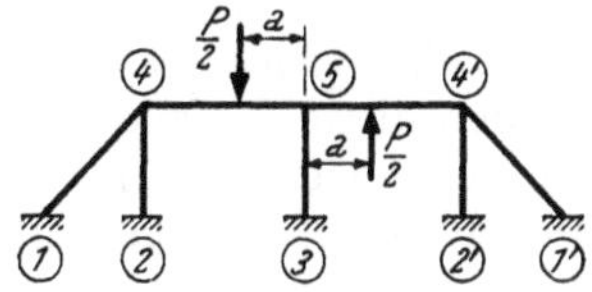

Abb. 422 b. Antimetrisch einwirkende Belastung $P/2$.

unsymmetrisch ausgebildetes System. Wendet man jedoch das sog. „B.U.-Verfahren" an, das in einer geschickten „Belastungs-Umordnung" besteht, so können die Vorteile der Symmetrie auch bei unsymmetrischer Belastung wieder ausgenutzt werden. Worin diese Vorteile bestehen, kann an einem einfachen Beispiel der Abb. 422 gezeigt werden. Dort ist ein symmetrisch gestaltetes unverschiebliches Tragwerk durch eine Einzellast P unsymmetrisch belastet. Diese Belastung kann durch zwei symmetrisch einwirkende Lasten $+ P/2$ gemäß Abb. 422a und durch zwei antimetrisch wirkende Lasten $+ P/2$ und $- P/2$ gemäß Abb. 422b ersetzt werden. Durch Überlagerung dieser beiden Ersatzbelastungen erhält man wieder die gegebene Belastung in Abb. 422. Man kann also auch den gesuchten M-Verlauf für die gegebene unsymmetrisch einwirkende Belastung P durch Überlagerung der M-Linien aus diesen beiden Ersatzbelastungsfällen ermitteln.

Der Vorteil bei der Verwendung dieses Verfahrens besteht somit darin, daß für die beiden fingierten Belastungsfälle nur jeweils eine Tragwerkshälfte in Betracht zu ziehen ist. Bei dem in Abb. 422 dargestellten unverschieblichen Tragwerk könnte also z. B. für den symmetrischen Belastungsfall gemäß

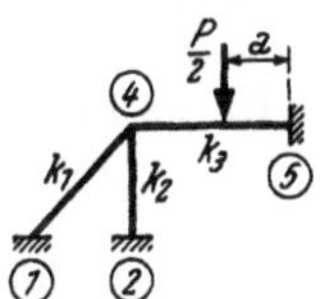

Abb. 423 a. System für den symmetrischen Lastfall aus Abb. 422a.

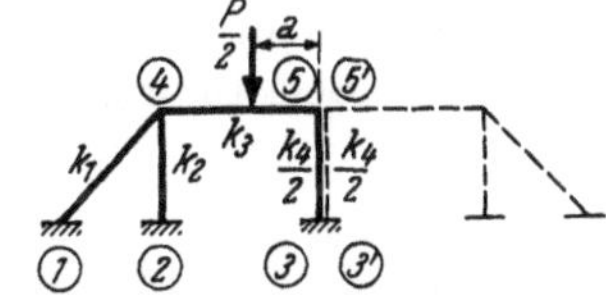

Abb. 423 b. System für den antimetrischen Lastfall aus Abb. 422b.

Abb. 422a das System in Abb. 423a in Rechnung gestellt werden, während für den antimetrischen Lastfall gemäß Abb. 422b nur das in Abb. 423b in vollen Linien gezeichnete Tragsystem in Betracht zu ziehen ist. Wie Seite 57 an Hand der Abb. 339 und 340 näher erläutert wurde, ist dabei für den Steifigkeitswert des in der Symmetrale gelegenen Stabes 3—5 nur der halbe Wert in Rechnung zu stellen. Die für diesen Stab erhaltenen Momente sind aber zu verdoppeln, weil auch in der zweiten Tragwerkshälfte der gleiche Wert auftritt. Durch Überlagerung der M-Werte aus den beiden Ersatzlastfällen erhält man bereits den gesuchten M-Verlauf für den gegebenen unsymmetrischen Lastfall nach Abb. 422.

Es ist aber auch hier bei der praktischen Durchführung der Rechnung stets zu unterscheiden zwischen Tragwerken mit „Knoten-Symmetralen" und Tragwerken mit „Stab-Symmetralen".

1. Tragwerke mit „Knoten-Symmetralen".

Hier nehmen jene symmetrischen Tragwerksformen eine Sonderstellung ein, die bei jeder Belastung unverschieblich sind. Solche Typen zeigen die Abb. 29 bis 36, 43 bis 47, 49 bis 54, 59 bis 61, 65 bis 67, 72 bis 76, 83 bis 85. Die Berechnung derartiger Tragwerke nach CROSS unter Verwendung des B.U.-Verfahrens kann genau so vorgenommen werden, wie an Hand der Abb. 422 erläutert worden ist und bietet keinerlei Schwierigkeiten (vgl. Zahlenbeispiel Nr. 3). Ob das B.U.-Verfahren ausschlaggebende Vorteile bringt, kann stets schon vor Beginn der Rechnung beurteilt werden; je mehr drehbare Knoten ein Tragwerk besitzt, um so größer werden diese Vorteile sein. Unverschiebliche Tragwerke, die nur einen drehbaren Knoten, sonst aber nur Gelenke und eingespannte Stabenden enthalten, wie z. B. die Systeme in den Abb. 29 bis 36, 46, 47, 51, 52 sind immer am einfachsten direkt zu berechnen.

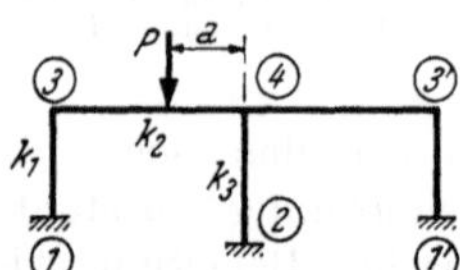 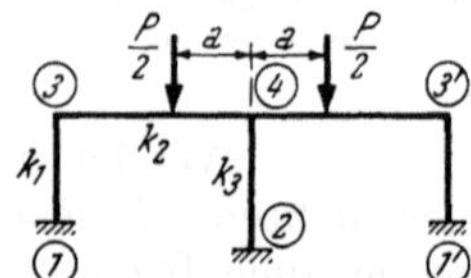 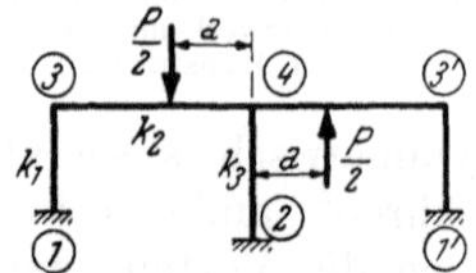

Abb. 424.   Verschiebliches symmetrisches Tragwerk mit unsymmetrischer   Belastung P.

Abb. 424a. Symmetrisch einwirkende Belastung P/2.

Abb. 424b. Antimetrisch einwirkende Belastung P/2.

Die Verwendung des B.U.-Verfahrens bei symmetrischen Tragwerken, die bei unsymmetrischer Belastung verschieblich sind, bedarf noch gewisser Erläuterungen. Derartige waagrecht verschiebliche Tragwerke mit Knoten-Symmetralen, für die das B.U.-Verfahren in Betracht kommt, zeigen z. B. die Abb. 90, 93, 94, 97, 98, 107 bis 115, 118 bis 120, 123, 124, 127, 128, 134 bis 137, 145 bis 147, 154, 156, 159.

Wenn also das B.U.-Verfahren z. B. für den in Abb. 424 ersichtlichen Rahmen zur Anwendung kommen soll, so sind an Stelle der gegebenen unsymmetrischen Belastung die in Abb. 424a, b angedeuteten Fälle von symmetrischer und antimetrischer Belastung getrennt in Rechnung zu stellen. Der in Abb. 424a gezeigte

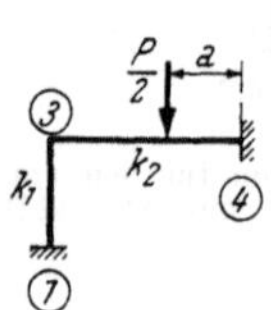 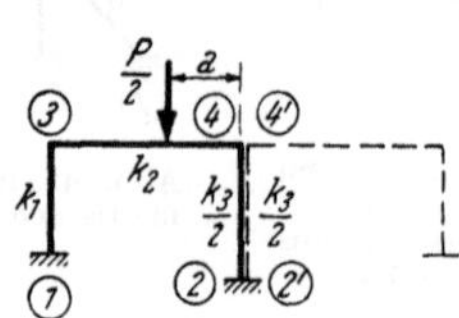

Abb. 425a. System für den symmetrischen Lastfall aus Abb. 424a.

Abb. 425b. System für den antimetrischen Lastfall aus Abb. 424b.

symmetrische Belastungsfall kann für die Berechnung durch den nur auf eine Tragwerkshälfte bezogenen Lastfall in Abb. 425a ersetzt werden, während an Stelle des antimetrischen Belastungsfalles gemäß Abb. 424b der in Abb. 425b mit vollen Linien dargestellte Tragwerksteil treten kann. Es ist dabei aber wieder zu beachten, daß für die Steifigkeitszahl des in der Symmetrale liegenden Rahmenstabes nur der halbe Wert von k_3 in Rechnung zu stellen ist und daß die für den antimetrischen Lastfall erhaltenen Momente in diesem Stiel zu verdoppeln sind. Nähere Erläuterungen dieser Zusammenhänge wurden bereits Seite 57 unter Bezugnahme auf die Abb. 339a und 340a gegeben.

Die zahlenmäßige Durchführung der Berechnung für die beiden Ersatzlastfälle kann in üblicher Weise nach CROSS vorgenommen werden; im vorliegenden Falle ist aber nur der Tragwerksteil nach Abb. 425a unverschieblich, der nach Abb. 425b hingegen verschieblich.

2. Tragwerke mit „Stab-Symmetralen“.

Auch hier ist für das praktische Rechnen zu unterscheiden zwischen Tragwerken, die bei jeder Belastung unverschieblich sind (vgl. z. B. Abb. 37 bis 42, 56 bis 58, 62 bis 64, 68, 77, 80 bis 82) und solchen, die nur bei symmetrischer Belastung keine Verschiebung erleiden (vgl. z. B. Abb. 87 bis 89, 91, 92, 95, 96, 99 bis 106, 116, 117, 121, 122, 129 bis 131, 138 bis 143, 148 bis 150, 152, 153, 155, 157, 158).

Ein Vertreter der erstgenannten Gruppe ist in Abb. 426 mit einer unsymmetrischen Belastung dargestellt. Die zugehörigen symmetrischen bzw. antimetrischen Ersatzlasten sind in Abb. 426a, b eingetragen. Der symmetrische

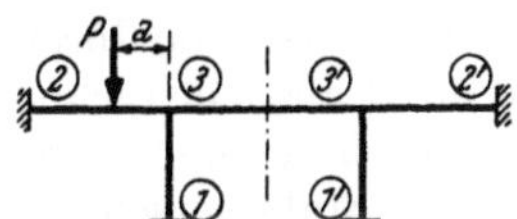

Abb. 426. Unverschiebliches symmetrisches Tragwerk mit unsymmetrischer Belastung P.

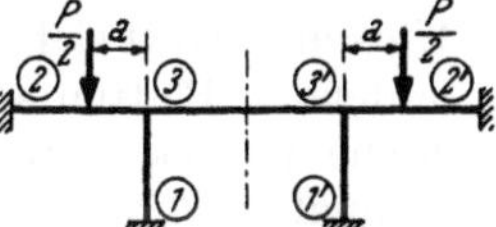

Abb. 426a. Symmetrisch einwirkende Belastung $P/2$.

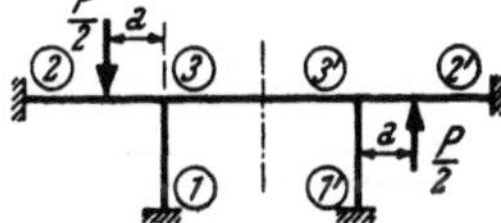

Abb. 426b. Antimetrisch einwirkende Belastung $P/2$.

Belastungsfall gemäß Abb. 426a kann in üblicher Weise nach CROSS für eine Tragwerkshälfte berechnet werden, wenn für den Symmetriestab nach (41) die Steifigkeitszahl $k' = 0{,}5\,k$ verwendet wird.

Aber auch die Berechnung des antimetrischen Lastfalles gemäß Abb. 426b kann nach CROSS auf das halbe Tragwerk beschränkt werden, wenn für den Symmetriebstab nach (46) als Steifigkeitszahl der Wert $k'' = 1{,}5\,k$ eingesetzt wird.

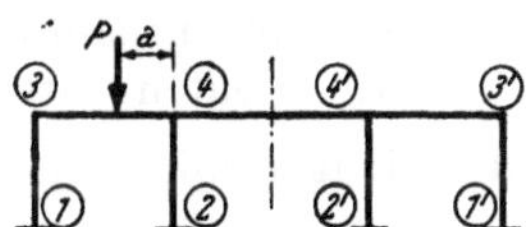

Abb. 427. Verschiebliches symmetrisches Tragwerk mit unsymmetrischer Belastung P.

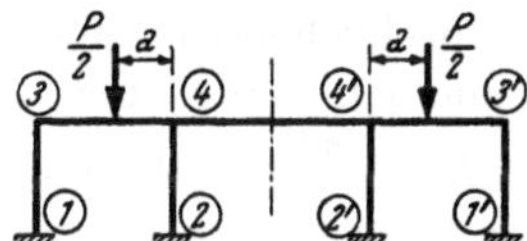

Abb. 427a. Symmetrisch einwirkende Belastung $P/2$.

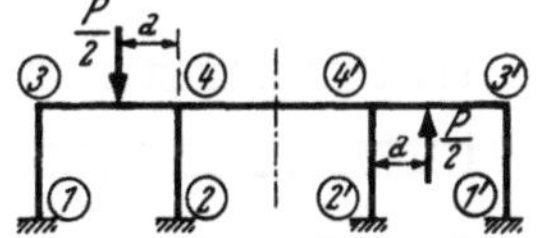

Abb. 427b. Antimetrisch einwirkende Belastung $P/2$.

Ein Beispiel aus der anderen Gruppe von symmetrischen Tragwerken mit Stab-Symmetralen, die bei unsymmetrischer Belastung verschieblich sind, zeigt Abb. 427. Die symmetrische und antimetrische Ersatzbelastung ist aus Abb. 427a, b ersichtlich. Auch hier kann in beiden Fällen die Berechnung auf das halbe Tragwerk beschränkt werden, wenn für die Steifigkeitszahl des Symmetriestabes bei symmetrischer Belastung der Wert $k' = 0{,}5\,k$, bei antimetrischer Belastung der Wert $k'' = 1{,}5\,k$ eingeführt wird. Es ist nur zu beachten, daß das Tragwerk für den symmetrischen Belastungsfall der Abb. 427a unverschieblich, für den antimetrischen Belastungsfall gemäß Abb. 427b aber verschieblich ist. Es können hier somit die Seite 90ff. und 108ff. eingehend behandelten Verfahren I bzw. II angewendet werden (vgl. auch Zahlenbeispiel Nr. 18).

Bei Tragwerken, deren Symmetrale sowohl Knotenpunkte als auch Stabmitten schneidet, sind die hier für beide Tragwerkstypen getrennt gegebenen Darlegungen sinngemäß zu kombinieren (vgl. Zahlenbeispiel Nr. 7).

Dritter Abschnitt.

Tragwerke mit Vouten.

I. Allgemeines.

Die wirtschaftlichen Vorteile, die eine zweckmäßige Verwendung von Vouten bei Rahmentragwerken und Durchlaufträgern mit sich bringen kann, sind bereits allgemein bekannt und werden sowohl im Brückenbau als auch im Hochbau und namentlich im Hallenbau reichlich genutzt[1]. Die günstige Wirkung solcher Vouten besteht vor allem darin, daß sie bei entsprechend kräftiger Ausbildung die Feld-momente wesentlich verkleinern und damit in diesem Bereich eine willkommene Ver-minderung der Querschnittsabmessungen und des Eigengewichtes ermöglichen.Dieser Umstand wirkt sich auch bei weitgespannten durch-laufenden Platten sehr vorteilhaft aus. Die rechne-rische Berücksichtigung der durch solche Vouten bedingten Veränderlichkeit der Stabquerschnitte wird durch die umfassenden Hilfstafeln im Dritten Teil des Buches wesentlich erleichtert und bringt auf diese Weise nur eine geringfügige Mehrarbeit auch bei der Berechnung hochgradig statisch unbestimmter Tragwerke mit sich.

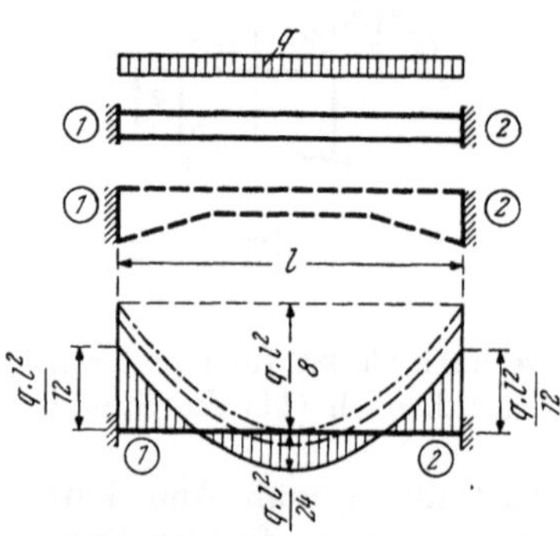

Abb. 428. M-Linien eines beidseitig voll eingespannten Trägers ohne Vouten (—), mit symmetrischen Vouten (----) und im Grenzfall (–·–·–).

Der Einfluß der Vouten-Wirkung kann am besten an einfacheren statisch unbestimmten Systemen dargelegt werden. So zeigt z. B. Abb. 428 die M-Linie für einen beidseitig voll einge-spannten Träger ohne Vouten (in vollen Linien) und vergleichsweise mit Vouten (gestrichelt) bei durchgehender Gleichlast. Das Volleinspann-moment für den Träger ohne Vouten ist $\mathfrak{M} = \dfrac{q\,l^2}{12}$, während es bei dem Träger mit sym-metrischen Vouten $\mathfrak{M} = \varkappa\,\dfrac{q\,l^2}{12}$ wird. Der Wert $\varkappa$ ist von der Voutenform abhängig und kann aus den Hilfstafeln 17 und 18 bzw. 17a und 18a entnommen werden. Im Grenzfalle nimmt $\varkappa$ bei beidseitig gleichen Vouten den Wert 1,5 an. Das Einspannmoment beträgt dann $\dfrac{q\,l^2}{8}$, ist in diesem Falle also um 50% größer als bei dem Träger ohne Vouten. Das zugehörige Feldmoment wäre für diesen theoretischen Grenzfall gleich Null (vgl. strichpunktierte Linie in Abb. 428).

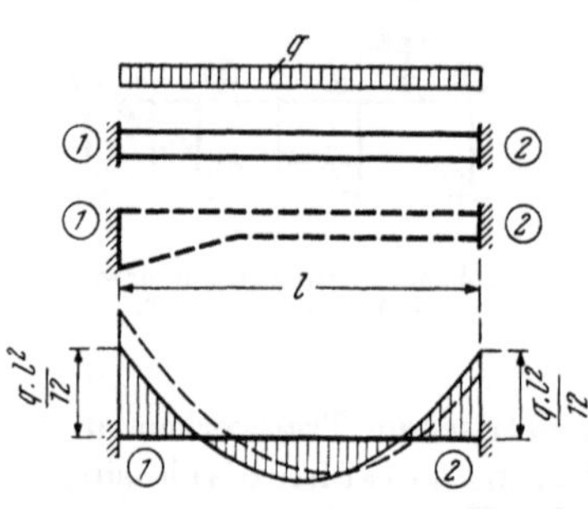

Abb. 429. M-Linien eines beidseitig voll eingespannten Trägers ohne Vouten (—) und mit einseitiger Voute (-----).

Eine ähnliche Vergleichsbetrachtung zeigt Abb. 429 für einen beidseitig voll eingespannten Träger ohne Vouten und mit einer einseitigen Voute. Bei Stäben ohne Vouten sind wieder beide Einspannmomente gleich groß, bei Stäben

---

[1] STRASSNER: Neuere Methoden, 5. Aufl., Berlin 1951.— SUTER: Methode der Festpunkte, 3. Aufl., Berlin 1951. — MANN: Theorie der Rahmenwerke, Berlin 1927. — BEYER: Die Statik im Eisenbetonbau, 2. Aufl., Berlin 1948. — KRUCK, Methode der Grundkoordinaten, Zürich 1937. DISCHINGER, in Schleicher, Taschenbuch für Bauingenieure, Berlin 1949. GULDAN: Rahmen-tragwerke und Durchlaufträger, 5. Aufl., Wien 1952.

mit einseitiger Voute wird auf der Voutenseite $\mathfrak{M}_1 = \varkappa_1 \dfrac{q\,l^2}{12}$, auf der anderen Seite $\mathfrak{M}_2 = \varkappa_2 \dfrac{q\,l^2}{12}$.

Die Werte $\varkappa_1$ und $\varkappa_2$ sind aus den Tafeln 15 und 16 bzw. 15a und 16a zu entnehmen. Aus diesen Tafeln ist zu ersehen, daß im Grenzfalle $\varkappa_1 = 6$ und $\varkappa_2 = 0$ wird, daß also hier theoretisch das Volleinspannmoment auf der Voutenseite sechsmal so groß werden kann wie bei einem Träger ohne Vouten; es erreicht dann den Wert $\dfrac{q\,l^2}{2}$. Das gleichzeitig auf der anderen Seite des Stabes auftretende Moment wird in diesem Grenzfall gleich Null.

Wie sich der Einfluß der Vouten in praktisch sehr häufig vorkommenden Fällen auswirkt, sei vorweg durch die Abb. 430 und 431 angedeutet, wo die Momentenlinien für einen Zweifeldträger und einen Dreifeldträger ohne Vouten und mit Vouten bei durchgehender Gleichlast q vergleichsweise dargestellt sind. Für die Beurteilung ist von Bedeutung, daß in allen diesen Fällen die Feldmomente erheblich reduziert

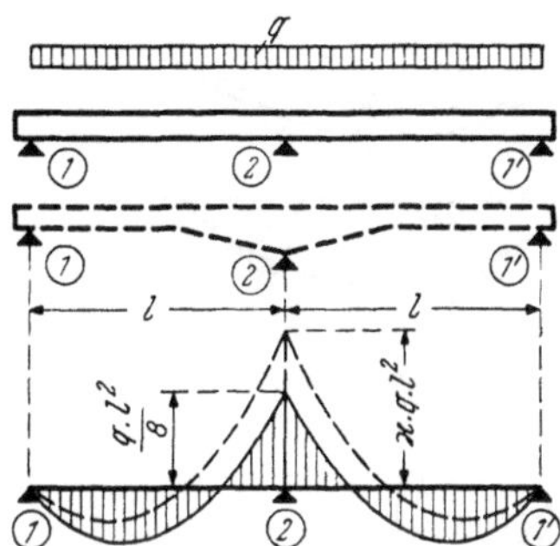

Abb. 430. M-Linien eines 2-Feldträgers ohne Vouten (—) und mit Vouten (----).

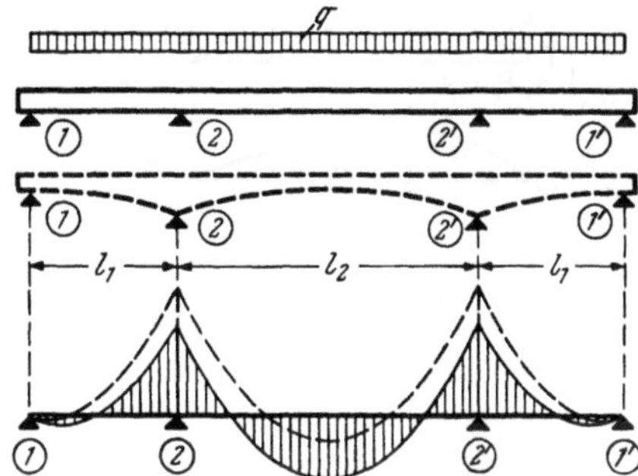

Abb. 431. M-Linien eines 3-Feldträgers ohne Vouten (—) und mit Vouten (-----).

werden können und damit besonders bei großen Spannweiten im Brücken- und Hallenbau geringere Querschnittsabmessungen und damit auch geringere Feldbelastungen erzielt werden. Das gleichzeitige Anwachsen der Stützenmomente ist aber kaum nachteilig, weil sich dort durch die vergrößerten Querschnittshöhen in der Regel sogar eine kleinere Bewehrung zur Aufnahme dieser vergrößerten Momente und zur Durchführung der Schubsicherung ergibt.

Zur weiteren Klärung aller mit der praktischen Anwendung von Vouten zusammenhängenden Fragen sollen auch die in diesem Buche enthaltenen Zahlenbeispiele beitragen. Viele der behandelten Tragwerke wurden nämlich für die gleiche Belastung sowohl mit Vouten als auch ohne Vouten durchgerechnet, so daß an Hand der erhaltenen Ergebnisse anschauliche Vergleiche über das Ausmaß des Vouteneinflusses und über seine wirtschaftlichen Auswirkungen durchgeführt werden können.

II. Rechnungsgrundlagen.

1. Beziehungen zwischen Stabendmomenten und Stabenddrehwinkeln.

Zur Erläuterung dieser wichtigen Beziehungen, die auch die statischen Grundlagen des CROSS-Verfahrens bilden und namentlich zur Ermittlung der verschiedenen Stabsteifigkeitswerte, der Volleinspannmomente $\mathfrak{M}$, der Verteilungszahlen μ und der Überleitungszahlen γ dienen, wird derselbe Weg eingeschlagen, der bei der

Darlegung des Drehwinkelverfahrens in dem Buche des Verfassers „Rahmentragwerke und Durchlaufträger"[1] gewählt worden ist. Die dort benutzten Bezeichnungen, die bereits in verschiedene einschlägige Fachbücher übernommen
worden sind, werden hier im wesentlichen beibehalten, soweit dies auch für die

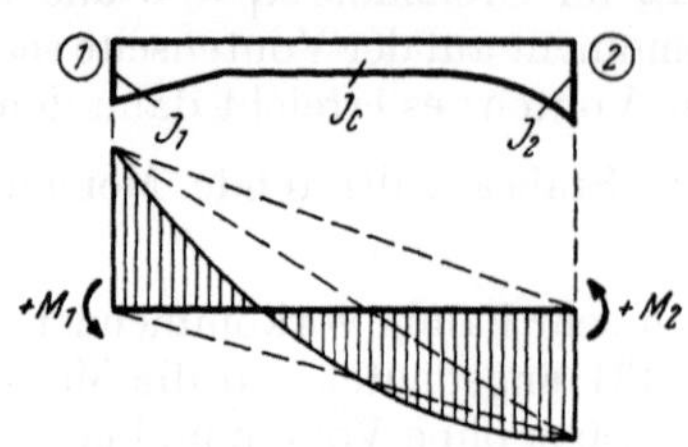

Abb. 432a. Gegebener M-Verlauf für einen
Rahmenstab 1—2.

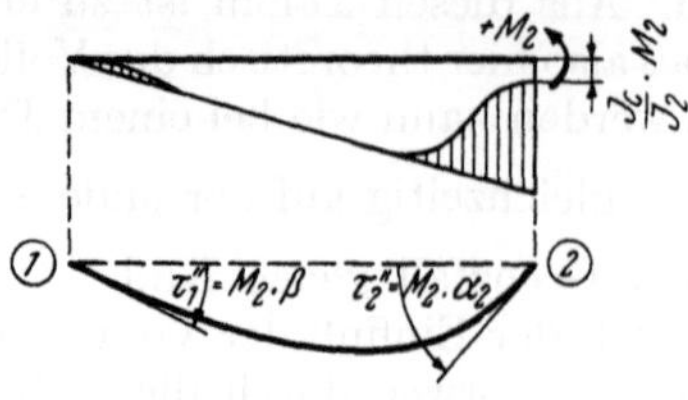

Abb. 432e. M-Linie und Biegelinie für
$+ M_2$.

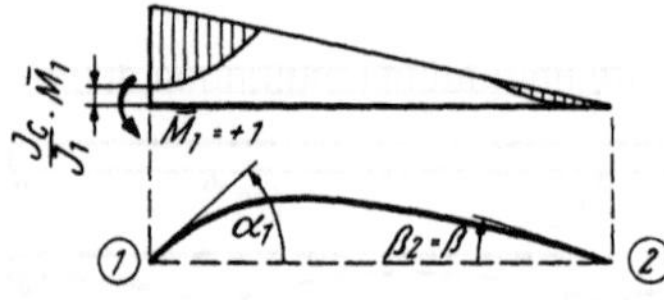

Abb. 432b. M-Linie und Biegelinie für
$\overline{M}_1 = + 1$.

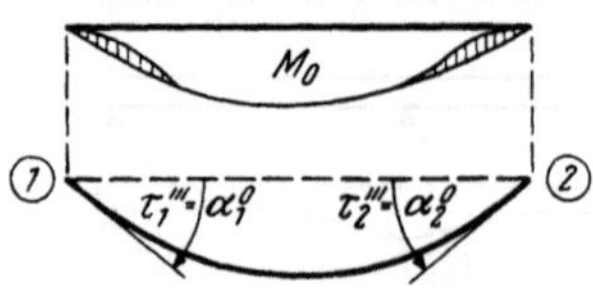

Abb. 432f. M_0-Linie und zugehörige
Biegelinie.

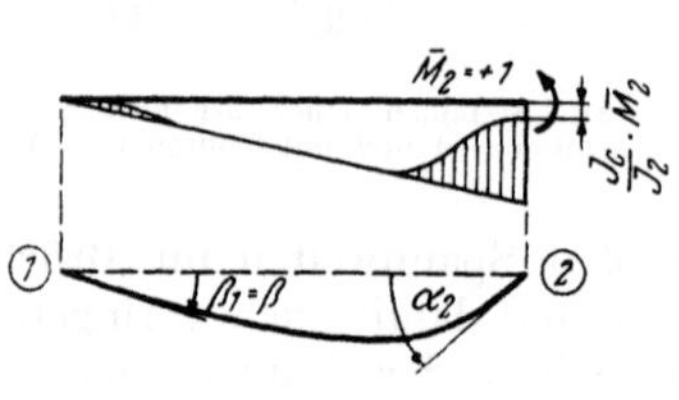

Abb. 432c. M-Linie und Biegelinie für
$\overline{M}_2 = + 1$.

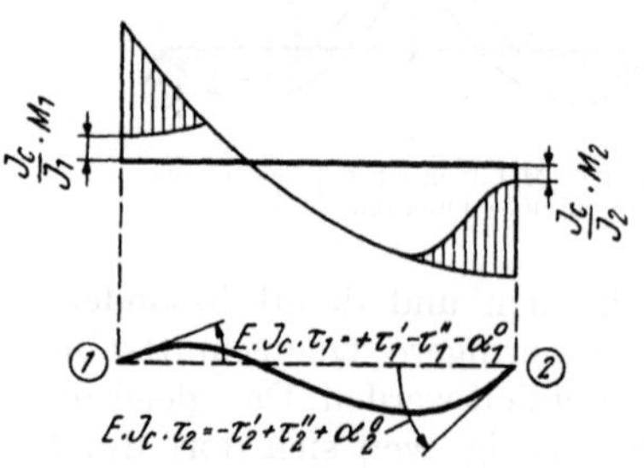

Abb. 432g. Gegebene M-Linie und zugehörige Biegelinie durch Überlagerung von
Abb. 432d, e, f.

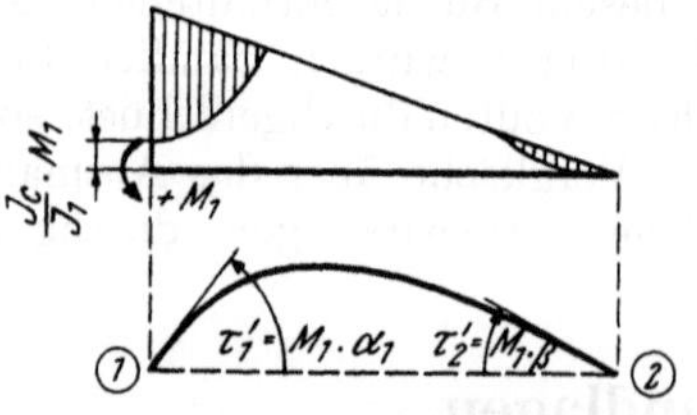

Abb. 432d. M-Linie und Biegelinie für
$+ M_1$.

Abb. 432a bis g. Beziehungen zwischen
Endtangentenwinkeln und M-Linien bei
Rahmenstäben mit veränderlichen Querschnitten.

CROSS-Methode zweckmäßig erscheint (vgl. Abb. 362 und 363). Die Vorzeichenregeln für die Stabendmomente und Formänderungsgrößen wurden schon Seite 71
festgelegt.

---

[1] 5. Aufl. S. 57 ff.

Um die Ableitungen der einzelnen Beziehungen möglichst allgemein zu halten, wird ein Stab mit beliebigen Auflagerverstärkungen, also beliebig veränderlichen Stabquerschnitten, angenommen. Für einen solchen Stab, dessen M-Verlauf gemäß Abb. 432a für irgendeine Belastung zunächst als gegeben vorausgesetzt wird, sollen nun die zugehörigen Endtangentenwinkel τ_1 und τ_2 der Biegelinie in bezug auf die Stabsehne ermittelt werden.

Zur Lösung dieser Aufgabe kann ein Satz von MOHR Verwendung finden, der für einen Stab mit gleichbleibendem Elastizitätsmodul E, einem beliebig veränderlichen Trägheitsmoment J und einem Vergleichswert J_c folgendermaßen lautet:

„Die EJ_c-fachen Endtangentenwinkel der Biegelinie eines Stabes sind gleich den Auflagerdrücken A_1 und A_2 der als Belastung aufgefaßten J_c/J-fach verzerrten M-Fläche dieses Stabes".

Wenn man also mit τ_1 und τ_2 die wahren Werte der Endtangentenwinkel bezeichnet, dann wird

$$EJ_c\tau_1 = A_1 \quad \text{und} \quad EJ_c\tau_2 = A_2. \tag{153}$$

Um diesen Satz von MOHR in anschaulicher Weise auf den vorliegenden Fall anwenden zu können, ist es zweckmäßig, den in Abb. 432a gegebenen M-Verlauf in folgende *drei* Anteile zu zerlegen, die am frei aufliegenden Träger wirken:

1. Momentenverlauf infolge $+ M_1$ am Stabende 1 (Abb. 432d),
2.   „   „ $+ M_2$ „   „   2 (Abb. 432e),
3.   „   „   der äußeren Belastung (Abb. 432f).

Für alle drei Fälle können die Endtangentenwinkel als Auflagerdrücke der jeweils J_c/J-fach verzerrten M-Fläche getrennt bestimmt werden und man erhält dann folgende *drei* Anteile:

Für den *ersten* Fall τ'_1, τ'_2, für den *zweiten* Fall τ''_1, τ''_2 und für den *dritten* Fall α^0_1 und α^0_2.

Durch Überlagerung dieser drei Fälle erhält man unter Beachtung der aus den Abbildungen sich ergebenden Vorzeichen aller Winkelwerte (entgegen dem Uhrzeigersinn positiv):

$$\begin{aligned} EJ_c\tau_1 &= + \tau'_1 - \tau''_1 - \alpha^0_1 \\ EJ_c\tau_2 &= - \tau'_2 + \tau''_2 + \alpha^0_2. \end{aligned} \tag{154}$$

In Abb. 432g ist die Überlagerung durchgeführt. Die oben genannten Belastungsfälle 1 und 2, die sich getrennt auf die Stabendmomente $+ M_1$ und $+ M_2$ beziehen, können unter Verwendung des Proportionalitätsgesetzes auch so behandelt werden, daß man zunächst nur die Einheitsmomente angreifen läßt, und zwar im ersten Fall das Moment $\overline{M}_1 = + 1$ (vgl. Abb. 432b) und im zweiten Fall das Moment $\overline{M}_2 = + 1$ (vgl. Abb. 432c). Die diesen Einheitsmomenten entsprechenden EJ_c-fachen Endtangentenwinkel α_1 und β_2 bzw. α_2 und β_1 können nach dem MOHRschen Satz wieder als Auflagerdrücke der zugehörigen J_c/J-fachen M-Flächen bestimmt werden. In den Abb. 432b und 432c sind diese Überlegungen veranschaulicht und auch die den beiden Endmomenten $\overline{M}_1 = + 1$ bzw. $\overline{M}_2 = + 1$ entsprechenden Biegelinien dargestellt.

Nach dem MAXWELLschen Satz von der Gegenseitigkeit der Formänderungen muß $\beta_1 = \beta_2$ sein. Der β-Wert braucht daher nur einmal berechnet zu werden, und es wird künftig einfach

$$\beta_1 = \beta_2 = \beta \tag{155}$$

gesetzt; es ist darunter jener EJ_c-fach verzerrte Endtangentenwinkel zu verstehen, der bei der Belastung des einen Stabendes mit dem Einheitsmoment $\overline{M} = +1$ am gegenüberliegenden Stabende auftritt.

Gemäß Abb. 432d ergeben sich daher aus dem Belastungsfall 1 für ein beliebiges Moment M_1 die EJ_c-fach verzerrten Endtangentenwinkel τ'_1 und τ'_2 nach dem Proportionalitätsgesetz mit

$$\tau'_1 = M_1\,\alpha_1 \quad \text{und} \quad \tau'_2 = M_1\,\beta. \tag{156}$$

Ebenso erhält man nach Abb. 432e aus dem Belastungsfall 2 für ein beliebiges Moment M_2 die EJ_c-fachen Endtangentenwinkel τ''_1 und τ''_2 mit

$$\tau''_1 = M_2\,\beta \quad \text{und} \quad \tau''_2 = M_2\,\alpha_2. \tag{157}$$

Führt man diese Ausdrücke in (154) ein, so erhält man

$$\boxed{\begin{aligned} EJ_c\,\tau_1 &= +\,M_1\alpha_1 - M_2\beta - \alpha^0_1 \\ EJ_c\,\tau_2 &= -\,M_1\beta + M_2\alpha_2 + \alpha^0_2. \end{aligned}} \tag{158}$$

In den vorstehenden Gleichungen, die später bei der Ermittlung der Steifigkeitswerte für verschiedene Sonderfälle noch öfter gebraucht werden, sind die gesuchten Endtangentenwinkel τ_1 und τ_2 unter Bezugnahme auf die Abb. 432a bis g als Funktion der Stabendmomente M_1, M_2 sowie der nur von der Stabform abhängigen Winkelwerte α_1, α_2, β und der äußeren Belastung (durch die Winkelwerte α^0_1 und α^0_2) ausgedrückt.

2. Formeln für die Stabendmomente.

Durch Auflösung der beiden Gleichungen (158) nach M_1 und M_2 ergeben sich umgekehrt die Stabendmomente für einen Stab 1—2 als Funktion der Endtangentenwinkel τ_1, τ_2, der Winkelwerte α_1, α_2, β und der Stabbelastung (α^0_1, α^0_2), und zwar erhält man:

$$\begin{aligned} M_1 &= \frac{EJ_c\,\alpha_2}{\alpha_1\alpha_2 - \beta^2}\cdot\tau_1 + \frac{EJ_c\,\beta}{\alpha_1\alpha_2 - \beta^2}\cdot\tau_2 + \frac{\alpha_2}{\alpha_1\alpha_2 - \beta^2}\cdot\alpha^0_1 - \frac{\beta}{\alpha_1\alpha_2 - \beta^2}\cdot\alpha^0_2 \\ M_2 &= \frac{EJ_c\,\beta}{\alpha_1\alpha_2 - \beta^2}\cdot\tau_1 + \frac{EJ_c\,\alpha_1}{\alpha_1\alpha_2 - \beta^2}\cdot\tau_2 + \frac{\beta}{\alpha_1\alpha_2 - \beta^2}\cdot\alpha^0_1 - \frac{\alpha_1}{\alpha_1\alpha_2 - \beta^2}\cdot\alpha^0_2. \end{aligned} \tag{159}$$

Für die in den vorstehenden Ausdrücken auftretenden Festwerte, die nur von den Stababmessungen abhängen, können die vereinfachenden Bezeichnungen a_1, a_2, b eingeführt werden, und zwar:

$$\boxed{a_1 = \frac{EJ_c\,\alpha_2}{\alpha_1\alpha_2 - \beta^2}\,; \qquad a_2 = \frac{EJ_c\,\alpha_1}{\alpha_1\alpha_2 - \beta^2}\,; \qquad b = \frac{EJ_c\,\beta}{\alpha_1\alpha_2 - \beta^2}.} \tag{160}$$

Damit lauten die Gl. (159):

$$\begin{aligned} M_1 &= a_1\tau_1 + b\,\tau_2 + \frac{1}{EJ_c}\,(a_1\alpha^0_1 - b\,\alpha^0_2) \\ M_2 &= b\,\tau_1 + a_2\tau_2 + \frac{1}{EJ_c}\,(b\,\alpha^0_1 - a_2\alpha^0_2). \end{aligned} \tag{161}$$

Diese Gleichungen können in eine für Rahmentragwerke zweckmäßigere Form gebracht werden, wenn man an Stelle der Endtangentenwinkel τ die Knotendrehwinkel φ und die Stabdrehwinkel ψ einführt. Nach den schon früher aufgestellten Beziehungen (52) ist nämlich unter Bezugnahme auf Abb. 362

$$\tau_1 = \varphi_1 + \psi \quad \text{und} \quad \tau_2 = \varphi_2 + \psi. \tag{162}$$

Damit gehen die Gl. (161) über in:

$$M_1 = a_1\varphi_1 + b\varphi_2 + (a_1 + b)\,\psi + \frac{1}{EJ_c}\,(a_1\alpha^0{}_1 - b\alpha^0{}_2)$$

$$M_2 = a_2\varphi_2 + b\varphi_1 + (a_2 + b)\,\psi + \frac{1}{EJ_c}\,(b\alpha^0{}_1 - a_2\alpha^0{}_2).$$

$$(163)$$

Setzt man

$$c_1 = a_1 + b \quad \text{und} \quad c_2 = a_2 + b \tag{164}$$

und weiter

$$\mathfrak{M}_1 = \frac{1}{EJ_c}\,(a_1\alpha^0{}_1 - b\alpha^0{}_2) \quad \text{und} \quad \mathfrak{M}_2 = \frac{1}{EJ_c}\,(b\alpha^0{}_1 - a_2\alpha^0{}_2), \tag{165}$$

so erhält man die Formeln für die Anschlußmomente eines Rahmenstabes 1—2 mit beliebig veränderlichen Querschnitten in übersichtlicher Schreibweise:

$$\boxed{\begin{aligned} M_1 &= a_1\varphi_1 + b\varphi_2 + c_1\psi + \mathfrak{M}_1 \\ M_2 &= a_2\varphi_2 + b\varphi_1 + c_2\psi + \mathfrak{M}_2. \end{aligned}} \tag{166}$$

Führt man gemäß (51) an Stelle von ψ die Verschiebungsgröße $\varDelta$ ein, so nehmen diese Gleichungen folgende Form an:

$$\boxed{\begin{aligned} M_1 &= a_1\varphi_1 + b\varphi_2 + \frac{c_1}{l}\cdot\varDelta + \mathfrak{M}_1 \\ M_2 &= a_2\varphi_2 + b\varphi_1 + \frac{c_2}{l}\cdot\varDelta + \mathfrak{M}_2. \end{aligned}} \tag{167}$$

Der bei der Berechnung nach Cross häufig gebrauchte Ausdruck für die Summe der beiden Anschlußmomente M_1 und M_2 für einen Stab 1—2 ergibt sich unmittelbar aus (167) mit

$$M_1 + M_2 = c_1\varphi_1 + c_2\varphi_2 + \frac{c_1 + c_2}{l}\cdot\varDelta + \mathfrak{M}_1 + \mathfrak{M}_2. \tag{168}$$

In der Rahmenberechnung ist meist eine genauere Bezeichnung der Stabendmomente M und der Stabfestwerte a, b, c erwünscht, um Verwechslungen zu vermeiden. Man verwendet daher für diese Werte auch hier wieder besser zwei Zeiger. Es lauten dann für einen Stab (ν) mit den Endpunkten m und n die Formeln (167) für die Stabendmomente $M_{m,n}$ und $M_{n,m}$ folgendermaßen:

$$\boxed{\begin{aligned} M_{m,n} &= a_{m,n}\varphi_m + b_\nu\varphi_n + \frac{c_{m,n}}{l_\nu}\cdot\varDelta_\nu + \mathfrak{M}_{m,n} \\ M_{n,m} &= a_{n,m}\varphi_n + b_\nu\varphi_m + \frac{c_{n,m}}{l_\nu}\cdot\varDelta_\nu + \mathfrak{M}_{n,m}. \end{aligned}} \tag{169}$$

Hierin bedeuten gemäß Abb. 433 analog (160) bzw. (164)

$$\left.\begin{aligned} a_{m,n} &= \frac{EJ_c\cdot\alpha_{n,m}}{\alpha_{m,n}\cdot\alpha_{n,m} - \beta^2{}_\nu} \quad\ldots\ \text{(Festwert }a\text{ für das Stabende }m\text{)} \\ a_{n,m} &= \frac{EJ_c\cdot\alpha_{m,n}}{\alpha_{m,n}\cdot\alpha_{n,m} - \beta^2{}_\nu} \quad\ldots\ \text{(Festwert }a\text{ für das Stabende }n\text{)} \\ b_\nu &= \frac{EJ_c\cdot\beta_\nu}{\alpha_{m,n}\cdot\alpha_{n,m} - \beta^2{}_\nu} \quad\ldots\ \text{(Festwert }b\text{ des Stabes }\nu\text{)} \end{aligned}\right\} \tag{170}$$

$$\left.\begin{aligned} c_{m,n} &= a_{m,n} + b_\nu \quad\ldots\ \text{(Festwert }c\text{ für das Stabende }m\text{)} \\ c_{n,m} &= a_{n,m} + b_\nu \quad\ldots\ \text{(Festwert }c\text{ für das Stabende }n\text{)} \end{aligned}\right\} \tag{171}$$

$\mathfrak{M}_{m,n}$ und $\mathfrak{M}_{n,m}$ $\quad\ldots\ $ (Volleinspannmomente an den Stabenden m und n).

Die vorstehenden Formeln gelten allgemein für unsymmetrisch ausgebildete Stäbe; für symmetrische Stäbe wird einfach $a_{m,n} = a_{n,m}$ und damit auch $c_{m,n} = c_{n,m}$.

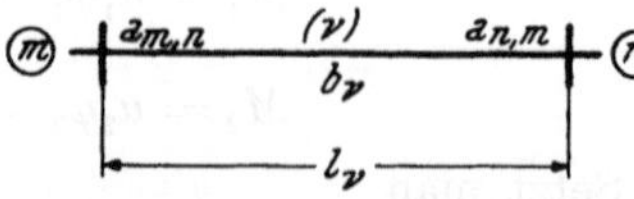

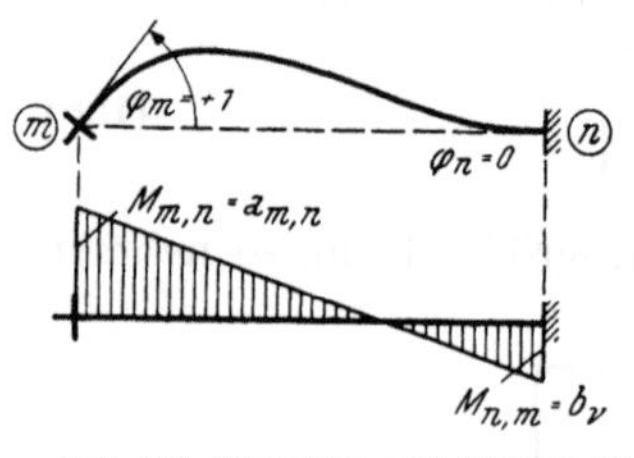

Abb. 433. Festwerte eines Rahmenstabes $m - n$.

3. Statische Deutung der Stabfestwerte a, b, c.

Aus den Formeln (169) ist sofort ersichtlich, daß die Stabfestwerte a, b, c die Dimension eines Momentes haben müssen, da die Drehwinkel φ unbenannte Zahlen sind. Einen besseren Überblick über die statische Bedeutung dieser Werte erhält man, wenn in den Gleichungen für die Stabendmomente jeweils alle übrigen Glieder zum Verschwinden gebracht werden. Setzt man z. B. in (169) $\varphi_n = 0$, $\varDelta_\nu = 0$, $\mathfrak{M}_{m,n} = 0$, $\mathfrak{M}_{n,m} = 0$, so erhält man

$$M_{m,n} = a_{m,n}\,\varphi_m; \quad M_{n,m} = b_\nu\varphi_m. \qquad (172)$$

Für $\varphi_m = 1$ wird weiter

$$M_{m,n} = a_{m,n} \quad \text{und} \quad M_{n,m} = b_\nu, \qquad (173)$$

d. h. der Stabfestwert $a_{m,n}$ kann statisch als jenes Moment $M_{m,n}$ gedeutet werden, das am Stabende m eine Verdrehung $\varphi_m = 1$ erzeugt, wenn gleichzeitig alle übrigen Formänderungsgrößen des Stabes gleich Null sind und der Stab unbelastet ist. Ebenso kann der Stabfestwert b_ν als jenes Moment aufgefaßt werden, das unter denselben Voraussetzungen am entgegengesetzten Stabende, also am voll eingespannten Ende, auftritt (Abb. 434).

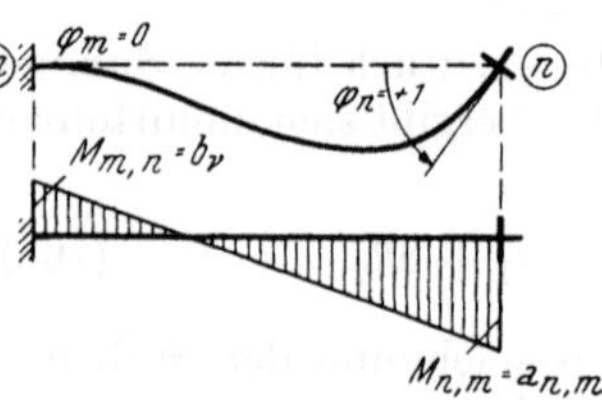

Abb. 434. Biegelinie und M-Linie für $\varphi_m = +1$ und $\varphi_n = 0$.

Für den Stabfestwert $a_{n,m}$ gilt sinngemäß die gleiche Überlegung (vgl. Abb. 435).

Um über die Bedeutung der c-Werte Aufschluß zu erhalten, setzt man $\varphi_m = 0$, $\varphi_n = 0$, $\mathfrak{M}_{m,n} = 0$, $\mathfrak{M}_{n,m} = 0$. Für diesen Fall lauten die Gl. (169)

$$M_{m,n} = c_{m,n} \cdot \frac{\varDelta_\nu}{l_\nu} \quad \text{und} \quad M_{n,m} = c_{n,m} \cdot \frac{\varDelta_\nu}{l_\nu}. \qquad (174)$$

Für $\varDelta_\nu = l_\nu$, d. h. für $\psi = 1$ erhält man

$$M_{m,n} = c_{m,n} \quad \text{und} \quad M_{n,m} = c_{n,m}, \qquad (175)$$

d. h. die Stabfestwerte $c_{m,n}$ und $c_{n,m}$ können statisch als jene Stabendmomente $M_{m,n}$ bzw. $M_{n,m}$ gedeutet werden, die bei einer Stabverdrehung $\psi = 1$ an dem Stabende m bzw. n auftreten, wenn gleichzeitig die

Abb. 435. Biegelinie und M-Linie für $\varphi_m = 0$ und $\varphi_n = +1$.

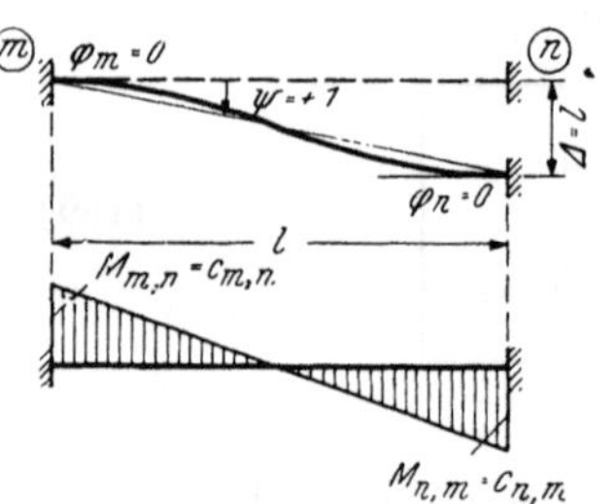

Abb. 436. Biegelinie und M-Linie für $\psi = +1$, $\varphi_m = 0$, $\varphi_n = 0$.

Abb. 434 bis 436. Statische Deutung der Stabfestwerte a, b, c.

übrigen Formänderungsgrößen des Stabes verschwinden und der Stab selbst unbelastet ist (Abb. 436).

Die Stabfestwerte a_1, a_2, b sind kennzeichnend für die Steifigkeit eines Stabes mit beliebig veränderlichen Querschnitten und können daher auch als ,,Steifigkeitszahlen'' bezeichnet werden.

4. Zusammenhänge zwischen den „absoluten" und „relativen" Stabfestwerten a, b, c.

Bei der Ermittlung der Momente von Rahmentragwerken braucht man auch hier nicht mit den „absoluten", also wirklichen Werten der Steifigkeitszahlen a^*_1, a^*_2, b^* zu rechnen, sondern kann zur Vereinfachung der gesamten Berechnung „relative" Werte a_1, a_2, b verwenden. Man kann somit z. B. anstatt der nach (160) bzw. (170) bestimmbaren „wahren" Werte auch die z-fach verzerrten, also „relativen" Werte

$$a_1 = a^*_1 \cdot z; \qquad a_2 = a^*_2 \cdot z; \qquad b = b^* \cdot z \qquad (176)$$

in Rechnung stellen. Der Verzerrungsfaktor z kann hierbei so gewählt werden, daß sich der Wert E aus den Formeln (160) bzw. (170) wegkürzt. Man wählt am besten in Anlehnung an (12)

$$z = \frac{1}{EJ_0}, \qquad (177)$$

wobei für J_0 wieder ein öfter auftretendes Trägheitsmoment oder ein zweckmäßig gewählter runder Wert zu setzen ist. Nimmt man z. B. für $J_0 = 0,001$ m⁴, so wird der Verzerrungsfaktor nach (177)

$$z = \frac{1000}{E} \qquad (177\,\text{a})$$

und man erhält die für die praktische Berechnung bequemer verwendbaren „relativen" Stabfestwerte nach (176) mit

$$a_1 = a^*_1 \cdot \frac{1000}{E}; \qquad a_2 = a^*_2 \cdot \frac{1000}{E}; \qquad b = b^* \cdot \frac{1000}{E}. \qquad (178)$$

Mit diesen „relativen" Stabfestwerten kann man aber auch sämtliche Formänderungswerte, z. B. die Stabendverschiebungen Δ bzw. Knotenverschiebungen δ sowie die Drehwinkel φ, ψ, τ, α und Durchbiegungen f in ihrer wahren Größe ermitteln, wenn man die zunächst erhaltenen Ergebnisse gemäß (11) noch mit dem Verzerrungsfaktor z multipliziert.

Im übrigen gelten hier dieselben Überlegungen und Zusammenhänge, die bereits bei der Besprechung der „absoluten" und „relativen" Steifigkeitswerte k bei Tragwerken ohne Vouten, Seite 4, erläutert worden sind.

5. Zahlenmäßige Ermittlung der Stabfestwerte a, b, c.

A. Bei Stäben mit beliebig veränderlichen Querschnitten.

In solchen Fällen müssen zuerst die Winkelwerte α_1, α_2, β für die Belastung $M_1 = +1$ bzw. $M_2 = +1$ am frei aufliegend gedachten Stab ermittelt werden. Dies kann, wie bereits beschrieben, nach dem Mohrschen Satz erfolgen. Sodann erhält man aus den Formeln (160) bzw. (170) und (171) die gesuchten Stabfestwerte. Bei symmetrisch ausgebildeten Stäben wird wieder $a_{m,n} = a_{n,m}$ bzw. $c_{m,n} = c_{n,m}$.

B. Bei Stäben mit geraden oder parabolischen Vouten.

Für derartige im Stahlbetonbau sehr häufig auftretende Stabformen können die Festwerte a_1, a_2, b aus dem im Dritten Teil des Buches enthaltenen Zahlen- und Kurventafeln entnommen werden. Diese Werte, die vom Verfasser bereits im Jahre

1933 erstmals veröffentlicht wurden[1], sind hier für vier verschiedene Stabformen wiedergegeben, und zwar für

1. Stäbe mit einseitig geraden Vouten (Zahlentafel 7 und Kurventafel 7a),

2. Stäbe mit einseitig parabolischen Vouten (Zahlentafel 8 und Kurventafel 8a),

3. Stäbe mit beidseitig geraden, zur Stabmitte symmetrisch ausgebildeten Vouten (Zahlentafel 9 und Kurventafel 9a),

4. Stäbe mit beidseitig parabolischen, zur Stabmitte symmetrisch ausgebildeten Vouten (Zahlentafel 10 und Kurventafel 10a).

In sämtlichen Tafeln sind die a- und b-Werte in $\frac{1}{EJ}$-facher Verzerrung für einen Einheitsstab von der Länge $l = 1$ enthalten. Um die Zuordnung dieser verzerrten Tafelwerte zu den wahren a^*- und b^*-Werten bzw. zu den beim praktischen Rechnen verwendeten „relativen" Stabfestwerten a und b eindeutig zum Ausdruck zu bringen und Verwechslungen zu vermeiden, sind die Tafelwerte mit den entsprechenden deutschen Buchstaben $\mathfrak{a}_1$, $\mathfrak{a}_2$ und $\mathfrak{b}$ bezeichnet. Es besteht sonach folgende Beziehung:

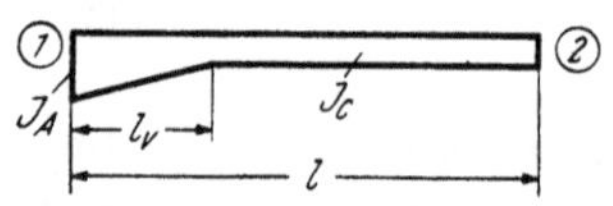

Abb. 437. Stab mit einseitiger Voute.

1. Bei Stäben mit einseitigen Vouten (Abb. 437)

$$a^*_1 = \frac{EJ_c}{l} \cdot \mathfrak{a}_1; \qquad a^*_2 = \frac{EJ_c}{l} \cdot \mathfrak{a}_2; \qquad b^* = \frac{EJ_c}{l} \cdot \mathfrak{b} \qquad (179)$$

oder gemäß (176) in Verbindung mit (178)

$$a_1 = \frac{1000\,J_c}{l} \cdot \mathfrak{a}_1; \qquad a_2 = \frac{1000\,J_c}{l} \cdot \mathfrak{a}_2; \qquad b = \frac{1000\,J_c}{l} \cdot \mathfrak{b}. \qquad \textbf{(179a)}$$

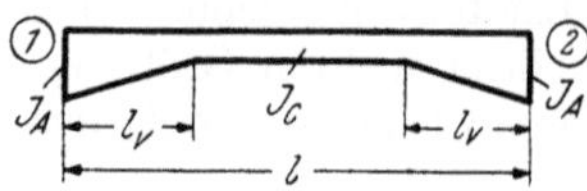

Abb. 438. Stab mit symmetrischen Vouten.

2. Bei Stäben mit beidseitig symmetrisch angeordneten Vouten (Abb. 438)

$$a^* = \frac{EJ_c}{l} \cdot \mathfrak{a} \quad \text{und} \quad b^* = \frac{EJ_c}{l} \cdot \mathfrak{b} \qquad (180)$$

oder entsprechend (179a)

$$a = \frac{1000\,J_c}{l} \cdot \mathfrak{a}; \qquad b = \frac{1000\,J_c}{l} \cdot \mathfrak{b}. \qquad \textbf{(180a)}$$

Darin bedeuten J_c das Trägheitsmoment im unveränderlichen Stabbereich und l die Länge des Stabes. Die verschiedenen Voutenformen kommen in den Tafeln durch die Verhältniszahlen λ und n zum Ausdruck. Es ist

$$\lambda = \frac{l_v}{l} = \frac{\text{Voutenlänge}}{\text{Stablänge}}, \qquad (181)$$

$$n = \frac{J_c}{J_A} = \frac{\text{Trägheitsmoment im unveränderlichen Stabbereich}}{\text{Trägheitsmoment des Auflagerquerschnittes}}. \qquad (182)$$

Zwischenwerte von λ und n sind in den Tafeln zu interpolieren, was naturgemäß

[1] GULDAN: Beitrag zur Berechnung von Rahmentragwerken mit veränderlichen Stabquerschnitten, Verlag J. Calve, Prag, 1933 und Zeitschr. „H.D.I.-Mitteilungen d. Hauptvereines deutscher Ingenieure in der ČSR", Jg. 1934.

in den Kurventafeln bequemer durchzuführen ist. Die Einrichtung der Kurventafeln 7a und 8a für Stäbe mit einseitigen Vouten ist aus der schematischen Abb. 439 ersichtlich, in der nur eine λ-Kurve eingezeichnet ist. Die Werte a_1, a_2, b sind der Reihe nach für gegebene λ- und n-Werte aus den drei aufeinander folgenden Tafeln zu entnehmen. Jede einzelne dieser drei Tafeln, die eine Schar von λ-Kurven enthalten, ist so eingerichtet, daß die n-Werte als Abszissen und die Stabfestwerte a bzw. b als Ordinaten erscheinen.

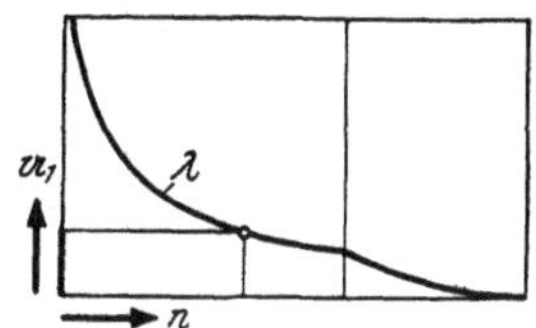

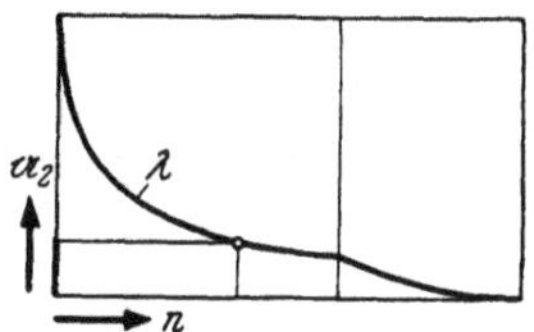

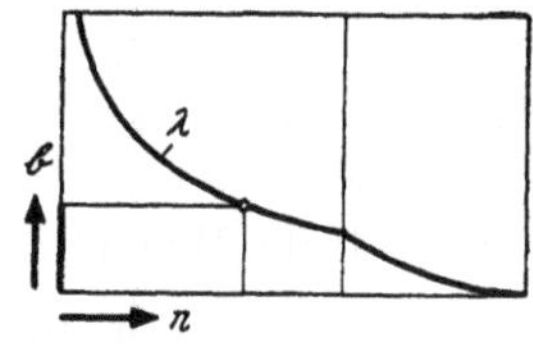

Abb. 439. Schema der Kurventafeln 7a und 8a zur Ermittlung der Stabfestwerte a_1, a_2, b bei Voutenstäben.

Bei dem Sonderfall $\lambda = 0$ oder $n = 1$ handelt es sich um einen Stab mit unveränderlichem Trägheitsmoment; die Zahlen- und Kurventafeln liefern für diesen Fall

$$a_1 = a_2 = a = 4 \quad \text{und} \quad b = 2. \qquad (182\,a)$$

Damit wird nach (179) oder (180)

$$a^* = \frac{4\,EJ_c}{l} \quad \text{und} \quad b^* = \frac{2\,EJ_c}{l}, \qquad (183)$$

ferner nach (164) oder (171)

$$c^* = a^* + b^* = \frac{6\,EJ_c}{l}. \qquad (184)$$

Für diesen Sonderfall gehen die allgemeinen Gl. (166) für die Stabendmomente in die bereits im ersten Abschnitt benutzten Formeln (47) für Stäbe mit unveränderlichem Querschnitt über und lauten

$$
\boxed{
\begin{aligned}
M_{1,2} &= \frac{4\,EJ_c}{l}\,\varphi_1 + \frac{2\,EJ_c}{l}\,\varphi_2 + \frac{6\,EJ_c}{l}\,\psi + \mathfrak{M}_{1,2} \\[2mm]
M_{2,1} &= \frac{4\,EJ_c}{l}\,\varphi_2 + \frac{2\,EJ_c}{l}\,\varphi_1 + \frac{6\,EJ_c}{l}\,\psi + \mathfrak{M}_{2,1}.
\end{aligned}
}
\qquad (185)
$$

Die Zahlen- und Kurventafeln ermöglichen auch die Berücksichtigung der sprunghaft veränderlichen Trägheitsmomente an den Stabkreuzungspunkten. Man kann dort entweder eine sehr steile Voute annehmen oder im Grenzfalle auch $n = J_c/J = 0$ setzen, d. h. eine starre Strecke annehmen (siehe Zahlenbeispiele 31 und 33).

C. Bei Stäben mit ungleichen Vouten.

Wenn auf den beiden Seiten eines Rahmenstabes verschiedene Vouten vorhanden sind, so können die Festwerte a_1, a_2, b nicht direkt aus den Tafeln entnommen werden. Man kann aber diese Stabfestwerte mit den Winkelwerten α_1, α_2, β, die aus den vorhandenen Tafeln unter Zuhilfenahme von Ersatzstäben bestimmbar sind, nach den Formeln (160) noch verhältnismäßig leicht berechnen.

Der gegebene Stab von der Länge $l = 1$ und die Ersatzstäbe (a), (b), (c) sind in Abb. 440 dargestellt. Dabei ist zu beachten, daß in Übereinstimmung mit dem Aufbau der Zahlen- und Kurventafeln im Dritten Teil des Buches das Stabende auf der Voutenseite stets mit „1" und das andere Stabende mit „2" bezeichnet ist. Durch entsprechende Überlagerung der Winkelwerte für die Ersatzstäbe (a), (b), (c)

erhält man die gesuchten Winkelwerte mit der in den Tafeln verwendeten Bezeichnung $\bar{\alpha}_1$, $\bar{\alpha}_2$ und $\bar{\beta}$ für den „Einheitsstab" folgendermaßen[1]:

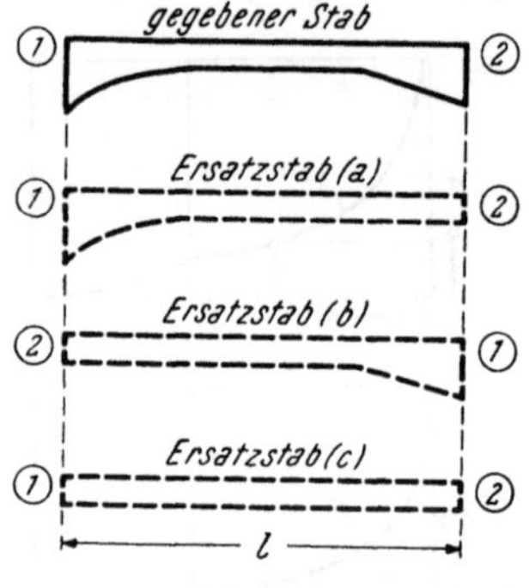

Abb. 440. Ersatzstäbe (a), (b), (c) zur Ermittlung der Winkelwerte $\bar{\alpha}_1, \bar{\alpha}_2, \bar{\beta}$ bei Stäben mit ungleichen Vouten.

$$\boxed{\begin{aligned} \bar{\alpha}_1 &= \bar{\alpha}_1{}^{(a)} + \bar{\alpha}_2{}^{(b)} - \frac{1}{3} \\ \bar{\alpha}_2 &= \bar{\alpha}_2{}^{(a)} + \bar{\alpha}_1{}^{(b)} - \frac{1}{3} \\ \bar{\beta} &= \bar{\beta}{}^{(a)} + \bar{\beta}{}^{(b)} - \frac{1}{6}. \end{aligned}} \qquad (186)$$

Hierin beziehen sich die Werte $\bar{\alpha}_1{}^{(a)}$, $\bar{\alpha}_2{}^{(a)}$, $\bar{\alpha}_1{}^{(b)}$, $\bar{\alpha}_2{}^{(b)}$, $\bar{\beta}{}^{(a)}$ und $\bar{\beta}{}^{(b)}$ auf die Ersatzstäbe (a) und (b), die Werte $\frac{1}{3}$ und $\frac{1}{6}$ auf den Ersatzstab (c). Die genauere Bedeutung der Zeiger ist aus Abb. 440 zu ersehen.

Die zahlenmäßige Ermittlung der Stabfestwerte a_1, a_2, b für Stäbe mit ungleichen Vouten geschieht also in der Weise, daß zuerst die Winkelwerte für die Ersatzstäbe (a) und (b) bei geraden Vouten aus den Tafeln 27 bzw. 27a, bei parabolischen Vouten nach den Tafeln 28 bzw. 28a bestimmt werden. Damit ergeben sich aus Gl. (186) die Winkelwerte $\bar{\alpha}_1$, $\bar{\alpha}_2$, $\bar{\beta}$ für den Stab mit der Länge $l = 1$ und weiter die ebenfalls noch auf den „Einheitsstab" bezogenen $\frac{1}{EJ_c}$-fachen Werte $\mathfrak{a}_1$, $\mathfrak{a}_2$, $\mathfrak{b}$ gemäß (160):

$$\boxed{\mathfrak{a}_1 = \frac{\bar{\alpha}_2}{\bar{\alpha}_1 \bar{\alpha}_2 - \bar{\beta}^2}; \quad \mathfrak{a}_2 = \frac{\bar{\alpha}_1}{\bar{\alpha}_1 \bar{\alpha}_2 - \bar{\beta}^2}; \quad \mathfrak{b} = \frac{\bar{\beta}}{\bar{\alpha}_1 \bar{\alpha}_2 - \bar{\beta}^2}.} \qquad (187)$$

Schließlich erhält man gemäß (179a) auch hier wieder die beim praktischen Rechnen verwendeten „relativen" Stabfestwerte

$$a_1 = \frac{1000\,J_c}{l} \cdot \mathfrak{a}_1; \quad a_2 = \frac{1000\,J_c}{l} \cdot \mathfrak{a}_2; \quad b = \frac{1000\,J_c}{l} \cdot \mathfrak{b}. \qquad (187\,\text{a})$$

6. Stabfestwerte in Sonderfällen.

A. Stabfestwerte a^0 von Stäben mit einseitigem Gelenkanschluß.

Die statische Deutung der Stabfestwerte bzw. Steifigkeitszahlen Seite 128 hat ergeben, daß allgemein der Stabfestwert $a_{m,n}$ gleich ist jenem im Stabende m angreifenden Moment, das dort einen Verdrehungswinkel $\varphi_m = 1$ erzeugt, wenn das andere Stabende n voll eingespannt ist (vgl. Abb. 434).

Bei Gelenkstäben ist es auch hier zweckmäßig, gleich den entsprechenden Steifigkeitswert in Rechnung zu stellen, der zum Unterschied von den gewöhnlichen a-Werten mit a^0 bezeichnet werden soll. Man erzielt dann beim Momentenausgleich nach Cross die gleichen Vorteile wie bei Verwendung des k^0-Wertes bei Gelenkstäben von Rahmentragwerken ohne Vouten (siehe Seite 8). Sinngemäß ist also z. B. für den Stab $m - n$ mit einem Gelenk bei n der in der Rechnung zu

---

verwendende Steifigkeitswert $a^0{}_{m,n}$ gleich jenem Moment $M_{m,n}$, das bei m eine Verdrehung $\tau_m = 1$ hervorruft (Abb. 441a).

Gebrauchsfertige Formeln für die zahlenmäßige Ermittlung dieser Steifigkeitswerte $a^0{}_{m,n}$ können aus den allgemeinen Gl. (158) für die Endtangentenwinkel gewonnen werden, welche mit den in Abb. 441a, b gewählten Bezeichnungen lauten:

$$\boxed{\begin{aligned} EJ_c\,\tau_m &= + M_{m,n}\,\alpha_m - M_{n,m}\,\beta - \alpha^0{}_m \\ EJ_c\,\tau_n &= - M_{m,n}\,\beta + M_{n,m}\,\alpha_n + \alpha^0{}_n. \end{aligned}} \qquad (188)$$

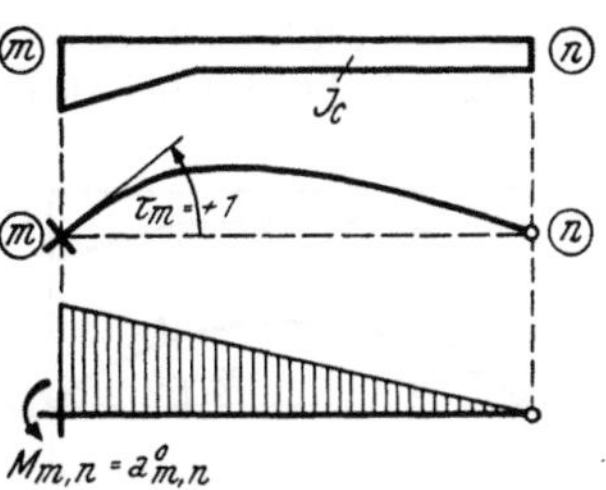

Abb. 441a. Biegelinie und M-Linie eines Voutenstabes mit Gelenk bei n für $\tau_m = +1$.

Setzt man gemäß Abb. 441a in der ersten dieser beiden Gleichungen $\tau_m = 1$, $M_{n,m} = 0$ und, weil der Stab unbelastet ist, auch $\alpha^0{}_m = 0$, so erhält man

$$EJ_c = M_{m,n}\,\alpha_m \qquad (189)$$

oder

$$M_{m,n} = \frac{EJ_c}{\alpha_m}. \qquad (189\,a)$$

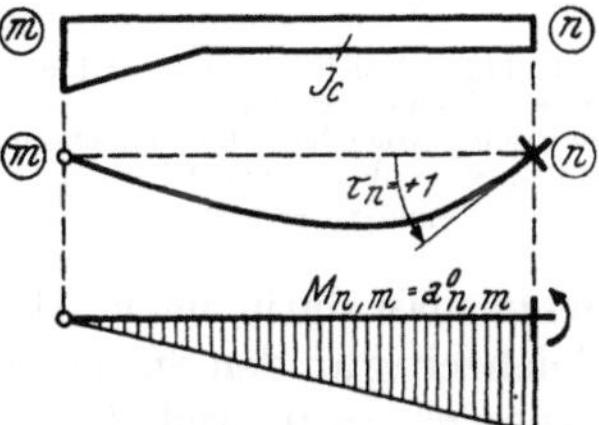

Abb. 441b. Biegelinie und M-Linie eines Voutenstabes mit Gelenk bei m für $\tau_n = +1$.

Nach den oben gegebenen Erläuterungen ist damit auch die Formel zur Bestimmung des wahren Wertes der Steifigkeitszahl $a^{0*}{}_{m,n}$ eines Stabes mit Gelenk bei n gemäß Abb. 441a für das Stabende m bereits festgelegt und lautet:

$$a^{0*}{}_{m,n} = \frac{EJ_c}{\alpha_m}. \qquad (190)$$

Bei praktischen Berechnungen wird man aber wieder an Stelle des wahren Wertes a^{0*} mit den „relativen" Werten a^0 rechnen. Man erhält z. B. bei der Wahl eines Verzerrungsfaktors nach (177a) mit $z = \dfrac{1000}{E}$ gemäß (178) hier als „relativen" Steifigkeitswert

$$\boxed{a^0{}_{m,n} = \frac{1000\,J_c}{\alpha_m}.} \qquad (190\,a)$$

Unter Benutzung der Tafeln 11 und 12 bzw. 11a und 12a ergeben sich die a^0-Werte aus

$$\boxed{a^0 = \frac{1000\,J_c}{l} \cdot \mathfrak{a}^0.} \qquad (190\,b)$$

Befindet sich gemäß Abb. 441b das Gelenk bei m, so erhält man in der gleichen Art aus der zweiten Gleichung von (188) den „absoluten" Stabfestwert für das Stabende n mit

$$a^{0*}{}_{n,m} = \frac{EJ_c}{\alpha_n} \qquad (191)$$

und den „relativen" Steifigkeitswert mit

$$a^0{}_{n,m} = \frac{1000\,J_c}{\alpha_n}. \qquad (191\,a)$$

B. Stabfestwerte a' von „Symmetriestäben" bei symmetrischer Belastung.

Wenn bei symmetrisch ausgebildeten Tragwerken die Symmetrale Stabmitten schneidet (vgl. z. B. Abb. 37 bis 42, 56 bis 58, 62 bis 64, 68, 77, 80 bis 82, 87 bis 89, 91, 92, 95, 96, 99 bis 106, 116, 117, 121, 122, 129 bis 131, 138 bis 143, 148 bis 150, 152, 153, 155, 157, 158), so wird für die Symmetriestäbe ein besonderer Steifigkeitswert verwendet, um die gesamte Berechnung bei symmetrischen Lastfällen auf das halbe Tragwerk beschränken zu können. Dieser Steifigkeitswert, der mit a' bezeichnet wird, ist gemäß Abb. 442 gleich den an beiden Stabenden m und n symmetrisch wirkenden Momenten $M_{m,n} = - M_{n,m}$, die am unbelasteten Stab die Endtangentenwinkel $\tau_m = + 1$ und $\tau_n = - 1$ hervorrufen. Mit Hilfe der allgemeinen Gl. (188) läßt sich unter dieser Annahme für a' wieder eine gebrauchsfertige Formel ableiten. Die erste dieser beiden Gleichungen lautet:

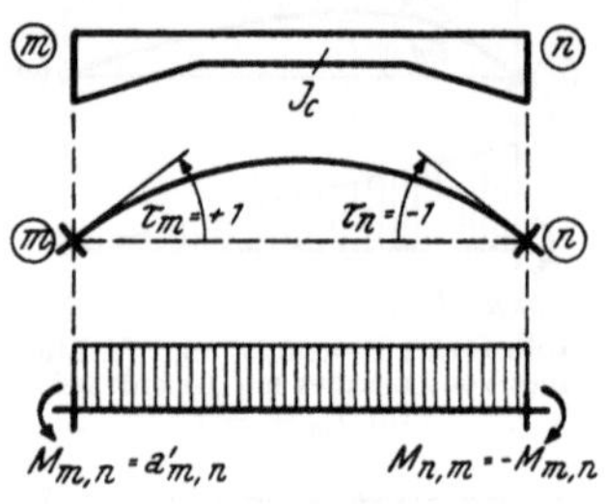

Abb. 442. Biegelinie und M-Linie eines Symmetriestabes mit symmetrisch wirkenden Endmomenten $M_{m,n} = - M_{n,m}$ bei $\tau_m = + 1$ und $\tau_n = - 1$.

$$E J_c \, \tau_m = + \, M_{m,n} \, \alpha_m - M_{n,m} \, \beta - \alpha^0{}_m.$$

Setzt man darin nach Abb. 442 den Endtangentenwinkel $\tau_m = 1$ und die beiden gleichzeitig an den Stabenden symmetrisch einwirkenden Momente $M_{m,n} = - M_{n,m}$, ferner $\alpha^0{}_m = 0$, weil der Stab unbelastet ist, so erhält man

$$E J_c = + \, M_{m,n} \, \alpha_m + M_{m,n} \, \beta \tag{192}$$

oder

$$M_{m,n} = \frac{E J_c}{\alpha_m + \beta}. \tag{192 a}$$

Der Wert $M_{m,n}$ ist also identisch mit dem wahren Wert der Steifigkeitszahl a'^* symmetrisch ausgebildeter und symmetrisch belasteter Stäbe. Da in diesem Fall $\alpha_m = \alpha_n = \alpha$ geschrieben werden kann, ergeben sich die „absoluten" Steifigkeitszahlen a'^* für Symmetriestäbe bei symmetrischer Belastung allgemein mit

$$a'^*{}_{m,n} = a'^*{}_{n,m} = \frac{E J_c}{\alpha + \beta} \tag{193}$$

und die für .praktische Berechnungen verwendeten „relativen" Steifigkeitswerte gemäß (190a) mit

$$a'{}_{m,n} = a'{}_{n,m} = \frac{1000 \, J_c}{\alpha + \beta}, \tag{193 a}$$

wenn als Verzerrungsfaktor gemäß (177a) wieder $z = \dfrac{1000}{E}$ angenommen wird.

Unter Benutzung der Tafeln 13 und 14 bzw. 13a und 14a erhält man die „relativen" Steifigkeitszahlen a' aus

$$a' = \frac{1000 \, J_c}{l} \cdot \mathfrak{a}'. \tag{193 b}$$

C. Stabfestwerte a'' von „Symmetriestäben" bei antimetrischer Belastung.

Auch bei antimetrischen Belastungsfällen braucht die Berechnung nur für eine Tragwerkshälfte durchgeführt zu werden, wenn für die Symmetriestäbe der entsprechende Steifigkeitswert a'' in Rechnung gestellt wird. Dieser Stabfestwert a''

ist gemäß Abb. 443 gleich den beiden an den Stabenden m und n antimetrisch wirkenden Momenten $M_{m,n} = M_{n,m}$, die am unbelasteten Stab (also $\alpha^0{}_m = 0$) die Endtangentenwinkel $\tau_m = +1$ und $\tau_n = +1$ erzeugen. Unter dieser Annahme erhält man aus der ersten der beiden Gl. (188)

$$EJ_c = + M_{m,n}\,\alpha_m - M_{m,n}\,\beta \qquad (194)$$

und weiter

$$M_{m,n} = \frac{EJ_c}{\alpha_m - \beta}. \qquad (194\,a)$$

Auch hier ist wieder wegen Stabsymmetrie $\alpha_m = \alpha_n = \alpha$ zu setzen, und es wird somit der wahre Wert der Steifigkeitszahl

$$a''^{*}{}_{m,n} = a''^{*}{}_{n,m} = \frac{EJ_c}{\alpha - \beta}. \qquad (195)$$

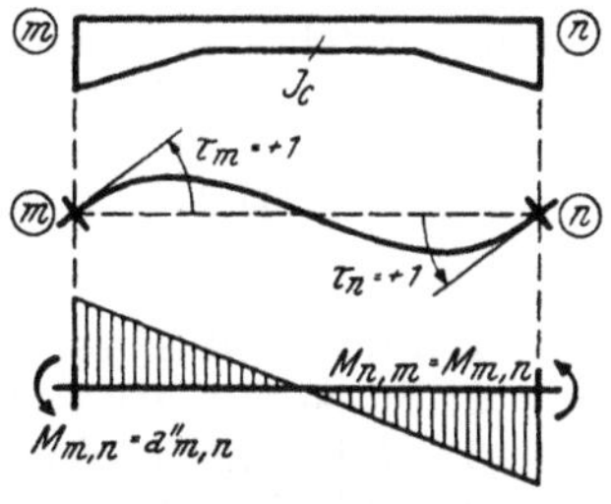

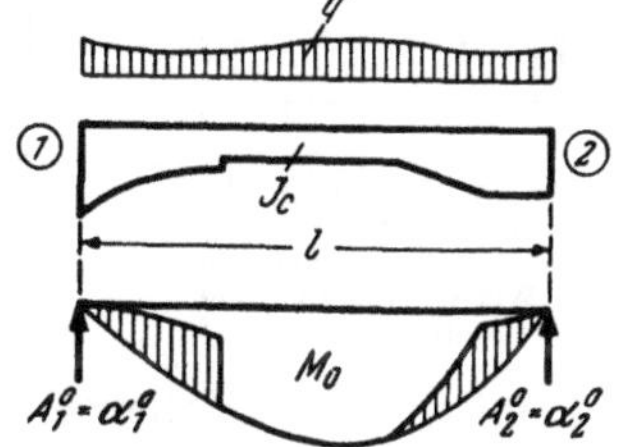

Abb. 443. Biegelinie und M-Linie eines Symmetriestabes mit antimetrisch wirkenden Endmomenten $M_{m,n} = M_{n,m}$ bei $\tau_m = \tau_n = +1$.

Unter den gleichen Voraussetzungen wie bei (193 a) ergibt sich der „relative" Steifigkeitswert mit

$$a''_{m,n} = a''_{n,m} = \frac{1000\,J_c}{\alpha - \beta}. \qquad (195\,a)$$

7. Volleinspannmomente $\mathfrak{M}$ bei Rahmenstäben.

A. Bei Stäben mit beliebig veränderlichen Querschnitten und beliebiger Belastung.

Für diesen Fall können die Volleinspannmomente nach den allgemeinen Formeln (165) ermittelt werden, die mit den festgelegten Bezeichnungen folgendermaßen lauten:

$$\mathfrak{M}_1 = + \frac{1}{EJ_c}\,(a_1\,\alpha^0{}_1 - b\,\alpha^0{}_2) \quad \text{und} \quad \mathfrak{M}_2 = - \frac{1}{EJ_c}\,(a_2\,\alpha^0{}_2 - b\,\alpha^0{}_1). \qquad (196)$$

Ersetzt man nach (160) die Stabfestwerte a_1, a_2, b durch die Winkelwerte α_1, α_2, β, so erhält man bei unsymmetrisch ausgebildeten Stäben oder auch bei symmetrisch ausgebildeten Stäben mit unsymmetrischer Belastung

$$\mathfrak{M}_1 = + \frac{\alpha_2\,\alpha^0{}_1 - \beta\,\alpha^0{}_2}{\alpha_1\,\alpha_2 - \beta^2} \quad \text{und} \quad \mathfrak{M}_2 = - \frac{\alpha_1\,\alpha^0{}_2 - \beta\,\alpha^0{}_1}{\alpha_1\,\alpha_2 - \beta^2}. \qquad (197)$$

Die in diesen Formeln enthaltenen Werte $\alpha^0{}_1$ und $\alpha^0{}_2$ können nach MOHR als Auflagerdrücke $A^0{}_1$ und $A^0{}_2$ der J_c/J-fach verzerrten M_0-Fläche am frei aufliegend gedachten Träger gemäß Abb. 444 bestimmt werden.

Bei symmetrisch ausgebildeten und symmetrisch belasteten Voutenstäben wird $\alpha_1 = \alpha_2 = \alpha$ und $\alpha^0{}_1 = \alpha^0{}_2 = \alpha^0$. Es vereinfachen sich daher in diesem Fall die Gl. (197) nach entsprechender Kürzung und man erhält

Abb. 444. Ermittlung der α^0-Werte.

$$\mathfrak{M}_1 = + \frac{\alpha^0}{\alpha + \beta} \quad \text{und} \quad \mathfrak{M}_2 = - \frac{\alpha^0}{\alpha + \beta}. \qquad (198)$$

B. Bei Stäben mit geraden oder parabolischen Vouten.

Zur Erleichterung der Rechnung können für diese sehr häufig vorkommenden Stabformen die im Dritten Teil des Buches enthaltenen ausführlichen Zahlen- und Kurventafeln zur Ermittlung der Volleinspannmomente Verwendung finden. Die Einrichtung und Benutzung dieser Tafeln sei im folgenden kurz erläutert.

a) Hilfstafeln für gleichmäßige Vollbelastung.

Hier sind folgende Stabformen berücksichtigt:

1. Stäbe mit einseitig geraden Vouten (Zahlentafel 15, Kurventafel 15a),
2. Stäbe mit einseitig parabolischen Vouten (Zahlent. 16, Kurvent. 16a),
3. Stäbe mit beidseitig geraden, zur Stabmitte symmetrisch ausgebildeten Vouten (Zahlentafel 17, Kurventafel 17a),
4. Stäbe mit beidseitig parabolischen, zur Stabmitte symmetrisch ausgebildeten Vouten (Zahlentafel 18, Kurventafel 18a).

Die Leitwerte für die Benutzung dieser Tafeln sind in allen Fällen wieder die von der Voutenform abhängigen Verhältniswerte

$$\lambda = \frac{l_v}{l} \quad \text{und} \quad n = \frac{J_c}{J_A},$$

deren Bedeutung aus (181) und (182) hervorgeht. Sämtliche Tafeln sind so eingerichtet, daß sich die Volleinspannmomente $\mathfrak{M}_1$ und $\mathfrak{M}_2$ aus folgenden Formeln ergeben:

Bei Stäben mit einseitigen Vouten aus

$$\mathfrak{M}_1 = + \varkappa_1 \frac{q\,l^2}{12} \quad \text{und} \quad \mathfrak{M}_2 = - \varkappa_2 \frac{q\,l^2}{12}, \tag{199}$$

bei Stäben mit beidseitig symmetrisch ausgebildeten Vouten aus

$$\mathfrak{M}_1 = + \varkappa \frac{q\,l^2}{12} \quad \text{und} \quad \mathfrak{M}_2 = - \varkappa \frac{q\,l^2}{12}. \tag{200}$$

Die $\varkappa$-Werte können entweder aus den Zahlen- oder aus den Kurventafeln entnommen werden. Die Einrichtung der Kurventafeln für einseitige Vouten ist aus der schematischen Abb. 445, für Stäbe mit beidseitig gleichen Vouten aus Abb. 446 ersichtlich.

b) Hilfstafeln für Einzellasten und Streckenlasten.

Für unregelmäßige Lastarten, z. B. Einzellasten und Streckenlasten, können die Einflußlinientafeln 21 bis 24 bzw. 21a bis 24a zur

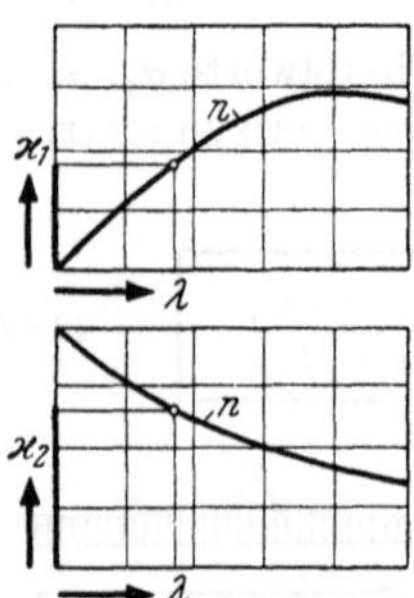

Abb. 445. Schema der Kurventafeln 15a und 16a zur Ermittlung der $\mathfrak{M}$-Werte bei Stäben mit einseitigen Vouten.

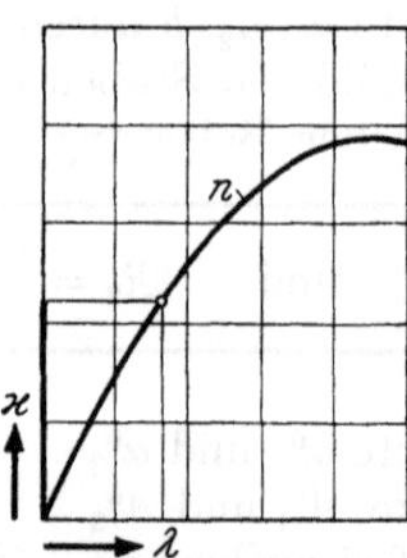

Abb. 446. Schema der Kurventafeln 17a und 18a zur Ermittlung der $\mathfrak{M}$-Werte bei Stäben mit beidseitigen Vouten.

Ermittlung der Volleinspannmomente Verwendung finden. Die Zahlentafeln 21 bis 24 enthalten jeweils die Werte für die *zwölf*-teiligen Einflußlinien und eignen sich wegen der größeren Genauigkeit besonders zum Auftragen, während die graphischen Tafeln 21a bis 24a als *zehn*-teilige Einflußlinien für die direkte Auswertung besser geeignet sind. Die Einrichtung dieser Tafeln ist so getroffen, daß stets eine Gruppe von Einflußlinien für einen bestimmten λ-Wert und die zugeordneten

Werte $n = (0)$, $(0{,}03)$, $(0{,}05)$, $(0{,}10)$, $(0{,}20)$, $(0{,}50)$, $(1{,}0)$ in einem Feld gezeichnet sind. Wie aus der schematischen Abb. 447a hervorgeht, ist die Auswertung sehr einfach. Man erhält für eine von oben nach unten wirkende Last P an der Stelle x unter Beachtung der Vorzeichenregel für Stabendmomente (Seite 9 f.)

$$\mathfrak{M}_1 = + \eta_1 P l \quad \text{und} \quad \mathfrak{M}_2 = - \eta_2 P l. \qquad (201)$$

Für mehrere gleich große Einzellasten wird

$$\mathfrak{M}_1 = + P l \, \Sigma \eta_1 \quad \text{und} \quad \mathfrak{M}_2 = - P l \, \Sigma \eta_2. \qquad (202)$$

Bei gleichmäßig verteilter Streckenlast erfolgt die Auswertung nach Abb. 447b. Es wird danach

$$\mathfrak{M}_1 = + F_1 q \, l^2 \quad \text{und} \quad \mathfrak{M}_2 = - F_2 q \, l^2, \qquad (203)$$

wobei F_1 und F_2 die der Belastungsstrecke entsprechende Fläche der Einflußlinie für $\mathfrak{M}_1$ bzw. $\mathfrak{M}_2$ eines Trägers mit $l = 1$ bedeuten.

Ist eine völlig unregelmäßige Belastung gegeben, so wird sie durch Einzellasten ersetzt und die Auswertung durch Summieren der einzelnen Einflüsse der Ersatzlasten vorgenommen.

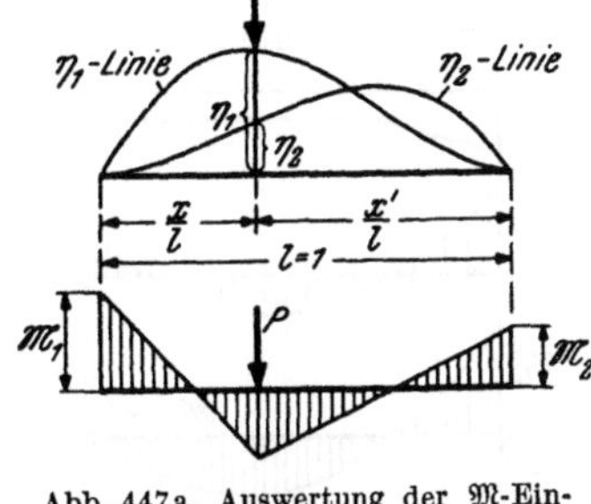
Abb. 447a. Auswertung der $\mathfrak{M}$-Einflußlinien für Einzellasten.

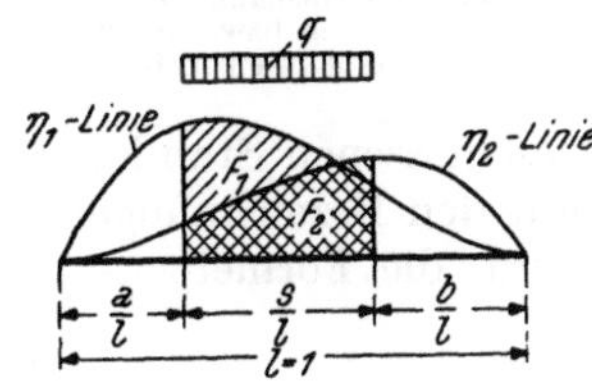
Abb. 447b. Auswertung der $\mathfrak{M}$-Einflußlinien für Streckenlasten.

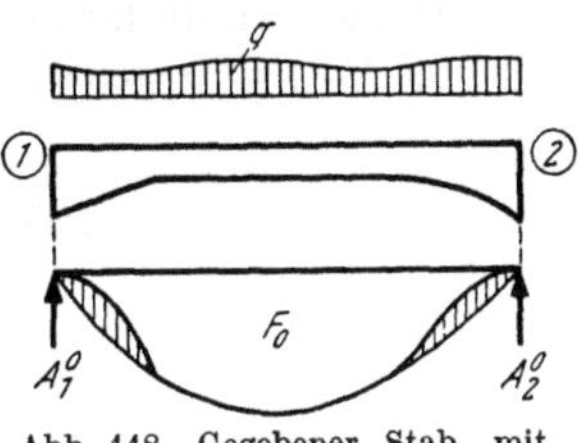
Abb. 448. Gegebener Stab mit ungleichen Vouten.

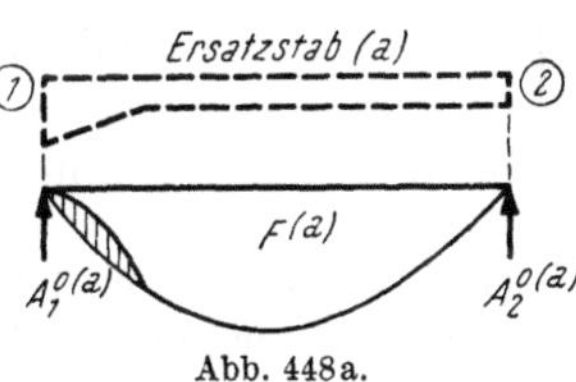
Abb. 448a.

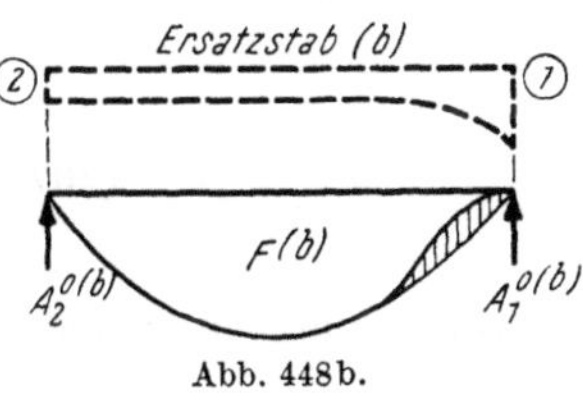
Abb. 448b.

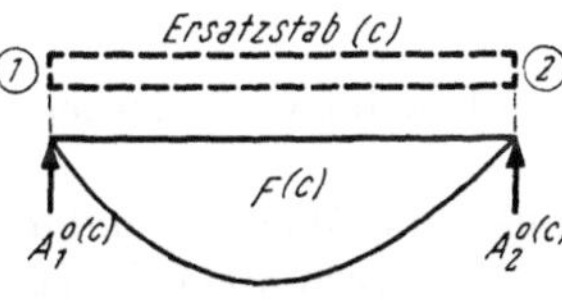
Abb. 448c.

Abb. 448a, b, c. Ersatzstäbe (a), (b), (c) zur Bestimmung der Winkelwerte α^0_1 und α^0_2 bei Stäben mit ungleichen Vouten.

C. Bei Stäben mit ungleichen Vouten.

Hier gelten sinngemäß die gleichen Überlegungen, die bei der Ermittlung der Stabfestwerte a_1, a_2, b für Stäbe mit ungleichen Vouten Anwendung gefunden haben. Man geht von den allgemeinen Formeln (197) für Volleinspannmomente aus:

$$\mathfrak{M}_1 = + \frac{\alpha_2 \alpha^0_1 - \beta \alpha^0_2}{\alpha_1 \alpha_2 - \beta^2} \quad \text{und} \quad \mathfrak{M}_2 = - \frac{\alpha_1 \alpha^0_2 - \beta \alpha^0_1}{\alpha_1 \alpha_2 - \beta^2}.$$

Alle hierin auftretenden Winkelwerte bestimmt man für einen Stab gemäß Abb. 448 unter Zuhilfenahme der drei Ersatzstäbe nach Abb. 448a, b, c. Dabei erhält man die Werte α_1, α_2, β nach (186) mit Hilfe der Tafel 27 oder 28 bzw. 27a oder 28a und sinngemäß die Werte α^0_1 und α^0_2 aus folgenden Formeln:

$$\begin{aligned}
\alpha_1{}^0 &= \alpha_1{}^{0\,(a)} + \alpha_2{}^{0\,(b)} - \alpha_1{}^{0\,(c)} \\
\alpha_2{}^0 &= \alpha_2{}^{0\,(a)} + \alpha_1{}^{0\,(b)} - \alpha_2{}^{0\,(c)},
\end{aligned} \qquad (204)$$

wobei sich die Werte $\alpha_1{}^{0\,(a)}$, $\alpha_2{}^{0\,(a)}$, $\alpha_1{}^{0\,(b)}$, $\alpha_2{}^{0\,(b)}$ und $\alpha_1{}^{0\,(c)}$, $\alpha_2{}^{0\,(c)}$ auf die Ersatzstäbe (a), (b), (c) nach der schematischen Abb. 448a, b, c beziehen.

Die $\alpha^{0\,(a)}$- und $\alpha^{0\,(b)}$-Werte können hierbei aus den im Dritten Teil des Buches enthaltenen Hilfstafeln entnommen werden, und zwar:

1. Bei gleichmäßiger Vollbelastung für Ersatzstäbe mit geraden Vouten aus den Tafeln 35 und 35a, für

Ersatzstäbe   mit   parabolischen   Vouten   aus   den   Tafeln 36 und   36a.

2. Bei Einzellasten aus der Einflußlinientafel 39 für gerade Vouten und aus der Tafel 40 für parabolische Vouten.

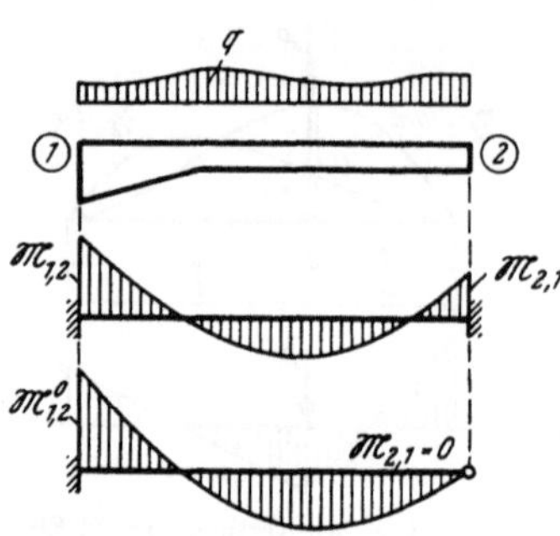

Abb. 449. Volleinspannmomente $\mathfrak{M}$ bzw. $\mathfrak{M}^0$ am beidseitig bzw. einseitig fest eingespannten Träger.

3. Bei gleichmäßig verteilten Streckenlasten durch Auswertung der Einflußlinien gemäß Abb. 447b, und bei beliebigen Belastungen durch Auswertung für die entsprechenden Ersatzlasten.

Die $\alpha^{0\,(c)}$-Werte beziehen sich auf den Ersatzstab mit konstantem Querschnitt und können für die verschiedensten Belastungsfälle mit den gebrauchsfertigen Formeln aus den Tafeln 2 bis 4 ermittelt werden.

D. Volleinspannmomente $\mathfrak{M}^0$ bei Stäben mit einseitigem Gelenkanschluß.

Das Volleinspannmoment $\mathfrak{M}^0$ für einen einseitig eingespannten, auf der anderen Seite gelenkig angeschlossenen Stab kann man aus den beiden Gl. (167) ermitteln; man erhält daraus mit den Bezeichnungen der Abb. 449, wenn für $\varphi_1 = 0$, $\varDelta = 0$, $M_{2,1} = 0$ gesetzt wird, die Formel

$$M_{1,2} = \mathfrak{M}^0_{1,2} = \mathfrak{M}_{1,2} - \frac{b}{a_2} \cdot \mathfrak{M}_{2,1}. \tag{205}$$

Da nach (160) für

$$\frac{b}{a_2} = \frac{\beta}{\alpha_1} \tag{206}$$

gesetzt werden kann, wird auch

$$\boxed{\mathfrak{M}^0_{1,2} = \mathfrak{M}_{1,2} - \frac{\beta}{\alpha_1} \cdot \mathfrak{M}_{2,1},} \tag{205 a}$$

wobei $\mathfrak{M}_{1,2}$ und $\mathfrak{M}_{2,1}$ die Volleinspannmomente an den Stabenden (1) bzw. (2) unter Voraussetzung beidseitig voller Einspannung bedeuten.

Drückt man in (205a) diese Werte $\mathfrak{M}_{1,2}$ und $\mathfrak{M}_{2,1}$ nach (197) als Funktion der Winkelwerte α_1, α_2, β und α^0_1, α^0_2 aus, so erhält man nach kurzer Umformung und Kürzung die vereinfachte Formel für das Volleinspannmoment $\mathfrak{M}^0_{1,2}$ des auf der Seite (2) gelenkig angeschlossenen Stabes:

$$\boxed{\mathfrak{M}^0_{1,2} = + \frac{\alpha^0_1}{\alpha_1}.} \tag{207}$$

Befindet sich das Gelenk auf der Seite (1) des Stabes, so erhält man sinngemäß:

$$\mathfrak{M}^0_{2,1} = - \frac{\alpha^0_2}{\alpha_2}. \tag{207 a}$$

Diese Formeln gelten allgemein für beliebige Belastungen und beliebig veränderliche Stabquerschnitte.

Für Stäbe mit geraden oder parabolischen Vouten können die Werte α und α^0 aus den Hilfstafeln des Dritten Teiles entnommen werden, und zwar die α-Werte aus den Zahlentafeln 27 bis 30 oder den Kurventafeln 27a bis 30a, die α^0-Werte für durchgehende Gleichlast aus den Zahlentafeln 35 bis 38 oder den Kurventafeln 35a bis 38a bzw. für Einzellasten aus den Einflußlinientafeln 39 bis 42.

Schließlich sind für die häufig auftretenden Fälle von durchgehender Gleichlast für Stäbe mit einseitig geraden Vouten die Volleinspannmomente $\mathfrak{M}^0$ aus der Zahlentafel 19 oder der Kurventafel 19a, für Stäbe mit einseitig parabolischen Vouten aus der Zahlentafel 20 oder der Kurventafel 20a direkt zu entnehmen (siehe Zahlenbeispiele 31, 32 und 33).

8. Momentenverteilungszahlen μ.

A. Für beidseitig fest angeschlossene Stäbe.

Von den drei Stabfestwerten a_1, a_2, b für Rahmenstäbe mit beliebig veränderlichen Querschnitten werden zur Ermittlung der Momentenverteilungszahlen μ nur die a_1- und a_2-Werte benötigt, und zwar ist die μ-Zahl für einen Knoten n nur von jenen a-Werten abhängig, die zu den hier angeschlossenen Stabenden gehören. An Hand der Abb. 450a, b, c sollen diese Zusammenhänge noch näher erläutert

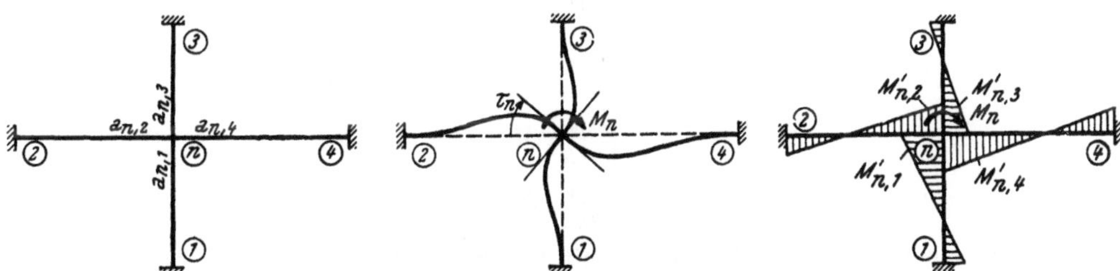

Abb. 450a. Rahmenteil mit Stabfestwerten a bei Knoten n.

Abb. 450b. Tragwerksverformung durch ein Knotenmoment M_n.

Abb. 450c. Verteilung des Knotenmomentes M_n auf die einzelnen Rahmenstäbe.

Abb. 450a, b, c. Verformung durch ein Knotenmoment M_n mit zugehörigem M-Verlauf.

werden. Es ist dort ein Rahmenteil mit dem Knotenpunkt n und den benachbarten unverdrehbar festgehaltenen Knotenpunkten 1, 2, 3, 4 dargestellt. In Abb. 450a sind nur jene Stabfestwerte a eingetragen, die zur Verteilung des Knotenrestmomentes M_n auf die im Knoten n biegungssteif angeschlossenen Stäbe gebraucht werden. Sie sind mit $a_{n,1}$, $a_{n,2}$, $a_{n,3}$, $a_{n,4}$ bezeichnet. Das Knotenrestmoment M_n erzeugt eine Verdrehung des Knotens n und damit auch eine Verdrehung der angeschlossenen Stabenden um den Winkel τ_n. Durch diese Knotenverdrehung verbiegen sich die dort einmündenden Stäbe (Abb. 450b). Der zugehörige M-Verlauf ist in Abb. 450c angedeutet.

Man kann nun auch für den hier vorliegenden Sonderfall die Anschlußmomente M' der einzelnen Stäbe im Knoten n als Funktion des Knotendrehwinkels bzw. der Stabendtangentenwinkel τ_n ausdrücken und erhält, wenn in der allgemeinen Gl. (169) mit den Bezeichnungen der Abb. 450a, b, c gemäß den hier gegebenen Vereinfachungen $\varphi_m = \tau_n$, $\varphi_n = 0$, $\varDelta_r = 0$ und $\mathfrak{M}_{m,n} = 0$ gesetzt wird:

$$\begin{aligned}
M'_{n,1} &= a_{n,1}\,\tau_n \\
M'_{n,2} &= a_{n,2}\,\tau_n \\
M'_{n,3} &= a_{n,3}\,\tau_n \\
M'_{n,4} &= a_{n,4}\,\tau_n.
\end{aligned} \qquad (208)$$

Diese Formeln zeigen natürlich den gleichen Aufbau wie die entsprechenden Gl. (14) für Tragwerke ohne Vouten; sie lassen bereits erkennen, daß sich die durch das Knotenrestmoment M_n erzeugten Verteilungsmomente $M'_{n,i}$ in den vier Anschlußstäben so verhalten wie die Steifigkeitszahlen $a_{n,i}$ dieser Stäbe. Damit liegen die Verteilungszahlen μ eigentlich bereits fest. Sie können aber auch hier in gleicher Weise wie Gl. (17b) für Stäbe mit konstanten Querschnitten abgeleitet werden, indem man von der Gleichgewichtsbedingung $\Sigma M = 0$ im Knoten n ausgeht. Es muß dort die Summe der vier vom Knotenrestmoment M_n hervorgerufenen Stabanschlußmomente bzw. Verteilungsmomente M' gleiche Größe, aber entgegengesetztes Vorzeichen aufweisen wie M_n. Somit wird

$$M_n = - \Sigma M'_{n,i} = - (M'_{n,1} + M'_{n,2} + M'_{n,3} + M'_{n,4}) \tag{209}$$

und weiter, nach Einführung der M'-Werte gemäß (208),

$$M_n = - \tau_n (a_{n,1} + a_{n,2} + a_{n,3} + a_{n,4}) = - \tau_n \Sigma a_{n,i}. \tag{209 a}$$

Daraus erhält man den von M_n erzeugten Knotendrehwinkel

$$\tau_n = - \frac{M_n}{\Sigma a_{n,i}}. \tag{210}$$

Setzt man diesen Wert für τ_n in Gl. (208) ein, so wird

$$M'_{n,1} = - \frac{a_{n,1}}{\Sigma a_{n,i}} M_n = - \mu_{n,1} M_n$$

$$M'_{n,2} = - \frac{a_{n,2}}{\Sigma a_{n,i}} M_n = - \mu_{n,2} M_n$$

$$M'_{n,3} = - \frac{a_{n,3}}{\Sigma a_{n,i}} M_n = - \mu_{n,3} M_n \tag{211}$$

$$M'_{n,4} = - \frac{a_{n,4}}{\Sigma a_{n,i}} M_n = - \mu_{n,4} M_n$$

oder allgemein für einen Knoten n mit beliebig vielen Stäben

$$\boxed{M'_{n,i} = - \frac{a_{n,i}}{\Sigma a_{n,i}} M_n = - \mu_{n,i} M_n,} \tag{212}$$

wobei

$$\boxed{\mu_{n,i} = \frac{a_{n,i}}{\Sigma a_{n,i}}} \tag{213}$$

die Momentenverteilungszahlen für Stäbe mit veränderlichen Querschnitten bedeuten.

Die Verteilung eines Restmomentes M_n in einem Knoten n erfolgt also in solchen Fällen im Verhältnis der Stabsteifigkeitszahlen $a_{n,i}$. Diese Steifigkeitszahlen können für gerade oder parabolische Vouten aus den Zahlentafeln 7 bis 10 bzw. aus den Kurventafeln 7a bis 10a entnommen werden.

B. Für einseitig gelenkig angeschlossene Stäbe.

Sind einzelne der im Knoten n zusammentreffenden Stäbe auf der Gegenseite gelenkig angeschlossen (Abb. 451), so können die μ-Zahlen ebenfalls nach (213) bestimmt werden, wenn für die Gelenkstäbe gemäß (190) die Steifigkeitszahl a^0 in Rechnung gestellt wird. Es ist also beispielsweise mit den Bezeichnungen der Abb. 451 die μ-Zahl für den Gelenkstab n—4

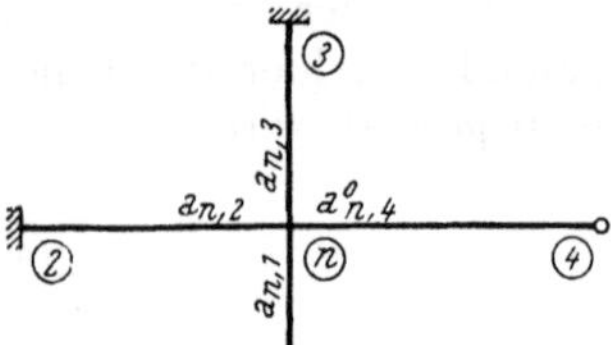

$$\mu_{n,4} = \frac{a^0_{n,4}}{\Sigma a_{n,i}}, \tag{214}$$

wobei hier

$$\Sigma a_{n,i} = a_{n,1} + a_{n,2} + a_{n,3} + a^0_{n,4}. \tag{214 a}$$

Abb. 451. Rahmenteil mit Gelenkstab; Stabfestwerte a bzw. a^0 bei Knoten n.

(Siehe Zahlenbeispiel Nr. 24.)

9. Überleitungszahlen γ.

Zur Überleitung der im Knoten n nach (211) ermittelten Verteilungsmomente M' zu den gegenüberliegenden voll eingespannten Stabenden verwendet man die Überleitungszahlen γ. Bei Stäben mit **konstanten** Querschnitten ist stets $\gamma = 0,5$. In diesen Fällen ist somit das am anderen voll eingespannten Stabende auftretende Moment M'' halb so groß wie das überzuleitende Moment M'.

Bei Stäben mit **veränderlichen** Querschnitten ist aber diese Überleitungszahl γ von den Stabsteifigkeitszahlen a_1, a_2, b bzw. von den Winkelwerten α_1, α_2, β abhängig und daher stets gesondert zu ermitteln. Allerdings bestehen wieder verhältnismäßig einfache Beziehungen, so daß die zahlenmäßige Ermittlung dieser γ-Werte auch bei Voutenstäben keinerlei Schwierigkeiten bereitet. Über die maß

Abb. 452a. Überleitung von $M'_{m,n}$ nach n.

gebenden Zusammenhänge geben die an Hand der Abb. 434 angestellten Betrachtungen Aufschluß. Nach den dort aufgestellten Formeln (172) verhalten sich bei einem Rahmenstab ν mit einem drehbaren Ende m und einem voll eingespannten Ende n die beiden Endmomente

$$M_{m,n} : M_{n,m} = a_{m,n} : b_\nu. \qquad (215)$$

Betrachtet man gemäß Abb. 452a das am drehbaren Ende m auftretende Moment als ein im losgelassenen Knoten m entstandenes Verteilungsmoment $M'_{m,n}$, das auf das gegenüberliegende, unverdrehbar festgehaltene Stabende n weiterzuleiten ist und dort den Wert $M''_{n,m}$ annimmt, so lautet Gl. (215) mit diesen Bezeichnungen:

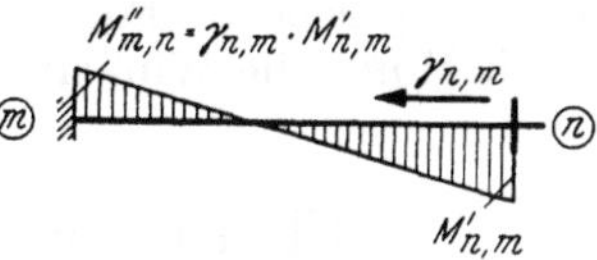

Abb. 452b. Überleitung von $M'_{n,m}$ nach m.

$$M'_{m,n} : M''_{n,m} = a_{m,n} : b_\nu. \qquad (215\,\text{a})$$

Daraus ergibt sich

$$M''_{n,m} = \frac{b_\nu}{a_{m,n}} M'_{m,n} \qquad (216)$$

oder

$$\boxed{M''_{n,m} = \gamma_{m,n}\, M'_{m,n}.} \qquad (217)$$

Wenn also ein im Rahmenknoten m verteiltes Moment $M'_{m,n}$ zum voll eingespannten Stabende n weiterzuleiten ist, so ist die „Überleitungszahl" in (217) bei **veränderlichen** Stabquerschnitten

$$\boxed{\gamma_{m,n} = \frac{b_\nu}{a_{m,n}}} \qquad (218)$$

bzw. unter Beachtung von (170) auch

$$\boxed{\gamma_{m,n} = \frac{\beta_\nu}{\alpha_{n,m}}.} \qquad (219)$$

Die Überleitungszahl $\gamma_{n,m}$ in der Gegenrichtung, also vom Stabende n zum Stabende m ist dann nach Abb. 452b sinngemäß

$$\gamma_{n,m} = \frac{b_\nu}{a_{n,m}} \qquad (218\,\text{a})$$

oder

$$\gamma_{n,m} = \frac{\beta_\nu}{\alpha_{m,n}}. \qquad (219\,\text{a})$$

Bei **symmetrisch** ausgebildeten Stäben sind die Überleitungszahlen in beiden Richtungen gleich groß, und zwar wird

$$\gamma_{m,n} = \gamma_{n,m} = \frac{b_\nu}{a} \qquad (220)$$

oder

$$\gamma_{m,n} = \gamma_{n,m} = \frac{\beta_\nu}{\alpha}. \qquad (221)$$

Für Tragwerke mit geraden oder parabolischen Vouten können diese Überleitungszahlen γ unmittelbar aus den Hilfstafeln im Dritten Teil des Buches entnommen werden, und zwar sind folgende Fälle berücksichtigt:

1. Stäbe mit einseitig geraden Vouten (Zahlentafel 31 oder Kurventafel 31 a),
2. Stäbe mit beidseitig geraden Vouten (,,   33 oder   ,,   33 a),
3. Stäbe mit einseitig parab. Vouten (,,   32 oder   ,,   32 a),
4. Stäbe mit beidseitig parab. Vouten (,,   34 oder   ,,   34 a).

Für Stäbe mit beliebig veränderlichen Querschnitten sind die γ-Werte aus den oben angegebenen Formeln (218) bis (221) zu ermitteln. Hierzu sind aber vorerst nach MOHR die Winkelwerte α und β gemäß Abb. 432b und 432c zu bestimmen.

III. Unverschiebliche Tragwerke mit Vouten.

1. Vorbemerkung.

Nach den bisherigen ausführlichen Erläuterungen der Berechnungsgrundlagen für Tragwerke mit Vouten soll nun die praktische Anwendung der CROSS-Methode gezeigt werden. Der Rechnungsgang ist im Prinzip der gleiche wie bei Tragwerken ohne Vouten. Ein Unterschied besteht nur in der zahlenmäßigen Bestimmung der Steifigkeitszahlen a_1, a_2, b, der Volleinspannmomente $\mathfrak{M}$, der Momentenverteilungszahlen μ und der Überleitungszahlen γ. Durch Benutzung der zahlreichen Hilfstafeln im Dritten Teil des Buches können aber auch diese Vorarbeiten für die eigentliche Berechnung mit einem verhältnismäßig geringen Zeitaufwand durchgeführt werden. Der genaue Rechnungsgang mit Hinweisen auf die jeweils zu benutzenden Hilfstafeln wird anschließend noch eingehend dargelegt.

2. Beschreibung des Rechnungsganges bei unverschieblichen Tragwerken mit Vouten.

Die Reihenfolge der einzelnen Rechenoperationen kann genau so vorgenommen werden wie bei der Berechnung von Tragwerken ohne Vouten (siehe Seite 38). Im einzelnen ergeben sich hier folgende Abschnitte:

1. Feststellung der Tragwerksabmessungen, also der Stablängen, der Querschnittsgrößen und der Voutenformen.

2. Ermittlung der Querschnittsträgheitsmomente J_c und J_A (für Rechtecksquerschnitte nach Tafel 1) sowie der Voutenwerte $\lambda = \dfrac{l_v}{l}$ und $n = \dfrac{J_c}{J_A}$.

3. Ermittlung der Stabfestwerte a_1, a_2, b (für alle beidseitig steif angeschlossenen Voutenstäbe nach den Zahlentafeln 7 bis 10 bzw. den Kurventafeln 7a bis 10a) sowie der a^0-Werte (für alle einseitig gelenkig angeschlossenen Voutenstäbe nach den Zahlentafeln 11 und 12 bzw. den Kurventafeln 11a und 12a). Nähere Erläuterungen siehe Seite 132ff.

4. Eintragung der a-Werte bzw. a^0-Werte in eine gesonderte Festwertskizze nach Abb. 453.

5. Ermittlung der Momentenverteilungszahlen $\mu_{n,i} = \dfrac{a_{n,i}}{\varSigma a_{n,i}}$ nach (213) für die in den einzelnen Knoten biegungssteif angeschlossenen Stäbe und Eintragung dieser Werte in die Systemskizze, die für die Durchführung der eigentlichen Berechnung bestimmt ist.

6. Ermittlung der Überleitungszahlen γ: bei Voutenstäben aus den Zahlentafeln 31 bis 34 bzw. den Kurventafeln 31a bis 34a und bei beliebig veränderlichen Stabquerschnitten nach (219); bei Stäben mit konstanten Querschnitten ist $\gamma = 0{,}5$. Eintragung aller γ-Werte in die Systemskizze.

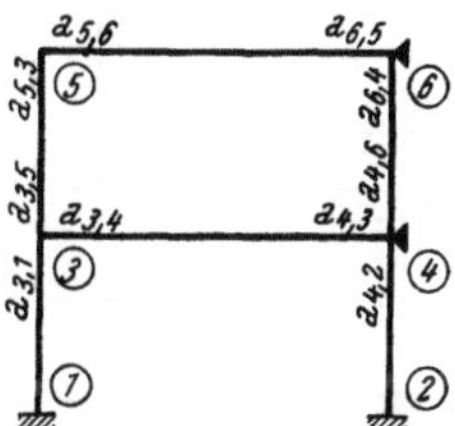
Abb. 453. Rahmenskizze mit Stabfestwerten a.

7. Ermittlung der Volleinspannmomente $\mathfrak{M}$: bei durchgehender Gleichlast für beidseitig voll eingespannte Voutenstäbe aus den Zahlentafeln 15 bis 18 bzw. den Kurventafeln 15a bis 18a, für einseitig gelenkig angeschlossene Voutenstäbe aus den Zahlentafeln 19 und 20 bzw. den Kurventafeln 19a und 20a; bei Einzellasten für Voutenstäbe aus den Einflußlinien-Tafeln 21 bis 26 bzw. 21a bis 26a, für Stäbe mit beliebig veränderlichen Stabquerschnitten nach (197) und für Stäbe ohne Vouten nach den gebrauchsfertigen Formeln aus den Tafeln 2 bis 6 (nähere Erläuterungen siehe Seite 135). Eintragung der mit einem * zu versehenden $\mathfrak{M}$-Werte an die entsprechenden Stabenden in die Systemskizze.

8. Ermittlung des Restmomentes $M_n = \varSigma \mathfrak{M}$ für jenen Knoten, in dem dieser Wert am größten ist. Verteilung von M_n auf die im Knoten n fest angeschlossenen Stäbe mit Hilfe der in der Systemskizze eingetragenen μ-Zahlen. Einschreiben der so erhaltenen Momentenanteile $M'_{n,i}$ mit entgegengesetztem Vorzeichen von M_n in die Systemskizze; die M'-Werte sind zu unterstreichen.

9. Überleitung dieser Momentenanteile $M'_{n,i}$ zu den benachbarten Knoten i. Dabei bleiben die Vorzeichen erhalten, und es wird nach (217) das übergeleitete Moment $M''_{i,n} = \gamma_{n,i} M'_{n,i}$.

10. Ermittlung des Restmomentes M_n in einem anderen Knoten n, wobei die dorthin bereits weitergeleiteten M''-Momente mit zu berücksichtigen sind. Es wird also hier $M_n = \varSigma \mathfrak{M}_{n,i} + \varSigma M''_{n,i}$.

11. Verteilung dieses Restmomentes M_n gemäß Ziffer 8 auf die in dem betrachteten Knoten fest angeschlossenen Stäbe und Überleitung der erhaltenen Momentenanteile M' gemäß Ziffer 9.

12. Ermittlung des Restmomentes M_n in einem weiteren Knoten und Verteilung auf die Anschlußstäbe nach Ziffer 8. Dieser Vorgang ist auch bei den übrigen Knoten so lange fortzusetzen und zu wiederholen, bis die in den einzelnen Knoten zuletzt verteilten Momente M' einen genügend kleinen Wert erreicht haben und ohne Beeinträchtigung der angestrebten Genauigkeit nicht mehr weitergeleitet zu werden brauchen.

13. Ermittlung der endgültigen Anschlußmomente durch algebraische Addition der in den einzelnen Zahlengruppen bereits untereinander stehenden Teilbeträge: Volleinspannmomente $\mathfrak{M}$, Verteilungsmomente M' und übergeleitete Momente M''.

14. Durchführung der Rechenproben $\Sigma M = 0$ in allen Rahmenknotenpunkten und maßstäbliches Aufzeichnen der endgültigen M-Linie. Hierbei werden die Momente stets an der Zugseite der Rahmenstäbe angetragen.

3. Einführungsbeispiel 10: Unsymmetrischer dreistieliger, zweigeschossiger Rahmenteil mit Kragarm.

Die Tragwerksabmessungen und Belastungsangaben sind aus den Abb. 454 und 455 zu entnehmen. Bei 1, 2, 3, 7, 8, 9 ist volle Einspannung vorhanden. Die

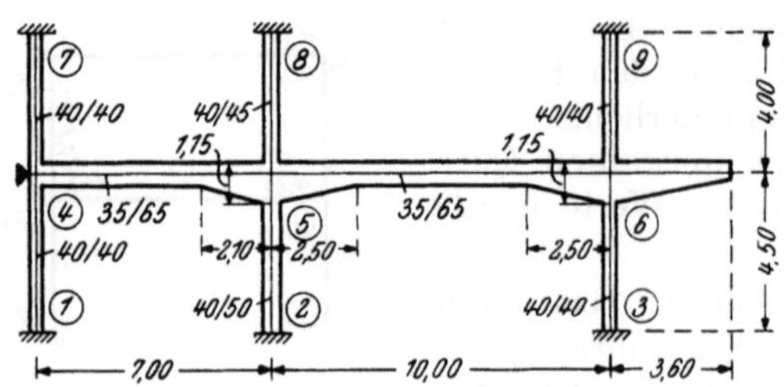

Abb. 454. Tragwerksabmessungen.

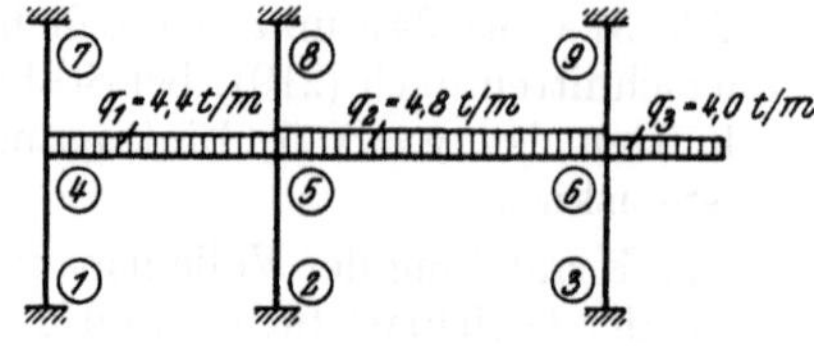

Abb. 455. Belastungsangaben.

Berechnung kann nach den Anweisungen Seite 142 erfolgen. Die zur Bestimmung der Verteilungszahlen μ und der Überleitungszahlen γ erforderlichen „relativen" Steifigkeitswerte a_1, a_2 werden am zweckmäßigsten mit allen Zwischenrechnungen tabellarisch ermittelt; sie ergeben sich gemäß (179a) aus

$$a_1 = \frac{1000\,J_c}{l} \cdot \mathfrak{a}_1; \qquad a_2 = \frac{1000\,J_c}{l} \cdot \mathfrak{a}_2.$$

Für Stäbe ohne Vouten ist nach (182a) $\mathfrak{a}_1 = \mathfrak{a}_2 = \mathfrak{a} = 4$; diese Werte sind auch in jeder $\mathfrak{a}$-Tafel als Grenzwerte enthalten.

Festwerttabelle.

Stab	b/h (cm)	J_c (m⁴)	b/h$_A$ (cm)	J_A (m⁴)	l(m)	l_v (m)
1—4, 3—6	40/40	0,00213	40/40	0,00213	4,50	0
2—5	40/50	0,00417	40/50	0,00417	4,50	0
4—5	35/65	0,00801	35/115	0,04436	7,00	2,10
5—6	35/65	0,00801	35/115	0,04436	10,00	2,50
4—7, 6—9	40/40	0,00213	40/40	0,00213	4,00	0
5—8	40/45	0,00304	40/45	0,00304	4,00	0

Stab	$\lambda = \dfrac{l_v}{l}$	$n = \dfrac{J_c}{J_A}$	$\mathfrak{a}_1$	$\mathfrak{a}_2$	a_1	a_2	Tafel
1—4, 3—6	0	1	4	4	1,89	1,89	7
2—5	0	1	4	4	3,71	3,71	7
4—5	0,30	0,18	7,52	4,59	8,61	5,25	7
5—6	0,25	0,18	8,18	8,18	6,55	6,55	9
4—7, 6—9	0	1	4	4	2,13	2,13	7
5—8	0	1	4	4	3,04	3,04	7

Die Stabfestwerte a_1 und a_2 überträgt man in die Festwertskizze Abb. 456. Dabei ist zu beachten, daß sich die a_1-Werte stets auf die Voutenseite beziehen.

Momentenverteilungszahlen μ.

Nach (213) erhält man allgemein in einem Knoten n die Verteilungszahlen $\mu_{n,i}$ aus $\mu_{n,i} = \dfrac{a_{n,i}}{\Sigma a_{n,i}}$. Im vorliegenden Falle ergeben sich also an Hand der Festwertskizze Abb. 456:

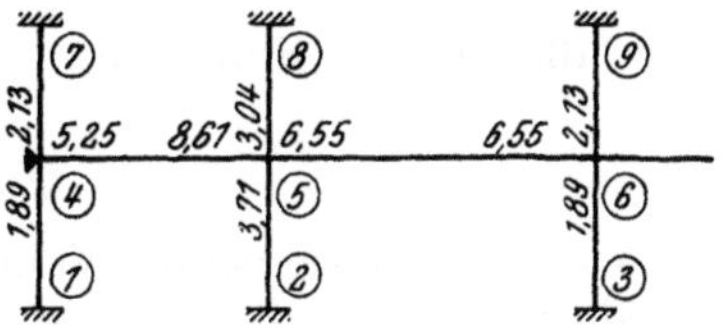

Abb. 456. Festwertskizze (a-Werte).

Für Knoten 4: $\Sigma a = a_{4,1} + a_{4,5} + a_{4,7} = 1{,}89 + 5{,}25 + 2{,}13 = 9{,}27$;

$$\mu_{4,1} = \frac{a_{4,1}}{\Sigma a} = \frac{1{,}89}{9{,}27} = 0{,}204$$

$$\mu_{4,5} = \frac{a_{4,5}}{\Sigma a} = \frac{5{,}25}{9{,}27} = 0{,}566$$

$$\mu_{4,7} = \frac{a_{4,7}}{\Sigma a} = \frac{2{,}13}{9{,}27} = 0{,}230.$$

Probe: $\Sigma \mu = 0{,}204 + 0{,}566 + 0{,}230 = 1.$

Für Knoten 5: $\Sigma a = a_{5,2} + a_{5,4} + a_{5,6} + a_{5,8} = 3{,}71 + 8{,}61 + 6{,}55 + 3{,}04 = 21{,}91$;

$$\mu_{5,2} = \frac{a_{5,2}}{\Sigma a} = \frac{3{,}71}{21{,}91} = 0{,}169$$

$$\mu_{5,4} = \frac{a_{5,4}}{\Sigma a} = \frac{8{,}61}{21{,}91} = 0{,}393$$

$$\mu_{5,6} = \frac{a_{5,6}}{\Sigma a} = \frac{6{,}55}{21{,}91} = 0{,}299$$

$$\mu_{5,8} = \frac{a_{5,8}}{\Sigma a} = \frac{3{,}04}{21{,}91} = 0{,}139.$$

Probe: $\Sigma \mu = 0{,}169 + 0{,}393 + 0{,}299 + 0{,}139 = 1.$

Für Knoten 6: $\Sigma a = a_{6,3} + a_{6,5} + a_{6,9} = 1{,}89 + 6{,}55 + 2{,}13 = 10{,}57$;

$$\mu_{6,3} = \frac{a_{6,3}}{\Sigma a} = \frac{1{,}89}{10{,}57} = 0{,}179$$

$$\mu_{6,5} = \frac{a_{6,5}}{\Sigma a} = \frac{6{,}55}{10{,}57} = 0{,}620$$

$$\mu_{6,9} = \frac{a_{6,9}}{\Sigma a} = \frac{2{,}13}{10{,}57} = 0{,}201.$$

Probe: $\Sigma \mu = 0{,}179 + 0{,}620 + 0{,}201 = 1.$

Überleitungszahlen γ.

Für Voutenstäbe erhält man die γ-Werte für einen Stab 1—2 entweder gemäß Gl. (218) aus

$$\gamma_{1,2} = \frac{b}{a_{1,2}} \quad \text{bzw.} \quad \gamma_{2,1} = \frac{b}{a_{2,1}}$$

oder mit den Leitwerten λ und n direkt aus den Tafeln 31 bis 34 bzw. 31a bis 34a. Unter Beachtung, daß der Tafelwert $\gamma_{1,2}$ stets die Überleitungszahl von der Voutenseite auf das voutenfreie Stabende bedeutet, erhält man im vorliegenden Falle

für Stab 4—5 mit $\lambda = 0{,}30$ *und* $n = 0{,}18$ *aus Tafel 31*

$$\gamma_{4,5} = 0{,}747 \quad \text{und} \quad \gamma_{5,4} = 0{,}456;$$

für Stab 5—6 mit $\lambda = 0,25$ und $n = 0,18$ aus Tafel 33

$$\gamma_{5,6} = \gamma_{6,5} = 0,660.$$

Für alle übrigen Stäbe, die keine Vouten haben, ist $\gamma = 0,5$.

Volleinspannmomente $\mathfrak{M}$.

Stab 4—5 (einseitig gerade Voute mit $\lambda = 0,30$; $n = 0,18$; $l = 7,0\ m$). Aus Tafel 15 erhält man unter Beachtung, daß sich $\varkappa_1$ stets auf die Voutenseite bezieht,

$$\mathfrak{M}_{4,5} = + \varkappa_2 \frac{q\,l^2}{12} = + 0,794 \cdot \frac{4,4 \cdot 7,0^2}{12} = + 14,26\ \text{tm}$$

$$\mathfrak{M}_{5,4} = - \varkappa_1 \frac{q\,l^2}{12} = - 1,480 \cdot \frac{4,4 \cdot 7,0^2}{12} = - 26,60\ \text{,, .}$$

Stab 5—6 (beidseitig gerade Vouten mit $\lambda = 0,25$; $n = 0,18$; $l = 10,0\ m$). Aus Tafel 17 erhält man

$$\mathfrak{M}_{5,6} = + \varkappa \frac{q\,l^2}{12} = + 1,193 \cdot \frac{4,8 \cdot 10,0^2}{12} = + 47,7\ \text{tm};\quad \mathfrak{M}_{6,5} = - 47,7\ \text{tm.}$$

Kragarm. $\mathfrak{M}_{6,K} = + \dfrac{q\,l^2}{2} = + \dfrac{4,0 \cdot 3,6^2}{2} = + 25,9\ \text{tm.}$

Momentenausgleich.

Der gesamte Ausgleich mit allen Zwischenrechnungen wird in der Rechnungs-Skizze (Abb. 457) durchgeführt. Dort trägt man zunächst in üblicher Art die Verteilungs-

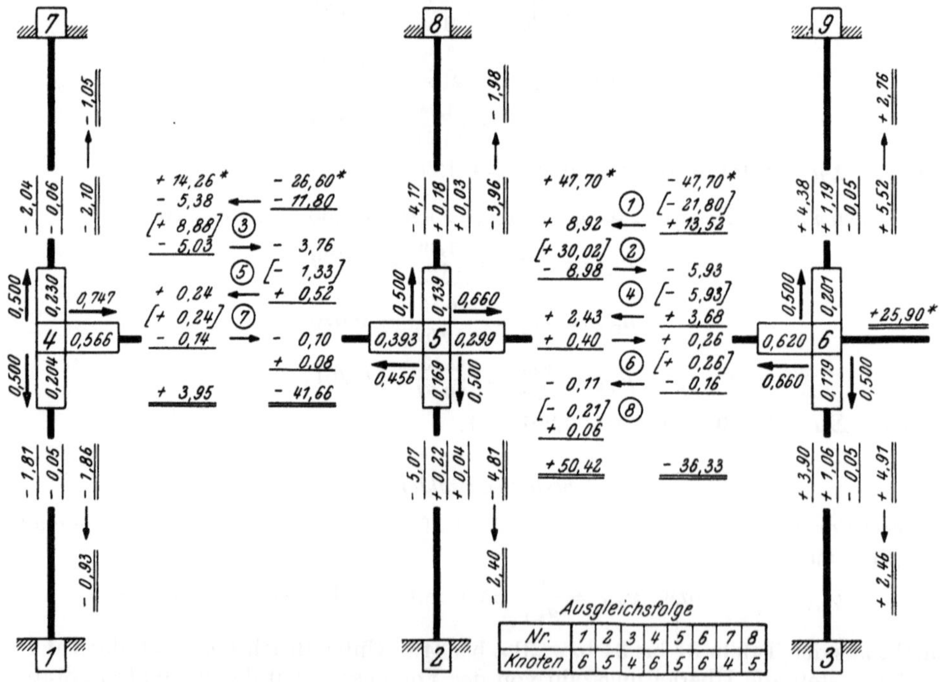

Abb. 457. Rechnungs-Skizze.

zahlen μ ein, sodann die Überleitungszahlen γ, die am besten an die betreffenden Stabenden oberhalb bzw. unterhalb der μ-Zahlen angeschrieben und mit einem Pfeil in der Übertragungsrichtung versehen werden, und schließlich die $\mathfrak{M}$-Werte, die man zur

Unterscheidung von den übrigen Momentenbeträgen mit einem Stern bezeichnet. Nun beginnt man mit dem Ausgleich bei Knoten 6, da dort das größte Restmoment, und zwar $M_6 = - 21,80$ tm vorhanden ist. Die Verteilung mit den hier eingetragenen μ-Zahlen ergibt $M'_{6,3} = + 3,90$ tm, $M'_{6,5} = + 13,52$ tm, $M'_{6,9} = = + 4,38$ tm; zur Probe muß $\Sigma M' = - M_6 = + 21,80$ tm sein. Die Übertragung dieser Teilmomente M' auf die anderen Stabenden braucht hier nur in den Rahmenriegeln vorgenommen zu werden. Man erhält $M''_{5,6} = \gamma_{6,5} M'_{6,5} = 0,660 \cdot 13,52 = = + 8,92$ tm. Nun folgt der Ausgleich im Knoten 5 mit dem jetzt hier vorhandenen Restmoment $M_5 = + 30,02$ tm. Die Verteilung ergibt $M'_{5,2} = - 5,07$ tm, $M'_{5,4} = - 11,80$ tm, $M'_{5,6} = - 8,98$ tm, $M'_{5,8} = - 4,17$ tm; (Probe: $\Sigma M' = - M_5 = = - 30,02$ tm). Durch Überleitung der Riegelmomente mit den γ-Werten erhält man $M''_{4,5} = - 5,38$ tm, $M''_{6,5} = - 5,93$ tm. Als nächster wird Knoten 4 mit $M_4 = + 8,88$ tm ausgeglichen usw. bis nach dem achten Ausgleich im Knoten 5 mit $M_5 = - 0,21$ tm die M'-Momente durchweg so klein geworden sind, daß ihre Weiterleitung unterbleiben kann. Nun folgt die algebraische Addition der zusammengehörigen Teilmomente $\mathfrak{M}$, M' und M'' in den Knotenpunkten 4, 5, 6. Nach Weiterleitung der so erhaltenen endgültigen Stielanschlußmomente in diesen Knotenpunkten an die gegenüberliegenden Einspannstellen 1, 2, 3, 7, 8, 9 hat man sämtliche Stabendmomente bestimmt. Sie sind in der Rechnungs-Skizze doppelt unterstrichen und werden nachstehend übersichtlich zusammengestellt.

Endgültige Momente.

$M_{1,4} = - 0,93$ tm	$M_{5,2} = - 4,81$ tm	$M_{6,3} = + 4,91$ tm
$M_{2,5} = - 2,40$,,	$M_{5,4} = - 41,66$,,	$M_{6,5} = - 36,33$,,
$M_{3,6} = + 2,46$,,	$M_{5,6} = + 50,42$,,	$M_{6,9} = + 5,52$,,
	$M_{5,8} = - 3,96$,,	$M_{6,K} = + 25,90$,,

$M_{4,1} = - 1,86$ tm	$M_{7,4} = - 1,05$ tm
$M_{4,5} = + 3,95$,,	$M_{8,5} = - 1,98$,,
$M_{4,7} = - 2,10$,,	$M_{9,6} = + 2,76$,, .

In Abb. 458 ist der Momentenverlauf maßstäblich dargestellt.

(Vgl. auch die Zahlenbeispiele Nr. 23 bis 29.)

4. Der Durchlaufträger mit Vouten.

A. Vorbemerkung.

Der Durchlaufträger mit Vouten wird mit Vorteil bei schwer belasteten oder weitgespannten Konstruktionen, also vor allem im Industriebau, im Hallenbau und im Brückenbau verwendet. Die Berechnung geschieht im wesentlichen in der gleichen Art wie bei Durchlaufträgern ohne Vouten; etwas abweichend ist jedoch — ähnlich wie bei den Rahmentragwerken mit Vouten — die zahlenmäßige Ermittlung der Steifigkeitszahlen a_1, a_2, b, der Volleinspannmomente $\mathfrak{M}$ sowie der μ- und γ-Werte. Auch hier können alle diese Werte mit den Hilfstafeln im Dritten Teil des Buches leicht zahlenmäßig bestimmt werden.

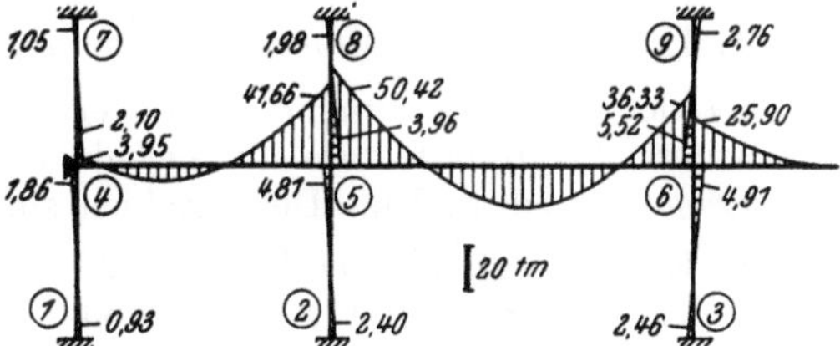

Abb. 458. Endgültiger M-Verlauf.

Der genaue Gang der Berechnung für unsymmetrische Durchlaufträger wird anschließend noch eingehend erläutert. Die Vorteile symmetrisch ausgebildeter und symmetrisch belasteter Durchlaufträger können im Prinzip in gleicher Weise genutzt werden wie bei Trägern ohne Vouten.

B. Beschreibung des Rechnungsganges bei Durchlaufträgern mit Vouten.

Bei der Berechnung von Durchlaufträgern ergeben sich gegenüber jener von Rahmentragwerken gewisse Vereinfachungen, da in den einzelnen Knotenpunkten bzw. Auflagern höchstens zwei Stäbe zusammentreffen. Der Gang der Rechnung gliedert sich unter Bezugnahme auf Abb. 459, in welcher die Stabfestwerte a und a^0 sowie die Werte μ, γ, $\mathfrak{M}$ und $\mathfrak{M}^0$ eingetragen sind, in folgende Abschnitte:

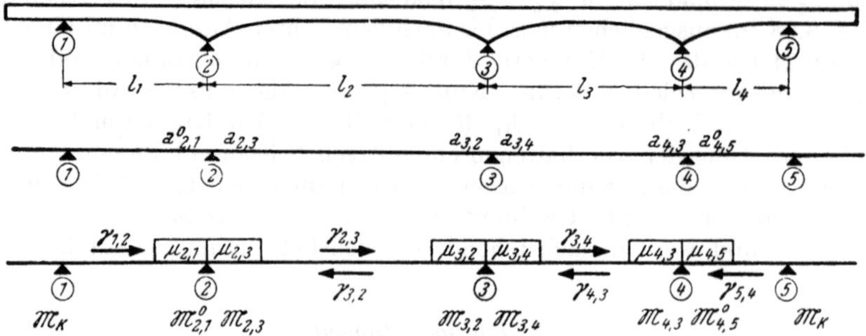

Abb. 459. Durchlaufträger mit Stabfestwerten a bzw. a^0, Verteilungszahlen μ, Überleitungszahlen γ und Volleinspannmomenten $\mathfrak{M}$ bzw. $\mathfrak{M}^0$.

1. Festlegung der Spannweiten, Querschnittsabmessungen und Voutenformen in den einzelnen Feldern.

2. Ermittlung der Trägheitsmomente J_c und J_A (für Rechtecksquerschnitte nach Tafel 1) sowie der Voutenwerte $\lambda = \dfrac{l_v}{l}$ und $n = \dfrac{J_c}{J_A}$ in den einzelnen Feldern.

3. Ermittlung der Stabfestwerte a_1, a_2 und a^0 unter Verwendung der Zahlentafeln 7 bis 12 oder der Kurventafeln 7a bis 12a bzw. der Winkelwerte α_1, α_2, β mit Hilfe der Zahlentafeln 27 bis 30 oder der Kurventafeln 27a bis 30a. Eintragung dieser Werte in die Festwertskizze.

4. Ermittlung der Momentenverteilungszahlen nach (213) aus $\mu_{n,i} = \dfrac{a_{n,i}}{\Sigma a_{n,i}}$, wobei hier $\Sigma a_{n,i}$ die Summe der a-Werte links und rechts der betrachteten Stütze bedeutet. Bei Randfeldern mit gelenkigen oder freien Endlagern ist der a^0-Wert in Rechnung zu stellen. Die μ-Zahlen sind in die Systemskizze einzutragen.

5. Ermittlung der Überleitungszahl γ mit Hilfe der Zahlentafeln 31 bis 34 bzw. der Kurventafeln 31a bis 34a oder nach den Formeln (218) bzw. (219) und Eintragung in die Systemskizze.

6. Ermittlung der Volleinspannmomente $\mathfrak{M}$ für die einzelnen Felder nach den Zahlentafeln 15 bis 18 oder den Kurventafeln 15a bis 18a; in den Randfeldern mit gelenkigen oder freien Endlagern sind die $\mathfrak{M}^0$-Werte wie für einseitig voll eingespannte Stäbe nach den Zahlentafeln 19 und 20 oder den Kurventafeln 19a und 20a zu ermitteln oder nach den Formeln (205) bis (207a) zu berechnen.

7. Ermittlung des Knotenrestmomentes $M_n = \mathfrak{M}_{n,n-1} + \mathfrak{M}_{n,n+1}$ bei jener Stütze n, bei welcher dieser Wert am größten ist. Hiebei bedeuten $\mathfrak{M}_{n,n-1}$ und $\mathfrak{M}_{n,n+1}$ die Volleinspannmomente links bzw. rechts der betrachteten Stütze n. Bei Trägern, die von oben nach unten belastet sind, wird nach der auch hier geltenden

Vorzeichenregel Seite 10 stets $\mathfrak{M}_{n,\,n-1}$ negativ und $\mathfrak{M}_{n,\,n+1}$ positiv sein. Der Knoten mit $\max M_n$ wird als erster losgelassen.

8. Verteilung dieses Knotenrestmomentes M_n auf die bei der Stütze n zusammentreffenden Stäbe mit Hilfe der in der Systemskizze eingetragenen μ-Zahlen. Einschreiben der so erhaltenen Momentenanteile $M'_{n,\,n-1}$ und $M'_{n,\,n+1}$ mit entgegengesetztem Vorzeichen von M_n in die Systemskizze; die M'-Werte sind zu unterstreichen.

9. Überleitung dieser Momentenanteile M' zu den beidseitig benachbarten Stützen mit Hilfe der Überleitungszahlen γ; man erhält so die Momentenwerte $M'' = \gamma M'$.

10. Ermittlung des Knotenrestmomentes M_n bei einer anderen Stütze, wobei auch die dort bereits weitergeleiteten M''-Momente mit zu berücksichtigen sind; es wird also $M_n = \Sigma \mathfrak{M} + \Sigma M''$.

11. Verteilung dieses Restmomentes M_n nach Ziffer 8 auf die beiden an der betrachteten Stütze zusammentreffenden Stäbe, Überleitung der so erhaltenen M'-Werte nach Ziffer 9, Ermittlung eines anderen Restmomentes M_n nach· Ziffer 10 und Verteilung auf die dort zusammentreffenden zwei Stäbe. Dieser Vorgang ist so lange fortzusetzen, bis die in den einzelnen Knoten verteilten Momente genügend klein geworden sind und nicht mehr weitergeleitet zu werden brauchen, ohne die gewünschte Genauigkeit zu beeinträchtigen.

12. Ermittlung der endgültigen Stützenmomente durch algebraische Addition aller jeweils links bzw. rechts einer jeden Stütze vorhandenen Teilbeträge, also der Volleinspannmomente $\mathfrak{M}$, der Verteilungsmomente M' und der weitergeleiteten Momente M''. Zur Probe müssen die auf diese Weise erhaltenen Werte links und rechts an jeder Stütze gleiche Größe, aber entgegengesetztes Vorzeichen haben. Es empfiehlt sich, die endgültige M-Linie maßstäblich aufzuzeichnen.

C. Einführungsbeispiel 11: Durchlaufträger über 4 Feldern mit Vouten.

Die Tragwerksabmessungen und Belastungsangaben sind aus Abb. 460 zu entnehmen. Durchführung der Rechnung geschieht nach den Anweisungen Seite 148.

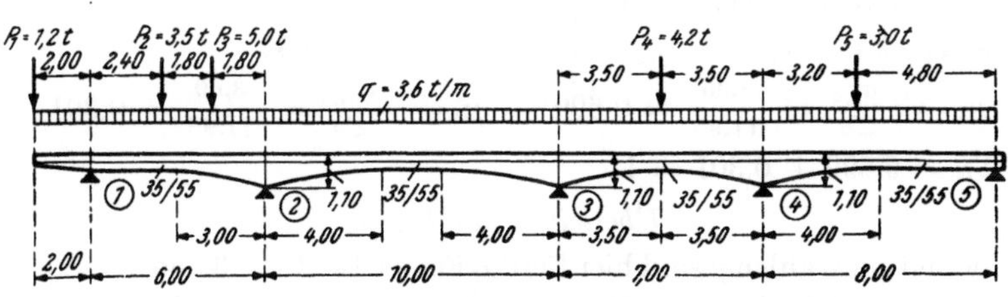

Abb. 460. Tragwerksabmessungen und Belastungsangaben.

Die Stabfestwerte a bzw. a^0 werden mit allen Zwischenrechnungen tabellarisch ermittelt, und zwar ergibt sich nach (179a) bzw. (190b)

$$a_1 = \frac{1000\,J_c}{l} \cdot \mathfrak{a}_1; \qquad a_2 = \frac{1000\,J_c}{l} \cdot \mathfrak{a}_2 \qquad \text{und} \qquad a^0 = \frac{1000\,J_c}{l} \cdot \mathfrak{a}^0.$$

Festwerttabelle.

Stab	b/h (cm)	J_c (m⁴)	b/h$_A$ (cm)	J_A (m⁴)	l (m)	l_v (m)
1—2	35/55	0,00485	35/110	0,03882	6,00	3,00
2—3	35/55	0,00485	35/110	0,03882	10,00	4,00
3—4	35/55	0,00485	35/110	0,03882	7,00	3,50
4—5	35/55	0,00485	35/110	0,03882	8,00	4,00

Stab	$\lambda = \dfrac{l_v}{l}$	$n = \dfrac{J_c}{J_A}$	$a_1\ (a^0_1)$	a_2	$a_1\ (a^0_1)$	a_2	Tafel
1—2	0,50	0,125	(5,93)	—	(4,79)	—	12
2—3	0,40	0,125	10,04	10,04	4,87	4,87	10
3—4	0,50	0,125	12,05	12,05	8,35	8,35	10
4—5	0,50	0,125	(5,93)	—	(3,60)	—	12

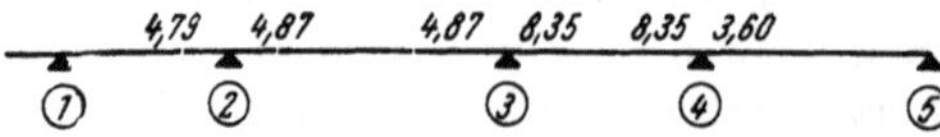

Abb. 461. Stabfestwerte a und a^0.

Die in der Tabelle berechneten Festwerte a bzw. a^0 überträgt man in die Festwertskizze (Abb. 461).

Momentenverteilungszahlen μ.

Nach Ziffer 4 der Anweisungen Seite 148 ergibt sich allgemein $\mu_{n,i} = \dfrac{a_{n,i}}{\Sigma a_{n,i}}$; in den frei gelagerten Randfeldern sind die a^0-Werte in Rechnung zu stellen. Im vorliegenden Fall erhält man:

Für Stütze 2: $\Sigma a = a^0_{2,1} + a_{2,3} = 4,79 + 4,87 = 9,66$;

$$\mu_{2,1} = \frac{a^0_{2,1}}{\Sigma a} = \frac{4,79}{9,66} = 0,496; \qquad \mu_{2,3} = \frac{a_{2,3}}{\Sigma a} = \frac{4,87}{9,66} = 0,504.$$

Probe: $\Sigma \mu = 0,496 + 0,504 = 1$.

Für Stütze 3: $\Sigma a = a_{3,2} + a_{3,4} = 4,87 + 8,35 = 13,22$;

$$\mu_{3,2} = \frac{a_{3,2}}{\Sigma a} = \frac{4,87}{13,22} = 0,368; \qquad \mu_{3,4} = \frac{a_{3,4}}{\Sigma a} = \frac{8,35}{13,22} = 0,632.$$

Probe: $\Sigma \mu = 0,368 + 0,632 = 1$.

Für Stütze 4: $\Sigma a = a_{4,3} + a^0_{4,5} = 8,35 + 3,60 = 11,95$;

$$\mu_{4,3} = \frac{a_{4,3}}{\Sigma a} = \frac{8,35}{11,95} = 0,699; \qquad \mu_{4,5} = \frac{a^0_{4,5}}{\Sigma a} = \frac{3,60}{11,95} = 0,301.$$

Probe: $\Sigma \mu = 0,699 + 0,301 = 1$.

Überleitungszahlen γ.

Die Überleitungszahlen γ sind hier für die Felder 1—2, 2—3 und 3—4 zu ermitteln. Bei Verwendung der Hilfstafeln ist zu beachten, daß dort die Werte $\gamma_{1,2}$ stets die Überleitungszahlen von der Voutenseite zum voutenfreien Stabende bedeuten.

Für Feld 1—2 (einseitig parabolische Voute mit $\lambda = 0,50$, $n = 0,125$) mit Gelenk bei 1 wird nach Tafel 32

$$\gamma_{1,2} = 0,824.$$

Für Feld 2—3 (beidseitig parabolische Vouten mit $\lambda = 0,40$, $n = 0,125$) wird nach Tafel 34

$$\gamma_{2,3} = \gamma_{3,2} = 0,687.$$

Für Feld 3—4 (beidseitig parabolische Vouten mit $\lambda = 0,50$, $n = 0,125$) wird nach Tafel 34

$$\gamma_{3,4} = \gamma_{4,3} = 0,695.$$

Volleinspannmomente $\mathfrak{M}$.

Kragarm $\quad \mathfrak{M}_{1,K} = - P_1\, l - \dfrac{q\,l^2}{2} = - 1,2 \cdot 2,0 - \dfrac{3,6 \cdot 2,0^2}{2} = - 9,60 \text{ tm.}$

Stab 1—2 (einseitig parabolische Voute mit $\lambda = 0,50$, $n = 0,125$, $l = 6,0$ m) mit Gelenk bei 1; nach den Tafeln 20 und 26a ist

$\mathfrak{M}^0_{2,1} = - \varkappa q l^2 - \eta_1 P_2 l - \eta'_1 P_3 l = - 0,183 \cdot 3,6 \cdot 6,0^2 - 0,270 \cdot 3,5 \cdot 6,0 -$
$- 0,245 \cdot 5,0 \cdot 6,0 = - 23,70 - 5,67 - 7,35 = - 36,72 \sim - 36,70 \text{ tm.}$

Stab 2—3 (beidseitig parabolische Vouten mit $\lambda = 0,40$, $n = 0,125$, $l = 10,0$ m). Nach Tafel 18 ist:

$$\mathfrak{M}_{2,3} = - \mathfrak{M}_{3,2} = \varkappa \frac{q l^2}{12} = + 1,221 \cdot \frac{3,6 \cdot 10,0^2}{12} = + 36,60 \text{ tm.}$$

Stab 3—4 (beidseitig parabolische Vouten mit $\lambda = 0,50$, $n = 0,125$, $l = 7,0$ m). Nach den Tafeln 18 und 24a ist:

$$\mathfrak{M}_{3,4} = - \mathfrak{M}_{4,3} = + \varkappa \frac{q l^2}{12} + \eta_1 P_4 l = + 1,230 \cdot \frac{3,6 \cdot 7,0^2}{12} + 0,164 \cdot 4,2 \cdot 7,0 =$$
$$= + 18,08 + 4,82 = + 22,90 \text{ tm.}$$

Stab 4—5 (einseitig parabolische Voute mit $\lambda = 0,50$, $n = 0,125$, $l = 8,0$ m) mit Gelenk bei 5; nach den Tafeln 20 und 26a ist:

$$\mathfrak{M}^0_{4,5} = + \varkappa q l^2 + \eta_1 P_5\, l = + 0,183 \cdot 3,6 \cdot 8,0^2 + 0,280 \cdot 3,0 \cdot 8,0 = + 42,20 +$$
$$+ 6,72 = + 48,92 \sim + 48,90 \text{ tm.}$$

Momentenausgleich.

Der gesamte Ausgleich wird in der Rechnungs-Skizze (Abb. 462) durchgeführt.

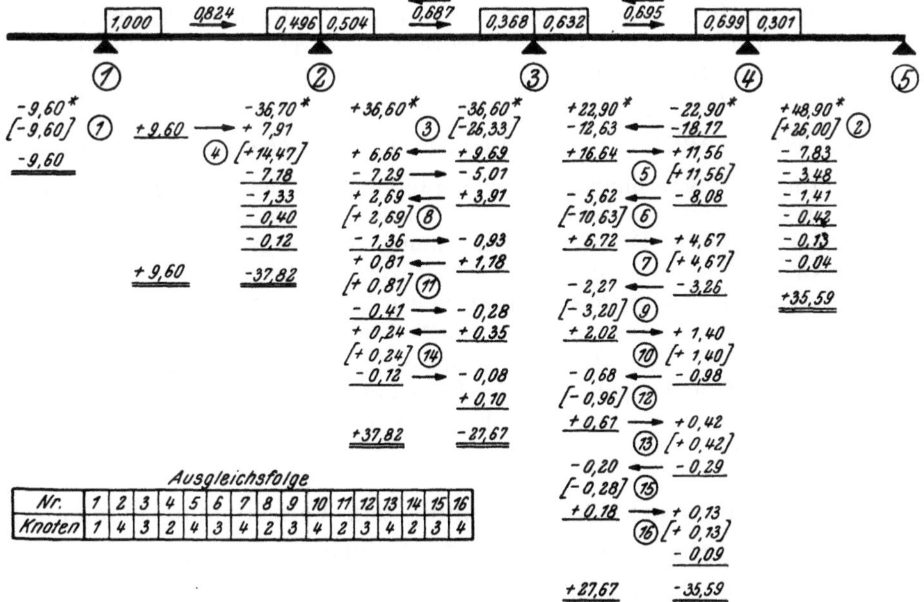

Nr.	1	2	3	4	5	6	7	8	9	10	11	12	13	14	15	16
Knoten	1	4	3	2	4	3	4	2	3	4	2	3	4	2	3	4

Abb. 462. Rechnungs-Skizze.

Dort werden zunächst die bereits ermittelten Werte μ, γ und $\mathfrak{M}$ eingetragen. Sodann leitet man sofort das Kragmoment $M_{1,K} = -9{,}60$ tm weiter, das als „Restmoment" im Knoten 1 aufgefaßt werden kann. Es ist also $M_1 = -9{,}60$ tm. Damit wird $M'_{1,2} = -M_1 = +9{,}60$ tm und das übergeleitete Moment $M''_{2,1} = \gamma_{1,2} M'_{1,2} = 0{,}824 \cdot 9{,}60 = +7{,}91$ tm. Nun vollzieht man den Ausgleich bei Stütze 4 mit dem größten Restmoment $M_4 = +26{,}0$ tm. Die Verteilung mit den μ-Zahlen ergibt $M'_{4,3} = -18{,}17$ tm und $M'_{4,5} = -7{,}83$ tm. Die Weiterleitung von $M'_{4,3}$ zur Stütze 3 geschieht mit der Überleitungszahl $\gamma_{4,3} = 0{,}695$; man erhält damit $M''_{3,4} = -12{,}63$ tm. Nun folgt der Ausgleich bei Stütze 3 mit dem dort vorhandenen Restmoment $M_3 = -36{,}60 + 22{,}90 - 12{,}63 = -26{,}33$ tm. Die Verteilung ergibt hier $M'_{3,2} = +9{,}69$ tm und $M'_{3,4} = +16{,}64$ tm. Diese Momente sind an die Nachbarstützen mit Hilfe der γ-Zahlen weiterzuleiten. Man erhält $M''_{2,3} = +6{,}66$ tm und $M''_{4,3} = +11{,}56$ tm. Der nächste Ausgleich wird bei Stütze 2 vorgenommen; das Restmoment ergibt sich dort mit $M_2 = \Sigma\mathfrak{M} + \Sigma M'' = -36{,}70 + 36{,}60 + 7{,}91 + 6{,}66 = +14{,}47$ tm. Mit den μ-Zahlen erhält man $M'_{2,1} = -7{,}18$ tm und $M'_{2,3} = -7{,}29$ tm. Die Weiterleitung zur Stütze 1 entfällt, weil dort freie Lagerung vorhanden ist; die Überleitung von $M'_{2,3}$ zur Stütze 3 ergibt $M''_{3,2} = -5{,}01$ tm. Der nächste Ausgleich geschieht bei Stütze 4 usw. in der angegebenen Reihenfolge, bis die verteilten Momente bei sämtlichen

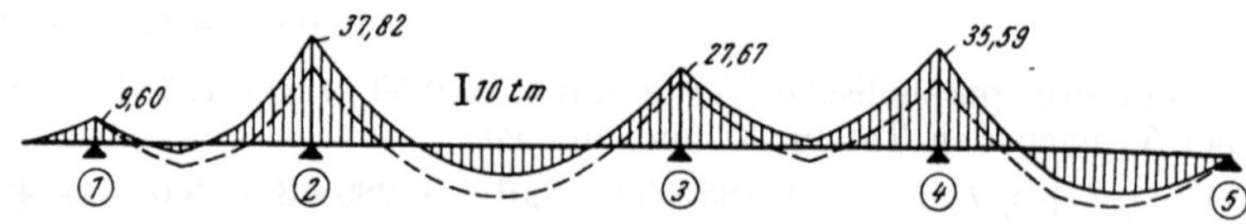

Abb. 463. Endgültiger M-Verlauf mit Voutenwirkung (———) und ohne Voutenwirkung (– – – –).

Stützen genügend kleine Werte ergeben und nicht mehr weitergeleitet zu werden brauchen. Die Ergebnisse sind in der Rechnungs-Skizze doppelt unterstrichen; sie müssen links und rechts einer jeden Stütze den gleichen Wert aufweisen. In Abb. 463 ist der gesamte M-Verlauf maßstäblich dargestellt; zum Vergleich ist darin gestrichelt auch die M-Linie für den Träger ohne Vouten eingezeichnet.

IV. Waagrecht verschiebliche Tragwerke mit Vouten.

Das Prinzip der Berechnung solcher Tragwerke wurde bereits im ersten Abschnitt bei der Behandlung von waagrecht verschieblichen Tragwerken ohne Vouten eingehend beschrieben. Da bei der Berechnung von Tragwerken mit Vouten die gleichen Grundsätze gelten, können hier auch die gleichen Methoden Anwendung finden. Es ergeben sich nur gewisse Abweichungen in der zahlenmäßigen Ermittlung der Verschiebungsmomente, weil hier andere Stabsteifigkeitszahlen' sowie andere Volleinspannmomente $\mathfrak{M}$, $\overline{M}$ und Verteilungszahlen μ auftreten. Im folgenden sollen daher die Grundaufgaben bei der Berechnung von Verschiebungsmomenten, soweit sich Änderungen gegenüber den früheren Darlegungen ergeben, wieder ausführlich erläutert werden.

1. Grundaufgaben bei der Berechnung von Verschiebungsmomenten.

A. Allgemeine Formeln für die Stabendmomente.

Die verschiedenen Ausgangswerte, die zur Berechnung der Verschiebungsmomente gebraucht werden, können wieder am besten aus den allgemeinen Formeln für die Stabendmomente gewonnen werden. Diese Formeln wurden bereits Seite 126 ff. abgeleitet und können hier zur weiteren Behandlung übernommen werden. Sie lauten nach (169) für einen Rahmenstab v mit den Stabenden m und n gemäß Abb. 464

$$M_{m,n} = a_{m,n}\,\varphi_m + b_v\,\varphi_n + \frac{c_{m,n}}{l_v} \cdot \varDelta_v + \mathfrak{M}_{m,n}$$

$$M_{n,m} = a_{n,m}\,\varphi_n + b_v\,\varphi_m + \frac{c_{n,m}}{l_v} \cdot \varDelta_v + \mathfrak{M}_{n,m}.$$

(222)

Hierin bedeuten $a_{m,n}$, $a_{n,m}$, b_v und $c_{m,n}$, $c_{n,m}$ nach (170) und (171) die Steifigkeitswerte des Stabes, φ_m und φ_n die Drehwinkel der Rahmenknoten m und n, $\varDelta_v$ die gegenseitige Verschiebung der Stabenden m und n senkrecht zur Stabachse, $\mathfrak{M}_{m,n}$ und $\mathfrak{M}_{n,m}$ die Volleinspannmomente an den Stabenden m und n.

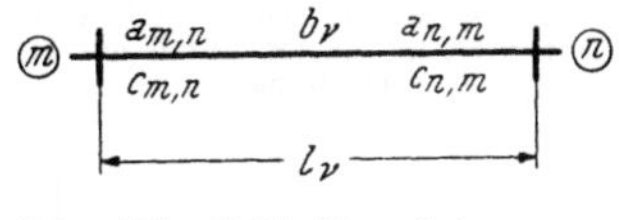

Abb. 464. Beidseitig fest angeschlossener Stab mit den Festwerten $a_{m,n}$, $a_{n,m}$, b_v und $c_{m,n}$, $c_{n,m}$.

Den zur Berechnung der Querkräfte und Verschiebungskräfte öfter gebrauchten Ausdruck für die Summe der beiden Stabendmomente $M_{m,n}$ und $M_{n,m}$ erhält man durch Addition der beiden Momentenformeln (222). Es ergibt sich

$$M_{m,n} + M_{n,m} = c_{m,n}\,\varphi_m + c_{n,m}\,\varphi_n + \frac{c_{m,n} + c_{n,m}}{l_v} \cdot \varDelta_v + \mathfrak{M}_{m,n} + \mathfrak{M}_{n,m}, \qquad (223)$$

wobei nach (171)

$$c_{m,n} = a_{m,n} + b_v \quad \text{und} \quad c_{n,m} = a_{n,m} + b_v.$$

Für einen Stab, der gemäß Abb. 465 an dem Ende n gelenkig angeschlossen ist, kann die Formel für das Anschlußmoment an der gelenklosen Seite m für den allgemeinen Fall, daß der Stab belastet ist und auch eine gegenseitige Stabendverschiebung $\varDelta_v$ vorliegt, sinngemäß nach (57) aufgestellt werden; man braucht nur an Stelle des für Gelenkstäbe ohne Vouten geltenden Wertes k^0 den für Voutenstäbe maßgebenden Wert a^0 zu setzen und erhält mit den hier gewählten Bezeichnungen:

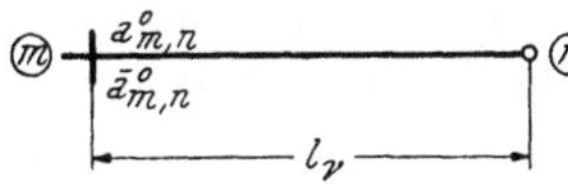

Abb. 465. Einseitig gelenkig angeschlossener Stab mit den Festwerten a^0 und $\bar{a}^0$.

$$M_{m,n} = a^0_{m,n}\,\varphi_m + \frac{a^0_{m,n}}{l_v} \cdot \varDelta_v + \mathfrak{M}^0_{m,n}$$

(224)

oder

$$M_{m,n} = a^0_{m,n}\,\varphi_m + \bar{a}^0_{m,n} \cdot \varDelta_v + \mathfrak{M}^0_{m,n}.$$

(224a)

Hierin bedeuten

$$a^0_{m,n} = \frac{EJ_c}{\alpha_m} \;\ldots\; \text{Die Steifigkeitszahl eines Stabes mit Gelenk bei } n.$$

Nähere Erläuterung siehe bei Gl. (190) und (191).

$$\mathfrak{M}^0_{m,n} = \frac{\alpha^0_m}{\alpha_m} \;\ldots\; \text{Das Volleinspannmoment eines Stabes mit Gelenk bei } n.$$

Nähere Erläuterung siehe bei den Gl. (205) bis (207 a).

Ferner ist analog (124)

$$\bar{a}^0_{m,n} = \frac{a^0_{m,n}}{l_v}.$$

(225)

Bei der praktischen Anwendung der Cross-Methode benötigt man diese Momentengleichungen aber nicht in der hier aufgestellten allgemeinen Form, sondern nur für verschiedene vereinfachende Annahmen von abwechselnd unverdrehbar und unverschiebbar festgehaltenen Knotenpunkten. Die wichtigsten dieser Sonderfälle werden nachstehend getrennt behandelt und hiefür vereinfachte Momentenformeln aufgestellt.

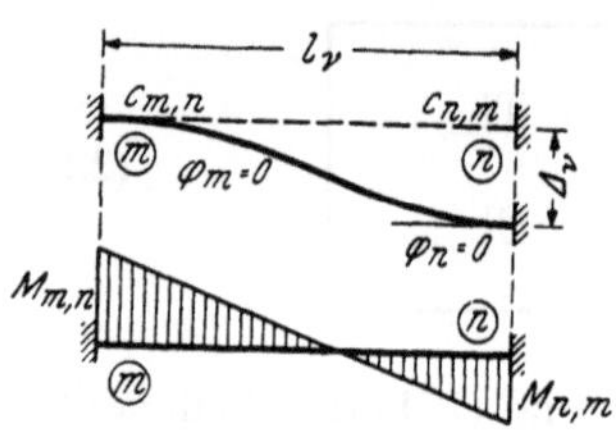

Abb. 466 a. Beidseitig voll eingespannter, unbelasteter Stab mit Verschiebung Δv.

B. Sonderfälle.

1. Der Stab ist unbelastet, an seinen Enden unverdrehbar, aber verschiebbar (Abb. 466 a). In diesem Falle sind $\varphi_m = 0$, $\varphi_n = 0$, $\mathfrak{M}_{m,n} = 0$, $\mathfrak{M}_{n,m} = 0$. Damit vereinfachen sich die Gl. (222) wie folgt:

$$
\boxed{
\begin{aligned}
M_{m,n} &= \frac{c_{m,n}}{l_\nu} \cdot \Delta_\nu = \bar{c}_{m,n} \cdot \Delta_\nu \\
M_{n,m} &= \frac{c_{n,m}}{l_\nu} \cdot \Delta_\nu = \bar{c}_{n,m} \cdot \Delta_\nu,
\end{aligned}
}
\tag{226}
$$

wobei

$$
\bar{c}_{m,n} = \frac{c_{m,n}}{l_\nu} \quad \text{und} \quad \bar{c}_{n,m} = \frac{c_{n,m}}{l_\nu}
\tag{227}
$$

und nach (171)

$$
c_{m,n} = a_{m,n} + b_\nu \quad \text{und} \quad c_{n,m} = a_{n,m} + b_\nu.
$$

Abb. 466 a zeigt die Biegelinie und den M-Verlauf unter den hier getroffenen Annahmen.

Durch Addition dieser beiden Formeln (226) erhält man den Ausdruck für die Summe der beiden Anschlußmomente:

$$
M_{m,n} + M_{n,m} = (\bar{c}_{m,n} + \bar{c}_{n,m}) \cdot \Delta_\nu.
\tag{228}
$$

Anmerkung: An Stelle der hier angewandten allgemeinen Bezeichnung der Stabfestwerte mit $\bar{c}_{m,n}$ und $\bar{c}_{n,m}$ wird später häufig eine spezielle Bezeichnung gewählt, und zwar bei Rahmenstielen $\bar{c}_o$ und $\bar{c}_u$ (= $\bar{c}$-Werte am oberen bzw. unteren Stielende), ferner bei Rahmenriegeln $\bar{c}_l$ und $\bar{c}_r$ (= $\bar{c}$-Werte am linken bzw. rechten Stabende). In gleicher Weise erfolgt dann auch die Bezeichnung der Stabendmomente.

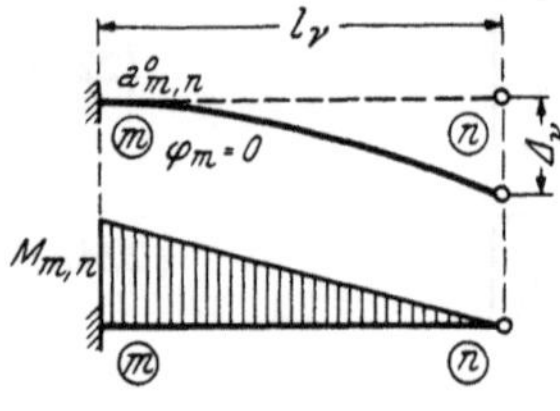

Abb. 466 b. Bei m voll eingespannter, bei n gelenkig gelagerter, unbelasteter Stab mit Verschiebung Δv.

2. Der Stab ist unbelastet, auf der Seite m unverdrehbar, auf der Seite n gelenkig und verschiebbar gelagert (Abb. 466 b). Hier ist $\varphi_m = 0$, $\mathfrak{M}^0_{m,n} = 0$ und es wird aus (224)

$$
\boxed{
M_{m,n} = \frac{a^0_{m,n}}{l_\nu} \cdot \Delta_\nu
}
\tag{229}
$$

bzw. aus (224 a)

$$
\boxed{
M_{m,n} = \bar{a}^0_{m,n} \cdot \Delta_\nu.
}
\tag{229 a}
$$

Die Stabverformung und der zugehörige M-Verlauf für diesen Fall sind aus Abb. 466b ersichtlich.

C. Ermittlung der Verschiebungsmomente $\overline{M}$ für $\varDelta = 1$ bei unverdrehbaren Stabenden.

Für eine willkürlich angenommene gegenseitige Verschiebung der beiden unverdrehbar festgehaltenen Stabenden m und n um den Betrag $\varDelta = 1$ gemäß Abb. 467a erhält man bei unbelastetem Stab aus (226)

$$\overline{M}_{m,n} = \frac{c_{m,n}}{l_\nu} = \bar{c}_{m,n} \quad \text{und} \quad \overline{M}_{n,m} = \frac{c_{n,m}}{l_\nu} = \bar{c}_{n,m}. \tag{230}$$

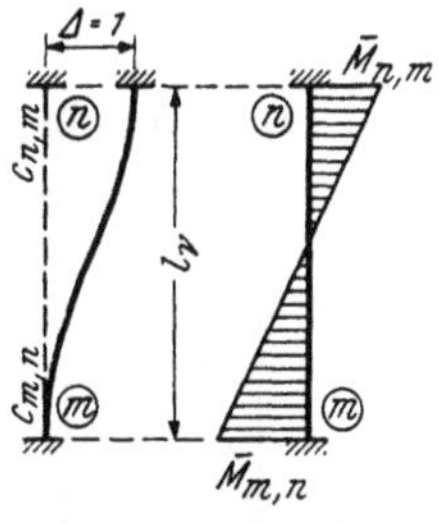

Abb. 467a. Volleinspannmomente $\overline{M}_{m,n}$ und $\overline{M}_{n,m}$ bei unverdrehbaren Stabenden für $\varDelta = 1$.

Für Stäbe mit konstanten Querschnitten wird unter den gleichen Voraussetzungen nach (87)

$$\overline{M}_{m,n} = \overline{M}_{n,m} = \frac{1{,}5\,k}{l_\nu} = 1{,}5\,\bar{k}, \tag{231}$$

wenn nach (118) $\bar{k} = \dfrac{k}{l_\nu}$ gesetzt wird.

Anmerkung: Diese hier zunächst beibehaltene allgemeine Bezeichnung der Stabendmomente mit $\overline{M}_{m,n}$ und $\overline{M}_{n,m}$ wird später durch eine spezielle Bezeichnung ersetzt, und zwar bei Rahmenstielen durch $\overline{M}^o$ und $\overline{M}^u$ (= Volleinspannmoment am oberen bzw. unteren Stielende), bei Rahmenriegeln durch $\overline{M}^l$ und $\overline{M}^r$ (= Volleinspannmoment am linken bzw. rechten Riegelende). Sinngemäß wird dann auch die Bezeichnung der zugehörigen $\bar{c}$-Werte gewählt.

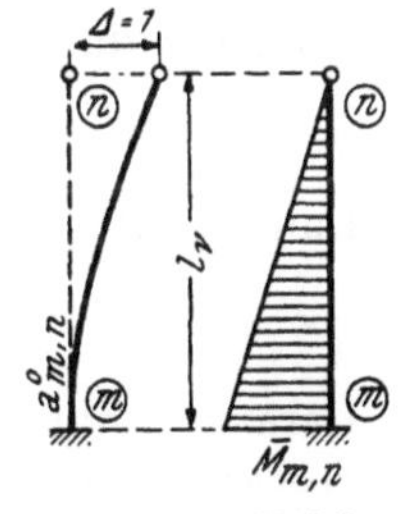

D. Ermittlung der Verschiebungsmomente $\overline{M}$ für $\varDelta = 1$ bei Stäben mit einseitigem Gelenkanschluß.

Abb. 467b. Volleinspannmoment $\overline{M}_{m,n}$ eines Stabes mit Gelenk bei n für $\varDelta = 1$.

Für einen unbelasteten Stab, der an einem Ende unverdrehbar festgehalten, am anderen Ende gelenkig angeschlossen ist, erhält man mit den Bezeichnungen der Abb. 467b das Verschiebungsmoment für $\varDelta = 1$ aus (229) bzw. (229a) mit

$$\overline{M}_{m,n} = \frac{a^0{}_{m,n}}{l_\nu} = \bar{a}^0{}_{m,n}, \tag{232}$$

wobei nach (225)

$$\bar{a}^0{}_{m,n} = \frac{a^0{}_{m,n}}{l_\nu}.$$

E. Ermittlung der durch den Stockwerkschub S hervorgerufenen Volleinspannmomente $\overline{M}^o$ und $\overline{M}^u$.

a) Stockwerke mit gleich langen Stielen.

α) *Stiele oben und unten unverdrehbar* (Abb. 468).

In Abb. 468 sind die unter der Wirkung des Stockwerkschubes S in den Stielen eines Stockwerkes auftretenden Verformungen und die zugehörigen Momente schematisch dargestellt. Die Verschiebung $\varDelta$ ist für alle Stiele gleich groß. Die Wendepunkte der S-förmigen Biegelinien bzw. auch die Momentennullpunkte der einzelnen Stiele liegen bei unsymmetrisch ausgebildeten Stäben nicht in der Stabmitte.

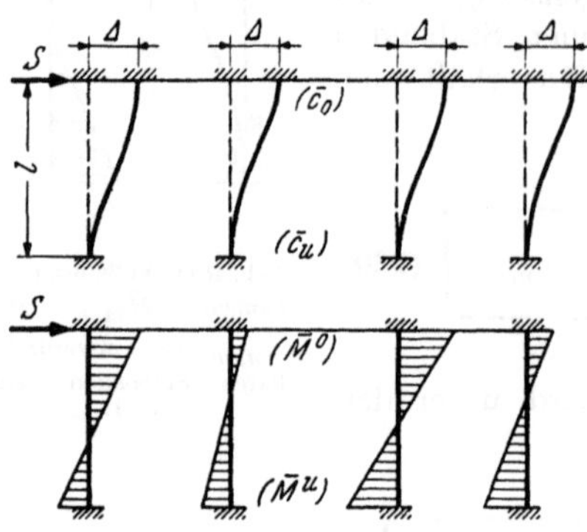

Abb. 468. Geschoß mit *gleich* langen, oben und unten unverdrehbaren Stielen; Verformung und Momente durch Stockwerkschub S.

Zur Ermittlung der durch einen waagrechten Stockwerkschub S in den unverdrehbar festgehaltenen oberen und unteren Stielenden hervorgerufenen Volleinspannmomente $\overline{M}^o$ und $\overline{M}^u$ im Stockwerk μ kann man wieder von der Gl. (90) ausgehen:

$$S_\mu = \frac{1}{l_\mu} \underset{\mu}{\Sigma}\left(\overline{M}^o + \overline{M}^u\right), \qquad (233)$$

wobei sich die $\underset{\mu}{\Sigma}$ auf alle Stäbe des betrachteten Stockwerkes μ bezieht und l_μ die Geschoßhöhe bedeutet.

Ersetzt man den in (233) auftretenden Summenausdruck $\left(\overline{M}^o + \overline{M}^u\right)$ für die am oberen und unteren Ende der einzelnen Stiele auftretenden Volleinspannmomente durch (226), so erhält man mit den hier gewählten Bezeichnungen

$$\underset{\mu}{\Sigma}\left(\overline{M}^o + \overline{M}^u\right) = \frac{1}{l_\mu} \underset{\mu}{\Sigma}\,(c_o + c_u)\cdot \varDelta_\mu. \qquad (234)$$

Damit lautet die Gl. (233)

$$S_\mu = \frac{\varDelta_\mu}{l^2_\mu} \underset{\mu}{\Sigma}(c_o + c_u). \qquad (235)$$

Daraus ergibt sich die vom Stockwerkschub S_μ bewirkte Verschiebung $\varDelta_\mu$ im Stockwerk μ:

$$\varDelta_\mu = \frac{l^2_\mu}{\underset{\mu}{\Sigma}(c_o + c_u)} \cdot S_\mu. \qquad (236)$$

Nun ist aber für einen unbelasteten Stab mit unverdrehbaren Enden und einer Stabendverschiebung $\varDelta_\mu$ nach (226) mit den hier gewählten Bezeichnungen

$$\overline{M}^o = \frac{c_o}{l_\mu} \cdot \varDelta_\mu \quad \text{und} \quad \overline{M}^u = \frac{c_u}{l_\mu} \cdot \varDelta_\mu. \qquad (237)$$

Setzt man also hier für $\varDelta_\mu$ den Wert aus (236) ein, so erhält man die gebrauchsfertigen Formeln für die Berechnung der Volleinspannmomente $\overline{M}^o_i$ und $\overline{M}^u_i$ eines Stieles i mit den Stabfestwerten $c^{(i)}_o$ und $c^{(i)}_u$ aus dem Stockwerkschub S_μ. Sie lauten:

$$\overline{M}^o_i = \frac{c^{(i)}_o \cdot l_\mu}{\underset{\mu}{\Sigma}(c_o + c_u)} \cdot S_\mu \quad \text{und} \quad \overline{M}^u_i = \frac{c_u^{(i)} \cdot l_\mu}{\underset{\mu}{\Sigma}(c_o + c_u)} \cdot S_\mu. \qquad (238)$$

Die Summen beziehen sich auf alle Stiele des betrachteten Stockwerkes μ.

Mit den Formeln (238) sind die bei Anwendung des CROSS-Verfahrens immer wieder gebrauchten Volleinspannmomente $\overline{M}^o{}_i$ und $\overline{M}^u{}_i$ rasch zu berechnen. Die hierzu benötigten Festwerte $c^{(i)}{}_o$ und $c^{(i)}{}_u$ für die einzelnen Stiele sind nur von den Stababmessungen abhängig und werden gleich zu Beginn der eigentlichen Berechnung im Zuge der übrigen Vorarbeiten nach (171) ermittelt.

Für symmetrisch ausgebildete Stiele ergibt sich jeweils $\overline{M}^o{}_i = \overline{M}^u{}_i$.

β) *Stiele oben gelenkig, unten unverdrehbar*
(Abb. 469).

Wenn sämtliche Stiele eines Geschosses oben gelenkig angeschlossen, unten aber unverdrehbar festgehalten sind, so wird überall $\overline{M}^o = 0$ und die Gl. (233) vereinfacht sich unter der Voraussetzung gleich langer Stiele zu

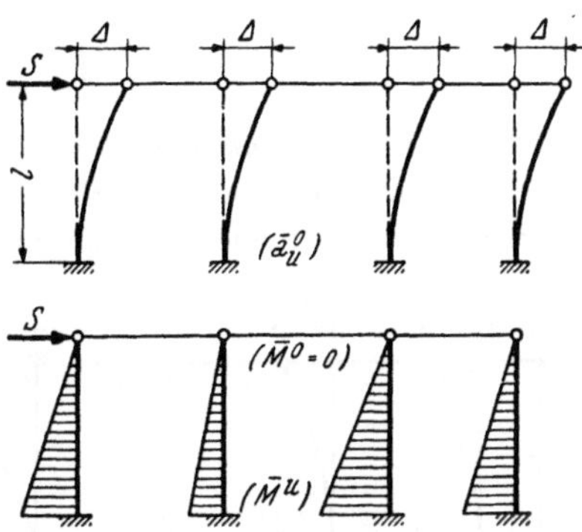

Abb. 469. Geschoß mit *gleich* langen, oben gelenkigen, unten unverdrehbaren Stielen; Verformung und Momente durch Stockwerkschub S.

$$S_\mu = \frac{1}{l_\mu} \sum_\mu \overline{M}^u. \qquad (239)$$

Das Volleinspannmoment für einseitig gelenkig gelagerte Stäbe ergibt sich nach (229) mit der hier gewählten Bezeichnung aus

$$\overline{M}^u = \frac{a^0{}_u}{l_\mu} \cdot \varDelta_\mu. \qquad (240)$$

Setzt man diesen Wert in (239) ein, so erhält man

$$S_\mu = \frac{\varDelta_\mu}{l^2{}_\mu} \sum_\mu a^0{}_u; \qquad (241)$$

daraus ergibt sich die von dem Stockwerkschub S_μ bewirkte Verschiebung $\varDelta_\mu$ des Stockwerkes μ:

$$\varDelta_\mu = \frac{l^2{}_\mu}{\sum\limits_\mu a^0{}_u} \cdot S_\mu. \qquad (242)$$

Durch Einführung dieses Ausdruckes für $\varDelta_\mu$ in (240) gewinnt man eine gebrauchsfertige Formel zur Berechnung der Volleinspannmomente von einseitig gelenkig angeschlossenen Stielen infolge eines Stockwerkschubes S_μ. Bei der hier getroffenen Annahme gelenkiger Anschlüsse an den oberen Stielenden, erhält man für einen Stiel i mit dem Stabfestwert $a_u{}^{0\,(i)}$

$$\boxed{\overline{M}^u{}_i = \frac{a_u{}^{0\,(i)} \cdot l_\mu}{\sum\limits_\mu a^0{}_u} \cdot S_\mu.} \qquad (243)$$

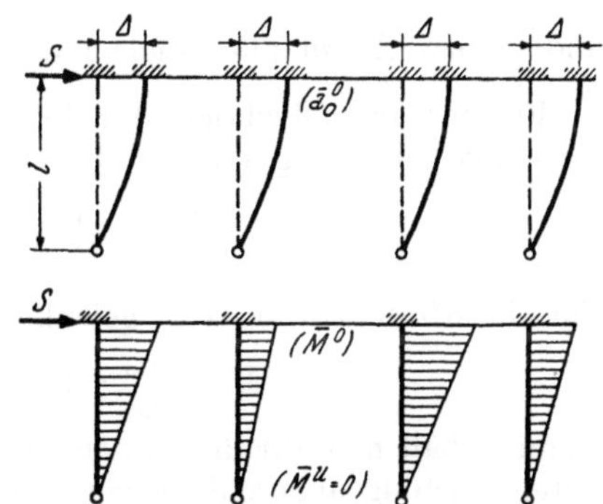

Abb. 470. Geschoß mit *gleich* langen, unten gelenkigen, oben unverdrehbaren Stielen; Verformung und Momente durch Stockwerkschub S.

$\gamma)$ *Stiele unten gelenkig, oben unverdrehbar* (Abb. 470).

Da lediglich eine Umkehrung des vorher behandelten Falles vorliegt, gilt in sinngemäßer Übereinstimmung mit (243)

$$\overline{M}^o{}_i = \frac{a_o{}^{0\,(i)} \cdot l_\mu}{\underset{\mu}{\Sigma}\, a^0{}_o} \cdot S_\mu. \tag{244}$$

$\delta)$ *Stiele gelenkig oder unverdrehbar in beliebiger Anordnung* (Abb. 471).

Auch in Fällen, wo die Stiele eines Stockwerkes in beliebiger Anordnung entweder oben oder unten gelenkig angeschlossen oder unverdrehbar festgehalten sind, können

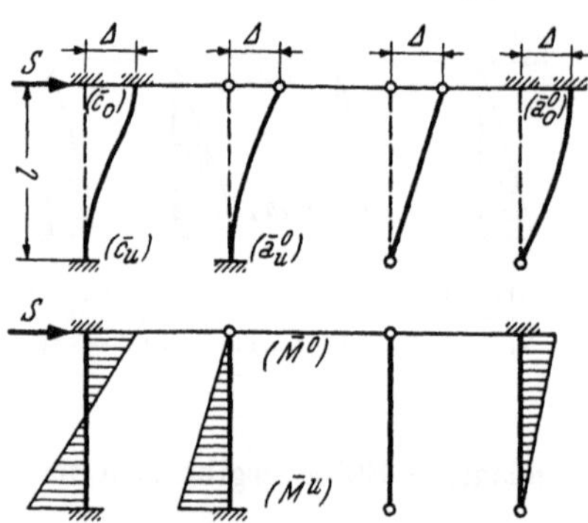

Abb. 471. Geschoß mit *gleich* langen, teils gelenkigen, teils unverdrehbaren Stielen in beliebiger Anordnung; Verformung und Momente durch Stockwerkschub *S*.

die vom Stockwerkschub S_μ hervorgerufenen Volleinspannmomente $\overline{M}$ nach gebrauchsfertigen Formeln ermittelt werden. Die Ableitung dieser Formeln geschieht in der gleichen Weise, wie dies Seite 84 ff. für Tragwerke ohne Vouten gezeigt wurde. Man kann auch hier zunächst von der allgemeinen Gl. (90) ausgehen; sie lautet:

$$S_\mu = \frac{1}{l_u} \underset{\mu}{\Sigma} \left(\overline{M}^o + \overline{M}^u \right). \tag{245}$$

Bei der Bildung des Ausdruckes $\underset{\mu}{\Sigma} \left(\overline{M}^o + \overline{M}^u \right)$ ist wiederum zu unterscheiden zwischen Stielen, die oben und unten unverdrehbar sind, und solchen, die entweder oben oder unten ein Gelenk haben, sowie solchen, die als Pendelstützen ausgebildet sind und daher keinen Anteil für Formel (245) ergeben, da für sie stets $\overline{M}^o = \overline{M}^u = 0$ ist. Es sind daher wieder nur zwei Arten von Beiträgen vorhanden, und zwar von den beidseitig unverdrehbar festgehaltenen und den einseitig gelenkig angeschlossenen Stielen. Somit kann auch hier die Gl. (245) gemäß (104) übersichtlich in folgender Form geschrieben werden:

$$S_\mu = \frac{1}{l_\mu} \underset{e}{\Sigma} \left(\overline{M}^o + \overline{M}^u \right) + \frac{1}{l_\mu} \underset{go}{\Sigma} \overline{M}^u + \frac{1}{l_\mu} \underset{gu}{\Sigma} \overline{M}^o. \tag{246}$$

Hierin bezieht sich wieder $\underset{e}{\Sigma}$ auf alle oben und unten fest eingespannten Stiele und $\underset{gu}{\Sigma}$ bzw. $\underset{go}{\Sigma}$ auf alle Stiele mit einem Gelenk unten bzw. oben.

Für das erste Glied der Gl. (246), also für die beidseitig voll eingespannten Stiele, wird mit der hier gewählten Bezeichnung nach (234)

$$\frac{1}{l_\mu} \underset{e}{\Sigma} \left(\overline{M}^o + \overline{M}^u \right) = \frac{\Delta_\mu}{l^2{}_\mu} \underset{e}{\Sigma} (c_o + c_u). \tag{247}$$

Für die oben bzw. unten gelenkig angeschlossenen Stiele wird nach (229)

$$\overline{M}^o = \frac{a^0{}_o}{l_\mu} \cdot \Delta_\mu \quad \text{und} \quad \overline{M}^u = \frac{a^0{}_u}{l_\mu} \cdot \Delta_\mu. \tag{248}$$

Damit erhält man für die letzten zwei Glieder der Gl. (246), also für die oben bzw. unten gelenkig angeschlossenen Stiele folgenden Ausdruck:

$$\frac{1}{l_\mu} \underset{go}{\Sigma} \overline{M}^u + \frac{1}{l_\mu} \underset{gu}{\Sigma} \overline{M}^o = \frac{\Delta_\mu}{l^2{}_\mu} \underset{go}{\Sigma} a^0{}_u + \frac{\Delta_\mu}{l^2{}_\mu} \underset{gu}{\Sigma} a^0{}_o. \tag{249}$$

Führt man die Ansätze (247) und (249) in (246) ein, so erhält man

$$S_u = \frac{\Delta_\mu}{l^2_\mu}\left[\sum_e (c_o + c_u) + \sum_{go} a^0{}_u + \sum_{gu} a^0{}_o\right]$$ (250)

und daraus

$$\Delta_\mu = \frac{l^2_\mu}{\sum_e (c_o + c_u) + \sum_{go} a^0{}_u + \sum_{gu} a^0{}_o} \cdot S_\mu.$$ (251)

Damit können bereits die gebrauchsfertigen Formeln für die Volleinspannmomente $\overline{M}^o{}_i$ und $\overline{M}^u{}_i$ der Stiele im Stockwerk μ aufgestellt werden, und zwar:

1. Für einen **oben und unten unverdrehbar** festgehaltenen Stiel i mit den Stabfestwerten $c^{(i)}{}_o$ bzw. $c^{(i)}{}_u$ nach (237) und (251):

$$\overline{M}^o{}_i = \frac{c^{(i)}{}_o \cdot l_\mu}{\sum_e (c_o + c_u) + \sum_{go} a^0{}_u + \sum_{gu} a^0{}_o} \cdot S_\mu$$

$$\overline{M}^u{}_i = \frac{c^{(i)}{}_u \cdot l_\mu}{\sum_e (c_o + c_u) + \sum_{go} a^0{}_u + \sum_{gu} a^0{}_o} \cdot S_\mu.$$ (252)

Hierin bedeuten nach (171)

$$c_o = a_o + b \quad \text{und} \quad c_u = a_u + b.$$ (252 a)

2. Für einen **nur oben gelenkig** angeschlossenen Stiel i mit dem Stabfestwert $a_u^{0(i)}$ gemäß (240) und (251):

$$\overline{M}^u{}_i = \frac{a_u^{0(i)} \cdot l_\mu}{\sum_e (c_o + c_u) + \sum_{go} a^0{}_u + \sum_{gu} a^0{}_o} \cdot S_\mu.$$ (253)

3. Für einen **nur unten gelenkig** angeschlossenen Stiel i mit dem Stabfestwert $a_o^{0(i)}$ nach (240) und (251):

$$\overline{M}^o{}_i = \frac{a_o^{0(i)} \cdot l_\mu}{\sum_e (c_o + c_u) + \sum_{go} a^0{}_u + \sum_{gu} a^0{}_o} \cdot S_\mu.$$ (253 a)

b) Stockwerke mit ungleich langen Stielen.

Hier gilt ganz allgemein Gl. (86):

$$S_\mu = \sum_\mu \frac{\overline{M}^o + \overline{M}^u}{l}.$$

Diese Gleichung unterscheidet sich von der für Stockwerke mit gleich langen Stielen geltenden Formel (90) lediglich dadurch, daß im vorliegenden Falle die Längen l der einzelnen Stiele des betrachteten Stockwerkes verschieden sind und somit unter dem Summenzeichen bleiben müssen. Unter Beachtung dieses Umstandes ergeben sich die nachstehend angeführten gebrauchsfertigen Formeln zur Berechnung der Volleinspannmomente $\overline{M}^o{}_i$ und $\overline{M}^u{}_i$ unter Berücksichtigung der verschiedenen Anschlußarten ohne besondere Ableitung sinngemäß aus den vorher behandelten Fällen. An Stelle der Werte c_o, c_u und $a^0{}_o$, $a^0{}_u$ treten hier die entsprechenden Werte $\bar{c}_o$, $\bar{c}_u$ bzw. $\bar{a}^0{}_o$, $\bar{a}^0{}_u$, deren Bedeutnng aus (225) bzw. (227) hervorgeht. Die einzelnen Stielanschlußarten sollen dabei wieder in gleicher Reihenfolge wie vorher gesondert behandelt werden.

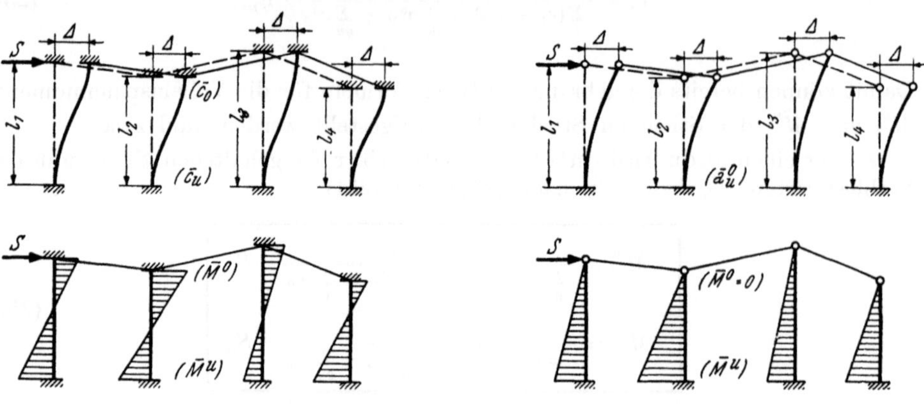

Abb. 472. Geschoß mit *ungleich* langen, oben und unten unverdrehbaren Stielen; Verformung und Momente durch Stockwerkschub S.

Abb. 473. Geschoß mit *ungleich* langen, oben gelenkigen, unten unverdrehbaren Stielen; Verformung und Momente durch Stockwerkschub S.

α) *Sämtliche Stiele oben und unten unverdrehbar* (Abb. 472).

Für einen Stiel i mit den Stabfestwerten $\bar{c}^{(i)}{}_o$ und $\bar{c}^{(i)}{}_u$ wird:

$$\overline{M}^o{}_i = \frac{\bar{c}^{(i)}{}_o}{\displaystyle\sum_\mu \frac{\bar{c}_o + \bar{c}_u}{l}} \cdot S_\mu$$

$$\overline{M}^u{}_i = \frac{\bar{c}^{(i)}{}_u}{\displaystyle\sum_\mu \frac{\bar{c}_o + \bar{c}_u}{l}} \cdot S_\mu.$$

(254)

Die Summe bezieht sich auf sämtliche Stiele des Stockwerkes μ.

β) *Sämtliche Stiele oben gelenkig, unten unverdrehbar* (Abb. 473).

Für einen Stiel i mit dem Stabfestwert $\bar{a}_u^{0(i)}$ wird

$$\overline{M}^u{}_i = \frac{\bar{a}_u^{0(i)}}{\displaystyle\sum_\mu \frac{\bar{a}^0{}_u}{l}} \cdot S_\mu.$$

(255)

γ) *Sämtliche Stiele unten gelenkig, oben unverdrehbar* (Abb. 474).

Für einen Stiel i mit dem Stabfestwert $\bar{a}_o^{0(i)}$ wird:

$$\overline{M}^o{}_i = \frac{\bar{a}_o^{0(i)}}{\displaystyle\sum_\mu \frac{\bar{a}^0{}_o}{l}} \cdot S_\mu.$$

(256)

δ) *Stiele gelenkig oder unverdrehbar in beliebiger Anordnung* (Abb. 475).

1. Für einen **oben und unten unverdrehbaren** Stiel i mit den Stabfestwerten $\bar{c}^{(i)}{}_o$ und $\bar{c}^{(i)}{}_u$ wird:

$$\bar{M}^o{}_i = \frac{\bar{c}^{(i)}{}_o}{\sum\limits_{e} \dfrac{\bar{c}_o + \bar{c}_u}{l} + \sum\limits_{go} \dfrac{\bar{a}^0{}_u}{l} + \sum\limits_{gu} \dfrac{\bar{a}^0{}_o}{l}} \cdot S_\mu.$$

$$\bar{M}^u{}_i = \frac{\bar{c}^{(i)}{}_u}{\sum\limits_{e} \dfrac{\bar{c}_o + \bar{c}_u}{l} + \sum\limits_{go} \dfrac{\bar{a}^0{}_u}{l} + \sum\limits_{gu} \dfrac{\bar{a}^0{}_o}{l}} \cdot S_\mu$$

(257)

2. Für einen **nur oben gelenkig** angeschlossenen Stiel i mit dem Stabfestwert $\bar{a}_u{}^{0\,(i)}$:

$$\bar{M}^u{}_i = \frac{\bar{a}_u{}^{0\,(i)}}{\sum\limits_{e} \dfrac{\bar{c}_o + \bar{c}_u}{l} + \sum\limits_{go} \dfrac{\bar{a}^0{}_u}{l} + \sum\limits_{gu} \dfrac{\bar{a}^0{}_o}{l}} \cdot S_\mu.$$

(258)

3. Für einen **nur unten gelenkig** angeschlossenen Stiel i mit dem Stabfestwert $\bar{a}_o{}^{0\,(i)}$:

$$\bar{M}^o{}_i = \frac{\bar{a}_o{}^{0\,(i)}}{\sum\limits_{e} \dfrac{\bar{c}_o + \bar{c}_u}{l} + \sum\limits_{go} \dfrac{\bar{a}^0{}_u}{l} + \sum\limits_{gu} \dfrac{\bar{a}^0{}_o}{l}} \cdot S_\mu.$$

(258 a)

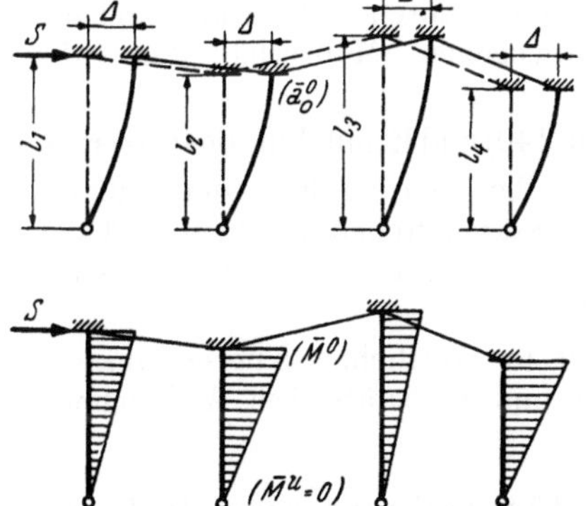

Abb. 474. Geschoß mit *ungleich* langen, unten gelenkigen, oben unverdrehbaren Stielen; Verformung und Momente durch Stockwerkschub S.

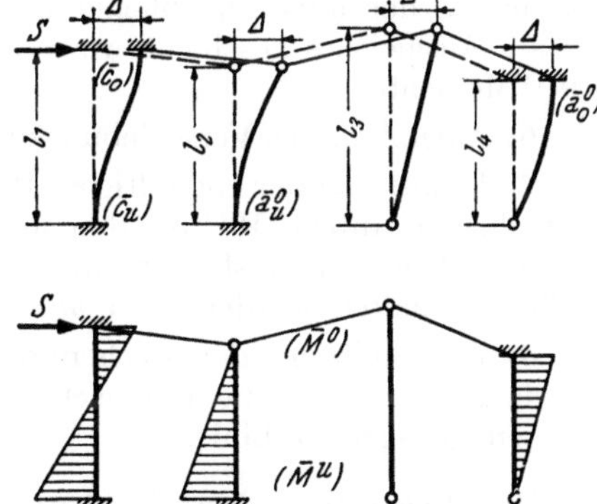

Abb. 475. Geschoß mit *ungleich* langen, teils gelenkigen, teils unverdrehbaren Stielen in beliebiger Anordnung; Verformung und Momente durch Stockwerkschub S.

2. Anwendung der CROSS-Methode auf waagrecht verschiebliche Tragwerke mit Vouten.

Wie bereits Seite 89 dargelegt worden ist, kommen für die Berechnung von verschieblichen Tragwerken im wesentlichen zwei Berechnungsverfahren in Betracht, deren Einzelheiten dort eingehend erläutert worden sind. Nach den gleichen Prinzipien kann natürlich auch die Berechnung von Rahmentragwerken mit V o u t e n oder mit beliebig veränderlichen Stabquerschnitten vorgenommen werden. Es ergeben sich in diesem Falle allerdings andere Steifigkeitszahlen a_1, a_2, b, andere Volleinspannmomente $\mathfrak{M}$, Momentenverteilungszahlen μ und Überleitungszahlen γ. Alle diese Werte sind aber mit den im Dritten Teil des Buches enthaltenen Hilfstafeln rasch zu bestimmen.

Es kann hier also unter Hinweis auf die im ersten Abschnitt für waagrecht verschiebliche Tragwerke ohne Vouten enthaltenen ausführlichen Erläuterungen der beiden Verfahren I und II sofort in kurzer Zusammenfassung der praktische Vorgang bei ihrer Anwendung auf die Berechnung von Tragwerken mit Vouten beschrieben werden. Der vor allem im Hallenbau oft vorkommende 1-geschossige Rahmen soll dabei auch hier wieder gesondert behandelt werden.

A. Verfahren I (mit Verschiebungsgleichungen).

a) B e s c h r e i b u n g des R e c h n u n g s g a n g e s für 1-stöckige R a h m e n mit V o u t e n.

1. Ermittlung der Momente $M^{(0)}$ für das unverschieblich festgehaltene Tragwerk nach der Seite 142 f. gegebenen ausführlichen Beschreibung.

2. Ermittlung der in diesem Zustand auftretenden Festhaltekraft $F^{(0)}$; je nach der vorliegenden Belastungsart sind dabei zu verwenden: bei ungleich langen Stielen die Formeln (72) bis (75), bei gleich langen Stielen (72a) bis (74a).

3. Zusätzliche Ermittlung der Stabfestwerte c_o, c_u nach (171) bzw. $\bar{c}_o, \bar{c}_u$ nach (227) für die einzelnen R a h m e n s t i e l e in der Festwerttabelle.

4. Ermittlung der Volleinspannmomente $\overline{M}^o$ und $\overline{M}^u$ in sämtlichen Rahmenstielen für eine willkürlich gewählte Verschiebung $\varDelta$ (z. B. $\varDelta = 1$ oder 2 oder 10) bei unverdrehbar festgehaltenen Stabenden nach (226) bzw. (230); bei einseitig gelenkig angeschlossenen Stielen nach (229) bzw. (232).

5. Ausgleich der unter Ziffer 4 berechneten Volleinspannmomente $\overline{M}$ bei Annahme wieder unverschieblicher aber frei drehbarer Knoten. Die Durchführung dieses Ausgleiches geschieht wie unter Ziffer 1 angegeben. Man erhält damit die $M^{(1)}$-Momente.

6. Aufstellung der Verschiebungsgleichung nach (140) und Ermittlung des c-Wertes.

7. Ermittlung der endgültigen M-Werte durch Überlagerung der gemäß Ziffer 1 berechneten Anteile $M^{(0)}$ für den unverschieblich festgehaltenen Rahmen und der mit dem Umrechnungsfaktor c multiplizierten Verschiebungsmomente $M^{(1)}$, die nach Ziffer 5 erhalten wurden, also $M = M^{(0)} + c\, M^{(1)}$.

8. Durchführung der Rechenproben $\varSigma M = 0$ in sämtlichen Knotenpunkten, sowie $\varSigma H = 0$ für die durchschnittenen Stiele und maßstäbliches Aufzeichnen der endgültigen M-Linie.

b) B e s c h r e i b u n g des R e c h n u n g s g a n g e s für m e h r s t ö c k i g e R a h m e n mit V o u t e n nach V e r f a h r e n I (mit V e r s c h i e b u n g s g l e i c h u n g e n).

Die Durchführung der Berechnung von mehrstöckigen Rahmen unterscheidet sich von jener für einstöckige Rahmen nur in der Ermittlung der Verschiebungsmomente $M^{(1)}$, $M^{(2)}$, ... $M^{(n)}$, da hier mehrere Festhaltelager und damit auch mehrere Festhaltekräfte vorkommen. Im einzelnen gliedert sich die Berechnung in folgende Abschnitte:

1. Ermittlung der Momente $M^{(0)}$ für die gegebene Belastung unter der Voraussetzung unverschieblich festgehaltener Knotenpunkte nach der S. 142 gegebenen ausführlichen Beschreibung (vgl. Abb. 395 a, b).

2. Berechnung der diesem Zustand entsprechenden Festhaltekräfte $F_1^{(0)}$, $F_2^{(0)}$, ... $F_n^{(0)}$ in den einzelnen Stockwerken 1, 2, ... n (vgl. Abb. 395 b); je nach der vorliegenden Belastungsart sind dabei zu verwenden: bei Geschossen mit ungleich langen Stielen die Formeln (66) bis (69), bei Geschossen mit gleich langen Stielen die Formeln (66 a) bis (68 a) bzw. (69).

3. Zusätzliche Ermittlung der Stabfestwerte c_o, c_u nach (171) bzw. $\bar{c}_o$, $\bar{c}_u$ nach (227) für sämtliche **Rahmenstiele** in der Festwerttabelle.

4. Ermittlung der Volleinspannmomente $\bar{M}^o$ und $\bar{M}^u$ in den Stielen des *ersten* Geschosses unter Annahme einer willkürlichen Verschiebung $\varDelta_1$ (z. B. $\varDelta_1 = 1$ oder 2 oder 10) bei unverdrehbaren Stabenden (vgl. Abb. 396 a, b); hiebei sind zu verwenden: bei beidseitig unverdrehbaren Stabenden die Formel (226) bzw. (230), bei einseitig gelenkig angeschlossenen Stielen die Formel (229) bzw. (232).

5. Ausgleich der nach Ziffer 4 ermittelten Volleinspannmomente $\bar{M}$ bei Annahme unverschieblicher, aber frei drehbarer Knotenpunkte in der gleichen Weise wie unter Ziffer 1 angegeben. Man erhält damit die $M^{(1)}$-Momente (vgl. Abb. 397 a, b).

6. Ermittlung der zugehörigen Festhaltekräfte $F_1^{(1)}$, $F_2^{(1)}$, ... $F_n^{(1)}$ in den einzelnen Stockwerken 1, 2, ... n nach (68) bzw. (68 a) (vgl. Abb. 397 b).

7. Ermittlung der Volleinspannmomente $\bar{M}$ in den Stielen des *zweiten* Geschosses unter Annahme einer willkürlichen Verschiebung $\varDelta_2$ (z. B. $\varDelta_2 = 1$ oder 2 oder 10) bei unverdrehbar festgehaltenen Stabenden; anzuwenden sind hier wieder die unter Ziffer 4 genannten Formeln (vgl. Abb. 398 a, b).

8. Ausgleich der nach Ziffer 7 bestimmten Momente $\bar{M}$ bei Annahme wieder unverschieblicher aber frei drehbarer Knotenpunkte, in gleicher Weise wie unter Ziffer 1 angegeben, und Berechnung der zugehörigen Festhaltekräfte $F_1^{(2)}$, $F_2^{(2)}$, ... $F_n^{(2)}$ in den einzelnen Stockwerken nach den unter Ziffer 6 genannten Formeln. Man erhält damit die $M^{(2)}$-Momente (vgl. Abb. 399 a, b).

9. Durchführung der unter Ziffer 7 und 8 beschriebenen Rechenoperationen für alle übrigen Stockwerke.

10. Aufstellung der Verschiebungsgleichungen nach (143) und Ermittlung der Umrechnungsfaktoren c_1, c_2, ... c_n.

11. Berechnung der endgültigen Momente M durch Überlagerung der nach Ziffer 1 ermittelten Anteile $M^{(0)}$ für den unverschieblich festgehaltenen Rahmen und der mit den entsprechenden c-Werten multiplizierten Verschiebungsmomente $M^{(1)}$, $M^{(2)}$, ... $M^{(n)}$ aus den einzelnen Verschiebungszuständen, also nach (145): $M = $
$$= M^{(0)} + c_1 M^{(1)} + c_2 M^{(2)} + ... c_n M^{(n)}.$$

12. Durchführung der Rechenproben $\varSigma M = 0$ in den einzelnen Knoten und $\varSigma H = 0$ in den einzelnen Stockwerken, sowie maßstäbliches Auftragen der endgültigen M-Linie (vgl. Zahlenbeispiel Nr. 30).

B. Verfahren II (ohne Verschiebungsgleichungen).

a) Vorbemerkung.

Das Verfahren II unterscheidet sich von dem Verfahren I hauptsächlich in der Ermittlung der Verschiebungsmomente. Der erste Teil der Rechnung, nämlich die Bestimmung der Momente $M^{(0)}$ im unverschieblich festgehaltenen Tragwerk kann auch bei Verfahren II nach den Seite 142 f. gegebenen Anweisungen vorgenommen werden, wenn nicht von den Vereinfachungen Gebrauch gemacht wird, die in der „Schlußbemerkung" Seite 110 erläutert wurden; die Berechnung der $M^{(0)}$-Momente kann dann überhaupt entfallen. Weiter sei auch auf das Seite 112 ff. beschriebene Sonderverfahren hingewiesen, das sinngemäß auch bei Tragwerken mit Vouten Anwendung finden kann.

Im folgenden wird der Rechnungsgang nur für das allgemeine Verfahren in schlagwortartiger Zusammenfassung mit den erforderlichen Hinweisen auf die zur Anwendung kommenden Formeln, Gleichungen und Tabellen kurz dargestellt.

b) Beschreibung des Rechnungsganges nach Verfahren II für Tragwerke mit Vouten.

1. Ermittlung der Momente $M^{(0)}$ für die gegebene Belastung unter Annahme unverschieblich festgehaltener Knotenpunkte nach der Seite 142 f. gegebenen ausführlichen Beschreibung (vgl. Abb. 408 a, b).

2. Ermittlung der diesem Zustand entsprechenden Festhaltekräfte $F_1^{(0)}$, $F_2^{(0)}$, ... $F_n^{(0)}$ in den einzelnen Geschossen 1, 2, ... n (vgl. Abb. 408 b); je nach der vorliegenen Belastungsart sind dabei zu verwenden: bei Geschossen mit ungleich langen Stielen die Formeln (66) bis (69), bei Geschossen mit gleich langen Stielen die Formeln (66 a) bis (68 a) bzw. (69).

3. Zusätzliche Ermittlung der Stabfestwerte c_o, c_u nach (171) bzw. $\bar{c}_o, \bar{c}_u$ nach (227) für sämtliche R a h m e n s t i e l e in der Festwerttabelle.

4. Ermittlung der durch die Stockwerkschübe S an den oberen und unteren Enden der einzelnen Stiele hervorgerufenen Volleinspannmomente $\overline{M}^o$ bzw. $\overline{M}^u$ in den verschiedenen Stockwerken unter der Annahme verschieblicher, aber unverdrehbarer Knotenpunkte (vgl. Abb. 409 a, b); hiebei sind zu verwenden für Geschosse mit gleich langen, oben und unten unverdrehbaren Stielen die Formel (96), für Geschosse mit oben oder unten gelenkig angeschlossenen Stielen die Formel (101) bzw. (102), für Geschosse mit gelenkig oder unverdrehbar angeschlossenen Stielen in beliebiger Anordnung die Formeln (111), (113) bzw. (114).

5. Ausgleich der nach Ziffer 4 berechneten Volleinspannmomente $\overline{M}$ unter Annahme wieder unverschieblich festgehaltener, aber der Reihe nach für Verdrehungen freigelassener Knotenpunkte. Die Durchführung dieser Rechnung erfolgt wiederum nach der für unverschiebliche Tragwerke Seite 142 f. gegebenen Beschreibung. Es genügt hier aber, den Ausgleich in jedem Knoten nur e i n m a l vorzunehmen, die erhaltenen M'-Momente an die anderen Stabenden weiterzuleiten und dort nur anzuschreiben, ohne den Ausgleich sofort durchzuführen; man erhält damit die $M^{(I)}$-Momente (vgl. Abb. 410 a, b).

6. Ermittlung der neuen Festhaltekräfte $F_1^{(1)}$, $F_2^{(1)}$, ... $F_n^{(1)}$ in den einzelnen Geschossen 1, 2, ... n für die nach Ziffer 5 ermittelten $M^{(I)}$-Momente; hierzu sind die Formeln (68) bzw. (68a) zu verwenden (vgl. Abb. 410b).

7. Ermittlung der unter den neuen Stockwerkschüben S an den oberen und unteren Enden der einzelnen Stiele auftretenden Volleinspannmomente $\overline{M}^o$ und $\overline{M}^u$ wie unter Ziffer 4 beschrieben (vgl. Abb. 411 a, b).

8. Wiederholung der unter Ziffer 6 und 7 beschriebenen Rechenoperationen, bis die nach Ziffer 6 ermittelten Festhaltekräfte F wegen ihrer Kleinheit vernachlässigt werden können und auch die in den einzelnen Knoten durch Verteilung zuletzt erhaltenen M'-Werte genügend klein geworden sind und ihre Weiterleitung unterbleiben kann, ohne die angestrebte Genauigkeit der Ergebnisse zu beeinträchtigen (vgl. Abb. 412a, b).

9. Berechnung der endgültigen Momente in den Riegeln nach (146) und in den Stielen nach (146a) durch Überlagerung der unter Ziffer 1 ermittelten Anteile $M^{(0)}$ für den unverschieblich festgehaltenen Rahmen und der Anteile aus den einzelnen Rechnungsstufen (1), (2), ... (r).

10. Durchführung der Rechenproben $\Sigma M = 0$ für die einzelnen Knotenpunkte sowie $\Sigma H = 0$ bzw. $F = 0$ für die einzelnen Stockwerke unter Anwendung der Formeln (66) bis (68) bzw. (66a) bis (68a) und maßstäbliches Aufzeichnen der endgültigen M-Linie.

V. Lotrecht verschiebliche Tragwerke mit Vouten.

1. Beschreibung des Rechnungsganges bei Verwendung von Verfahren I (mit Verschiebungsgleichungen).

Es wird hier wieder auf die Abb. 416a, b bis 420a, b Bezug genommen, die bereits bei der Erläuterung dieses Verfahrens für lotrecht verschiebliche Tragwerke ohne Vouten besprochen worden sind. Der Ablauf der gesamten Rechnung ist, abgesehen von den wegen der Veränderlichkeit der Stabquerschnitte in anderer Weise zu bestimmenden Stabfestwerten, Verteilungszahlen, Überleitungszahlen und Volleinspannmomenten, genau der gleiche wie dort; es ergeben sich wieder folgende Abschnitte:

1. Ermittlung der Momente $M^{(0)}$ für die gegebene Belastung unter der Voraussetzung unverschieblich festgehaltener Knotenpunkte nach der auf Seite 142f. gegebenen Beschreibung (vgl. Abb. 416a, b).

2. Berechnung der in diesem Zustand in den gedachten Lagern auftretenden Festhaltekräfte $F_1^{(0)}$, $F_2^{(0)}$, ... $F_m^{(0)}$ (vergl. Abb. 416b bzw. 421), je nach der vorliegenden Belastung mit Hilfe der Formeln (78) bis (81).

3. Ermittlung der Stabfestwerte $\bar{c}_l$ und $\bar{c}_r$ für sämtliche R i e g e l mit verschiebbaren Knoten nach (227) in Verbindung mit (171); es ist zweckmäßig, diese Berechnung der $\bar{c}$-Werte schon in der Festwerttabelle mit vorzunehmen.

4. Ermittlung der Volleinspannmomente $\overline{M}^l$ und $\overline{M}^r$ in den Riegeln des *ersten* und *zweiten* Feldes unter Annahme einer willkürlichen lotrechten Verschiebung der verschieblichen Knotenreihe (1) um $\varDelta_1$ (z. B. $\varDelta_1 = 1$ oder 2 oder 10) unter der Voraussetzung, daß sämtliche Knoten unverdrehbar festgehalten sind (vgl. Abb. 417a, b); anzuwenden sind dabei die Formeln (226) bzw. (230), und bei einseitig gelenkig angeschlossenen Stäben (229) bzw. (232) unter Beachtung des Vorzeichens für $\varDelta$: im Feld 1 ist $\varDelta$ positiv, im Feld 2 aber negativ, daher sind auch die $\overline{M}$-Momente im Feld 1 positiv und im Feld 2 negativ.

5. Ausgleich der nach Ziffer 4 ermittelten Volleinspannmomente $\overline{M}$ bei Annahme wieder unverschieblich festgehaltener, aber frei verdrehbarer Knotenpunkte (vgl. Abb. 418a); man erhält damit die $M^{(1)}$-Momente. Berechnung der zugehörigen

Festhaltekräfte $F_1^{(1)}$, $F_2^{(1)}$ .... $F_m^{(1)}$ in den gedachten Lagern (1), (2) .... (m) nach (80); (vgl. Abb. 418b bzw. 421).

6. Ermittlung der Volleinspannmomente $\overline{M}^l$ und $\overline{M}^r$ in den Riegeln des *zweiten* und *dritten* Feldes unter Annahme einer willkürlichen Verschiebung der Knotenreihe (2) um $\varDelta_2$ (z. B. $\varDelta_2 = 1$ oder 2 oder 10) und unter Voraussetzung, daß wieder sämtliche Knoten unverdrehbar festgehalten sind (vgl. Abb. 419a, b). Anzuwenden sind hierbei die unter Ziffer 4 angegebenen Formeln; hier ergeben sich die $\overline{M}$-Werte im *zweiten* Feld positiv und im *dritten* Feld negativ.

7. Ausgleich der nach Ziffer 6 bestimmten Volleinspannmomente $\overline{M}$ unter Annahme unverschieblicher, aber frei verdrehbarer Knotenpunkte (vgl. Abb. 420a); man erhält so die $M^{(2)}$-Momente. Berechnung der zugehörigen Festhaltekräfte $F_1^{(2)}$, $F_2^{(2)}$, ... $F_m^{(2)}$ in den gedachten Lagern (1), (2), ... (m) nach (80), (vgl. Abb. 420b).

8. Wiederholung der unter Ziffer 6 und 7 beschriebenen Rechenoperationen für alle übrigen noch vorhandenen Festhaltelager.

9. Aufstellung der Verschiebungsgleichungen für die lotrecht verschieblichen Knotenreihen (1), (2), ... (m) nach (151).

10. Auflösung der gemäß Ziffer 9 aufgestellten Gleichungen nach den Unbekannten c_1, c_2, ... c_m und Berechnung der endgültigen Momente nach (152).

11. Durchführung der Rechenproben $\varSigma M = 0$ für die einzelnen Knotenpunkte sowie $\varSigma V = 0$ bzw. $F = 0$ für die einzelnen übereinanderliegenden lotrecht verschieblichen Knotenpunkte unter Verwendung der für die verschiedenen Belastungsarten aufgestellten Formeln (78) bis (80).

12. Maßstäbliches Aufzeichnen der endgültigen M-Linie.

Vierter Abschnitt.

Einflußlinien für statisch unbestimmte Tragwerke.

Vorbemerkung. In diesem Abschnitt werden z w e i Verfahren zur Ermittlung der Momenteneinflußlinien für Durchlaufträger und Rahmentragwerke mit unverschieblichen Knotenpunkten dargelegt, die sowohl für das Drehwinkelverfahren, als auch für die CROSS-Methode benutzbar sind. In dem Buch „Rahmentragwerke und Durchlaufträger" ist die praktische Anwendung beider Verfahren zur Berechnung von Einflußlinien in Verbindung mit den verschiedenen Hilfstafeln auch für verschiebliche Rahmentragwerke ausführlich behandelt[1]. Da das Momentenverteilungsverfahren in solchen Fällen aber weniger Vorteile bietet und überdies häufiger Einflußlinien für unverschiebliche Tragwerke zu ermitteln sind, werden hier nur diese Tragwerksarten in Betracht gezogen.

Im übrigen werden nach allen diesen Verfahren zweckmäßigerweise nur die Einflußlinien für die S t a b e n d m o m e n t e berechnet, weil aus diesen dann auf Grund elementarer statischer Beziehungen die weiter noch benötigten M-Einflußlinien für Feldquerschnitte oder die Einflußlinien für Querkräfte, Auflagerdrücke und Längskräfte sehr einfach ermittelt werden können.

---

[1] GULDAN: Rahmentragwerke, 5. Aufl., Seite 92ff. und 128ff.

I. Ermittlung der M-Einflußlinien nach Verfahren A („Gelenkmethode").

1. Rechnungsgrundlagen.

Die „Gelenkmethode" zur Ermittlung von M-Einflußlinien für einen beliebigen Querschnitt eines statisch unbestimmten Tragsystems wird auch bei einigen experimentellen Verfahren angewendet. Sie beruht auf einem Satz von MAXWELL und besteht darin, daß man sich in dem Querschnitt, für welchen die M-Einflußlinie zu ermitteln ist, ein Gelenk angeordnet denkt und dort durch zwei gleich große, aber entgegengesetzt gerichtete Momente eine gegenseitige Verdrehung der beiden Gelenkquerschnitte um den Winkel $\gamma = 1$ erzeugt. In Abb. 476a, b, c ist dieser Vorgang schematisch dargestellt. Die Biegelinie für diesen fingierten Belastungszustand ist bereits die gesuchte M-Einflußlinie für den Gelenkquerschnitt.

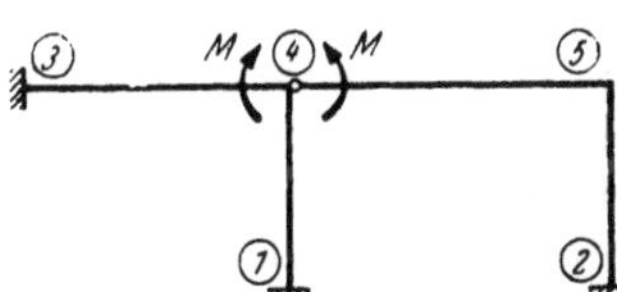

Abb. 476a. Momentenpaar im eingeschalteten Gelenk.

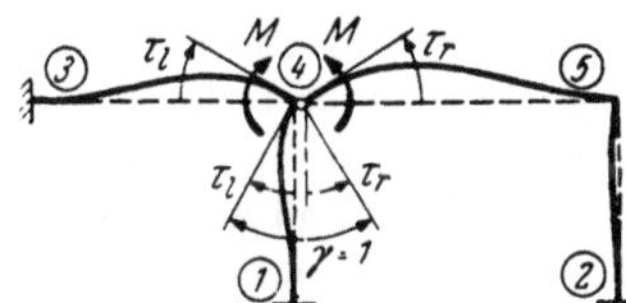

Abb. 476b. Biegelinien für einen Gelenkwinkel $\gamma = 1$.

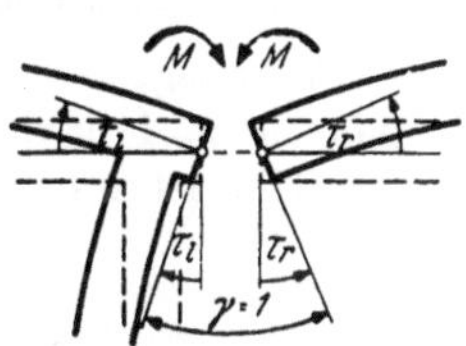

Abb. 476c. Verformung des Tragwerkes im Bereich des Gelenkes.

Abb. 476a, b, c. Ermittlung der M-Einflußlinie als Biegelinie für $\gamma = 1$ im Gelenkquerschnitt.

Da nun von vornherein die Größe dieses Momentenpaares nicht bekannt ist, das im Gelenk den Winkel $\gamma = 1$ hervorruft, läßt man im Gelenk zunächst zwei Momente entgegengesetzter Richtung von der willkürlichen Größe $M = 1$ wirken. In diesem Falle wird der Gelenkwinkel γ aber nicht den gewünschten Wert 1 annehmen und die zugehörige Biegelinie wird der gesuchten M-Einflußlinie der Form nach zwar ähnlich sein, ihr aber größenmäßig nicht entsprechen. Man bezeichnet daher die so erhaltene Biegelinie für $M = 1$ als „verzerrte" M-Einflußlinie. Das Maß der Verzerrung ist gegeben durch das Verhältnis des für $M = 1$ auftretenden Verdrehungswinkels γ der beiden Gelenkquerschnitte zum geforderten Wert $\gamma = 1$. Man erhält somit die wahren Werte η der gesuchten M-Einflußlinie aus den Biegelinienordinaten y für $M = 1$ durch die einfache Beziehung

$$\eta = \frac{y}{\gamma}. \tag{259}$$

Wie aus Abb. 476b, c hervorgeht, besteht der Winkel γ, den die beiden Gelenkquerschnitte durch die Wirkung des Momentenpaares M miteinander bilden, aus zwei Anteilen, nämlich aus τ_l und τ_r. Der Winkel τ_l ist der Verdrehungswinkel des linken und τ_r der des rechten Gelenkquerschnittes. Diese beiden Anteile wird man bei der zahlenmäßigen Ermittlung von γ am besten getrennt bestimmen und dann addieren. Da hier nur der Absolutbetrag von γ benötigt wird, kann man ohne Rücksicht auf die Vorzeichen der τ-Werte einfach schreiben:

$$\gamma = \tau_l + \tau_r. \tag{260}$$

Die zwei Hauptaufgaben bei der Gelenkmethode werden somit darin bestehen, die Biegelinie mit den Ordinaten y für das im Gelenk zunächst angenommene Momentenpaar $M = 1$ zu ermitteln und den zugehörigen Verdrehungswinkel γ der beiden Gelenkquerschnitte zu bestimmen. Damit ergeben sich dann die wahren

Ordinaten η der gesuchten M-Einflußlinie nach (259) mit $\eta = \dfrac{y}{\gamma}$. Bei der Lösung dieser beiden Aufgaben handelt es sich daher im Grunde um die Bestimmung von Formänderungsgrößen. Es kämen demnach in erster Linie solche Verfahren in Betracht, die von vornherein mit Formänderungsgrößen arbeiten, also vor allem das Drehwinkelverfahren und damit auch z. B. das Verfahren von GRINTER[1]. Aber auch bei allen übrigen Verfahren — einschließlich der CROSS-Methode — die nur Stabendmomente als Ergebnisse liefern, kann man auf Grund einfacher Beziehungen aus diesen Stabendmomenten für die willkürlich angenommene Belastung mit dem Momentenpaar $M = 1$ sowohl den Gelenkwinkel γ als auch die Biegelinienordinaten y ermitteln. Einzelheiten über diese Zusammenhänge werden nachstehend noch näher erläutert.

2. Ermittlung der Biegelinie aus der Momentenlinie.

Vorausgesetzt wird, daß die M-Linie für die Belastung mit dem Momentenpaar $M = 1$ in dem angenommenen Gelenk nach CROSS in üblicher Weise bereits ermittelt ist. Es hätte sich dabei z. B. der in Abb. 477 dargestellte M-Verlauf ergeben.

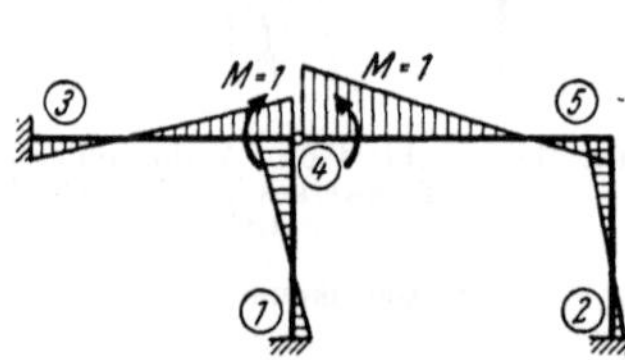

Abb. 477. M-Linien für das Momentenpaar $M = 1$ im Gelenk.

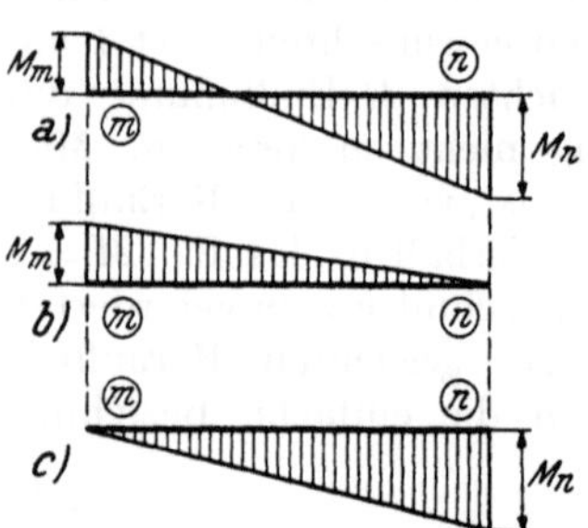

Abb. 478 a, b, c.   Gegebener M-Verlauf und Ersatzmomenten-Dreiecke.

Nun soll aus dieser M-Linie die Biegelinie ermittelt werden. Diese Aufgabe könnte mit Hilfe des MOHRschen Satzes gelöst werden, nach welchem die Biegelinie als zweite M-Linie für die $\dfrac{1}{EJ}$-fach verzerrte gegebene M-Fläche erhalten wird. Die Anwendung dieser Methode wäre aber ohne besondere Hilfsmittel, namentlich bei Rahmenstäben mit veränderlichen Querschnitten, sehr mühevoll. Wesentlich rascher und bequemer kann die Biegelinie aus der gegebenen M-Linie für Rahmenstäbe mit geraden oder parabolischen Vouten mit Hilfe der im Dritten Teil enthaltenen Zahlen- und Kurventafeln bestimmt werden. Diesem Verfahren liegt folgender Gedankengang zugrunde[2]: Wenn für einen Stab mit gegebener M-Fläche, z. B. gemäß Abb. 478a, die zugehörige Biegelinie zu ermitteln ist, so kann diese M-Fläche stets durch zwei Dreieckflächen nach Abb. 478b, c ersetzt werden. Wenn also zunächst die Biegelinien für diese beiden Dreieckflächen getrennt ermittelt und dann überlagert werden, so erhält man die Biegelinie für die in Abb. 478a gegebene M-Fläche.

Die den beiden Dreieckflächen mit den Stabendmomenten M_m bzw. M_n entsprechenden Biegelinien können aber jeweils nach dem Proportionalitätsgesetz aus den Biegelinienordinaten η_m bzw. η_n für die Stabendmomente $M_m = 1$ bzw. $M_n = 1$ bestimmt werden. Diese η-Ordinaten liegen in den Zahlentafeln 39 bis 42 für die verschiedenen Voutenstäbe mit $l = 1$ bereits fertig vor; denn die in diesen Tafeln enthaltenen Einflußlinien für die Endtangentenwinkel $\alpha^0{}_1$ und $\alpha^0{}_2$ sind identisch mit der Biegelinie des frei aufliegenden Trägers von der Länge $l = 1$, wenn abwechselnd an den beiden Stabenden 1 und 2 ein Moment $M = 1$ angreift. Man kann also

---

[1] GRINTER, L. E.: Analysis of Continuous Frames by Balancing Angle Changes. Proceedings of the American Society of Civil Engeneers 1936.

[2] Vgl. GULDAN: Rahmentragwerke, 5. Aufl., Seite 129ff.

diese η-Ordinaten gemäß Abb. 479 direkt aus den Tafeln entnehmen und braucht sie nur mit den wirklich vorhandenen Stabendmomenten M_m bzw. M_n zu multiplizieren. Diese Rechenoperation kann jeweils für sämtliche Ordinaten einer Biegelinie mit einer einzigen Rechenschieberstellung durchgeführt werden.

Man erhält somit unter Benutzung dieser Hilfstafeln 39 bis 42 die wahren Werte y^* der Biegelinienordinaten für irgendeinen Rahmenstab oder für irgendein Feld eines Durchlaufträgers von der Länge l durch Überlagerung der den beiden M-Dreiecken entsprechenden Beiträge, also

$$y^* = (M_m\, \eta_m + M_n\, \eta_n)\, \frac{l^2}{EJ_c}, \qquad\qquad (261)$$

wobei J_c das Trägheitsmoment der Stabquerschnitte im unveränderlichen Bereich darstellt. Wird M_m oder M_n gleich Null, z. B. bei der ersten oder letzten Stütze eines Durchlaufträgers, dann werden auch die betreffenden M-Glieder in der Formel (261) gleich Null.

Die Vorzeichen für M_m und M_n sind hier nach der üblichen Vorzeichenregel für Biegungsmomente anzunhmeen, also gemäß der allgemein gebräuchlichen Art positiv, wenn der Stab unten, und negativ, wenn er oben gezogen wird.

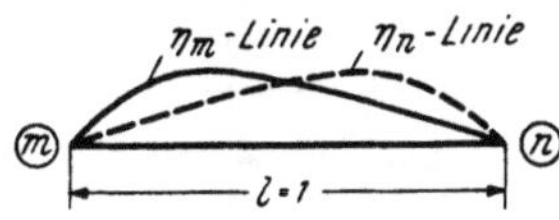

Abb. 479. Biegelinien für $M_m = 1$ bzw. $M_n = 1$ und $l = 1$.

Die so erhaltene Biegelinie mit den wahren Ordinaten y^* ist nach (259) noch durch den Verdrehungswinkel γ der beiden Gelenkquerschnitte zu dividieren, um die wahren Werte der gesuchten M-Einflußlinienordinaten η_M zu erhalten. Die zahlenmäßige Ermittlung dieses Verdrehungswinkels γ wird anschließend erläutert.

3. Ermittlung des Verdrehungswinkels γ der Gelenkquerschnitte.

Nach den vorangegangenen Erläuterungen bedeutet γ den Winkel, den die beiden durch ein Momentenpaar $M = 1$ verdrehten Gelenkquerschnitte miteinander einschließen. Dieser Winkel γ ist nach (260) gleich der Summe der Absolutwerte von τ_l und τ_r der Querschnittsverdrehungen links und rechts vom Gelenk, also

$$\gamma = \tau_l + \tau_r.$$

Diese Verdrehungswinkel τ_l und τ_r könnten nach MOHR als Auflagerdrücke der entsprechend verzerrten M-Flächen bestimmt werden; aber auch hier gibt es für Stäbe mit geraden und parabolischen Vouten einen bedeutend einfacheren Weg zur Ermittlung dieser Gelenkwinkel.

In den Zahlentafeln 27 bis 30 bzw. den Kurventafeln 27a bis 30a sind die Auflager

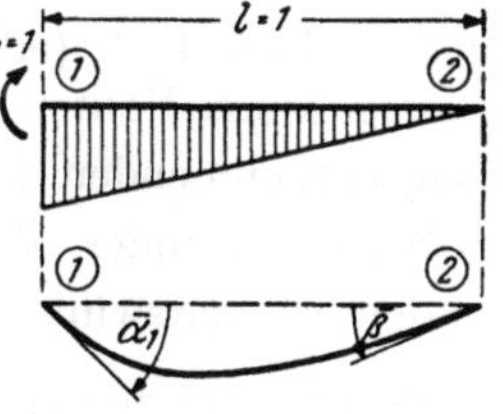

Abb. 480a. Auflagerdrehwinkel $\bar{a}_1$ und $\bar{\beta}$.

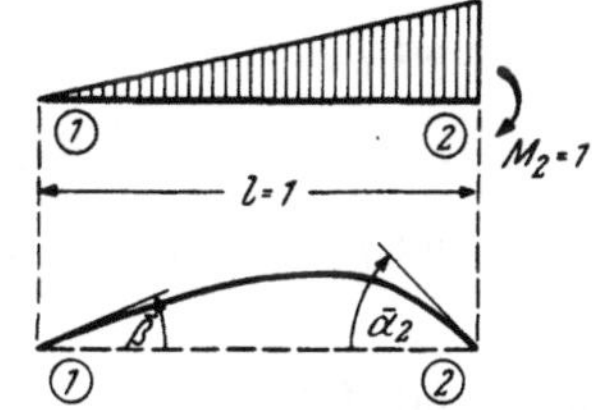

Abb. 480b. Auflagerdrehwinkel $\bar{a}_2$ und $\bar{\beta}$.

Abb. 480a, b. Auflagerdrehwinkel infolge $M_1 = 1$ bzw. $M_2 = 1$ und $l = 1$.

drehwinkel $\bar{\alpha}$ und $\bar{\beta}$ gemäß Abb. 480a, b für einen frei aufliegenden Voutenstab von der Länge $l = 1$ für ein am Trägerende angreifendes Moment $M = 1$ enthalten. Es liegen somit hier die Stabenddrehwinkel für eine dreieckförmige M-Fläche zahlenmäßig bereits vor. Ersetzt man nun die der angenommenen Belastung mit dem

Momentenpaar $M = 1$ entsprechende M-Fläche gemäß Abb. 478 im Bereich eines jeden Stabes durch zwei Dreiecke, so kann man die gesuchten wahren Winkelwerte τ_l bzw. τ_r nach dem Proportionalitätsgesetz aus den in den Abb. 480a, b darge-

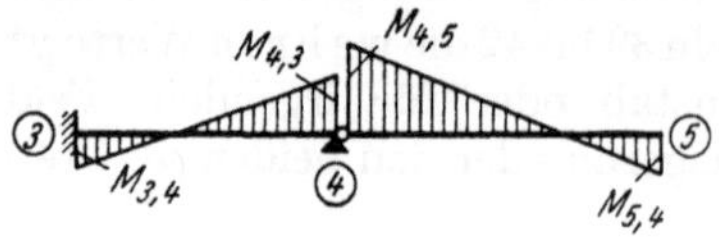

Abb. 481. Gegebene M-Linien aus Abb. 477.

stellten Einheitsdrehwinkeln $\overline{\alpha}_1$ und $\overline{\alpha}_2$ durch Multiplikation mit der Stablänge l und den entsprechenden Stabendmomenten M_m bzw. M_n erhalten.

Der praktische Vorgang für die Ausnutzung dieser Zusammenhänge soll nun für das in Abb. 477 dargestellte Tragwerk noch näher erläutert werden. In Abb. 481 sind die beiden Riegel 3—4 und 4—5 mit den gegebenen M-Flächen gesondert dargestellt. Diese M-Flächen

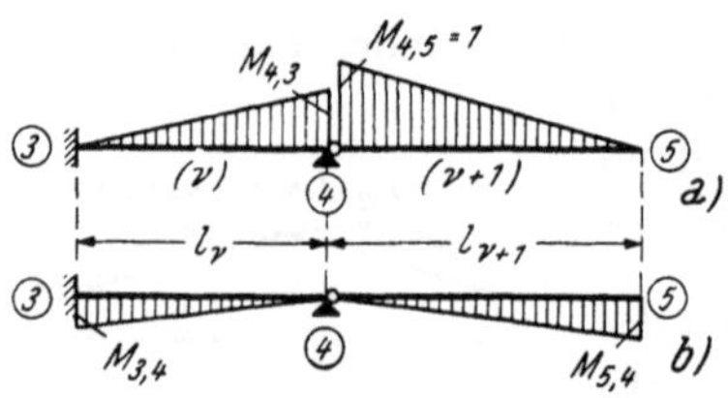

Abb. 482a, b. Ersatzmomenten-Dreiecke für die M-Flächen aus Abb. 481.

können unter Beachtung der Vorzeichen durch je zwei Dreieckflächen ersetzt werden, wie in Abb. 482a, b ersichtlich ist. Die Beiträge τ^*_l und τ^*_r für den gesuchten wahren Wert des Gelenkdrehwinkels γ^* sind nun gesondert zu ermitteln, und zwar ist gemäß Abb. 483 τ^*_l der wahre Wert des Endtangentenwinkels für den Stab 3—4 an der Stelle 4, also identisch mit $\tau^*_{4,3}$, und ebenso τ^*_r der wahre Wert des Endtangentenwinkels für Stab 4—5 an der Stelle 4 identisch mit $\tau^*_{4,5}$. Diese beiden Winkel können nun mit Hilfe der Einheitsdrehwinkel $\overline{\alpha}$ und

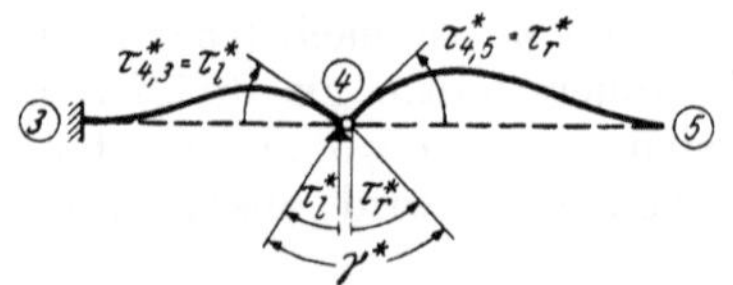

Abb. 483. Biegelinien mit Gelenkwinkel $\gamma^* = \tau^*_l + \tau^*_r$.

$\overline{\beta}$ aus den Hilfstafeln folgendermaßen bestimmt werden:

für Stab 3—4

$$\tau^*_l = \tau^*_{4,3} = \left(M_{4,3}\, \overline{\alpha}_{4,3} - M_{3,4}\, \overline{\beta}_\nu \right) \frac{l_\nu}{EJ_c^{(\nu)}} \tag{262}$$

für Stab 4—5

$$\tau^*_r = \tau^*_{4,5} = \left(M_{4,5}\, \overline{\alpha}_{4,5} - M_{5,4}\, \overline{\beta}_{\nu+1} \right) \frac{l_{\nu+1}}{EJ_c^{(\nu+1)}}. \tag{262a}$$

Hierin bedeuten:

$\overline{\alpha}_{4,3}$ und $\overline{\beta}_\nu$ . . . . die für den Stab 4—3 (oder allgemein für den Stab ν) mit den gegebenen Voutenwerten λ und n aus den Hilfstafeln zu entnehmenden Einheitswinkelwerte $\overline{\alpha}$ und $\overline{\beta}$,

$\overline{\alpha}_{4,5}$ und $\overline{\beta}_{\nu+1}$ . . . . die dem Stab 4—5 (oder allgemein dem Stab $[\nu + 1]$) entsprechenden Einheitswinkelwerte $\overline{\alpha}$ und $\overline{\beta}$,

$J_c^{(\nu)}$ und $J_c^{(\nu+1)}$ . . . . die Querschnittsträgheitsmomente im unveränderlichen Bereich der Stäbe ν bzw. $(\nu + 1)$,

l_ν und $l_{\nu+1}$ . . . . die Länge der Stäbe ν bzw. $(\nu + 1)$ (hier $l_{3,4}$ und $l_{4,5}$).

Nach (260) ist der wahre Wert des Gelenkwinkels

$$\gamma^* = |\tau^*_l| + |\tau^*_r|. \tag{263}$$

Im vorliegenden Falle also

$$\gamma^* = |\tau^*_{4,3}| + |\tau^*_{4,5}|. \tag{263a}$$

Mit den oben aufgestellten Beziehungen und unter Beachtung, daß hier $M_{4,5} = 1$, erhält man

$$\gamma^*_4 = \frac{1}{E}\left[(M_{4,3}\,\overline{\alpha}_{4,3} - M_{3,4}\,\overline{\beta}_\nu)\,\frac{l_\nu}{J_c^{(\nu)}} + (\overline{\alpha}_{4,5} - M_{5,4}\,\overline{\beta}_{\nu+1})\,\frac{l_{\nu+1}}{J_c^{(\nu+1)}}\right]. \tag{264}$$

Bezeichnet man den Klammerausdruck, der den E-fachen Wert von γ^*_4 bedeutet, mit γ_4, so kann man auch schreiben

$$\gamma^*_4 = \frac{\gamma_4}{E}, \tag{264a}$$

wobei also

$$\gamma_4 = (M_{4,3}\,\overline{\alpha}_{4,3} - M_{3,4}\,\overline{\beta}_\nu)\,\frac{l_\nu}{J_c^{(\nu)}} + (\overline{\alpha}_{4,5} - M_{5,4}\,\overline{\beta}_{\nu+1})\,\frac{l_{\nu+1}}{J_c^{(\nu+1)}}. \tag{265}$$

In allgemeiner Schreibweise unter Bezugnahme auf Abb. 484 erhält man somit

$$\gamma_n = (M_{n,\,n-1}\,\overline{\alpha}_{n,\,n-1} - M_{n-1,\,n}\,\overline{\beta}_\nu)\,\frac{l_\nu}{J_c^{(\nu)}} +$$
$$+ (\overline{\alpha}_{n,\,n+1} - M_{n+1,\,n}\,\overline{\beta}_{\nu+1})\,\frac{l_{\nu+1}}{J_c^{(\nu+1)}}, \tag{266}$$

wobei die Momente M mit ihren absoluten Werten einzusetzen sind.

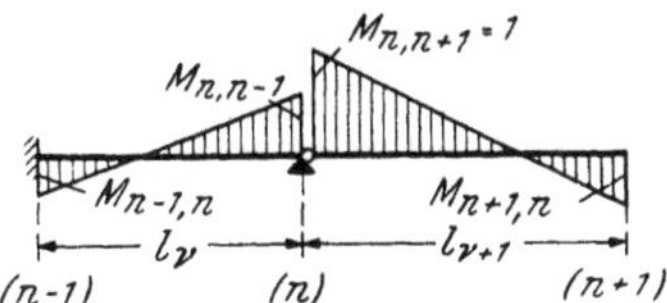

Abb. 484.   M-Linien aus Abb. 477 mit allgemeinen Bezeichnungen.

4. Ermittlung der M-Einflußlinienordinaten η_M.

Die gesuchten Ordinaten η_M der M-Einflußlinienzweige für irgendeinen Rahmenstab $m\text{—}n$ von der Länge l erhält man nach (259) unter Beachtung von (261) und (264a) mit

$$\eta_M = \frac{y^*}{\gamma^*} = (M_m\,\eta_m + M_n\,\eta_n)\,\frac{l^2}{EJ_c}\cdot\frac{E}{\gamma}$$

oder

$$\boxed{\eta_M = \frac{1}{\gamma}\,(M_m\,\eta_m + M_n\,\eta_n)\,\frac{l^2}{J_c}.} \tag{267}$$

Hierin bedeuten η_m und η_n die aus den Tafeln 39 bis 42 zu entnehmenden Ordinaten der α^0-Einflußlinien, M_m und M_n die Endmomente des Stabes $m\text{—}n$, J_c das Trägheitsmoment im unveränderlichen Stabbereich und l die Stablänge; der Wert γ ist nach (266) zu ermitteln.

Nach dieser Formel können die M-Einflußlinienzweige der Reihe nach für sämtliche Rahmenstäbe am einfachsten tabellarisch ermittelt werden.

Bei Durchlaufträgern ist sehr häufig der Wert J_c, also das Trägheitsmoment in den unveränderlichen Stabbereichen, in sämtlichen Feldern gleich groß. Für diesen Fall ergeben sich noch weitere Vereinfachungen. Es kann dann in (264) $J_c^{(\nu)} = J_c^{(\nu+1)} = J_c$ und damit in (264a) unter Bezugnahme auf die allgemeine Bezeichnung in Abb. 484

$$\gamma^*_n = \frac{\overline{\gamma}_n}{EJ_c} \tag{268}$$

gesetzt werden. Damit geht die Gl. (266) über in

$$\overline{\gamma}_n = (M_{n,\,n-1}\,\overline{\alpha}_{n,\,n-1} - M_{n-1,\,n}\,\overline{\beta}_\nu)\,l_\nu + (\overline{\alpha}_{n,\,n+1} - M_{n+1,\,n}\,\overline{\beta}_{\nu+1})\,l_{\nu+1} \tag{268a}$$

und man erhält die gewünschten Einflußlinienordinaten η_M für den Bereich irgend eines Trägerfeldes (i) mit

$$\boxed{\eta^{(i)}_M = (M_m\,\eta_m + M_n\,\eta_n)\,\frac{l^2_i}{\overline{\gamma}}.} \tag{269}$$

5. Bemerkungen über die praktische Durchführung der Rechnung.

Da es sich voraussetzungsgemäß um unverschiebliche Tragwerke handelt, können für die Durchführung der Berechnung die für solche Systeme gegebenen Anweisungen benutzt werden, und zwar für Tragwerke ohne Vouten die Beschreibung des Rechnungsganges Seite 38, für Tragwerke mit Vouten die Beschreibung Seite 142f.

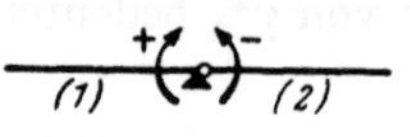

Abb. 485a. Knoten mit 2 Stäben.

Die äußere Belastung besteht hier lediglich aus den im Gelenk wirkenden gleich großen und entgegengesetzt drehenden Momenten M_l und M_r, die nach der für das Cross-Verfahren festgelegten Vorzeichenregel Seite 9, verschiedene Vorzeichen haben. Es ergeben sich, je nach der Anzahl der in den betreffenden Knoten einmündenden Stäbe, im Prinzip die drei in den Abb. 485a, b, c angedeuteten Möglichkeiten.

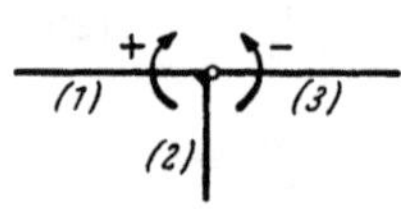

Abb. 485b. Knoten mit 3 Stäben.

In Abb. 485a treffen nur zwei Stäbe zusammen, es kommt also nicht zu einer Verteilung der beiden äußeren Momente M_l und M_r, sondern es muß das Moment M_l zur Gänze vom Stab (1), das Moment M_r zur Gänze vom Stab (2) mit entgegengesetztem Vorzeichen übernommen und in üblicher Art mittels der Überleitungszahlen γ auf das andere Stabende weitergeleitet werden.

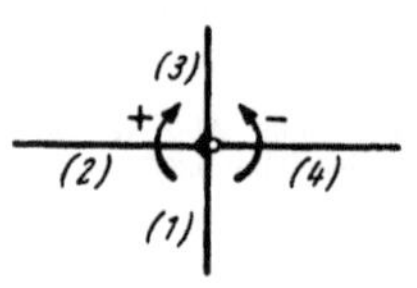

Abb. 485c. Knoten mit 4 Stäben.

Abb. 485b zeigt einen Knoten mit drei Stäben. Hier ist das Moment $M_l = + 1$ mittels der Verteilungszahlen μ auf die beiden Stäbe (1) und (2) zu verteilen und weiterzuleiten, während $M_r = - 1$ wieder zur Gänze vom Stab (3) mit entgegengesetztem Vorzeichen zu übernehmen und dort weiterzuleiten ist.

In Abb. 485c treffen vier Stäbe zusammen. Demnach ist das Moment $M_l = + 1$ auf die drei Stäbe (1), (2), (3) zu verteilen und weiterzuleiten, während $M_r = - 1$ ganz auf den Stab (4) entfällt und da weiterzuleiten ist.

Diese äußeren Momente M_l und M_r sind also hier identisch mit den „Knotenrestmomenten" M_n, die jeweils in dem betreffenden Knoten zu verteilen sind; die so erhaltenen Anteile M' haben stets entgegengesetztes Vorzeichen von M_n. Zur Vermeidung von allzu kleinen Zahlenwerten kann an Stelle von $M = 1$ auch $M = 2$ oder 10 gewählt werden.

Bei der Ermittlung der Steifigkeitszahlen ist wie immer zu unterscheiden zwischen beidseitig biegungssteif angeschlossenen Stäben und einseitig gelenkig gelagerten Stäben. Für solche Gelenkstäbe sind bei Tragwerken ohne Vouten die k^0-Werte und bei Tragwerken mit Vouten die a^0-Werte in Rechnung zu stellen.

Bei der Ermittlung der Momentenverteilungszahlen μ sind in den einzelnen Knoten nur die fest angeschlossenen Stäbe zu berücksichtigen; z. B. ist in Abb. 485a sowohl für Stab (1) wie auch für Stab (2) $\mu = 1$, d. h. es ist jeweils das angreifende Moment voll von dem betreffenden Stab aufzunehmen. In Abb. 485b erfolgt die Verteilung von M_l auf die beiden Stäbe (1) und (2), also wird $\mu_1 + \mu_2 = 1$ und $\mu_3 = 1$, weil hier wieder das gesamte Moment zu übernehmen ist.

Ähnlich wird für den Knoten in Abb. 485c das Moment M_l auf die drei Stäbe (1), (2), (3) zu verteilen sein, also wird $\mu_1 + \mu_2 + \mu_3 = 1$. Das Moment M_r muß aber vom Stab (4) allein aufgenommen werden, also ist $\mu_4 = 1$.

Anschließend wird der Ablauf der gesamten Berechnung nochmals in schlagwortartiger Zusammenfassung kurz beschrieben.

6. Beschreibung des Rechnungsganges bei Verwendung von Verfahren A („Gelenkmethode").

Der Rechnungsgang zur Ermittlung der M-Einflußlinien nach der „Gelenkmethode" gliedert sich in folgende drei Abschnitte:

1. Ermittlung des M-Verlaufes für das im gedachten Gelenk wirkende Momentenpaar $M_l = +1$ und $M_r = -1$. Diese beiden Momente M_l und M_r sind wie „Knotenrestmomente" zu behandeln und bei Tragwerken ohne Vouten nach den Anweisungen Seite 38, bei Tragwerken mit Vouten nach den Anweisungen Seite 142 f. zu verteilen und weiterzuleiten.

2. Ermittlung des Verdrehungswinkels γ der Gelenkquerschnitte gemäß Formel (266) unter Benutzung der Hilfstafeln 27 bis 30 bzw. 27 a bis 30 a zur Entnahme der Einheitsdrehwinkel $\overline{\alpha}$ und $\overline{\beta}$. Bei Durchlaufträgern mit gleichen Werten J_c in allen Feldern gilt Formel (268 a).

3. Berechnung der einzelnen Ordinaten η_M der gesuchten M-Einflußlinie nach (267) bzw. (269); das geschieht gesondert für jeden Stab unter gleichzeitiger Benutzung der Hilfstafeln 39 bis 42 zur Entnahme der Biegelinienordinaten η_m und η_n. (Vgl. Zahlenbeispiel Nr. 31).

II. Ermittlung der M-Einflußlinien nach Verfahren B (mit „ideeller" Belastung).

Vorbemerkung: Bei dem im vorangehenden Kapitel erläuterten Verfahren A („Gelenkmethode") zur Ermittlung der M-Einflußlinien kann es als nachteilig empfunden werden, daß für jede Einflußlinie ein neues Tragsystem in Rechnung zu stellen ist; denn es müssen für jenen Knoten, bei welchem das jeweils einzuschaltende Gelenk liegt, stets neue Momentenverteilungszahlen μ ermittelt und verwendet werden. Bei dem hier zu behandelnden Verfahren B tritt dieser Nachteil nicht in Erscheinung, da die gesamte Berechnung am unveränderten Tragsystem mit Hilfe einer „ideellen" Knotenbelastung vorgenommen wird.

1. Berechnungsgrundlagen.

Es sollen wieder nur unverschiebliche Tragwerke in Betracht gezogen werden, obzwar nach dem gleichen Prinzip, allerdings in entsprechender Erweiterung, auch Systeme mit verschieblichen Knotenpunkten behandelt werden können[1]. Das Verfahren B geht von folgender Überlegung aus:

Das Stabanschlußmoment M_n eines Rahmenstabes $m—n$ mit beliebig veränderlichen Stabquerschnitten kann bei verschieblichen Tragwerken als Funktion der beiden Knotendrehwinkel φ_m und φ_n und des Volleinspannmomentes $\mathfrak{M}_{m,n}$ ausgedrückt werden. Es ist also nach (169), wenn voraussetzungsgemäß $\varDelta = 0$ gesetzt wird,

$$M_{m,n} = a_{m,n}\varphi_m + b_\nu\varphi_n + \mathfrak{M}_{m,n} \tag{270}$$

und bei Gelenkstäben gemäß (224)

$$M_{m,n} = a^0_{m,n}\varphi_m + \mathfrak{M}^0_{m,n}. \tag{270a}$$

In der Formel (270) ist das Stabendmoment $M_{m,n}$ durch drei Teilbeträge dargestellt. Es kann somit die gesuchte Einflußlinie für $M_{m,n}$ durch Überlagerung der Einflußlinien für diese drei Teilbeträge erhalten werden.

---

[1] Siehe auch L. MANN: Theorie der Rahmenwerke. Berlin 1927. — K. BEYER: Die Statik im Stahlbetonbau. Berlin 1948. — GULDAN: Rahmentragwerke, 5. Aufl. Wien 1952.

Man benötigt hier also die Einflußlinien für die beiden Knotendrehwinkel φ_m und φ_n sowie für das Volleinspannmoment $\mathfrak{M}_{m,n}$. Die Einflußlinie für den Knotendrehwinkel φ_m ist nach MAXWELL identisch mit der Biegelinie für eine Belastung des Knotenpunktes m mit dem Moment $M = 1$. Sinngemäß ist die Einflußlinie für φ_n gleich der Biegelinie für $M = 1$ im Knotenpunkt n. Nach (270) braucht man aber die Summe der mit den Stabfestwerten $a_{m,n}$ bzw. b_ν multiplizierten Einflußwerte für die Knotendrehwinkel φ_m bzw. φ_n. Es kann die Durchführung der Rechnung also wesentlich vereinfacht werden, wenn man sofort die Einflußlinie für den Summenausdruck

$$M^{(s)}_{m,n} = a_{m,n}\varphi_m + b_\nu\varphi_n \quad (271)$$

ermittelt. Bei Gelenkstäben wird sinngemäß

$$M^{(s)}_{m,n} = a^0_{m,n}\,\varphi_m. \quad (271\,a)$$

Man wird daher die Biegelinien nicht getrennt für die in den beiden Knoten wirkenden Momente $M = 1$ ermitteln, sondern für die gleichzeitig in den beiden Knoten angebrachten $a_{m,n}$-fachen bzw. b_ν-fachen Einheitsmomente. Es wirken somit gleichzeitig:

Im Knotenpunkt m das Moment

$$M_m = a_{m,n}\cdot 1 = a_{m,n}, \quad (272)$$

im Knotenpunkt n das Moment

$$M_n = b_\nu\cdot 1 = b_\nu. \quad (272\,a)$$

Bei Gelenkstäben (Abb. 465) wirkt nur im Knoten m das Moment

$$M_m = a^0_{m,n}\cdot 1 = a^0_{m,n}. \quad (272\,b)$$

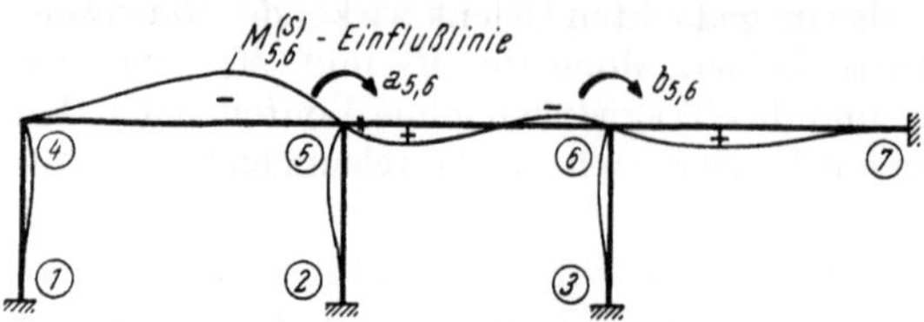

Abb. 486a. „Ideelle" Belastung $a_{5,6}$ und $b_{5,6}$ mit zugehöriger Biegelinie (= Einflußlinie für $M^{(s)}_{5,6}$).

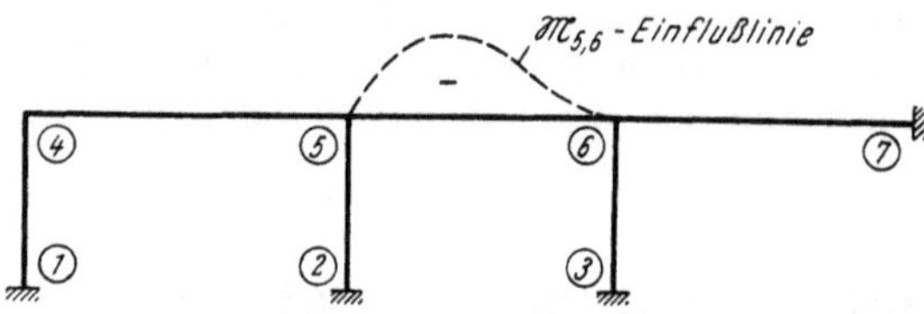

Abb. 486b. Einflußlinie für $\mathfrak{M}_{5,6}$.

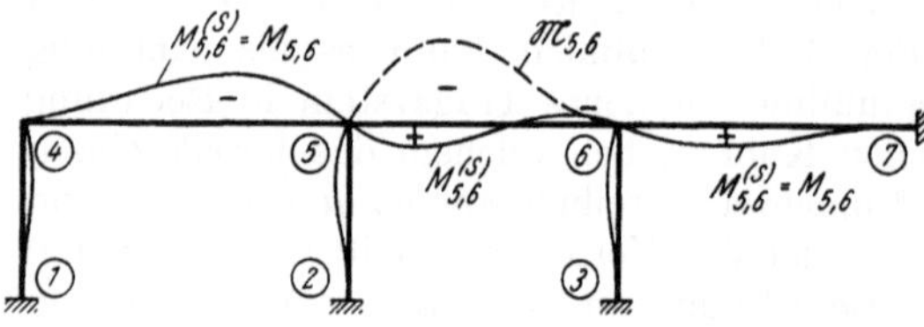

Abb. 486c. Überlagerung der Einflußlinien für $M^{(s)}_{5,6}$ und $\mathfrak{M}_{5,6}$.

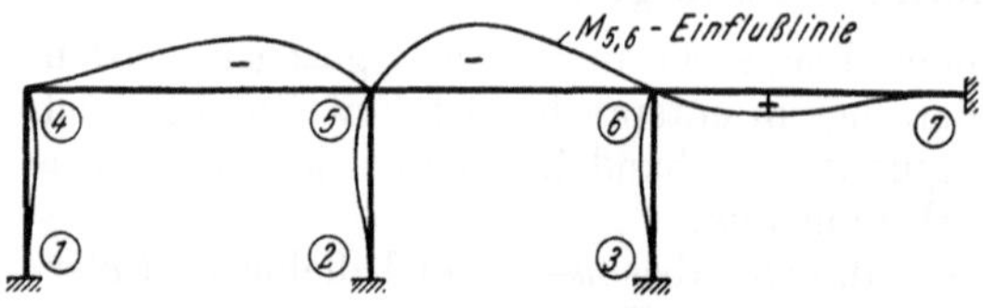

Abb. 486d. Endgültige Einflußlinie für $M_{5,6}$.

Abb. 486 a bis d. Entwicklung der $M_{5,6}$-Einflußlinie.

Die Biegelinie für die „ideelle" Belastung nach (272) und (272 a) stellt also bereits die „Summeneinflußlinie" für $M^{(s)}_{m,n}$ nach (271) dar (vgl. Abb. 486a).

Man braucht somit diese Einflußlinie für $M^{(s)}_{m,n}$ nur noch zu überlagern mit der Einflußlinie für das Volleinspannmoment $\mathfrak{M}_{m,n}$, denn (270) in Verbindung mit (271) ergibt

$$M_{m,n} = M^{(s)}_{m,n} + \mathfrak{M}_{m,n} \quad (273)$$

bzw. für Gelenkstäbe

$$M_{m,n} = M^{(s)}_{m,n} + \mathfrak{M}^0_{m,n}. \quad (273\,a)$$

Die Einflußlinie für $\mathfrak{M}_{m,n}$ bzw. $\mathfrak{M}^0_{m,n}$ bezieht sich aber nur auf den beidseitig bzw.

einseitig voll eingespannt gedachten Stab m—n und erstreckt sich daher nur über diesen Stab (vgl. Abb. 486b). Da die Einflußlinien für Volleinspannmomente sowohl für Stäbe mit konstantem Querschnitt als auch für Stäbe mit geraden oder parabolischen Vouten aus den Zahlentafeln 21 bis 26 und den Kurventafeln 21a bis 26a entnommen werden können, ist die zahlenmäßige Durchführung dieser Aufgabe verhältnismäßig einfach. Bezeichnet man die Ordinaten der $M^{(s)}{}_{m,n}$-Einflußlinie mit $y^{(s)}{}_{m,n}$ und die Ordinaten der Einflußlinie für $\mathfrak{M}$ bzw. $\mathfrak{M}^0$ mit $y^{(\mathfrak{M})}{}_{m,n}$, so ergeben sich gemäß (273) die Ordinaten $y^*{}_{m,n}$ der gesuchten $M_{m,n}$-Einflußlinie mit

$$\boxed{y^*{}_{m,n} = y^{(s)}{}_{m,n} + y^{(\mathfrak{M})}{}_{m,n}.} \tag{274}$$

Diese allgemeine Form der Einflußlinien-Gleichung gilt nur für den Rahmenstab, dem der zu untersuchende Querschnitt angehört, da sich die $\mathfrak{M}$-Einflußlinie nur über den Bereich dieses Stabes erstreckt. Bei allen übrigen Rahmenstäben ist $y^{(\mathfrak{M})}{}_{m,n} = 0$ und (274) vereinfacht sich für die Bereiche dieser Stäbe zu

$$\boxed{y^*{}_{m,n} = y^{(s)}{}_{m,n}.} \tag{274a}$$

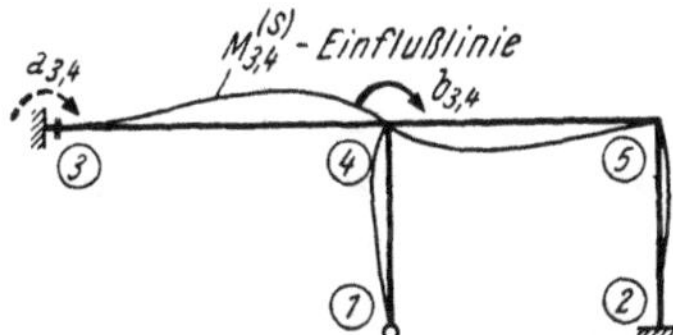

Abb. 487a. „Ideelle" Belastung zur Ermittlung der $M^{(s)}{}_{3,4}$-Einflußlinie.

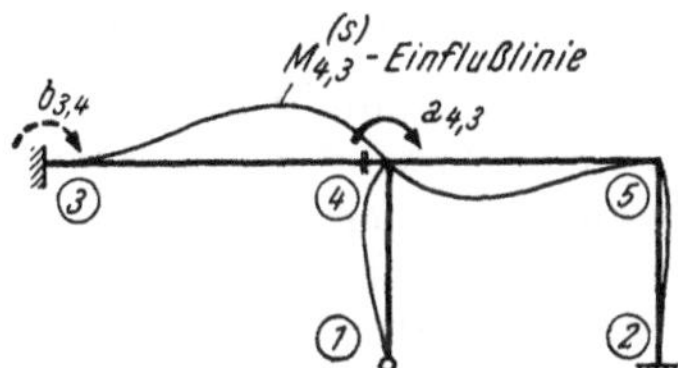

Abb. 487b. „Ideelle" Belastung zur Ermittlung der $M^{(s)}{}_{4,3}$-Einflußlinie.

Diese Zusammenhänge sind in Abb. 486a—d veranschaulicht. Es ist darin die Entstehung der Einflußlinie für $M_{5,6}$ aus den Einflußlinien für $M^{(s)}$ und $\mathfrak{M}$ dargestellt. Abb. 486b zeigt die Einflußlinie für $\mathfrak{M}_{5,6}$, die sich nur über den Stab 5—6 erstreckt; in Abb. 486c sind die Einflußlinien $M^{(s)}{}_{5,6}$ und $\mathfrak{M}_{5,6}$ eingezeichnet, die nach (274) zu überlagern sind. Das Ergebnis dieser Überlagerung und damit die endgültige Einflußlinie für $M_{5,6}$ ist aus Abb. 486d ersichtlich. Dabei sind die einzelnen Einflußlinien der Vollständigkeit wegen auch in den Bereichen der Stiele gezeichnet, obzwar diese Zweige in praktischen Fällen meist entbehrlich sein werden.

In Abb. 487a, b, c sind als Beispiele zur weiteren Erläuterung die „ideellen" Belastungen angegeben, die zur Ermittlung der Einflußlinien für $M^{(s)}{}_{3,4}$, $M^{(s)}{}_{4,3}$ und $M^{(s)}{}_{4,5}$ anzubringen sind. Die „ideelle" Belastung an einer Einspannstelle, z. B. die in Abb. 487a, b zur Ermittlung der Einflußlinie $M^{(s)}{}_{3,4}$ und $M^{(s)}{}_{4,3}$ gestrichelt angedeuteten Werte $a_{3,4}$ und $b_{3,4}$, brauchen nicht in

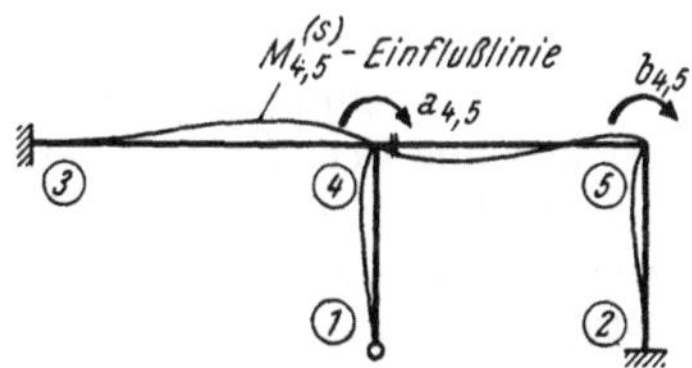

Abb. 487c. „Ideelle" Belastung zur Ermittlung der $M^{(s)}{}_{4,5}$-Einflußlinie.

Rechnung gestellt zu werden, weil sie keine Formänderungen hervorbringen können.

Wenn es sich um Tragwerke ohne Vouten handelt, geht man in gleicher Weise vor; man wird in solchen Fällen die Steifigkeitszahlen k verwenden. Nach (6) lautet die Gleichung für das Stabendmoment $M_{m,n}$ des Stabes m—n mit der Steifigkeitszahl k, wenn statt τ_1 und τ_2 die hier gewählte Bezeichnung φ_m und φ_n verwendet wird:

$$M_{m,n} = k\,\varphi_m + 0{,}5\,k\,\varphi_n + \mathfrak{M}_{m,n}. \tag{275}$$

Für einen Stab m—n mit Gelenk bei n ist sinngemäß

$$M_{m,n} = k^0\,\varphi_m + \mathfrak{M}^0{}_{m,n}. \tag{275a}$$

Aus (275) erhält man wieder wie vorher

$$M_{m,n} = M^{(s)}_{m,n} + \mathfrak{M}_{m,n}, \tag{276}$$

wobei hier

$$M^{(s)}_{m,n} = k\,\varphi_m + 0{,}5\,k\,\varphi_n. \tag{277}$$

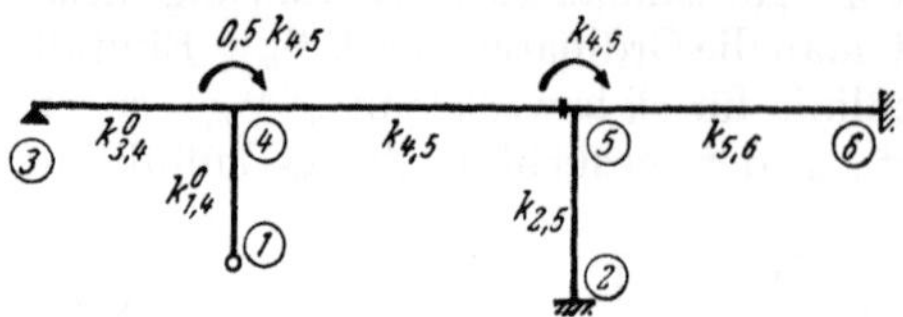

Abb. 488. Tragwerk ohne Vouten; „ideelle" Belastung in den Knoten 4 und 5 zur Ermittlung der $M^{(s)}_{5,4}$-Einflußlinie.

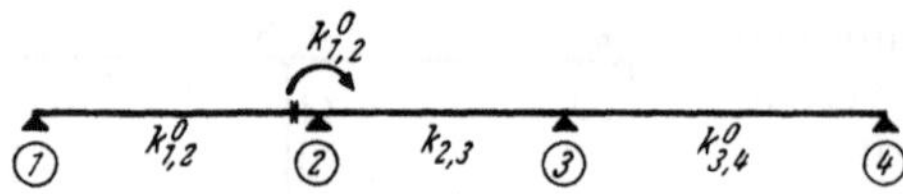

Abb. 489. Durchlaufträger ohne Vouten; „ideelle" Belastung im Knoten 2 zur Ermittlung der $M^{(s)}_{2,1}$-Einflußlinie.

Zur Ermittlung der „Summeneinflußlinie" für $M^{(s)}$ ist somit als „ideelle" Belastung im Knoten m das Moment $M_m = k$ und im Knoten n das Moment $M_n = 0{,}5\,k$ anzubringen. So ist z. B. in Abb. 488 zur Ermittlung der Einflußlinie für $M^{(s)}_{5,4}$ im Knoten 5 die ideelle Belastung $M_5 = k_{4,5}$ und im Knoten 4 die ideelle Belastung $M_4 = 0{,}5\,k_{4,5}$ in Rechnung zu stellen.

Bei Stäben mit Gelenk ist gemäß (275a) als „ideelle" Belastung das Knotenmoment $M_m = k^0$ zu verwenden (vgl. Abb. 489). Der weitere Berechnungsvorgang bringt gegenüber dem allgemeinen Fall, der bereits ausführlich erläutert worden ist, nichts Neues.

2. Bemerkungen über die praktische Durchführung der Rechnung.

Für die zur Ermittlung der $M^{(s)}$-Einflußlinie anzubringende „ideelle" Belastung a und b bzw. a^0 bei Voutentragwerken sowie k und $0{,}5\,k$ bzw. k^0 bei Tragwerken ohne Vouten können dieselben „relativen" Steifigkeitswerte benutzt werden, die üblicherweise bei der Rahmenberechnung Verwendung finden. Da auf diese Weise sowohl die Stabfestwerte als auch die ideelle Belastung z-fach verzerrt sind, ergeben sich sämtliche Formänderungsgrößen, also auch die Knotendrehwinkel φ und somit auch die daraus berechneten Ordinaten y der $M^{(s)}$-Einflußlinie wieder in wahrer Größe. Wenn jedoch die Ordinaten der $M^{(s)}$-Einflußlinie aus den M-Flächen berechnet werden, so ist zu beachten, daß diese mit der z-fach verzerrten ideellen Belastung erhaltenen Momente ebenfalls z-fach verzerrt sind.

Die Berechnung nach dem Cross-Verfahren erfolgt in der Weise, daß nach der Ermittlung der relativen Stabfestwerte a und b bzw. a^0 sowie k bzw. k^0 zunächst die ideelle Belastung für die zu bestimmende $M^{(s)}$-Einflußlinie festgelegt wird. Es sind dies die in den betreffenden Knoten im Uhrzeigersinn angreifenden Momente. Da die Stabfestwerte a stets größer als b sind, wird man mit dem Ausgleich immer bei dem Knoten mit dem „Restmoment" $M_n = a$ beginnen. Bei Stäben mit konstantem Querschnitt beginnt man sinngemäß bei dem Knoten mit der ideellen Belastung $M_n = k$. Die Durchführung des gesamten Ausgleiches kann im übrigen bei Tragwerken ohne Vouten nach den Anweisungen Seite 38, bei Tragwerken mit Vouten nach den Anweisungen S. 142f. für unverschiebliche Tragwerke in gewohnter Weise vorgenommen werden.

Nach Beendigung des Ausgleiches, also nach Ermittlung des M-Verlaufes für die ideelle Belastung, ist die zugehörige Biegelinie zu bestimmen, die mit der $M^{(s)}$-Einflußlinie identisch ist. Die Ermittlung dieser Biegelinie aus den Momentenlinien kann mit Hilfe der allgemeinen Formel (261) erfolgen. Es ist aber zu berücksichtigen, daß die mit der z-fachen ideellen Belastung ermittelten Momente ebenfalls z-fach verzerrt sind und daher durch Multiplikation mit $\dfrac{1}{z}$ wieder entzerrt werden müssen.

Somit lautet die Formel (261) mit der hier gewählten Bezeichnung allgemein:

$$y^{(s)}{}_{m,\,n} = (M_m\,\eta_m + M_n\,\eta_n)\,\frac{l^2}{EJ_c}\cdot\frac{1}{z}. \qquad (278)$$

Wenn jedoch, wie meist üblich, der Verzerrungsfaktor gemäß (177a) $z = \dfrac{1000}{E}$ verwendet wird, so lautet (278)

$$y^{(s)}{}_{m,\,n} = (M_m\,\eta_m + M_n\,\eta_n)\,\frac{l^2}{1000\,J_c}. \qquad (279)$$

Hierin bedeutet J_c das Querschnittsträgheitsmoment im unveränderlichen Bereich des Rahmenstabes $m\!-\!n$.

Für Tragwerke ohne Vouten wählt man den Verzerrungsfaktor nach (12a) meist mit $z = \dfrac{1000}{4E}$ oder $\dfrac{10\,000}{4E}$. Mit dem ersten dieser beiden Werte lautet (278)

$$y^{(s)}{}_{m,\,n} = (M_m\,\eta_m + M_n\,\eta_n)\,\frac{4\,l^2}{1000\,J_c}. \qquad (280)$$

Die Biegelinien-Ordinaten η_m und η_n können für Stäbe mit und ohne Vouten aus den Tafeln 39 bis 42 entnommen werden. Für die Momente M_m und M_n gilt die Vorzeichenregel für „Biegungsmomente"; diese Momente sind also positiv, wenn sie an der unteren Stabseite Zug erzeugen.

Die so ermittelte Einflußlinie für $M^{(s)}{}_{m,\,n}$ ist mit Ausnahme jenes Feldes, in dem sich der zu untersuchende Querschnitt befindet, in allen Teilen des Tragwerkes bereits die gesuchte M-Einflußlinie. Der Zweig der $M^{(s)}{}_{m,\,n}$-Einflußlinie entlang des Stabes mit dem zu untersuchenden Querschnitt ist aber noch zu überlagern mit der $\mathfrak{M}_{m,\,n}$-Einflußlinie. In Abb. 486a, b, c sind diese Zusammenhänge ausführlich dargestellt.

Die Ordinaten der $\mathfrak{M}$-Einflußlinien sind für Stäbe mit und ohne Vouten in den Zahlentafeln 21 bis 24 bzw. den Kurventafeln 21a bis 24a enthalten. Bei Gelenkstäben sind die Zahlentafeln 25 und 26 bzw. die Kurventafeln 25a und 26a zu verwenden.

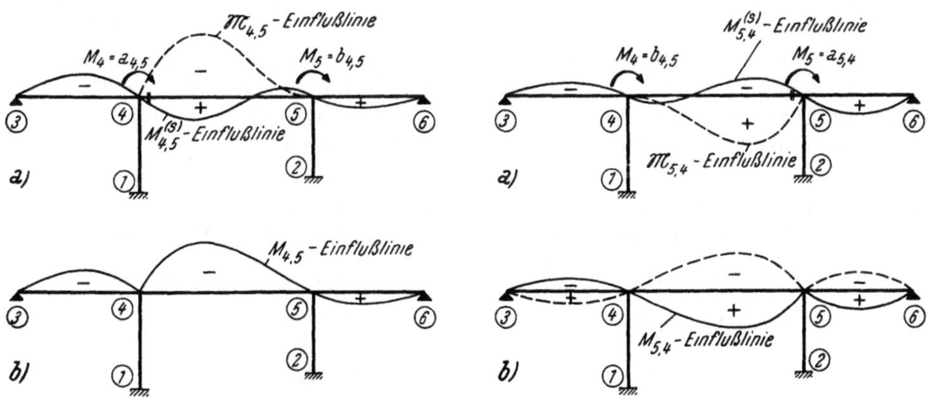

Abb. 490a, b.　Entwicklung der M-Einflußlinie für ein „linkes" Stabende.　　Abb. 491a, b.　Entwicklung der M-Einflußlinie für ein „rechtes" Stabende.

Für die praktische Rechnung ist noch ein Umstand zu beachten, der an Hand der Abb. 490a, b und 491a, b näher erläutert werden soll. In Abb. 490a, b ist die Entwicklung der Einflußlinie für $M_{4,5}$, also für das Moment an einem linken Stabende dargestellt. Die $\mathfrak{M}$-Einflußlinie ist in diesem Falle nach oben anzutragen, die Vorzeichen ihrer Ordinaten $\eta_\mathfrak{M}$ sind daher nach der üblichen Vorzeichenregel negativ. Die $M^{(s)}$-Einflußlinie hat sich als Biegelinie für die als positiv angenommenen Knotenmomente $M_4 = a_{4,5}$, $M_5 = b_{4,5}$ ergeben. Durch Überlagerung der Linien für $M^{(s)}$ und $\mathfrak{M}$ erhält man bereits die $M_{4,5}$-Einflußlinie, wobei die positiven Zweige unten, die negativen oben erscheinen.

In Abb. 491a, b sind die Zusammenhänge bei der Ermittlung der Einflußlinie für $M_{5,4}$, also für das Moment an einem rechten Stabende dargestellt. Hier ist die $\mathfrak{M}$-Einflußlinie nach unten anzutragen; die endgültige $M_{5,4}$-Einflußlinie ergibt sich wieder durch Überlagerung der $M^{(s)}$-Linie und der $\mathfrak{M}$-Linie. Sie erscheint hier allerdings, wie aus dem voll gezeichneten Linienzug der Abb. 491b hervorgeht, in umgekehrter Lage gegenüber der $M_{4,5}$-Einflußlinie, weil auch hier die ideelle Knotenbelastung M_4 und M_5 aus Zweckmäßigkeitsgründen wieder positiv angenommen worden ist.

Es empfiehlt sich aber aus Gründen der Einheitlichkeit und zur Erleichterung der Auswertung, auch diese Einflußlinie beim Aufzeichnen in der gebräuchlichen Art darzustellen. Zu diesem Zwecke brauchen nur sämtliche Vorzeichen gewechselt zu werden; man erhält dann den in Abb. 491b gestrichelt gezeichneten Linienzug. Diese Maßnahme ist somit nur dann in Anwendung zu bringen, wenn es sich um eine Einflußlinie für ein rechtes Stabende handelt.

3. Beschreibung des Rechnungsganges bei Verwendung des Verfahrens B (mit „ideeller" Belastung).

Die Durchführung der Rechnung zur Ermittlung der M-Einflußlinien nach Verfahren B kann in sechs Hauptabschnitte gegliedert werden.

1. Ermittlung der Stabfestwerte und der Momentenverteilungszahlen μ in üblicher Weise für das gesamte Tragwerk.

2. Festlegung der „ideellen" Knotenbelastung a und b bei Voutentragwerken bzw. k und $0{,}5\,k$ bei Tragwerken ohne Vouten gemäß (272) bzw. (277). Hiezu können stets die bereits ermittelten „relativen", also z-fach verzerrten Stabfestwerte Verwendung finden. Bei Stäben mit einem Gelenk ist als „ideelle" Belastung der Steifigkeitswert a^0 bzw. k^0 gemäß (272b) bzw. (275a) zu verwenden.

3. Durchführung des Momentenausgleiches für die „ideelle" Belastung, also Ermittlung der dieser Belastung entsprechenden M-Linie. Dieser Teil der Rechnung kann für Tragwerke ohne Vouten nach den Anweisungen Seite 38, für Tragwerke mit Vouten nach den Anweisungen Seite 142f. erfolgen.

4. Ermittlung der Biegelinie für die nach Ziffer 3 berechnete M-Linie, die ebenso wie die „ideelle" Belastung z-fach verzerrt ist. Die Biegelinienordinaten sind somit nach (278) noch durch z zu dividieren, um die wahren Werte zu erhalten. Wenn z. B. gemäß (177a) $z = \dfrac{1000}{E}$ gewählt wurde, wie das bei Voutentragwerken meist üblich ist, so erhält man nach (278) bzw. (279) für einen Stab $m{-}n$ mit Vouten

$$y^{(s)}{}_{m,n} = (M_m\,\eta_m + M_n\,\eta_n)\,\frac{l^2}{1000\,J_c}$$

und nach (280) für einen Stab $m{-}n$ eines Tragwerkes ohne Vouten mit $z = \dfrac{1000}{4\,E}$

$$y^{(s)}{}_{m,n} = (M_m\,\eta_m + M_n\,\eta_n)\,\frac{4\,l^2}{1000\,J_c}.$$

Die Auswertung dieser Formeln geschieht am besten tabellarisch für jeden Stab gesondert, wobei die Ordinaten η_m und η_n aus den Tafeln 39 bis 42 zu entnehmen sind.

5. Ermittlung der Einflußlinie für das Volleinspannmoment $\mathfrak{M}_{m,n}$ jenes Stabes, der den zu untersuchenden Querschnitt enthält. Die Ordinaten dieser $\mathfrak{M}$ bzw. $\mathfrak{M}^0$-Einflußlinie können für Stäbe mit und ohne Vouten aus den Tafeln 21 bis 26 bzw. 21a bis 26a entnommen werden.

6. Ermittlung der endgültigen Einflußlinienordinaten η_M für $M_{m,n}$ durch Überlagerung der nach Ziffer 4 und 5 bestimmten Einflußlinien für $M^{(s)}_{m,n}$ mit den Ordinaten $y^{(s)}$ und $\mathfrak{M}_{m,n}$ mit den Ordinaten $\eta_{\mathfrak{M}}$. Es ist also für jenen Stab, der den zu untersuchenden Querschnitt enthält

$$\eta_M = y^{(s)} \pm \eta_{\mathfrak{M}} \cdot l, \tag{281}$$

und zwar sind die Ordinaten von $\eta_{\mathfrak{M}}$ **positiv** einzuführen, wenn sich der Querschnitt am **rechten** Stabende, und negativ, wenn er sich am linken Stabende befindet.

Für alle übrigen Stäbe des Tragwerkes ist einfach

$$\eta_M = y^{(s)}. \tag{281a}$$

(Vgl. Zahlenbeispiele Nr. 32 und 33).

III. *M*-Einflußlinien für Feldquerschnitte.

Die Einflußlinien für Feldquerschnitte können verhältnismäßig einfach aus den Einflußlinien für die Stabanschlußmomente abgeleitet werden. Es sind hier dieselben Beziehungen zu verwenden, die zwischen den Feld- und Stützenmomenten bei ruhender Belastung gemäß Abb. 492a, b bestehen. Mit den dort gewählten Bezeichnungen ergibt sich das Feldmoment M_x an der Stelle x aus den beiden Stabendmomenten M_1 und M_2 und dem Moment $M_0^{(x)}$ am frei aufliegend gedachten Träger infolge der äußeren Belastung an dieser Stelle folgendermaßen (vgl. Abb. 492a):

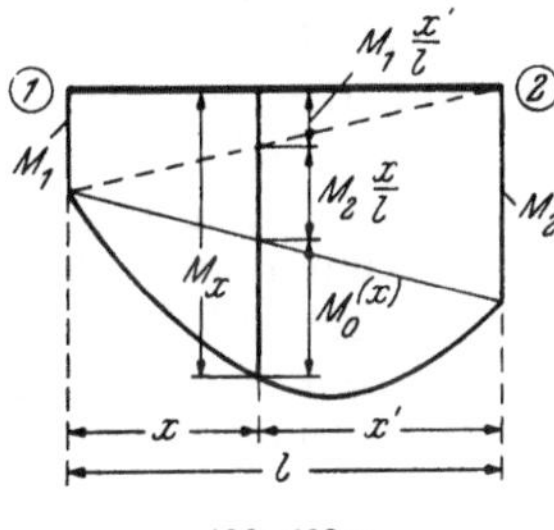

Abb. 492 a.

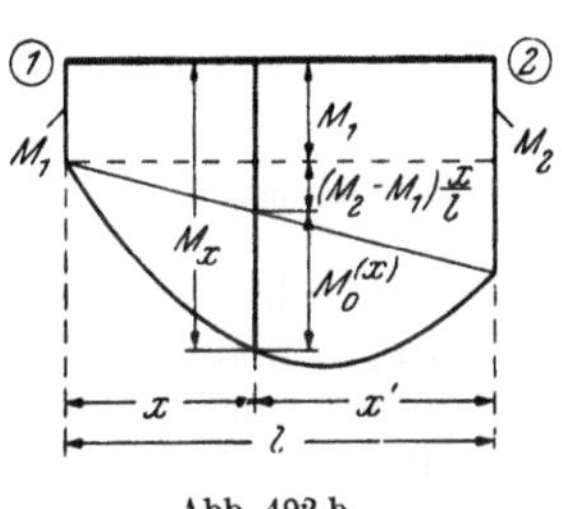

Abb. 492 b.

Abb. 492 a, b. Ermittlung des Feldmomentes M_x eines Rahmenstabes.

$$M_x = M_1 \frac{x'}{l} + M_2 \frac{x}{l} + M_0^{(x)} \tag{282}$$

oder (vgl. Abb. 492b)

$$M_x = M_1 + (M_2 - M_1)\frac{x}{l} + M_0^{(x)}. \tag{283}$$

Die Vorzeichen der *M*-Werte sind in den vorstehenden Formeln nach der für „Biegungsmomente" geltenden Vorzeichenregel (siehe Seite 169) einzusetzen.

Bei Feldern oder Stäben ohne Belastung entfällt der Wert $M_0^{(x)}$, und es ergibt sich das Feldmoment einfach mit

$$M_x = M_1 \frac{x'}{l} + M_2 \frac{x}{l} \tag{282a}$$

oder

$$M_x = M_1 + (M_2 - M_1)\frac{x}{l}. \tag{283a}$$

Mit Hilfe dieser Formeln können auch die einzelnen Ordinaten der Einflußlinien für Feldmomente aus den entsprechenden Ordinaten der Einflußlinien für die zugehörigen Stabendmomente bestimmt werden. Diese Berechnung geschieht zweckmäßigerweise tabellarisch. Die Berechnung nach Formel (282a) besteht eigentlich nur in einer $\frac{x}{l}$-fachen bzw. $\frac{x'}{l}$-fachen Verzerrung der bereits bekannt vorliegenden Einflußlinienordinaten für die Stabanschlußmomente M_1 und M_2 und der algebraischen Addition der so erhaltenen Werte. Bei Verwendung der Formel (283a) ist vorerst die Differenz der Einflußlinienordinaten für M_2 und M_1 zu ermitteln und dann $\frac{x}{l}$-fach zu verzerren.

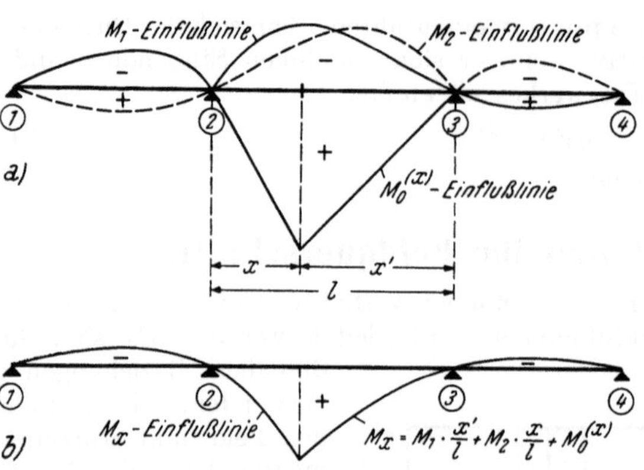

Abb. 493a, b. Entwicklung der Einflußlinie für ein Feldmoment M_x.

Auf diese Weise erhält man bereits die endgültigen Ordinaten der gesuchten M_x-Einflußlinien in allen jenen Feldern oder Rahmenstäben, die den zu untersuchenden Querschnitt x nicht enthalten. Im Bereich des Feldes bzw. des Rahmenstabes, in dem der Querschnitt x liegt, ist die Formel (282) oder (283) zu verwenden; es sind demnach noch die Werte $M_0^{(x)}$ zu berücksichtigen, also die Ordinaten der M-Einflußlinie für den Querschnitt x am frei aufliegend gedachten Träger. Das geschieht in der Weise, daß in diesem Feld, das den Querschnitt x enthält, die Ordinaten der dreieckförmigen Einflußlinie für $M_0^{(x)}$ algebraisch zu den entsprechend verzerrten Ordinaten der beiden Einflußlinien für M_1 und M_2 addiert werden. In Abb. 493a, b sind diese Zusammenhänge für einen Durchlaufträger über drei Felder dargestellt. Es ist dort die M_x-Einflußlinie für einen Querschnitt im zweiten Feld aus den Einflußlinien für M_1, M_2 und $M_0^{(x)}$ entwickelt. (Vgl. Zahlenbeispiele Nr. 32 und 33).

IV. Einflußlinien für Querkräfte.

Wenn die Anschlußmomente M_l und M_r eines Rahmenstabes und die auf ihn einwirkende äußere Belastung gegeben sind, so kann mit den Bezeichnungen der Abb. 494 die Querkraft an beliebiger Stelle x aus der bekannten Beziehung

$$Q_x = Q_0^{(x)} + \frac{M_r - M_l}{l} \qquad (284)$$

ermittelt werden. Hierin bedeuten $Q_0^{(x)}$ die Querkraft des frei aufliegend gedachten Trägers an der Stelle x, M_l und M_r das linke bzw. das rechte Stabendmoment und l die Stablänge. Die Vorzeichen der Werte M_l und M_r werden bei dieser Formel nach der üblichen Vorzeichenregel für Biegungsmomente bestimmt; sie werden

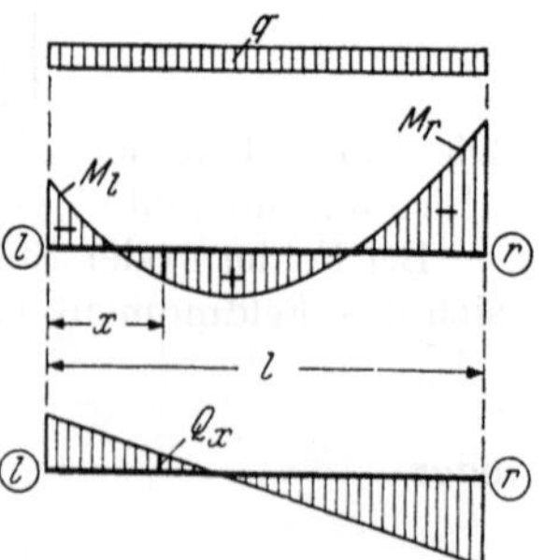

Abb. 494. M-Linie und Q-Linie eines Rahmenstabes.

also positiv angenommen, wenn auf der Unterseite des Stabes Zug erzeugt wird. Für das Vorzeichen der Querkraft gilt die gewöhnliche Regel: Positiv, wenn sie links vom betrachteten Querschnitt nach oben gerichtet ist.

Nach der Formel (284) kann auch die Q-Einflußlinie für einen beliebigen Querschnitt x aus den Einflußlinien für die beiden Stabanschlußmomente ermittelt werden. Hiefür ist es zweckmäßig, eine allgemeinere Bezeichnung zu wählen. Betrachtet man einen Rahmenstab $m-n$ von der Länge l_ν, so erhält man die Gl. (284) in folgender Form:

$$Q_x = Q_0^{(x)} + \frac{M_{n,m} - M_{m,n}}{l_\nu} \tag{284a}$$

oder nach entsprechender Umformung

$$Q_x = \frac{1}{l_\nu}[Q_0^{(x)} \cdot l_\nu + (M_{n,m} - M_{m,n})]. \tag{285}$$

Diese Beziehung gilt auch für die einzelnen Ordinaten der Einflußlinie für Q_x, wenn an Stelle von $Q_0^{(x)}$ die Ordinaten der $Q_0^{(x)}$-Einflußlinie und an Stelle von $(M_{n,m} - M_{m,n})$ die Ordinatendifferenzen der Einflußlinien für die beiden Stabendmomente gesetzt werden.

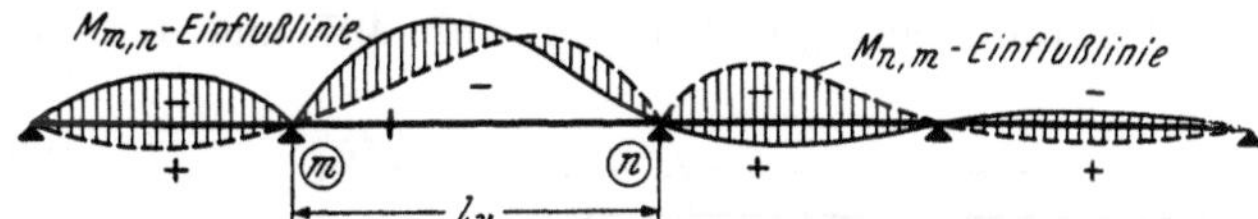

Abb. 495a. Differenz der Einflußlinie für $M_{n,m}$ und $M_{m,n}$.

In den Abb. 495 a, b, c ist die Ermittlung der Q_x-Einflußlinie nach (285) für das zweite Feld eines Vierfeldträgers dargestellt. In Abb. 495a sind die beiden Einflußlinien für $M_{m,n}$ und $M_{n,m}$ aufgetragen und die Differenz $(M_{n,m} - M_{m,n})$ durch Schraffur hervorgehoben. In Abb. 495b ist die Differenz $(M_{n,m} - M_{m,n})$ auf die Horizontale bezogen

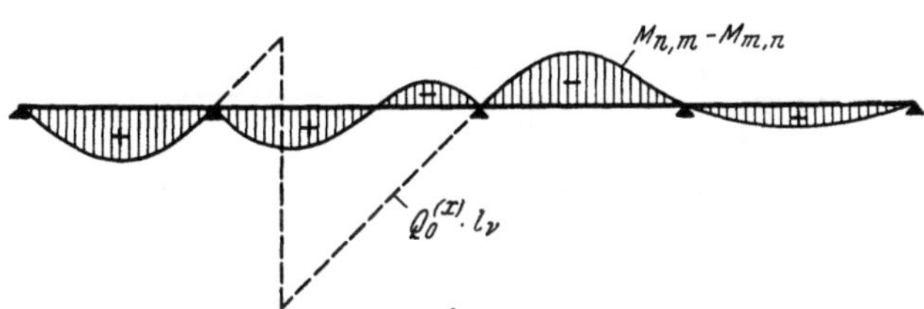

Abb. 495b. Einflußlinie für $(M_{n,m} - M_{m,n})$ und für $Q_0^{(x)} \cdot l_\nu$.

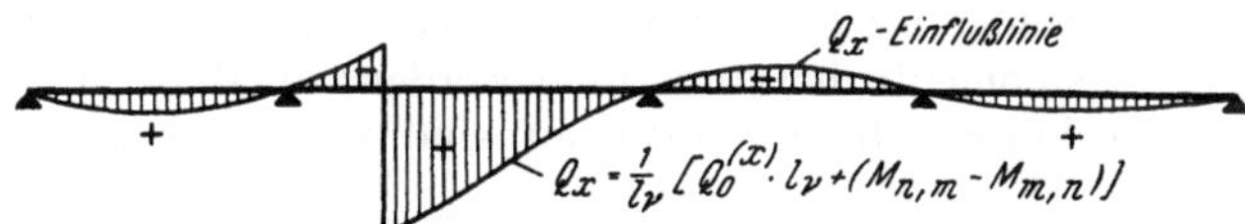

Abb. 495c. Überlagerung der $\frac{1}{l_\nu}$-fachen Einflußlinien aus Abb. 495b.

Abb. 495 a, b, c. Entwicklung der Einflußlinie für Q_x.

und gleichzeitig die l_ν-fache $Q_0^{(x)}$-Einflußlinie im zweiten Feld aufgetragen. Abb. 495c zeigt bereits die endgültige Q_x-Einflußlinie, die sich nach (285) aus der Überlagerung der in Abb. 495b gezeichneten Einflußlinien und anschließender Multiplikation mit $\frac{1}{l_\nu}$ ergibt.

Fünfter Abschnitt.

Temperaturwirkung bei statisch unbestimmten Tragwerken, und andere Nebeneinflüsse.

I. Allgemeines.

In den meisten Fällen werden durch Temperaturänderungen in statisch unbestimmten Tragwerken Spannungen hervorgerufen. Wenn jedoch das Tragsystem den Stablängenänderungen, die durch Temperaturwirkungen auftreten, keinerlei Widerstand entgegensetzen kann, bleibt es spannungslos. Dieser Ausnahmefall ist z. B. gegeben bei Durchlaufträgern mit nur einem festen Auflager gemäß Abb. 496 und bei Rahmentragwerken der Abb. 497 und 498. Die bei einer gleichmäßigen Temperaturerhöhung eintretende Gestaltsänderung, die in den Abbildungen gestrichelt hervorgehoben ist, kann sich ohne inneren Widerstand, also ohne Spannungen, vollziehen.

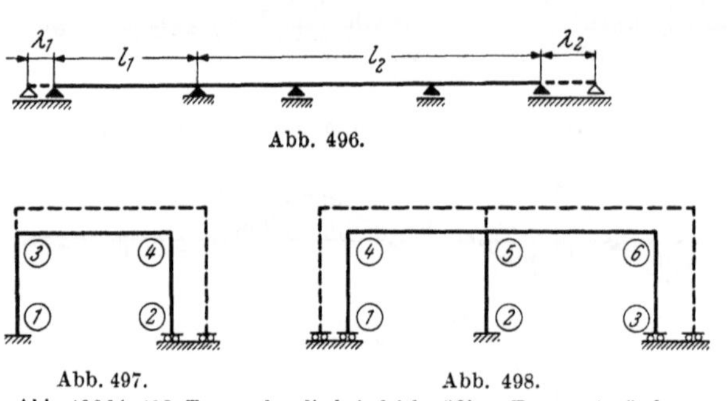

Abb. 496.

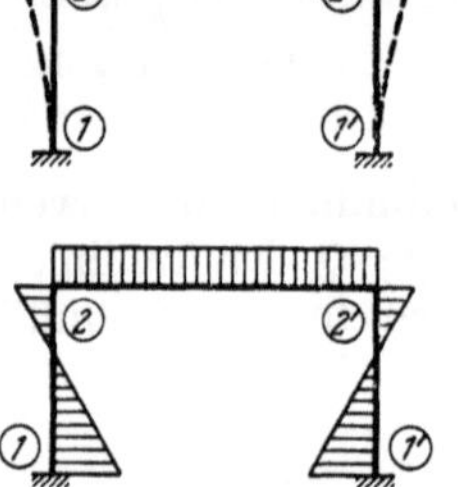

Abb. 497.   Abb. 498.

Abb. 496 bis 498. Tragwerke, die bei gleichmäßiger Temperaturänderung spannungslos bleiben.

Betrachtet man hingegen die in den Abb. 499 und 500 dargestellten Tragwerke, bei welchen die verschieblichen Lager aus den Abb. 497 und 498 durch feste Einspannungen ersetzt sind, so erkennt man, daß hier bei einer Temperaturerhöhung Stabkrümmungen und somit auch Biegungsmomente hervorgerufen werden; die dabei auftretende Verformung sowie der zugehörige Momentenverlauf sind in den beiden Abbildungen schematisch angedeutet.

Schon aus den wenigen hier gezeigten Beispielen ist zu ersehen, daß in einem Tragwerk durch Temperaturwirkung immer dann Biegungsmomente erzeugt werden, wenn die hervorgerufenen Formänderungen mindestens in einem Stab gegenseitige Endverschiebungen $\varDelta$

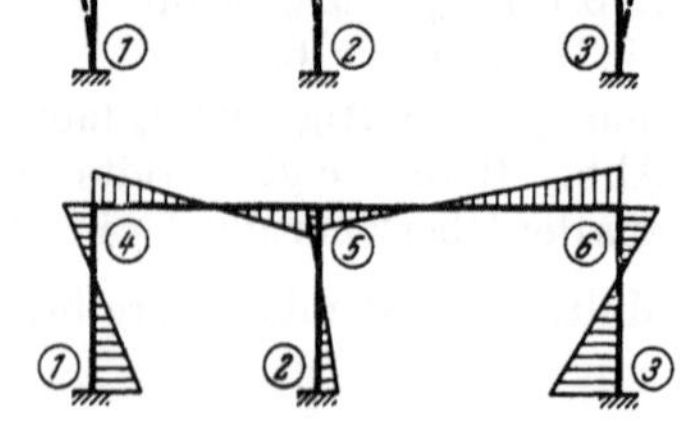

Abb. 499.   Abb. 500.

Abb. 499 und 500. Tragwerke, die auch bei gleichmäßiger Temperaturänderung in Spannung kommen; Biegelinie und zugehörige M-Linie.

ergeben. Wenn sämtliche Stäbe des Tragwerkes durch die auftretenden Knotenverschiebungen nur parallel zu sich selbst verschoben werden, d. h. wenn bei allen Stäben $\varDelta = 0$ ist (vgl. Abb. 496 bis 498), so entstehen bei gleichmäßig über die einzelnen Stabquerschnitte verteilten Temperaturänderungen keine Stabverbiegungen und damit auch keine Biegungsmomente.

Bei der Berechnung von Rahmentragwerken für Temperaturänderungen wird es also auch bei Anwendung der Cross-Methode in erster Linie auf diese Δ-Werte der einzelnen Stäbe ankommen. Bei vielen Tragwerkstypen wird man die Verschiebungen δ der Knotenpunkte und damit auch die gegenseitigen Stabendverschiebungen Δ sofort aus den Längenänderungen λ der einzelnen Rahmenstäbe berechnen können. Diese Längenänderungen λ eines Stabes von der Länge l erhält man nach der bekannten Formel

$$\lambda = \omega \cdot t^0 \cdot l, \tag{286}$$

wobei ω die Wärmeausdehnungszahl des Stabmaterials und t die Temperaturänderung bedeuten.

Die Berechnung von Tragwerken mit bekannten Δ-Werten ist verhältnismäßig einfach. Hingegen erfordern die übrigen Tragsysteme, bei welchen die Knotenverschiebungen δ bzw. die gegenseitigen Stabendverschiebungen Δ aus den Stablängenänderungen λ allein nicht bestimmbar sind, einen größeren Rechenaufwand.

Im folgenden müssen zuerst die besonderen Kennzeichen dieser beiden Gruppen von Rahmentragwerken noch eingehend erläutert werden, um die Grundlagen der gesamten Berechnung klarzustellen.

II. Rechnungsgrundlagen.

1. Tragwerke mit geometrisch bestimmbaren Δ-Werten.

A. Symmetrische „unverschiebliche" Tragwerke.

Es handelt sich hier um jene Gruppe von symmetrischen Tragwerken, die nur bei symmetrischer Belastung unverschieblich sind. Unter der Voraussetzung, daß sämtliche Stäbe solcher Tragwerke die gleiche Temperaturänderung erfahren, können in den meisten Fällen sofort aus den Stablängenänderungen λ alle Knotenverschiebungen δ und damit auch alle gegenseitigen Stabendverschiebungen Δ aus rein geometrischen Beziehungen bestimmt werden. In den Abb. 501 bis 506

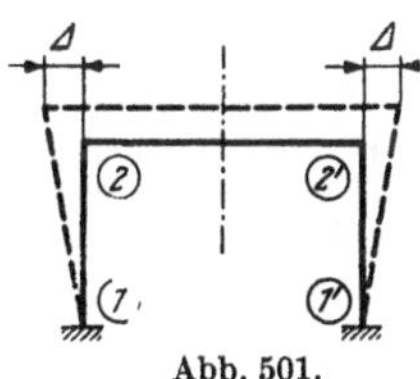

Abb. 501.

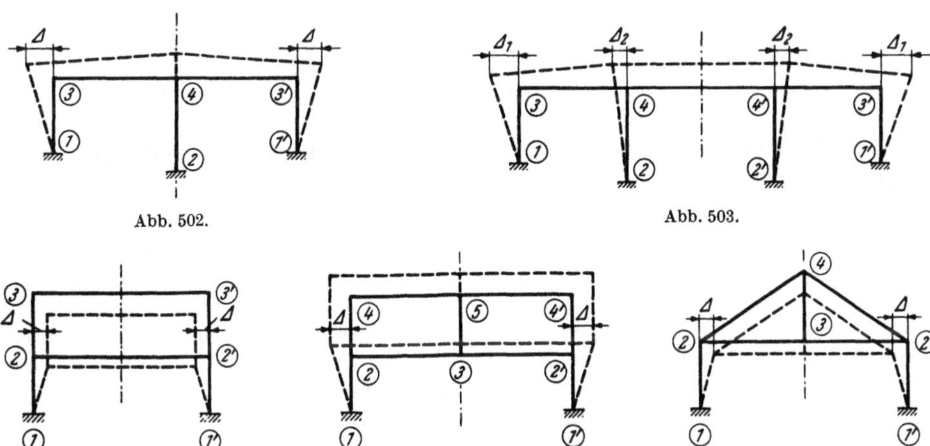

Abb. 502.

Abb. 503.

Abb. 504.

Abb. 505.

Abb. 506.

Abb. 501 bis 506. Symmetrische Tragwerke mit geometrisch bestimmbaren Δ-Werten bei gleichmäßigen Temperaturänderungen.

sind einige Vertreter solcher Systeme dargestellt. Es sind darin die für die weitere Berechnung erforderlichen $\varDelta$-Werte eingetragen.

In ähnlicher Art können die $\varDelta$-Werte bei den symmetrischen Tragwerksformen der Abb. 87, 88, 90 bis 147, 149 bis 159 auch dann geometrisch bestimmt werden, wenn die Temperaturänderungen bei einzelnen Stäben zwar verschieden, aber in symmetrisch gelegenen Stäben gleich groß sind.

B. Unsymmetrische „unverschiebliche" Tragwerke.

Bei den meisten Typen der „unverschieblichen" Tragwerke können die durch Temperaturänderung bewirkten gegenseitigen Stabendverschiebungen $\varDelta$ aus den Stablängenänderungen λ auf Grund geometrischer Überlegungen ermittelt werden. In den Abb. 507 bis 511 sind solche Tragwerke mit den Werten λ und $\varDelta$ dargestellt. Ebenso können die $\varDelta$-Werte bei den Rahmentragwerken der Abb. 213 bis 234, 236, 237 bestimmt werden, und zwar auch in solchen Fällen, wo in den einzelnen Stäben verschiedene Temperaturänderungen auftreten, vorausgesetzt, daß die seitlichen Festhaltelager lotrecht verschieblich sind.

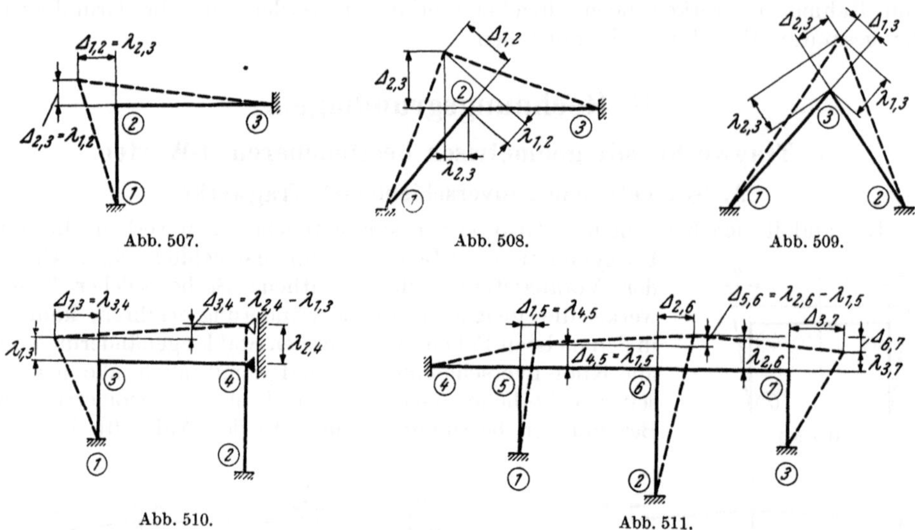

Abb. 507.   Abb. 508.   Abb. 509.

Abb. 510.   Abb. 511.

Abb. 507 bis 511. Unsymmetrische Tragwerke mit geometrisch bestimmbaren $\varDelta$-Werten.

2. Tragwerke mit geometrisch nicht bestimmbaren $\varDelta$-Werten.

Hierher gehören vor allem die verschiedenen Gruppen der „verschieblichen" Tragwerke. Aber auch bei manchen symmetrischen Systemen, die bei symmetrischer Belastung unverschieblich sind, können die $\varDelta$-Werte aus geometrischen Beziehungen allein nicht ermittelt werden. Das trifft z. B. bei dem in Abb. 512 ersichtlichen Tragwerk zu. Hier treten bei einer Temperaturerhöhung im Stab 3—3' in den Dreiecksstäben 1—3 und 2—3 bzw. 1'—3' und 2'—3' in erster Linie Achsialkräfte auf, die die Ausdehnung des Stabes 3—3' behindern. Das Maß dieser Behinderung hängt von der Tragwerksform sowie von der Länge und den Querschnittsabmessungen der einzelnen Stäbe ab. Um die tatsächlichen Verschiebungswerte $\varDelta$ zu ermitteln, sind mithin auch die Formänderungen (Stauchungen bzw. Dehnungen) durch die Längskräfte in den einzelnen Stäben zu berücksichtigen. Die Berechnung wird daher bei solchen Tragwerken wesentlich umständlicher. Als Beispiele für symmetrische Tragsysteme, bei welchen die Formänderung durch Längskräfte mit zu berücksichtigen ist und daher die $\varDelta$-Werte nicht einfach geometrisch bestimmbar sind, gelten u. a. die in den Abb. 56 bis 86 dargestellten Systeme.

Die gleiche Art der Berechnung ist auch bei unsymmetrisch ausgebildeten Tragwerken anzuwenden, wenn die durch Temperaturwirkung hervorgerufenen Längenänderungen in ein-

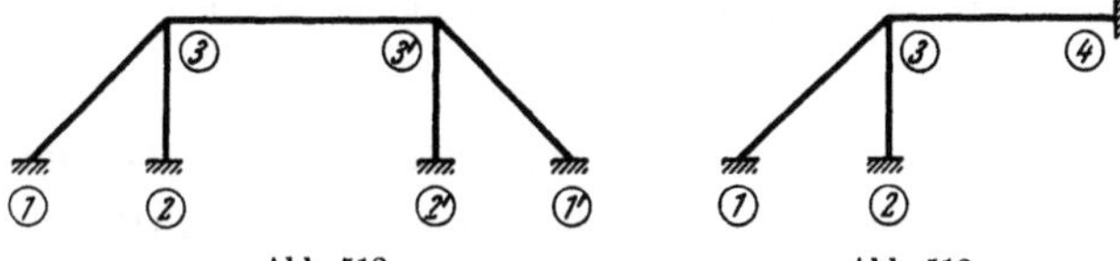

Abb. 512.   Abb. 513.

Abb. 512 und 513. Tragwerke mit geometrisch nicht bestimmbaren $\varDelta$-Werten bei Temperaturänderungen.

zelnen Rahmenstäben vorwiegend Längskräfte erzeugen. Das gilt z. B. für das in Abb. 513 ersichtliche Tragsystem.

III. Praktische Durchführung der Berechnung.

1. Bei „unverschieblichen" Tragwerken.

Nach Ermittlung der gegenseitigen Stabendverschiebungen können die Volleinspannmomente $\overline{M}^t$ nach (59) für sämtliche Stäbe berechnet werden. Man erhält demnach für einen beidseitig voll eingespannten Stab bei einer gegenseitigen Stabendverschiebung $\varDelta$

$$\overline{M}^t = \frac{6EJ}{l^2} \cdot \varDelta.$$

(287)

Für einen Stab, der auf einer Seite voll eingespannt, auf der anderen aber gelenkig gelagert ist, wird nach (63)

$$\overline{M}^t = \frac{3EJ}{l^2} \cdot \varDelta.$$

(288)

Hierin bedeuten l die Stablänge, J das Querschnittsträgheitsmoment und E den Elastizitätsmodul.

Unter Beibehaltung der bisher angewendeten Vorzeichenregel für die Stabendmomente (vgl. Seite 9) ergeben sich für einen bestimmten $\varDelta$-Wert immer für beide Stabendmomente $\overline{M}^t$ die gleichen Vorzeichen; man erhält mithin im Falle der Abb. 514a und 515a an beiden Enden positive und im Falle der Abb. 514b und 515b an beiden Enden negative Volleinspannmomente. Es gilt daher folgende Regel: Die $\overline{M}^t$-Werte sind positiv, wenn die Stabsehne durch

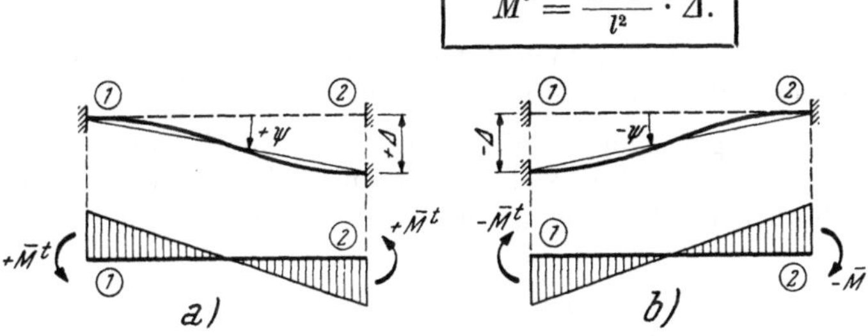

Abb. 514a, b. Vorzeichen der Werte $\varDelta$ und $\overline{M}^t$ bei liegenden Stäben.

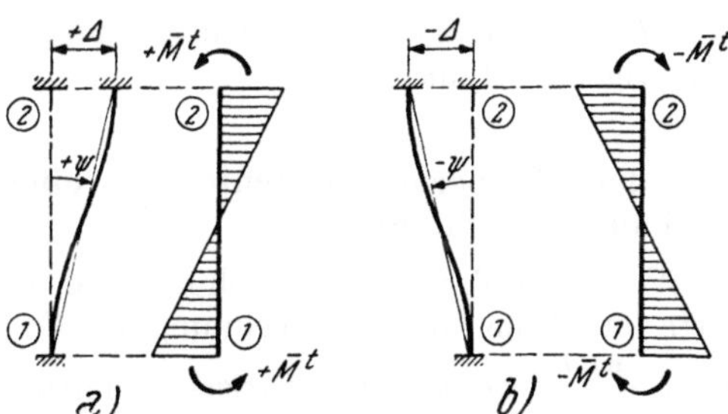

Abb. 515 a, b. Vorzeichen der Werte $\varDelta$ und $\overline{M}^t$ bei stehenden Stäben.

die Verschiebung im Uhrzeigersinn verdreht wird, d. h. wenn der Stabdrehwinkel ψ positiv ist.

Die nach (287) und (288) für sämtliche Rahmenstäbe ermittelten Volleinspannmomente $\overline{M}^t$ können in der üblichen Weise nach CROSS ausgeglichen werden.

A. Beschreibung des Rechnungsganges.

Der gesamte Rechnungsgang bei der Ermittlung der Temperaturmomente für „unverschiebliche" Tragwerke läßt sich in folgende Abschnitte gliedern:

1. Ermittlung der Stabfestwerte k und k^0 bei Tragwerken ohne Vouten bzw. a und a^0 bei Tragwerken mit Vouten sowie der Momentenverteilungszahlen μ und der Überleitungszahlen γ in gleicher Weise, wie dies für unverschiebliche Tragwerke bereits ausführlich beschrieben worden ist.

2. Ermittlung der Längenänderungen λ nach (286) und der gegenseitigen Stabendverschiebungen $\varDelta$ für jeden einzelnen Rahmenstab nach den Abb. 507 bis 511.

3. Ermittlung der Volleinspannmomente $\overline{M}^t$ nach (287) bzw. (288).

4. Ermittlung des Knotenrestmomentes $M_n = \varSigma \overline{M}^t$ für jenen Knoten, in dem es den größten Wert ergibt, und Verteilung auf die einzelnen Knotenstäbe mit Hilfe der μ-Zahlen. Einschreiben dieser Momentenanteile $M'_{n,i}$ mit entgegengesetztem Vorzeichen von M_n in die Rechnungs-Skizze oder in eine gesonderte Tabelle.

5. Überleitung der Momentenanteile $M'_{n,i}$ mit Hilfe der γ-Zahlen zu den gegenüberliegenden Knoten i; dabei bleiben die Vorzeichen erhalten.

6. Ermittlung des Restmomentes M_n in einem anderen Knoten n, wobei die dorthin bereits weitergeleiteten M''-Momente mit in Rechnung zu stellen sind, also $M_n = \varSigma \overline{M}^t_{n,i} + \varSigma M''_{n,i}$.

7. Verteilung dieses Restmomentes M_n nach Ziffer 4 auf die einzelnen Knotenstäbe und Weiterleitung der erhaltenen Momentenanteile M' nach Ziffer 5.

8. Fortsetzung dieses Vorganges gemäß Ziffer 6 und 7 bis die in sämtlichen Knoten verteilten Momente M' genügend klein geworden sind und nicht mehr weitergeleitet zu werden brauchen, ohne die gewünschte Genauigkeit zu beeinträchtigen.

9. Ermittlung der endgültigen Stabanschlußmomente durch algebraische Addition der zusammengehörigen Teilbeträge, also der Volleinspannmomente $\overline{M}^t$, der Verteilungsmomente M' und der übergeleiteten Momente M''.

10. Durchführung der Rechenproben $\varSigma M = 0$ in den einzelnen Knotenpunkten und maßstäbliches Aufzeichnen der endgültigen M-Linie.

B. Einführungsbeispiel 12: Ermittlung der Temperaturmomente für einen symmetrischen 2-Feldrahmen aus Stahlbeton.

Die Tragwerksabmessungen sowie die Werte der Temperaturerhöhung sind aus Abb. 516 zu entnehmen. Die Stabfestwerte k und die für die Berechnung der Volleinspannmomente $\overline{M}^t$ gebrauchten Werte $\dfrac{6EJ}{l^2}$ werden tabellarisch ermittelt. Unter der Voraussetzung von Stahlbeton wird hierbei für $E = 2\,100\,000$ t/m² eingesetzt.

Festwerttabelle.

Stab	b/h (cm)	J (m⁴)	l (m)	$k = 10\,000\,J/l$	$\dfrac{6\,EJ}{l^2}$ (t)
1—3	40/50	0,00417	5,00	8,34	2100
2—4	40/40	0,00213	6,00	3,55	746
3—4	40/60	0,00720	8,00	9,00	1418

Die k-Zahlen werden in die Festwertskizze (Abb. 516 a) eingetragen.

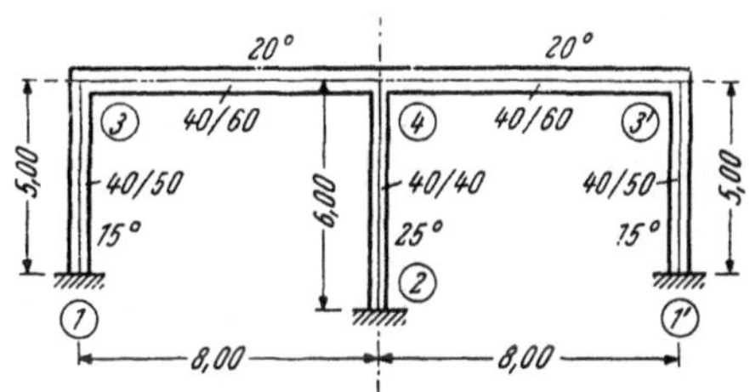

Abb. 516. Tragwerksabmessungen und Temperatur-
erhöhungen.

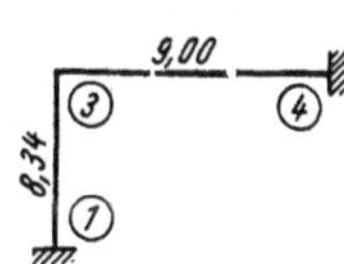

Abb. 516 a.
Festwertskizze.

Momentenverteilungszahlen μ.

Wegen Symmetrie des Tragwerkes und der Temperaturwirkung braucht nur eine Tragwerkshälfte gemäß Abb. 516 a in Betracht gezogen zu werden. Man erhält für Knoten 3:

$$\Sigma k = k_{3,1} + k_{3,4} = 8{,}34 + 9{,}00 = 17{,}34;$$

$$\mu_{3,1} = \frac{k_{3,1}}{\Sigma k} = \frac{8{,}34}{17{,}34} = 0{,}481; \qquad \mu_{3,4} = \frac{k_{3,4}}{\Sigma k} = \frac{9{,}00}{17{,}34} = 0{,}519.$$

Probe: $\Sigma\mu = 0{,}481 + 0{,}519 = 1$.

Die Stablängenänderungen λ werden unter Annahme von $\omega = 0{,}00001$ in folgender Tabelle ermittelt:

λ-Werte.

Stab	t^0	l (m)	λ (m) $= \omega \cdot t^0 \cdot l$
1—3	15	5,00	0,00075
2—4	25	6,00	0,00150
3—4	20	8,00	0,00160

Berechnung der Δ-Werte.

An Hand der Abb. 517 ergeben sich unter Beachtung der Vorzeichen
für Stab 1—3:

$$\Delta_{1,3} = -\lambda_{3,4} = -0{,}00160,$$

für Stab 3—4:

$$\Delta_{3,4} = -(\lambda_{2,4} - \lambda_{1,3}) = -(0{,}00150 - 0{,}00075) = -0{,}00075.$$

$$\textit{Volleinspannmomente } \overline{M}^t.$$

Nach (287) erhält man unter Beachtung der Vorzeichen

für Stab 1—3:

$$\overline{M}^t{}_{1,3} = \overline{M}^t{}_{3,1} = \frac{6EJ}{l^2} \cdot \varDelta_{1,3} = 2100 \; (- 0,0016) = - 3,360 \text{ tm,}$$

für Stab 3—4:

$$\overline{M}^t{}_{3,4} = \overline{M}^t{}_{4,3} = \frac{6EJ}{l^2} \cdot \varDelta_{3,4} = 1418 \; (- 0,00075) = - 1,064 \text{ tm.}$$

In Abb. 518 sind die hier ermittelten Volleinspannmomente $\overline{M}^t$ eingetragen.

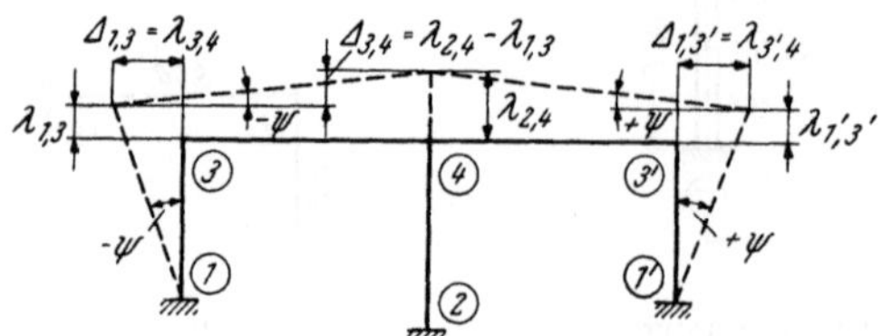

Abb. 517. Längenänderungen λ und Stabendverschiebungen $\varDelta$.

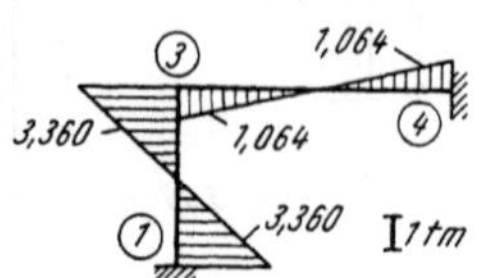

Abb. 518.　Volleinspannmomente $\overline{M}^t$.

$$\textit{Momentenausgleich.}$$

Der Ausgleich braucht hier nur im Knoten 3 durchgeführt zu werden. Dort ist das Restmoment $M_3 = \varSigma\,\overline{M}^t = \overline{M}^t{}_{3,1} + \overline{M}^t{}_{3,4} = - 3,360 - 1,064 = - 4,424\,\text{tm.}$ Die Verteilung dieses Restmomentes im Knoten 3 ergibt:

$$M'{}_{3,1} = - \mu_{3,1}\, M_3 = 0,481 \cdot 4,424 = + 2,128 \text{ tm}$$

$$M'{}_{3,4} = - \mu_{3,4}\, M_3 = 0,519 \cdot 4,424 = + 2,296 \text{ ,, .}$$

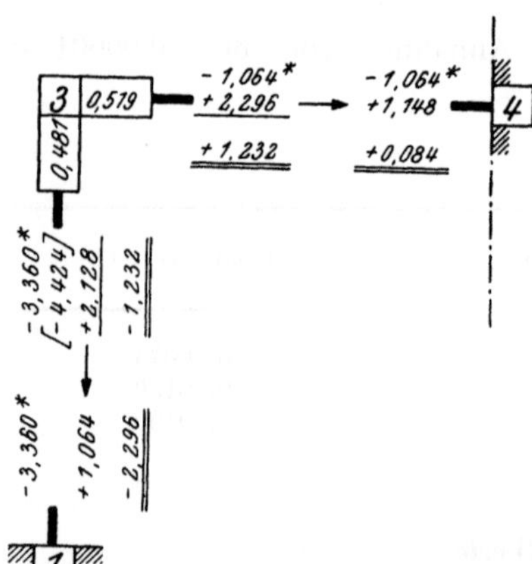

Durch Weiterleitung dieser Momente an die Einspannstellen erhält man

$$M''{}_{1,3} = 0,5\, M'{}_{3,1} = + 1,064 \text{ tm}$$

$$M''{}_{4,3} = 0,5\, M'{}_{3,4} = + 1,148 \text{ ,, .}$$

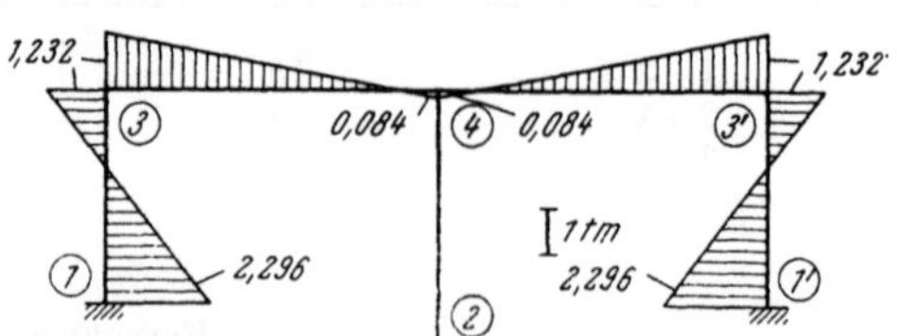

Abb. 519. Rechnungs-Skizze.　　　　　Abb. 520. Endgültiger M-Verlauf.

Damit ist der Ausgleich und die Weiterleitung beendet. Die endgültigen Momente ergeben sich durch algebraische Addition der zusammengehörigen Teilbeträge $\overline{M}^t$, M', M'', also

$$M_{1,3} = \overline{M}{}^t_{1,3} + M''_{1,3} = -3{,}360 + 1{,}064 = -2{,}296 \text{ tm}$$

$$M_{3,1} = \overline{M}{}^t_{3,1} + M'_{3,1} = -3{,}360 + 2{,}128 = -1{,}232 \text{ „}$$

$$M_{3,4} = \overline{M}{}^t_{3,4} + M'_{3,4} = -1{,}064 + 2{,}296 = +1{,}232 \text{ „}$$

$$M_{4,3} = \overline{M}{}^t_{4,3} + M''_{4,3} = -1{,}064 + 1{,}148 = +0{,}084 \text{ „}\,.$$

Viel einfacher und übersichtlicher kann der gesamte Ausgleich in der üblichen Art auch hier wieder in einer Rechnungs-Skizze durchgeführt werden, wie in Abb. 519 gezeigt wird. Die erhaltenen Momente sind in Abb. 520 maßstäblich aufgetragen.

2. Berechnung „verschieblicher" Tragwerke bei Temperaturwirkung.

A. Vorbemerkung.

Die Durchführung der Berechnung, die sich auch hier in zwei Hauptabschnitten vollzieht, soll an Hand des in Abb. 521 dargestellten waagrecht verschieblichen Zweifeldrahmens näher erläutert werden. Man denkt sich das Tragwerk durch ein Rollenlager im Knoten 4 waagrecht unverschieblich festgehalten. Für diesen Zustand können nun die gegenseitigen Stabendverschiebungen $\varDelta$ sämtlicher Rahmenstäbe aus den Stablängenänderungen λ in der bereits bekannten Art bestimmt werden. In Abb. 522 sind diese Längenänderungen sowie auch die zur Ermittlung der Voll-

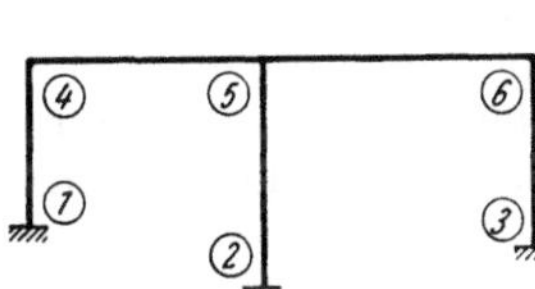

Abb. 521. Unsymmetrisches verschiebliches Tragwerk.

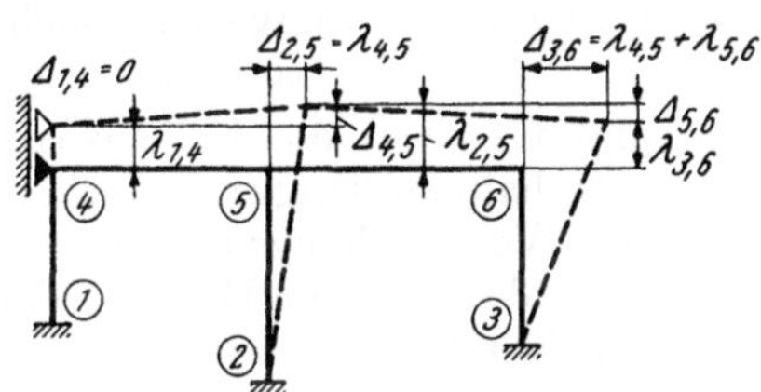

Abb. 522. Tragwerk aus Abb. 521 mit Festhaltelager und zugehörigen $\varDelta$-Werten bei gleichmäßiger Temperaturerhöhung.

einspannmomente $\overline{M}{}^t$ erforderlichen $\varDelta$-Werte eingetragen. Sind die $\overline{M}{}^t$-Werte ermittelt, so kann der Momentenausgleich für das festgehalten gedachte Tragwerk in gewohnter Weise vorgenommen werden. Nach Durchführung des Momentenausgleiches ist die Auflagerreaktion, also die Festhaltekraft F in dem gedachten Lager zu bestimmen und sodann mit umgekehrtem Richtungssinn als Belastung auf den Rahmen in Rechnung zu stellen. Hiefür können die im zweiten Abschnitt Seite 90 ff. und 108 ff. ausführlich behandelten Rechnungsverfahren I und II (mit und ohne Verschiebungsgleichungen) Verwendung finden und bringen nichts Neues.

Für die zahlenmäßige Durchführung der gesamten Berechnung sind aber hier noch einige wichtige Hinweise zu beachten. Es ist klar, daß die umgekehrte Festhaltekraft den Rahmen genau in die Lage verschiebt, die er einnehmen würde, wenn er sich von vornherein frei und ungehindert ausdehnen könnte. Weiter ist einzusehen, daß sich der Rahmen infolge der Temperaturwirkung nicht nur nach einer Seite ausdehnt, sondern es vollzieht sich diese Ausdehnung je nach dem Widerstand der einzelnen Säulen sowohl nach links als auch nach rechts. Es ist also naheliegend, das gedachte Festhaltelager weder in dem äußersten linken noch in dem äußersten rechten Knotenpunkt anzunehmen, sondern hierfür einen mittleren Knoten zu wählen, und zwar am besten in dem Bereich, wo sich vermutlich der „Ruhepunkt" für die horizontale Bewegungsrichtung im Rahmenriegel befindet, von dem aus die Ausdehnung nach beiden Seiten fortschreitet. Man erreicht auf diese Weise, daß die Festhaltekraft einen sehr kleinen Wert annimmt, und daß dann auch die Verschiebungsmomente, die infolge der umgekehrten Festhaltekraft im Rahmen auftreten, sehr klein bleiben. Dadurch wird es möglich, die Berechnung dieser Verschiebungsmomente nach CROSS wesentlich abzukürzen, da der Ausgleich der kleinen Werte rasch beendet ist. Wenn die Festhaltekraft so klein ist, daß die von ihr hervorgerufenen Verschiebungsmomente vernachlässigt werden können, kann auf die weitere Berechnung überhaupt verzichtet werden, und es stellen dann die für das unverschieblich festgehaltene Tragwerk ermittelten Momente bereits die endgültigen Werte dar.

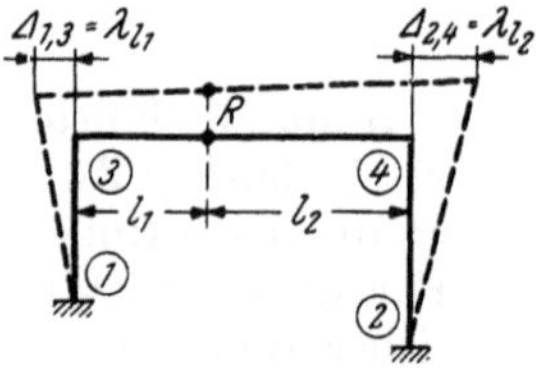

Abb. 523. Rahmen mit Ruhepunkt R in bezug auf die Horizontalbewegung und mit den zugehörigen Δ-Werten bei gleichmäßiger Temperaturerhöhung.

Die gedachte Festhaltung eines Tragwerkes braucht aber nicht immer in einem Rahmenknotenpunkt angenommen zu werden; man kann sie auch an eine beliebige Stelle eines Rahmenriegels verlegen, und zwar am besten in die Nähe der Stelle, wo der Ruhepunkt R für die horizontale Bewegung infolge der Ausdehnung vermutet wird. Das empfiehlt sich vor allem bei 1-Feldrahmen gemäß Abb. 523.

Bei waagrecht verschieblichen mehrstöckigen Rahmen bzw. bei lotrecht verschieblichen Tragwerken ist im Prinzip in gleicher Weise zu verfahren. Man wird in jedem Falle das Tragwerk durch gedachte Lager unverschieblich machen und in diesem Zustand aus den Längenänderungen λ die Δ-Werte der einzelnen Stäbe berechnen und für diese die Volleinspannmomente $\overline{M}^t$, die dann für das unverschieblich festgehaltene Tragwerk nach CROSS ausgeglichen werden. Für die Bestimmung der Verschiebungsmomente nach Beseitigung der gedachten Lager können die Verfahren I und II (mit oder ohne Verschiebungsgleichungen) in bekannter Weise benutzt werden.

B. Beschreibung des Rechnungsganges.

Es sind hier folgende Abschnitte zu unterscheiden:

1. Ermittlung der Stabfestwerte k und k^0 bei Tragwerken ohne Vouten bzw. a und a^0 bei Tragwerken mit Vouten sowie der Momentenverteilungszahlen μ und der Überleitungszahlen γ.

2. Ermittlung der Längenänderungen $\lambda = \omega \cdot t^0 \cdot l$ nach (286) für jeden einzelnen Stab.

3. Wahl der Festhaltelager (am besten in der Nähe der Ruhepunkte, also in mittleren Knotenpunkten) und Ermittlung der Δ-Werte für jeden einzelnen Stab.

4. Berechnung der Volleinspannmomente $\overline{M}^t$ für die einzelnen Rahmenstäbe nach (287) bzw. (288).

5. Bestimmung des Knotenrestmomentes $M_n = \Sigma \overline{M}^t$ für jenen Knoten, in welchem es den größten Wert ergibt, und Verteilung auf die einzelnen Knotenstäbe mit Hilfe der μ-Zahlen (Vorzeichen ändern!) und Weiterleitung zu den benachbarten Knoten (Vorzeichen beibehalten!).

6. Bestimmung des Restmomentes M_n in einem weiteren Knoten unter Berücksichtigung der dort etwa bereits vorhandenen M''-Momente, also $M_n = \Sigma \overline{M}^t_{n,i} + \Sigma M''_{n,i}$, und Verteilung auf die in diesem Knoten fest angeschlossenen Rahmenstäbe. Dieser Vorgang ist für sämtliche Knoten solange fortzusetzen und zu wiederholen, bis die in den Knoten verteilten Momente M' wegen ihrer Kleinheit nicht mehr weitergeleitet zu werden brauchen, ohne die angestrebte Genauigkeit zu beeinträchtigen.

7. Ermittlung der Festhaltekräfte F in den gedachten Lagern.

8. Ermittlung der diesen Festhaltekräften entsprechenden „Verschiebungsmomente" entweder nach Verfahren I (mit Verschiebungsgleichungen) oder nach Verfahren II (ohne Verschiebungsgleichungen). Der praktische Vorgang bei Verwendung von Verfahren I ist kurz beschrieben Seite 93 für 1-stöckige Rahmen, und Seite 101 für mehrstöckige Rahmen; das Verfahren II wurde Seite 111 erläutert. (Vgl. Zahlenbeispiel Nr. 34.)

IV. Berücksichtigung ungleichmäßiger Temperaturänderungen.

1. Allgemeines.

Bei den bisherigen Betrachtungen wurde vorausgesetzt, daß die Temperaturzunahme oder -abnahme zwar für jeden Rahmenstab verschieden sein kann, daß sie sich in den einzelnen Rahmenstäben aber vollkommen **gleichmäßig** vollzieht, d. h. daß in allen Querschnittsteilen ein und desselben Stabes überall die gleiche Temperaturänderung auftritt. Es soll nun noch der Fall behandelt werden, daß sich die Temperaturänderung **ungleichmäßig** über den Stab verteilt, aber doch so, daß sie in allen seinen Querschnitten denselben Verlauf hat und daß die Änderung innerhalb eines Querschnittes nach Abb. 524 linear verläuft. Bezeichnet man

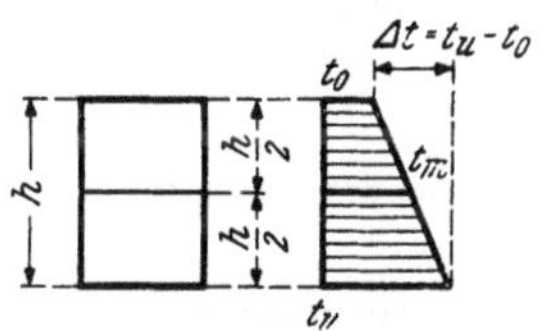

Abb. 524. Linearer Temperaturverlauf im Stabquerschnitt.

mit t_o und t_u die Temperaturänderungen an der oberen bzw. unteren Querschnittsrandfaser, so beträgt die Temperaturdifferenz in diesen Randfasern

$$\Delta t = t_u - t_o \tag{289}$$

und die Temperaturänderung in der Stabachse, die in der halben Querschnittshöhe angenommen wird,

$$t_m = \frac{t_u + t_o}{2}. \tag{290}$$

Setzt man weiter noch voraus, daß die infolge der Temperaturänderung eintretenden Formänderungen so klein sind, daß die infolge Krümmung der Stabachse auftretenden Verkürzungen vernachlässigt werden können, so läßt sich auch der Einfluß solcher ungleichartigen Temperaturänderungen bei Rahmentragwerken **ohne Vouten** rechnungsmäßig leicht erfassen.

2. Rechnungsgrundlagen.

Nach Ermittlung der Stabfestwerte k bzw. k^0 und der Momentenverteilungszahlen μ sind die Volleinspannmomente $\overline{M}^t$ zu bestimmen. Es sind hier jedoch **zwei** Arten von $\overline{M}^t$-Werten zu unterscheiden:

1. die $\overline{M}^t$-Werte, die sich aus den Δ-Werten durch **Verlängerung der Stabachsen** ergeben, und

2. die $\overline{M}'^t$-Werte, die nur von der **Stabkrümmung** infolge der ungleichmäßigen Temperaturänderung abhängig sind.

Die gegenseitigen Stabendverschiebungen Δ, die zur Berechnung der $\overline{M}^t$-Werte gebraucht werden, erhält man auch hier wieder aus den Stablängenänderungen λ, die gemäß (286) und (290) aus

$$\lambda_m = \omega \cdot t_m \cdot l = \omega \cdot l \cdot \frac{t_u + t_o}{2} \tag{291}$$

bestimmbar sind. Hierin bedeutet also λ_m die Längenänderung der einzelnen Stabachsen unter dem Einfluß der dort vorhandenen Temperaturänderung t_m.

Nach Ermittlung sämtlicher Stablängenänderungen λ_m können die $\varDelta$-Werte in der früher bereits ausführlich dargelegten Art berechnet werden.

Zur Ermittlung der $\overline{M}'^t$-Werte aus der Stabkrümmung geht man am besten von den allgemeinen Formeln (35) zur Bestimmung der Einspannmomente aus. Sie lauten für einen Stab 1—2

$$\mathfrak{M}_{1,2} = + 2\,\frac{2\alpha^0_1 - \alpha^0_2}{l} \qquad \text{und} \qquad \mathfrak{M}_{2,1} = - 2\,\frac{2\alpha^0_2 - \alpha^0_1}{l}. \tag{292}$$

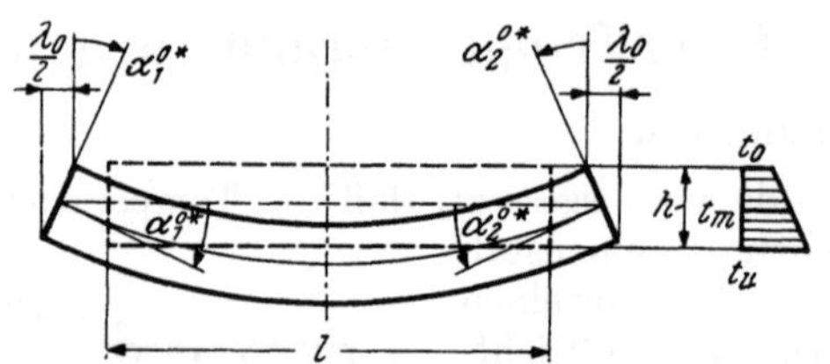

Abb. 525. Ermittlung der Winkelwerte α_1^{0*} und α_2^{0*}.

Hierin bedeuten α^0_1 und α^0_2 die EJ-fach verzerrten Tangentenwinkel der Biegelinie des frei aufliegend gedachten Trägers infolge der äußeren Belastung, also

$$\alpha_1^0 = EJ\,\alpha_1^{0*} \text{ und } \alpha_2^0 = EJ\,\alpha_2^{0*}. \tag{293}$$

Im vorliegenden Fall sind α_1^{0*} und α_2^{0*} die wahren Werte der Auflagerdrehwinkel, die durch die Krümmung der Stabachse gemäß Abb. 525 im frei aufliegenden Träger hervorgerufen werden.

Diese Winkelwerte $\alpha_1^{0*} = \alpha_2^{0*}$ ergeben sich aus den Längenänderungen der oberen und unteren Faser mit Hilfe einfacher geometrischer Beziehungen. Die Längenänderung λ_0 der oberen Faser gegenüber der unteren ist für den Temperaturunterschied $\varDelta t = t_u - t_o$ aus

$$\lambda_0 = \omega \cdot \varDelta t \cdot l \tag{294}$$

zu ermitteln. Es verschieben sich also an den beiden Stabenden der obere Querschnittsrand gegenüber dem unteren um den Betrag $\dfrac{\lambda_0}{2}$. Daraus ergibt sich

$$\operatorname{tg} \alpha_1^{0*} = \operatorname{tg} \alpha_2^{0*} = \frac{\lambda_0}{2h} = \frac{\omega \cdot \varDelta t \cdot l}{2h} \tag{295}$$

und wegen der vorausgesetzten Kleinheit des Winkels α_1^{0*} auch

$$\alpha_1^{0*} = \alpha_2^{0*} = \frac{\omega \cdot \varDelta t \cdot l}{2h}. \tag{296}$$

Damit wird nach (293)

$$\boxed{\;\alpha^0_1 = \alpha^0_2 = \frac{EJ\,\omega \cdot \varDelta t \cdot l}{2h}.\;} \tag{297}$$

Setzt man also diesen Ausdruck in die allgemeinen Formeln (292) für die Volleinspannmomente ein, so erhält man nach entsprechender Kürzung

$$\boxed{\;\overline{M}'^t_{1,2} = + \frac{EJ\,\omega \cdot \varDelta t}{h} \qquad \text{und} \qquad \overline{M}'^t_{2,1} = - \frac{EJ\,\omega \cdot \varDelta t}{h}.\;} \tag{298}$$

Hat man auf diese Weise die beiden Arten von Volleinspannmomenten $\overline{M}^t$ (aus den $\varDelta$-Werten) und $\overline{M}'^t$ (aus den Stabkrümmungen) ermittelt, so werden die an den einzelnen Stabenden zusammengehörigen Werte algebraisch addiert und weiterhin gemeinsam verwendet. Der Ausgleich dieser zusammengefaßten Volleinspannmomente $(\overline{M}^t + \overline{M}'^t)$ nach Cross geschieht dann je nach Art des vorliegenden Tragwerkes nach den in diesem Abschnitt ausführlich dargelegten Regeln.

3. Beschreibung des Rechnungsganges.

Der praktische Vorgang bei der Durchführung der Berechnung eines „unverschieblichen" Tragwerkes für ungleichmäßige Temperaturänderungen läßt sich somit wieder in folgende Abschnitte gliedern:

1. Ermittlung der Steifigkeitswerte k und k^0 sowie der μ-Zahlen in der üblichen Art.

2. Ermittlung der Längenänderungen gemäß (291) aus $\lambda_m = \omega \cdot t_m \cdot l$ und der gegenseitigen Stabendverschiebungen $\varDelta$ sämtlicher Stabachsen.

3. Ermittlung der Volleinspannmomente $\overline{M}^t$ nach (287) bzw. (288) aus den $\varDelta$-Werten und der Volleinspannmomente $\overline{M}'^t$ nach (298) infolge der Stabkrümmungen sowie algebraische Addition der zusammengehörigen Werte an den einzelnen Stabenden.

4. Ausgleich dieser Volleinspannmomente $(\overline{M}^t + \overline{M}'^t)$ nach CROSS in üblicher Art.

Bei der Berechnung „verschieblicher" Tragwerke auf ungleiche Temperaturänderungen können die $\varDelta$-Werte erst nach Wahl der Festhaltelager aus den λ_m-Werten ermittelt werden. Die Bestimmung der Volleinspannmomente $\overline{M}^t$ und $\overline{M}'^t$ erfolgt sodann in gleicher Weise wie bei „unverschieblichen" Tragwerken. Der weitere Berechnungsvorgang kann sinngemäß nach den Anweisungen Seite 190, Ziffer 5 bis 8, vorgenommen werden.

V. Schwindeinfluß, Formänderungen durch Längskräfte und Auflagerverschiebungen.

1. Schwindeinfluß bei Stahlbetontragwerken.

Um die Wirkung des Schwindens bei Stahlbetontragwerken rechnungsmäßig erfassen zu können, geht man in der Regel von der Voraussetzung aus, daß sich die einzelnen Rahmenstäbe beim Schwindvorgang genau so verkürzen, als ob sie einem bestimmten gleichmäßigen Temperaturrückgang unterworfen wären. Man ersetzt also für die Durchführung der Berechnung die Schwindeinwirkung durch die Wirkung einer in den Vorschriften festgelegten gleichmäßigen Temperaturabnahme. Auf Grund dieser willkürlich vereinfachenden Annahme kann der Einfluß des Schwindens bei Stahlbetontragwerken näherungsweise in der gleichen Art rechnerisch ermittelt werden, wie dies für unverschiebliche Systeme Seite 185 f. und für verschiebliche Systeme Seite 189 f. beschrieben worden ist.

2. Wirkung der durch Längskräfte hervorgerufenen Formänderungen.

Bei der Berechnung von Rahmentragwerken ist es in der Regel üblich, den Einfluß der Längenänderungen durch die in den einzelnen Stäben auftretenden Achsialkräfte zu vernachlässigen, um den Rechnungsgang zu vereinfachen. Die dadurch entstehenden Ungenauigkeiten der Ergebnisse sind in den meisten Fällen geringfügig. Bei gewissen Tragwerken wird aber wenigstens eine näherungsweise Berücksichtigung dieser Einflüsse erwünscht sein. Man kann dann aber die „Zusatzmomente", die sich aus der Formänderung des Tragwerkes durch die Längskräfte ergeben, in einem gesonderten Rechnungsgang im Anschluß an die Hauptberechnung ermitteln. Dabei kann man folgendermaßen vorgehen: Man berechnet zunächst aus den Momenten, die sich für den Hauptbelastungsfall ergeben haben, sämtliche Stablängskräfte S und ermittelt sodann die von diesen Längskräften hervorgerufenen Längenänderungen in den einzelnen Stäben. Man erhält für Stäbe mit gleichem

Querschnitt F, der Länge l und der Elastizitätszahl E nach dem HOOKEschen Gesetz die Längenänderung

$$\lambda = \frac{S \cdot l}{EF}.\tag{299}$$

Aus diesen Längenänderungen λ können in der gleichen Weise wie bei Temperaturänderungen die $\varDelta$-Werte ermittelt und daraus weiter die Volleinspannmomente $\overline{M}$ bestimmt werden, die in üblicher Weise nach CROSS ausgeglichen werden können. Damit erhält man angenähert die aus der Formänderung durch Längskräfte hervorgerufenen Zusatzmomente im gesamten Tragwerk, die zu den bereits vorliegenden Momenten aus dem Hauptbelastungsfall algebraisch zu addieren sind. Eine Rechnungswiederholung unter Berücksichtigung der nun geänderten Längskräfte und der daraus sich ergebenden neuen Werte λ, $\varDelta$ und $\overline{M}$ ist in der Regel aber wegen des geringen Einflusses entbehrlich.

3. Einfluß der Auflagerverschiebungen.

Nicht immer werden bei statisch unbestimmten Tragwerken durch Auflagerverschiebungen Spannungen erzeugt. Dies ist nur dann der Fall, wenn das Tragwerk solchen Senkungen oder Verschiebungen einen inneren Widerstand entgegensetzt. So haben z. B. bei den in den Abb. 526 bis 528 dargestellten statisch

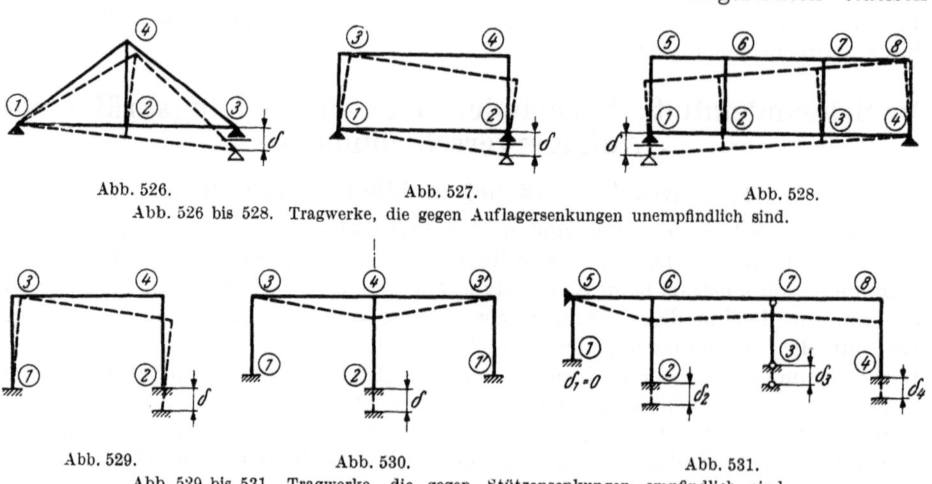

Abb. 526.   Abb. 527.   Abb. 528.
Abb. 526 bis 528. Tragwerke, die gegen Auflagersenkungen unempfindlich sind.

Abb. 529.   Abb. 530.   Abb. 531.
Abb. 529 bis 531. Tragwerke, die gegen Stützensenkungen empfindlich sind.

bestimmt gelagerten Rahmentragwerken etwa auftretende Auflagersenkungen δ keinerlei Einfluß auf den Momentenverlauf. Der Spannungsverlauf bleibt bei diesen Tragwerken also durch Stützensenkungen oder -hebungen völlig unbeeinflußt.

Hingegen leisten die in den Abb. 529 bis 531 gezeigten Tragwerke einer Auflagerverschiebung δ inneren Widerstand, weshalb hier auch Biegungsmomente und damit Spannungen im Tragwerk erzeugt werden. Die Berechnung der Momente infolge solcher Auflagerverschiebungen, die jedoch zahlenmäßig gegeben sein müssen, kann im Prinzip in der gleichen Art erfolgen wie bei Temperaturänderungen, wo derartige „Stützenverschiebungen" durch die Stablängenänderungen hervorgerufen werden. Bei der Durchführung der Berechnung kommt es wieder darauf an, die als Folge der Stützenverschiebungen δ auftretenden gegenseitigen Stabendverschiebungen $\varDelta$ bei den einzelnen Rahmenstäben zu ermitteln und daraus die Volleinspannmomente $\overline{M}$ nach (59) bzw. nach (63) zu bestimmen, die dann in der bereits bekannten Art nach CROSS auszugleichen sind.

Zweiter Teil.

Zahlenbeispiele.

Vorbemerkung.

Schon im Ersten Teil des Buches wurde stets im Anschluß an die eingehenden theoretischen Darlegungen und die darauffolgenden zusammenfassenden Beschreibungen der verschiedenen Berechnungsverfahren ein in allen Einzelheiten ausführlich erläutertes „Einführungsbeispiel" gebracht, um den Übergang zur praktischen Anwendung zu erleichtern; auch die Möglichkeiten zur Mechanisierung des Momentenausgleiches wurden dort im Prinzip bereits gezeigt.

Bei den im Zweiten Teil des Buches zur Behandlung gelangenden Zahlenbeispielen wird in erster Linie Wert auf eine rationelle, aber zugleich übersichtliche und leicht überprüfbare Durchführung der Zahlenrechnungen gelegt; durch eine konsequent durchgeführte systematische Gliederung der einzelnen Rechnungsabschnitte kann diese wichtige Forderung auch beim Cross-Verfahren weitgehend erfüllt werden. Die Auswahl der Beispiele ist so getroffen, daß die meisten der gebräuchlichen unverschieblichen und verschieblichen Tragwerkstypen symmetrischer und unsymmetrischer Ausbildung vertreten sind. Zur leichteren Einführung wird wieder zunächst mit einigen einfacheren Fällen begonnen und erst allmählich der Übergang zu den schwierigeren Tragsystemen und Belastungsfällen vollzogen.

Bei allen diesen „Musterbeispielen" ist auch darauf Bedacht genommen, daß durch kurze schlagwortartige Hinweise überall die Verbindung mit den im Ersten Teil des Buches beschriebenen Berechnungsverfahren gewahrt bleibt. Zur besseren Veranschaulichung der statischen Zusammenhänge wird stets als Abschluß der Berechnung der gesamte M-Verlauf maßstäblich dargestellt.

Um den Einfluß der Voutenwirkung auf den Momentenverlauf bei den verschiedenen Tragwerkstypen besser in Erscheinung treten zu lassen und praktisch wertvolle Vergleichsbetrachtungen zu ermöglichen, werden auch hier wieder, ähnlich wie in dem Buch „Rahmentragwerke", verschiedene Rahmentypen bei gleichen Belastungen sowohl ohne als auch mit Vouten vollständig durchgerechnet.

Alle Vorarbeiten für die eigentliche Berechnung, also die Ermittlung der Steifigkeitszahlen sowie der Verteilungs- und Überleitungszahlen und der Volleinspannmomente werden stets unter Hinweis auf die zu verwendenden Formeln des Textes im Ersten Teil bzw. auf die Zahlen- und Kurventafeln im Dritten Teil des Buches durchgeführt. Besondere Sorgfalt wird dem Hauptteil der Berechnung, nämlich dem Momentenausgleich nach Cross gewidmet. Dieser Ausgleich geschieht zur Erzielung einer möglichst guten Übersicht immer in einer schematischen Rechnungs-Skizze, in der alle erforderlichen Ausgangswerte μ, γ und $\mathfrak{M}$, sowie auch die jeweiligen

Verteilungsmomente M' und die übergeleiteten Momente M'' nach einem bestimmten Schema so eingetragen werden, daß die Rechnung ohne Schwierigkeiten an beliebigen Stellen unterbrochen und auch nach Fertigstellung leicht nachgeprüft werden kann. Diese systematische Art der Rechnungsdurchführung ist von entscheidender Bedeutung für eine erfolgreiche Anwendung des Momentenverteilungsverfahrens und erspart vor allem dem Anfänger manche Enttäuschung. Es sei ausdrücklich betont, daß für sämtliche Rechenoperationen, also sowohl für die Ermittlung der Grundwerte k, a_1, a_2, b, μ, γ, $\mathfrak{M}$ usw., als auch für die Durchführung des eigentlichen Momentenausgleichsverfahrens, die Rechenschiebergenauigkeit ausreicht. Hiebei wird es meist genügen, die Momentenanteile M' und M'' auch in der Endphase des Ausgleiches der Einfachheit wegen auf zwei Dezimalstellen abzurunden. In Zweifelsfällen, z. B. bei der Bestimmung der Verschiebungsmomente $\bar{M}$ für die willkürlich zu wählenden Verschiebungen $\varDelta$ wird die angestrebte Genauigkeit entscheidend sein.

Auf die Anwendung des sog. „abgekürzten" Ausgleichsverfahrens, das in der Regel weniger übersichtlich und daher schwerer prüfbar ist, wird hier bewußt verzichtet, um die einheitliche Systematik und notwendige Klarheit in der Behandlung der einzelnen Berechnungsmethoden nicht zu beeinträchtigen.

Nach den hier ganz allgemein angedeuteten Gesichtspunkten haben die in diesem Teil des Buches behandelten Zahlenbeispiele im wesentlichen einen dreifachen Zweck zu erfüllen: Erstens als „Musterbeispiele" für die praktische Durchführung der Rechnung bei verschiedenen Arten von Tragwerken und Belastungsfällen zu dienen, zweitens zu zeigen, daß der rechnerische Mehraufwand bei Tragwerken mit Vouten durch die Benutzung der beigegebenen Hilfstafeln nur geringfügig ist, und drittens den meist sehr günstigen Einfluß der Voutenwirkung auf die Momentenverteilung bei den einzelnen Tragwerksarten anschaulich darzulegen.

Erster Abschnitt.

Rahmentragwerke ohne Vouten.

I. Unverschiebliche Tragwerke.

Einführende Bemerkungen und Hinweise.

Bei der Auswahl der hier behandelten Zahlenbeispiele wurde darauf Rücksicht genommen, daß alle Arten von unverschieblichen Tragwerken vorkommen: Unsymmetrische Tragwerke, die bei jeder Belastung unverschieblich sind (vgl. Beispiel 1, 2, 4, 12), ferner symmetrische Tragwerke, die bei jeder Belastung unverschieblich bleiben (vgl. Beispiel 3, 9, 10, 11) und symmetrische Tragwerke, die nur bei symmetrischer Belastung unverschieblich sind (vgl. Beispiel 5, 6, 7, 8, 13, 14, 15, 16). Unter den symmetrischen Tragwerken sind solche mit Knoten-Symmetralen (vgl. Beispiel 3, 5, 8, 9, 10, 11, 15) und solche mit Stab-Symmetralen (vgl. Beispiel 6, 13, 14, 16) behandelt. Das Zahlenbeispiel Nr. 7 zeigt einen Fall, wo die Symmetrale sowohl Knoten als auch Stäbe schneidet.

Über die praktische Durchführung der Rechnung ist zu sagen, daß sie weitgehend mechanisiert werden kann. Die Ermittlung der Stabfestwerte k geschieht am besten in einer Tabelle, in der alle hierzu erforderlichen Werte, nämlich die Querschnittsabmessungen der einzelnen Stäbe, die zugehörigen Trägheitsmomente J und die Stablängen l übersichtlich zusammengestellt werden. Die Querschnittsträgheitsmomente J können für Rechtecksquerschnitte direkt aus Tafel 1 entnommen werden. Auch bei anderen Querschnittsformen, die z. B. bei Rahmentragwerken aus Stahl oder Holz vorkommen, können für die Ermittlung der J-Werte meist Tabellen und Profiltafeln der einschlägigen Handbücher Verwendung finden; nur in Ausnahmefällen sind sie gesondert zu berechnen.

Die Steifigkeitszahlen werden nicht mit ihrem wahren Wert, sondern nach (25 a) mit dem „relativen" Wert, z. B. $k = 1000\,J/l$ oder $10\,000\,J/l$ in Rechnung gestellt, um besser überblickbare Zahlen zu erhalten. Die Steifigkeitszahlen k^0 etwa vorhandener „Gelenkstäbe" und k' von Symmetriestäben oder k'' von antimetrisch belasteten Stäben werden in der Regel unter Angabe der zu benutzenden Formeln außerhalb der Tabelle gesondert ermittelt. Die Volleinspannmomente $\mathfrak{M}$ für beidseitig voll eingespannte Stäbe werden je nach der vorliegenden Belastung aus den Tafeln 2 bis 4, die Volleinspannmomente $\mathfrak{M}^0$ für einseitig gelenkig angeschlossene Stäbe aus den Tafeln 5 und 6 bestimmt. Der Momentenausgleich erfolgt in einer übersichtlichen Rechnungs-Skizze, in welche zunächst die μ-Zahlen und die zur Unterscheidung von den anderen Momentenwerten mit einem Stern zu bezeichnenden $\mathfrak{M}$-Werte eingetragen werden. Die in den einzelnen Knotenpunkten zur Verteilung gelangenden sog. „Knotenrestmomente" M_n werden stets durch eine eckige Klammer besonders hervorgehoben und erhalten seitlich in einem Kreis die der Reihenfolge des Ausgleichs entsprechende Ordnungszahl. Diese eingeklammerten „Knotenrestmomente" M_n sind bei der nach Abschluß des gesamten Momentenausgleichs vorzunehmenden algebraischen Addition der einzelnen zusammengehörigen Momentenanteile $\mathfrak{M}$, M', M'' nicht mit in Rechnung zu stellen. Es ist überdies sehr zweckmäßig, unterhalb der Rechnungs-Skizze die Reihenfolge des Momentenausgleichs auch durch das Anschreiben der nacheinander durchlaufenen Knotenpunkte festzuhalten. Damit läßt sich der gesamte Rechnungsgang sehr leicht auf zweifache Art verfolgen.

In diesem Zusammenhang ist noch beachtenswert, daß die Anzahl der Striche unter den Verteilungsmomenten M' bei allen in einem Knoten vorhandenen Stäben gleich groß sein muß. Diese Striche, die den jeweils vollzogenen Ausgleich anzeigen, bilden aber auch ein sehr wichtiges Orientierungsmittel, um bei Kontrollen leicht festzustellen, welche M'-Werte in einem beliebigen Knoten zusammengehören; es sind dies immer alle über dem 1. oder alle über dem 2. oder allgemein alle über dem n-ten Strich stehenden Zahlenwerte eines jeden Knotens. Ihre Summe muß immer gleich dem zugehörigen Knotenrestmoment M_n sein.

Zahlenbeispiel 1.

Einstieliger Rahmen mit Kragarm. Volle Einspannung bei 1 und 3. Tragwerksabmessungen und Belastungsangaben siehe Abb. 532. Für die Durchführung der

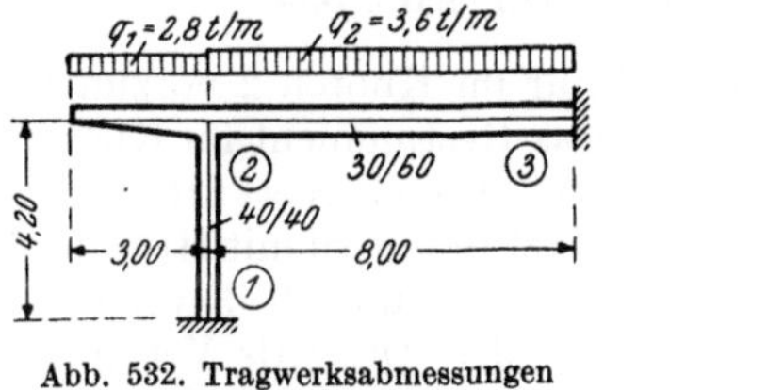

Abb. 532. Tragwerksabmessungen
und Belastungsangaben.

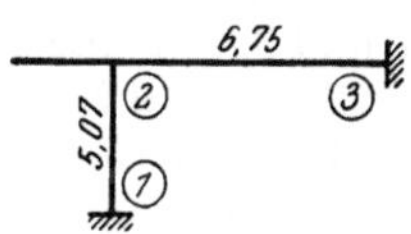

Abb. 533. Festwertskizze
(k-Zahlen).

Rechnung können die Anweisungen Seite 38 benutzt werden. Die k-Werte ergeben sich aus der Festwerttabelle und sind in die Festwertskizze (Abb. 533) zu übertragen.

Festwerttabelle.

Stab	Querschnitt b/h (cm)	Trägheitsmoment J (m⁴)	Länge l (m)	$k = 10\,000\ J/l$
1—2	40/40	0,00213	4,20	5,07
2—3	30/60	0,00540	8,00	6.75

Momentenverteilungszahlen μ.

An Hand der Festwertskizze (Abb. 533) erhält man für Knoten 2:

$$\Sigma k = k_{2,1} + k_{2,3} = 5,07 + 6,75 = 11,82.$$

Damit wird nach (29)

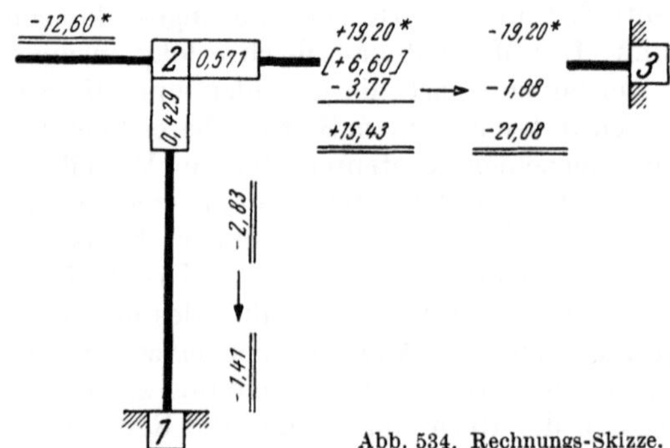

Abb. 534. Rechnungs-Skizze.

$$\mu_{2,1} = \frac{k_{2,1}}{\Sigma k} = \frac{5,07}{11,82} = 0,429$$

$$\mu_{2,3} = \frac{k_{2,3}}{\Sigma k} = \frac{6,75}{11,82} = 0,571.$$

Probe nach (30):

$$\Sigma \mu = 0,429 + 0,571 = 1.$$

Diese μ-Zahlen werden in die Rechnungs-Skizze (Abb. 534) eingetragen, in der dann auch der Momentenausgleich durchgeführt wird.

Volleinspannmomente $\mathfrak{M}$.

Stab 2 — 3:

Nach Tafel 2 wird

$$\mathfrak{M}_{2,3} = + \frac{q_2\, l^2}{12} = + \frac{3,6 \cdot 8,0^2}{12} = + 19,2 \text{ tm}; \qquad \mathfrak{M}_{3,2} = - 19,2 \text{ tm.}$$

Kragarm:

Unter Beachtung der Vorzeichenregel Seite 9 wird

$$\mathfrak{M}_{2,\mathrm{K}} = - \frac{q_1\, l^2}{2} = - \frac{2,8 \cdot 3,0^2}{2} = - 12,6 \text{ tm.}$$

Auch die $\mathfrak{M}$-Werte sind in die Rechnungs-Skizze (Abb. 534) zu übertragen und zur Unterscheidung von den übrigen Momenten mit einem * zu versehen.

Momentenausgleich (vgl. Abb. 534).

Der Ausgleich ist im vorliegenden Fall nur im Knoten 2 vorzunehmen, weil die Stabenden 1 und 3 voll eingespannt sind. Das Restmoment im Knoten 2 wird nach (22) $M_2 = \Sigma \mathfrak{M} = + 19,2 - 12,6 = + 6,6$ tm. Dieser Wert ist in der Rechnungs-Skizze (Abb. 534) in eine eckige Klammer gesetzt und wird mit Hilfe der bei Knoten 2 eingetragenen μ-Zahlen auf die beiden Stäbe 2—1 und 2—3 verteilt. Man erhält nach (31) $M'_{2,1} = - 2,83$ tm und $M'_{2,3} = - 3,77$ tm. (Als Verteilungsprobe muß nach (31 a) $\Sigma M' = - M_2$, hier also $- 2,83 - 3,77 = - 6,6$ tm sein). Die Weiterleitung dieser M'-Momente auf die anderen Stabenden wird in der Skizze durch einen Pfeil angedeutet und ergibt $M''_{1,2} = - 1,41$ tm sowie $M''_{3,2} = - 1,88$ tm. Damit ist der gesamte Ausgleich vollzogen und man erhält durch algebraische

Addition der zusammengehörigen Teilmomente $\mathfrak{M}$, M' und M'' die in der Rechnungs-Skizze doppelt unterstrichenen endgültigen Stabanschlußmomente:

$$M_{1,2} = -\ 1{,}41 \text{ tm} \qquad M_{2,1} = -\ 2{,}83 \text{ tm}$$
$$M_{3,2} = -\ 21{,}08 \text{ „} \qquad M_{2,3} = +\ 15{,}43 \text{ „}$$
$$M_{2,k} = -\ 12{,}60 \text{ „} \ .$$

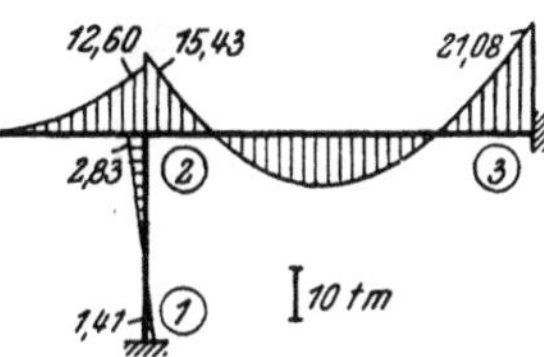

Zur Probe muß im Knoten 2 die Bedingung $\Sigma M = 0$ erfüllt sein, also $-\ 2{,}83 + 15{,}43 - 12{,}60 = 0$.

In Abb. 535 ist der gesamte Momentenverlauf maßstäblich aufgetragen.

Abb. 535. Endgültiger M-Verlauf.

Zahlenbeispiel 2.

Unsymmetrischer, dreistieliger, zweigeschossiger Rahmenteil mit Kragarm.

Volle Einspannung bei 1, 2, 3, 7, 8, 9. Der Rahmen ist durch ein gedachtes Lager im Knoten 4 unverschieblich festgehalten. Tragwerksabmessungen und Belastungsangaben siehe Abb. 536. Die Durchführung der Rechnung kann wieder nach den Anweisungen Seite 38 erfolgen. Die k-Zahlen werden in der Festwerttabelle ermittelt und in die Festwertskizze (Abb. 537) übertragen.

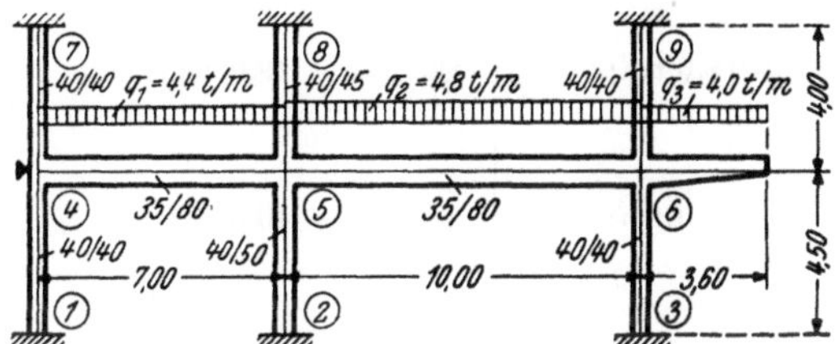

Abb. 536. Tragwerksabmessungen und Belastungsangaben.

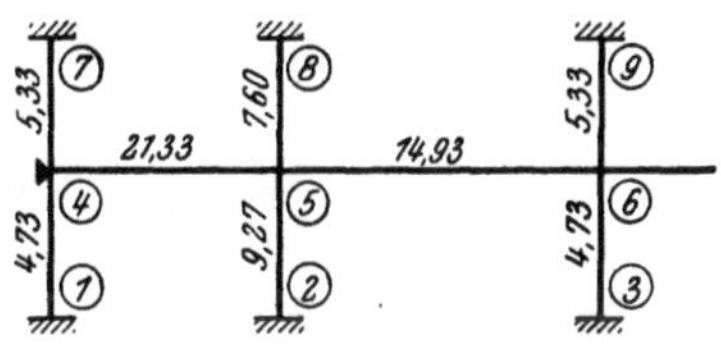

Abb. 537. Festwertskizze (k-Zahlen).

Festwerttabelle.

Stab	Querschnitt b/h (cm)	Trägheitsmoment J (m⁴)	Länge l (m)	$k = 10\,000\ J/l$
1—4, 3—6	40/40	0,00213	4,50	4,73
2—5	40/50	0,00417	4,50	9,27
4—5	35/80	0,01493	7,00	21,33
5—6	35/80	0,01493	10,00	14,93
4—7, 6—9	40/40	0,00213	4,00	5,33
5—8	40/45	0,00304	4,00	7,60

Momentenverteilungszahlen μ.

Nach (29) ist allgemein $\mu_{n,i} = \dfrac{k_{n,i}}{\Sigma k}$; an Hand der Festwertskizze (Abb. 537) erhält man also

für Knoten 4: $\Sigma k = k_{4,1} + k_{4,5} + k_{4,7} = 4{,}73 + 21{,}33 + 5{,}33 = 31{,}39$;

$$\mu_{4,1} = \frac{k_{4,1}}{\Sigma k} = \frac{4{,}73}{31{,}39} = 0{,}151$$

$$\mu_{4,5} = \frac{k_{4,5}}{\Sigma k} = \frac{21{,}33}{31{,}39} = 0{,}679$$

$$\mu_{4,7} = \frac{k_{4,7}}{\Sigma k} = \frac{5{,}33}{31{,}39} = 0{,}170.$$

Probe nach (30) $\Sigma \mu = 0{,}151 + 0{,}679 + 0{,}170 = 1$.

für Knoten 5: $\Sigma k = k_{5,2} + k_{5,4} + k_{5,6} + k_{5,8} = 9{,}27 + 21{,}33 + 14{,}93 + 7{,}60 = 53{,}13;$

$$\mu_{5,2} = \frac{k_{5,2}}{\Sigma k} = \frac{9{,}27}{53{,}13} = 0{,}175 \qquad \mu_{5,6} = \frac{k_{5,6}}{\Sigma k} = \frac{14{,}93}{53{,}13} = 0{,}281$$

$$\mu_{5,4} = \frac{k_{5,4}}{\Sigma k} = \frac{21{,}33}{53{,}13} = 0{,}401 \qquad \mu_{5,8} = \frac{k_{5,8}}{\Sigma k} = \frac{7{,}60}{53{,}13} = 0{,}143.$$

Probe nach (30) $\Sigma \mu = 0{,}175 + 0{,}401 + 0{,}281 + 0{,}143 = 1.$

für Knoten 6: $\Sigma k = k_{6,3} + k_{6,5} + k_{6,9} = 4{,}73 + 14{,}93 + 5{,}33 = 24{,}99;$

$$\mu_{6,3} = \frac{k_{6,3}}{\Sigma k} = \frac{4{,}73}{24{,}99} = 0{,}189$$

$$\mu_{6,5} = \frac{k_{6,5}}{\Sigma k} = \frac{14{,}93}{24{,}99} = 0{,}598$$

$$\mu_{6,9} = \frac{k_{6,9}}{\Sigma k} = \frac{5{,}33}{24{,}99} = 0{,}213.$$

Probe nach (30) $\Sigma \mu = 0{,}189 + 0{,}598 + 0{,}213 = 1.$

Volleinspannmomente $\mathfrak{M}$.

Nach Tafel 2 erhält man an Hand der Belastungsskizze (Abb. 536)
für Stab 4—5:

$$\mathfrak{M}_{4,5} = + \frac{q_1 l^2}{12} = + \frac{4{,}4 \cdot 7{,}0^2}{12} = + 18{,}0 \text{ tm}; \qquad \mathfrak{M}_{5,4} = - 18{,}0 \text{ tm},$$

für Stab 5—6:

$$\mathfrak{M}_{5,6} = + \frac{q_2 l^2}{12} = + \frac{4{,}8 \cdot 10{,}0^2}{12} = + 40{,}0 \text{ tm}; \qquad \mathfrak{M}_{6,5} = - 40{,}0 \text{ tm}.$$

Für den Kragarm:

Unter Beachtung der Vorzeichenregel S. 9 wird

$$\mathfrak{M}_{6,\mathrm{K}} = + \frac{q_3 l^2}{2} = + \frac{4{,}0 \cdot 3{,}6^2}{2} = + 25{,}9 \text{ tm}.$$

Momentenausgleich.

Die weitere Rechnung wird in der Systemskizze (Abb. 538) durchgeführt, in welche zunächst die bereits ermittelten Werte μ und die mit einem * zu versehenden $\mathfrak{M}$-Werte übertragen werden. Das größte Restmoment tritt im Knoten 5 auf. Es beträgt nach (22) $M_5 = \Sigma \mathfrak{M} = + 40{,}0 - 18{,}0 = + 22{,}0$ tm. Dieser Wert wird in die Rechnungs-Skizze eingetragen, in eine eckige Klammer gesetzt und mit den bei Knoten 5 eingetragenen μ-Zahlen auf die vier dort einmündenden Stäbe verteilt. Man erhält $M'_{5,2} = - 3{,}85$ tm; $M'_{5,4} = - 8{,}82$ tm; $M'_{5,6} = - 6{,}18$ tm; $M'_{5,8} = - 3{,}15$ tm. (Zur Probe muß nach (31 a) $\Sigma M' = - M_5$ sein, hier also $- 3{,}85 - 8{,}82 - 6{,}18 - 3{,}15 = - 22{,}0$ tm). Alle eingeschriebenen M'-Momente werden zum Zeichen des vollzogenen Ausgleiches je einmal unterstrichen. Ihre Weiterleitung auf die anderen Stabenden wird in der Skizze durch einen Pfeil angedeutet; in den Riegeln ergibt sich hier $M''_{4,5} = - 4{,}41$ tm; $M''_{6,5} = - 3{,}09$ tm. Die Weiterleitung an die Einspannstellen der *Stiele* kann zunächst unterbleiben. Als nächster wird Knoten 6 ausgeglichen mit $M_6 = - 17{,}19$ tm. Der weitere Vorgang ist aus der Rechnungs-Skizze ersichtlich. Der gesamte Ausgleich wurde, wie unterhalb der Skizze angegeben ist, der Reihe nach bei den Knotenpunkten 5, 6, 4, 5, 4, 6, 5 vorgenommen. Diese Reihenfolge kann auch sehr leicht nach den eingeklammerten und fortlaufend numerierten Knotenrestmomenten festgestellt werden. Nach Abschluß des Ausgleiches und nach Weiterleitung der Stielmomente an die Einspann-

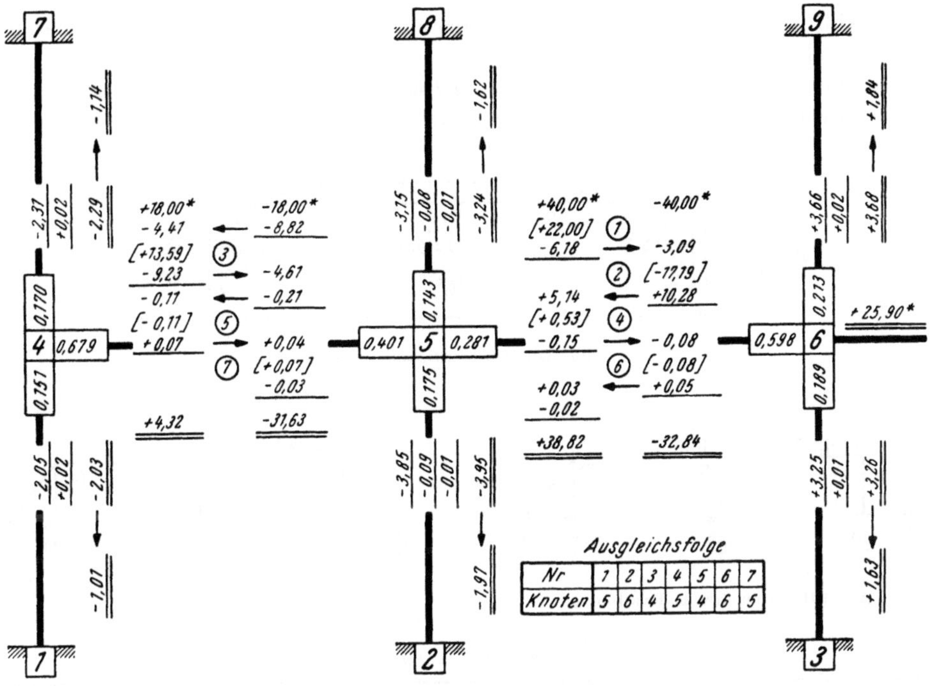

Abb. 538. Rechnungs-Skizze.

stellen 1, 2, 3, 7, 8, 9 erhält man durch algebraische Addition der zusammengehörigen Momentenanteile $\mathfrak{M}$, M' und M'' die in der Systemskizze doppelt unterstrichenen endgültigen Stabanschlußmomente, und zwar:

$$M_{1,4} = -\ 1{,}01 \text{ tm} \qquad\qquad M_{6,3} = +\ 3{,}26 \text{ tm}$$
$$M_{2,5} = -\ 1{,}97 \text{ ,,} \qquad\qquad M_{6,5} = - 32{,}84 \text{ ,,}$$
$$M_{3,6} = +\ 1{,}63 \text{ ,,} \qquad\qquad M_{6,9} = +\ 3{,}68 \text{ ,,}$$
$$\qquad\qquad\qquad\qquad\qquad\quad M_{6,\mathrm{K}} = + 25{,}90 \text{ ,,}$$

$$M_{4,1} = -\ 2{,}03 \text{ ,,}$$
$$M_{4,5} = +\ 4{,}32 \text{ ,,} \qquad\qquad M_{7,4} = -\ 1{,}14 \text{ ,,}$$
$$M_{4,7} = -\ 2{,}29 \text{ ,,} \qquad\qquad M_{8,5} = -\ 1{,}62 \text{ ,,}$$
$$\qquad\qquad\qquad\qquad\qquad\quad M_{9,6} = +\ 1{,}84 \text{ ,, .}$$

$$M_{5,2} = -\ 3{,}95 \text{ ,,}$$
$$M_{5,4} = - 31{,}63 \text{ ,,}$$
$$M_{5,6} = + 38{,}82 \text{ ,,}$$
$$M_{5,8} = -\ 3{,}24 \text{ ,,}$$

Diese Momente sind in Abb. 539 maßstäblich aufgetragen.

Zahlenbeispiel 3.

Symmetrischer Rahmen mit schrägen Außenstielen. Volle Einspannung bei 1 und 2, gelenkiger Anschluß bei 3; Tragwerksabmessungen und Belastungsangaben

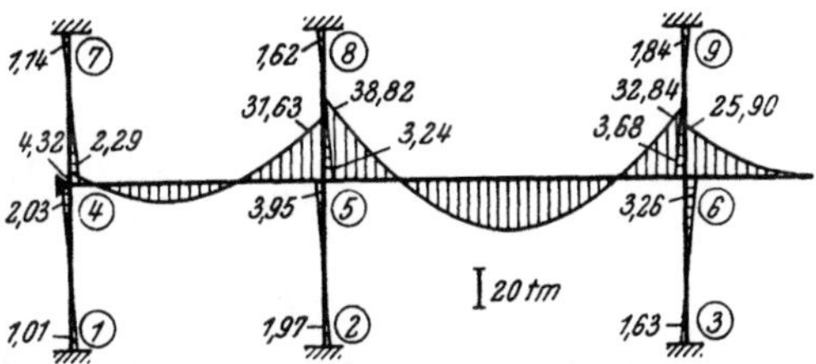

Abb. 539. Endgültiger M-Verlauf.

siehe Abb. 540 und 541 bzw. 542. Es sind hier also zwei Lastfälle getrennt voneinander zu behandeln, und zwar:

a) *die symmetrische Belastung* $q = 5,1\ t/m$ *in beiden Feldern* (Abb. 541),
b) *die unsymmetrische Belastung* $p = 2,7\ t/m$ *im Feld 1* (Abb. 542).

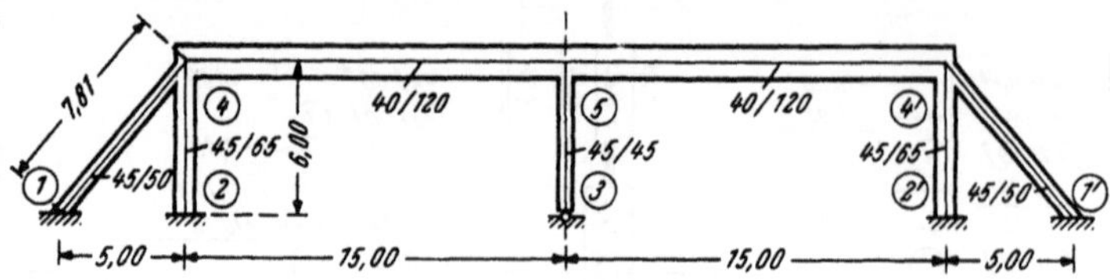

Abb. 540. Tragwerksabmessungen.

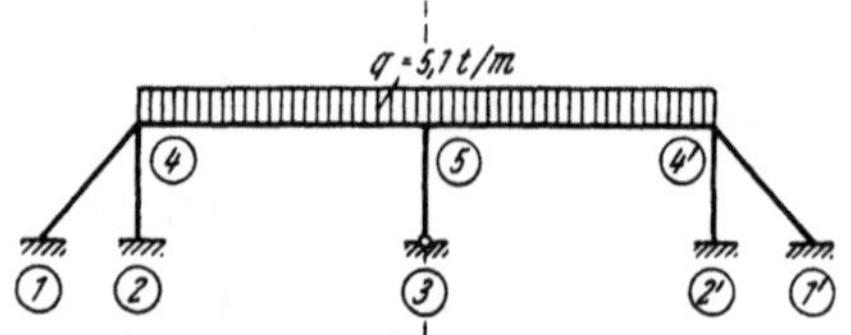

Abb. 541. Symmetrische Belastung q.

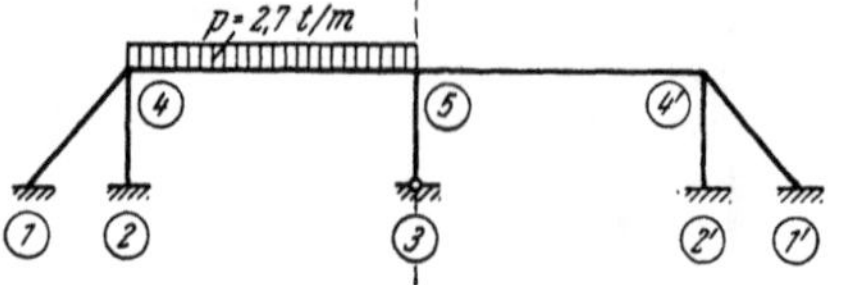

Abb. 542. Unsymmetrische Belastung p.

Festwerttabelle.

Stab	b/h (cm)	J (m⁴)	l (m)	$k = 10\,000\ J/l$
1—1	45/50	0,00069	7,81	6,01
2—4	45/65	0,01030	6,00	17,17
3—5	45/45	0,00342	6,00	5,70[1]
4—5	40/120	0,05760	15,00	38,40

[1] für Gelenkstab 3—5 wird nach (19) $k^0_{3,5} = 0,75\ k_{3,5} = 0,75 \cdot 5,70 = 4,28$.

a) Symmetrischer Lastfall (Abb. 541).

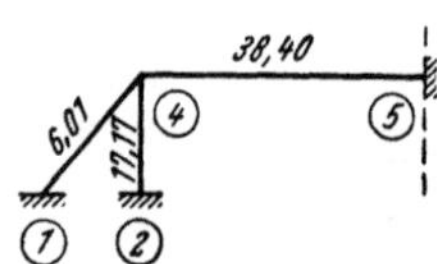

Abb. 543. Festwertskizze für den symmetrischen Lastfall.

Für diesen Fall braucht nur das halbe Tragwerk in Rechnung gestellt zu werden, wobei im Knoten 5 volle Einspannung anzunehmen ist. In Abb. 543 sind die entsprechenden k-Werte aus der Festwerttabelle übertragen.

Momentenverteilungszahlen μ.

Sie werden hier nur für den Knoten 4 gebraucht. An Hand der Abb. 543 erhält man für diesen Knoten

$$\Sigma k = k_{4,1} + k_{4,2} + k_{4,5} = 6,01 + 17,17 + 38,40 = 61,58$$

und damit nach (29)

$$\mu_{4,1} = \frac{k_{4,1}}{\Sigma k} = \frac{6,01}{61,58} = 0,098$$

$$\mu_{4,2} = \frac{k_{4,2}}{\Sigma k} = \frac{17,17}{61,58} = 0,279$$

$$\mu_{4,5} = \frac{k_{4,5}}{\Sigma k} = \frac{38,40}{61,58} = 0,623.$$

Probe nach (30) $\Sigma\mu = 0,098 + 0,279 + 0,623 = 1.$
Diese μ-Werte werden in die Rechnungs-Skizze (Abb. 544) übertragen.

Volleinspannmomente $\mathfrak{M}$.

Für Stab 4—5 wird nach Tafel 2:

$$\mathfrak{M}_{4,5} = + \frac{q\,l^2}{12} = + \frac{5,1 \cdot 15,0^2}{12} = + 95,6 \text{ tm}; \qquad \mathfrak{M}_{5,4} = - 95,6 \text{ tm}.$$

Auch die $\mathfrak{M}$-Werte trägt
man in die Rechnungs-Skizze
(Abb. 544) ein und markiert
sie durch einen Stern.

Momentenausgleich (vgl.
Abb. 544).

· Der Momentenausgleich
braucht für diesen Fall nur
im Knoten 4 durchgeführt
zu werden. Dort ist das
Knotenrestmoment $M_4 =$
$= + 95,6$ tm. Die Ver-
teilung mit den μ-Zahlen
ergibt $M'_{4,1} = - 9,37$ tm;
$M'_{4,2} = - 26,67$ tm; $M'_{4,5} =$
$= - 59,56$ tm. (Zur Probe

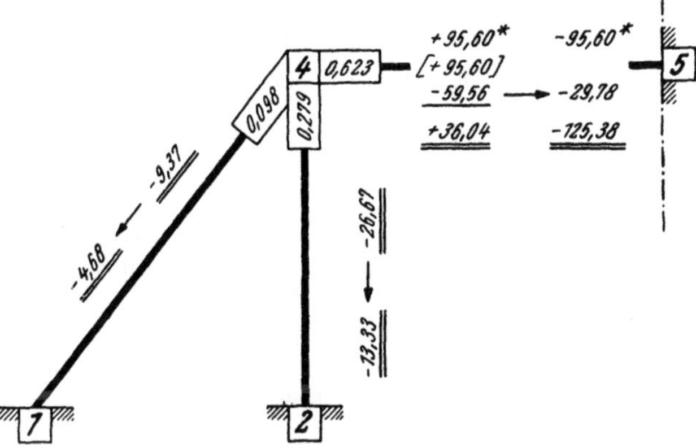

Abb. 544. Rechnungs-Skizze für den symmetrischen Lastfall.

muß nach (31 a) $\Sigma M' = - M_4$ sein, hier also $- 9,37 - 26,67 - 59,56 =$
$= - 95,6$ tm). Die weitere Rechnung ist aus Abb. 544 ersichtlich. Als Endergebnis
erhält man die dort doppelt unterstrichenen Momente

$$
\begin{array}{ll}
M_{1,4} = -\ \ \ 4,68 \text{ tm} \qquad & M_{4,1} = -\ \ \ 9,37 \text{ tm} \\
M_{2,4} = -\ \ 13,33 \ \ ,, \qquad & M_{4,2} = -\ 26,67 \ \ ,, \\
M_{5,4} = - 125,38 \ \ ,, \qquad & M_{4,5} = + 36,04 \ \ ,, \ .
\end{array}
$$

In Abb. 545 sind diese Momente maßstäblich aufgetragen.

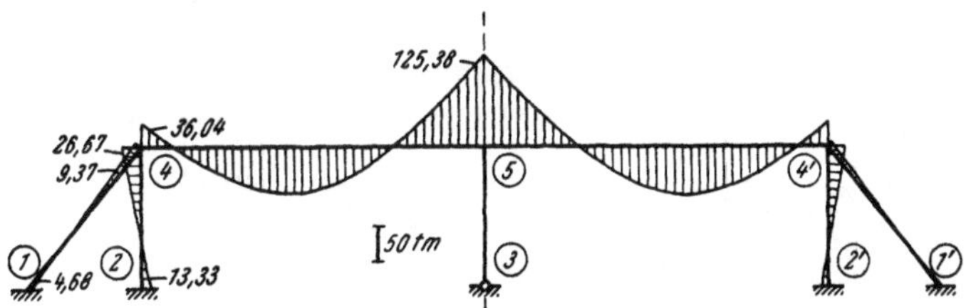

Abb. 545. Endgültiger M-Verlauf für die symmetrische Belastung q.

b) Unsymmetrischer Lastfall (Abb. 542).

Dieser Fall kann sehr einfach mit Hilfe des B. U.-Verfahrens (siehe Seite 119 ff.)
behandelt werden. Die gegebene Belastung in Abb. 542 wird durch eine symmetrische gemäß Abb. 542 a und eine antimetrische gemäß Abb. 542 b ersetzt.

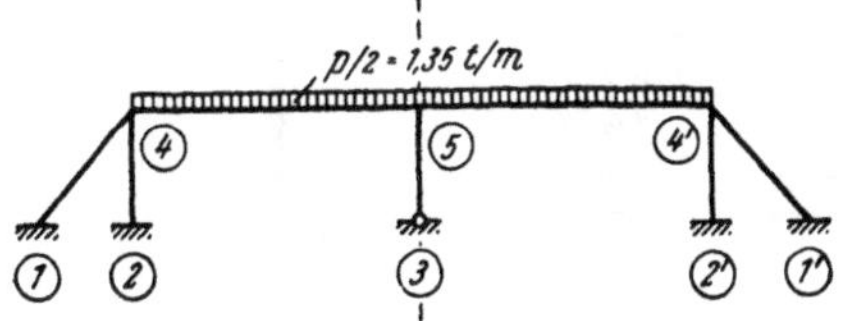

Abb. 542a. Symmetrische Ersatzlast zu Abb. 542.

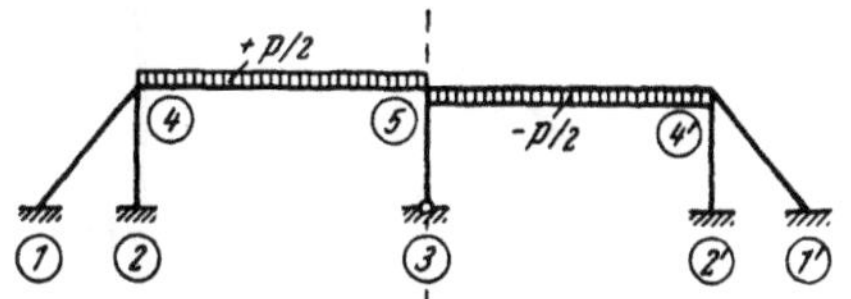

Abb. 542b. Antimetrische Ersatzlast zu Abb. 542.

1. Symmetrische Ersatzlast $p/2$ (Abb. 542a).

Die zugehörigen Momente können durch einfaches Umrechnen aus dem bereits behandelten Lastfall gemäß Abb. 541 erhalten werden. Dort war die durchgehende Gleichlast q vorhanden. Der Umrechnungsfaktor beträgt somit $\dfrac{0,5\,p}{q} = \dfrac{1,35}{5,1} = 0,265$. Damit erhält man:

$$M_{1,4} = -\ 4{,}68 \cdot 0{,}265 = -\ 1{,}24 \text{ tm} \qquad M_{4,1} = -\ 9{,}37 \cdot 0{,}265 = -\ 2{,}48 \text{ tm}$$
$$M_{2,4} = -\ 13{,}33 \cdot 0{,}265 = -\ 3{,}53 \text{ „} \qquad M_{4,2} = -\ 26{,}67 \cdot 0{,}265 = -\ 7{,}06 \text{ „}$$
$$M_{5,4} = -\ 125{,}38 \cdot 0{,}265 = -\ 33{,}19 \text{ „} \qquad M_{4,5} = +\ 36{,}04 \cdot 0{,}265 = +\ 9{,}54 \text{ „ } .$$

In den symmetrisch gelegenen Stabenden treten gleich große Momente mit entgegengesetztem Vorzeichen auf

$$M_{1',4'} = +\ 1{,}24 \text{ tm} \qquad M_{4',1'} = +\ 2{,}48 \text{ tm}$$
$$M_{2',4'} = +\ 3{,}53 \text{ „} \qquad M_{4',2'} = +\ 7{,}06 \text{ „}$$
$$M_{5,4'} = +\ 33{,}19 \text{ „} \qquad M_{4',5} = -\ 9{,}54 \text{ „ } .$$

2. Antimetrische Ersatzlast $p/2$ (Abb. 542b).

Auch hier bleibt die Rechnung auf das halbe Tragwerk beschränkt (nähere Erläuterungen siehe Seite 119 ff.). Als Steifigkeitszahl ist für den in der Symmetrale liegenden Stab 3—5 nach den Darlegungen Seite 57 nur der halbe Wert einzusetzen; also $0{,}5\,k^0{}_{3,5} = 0{,}5 \cdot 4{,}28 = 2{,}14$. In Abb. 546 sind die k-Werte für den antimetrischen Lastfall eingetragen.

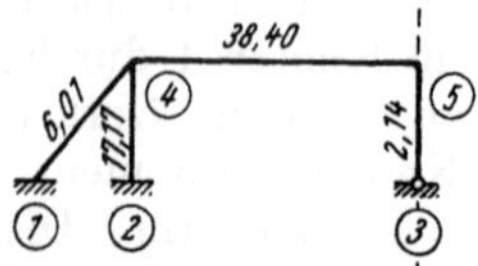

Abb. 546. Festwertskizze für den antimetrischen Lastfall.

Momentenverteilungszahlen μ.

Für Knoten 4 können die μ-Zahlen aus der Rechnungs-Skizze für den symmetrischen Lastfall (Abb. 544) übernommen werden. Für Knoten 5 wird nach Abb. 546

$$\Sigma k = 2{,}14 + 38{,}40 = 40{,}54.$$

Damit erhält man nach (29)

$$\mu_{5,3} = \frac{2{,}14}{40{,}54} = 0{,}053 \quad \text{und} \quad \mu_{5,4} = \frac{38{,}40}{40{,}54} = 0{,}947.$$

Probe nach (30) $\qquad \Sigma\mu = 0{,}053 + 0{,}947 = 1.$

Volleinspannmomente $\mathfrak{M}$.

Für Stab 4 — 5 wird

$$\mathfrak{M}_{4,5} = +\ \frac{0{,}5\,p\,l^2}{12} + \frac{1{,}35 \cdot 15{,}0^2}{12} = +\ 25{,}30 \text{ tm}; \qquad \mathfrak{M}_{5,4} = -\ 25{,}30 \text{ tm}.$$

Momentenausgleich.

Die Werte μ und $\mathfrak{M}$ trägt man in die Rechnungs-Skizze (Abb. 547) ein, worin

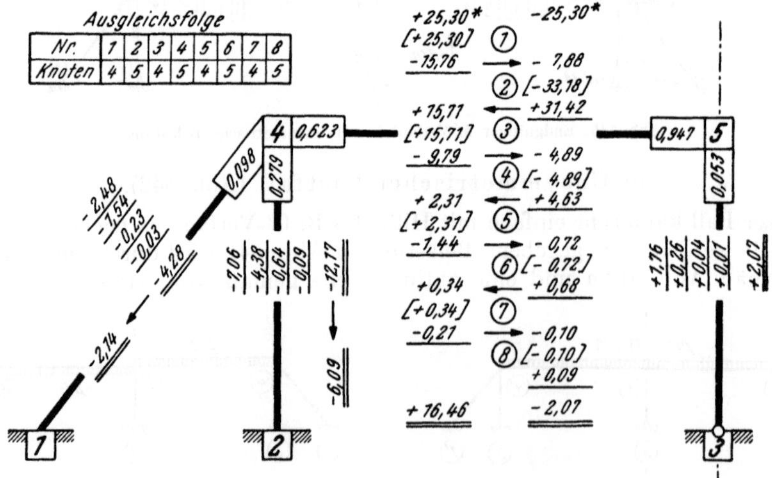

Abb. 547. Rechnungs-Skizze für den antimetrischen Lastfall.

auch der Momentenausgleich in der dort angegebenen Reihenfolge durchgeführt ist. Die Ergebnisse können aus der Skizze entnommen werden. Sie lauten unter Beachtung, daß jeweils in den symmetrisch gelegenen Stabenden gleich große und gleich gerichtete Momente auftreten und die Momente im „Symmetralen-Stab" 3—5 zu verdoppeln sind (vgl. Abb. 339a und 340a):

$$M_{1,4} = M_{1',4'} = -2{,}14 \text{ tm} \qquad M_{5,3} = 2 \cdot 2{,}07 = +4{,}14 \text{ tm}$$
$$M_{2,4} = M_{2',4'} = -6{,}09 \text{ ,,} \qquad M_{5,4} = M_{5,4'} = -2{,}07 \text{ ,,}$$

$$M_{4,1} = M_{4',1'} = -4{,}28 \text{ tm}$$
$$M_{4,2} = M_{4',2'} = -12{,}17 \text{ ,,}$$
$$M_{4,5} = M_{4',5} = +16{,}46 \text{ ,, .}$$

Endgültige Momente.

Durch Überlagerung der für den symmetrischen Lastfall gemäß Abb. 542 a und der für den antimetrischen Lastfall gemäß Abb. 542 b ermittelten Momentenwerte erhält man die endgültigen Momente für den unsymmetrischen Lastfall gemäß Abb. 542, also:

$$M_{1,4} = -1{,}24 - 2{,}14 = -3{,}38 \text{ tm} \qquad M_{5,3} = \qquad\qquad = +4{,}14 \text{ tm}$$
$$M_{2,4} = -3{,}53 - 6{,}09 = -9{,}62 \text{ ,,} \qquad M_{5,4} = -33{,}19 - 2{,}07 = -35{,}26 \text{ ,,}$$
$$M_{2',4'} = +3{,}53 - 6{,}09 = -2{,}56 \text{ ,,} \qquad M_{5,4'} = +33{,}19 - 2{,}07 = +31{,}12 \text{ ,,}$$
$$M_{1',1'} = +1{,}24 - 2{,}14 = -0{,}90 \text{ ,,}$$
$$\qquad\qquad\qquad\qquad\qquad M_{4',1'} = +2{,}48 - 4{,}28 = -1{,}80 \text{ ,,}$$
$$M_{4,1} = -2{,}48 - 4{,}28 = -6{,}76 \text{ ,,} \qquad M_{4',2'} = +7{,}06 - 12{,}17 = -5{,}11 \text{ ,,}$$
$$M_{4,2} = -7{,}06 - 12{,}17 = -19{,}23 \text{ ,,} \qquad M_{4',5} = -9{,}54 + 16{,}46 = +6{,}92 \text{ ,, .}$$
$$M_{4,5} = +9{,}54 + 16{,}46 = +26{,}00 \text{ ,,}$$

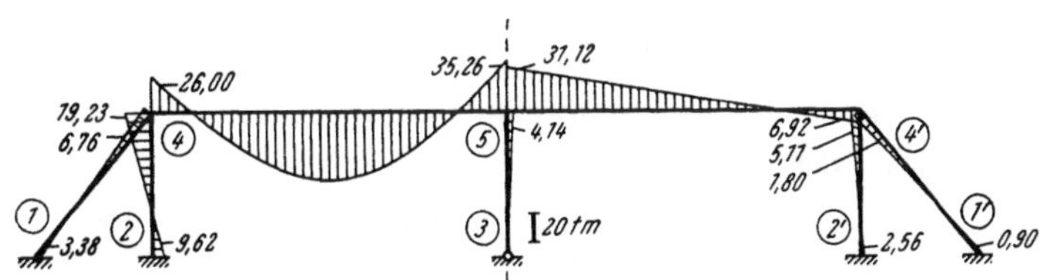

Abb. 548. Endgültiger M-Verlauf für die unsymmetrische Belastung p.

In Abb. 548 sind diese Momente maßstäblich aufgetragen.

Zahlenbeispiel 4 (vgl. auch Nr. 23).

Unsymmetrischer, dreistieliger, zweigeschossiger Rahmen. Volle Einspannung bei 1, 2, 3, unverschieblich festgehalten in den Knotenpunkten 6 und 9. Tragwerksabmessungen und Belastungsangaben siehe Abb. 549. Durchführung der Rechnung nach den Anweisungen Seite 38.

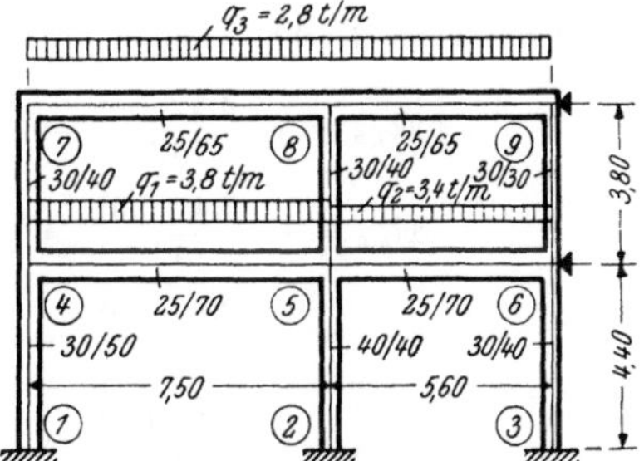

Abb. 549. Tragwerksabmessungen und Belastungsangaben.

Festwerttabelle.

Stab	b/h (cm)	J (m⁴)	l (m)	$k = 10\,000\ J/l$
1—4	30/50	0,00313	4,40	7,11
2—5	40/40	0,00213	4,40	4,84
3—6	30/40	0,00160	4,40	3,64
4—5	25/70	0,00715	7,50	9,53
5—6	25/70	0,00715	5,60	12,77
4—7, 5—8	30/40	0,00160	3,80	4,21
6—9	30/30	0,00068	3,80	1,79
7—8	25/65	0,00572	7,50	7,63
8—9	25/65	0,00572	5,60	10,21

Abb. 550. Festwertskizze (*k*-Zahlen).

Die k-Werte überträgt man in die Festwertskizze (siehe Abb. 550).

Momentenverteilungszahlen μ.

Nach (29) ist allgemein $\mu_{n,i} = \dfrac{k_{n,i}}{\Sigma k}$; an Hand der Festwertskizze (Abb. 550) erhält man also

für Knoten 4: $\quad \Sigma k = 7{,}11 + 9{,}53 + 4{,}21 = 20{,}85;$

$$\mu_{4,1} = \frac{7{,}11}{20{,}85} = 0{,}341; \qquad \mu_{4,5} = \frac{9{,}53}{20{,}85} = 0{,}457; \qquad \mu_{4,7} = \frac{4{,}21}{20{,}85} = 0{,}202.$$

Probe nach (30) $\quad \Sigma \mu = 0{,}341 + 0{,}457 + 0{,}202 = 1.$

Für Knoten 5: $\quad \Sigma k = 4{,}84 + 9{,}53 + 12{,}77 + 4{,}21 = 31{,}35;$

$$\mu_{5,2} = \frac{4{,}84}{31{,}35} = 0{,}155 \qquad\qquad \mu_{5,6} = \frac{12{,}77}{31{,}35} = 0{,}407$$

$$\mu_{5,4} = \frac{9{,}53}{31{,}35} = 0{,}304 \qquad\qquad \mu_{5,8} = \frac{4{,}21}{31{,}35} = 0{,}134.$$

Probe: $\quad \Sigma \mu = 0{,}155 + 0{,}304 + 0{,}407 + 0{,}134 = 1.$

In gleicher Art ergeben sich weiter

für Knoten 6: $\quad \mu_{6,3} = 0{,}200; \qquad \mu_{6,5} = 0{,}702; \qquad \mu_{6,9} = 0{,}098,$

für Knoten 7: $\quad \mu_{7,4} = 0{,}356; \qquad \mu_{7,8} = 0{,}644,$

für Knoten 8: $\quad \mu_{8,5} = 0{,}191; \qquad \mu_{8,7} = 0{,}346; \qquad \mu_{8,9} = 0{,}463,$

für Knoten 9: $\quad \mu_{9,6} = 0{,}149; \qquad \mu_{9,8} = 0{,}851.$

Volleinspannmomente $\mathfrak{M}$.

Nach Tafel 2 erhält man mit den Belastungsangaben in Abb. 549

$$\mathfrak{M}_{4,5} = + \frac{3{,}8 \cdot 7{,}5^2}{12} = + 17{,}81 \text{ tm} \qquad\qquad \mathfrak{M}_{5,4} = - 17{,}81 \text{ tm}$$

$$\mathfrak{M}_{5,6} = + \frac{3{,}4 \cdot 5{,}6^2}{12} = + 8{,}89 \text{ ,,} \qquad\qquad \mathfrak{M}_{6,5} = - 8{,}89 \text{ ,,}$$

$$\mathfrak{M}_{7,8} = + \frac{2{,}8 \cdot 7{,}5^2}{12} = + 13{,}13 \text{ ,,} \qquad\qquad \mathfrak{M}_{8,7} = - 13{,}13 \text{ ,,}$$

$$\mathfrak{M}_{8,9} = + \frac{2{,}8 \cdot 5{,}6^2}{12} = + 7{,}32 \text{ ,,} \qquad\qquad \mathfrak{M}_{9,8} = - 7{,}32 \text{ ,,}$$

Die Werte μ und $\mathfrak{M}$ werden in die Rechnungs-Skizze (Abb. 551) übertragen.

Momentenausgleich (vgl. Abb. 551).

Man beginnt bei Knoten 4 mit dem größten Restmoment $M_4 = + 17{,}81$ tm; die Verteilung ergibt $M'_{4,1} = - 6{,}07$ tm, $M'_{4,5} = - 8{,}14$ tm, $M'_{4,7} = - 3{,}60$ tm.

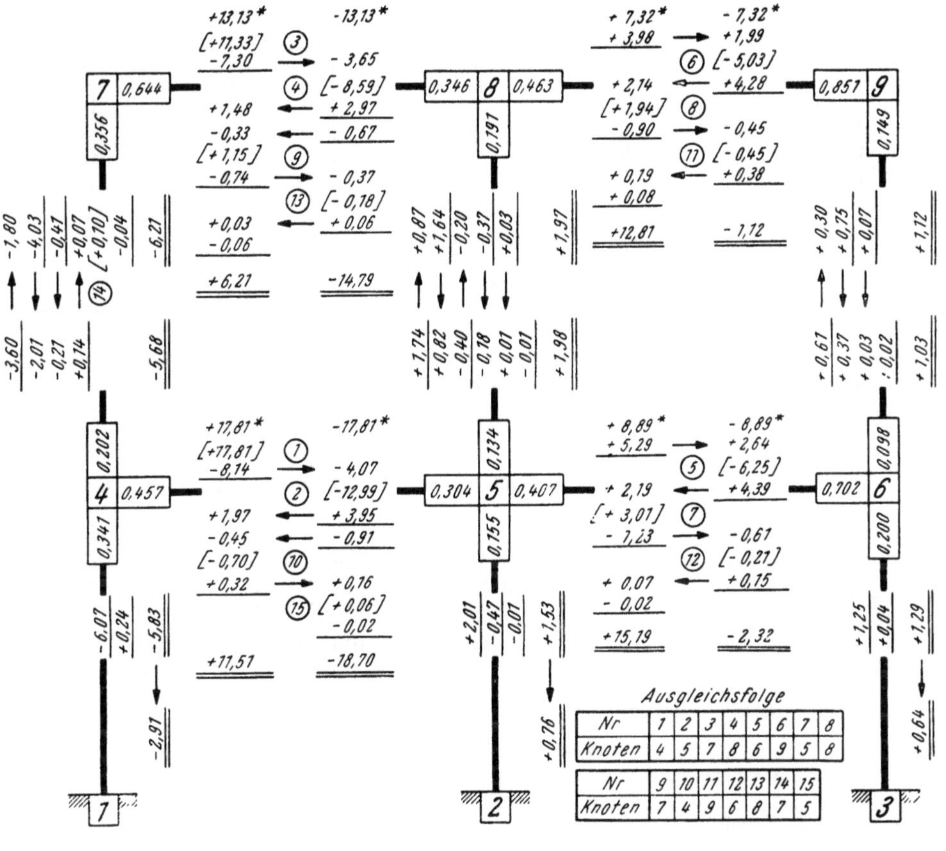

Abb. 551. Rechnungs-Skizze für lotrechte Belastung bei unverschieblich festgehaltenem Tragwerk.

Nach Überleitung dieser M'-Momente auf die anderen Stabenden verteilt man das Knotenrestmoment $M_5 = - 12{,}99$ tm usw., bis schließlich nach der 15. Stufe (Verteilung von $M_5 = + 0{,}06$ tm) sämtliche M'-Momente genügend klein geworden sind und der Ausgleich als abgeschlossen angesehen werden kann. Die nun durch algebraische Addition erhaltenen, in der Abb. 551 doppelt unterstrichenen Endergebnisse sind in Abb. 552 maßstäblich aufgetragen.

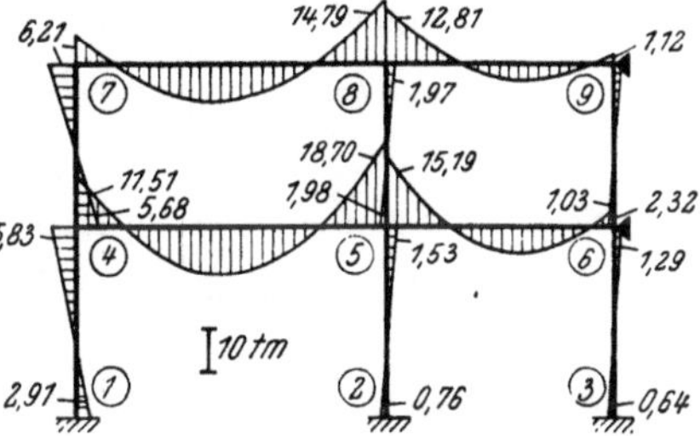

Abb. 552. Endgültiger M-Verlauf für lotrechte Belastung.

Zahlenbeispiel 5 (vgl. auch Nr. 24).

Symmetrischer sechsschiffiger Hallenrahmen mit Pendelstützen. Gelenkiger Anschluß bei 1 und 1′; Tragwerksabmessungen und Belastungsangaben siehe Abb. 553. Die Berechnung kann nach den Anweisungen Seite 38 durchgeführt werden.

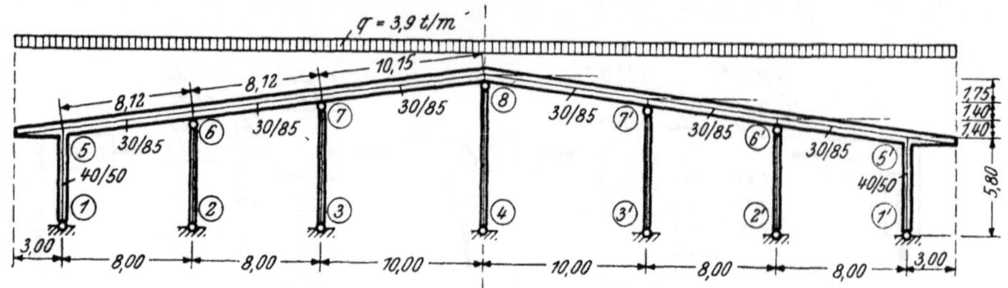

Abb. 553. Tragwerksabmessungen und Belastungsangaben.

Festwerttabelle.

Stab	b/h (cm)	J (m⁴)	l (m)	$k = 1000\ J/l$
1—5	40/50	0,00417	5,80	0,72 [1]
5—6, 6—7	30/85	0,01535	8,12	1,89
7—8	30/85	0,01535	10,15	1,51

[1] Für den Gelenkstab $1 - 5$ wird nach (19) $k^0_{1,5} = 0,75\,k_{1,5} = 0,75 \cdot 0,72 = 0,54$.

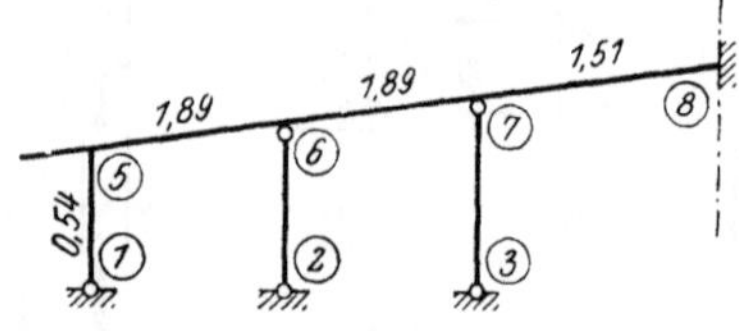

Abb. 554. Festwertskizze (k- und k^0-Zahlen).

Da hier eine „Knoten-Symmetrale" vorhanden ist, braucht man nur die in Abb. 554 gezeichnete Tragwerkshälfte mit gedachter fester Einspannung bei 8 in Betracht zu ziehen. In dieser Skizze sind auch die k- und k^0-Werte eingetragen.

Momentenverteilungszahlen μ.

An Hand der Festwertskizze (Abb. 554) erhält man

für Knoten 5: $\Sigma k = 0,54 + 1,89 = 2,43$

und damit nach (29)

$$\mu_{5,1} = \frac{0,54}{2,43} = 0,222; \qquad\qquad \mu_{5,6} = \frac{1,89}{2,43} = 0,778.$$

Probe nach (30) $\Sigma\mu = 0,222 + 0,778 = 1.$

Für Knoten 6 wird $\Sigma k = 1,89 + 1,89 = 3,78$ und $\mu_{6,5} = \mu_{6,7} = \dfrac{1,89}{3,78} = 0,500,$

für Knoten 7 ergibt sich $\Sigma k = 1,89 + 1,51 = 3,40$ und

$$\mu_{7,6} = \frac{1,89}{3,40} = 0,556; \qquad\qquad \mu_{7,8} = \frac{1,51}{3,40} = 0,444.$$

Volleinspannmomente $\mathfrak{M}$.

Nach Tafel 2 erhält man an Hand der Belastungsangaben in Abb. 553:

$$\mathfrak{M}_{5,K} = - \frac{q\,l^2}{2} = - \frac{3,9 \cdot 3,0^2}{2} = - 17,55 \text{ tm}$$

$$\mathfrak{M}_{5,6} = \mathfrak{M}_{6,7} = + \frac{q\,l^2}{12} = + \frac{3,9 \cdot 8,0^2}{12} = + 20,8 \text{ tm} \qquad \mathfrak{M}_{6,5} = \mathfrak{M}_{7,6} = - 20,8 \text{ tm}$$

$$\mathfrak{M}_{7,8} = + \frac{q\,l^2}{12} = + \frac{3,9 \cdot 10,0^2}{12} = + 32,5 \text{ tm} \qquad \mathfrak{M}_{8,7} = - 32,5 \text{ tm}.$$

Momentenausgleich.

Die gesamte Berechnung wird in der Systemskizze (Abb. 555) durchgeführt, in welcher zunächst die bereits ermittelten Werte μ und $\mathfrak{M}$ eingetragen werden. Mit dem Momentenausgleich beginnt man im Knoten 7 mit dem größten Restmoment $M_7 = + 11{,}70$ tm. Die Verteilung mit den μ-Zahlen ergibt $M'_{7,6} = -6{,}51$ tm, $M'_{7,8} = -5{,}19$ tm; durch Überleitung dieser Momente auf die gegenüberliegenden Stabenden erhält man $M''_{6,7} = -3{,}25$ tm, $M''_{8,7} = -2{,}59$ tm. Sodann wird im Knoten 5 das Restmoment $M_5 = +3{,}25$ tm ausgeglichen usw., bis schließlich nach dem 9. Ausgleich ($M_6 = -0{,}12$ tm) sämtliche M'-Momente genügend klein geworden sind und nicht mehr weitergeleitet zu werden brauchen. Man erhält dann durch algebraische Addition der jeweils zusammengehörigen Stabendmomente $\mathfrak{M}$, M' und M'' die in der Rechnungs-Skizze doppelt unterstrichenen Ergebnisse. Sie sind in Abb. 556 maßstäblich aufgetragen. (Siehe nächste Seite.)

Zahlenbeispiel 6.

Symmetrischer zweistieliger, zweigeschossiger Rahmen mit Kragarmen. Volleinspannung in 1 bzw. 1'; Tragwerksabmessungen und Belastungsangaben siehe Abb. 557. Die Durchführung der Rechnung

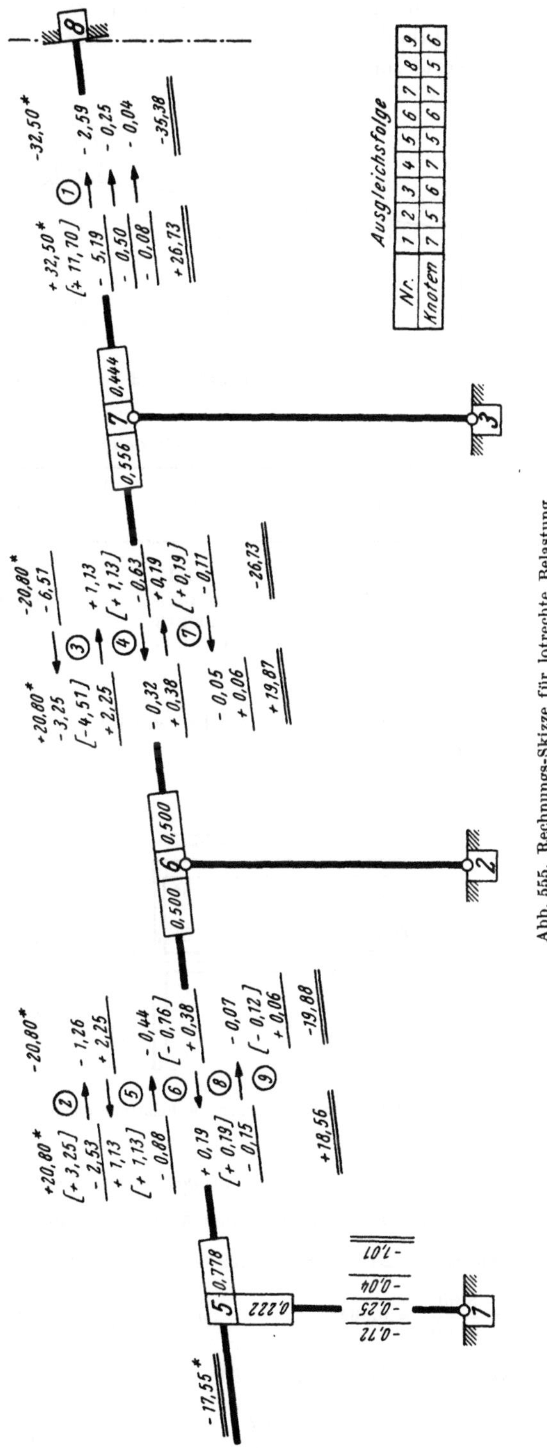

Abb. 555. Rechnungs-Skizze für lotrechte Belastung.

erfolgt nach den Anweisungen Seite 38. Die Ermittlung der Stabfestwerte geschieht tabellarisch, für die Symmetriestäbe 2—2′ und 3—3′ ergeben sich hiebei die $k′$-Werte nach (41) aus $k′ = 0{,}5\,k$.

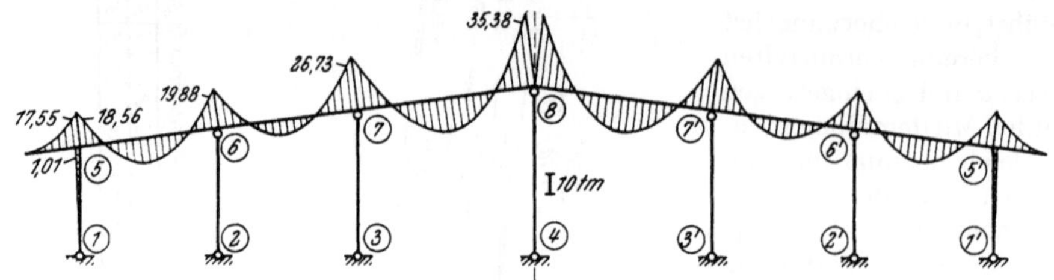

Abb. 556. Endgültiger M-Verlauf für lotrechte Belastung.

Festwerttabelle (zu Abb. 557).

Stab	b/h (cm)	J (m⁴)	l (m)	$k = 10\,000\ J/l$	$k′ = 0{,}5\,k$
1—2	40/50	0,00417	4,80	8,69	—
2—2′	30/90	0,01823	11,00	16,57	8,29
2—3	40/40	0,00213	4,20	5,07	—
3—3′	30/75	0,01055	11,00	9,59	4,80

Sämtliche k- bzw. $k′$-Werte werden in die Festwertskizze (Abb. 558) eingeschrieben.

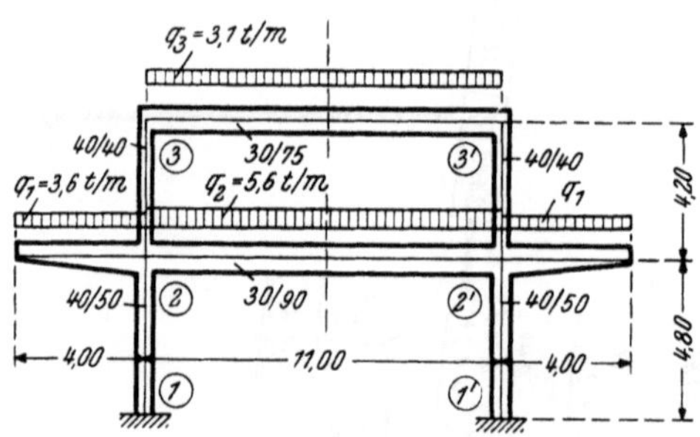

Abb. 557. Tragwerksabmessungen und Belastungsangaben.

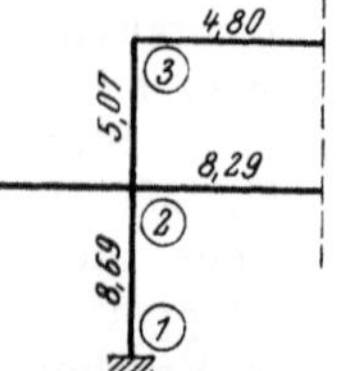

Abb. 558. Festwertskizze (k- und $k′$-Zahlen).

Momentenverteilungszahlen μ.

Mit den k- bzw. $k′$-Werten der Abb. 558 erhält man nach (29)

für Knoten 2: $\Sigma k = 8{,}69 + 8{,}29 + 5{,}07 = 22{,}05;$

$$\mu_{2,1} = \frac{8{,}69}{22{,}05} = 0{,}394; \qquad \mu_{2,2′} = \frac{8{,}29}{22{,}05} = 0{,}376; \qquad \mu_{2,3} = \frac{5{,}07}{22{,}05} = 0{,}230,$$

für Knoten 3: $\Sigma k = 5{,}07 + 4{,}80 = 9{,}87;$

$$\mu_{3,2} = \frac{5{,}07}{9{,}87} = 0{,}514; \qquad \mu_{3,3′} = \frac{4{,}80}{9{,}87} = 0{,}486.$$

Volleinspannmomente $\mathfrak{M}$.

Mit den Belastungsangaben in Abb. 557 ergeben sich

für Stab 2 — 2′: $\quad \mathfrak{M}_{2,\,2'} = + \dfrac{q_2\, l^2}{12} = + \dfrac{5{,}6 \cdot 11{,}0^2}{12} = + 56{,}5 \text{ tm,}$

für Stab 3 — 3′: $\quad \mathfrak{M}_{3,\,3'} = + \dfrac{q_3\, l^2}{12} = + \dfrac{3{,}1 \cdot 11{,}0^2}{12} = + 31{,}3 \text{ „}$

für den Kragarm: $\quad \mathfrak{M}_{2,\,K} = - \dfrac{q_1\, l^2}{2} = - \dfrac{3{,}6 \cdot 4{,}0^2}{2} = - 28{,}8 \text{ „ .}$

Momentenausgleich (vgl. Abb. 559).

Die gesamte Berechnung erstreckt sich wegen der Symmetrie des Tragwerkes und der Belastung nur auf den linken Tragwerksteil. Nach Übertragung der Werte μ und $\mathfrak{M}$ in die Rechnungs-Skizze (Abb. 559) beginnt man mit dem Ausgleich im Knoten 3 mit dem größten Restmoment $M_3 = + + 31{,}30$ tm. Seine Verteilung mit den μ-Zahlen ergibt $M'_{3,\,2} = - 16{,}09$ tm, $M'_{3,\,3'} = = - 15{,}21$ tm. Die Weiterleitung im Riegel kann unterbleiben, im Stiel erhält man $M''_{2,\,3} = - 8{,}08$ tm. Nun folgt der Ausgleich im Knoten 2 mit $M_2 = + 19{,}62$ tm usw., bis nach dem 5. Ausgleich im Knoten 3 mit $M_3 = - 0{,}06$ tm die Rechnung abgebrochen werden kann. Durch Addition der zusammengehörigen Teilmomente $\mathfrak{M}$, M' und M'' erhält man die in der Rechnungs-Skizze doppelt unterstrichenen endgültigen Momentenwerte; sie sind in Abb. 560 maßstäblich aufgetragen.

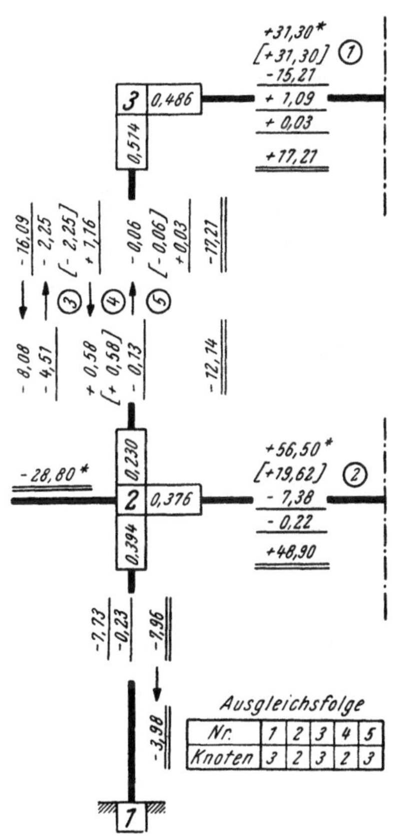

Abb. 559. Rechnungs-Skizze für symmetrische lotrechte Belastung.

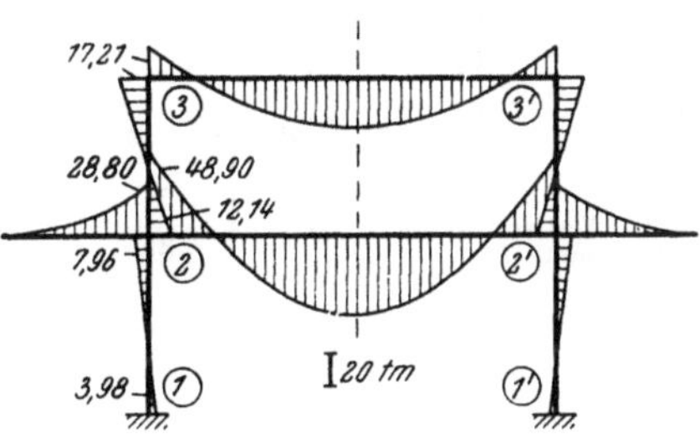

Abb. 560. Endgültiger M-Verlauf für lotrechte Belastung.

Zahlenbeispiel 7 (vgl. auch Nr. 25).

Symmetrischer, dreistieliger Rahmenbinder mit Kragarmen (Abb. 561). Volleinspannung in 1, 1′, 2. Belastungsangaben siehe Abb. 562. Wegen Symmetrie des Tragwerkes und der Belastung braucht nur eine Tragwerkshälfte gemäß Abb. 563 mit gedachter Einspannung bei 4 in Betracht gezogen zu werden. Die Symmetrale ist hier zugleich Knoten- und Stab-Symmetrale; für den Symmetriestab 5—5′

ist also die Steifigkeitszahl k' in Rechnung zu stellen. Im übrigen gelten die Anweisungen Seite 38.

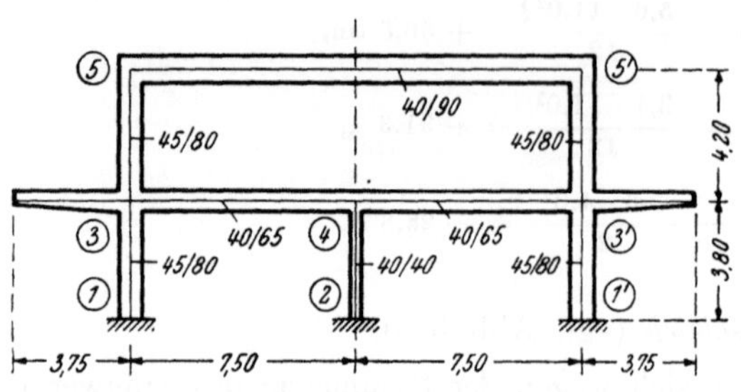

Abb. 561. Tragwerksabmessungen.

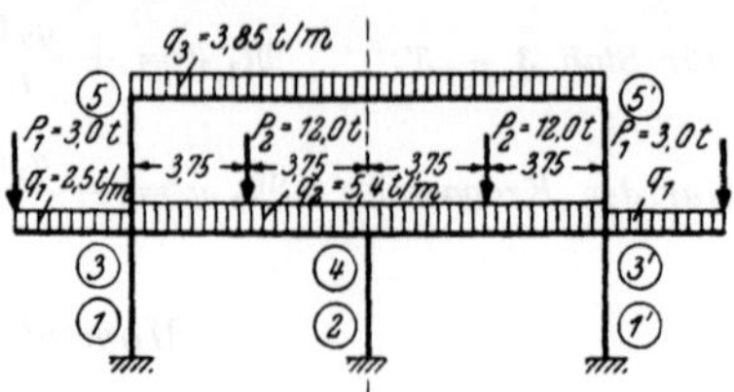

Abb. 562. Belastungsangaben.

Festwerttabelle.

Stab	b/h (cm)	J (m⁴)	l (m)	$k = 1000\,J/l$
1—3	45/80	0,01920	3,80	5,05
3—4	40/65	0,00915	7,50	1,22
3—5	45/80	0,01920	4,20	4,57
5—5′	40/90	0,02430	15,00	1,62[1]

[1] Für den Symmetriestab 5—5′ gilt nach (41) $k'_{5,5'} = 0,5\,k_{5,5'} = 0,5 \cdot 1,62 = 0,81$.

Sämtliche k- bzw. k'-Zahlen werden in die Festwertskizze (Abb. 563) eingetragen.

Momentenverteilungszahlen μ.

An Hand der Festwertskizze (Abb. 563) erhält man nach (29)

für Knoten 3: $\Sigma k = k_{3,1} + k_{3,4} + k_{3,5} = 5,05 + 1,22 + 4,57 = 10,84;$

$$\mu_{3,1} = \frac{5,05}{10,84} = 0,466; \qquad \mu_{3,4} = \frac{1,22}{10,84} = 0,112;$$

$$\mu_{3,5} = \frac{4,57}{10,84} = 0,422;$$

Abb. 563. Festwertskizze (k- und k'-Zahlen).

für Knoten 5: $\Sigma k = k_{5,3} + k'_{5,5'} = 4,57 + 0,81 = 5,38;$

$$\mu_{5,3} = \frac{4,57}{5,38} = 0,849; \qquad \mu_{5,5'} = \frac{0,81}{5,38} = 0,151.$$

Volleinspannmomente $\mathfrak{M}$.

Nach Tafel 2 und 4 erhält man

$$\mathfrak{M}_{3,4} = + \frac{q_2\,l^2}{12} + \frac{P_2\,l}{8} = + \frac{5,4 \cdot 7,5^2}{12} + \frac{12,0 \cdot 7,5}{8} = + 36,55 \text{ tm}$$

$$\mathfrak{M}_{4,3} = -\,36,55 \text{ tm}$$

$$\mathfrak{M}_{5,5'} = + \frac{q_3\,l^2}{12} = + \frac{3,85 \cdot 15,0^2}{12} = + 72,20 \text{ tm}$$

$$\mathfrak{M}_{3,K} = -\frac{q_1\,l^2}{2} - P_1\,l = -\frac{2,5 \cdot 3,75^2}{2} - 3,0 \cdot 3,75 = -\,28,83 \text{ tm}.$$

Die Werte μ und $\mathfrak{M}$ sind in die Rechnungs-Skizze (Abb. 564) zu übertragen.

Momentenausgleich (vgl. Abb. 564).

Zuerst wird im Knoten 5 das Restmoment $M_5 = + 72{,}20$ tm ausgeglichen. Man erhält die Momentenanteile $M'_{5,3} = - 61{,}30$ tm, $M'_{5,5'} = - 10{,}90$ tm (Probe: $\Sigma M' = - M_5 = - 72{,}20$ tm). Die Weiterleitung über den Symmetriestab entfällt, man berechnet also nur $M''_{3,5} = - 30{,}65$ tm. Nun folgt der Ausgleich des Knotenrestmomentes $M_3 = \Sigma \mathfrak{M} + \Sigma M'' = - 22{,}93$ tm und die Weiterleitung auf die Stabenden 4 und 5. In derselben Weise gleicht man abwechselnd die immer kleiner werdenden Restmomente M_5 und M_3 aus, bis schließlich das im Knoten 3 verteilte Restmoment $M_3 = - 0{,}18$ tm hinreichend kleine Werte ergibt, die nicht mehr weitergeleitet zu werden brauchen. Durch algebraische Addition der zusammengehörigen Teilmomente $\mathfrak{M}$, M' und M'' erhält man die endgültigen Stabendmomente. Jetzt erst wird das Moment $M_{3,1} = + 11{,}72$ tm an die Einspannstelle 1

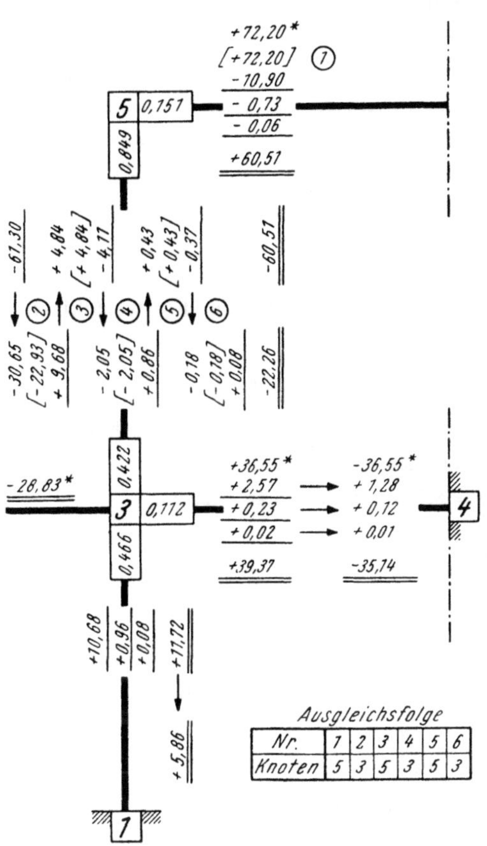

Abb. 564. Rechnungs-Skizze für symmetrische lotrechte Belastung.

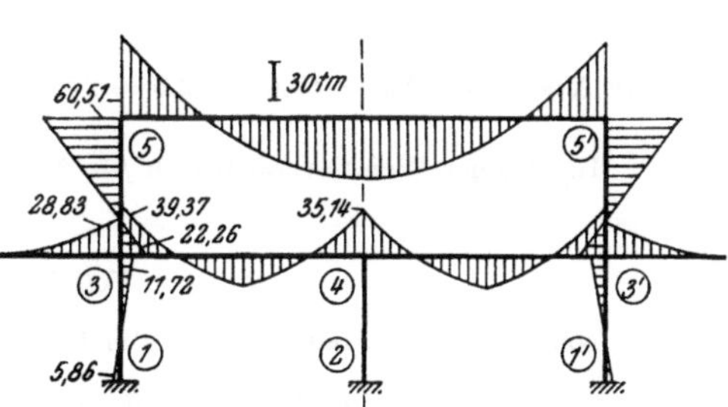

Abb. 565. Endgültiger M-Verlauf für lotrechte Belastung.

weitergeleitet. Damit sind sämtliche Momente bestimmt. In Abb. 565 sind sie maßstäblich aufgetragen.

Zahlenbeispiel 8 (vgl. auch Nr. 26).

Symmetrischer, zweigeschossiger Rahmenbinder mit schrägen Dachriegeln. Volle Einspannung bei 1, 1' und 3, Pendelstützen bei 2 und 2'. Tragwerksabmessungen und Belastungsangaben siehe Abb. 566. Wegen Symmetrie

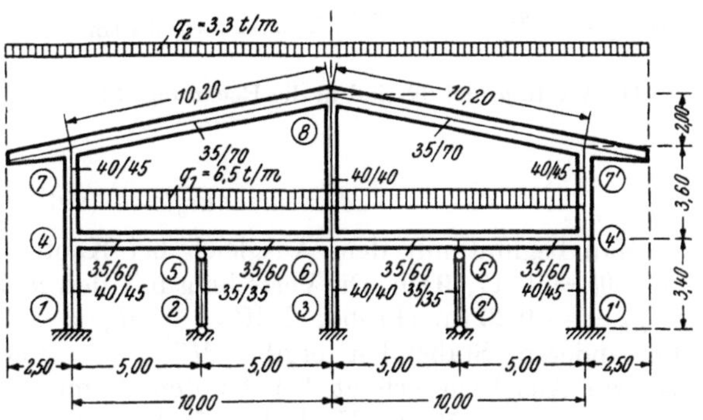

Abb. 566. Tragwerksabmessungen und Belastungsangaben.

des Tragwerkes und der Belastung kann die Berechnung auf eine Tragwerkshälfte mit gedachter Einspannung bei 6 und 8 gemäß Abb. 567 begrenzt werden.

Festwerttabelle.

Stab	b/h (cm)	J (m⁴)	l (m)	$k = 10\,000\ J/l$
1—4	40/45	0,00304	3,40	8,94
4—5, 5—6	35/60	0,00630	5,00	12,60
4—7	40/45	0,00304	3,60	8,44
7—8	35/70	0,01000	10,20	9,80

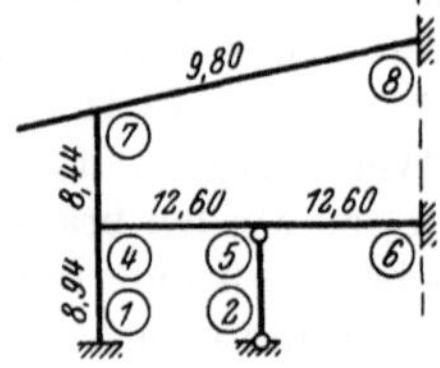

Abb. 567. Festwertskizze (k-Zahlen).

Die k-Werte überträgt man in die Festwertskizze (Abb. 567).

Momentenverteilungszahlen μ.

Nach (29) ist allgemein $\mu_{n,i} = \dfrac{k_{n,i}}{\Sigma k}$. An Hand der Festwertskizze (Abb. 567) erhält man

für Knoten 4: $\Sigma k = 8{,}94 + 12{,}60 + 8{,}44 = 29{,}98;$

$$\mu_{4,1} = \frac{8{,}94}{29{,}98} = 0{,}298; \qquad \mu_{4,5} = \frac{12{,}60}{29{,}98} = 0{,}420; \qquad \mu_{4,7} = \frac{8{,}44}{29{,}98} = 0{,}282,$$

für Knoten 5: $\Sigma k = 12{,}6 + 12{,}6 = 25{,}2$ und $\mu_{5,4} = \mu_{5,6} = \dfrac{12{,}6}{25{,}2} = 0{,}500.$

In gleicher Weise ergeben sich *für Knoten 7:* $\mu_{7,4} = 0{,}463$ und $\mu_{7,8} = 0{,}537.$

Volleinspannmomente $\mathfrak{M}$.

Nach Tafel 2 erhält man für die Belastungsangaben in Abb. 566:

$$\mathfrak{M}_{4,5} = \mathfrak{M}_{5,6} = + \frac{q_1 l^2}{12} = + \frac{6{,}5 \cdot 5{,}0^2}{12} = + 13{,}54\ \text{tm} \qquad \mathfrak{M}_{5,4} = \mathfrak{M}_{6,5} = - 13{,}54\ \text{tm}$$

$$\mathfrak{M}_{7,8} = + \frac{q_2 l^2}{12} = + \frac{3{,}3 \cdot 10{,}0^2}{12} = + 27{,}50\ \text{tm} \qquad \mathfrak{M}_{8,7} = - 27{,}50\ \text{tm}$$

$$\mathfrak{M}_{7,K} = - \frac{q_2 l^2}{2} = - \frac{3{,}3 \cdot 2{,}5^2}{2} = - 10{,}31\ \text{tm}.$$

Die Werte μ und $\mathfrak{M}$ sind in die Rechnungs-Skizze (Abb. 568) zu übertragen.

Momentenausgleich (vgl. Abb. 568).

Man beginnt mit dem Ausgleich bei Knoten 7 mit dem Restmoment $M_7 = \Sigma \mathfrak{M} = + 17{,}19\ \text{tm}$. Die Verteilung mit den μ-Zahlen ergibt $M'_{7,4} = - 7{,}96\ \text{tm}$; $M'_{7,8} = - 9{,}23\ \text{tm}$ (Probe: $\Sigma M' = - M_5 = - 17{,}19\ \text{tm}$). Die Weiterleitung an die anderen Stabenden ergibt $M''_{4,7} = - 3{,}98\ \text{tm}$; $M''_{8,7} = - 4{,}61\ \text{tm}$. Der nächste Ausgleich erfolgt bei Knoten 4 mit dem Restmoment $M_4 = \Sigma \mathfrak{M} + \Sigma M'' = + 9{,}56\ \text{tm}$. Nach dem 7. Ausgleich, und zwar im Knoten 7 mit $M_7 = - 0{,}11\ \text{tm}$, kann die Rechnung abgebrochen werden, weil nun sämtliche M'-Momente bereits genügend klein geworden sind. Durch Addition der in den einzelnen Kolonnen übereinanderstehenden Teilmomente $\mathfrak{M}$, M' und M'' erhält man die

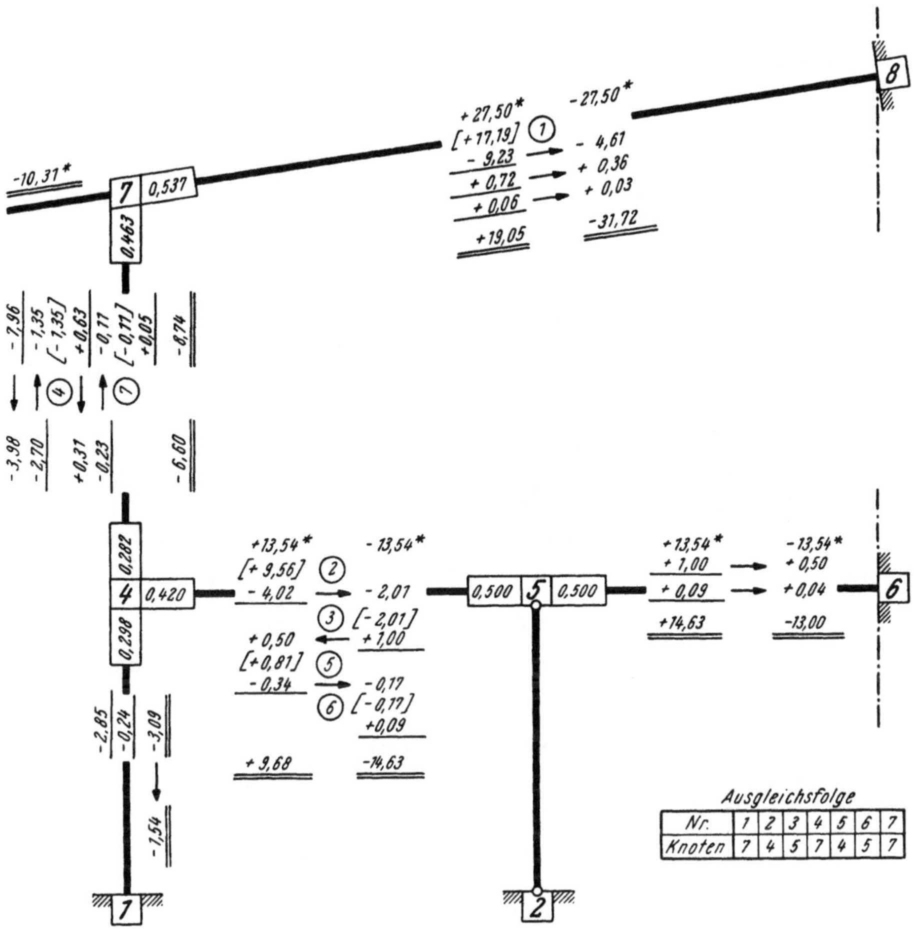

Abb. 568. Rechnungs-Skizze für symmetrische lotrechte Belastung.

endgültigen Stabanschlußmomente, die in der Rechnungs-Skizze doppelt unterstrichen und in Abb. 569 maßstäblich dargestellt sind.

Zahlenbeispiel 9.

Symmetrischer Mansardendachbinder. Volle Einspannung bei 1, 1', 2, 2'. Tragwerksabmessungen und Belastungsangaben siehe Abb. 570. Wegen Symmetrie des Tragwerkes und der Belastung braucht man nur die in Abb. 571 gezeichnete Tragwerkshälfte mit gedachter Einspannung bei 4 und 5 in

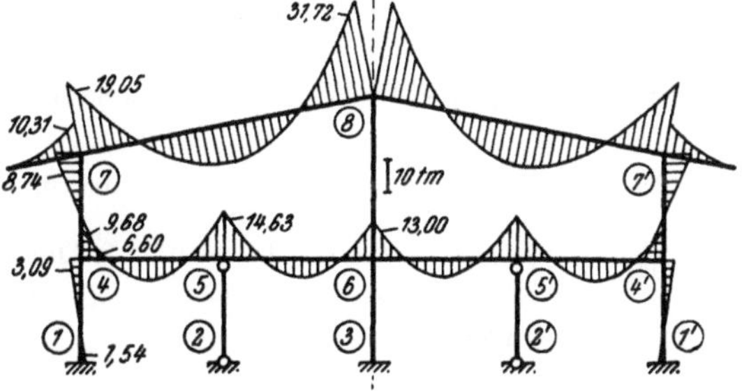

Abb. 569. Endgültiger M-Verlauf für lotrechte Belastung.

Betracht zu ziehen. Die Durchführung der Rechnung kann nach den Anweisungen Seite 38 geschehen. Die Steifigkeitszahlen k werden nachstehend tabellarisch ermittelt.

Festwerttabelle.

Stab	b/h (cm)	J (m⁴)	l (m)	$k = 10\,000\ J/l$
1—3	25/40	0,00133	5,41	2,46
2—3	30/30	0,00068	4,50	1,51
3—4	25/45	0,00190	5,00	3,80
3—5	25/40	0,00133	5,83	2,28

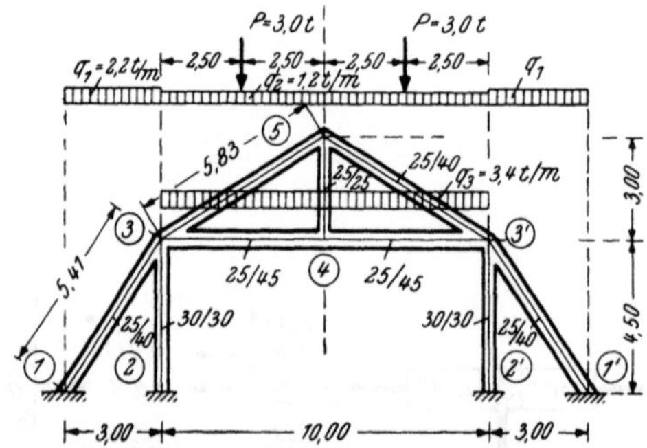

Abb. 570. Tragwerksabmessungen und Belastungsangaben.

Die k-Werte überträgt man in die Festwertskizze (Abb. 571).

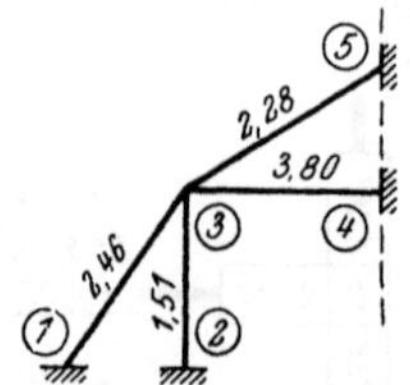

Abb. 571. Festwertskizze
(k-Zahlen).

Momentenverteilungszahlen μ.

Die μ-Zahlen brauchen hier nur für den Knoten 3 ermittelt zu werden. Man erhält dort an Hand der Festwertskizze (Abb. 571) nach (29)

$$\Sigma k = 2,46 + 1,51 + 3,80 + 2,28 = 10,05;$$

$$\mu_{3,1} = \frac{2,46}{10,05} = 0,245 \qquad \mu_{3,4} = \frac{3,80}{10,05} = 0,378$$

$$\mu_{3,2} = \frac{1,51}{10,05} = 0,150 \qquad \mu_{3,5} = \frac{2,28}{10,05} = 0,227.$$

Volleinspannmomente $\mathfrak{M}$.

Nach Tafel 2 und 4 erhält man mit den Belastungsangaben in Abb. 570

$$\mathfrak{M}_{1,3} = + \frac{q_1 l^2}{12} = + \frac{2,2 \cdot 3,0^2}{12} = + 1,65\ \text{tm} \qquad \mathfrak{M}_{3,1} = - 1,65\ \text{tm}$$

$$\mathfrak{M}_{3,4} = + \frac{q_3 l^2}{12} = + \frac{3,4 \cdot 5,0^2}{12} = + 7,08\ \text{tm} \qquad \mathfrak{M}_{4,3} = - 7,08\ \text{tm}$$

$$\mathfrak{M}_{3,5} = + \frac{q_2 l^2}{12} + \frac{P l}{8} = \frac{1,2 \cdot 5,0^2}{12} + \frac{3,0 \cdot 5,0}{8} = + 2,50 + 1,88 = + 4,38\ \text{tm}$$

$$\mathfrak{M}_{5,3} = - 4,38\ \text{tm}.$$

Die Werte μ und $\mathfrak{M}$ überträgt man in die Rechnungs-Skizze (Abb. 572).

Momentenausgleich (vgl. Abb. 572).

Der Ausgleich erstreckt sich hier nur auf den Knoten 3. Die Verteilung des Restmomentes $M_3 = \Sigma \mathfrak{M} = + 9{,}81$ tm ergibt $M'_{3,1} = - 2{,}40$ tm; $M'_{3,2} = - 1{,}47$ tm; $M'_{3,4} = - 3{,}71$ tm; $M'_{3,5} = - 2{,}23$ tm. Nach Überleitung dieser M'-Momente kann bereits die Addition der zusammengehörigen Teilmomente $\mathfrak{M}$, M' und M'' vorgenommen werden. Die Ergebnisse sind in Abb. 573 maßstäblich aufgetragen.

Zahlenbeispiel 10.

Symmetrischer, siebenschiffiger Hallenbinder mit schrägen Riegeln (Abb. 574). Volle Einspannung bei 1, 1′, gelenkige Lagerung bei 2, 2′, 3, 3′, 4, 4′. Belastungsangaben siehe Abb. 574. Wegen Symmetrie des Tragwerkes und der Belastung kann die Rechnung auf den in Abb. 575 verzeichneten Tragwerksteil mit gedachter voller Einspannung bei 8 beschränkt werden. Die Durchführung der Rechnung erfolgt nach den Anweisungen Seite 38. Die Werte k bzw. k^0 werden mit den aus Abb. 574 zu entnehmenden Stablängen und Querschnittabmessungen in üblicher Weise tabellarisch ermittelt und in die Festwertskizze (Abb. 575) eingetragen.

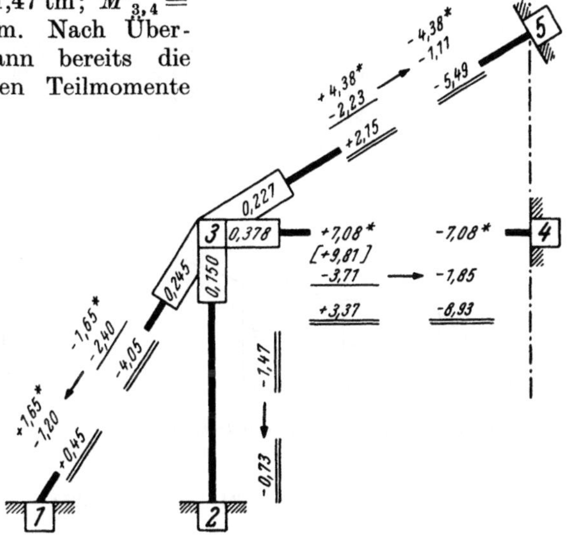

Abb. 572. Rechnungs-Skizze für symmetrische lotrechte Belastung.

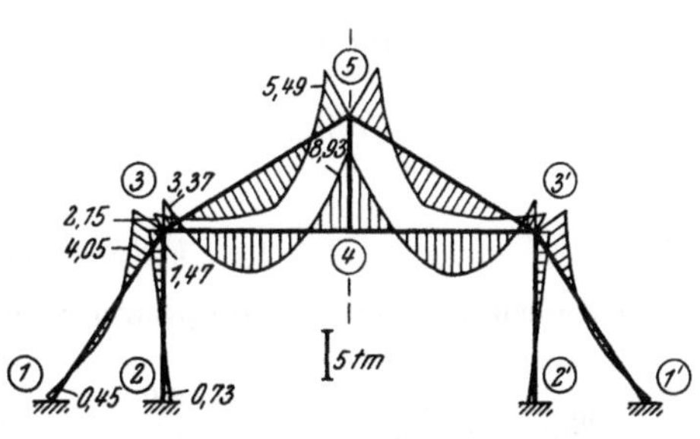

Abb. 573. Endgültiger M-Verlauf für lotrechte Belastung.

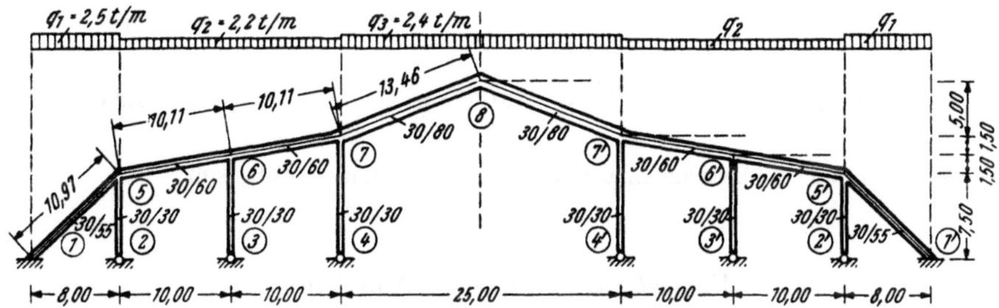

Abb. 574. Tragwerksabmessungen und Belastungsangaben.

Festwerttabelle.

Stab	b/h (cm)	J (m⁴)	l (m)	$k = 10\,000\,J/l$	$k^0 = 0,75\,k$
1—5	30/55	0,00416	10,97	3,79	—
2—5	30/30	0,00068	7,50	0,91	0,68
3—6	30/30	0,00068	9,00	0,76	0,57
4—7	30/30	0,00068	10,50	0,65	0,49
5—6, 6—7	30/60	0,00540	10,11	5,34	—
7—8	30/80	0,01280	13,46	9,51	—

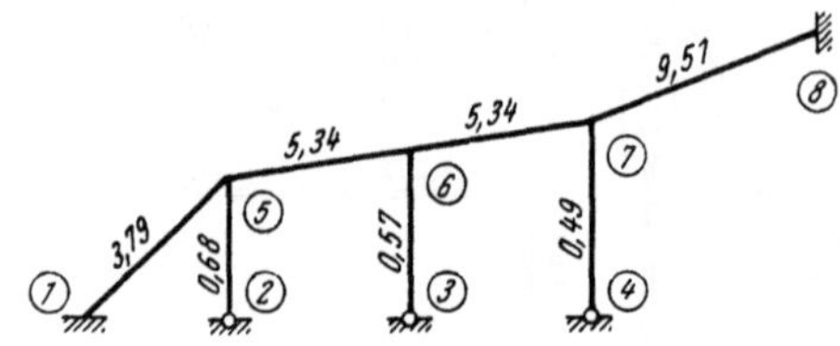

Abb. 575. Festwertskizze (k- und k^0-Zahlen).

Momentenverteilungszahlen μ.

An Hand der Abb. 575 erhält man nach (29)

für Knoten 5: $\Sigma k = 3,79 + 0,68 + 5,34 = 9,81;$

$$\mu_{5,1} = \frac{3,79}{9,81} = 0,386; \qquad \mu_{5,2} = \frac{0,68}{9,81} = 0,069;$$

$$\mu_{5,6} = \frac{5,34}{9,81} = 0,545,$$

für Knoten 6: $\Sigma k = 0,57 + 5,34 + 5,34 = 11,25;$

$$\mu_{6,3} = \frac{0,57}{11,25} = 0,050; \qquad \mu_{6,5} = \frac{5,34}{11,25} = 0,475; \qquad \mu_{6,7} = \mu_{6,5} = 0,475$$

und auf gleiche Art *für Knoten 7:*

$$\mu_{7,4} = 0,032; \quad \mu_{7,6} = 0,348; \quad \mu_{7,8} = 0,620.$$

Volleinspannmomente $\mathfrak{M}$.

Man erhält mit den Belastungsangaben in Abb. 574

$$\mathfrak{M}_{1,5} = + \frac{q_1\,l^2}{12} = + \frac{2,5 \cdot 8,0^2}{12} = + 13,33 \text{ tm} \qquad\qquad \mathfrak{M}_{5,1} = - 13,33 \text{ tm}$$

$$\mathfrak{M}_{5,6} = + \frac{q_2\,l^2}{12} = + \frac{2,2 \cdot 10,0^2}{12} = + 18,33 \text{ ,,} \qquad\qquad \mathfrak{M}_{6,5} = - 18,33 \text{ ,,}$$

$$\mathfrak{M}_{6,7} = + 18,33 \text{ tm} \qquad\qquad \mathfrak{M}_{7,6} = - 18,33 \text{ ,,}$$

$$\mathfrak{M}_{7,8} = + \frac{q_3\,l^2}{12} = + \frac{2,4 \cdot 12,5^2}{12} = + 31,25 \text{ tm} \qquad\qquad \mathfrak{M}_{8,7} = - 31,25 \text{ ,, .}$$

Die Werte μ und $\mathfrak{M}$ überträgt man in die Rechnungs-Skizze (Abb. 576).

Momentenausgleich (vgl. Abb. 576).

Man beginnt bei Knoten 7 mit dem Restmoment $M_7 = \Sigma \mathfrak{M} = + 12,92$ tm. Die Verteilung mit den μ-Zahlen ergibt $M'_{7,4} = - 0,41$ tm;

$$M'_{7,6} = -4{,}50 \text{ tm};$$
$$M'_{7,8} = -8{,}01 \text{ tm}.$$

Die Weiterleitung dieser Momente braucht nur im Riegel vorgenommen zu werden, weil die Stiele unten gelenkig angeschlossen sind. Man erhält $M''_{6,7} = -2{,}25$ tm; $M''_{8,7} = -4{,}00$ tm. Nun erfolgt der Ausgleich im Knoten 5 mit $M_5 = +5{,}00$ tm usw., bis nach dem 8. Ausgleich im Knoten 5 die Rechnung abgebrochen werden kann. Durch Addition der zusammengehörigen Teilmomente $\mathfrak{M}$, M' und M'' erhält man die endgültigen, in der Skizze doppelt unterstrichenen Anschlußmomente; sie sind in Abb. 577 maßstäblich aufgetragen. (Siehe nächste Seite.)

Zahlenbeispiel 11.

Symmetrischer, siebenschiffiger, zweigeschossiger Hallenbinder (Abb. 578). Volle Einspannung in 1, 2, 3, 4, Kragarm bei 7; Belastungsangaben siehe Abb. 578. Wegen Symmetrie des Tragwerkes und der Belastung genügt die Berechnung für eine Tragwerkshälfte gemäß Abb. 579.

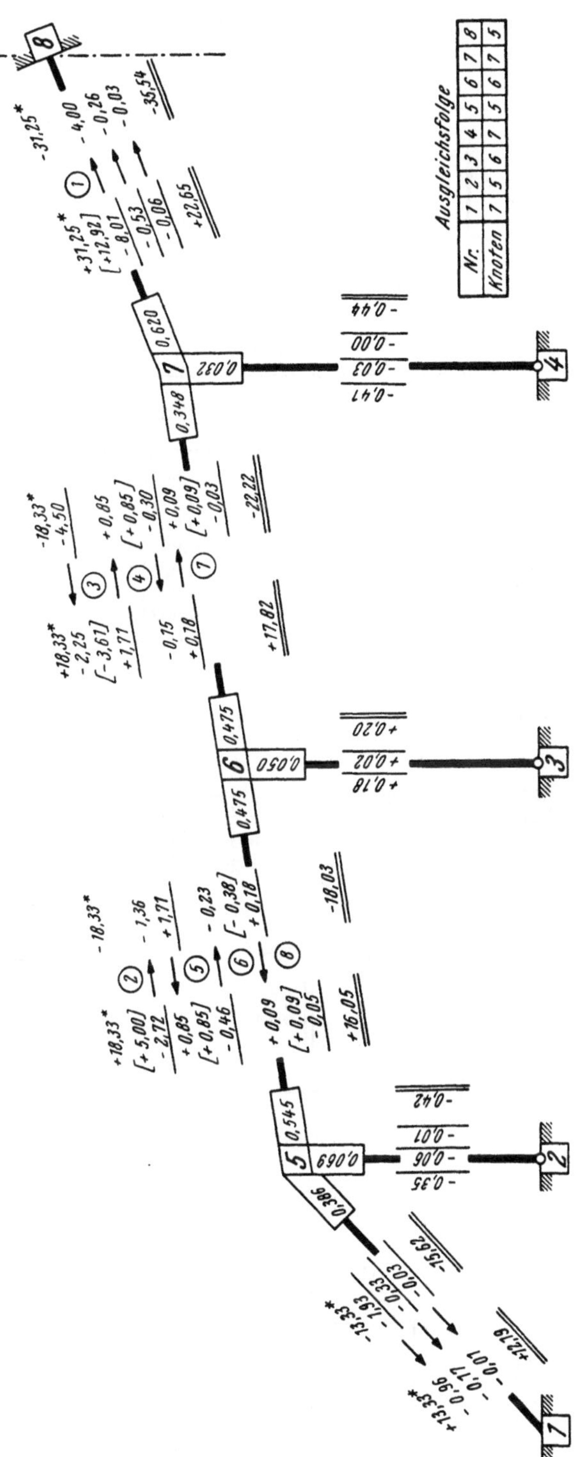

Abb. 576. Rechnungs-Skizze für symmetrische lotrechte Belastung.

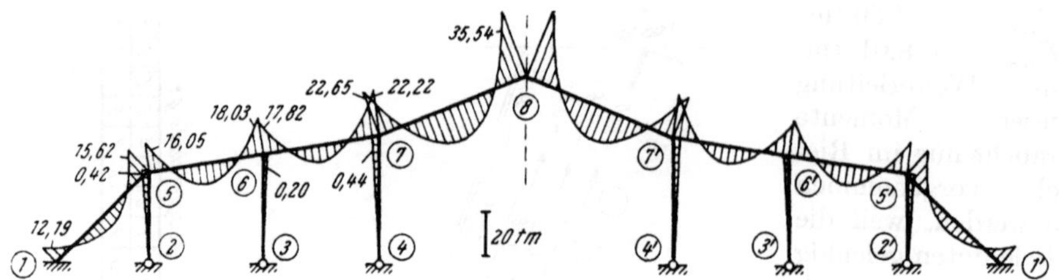

Abb. 577. Endgültiger M-Verlauf für lotrechte Belastung.

Festwerttabelle (zu Abb. 578).

Stab	b/h (cm)	J (m⁴)	l (m)	$k = 10\,000\,J/l$
1—5	30/40	0,00160	9,22	1,74
2—5	35/35	0,00125	7,00	1,79
3—6	35/35	0,00125	8,60	1,45
4—7	35/45	0,00266	8,60	3,09
5—6	30/50	0,00313	8,65	3,62
6—7	30/60	0,00540	8,50	6,35
6—8	30/50	0,00313	10,40	3,01
7—8	35/45	0,00266	6,00	4,43
8—9	30/70	0,00858	11,18	7,67

Die k-Zahlen werden in die Festwertskizze (Abb. 579) übertragen.

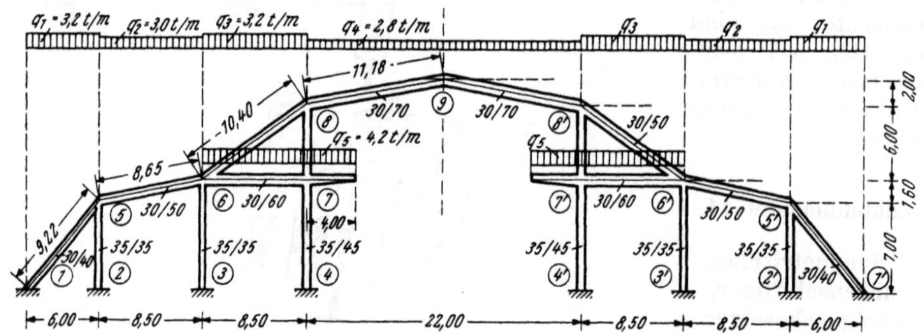

Abb. 578. Tragwerksabmessungen und Belastungsangaben.

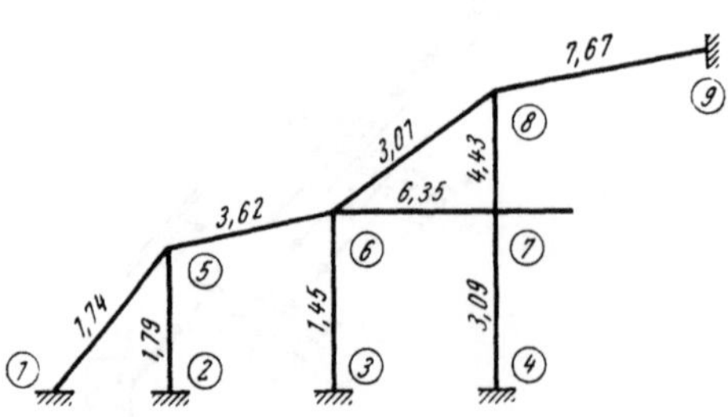

Abb. 579. Festwertskizze (k-Zahlen).

Momentenverteilungszahlen μ.

An Hand der Abb. 579 erhält man nach (29)

für Knoten 5:

$$\Sigma k = 1,74 + 1,79 + 3,62 = 7,15$$

$$\mu_{5,1} = \frac{1,74}{7,15} = 0,244$$

$$\mu_{5,2} = \frac{1,79}{7,15} = 0,250$$

$$\mu_{5,6} = \frac{3,62}{7,15} = 0,506$$

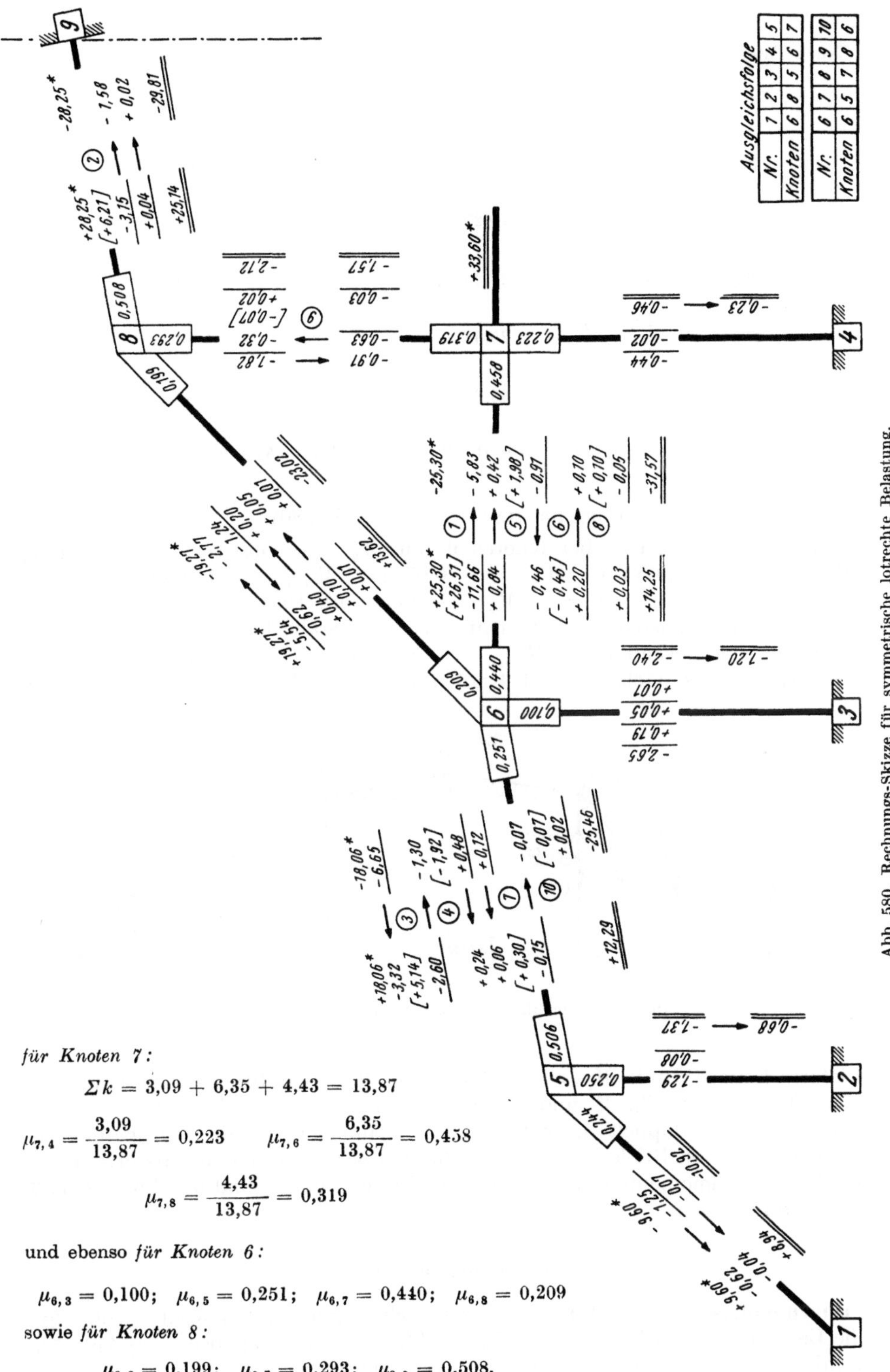

Abb. 580. Rechnungs-Skizze für symmetrische lotrechte Belastung.

für Knoten 7:

$$\Sigma k = 3,09 + 6,35 + 4,43 = 13,87$$

$$\mu_{7,4} = \frac{3,09}{13,87} = 0,223 \qquad \mu_{7,6} = \frac{6,35}{13,87} = 0,458$$

$$\mu_{7,8} = \frac{4,43}{13,87} = 0,319$$

und ebenso *für Knoten 6:*

$$\mu_{6,3} = 0,100; \quad \mu_{6,5} = 0,251; \quad \mu_{6,7} = 0,440; \quad \mu_{6,8} = 0,209$$

sowie *für Knoten 8:*

$$\mu_{8,6} = 0,199; \quad \mu_{8,7} = 0,293; \quad \mu_{8,9} = 0,508.$$

Volleinspannmomente $\mathfrak{M}$.

Nach Tafel 2 erhält man mit den Belastungsangaben in Abb. 578

$$\mathfrak{M}_{1,5} = + \frac{3,2 \cdot 6,0^2}{12} = + \;\; 9,60 \text{ tm} \qquad\qquad \mathfrak{M}_{5,1} = - \;\; 9,60 \text{ tm}$$

$$\mathfrak{M}_{5,6} = + \frac{3,0 \cdot 8,5^2}{12} = + \;18,06 \;\; ,, \qquad\qquad \mathfrak{M}_{6,5} = - \;18,06 \;\; ,,$$

$$\mathfrak{M}_{6,8} = + \frac{3,2 \cdot 8,5^2}{12} = + \;19,27 \;\; ,, \qquad\qquad \mathfrak{M}_{8,6} = - \;19,27 \;\; ,,$$

$$\mathfrak{M}_{8,9} = + \frac{2,8 \cdot 11,0^2}{12} = + \;28,25 \;\; ,, \qquad\qquad \mathfrak{M}_{9,8} = - \;28,25 \;\; ,,$$

$$\mathfrak{M}_{6,7} = + \frac{4,2 \cdot 8,5^2}{12} = + \;25,30 \;\; ,, \qquad\qquad \mathfrak{M}_{7,6} = - \;25,30 \;\; ,,$$

$$\mathfrak{M}_{7,K} = + \frac{4,2 \cdot 4,0^2}{2} = + \;33,60 \;\; ,, \; .$$

Die Werte μ und $\mathfrak{M}$ überträgt man in die Rechnungs-Skizze (Abb. 580).

Momentenausgleich (vgl. Abb. 580).

Beginn des Ausgleichs bei Knoten 6 mit $M_6 = + 26,51$ tm; die Verteilung ergibt $M'_{6,3} = - 2,65$ tm; $M'_{6,5} = - 6,65$ tm; $M'_{6,7} = - 11,66$ tm; $M'_{6,8} = - 5,54$ tm (Probe: $\Sigma M' = - M_6 = - 26,50$ tm). Die Weiterleitung der Teilmomente an die Einspannstellen nicht belasteter Stäbe kann unterbleiben. Für die übrigen Stäbe erhält man: $M''_{5,6} = - 3,32$ tm, $M''_{7,6} = - 5,83$ tm, $M''_{8,6} = - 2,77$ tm. Als nächster wird Knoten 8 ausgeglichen mit $M_8 = + 6,21$ tm,

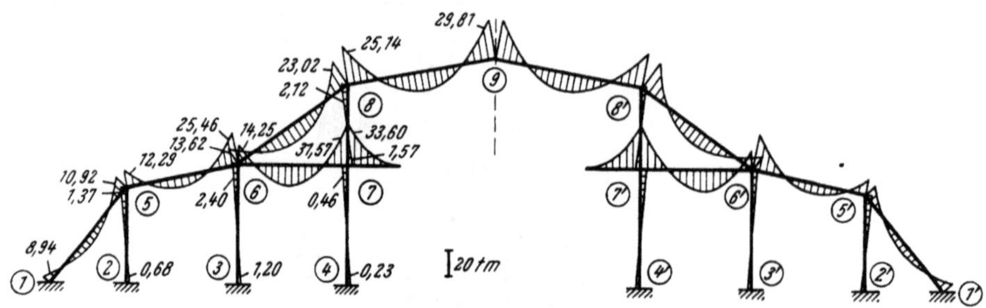

Abb. 581. Endgültiger M-Verlauf für lotrechte Belastung.

als letzter Knoten 6 mit $M_6 = - 0,07$ tm. Die durch Addition der zusammengehörigen Teilmomente $\mathfrak{M}$, M' und M'' erhaltenen endgültigen Momente sind in der Rechnungs-Skizze doppelt unterstrichen. Die Momente an den Einspannstellen der nicht belasteten Stiele können jetzt durch Überleitung der bereits ermittelten endgültigen Stielmomente erhalten werden. Die Ergebnisse sind in Abb. 581 maßstäblich aufgetragen.

Zahlenbeispiel 12.

Unsymmetrischer, dreifeldiger, dreigeschossiger Rahmenteil (Abb. 582). Volle Einspannung bei 1, 2, 3, 7, 11, 12, 13, 14. Belastungsangaben siehe Abb. 583. Durchführung der Rechnung nach den Anweisungen Seite 38.

Festwerttabelle.

Stab	b/h (cm)	J (m⁴)	l (m)	$k = 10\,000\,J/l$
1—4	45/45	0,00342	3,70	9,24
2—5, 3—6	45/50	0,00469	3,70	12,68
4—5	40/60	0,00720	6,00	12,00
5—6	40/70	0,01143	8,40	13,61
6—7	40/70	0,01143	7,00	16,33
4—8	40/40	0,00213	3,50	6,09
5—9, 6—10	45/45	0,00342	3,50	9,77
8—9	35/60	0,00630	6,00	10,50
9—10	35/70	0,01000	8,40	11,90
10—11	35/70	0,01000	7,00	14,29
8—12	35/35	0,00125	3,50	3,57
9—13, 10—14	40/40	0,00213	3,50	6,09

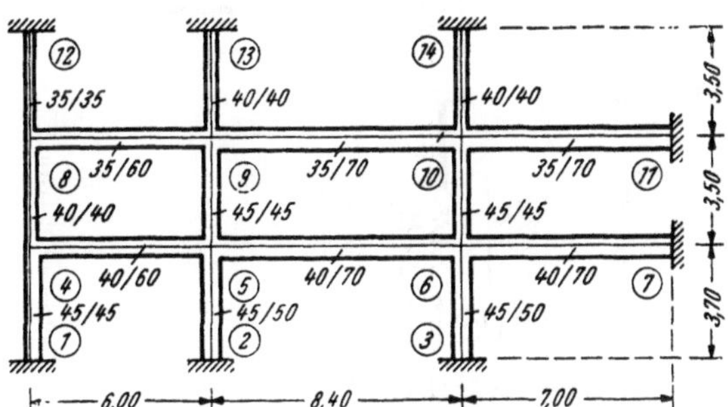

Abb. 582. Tragwerksabmessungen.

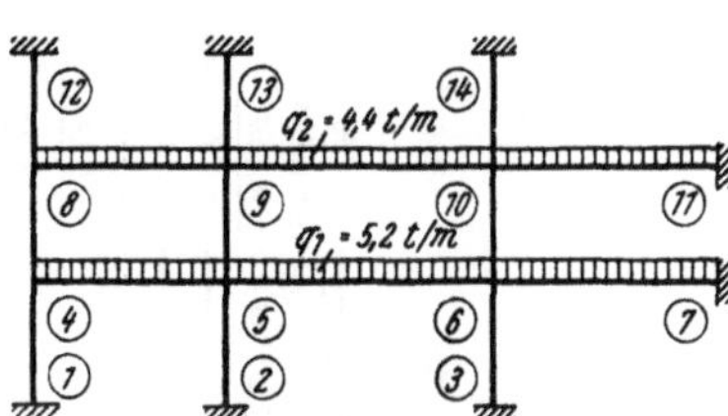

Abb. 583. Belastungsangaben.

Die k-Zahlen werden in die Festwertskizze (Abb. 584) eingetragen.

Momentenverteilungszahlen μ.

An Hand der Festwertskizze (Abb. 584) erhält man nach (29)

für Knoten 4:

$$\Sigma k = 9{,}24 + 12{,}00 + 6{,}09 = 27{,}33$$

$$\mu_{4,1} = \frac{9{,}24}{27{,}33} = 0{,}338 \qquad \mu_{4,5} = \frac{12{,}00}{27{,}33} = 0{,}439$$

$$\mu_{4,8} = \frac{6{,}09}{27{,}33} = 0{,}223$$

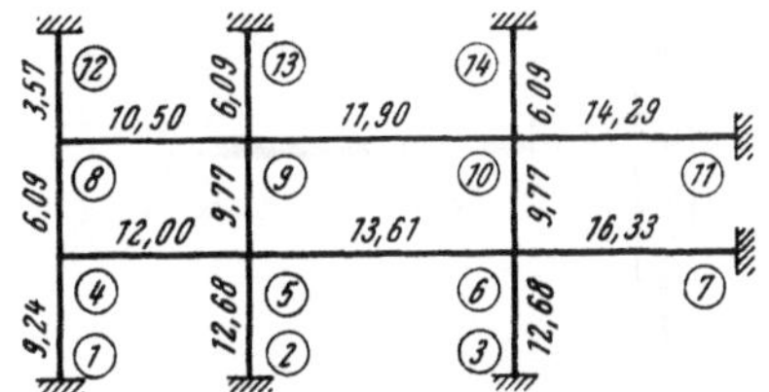

Abb. 584. Festwertskizze (k-Zahlen).

für Knoten 5:

$$\Sigma k = 12{,}68 + 12{,}00 + 13{,}61 + 9{,}77 = 48{,}06$$

$$\mu_{5,2} = \frac{12{,}68}{48{,}06} = 0{,}264 \qquad \mu_{5,4} = \frac{12{,}00}{48{,}06} = 0{,}250$$

$$\mu_{5,6} = \frac{13{,}61}{48{,}06} = 0{,}283 \qquad \mu_{5,9} = \frac{9{,}77}{48{,}06} = 0{,}203$$

und in gleicher Weise *für Knoten 6:*

$$\mu_{6,3} = 0{,}242; \quad \mu_{6,5} = 0{,}260; \quad \mu_{6,7} = 0{,}312; \quad \mu_{6,10} = 0{,}186,$$

für Knoten 8:

$$\mu_{8,4} = 0{,}302; \quad \mu_{8,9} = 0{,}521; \quad \mu_{8,12} = 0{,}177,$$

für Knoten 9:

$$\mu_{9,5} = 0{,}255; \quad \mu_{9,8} = 0{,}275; \quad \mu_{9,10} = 0{,}311; \quad \mu_{9,13} = 0{,}159,$$

für Knoten 10:

$$\mu_{10,6} = 0{,}232; \quad \mu_{10,9} = 0{,}283; \quad \mu_{10,11} = 0{,}340; \quad \mu_{10,14} = 0{,}145.$$

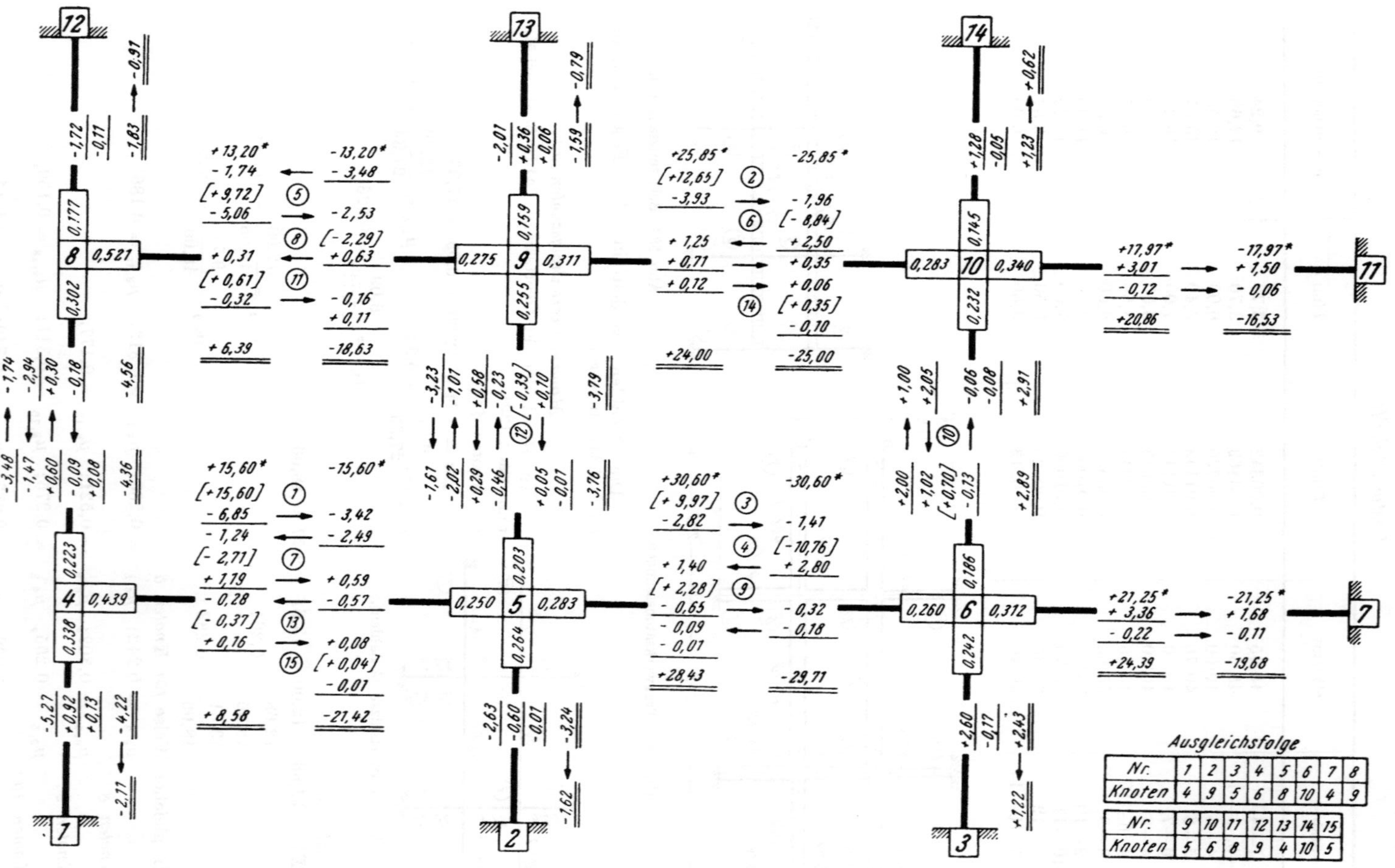

Abb. 585. Rechnungs-Skizze für lotrechte Belastung.

Volleinspannmomente $\mathfrak{M}$.

Nach Tafel 2 erhält man mit den Belastungsangaben in Abb. 583

$$\mathfrak{M}_{4,5} = + \frac{5,2 \cdot 6,0^2}{12} = + 15,60 \text{ tm} \qquad \mathfrak{M}_{5,4} = - 15,60 \text{ tm}$$

$$\mathfrak{M}_{5,6} = + \frac{5,2 \cdot 8,4^2}{12} = + 30,60 \text{ ,,} \qquad \mathfrak{M}_{6,5} = - 30,60 \text{ ,,}$$

$$\mathfrak{M}_{6,7} = + \frac{5,2 \cdot 7,0^2}{12} = + 21,25 \text{ ,,} \qquad \mathfrak{M}_{7,6} = - 21,25 \text{ ,,}$$

$$\mathfrak{M}_{8,9} = + \frac{4,4 \cdot 6,0^2}{12} = + 13,20 \text{ ,,} \qquad \mathfrak{M}_{9,8} = - 13,20 \text{ ,,}$$

$$\mathfrak{M}_{9,10} = + \frac{4,4 \cdot 8,4^2}{12} = + 25,85 \text{ ,,} \qquad \mathfrak{M}_{10,9} = - 25,85 \text{ ,,}$$

$$\mathfrak{M}_{10,11} = + \frac{4,4 \cdot 7,0^2}{12} = + 17,97 \text{ ,,} \qquad \mathfrak{M}_{11,10} = - 17,97 \text{ ,, .}$$

Alle Werte μ und $\mathfrak{M}$ sind in die Rechnungs-Skizze (Abb. 585) zu übertragen.

Momentenausgleich (vgl. Abb. 585).

Der Ausgleich beginnt im Knoten 4 mit $M_4 = + 15,60$ tm; es ergeben sich die Teilmomente $M'_{4,1} = - 5,27$ tm, $M'_{4,5} = - 6,85$ tm, $M'_{4,8} = - 3,48$ tm (Probe: $\Sigma M' = - M_4 = - 15,60$ tm). Die Weiterleitung der M'-Momente an die Einspannstellen der nicht belasteten Stäbe kann zunächst entfallen; man ermittelt hier also nur $M''_{5,4} = - 3,42$ tm und $M''_{8,4} = - 1,74$ tm. Nun folgt der Ausgleich im Knoten 9 mit $M_9 = + 12,65$ tm und weiter in der angegebenen Reihenfolge bei den

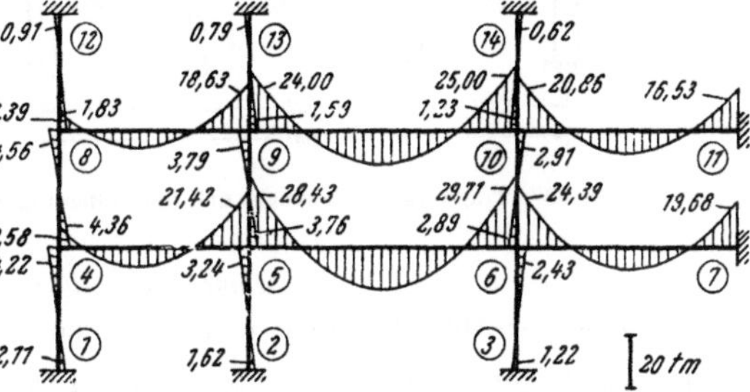

Abb. 586. Endgültiger M-Verlauf für lotrechte Belastung.

übrigen Knoten, zuletzt im Knoten 5 mit $M_5 = + 0,04$ tm. Damit kann bereits die Addition der zusammengehörigen, in den einzelnen Kolonnen der Rechnungs-Skizze übereinanderstehenden Teilmomente $\mathfrak{M}$, M' und M'' erfolgen. Die dabei erhaltenen M-Werte sind doppelt unterstrichen. Anschließend sind noch die in den nicht belasteten Stielen ermittelten endgültigen Momente an die gegenüberliegenden Einspannstellen weiterzuleiten. Das trifft hier zu für die Momente $M_{4,1}$, $M_{5,2}$, $M_{6,3}$, $M_{8,12}$, $M_{9,13}$, $M_{10,14}$. Das Gesamtergebnis der Berechnung ist in Abb. 586 maßstäblich dargestellt.

Zahlenbeispiel 13.

Symmetrischer, zweigeschossiger Hallenrahmen. Volle Einspannung bei $1, 1', 2, 2'$. Tragwerksabmessungen und Belastungsangaben siehe Abb. 587. Wegen Symmetrie des Tragwerkes und der Belastung braucht nur eine Tragwerkshälfte gemäß Abb. 588 in Betracht gezogen zu werden. Zu beachten ist dabei, daß für die Symmetriestäbe 4—$4'$ und 5—$5'$ die Steifigkeitswerte k' zu verwenden sind. Im übrigen kann die Berechnung nach den Anweisungen Seite 38 erfolgen.

Festwerttabelle.

Stab	b/h (cm)	J (m⁴)	l (m)	$k = 10\,000\,J/l$
1—3	40/60	0,00720	4,00	18,00
2—4	30/30	0,00068	4,00	1,70
3—4	30/55	0,00416	5,00	8,32
4—4′	30/55	0,00416	7,00	5,94[1]
3—5	40/60	0,00720	4,50	16,00
5—5′	40/90	0,02430	17,00	14,29[1]

[1] Für die Symmetriestäbe 4—4′ und 5—5′ wird nach (41)

$$k'_{4,\,4'} = 0,5\,k_{4,\,4'} = 2,97 \quad \text{und} \quad k'_{5,\,5'} = 0,5\,k_{5,\,5'} = 7,15.$$

Sämtliche k- bzw. k'-Zahlen werden in die Festwertskizze (Abb. 588) eingetragen.

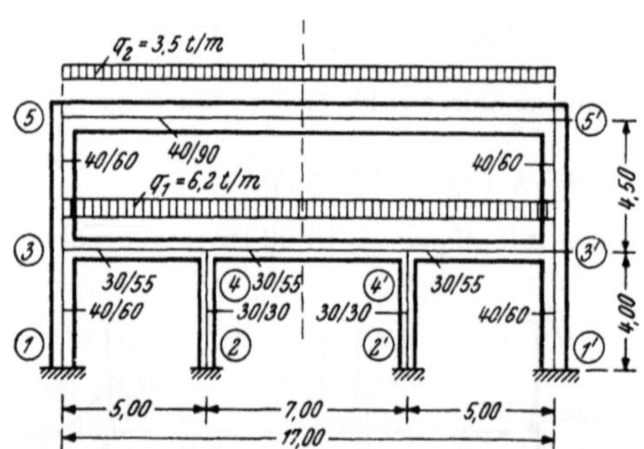

Abb. 587. Tragwerksabmessungen und Belastungsangaben.

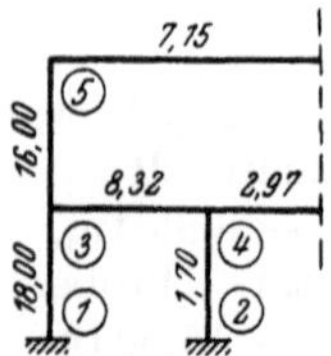

Abb. 588. Festwertskizze (k- und k'-Zahlen).

Momentenverteilungszahlen μ.

An Hand der Abb. 588 erhält man nach (29)

für Knoten 3: $\Sigma k = 18,00 + 8,32 + 16,00 = 42,32;$

$$\mu_{3,1} = \frac{18,00}{42,32} = 0,425; \qquad \mu_{3,4} = \frac{8,32}{42,32} = 0,197; \qquad \mu_{3,5} = \frac{16,00}{42,32} = 0,378,$$

für Knoten 4: $\Sigma k = 1,70 + 8,32 + 2,97 = 12,99;$

$$\mu_{4,2} = \frac{1,70}{12,99} = 0,131; \qquad \mu_{4,3} = \frac{8,32}{12,99} = 0,640; \qquad \mu_{4,4'} = \frac{2,97}{12,99} = 0,229$$

und ebenso *für Knoten 5:*

$$\mu_{5,3} = 0,691; \quad \mu_{5,5'} = 0,309.$$

Volleinspannmomente $\mathfrak{M}$.

Mit den Belastungsangaben in Abb. 587 erhält man

$$\mathfrak{M}_{3,4} = + \frac{q_1\,l^2}{12} = + \frac{6,2 \cdot 5,0^2}{12} = + 12,92 \text{ tm} \qquad \mathfrak{M}_{4,3} = -12,92 \text{ tm}$$

$$\mathfrak{M}_{4,4'} = + \frac{q_1\,l^2}{12} = + \frac{6,2 \cdot 7,0^2}{12} = + 25,30 \text{ ,,}$$

$$\mathfrak{M}_{5,5'} = + \frac{q_2\,l^2}{12} = + \frac{3,5 \cdot 17,0^2}{12} = + 84,30 \text{ ,, .}$$

Die Werte μ und $\mathfrak{M}$ werden in die Rechnungs-Skizze (Abb. 589) übertragen.

Momentenausgleich (vgl. Abb. 589).

Der erste Ausgleich wird im Knoten 5 mit $M_5 = + 84{,}30$ tm durchgeführt; man erhält die Momentenanteile $M'_{5,3} = - 58{,}25$ tm, $M'_{5,5'} = - 26{,}05$ tm (Probe: $\Sigma M' = - M_5 = - 84{,}30$ tm). Die Weiterleitung braucht hier nur im

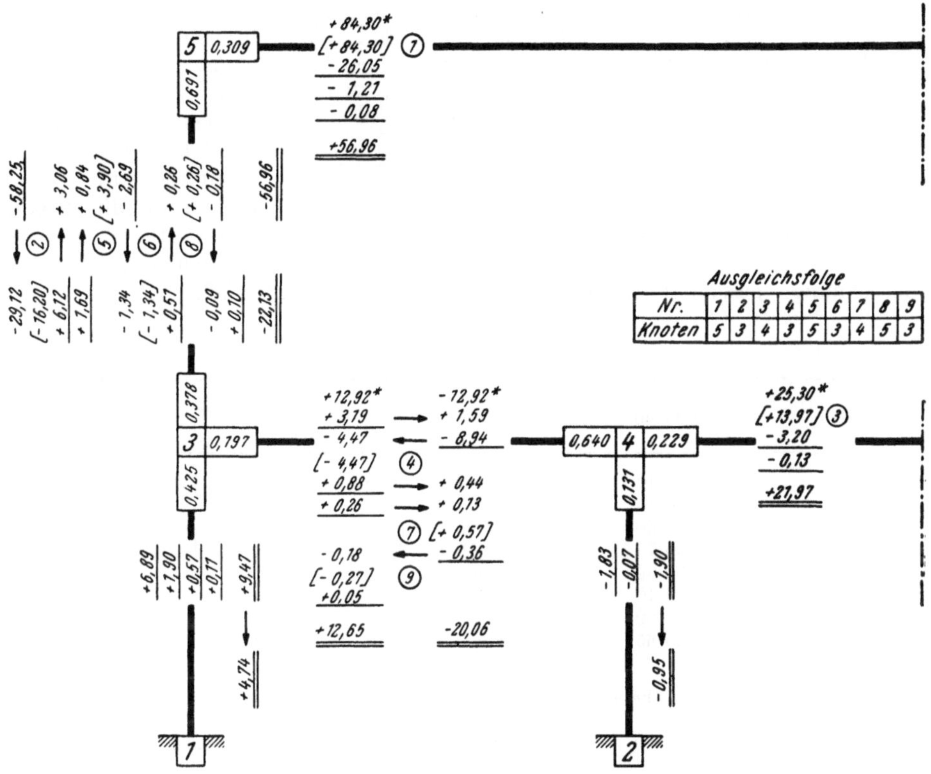

Abb. 589. Rechnungs-Skizze für symmetrische lotrechte Belastung.

Stiel vorgenommen zu werden. Man erhält $M_{3,5} = - 29{,}12$ tm. Als nächster wird Knoten 3 ausgeglichen mit $M_3 = - 16{,}20$ tm und weiter in gleicher Weise in der angegebenen Reihenfolge die übrigen Knoten. Der letzte Ausgleich geschieht im Knoten 3 mit $M_3 = - 0{,}27$ tm. Dann folgt die Addition der jeweils zusammengehörigen Teilmomente $\mathfrak{M}$, M', M'' und schließlich die Weiterleitung der Stielmomente $M_{3,1}$ und $M_{4,2}$ an

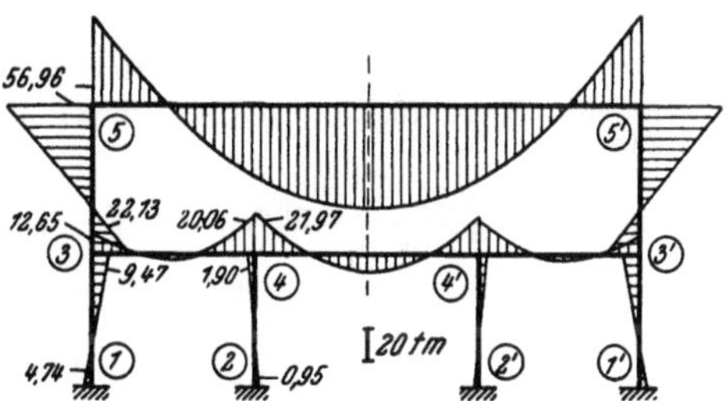

Abb. 590. Endgültiger M-Verlauf für lotrechte Belastung.

die Einspannstellen 1 und 2. Die endgültigen Ergebnisse sind in der Rechnungs-Skizze doppelt unterstrichen und in Abb. 590 maßstäblich aufgetragen.

Zahlenbeispiel 14 (vgl. auch Nr. 27).

Symmetrischer, dreifeldiger, zweigeschossiger Rahmenbinder mit auskragenden Riegeln. Volle Einspannung bei 1, 1′, 2, 2′. Tragwerksabmessungen und Belastungsangaben siehe Abb. 591. Wegen Symmetrie des Tragwerkes und der Belastung braucht man nur eine Tragwerkshälfte gemäß Abb. 592 in Betracht zu ziehen. Zu beachten ist dabei, daß für die Symmetriestäbe 4—4′ und 6—6′ die Steifigkeitswerte k' zu verwenden sind. Die übrige Berechnung geschieht nach den Anweisungen Seite 38.

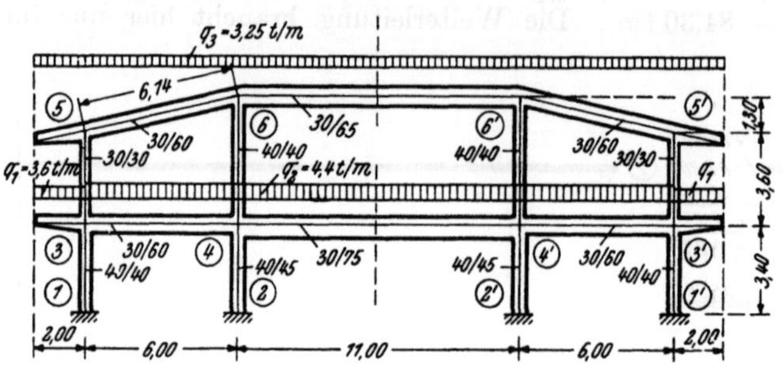

Abb. 591. Tragwerksabmessungen und Belastungsangaben.

Festwerttabelle.

Stab	b/h (cm)	J (m⁴)	l (m)	$k = 10\,000\,J/l$
1—3	40/40	0,00213	3,40	6,26
2—4	40/45	0,00304	3,40	8,94
3—4	30/60	0,00540	6,00	9,00
4—4′	30/75	0,01055	11,00	9,59[1]
3—5	30/30	0,00068	3,60	1,89
4—6	40/40	0,00213	4,90	4,35
5—6	30/60	0,00540	6,14	8,79
6—6′	30/65	0,00687	11,00	6,25[1]

[1] Für die Symmetriestäbe 4—4′ und 6—6′ wird nach (41)

$$k'_{4,\,4'} = 0,5\,k_{4,\,4'} = 4,80 \quad \text{und} \quad k'_{6,\,6'} = 0,5\,k_{6,\,6'} = 3,12.$$

Sämtliche k- und k'-Zahlen werden in die Festwertskizze (Abb. 592) eingetragen.

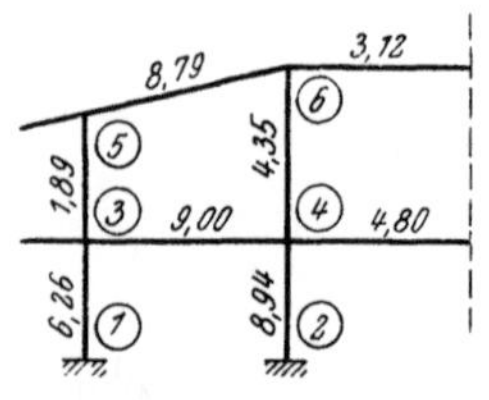

Abb. 592. Festwertskizze
(k- und k'-Zahlen).

Momentenverteilungszahlen μ.

An Hand der Festwertskizze (Abb. 592) erhält man nach (29)

für Knoten 3: $\Sigma k = 6,26 + 9,00 + 1,89 = 17,15$;

$$\mu_{3,\,1} = \frac{6,26}{17,15} = 0,365; \qquad \mu_{3,\,4} = \frac{9,00}{17,15} = 0,525; \qquad \mu_{3,\,5} = \frac{1,89}{17,15} = 0,110,$$

für Knoten 4: $\Sigma k = 8,94 + 9,00 + 4,80 + 4,35 = 27,09$;

$$\mu_{4,\,2} = \frac{8,94}{27,09} = 0,330 \qquad \mu_{4,\,4'} = \frac{4,80}{27,09} = 0,177$$

$$\mu_{4,\,3} = \frac{9,00}{27,09} = 0,332 \qquad \mu_{4,\,6} = \frac{4,35}{27,09} = 0,161$$

und weiter auch *für Knoten 5:* $\mu_{5,\,3} = 0,177$; $\mu_{5,\,6} = 0,823$

sowie *für Knoten 6:* $\mu_{6,\,4} = 0,267$; $\mu_{6,\,5} = 0,541$: $\mu_{6,\,6'} = 0,192.$

Volleinspannmomente 𝔐.

Mit den Belastungsangaben in Abb. 591 ergeben sich:

$$\mathfrak{M}_{3,K} = -\frac{q_1 l^2}{2} = -\frac{3,6 \cdot 2,0^2}{2} = -7,2\ \text{tm}; \quad \mathfrak{M}_{5,K} = -\frac{q_3 l^2}{2} = -\frac{3,25 \cdot 2,0^2}{2} = -6,50\ \text{tm}$$

$$\mathfrak{M}_{3,4} = +\frac{q_2 l^2}{12} = +\frac{4,4 \cdot 6,0^2}{12} = +13,20\ \text{tm}; \quad \mathfrak{M}_{4,3} = -\frac{q_2 l^2}{12} = -13,20\ \text{tm}$$

$$\mathfrak{M}_{4,4'} = +\frac{q_2 l^2}{12} = +\frac{4,4 \cdot 11,0^2}{12} = +44,4\ \text{tm};$$

$$\mathfrak{M}_{5,6} = +\frac{q_3 l^2}{12} = +\frac{3,25 \cdot 6,0^2}{12} = +9,75\ \text{tm}; \quad \mathfrak{M}_{6,5} = -\frac{q_3 l^2}{12} = -9,75\ \text{tm}$$

$$\mathfrak{M}_{6,6'} = +\frac{q_3 l^2}{12} = +\frac{3,25 \cdot 11,0^2}{12} = +32,8\ \text{tm}.$$

Die Werte μ und $\mathfrak{M}$ sind in die Rechnungs-Skizze (Abb. 593) zu übertragen.

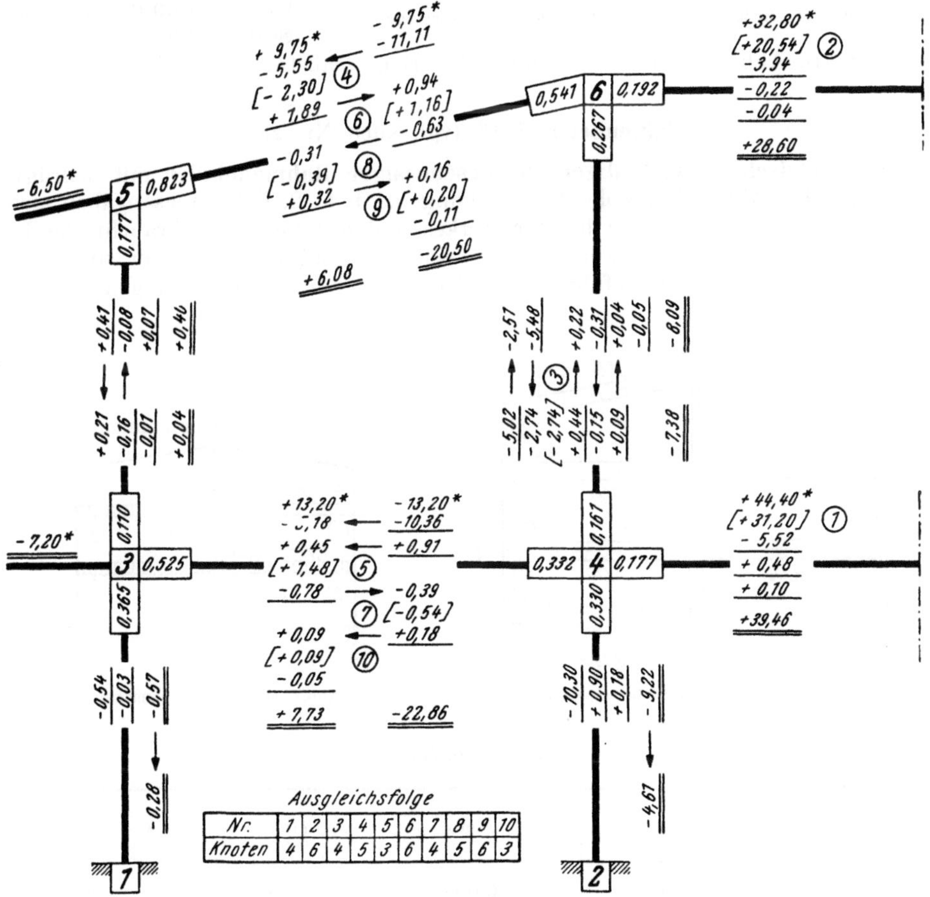

Abb. 593. Rechnungs-Skizze für symmetrische lotrechte Belastung.

Momentenausgleich (vgl. Abb. 593).

Der erste Ausgleich wird im Knoten 4 mit $M_4 = +31,20$ tm vorgenommen; man erhält die Teilmomente $M'_{4,2} = -10,30$ tm, $M'_{4,3} = -10,36$ tm, $M'_{4,4'} = -5,52$ tm, $M'_{4,6} = -5,02$ tm (Probe: $\Sigma M' = -M_4 = -31,20$ tm). Die

Weiterleitung an die Einspannstelle 2 im unbelasteten Stiel 4—2 kann vorläufig unterbleiben und man erhält $M''_{3,4} = -5,18$ tm, $M''_{6,4} = -2,51$ tm. Nun wird das Restmoment $M_6 = +20,54$ tm im Knoten 6 ausgeglichen und weiter in der angegebenen Reihenfolge die übrigen Restmomente, zuletzt $M_3 = +0,09$ tm im Knoten 3. Nun werden die zusammengehörigen Teilmomente $\mathfrak{M}$, M', M'' addiert und schließlich die beiden Stielmomente $M_{3,1}$ und $M_{4,2}$ an die Einspannstellen 1 und 2 weitergeleitet. Damit sind alle Stabanschlußmomente bestimmt. In Abb. 594 ist der gesamte M-Verlauf maßstäblich dargestellt.

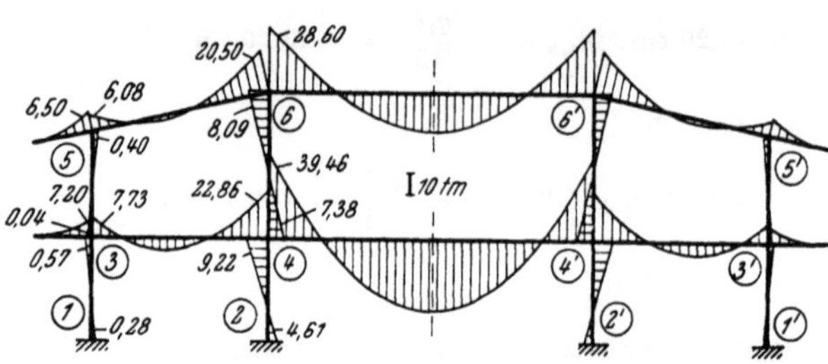

Abb. 594. Endgültiger M-Verlauf für lotrechte Belastung.

Zahlenbeispiel 15 (vgl. auch Nr. 28).

Symmetrischer, zweifeldiger, dreigeschossiger Rahmenbinder mit schrägen Dachriegeln (Abb. 595). Volle Einspannung bei 1, 1', 2. Belastungsangaben siehe Abb. 596. Wegen Symmetrie des Tragwerkes und der Belastung braucht die Berechnung nur für eine Tragwerkshälfte gemäß Abb. 597 mit gedachter voller Einspannung in 4, 6, 8 durchgeführt zu werden. Es gelten die Anweisungen Seite 38.

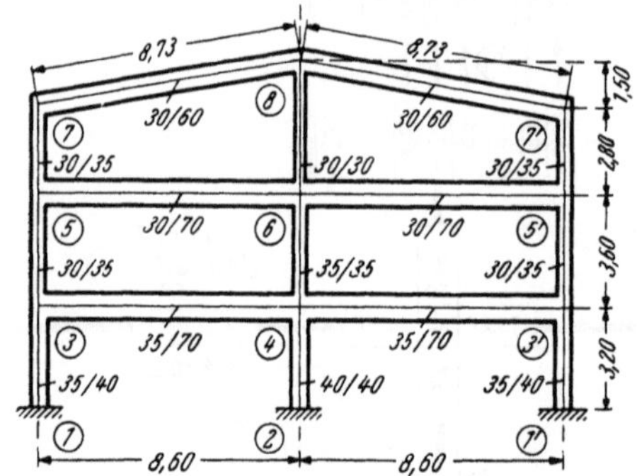

Abb. 595. Tragwerksabmessungen.

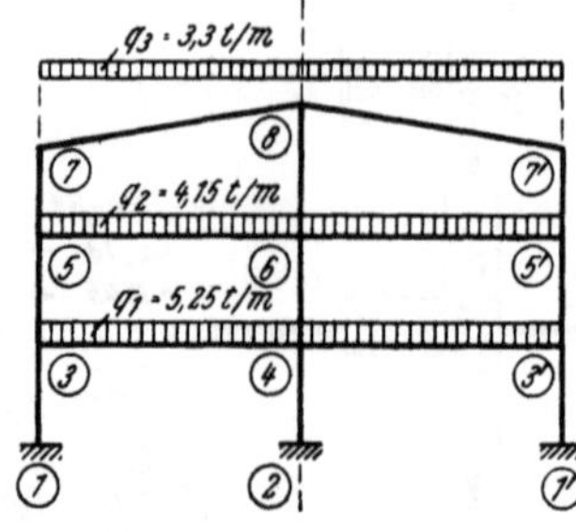

Abb. 596. Belastungsangaben.

Festwerttabelle.

Stab	b/h (cm)	J (m⁴)	l (m)	$k = 10\,000\,J/l$
1—3	35/40	0,00187	3,20	5,84
3—4	35/70	0,01000	8,60	11,63
3—5	30/35	0,00107	3,60	2,97
5—6	30/70	0,00858	8,60	9,98
5—7	30/35	0,00107	2,80	3,82
7—8	30/60	0,00540	8,73	6,19

Die k-Zahlen trägt man in die Festwertskizze (Abb. 597) ein.

Momentenverteilungszahlen μ.

An Hand der Festwertskizze (Abb. 597) erhält man nach (29)

für Knoten 3: $\Sigma k = 5{,}84 +$
$+ 11{,}63 + 2{,}97 = 20{,}44;$

$$\mu_{3,1} = \frac{5{,}84}{20{,}44} = 0{,}286;$$

$$\mu_{3,4} = \frac{11{,}63}{20{,}44} = 0{,}569;$$

$$\mu_{3,5} = \frac{2{,}97}{20{,}44} = 0{,}145,$$

für Knoten 5: $\Sigma k = 2{,}97 +$
$+ 9{,}98 + 3{,}82 = 16{,}77;$

$$\mu_{5,3} = \frac{2{,}97}{16{,}77} = 0{,}177;$$

$$\mu_{5,6} = \frac{9{,}98}{16{,}77} = 0{,}595; \qquad \mu_{5,7} = \frac{3{,}82}{16{,}77} = 0{,}228$$

und ebenso *für Knoten 7:*
$$\mu_{7,5} = 0{,}382; \qquad \mu_{7,8} = 0{,}618.$$

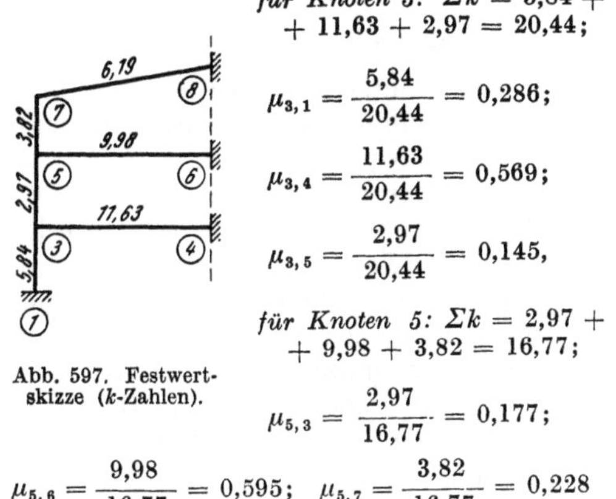

Abb. 597. Festwertskizze (*k*-Zahlen).

Volleinspannmomente $\mathfrak{M}$.

Mit den Belastungsangaben in Abb. 596 ergeben sich:

$$\mathfrak{M}_{3,4} = + \frac{q_1 l^2}{12} = + \frac{5{,}25 \cdot 8{,}60^2}{12} = + 32{,}40 \,\text{tm}$$

$$\mathfrak{M}_{4,3} = - 32{,}40 \,\text{tm}$$

$$\mathfrak{M}_{5,6} = + \frac{q_2 l^2}{12} = + \frac{4{,}15 \cdot 8{,}60^2}{12} = + 25{,}60 \,.,$$

$$\mathfrak{M}_{6,5} = - 25{,}60 \,\text{tm}$$

$$\mathfrak{M}_{7,8} = + \frac{q_3 l^2}{12} = + \frac{3{,}30 \cdot 8{,}60^2}{12} = + 20{,}35 \,.,$$

$$\mathfrak{M}_{8,7} = - 20{,}35 \,\text{tm}.$$

Die Werte μ und $\mathfrak{M}$ schreibt man in die Rechnungs-Skizze (Abb. 598) ein.

Momentenausgleich (vgl. Abb. 598).

Zunächst wird das Restmoment $M_3 = +$ $+ 32{,}40$ tm im Knoten 3 ausgeglichen. Man erhält die Teilmomente $M'_{3,1} =$ $= - 9{,}26$ tm, $M'_{3,4} = - 18{,}44$ tm, $M'_{3,5} =$ $= - 4{,}70$ tm (Probe: $\Sigma M' = - M_3 =$ $= - 32{,}40$ tm). Die Weiterleitung zur Einspannstelle 1 kann vorläufig unterbleiben; man rechnet somit nur $M''_{4,3} = - 9{,}22$ tm, $M''_{5,3} = - 2{,}35$ tm. Nun folgt der Ausgleich von $M_5 = + 23{,}25$ tm im Knoten 5 und weiter in der angegebenen Reihenfolge der Ausgleich der übrigen Knotenrestmomente, zuletzt $M_5 = + 0{,}06$ tm. Nach Addition der zusammengehörigen Teilmomente $\mathfrak{M}$, M' und M'' leitet man nun auch $M_{3,1}$ an die Einspannstelle 1 weiter

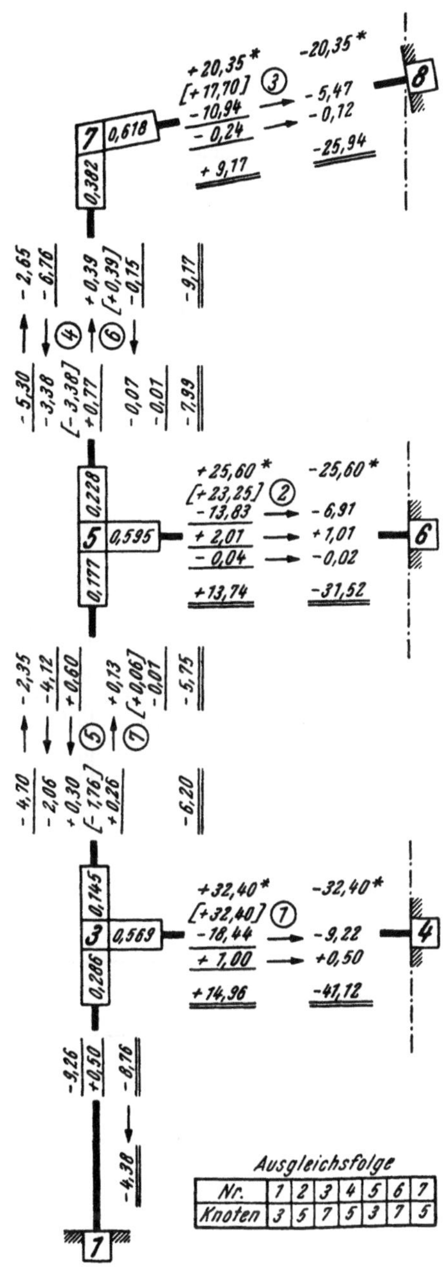

Nr.	1	2	3	4	5	6	7
Knoten	3	5	7	5	3	7	5

Abb. 598. Rechnungs-Skizze für symmetrische lotrechte Belastung.

und hat damit sämtliche Stabendmomente bestimmt. Sie sind in der Rechnungs-Skizze doppelt unterstrichen und in Abb. 599 maßstäblich aufgetragen.

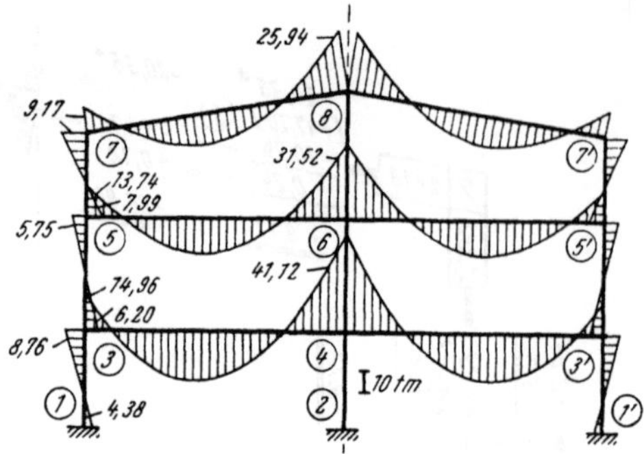

Abb. 599. Endgültiger M-Verlauf für lotrechte Belastung.

Zahlenbeispiel 16 (vgl. auch Nr. 29).

Symmetrischer, dreifeldiger, dreigeschossiger Rahmenbinder (Abb. 600). Volle Einspannung bei 1, 1', 2, 2'; Belastungsangaben siehe Abb. 601. Wegen Symmetrie des Tragwerkes und der Belastung kann die Berechnung auf eine Tragwerkshälfte gemäß Abb. 602 beschränkt werden. Für die Symmetriestäbe 4—4', 5—5', 6—6' sind hiebei die k'-Werte in Rechnung zu stellen. Die Durchführung der Rechnung geschieht nach den Anweisungen Seite 38. Nähere Darlegung über Tragwerke mit Stab-Symmetralen siehe Seite 48.

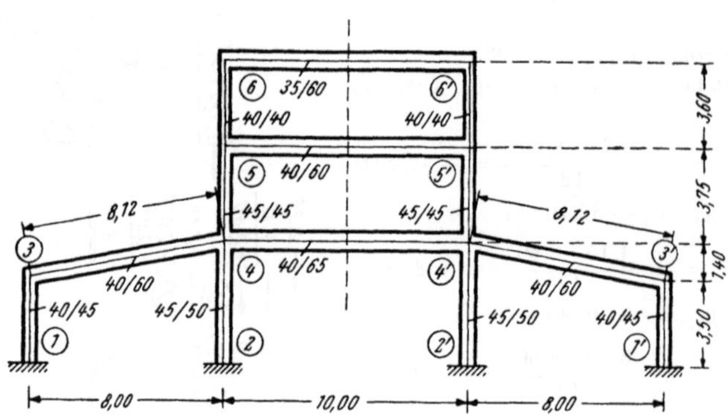

Abb. 600. Tragwerksabmessungen.

Festwerttabelle.

Stab	b/h (cm)	J (m⁴)	l (m)	$k = 10\,000\,J/l$
1—3	40/45	0,00304	3,50	8,69
2—4	45/50	0,00469	4,90	9,57
3—4	40/60	0,00720	8,12	8,87
4—4'	40/65	0,00915	10,00	9,15[1]
4—5	45/45	0,00342	3,75	9,12
5—5'	40/60	0,00720	10,00	7,20[1]
5—6	40/40	0,00213	3,60	5,92
6—6'	35/60	0,00630	10,00	6,30[1]

[1] Für die Symmetriestäbe sind nach (41)

$$k'_{4,4'} = 0,5\,k_{4,4'} = 4,58; \quad k'_{5,5'} = 0,5\,k_{5,5'} = 3,60; \quad k'_{6,6'} = 0,5\,k_{6,6'} = 3,15.$$

Sämtliche k- und k'-Zahlen werden in die Festwertskizze (Abb. 602) eingetragen.

Momentenverteilungszahlen μ.

An Hand der Festwertskizze (Abb. 602) erhält man nach (29)

für Knoten 3: $\Sigma k = 8{,}69 + 8{,}87 = 17{,}56;$

$$\mu_{3,1} = \frac{8{,}69}{17{,}56} = 0{,}495; \qquad \mu_{3,4} = \frac{8{,}87}{17{,}56} = 0{,}505,$$

für Knoten 4: $\Sigma k = 9{,}57 + 8{,}87 + 4{,}58 + 9{,}12 = 32{,}14;$

$$\mu_{4,2} = \frac{9{,}57}{32{,}14} = 0{,}298 \qquad \mu_{4,4'} = \frac{4{,}58}{32{,}14} = 0{,}142$$

$$\mu_{4,3} = \frac{8{,}87}{32{,}14} = 0{,}276 \qquad \mu_{4,5} = \frac{9{,}12}{32{,}14} = 0{,}284.$$

In gleicher Weise erhält man *für Knoten 5:*

$$\mu_{5,4} = 0{,}489; \qquad \mu_{5,5'} = 0{,}193; \qquad \mu_{5,6} = 0{,}318;$$

für Knoten 6: $\qquad \mu_{6,5} = 0{,}653; \qquad \mu_{6,6'} = 0{,}347.$

Volleinspannmomente $\mathfrak{M}$.

Mit den Belastungsangaben in Abb. 601 ergeben sich

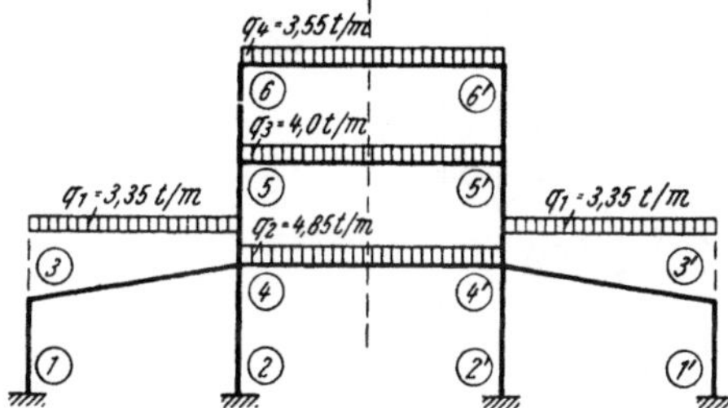

Abb. 601. Belastungsangaben.

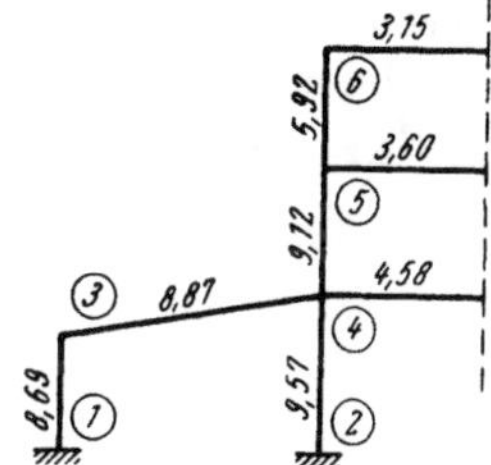

Abb. 602. Festwertskizze
(k- und k'-Zahlen).

$$\mathfrak{M}_{3,4} = + \frac{q_1 l^2}{12} = + \frac{3{,}35 \cdot 8{,}0^2}{12} = + 17{,}87 \text{ tm} \qquad \mathfrak{M}_{4,3} = - 17{,}87 \text{ tm}$$

$$\mathfrak{M}_{4,4'} = + \frac{q_2 l^2}{12} = + \frac{4{,}85 \cdot 10{,}0^2}{12} = + 40{,}40 \text{ ,,}$$

$$\mathfrak{M}_{5,5'} = + \frac{q_3 l^2}{12} = + \frac{4{,}00 \cdot 10{,}0^2}{12} = + 33{,}30 \text{ ,,}$$

$$\mathfrak{M}_{6,6'} = + \frac{q_4 l^2}{12} = + \frac{3{,}55 \cdot 10{,}0^2}{12} = + 29{,}60 \text{ ,, .}$$

Die Werte μ und $\mathfrak{M}$ überträgt man in die Rechnungs-Skizze (Abb. 603).

Momentenausgleich (vgl. Abb. 603).

Der erste Ausgleich geschieht im Knoten 5 mit $M_5 = + 33{,}30$ tm und ergibt die Teilmomente $M'_{5,4} = - 16{,}28$ tm, $M'_{5,5'} = - 6{,}43$ tm, $M'_{5,6} = - 10{,}59$ tm (Probe:

$\Sigma M' = - M_5 = -33,30$ tm). Die Überleitung der M'-Momente in den Stielen ergibt $M''_{4,5} = - 8,14$ tm, $M''_{6,5} = - 5,29$ tm. Die Weiterleitung über die Symmetrie-Stäbe kann entfallen. Nun wird das Restmoment $M_6 = + 24,31$ tm im Knoten 6 ausgeglichen und weiter in der angegebenen Reihenfolge alle übrigen Restmomente, zuletzt $M_5 = - 0,08$ tm im Knoten 5. Sodann können bereits die endgültigen Momente durch Addition der einzelnen zusammengehörigen Teilbeträge $\mathfrak{M}$, M' und M'' erhalten werden. Die Stielmomente $M_{3,1}$ und $M_{4,2}$ sind aber

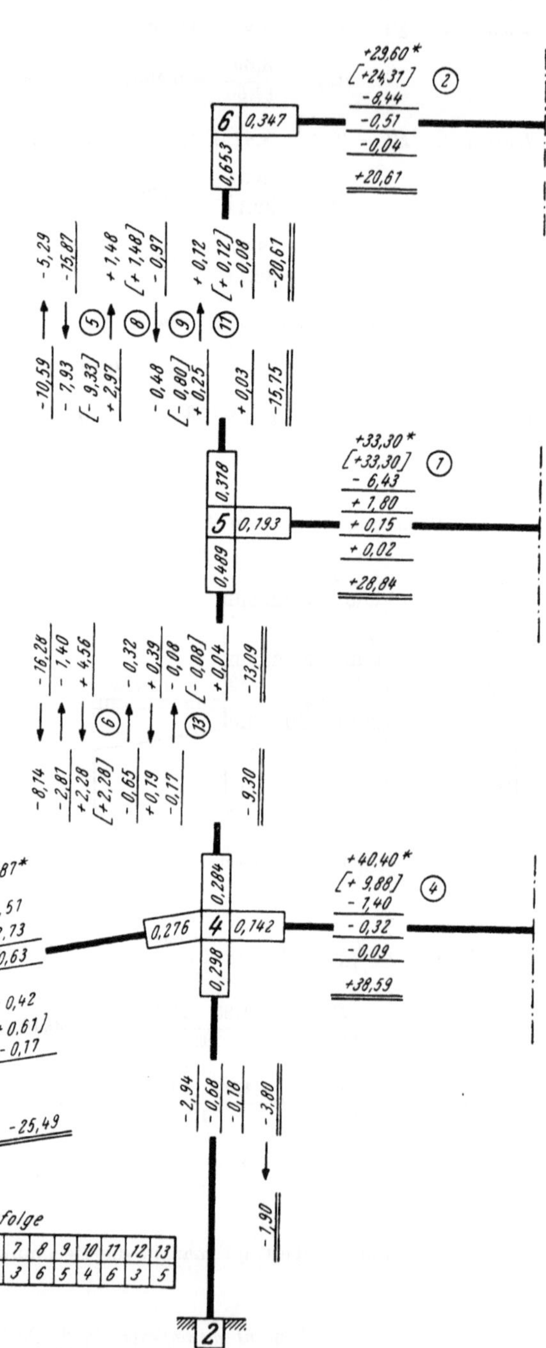

Abb. 603. Rechnungs-Skizze für symmetrische lotrechte Belastung.

noch an die Einspannstellen 1 und 2 weiterzuleiten. Die endgültigen Momente sind in Abb. 603 doppelt unterstrichen und in Abb. 604 maßstäblich aufgetragen.

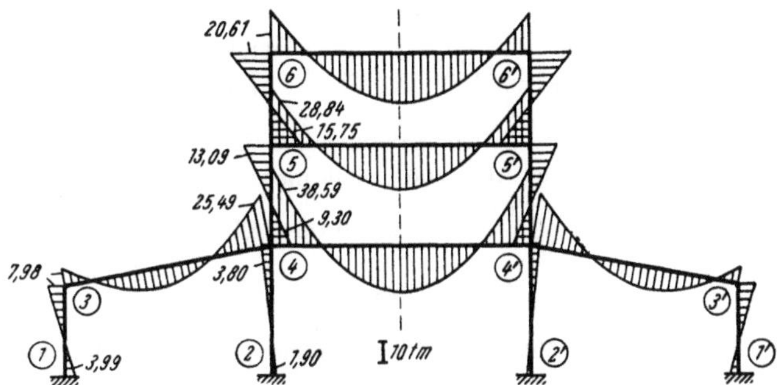

Abb. 604. Endgültiger M-Verlauf für lotrechte Belastung.

II. Verschiebliche Tragwerke.

Zahlenbeispiel 17.

Unsymmetrischer Zweifeldrahmen (Abb. 605). Volle Einspannung bei 1, 2, 3. Belastungsangaben siehe Abb. 606. Das Tragwerk ist waagrecht verschieblich und soll hier unter Anwendung von Verfahren I (mit Verschiebungsgleichungen) nach den Anweisungen Seite 93, und anschließend vergleichsweise nach Verfahren II (ohne Verschiebungsgleichungen) berechnet werden. Die Ermittlung der Werte k, μ und $\mathfrak{M}$ geschieht für beide Verfahren in der üblichen Weise.

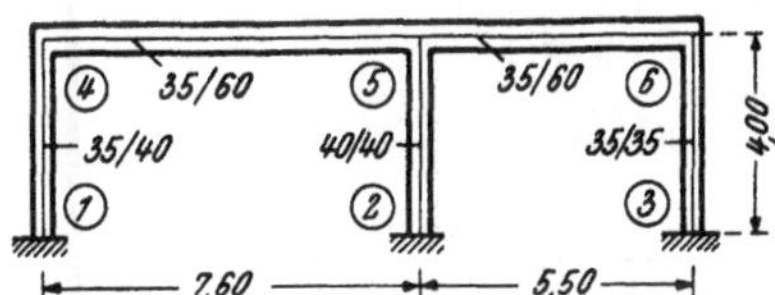

Abb. 605. Tragwerksabmessungen.

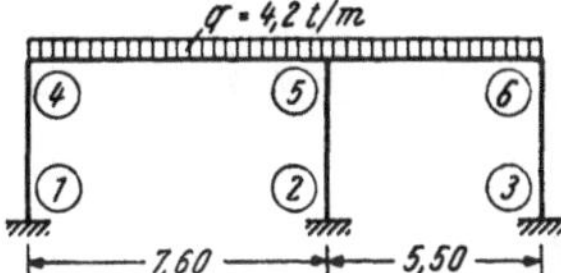

Abb. 606. Belastungsangaben.

Festwerttabelle.

Stab	b/h (cm)	J (m⁴)	l (m)	$k = 10\,000\,J/l$
1—4	35/40	0,00187	4,00	4,68
2—5	40/40	0,00213	4,00	5,33
3—6	35/35	0,00125	4,00	3,13
4—5	35/60	0,00630	7,60	8,29
5—6	35/60	0,00630	5,50	11,45

Die k-Zahlen überträgt man in die Festwertskizze (Abb. 607).

Momentenverteilungszahlen μ.

An Hand der Festwertskizze (Abb. 607) erhält man nach (29)

für Knoten 4: $\Sigma k = 4{,}68 + 8{,}29 = 12{,}97;$

$$\mu_{4,1} = \frac{4{,}68}{12{,}97} = 0{,}361; \qquad \mu_{4,5} = \frac{8{,}29}{12{,}97} = 0{,}639,$$

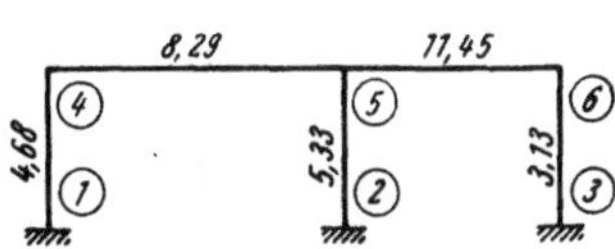

Abb. 607. Festwertskizze (k-Zahlen).

für Knoten 5: $\Sigma k = 5{,}33 + 8{,}29 + 11{,}45 = 25{,}07;$

$$\mu_{5,2} = \frac{5{,}33}{25{,}07} = 0{,}212; \qquad \mu_{5,4} = \frac{8{,}29}{25{,}07} = 0{,}331; \qquad \mu_{5,6} = \frac{11{,}45}{25{,}07} = 0{,}457,$$

für Knoten 6: $\Sigma k = 3{,}13 + 11{,}45 = 14{,}58;$

$$\mu_{6,3} = \frac{3{,}13}{14{,}58} = 0{,}215; \qquad \mu_{6,5} = \frac{11{,}45}{14{,}58} = 0{,}785.$$

Volleinspannmomente $\mathfrak{M}$.

Mit den Belastungsangaben in Abb. 606 erhält man:

$$\mathfrak{M}_{4,5} = + \frac{q\,l^2}{12} = + \frac{4{,}2 \cdot 7{,}6^2}{12} = + 20{,}20 \text{ tm} \qquad \mathfrak{M}_{5,4} = - \frac{q\,l^2}{12} = - 20{,}20 \text{ tm}$$

$$\mathfrak{M}_{5,6} = + \frac{q\,l^2}{12} = + \frac{4{,}2 \cdot 5{,}5^2}{12} = + 10{,}59 \text{ ,,} \qquad \mathfrak{M}_{6,5} = - \frac{q\,l^2}{12} = - 10{,}59 \text{ ,,} .$$

Die Werte μ und $\mathfrak{M}$ überträgt man in die Rechnungs-Skizze (Abb. 608).

1. Berechnung nach Verfahren I (mit Verschiebungsgleichungen).

Momentenausgleich für das unverschieblich festgehaltene Tragwerk $(M^{(0)}$-*Momente)*.

Diese Rechnung kann in der üblichen Art in einer Systemskizze gemäß Abb. 608 durchgeführt werden. Man beginnt mit dem Ausgleich des Restmomentes $M_4 =$

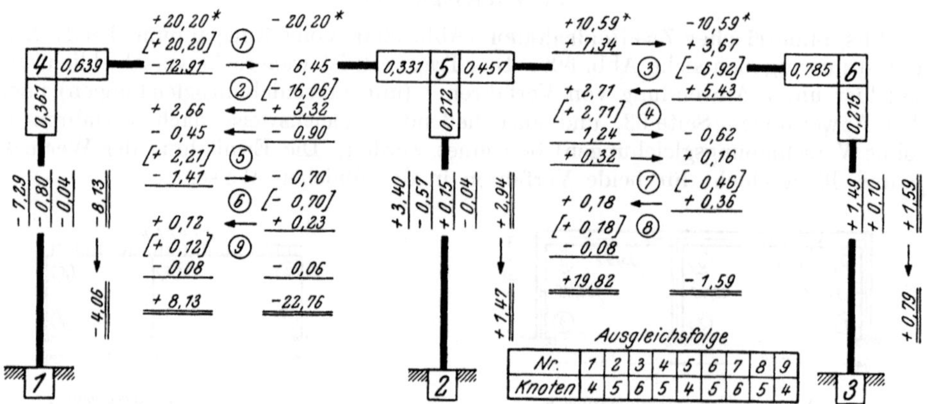

Abb. 608. Rechnungs-Skizze zur Ermittlung der $M^{(0)}$-Momente.

$= + 20{,}20$ tm und erhält $M'_{4,1} = - 7{,}29$ tm, $M'_{4,5} = - 12{,}91$ tm. Die Weiterleitung im Riegel ergibt $M''_{5,4} = - 6{,}45$ tm. Nun werden $M_5 = \Sigma\mathfrak{M} + \Sigma M'' = -16{,}06$ tm und in der angegebenen Reihenfolge auch die weiteren Knotenrestmomente ausgeglichen, zuletzt $M_4 = + 0{,}12$ tm. Durch Addition der zusammengehörigen Teilmomente $\mathfrak{M}$, M' und M'' ergeben sich die endgültigen $M^{(0)}$-Momente. Schließlich folgt noch die Weiterleitung der Stielmomente $M_{4,1}$, $M_{5,2}$ und $M_{6,3}$ an die Einspannstellen 1, 2 und 3. Damit sind sämtliche $M^{(0)}$-Momente für den unverschieblich festgehaltenen Rahmen bestimmt. Sie lauten:

$$
\begin{aligned}
M_{1,4} &= - 4{,}06 \text{ tm} & M_{5,2} &= + 2{,}94 \text{ tm} \\
M_{2,5} &= + 1{,}47 \text{ ,,} & M_{5,4} &= - 22{,}76 \text{ ,,} \\
M_{3,6} &= + 0{,}79 \text{ ,,} & M_{5,6} &= + 19{,}82 \text{ ,,} \\[4pt]
M_{4,1} &= - 8{,}13 \text{ ,,} & M_{6,3} &= + 1{,}59 \text{ ,,} \\
M_{4,5} &= + 8{,}13 \text{ ,,} & M_{6,5} &= - 1{,}59 \text{ ,,} .
\end{aligned}
$$

In Abb. 609 sind diese Momente maßstäblich dargestellt.

Ermittlung der Festhaltekräfte $F^{(0)}$.

Da die Stiele durchweg unbelastet sind und gleiche Länge haben, gilt hier die vereinfachte Formel (74a)

$$F = \frac{1}{l}\,\Sigma(M^o + M^u).$$

Für den vorliegenden Fall lautet diese Gleichung in ausführlicher Schreibweise

$$F^{(0)} = \frac{1}{l}\,[(M_{4,1} + M_{1,4}) + (M_{5,2} + M_{2,5}) + (M_{6,3} + M_{3,6})].$$

Setzt man an Hand der Abb. 608 bzw. 609 für die einzelnen Stielmomente die Zahlenwerte ein, so erhält man mit $l = 4{,}0$ m:

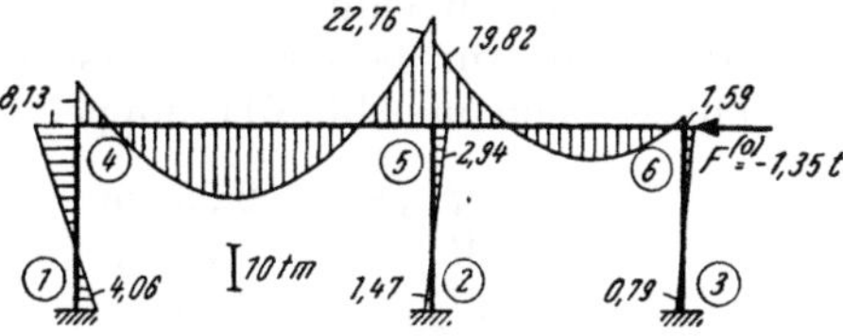

Abb. 609. $M^{(0)}$-Verlauf mit Festhaltekraft $F^{(0)}$.

$$F^{(0)} = \frac{1}{4{,}0}\,(-\,8{,}13 - 4{,}06 + 2{,}94 + 1{,}47 + 1{,}59 + 0{,}79) = -\,1{,}35\ \text{t}.$$

Volleinspannmomente $\overline{M}$ für $\varDelta = 2$.

Für eine willkürlich angenommene Verschiebung des Rahmenriegels um $\varDelta = 2$ nach rechts erhält man die Volleinspannmomente $\overline{M}$ für beidseitig voll eingespannte Stiele nach (58) mit

$$\overline{M} = \frac{1{,}5\,k}{l}\cdot\varDelta.$$

Es ergeben sich also hier an Hand der Festwertskizze (Abb. 607):

$$\overline{M}_{1,4} = \overline{M}_{4,1} = \frac{1{,}5\,k_{1,4}}{l}\cdot\varDelta = \frac{1{,}5\cdot 4{,}68}{4{,}0}\cdot 2 = +\,3{,}51\ \text{tm}$$

$$\overline{M}_{2,5} = \overline{M}_{5,2} = \frac{1{,}5\,k_{2,5}}{l}\cdot\varDelta = \frac{1{,}5\cdot 5{,}33}{4{,}0}\cdot 2 = +\,4{,}00\ \text{,,}$$

$$\overline{M}_{3,6} = \overline{M}_{6,3} = \frac{1{,}5\,k_{3,6}}{l}\cdot\varDelta = \frac{1{,}5\cdot 3{,}13}{4{,}0}\cdot 2 = +\,2{,}35\ \text{,,}\ .$$

Diese Volleinspannmomente $\overline{M}$ infolge der willkürlich gewählten Verschiebung $\varDelta = 2$ sind in Abb. 610 maßstäblich dargestellt.

Ermittlung der $M^{(1)}$-Momente.

Die $M^{(1)}$-Momente erhält man durch Ausgleich der soeben berechneten Volleinspannmomente $\overline{M}$.

Abb. 610. Volleinspannmomente $\overline{M}$ für $\varDelta = 2$.

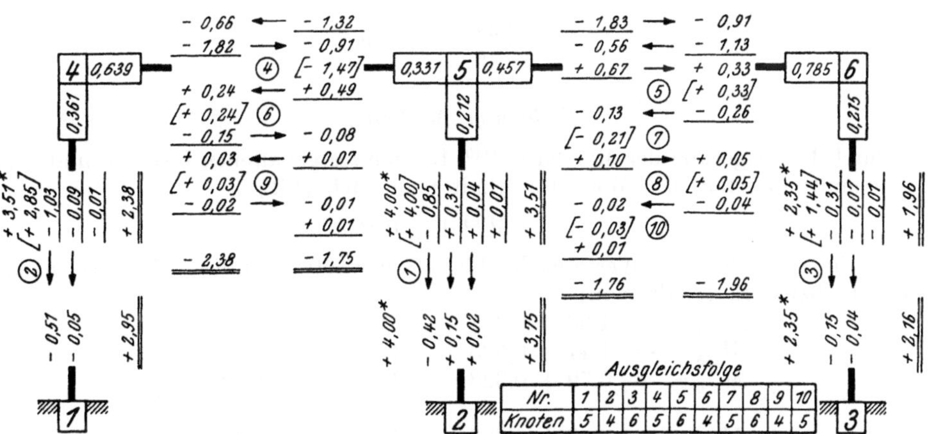

<table>
<tr><td>Ausgleichsfolge</td><td colspan="10"></td></tr>
<tr><td>Nr.</td><td>1</td><td>2</td><td>3</td><td>4</td><td>5</td><td>6</td><td>7</td><td>8</td><td>9</td><td>10</td></tr>
<tr><td>Knoten</td><td>5</td><td>4</td><td>6</td><td>5</td><td>6</td><td>4</td><td>5</td><td>6</td><td>4</td><td>5</td></tr>
</table>

Abb. 611. Rechnungs-Skizze zur Ermittlung der $M^{(1)}$-Momente zu Abb. 610.

Der Ausgleich wird in der Rechnungs-Skizze (Abb. 611) in üblicher Weise durchgeführt, wobei die μ-Zahlen aus Abb. 608 übernommen werden können. Die in dieser Rechnungs-Skizze eingetragenen Volleinspannmomente $\overline{M}$ bezeichnet man zur besseren Übersicht wieder mit einem Stern. Die erhaltenen Ergebnisse sind in Abb. 611 doppelt unterstrichen; sie lauten:

$$M_{1,4} = +\ 2{,}95 \text{ tm} \qquad M_{5,2} = +\ 3{,}51 \text{ tm}$$
$$M_{2,5} = +\ 3{,}75 \text{ ,,} \qquad M_{5,4} = -\ 1{,}75 \text{ ,,}$$
$$M_{3,6} = +\ 2{,}16 \text{ ,,} \qquad M_{5,6} = -\ 1{,}76 \text{ ,,}$$

$$M_{4,1} = +\ 2{,}38 \text{ ,,} \qquad M_{6,3} = +\ 1{,}96 \text{ ,,}$$
$$M_{4,5} = -\ 2{,}38 \text{ ,,} \qquad M_{6,5} = -\ 1{,}96 \text{ ,, .}$$

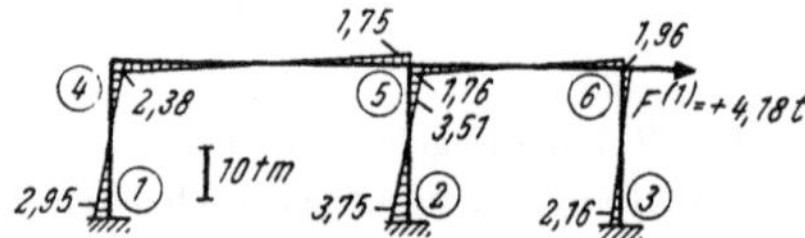

Abb. 612. $M^{(1)}$-Verlauf mit Festhaltekraft $F^{(1)}$.

In Abb. 612 sind diese $M^{(1)}$-Momente maßstäblich aufgetragen.

Festhaltekraft $F^{(1)}$.

Nun ist die dem $M^{(1)}$-Verlauf entsprechende Festhaltekraft $F^{(1)}$ zu berechnen. Es gilt auch hier wieder die Formel (74a):

$$F = \frac{1}{l}\, \Sigma(M^o + M^u).$$

Sie lautet für den vorliegenden Fall in ausführlicher Schreibweise:

$$F^{(1)} = \frac{1}{l}\,[(M_{4,1} + M_{1,4}) + (M_{5,2} + M_{2,5}) + (M_{6,3} + M_{3,6})].$$

Führt man an Hand der Abb. 611 bzw. 612 die Zahlenwerte für die Stielmomente ein, so erhält man:

$$F^{(1)} = \frac{1}{4{,}0}\,(+2{,}38 + 2{,}95 + 3{,}51 + 3{,}75 + 1{,}96 + 2{,}16) = +\ 4{,}18 \text{ t.}$$

Ermittlung des Umrechnungsfaktors c.

Mit den Festhaltekräften $F^{(0)}$ und $F^{(1)}$ kann nun der Umrechnungsfaktor c aus der Verschiebungsgleichung (140)

$$F^{(0)} + c\,F^{(1)} = 0$$

bestimmt werden. Durch Einsetzen der Zahlenwerte für $F^{(0)}$ und $F^{(1)}$ erhält man

$$-\ 1{,}35 + c \cdot 4{,}18 = 0$$

oder

$$c = \frac{1{,}35}{4{,}18} = +\ 0{,}323.$$

Endgültige M-Werte.

Durch Überlagerung der Momente $M^{(0)}$ für den festgehaltenen Rahmen und der mit c multiplizierten $M^{(1)}$-Momente erhält man nach (142)

$$M = M^{(0)} + c\,M^{(1)}.$$

Durch Einsetzen der $M^{(0)}$-Werte nach Abb. 608 bzw. 609 und der $M^{(1)}$-Werte nach Abb. 611 bzw. 612 erhält man:

$$M_{1,4} = -\ 4{,}06 + 0{,}323 \cdot \quad 2{,}95 = -\ 3{,}11 \text{ tm}$$
$$M_{2,5} = +\ 1{,}47 + 0{,}323 \cdot \quad 3{,}75 = +\ 2{,}68 \text{ ,,}$$
$$M_{3,6} = +\ 0{,}79 + 0{,}323 \cdot \quad 2{,}16 = +\ 1{,}49 \text{ ,,}$$

$$M_{4,1} = -\ 8{,}13 + 0{,}323 \cdot \quad 2{,}38 = -\ 7{,}36 \text{ ,,}$$
$$M_{4,5} = +\ 8{,}13 + 0{,}323 \cdot (-\ 2{,}38) = +\ 7{,}36 \text{ ,,}$$

$$M_{5,2} = +\ \ 2{,}94 + 0{,}323 \cdot \ \ \ \ 3{,}51 = +\ \ 4{,}07 \text{ tm}$$
$$M_{5,4} = -\ 22{,}76 + 0{,}323 \cdot (-\ 1{,}75) = -\ 23{,}33 \ \ ,,$$
$$M_{5,6} = +\ 19{,}82 + 0{,}323 \cdot (-\ 1{,}76) = +\ 19{,}25 \ \ ,,$$

$$M_{6,3} = +\ \ 1{,}59 + 0{,}323 \cdot \ \ \ \ 1{,}96 = +\ \ 2{,}22 \ \ ,,$$
$$M_{6,5} = -\ \ 1{,}59 + 0{,}323 \cdot (-\ 1{,}96) = -\ \ 2{,}22 \ \ ,, \ .$$

In Abb. 613 ist der gesamte M-Verlauf maßstäblich dargestellt.

2. Berechnung nach Verfahren II (ohne Verschiebungsgleichungen).

Hier sind die Anweisungen Seite 111 maßgebend. Die Grundwerte μ und $\mathfrak{M}$ sowie die Momente $M^{(0)}$ (vgl. Abb. 609) für den unverschieblich festgehaltenen Rahmen

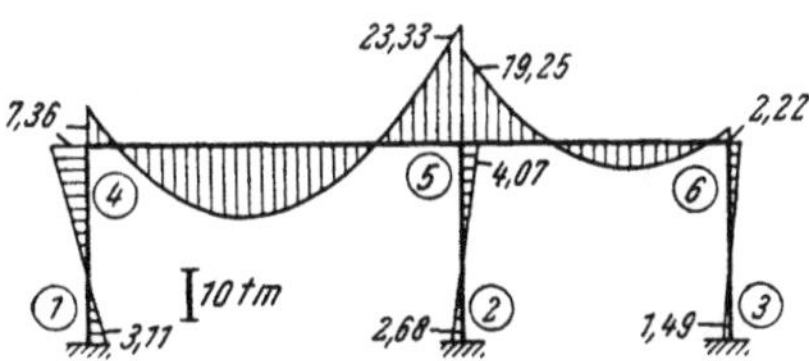

Abb. 613. Endgültiger M-Verlauf für lotrechte Belastung.

und die dabei auftretende Festhaltekraft $F^{(0)} = -\ 1{,}35$ t können aus der bereits durchgeführten Berechnung nach Verfahren I übernommen werden.

Volleinspannmomente $\overline{M}^{(1)}$ infolge des Stockwerkschubes $S^{(1)}$.

Gemäß (82) ergibt sich hier der Stockwerkschub $S^{(1)}$ aus $S^{(1)} = -F^{(0)} = +\ 1{,}35$ t. Nach (96) erhält man die Volleinspannmomente $\overline{M}$ infolge des Stockwerkschubes S für einen Stiel (i) aus

$$\overline{M}_i{}^o = \overline{M}_i{}^u = \frac{k_i\, l}{2\, \Sigma k} \cdot S.$$

An Hand der Festwertskizze (Abb. 607) ergibt sich im vorliegenden Fall

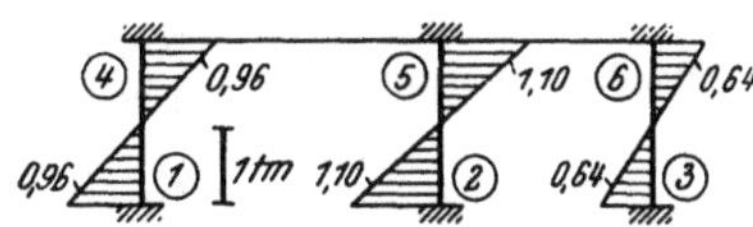

Abb. 614. Volleinspannmomente $\overline{M}^{(1)}$ infolge $S^{(1)} = +\ 1{,}35$ t.

$$\Sigma k = 4{,}68 + 5{,}33 + 3{,}13 = 13{,}14$$

und damit $2\,\Sigma k = 26{,}28$. Man erhält also weiter

$$\overline{M}^{(1)}{}_{1,4} = \overline{M}^{(1)}{}_{4,1} = \frac{4{,}68 \cdot 4{,}0}{26{,}28} \cdot 1{,}35 = +\ 0{,}96 \text{ tm}$$

$$\overline{M}^{(1)}{}_{2,5} = \overline{M}^{(1)}{}_{5,2} = \frac{5{,}33 \cdot 4{,}0}{26{,}28} \cdot 1{,}35 = +\ 1{,}10 \ \ ,,$$

$$\overline{M}^{(1)}{}_{3,6} = \overline{M}^{(1)}{}_{6,3} = \frac{3{,}13 \cdot 4{,}0}{26{,}28} \cdot 1{,}35 = +\ 0{,}64 \ \ ,, \ .$$

In Abb. 614 sind diese $\overline{M}$-Momente maßstäblich aufgezeichnet.

Ausgleich der $\overline{M}^{(1)}$-Momente.

Der einmalige Ausgleich dieser Momente $\overline{M}^{(1)}$ wird nach Ziffer 4 der Anweisungen Seite 111 in der Rechnungs-Skizze (Abb. 615) durchgeführt. Man erhält damit (ohne bei der Addition die mit * versehenen Klammerwerte mitzuzählen) die $M^{(I)}$-Momente. Sie sind in Abb. 616 aufgetragen.

Volleinspannmomente $\overline{M}^{(2)}$ infolge des Stockwerkschubes $S^{(2)}$.

Die den $M^{(I)}$-Momenten entsprechende Festhaltekraft $F^{(1)}$ ergibt sich nach (74a) aus $F = \dfrac{1}{l}\, \Sigma\, (M^o + M^u)$. Damit erhält man an Hand der Abb. 615 bzw. 616

$$F^{(1)} = \frac{1}{4{,}0}\, (-\ 0{,}28 - 0{,}14 - 0{,}23 - 0{,}12 - 0{,}08 - 0{,}04) = -\ 0{,}22 \text{ t}.$$

Der zugehörige Stockwerkschub $S^{(2)}$ wird gemäß (82)

$$S^{(2)} = -\,F^{(1)} = +\,0{,}22 \text{ t.}$$

Die $\overline{M}^{(2)}$-Momente infolge des Stockwerkschubes $S^{(2)}$ erhält man wieder nach (96) aus $\overline{M}^o{}_i =$

$= \overline{M}^u{}_i = \dfrac{k_i l}{2\,\Sigma k}\cdot S.$ Sie können also auch aus den bereits ermittelten $\overline{M}^{(1)}$-Momenten durch

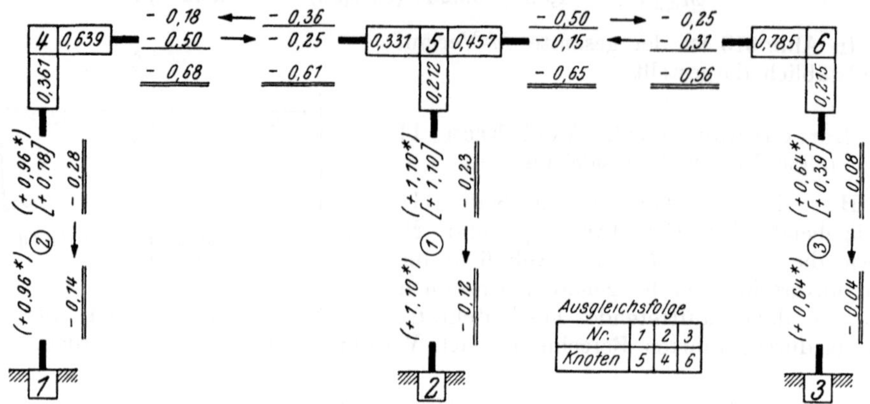

Abb. 615. Rechnungs-Skizze zur Ermittlung der $M^{(I)}$-Momente zu Abb. 614.

Multiplikation mit $\dfrac{S^{(2)}}{S^{(1)}} = \dfrac{0{,}22}{1{,}35} = 0{,}163$ gewonnen werden; man erhält somit

$$\overline{M}^{(2)}{}_{1,4} = \overline{M}^{(2)}{}_{4,1} = 0{,}96\cdot 0{,}163 = +\,0{,}16 \text{ tm}$$

$$\overline{M}^{(2)}{}_{2,5} = \overline{M}^{(2)}{}_{5,2} = 1{,}10\cdot 0{,}163 = +\,0{,}18 \;\text{,,}$$

$$\overline{M}^{(2)}{}_{3,6} = \overline{M}^{(2)}{}_{6,3} = 0{,}64\cdot 0{,}163 = +\,0{,}10 \;\text{,,}\;.$$

In Abb. 617 sind diese $\overline{M}^{(2)}$-Momente aufgezeichnet.

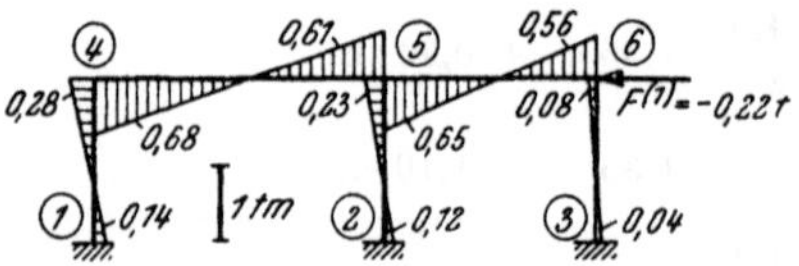

Abb. 616. $M^{(I)}$-Momente mit Festhaltekraft $F^{(1)}$.

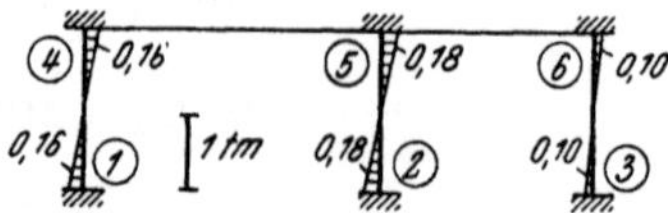

Abb. 617. Volleinspannmomente $\overline{M}^{(2)}$
infolge $S^{(2)} = +\,0{,}22$ t.

Ausgleich der $\overline{M}^{(2)}$-Momente.

Der Ausgleich der Momente $\overline{M}^{(2)}$ wird in üblicher Weise in der Rechnungs-Skizze
(Abb. 618) vollständig durchgeführt. Dabei ist aber zu beachten, daß die in der
Rechnungs-Skizze (Abb. 615) zwar mitgezählten, aber nicht ausgeglichenen Momente $M''_{5,4} = -\,0{,}25$ tm und $M''_{5,6} = -\,0{,}15$ tm hier mit ausgeglichen werden
müssen. Sie sind in Abb. 618 in runde Klammern eingetragen, weil sie nicht noch
einmal mitgezählt werden dürfen. Man erhält durch diesen Ausgleich die $M^{(II)}$-Momente; sie sind in Abb. 619 aufgezeichnet. Die zugehörige Festhaltekraft $F^{(2)}$ ergibt
sich nach (74a) an Hand der Abb. 618 bzw. 619 mit

$$F^{(2)} = \frac{1}{l}\,\Sigma\,(M^o + M^u) = \frac{1}{4{,}0}\,(-\,0{,}07 - 0{,}03 + 0{,}08 + 0{,}04 - 0{,}03 - 0{,}01) =$$

$$= -\,0{,}005 \text{ t.}$$

Dieser Wert ist bereits so klein, daß er nicht mehr weiter berücksichtigt zu werden braucht und der Momentenausgleich als abgeschlossen betrachtet werden kann.

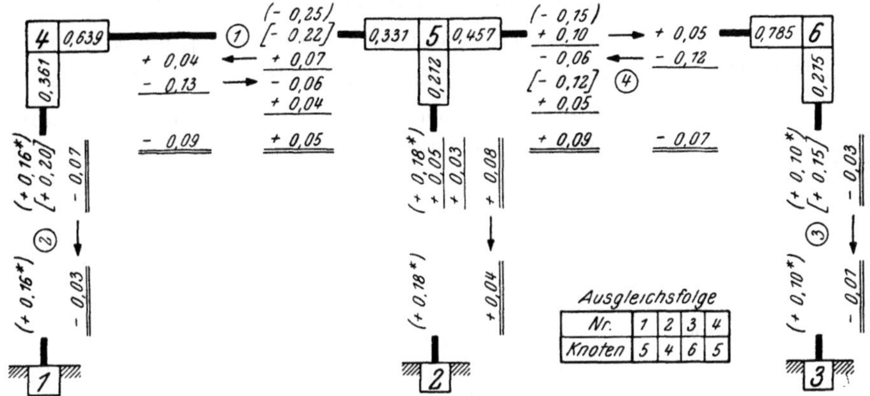

Abb. 618. Rechnungs-Skizze zur Ermittlung der $M^{(II)}$-Momente zu Abb. 617.

Endgültige Momente.

Gemäß Ziffer 8 der Anweisungen Seite 112 ergeben sich die Riegelmomente nach (146) aus $M_R = M^{(0)} + M^{(I)} + M^{(II)}$ und die Stielmomente nach (146 a) aus $M_{St} = M^{(0)} + M^{(I)} + M^{(II)} + \overline{M}^{(1)} + \overline{M}^{(2)}$.

Setzt man also die entsprechenden Werte in diese Formeln ein, so erhält man:

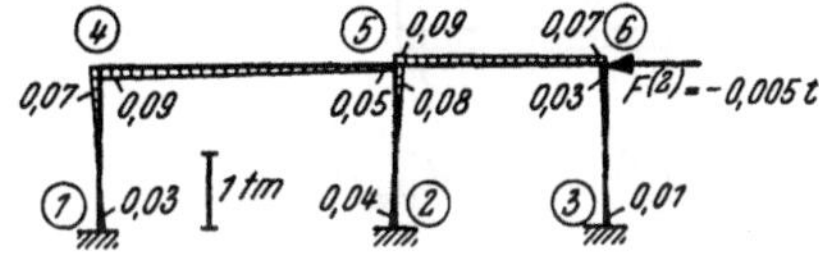

Abb. 619. $M^{(II)}$-Momente mit Festhaltekraft $F^{(2)}$.

$$M_{1,4} = -\ 4{,}06 - 0{,}14 - 0{,}03 + 0{,}96 + 0{,}16 = -\ 3{,}11 \text{ tm}$$
$$M_{2,5} = +\ 1{,}47 - 0{,}12 + 0{,}04 + 1{,}10 + 0{,}18 = +\ 2{,}67 \text{ ,,}$$
$$M_{3,6} = +\ 0{,}79 - 0{,}04 - 0{,}01 + 0{,}64 + 0{,}10 = +\ 1{,}48 \text{ ,,}$$

$$M_{4,1} = -\ 8{,}13 - 0{,}28 - 0{,}07 + 0{,}96 + 0{,}16 = -\ 7{,}36 \text{ ,,}$$
$$M_{4,5} = +\ 8{,}13 - 0{,}68 - 0{,}09 \qquad\qquad\qquad = +\ 7{,}36 \text{ ,,}$$

$$M_{5,2} = +\ 2{,}94 - 0{,}23 + 0{,}08 + 1{,}10 + 0{,}18 = +\ 4{,}07 \text{ ,,}$$
$$M_{5,4} = -\ 22{,}76 - 0{,}61 + 0{,}05 \qquad\qquad\qquad = -\ 23{,}32 \text{ ,,}$$
$$M_{5,6} = +\ 19{,}82 - 0{,}65 + 0{,}09 \qquad\qquad\qquad = +\ 19{,}26 \text{ ,,}$$

$$M_{6,3} = +\ 1{,}59 - 0{,}08 - 0{,}03 + 0{,}64 + 0{,}10 = +\ 2{,}22 \text{ ,,}$$
$$M_{6,5} = -\ 1{,}59 - 0{,}56 - 0{,}07 \qquad\qquad\qquad = -\ 2{,}22 \text{ ,, .}$$

Die hier nach Verfahren II erhaltenen Ergebnisse stimmen mit jenen nach Verfahren I ermittelten und in Abb. 613 dargestellten Werten sehr gut überein.

Anmerkung. Die beiden Rechnungs-Skizzen in Abb. 615 und 618 zur Ermittlung der Momente $M^{(I)}$ und $M^{(II)}$, die hier zur Gewinnung eines besseren Einblickes in die Bedeutung der einzelnen Rechnungsgänge getrennt dargestellt wurden, können auch in *eine* Rechnungs-Skizze zusammengefaßt werden. Diese Art der Rechnungsdurchführung, die natürlich eine gewisse Vereinfachung ergibt, ist anschließend bei Zahlenbeispiel 18 in Abb. 637 gezeigt.

Zahlenbeispiel 18.

Symmetrischer, zweistieliger, zweistöckiger Rahmen (Abb. 620). Volle Einspannung bei 1 und 1′. Es sind zwei Belastungsfälle zu behandeln:

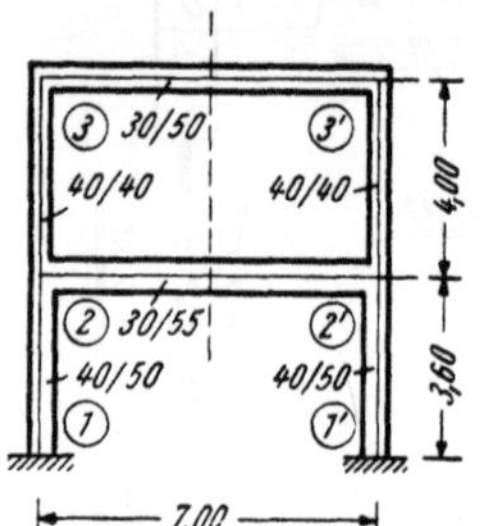

     a) *Symmetrische lotrechte Belastung* q_1 und q_2 (Abb. 621),

     b) *Waagrechte Knotenlasten* P_1 und P_2 (Abb. 622).

Für beide Belastungsfälle kann die Berechnung auf eine Tragwerkshälfte beschränkt werden. Für Lastfall a) ist das Tragwerk unverschieblich, für Lastfall b) aber waagrecht verschieblich. Dieser Fall ist vergleichsweise sowohl nach Verfahren I (mit Verschiebungsgleichungen) als auch nach dem Sonderverfahren mit „fingierten" Knotenlasten durchzurechnen.

Abb. 620. Tragwerksab-
messungen.

       a) Lotrechte Belastung (Abb. 621).

Die Stabfestwerte werden tabellarisch bestimmt. Für die Symmetriestäbe 2—2′ und 3—3′ ist nach (41) $k' = 0,5\,k$ zu verwenden.

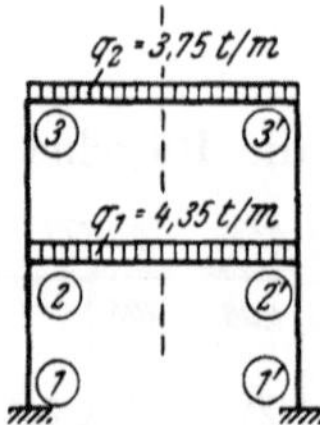

Abb. 621. Lot-
rechte Belastung.

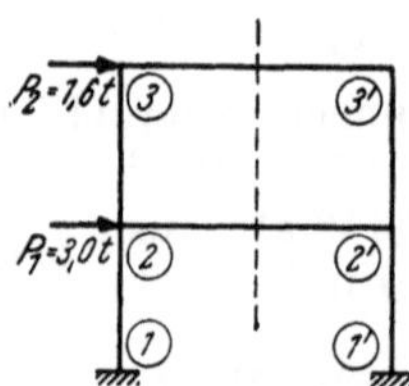

Abb. 622. Waagrechte
Belastung.

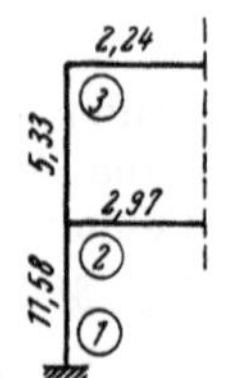

Abb. 623. Festwertskizze für den
symmetrischen Lastfall.

Festwerttabelle.

Stab	b/h (cm)	J (m⁴)	l (m)	$k = 10\,000\,J/l$	$k' = 0,5\,k$
1—2	40/50	0,00417	3,60	11,58	—
2—2′	30/55	0,00416	7,00	5,94	2,97
2—3	40/40	0,00213	4,00	5,33	—
3—3′	30/50	0,00313	7,00	4,47	2,24

Die k- und k'-Zahlen überträgt man in die Festwertskizze (Abb. 623).

Momentenverteilungszahlen μ.

An Hand der Festwertskizze (Abb. 623) erhält man nach (29)

für Knoten 2: $\Sigma k = 11,58 + 2,97 + 5,33 = 19,88$;

$$\mu_{2,1} = \frac{11,58}{19,88} = 0,583; \qquad \mu_{2;\,2'} = \frac{2,97}{19,88} = 0,149; \qquad \mu_{2,3} = \frac{5,33}{19,88} = 0,268,$$

für Knoten 3: $\Sigma k = 5,33 + 2,24 = 7,57$;

$$\mu_{3,2} = \frac{5,33}{7,57} = 0,704; \qquad \mu_{3,3'} = \frac{2,24}{7.57} = 0,296.$$

Volleinspannmomente $\mathfrak{M}$.

$$\mathfrak{M}_{2,2'} = + \frac{q_1 l^2}{12} = + \frac{4,35 \cdot 7,0^2}{12} = + 17,76 \text{ tm}$$

$$\mathfrak{M}_{3,3'} = + \frac{q_2 l^2}{12} = + \frac{3,75 \cdot 7,0^2}{12} = + 15,31 \text{ „ .}$$

Momentenausgleich (vgl. Abb. 624).

Die bisher berechneten Grundwerte μ und $\mathfrak{M}$ trägt man in die Rechnungs-Skizze (Abb. 624) ein und nimmt den Momentenausgleich in üblicher Weise vor. Der Ausgleich wird abwechselnd in den beiden Knoten 2 und 3 so oft durchgeführt, bis man genügend kleine Werte erhält. Die endgültigen Ergebnisse sind in der Rechnungs-Skizze doppelt unterstrichen und in Abb. 625 maßstäblich aufgetragen.

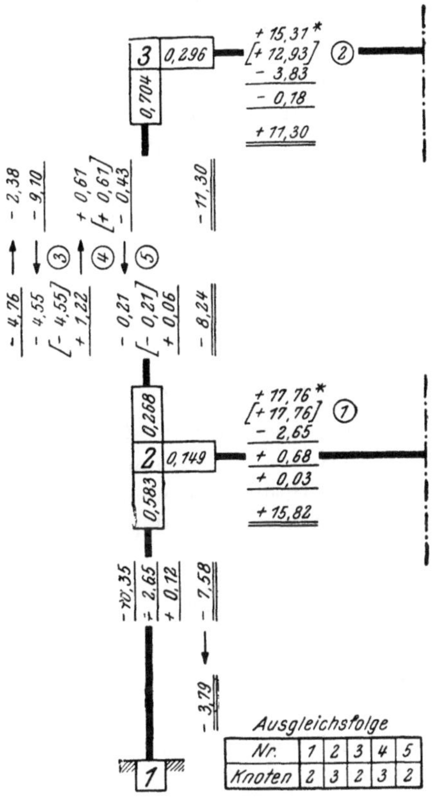

Abb. 624. Rechnungs-Skizze für symmetrische lotrechte Belastung.

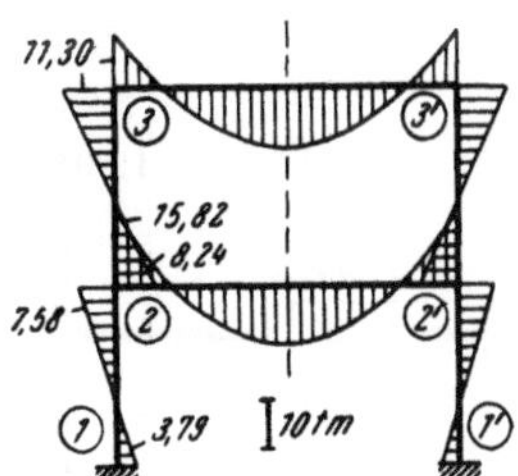

Abb. 625. Endgültiger M-Verlauf für die lotrechte Belastung.

b) **Waagrechte Knotenlasten** P_1 **und** P_2 (Abb. 622).

A. *Berechnung nach Verfahren* I (mit Verschiebungsgleichungen).

Es gelten hier die Seite 101 gegebenen Anweisungen. Da nur Knotenlasten vorhanden sind, entstehen im unverschieblich festgehaltenen Tragwerk keine $M^{(0)}$-Momente. Dieser Teil der Berechnung kann hier also überhaupt entfallen. Die Festhaltekräfte können sofort nach (75) aus $F^{(0)} = - \Sigma P$ ermittelt werden. Im vorliegenden Fall ist also

$$F_1^{(0)} = - P_1 = - 3,0 \text{ t} \quad \text{und} \quad F_2^{(0)} = - P_2 = - 1,6 \text{ t}.$$

Volleinspannmomente $\overline{M}$ *für* $\Delta_1 = 2$.

Für eine willkürlich angenommene Verschiebung des Riegels $2 - 2'$ um $\Delta_1 = 2$ nach rechts erhält man die Volleinspannmomente $\overline{M}$ für beidseitig unverdrehbar festgehaltene Stielenden nach (58) aus

$$\overline{M}^o = \overline{M}^u = \frac{1,5\,k}{l} \cdot \Delta$$

damit wird hier

$$\overline{M}_{2,1} = \overline{M}_{1,2} = \frac{1,5 \cdot 11,58}{3,6} \cdot 2 = + 9,65 \text{ tm}.$$

Diese $\overline{M}$-Momente sind in Abb. 626 maßstäblich aufgetragen.

Steifigkeitszahlen k''.

Es handelt sich hier um einen antimetrischen Belastungsfall; also braucht wieder nur eine Tragwerkshälfte in Betracht gezogen zu werden. Für beide antimetrisch belasteten Stäbe $2 - 2'$ und $3 - 3'$ sind aber die Steifigkeitswerte k'' zu verwenden. Nach (46) erhält man allgemein $k'' = 1,5\,k$, somit im vorliegenden Fall

$$k''_{2,2'} = 1,5\,k_{2,2'} = 1,5 \cdot 5,94 = 8,91$$

$$k''_{3,3'} = 1,5\,k_{3,3'} = 1,5 \cdot 4,47 = 6,71.$$

Die Werte k und k'' sind in die Festwertskizze (Abb. 627) eingetragen.

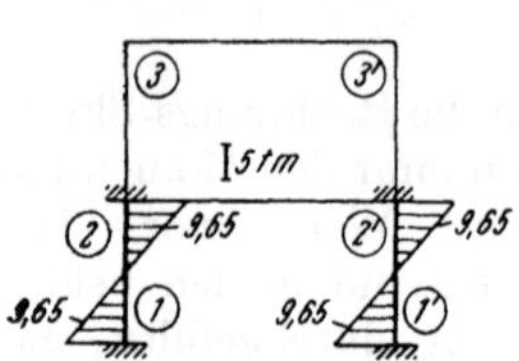

Abb. 626. Volleinspann-momente $\overline{M}$ für $\varDelta_1 = 2$.

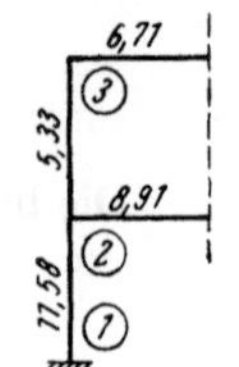

Abb. 627. Festwert-skizze für den anti-metrischen Lastfall.

Momentenverteilungszahlen μ.

An Hand der Festwertskizze (Abb. 627) wird

für Knoten 2: $\ \Sigma k = 11,58 + 8,91 + 5,33 = 25,82$;

$$\mu_{2,1} = \frac{11,58}{25,82} = 0,449; \qquad \mu_{2,2'} = \frac{8,91}{25,82} = 0,345; \qquad \mu_{2,3} = \frac{5,33}{25,82} = 0,206,$$

für Knoten 3: $\ \Sigma k = 5,33 + 6,71 = 12,04$;

$$\mu_{3,2} = \frac{5,33}{12,04} = 0,443; \qquad \mu_{3,3'} = \frac{6,71}{12,04} = 0,557.$$

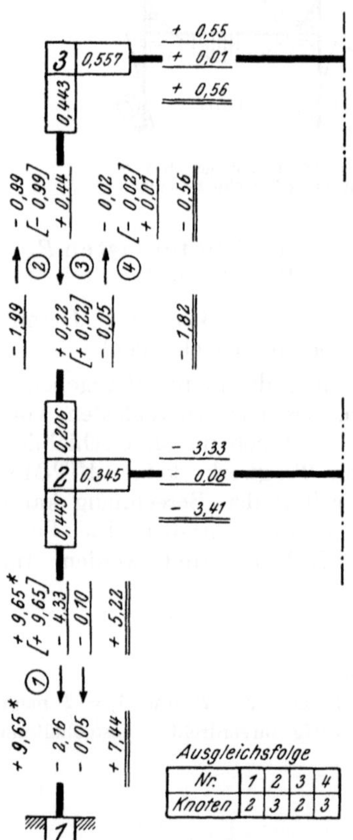

Abb. 628. Rechnungs-Skizze zur Ermitt-lung der $M^{(1)}$-Momente zu Abb. 626.

Ermittlung der $M^{(1)}$-Momente.

Die $M^{(1)}$-Momente ergeben sich durch Ausgleich der $\overline{M}$-Momente. In der Rechnungs-Skizze (Abb. 628) ist dieser Ausgleich in üblicher Weise durchgeführt. Die Ergebnisse sind doppelt unterstrichen; sie lauten:

$$M_{1,2} = + 7,44 \text{ tm} \qquad\qquad M_{3,2} = - 0,56 \text{ tm}$$
$$M_{3,3'} = + 0,56 \ \text{,,}$$
$$M_{2,1} = + 5,22 \ \text{,,}$$
$$M_{2,2'} = - 3,41 \ \text{,,}$$
$$M_{2,3} = - 1,82 \ \text{,,}$$

In Abb. 629 sind die $M^{(1)}$-Momente maß-stäblich aufgetragen.

Festhaltekräfte $F_1^{(1)}$ und $F_2^{(1)}$.

Die dem $M^{(1)}$-Verlauf entsprechenden Festhaltekräfte ergeben sich nach (68a) aus

$$F = \frac{1}{l_\mu}\,\underset{\mu}{\Sigma}\,(M^o{}_\mu + M^u{}_\mu) - \frac{1}{l_{\mu+1}}\,\underset{\mu+1}{\Sigma}\,(M^o{}_{\mu+1} + M^u{}_{\mu+1}).$$

Hierin beziehen sich die Zeiger μ und $(\mu + 1)$ auf die beiden übereinander liegen-den Geschosse. Somit wird im vorliegenden Fall für eine Tragwerkshälfte im 1. Geschoß

$$\tfrac{1}{2}\,F_1^{(1)} = \frac{1}{l_{1,2}}\,(M_{2,1} + M_{1,2}) - \frac{1}{l_{2,3}}\,(M_{3,2} + M_{2,3})$$

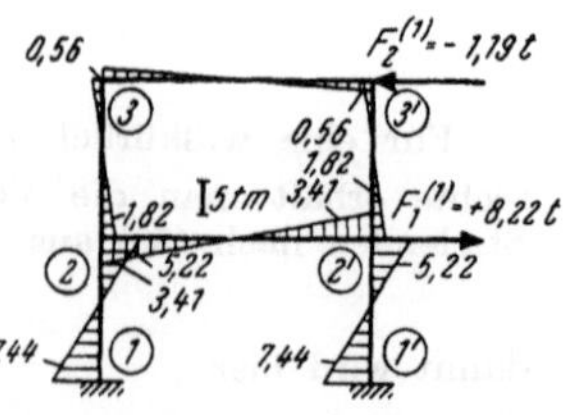

Abb. 629. $M^{(1)}$-Verlauf mit Fest-haltekräften $F_1^{(1)}$ und $F_2^{(1)}$.

Ausgleichsfolge

Nr.	1	2	3	4
Knoten	2	3	2	3

und mit den Zahlenwerten an Hand der Abb. 628 bzw. 629

$$\frac{1}{2} F_1{}^{(1)} = \frac{1}{3,6} \, (5,22 + 7,44) - \frac{1}{4,0} \, (- 0,56 - 1,82) = + 4,11 \text{ t}.$$

Mithin für den gesamten Rahmen $F_1{}^{(1)} = 2 \cdot 4,11 = + 8,22$ t.
Im 2. Geschoß wird für eine Tragwerkshälfte

$$\frac{1}{2} F_2{}^{(1)} = \frac{1}{4,0} \, (- 0,56 - 1,82) = - 0,595 \text{ t},$$

also für das gesamte Tragwerk

$$F_2{}^{(1)} = - 2 \cdot 0,595 = - 1,19 \text{ t}.$$

Volleinspannmomente $\overline{M}$ für $\Delta_2 = 2$.

Für eine willkürliche Verschiebung im 2. Geschoß um $\Delta_2 = 2$ nach rechts ergeben sich nach (58) die Volleinspannmomente $\overline{M}$ in den Stielen des 2. Geschosses mit

$$\overline{M}_{2,3} = \overline{M}_{3,2} = \frac{1,5 \, k_{2,3}}{l_{2,3}} \cdot \Delta_2 =$$

$$= \frac{1,5 \cdot 5,33}{4,0} \cdot 2 = 3,40 \text{ tm}.$$

Diese $\overline{M}$-Momente sind in Abb. 630 maßstäblich aufgetragen.

Ermittlung der $M^{(2)}$-Momente.

Durch Ausgleich der Volleinspannmomente $\overline{M}_{2,3}$ und $\overline{M}_{3,2}$ erhält man die $M^{(2)}$-Momente. Der Ausgleich ist in der Rechnungs-Skizze (Abb. 631) durchgeführt. Die Ergebnisse lauten:

$$M_{1,2} = - 0,61 \text{ tm}$$
$$M_{2,1} = - 1,22 \text{ ,,}$$
$$M_{2,2'} = - 0,93 \text{ ,,}$$
$$M_{2,3} = + 2,15 \text{ ,,}$$
$$M_{3,2} = + 1,74 \text{ ,,}$$
$$M_{3,3'} = - 1,74 \text{ ,, }.$$

In Abb. 632 sind die $M^{(2)}$-Momente maßstäblich aufgetragen.

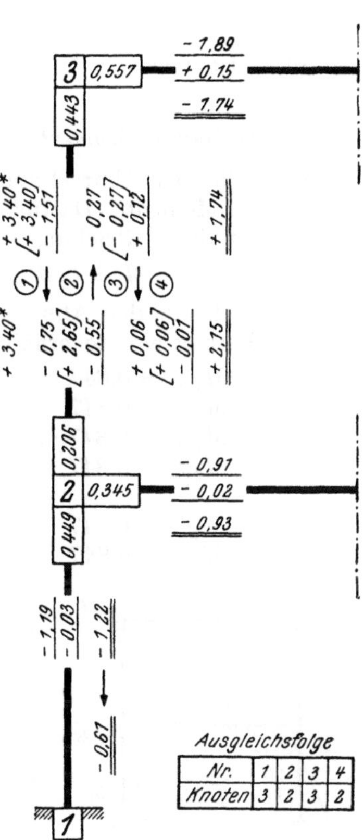

Abb. 631. Rechnungs-Skizze zur Ermittlung der $M^{(2)}$-Momente zu Abb. 630.

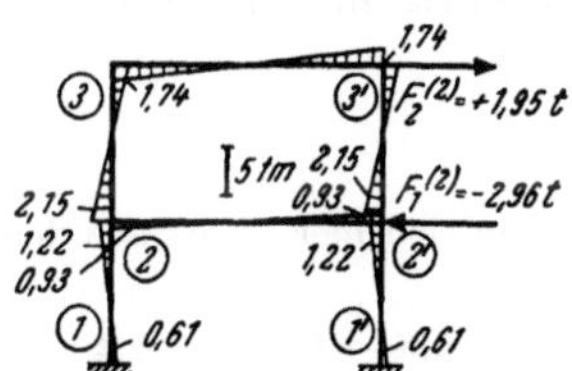

Abb. 630. Volleinspannmomente $\overline{M}$ für $\Delta_2 = 2$.

Festhaltekräfte $F_1{}^{(2)}$ und $F_2{}^{(2)}$.

Die dem $M^{(2)}$-Verlauf entsprechenden Festhaltekräfte erhält man wieder nach (68a) an Hand der Abb. 631 bzw. 632:

Im 1. Geschoß, wenn nur eine Tragwerkshälfte in Betracht gezogen wird,

$$\frac{1}{2} F_1{}^{(2)} = \frac{1}{3,6} \, (- 1,22 - 0,61) - \frac{1}{4,0} \, (1,74 + 2,15) = - 1,48 \text{ t},$$

also für das gesamte Tragwerk

$$F_1{}^{(2)} = - 2 \cdot 1,48 = - 2,96 \text{ t}.$$

Für das 2. Geschoß ergibt sich

$$\frac{1}{2} F_2{}^{(2)} = \frac{1}{4,0} \, (1,74 + 2,15) = + 0,975 \text{ t}.$$

Somit für das gesamte Tragwerk

$$F_2{}^{(2)} = 2 \cdot 0,975 = + 1,95 \text{ t}.$$

Abb. 632. $M^{(2)}$-Verlauf mit Festhaltekräften $F_1{}^{(2)}$ und $F_2{}^{(2)}$.

Ermittlung der Umrechnungsfaktoren c_1 und c_2.

Mit den nun zahlenmäßig bekannten Festhaltekräften $F_1^{(0)}$, $F_2^{(0)}$, $F_1^{(1)}$, $F_2^{(1)}$, $F_1^{(2)}$, $F_2^{(2)}$ können die c-Werte aus den Verschiebungsgleichungen (143) ermittelt werden; sie lauten allgemein:

$$F_1^{(0)} + c_1 F_1^{(1)} + c_2 F_1^{(2)} = 0$$
$$F_2^{(0)} + c_1 F_2^{(1)} + c_2 F_2^{(2)} = 0.$$

Nach Einsetzen der F-Werte erhält man:

$$-3{,}0 + 8{,}22\,c_1 - 2{,}96\,c_2 = 0$$
$$-1{,}6 - 1{,}19\,c_1 + 1{,}95\,c_2 = 0.$$

Die Auflösung ergibt:

$$c_1 = +0{,}847; \qquad c_2 = +1{,}339.$$

Endgültige Momente für die waagrechten Knotenlasten P_1 und P_2.

Mit Hilfe der Umrechnungsfaktoren c_1 und c_2 erhält man nach (145) die endgültigen Momente. Da für den vorliegenden Fall die $M^{(0)}$-Momente gleich Null sind, lautet diese Gleichung einfach

$$M = c_1 M^{(1)} + c_2 M^{(2)} = 0{,}847\,M^{(1)} + 1{,}339\,M^{(2)}.$$

Setzt man die in den Abb. 629 und 632 dargestellten Momente $M^{(1)}$ und $M^{(2)}$ in diese Formel ein, so erhält man

$$M_{1,2} = 0{,}847 \cdot 7{,}44 + 1{,}339 \cdot (-0{,}61) = +5{,}48 \text{ tm}$$
$$M_{2,1} = 0{,}847 \cdot 5{,}22 + 1{,}339 \cdot (-1{,}22) = +2{,}79 \text{ ,,}$$
$$M_{2,2}' = 0{,}847 \cdot (-3{,}41) + 1{,}339 \cdot (-0{,}93) = -4{,}13 \text{ ,,}$$
$$M_{2,3} = 0{,}847 \cdot (-1{,}82) + 1{,}339 \cdot 2{,}15 = +1{,}34 \text{ ,,}$$

$$M_{3,2} = 0{,}847 \cdot (-0{,}56) + 1{,}339 \cdot 1{,}74 = +1{,}86 \text{ ,,}$$
$$M_{3,3}' = 0{,}847 \cdot 0{,}56 + 1{,}339 \cdot (-1{,}74) = -1{,}86 \text{ ,,}.$$

Die entsprechenden Stabanschlußmomente in den symmetrisch gelegenen Knotenpunkten sind gleich groß und erhalten auch gleiches Vorzeichen.

In Abb. 633 ist der gesamte M-Verlauf maßstäblich aufgezeichnet.

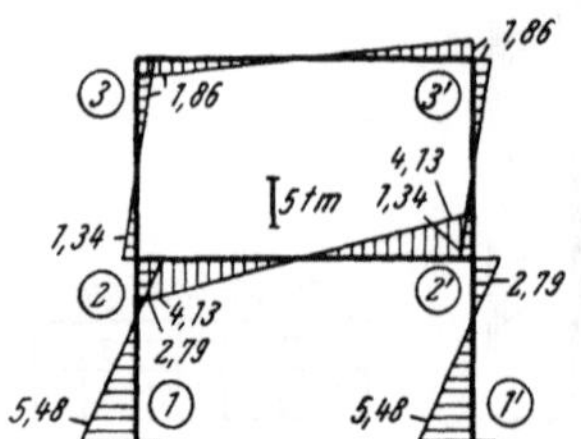

Abb. 633. Endgültiger M-Verlauf für die waagrechte Belastung aus Abb. 622.

B. Berechnung nach dem Sonderverfahren mit „fingierten" Knotenlasten.

Die Belastungsangaben für den symmetrischen Rahmen sind aus Abb. 634 zu entnehmen. Die Grundwerte k und μ können aus der vorangehenden Rechnung (nach Verfahren I) übernommen werden. Nach den Seite 113 ff. mit Bezug auf Tafel 43 gegebenen Erläuterungen wird unter Beachtung, daß hier die Steifigkeit der Riegel kleiner ist als die der Stiele, als fingierte Knotenlast $P_2' = 2P_2 = 3{,}2$ t gewählt. Für die Berechnung, die im Prinzip nach den Anweisungen zu Verfahren II, Seite 111, durchzuführen ist, braucht nur das halbe Tragwerk mit der halben Belastung gemäß Abb. 635 in Betracht gezogen zu werden.

Stockwerkschübe $S_1^{(1)}$ und $S_2^{(1)}$.

Die Festhaltekräfte $F_1^{(0)}$ und $F_2^{(0)}$ in den Lagern 1 und 2 ergeben sich hier sofort aus den Knotenlasten oder auch aus (69), und zwar wird nach Abb. 635

$$F_1^{(0)} = -0{,}5\,P_1 = -1{,}5 \text{ t}; \qquad F_2^{(0)} = -0{,}5\,P_2 - 0{,}5\,P_2' = -0{,}8 - 1{,}6 = -2{,}4 \text{ t}.$$

Die Stockwerkschübe erhält man nach (82) aus $S = -\Sigma F$; damit wird

$$S_1^{(1)} = -F_1^{(0)} - F_2^{(0)} = 1{,}5 + 2{,}4 = +3{,}9 \text{ t}; \qquad S_2^{(1)} = -F_2^{(0)} = +2{,}4 \text{ t}.$$

Volleinspannmomente $\overline{M}^{(1)}$ infolge der Stockwerkschübe $S_1{}^{(1)}$, $S_2{}^{(1)}$.

Nach (96) wird allgemein $\overline{M}^o{}_i = \overline{M}^u{}_i = \dfrac{k_i\,l}{2\,\Sigma k} \cdot S.$

Damit erhält man an Hand der Festwertskizze (Abb. 627)

für das 1. Geschoß $\overline{M}^{(1)}{}_{2,1} = \overline{M}^{(1)}{}_{1,2} = \dfrac{11,58 \cdot 3,6}{2 \cdot 11,58} \cdot 3,9 = +\ 7,02\ \text{tm}$

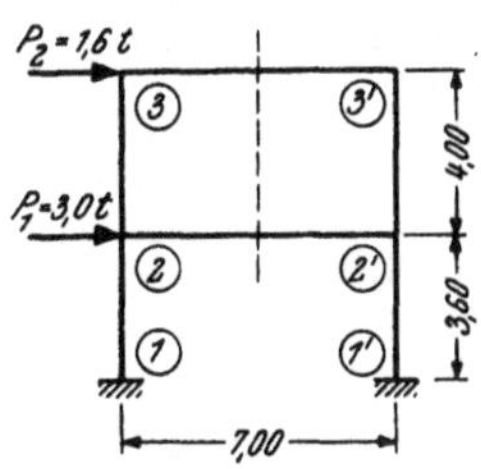

Abb. 634. Belastungsangaben (waagrechte Knotenlasten P_1 und P_2).

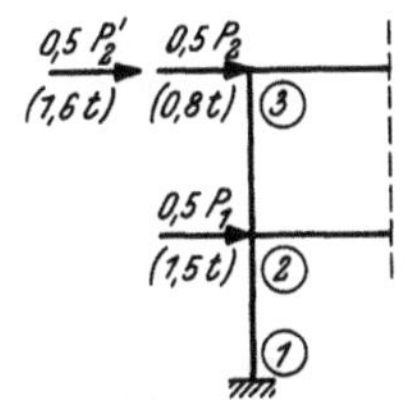

Abb. 635. Tragwerkshälfte mit halber waagrechter Belastung einschließlich „fingierter" Knotenlast $0,5\ P_2'$.

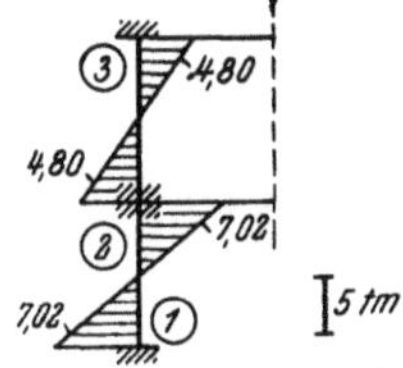

Abb. 636. Volleinspannmomente $\overline{M}^{(1)}$ infolge der Stockwerkschübe $S_1{}^{(1)} = +\ 3,9$ t, $S_2{}^{(1)} = +\ 2,4$ t.

und für das 2. Geschoß $\overline{M}^{(1)}{}_{3,2} = \overline{M}^{(1)}{}_{2,3} =$

$$= \frac{5,33 \cdot 4,0}{2 \cdot 5,33} \cdot 2,4 = +\ 4,80\ \text{tm}.$$

In Abb. 636 sind diese $\overline{M}^{(1)}$-Momente maßstäblich aufgetragen.

Ausgleich der $\overline{M}^{(1)}$-Momente.

Der Ausgleich geschieht nach Ziffer 4 der Anweisungen Seite 111 in der Rechnungs-Skizze (Abb. 637). Die Verteilungszahlen μ können hierbei von früher übernommen werden. Der Ausgleich der $\overline{M}^{(1)}$-Momente, die in der Rechnungs-Skizze zur Unterscheidung von den übrigen M-Werten mit einem * versehen und in eine runde Klammer gesetzt werden, erfolgt grundsätzlich nur einmal in jedem Knoten. Die dabei erhaltenen Anteile M' in den Stielen werden auf das andere Stabende weitergeleitet und ergeben dort die M''-Werte. Das Gesamtergebnis dieser 1. Rechnungsstufe stellt (ohne die eingeklammerten Werte!) die $M^{(I)}$-Momente dar; sie sind in Abb. 638 a aufgetragen.

Festhaltekräfte $F_1{}^{(1)}$ und $F_2{}^{(1)}$.

Die neuen Festhaltekräfte $F_1{}^{(1)}$ und $F_2{}^{(1)}$ werden aus den $M(I)$-Momenten, hier also aus den jeweils zusammengehörigen Werten M' und M'' der Rahmenstiele ermittelt. Sie ergeben sich nach (68a) aus

$$F = \frac{1}{l_\mu}\,\Sigma\,(M^o{}_\mu + M^u{}_\mu) - \frac{1}{l_{\mu+1}}\,\Sigma\,(M^o{}_{\mu+1} + M^u{}_{\mu+1}).$$

Setzt man die der 1. Rechnungsstufe (in der Rechnungs-Skizze seitlich durch $F_1{}^{(1)}$ bzw. $F_2{}^{(1)}$ gekennzeichnet) entsprechenden und auch in Abb. 638 a dargestellten $M^{(I)}$-Werte ein, so erhält man im Lager 1:

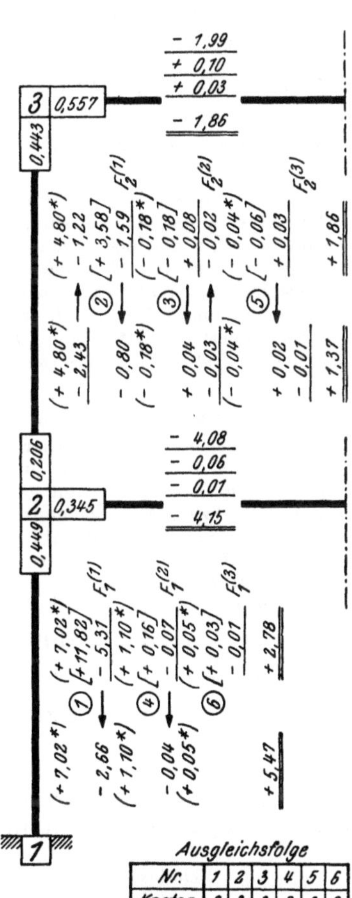

Abb. 637. Rechnungs-Skizze für waagrechte Belastung.

$$F_1{}^{(1)} = \frac{1}{3,6}\,(-\,5,31 - 2,66) - \frac{1}{4,0}\,(-\,2,81 - 3,23) = -\,2,21 + 1,51 = -\,0,70\text{ t}$$

und im Lager 2:

$$F_2{}^{(1)} = \frac{1}{4,0}\,(-\,2,81 - 3,23) = -\,1,51\text{ t.}$$

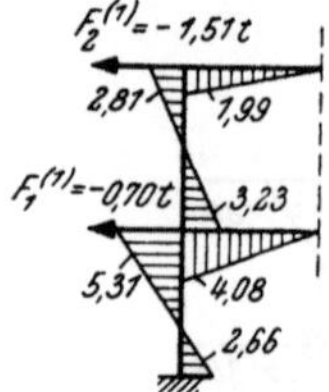
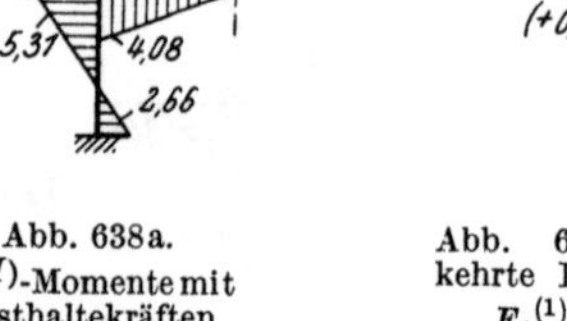
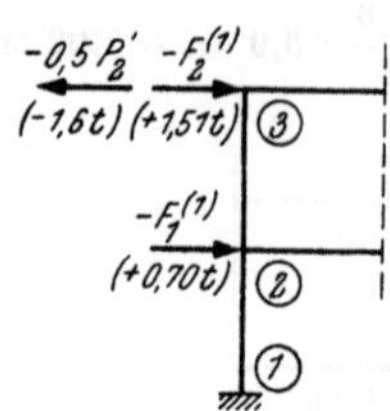

Abb. 638a.
$M^{(I)}$-Momente mit
Festhaltekräften
$F_1{}^{(1)}$, $F_2{}^{(1)}$;
(1. Rechnungs-
stufe).

Abb. 638b. Umge-
kehrte Festhaltekräfte
$F_1{}^{(1)}$, $F_2{}^{(1)}$ aus
Abb. 638a und umge-
kehrte „fingierte"
Knotenlast 0,5 P'_2.

Stockwerkschübe $S_1{}^{(2)}$ und $S_2{}^{(2)}$.

Bei der Ermittlung dieser Stockwerkschübe wird die in der 1. Rechnungsstufe angenommene „fingierte" Knotenlast 0,5 P'_2 mit entgegengesetztem Richtungssinn mit in Rechnung gestellt. Man erhält somit gemäß (147) und an Hand der Abb. 638b, in welcher sämtliche für die Stockwerkschübe $S_1{}^{(2)}$ und $S_2{}^{(2)}$ maßgebenden Kräfte eingetragen sind,

$$S_1{}^{(2)} = -\,F_1{}^{(1)} - F_2{}^{(1)} - 0,5\,P'_2 = +\,0,70 + 1,51 - 1,6 = +\,0,61\text{ t,}$$

$$S_2{}^{(2)} = -\,F_2{}^{(1)} - 0,5\,P'_2 = +\,1,51 - 1,6 = -\,0,09\text{ t.}$$

Volleinspannmomente $\overline{M}^{(2)}$ infolge der Stockwerkschübe $S_1{}^{(2)}$, $S_2{}^{(2)}$.

Nach (96) ergibt sich an Hand der Festwertskizze (Abb. 627)

für das 1. Geschoß: $\quad \overline{M}^{(2)}{}_{2,1} = \overline{M}^{(2)}{}_{1,2} = \dfrac{11{,}58 \cdot 3{,}6}{2 \cdot 11{,}58} \cdot 0{,}61 = +\,1,10\text{ tm}$

und für das 2. Geschoß: $\quad \overline{M}^{(2)}{}_{3,2} = \overline{M}^{(2)}{}_{2,3} = \dfrac{5{,}33 \cdot 4{,}0}{2 \cdot 5{,}33} \cdot (-\,0{,}09) = -\,0,18\text{ tm.}$

Der Ausgleich dieser $\overline{M}^{(2)}$-Momente, die in Abb. 639a aufgezeichnet sind, wird wieder gemeinsam mit den noch nicht ausgeglichenen M''-Werten aus der vorangegangenen Rechnungsstufe in der Systemskizze (Abb. 637) vorgenommen; man erhält damit (wieder ohne die eingeklammerten Werte!) die $M^{(II)}$-Momente; sie sind in Abb. 639b aufgetragen.

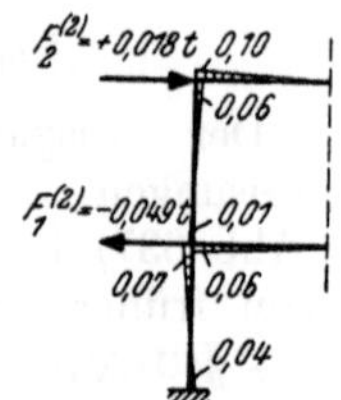

Abb. 639a. Volleinspannmomente $\overline{M}^{(2)}$
infolge der Stockwerkschübe
$S_1{}^{(2)} = +\,0,61$ t,
$S_2{}^{(2)} = -\,0,09$ t.

Abb. 639b.
$M^{(II)}$-Momente
mit Festhaltekräften
$F_1{}^{(2)}$, $F_2{}^{(2)}$;
(2. Rechnungsstufe).

Festhaltekräfte $F_1{}^{(2)}$ und $F_2{}^{(2)}$.

In der gleichen Art wie vorher die $F^{(1)}$-Kräfte werden jetzt die $F^{(2)}$-Kräfte aus den der 2. Rechnungsstufe (in der Rechnungs-Skizze seitlich durch $F_1{}^{(2)}$ bzw. $F_2{}^{(2)}$ gekennzeichnet!) entsprechenden und auch in Abb. 639b aufgetragenen $M^{(II)}$-Momenten ermittelt. Damit erhält man nach (68a) im Lager 1:

$$F_1{}^{(2)} = \frac{1}{3,6}\,(-\,0,07 - 0,04) - \frac{1}{4,0}\,(+\,0,06 + 0,01) = -\,0,031 - 0,018 = -\,0,049\text{ t}$$

und im Lager 2:

$$F_2{}^{(2)} = \frac{1}{4,0}\,(+\,0,06 + 0,01) = +\,0,018\text{ t.}$$

Stockwerkschübe $S_1{}^{(3)}$ und $S_2{}^{(3)}$.

Mit den soeben ermittelten Festhaltekräften $F^{(2)}$ erhält man nach (82)

$$S_1{}^{(3)} = -\,F_1{}^{(2)} - F_2{}^{(2)} = +\,0,049 - 0,018 = +\,0,031\text{ t} \quad \text{und} \quad S_2{}^{(3)} = -\,F_2{}^{(2)} = -\,0,018\text{ t.}$$

Volleinspannmomente $\overline{M}^{(3)}$ infolge der Stockwerkschübe $S_1{}^{(3)}$, $S_2{}^{(3)}$.

Nach (96) ergibt sich an Hand der Festwertskizze (Abb. 627)

für das 1. Geschoß: $\quad \overline{M}^{(3)}{}_{2,1} = \overline{M}^{(3)}{}_{1,2} = \dfrac{11{,}58 \cdot 3{,}6}{2 \cdot 11{,}58} \cdot 0{,}031 = +\,0,05\text{ tm}$

und für das 2. Geschoß: $\overline{M}^{(3)}{}_{3,2} = \overline{M}^{(3)}{}_{2,3} = \dfrac{5{,}33 \cdot 4{,}0}{2 \cdot 5{,}33} \cdot (-\,0{,}018) = -\,0{,}04$ tm.

Der Ausgleich dieser $\overline{M}^{(3)}$-Momente (vgl. Abb. 640a) geschieht wieder gemeinsam mit den noch nicht ausgeglichenen M''-Werten aus der vorhergehenden Rechnungsstufe in der Systemskizze (Abb. 637). Es ergeben sich damit die $M^{(III)}$-Momente; sie sind in Abb. 640b dargestellt.

Festhaltekräfte $F_1{}^{(3)}$ und $F_2{}^{(3)}$.

Wie vorher erhält man nach (68a) an Hand von Abb. 639b im Lager 1:

$$F_1{}^{(3)} = \frac{1}{3{,}6}\,(-\,0{,}01 - 0{,}00) - \frac{1}{4{,}0}\,(+\,0{,}03 + {}+ 0{,}01) = -\,0{,}0028 - 0{,}0100 = -\,0{,}0128\ \text{t}$$

und im Lager 2:

$$F_2{}^{(3)} = \frac{1}{4{,}0}\,(+\,0{,}03 + 0{,}01) = +\,0{,}010\ \text{t}.$$

Diese Festhaltekräfte haben nun bereits genügend kleine Werte angenommen, so daß der Ausgleich als abgeschlossen betrachtet werden kann.

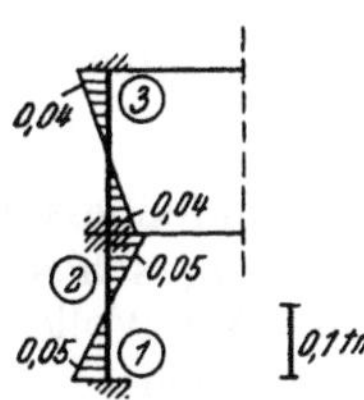
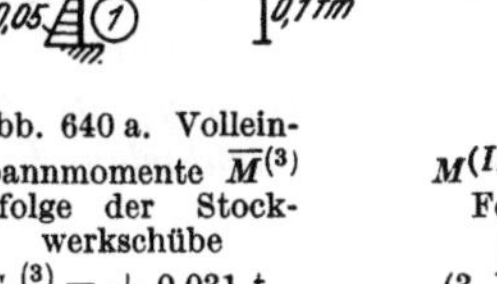
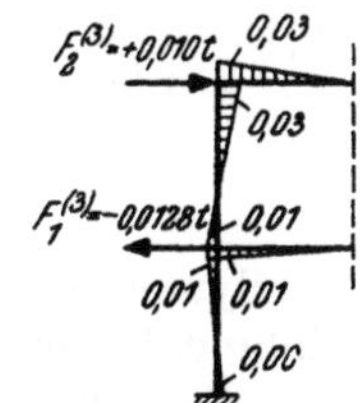

Abb. 640a. Volleinspannmomente $\overline{M}^{(3)}$ infolge der Stockwerkschübe $S_1{}^{(3)} = +\,0{,}031$ t, $S_2{}^{(3)} = -\,0{,}018$ t.

Abb. 640b. $M^{(III)}$-Momente mit Festhaltekräften $F_1{}^{(3)}$, $F_2{}^{(3)}$; (3. Rechnungsstufe).

Endgültige Momente.

Die endgültigen Momente erhält man in den Riegeln nach (146) mit

$$M_R = M^{(0)} + M^{(I)} + M^{(II)} + M^{(III)}$$

und in den Stielen nach (146a) mit

$$M_{St} = M^{(0)} + M^{(I)} + M^{(II)} + M^{(III)} + \overline{M}^{(1)} + \overline{M}^{(2)} + \overline{M}^{(3)}.$$

Die Auswertung dieser Formeln kann in üblicher Weise direkt in der Rechnungs-Skizze (Abb. 637) durch algebraische Addition der in den einzelnen Kolonnen untereinanderstehenden Werte $\overline{M}$, M' und M'' erfolgen. Die in runder Klammer stehenden und mit einem * versehenen $\overline{M}$-Werte sind also jetzt mit in Rechnung zu stellen. Unabhängig davon ergeben sich mit den oben zitierten Formeln an Hand der Abb. 636, 638a, 639a, b, 640a, b, unter Beachtung. daß hier $M^{(0)} = 0$:

$$M_{1,2} = -\,2{,}66 - 0{,}04 - 0{,}00 + 7{,}02 + 1{,}10 + 0{,}05 = +\,5{,}47\ \text{tm}$$
$$M_{2,1} = -\,5{,}31 - 0{,}07 - 0{,}01 + 7{,}02 + 1{,}10 + 0{,}05 = +\,2{,}78\ \text{,,}$$
$$M_{2,2'} = -\,4{,}08 - 0{,}06 - 0{,}01 \qquad\qquad\qquad = -\,4{,}15\ \text{,,}$$
$$M_{2,3} = -\,3{,}23 + 0{,}01 + 0{,}01 + 4{,}80 - 0{,}18 - 0{,}04 = +\,1{,}37\ \text{,,}$$
$$M_{3,2} = -\,2{,}81 + 0{,}06 + 0{,}03 + 4{,}80 - 0{,}18 - 0{,}04 = +\,1{,}86\ \text{,,}$$
$$M_{3,3'} = -\,1{,}99 + 0{,}10 + 0{,}03 \qquad\qquad\qquad = -\,1{,}86\ \text{,, .}$$

Die erhaltenen Ergebnisse stimmen mit jenen nach Verfahren I ermittelten und in Abb. 633 aufgetragenen Werten gut überein.

Anmerkung. Um eine ungefähre Vergleichsmöglichkeit zwischen dem Arbeitsaufwand bei Verwendung des Sonderverfahrens mit „fingierten" Knotenlasten und des gewöhnlichen Verfahrens II zu geben, werden in der nachstehenden Tabelle die Zwischenergebnisse nach beiden Rechnungsverfahren in den einzelnen Rechnungsstufen gegenübergestellt. Daraus ist zu ersehen, daß nach dem Sonderverfahren nur 3 Rechnungswiederholungen, nach dem gewöhnlichen Verfahren II aber 8 Wiederholungen erforderlich sind, bis der Ausgleich als abgeschlossen betrachtet werden kann.

Vergleichstabelle.

	Sonderverfahren			Gewöhnliches Verfahren II							
	Rechnungsstufen			Rechnungsstufen							
	1	2	3	1	2	3	4	5	6	7	8
F_1	− 0,700	− 0,049	− 0,0128	− 0,93	− 0,34	− 0,14	− 0,06	− 0,03	− 0,01	− 0,01	− 0,01
F_2	− 1,510	+ 0,018	+ 0,0100	− 1,22	− 0,76	− 0,44	− 0,25	− 0,14	− 0,08	− 0,04	− 0,02

Zahlenbeispiel 19 (vgl. auch Nr. 30).

Symmetrischer, dreigeschossiger, im untersten Stockwerk fünfstieliger Rahmenbinder (Abb. 641). Volle Einspannung bei 1,1′, 2,2′, 3. Es sind zwei Belastungsfälle zu untersuchen:

a) *lotrechte Belastung* q_1, q_2, q_3, q_4 (Abb. 642 a),

b) *waagrechte Knotenlasten* P_1, P_2, P_3, P_4 (Abb. 642 b).

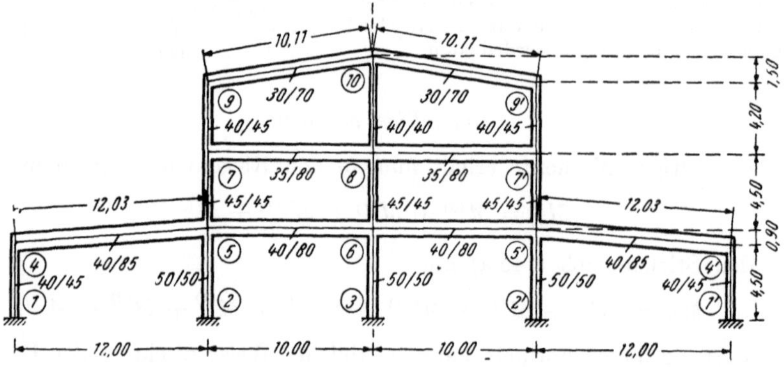

Abb. 641. Tragwerksabmessungen.

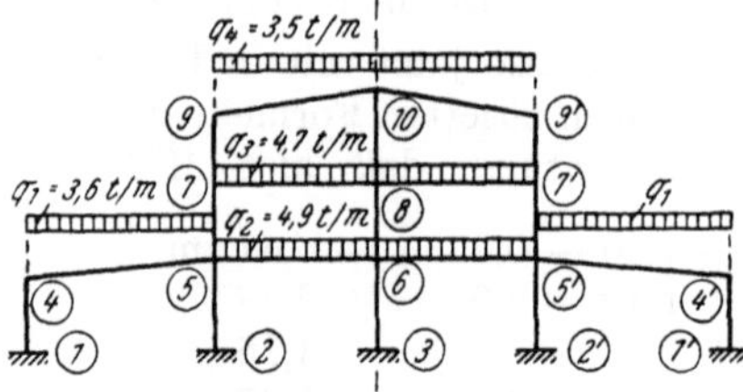

Abb. 642a. Lotrechte Belastung.

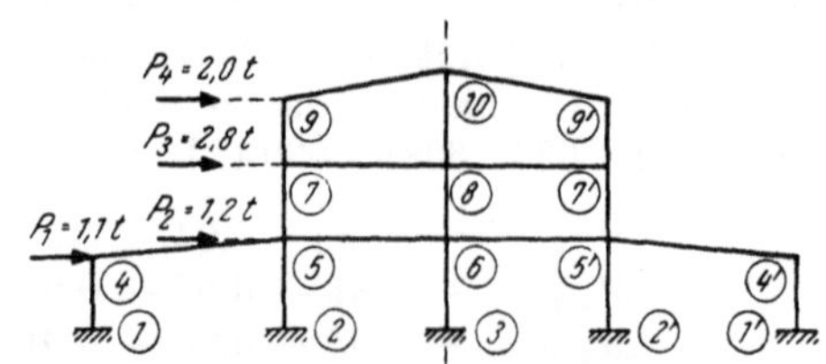

Abb. 642b. Waagrechte Belastung.

Festwerttabelle.

Stab	b/h (cm)	J (m⁴)	l (m)	$k = 10\,000\,J/l$
1—4	40/45	0,00304	4,50	6,76
2—5, 3—6	50/50	0,00521	5,40	9,65
4—5	40/85	0,02047	12,03	17,02
5—6	40/80	0,01707	10,00	17,07
5—7, 6—8	45/45	0,00342	4,50	7,60
7—8	35/80	0,01493	10,00	14,93
7—9	40/45	0,00304	4,20	7,24
8—10	40/40	0,00213	5,70	3,74
9—10	30/70	0,00858	10,11	8,49

Die k-Zahlen werden in die Festwertskizze (Abb. 643) eingetragen.

Momentenverteilungszahlen μ.

An Hand der Festwertskizze (Abb. 643) erhält man nach (29)

für Knoten 4: $\Sigma k = 6{,}76 + 17{,}02 = 23{,}78;$

$$\mu_{4,1} = \frac{6{,}76}{23{,}78} = 0{,}284; \qquad \mu_{4,5} = \frac{17{,}02}{23{,}78} = 0{,}716;$$

für Knoten 5: $\Sigma k = 9{,}65 + 17{,}02 + 17{,}07 + 7{,}60 = 51{,}34;$

$$\mu_{5,2} = \frac{9{,}65}{51{,}34} = 0{,}188 \qquad \mu_{5,6} = \frac{17{,}07}{51{,}34} = 0{,}332$$

$$\mu_{5,4} = \frac{17{,}02}{51{,}34} = 0{,}332 \qquad \mu_{5,7} = \frac{7{,}60}{51{,}34} = 0{,}148;$$

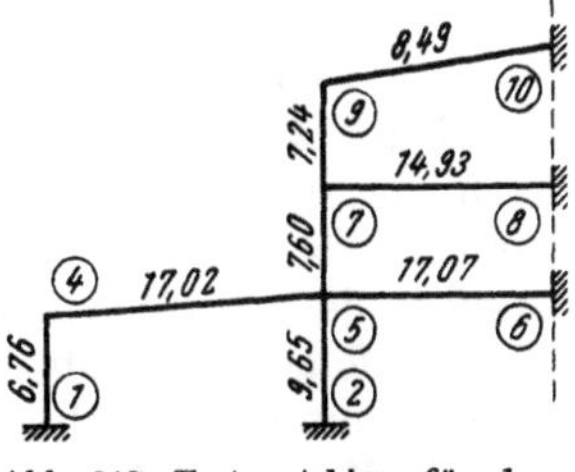

Abb. 643. Festwertskizze für den symmetrischen Lastfall (k-Zahlen).

für Knoten 7: $\Sigma k = 7{,}60 + 14{,}93 + 7{,}24 = 29{,}77;$

$$\mu_{7,5} = \frac{7{,}60}{29{,}77} = 0{,}255; \qquad \mu_{7,8} = \frac{14{,}93}{29{,}77} = 0{,}502; \qquad \mu_{7,9} = \frac{7{,}24}{29{,}77} = 0{,}243;$$

für Knoten 9: $\Sigma k = 7{,}24 + 8{,}49 = 15{,}73;$

$$\mu_{9,7} = \frac{7{,}24}{15{,}73} = 0{,}460; \qquad \mu_{9,10} = \frac{8{,}49}{15{,}73} = 0{,}540.$$

Nach diesen allgemeinen Vorbereitungen werden die beiden Belastungsfälle getrennt behandelt.

a) *Lotrechte Belastung gemäß Abb. 642 a.*

Wegen Symmetrie des Tragwerkes und der Belastung ist das System unverschieblich und es genügt, nur eine Tragwerkshälfte gemäß Abb. 643 mit gedachter Einspannung bei 6, 8, 10 in Betracht zu ziehen.

Volleinspannmomente $\mathfrak{M}$.

Stab 4—5

$$\mathfrak{M}_{4,5} = +\frac{q_1 l^2}{12} = +\frac{3{,}6 \cdot 12{,}0^2}{12} = +43{,}20 \text{ tm} \qquad \mathfrak{M}_{5,4} = -43{,}20 \text{ tm}$$

Stab 5—6

$$\mathfrak{M}_{5,6} = +\frac{q_2 l^2}{12} = +\frac{4{,}9 \cdot 10{,}0^2}{12} = +40{,}80 \text{ ,,} \qquad \mathfrak{M}_{6,5} = -40{,}80 \text{ ,,}$$

Stab 7—8

$$\mathfrak{M}_{7,8} = +\frac{q_3 l^2}{12} = +\frac{4{,}7 \cdot 10{,}0^2}{12} = +39{,}20 \text{ ,,} \qquad \mathfrak{M}_{8,7} = -39{,}20 \text{ ,,}$$

Stab 9—10

$$\mathfrak{M}_{9,10} = +\frac{q_4 l^2}{12} = +\frac{3{,}5 \cdot 10{,}0^2}{12} = +29{,}15 \text{ ,,} \qquad \mathfrak{M}_{10,9} = -29{,}15 \text{ ,, .}$$

Momentenausgleich (vgl. Abb. 644).

Nach Übertragung der bereits ermittelten Werte μ und $\mathfrak{M}$ in die Rechnungs-Skizze (Abb. 644) an die betreffenden Stabenden beginnt man mit dem Ausgleich im Knoten 4 mit $M_4 = +43{,}20$ tm. Man erhält die Anteile $M'_{4,1} = -12{,}27$ tm,

$M'_{4,\,5} = -\;30{,}93\ \text{tm}$
(Probe: $\qquad \Sigma M' = -$
$-\;M_4 = -\;43{,}20\ \text{tm}$).
Die Weiterleitung im Riegel ergibt $M''_{5,4} = -\;15{,}47\ \text{tm}$. Der nächste Ausgleich geschieht im Knoten 7 mit $M_7 = +\;39{,}20\ \text{tm}$ und in der angegebenen Reihenfolge in den übrigen Knoten, zuletzt in 7 mit $M_7 = -\;0{,}05\ \text{tm}$. Damit kann die algebraische Addition der zusammengehörigen Momentenanteile $\mathfrak{M}$, M', M'' vorgenommen werden. Nach Weiterleitung der Stielmomente $M_{4,1}$ und $M_{5,2}$ an die Einspannstellen 1 und 2 ist die Ermittlung der endgültigen Momente abgeschlossen; sie sind in der Rechnungs-Skizze doppelt unterstrichen und in Abb. 645 maßstäblich aufgetragen.

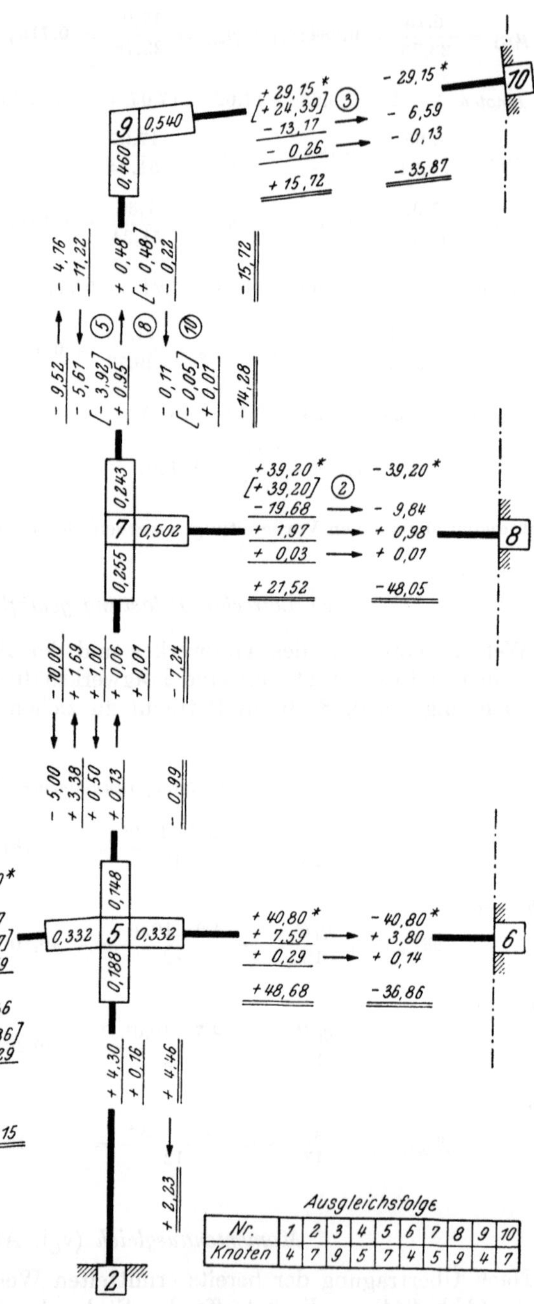

Abb. 644. Rechnungs-Skizze zur Ermittlung der $M^{(0)}$-Momente für lotrechte Belastung.

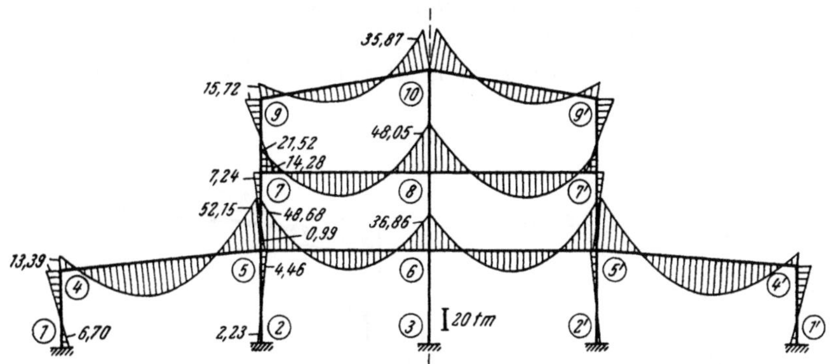

Abb. 645. Endgültiger M-Verlauf für die lotrechte Belastung aus Abb. 642a.

b) *Waagrechte Belastung nach Abb. 642 b.*

Die waagrechte Belastung kann für die Berechnung der Momente als antimetrisch wirkend aufgefaßt werden; hiefür braucht nur eine Tragwerkshälfte gemäß Abb. 646 mit der halben Belastung behandelt zu werden. Für die in der Symmetrale liegenden Stäbe 3—6, 6—8, 8—10 sind in diesem Falle sämtliche Steifigkeitszahlen zu halbieren. Nähere Erläuterungen siehe Seite 57. Alle übrigen Stabfestwerte bleiben unverändert und können aus der Festwertskizze (Abb. 643) in die neue Festwertskizze (Abb. 647) übernommen werden. Die Durchführung der Berechnung soll nach Verfahren I (mit Verschiebungsgleichungen) nach den Anweisungen Seite 101 erfolgen.

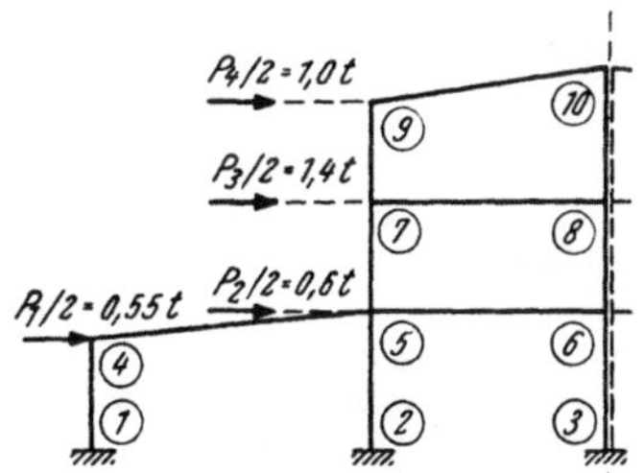

Abb. 646. Tragwerkshälfte mit halber waagrechter Belastung.

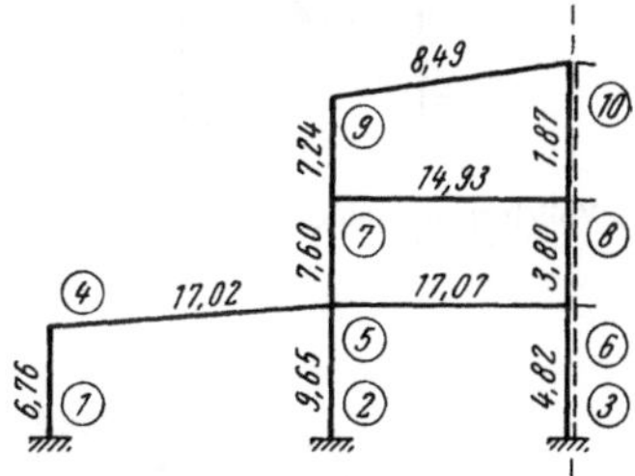

Abb. 647. Festwertskizze für den antimetrischen Lastfall.

Momentenverteilungszahlen μ.

Für die Knotenpunkte 4, 5, 7, 9 können die schon für den Lastfall a) verwendeten Werte übernommen werden, für die Knoten 6, 8, 10 sind sie aber neu zu bestimmen. An Hand der Festwertskizze (Abb. 647) erhält man:

für Knoten 6: $\Sigma k = 4,82 + 17,07 + 3,80 = 25,69$;

$$\mu_{6,3} = \frac{4,82}{25,69} = 0,188; \qquad \mu_{6,5} = \frac{17,07}{25,69} = 0,664; \qquad \mu_{6,8} = \frac{3,80}{25,69} = 0,148;$$

für Knoten 8: $\Sigma k = 3,80 + 14,93 + 1,87 = 20,60$;

$$\mu_{8,6} = \frac{3,80}{20,60} = 0,184; \qquad \mu_{8,7} = \frac{14,93}{20,60} = 0,725; \qquad \mu_{8,10} = \frac{1,87}{20,60} = 0,091.$$

In gleicher Weise erhält man für Knoten 10

$$\mu_{10,8} = 0,181 \qquad \text{und} \qquad \mu_{10,9} = 0,819.$$

Volleinspannmomente $\overline{M}$ für $\Delta_1 = 1$ im 1. Geschoß.

Für eine willkürlich angenommene Verschiebung um $\Delta_1 = 1$ nach rechts erhält man als Volleinspannmomente $\overline{M}$ nach (58) bzw. (87) $\overline{M}^o = \overline{M}^u = \dfrac{1{,}5\,k}{l}$. Im vorliegenden Fall also an Hand der Abb. 647:

$$\overline{M}_{4,1} = \overline{M}_{1,4} = \frac{1{,}5\,k_{1,4}}{l_{1,4}} =$$
$$= \frac{1{,}5 \cdot 6{,}76}{4{,}50} = +\,2{,}25 \text{ tm}$$

$$\overline{M}_{5,2} = \overline{M}_{2,5} = \frac{1{,}5\,k_{2,5}}{l_{2,5}} =$$
$$= \frac{1{,}5 \cdot 9{,}65}{5{,}40} = +\,2{,}68 \text{ ,,}$$

$$\overline{M}_{6,3} = \overline{M}_{3,6} = \frac{1{,}5\,k_{3,6}}{l_{3,6}} =$$
$$= \frac{1{,}5 \cdot 4{,}82}{5{,}40} = +\,1{,}34 \text{ ,, .}$$

Diese $\overline{M}$-Momente sind in Abb. 648 dargestellt.

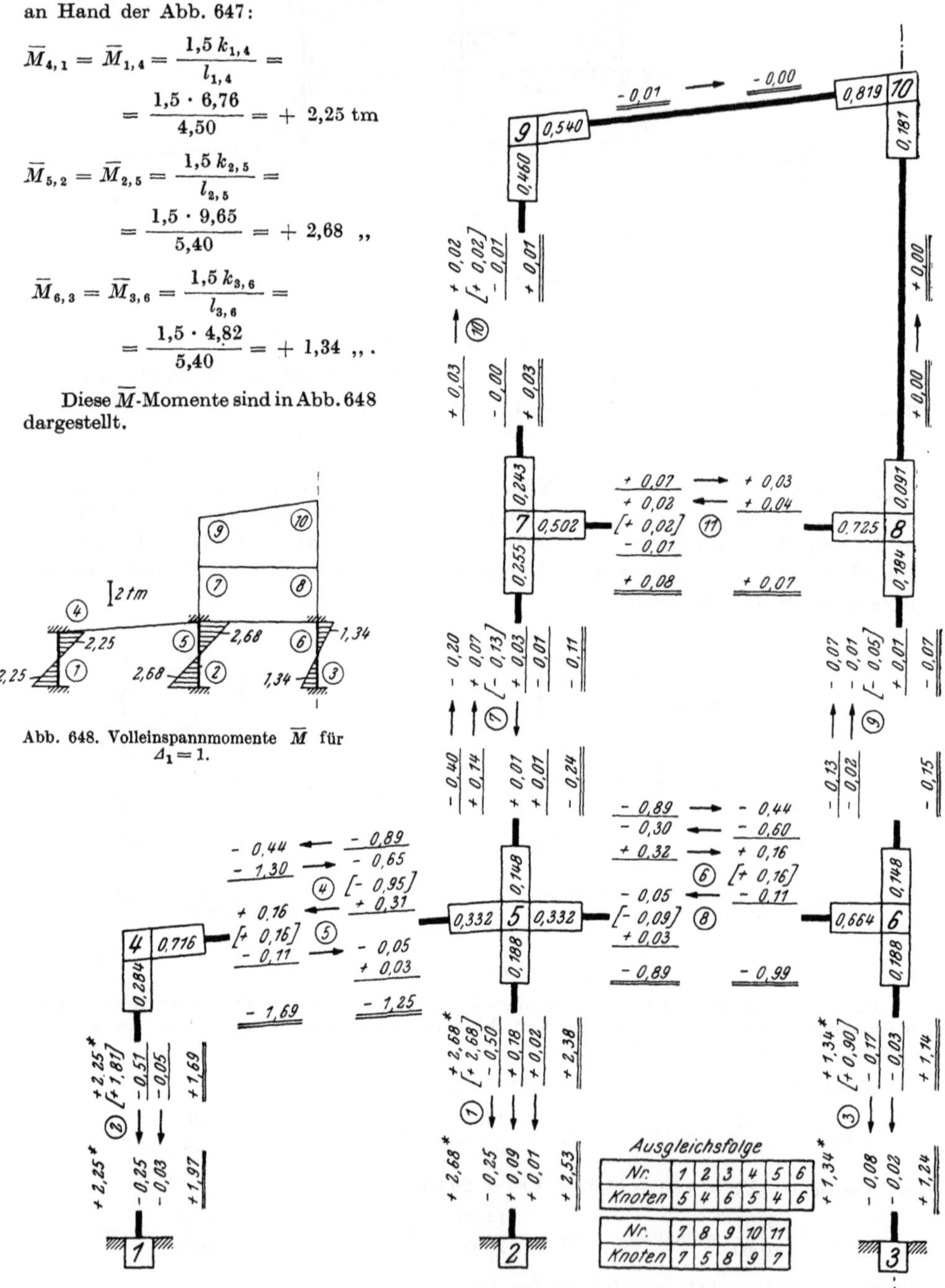

Abb. 648. Volleinspannmomente $\overline{M}$ für $\Delta_1 = 1$.

Abb. 649. Rechnungs-Skizze zur Ermittlung der $M^{(1)}$-Momente zu Abb. 648.

Ermittlung der $M^{(1)}$-Momente.

Der Ausgleich der in Abb. 648 eingetragenen Volleinspannmomente $\overline{M}$ ergibt bereits die $M^{(1)}$-Momente. In der Rechnungs-Skizze (Abb. 649) ist der Ausgleich in üblicher Weise durchgeführt. Die Ergebnisse lauten:

$$M_{1,4} = + 1,97 \text{ tm} \qquad M_{6,3} = + 1,14 \text{ tm} \qquad M_{9,7} = + 0,01 \text{ tm}$$
$$M_{2,5} = + 2,53 \text{ „} \qquad M_{6,5} = - 0,99 \text{ „} \qquad M_{9,10} = - 0,01 \text{ „}$$
$$M_{3,6} = + 1,24 \text{ „} \qquad M_{6,8} = - 0,15 \text{ „}$$
$$\qquad\qquad\qquad\qquad\qquad\qquad\qquad\qquad M_{10,8} = + 0,00 \text{ „}$$
$$M_{4,1} = + 1,69 \text{ „} \qquad M_{7,5} = - 0,11 \text{ „} \qquad M_{10,9} = - 0,00 \text{ „} .$$
$$M_{4,5} = - 1,69 \text{ „} \qquad M_{7,8} = + 0,08 \text{ „}$$
$$\qquad\qquad\qquad\qquad\qquad M_{7,9} = + 0,03 \text{ „}$$
$$M_{5,2} = + 2,38 \text{ „}$$
$$M_{5,4} = - 1,25 \text{ „} \qquad M_{8,6} = - 0,07 \text{ „}$$
$$M_{5,6} = - 0,89 \text{ „} \qquad M_{8,7} = + 0,07 \text{ „}$$
$$M_{5,7} = - 0,24 \text{ „} \qquad M_{8,10} = + 0,00 \text{ „}$$

In Abb. 650 sind die $M^{(1)}$-Momente maßstäblich aufgetragen.

Festhaltekräfte $F_1^{(1)}$, $F_2^{(1)}$, $F_3^{(1)}$.

Die in den gedachten Lagern der drei Stockwerke auftretenden Festhaltekräfte erhält man für den vorliegenden Fall wieder nach (68) mit

$$F = \sum_{\mu} \frac{M^o{}_\mu + M^u{}_\mu}{l_\mu} - \sum_{\mu+1} \frac{M^o{}_{\mu+1} + M^u{}_{\mu+1}}{l_{\mu+1}} ;$$

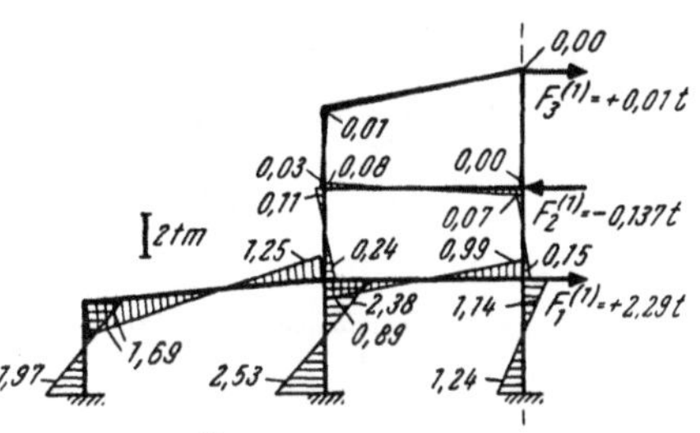

Abb. 650. $M^{(1)}$-Momente mit Festhaltekräften $F_1^{(1)}$, $F_2^{(1)}$ und $F_3^{(1)}$.

hierin beziehen sich die Zeiger μ und $(\mu + 1)$ stets auf zwei übereinanderliegende Geschosse. Man erhält also an Hand der Abb. 649 bzw. 650.

für das 1. Geschoß:

$$F_1^{(1)} = \left(\frac{M_{4,1} + M_{1,4}}{l_{1,4}} + \frac{M_{5,2} + M_{2,5}}{l_{2,5}} + \frac{M_{6,3} + M_{3,6}}{l_{3,6}} \right) - \left(\frac{M_{7,5} + M_{5,7}}{l_{5,7}} + \right.$$
$$\left. + \frac{M_{8,6} + M_{6,8}}{l_{6,8}} \right) = \left(\frac{+1,69 + 1,97}{4,50} + \frac{+2,38 + 2,53}{5,40} + \frac{+1,14 + 1,24}{5,40} \right) - \left(\frac{-0,11 - 0,24}{4,50} + \right.$$
$$\left. + \frac{-0,07 - 0,15}{4,50} \right) = + 2,29 \text{ t},$$

für das 2. Geschoß:

$$F_2^{(1)} = \left(\frac{M_{7,5} + M_{5,7}}{l_{5,7}} + \frac{M_{8,6} + M_{6,8}}{l_{6,8}} \right) - \left(\frac{M_{9,7} + M_{7,9}}{l_{7,9}} + \frac{M_{10,8} + M_{8,10}}{l_{8,10}} \right) =$$
$$= \left(\frac{-0,11 - 0,24}{4,50} + \frac{-0,07 - 0,15}{4,50} \right) - \left(\frac{+0,01 + 0,03}{4,20} + \frac{0,0 + 0,0}{5,70} \right) = - 0,137 \text{ t},$$

für das 3. Geschoß:

$$F_3^{(1)} = \frac{M_{9,7} + M_{7,9}}{l_{7,9}} + \frac{M_{10,8} + M_{8,10}}{l_{8,10}} = \frac{+0,01 + 0,03}{4,20} + \frac{0,0 + 0,0}{5,70} = + 0,010 \text{ t}.$$

Volleinspannmomente $\overline{M}$ für $\varDelta_2 = 1$ im 2. Geschoß.

Nach (58) bzw. (87) erhält man für eine Verschiebung um $\varDelta_2 = 1$ die Volleinspannmomente $\overline{M}^o = \overline{M}^u = \dfrac{1{,}5\,k}{l}$. Somit im vor-liegenden Falle nach Abb. 647:

$$\overline{M}_{7,5} = \overline{M}_{5,7} = \frac{1{,}5\,k_{5,7}}{l_{5,7}} =$$
$$= \frac{1{,}5 \cdot 7{,}60}{4{,}50} = +\,2{,}53 \text{ tm}$$

$$\overline{M}_{8,6} = \overline{M}_{6,8} = \frac{1{,}5\,k_{6,8}}{l_{6,8}} =$$
$$= \frac{1{,}5 \cdot 3{,}80}{4{,}50} = +\,1{,}27 \text{ tm}.$$

In Abb. 651 sind die $\overline{M}$-Momente eingetragen.

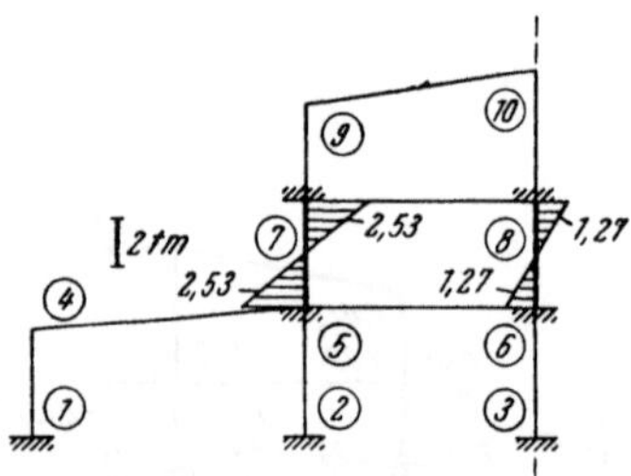

Abb. 651. Volleinspannmomente $\overline{M}$ für $\varDelta_2 = 1$.

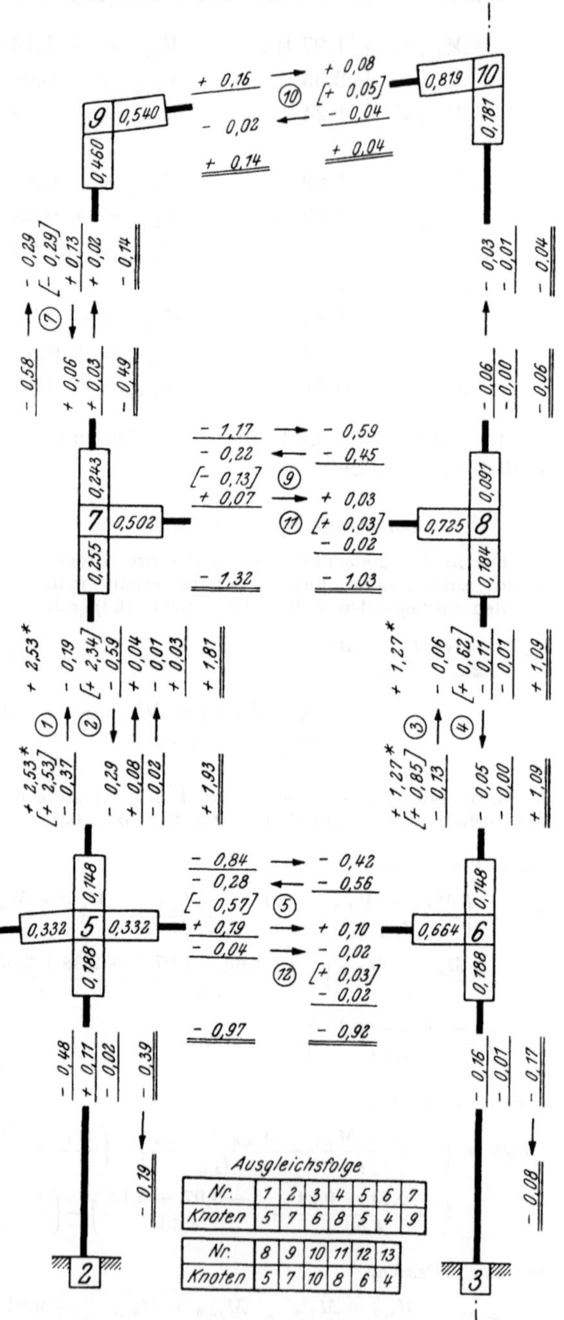

Abb. 652. Rechnungs-Skizze zur Ermittlung der $M^{(2)}$-Momente zu Abb. 651.

Ermittlung der $M^{(2)}$-Momente.

Durch den in der Rechnungs-Skizze (Abb. 652) durchgeführten Ausgleich dieser $\overline{M}^{\bullet}$-Momente erhält man die $M^{(2)}$-Momente, und zwar:

$$M_{1,4} = + 0{,}05 \text{ tm} \qquad M_{6,3} = - 0{,}17 \text{ tm} \qquad M_{9,7} = - 0{,}14 \text{ tm}$$
$$M_{2,5} = - 0{,}19 \ ,, \qquad M_{6,5} = - 0{,}92 \ ,, \qquad M_{9,10} = + 0{,}14 \ ,,$$
$$M_{3,6} = - 0{,}08 \ ,, \qquad M_{6,8} = + 1{,}09 \ ,,$$
$$M_{10,8} = - 0{,}04 \ ,,$$
$$M_{4,1} = + 0{,}10 \ ,, \qquad M_{7,5} = + 1{,}81 \ ,, \qquad M_{10.9} = + 0{,}04 \ ,, .$$
$$M_{4,5} = - 0{,}10 \ ,, \qquad M_{7,8} = - 1{,}32 \ ,,$$
$$M_{7,9} = - 0{,}49 \ ,,$$
$$M_{5,2} = - 0{,}39 \ ,,$$
$$M_{5,4} = - 0{,}57 \ ,, \qquad M_{8,6} = + 1{,}09 \ ,,$$
$$M_{5,6} = - 0{,}97 \ ,, \qquad M_{8,7} = - 1{,}03 \ ,,$$
$$M_{5,7} = + 1{,}93 \ ,, \qquad M_{8,10} = - 0{,}06 \ ,,$$

In Abb. 653 sind die $M^{(2)}$-Momente eingetragen.

Festhaltekräfte $F_1^{(2)}$, $F_2^{(2)}$, $F_3^{(2)}$.

Nach (68) ist allgemein

$$F = \sum_{\mu} \frac{M^o{}_\mu + M^u{}_\mu}{l_\mu} - \sum_{\mu+1} \frac{M^o{}_{\mu+1} + M^u{}_{\mu+1}}{l_{\mu+1}} .$$

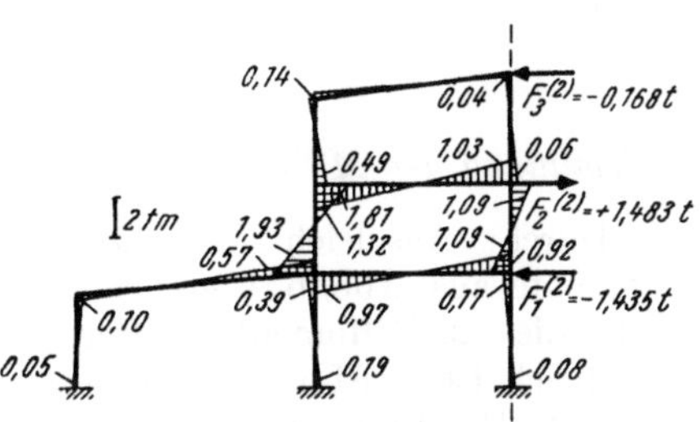

Abb. 653. $M^{(2)}$-Momente mit Festhaltekräften $F_1^{(2)}$, $F_2^{(2)}$ und $F_3^{(2)}$.

An Hand der Abb. 652 bzw. 653 erhält man im vorliegenden Fall in gleicher Weise wie bei der bereits durchgeführten Berechnung von $F_1^{(1)}$, $F_2^{(1)}$ und $F_3^{(1)}$

für das 1. Geschoß:

$$F_1^{(2)} = \left(\frac{+ 0{,}10 + 0{,}05}{4{,}50} + \frac{- 0{,}39 - 0{,}19}{5{,}40} + \frac{- 0{,}17 - 0{,}08}{5{,}40} \right) - \left(\frac{+ 1{,}81 + 1{,}93}{4{,}50} + \right.$$
$$\left. + \frac{+ 1{,}09 + 1{,}09}{4{,}50} \right) = - 1{,}435 \text{ t,}$$

für das 2. Geschoß:

$$F_2^{(2)} = \left(\frac{+ 1{,}81 + 1{,}93}{4{,}50} + \frac{+ 1{,}09 + 1{,}09}{4{,}50} \right) - \left(\frac{- 0{,}14 - 0{,}49}{4{,}20} + \frac{- 0{,}04 - 0{,}06}{5{,}70} \right) = + 1{,}483 \text{ t,}$$

für das 3. Geschoß:

$$F_3^{(2)} = \frac{- 0{,}14 - 0{,}49}{4{,}20} + \frac{- 0{,}04 - 0{,}06}{5{,}70} = - 0{,}168 \text{ t.}$$

Volleinspannmomente $\overline{M}$ für $\varDelta_3 = 1$ im 3. Geschoß.

Nach (87) mit $\overline{M}^o = \overline{M}^u = \dfrac{1{,}5\,k}{l}$ ergeben sich an Hand der Abb. 647:

$$\overline{M}_{9,7} = \overline{M}_{7,9} = \frac{1{,}5\,k_{7,9}}{l_{7,9}} = \frac{1{,}5 \cdot 7{,}24}{4{,}20} = + 2{,}59 \text{ tm}$$

$$\overline{M}_{10,8} = \overline{M}_{8,10} = \frac{1,5\,k_{8,10}}{l_{8,10}} =$$

$$= \frac{1,5 \cdot 1,87}{5,70} = +\,0,49\,\text{tm}.$$

In Abb. 654 sind die $\overline{M}$-Momente eingetragen.

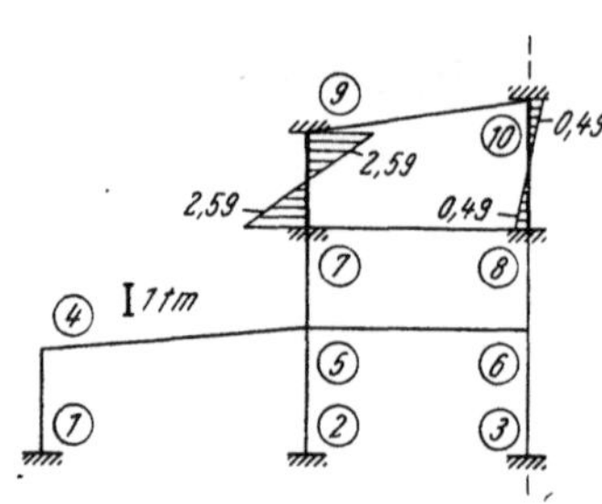

Abb. 654. Volleinspannmomente $\overline{M}$ für $\varDelta_3 = 1$.

Ermittlung der $M^{(3)}$-Momente.

Durch Ausgleich der $\overline{M}$-Momente aus Abb. 654 ergeben sich die $M^{(3)}$-Momente. Der Ausgleich ist in Abb. 655 durchgeführt. Die Ergebnisse lauten:

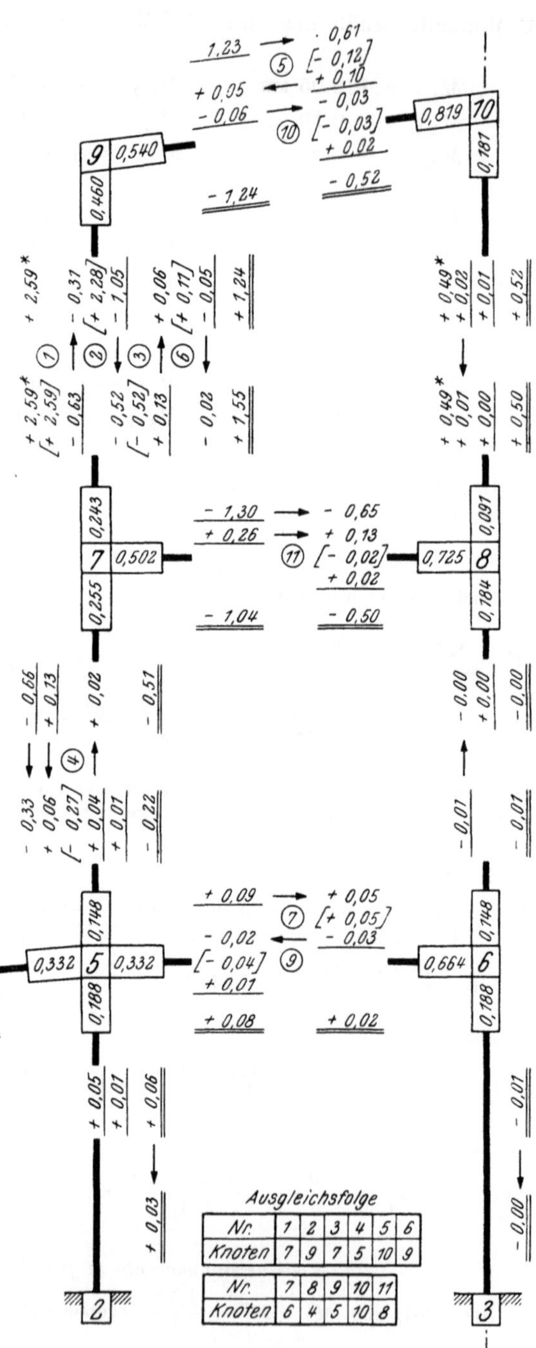

Abb. 655. Rechnungs-Skizze zur Ermittlung der $M^{(3)}$-Momente zu Abb. 654.

$$M_{1,4} = -0,00 \text{ tm} \qquad M_{6,3} = -0,01 \text{ tm} \qquad M_{9,7} = +1,24 \text{ tm}$$
$$M_{2,5} = +0,03 \ ,, \qquad M_{6,5} = +0,02 \ ,, \qquad M_{9,10} = -1,24 \ ,,$$
$$M_{3,6} = -0,00 \ ,, \qquad M_{6,8} = -0,01 \ ,,$$

$$M_{10,8} = +0,52 \ ,,$$
$$M_{4,1} = -0,01 \ ,, \qquad M_{7,5} = -0,51 \ ,, \qquad M_{10,9} = -0,52 \ ,, .$$
$$M_{1,5} = +0,01 \ ,, \qquad M_{7,8} = -1,04 \ ,,$$
$$M_{7,9} = +1,55 \ ,,$$
$$M_{5,2} = +0,06 \ ,,$$
$$M_{5,4} = +0,08 \ ,, \qquad M_{8,6} = -0,00 \ ,,$$
$$M_{5,6} = +0,08 \ ,, \qquad M_{8,7} = -0,50 \ ,,$$
$$M_{5,7} = -0,22 \ ,, \qquad M_{8,10} = +0,50 \ ,,$$

In Abb. 656 sind die $M^{(3)}$-Momente eingetragen.

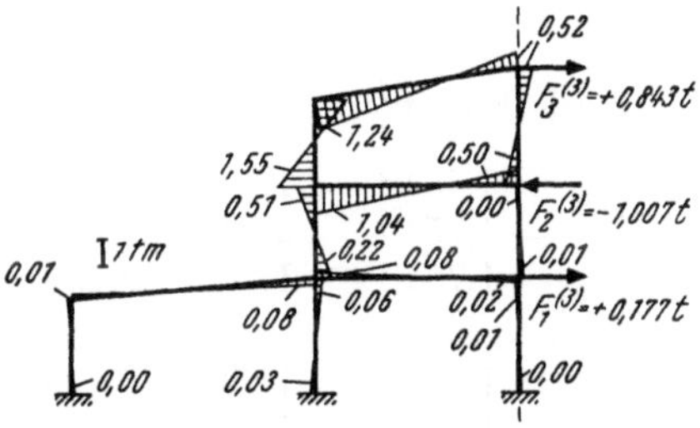

Festhaltekräfte $F_1{}^{(3)}$, $F_2{}^{(3)}$, $F_3{}^{(3)}$.

Nach (68) ist

$$F = \sum_\mu \frac{M^o{}_\mu + M^u{}_\mu}{l_\mu} - \sum_{\mu+1} \frac{M^o{}_{\mu+1} + M^u{}_{\mu+1}}{l_{\mu+1}}.$$

An Hand der Abb. 655 bzw. 656 erhält man hier die Festhaltekraft

Abb. 656. $M^{(3)}$-Momente mit Festhaltekräften $F_1{}^{(3)}$, $F_2{}^{(3)}$ und $F_3{}^{(3)}$.

für das 1. Geschoß:

$$F_1{}^{(3)} = \left(\frac{-0,01}{4,50} + \frac{0,06 + 0,03}{5,40} + \frac{-0,01}{5,40} \right) - \left(\frac{-0,51 - 0,22}{4,50} + \frac{-0,01}{4,50} \right) = +0,177 \text{ t},$$

für das 2. Geschoß:

$$F_2{}^{(3)} = \left(\frac{-0,51 - 0,22}{4,50} + \frac{-0,01}{4,50} \right) - \left(\frac{+1,24 + 1,55}{4,20} + \frac{+0,52 + 0,50}{5,70} \right) = -1,007 \text{ t},$$

für das 3. Geschoß:

$$F_3{}^{(3)} = \frac{+1,24 + 1,55}{4,20} + \frac{+0,52 + 0,50}{5,70} = +0,843 \text{ t}.$$

Festhaltekräfte $F_1{}^{(0)}$, $F_2{}^{(0)}$, $F_3{}^{(0)}$.

Da hier nur waagrechte Knotenlasten vorhanden sind, so können die im unverschieblich festgehaltenen Tragwerk auftretenden Festhaltekräfte sofort angegeben werden. Sie haben gleiche Größe, aber entgegengesetzte Richtung wie die einzelnen Knotenlasten. Sie können auch nach (69) aus $F = -\varSigma P$ ermittelt werden. Man erhält also für die auf das halbe Tragwerk bezogene **h a l b e** Belastung

$$F_1{}^{(0)} = -\frac{P_1}{2} - \frac{P_2}{2} = -\frac{1,10}{2} - \frac{1,20}{2} = -0,55 - 0,60 = -1,15 \text{ t}$$

$$F_2{}^{(0)} = -\frac{P_3}{2} = -\frac{2,80}{2} = -1,40 \text{ t}$$

$$F_3{}^{(0)} = -\frac{P_4}{2} = -\frac{2,00}{2} = -1,00 \text{ t}.$$

Ermittlung der Umrechnungsfaktoren c.

Die c-Werte ergeben sich aus den Verschiebungsgleichungen nach (143). Sie lauten für den vorliegenden Fall:

$$F_1{}^{(0)} + c_1 F_1{}^{(1)} + c_2 F_1{}^{(2)} + c_3 F_1{}^{(3)} = 0$$
$$F_2{}^{(0)} + c_1 F_2{}^{(1)} + c_2 F_2{}^{(2)} + c_3 F_2{}^{(3)} = 0$$
$$F_3{}^{(0)} + c_1 F_3{}^{(1)} + c_2 F_3{}^{(2)} + c_3 F_3{}^{(3)} = 0.$$

Nach Einsetzen der entsprechenden F-Werte erhält man:

$$-1,15 + 2,290\ c_1 - 1,435\ c_2 + 0,177\ c_3 = 0$$
$$-1,40 - 0,137\ c_1 + 1,483\ c_2 + 1,007\ c_3 = 0$$
$$-1,00 + 0,010\ c_1 - 0,168\ c_2 + 0,843\ c_3 = 0.$$

Die Auflösung ergibt

$$c_1 = +\,1,754; \qquad c_2 = +\,2,196; \qquad c_3 = +\,1,605.$$

Endgültige Momente für die waagrechten Knotenlasten P_1, P_2, P_3, P_4.

Unter Beachtung, daß im vorliegenden Falle die Momente $M^{(0)}$ für das unverschieblich festgehaltene Tragwerk durchweg gleich Null sind, ergeben sich die endgültigen Momente nach (145) einfach aus

$$M = c_1\ M^{(1)} + c_2\ M^{(2)} + c_3\ M^{(3)}.$$

Durch Einsetzen der entsprechenden Werte erhält man:

$$M_{1,4} = 1,754 \cdot \quad 1,97 + 2,196 \cdot \quad 0,05 + 1,605 \cdot \quad 0,00 = +\,3,57\ \text{tm}$$
$$M_{2,5} = 1,754 \cdot \quad 2,53 + 2,196 \cdot (-\,0,19) + 1,605 \cdot \quad 0,03 = +\,4,07\ ,,$$
$$M_{3,6} = 1,754 \cdot \quad 1,24 + 2,196 \cdot (-\,0,08) + 1,605 \cdot \quad 0,00 = +\,1,99\ ,,$$

$$M_{4,1} = 1,754 \cdot \quad 1,69 + 2,196 \cdot \quad 0,10 + 1,605 \cdot (-\,0,01) = +\,3,16\ ,,$$
$$M_{4,5} = 1,754 \cdot (-\,1,69) + 2,196 \cdot (-\,0,10) + 1,605 \cdot \quad 0,01 = -\,3,16\ ,,$$

$$M_{5,2} = 1,754 \cdot \quad 2,38 + 2,196 \cdot (-\,0,39) + 1,605 \cdot \quad 0,06 = +\,3,41\ ,,$$
$$M_{5,4} = 1,754 \cdot (-\,1,25) + 2,196 \cdot (-\,0,57) + 1,605 \cdot \quad 0,08 = -\,3,31\ ,,$$
$$M_{5,6} = 1,754 \cdot (-\,0,89) + 2,196 \cdot (-\,0,97) + 1,605 \cdot \quad 0,08 = -\,3,56\ ,,$$
$$M_{5,7} = 1,754 \cdot (-\,0,24) + 2,196 \cdot \quad 1,93 + 1,605 \cdot (-\,0,22) = +\,3,47\ ,,$$

$$M_{6,3} = 1,754 \cdot \quad 1,14 + 2,196 \cdot (-\,0,17) + 1,605 \cdot (-\,0,01) = +\,1,61\ ,,$$
$$M_{6,5} = 1,754 \cdot (-\,0,99) + 2,196 \cdot (-\,0,92) + 1,605 \cdot \quad 0,02 = -\,3,73\ ,,$$
$$M_{6,8} = 1,754 \cdot (-\,0,15) + 2,196 \cdot \quad 1,09 + 1,605 \cdot (-\,0,01) = +\,2,11\ ,,$$

$$M_{7,5} = 1,754 \cdot (-\,0,11) + 2,196 \cdot \quad 1,81 + 1,605 \cdot (-\,0,51) = +\,2,96\ ,,$$
$$M_{7,8} = 1,754 \cdot \quad 0,08 + 2,196 \cdot (-\,1,32) + 1,605 \cdot (-\,1,04) = -\,4,43\ ,,$$
$$M_{7,9} = 1,754 \cdot \quad 0,03 + 2,196 \cdot (-\,0,49) + 1,605 \cdot \quad 1,55 = +\,1,46\ ,,$$

$$M_{8,6} = 1,754 \cdot (-\,0,07) + 2,196 \cdot \quad 1,09 + 1,605 \cdot \quad 0,00 = +\,2,27\ ,,$$
$$M_{8,7} = 1,754 \cdot \quad 0,07 + 2,196 \cdot (-\,1,03) + 1,605 \cdot (-\,0,50) = -\,2,94\ ,,$$
$$M_{8,10} = 1,754 \cdot \quad 0,00 + 2,196 \cdot (-\,0,06) + 1,605 \cdot \quad 0,50 = +\,0,67\ ,,$$

$$M_{9,7} = 1,754 \cdot \quad 0,01 + 2,196 \cdot (-\,0,14) + 1,605 \cdot \quad 1,24 = +\,1,70\ ,,$$
$$M_{9,10} = 1,754 \cdot (-\,0,01) + 2,196 \cdot \quad 0,14 + 1,605 \cdot (-\,1,24) = -\,1,70\ ,,$$

$$M_{10,8} = 1,754 \cdot \quad 0,00 + 2,196 \cdot (-\,0,04) + 1,605 \cdot \quad 0,52 = +\,0,74\ ,,$$
$$M_{10,9} = 1,754 \cdot \quad 0,00 + 2,196 \cdot \quad 0,04 + 1,605 \cdot (-\,0,52) = -\,0,74\ ,,.$$

Diese Momente beziehen sich auf die linke Tragwerkshälfte unter der Wirkung der halben waagrechten Belastung. Da in der rechten Tragwerkshälfte das antimetrische Momentenbild auftritt, ergeben sich für das gesamte Tragwerk unter der Wirkung der gesamten waagrechten Belastung in den Stielen der Symmetrale die doppelten Werte der vorstehenden Rechnung (vgl. Abb. 339a und 340a), also

$$M_{3,6} = 2 \cdot 1{,}99 = +\,3{,}98 \text{ tm} \qquad M_{6,8} = 2 \cdot 2{,}11 = +\,4{,}22 \text{ tm}$$
$$M_{6,3} = 2 \cdot 1{,}61 = +\,3{,}22 \text{ ,,} \qquad M_{8,6} = 2 \cdot 2{,}27 = +\,4{,}54 \text{ ,,}$$

$$M_{8,10} = 2 \cdot 0{,}67 = +\,1{,}34 \text{ tm}$$
$$M_{10,8} = 2 \cdot 0{,}74 = +\,1{,}48 \text{ ,,}$$

In Abb. 657 ist der gesamte M-Verlauf maßstäblich aufgetragen.

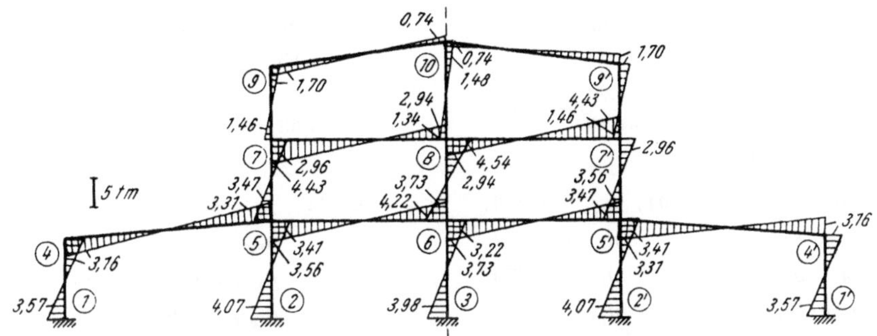

Abb. 657. Endgültiger M-Verlauf für die waagrechte Belastung aus Abb. 642b.

Zahlenbeispiel 20.

Unsymmetrischer, dreischiffiger Hallenbinder mit schrägen Riegeln (Abb. 658).

Gelenkiger Anschluß bei 1 und 4. Volle Einspannung bei 2 und 3; Kragarm bei 8. Die Belastungsangaben (lotrechte und waagrechte Belastung) siehe Abb. 659. Das Tragwerk ist waagrecht verschieblich und wird hier unter Verwendung von Verfahren 1 (mit Verschiebungsgleichungen) nach den Anweisungen Seite 101 berechnet. Die Vorarbeiten, also die Ermittlung der Werte k, k^0, μ, $\mathfrak{M}$ werden in üblicher Weise durchgeführt.

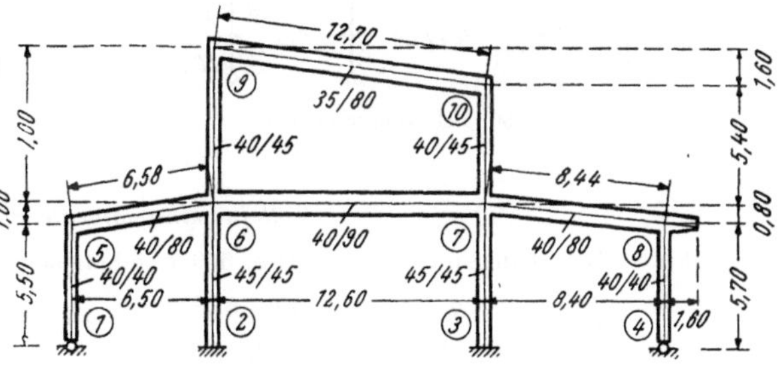

Abb. 658. Tragwerksabmessungen.

Festwerttabelle.

Stab	b/h (cm)	J (m⁴)	l (m)	$k = 10\,000\,J/l$	$k^0 = 7\,500\,J/l$
1—5	40/40	0,00213	5,50	—	2,90
2—6, 3—7	45/45	0,00342	6,50	5,26	—
4—8	40/40	0,00213	5,70	—	2,80
5—6	40/80	0,01707	6,58	25,94	—
6—7	40/90	0,02430	12,60	19,29	—
7—8	40/80	0,01707	8,44	20,23	—
6—9	40/45	0,00304	7,00	4,34	—
7—10	40/45	0,00304	5,40	5,63	—
9—10	35/80	0,01493	12,70	11,76	—

Die k- und k^0-Zahlen werden in die Festwertskizze (Abb. 660) übertragen.

$$Momentenverteilungszahlen\ \mu.$$

An Hand der Festwertskizze (Abb. 660) erhält man nach (29)

für Knoten 5: $\Sigma k = 2{,}90 + 25{,}94 = 28{,}84;$

$$\mu_{5,1} = \frac{2{,}90}{28{,}84} = 0{,}101; \qquad \mu_{5,6} = \frac{25{,}94}{28{,}84} = 0{,}899,$$

für Knoten 6: $\Sigma k = 5{,}26 + 25{,}94 + 19{,}29 + 4{,}34 = 54{,}83;$

$$\mu_{6,2} = \frac{5{,}26}{54{,}83} = 0{,}096 \qquad \mu_{6,7} = \frac{19{,}29}{54{,}83} = 0{,}352$$

$$\mu_{6,5} = \frac{25{,}94}{54{,}83} = 0{,}473 \qquad \mu_{6,9} = \frac{4{,}34}{54{,}83} = 0{,}079$$

und in gleicher Weise

für Knoten 7: $\mu_{7,3} = 0{,}104;\ \ \mu_{7,6} = 0{,}383;\quad \mu_{7,8} = 0{,}401;\quad \mu_{7,10} = 0{,}112;$

für Knoten 8: $\mu_{8,4} = 0{,}122;$ $\mu_{8,7} = 0{,}878;$

für Knoten 9: $\mu_{9,6} = 0{,}270;$ $\mu_{9,10} = 0{,}730;$

für Knoten 10: $\mu_{10,7} = 0{,}324;$ $\mu_{10,9} = 0{,}676.$

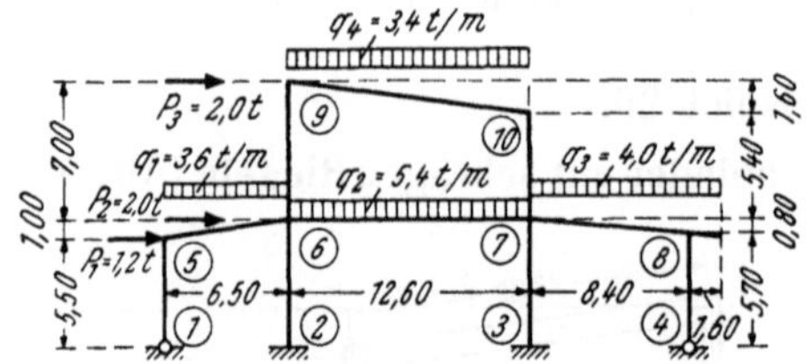

Abb. 659. Belastungsangaben.

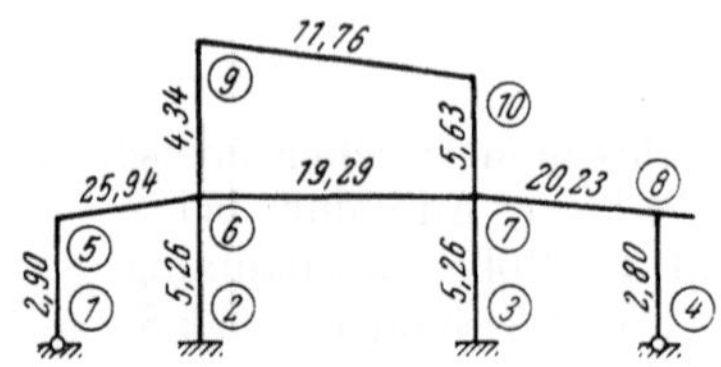

Abb. 660. Festwertskizze (k- und k^0-Zahlen).

$$Volleinspannmomente\ \mathfrak{M}.$$

Mit den Belastungsangaben in Abb. 659 ergeben sich

$$\mathfrak{M}_{5,6} = +\frac{q_1 l^2}{12} = +\frac{3{,}6 \cdot 6{,}5^2}{12} = +12{,}68\ \text{tm} \qquad \mathfrak{M}_{6,5} = -12{,}68\ \text{tm}$$

$$\mathfrak{M}_{6,7} = +\frac{q_2 l^2}{12} = +\frac{5{,}4 \cdot 12{,}6^2}{12} = +71{,}40\ ,, \qquad \mathfrak{M}_{7,6} = -71{,}40\ ,,$$

$$\mathfrak{M}_{7,8} = +\frac{q_3 l^2}{12} = +\frac{4{,}0 \cdot 8{,}4^2}{12} = +23{,}50\ ,, \qquad \mathfrak{M}_{8,7} = -23{,}50\ ,,$$

$$\mathfrak{M}_{8,K} = +\frac{q_3 l^2}{2} = +\frac{4{,}0 \cdot 1{,}6^2}{2} = +5{,}12\ ,,$$

$$\mathfrak{M}_{9,10} = +\frac{q_4 l^2}{12} = +\frac{3{,}4 \cdot 12{,}6^2}{12} = +45{,}00\ ,, \qquad \mathfrak{M}_{10,9} = -45{,}00\ ,,\ .$$

Die Werte μ und $\mathfrak{M}$ sind in die Rechnungs-Skizze (Abb. 661) zu übertragen.

Momentenausgleich für das unverschieblich festgehaltene Tragwerk ($M^{(0)}$-Momente).

Dieser Ausgleich ist in üblicher Art in Abb. 661 durchgeführt. Als erster wird Knoten 6 mit $M_6 = +58{,}72$ tm ausgeglichen; man erhält mit Hilfe der μ-Zahlen die vier Momentenanteile $M'_{6,2} = -5{,}64$ tm, $M'_{6,5} = -27{,}77$ tm, $M'_{6,7} = -20{,}67$ tm, $M'_{6,9} = -4{,}64$ tm (Probe: $\Sigma M' = -M_6 = -58{,}72$ tm). Die Weiterleitung zur Einspannstelle 2 kann vorläufig unterbleiben und man erhält die Überleitungsmomente $M''_{5,6} = -13{,}88$ tm, $M''_{7,6} = -10{,}33$ tm, $M''_{9,6} = -2{,}32$ tm. Nun folgt der Ausgleich im Knoten 7 mit $M_7 = \Sigma\mathfrak{M} + \Sigma M'' = -58{,}23$ tm und weiter in der angegebenen Reihenfolge in den übrigen Knoten, zuletzt in 6 mit dem Restmoment $M_6 = +0{,}09$ tm. Sodann addiert man die in den einzelnen Kolonnen in der Rechnungs-Skizze überein-

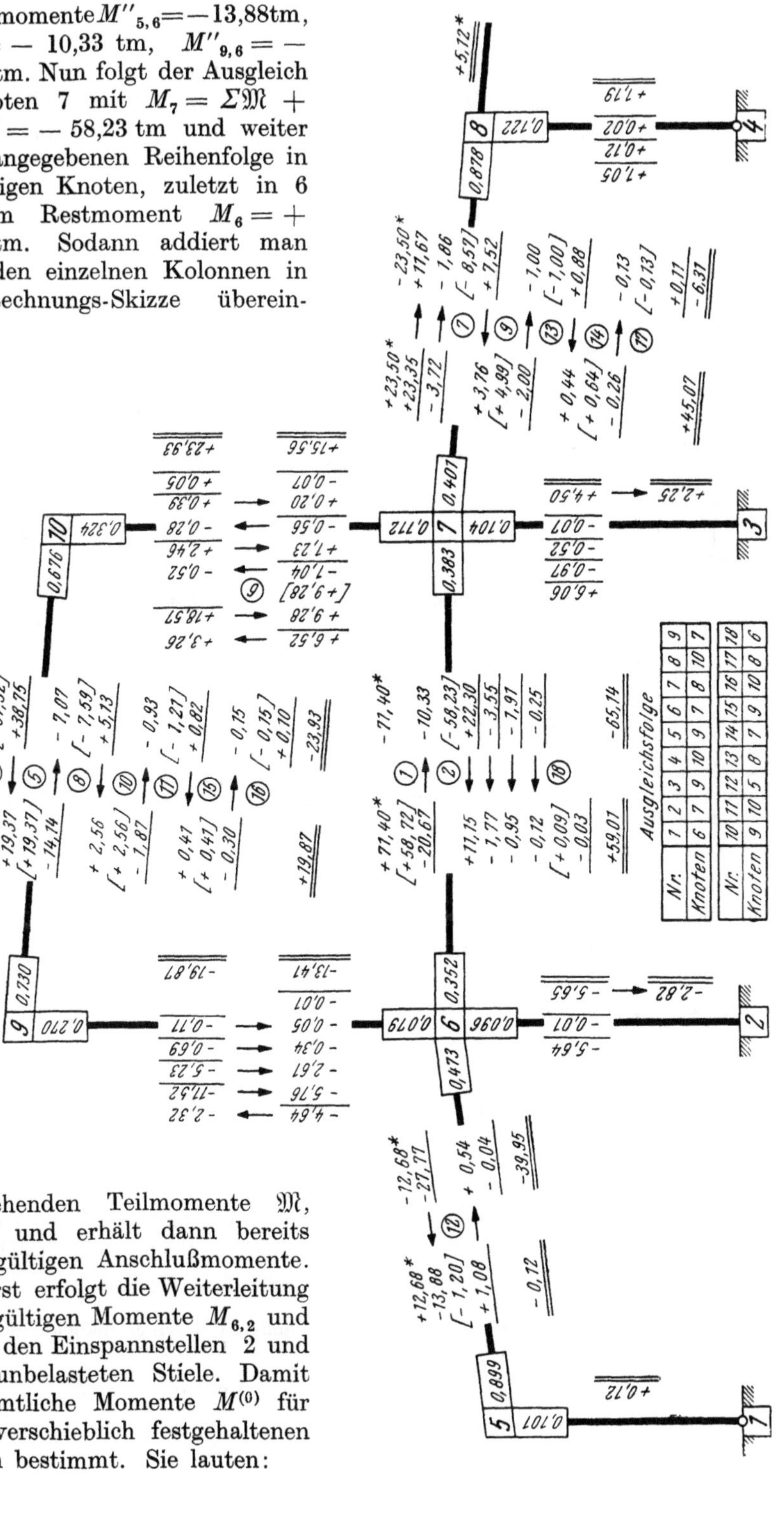

anderstehenden Teilmomente $\mathfrak{M}$, M', M'' und erhält dann bereits die endgültigen Anschlußmomente. Jetzt erst erfolgt die Weiterleitung der endgültigen Momente $M_{6,2}$ und $M_{7,3}$ zu den Einspannstellen 2 und 3 der unbelasteten Stiele. Damit sind sämtliche Momente $M^{(0)}$ für den unverschieblich festgehaltenen Rahmen bestimmt. Sie lauten:

Abb. 661. Rechnungs-Skizze zur Ermittlung der $M^{(0)}$-Momente für lotrechte Belastung.

$$M_{2,6} = -\ 2{,}82 \text{ tm} \qquad M_{7,3} = +\ 4{,}50 \text{ tm} \qquad M_{9,6} = -\ 19{,}87 \text{ tm}$$
$$M_{3,7} = +\ 2{,}25 \ ,, \qquad M_{7,6} = -\ 65{,}14 \ ,, \qquad M_{9,10} = +\ 19{,}87 \ ,,$$
$$M_{7.8} = +\ 45{,}07 \ ,,$$
$$M_{5,1} = +\ 0{,}12 \ ,, \qquad M_{7,10} = +\ 15{,}56 \ ,, \qquad M_{10,7} = +\ 23{,}93 \ ,,$$
$$M_{5,6} = -\ 0{,}12 \ ,, \qquad\qquad\qquad\qquad\quad M_{10,9} = -\ 23{,}93 \ ,, \ .$$
$$M_{8,4} = +\ 1{,}19 \ ,,$$
$$M_{6,2} = -\ 5{,}65 \ ,, \qquad M_{8,7} = -\ 6{,}31 \ ,,$$
$$M_{6,5} = -\ 39{,}95 \ ,, \qquad M_{8,K} = +\ 5{,}12 \ ,,$$
$$M_{6,7} = +\ 59{,}01 \ ,,$$
$$M_{6,9} = -\ 13{,}41 \ ,,$$

In Abb. 662 sind diese Momente maßstäblich aufgetragen.

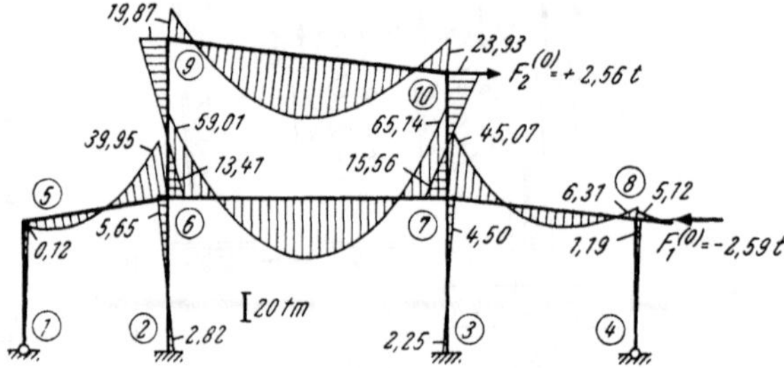

Abb. 662. $M^{(0)}$-Momente für lotrechte Belastung und Festhaltekräfte $F_1^{(0)}$ und $F_2^{(0)}$.

Ermittlung der Verschiebungsmomente für die lotrechte Belastung
(siehe Anweisungen Seite 101, Ziff. 2 bis 10).

Festhaltekräfte $F_1^{(0)}$ und $F_2^{(0)}$.

Die in den gedachten Lagern der beiden Stockwerke auftretenden Festhaltekräfte $F_1^{(0)}$ und $F_2^{(0)}$ erhält man für den vorliegenden Fall nach Formel (68):

$$F = \sum_{\mu} \frac{M^{o}{}_{\mu} + M^{u}{}_{\mu}}{l_{\mu}} - \sum_{\mu+1} \frac{M^{o}{}_{\mu+1} + M^{u}{}_{\mu+1}}{l_{\mu+1}};$$

hierin bezieht sich μ auf das erste und $(\mu + 1)$ auf das zweite Stockwerk. Durch Einsetzen der Momente M^o und M^u für die einzelnen Stiele, am besten an Hand der Abb. 661 bzw. 662, ergibt sich in ausführlicher Schreibweise *für das 1. Geschoß:*

$$F_1^{(0)} = \left(\frac{M_{5,1}}{l_{1,5}} + \frac{M_{6,2} + M_{2,6}}{l_{2,6}} + \frac{M_{7,3} + M_{3,7}}{l_{3,7}} + \frac{M_{8,4}}{l_{4,8}} \right) - \left(\frac{M_{9,6} + M_{6,9}}{l_{6,9}} + \frac{M_{10,7} + M_{7,10}}{l_{7,10}} \right)$$

und weiter mit den entsprechenden Zahlenwerten

$$F_1^{(0)} = \left(\frac{0{,}12}{5{,}50} + \frac{-\,5{,}65 - 2{,}82}{6{,}50} + \frac{4{,}50 + 2{,}25}{6{,}50} + \frac{1{,}19}{5{,}70} \right) - \left(\frac{-\,19{,}87 - 13{,}41}{7{,}00} + \right.$$
$$\left. + \frac{23{,}93 + 15{,}56}{5{,}40} \right) = -\ 2{,}59 \text{ t}.$$

Ebenso erhält man *für das 2. Geschoß:*
$$F_2^{(0)} = \frac{M_{9,6} + M_{6,9}}{l_{6,9}} + \frac{M_{10,7} + M_{7,10}}{l_{7,10}} = \frac{-\,19{,}87 - 13{,}41}{7{,}00} + \frac{23{,}93 + 15{,}56}{5{,}40} = +\ 2{,}56 \text{ t}.$$

Volleinspannmomente $\overline{M}$ für $\varDelta_1 = 2$.

Für eine willkürlich angenommene Verschiebung im 1. Geschoß um $\varDelta_1 = 2$ erhält man die Volleinspannmomente $\overline{M}$ für beidseitig voll eingespannte Stiele aus (58) mit $\overline{M}^0 = \overline{M}^u = \dfrac{1{,}5\,k}{l} \cdot \varDelta$ und für einseitig gelenkig angeschlossene Stiele aus (62) mit $\overline{M}^0 = \dfrac{k^0}{l} \cdot \varDelta$.

Im vorliegenden Fall ergeben sich also für die beiden äußeren, unten gelenkig angeschlossenen Stiele 5—1 und 8—4:

$$\overline{M}_{5,1} = \frac{k^0{}_{5,1}}{l_{5,1}} \cdot \varDelta_1 = \frac{2{,}90}{5{,}50} \cdot 2 = +\ 1{,}05 \text{ tm}$$

$$\overline{M}_{8,4} = \frac{k''{}_{8,4}}{l_{8,4}} \cdot \varDelta_1 = \frac{2{,}80}{5{,}70} \cdot 2 = +\ 0{,}98 \ ,,$$

und für die mittleren Stiele 2—6 und 3—7:

$$\overline{M}_{6,2} = \overline{M}_{2,6} = \frac{1{,}5\,k_{2,6}}{l_{2,6}} \cdot \Delta, =$$
$$= \frac{1{,}5 \cdot 5{,}26}{6{,}50} \cdot 2 = +\,2{,}43 \text{ tm}$$

$$\overline{M}_{7,3} = \overline{M}_{3,7} = \frac{1{,}5\,k_{3,7}}{l_{3,7}} \cdot \Delta_1 =$$
$$= \frac{1{,}5 \cdot 5{,}26}{6{,}50} \cdot 2 = +\,2{,}43 \text{ ,, .}$$

In Abb. 663 sind diese Volleinspannmomente $\overline{M}$ aufgetragen. Der Ausgleich

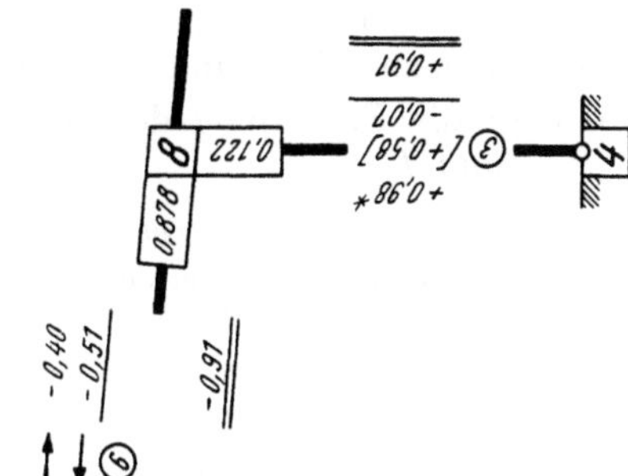

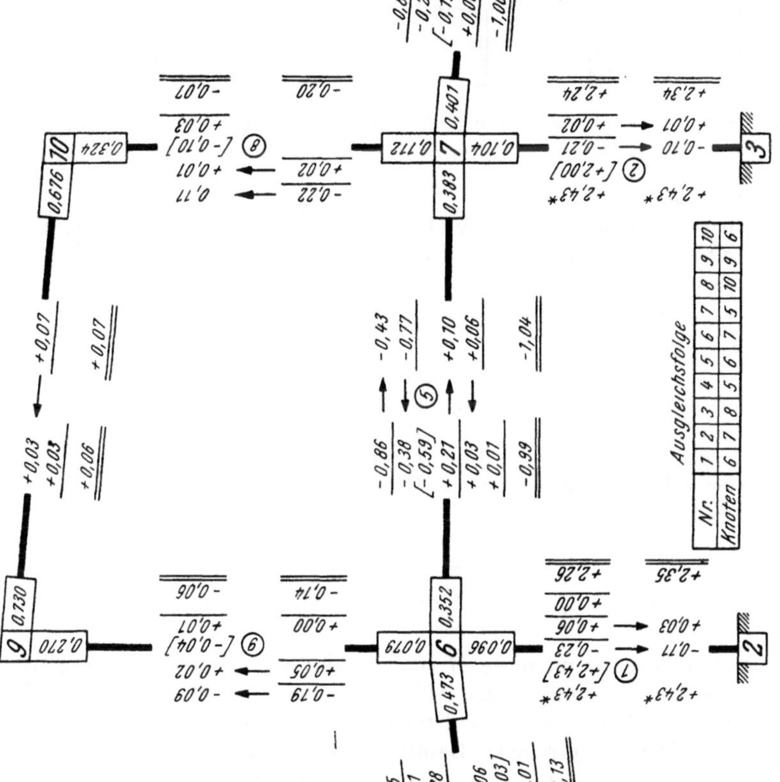

Abb. 664. Rechnungs-Skizze zur Ermittlung der $M^{(1)}$-Momente zu Abb. 663.

dieser Momente geschieht in der Rechnungs-Skizze (Abb. 664), in welche sämtliche

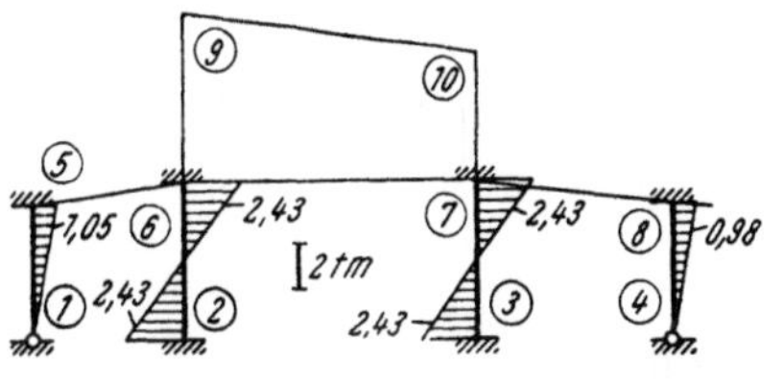

Abb. 663. Volleinspannmomente $\overline{M}$ für $\Delta_1 = 2$.

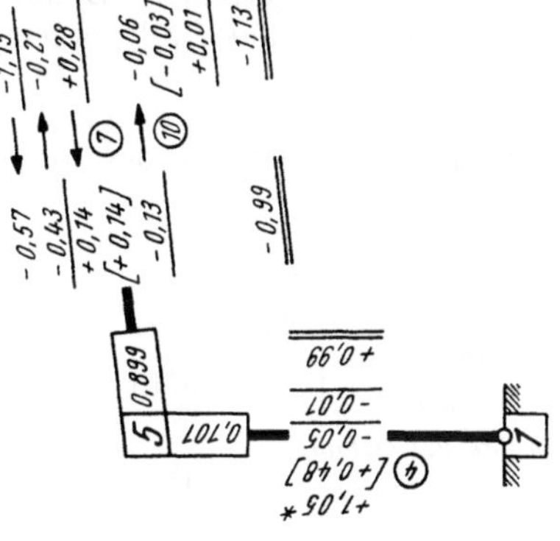

μ-Zahlen aus Abb. 661 übernommen werden können. Die bei diesem Ausgleich erhaltenen Momente $M^{(1)}$ sind in Abb. 665 maßstäblich dargestellt.

Nun folgt die Ermittlung der zu diesen $M^{(1)}$-Momenten gehörigen Festhaltekräfte $F_1^{(1)}$ und $F_2^{(1)}$.

Festhaltekräfte $F_1^{(1)}$ und $F_2^{(1)}$.

Nach (68) erhält man an Hand der Abb. 664 bzw. 665 in der gleichen Art wie bei der Bestimmung von $F_1^{(0)}$ und $F_2^{(0)}$

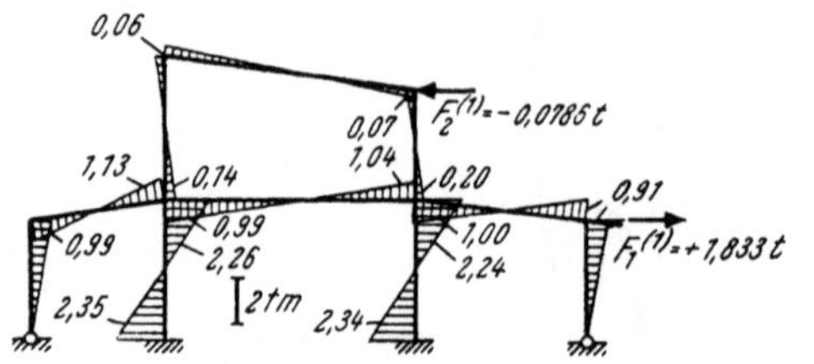

Abb. 665. $M^{(1)}$-Momente mit Festhaltekräften $F_1^{(1)}$ und $F_2^{(1)}$.

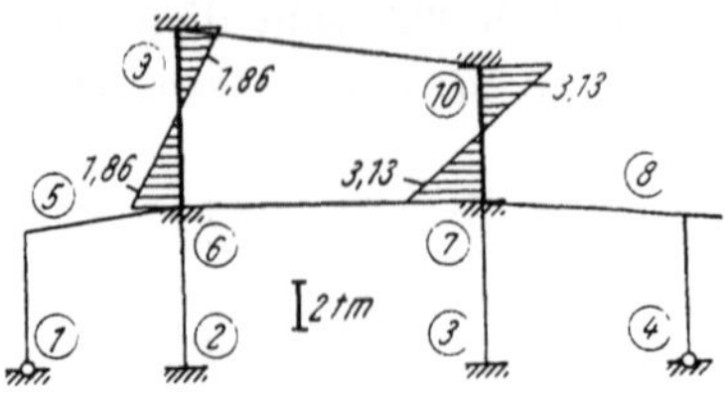

Abb. 666. Volleinspannmomente $\overline{M}$ für $\varDelta_2 = 2$.

für das 1. Geschoß:

$$F_1^{(1)} = \left(\frac{0,99}{5,50} + \frac{2,26 + 2,35}{6,50} + \frac{2,24 + 2,34}{6,50} + \frac{0,91}{5,70} \right) - \left(\frac{-0,06 - 0,14}{7,00} \div \right.$$
$$\left. + \frac{-0,07 - 0,20}{5,40} \right) = + 1,833 \text{ t}$$

und *für das 2. Geschoß:*

$$F_2^{(1)} = \frac{-0,06 - 0,14}{7,00} + \frac{-0,07 - 0,20}{5,40} = -0,0786 \text{ t.}$$

Volleinspannmomente $\overline{M}$ für $\varDelta_2 = 2$.

Für eine willkürlich angenommene Verschiebung im 2. Geschoß um $\varDelta_2 = 2$ erhält man nach (58)

$$\overline{M}_{9,6} = \overline{M}_{6,9} = \frac{1,5\, k_{6,9}}{l_{6,9}} \cdot \varDelta_2 = \frac{1,5 \cdot 4,34}{7,00} \cdot 2 = + 1,86 \text{ tm}$$

$$\overline{M}_{10,7} = \overline{M}_{7,10} = \frac{1,5\, k_{7,10}}{l_{7,10}} \cdot \varDelta_2 = \frac{1,5 \cdot 5,63}{5,40} \cdot 2 = + 3,13 \text{ ,, .}$$

Diese Volleinspannmomente $\overline{M}$ sind in Abb. 666 aufgetragen. Ihr Ausgleich geschieht in der Rechnungs-Skizze Abb. 667, in die aus Abb. 661 sämtliche μ-Zahlen übernommen werden können. Die Ergebnisse des Ausgleiches, also die Momente $M^{(2)}$, sind in Abb. 668 aufgetragen. Damit kann nun die Ermittlung der zugehörigen Festhaltekräfte $F_1^{(2)}$ und $F_2^{(2)}$ vorgenommen werden.

Festhaltekräfte $F_1^{(2)}$ und $F_2^{(2)}$.

An Hand der Abb. 667 bzw. 668 erhält man nach (68), ähnlich wie bei der Bestimmung von $F_1^{(1)}$ und $F_2^{(1)}$,

für das 1. Geschoß:

$$F_1^{(2)} = \left(\frac{0,03}{5,50} + \frac{-0,13 - 0,06}{6,50} + \frac{-0,28 - 0,14}{6,50} + \frac{0,06}{5,70} \right) - \left(\frac{1,57 + 1,63}{7,00} + \right.$$
$$\left. + \frac{2,13 + 2,40}{5,40} \right) = -1,374 \text{ t}$$

und *für das 2. Geschoß:*

$$F_2^{(2)} = \frac{1,57 + 1,63}{7,00} + \frac{2,13 + 2,40}{5,40} = + 1,296 \text{ t.}$$

Ermittlung der Umrechnungsfaktoren c_1 und c_2.

Mit den so bestimmten Festhaltekräften $F_1^{(0)}$, $F_2^{(0)}$; $F_1^{(1)}$, $F_2^{(1)}$; $F_1^{(2)}$ und $F_2^{(2)}$ können nun mit Hilfe der Verschiebungsgleichungen die Umrechnungsfaktoren c_1 und c_2 berechnet werden. Diese Verschiebungsgleichungen lauten nach (143):

$$F_1^{(0)} + c_1 F_1^{(1)} + c_2 F_1^{(2)} = 0$$
$$F_2^{(0)} + c_1 F_2^{(1)} + c_2 F_2^{(2)} = 0.$$

Nach Einsetzen der F-Werte erhält man:

$$- 2{,}59 + 1{,}8330\,c_1 - 1{,}374\,c_2 = 0$$
$$+ 2{,}56 - 0{,}0786\,c_1 + 1{,}296\,c_2 = 0.$$

Die Auflösung ergibt:
$$c_1 = -\,0{,}0707 \quad \text{und} \quad c_2 = -\,1{,}98.$$

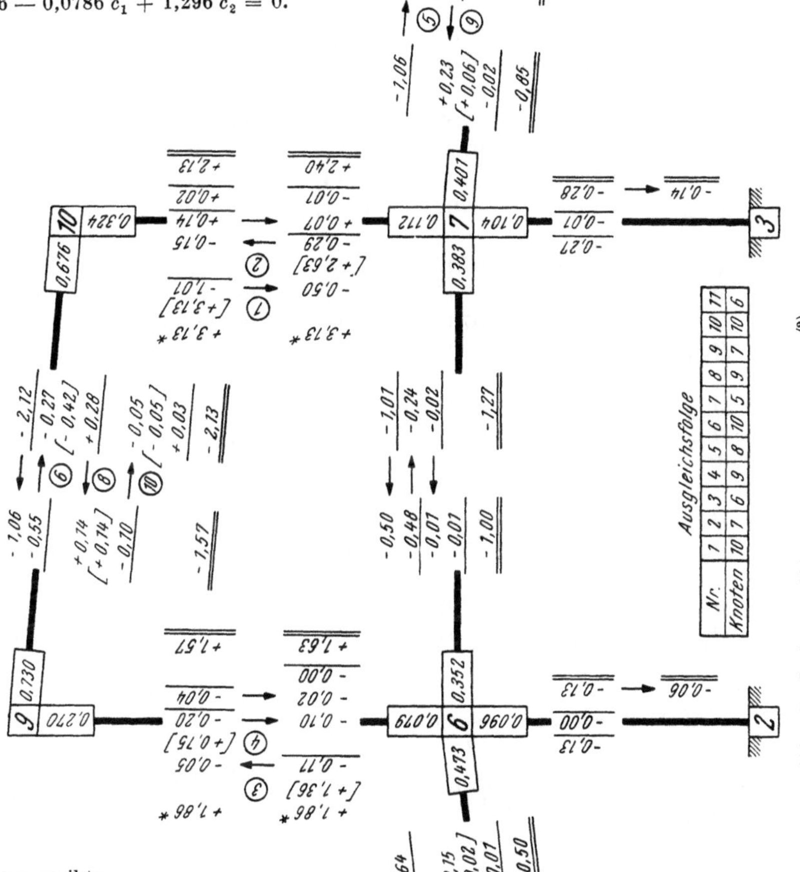

Abb. 667. Rechnungs-Skizze zur Ermittlung der $M^{(2)}$-Momente zu Abb. 666.

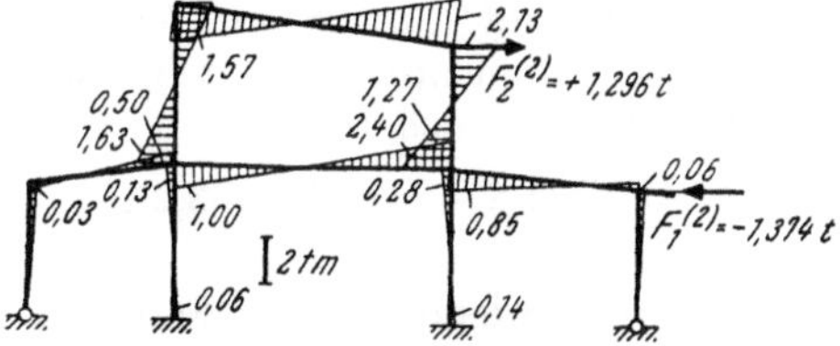

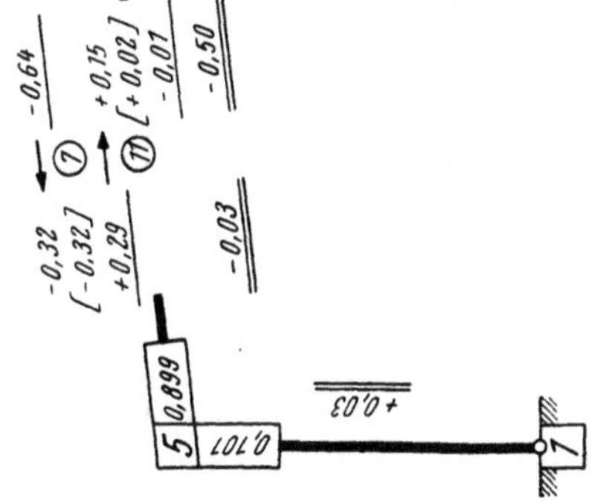

Abb. 668. $M^{(2)}$-Momente mit Festhaltekräften $F_1^{(2)}$ und $F_2^{(2)}$.

Endgültige Momente für lotrechte Belastung.

Mit den soeben ermittelten Umrechnungsfaktoren c ergeben sich die endgültigen Momente für lotrechte Belastung unter Berücksichtigung der Knotenpunktsverschiebung nach (144):

$$M = M^{(0)} + c_1 M^{(1)} + c_2 M^{(2)} = M^{(0)} - 0,0707\, M^{(1)} - 1,98\, M^{(2)}.$$

Setzt man die aus den einzelnen Rechnungsgängen erhaltenen Momente $M^{(0)}$, $M^{(1)}$ und $M^{(2)}$ ein, so erhält man:

$$M_{2,6} = -\ 2,82 - 0,0707 \cdot \qquad 2,35\ - 1,98 \cdot (-\ 0,06) = -\ 2,87 \text{ tm}$$
$$M_{3,7} = +\ 2,25 - 0,0707 \cdot \qquad 2,34\ - 1,98 \cdot (-\ 0,14) = +\ 2,36 \;,,$$

$$M_{5,1} = +\ 0,12 - 0,0707 \cdot \qquad 0,99\ - 1,98 \cdot \qquad 0,03\ = -\ 0,01 \;,,$$
$$M_{5,6} = -\ 0,12 - 0,0707 \cdot (-\ 0,99) - 1,98 \cdot (-\ 0,03) = +\ 0,01 \;,,$$

$$M_{6,2} = -\ 5,65 - 0,0707 \cdot \qquad 2,26\ - 1,98 \cdot (-\ 0,13) = -\ 5,55 \;,,$$
$$M_{6,5} = -\ 39,95 - 0,0707 \cdot (-\ 1,13) - 1,98 \cdot (-\ 0,50) = -\ 38,88 \;,,$$
$$M_{6,7} = +\ 59,01 - 0,0707 \cdot (-\ 0,99) - 1,98 \cdot (-\ 1,00) = +\ 61,06 \;,,$$
$$M_{6,9} = -\ 13,41 - 0,0707 \cdot (-\ 0,14) - 1,98 \cdot \qquad 1,63\ = -\ 16,63 \;,,$$

$$M_{7,3} = +\ 4,50 - 0,0707 \cdot \qquad 2,24\ - 1,98 \cdot (-\ 0,28) = +\ 4,90 \;,,$$
$$M_{7,6} = -\ 65,14 - 0,0707 \cdot (-\ 1,04) - 1,98 \cdot (-\ 1,27) = -\ 62,55 \;,,$$
$$M_{7,8} = +\ 45,07 - 0,0707 \cdot (-\ 1,00) - 1,98 \cdot (-\ 0,85) = +\ 46,82 \;,,$$
$$M_{7,10} = +\ 15,56 - 0,0707 \cdot (-\ 0,20) - 1,98 \cdot \qquad 2,40\ = +\ 10,82 \;,,$$

$$M_{8,4} = +\ 1,19 - 0,0707 \cdot \qquad 0,91\ - 1,98 \cdot \qquad 0,06\ = +\ 1,01 \;,,$$
$$M_{8,7} = -\ 6,31 - 0,0707 \cdot (-\ 0,91) - 1,98 \cdot (-\ 0,06) = -\ 6,13 \;,,$$
$$M_{8,K} = \qquad\qquad\qquad\qquad\qquad\qquad\qquad\qquad = +\ 5,12 \;,,$$

$$M_{9,6} = -\ 19,87 - 0,0707 \cdot (-\ 0,06) - 1,98 \cdot \qquad 1,57\ = -\ 22,98 \;,,$$
$$M_{9,10} = +\ 19,87 - 0,0707 \cdot \qquad 0,06\ - 1,98 \cdot (-\ 1,57) = +\ 22,98 \;,,$$

$$M_{10,7} = +\ 23,93 - 0,0707 \cdot (-\ 0,07) - 1,98 \cdot \qquad 2,13\ = +\ 19,72 \;,,$$
$$M_{10,9} = -\ 23,93 - 0,0707 \cdot \qquad 0,07\ - 1,98 \cdot (-\ 2,13) = -\ 19,72 \;,, .$$

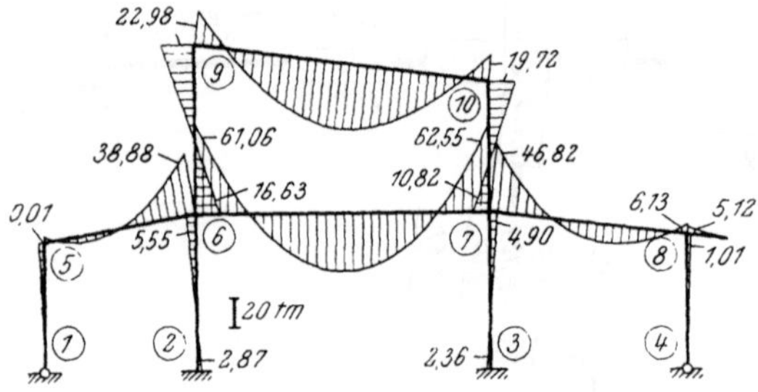

Abb. 669. Endgültiger M-Verlauf für die lotrechte Belastung aus Abb. 659.

In Abb. 669 sind die Momente maßstäblich aufgetragen.

Momente für die waagrechten Knotenlasten P_1, P_2, P_3.

Die für diesen Belastungsfall im unverschieblich festgehaltenen Tragwerk vorhandenen Festhaltekräfte können sofort angegeben werden, da für diesen Zustand keine Momente auftreten. Man erhält also nach (69)

$$F_1^{(0)} = -\Sigma P = -(P_1 + P_2) = -(1,2 + 2,0) = -\ 3,2 \text{ t}$$
$$F_2^{(0)} = -\Sigma P = -P_3 = -\ 2,0 \text{ t}.$$

Die den Verschiebungszuständen $\varDelta_1 = 2$ und $\varDelta_2 = 2$ entsprechenden Festhaltekräfte F wurden bereits ermittelt und können hier übernommen werden; es war:
$$F_1^{(1)} = +\ 1,833 \text{ t}; \quad F_1^{(2)} = -\ 1,374 \text{ t} \quad \text{und} \quad F_2^{(1)} = -\ 0,0786 \text{ t}, \quad F_2^{(2)} = +\ 1,296 \text{ t}.$$

Diese Werte sind in die Verschiebungsgleichungen (143) einzusetzen; sie lauten allgemein:

$$F_1^{(0)} + c_1\, F_1^{(1)} + c_2\, F_1^{(2)} = 0$$
$$F_2^{(0)} + c_1\, F_2^{(1)} + c_2\, F_2^{(2)} = 0.$$

Somit erhält man

$$-\,3{,}2 + 1{,}8330\, c_1 - 1{,}374\, c_2 = 0$$
$$-\,2{,}0 - 0{,}0786\, c_1 + 1{,}296\, c_2 = 0.$$

Die Auflösung ergibt $\qquad c_1 = +\,3{,}04 \quad$ und $\quad c_2 = +\,1{,}728.$

Endgültige Momente für die waagrechten Knotenlasten P_1, P_2, P_3.

Mit Hilfe der Umrechnungsfaktoren c und der für die Verschiebungszustände $\varDelta_1 = 2$ und $\varDelta_2 = 2$ bereits ermittelten Momente $M^{(1)}$ und $M^{(2)}$ können die Momente für die waagrechten Knotenlasten aus Formel (144) berechnet werden. Sie lautet unter Beachtung, daß hier die $M^{(0)}$-Werte durchweg gleich Null sind:

$$M = c_1\, M^{(1)} + c_2\, M^{(2)}.$$

Durch Einsetzen der entsprechenden Werte erhält man unter Zuhilfenahme der Abb. 665 und 668

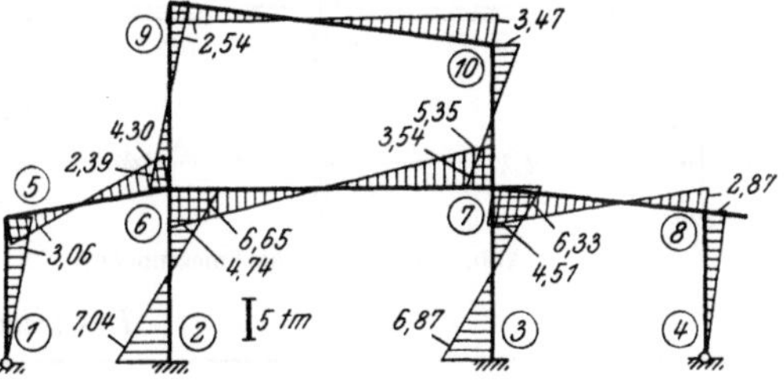
Abb. 670. Endgültiger M-Verlauf für die waagrechte Belastung aus Abb. 659.

$$M_{2,6} = 3{,}04 \cdot \quad\;\; 2{,}35 + 1{,}728 \cdot (-\,0{,}06) = +\,7{,}04\ \text{tm}$$
$$M_{3,7} = 3{,}04 \cdot \quad\;\; 2{,}34 + 1{,}728 \cdot (-\,0{,}14) = +\,6{,}87\ \text{,,}$$

$$M_{5,1} = 3{,}04 \cdot \quad\;\; 0{,}99 + 1{,}728 \cdot \quad\;\; 0{,}03 = +\,3{,}06\ \text{,,}$$
$$M_{5,6} = 3{,}04 \cdot (-\,0{,}99) + 1{,}728 \cdot (-\,0{,}03) = -\,3{,}06\ \text{,,}$$

$$M_{6,2} = 3{,}04 \cdot \quad\;\; 2{,}26 + 1{,}728 \cdot (-\,0{,}13) = +\,6{,}65\ \text{,,}$$
$$M_{6,5} = 3{,}04 \cdot (-\,1{,}13) + 1{,}728 \cdot (-\,0{,}50) = -\,4{,}30\ \text{,,}$$
$$M_{6,7} = 3{,}04 \cdot (-\,0{,}99) + 1{,}728 \cdot (-\,1{,}00) = -\,4{,}74\ \text{,,}$$
$$M_{6,9} = 3{,}04 \cdot (-\,0{,}14) + 1{,}728 \cdot \quad\;\; 1{,}63 = +\,2{,}39\ \text{,,}$$

$$M_{7,3} = 3{,}04 \cdot \quad\;\; 2{,}24 + 1{,}728 \cdot (-\,0{,}28) = +\,6{,}33\ \text{,,}$$
$$M_{7,6} = 3{,}04 \cdot (-\,1{,}04) + 1{,}728 \cdot (-\,1{,}27) = -\,5{,}35\ \text{,,}$$
$$M_{7,8} = 3{,}04 \cdot (-\,1{,}00) + 1{,}728 \cdot (-\,0{,}85) = -\,4{,}51\ \text{,,}$$
$$M_{7,10} = 3{,}04 \cdot (-\,0{,}20) + 1{,}728 \cdot \quad\;\; 2{,}40 = +\,3{,}54\ \text{,,}$$

$$M_{8,4} = 3{,}04 \cdot \quad\;\; 0{,}91 + 1{,}728 \cdot \quad\;\; 0{,}06 = +\,2{,}87\ \text{,,}$$
$$M_{8,7} = 3{,}04 \cdot (-\,0{,}91) + 1{,}728 \cdot (-\,0{,}06) = -\,2{,}87\ \text{,,}$$

$$M_{9,6} = 3{,}04 \cdot (-\,0{,}06) + 1{,}728 \cdot \quad\;\; 1{,}57 = +\,2{,}54\ \text{,,}$$
$$M_{9,10} = 3{,}04 \cdot \quad\;\; 0{,}06 + 1{,}728 \cdot (-\,1{,}57) = -\,2{,}54\ \text{,,}$$

$$M_{10,7} = 3{,}04 \cdot (-\,0{,}07) + 1{,}728 \cdot \quad\;\; 2{,}13 = +\,3{,}47\ \text{,,}$$
$$M_{10,9} = 3{,}04 \cdot \quad\;\; 0{,}07 + 1{,}728 \cdot (-\,2{,}13) = -\,3{,}47\ \text{,, .}$$

In Abb. 670 sind diese Momente maßstäblich aufgetragen.

Zahlenbeispiel 21.

Zweischiffiger Shedrahmen mit Kranbahnkonsolen. Tragwerksabmessungen siehe Abb. 671. Volle Einspannung bei 1, 2, 3. Es sind drei Belastungsfälle zu untersuchen:

a) *lotrechte Belastung* (Abb. 672),
b) *Belastung der Kranbahnkonsolen* (Abb. 673),
c) *waagrechte Belastung* (Abb. 674).

Die Berechnung erfolgt nach den Anweisungen Seite 93.

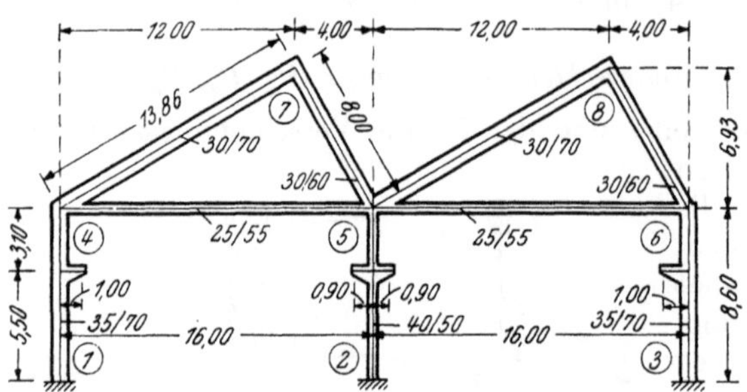

Abb. 671. Tragwerksabmessungen.

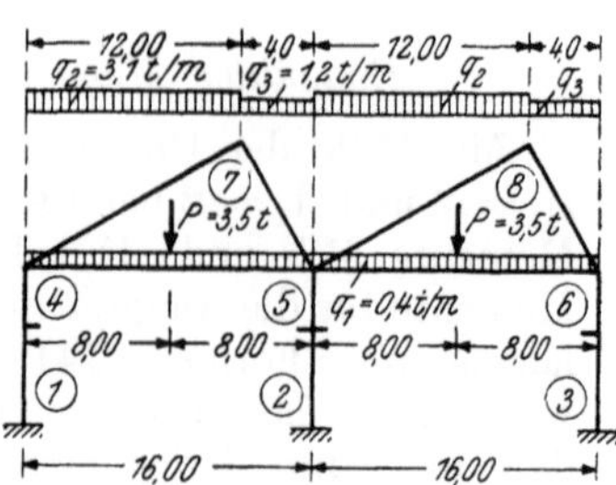

Abb. 672. Lotrechte Belastung.

Festwerttabelle.

Stab	b/h (cm)	J (m⁴)	l (m)	$k = 10\,000\,J/l$
1—4, 3—6	35/70	0,01000	8,60	11,63
2—5	40/50	0,00417	8,60	4,85
4—5, 5—6	25/55	0,00347	16,00	2,17
4—7, 5—8	30/70	0,00858	13,86	6,19
5—7, 6—8	30/60	0,00540	8,00	6,75

Die k-Werte sind in die Festwertskizze (Abb. 675) einzutragen.

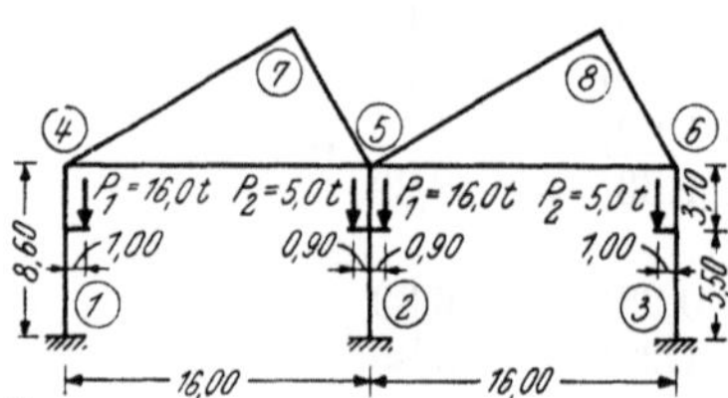

Abb. 673. Belastung durch Kranbahnkonsolen.

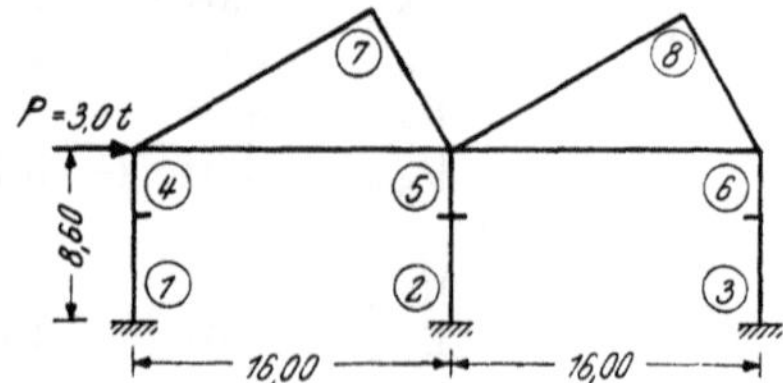

Abb. 674. Waagrechte Belastung.

Momentenverteilungszahlen μ.

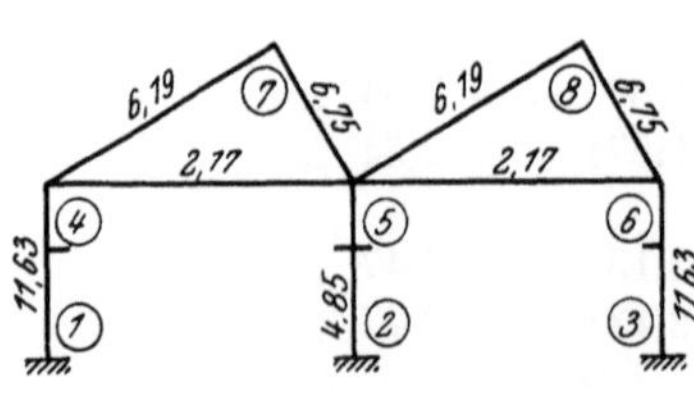

Abb. 675. Festwertskizze (k-Zahlen).

Nach (29) ist allgemein $\mu_{n,i} = \dfrac{k_{n,i}}{\Sigma k}$. An Hand der Festwertskizze (Abb. 675) erhält man im vorliegenden Fall

für Knoten 4: $\Sigma k = 11{,}63 + 2{,}17 + 6{,}19 = 19{,}99;$

$$\mu_{4,1} = \frac{11{,}63}{19{,}99} = 0{,}582; \qquad \mu_{4,5} = \frac{2{,}17}{19{,}99} = 0{,}108;$$

$$\mu_{4,7} = \frac{6{,}19}{19{,}99} = 0{,}310;$$

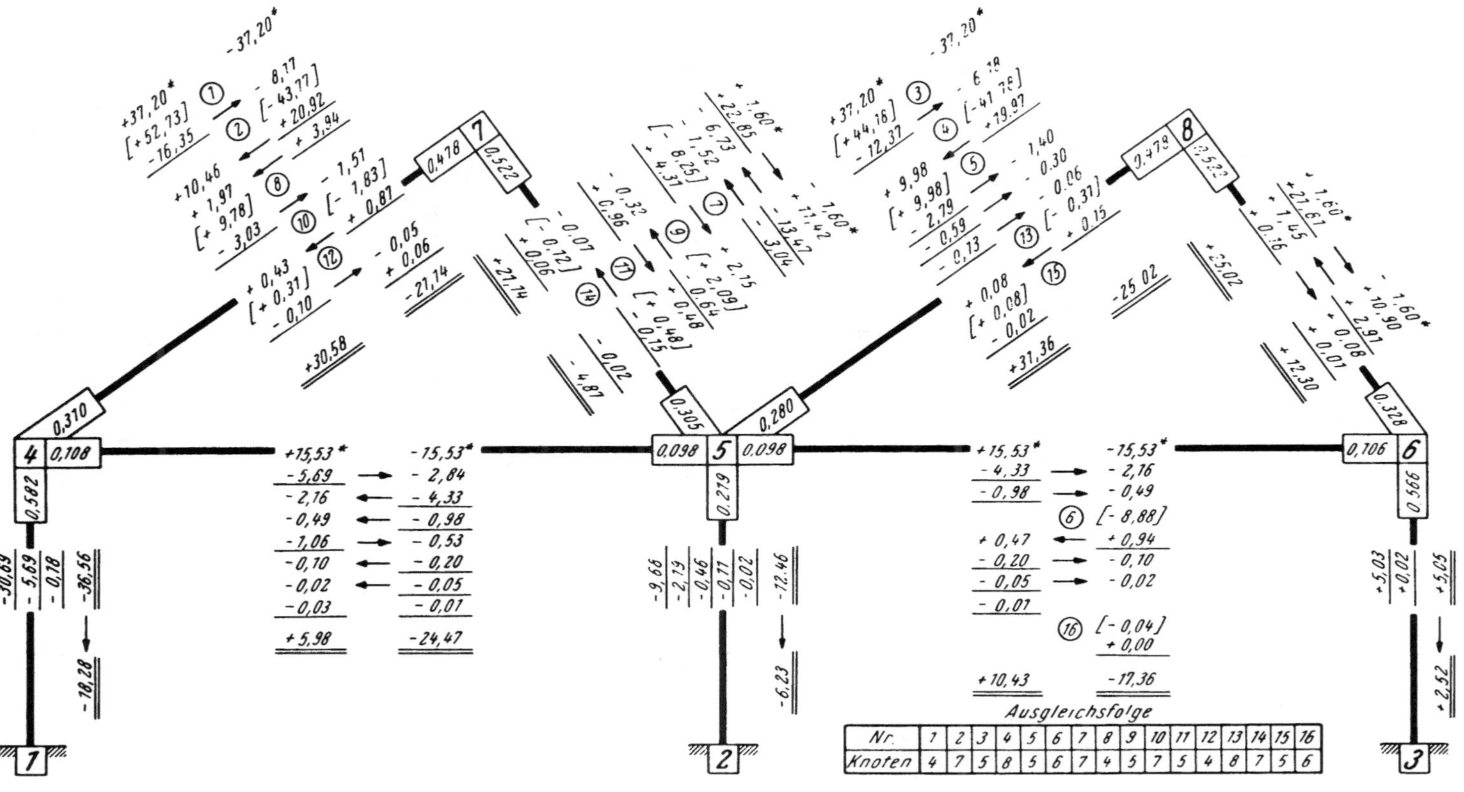

Abb. 676. Rechnungs-Skizze zur Ermittlung der $M^{(0)}$-Momente für lotrechte Belastung.

für Knoten 5: $\Sigma k = 4{,}85 + 2{,}17 + 2{,}17 + 6{,}75 + 6{,}19 = 22{,}13\,;$

$$\mu_{5,2} = \frac{4{,}85}{22{,}13} = 0{,}219 \qquad\qquad \mu_{5,7} = \frac{6{,}75}{22{,}13} = 0{,}305$$

$$\mu_{5,4} = \mu_{5,6} = \frac{2{,}17}{22{,}13} = 0{,}098 \qquad \mu_{5,8} = \frac{6{,}19}{22{,}13} = 0{,}280$$

und weiter auch *für Knoten 6:*

$$\mu_{6,3} = 0{,}566\,; \qquad\qquad \mu_{6,5} = 0{,}106\,; \qquad\qquad \mu_{6,8} = 0{,}328,$$

für Knoten 7: $\qquad\qquad\qquad\qquad \mu_{7,4} = 0{,}478\,; \qquad\qquad \mu_{7,5} = 0{,}522,$

für Knoten 8: $\qquad\qquad\qquad\qquad \mu_{8,5} = 0{,}478\,: \qquad\qquad \mu_{8,6} = 0{,}522.$

Nach diesen Vorarbeiten werden die oben angegebenen Belastungsfälle getrennt behandelt.

a) Lotrechte Belastung gemäß Abb. 672.

Volleinspannmomente $\mathfrak{M}$.

Nach Tafel 2 und 4 erhält man:

$$\mathfrak{M}_{4,5} = \mathfrak{M}_{5,6} = + \frac{q_1 l^2}{12} + \frac{P l}{8} = + \frac{0{,}4 \cdot 16{,}0^2}{12} + \frac{3{,}5 \cdot 16{,}0}{8} = + 8{,}53 + 7{,}0 = + 15{,}53\,\text{tm}$$

$$\mathfrak{M}_{5,4} = \mathfrak{M}_{6,5} = - 15{,}53\,\text{tm}$$

$$\mathfrak{M}_{4,7} = \mathfrak{M}_{5,8} = + \frac{q_2 l^2}{12} = + \frac{3{,}1 \cdot 12{,}0^2}{12} = + 37{,}20\,\text{tm} \qquad \mathfrak{M}_{7,4} = \mathfrak{M}_{8,5} = - 37{,}20\,\text{tm}$$

$$\mathfrak{M}_{7,5} = \mathfrak{M}_{8,6} = + \frac{q_3 l^2}{12} = + \frac{1{,}2 \cdot 4{,}0^2}{12} = + 1{,}60\,\text{tm} \qquad \mathfrak{M}_{5,7} = \mathfrak{M}_{6,8} = - 1{,}60\,\text{tm}.$$

Momentenausgleich für das unverschieblich festgehaltene Tragwerk $(M^{(0)}\text{-}Momente)$.

Nach Eintragung der bereits berechneten Grundwerte μ und $\mathfrak{M}$ in die Rechnungs-Skizze (Abb. 676) wird die Momentenverteilung in üblicher Weise vorgenommen. Der erste Ausgleich erfolgt im Knoten 4 mit $M_4 = + 52{,}73$ tm. Man erhält die Teilmomente $M'_{4,1} = - 30{,}69$ tm, $M'_{4,5} = - 5{,}69$ tm, $M'_{4,7} = - 16{,}35$ tm (Probe:

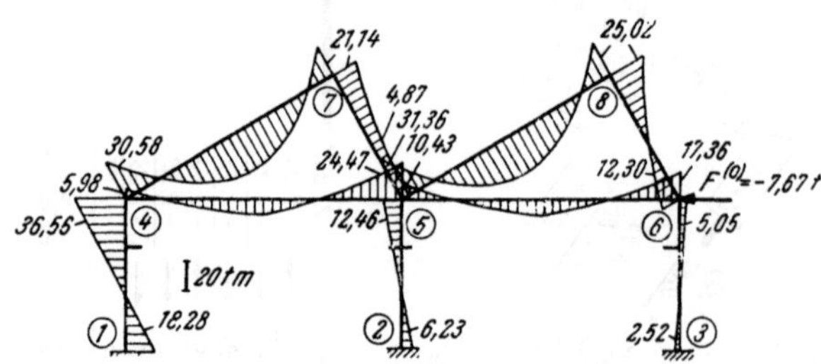

Abb. 677. $M^{(0)}$-Momente für lotrechte Belastung und Festhaltekraft $F^{(0)}$.

$\Sigma M' = - M_4 = - 52{,}73$ tm). Die Weiterleitung zur Einspannstelle kann zunächst unterbleiben, man bildet nur $M''_{5,4} = - 2{,}84$ tm, $M''_{7,4} = - 8{,}17$ tm. Nun wird Knoten 7 mit $M_7 = - 43{,}77$ tm ausgeglichen und weiter alle übrigen Knotenrestmomente, zuletzt $M_6 = - 0{,}04$ tm. Durch algebraische Addition der zusammengehörigen Teilmomente $\mathfrak{M}$, M', M'' und durch Weiterleitung der so erhaltenen Stielmomente $M_{4,1}$, $M_{5,2}$, $M_{6,3}$ an die Einspannstellen 1, 2, 3 erhält man die endgültigen $M^{(0)}$-Momente. Sie sind in Abb. 676 doppelt unterstrichen und werden nachstehend übersichtlich zusammengestellt:

$$M_{1,4} = -\,18{,}28 \text{ tm} \qquad M_{5,2} = -\,12{,}46 \text{ tm} \qquad M_{6,3} = +\ \ 5{,}05 \text{ tm}$$
$$M_{2,5} = -\ \ 6{,}23 \text{ ,,} \qquad M_{5,4} = -\,24{,}47 \text{ ,,} \qquad M_{6,5} = -\,17{,}36 \text{ ,,}$$
$$M_{3,6} = +\ \ 2{,}52 \text{ ,,} \qquad M_{5,6} = +\,10{,}43 \text{ ,,} \qquad M_{6,8} = +\,12{,}30 \text{ ,,}$$
$$M_{5,7} = -\ \ 4{,}87 \text{ ,,}$$
$$M_{4,1} = -\,36{,}56 \text{ ,,} \qquad M_{5,8} = +\,31{,}36 \text{ ,,} \qquad M_{7,4} = -\,21{,}14 \text{ ,,}$$
$$M_{4,5} = +\ \ 5{,}98 \text{ ,,} \qquad\qquad\qquad\qquad\ \ M_{7,5} = +\,21{,}14 \text{ ,,}$$
$$M_{4,7} = +\,30{,}58 \text{ ,,}$$
$$M_{8,5} = -\,25{,}02 \text{ ,,}$$
$$M_{8,6} = +\,25{,}02 \text{ ,, .}$$

Der gesamte $M^{(0)}$-Verlauf ist in Abb. 677 dargestellt.

Ermittlung der Festhaltekraft $F^{(0)}$.

Für Geschosse mit gleich langen, unbelasteten Stielen ist nach (74a) allgemein

$$F = \frac{1}{l}\,\Sigma(M^o + M^u)$$

und in ausführlicher Schreibweise für den vorliegenden Fall:

$$F^{(0)} = \frac{1}{l}\,[(M_{4,1} + M_{1,4}) + (M_{5,2} + M_{2,5}) + (M_{6,3} + M_{3,6})].$$

Durch Einsetzen der Zahlenwerte für die einzelnen Stielmomente erhält man an Hand der Abb. 676 bzw. 677 mit $l = 8{,}60$ m:

$$F^{(0)} = \frac{1}{8{,}60}\,(-\,36{,}56 - 18{,}28 - 12{,}46 - 6{,}23 + 5{,}05 + 2{,}52) = -\,7{,}67 \text{ t.}$$

Volleinspannmomente $\overline{M}$ für $\varDelta = 2$.

Für eine willkürlich angenommene Verschiebung des Rahmenriegels um $\varDelta = 2$ nach rechts ergeben sich die Volleinspannmomente $\overline{M}$ für beidseitig voll eingespannte Stiele nach (58) aus

$$\overline{M}^o = \overline{M}^u = \frac{1{,}5\,k}{l}\cdot\varDelta.$$

Damit erhält man an Hand der Festwertskizze (Abb. 675)

$$\overline{M}_{4,1} = \overline{M}_{1,4} = \frac{1{,}5\cdot 11{,}63}{8{,}60}\cdot 2 = +\,4{,}06 \text{ tm}$$

$$\overline{M}_{5,2} = \overline{M}_{2,5} = \frac{1{,}5\cdot 4{,}85}{8{,}60}\cdot 2 = +\,1{,}69 \text{ ,,}$$

$$\overline{M}_{6,3} = \overline{M}_{3,6} = \frac{1{,}5\cdot 11{,}63}{8{,}60}\cdot 2 = +\,4{,}06 \text{ ,, .}$$

Diese $\overline{M}$-Momente sind in Abb. 678 maßstäblich aufgetragen.

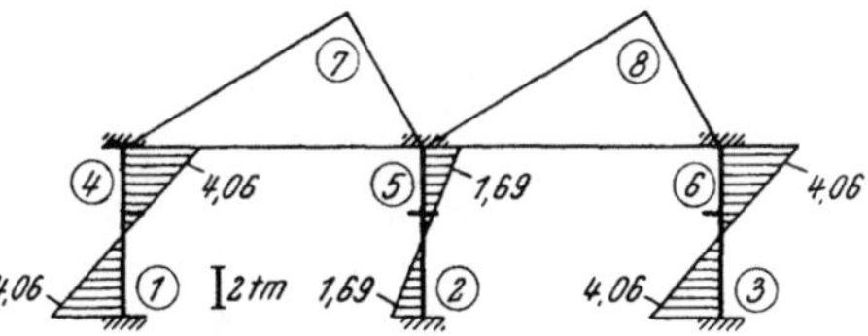

Abb. 678. Volleinspannmomente $\overline{M}$ für $\varDelta = 2$.

Ermittlung der $M^{(1)}$-Momente.

Durch Ausgleich der in Abb. 678 dargestellten $\overline{M}$-Momente erhält man bereits die $M^{(1)}$-Momente. In Abb. 679 ist dieser Ausgleich in üblicher Weise durchgeführt. Die μ-Zahlen konnten hierbei aus Abb. 676 übernommen werden. Die Rechnungsergebnisse sind doppelt unterstrichen, sie lauten:

Verschiebliche Tragwerke.

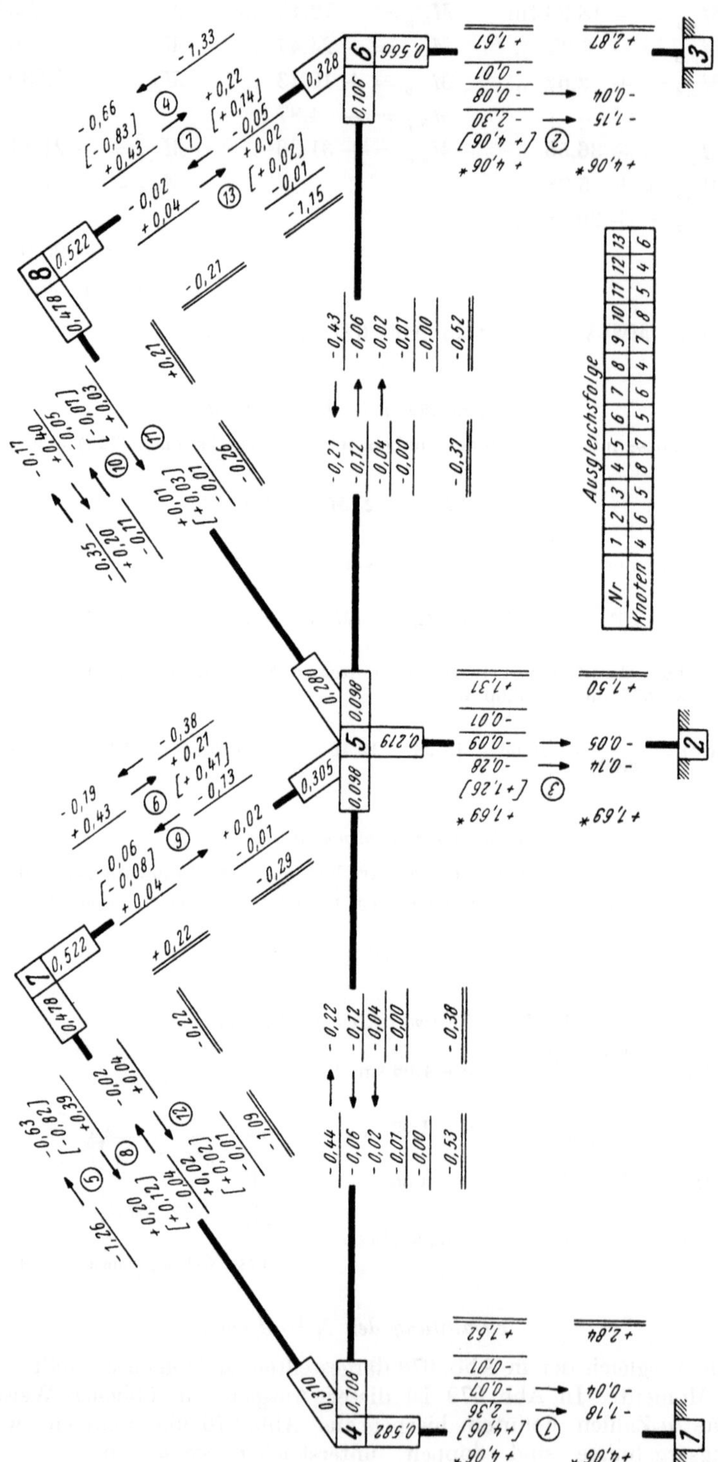

Abb. 679. Rechnungs-Skizze zur Ermittlung der $M^{(1)}$-Momente zu Abb. 678.

$$M_{1,4} = + 2{,}84 \text{ tm} \qquad M_{5,2} = + 1{,}31 \text{ tm} \qquad M_{6,3} = + 1{,}67 \text{ tm}$$
$$M_{2,5} = + 1{,}50 \text{ ,,} \qquad M_{5,4} = - 0{,}38 \text{ ,,} \qquad M_{6,5} = - 0{,}52 \text{ ,,}$$
$$M_{3,6} = + 2{,}87 \text{ ,,} \qquad M_{5,6} = - 0{,}37 \text{ ,,} \qquad M_{6,8} = - 1{,}15 \text{ ,,}$$
$$M_{5,7} = - 0{,}29 \text{ ,,}$$
$$M_{4,1} = + 1{,}62 \text{ ,,} \qquad M_{5,8} = - 0{,}26 \text{ ,,} \qquad M_{7,4} = - 0{,}22 \text{ ,,}$$
$$M_{4,5} = - 0{,}53 \text{ ,,} \qquad\qquad\qquad\qquad M_{7,5} = + 0{,}22 \text{ ,,}$$
$$M_{4,7} = - 1{,}09 \text{ ,,}$$
$$M_{8,5} = + 0{,}21 \text{ ,,}$$
$$M_{8,6} = - 0{,}21 \text{ ,, } .$$

In Abb. 680 sind die $M^{(1)}$-Momente maßstäblich aufgetragen.

Festhaltekraft $F^{(1)}$.

Die Berechnung der zu den $M^{(1)}$-Momenten in Abb. 680 gehörigen Festhaltekraft $F^{(1)}$ geschieht wieder nach (74 a):

$$F = \frac{1}{l} \Sigma (M^o + M^u).$$

Durch Einsetzen der Zahlenwerte für M^o und M^u nach Abb. 679 bzw. 680 erhält man mit $l = 8{,}60$ m:

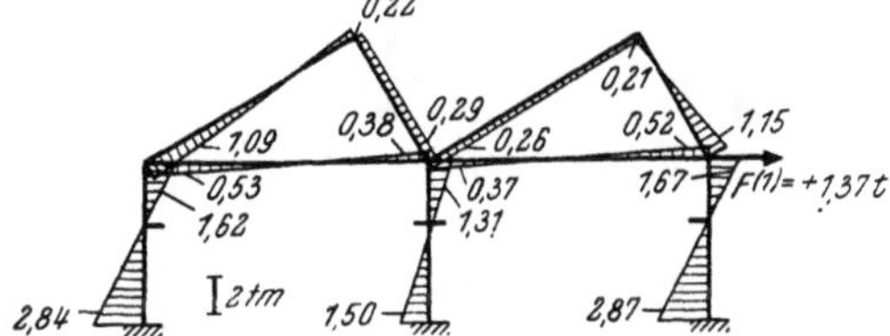

Abb. 680. $M^{(1)}$-Verlauf mit Festhaltekraft $F^{(1)}$

$$F^{(1)} = \frac{1}{8{,}60} (1{,}62 + 2{,}84 + 1{,}31 + 1{,}50 + 1{,}67 + 2{,}87) = + 1{,}37 \text{ t.}$$

Ermittlung des Umrechnungsfaktors c.

Nach (140) lautet die Verschiebungsgleichung $F^{(0)} + c\, F^{(1)} = 0$; setzt man hierin die bereits ermittelten Werte $F^{(0)} = - 7{,}67$ t und $F^{(1)} = + 1{,}37$ t ein, so erhält man daraus den Umrechnungsfaktor

$$c = \frac{7{,}67}{1{,}37} = + 5{,}60.$$

Endgültige M-Werte.

Durch algebraische Addition der Momente $M^{(0)}$ für den festgehaltenen Zustand (vgl. Abb. 677) und der mit dem Umrechnungsfaktor c multiplizierten $M^{(1)}$-Momente (vgl. Abb. 680) erhält man die endgültigen Momente; es wird also nach (142) $M = M^{(0)} + c\, M^{(1)}$, somit:

$$M_{1,4} = - 18{,}28 + 5{,}60 \cdot 2{,}84 = - 2{,}38 \text{ tm}$$
$$M_{2,5} = - 6{,}23 + 5{,}60 \cdot 1{,}50 = + 2{,}17 \text{ ,,}$$
$$M_{3,6} = + 2{,}52 + 5{,}60 \cdot 2{,}87 = + 18{,}59 \text{ ,,}$$

$$M_{4,1} = - 36{,}56 + 5{,}60 \cdot 1{,}62 = - 27{,}49 \text{ ,,}$$
$$M_{4,5} = + 5{,}98 + 5{,}60 \cdot (- 0{,}53) = + 3{,}01 \text{ ,,}$$
$$M_{4,7} = + 30{,}58 + 5{,}60 \cdot (- 1{,}09) = + 24{,}48 \text{ ,,}$$

$$M_{5,2} = - 12{,}46 + 5{,}60 \cdot 1{,}31 = - 5{,}12 \text{ ,,}$$
$$M_{5,4} = - 24{,}47 + 5{,}60 \cdot (- 0{,}38) = - 26{,}60 \text{ ,,}$$
$$M_{5,6} = + 10{,}43 + 5{,}60 \cdot (- 0{,}37) = + 8{,}36 \text{ ,,}$$
$$M_{5,7} = - 4{,}87 + 5{,}60 \cdot (- 0{,}29) = - 6{,}49 \text{ ,,}$$
$$M_{5,8} = + 31{,}36 + 5{,}60 \cdot (- 0{,}26) = + 29{,}90 \text{ ,,}$$

$$M_{6,3} = + 5{,}05 + 5{,}60 \cdot 1{,}67 = + 14{,}40 \text{ ,,}$$
$$M_{6,5} = - 17{,}36 + 5{,}60 \cdot (- 0{,}52) = - 20{,}27 \text{ ,,}$$
$$M_{6,8} = + 12{,}30 + 5{,}60 \cdot (- 1{,}15) = + 5{,}86 \text{ ,,}$$

$$M_{7,4} = -\,21{,}14 + 5{,}60 \cdot (-\,0{,}22) = -\,22{,}37 \text{ tm}$$
$$M_{7,5} = +\,21{,}14 + 5{,}60 \cdot \quad 0{,}22 \;\; = +\,22{,}37 \;\;,,$$

$$M_{8,5} = -\,25{,}02 + 5{,}60 \cdot \quad 0{,}21 \;\; = -\,23{,}84 \;\;,,$$
$$M_{8,6} = +\,25{,}02 + 5{,}60 \cdot (-\,0{,}21) = +\,23{,}84 \;\;,, \;.$$

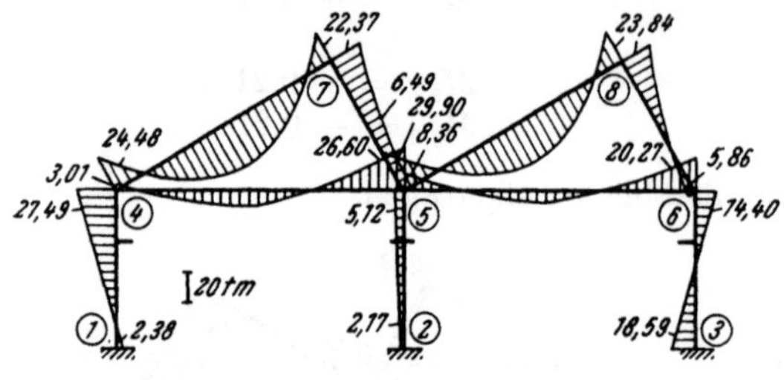

Abb. 681. Endgültiger M-Verlauf für die lotrechte Belastung.

In Abb. 681 ist der Verlauf der endgültigen M-Linie maßstäblich dargestellt.

b) Belastung durch die Kranbahnkonsolen (Abb. 673).

Volleinspannmomente $\mathfrak{M}$.

Nach Tafel 3 erhält man *für Stab 1—4* mit dem Konsolmoment $M_K = +\,16 \cdot 1{,}0 = +\,16{,}0$ tm und den Abständen $a = 5{,}50$ m, $b = 3{,}10$ m

$$\mathfrak{M}_{1,4} = -\,M_K \cdot \frac{b}{l}\left(2 - \frac{3\,b}{l}\right) = -\,16{,}0 \cdot \frac{3{,}10}{8{,}60}\left(2 - \frac{3 \cdot 3{,}10}{8{,}60}\right) = -\,5{,}30 \text{ tm}$$

$$\mathfrak{M}_{4,1} = -\,M_K \cdot \frac{a}{l}\left(2 - \frac{3\,a}{l}\right) = -\,16{,}0 \cdot \frac{5{,}50}{8{,}60}\left(2 - \frac{3 \cdot 5{,}50}{8{,}60}\right) = -\,0{,}83 \;\;,,,$$

für Stab 2—5 mit dem Konsolmoment $M_K = +\,16{,}0 \cdot 0{,}90 - 5{,}0 \cdot 0{,}90 = +\,9{,}9$ tm

$$\mathfrak{M}_{2,5} = -\,9{,}9 \cdot \frac{3{,}10}{8{,}60}\left(2 - \frac{3 \cdot 3{,}10}{8{,}60}\right) = -\,3{,}28 \text{ tm}$$

$$\mathfrak{M}_{5,2} = -\,9{,}9 \cdot \frac{5{,}50}{8{,}60}\left(2 - \frac{3 \cdot 5{,}50}{8{,}60}\right) = -\,0{,}51 \;\;,, \;.$$

für Stab 3—6 mit dem Konsolmoment $M_K = -\,5{,}0 \cdot 1{,}0 = -\,5{,}0$ tm

$$\mathfrak{M}_{3,6} = +\,5{,}0 \cdot \frac{3{,}10}{8{,}60}\left(2 - \frac{3 \cdot 3{,}10}{8{,}60}\right) = +\,1{,}66 \text{ tm}$$

$$\mathfrak{M}_{6,3} = +\,5{,}0 \cdot \frac{5{,}50}{8{,}60}\left(2 - \frac{3 \cdot 5{,}50}{8{,}60}\right) = +\,0{,}26 \;\;,, \;.$$

(Etwas rascher hätten in diesem Fall die $\mathfrak{M}$-Werte für die Stäbe 2—5 und 3—6 durch einfaches Umrechnen aus den $\mathfrak{M}$-Werten für Stab 1—4 erhalten werden können; z. B. $\mathfrak{M}_{2,5} = \mathfrak{M}_{1,4} \cdot \dfrac{9{,}9}{16{,}0}$ usw.)

Momentenausgleich für das unverschieblich festgehaltene Tragwerk ($M^{(0)}$-Momente).

Nach Übertragen der Werte μ und $\mathfrak{M}$ in die Rechnungs-Skizze (Abb. 682) wird dort der Ausgleich der Volleinspannmomente in der angegebenen Reihenfolge vorgenommen. Die Ergebnisse lauten:

$$
\begin{array}{lll}
M_{1,4} = -\,5{,}05 \text{ tm} & M_{5,2} = -\,0{,}40 \text{ tm} & M_{6,3} = +\,0{,}10 \text{ tm}\\
M_{2,5} = -\,3{,}23 \;\;,, & M_{5,4} = +\,0{,}10 \;\;,, & M_{6,5} = -\,0{,}01 \;\;,,\\
M_{3,6} = +\,1{,}58 \;\;,, & M_{5,6} = +\,0{,}05 \;\;,, & M_{6,8} = -\,0{,}09 \;\;,,\\
 & M_{5,7} = +\,0{,}11 \;\;,, & \\
M_{4,1} = -\,0{,}33 \;\;,, & M_{5,8} = +\,0{,}15 \;\;,, & M_{7,4} = +\,0{,}03 \;\;,,\\
M_{4,5} = +\,0{,}11 \;\;,, & & M_{7,5} = -\,0{,}03 \;\;,,\\
M_{4,7} = +\,0{,}22 \;\;,, & & \\
 & & M_{8,5} = +\,0{,}06 \;\;,,\\
 & & M_{8,6} = -\,0{,}06 \;\;,, \;.
\end{array}
$$

In Abb. 683 sind diese $M^{(0)}$-Momente maßstäblich aufgetragen.

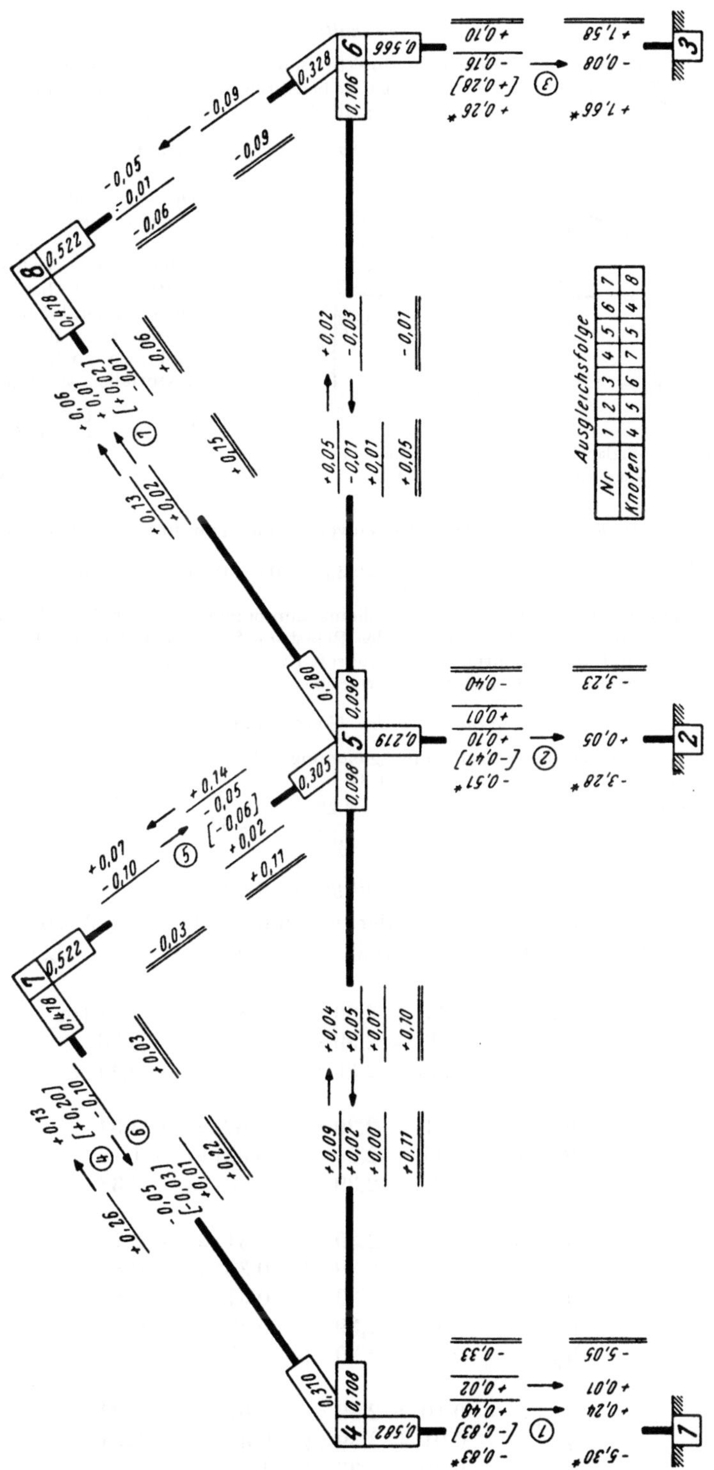

Abb. 682. Rechnungs-Skizze zur Ermittlung der $M^{(0)}$-Momente für die Belastung durch die Kranbahnkonsolen.

Festhaltekraft $F^{(0)}$.

Da auf die einzelnen Stiele eine direkte Belastung durch die Konsolmomente einwirkt, ist Formel (72a) zu verwenden. Dabei ist zu beachten, daß hier keine Knotenlasten vorhanden sind, also $\Sigma P = 0$ gesetzt werden kann; die Formel vereinfacht sich also zu

$$F^{(0)} = -\left[\Sigma \mathfrak{A}^o - \frac{1}{l}\Sigma(M^o + M^u)\right].$$

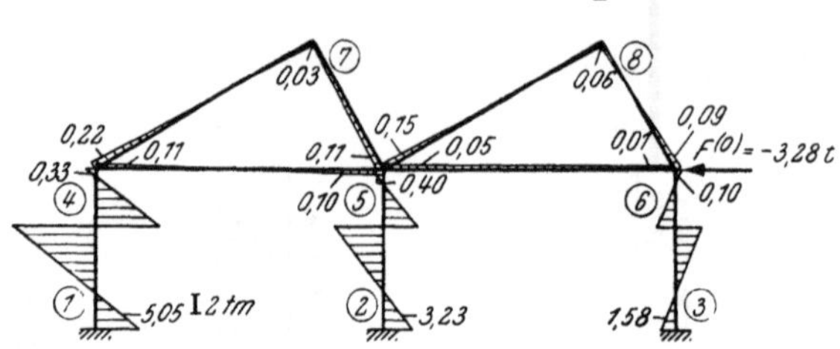

Abb. 683. $M^{(0)}$-Verlauf für die Belastung durch die Kranbahnkonsolen und Festhaltekraft $F^{(0)}$.

Die Werte $\mathfrak{A}^o$ bedeuten hier die von den einzelnen Konsolmomenten M_K am **o b e r e n** Stielende hervorgerufenen Auflagerdrücke ($=$ Aktionskräfte $\rightleftarrows \pm$), bezogen auf den frei aufliegenden Träger. Die vorstehende Formel kann für den vorliegenden Fall also auch in folgender Form geschrieben werden

$$F^{(0)} = -\left[\frac{1}{l}\Sigma M_K - \frac{1}{l}\Sigma(M^o + M^u)\right].$$

Durch Einsetzen der entsprechenden Zahlenwerte erhält man unter Zuhilfenahme der Abb. 683:

$$F^{(0)} = -\left[\frac{1}{8,60}(16,0 + 9,9 - 5,0) - \frac{1}{8,60}(-0,33 - 5,05 - 0,40 - 3,23 + 0,10 + 1,58)\right] = -3,28\,\text{t}.$$

Anmerkung. Die Ermittlung der Volleinspannmomente $\overline{M}$ für $\varDelta = 2$ kann hier entfallen; sie wurden bereits bei der Behandlung des Belastungsfalles a) bestimmt; dasselbe gilt für die $M^{(1)}$-Momente und die zugehörige Festhaltekraft $F^{(1)}$. Man kann also sofort die Verschiebungsgleichung aufstellen und daraus den Wert c bestimmen.

Ermittlung des Umrechnungsfaktors c.

Nach (140) lautet die Verschiebungsgleichung $F^{(0)} + c\,F^{(1)} = 0$. Mit den entsprechenden Zahlenwerten erhält man $-3,28 + c \cdot 1,37 = 0$.

Daraus wird
$$c = \frac{3,28}{1,37} = +2,39.$$

Endgültige M-Werte.

Durch algebraische Addition der zusammengehörigen Werte $M^{(0)}$ und der mit c multiplizierten Werte $M^{(1)}$ erhält man nach (142) die endgültigen Momente aus $M = M^{(0)} + c\,M^{(1)}$, somit hier:

$$M_{1,4} = -5,05 + 2,39 \cdot \quad 2,84 = +1,74\ \text{tm}$$
$$M_{2,5} = -3,23 + 2,39 \cdot \quad 1,50 = +0,36\ \text{,,}$$
$$M_{3,6} = +1,58 + 2,39 \cdot \quad 2,87 = +8,44\ \text{,,}$$

$$M_{4,1} = -0,33 + 2,39 \cdot \quad 1,62 = +3,54\ \text{,,}$$
$$M_{4,5} = +0,11 + 2,39 \cdot (-0,53) = -1,16\ \text{,,}$$
$$M_{4,7} = +0,22 + 2,39 \cdot (-1,09) = -2,38\ \text{,,}$$

$$M_{5,2} = -0,40 + 2,39 \cdot \quad 1,31 = +2,73\ \text{,,}$$
$$M_{5,4} = +0,10 + 2,39 \cdot (-0,38) = -0,81\ \text{,,}$$
$$M_{5,6} = +0,05 + 2,39 \cdot (-0,37) = -0,83\ \text{,,}$$
$$M_{5,7} = +0,11 + 2,39 \cdot (-0,29) = -0,58\ \text{,,}$$
$$M_{5,8} = +0,15 + 2,39 \cdot (-0,26) = -0,47\ \text{,,}$$

$$M_{6,3} = +0,10 + 2,39 \cdot \quad 1,67 = +4,09\ \text{,,}$$
$$M_{6,5} = -0,01 + 2,39 \cdot (-0,52) = -1,25\ \text{,,}$$
$$M_{6,8} = -0,09 + 2,39 \cdot (-1,15) = -2,84\ \text{,,}$$

$$M_{7,4} = + 0,03 + 2,39 \cdot (- 0,22) = - 0,50 \text{ tm}$$
$$M_{7,5} = - 0,03 + 2,39 \cdot \quad 0,22 = + 0,50 \text{ „}$$

$$M_{8,5} = + 0,06 + 2,39 \cdot \quad 0,21 = + 0,56 \text{ „}$$
$$M_{8,6} = - 0,06 + 2,39 \cdot (- 0,21) = - 0,56 \text{ „} .$$

In Abb. 684 sind diese Momente maßstäblich aufgezeichnet.

c) **Waagrechte Belastung** P nach Abb. 674.

Da hier nur eine Knotenbelastung $P = 3,0$ t, aber keine Stabbelastung vorhanden ist, ergeben sich im unverschieblich festgehaltenen Tragwerk auch keine

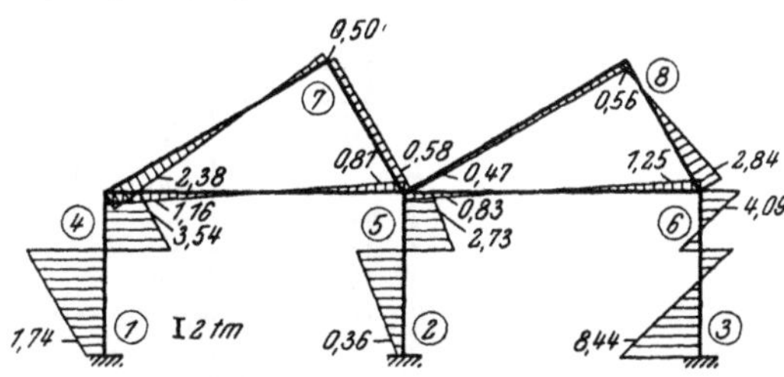
Abb. 684. Endgültiger M-Verlauf für die Belastung durch die Kranbahnkonsolen.

$M^{(0)}$-Momente. Die Festhaltekraft $F^{(0)}$ erhält man in diesem Fall nach (75) mit

$$F^{(0)} = - \sum_R P = - 3,0 \text{ t.}$$

Ermittlung des Umrechnungsfaktors c.

Mit der Festhaltekraft $F^{(0)} = - 3,0$ t für den unverschieblich festgehaltenen Rahmen und der bereits bei Belastungsfall a) ermittelten Festhaltekraft $F^{(1)} = + 1,37$ t für $\varDelta = 2$ kann hier sofort die Verschiebungsgleichung (140) ausgewertet werden. Sie lautet allgemein $F^{(0)} + c F^{(1)} = 0$ und mit den entsprechenden Zahlenwerten $- 3,0 + c \cdot 1,37 = 0$. Daraus erhält man:

$$c = \frac{3,0}{1,37} = + 2,19.$$

Endgültige Momente.

Da für diesen Belastungsfall keine $M^{(0)}$-Momente vorhanden sind, ergeben sich die endgültigen Momente einfach durch Multiplikation der schon im Belastungsfall a) ermittelten $M^{(1)}$-Momente mit dem hier maßgebenden Umrechnungsfaktor $c = + 2,19$: also $M = c \, M^{(1)} = 2,19 \, M^{(1)}$. Damit erhält man:

$$M_{1,4} = 2,19 \cdot \quad 2,84 = + 6,22 \text{ tm} \qquad M_{5,2} = 2,19 \cdot \quad 1,31 = + 2,87 \text{ tm}$$
$$M_{2,5} = 2,19 \cdot \quad 1,50 = + 3,28 \text{ „} \qquad M_{5,4} = 2,19 \cdot (- 0,38) = - 0,83 \text{ „}$$
$$M_{3,6} = 2,19 \cdot \quad 2,87 = + 6,29 \text{ „} \qquad M_{5,6} = 2,19 \cdot (- 0,37) = - 0,81 \text{ „}$$
$$M_{5,7} = 2,19 \cdot (- 0,29) = - 0,64 \text{ „}$$
$$M_{4,1} = 2,19 \cdot \quad 1,62 = + 3,55 \text{ „} \qquad M_{5,8} = 2,19 \cdot (- 0,26) = - 0,57 \text{ „}$$
$$M_{4,5} = 2,19 \cdot (- 0,53) = - 1,16 \text{ „}$$
$$M_{4,7} = 2,19 \cdot (- 1,09) = - 2,39 \text{ „}$$

$$M_{6,3} = 2,19 \cdot \quad 1,67 = + 3,66 \text{ „}$$
$$M_{6,5} = 2,19 \cdot (- 0,52) = - 1,14 \text{ „}$$
$$M_{6,8} = 2,19 \cdot (- 1,15) = - 2,52 \text{ „}$$

$$M_{7,4} = 2,19 \cdot (- 0,22) = - 0,48 \text{ „}$$
$$M_{7,5} = 2,19 \cdot \quad 0,22 = + 0,48 \text{ „}$$

$$M_{8,5} = 2,19 \cdot \quad 0,21 = + 0,46 \text{ „}$$
$$M_{8,6} = 2,19 \cdot (- 0,21) = - 0,46 \text{ „} .$$

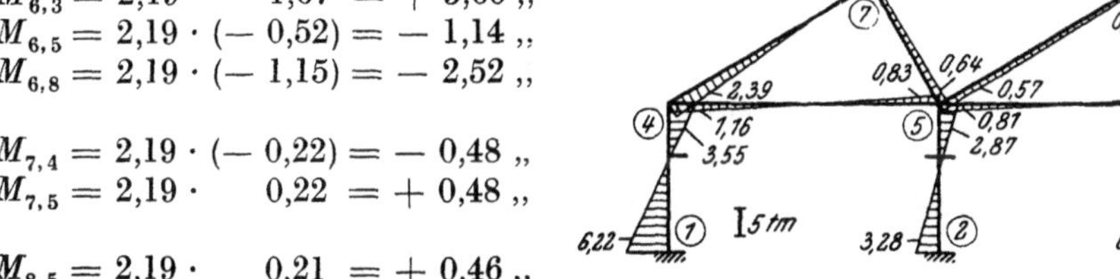
Abb. 685. Endgültiger M-Verlauf für die waagrechte Belastung.

In Abb. 685 sind diese Momente maßstäblich aufgetragen.

Zahlenbeispiel 22.

Unsymmetrisches Vierendeel-Rahmentragwerk (Abb. 686). Belastungsangaben
siehe Abb. 687. Volle Einspannung bei 1, 2, 3, 8. Die beiden Knotenreihen
5 — 10 und 6 — 11 sind lotrecht verschieblich. Die Berechnung erfolgt mit Hilfe
von Verfahren I (mit Verschiebungsgleichungen) nach den Anweisungen Seite 115.

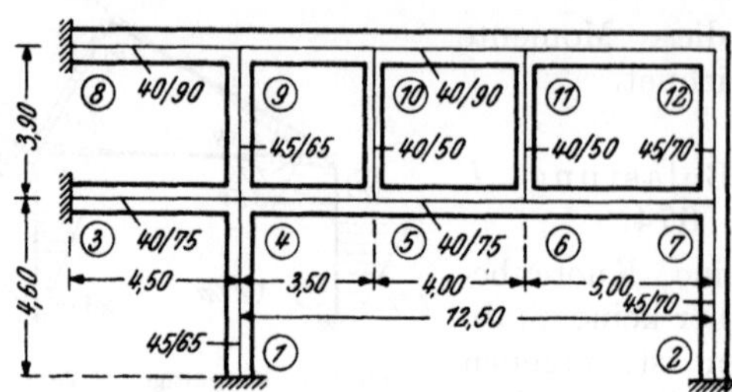

Abb. 686. Tragwerksabmessungen.

Festwerttabelle.

Stab	b/h (cm)	J (m⁴)	l (m)	$k = 1000\,J/l$
1—4	45/65	0,01030	4,60	2,24
2—7	45/70	0,01286	4,60	2,80
3—4	40/75	0,01406	4,50	3,12
4—5	40/75	0,01406	3,50	4,02
5—6	40/75	0,01406	4,00	3,52
6—7	40/75	0,01406	5,00	2,81
4—9	45/65	0,01030	3,90	2,64
5—10, 6—11	40/50	0,00417	3,90	1,07
7—12	45/70	0,01286	3,90	3,30
8—9	40/90	0,02430	4,50	5,40
9—10	40/90	0,02430	3,50	6,94
10—11	40/90	0,02430	4,00	6,08
11—12	40/90	0,02430	5,00	4,86

Die k-Zahlen werden in die Festwertskizze (Abb. 688) eingetragen.

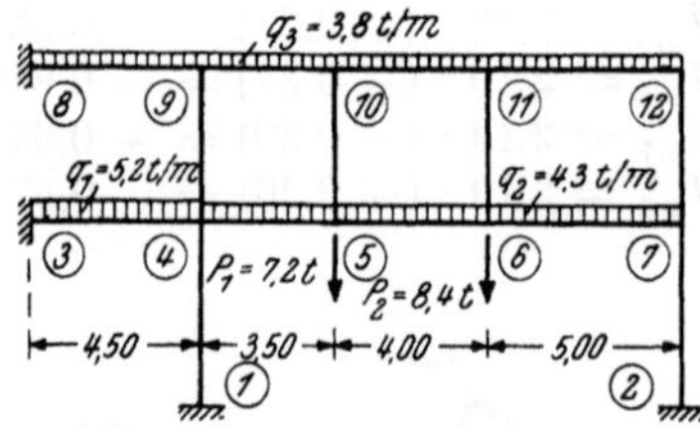

Abb. 687. Belastungsangaben.

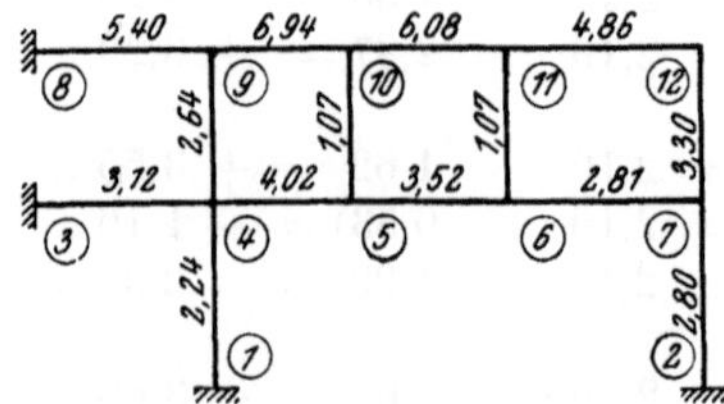

Abb. 688. Festwertskizze (k-Zahlen).

Momentenverteilungszahlen μ.

An Hand der Festwertskizze (Abb. 688) erhält man nach (29)

für Knoten 4: $\Sigma k = 2,24 + 3,12 + 4,02 + 2,64 = 12,02;$

$$\mu_{4,1} = \frac{2,24}{12,02} = 0,186 \qquad\qquad \mu_{4,5} = \frac{4,02}{12,02} = 0,334$$

$$\mu_{4,3} = \frac{3,12}{12,02} = 0,260 \qquad\qquad \mu_{4,9} = \frac{2,64}{12,02} = 0,220;$$

für Knoten 5: $\Sigma k = 4{,}02 + 3{,}52 + 1{,}07 = 8{,}61;$

$$\mu_{5,4} = \frac{4{,}02}{8{,}61} = 0{,}467; \qquad \mu_{5,6} = \frac{3{,}52}{8{,}61} = 0{,}409; \qquad \mu_{5,10} = \frac{1{,}07}{8{,}61} = 0{,}124$$

und in gleicher Weise

für Knoten 6:	$\mu_{6,5} = 0{,}476$	$\mu_{6,7} = 0{,}380$	$\mu_{6,11} = 0{,}144$
für Knoten 7:	$\mu_{7,2} = 0{,}314$	$\mu_{7,6} = 0{,}315$	$\mu_{7,12} = 0{,}371$
für Knoten 9:	$\mu_{9,4} = 0{,}176$	$\mu_{9,8} = 0{,}361$	$\mu_{9,10} = 0{,}463$
für Knoten 10:	$\mu_{10,5} = 0{,}076$	$\mu_{10,9} = 0{,}493$	$\mu_{10,11} = 0{,}431$
für Knoten 11:	$\mu_{11,6} = 0{,}089$	$\mu_{11,10} = 0{,}506$	$\mu_{11,12} = 0{,}405$
für Knoten 12:	$\mu_{12,7} = 0{,}404$	$\mu_{12,11} = 0{,}596.$	

Volleinspannmomente $\mathfrak{M}$.

Nach Tafel 2 erhält man mit den Belastungsangaben in Abb. 687:

$$\mathfrak{M}_{3,4} = + \frac{5{,}2 \cdot 4{,}5^2}{12} = + 8{,}78 \text{ tm} \qquad \mathfrak{M}_{4,3} = - 8{,}78 \text{ tm}$$

$$\mathfrak{M}_{4,5} = + \frac{4{,}3 \cdot 3{,}5^2}{12} = + 4{,}39 \ ,, \qquad \mathfrak{M}_{5,4} = - 4{,}39 \ ,,$$

$$\mathfrak{M}_{5,6} = + \frac{4{,}3 \cdot 4{,}0^2}{12} = + 5{,}73 \ ,, \qquad \mathfrak{M}_{6,5} = - 5{,}73 \ ,,$$

$$\mathfrak{M}_{6,7} = + \frac{4{,}3 \cdot 5{,}0^2}{12} = + 8{,}96 \ ,, \qquad \mathfrak{M}_{7,6} = - 8{,}96 \ ,,$$

$$\mathfrak{M}_{8,9} = + \frac{3{,}8 \cdot 4{,}5^2}{12} = + 6{,}41 \ ,, \qquad \mathfrak{M}_{9,8} = - 6{,}41 \ ,,$$

$$\mathfrak{M}_{9,10} = + \frac{3{,}8 \cdot 3{,}5^2}{12} = + 3{,}88 \ ,, \qquad \mathfrak{M}_{10,9} = - 3{,}88 \ ,,$$

$$\mathfrak{M}_{10,11} = + \frac{3{,}8 \cdot 4{,}0^2}{12} = + 5{,}07 \ ,, \qquad \mathfrak{M}_{11,10} = - 5{,}07 \ ,,$$

$$\mathfrak{M}_{11,12} = + \frac{3{,}8 \cdot 5{,}0^2}{12} = + 7{,}92 \ ,, \qquad \mathfrak{M}_{12,11} = - 7{,}92 \ ,, \cdot$$

Momentenausgleich.

Nach Übertragung der bereits ermittelten Werte μ und $\mathfrak{M}$ in die Rechnungs-Skizze (Abb. 689) wird der Ausgleich in üblicher Weise durchgeführt; die Ergebnisse lauten:

$M_{1,4} = + 0{,}42$ tm	$M_{6,5} = - 7{,}90$ tm	$M_{10,5} = - 0{,}09$ tm
$M_{2,7} = + 1{,}30 \ ,,$	$M_{6,7} = + 8{,}71 \ ,,$	$M_{10,9} = - 3{,}61 \ ,,$
$M_{3,4} = + 9{,}35 \ ,,$	$M_{6,11} = - 0{,}81 \ ,,$	$M_{10,11} = + 3{,}70 \ ,,$
$M_{8,9} = + 6{,}80 \ ,,$		
	$M_{7,2} = + 2{,}59 \ ,,$	$M_{11,6} = - 0{,}71 \ ,,$
$M_{4,1} = + 0{,}83 \ ,,$	$M_{7,6} = - 7{,}14 \ ,,$	$M_{11,10} = - 7{,}50 \ ,,$
$M_{4,3} = - 7{,}63 \ ,,$	$M_{7,12} = + 4{,}54 \ ,,$	$M_{11,12} = + 8{,}21 \ ,,$
$M_{4,5} = + 5{,}64 \ ,,$		
$M_{4,9} = + 1{,}17 \ ,,$	$M_{9,4} = + 0{,}86 \ ,,$	$M_{12,7} = + 4{,}51 \ ,,$
	$M_{9,8} = - 5{,}63 \ ,,$	$M_{12,11} = - 4{,}51 \ ,, \cdot$
$M_{5,4} = - 4{,}16 \ ,,$	$M_{9,10} = + 4{,}78 \ ,,$	
$M_{5,6} = + 4{,}31 \ ,,$		
$M_{5,10} = - 0{,}16 \ ,,$		

In Abb. 690 ist der $M^{(0)}$-Verlauf maßstäblich aufgetragen.

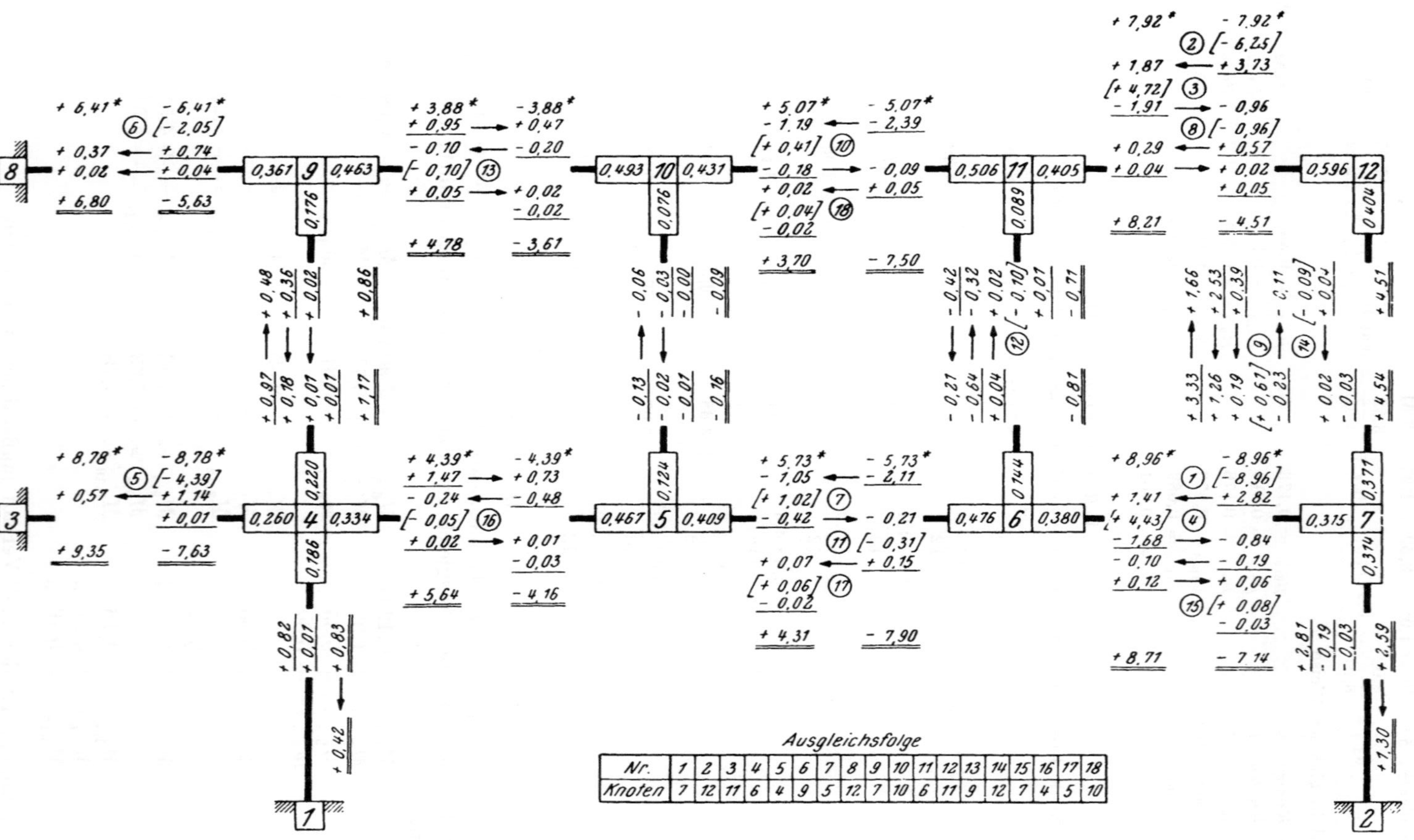

Nr.	1	2	3	4	5	6	7	8	9	10	11	12	13	14	15	16	17	18
Knoten	7	12	11	6	4	9	5	12	7	10	6	11	9	12	7	4	5	10

Abb. 689. Rechnungs-Skizze zur Ermittlung der $M^{(0)}$-Momente im festgehaltenen Zustand.

$$\textit{Festhaltekräfte } F_1{}^{(0)}, \; F_2{}^{(0)}.$$

Die für den festgehaltenen Zustand (Abb. 690) in den gedachten Lagern (1) und (2) der beiden Knotenreihen 5—10 und 6—11 auftretenden Festhaltekräfte $F_1{}^{(0)}$ und $F_2{}^{(0)}$ erhält man nach (78) mit

$$F = -\left[\Sigma P + \Sigma \mathfrak{A}^{(r)}{}_\nu + \Sigma \mathfrak{A}^{(l)}{}_{\nu+1} - \frac{1}{l_\nu} \Sigma (M^{(l)}{}_\nu + M^{(r)}{}_\nu) + \frac{1}{l_{\nu+1}} \Sigma (M^{(l)}{}_{\nu+1} + M^{(r)}{}_{\nu+1}) \right].$$

Es ergibt sich also im vorliegenden Fall für das **Lager (1)**

$$F_1{}^{(0)} = -\left[P_1 + \frac{q_2 \, l_{4,5}}{2} + \frac{q_3 \, l_{9,10}}{2} + \frac{q_2 \, l_{5,6}}{2} + \frac{q_3 \, l_{10,11}}{2} - \right.$$
$$\left. - \frac{1}{l_{1,5}} (M_{4,5} + M_{5,4} + M_{9,10} + M_{10,9}) + \frac{1}{l_{5,6}} (M_{5,6} + M_{6,5} + M_{10,11} + M_{11,10}) \right]$$

und mit den entsprechenden Zahlenwerten:

$$F_1{}^{(0)} = -\left[7,2 + \frac{4,3 \cdot 3,5}{2} + \frac{3,8 \cdot 3,5}{2} + \frac{4,3 \cdot 4,0}{2} + \frac{3,8 \cdot 4,0}{2} - \right.$$
$$\left. - \frac{1}{3,5} (5,64 - 4,16 + 4,78 - 3,61) + \frac{1}{4,0} (4,31 - 7,90 + 3,70 - 7,50) \right] = -35,0 \text{ t.}$$

In gleicher Weise wird für das **Lager (2)**

$$F_2{}^{(0)} = -\left[P_2 + \frac{q_2 \, l_{5,6}}{2} + \frac{q_3 \, l_{10,11}}{2} + \frac{q_2 \, l_{6,7}}{2} + \frac{q_3 \, l_{11,12}}{2} - \right.$$
$$\left. - \frac{1}{l_{5,6}} (M_{5,6} + M_{6,5} + M_{10,11} + M_{11,10}) + \frac{1}{l_{6,7}} (M_{6,7} + M_{7,6} + M_{11,12} + M_{12,11}) \right]$$

und mit den entsprechenden Zahlenwerten:

$$F_2{}^{(0)} = -\left[8,4 + \frac{4,3 \cdot 4,0}{2} + \frac{3,8 \cdot 4,0}{2} + \frac{4,3 \cdot 5,0}{2} + \frac{3,8 \cdot 5,0}{2} - \right.$$
$$\left. - \frac{1}{4,0} (4,31 - 7,90 + 3,70 - 7,50) + \frac{1}{5,0} (8,71 - 7,14 + 8,21 - 4,51) \right] = -47,8 \text{ t.}$$

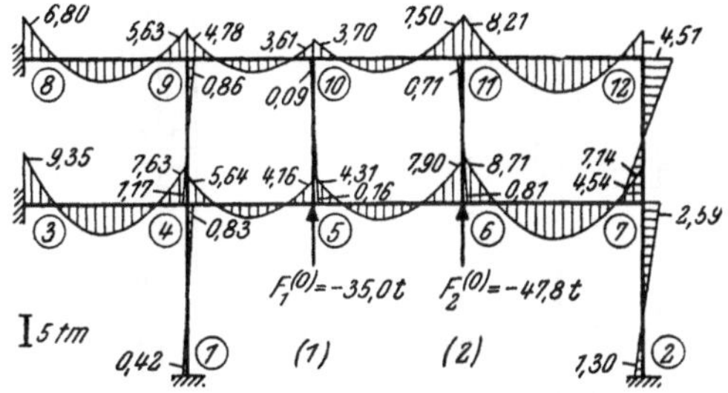

Abb. 690. $M^{(0)}$-Verlauf mit Festhaltekräften $F_1{}^{(0)}$ und $F_2{}^{(0)}$.

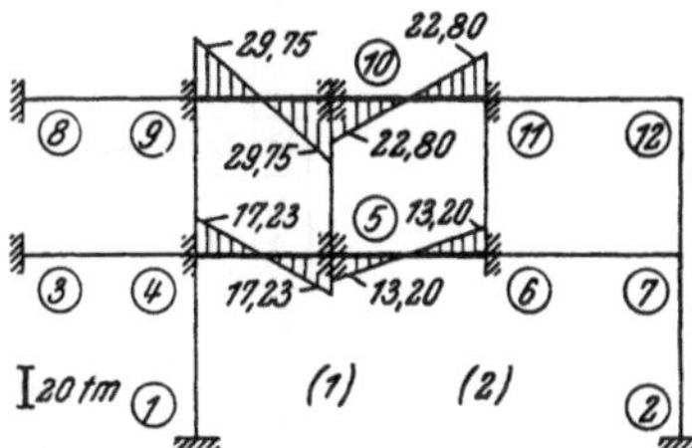

Abb. 691. Volleinspannmomente $\overline{M}$ für $\varDelta_1 = 10$.

$$\textit{Volleinspannmomente } \overline{M} \textit{ für } \varDelta_1 = 10 \textit{ in der Knotenreihe (1).}$$

Bei Annahme einer willkürlichen Verschiebung der Knotenreihe 5—10 um $\varDelta_1 = 10$ erhält man die Volleinspannmomente $\overline{M}$ nach (58) bzw. (149) mit

$$\overline{M}^{(l)} = \overline{M}^{(r)} = \frac{1,5 \, k}{l} \cdot \varDelta.$$

An Hand von Abb. 688 wird somit unter Beachtung, daß $\varDelta_1$ für die Stäbe 4—5 und 9—10 positiv, für die Stäbe 5—6 und 10—11 aber negativ ist:

$$\overline{M}_{4,5} = \overline{M}_{5,4} = \frac{1,5 \, k_{4,5}}{l_{4,5}} \cdot \varDelta_1 = \frac{1,5 \cdot 4,02}{3,50} \cdot 10 = +17,23 \text{ tm}$$

$$\overline{M}_{5,6} = \overline{M}_{6,5} = \frac{1,5 \, k_{5,6}}{l_{5,6}} \cdot \varDelta_1 = \frac{1,5 \cdot 3,52}{4,00} \cdot (-10) = -13,20 \text{ tm}$$

$$\overline{M}_{9,10} = \overline{M}_{10,9} = \frac{1,5 \, k_{9,10}}{l_{9,10}} \cdot \varDelta_1 = \frac{1,5 \cdot 6,94}{3,50} \cdot 10 = +29,75 \text{ tm}$$

$$\overline{M}_{10,11} = \overline{M}_{11,10} = \frac{1,5 \, k_{10,11}}{l_{10,11}} \cdot \varDelta_1 = \frac{1,5 \cdot 6,08}{4,00} \cdot (-10) = -22,80 \text{ tm.}$$

In Abb. 691 sind diese $\overline{M}$-Momente dargestellt.

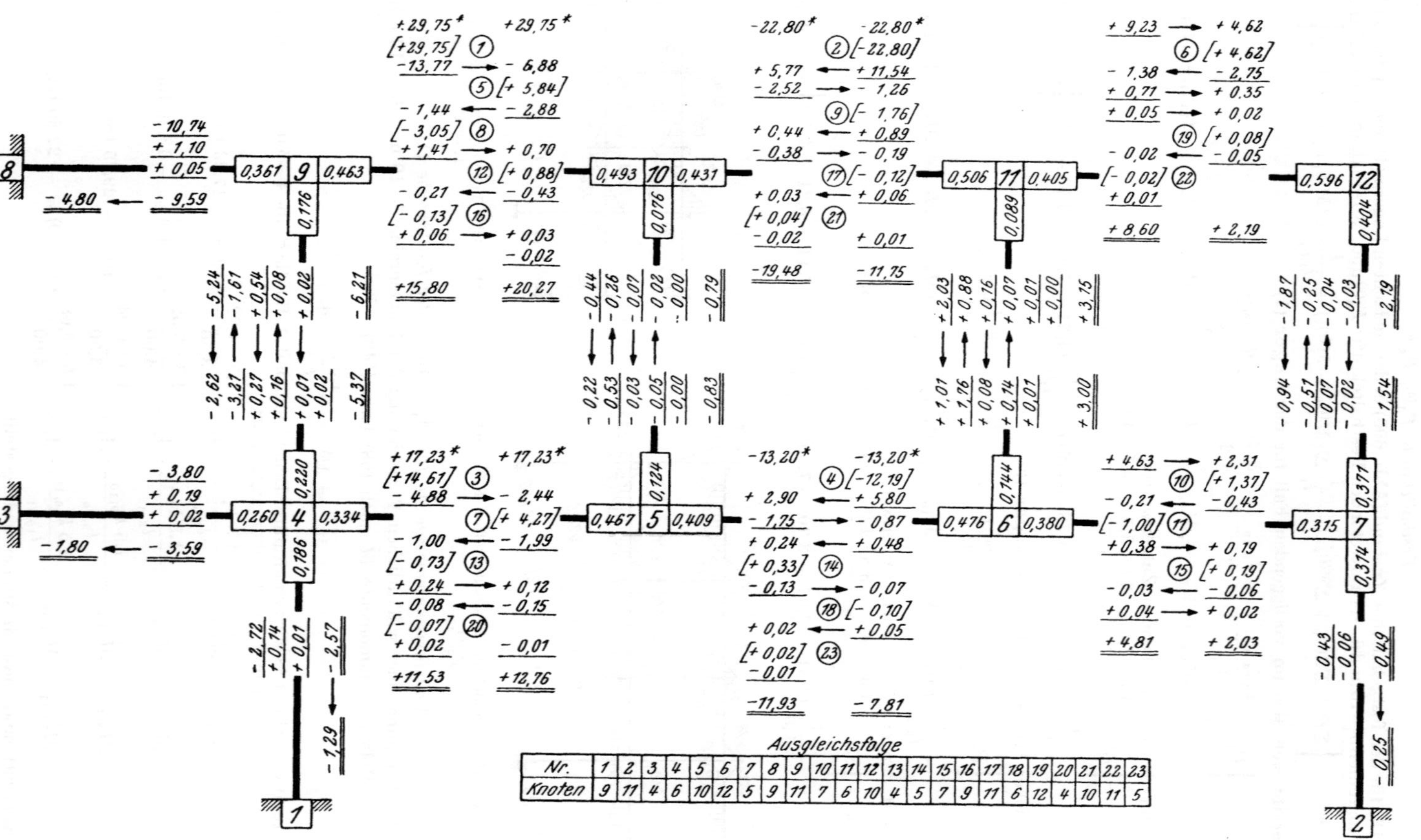

Abb. 692. Rechnungs-Skizze zur Ermittlung der $M^{(1)}$-Momente zu Abb. 691.

Ermittlung der $M^{(1)}$-Momente.

Die in Abb. 691 eingezeichneten $\overline{M}$-Momente werden in der Rechnungs-Skizze (Abb. 692) in üblicher Weise ausgeglichen; man erhält damit bereits die $M^{(1)}$-Momente, und zwar:

$$M_{1,4} = -1{,}29 \text{ tm} \qquad M_{6,5} = -7{,}81 \text{ tm} \qquad M_{10,5} = -0{,}79 \text{ tm}$$
$$M_{2.7} = -0{,}25 \text{ ,,} \qquad M_{6,7} = +4{,}81 \text{ ,,} \qquad M_{10,9} = +20{,}27 \text{ ,,}$$
$$M_{3,4} = -1{,}80 \text{ ,,} \qquad M_{6,11} = +3{,}00 \text{ ,,} \qquad M_{10,11} = -19{,}48 \text{ ,,}$$
$$M_{8,9} = -4{,}80 \text{ ,,}$$

$$M_{7,2} = -0{,}49 \text{ ,,} \qquad M_{11,6} = +3{,}15 \text{ ,,}$$
$$M_{4,1} = -2{,}57 \text{ ,,} \qquad M_{7,6} = +2{,}03 \text{ ,,} \qquad M_{11,10} = -11{,}75 \text{ ,,}$$
$$M_{4,3} = -3{,}59 \text{ ,,} \qquad M_{7,12} = -1{,}54 \text{ ,,} \qquad M_{11,12} = +8{,}60 \text{ ,,}$$
$$M_{4,5} = +11{,}53 \text{ ,,}$$
$$M_{4,9} = -5{,}37 \text{ ,,} \qquad M_{9,4} = -6{,}21 \text{ ,,} \qquad M_{12,7} = -2{,}19 \text{ ,,}$$
$$M_{9,8} = -9{,}59 \text{ ,,} \qquad M_{12,11} = +2{,}19 \text{ ,, .}$$
$$M_{5,4} = +12{,}76 \text{ ,,} \qquad M_{9,10} = +15{,}80 \text{ ,,}$$
$$M_{5,6} = -11{,}93 \text{ ,,}$$
$$M_{5,10} = -0{,}83 \text{ ,,}$$

In Abb. 693 sind diese $M^{(1)}$-Momente maßstäblich eingezeichnet.

Festhaltekräfte $F_1^{(1)}$, $F_2^{(1)}$.

Nach (80) ergeben sich die den $M^{(1)}$-Momenten (Abb. 693) entsprechenden Festhaltekräfte $F_1^{(1)}$, $F_2^{(1)}$ aus

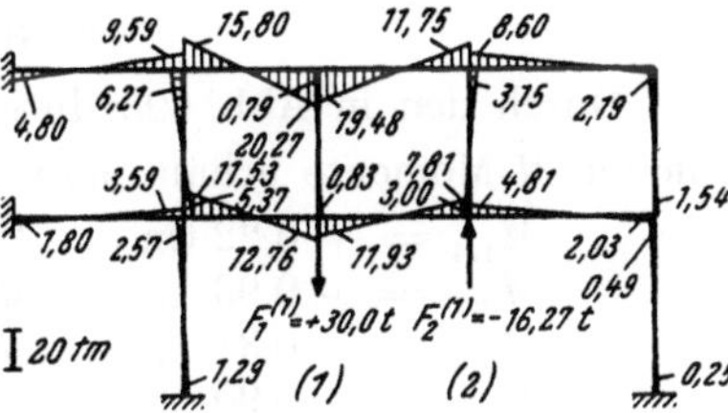

Abb. 693. $M^{(1)}$-Verlauf mit Festhaltekräften $F_1^{(1)}$ und $F_2^{(1)}$.

$$F = \frac{1}{l_\nu}\, \Sigma(M^{(l)}{}_\nu + M^{(r)}{}_\nu) - \frac{1}{l_{\nu+1}}\, \Sigma(M^{(l)}{}_{\nu+1} + M^{(r)}{}_{\nu+1}).$$

Mit den hier vorliegenden Bezeichnungen wird somit für das gedachte **Lager** (1):

$$F_1^{(1)} = \frac{1}{l_{4,5}}\,(M_{4,5} + M_{5,4} + M_{9,10} + M_{10,9}) - \frac{1}{l_{5,6}}\,(M_{5,6} + M_{6,5} + M_{10,11} + M_{11,10}).$$

Setzt man weiter die entsprechenden Zahlenwerte gemäß Abb. 692 bzw. 693 ein, so erhält man

$$F_1^{(1)} = \frac{1}{3{,}5}\,(11{,}53 + 12{,}76 + 15{,}80 + 20{,}27) -$$
$$- \frac{1}{4{,}0}\,(-11{,}93 - 7{,}81 - 19{,}48 - 11{,}75) = +30{,}0 \text{ t}.$$

Ebenso wird im gedachten **Lager** (2):

$$F_2^{(1)} = \frac{1}{l_{5,6}}\,(M_{5,6} + M_{6,5} + M_{10,11} + M_{11,10}) - \frac{1}{l_{6,7}}\,(M_{6,7} + M_{7,6} + M_{11,12} + M_{12,11}) =$$
$$= \frac{1}{4{,}0}\,(-11{,}93 - 7{,}81 - 19{,}48 - 11{,}75) - \frac{1}{5{,}0}\,(4{,}81 + 2{,}03 + 8{,}60 + 2{,}19) = -16{,}27 \text{ t}.$$

Volleinspannmomente $\overline{M}$ für $\varDelta_2 = 10$ in der Knotenreihe (2).

Bei Annahme einer willkürlichen Verschiebung der Knotenreihe 6—11 um $\varDelta_2 = 10$ erhält man die Volleinspannmomente $\overline{M}$ wieder nach (58) bzw. (149) mit

$$\overline{M}^{(l)} = \overline{M}^{(r)} = \frac{1{,}5\,k}{l} \cdot \varDelta.$$

Unter Beachtung, daß hier die Verschiebung für die Stäbe 5—6 und 10—11 positiv, für die Stäbe 6—7 und 11—12 negativ ist, wird nach Abb. 688:

$$\overline{M}_{5,6} = \overline{M}_{6,5} = \frac{1,5\,k_{5,6}}{l_{5,6}} \cdot \varDelta_2 = \frac{1,5 \cdot 3,52}{4,00} \cdot 10 = +13,20 \text{ tm}$$

$$\overline{M}_{6,7} = \overline{M}_{7,6} = \frac{1,5\,k_{6,7}}{l_{6,7}} \cdot \varDelta_2 = \frac{1,5 \cdot 2,81}{5,00} \cdot (-10) = -8,43 \text{ tm}$$

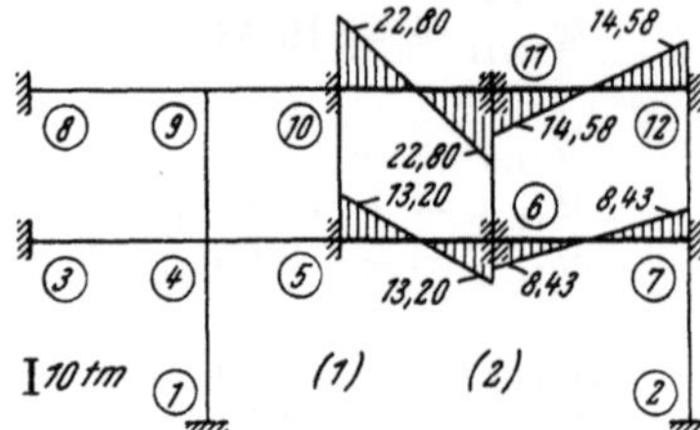

Abb. 694. Volleinspannmomente $\overline{M}$ für $\varDelta_2 = 10$.

$$\overline{M}_{10,11} = \overline{M}_{11,10} = \frac{1,5\,k_{10,11}}{l_{10,11}} \cdot \varDelta_2 =$$
$$= \frac{1,5 \cdot 6,08}{4,00} \cdot 10 = +22,80 \text{ tm}$$

$$\overline{M}_{11,12} = \overline{M}_{12,11} = \frac{1,5\,k_{11,12}}{l_{11,12}} \cdot \varDelta_2 =$$
$$= \frac{1,5 \cdot 4,86}{5,00} \cdot (-10) = -14,58 \text{ tm}.$$

Diese $\overline{M}$-Momente sind in Abb. 694 eingetragen.

Ermittlung der $M^{(2)}$-Momente.

Durch den in Abb. 695 durchgeführten Ausgleich der in Abb. 694 eingezeichneten $\overline{M}$-Momente erhält man die $M^{(2)}$-Momente, und zwar:

$M_{1,4} = +0,22$ tm	$M_{6,5} = +9,36$ tm	$M_{10,5} = -2,35$ tm
$M_{2,7} = +0,93$,,	$M_{6,7} = -8,60$,,	$M_{10,9} = -9,30$,,
$M_{3,4} = +0,31$,,	$M_{6,11} = -0,76$,,	$M_{10,11} = +11,65$,,
$M_{8,9} = +0,90$,,		
	$M_{7.2} = +1,86$,,	$M_{11,6} = -0,90$,,
$M_{4,1} = +0,44$,,	$M_{7,6} = -7,10$,,	$M_{11,10} = +14,20$,,
$M_{4,3} = +0,62$,,	$M_{7,12} = +5,25$,,	$M_{11,12} = -13,30$,,
$M_{4,5} = -2,03$,,		
$M_{4,9} = +0,97$,,	$M_{9,4} = +1,13$,,	$M_{12,7} = +7,19$,,
	$M_{9,8} = +1,79$,,	$M_{12,11} = -7,19$,, .
$M_{5,4} = -5,25$,,	$M_{9,10} = -2,92$,,	
$M_{5,6} = +7,57$,,		
$M_{5,10} = -2,31$,,		

In Abb. 696 sind diese $M^{(2)}$-Momente maßstäblich eingezeichnet.

Festhaltekräfte $F_1^{(2)}$, $F_2^{(2)}$.

Nach (80) ist allgemein

$$F = \frac{1}{l_\nu} \varSigma (M^{(l)}{}_\nu + M^{(r)}{}_\nu) - \frac{1}{l_{\nu+1}} \varSigma (M^{(l)}{}_{\nu+1} + M^{(r)}{}_{\nu+1}),$$

also hier

Abb. 696. $M^{(2)}$-Verlauf mit Festhaltekräften $F_1^{(2)}$ und $F_2^{(2)}$.

$$F_1^{(2)} = \frac{1}{l_{4,5}} (M_{4,5} + M_{5,4} + M_{9,10} + M_{10,9}) - \frac{1}{l_{5,6}} (M_{5,6} + M_{6,5} + M_{10,11} + M_{11,10}).$$

Mit den M-Werten aus Abb. 695 bzw. 696 wird weiter

$$F_1^{(2)} = \frac{1}{3,5} (-2,03 - 5,25 - 2,92 - 9,30) - \frac{1}{4,0} (7,57 + 9,36 + 11,65 + 14,20) = -16,27 \text{ t}.$$

In gleicher Weise erhält man

$$F_2^{(2)} = \frac{1}{l_{5,6}} (M_{5,6} + M_{6,5} + M_{10,11} + M_{11,10}) - \frac{1}{l_{6,7}} (M_{6,7} + M_{7,6} + M_{11,12} + M_{12,11}) =$$

$$= \frac{1}{4,0} (7,57 + 9,36 + 11,65 + 14,20) - \frac{1}{5,0} (-8,60 - 7,10 - 13,30 - 7,19) = +17,94 \text{ t}.$$

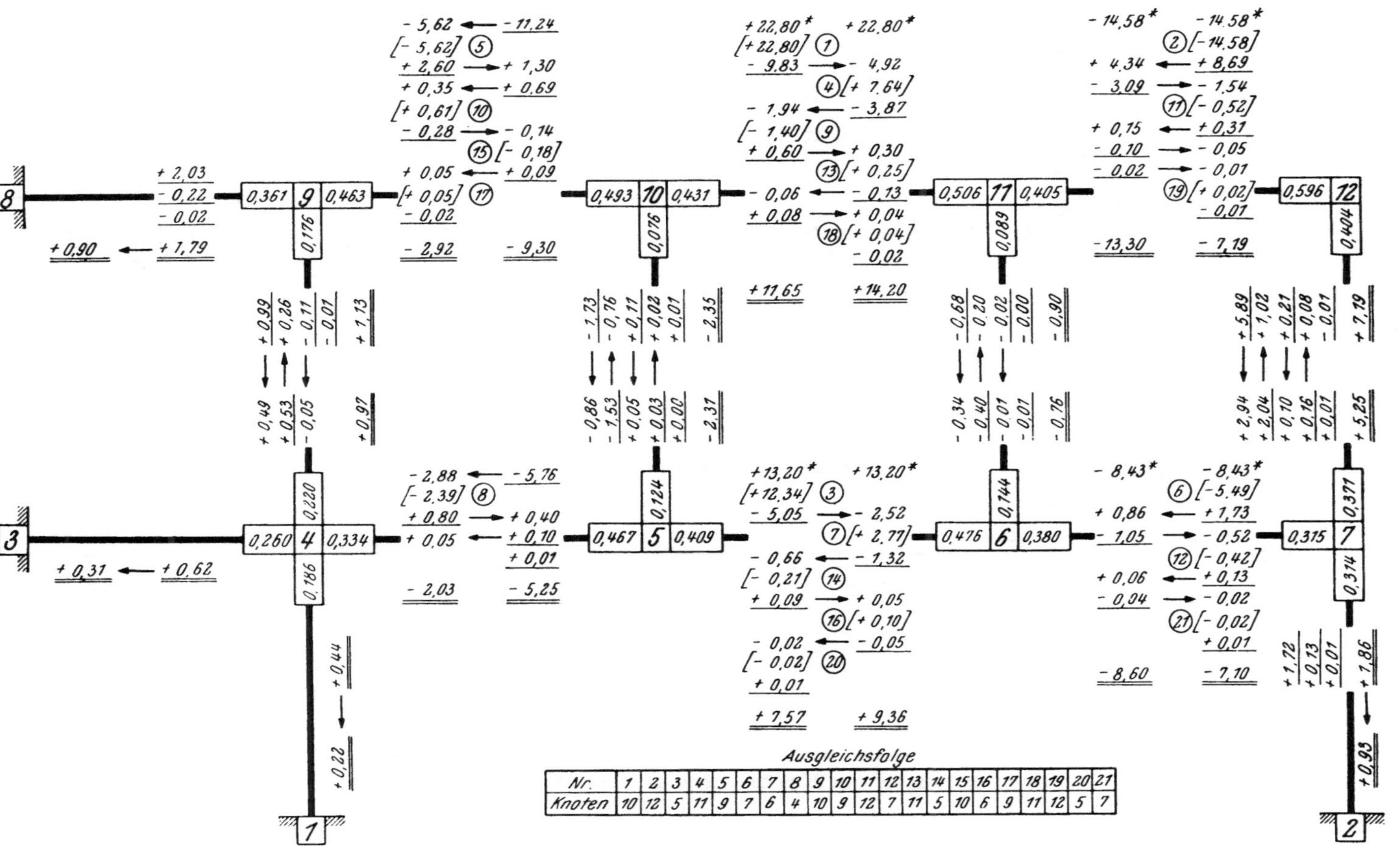

Abb. 695. Rechnungs-Skizze zur Ermittlung der $M^{(2)}$-Momente zu Abb. 694.

Ermittlung der Umrechnungsfaktoren c.

Die c-Werte ergeben sich aus den Verschiebungsgleichungen (150)

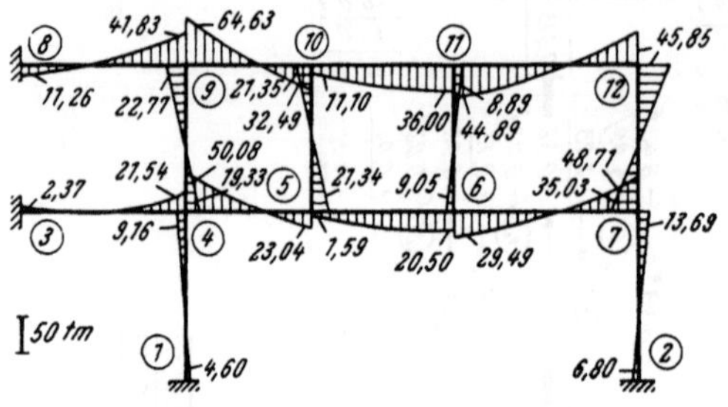

Abb. 697. Endgültiger M-Verlauf für lotrechte Belastung.

$$F_1^{(0)} + c_1\,F_1^{(1)} + c_2\,F_1^{(2)} = 0$$
$$F_2^{(0)} + c_1\,F_2^{(1)} + c_2\,F_2^{(2)} = 0.$$

Durch Einsetzen der F-Werte erhält man:

$$-\,35{,}00 + 30{,}00\,c_1 - 16{,}27\,c_2 = 0$$
$$-\,47{,}80 - 16{,}27\,c_1 + 17{,}94\,c_2 = 0.$$

Die Auflösung dieser Gleichungen ergibt
$$c_1 = +\,5{,}14, \qquad c_2 = +\,7{,}32.$$

Endgültige Momente.

Nach (152) ergeben sich die endgültigen Momente aus $M = M^{(0)} + c_1 M^{(1)} + c_2 M^{(2)}$. Durch Einsetzen der entsprechenden Zahlenwerte erhält man:

$$M_{1,4} = +\,0{,}42 + 5{,}14 \cdot (-\,1{,}29) + 7{,}32 \cdot 0{,}22 = -\;\;4{,}60 \text{ tm}$$
$$M_{2,7} = +\,1{,}30 + 5{,}14 \cdot (-\,0{,}25) + 7{,}32 \cdot 0{,}93 = +\;\;6{,}80 \text{ ,,}$$
$$M_{3,4} = +\,9{,}35 + 5{,}14 \cdot (-\,1{,}80) + 7{,}32 \cdot 0{,}31 = +\;\;2{,}37 \text{ ,,}$$
$$M_{8,9} = +\,6{,}80 + 5{,}14 \cdot (-\,4{,}80) + 7{,}32 \cdot 0{,}90 = -\,11{,}26 \text{ ,,}$$

$$M_{4,1} = +\,0{,}83 + 5{,}14 \cdot (-\,2{,}57) + 7{,}32 \cdot 0{,}44 = -\;\;9{,}16 \text{ ,,}$$
$$M_{4,3} = -\,7{,}63 + 5{,}14 \cdot (-\,3{,}59) + 7{,}32 \cdot 0{,}62 = -\,21{,}54 \text{ ,,}$$
$$M_{4,5} = +\,5{,}64 + 5{,}14 \cdot 11{,}53 + 7{,}32 \cdot (-\,2{,}03) = +\,50{,}08 \text{ ,,}$$
$$M_{4,9} = +\,1{,}17 + 5{,}14 \cdot (-\,5{,}37) + 7{,}32 \cdot 0{,}97 = -\,19{,}33 \text{ ,,}$$

$$M_{5,4} = -\,4{,}16 + 5{,}14 \cdot 12{,}76 + 7{,}32 \cdot (-\,5{,}25) = +\,23{,}04 \text{ ,,}$$
$$M_{5,6} = +\,4{,}31 + 5{,}14 \cdot (-\,11{,}93) + 7{,}32 \cdot 7{,}57 = -\;\;1{,}59 \text{ ,,}$$
$$M_{5,10} = -\,0{,}16 + 5{,}14 \cdot (-\,0{,}83) + 7{,}32 \cdot (-\,2{,}31) = -\,21{,}34 \text{ ,,}$$

$$M_{6,5} = -\,7{,}90 + 5{,}14 \cdot (-\,7{,}81) + 7{,}32 \cdot 9{,}36 = +\,20{,}50 \text{ ,,}$$
$$M_{6,7} = +\,8{,}71 + 5{,}14 \cdot 4{,}81 + 7{,}32 \cdot (-\,8{,}60) = -\,29{,}49 \text{ ,,}$$
$$M_{6,11} = -\,0{,}81 + 5{,}14 \cdot 3{,}00 + 7{,}32 \cdot (-\,0{,}76) = +\;\;9{,}05 \text{ ,,}$$

$$M_{7,2} = +\,2{,}59 + 5{,}14 \cdot (-\,0{,}49) + 7{,}32 \cdot 1{,}86 = +\,13{,}69 \text{ ,,}$$
$$M_{7,6} = -\,7{,}14 + 5{,}14 \cdot 2{,}03 + 7{,}32 \cdot (-\,7{,}10) = -\,48{,}71 \text{ ,,}$$
$$M_{7,12} = +\,4{,}54 + 5{,}14 \cdot (-\,1{,}54) + 7{,}32 \cdot 5{,}25 = +\,35{,}03 \text{ ,,}$$

$$M_{9,4} = +\,0{,}86 + 5{,}14 \cdot (-\,6{,}21) + 7{,}32 \cdot 1{,}13 = -\,22{,}77 \text{ ,,}$$
$$M_{9,8} = -\,5{,}63 + 5{,}14 \cdot (-\,9{,}59) + 7{,}32 \cdot 1{,}79 = -\,41{,}83 \text{ ,,}$$
$$M_{9,10} = +\,4{,}78 + 5{,}14 \cdot 15{,}80 + 7{,}32 \cdot (-\,2{,}92) = +\,64{,}63 \text{ ,,}$$

$$M_{10,5} = -\,0{,}09 + 5{,}14 \cdot (-\,0{,}79) + 7{,}32 \cdot (-\,2{,}35) = -\,21{,}35 \text{ ,,}$$
$$M_{10,9} = -\,3{,}61 + 5{,}14 \cdot 20{,}27 + 7{,}32 \cdot (-\,9{,}30) = +\,32{,}49 \text{ ,,}$$
$$M_{10,11} = +\,3{,}70 + 5{,}14 \cdot (-\,19{,}48) + 7{,}32 \cdot 11{,}65 = -\,11{,}10 \text{ ,,}$$

$$M_{11,6} = -\,0{,}71 + 5{,}14 \cdot 3{,}15 + 7{,}32 \cdot (-\,0{,}90) = +\;\;8{,}89 \text{ ,,}$$
$$M_{11,10} = -\,7{,}50 + 5{,}14 \cdot (-\,11{,}75) + 7{,}32 \cdot 14{,}20 = +\,36{,}00 \text{ ,,}$$
$$M_{11,12} = +\,8{,}21 + 5{,}14 \cdot 8{,}60 + 7{,}32 \cdot (-\,13{,}30) = -\,44{,}89 \text{ ,,}$$

$$M_{12,7} = +\,4{,}51 + 5{,}14 \cdot (-\,2{,}19) + 7{,}32 \cdot 7{,}19 = +\,45{,}85 \text{ ,,}$$
$$M_{12,11} = -\,4{,}51 + 5{,}14 \cdot 2{,}19 + 7{,}32 \cdot (-\,7{,}19) = -\,45{,}85 \text{ ,, .}$$

In Abb. 697 sind diese endgültigen Momente maßstäblich aufgetragen.

Zweiter Abschnitt.

Rahmentragwerke mit Vouten.

Vorbemerkung.

Auch bei der Berechnung von Tragwerken mit Vouten bestehen die Vorarbeiten in der Ermittlung der Volleinspannmomente $\mathfrak{M}$, der Momentenverteilungszahlen μ und der Überleitungszahlen γ. Alle diese Ausgangswerte können sehr einfach mit Hilfe der Zahlen- und Kurventafeln im Dritten Teil des Buches zahlenmäßig bestimmt werden. Bei den Tafelwerten mit einseitigen Vouten ist zu beachten, daß die Voutenseite stets mit 1, die voutenfreie Seite des Stabes mit 2 bezeichnet ist; es gehören somit die Stabfestwerte a_1, sowie die zur Berechnung der Volleinspannmomente $\mathfrak{M}$ erforderlichen Werte $\varkappa_1$ und die Überleitungszahlen $\gamma_{1,2}$ immer zur Voutenseite des Stabes. Die bei den einzelnen Zahlenbeispielen benutzten Tafeln sind stets in der letzten Spalte der Festwerttabelle und in den betreffenden Rechnungsabschnitten angegeben. Für beidseitig fest angeschlossene Stäbe ohne Vouten wird nach (182a) immer $a_1 = a_2 = 4$; dieser Wert ist auch in den verschiedenen a-Tafeln als Grenzwert für $\lambda = 0$ bzw. $n = 1$ enthalten. Für einseitig gelenkig angeschlossene Stäbe ohne Vouten ist stets $a^0 = 3$; auch dieser Wert kann aus den entsprechenden a^0-Tafeln für „Gelenkstäbe" als Grenzwert für $\lambda = 0$ bzw. $n = 1$ entnommen werden.

Im übrigen geschieht die zahlenmäßige Durchführung der gesamten Berechnung nach den im ersten Teil des Buches ausführlich erläuterten Anweisungen, auf die ebenso wie auf die jeweils benutzten Formeln und Gleichungen laufend hingewiesen wird.

I. Unverschiebliche Tragwerke.

Zahlenbeispiel 23 (vgl. auch Nr. 4).

Unsymmetrischer dreistieliger, zweigeschossiger Rahmen. Volle Einspannung bei 1, 2, 3; unverschieblich festgehalten in den Knotenpunkten 6 und 9. Tragwerksabmessungen und Belastungsangaben siehe Abb. 698 und 699. Durchführung der Rechnung nach den Anweisungen Seite 142. Die zur Bestimmung der Momentenverteilungszahlen μ benötigten Steifigkeitswerte a_1, a_2 werden unter Benutzung der Hilfstafeln im Dritten Teil des Buches im folgenden tabellarisch ermittelt, und zwar nach (179a) aus:

$$a_1 = \frac{1000\,J_c}{l} \cdot \mathfrak{a}_1; \qquad a_2 = \frac{1000\,J_c}{l} \cdot \mathfrak{a}_2.$$

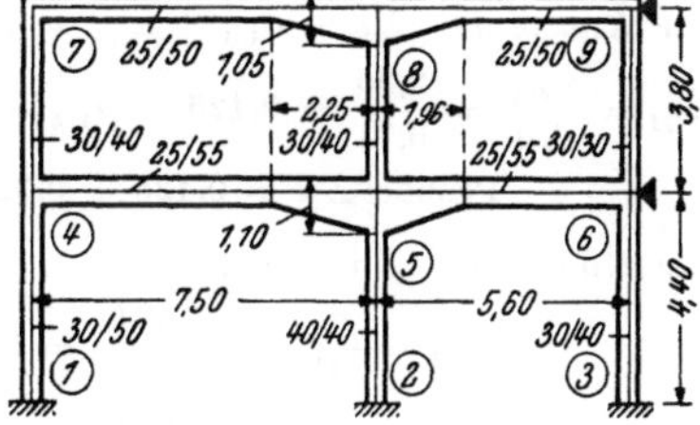

Abb. 698. Tragwerksabmessungen.

In der Festwerttabelle werden auch alle für die Rechnung erforderlichen Zwischenwerte eingetragen. Die verwendeten Hilfstafeln sind in der letzten Spalte der Tabelle vermerkt.

Festwerttabelle.

Stab	b/h (cm)	J_c (m⁴)	b/h_A (cm)	J_A (m⁴)	l (m)	l_v (m)
1—4	30/50	0,00313	30/50	0,00313	4,40	0
2—5	40/40	0,00213	40/40	0,00213	4,40	0
3—6	30/40	0,00160	30/40	0,00160	4,40	0
4—5	25/55	0,00347	25/110	0,02773	7,50	2,25
5—6	25/55	0,00347	25/110	0,02773	5,60	1,96
4—7, 5—8	30/40	0,00160	30/40	0,00160	3,80	0
6—9	30/30	0,00068	30/30	0,00068	3,80	0
7—8	25/50	0,00260	25/105	0,02412	7,50	2,25
8—9	25/50	0,00260	25/105	0,02412	5,60	1,96

Stab	$\lambda = \dfrac{l_v}{l}$	$n = \dfrac{J_c}{J_A}$	a_1	a_2	a_1	a_2	Tafel
1—4	0	1	4	4	2,85	2,85	7
2—5	0	1	4	4	1,94	1,94	7
3—6	0	1	4	4	1,45	1,45	7
4—5	0,30	0,125	8,30	4,71	3,84	2,18	7
5—6	0,35	0,125	9,25	4,79	5,73	2,97	7
4—7, 5—8	0	1	4	4	1,68	1,68	7
6—9	0	1	4	4	0,72	0,72	7
7—8	0,30	0,108	8,61	4,76	2,98	1,65	7
8—9	0,35	0,108	9,68	4,85	4,49	2,25	7

Sämtliche Werte a_1 und a_2 überträgt man in die Stabfestwertskizze (Abb. 700), und zwar gehören die Werte a_1 bei Stäben mit einseitigen Vouten stets auf die Vouten-seite.

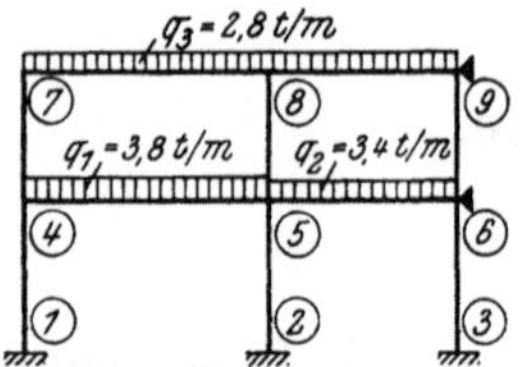

Abb. 699. Belastungsangaben.

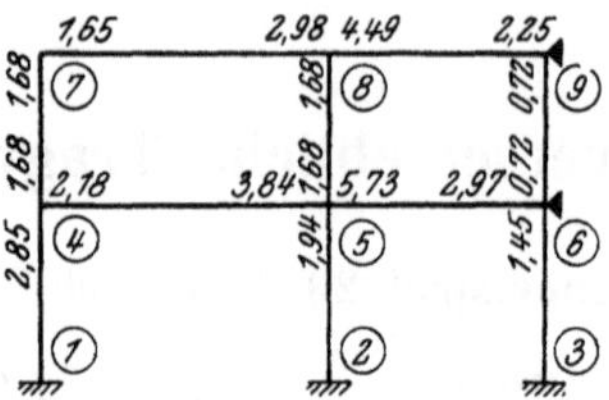

Abb. 700. Festwertskizze (a-Werte).

Momentenverteilungs-zahlen μ.

Nach (213) ist allgemein $\mu_{n,i} = \dfrac{a_{n,i}}{\Sigma a_{n,i}}$. An Hand der Festwertskizze (Abb. 700) erhält man mit den an den Stabenden einge-tragenen a-Werten

für Knoten 4: $\Sigma a = a_{4,1} + a_{4,5} + a_{4,7} = 2,85 + 2,18 + 1,68 = 6,71;$

$$\mu_{4,1} = \frac{a_{4,1}}{\Sigma a} = \frac{2,85}{6,71} = 0,425; \quad \mu_{4,5} = \frac{a_{4,5}}{\Sigma a} = \frac{2,18}{6,71} = 0,325; \quad \mu_{4,7} = \frac{a_{4,7}}{\Sigma a} = \frac{1,68}{6,71} = 0,250;$$

Probe: $\Sigma\mu = 0,425 + 0,325 + 0,250 = 1;$

für Knoten 5: $\Sigma a = a_{5,2} + a_{5,4} + a_{5,6} + a_{5,8} = 1,94 + 3,84 + 5,73 + 1,68 = 13,19;$

$$\mu_{5,2} = \frac{a_{5,2}}{\Sigma a} = \frac{1,94}{13,19} = 0,147 \qquad \mu_{5,6} = \frac{a_{5,6}}{\Sigma a} = \frac{5,73}{13,19} = 0,435$$

$$\mu_{5,4} = \frac{a_{5,4}}{\Sigma a} = \frac{3,84}{13,19} = 0,291 \qquad \mu_{5,8} = \frac{a_{5.8}}{\Sigma a} = \frac{1,68}{13,19} = 0,127;$$

Probe: $\Sigma\mu = 0,147 + 0,291 + 0,435 + 0,127 = 1;$

für Knoten 6: $\Sigma a = a_{6,3} + a_{6,5} + a_{6,9} = 1,45 + 2,97 + 0,72 = 5,14;$

$$\mu_{6,3} = \frac{a_{6,3}}{\Sigma a} = \frac{1,45}{5,14} = 0,282; \quad \mu_{6,5} = \frac{a_{6,5}}{\Sigma a} = \frac{2,97}{5,14} = 0,578; \quad \mu_{6,9} = \frac{a_{6,9}}{\Sigma a} = \frac{0,72}{5,14} = 0,140;$$

Probe: $\Sigma\mu = 0,282 + 0,578 + 0,140 = 1;$

für Knoten 7: $\quad \Sigma a = a_{7,4} + a_{7,8} = 1,68 + 1,65 = 3,33;$

$$\mu_{7,4} = \frac{a_{7,4}}{\Sigma a} = \frac{1,68}{3,33} = 0,505; \qquad \mu_{7,8} = \frac{a_{7,8}}{\Sigma a} = \frac{1,65}{3,33} = 0,495;$$

Probe: $\Sigma \mu = 0,505 + 0,495 = 1;$

für Knoten 8: $\quad \Sigma a = 1,68 + 2,98 + 4,49 = 9,15;$

$$\mu_{8,5} = \frac{1,68}{9,15} = 0,183; \qquad \mu_{8,7} = \frac{2,98}{9,15} = 0,326; \qquad \mu_{8,9} = \frac{4,49}{9,15} = 0,491;$$

Probe: $\Sigma \mu = 0,183 + 0,326 + 0,491 = 1;$

für Knoten 9: $\quad \Sigma a = 0,72 + 2,25 = 2,97;$

$$\mu_{9,6} = \frac{0,72}{2,97} = 0,242; \qquad \mu_{9,8} = \frac{2,25}{2,97} = 0,758;$$

Probe: $\Sigma \mu = 0,242 + 0,758 = 1.$

Überleitungszahlen γ.

Für Voutenstäbe erhält man die γ-Werte nach (218) oder mit den Leitwerten λ und n unmittelbar aus den Tafeln 31 bis 34 oder 31a bis 34a. Hier ergeben sich unter Anwendung von Tafel 31 mit Beachtung, daß die Zahlenwerte $\gamma_{1,2}$ stets zur Voutenseite des Stabes gehören:

Für Stab 4—5 (einseitig gerade Voute mit $\lambda = 0,30$, $n = 0,125$)

$$\gamma_{4,5} = 0,792 \quad \text{und} \quad \gamma_{5,4} = 0,449,$$

für Stab 5—6 (einseitig gerade Voute mit $\lambda = 0,35$, $n = 0,125$)

$$\gamma_{5,6} = 0,435 \quad \text{und} \quad \gamma_{6,5} = 0,838,$$

für Stab 7—8 (einseitig gerade Voute mit $\lambda = 0,30$, $n = 0,108$)

$$\gamma_{7,8} = 0,808 \quad \text{und} \quad \gamma_{8,7} = 0,447,$$

für Stab 8—9 (einseitig gerade Voute mit $\lambda = 0,35$, $n = 0,108$)

$$\gamma_{8,9} = 0,431 \quad \text{und} \quad \gamma_{9,8} = 0,860.$$

Für alle übrigen Stäbe ohne Vouten ist $\gamma = 0,5$.

Volleinspannmomente $\mathfrak{M}$.

Für die aus Abb. 699 ersichtliche Belastung erhält man aus Tafel 15 unter Beachtung, daß $\varkappa_1$ stets zur Voutenseite gehört,

für Stab 4—5 mit $\lambda = 0,30$; $n = 0,125$; $l = 7,50$ m

$$\mathfrak{M}_{4,5} = + \varkappa_2 \frac{q_1 l^2}{12} = + 0,756 \, \frac{3,8 \cdot 7,5^2}{12} = + 13,47 \text{ tm}$$

$$\mathfrak{M}_{5,4} = - \varkappa_1 \frac{q_1 l^2}{12} = - 1,573 \, \frac{3,8 \cdot 7,5^2}{12} = - 28,00 \text{ ,, ,}$$

für Stab 5—6 mit $\lambda = 0,35$; $n = 0,125$; $l = 5,60$ m

$$\mathfrak{M}_{5,6} = + \varkappa_1 \frac{q_2 l^2}{12} = + 1,621 \, \frac{3,4 \cdot 5,6^2}{12} = + 14,40 \text{ tm}$$

$$\mathfrak{M}_{6,5} = - \varkappa_2 \frac{q_2 l^2}{12} = - 0,739 \, \frac{3,4 \cdot 5,6^2}{12} = - 6,57 \text{ ,, ,}$$

für Stab 7—8 mit $\lambda = 0,30$; $n = 0,108$; $l = 7,50$ m

$$\mathfrak{M}_{7,8} = + \varkappa_2 \frac{q_3 l^2}{12} = + 0,741 \, \frac{2,8 \cdot 7,5^2}{12} = + 9,73 \text{ tm}$$

$$\mathfrak{M}_{8,7} = - \varkappa_1 \frac{q_3 l^2}{12} = - 1,610 \, \frac{2,8 \cdot 7,5^2}{12} = - 21,15 \text{ ,, ,}$$

für Stab 8—9 mit $\lambda = 0,35$; $\quad n = 0,108$; $\quad l = 5,60$ m

$$\mathfrak{M}_{8,9} = + \varkappa_1 \frac{q_3 l^2}{12} = + 1,664 \frac{2,8 \cdot 5,6^2}{12} = + 12,18 \text{ tm}$$

$$\mathfrak{M}_{9,8} = - \varkappa_2 \frac{q_3 l^2}{12} = - 0,722 \frac{2,8 \cdot 5,6^2}{12} = - 5,28 \text{ ,, .}$$

Sämtliche Werte μ, γ und $\mathfrak{M}$ überträgt man in die Rechnungs-Skizze (Abb. 701); die $\mathfrak{M}$-Werte sind durch einen Stern besonders gekennzeichnet.

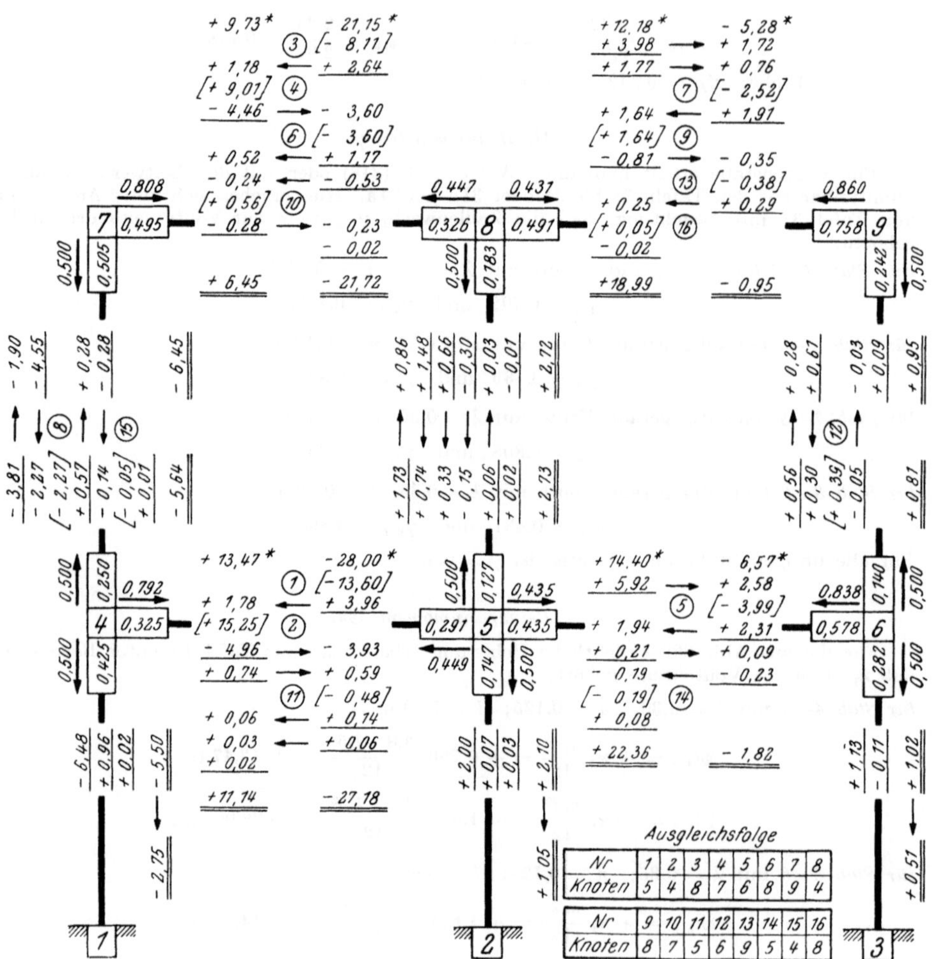

Abb. 701. Rechnungs-Skizze für lotrechte Belastung bei unverschieblich festgehaltenem Tragwerk.

Momentenausgleich (vgl. Abb. 701).

Man beginnt mit der Verteilung bei Knoten 5 mit dem größten Restmoment $M_5 = \Sigma \mathfrak{M} = - 13,60$ tm. Mit den an den Stabenden bei Knoten 5 angeschrie-

benen μ-Zahlen erhält man $M'_{5,2} = + 2{,}00$ tm, $M'_{5,4} = + 3{,}96$ tm, $M'_{5,6} = +$
$+ 5{,}92$ tm, $M'_{5,8} = + 1{,}73$ tm (Probe: $\Sigma M' = - M_5 = + 13{,}60$ tm). Mit den
Überleitungszahlen γ ergeben sich die „Übergangsmomente" $M''_{4,5} = \gamma_{5,4} \cdot M'_{5,4} =$
$= + 0{,}449 \cdot 3{,}96 = + 1{,}78$ tm, $\quad M''_{6,5} = + 0{,}435 \cdot 5{,}92 = + 2{,}58$ tm, $\quad M''_{8,5} =$
$= + 0{,}5 \cdot 1{,}73 = + 0{,}86$ tm. Die Weiterleitung der einzelnen M'-Momente zur
Einspannstelle 2 kann zunächst unterbleiben.

Nun folgt der Ausgleich bei Knoten 4 mit
dem Restmoment $M_4 = \Sigma \mathfrak{M} + \Sigma M'' = +$
$+ 15{,}25$ tm usw., bis nach dem 16. Aus-
gleich im Knoten 8 mit dem Restmoment
$M_8 = + 0{,}05$ tm sämtliche Verteilungsmomente M' hinreichend klein geworden
sind und nicht mehr weitergeleitet zu werden
brauchen. Durch algebraische Addition der
zusammengehörigen Teilmomente $\mathfrak{M}$, M' und
M'' an den Stabenden bei den Knoten
4 bis 9 erhält man die doppelt unterstrichenen
endgültigen Stabendmomente. Nach Weiterleitung der Stielanschlußmomente $M_{4,1}$, $M_{5,2}$

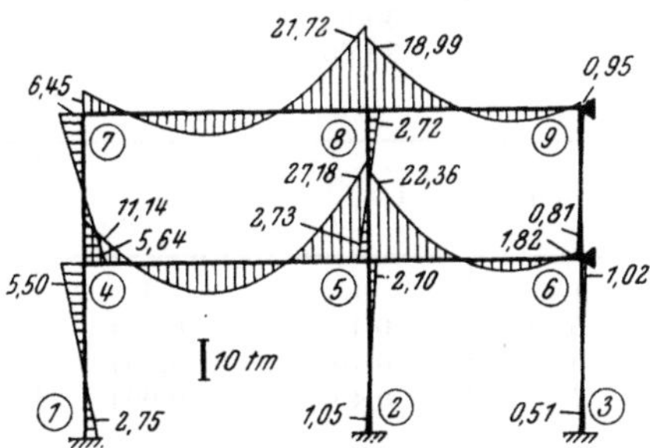

Abb. 702. Endgültiger M-Verlauf im unverschieblich festgehaltenen Tragwerk für lotrechte
Belastung.

und $M_{6,3}$ an die Einspannstellen 1, 2, 3 ist die Rechnung beendet. Die Ergebnisse sind in Abb. 702 maßstäblich dargestellt.

Zahlenbeispiel 24 (vgl. auch Nr. 5).

Symmetrischer, sechsschiffiger Hallenrahmen mit Pendelstützen. Tragwerks-

abmessungen und Belastungsangaben siehe Abb. 703. Gelenkiger Anschluß bei

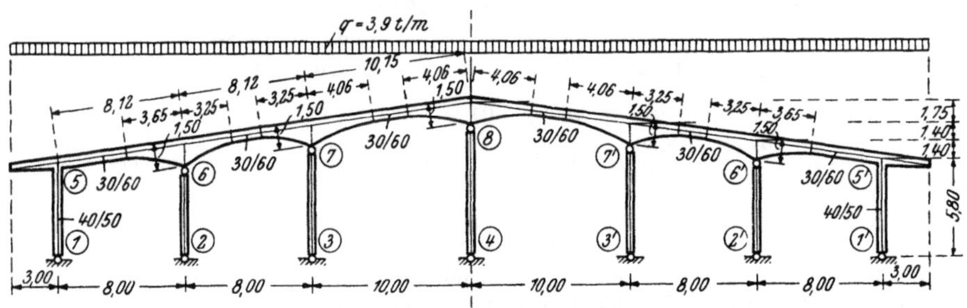

Abb. 703. Tragwerksabmessungen und Belastungsangaben.

1 und 1′. Die Berechnung kann nach den Anweisungen S. 142 durchgeführt werden
und erstreckt sich wegen Symmetrie der Belastung nur auf eine Tragwerkshälfte
gemäß Abb. 704 mit voller Einspannung bei 8. Die relativen Steifigkeitszahlen a_1,
a_2 werden nachstehend tabellarisch ermittelt, und zwar nach (179a) aus

$$a_1 = \frac{1000 J_c}{l} \cdot \mathfrak{a}_1; \qquad a_2 = \frac{1000 J_c}{l} \cdot \mathfrak{a}_2.$$

Für den Gelenkstab 1—5 erhält man nach (190b) $a^0 = \dfrac{1000 J_c}{l} \cdot \mathfrak{a}^0$.

Festwerttabelle.

Stab	b/h (cm)	J_c (m⁴)	b/h_A (cm)	J_A (m⁴)	l (m)	l_v (m)
1—5	40/50	0,00417	40/50	0,00417	5,80	0
5—6	30/60	0,00540	30/150	0,08438	8,12	3,65
6—7	30/60	0,00540	30/150	0,08438	8,12	3,25
7—8	30/60	0,00540	30/150	0,08438	10,15	4,06

Stab	$\lambda = \dfrac{l_v}{l}$	$n = \dfrac{J_c}{J_A}$	$a_1\,(a^0{}_1)$	a_2	$a_1\,(a^0{}_1)$	a_2	Tafel
1—5	0	1	(3)	—	(2,16)	—	11
5—6	0,45	0,064	10,34	4,94	6,88	3,29	8
6—7	0,40	0,064	13,23	13,23	8,80	8,80	10
7—8	0,40	0,064	13,23	13,23	7,04	7,04	10

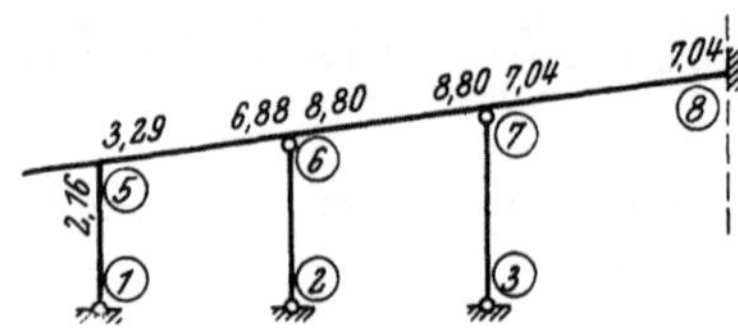

Abb. 704. Festwertskizze (a- und a^0-Werte).

Sämtliche a- und a^0-Werte überträgt man in die Festwertskizze (Abb. 704), wobei zu beachten ist, daß sich die Werte a_1 bei Stäben mit einseitigen Vouten stets auf die Voutenseite beziehen.

Momentenverteilungszahlen μ.

Nach (213) ergeben sich an Hand der Beiwertskizze (Abb. 704)

für Knoten 5: $\quad \Sigma a = a^0{}_{5,1} + a_{5,6} = 2{,}16 + 3{,}29 = 5{,}45;$

$$\mu_{5,1} = \frac{a^0{}_{5,1}}{\Sigma a} = \frac{2{,}16}{5{,}45} = 0{,}396; \qquad \mu_{5,6} = \frac{a_{5,6}}{\Sigma a} = \frac{3{,}29}{5{,}45} = 0{,}604;$$

für Knoten 6: $\quad \Sigma a = a_{6,5} + a_{6,7} = 6{,}88 + 8{,}80 = 15{,}68;$

$$\mu_{6,5} = \frac{a_{6,5}}{\Sigma a} = \frac{6{,}88}{15{,}68} = 0{,}439; \qquad \mu_{6,7} = \frac{a_{6,7}}{\Sigma a} = \frac{8{,}80}{15{,}68} = 0{,}561;$$

für Knoten 7: $\quad \Sigma a = a_{7,6} + a_{7,8} = 8{,}80 + 7{,}04 = 15{,}84;$

$$\mu_{7,6} = \frac{a_{7,6}}{\Sigma a} = \frac{8{,}80}{15{,}84} = 0{,}556; \qquad \mu_{7,8} = \frac{a_{7,8}}{\Sigma a} = \frac{7{,}04}{15{,}84} = 0{,}444.$$

Überleitungszahlen γ.

Man erhält *für Stab 5—6* (einseitig parabolische Voute mit $\lambda = 0{,}45$, $n = 0{,}064$) aus Tafel 32 unter Beachtung, daß der Tafelwert $\gamma_{1,2}$ zur Voutenseite gehört,

$$\gamma_{5,6} = 0{,}889 \quad \text{und} \quad \gamma_{6,5} = 0{,}425,$$

für die Stäbe 6—7 und 7—8 (beidseitig parabolische Vouten mit $\lambda = 0{,}40$ und $n = 0{,}064$) aus Tafel 34

$$\gamma_{6,7} = \gamma_{7,6} = \gamma_{7,8} = \gamma_{8,7} = 0{,}733.$$

Volleinspannmomente $\mathfrak{M}$.

Stab 5—6 (einseitig parabolische Voute mit $\lambda = 0{,}45$, $n = 0{,}064$, $l = 8{,}00$ m). Aus Tafel 16 erhält man unter Beachtung, daß sich $\varkappa_1$ stets auf die Voutenseite bezieht,

$$\mathfrak{M}_{5,6} = + \varkappa_2 \frac{q\,l^2}{12} = + 0{,}698 \cdot \frac{3{,}9 \cdot 8{,}0^2}{12} = + 14{,}52 \text{ tm}$$

$$\mathfrak{M}_{6,5} = - \varkappa_1 \frac{q\,l^2}{12} = - 1{,}722 \cdot \frac{3{,}9 \cdot 8{,}0^2}{12} = - 35{,}80 \text{ ,, .}$$

Stab 6—7 (beidseitig parabolische Vouten mit $\lambda = 0{,}40$, $n = 0{,}064$, $l = 8{,}00$ m). Aus Tafel 18 ergibt sich

$$\mathfrak{M}_{6,7} = + \varkappa \frac{q\,l^2}{12} = + 1{,}269 \cdot$$

$$\cdot\ \frac{3{,}9 \cdot 8{,}0^2}{12} = + 26{,}40\ \text{tm};$$

$$\mathfrak{M}_{7,6} = -\ 26{,}40\ \text{tm}.$$

Stab 7—8 (beidseitig parabolische Vouten mit $\lambda = 0{,}40$, $n = 0{,}064$, $l = 10{,}00$ m). Aus Tafel 18 ergibt sich

$$\mathfrak{M}_{7,8} = + \varkappa \frac{q\,l^2}{12} = + 1{,}269 \cdot$$

$$\cdot\ \frac{3{,}9 \cdot 10{,}0^2}{12} = + 41{,}20\ \text{tm};$$

$$\mathfrak{M}_{8,7} = -\ 41{,}20\ \text{tm}.$$

Kragarm:

$$\mathfrak{M}_{5,K} = -\ \frac{q\,l^2}{2} =$$

$$= -\ \frac{3{,}9 \cdot 3{,}0^2}{2} = -\ 17{,}55\ \text{tm}.$$

Momentenausgleich.

Nach Eintragung der Werte μ, γ und $\mathfrak{M}$ in die Rechnungs-Skizze (Abb. 705) beginnt man mit dem Ausgleich im Knoten 7 mit dem Restmoment $M_7 = = + 14{,}80$ tm. Mit Hilfe der μ-Zahlen erhält man die beiden Momentenanteile $M'_{7,6} = -\ 8{,}23$ tm und $M'_{7,8} = -\ 6{,}57$ tm. Die Weiterleitung mit den γ-Werten ergibt $M''_{6,7} = -\ 6{,}03$ tm und $M''_{8,7} = = -\ 4{,}82$ tm. Der weitere Ausgleich geschieht in der angegebenen Reihenfolge, zuletzt im Knoten 5 mit dem Restmoment $M_5 = = + 0{,}04$ tm. Die Ergebnisse sind in der Rechnungs-Skizze doppelt unterstrichen und in Abb. 706 maßstäblich aufgetragen.

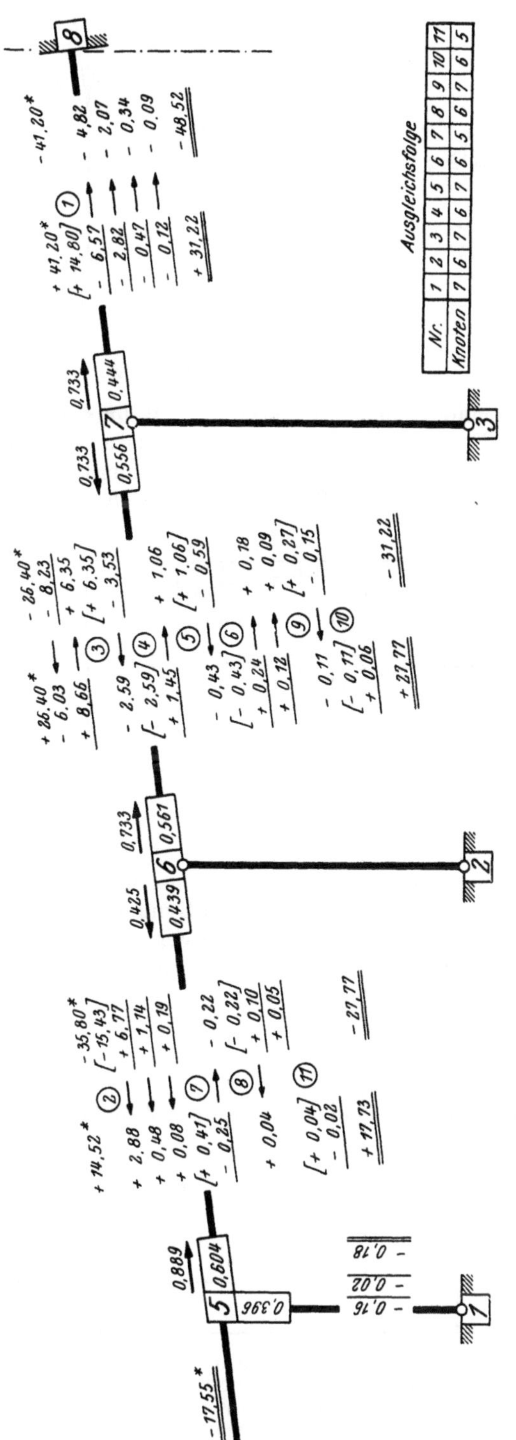

Abb. 705. Rechnungs-Skizze für symmetrische lotrechte Belastung.

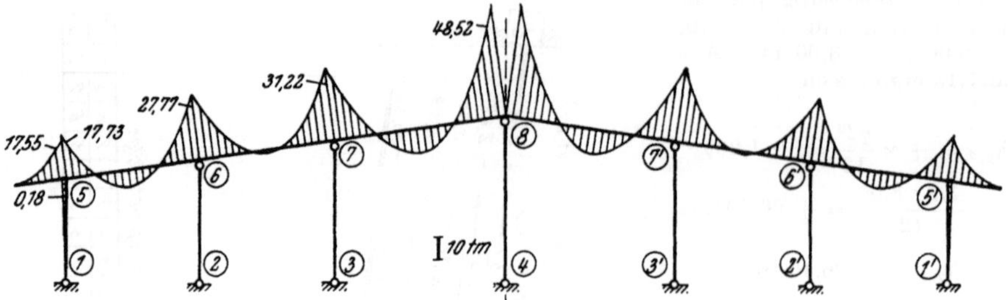

Abb. 706. Endgültiger M-Verlauf für lotrechte Belastung.

Zahlenbeispiel 25 (vgl. auch Nr. 7).

Symmetrischer dreistieliger Rahmenbinder mit Kragarmen. (Abb. 707). Volle Einspannung bei 1, 1', 2. Belastungsangaben siehe Abb. 708. Wegen Symmetrie des Tragwerkes und der Belastung kann die Berechnung auf eine Tragwerkshälfte gemäß Abb. 709 mit gedachter Einspannung bei 4 beschränkt werden. Es

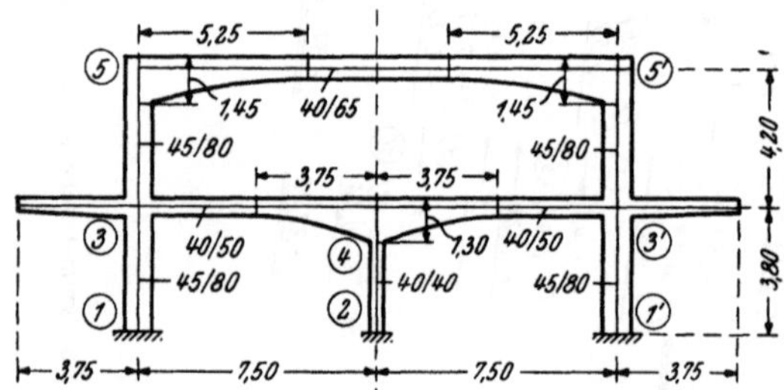

Abb. 707. Tragwerksabmessungen.

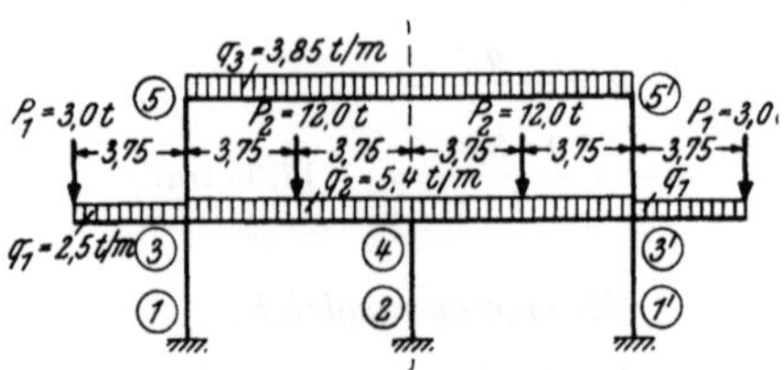

Abb. 708. Belastungsangaben.

ist zu beachten, daß hier die Symmetrale sowohl durch einen Knoten als auch durch eine Stabmitte verläuft; für den Symmetriestab 5—5' ist also die Steifigkeitszahl a' in Rechnung zu stellen. Im übrigen gelten die Anweisungen Seite 142. Die in der nachstehenden Festwerttabelle ermittelten „relativen" Steifigkeitszahlen a_1, a_2 erhält man nach (179a) aus

$$a_1 = \frac{1000\,J_c}{l} \cdot \mathfrak{a}_1; \qquad a_2 = \frac{1000\,J_c}{l} \cdot \mathfrak{a}_2.$$

Der für den Symmetriestab 5—5' maßgebende Wert a' ergibt sich nach (193b) aus

$$a' = \frac{1000\,J_c}{l} \cdot \mathfrak{a}'.$$

Festwerttabelle.

Stab	b/h (cm)	J_c (m⁴)	b/h_A (cm)	J_A (m⁴)	l (m)	l_v (m)
1—3	45/80	0,01920	45/80	0,01920	3,80	0
2—4	40/40	0,00213	40/40	0,00213	3,80	0
3—4	40/50	0,00417	40/130	0,07323	7,50	3,75
3—5	45/80	0,01920	45/80	0,01920	4,20	0
5—5'	40/65	0,00915	40/145	0,10162	15,00	5,25

Stab	$\lambda = \dfrac{l_v}{l}$	$n = \dfrac{J_c}{J_A}$	$a_1\ (a')$	a_2	$a_1\ (a')$	a_2	Tafel
1—3	0	1	4	4	20,21	20,21	8
2—4	0	1	4	4	2,24	2,24	8
3—4	0,50	0,057	11,75	5,06	6,53	2,81	8
3—5	0	1	4	4	18,29	18,29	8
5—5′	0,35	0,090	(3,08)	—	(1,88)	—	14

Sämtliche a- und a'-Werte überträgt man in die Festwert-skizze (Abb. 709). Dabei ist zu beachten, daß sich die a_1-Werte bei Stäben mit einseitigen Vouten stets auf die Voutenseite beziehen.

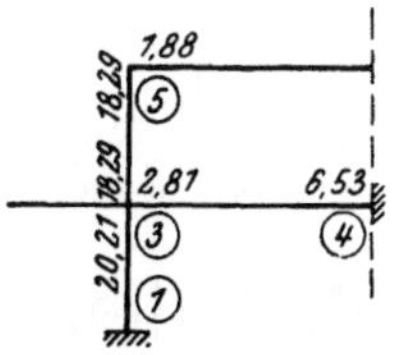

1,88
(5)
2,81   6,53
(3)   (4)
(1)
18,29
20,21

Abb. 709. Festwert-skizze (a- und a'-Werte).

$$Momentenverteilungszahlen\ \mu.$$

Nach (213) ist allgemein $\mu_{n,i} = \dfrac{a_{n,i}}{\Sigma a_{n,i}}$. An Hand der Festwert-skizze erhält man also

für Knoten 3: $\Sigma a = a_{3,1} + a_{3,4} + a_{3,5} = 20,21 + 2,81 + 18,29 = 41,31;$

$$\mu_{3,1} = \frac{a_{3,1}}{\Sigma a} = \frac{20,21}{41,31} = 0,489 \qquad\qquad \mu_{3,5} = \frac{a_{3,5}}{\Sigma a} = \frac{18,29}{41,31} = 0,443$$

$$\mu_{3,4} = \frac{a_{3,4}}{\Sigma a} = \frac{2,81}{41,31} = 0,068; \qquad\qquad \text{Probe: } \Sigma \mu = 0,489 + 0,068 + 0,443 = 1;$$

für Knoten 5: $\Sigma a = a_{5,3} + a'_{5,5'} = 18,29 + 1,88 = 20,17;$

$$\mu_{5,3} = \frac{a_{5,3}}{\Sigma a} = \frac{18,29}{20,17} = 0,907; \qquad\qquad \mu_{5.5'} = \frac{a'_{5,5'}}{\Sigma a} = \frac{1,88}{20,17} = 0,093;$$

Probe: $\Sigma \mu = 0,907 + 0,093 = 1.$

$$Überleitungszahlen\ \gamma.$$

Für Voutenstäbe erhält man die γ-Werte nach (218) oder mit den Leitwerten λ und n unmittelbar aus den Tafeln 31 bis 34 bzw. 31a bis 34a. Im vorliegenden Fall ergibt sich für Stab 3—4 (einseitig parabolische Voute mit $\lambda = 0,50$, $n = 0,057$) nach Tafel 32 $\gamma_{3,4} = 0,947$; für alle übrigen Stäbe ohne Vouten ist $\gamma = 0,5$. Der γ-Wert des „Symmetrie-Stabes" 5—5′ wird nicht gebraucht.

$$Volleinspannmomente\ \mathfrak{M}.$$

Stab 3—4 (einseitig parabolische Voute mit $\lambda = 0,50$, $n = 0,057$, $l = 7,5$ m). Nach Tafel 16 und 22 ist unter Beachtung, daß sich $\varkappa_1$ auf die Voutenseite bezieht,

$$\mathfrak{M}_{3,4} = + \varkappa_2 \frac{q_2 l^2}{12} + \eta_2 P_2 l = + 0,674 \cdot \frac{5,4 \cdot 7,5^2}{12} + 0,073 \cdot 12,0 \cdot 7,5 =$$
$$= + 17,06 + 6,57 = + 23,63\ \text{tm}$$

$$\mathfrak{M}_{4,3} = - \varkappa_1 \frac{q_2 l^2}{12} - \eta_1 P_2 l = - 1,790 \cdot \frac{5,4 \cdot 7,5^2}{12} - 0,256 \cdot 12,0 \cdot 7,5 =$$
$$= - 45,30 - 23,05 = - 68,35\ \text{tm}.$$

Stab 5—5′ (beidseitig parabolische Vouten mit $\lambda = 0,35$, $n = 0,090$, $l = 15,0$ m). Nach Tafel 18 ist

$$\mathfrak{M}_{5,5'} = + \varkappa \frac{q_3 l^2}{12} = + 1,232 \cdot \frac{3,85 \cdot 15,0^2}{12} = + 88,90\ \text{tm}.$$

Kragarm:

$$\mathfrak{M}_{3,K} = - \frac{q_1 l^2}{2} - P_1 l = - \frac{2,5 \cdot 3,75^2}{2} - 3,0 \cdot 3,75 = - 17,58 - 11,25 = - 28,83\ \text{tm}.$$

Die Werte μ, γ und $\mathfrak{M}$ werden in die Rechnungs-Skizze (Abb. 710) übertragen.

Momentenausgleich (vgl. Abb. 710).

Der erste Ausgleich erfolgt im Knoten 5 mit $M_5 = +\,88{,}90$ tm. Mit den μ-Zahlen erhält man $M'_{5,3} = -\,80{,}60$ tm, $M'_{5,5'} = -\,8{,}30$ tm; die Weiterleitung im Stiel ergibt $M''_{3,5} = -\,40{,}30$ tm. Sodann wird das Restmoment $M_3 = \Sigma\mathfrak{M} + {}+ \Sigma M'' = -\,45{,}50$ tm verteilt. Der weitere Ausgleich erfolgt abwechselnd in den Knoten 5 und 3, bis zuletzt die Verteilung von $M_3 = -\,0{,}46$ tm hinreichend kleine Werte ergibt, die man nicht mehr weiterzuleiten braucht. Durch algebraische Addition der zusammengehörigen Teilmomente $\mathfrak{M}$, M' und M'' erhält man die endgültigen in der Rechnungs-Skizze doppelt unterstrichenen Stabendmomente. Nun folgt noch die Weiterleitung des Stielmomentes $M_{3,1}$ an die Einspannstelle 1. Damit sind sämtliche Momente bestimmt. In Abb. 711 ist der gesamte M-Verlauf maßstäblich aufgezeichnet.

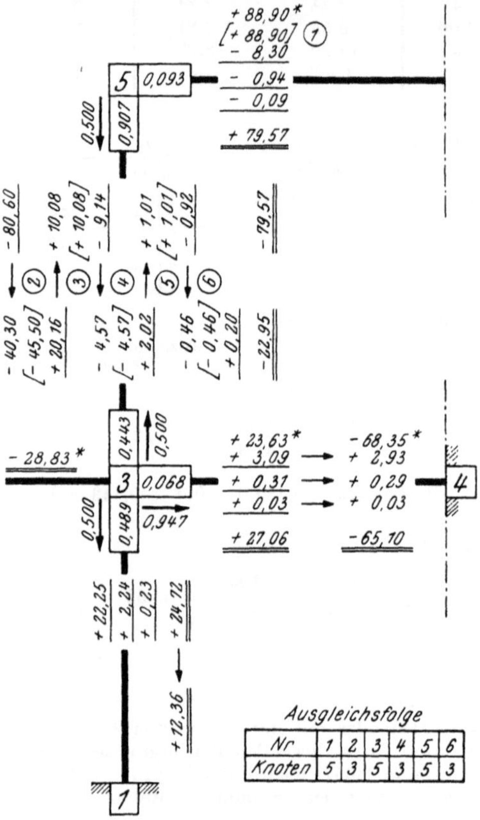

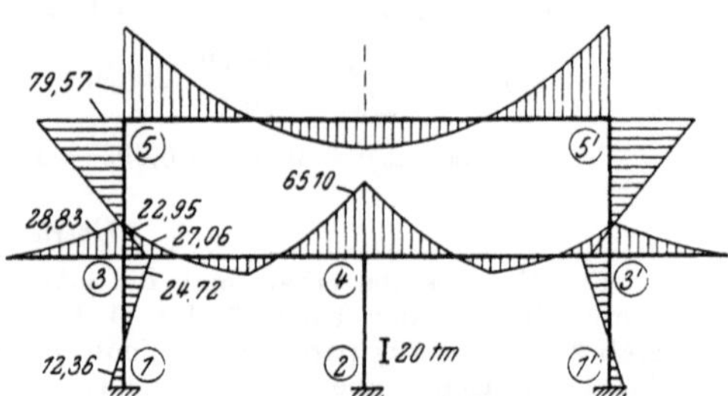

Abb. 710. Rechnungs-Skizze für symmetrische lotrechte Belastung.

Abb. 711. Endgültiger M-Verlauf für lotrechte Belastung.

Zahlenbeispiel 26 (vgl. auch Nr. 8).

Symmetrischer, zweigeschossiger Rahmenbinder mit schrägen Dachriegeln (Abb. 712). Volle Einspannung bei 1, 1′, 3, Pendelstützen bei 2 und 2′. Belastungsangaben siehe Abb. 713. Wegen Symmetrie des Tragwerkes und der Belastung braucht die Berechnung nur für eine Tragwerkshälfte mit gedachter

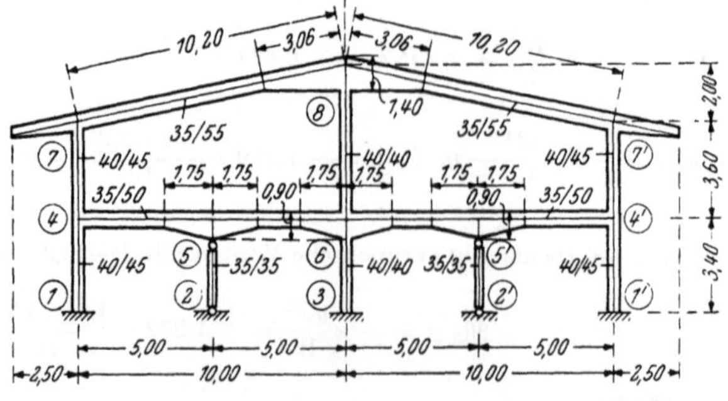

Abb. 712. Tragwerksabmessungen.

Einspannung bei 6 und 8 gemäß Abb. 714 nach den Anweisungen Seite 142 vorgenommen zu werden. In nachstehender Festwerttabelle sind also nur die in dieser Abbildung enthaltenen Rahmenstäbe aufgenommen. Die „relativen" Steifigkeitswerte a_1, a_2 ergeben sich hiebei unter Verwendung der entsprechenden Hilfstafeln nach (179a) mit

$$a_1 = \frac{1000\,J_c}{l} \cdot \mathfrak{a}_1 \quad \text{und} \quad a_2 = \frac{1000\,J_c}{l} \cdot \mathfrak{a}_2.$$

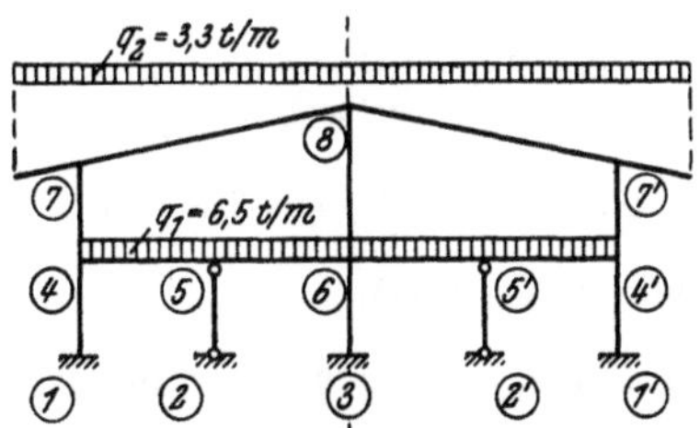

Abb. 713. Belastungsangaben.

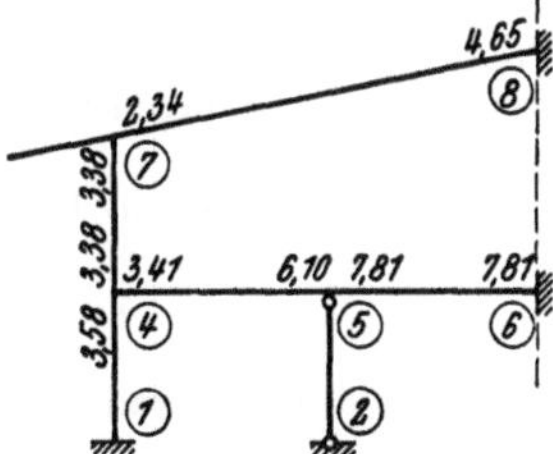

Abb. 714. Festwertskizze
(a-Werte).

Festwerttabelle.

Stab	b/h (cm)	J_c (m⁴)	b/h_A (cm)	J_A (m⁴)	l (m)	l_v (m)
1—4	40/45	0,00304	40/45	0,00304	3,40	0
4—5	35/50	0,00365	35/90	0,02126	5,00	1,75
5—6	35/50	0,00365	35/90	0,02126	5,00	1,75
4—7	40/45	0,00304	40/45	0,00304	3,60	0
7—8	35/55	0,00485	35/140	0,08003	10,20	3,06

Stab	$\lambda = \dfrac{l_v}{l}$	$n = \dfrac{J_c}{J_A}$	$\mathfrak{a}_1$	$\mathfrak{a}_2$	a_1	a_2	Tafel
1—4	0	1	4	4	3,58	3,58	7
4—5	0,35	0,172	8,36	4,67	6,10	3,41	7
5—6	0,35	0,172	10,70	10,70	7,81	7,81	9
4—7	0	1	4	4	3,38	3,38	7
7—8	0,30	0,061	9,78	4,93	4,65	2,34	7

Sämtliche Werte a_1 und a_2 überträgt man in die Festwertskizze (Abb. 714)· Bei Stäben mit einseitiger Voute beziehen sich die a_1-Werte auf die Voutenseite.

Momentenverteilungszahlen μ.

An Hand der Festwertskizze (Abb. 714) erhält man nach (213)

für Knoten 4: $\Sigma a = a_{4,1} + a_{4,5} + a_{4,7} = 3,58 + 3,41 + 3,38 = 10,37;$

$$\mu_{4,1} = \frac{a_{4,1}}{\Sigma a} = \frac{3,58}{10,37} = 0,345 \qquad\qquad \mu_{4,7} = \frac{a_{4,7}}{\Sigma a} = \frac{3,38}{10,37} = 0,326;$$

$$\mu_{4,5} = \frac{a_{4,5}}{\Sigma a} = \frac{3,41}{10,37} = 0,329 \qquad\qquad \text{Probe: } \Sigma\mu = 0,345 + 0,329 + 0,326 = 1;$$

für Knoten 5: $\Sigma a = a_{5,4} + a_{5\,6} = 6,10 + 7,81 = 13,91;$

$$\mu_{5,4} = \frac{a_{5,4}}{\Sigma a} = \frac{6,10}{13,91} = 0,439; \qquad\qquad \mu_{5,6} = \frac{a_{5,6}}{\Sigma a} = \frac{7,81}{13,91} = 0,561;$$

Probe: $\Sigma\mu = 0,439 + 0,561 = 1;$

für Knoten 7: $\Sigma a = a_{7,4} + a_{7,8} = 3,38 + 2,34 = 5,72;$

$$\mu_{7,4} = \frac{a_{7,4}}{\Sigma a} = \frac{3,38}{5,72} = 0,591; \qquad\qquad \mu_{7,8} = \frac{a_{7,8}}{\Sigma a} = \frac{2,34}{5,72} = 0,409;$$

Probe: $\Sigma\mu = 0,591 + 0,409 = 1.$

Überleitungszahlen γ.

Für Voutenstäbe erhält man die γ-Werte nach (218) oder mit den Leitwerten λ und n unmittelbar aus den entsprechenden Hilfstafeln. Hier ergeben sich

für Stab 4—5 (einseitig gerade Voute mit $\lambda = 0,35$, $n = 0,172$) aus Tafel 31

$$\gamma_{4,5} = 0,789 \quad \text{und} \quad \gamma_{5,4} = 0,441,$$

für Stab 5—6 (beidseitig gerade Vouten mit $\lambda = 0,35$, $n = 0,172$) aus Tafel 33

$$\gamma_{5,6} = \gamma_{6,5} = 0,688,$$

für Stab 7—8 (einseitig gerade Voute mit $\lambda = 0,30$, $n = 0,061$) aus Tafel 31

$$\gamma_{7,8} = 0,871 \quad \text{und} \quad \gamma_{8,7} = 0,438.$$

Bei allen übrigen Stäben ohne Vouten ist $\gamma = 0,5$.

Volleinspannmomente $\mathfrak{M}$.

Stab 4—5 (einseitig gerade Voute mit $\lambda = 0,35$, $n = 0,172$, $l = 5,0$ m). Aus Tafel 15 erhält man unter Beachtung daß sich $\varkappa_1$ auf die Voutenseite bezieht,

$$\mathfrak{M}_{4,5} = + \varkappa_2 \frac{q_1 l^2}{12} = + 0,775 \cdot \frac{6,5 \cdot 5,0^2}{12} = + 10,49 \text{ tm}$$

$$\mathfrak{M}_{5,4} = - \varkappa_1 \frac{q_1 l^2}{12} = - 1,528 \cdot \frac{6,5 \cdot 5,0^2}{12} = - 20,70 \text{ ,, .}$$

Stab 5—6 (beidseitig gerade Vouten mit $\lambda = 0,35$, $n = 0,172$, $l = 5,0$ m). Aus Tafel 17 ergibt sich

$$\mathfrak{M}_{5,6} = + \varkappa \frac{q_1 l^2}{12} = + 1,223 \cdot \frac{6,5 \cdot 5,0^2}{12} = + 16,56 \text{ tm}; \qquad \mathfrak{M}_{6,5} = - 16,56 \text{ tm.}$$

Stab 7—8 (einseitig gerade Voute mit $\lambda = 0,30$, $n = 0,061$, $l = 10,0$ m). Aus Tafel 15 erhält man

$$\mathfrak{M}_{7,8} = + \varkappa_2 \frac{q_2 l^2}{12} = + 0,689 \cdot \frac{3,3 \cdot 10,0^2}{12} = + 18,95 \text{ tm}$$

$$\mathfrak{M}_{8,7} = - \varkappa_1 \frac{q_2 l^2}{12} = - 1,742 \cdot \frac{3,3 \cdot 10,0^2}{12} = - 47,90 \text{ ,, .}$$

Kragarm:

$$\mathfrak{M}_{7,K} = - \frac{q_2 l^2}{2} = - \frac{3,3 \cdot 2,5^2}{2} = - 10,31 \text{ tm.}$$

Alle Werte μ, γ und $\mathfrak{M}$ schreibt man in die Rechnungs-Skizze (Abb. 715) ein, wobei die $\mathfrak{M}$-Werte mit einem Stern bezeichnet werden.

Momentenausgleich (vgl. Abb. 715).

Man beginnt im Knoten 4 mit $M_4 = + 10,49$ tm. Die Verteilung ergibt $M'_{4,1} = -3,62$ tm, $M'_{4,5} = -3,45$ tm, $M'_{4,7} = -3,42$ tm (Probe: $\Sigma M' = -M_4 = -10,49$ tm). Durch Weiterleitung nach 5 und 7 erhält man mit den in der

Skizze eingetragenen γ-Werten $M''_{5,4} = -\,0{,}789 \cdot 3{,}45 = -\,2{,}72$ tm, $\quad M''_{7,4} =$
$= -\,0{,}5 \cdot 3{,}42 = -\,1{,}71$ tm. Nun folgt der Ausgleich bei Knoten 7 mit dem Rest-

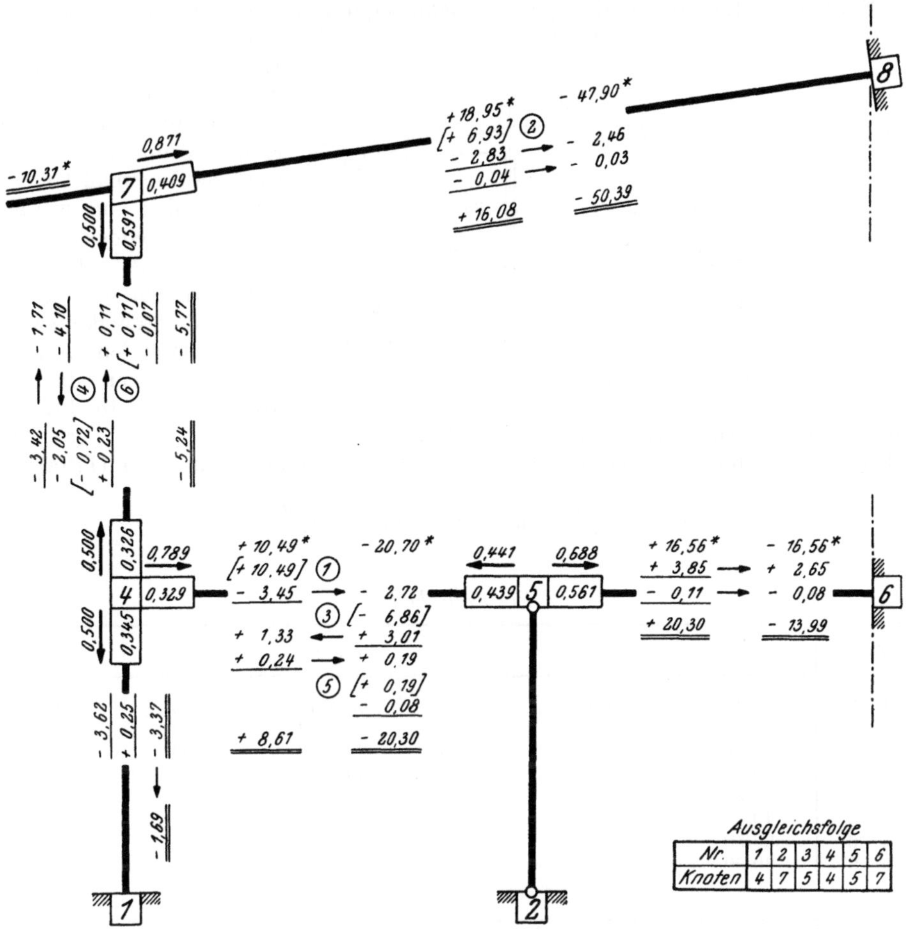

Abb. 715. Rechnungs-Skizze für symmetrische lotrechte Belastung.

moment $M_7 = \Sigma\mathfrak{M} + \Sigma M'' =$
$= +\,6{,}93$ tm. Der weitere Gang
der Rechnung ist aus Abb. 715
ersichtlich. Der letzte Ausgleich
erfolgt im Knoten 7 mit $M_7 =$
$= +\,0{,}11$ tm. Sodann addiert
man die in den einzelnen Kolonnen
untereinanderstehenden Teilmomente $\mathfrak{M}$, M' und M''. Nach
Weiterleitung des Stielmomentes
$M_{4,1}$ zur Einspannstelle 1 sind
sämtliche endgültigen Stabendmomente bestimmt. Sie werden
in der Rechnungs-Skizze doppelt

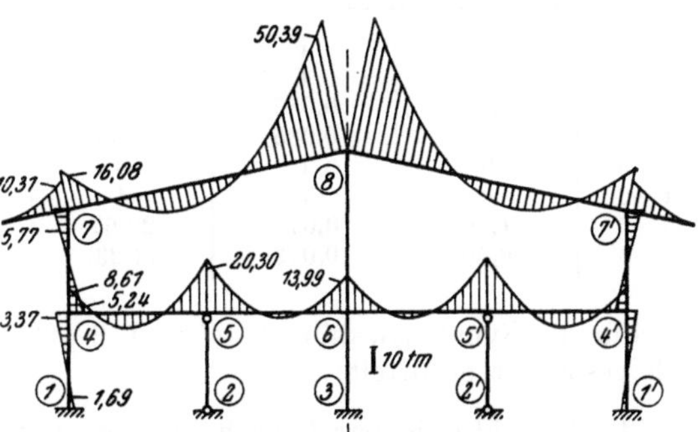

Abb. 716. Endgültiger M-Verlauf für lotrechte Belastung.

unterstrichen. In Abb. 716 ist der gesamte M-Verlauf maßstäblich aufgetragen.

Zahlenbeispiel 27 (vgl. auch Nr. 14).

Symmetrischer dreifeldiger, zweigeschossiger Rahmenbinder mit auskragenden Riegeln (Abb. 717). Belastungsangaben siehe Abb. 718. Volleinspannung bei $1,1',2,2'$. Wegen Symmetrie des Tragwerkes und der Belastung braucht die Berechnung nur für eine Tragwerkshälfte gemäß Abb. 719 durchgeführt zu werden. Dabei ist jedoch zu beachten, daß für die Symmetriestäbe $4—4'$ und $6—6'$ die Steifigkeitswerte a' zu verwenden sind. Im übrigen können die Anweisungen Seite 142 be-

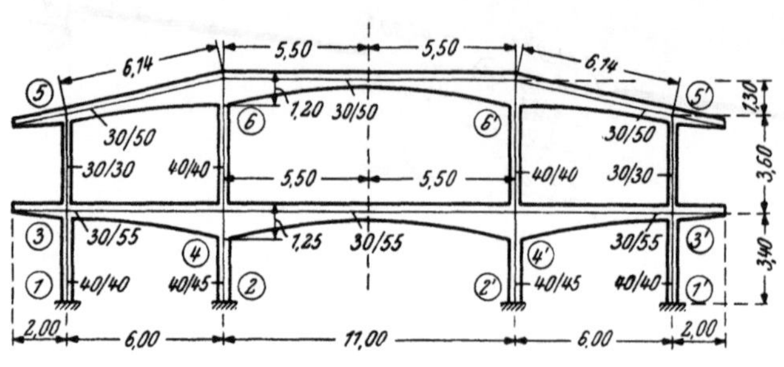
Abb. 717. Tragwerksabmessungen.

nutzt werden. Die Ermittlung der „relativen" Stabfestwerte a_1, a_2 geschieht tabellarisch unter Verwendung der entsprechenden Hilfstafeln nach (179a) aus

$$a_1 = \frac{1000\,J_c}{l} \cdot \mathfrak{a}_1 \quad \text{und} \quad a_2 = \frac{1000\,J_c}{l} \cdot \mathfrak{a}_2.$$

Festwerttabelle.

Stab	b/h (cm)	J_c (m⁴)	b/h_A (cm)	J_A (m⁴)	l (m)	l_v (m)
1—3	40/40	0,00213	40/40	0,00213	3,40	0
2—4	40/45	0,00304	40/45	0,00304	3,40	0
3—4	30/55	0,00416	30/125	0,04883	6,00	6,00
4—4'	30/55	0,00416	30/125	0,04883	11,00	5,50
3—5	30/30	0,00068	30/30	0,00068	3,60	0
4—6	40/40	0,00213	40/40	0,00213	4,90	0
5—6	30/50	0,00313	30/120	0,04320	6,14	6,14
6—6'	30/50	0,00313	30/120	0,04320	11,00	5,50

Stab	$\lambda = \dfrac{l_v}{l}$	$n = \dfrac{J_c}{J_A}$	$\mathfrak{a}_1$ ($\mathfrak{a}'$)	$\mathfrak{a}_2$	a_1 (a')	a_2	Tafel
1—3	0	1	4	4	2,51	2,51	8
2—4	0	1	4	4	3,58	3,58	8
3—4	1,00	0,085	18,60	5,69	12,90	3,95	8
4—4'	0,50	0,085	(4,05)	—	(1,53)	—	14[1]
3—5	0	1	4	4	0,76	0,76	8
4—6	0	1	4	4	1,74	1,74	8
5—6	1,00	0,072	20,67	5,84	10,54	2,98	8
6—6'	0,50	0,072	(4,23)	—	(1,20)	—	14[1]

[1] Für die Symmetriestäbe $4—4'$ und $6—6'$ werden die a'-Werte nachstehend noch gesondert ermittelt:

Stab $4—4'$ (beidseitig parabolische Vouten mit $\lambda = 0,50$, $n = 0,085$, $l = 11,0$ m). Nach Tafel 14 ist

$$a'_{4,4'} = \frac{1000\,J_c}{l} \cdot \mathfrak{a}'_{4,4'} = \frac{1000 \cdot 0,00416}{11,0} \cdot 4,05 = 1,53.$$

Stab 6—6' (beidseitig parabolische Vouten mit $\lambda = 0,50$, $n = 0,072$, $l = 11,0$ m). Nach Tafel 14 ist

$$a'_{6,6'} = \frac{1000\,J_c}{l} \cdot a'_{6,6'} = \frac{1000 \cdot 0,00313}{11,0} \cdot 4,23 = 1,20.$$

Die Stabfestwerte a_1, a_2 und a' überträgt man in die Festwertskizze (Abb. 719).

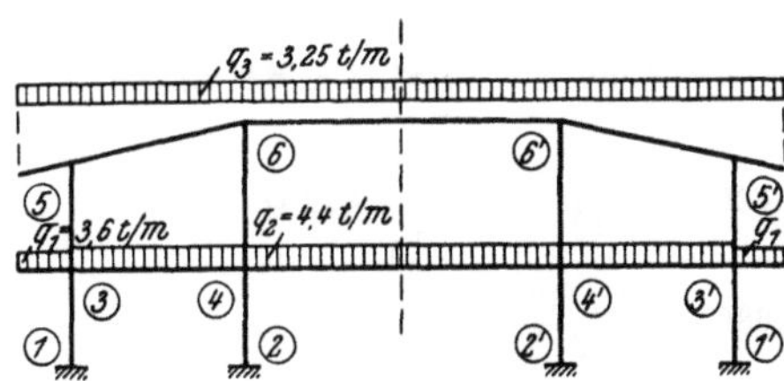

Abb. 718. Belastungsangaben.

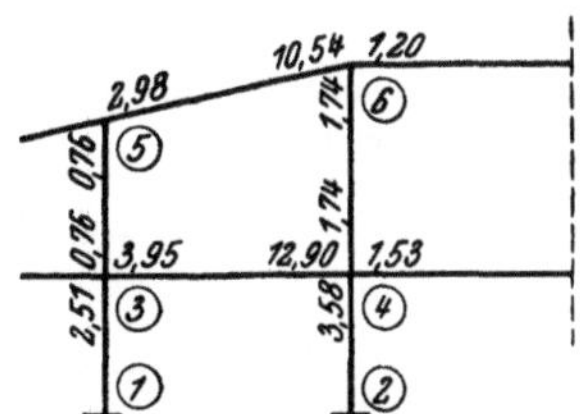

Abb. 719. Festwertskizze
(a- und a'-Werte).

Momentenverteilungszahlen μ.

An Hand der Festwertskizze (Abb. 719) erhält man nach (213) die Momentenverteilungszahlen μ für die einzelnen Knotenpunkte allgemein aus $\mu_{n,i} = \dfrac{a_{n,i}}{\Sigma a_{n,i}}$. Somit wird

für Knoten 3: $\Sigma a = a_{3,1} + a_{3,4} + a_{3,5} = 2,51 + 3,95 + 0,76 = 7,22$;

$$\mu_{3,1} = \frac{a_{3\,1}}{\Sigma a} = \frac{2,51}{7,22} = 0,348 \qquad\qquad \mu_{3,5} = \frac{a_{3,5}}{\Sigma a} = \frac{0,76}{7,22} = 0,105;$$

$$\mu_{3,4} = \frac{a_{3,4}}{\Sigma a} = \frac{3,95}{7,22} = 0,547 \qquad\qquad \text{Probe: } \Sigma\mu = 0,348 + 0,547 + 0,105 = 1;$$

für Knoten 4: $\Sigma a = a_{4,2} + a_{4,3} + a'_{4,4'} + a_{4,6} = 3,58 + 12,90 + 1,53 + 1,74 = 19,75$;

$$\mu_{4,2} = \frac{a_{4,2}}{\Sigma a} = \frac{3,58}{19,75} = 0,181 \qquad\qquad \mu_{4,4'} = \frac{a'_{4,4'}}{\Sigma a} = \frac{1,53}{19,75} = 0,078$$

$$\mu_{4,3} = \frac{a_{4,3}}{\Sigma a} = \frac{12,90}{19,75} = 0,653 \qquad\qquad \mu_{4,6} = \frac{a_{4,6}}{\Sigma a} = \frac{1,74}{19,75} = 0,088;$$

Probe: $\Sigma\mu = 0,181 + 0,653 + 0,078 + 0,088 = 1$;

für Knoten 5: $\Sigma a = a_{5,3} + a_{5,6} = 0,76 + 2,98 = 3,74$;

$$\mu_{5,3} = \frac{a_{5,3}}{\Sigma a} = \frac{0,76}{3,74} = 0,203; \qquad\qquad \mu_{5,6} = \frac{a_{5,6}}{\Sigma a} = \frac{2,98}{3,74} = 0,797;$$

Probe: $\Sigma\mu = 0,203 + 0,797 = 1$;

für Knoten 6: $\Sigma a = a_{6,4} + a_{6,5} + a'_{6,6'} = 1,74 + 10,54 + 1,20 = 13,48$;

$$\mu_{6,4} = \frac{a_{6,4}}{\Sigma a} = \frac{1,74}{13,48} = 0,129 \qquad\qquad \mu_{6,6'} = \frac{a'_{6,6'}}{\Sigma a} = \frac{1,20}{13,48} = 0,089;$$

$$\mu_{6,5} = \frac{a_{6,5}}{\Sigma a} = \frac{10,54}{13,48} = 0,782 \qquad\qquad \text{Probe: } \Sigma\mu = 0,129 + 0,782 + 0,089 = 1.$$

Überleitungszahlen γ.

Aus Tafel 32 erhält man

für Stab 3—4 (einseitig parabolische Voute mit $\lambda = 1,00$ und $n = 0,085$)

$$\gamma_{3,4} = 1,011 \quad \text{und} \quad \gamma_{4,3} = 0,310,$$

für Stab 5—6 (einseitig parabolische Voute mit $\lambda = 1{,}00$ und $n = 0{,}072$)

$$\gamma_{5,6} = 1{,}060 \quad \text{und} \quad \gamma_{6,5} = 0{,}301.$$

Für alle übrigen Stäbe ohne Vouten ist durchweg $\gamma = 0{,}5$. Die γ-Werte der „Symmetriestäbe" werden nicht gebraucht.

Volleinspannmomente $\mathfrak{M}$.

Stab 3—4 (einseitig parabolische Voute mit $\lambda = 1{,}00$, $n = 0{,}085$, $l = 6{,}0$ m).
Aus Tafel 16 erhält man

$$\mathfrak{M}_{3,4} = + \varkappa_2 \frac{q_2 l^2}{12} = + 0{,}630 \cdot \frac{4{,}4 \cdot 6{,}0^2}{12} = + \ 8{,}32 \text{ tm}$$

$$\mathfrak{M}_{4,3} = - \varkappa_1 \frac{q_2 l^2}{12} = - 1{,}680 \cdot \frac{4{,}4 \cdot 6{,}0^2}{12} = - 22{,}18 \ \text{,, .}$$

Stab 4—4′ (beidseitig parabolische Vouten mit $\lambda = 0{,}50$, $n = 0{,}085$, $l = 11{,}0$ m).
Aus Tafel 18 erhält man

$$\mathfrak{M}_{4,4'} = + \varkappa \frac{q_2 l^2}{12} = + 1{,}261 \cdot \frac{4{,}4 \cdot 11{,}0^2}{12} = + 55{,}90 \text{ tm.}$$

Stab 5—6 (einseitig parabolische Voute mit $\lambda = 1{,}00$, $n = 0{,}072$, $l = 6{,}0$ m).
Aus Tafel 16 erhält man

$$\mathfrak{M}_{5,6} = + \varkappa_2 \frac{q_3 l^2}{12} = + 0{,}608 \cdot \frac{3{,}25 \cdot 6{,}0^2}{12} = + \ 5{,}93 \text{ tm}$$

$$\mathfrak{M}_{6,5} = - \varkappa_1 \frac{q_3 l^2}{12} = - 1{,}734 \cdot \frac{3{,}25 \cdot 6{,}0^2}{12} = - 16{,}91 \ \text{,, .}$$

Stab 6—6′ (beidseitig parabolische Vouten mit $\lambda = 0{,}50$, $n = 0{,}072$, $l = 11{,}0$ m).
Aus Tafel 18 erhält man

$$\mathfrak{M}_{6,6'} = + \varkappa \frac{q_3 l^2}{12} = + 1{,}274 \cdot \frac{3{,}25 \cdot 11{,}0^2}{12} = + 41{,}80 \text{ tm.}$$

Kragarme:

$$\mathfrak{M}_{3,K} = - \frac{q_1 l^2}{2} = - \frac{3{,}6 \cdot 2{,}0^2}{2} = - 7{,}20 \text{ tm}$$

$$\mathfrak{M}_{5,K} = - \frac{q_3 l^2}{2} = - \frac{3{,}25 \cdot 2{,}0^2}{2} = - 6{,}50 \ \text{,, .}$$

Momentenausgleich.

Nach dem Eintragen aller für den Momentenausgleich erforderlichen Grundwerte $\mu, \gamma, \mathfrak{M}$ in die Rechnungs-Skizze (Abb. 720) kann dort die weitere Berechnung vorgenommen werden. Zunächst wird im Knoten 4 das Restmoment $M_4 = +$ $+ \ 33{,}72$ tm ausgeglichen; man erhält die Verteilungsmomente $M'_{4,2} = - 6{,}10$ tm, $M'_{4,3} = - 22{,}02$ tm, $M'_{4,4'} = - 2{,}63$ tm, $M'_{4,6} = - 2{,}97$ tm (Probe: $\Sigma M' = -$ $- M_4 = - 33{,}72$ tm). Als „Übergangsmomente" sind hier nur zu ermitteln $M''_{3,4} =$ $= \gamma_{4,3} \cdot M'_{4,3} = 0{,}310 \cdot (- 22{,}02) = - 6{,}83$ tm und $M''_{6,4} = \gamma_{4,6} \cdot M'_{4,6} = 0{,}5 \cdot$ $\cdot (- 2{,}97) = - 1{,}48$ tm. Nun folgt der Ausgleich im Knoten 6 mit $M_6 = \Sigma \mathfrak{M} + \Sigma M'' =$ $= + 23{,}41$ tm und weiter mit den notwendigen Wiederholungen in den übrigen Knoten, zuletzt in 3 mit $M_3 = - 0{,}09$ tm. Sodann wird die algebraische Addition der an den einzelnen Stabenden angeschriebenen Teilmomente $\mathfrak{M}$, M' und M''

und anschließend die Weiterleitung der so erhaltenen Stielmomente $M_{3,1}$ und $M_{4,2}$ an die Einspannstellen 1 bzw. 2 vorgenommen. Alle auf diese Weise ermittelten

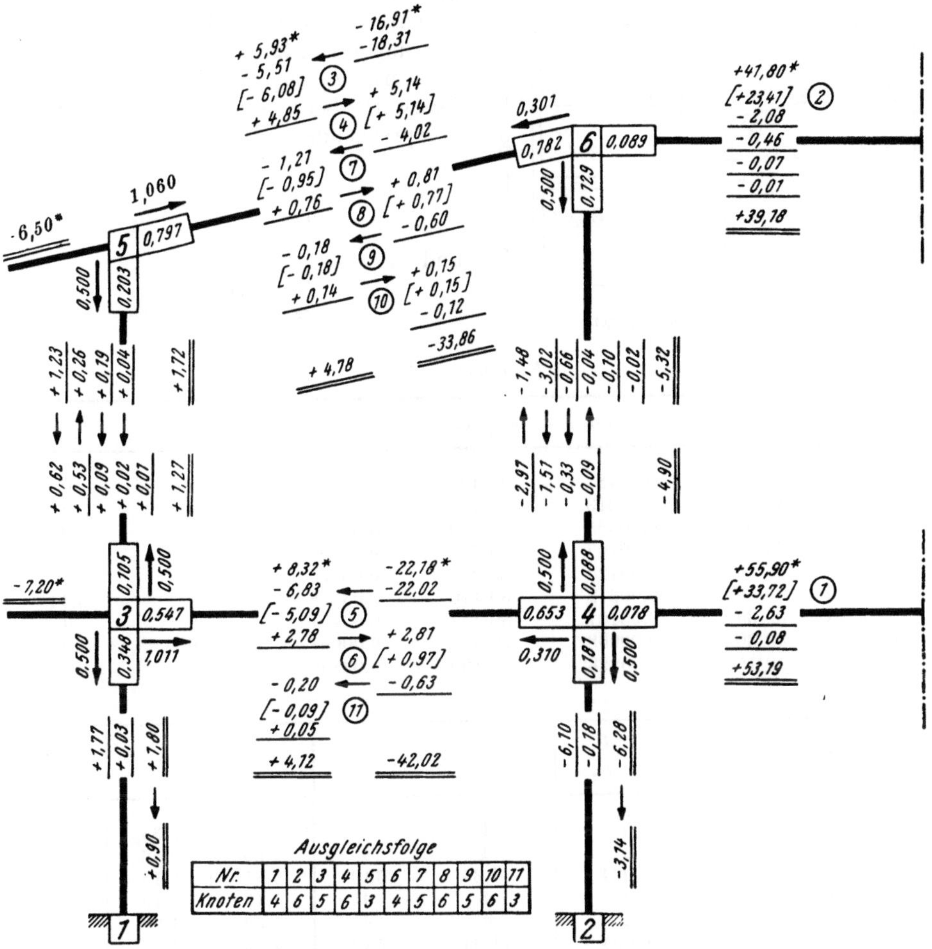

Abb. 720. Rechnungs-Skizze für symmetrische lotrechte Belastung.

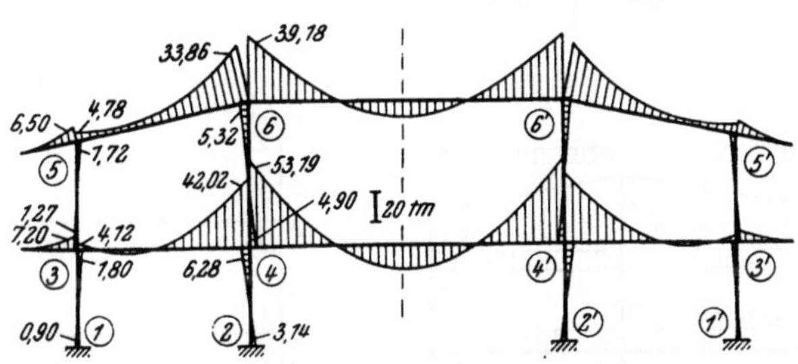

Abb. 721. Endgültiger M-Verlauf für lotrechte Belastung.

endgültigen Momente sind in der Rechnungs-Skizze (Abb. 720) doppelt unterstrichen. In Abb. 721 ist der gesamte M-Verlauf maßstäblich dargestellt.

Zahlenbeispiel 28 (vgl. auch Nr. 15).

Symmetrischer zweifeldiger, dreigeschossiger Rahmenbinder mit schrägen Dachriegeln (Abb. 722). Belastungsangaben siehe Abb. 723. Volle Einspannung bei 1, 1′, 2. Wegen Symmetrie des Tragwerkes und

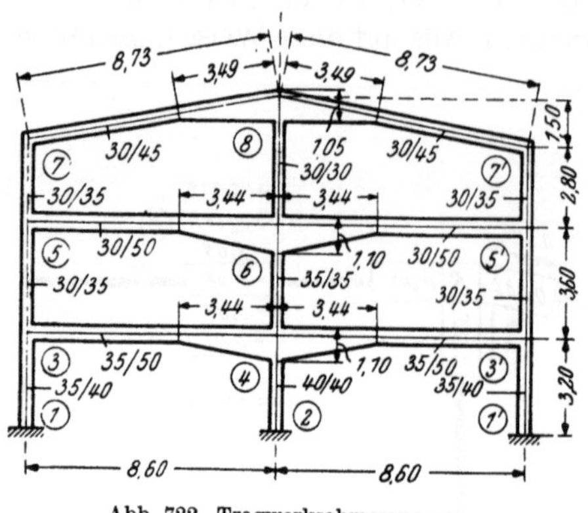

Abb. 722. Tragwerksabmessungen.

der Belastung kann die Berechnung auf eine Tragwerkshälfte gemäß Abb. 724 mit gedachter voller Einspannung bei 4, 6, 8 beschränkt werden. Es gelten die Anweisungen S. 142. Die „relativen" Stabfestwerte a_1, a_2 in der nachstehenden Festwerttabelle ergeben sich mit den entsprechenden Hilfstafeln nach (179a) aus

$$a_1 = \frac{1000\,J_c}{l} \cdot \mathfrak{a}_1$$

und

$$a_2 = \frac{1000\,J_c}{l} \cdot \mathfrak{a}_2.$$

Festwerttabelle.

Stab	b/h (cm)	J_c (m⁴)	b/h_A (cm)	J_A (m⁴)	l (m)	l_v (m)
1—3	35/40	0,00187	35/40	0,00187	3,20	0
2—4	40/40	0,00213	40/40	0,00213	3,20	0
3—4	35/50	0,00365	35/110	0,03882	8,60	3,44
3—5	30/35	0,00107	30/35	0,00107	3,60	0
4—6	35/35	0,00125	35/35	0,00125	3,60	0
5—6	30/50	0,00313	30/110	0,03328	8,60	3,44
5—7	30/35	0,00107	30/35	0,00107	2,80	0
6—8	30/30	0,00068	30/30	0,00068	4,30	0
7—8	30/45	0,00228	30/105	0,02894	8,73	3,49

Stab	$\lambda = \dfrac{l_v}{l}$	$n = \dfrac{J_c}{J_A}$	$\mathfrak{a}_1$	$\mathfrak{a}_2$	a_1	a_2	Tafel
1—3	0	1	4	4	2,34	2,34	7
2—4	0	1	4	4	2,66	2,66	7
3—4	0,40	0,094	11,34	5,01	4,81	2,13	7
3—5	0	1	4	4	1,19	1,19	7
4—6	0	1	4	4	1,39	1,39	7
5—6	0,40	0,094	11,34	5,01	4,13	1,82	7
5—7	0	1	4	4	1,53	1,53	7
6—8	0	1	4	4	0,63	0,63	7
7—8	0,40	0,079	12,00	5,09	3,13	1,33	7

Die Stabfestwerte a_1 und a_2 werden in die Festwertskizze (Abb. 724) übertragen. Man schreibt sie an die betreffenden Stabenden, wobei zu beachten ist, daß sich die a_1-Werte bei Stäben mit einseitigen Vouten stets auf die Voutenseite beziehen.

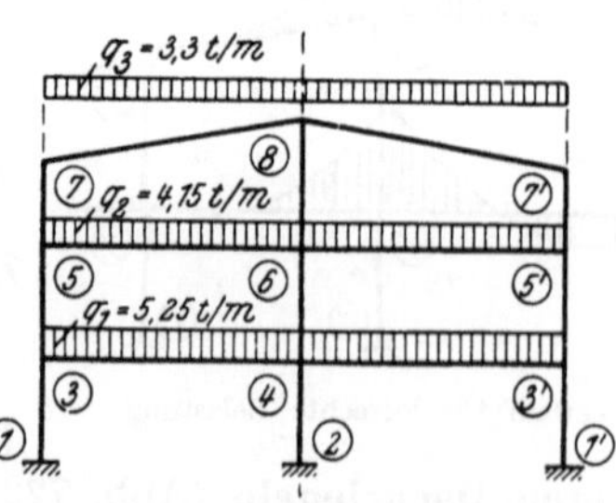

Abb. 723. Belastungsangaben.

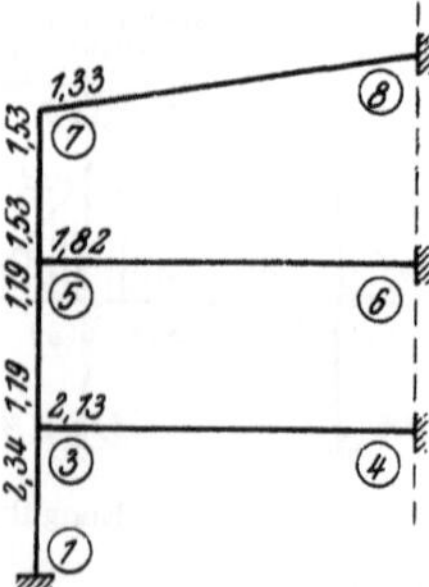

Abb. 724. Festwertskizze (a-Werte).

Momentenverteilungszahlen μ.

An Hand der Festwertskizze (Abb. 724) ergeben sich die Momentenverteilungszahlen μ für die einzelnen Knotenpunkte nach (213) allgemein aus $\mu_{n,i} = \dfrac{a_{n,i}}{\Sigma a_{n,i}}$. Man erhält demnach

für Knoten 3: $\Sigma a = a_{3,1} + a_{3,4} + a_{3,5} = 2,34 + 2,13 + 1,19 = 5,66;$

$$\mu_{3,1} = \frac{a_{3,1}}{\Sigma a} = \frac{2,34}{5,66} = 0,414 \qquad \mu_{3,5} = \frac{a_{3,5}}{\Sigma a} = \frac{1,19}{5,66} = 0,210;$$

$$\mu_{3,4} = \frac{a_{3,4}}{\Sigma a} = \frac{2,13}{5,66} = 0,376 \qquad \text{Probe:}\ \ \Sigma \mu = 0,414 + 0,376 + 0,210 = 1;$$

für Knoten 5: $\Sigma a = a_{5,3} + a_{5,6} + a_{5,7} = 1,19 + 1,82 + 1,53 = 4,54;$

$$\mu_{5,3} = \frac{a_{5,3}}{\Sigma a} = \frac{1,19}{4,54} = 0,262 \qquad \mu_{5,7} = \frac{a_{5,7}}{\Sigma a} = \frac{1,53}{4,54} = 0,337;$$

$$\mu_{5,6} = \frac{a_{5,6}}{\Sigma a} = \frac{1,82}{4,54} = 0,401 \qquad \text{Probe:}\ \ \Sigma \mu = 0,262 + 0,401 + 0,337 = 1;$$

für Knoten 7: $\Sigma a = a_{7,5} + a_{7,8} = 1,53 + 1,33 = 2,86;$

$$\mu_{7,5} = \frac{a_{7,5}}{\Sigma a} = \frac{1,53}{2,86} = 0,535; \qquad \mu_{7,8} = \frac{a_{7,8}}{\Sigma a} = \frac{1,33}{2,86} = 0,465;$$

$$\text{Probe:}\ \ \Sigma \mu = 0,535 + 0,465 = 1.$$

Überleitungszahlen γ.

Aus Tafel 31 oder 31a erhält man *für die Stäbe 3—4 und 5—6* mit $\lambda = 0,40$ und $n = 0,094$

$$\gamma_{3,4} = \gamma_{5,6} = 0,930$$

und *für den Stab 7—8* mit $\lambda = 0,40$ und $n = 0,079$

$$\gamma_{7,8} = 0,959.$$

Volleinspannmomente $\mathfrak{M}$.

Unter Beachtung, daß sich die $\varkappa_1$-Werte stets auf die Voutenseite beziehen, erhält man aus Tafel 15

für Stab 3—4 (einseitig gerade Voute mit $\lambda = 0,40$, $n = 0,094$, $l = 8,60$ m)

$$\mathfrak{M}_{3,4} = + \varkappa_2 \frac{q_1 l^2}{12} = + 0,693 \cdot \frac{5,25 \cdot 8,60^2}{12} = + 22,40 \ \text{tm}$$

$$\mathfrak{M}_{4,3} = - \varkappa_1 \frac{q_1 l^2}{12} = - 1,746 \cdot \frac{5,25 \cdot 8,60^2}{12} = - 56,50 \ \text{,, ,}$$

für Stab 5—6 (einseitig gerade Voute mit $\lambda = 0,40$, $n = 0,094$, $l = 8,60$ m)

$$\mathfrak{M}_{5,6} = + \varkappa_2 \frac{q_2 l^2}{12} = + 0,693 \cdot \frac{4,15 \cdot 8,60^2}{12} = + 17,73 \ \text{tm}$$

$$\mathfrak{M}_{6,5} = - \varkappa_1 \frac{q_2 l^2}{12} = - 1,746 \cdot \frac{4,15 \cdot 8,60^2}{12} = - 44,70 \ \text{,, ,}$$

für Stab 7—8 (einseitig gerade Voute mit $\lambda = 0,40$, $n = 0,079$, $l = 8,60$ m)

$$\mathfrak{M}_{7,8} = + \varkappa_2 \frac{q_3 l^2}{12} = + 0,673 \cdot \frac{3,30 \cdot 8,60^2}{12} = + 13,69 \ \text{tm}$$

$$\mathfrak{M}_{8,7} = - \varkappa_1 \frac{q_3 l^2}{12} = - 1,800 \cdot \frac{3,30 \cdot 8,60^2}{12} = - 36,60 \ \text{,, .}$$

Momentenausgleich.

Der weitere Rechnungsgang ist aus Abb. 725 ersichtlich, in der nun bereits alle Ausgangswerte μ, γ und $\mathfrak{M}$ eingetragen sind. Man beginnt mit dem Ausgleich im Knoten 3 mit dem Restmoment $M_3 = +22,40$ tm. Die Verteilung mit den μ-Zahlen ergibt $M'_{3,1} = -9,28$ tm, $M'_{3,4} = -8,42$ tm, $M'_{3,5} = -4,70$ tm (Probe: $\Sigma M' = -M_3 = -22,40$ tm). Die Weiterleitung an die Einspannstelle 1 kann vorläufig noch unterbleiben; man bildet also nur $M''_{4,3} = \gamma_{3,4} \cdot M'_{3,4} = 0,930 \cdot (-8,42) = -7,83$ tm und $M''_{5,3} = \gamma_{3,5} \cdot M'_{3,5} = 0,5 \cdot (-4,70) = -2,35$ tm. Der nächste Ausgleich geschieht im Knoten 5 mit $M_5 = \Sigma \mathfrak{M} + \Sigma M'' = + 15,38$ tm und weiter in den übrigen Knotenpunkten, zuletzt in 5 mit $M_5 = +0,04$ tm. Die Addition der zusammengehörigen Teilmomente $\mathfrak{M}$, M' und M'' ergibt an den einzelnen Stabenden bereits die endgültigen Momente. Nun leitet man noch das Stielmoment $M_{3,1}$ an die Einspannstelle 1 weiter und hat damit sämtliche Stabanschlußmomente bestimmt; sie sind in Abb. 726 maßstäblich aufgetragen.

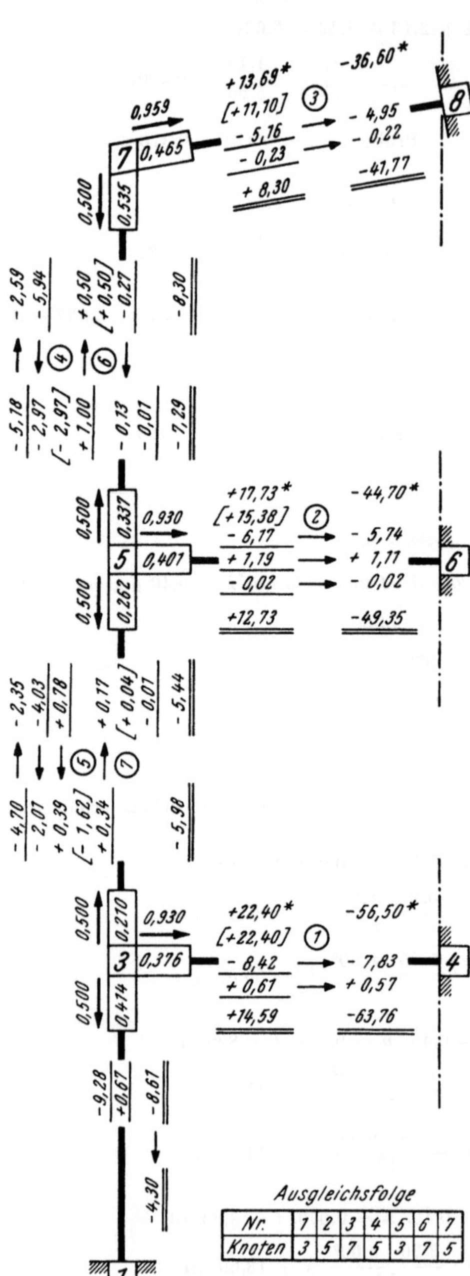

Abb. 725. Rechnungs-Skizze für symmetrische lotrechte Belastung.

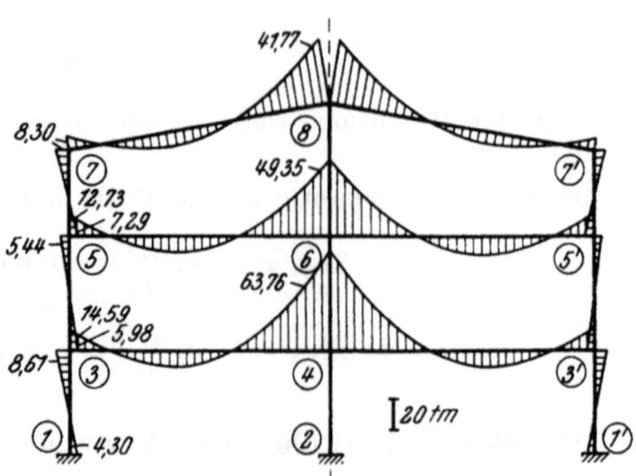

Abb. 726. Endgültiger M-Verlauf für lotrechte Belastung.

Zahlenbeispiel 29 (vgl. auch Nr. 16).

Symmetrischer dreifeldiger, dreigeschossiger Rahmenbinder (Abb. 727). Volle Einspannung bei 1, 1', 2, 2'. Belastungsangaben siehe Abb. 728. Wegen Symmetrie des Tragwerkes und der Belastung erfolgt die Berechnung nur für eine Tragwerkshälfte gemäß Abb. 729. Für die Symmetriestäbe 4—4', 5—5', 6—6' sind hierbei die Stabfestwerte a' in Rechnung zu stellen. Im übrigen gelten die Anweisungen Seite 142. Nähere Erläuterungen über symmetrische Tragwerke mit Symmetriestäben siehe Seite 134. Die in der nachstehenden Festwerttabelle enthaltenen „relativen" Steifigkeitszahlen a_1 und a_2 werden mit den entsprechenden Hilfstafeln nach (179a) folgendermaßen berechnet:

$$a_1 = \frac{1000\,J_c}{l} \cdot \mathfrak{a}_1$$

und

$$a_2 = \frac{1000\,J_c}{l} \cdot \mathfrak{a}_2.$$

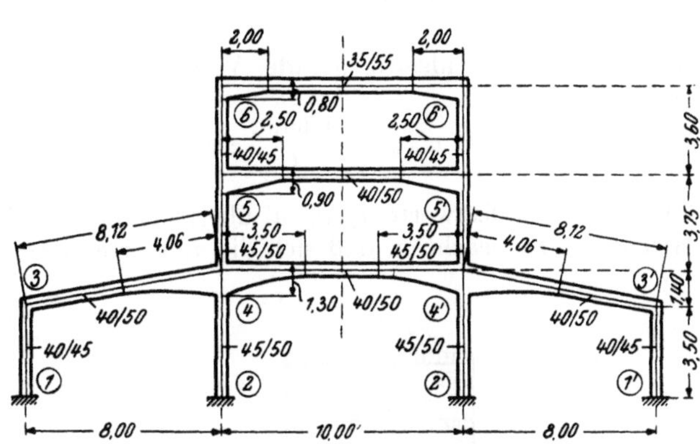

Abb. 727. Tragwerksabmessungen.

Festwerttabelle.

Stab	b/h (cm)	J_c (m⁴)	b/h_A (cm)	J_A (m⁴)	l (m)	l_v (m)
1—3	40/45	0,00304	40/45	0,00304	3,50	0
2—4	45/50	0,00469	45/50	0,00469	4,90	0
3—4	40/50	0,00417	40/130	0,07323	8,12	4,06
4—4'	40/50	0,00417	40/130	0,07323	10,00	3,50
4—5	45/50	0,00469	45/50	0,00469	3,75	0
5—5'	40/50	0,00417	40/90	0,02430	10,00	2,50
5—6	40/45	0,00304	40/45	0,00304	3,60	0
6—6'	35/55	0,00485	35/80	0,01493	10,00	2,00

Stab	$\lambda = \dfrac{l_v}{l}$	$n = \dfrac{J_c}{J_A}$	$\mathfrak{a}_1\,(\mathfrak{a}')$	$\mathfrak{a}_2$	$a_1\,(a')$	a_2	Tafel
1—3	0	1	4	4	3,47	3,47	8
2—4	0	1	4	4	3,83	3,83	8
3—4	0,50	0,057	11,75	5,06	6,03	2,60	8
4—4'	0,35	0,057	(3,26)	—	(1,36)	—	14[1]
4—5	0	1	4	4	5,00	5,00	8
5—5'	0,25	0,172	(2,80)	—	(1,17)	—	13[1]
5—6	0	1	4	4	3,38	3,38	8
6—6'	0,20	0,325	(2,41)	—	(1,17)	—	13[1]

[1] Für die Symmetriestäbe 4—4', 5—5', 6—6' werden die a'-Werte anschließend mit Hilfe der Tafeln 13 und 14 bzw. 13a und 14a noch gesondert ermittelt.

Nach (193b) ist allgemein $a' = \dfrac{1000\,J_c}{l} \cdot \mathfrak{a}'$. Damit wird

für Stab 4—4' (beidseitig parabolische Vouten mit $\lambda = 0{,}35$, $n = 0{,}057$, $l = 10{,}0$ m) aus Tafel 14

$$a'_{4,4'} = \frac{1000\,J_c}{l} \cdot \mathfrak{a}'_{4,4'} = \frac{4{,}17}{10{,}0} \cdot 3{,}26 = 1{,}36,$$

für Stab 5—5′ (beidseitig gerade Vouten mit $\lambda = 0{,}25$, $n = 0{,}172$, $l = 10{,}0$ m) aus Tafel 13

$$a'_{5,5'} = \frac{1000\,J_c}{l} \cdot \mathfrak{a}'_{5,5'} = \frac{4{,}17}{10{,}0} \cdot 2{,}80 = 1{,}17,$$

für Stab 6—6′ (beidseitig gerade Vouten mit $\lambda = 0{,}20$, $n = 0{,}325$, $l = 10{,}0$ m) aus Tafel 13

$$a'_{6,6'} = \frac{1000\,J_c}{l} \cdot \mathfrak{a}'_{6,6'} = \frac{4{,}85}{10{,}0} \cdot 2{,}41 = 1{,}17.$$

Sämtliche Stabfestwerte a_1, a_2, a' überträgt man in die Festwertskizze (Abb. 729). Hierbei ist zu beachten, daß sich die a_1-Werte stets auf die Voutenseite beziehen.

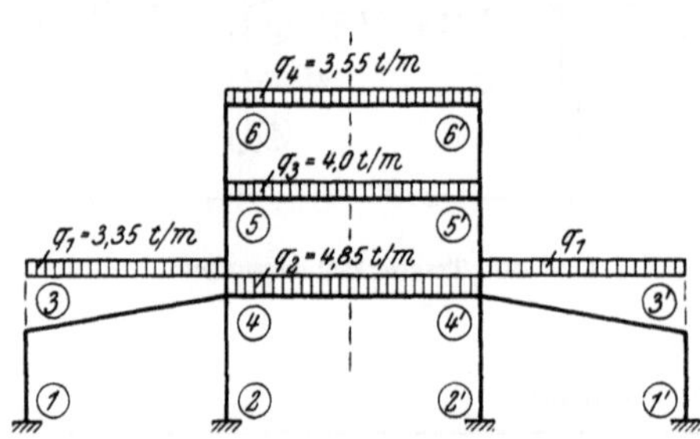

Abb. 728. Belastungsangaben.

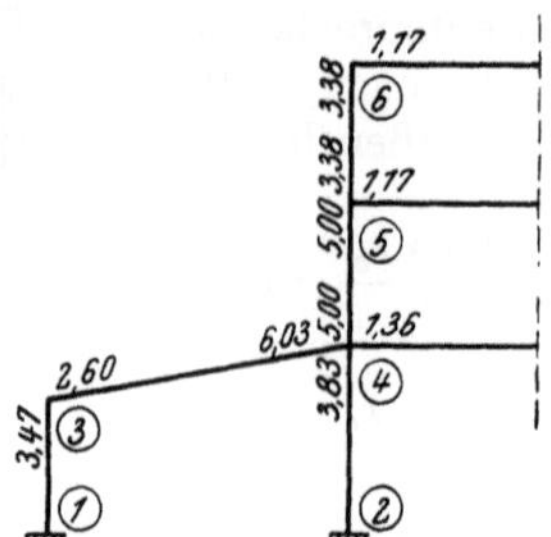

Abb. 729. Festwertskizze (a- und a′-Werte).

Momentenverteilungszahlen μ.

Nach (213) erhält man in einem Knoten n die Verteilungszahlen allgemein aus $\mu_{n,i} = \dfrac{a_{n\,i}}{\Sigma a_{n,i}}$. Es ergeben sich also an Hand der Festwertskizze (Abb. 729)

für Knoten 3: $\Sigma a = a_{3,1} + a_{3,4} = 3{,}47 + 2{,}60 = 6{,}07;$

$$\mu_{3,1} = \frac{a_{3,1}}{\Sigma a} = \frac{3{,}47}{6{,}07} = 0{,}572; \qquad \mu_{3,4} = \frac{a_{3,4}}{\Sigma a} = \frac{2{,}60}{6{,}07} = 0{,}428;$$

für Knoten 4: $\Sigma a = a_{4,2} + a_{4,3} + a'_{4,4'} + a_{4,5} = 3{,}83 + 6{,}03 + 1{,}36 + 5{,}00 = 16{,}22;$

$$\mu_{4,2} = \frac{a_{4,2}}{\Sigma a} = \frac{3{,}83}{16{,}22} = 0{,}236 \qquad \mu_{4,4'} = \frac{a'_{4,4'}}{\Sigma a} = \frac{1{,}36}{16{,}22} = 0{,}084$$

$$\mu_{4,3} = \frac{a_{4,3}}{\Sigma a} = \frac{6{,}03}{16{,}22} = 0{,}372 \qquad \mu_{4,5} = \frac{a_{4,5}}{\Sigma a} = \frac{5{,}00}{16{,}22} = 0{,}308;$$

für Knoten 5: $\Sigma a = a_{5,4} + a'_{5,5'} + a_{5,6} = 5{,}00 + 1{,}17 + 3{,}38 = 9{,}55;$

$$\mu_{5,4} = \frac{5{,}00}{9{,}55} = 0{,}524; \qquad \mu_{5,5'} = \frac{1{,}17}{9{,}55} = 0{,}122; \qquad \mu_{5,6} = \frac{3{,}38}{9{,}55} = 0{,}354;$$

für Knoten 6: $\Sigma a = a_{6,5} + a'_{6,6'} = 3{,}38 + 1{,}17 = 4{,}55;$

$$\mu_{6,5} = \frac{3{,}38}{4{,}55} = 0{,}743; \qquad \mu_{6,6'} = \frac{1{,}17}{4{,}55} = 0{,}257.$$

Überleitungszahlen γ.

Aus Tafel 32 bzw. 32a erhält man für den *Stab 3—4* (einseitig parabolische Voute mit $\lambda = 0{,}50$, $n = 0{,}057$)

$$\gamma_{3,4} = 0{,}947 \quad \text{und} \quad \gamma_{4,3} = 0{,}409.$$

Für alle übrigen Stäbe ohne Vouten ist durchweg $\gamma = 0{,}5$. Die γ-Werte für die „Symmetrie-Stäbe" werden nicht gebraucht, weil hier keine Überleitung erfolgt.

Volleinspannmomente $\mathfrak{M}$.

Unter Beachtung, daß sich die $\varkappa_1$-Werte stets auf die Voutenseite beziehen, erhält man gemäß Abb. 728

für Stab 3—4 (einseitig parabolische Voute mit $\lambda = 0,50$, $n = 0,057$, $l = 8,0$ m) nach Tafel 16

$$\mathfrak{M}_{3,4} = + \varkappa_2 \frac{q_1 l^2}{12} =$$
$$= + 0,674 \cdot \frac{3,35 \cdot 8,0^2}{12}$$
$$= + 12,04 \text{ tm}$$

$$\mathfrak{M}_{4,3} = - \varkappa_1 \frac{q_1 l^2}{12} =$$
$$= - 1,790 \cdot \frac{3,35 \cdot 8,0^2}{12}$$
$$= - 32,00 \text{ tm,}$$

für Stab 4—4' (beidseitig parabolische Vouten [mit $\lambda = 0,35$, $n = 0,057$, $l = 10,0$ m) nach Tafel 18

$$\mathfrak{M}_{4,4'} = + \varkappa \frac{q_2 l^2}{12} =$$
$$= + 1,261 \cdot \frac{4,85 \cdot 10,0^2}{12}$$
$$= + 51,00 \text{ tm,}$$

für Stab 5—5' (beidseitig gerade Vouten mit $\lambda = 0,25$, $n = 0,172$, $l = 10,0$ m) nach Tafel 17

$$\mathfrak{M}_{5,5'} = + \varkappa \frac{q_3 l^2}{12} =$$
$$= + 1,196 \cdot \frac{4,0 \cdot 10,0^2}{12}$$
$$= + 39,90 \text{ tm,}$$

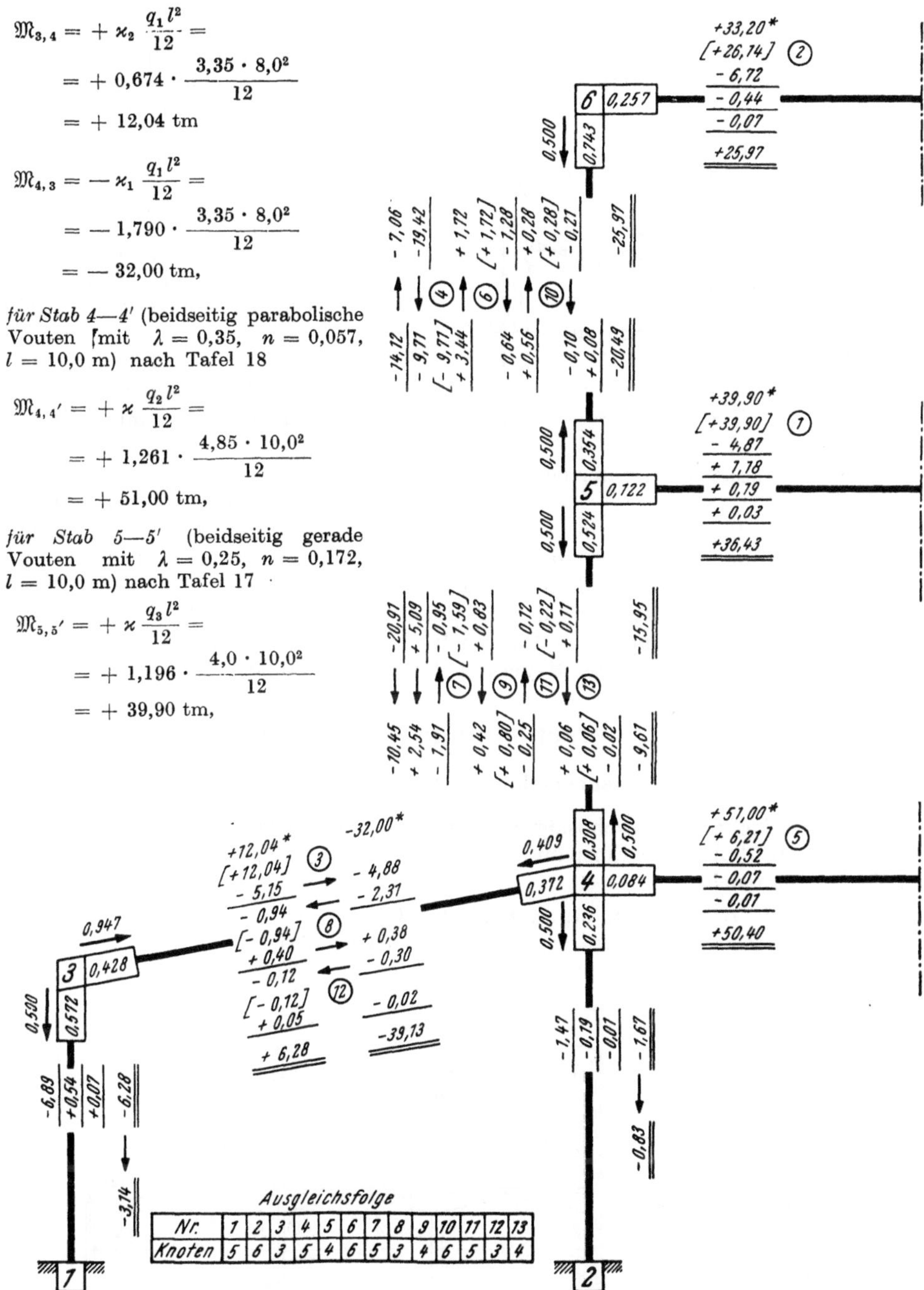

Abb. 730. Rechnungs-Skizze für symmetrische lotrechte Belastung.

für Stab 6—6' (beidseitig gerade Vouten mit $\lambda = 0{,}20$, $n = 0{,}325$, $l = 10{,}0$ m) nach Tafel 17

$$\mathfrak{M}_{6,6'} = + \varkappa\,\frac{q_4\,l^2}{12} = + 1{,}121 \cdot \frac{3{,}55 \cdot 10{,}0^2}{12} = + 33{,}20 \text{ tm.}$$

Momentenausgleich.

Die bisher berechneten Ausgangswerte μ, γ, $\mathfrak{M}$ überträgt man in die Rechnungs-Skizze (Abb. 730). Der erste Ausgleich erfolgt im Knoten 5 mit $M_5 = + 39{,}90$ tm.

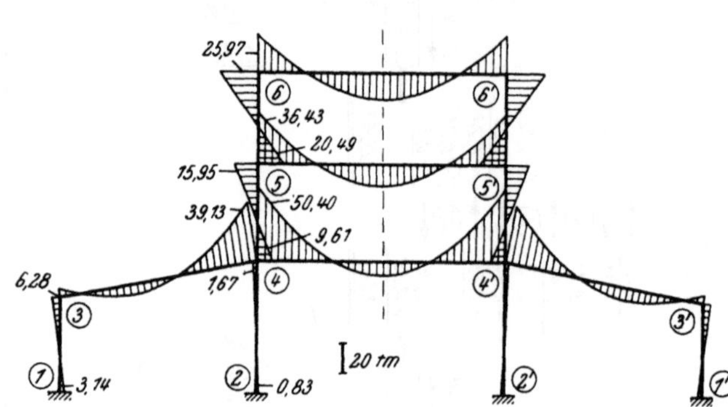

Abb. 731. Endgültiger M-Verlauf für lotrechte Belastung.

Man erhält die Teilmomente $M'_{5,4} = -20{,}91$ tm, $M'_{5,5'} = -4{,}87$ tm, $M'_{5,6} = -14{,}12$ tm (Probe: $\Sigma M' = -M_5 = -39{,}90$ tm). Die Weiterleitung der M'-Momente in den beiden Stielen ergibt $M''_{4,5} = -10{,}45$ tm, $M''_{6,5} = -7{,}06$ tm. Der nächste Ausgleich wird im Knoten 6 mit $M_6 = \Sigma \mathfrak{M} + \Sigma M'' = +26{,}14$ tm vorgenommen und weiter in der angegebenen Reihenfolge in den übrigen Knotenpunkten, zuletzt in 4 mit $M_4 = +0{,}06$ tm. Nun folgt die algebraische Addition der zusammengehörigen Teilbeträge $\mathfrak{M}$, M', M'' und anschließend die Weiterleitung der beiden Stielmomente $M_{3,1}$ und $M_{4,2}$ an die Einspannstellen 1 und 2. Die so erhaltenen endgültigen Stabendmomente sind in der Rechnungs-Skizze doppelt unterstrichen. In Abb. 731 ist der gesamte M-Verlauf maßstäblich aufgetragen.

II. Verschiebliche Tragwerke.

Zahlenbeispiel 30 (vgl. auch Nr. 19).

Symmetrischer dreigeschossiger, im unteren Stockwerk fünfstieliger Rahmenbinder (Abb. 732). Volle Einspannung bei 1, 1', 2, 2', 3. Es sind zwei Belastungsfälle zu untersuchen:

a) *lotrechte Belastung* q_1, q_2, q_3, q_4 (Abb. 733),
b) *waagrechte Knotenlasten* P_1, P_2, P_3, P_4 (Abb. 734).

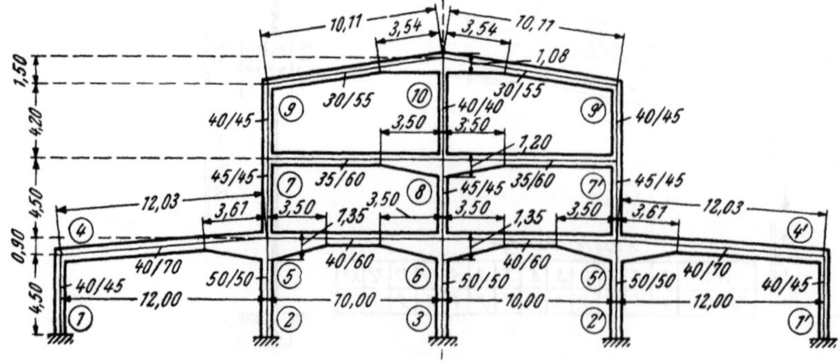

Abb. 732. Tragwerksabmessungen.

Die in der nachstehenden Festwerttabelle enthaltenen „relativen" Steifigkeitszahlen a, b, $\bar{c}$ ergeben sich folgendermaßen:

nach (179 a) erhält man

$$a_1 = \frac{1000\,J_c}{l} \cdot \mathfrak{a}_1; \qquad a_2 = \frac{1000\,J_c}{l} \cdot \mathfrak{a}_2; \qquad b = \frac{1000\,J_c}{l} \cdot \mathfrak{b};$$

nach (164) und (227)

$$c_1 = a_1 + b; \qquad c_2 = a_2 + b \quad \text{und} \quad \bar{c}_1 = \frac{c_1}{l}; \qquad \bar{c}_2 = \frac{c_2}{l}.$$

Die c- bzw. $\bar{c}$-Werte brauchen nur für die R a h m e n s t i e l e bestimmt zu werden.

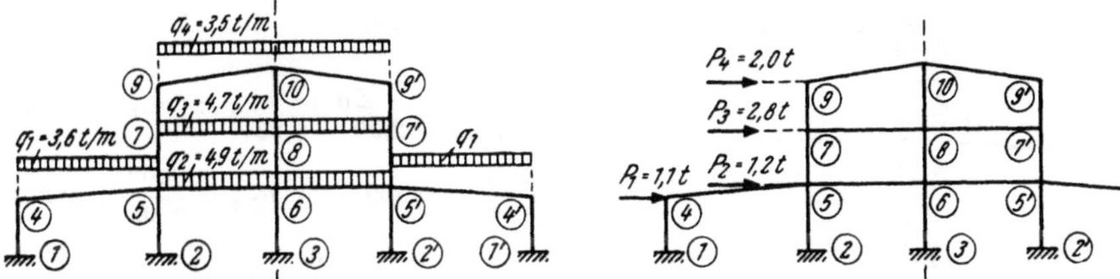

Abb. 733. Lotrechte Belastung.   Abb. 734. Waagrechte Belastung.

Festwerttabelle.

Stab	b/h (cm)	J_C (m⁴)	b/h_A (cm)	J_A (m⁴)	l (m)	l_v (m)	$\lambda = \dfrac{l_v}{l}$	$n = \dfrac{J_c}{J_A}$
1—4	40/45	0,00304	40/45	0,00304	4,50	0	0	1
2—5 3—6	50/50	0,00521	50/50	0,00521	5,40	0	0	1
4—5	40/70	0,01143	40/135	0,08201	12,03	3,61	0,30	0,139
5—6	40/60	0,00720	40/135	0,08201	10,00	3,50	0,35	0,088
5—7 6—8	45/45	0,00342	45/45	0,00342	4,50	0	0	1
7—8	35/60	0,00630	35/120	0,05040	10,00	3,50	0,35	0,125
7—9	40/45	0,00304	40/45	0,00304	4,20	0	0	1
8—10	40/40	0,00213	40/40	0,00213	5,70	0	0	1
9—10	30/55	0,00416	30/108	0,03149	10,11	3,54	0,35	0,132

Stab	λ	n	$\mathfrak{a}_1$	$\mathfrak{a}_2$	$\mathfrak{b}$	a_1	a_2	b	$\bar{c}_o$	$\bar{c}_u$	Tafel
1—4	0	1	4	4	2	2,70	2,70	1,35	0,900	0,900	7
2—5 3—6	0	1	4	4	2	3,86	3,86	1,93	1,072	1,072	7
4—5	0,30	0,139	8,08	4,68	3,64	7,68	4,45	3,46	—	—	7
5—6	0,35	0,088	15,10	15,10	11,29	10,87	10,87	8,13	—	—	9
5—7 6—8	0	1	4	4	2	3,04	3,04	1,52	1,013	1,013	7
7—8	0,35	0,125	9,25	4,79	4,02	5,83	3,02	2,53	—	—	7
7—9	0	1	4	4	2	2,90	2,90	1,45	1,036	1,036	7
8—10	0	1	4	4	2	1,49	1,49	0,75	0,393	0,393	7
9—10	0,35	0,132	9,10	4,77	3,96	3,74	1,96	1,63	—	—	7

Die Stabfestwerte a_1 und a_2 überträgt man in die Festwertskizze (Abb. 735) an die entsprechenden Stabenden, und zwar gehört bei Stäben mit einseitigen Vouten der Wert a_1 stets zur Voutenseite.

Momentenverteilungszahlen μ.

Nach (213) ist allgemein $\mu_{n,i} = \dfrac{a_{n,i}}{\Sigma a_{n,i}}$. Damit erhält man an Hand der Festwertskizze (Abb. 735)

für Knoten 4: $\Sigma a = a_{4,1} + a_{4,5} = 2{,}70 + 4{,}45 = 7{,}15;$

$$\mu_{4,1} = \frac{2{,}70}{7{,}15} = 0{,}378; \qquad\qquad \mu_{4,5} = \frac{4{,}45}{7{,}15} = 0{,}622;$$

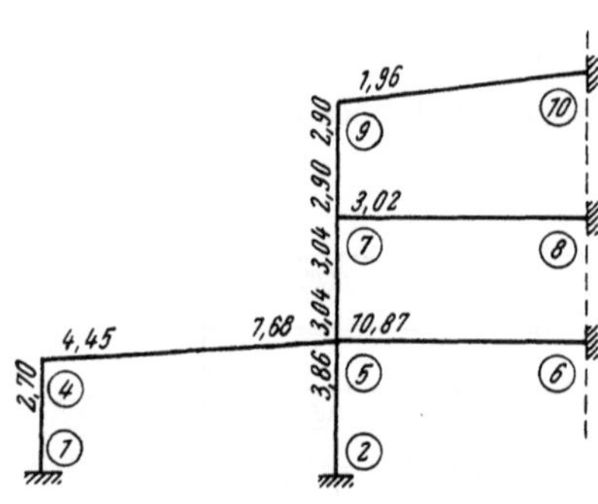

Abb. 735. Festwertskizze für den symmetrischen Lastfall.

für Knoten 5: $\Sigma a = a_{5,2} + a_{5,4} + a_{5,6} + a_{5,7} = 3{,}86 + 7{,}68 + 10{,}87 + 3{,}04 = 25{,}45;$

$$\mu_{5,2} = \frac{3{,}86}{25{,}45} = 0{,}152 \qquad \mu_{5,6} = \frac{10{,}87}{25{,}45} = 0{,}427$$

$$\mu_{5,4} = \frac{7{,}68}{25{,}45} = 0{,}302 \qquad \mu_{5,7} = \frac{3{,}04}{25{,}45} = 0{,}119;$$

für Knoten 7: $\Sigma a = a_{7,5} + a_{7,8} + a_{7,9} = 3{,}04 + 3{,}02 + 2{,}90 = 8{,}96;$

$$\mu_{7,5} = \frac{3{,}04}{8{,}96} = 0{,}339; \qquad \mu_{7,8} = \frac{3{,}02}{8{,}96} = 0{,}337;$$

$$\mu_{7,9} = \frac{2{,}90}{8{,}96} = 0{,}324;$$

für Knoten 9: $\Sigma a = a_{9,7} + a_{9,10} = 2{,}90 + 1{,}96 = 4{,}86;$

$$\mu_{9,7} = \frac{2{,}90}{4{,}86} = 0{,}597; \qquad\qquad \mu_{9,10} = \frac{1{,}96}{4{,}86} = 0{,}403.$$

Überleitungszahlen γ.

Es ergeben sich

für *Stab 4—5* (einseitig gerade Voute mit $\lambda = 0{,}30$, $n = 0{,}139$) aus Tafel 31
$$\gamma_{4,5} = 0{,}779 \quad \text{und} \quad \gamma_{5,4} = 0{,}451,$$

für *Stab 5—6* (beidseitig gerade Vouten mit $\lambda = 0{,}35$, $n = 0{,}088$) aus Tafel 33
$$\gamma_{5,6} = \gamma_{6,5} = 0{,}747,$$

für *Stab 7—8* (einseitig gerade Voute mit $\lambda = 0{,}35$, $n = 0{,}125$) aus Tafel 31
$$\gamma_{7,8} = 0{,}838 \quad \text{und} \quad \gamma_{8,7} = 0{,}435,$$

für *Stab 9—10* (einseitig gerade Voute mit $\lambda = 0{,}35$, $n = 0{,}132$) aus Tafel 31
$$\gamma_{9,10} = 0{,}830 \quad \text{und} \quad \gamma_{10,9} = 0{,}436.$$

Für alle übrigen Stäbe ohne Vouten ist durchweg $\gamma = 0{,}5$.

Nach diesen Vorarbeiten werden die beiden Belastungsfälle getrennt behandelt.

a) Lotrechte Belastung gemäß Abb. 733.

Wegen Symmetrie des Tragwerkes und der Belastung ist das System unverschieblich und es braucht nur eine Tragwerkshälfte gemäß Abb. 735 mit gedachter Einspannung bei 6, 8, 10 behandelt zu werden. Es gelten die Anweisungen Seite 142.

Volleinspannmomente $\mathfrak{M}$.

Stab 4—5 (einseitig gerade Voute mit $\lambda = 0{,}30$, $n = 0{,}139$, $l = 12{,}0$ m).
Nach Tafel 15 erhält man

$$\mathfrak{M}_{4,5} = + \varkappa_2 \frac{q_1 l^2}{12} = + 0{,}767 \cdot \frac{3{,}6 \cdot 12{,}0^2}{12} = + 33{,}10 \text{ tm}$$

$$\mathfrak{M}_{5,4} = - \varkappa_1 \frac{q_1 l^2}{12} = - 1{,}547 \cdot \frac{3{,}6 \cdot 12{,}0^2}{12} = - 66{,}80 \text{ ,, .}$$

Stab 5—6 (beidseitig gerade Vouten mit $\lambda = 0{,}35$, $n = 0{,}088$, $l = 10{,}0$ m).
Nach Tafel 17 erhält man

$$\mathfrak{M}_{5,6} = + \varkappa \, \frac{q_2 \, l^2}{12} = + 1{,}283 \cdot \frac{4{,}9 \cdot 10{,}0^2}{12} = + 52{,}40 \text{ tm}; \qquad \mathfrak{M}_{6,5} = - 52{,}40 \text{ tm.}$$

Stab 7—8 (einseitig gerade Voute mit $\lambda = 0{,}35$, $n = 0{,}125$, $l = 10{,}0$ m).
Nach Tafel 15 erhält man

$$\mathfrak{M}_{7,8} = + \varkappa_2 \, \frac{q_3 \, l^2}{12} =$$
$$= + 0{,}739 \cdot \frac{4{,}7 \cdot 10{,}0^2}{12} = + 28{,}95 \text{ tm}$$

$$\mathfrak{M}_{8,7} = - \varkappa_1 \, \frac{q_3 \, l^2}{12} =$$
$$= - 1{,}621 \cdot \frac{4{,}7 \cdot 10{,}0^2}{12} = - 63{,}50 \text{ tm.}$$

Stab 9—10 (einseitig gerade Voute mit $\lambda = 0{,}35$, $n = 0{,}132$, $l = 10{,}0$ m).
Nach Tafel 15 erhält man

$$\mathfrak{M}_{9,10} = + \varkappa_2 \, \frac{q_4 \, l^2}{12} =$$
$$= + 0{,}745 \cdot \frac{3{,}5 \cdot 10{,}0^2}{12} = + 21{,}75 \text{ tm}$$

$$\mathfrak{M}_{10,9} = - \varkappa_1 \, \frac{q_4 \, l^2}{12} =$$
$$= - 1{,}606 \cdot \frac{3{,}5 \cdot 10{,}0^2}{12} = - 46{,}80 \text{ tm.}$$

Momentenausgleich.

Man überträgt zuerst in üblicher
Weise die bereits ermittelten Werte
μ, γ und $\mathfrak{M}$ in eine vorbereitete
Rechnungs-Skizze (Abb. 736). Mit

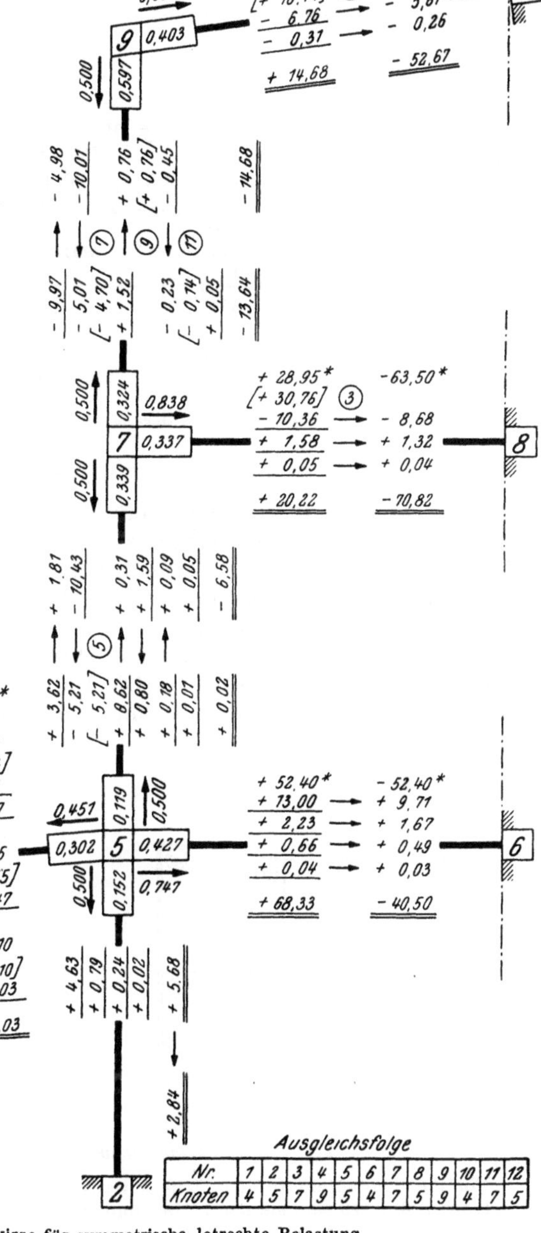

Nr.	1	2	3	4	5	6	7	8	9	10	11	12
Knoten	4	5	7	9	5	4	7	5	9	4	7	5

Abb. 736. Rechnungs-Skizze für symmetrische lotrechte Belastung.

dem Ausgleich beginnt man im Knoten 4 mit $M_4 = + 33{,}10$ tm. Die Verteilung ergibt $M'_{4,1} = - 12{,}51$ tm, $M'_{4,5} = - 20{,}59$ tm. Durch Weiterleitung im Riegel erhält man $M''_{5,4} = \gamma_{4,5} \cdot M'_{4,5} = 0{,}779 \cdot (-20{,}59) = - 16{,}04$ tm. Nun folgt der Ausgleich im Knoten 5 mit $M_5 = \varSigma \mathfrak{M} + \varSigma M'' = - 30{,}44$ tm und weiter in der angegebenen Reihenfolge auch in den übrigen Knotenpunkten, zuletzt in 5 mit $M_5 = - 0{,}10$ tm. Jetzt werden die zusammengehörigen Momentenanteile $\mathfrak{M}, M', M''$ algebraisch addiert und schließlich die Stielmomente $M_{4,1}$ und $M_{5,2}$ an die Einspannstellen 1 und 2 weitergeleitet. Damit sind sämtliche Stabendmomente bestimmt; sie sind in der Rechnungs-Skizze doppelt unterstrichen und in Abb. 737 maßstäblich aufgezeichnet.

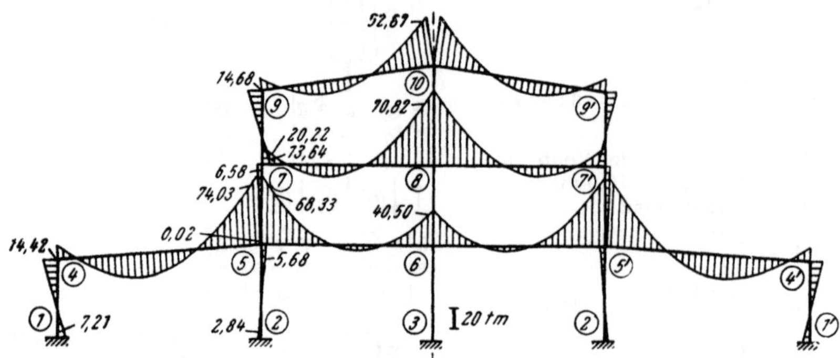

Abb. 737. Endgültiger M-Verlauf für die lotrechte Belastung.

b) Waagrechte Belastung nach Abb. 734.

Die waagrechte Belastung kann für die Ermittlung der Momente als antimetrisch wirkend in Rechnung gestellt werden. Für diesen Fall braucht nur eine Tragwerkshälfte gemäß Abb. 738 mit der halben Belastung in Betracht gezogen zu werden. Für die in der Symmetrale liegenden Stäbe 3—6, 6—8, 8—10 sind dabei sämtliche Steifigkeitszahlen zu halbieren. Alle übrigen Stabfestwerte bleiben unverändert und können aus der früheren Festwertskizze (Abb. 735) in die neue Festwertskizze (Abb. 739) übernommen werden. Die Durchführung der Rechnung geschieht unter Verwendung von Verfahren I (mit Verschiebungsgleichungen) nach den Anweisungen Seite 162.

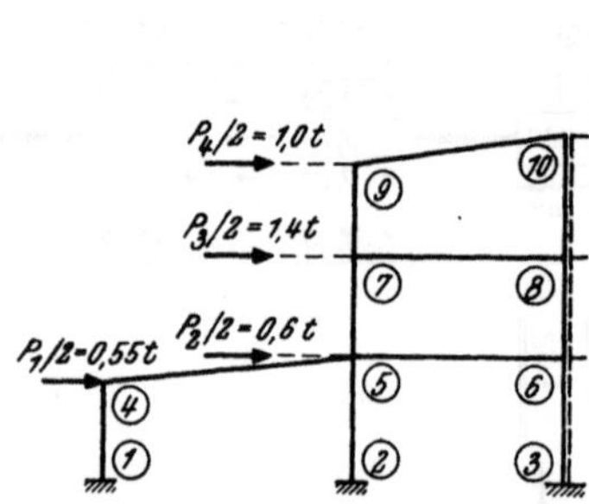

Abb. 738. Tragwerkshälfte mit halber waagrechter Belastung.

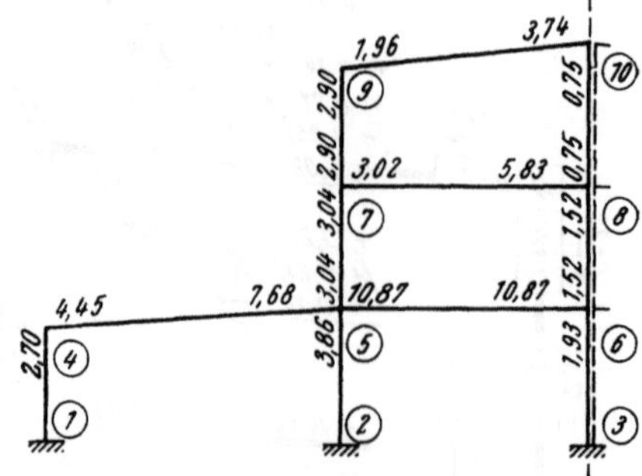

Abb. 739. Festwertskizze für den „antimetrischen" Lastfall.

Momentenverteilungszahlen μ.

Für die Knotenpunkte 4, 5, 7, 9 gelten die bereits für Lastfall a) ermittelten Werte, für die Knoten 6, 8, 10 sind sie neu zu bestimmen. An Hand der Festwertskizze (Abb. 739) erhält man somit *für Knoten 6:* $\Sigma a = a_{6,3} + a_{6,5} + a_{6,8} = 1{,}93 + 10{,}87 + 1{,}52 = 14{,}32;$

$$\mu_{6,3} = \frac{1{,}93}{14{,}32} = 0{,}135; \qquad \mu_{6,5} = \frac{10{,}87}{14{,}32} = 0{,}759; \qquad \mu_{6,8} = \frac{1{,}52}{14{,}32} = 0{,}106;$$

für Knoten 8: $\Sigma a = a_{8,6} + a_{8,7} + a_{8,10} = 1{,}52 + 5{,}83 + 0{,}75 = 8{,}10;$

$$\mu_{8,6} = \frac{1{,}52}{8{,}10} = 0{,}188; \qquad \mu_{8,7} = \frac{5{,}83}{8{,}10} = 0{,}720; \qquad \mu_{8,10} = \frac{0{,}75}{8{,}10} = 0{,}092.$$

In gleicher Weise erhält man *für Knoten 10*

$$\mu_{10,8} = 0{,}167 \quad \text{und} \quad \mu_{10,9} = 0{,}833.$$

Festhaltekräfte $F_1^{(0)}$, $F_2^{(0)}$, $F_3^{(0)}$.

Da nur Knotenlasten vorhanden sind, ergeben sich im unverschieblich festgehaltenen Zustand keine $M^{(0)}$-Momente. Für diesen Fall erhält man die Festhaltekräfte nach (69) aus $F = -\Sigma P$. Es ergibt sich daher für eine Tragwerkshälfte mit der halben Belastung

$$F_1^{(0)} = -\frac{P_1}{2} - \frac{P_2}{2} = -\frac{1{,}10}{2} - \frac{1{,}20}{2} = -0{,}55 - 0{,}60 = -1{,}15 \text{ t}$$

$$F_2^{(0)} = -\frac{P_3}{2} = -\frac{2{,}80}{2} = -1{,}40 \text{ t}$$

$$F_3^{(0)} = -\frac{P_4}{2} = -\frac{2{,}00}{2} = -1{,}00 \text{ t}.$$

Volleinspannmomente $\overline{M}$ für $\Delta_1 = 10$ im 1. Geschoß.

Für eine willkürlich angenommene Verschiebung um $\Delta_1 = 10$ nach rechts im 1. Geschoß erhält man die $\overline{M}$-Werte nach (226) aus

$$\overline{M}_{m,n} = \overline{c}_{m,n} \cdot \Delta,$$

also im vorliegenden Falle

$$\overline{M}_{4,1} = \overline{M}_{1,4} = \overline{c}_{1,4} \cdot \Delta_1 = 0{,}900 \cdot 10 = +9{,}0 \text{ tm}$$

$$\overline{M}_{5,2} = \overline{M}_{2,5} = \overline{c}_{2,5} \cdot \Delta_1 = 1{,}072 \cdot 10 = +10{,}72 \text{ tm}$$

$$\overline{M}_{6,3} = \overline{M}_{3,6} = 0{,}5\,\overline{c}_{3,6} \cdot \Delta_1 = 0{,}5 \cdot 1{,}072 \cdot 10 = +5{,}36 \text{ tm}.$$

In Abb. 740 sind diese $\overline{M}$-Werte eingetragen.

Ermittlung der $M^{(1)}$-Momente.

Durch Ausgleich der in Abb. 740 dargestellten $\overline{M}$-Momente ergeben sich die $M^{(1)}$-Momente. Der Ausgleich ist in der Rechnungs-Skizze (Abb. 741) in üblicher Weise durchgeführt. Die Ergebnisse lauten:

$M_{1,4} = +\ 7{,}42$ tm	$M_{6,3} = +4{,}83$ tm	$M_{8,6} = -0{,}18$ tm
$M_{2,5} = +10{,}38$,,	$M_{6,5} = -4{,}42$,,	$M_{8,7} = +0{,}17$,,
$M_{3,6} = +\ 5{,}10$,,	$M_{6,8} = -0{,}41$,,	$M_{8,10} = +0{,}01$,,
$M_{4,1} = +\ 5{,}84$,,	$M_{7,5} = -0{,}19$,,	$M_{9,7} = +0{,}02$,,
$M_{4,5} = -\ 5{,}84$,,	$M_{7,8} = +0{,}12$,,	$M_{9,10} = -0{,}02$,,
	$M_{7,9} = +0{,}08$,,	
$M_{5,2} = +10{,}04$,,		$M_{10,8} = +0{,}00$,,
$M_{5,4} = -\ 5{,}43$,,		$M_{10,9} = -0{,}00$,, .
$M_{5,6} = -\ 4{,}12$,,		
$M_{5,7} = -\ 0{,}49$,,		

In Abb. 742 sind diese $M^{(1)}$-Momente maßstäblich aufgetragen.

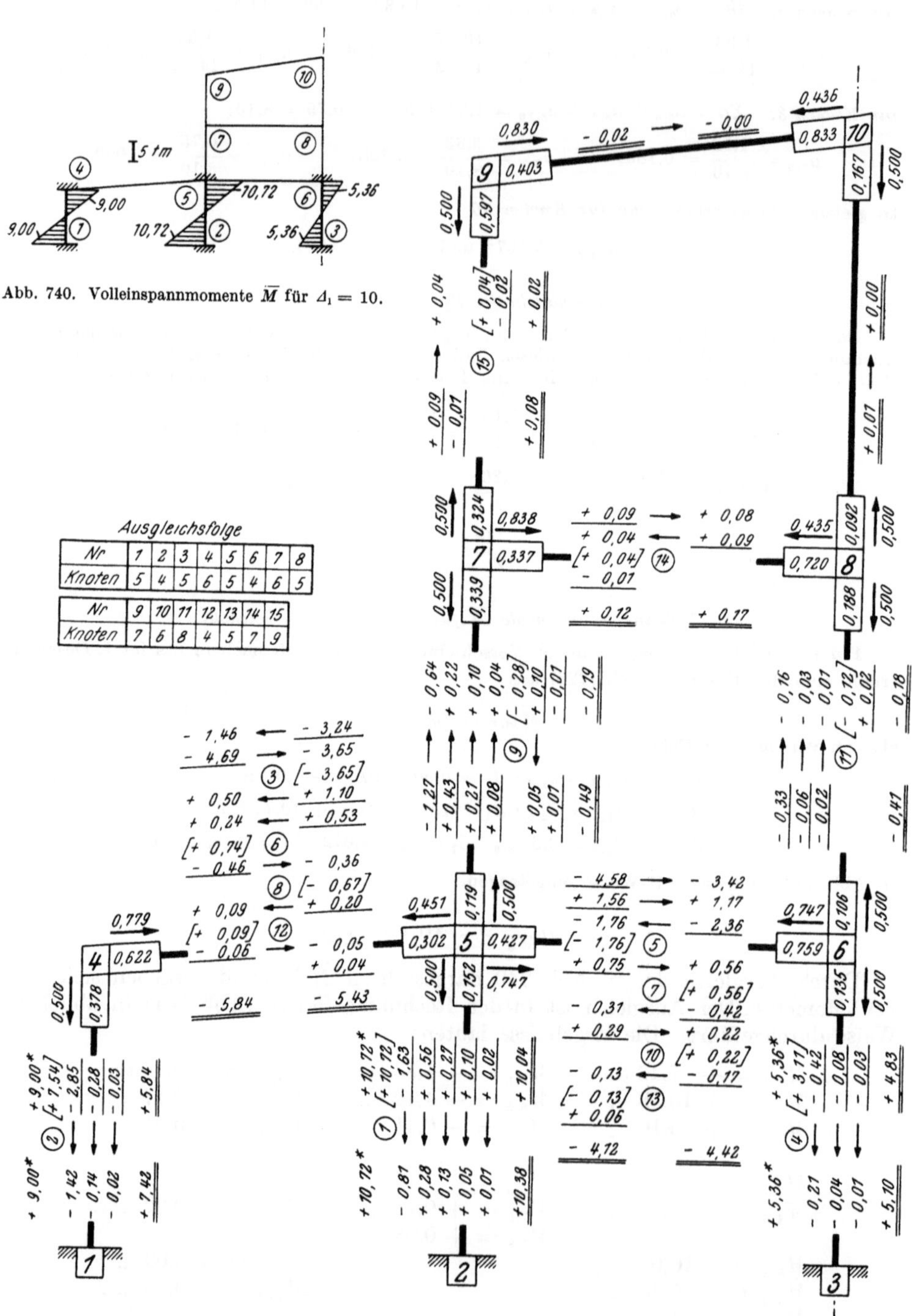

Abb. 740. Volleinspannmomente $\overline{M}$ für $\varDelta_1 = 10$.

Abb. 741. Rechnungs-Skizze zur Ermittlung der $M^{(1)}$-Momente zu Abb. 740.

Festhaltekräfte $F_1^{(1)}$, $F_2^{(1)}$, $F_3^{(1)}$.

Die in den gedachten Lagern der drei Geschosse auftretenden Festhaltekräfte erhält man für den vorliegenden Fall nach (68) aus

$$F = \sum_{\mu} \frac{M^o{}_\mu + M^u{}_\mu}{l_\mu} - \sum_{\mu+1} \frac{M^o{}_{\mu+1} + M^u{}_{\mu+1}}{l_{\mu+1}},$$

somit hier an Hand der Abb. 741 bzw. 742 in ausführlicher Schreibweise für eine Tragwerkshälfte

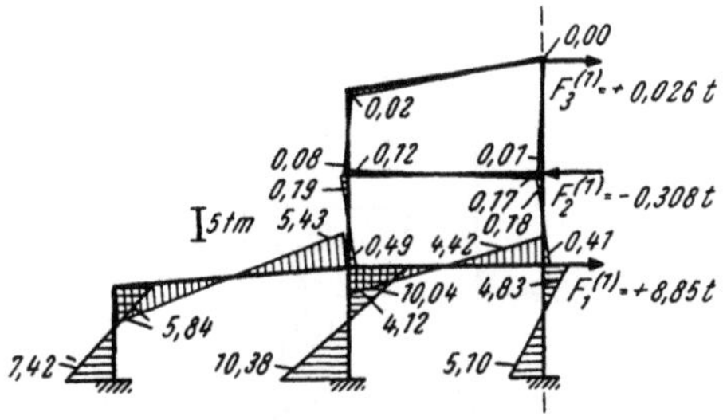

im 1. Geschoß:

Abb. 742. $M^{(1)}$-Verlauf mit Festhaltekräften $F_1^{(1)}$, $F_2^{(1)}$ und $F_3^{(1)}$.

$$F_1^{(1)} = \left(\frac{M_{4,1} + M_{1,4}}{l_{1,4}} + \frac{M_{5,2} + M_{2,5}}{l_{2,5}} + \frac{M_{6,3} + M_{3,6}}{l_{3,6}} \right) - \left(\frac{M_{7,5} + M_{5,7}}{l_{5,7}} + \frac{M_{8,6} + M_{6,8}}{l_{6,8}} \right) =$$

$$= \left(\frac{5{,}84 + 7{,}42}{4{,}50} + \frac{10{,}04 + 10{,}38}{5{,}40} + \frac{4{,}83 + 5{,}10}{5{,}40} \right) - \left(\frac{-0{,}19 - 0{,}49}{4{,}50} + \frac{-0{,}18 - 0{,}41}{4{,}50} \right) =$$

$$= + 8{,}85\ t,$$

im 2. Geschoß:

$$F_2^{(1)} = \left(\frac{M_{7,5} + M_{5,7}}{l_{5,7}} + \frac{M_{8,6} + M_{6,8}}{l_{6,8}} \right) - \left(\frac{M_{9,7} + M_{7,9}}{l_{7,9}} + \frac{M_{10,8} + M_{8,10}}{l_{8,10}} \right) =$$

$$= \left(\frac{-0{,}19 - 0{,}49}{4{,}50} + \frac{-0{,}18 - 0\ 41}{4{,}50} \right) - \left(\frac{0{,}02 + 0{,}08}{4{,}20} + \frac{0{,}00 + 0{,}01}{5{,}70} \right) = - 0{,}308\ t,$$

im 3. Geschoß:

$$F_3^{(1)} = \frac{M_{9,7} + M_{7,9}}{l_{7,9}} + \frac{M_{10,8} + M_{8,10}}{l_{8,10}} = \frac{0{,}02 + 0{,}08}{4{,}20} + \frac{0{,}00 + 0{,}01}{5{,}70} = + 0{,}026\ t.$$

Volleinspannmomente $\overline{M}$ für $\Delta_2 = 10$ im 2. Geschoß.

Für eine willkürlich angenommene Verschiebung um $\Delta_2 = 10$ erhält man die Volleinspannmomente $\overline{M}$ nach (226) aus

$$\overline{M}_{m,n} = \bar{c}_{m,n} \cdot \Delta,$$

also im vorliegenden Falle

$$\overline{M}_{7,5} = \overline{M}_{5,7} = \bar{c}_{5,7} \cdot \Delta_2 = 1{,}013 \cdot 10 = + 10{,}13\ \text{tm}$$

$$\overline{M}_{8,6} = \overline{M}_{6,8} = 0{,}5\ \bar{c}_{6,8} \cdot \Delta_2 = 0{,}5 \cdot 1{,}013 \cdot 10 = + 5{,}07\ \text{tm}.$$

In Abb. 743 sind diese $\overline{M}$-Momente eingetragen.

Ermittlung der $M^{(2)}$-Momente.

Durch Ausgleich der in Abb. 743 eingetragenen $\overline{M}$-Momente erhält man die $M^{(2)}$-Momente. Der Ausgleich ist in Abb. 744 durchgeführt. Die Ergebnisse lauten:

$M_{1,4} = + 0{,}19$ tm	$M_{6,3} = - 0{,}33$ tm	$M_{8,6} = + 4{,}53$ tm
$M_{2,5} = - 0{,}58$,,	$M_{6,5} = - 4{,}26$,,	$M_{8,7} = - 4{,}29$,,
$M_{3,6} = - 0{,}16$,.	$M_{6,8} = + 4{,}59$,,	$M_{8,10} = - 0{,}24$,,
$M_{4,1} = + 0{,}39$,,	$M_{7,5} = + 6{,}46$,,	$M_{9,7} = - 0{,}53$,,
$M_{4,5} = - 0{,}39$,,	$M_{7,8} = - 3{,}89$,,	$M_{9,10} = + 0{,}53$,,
	$M_{7,9} = - 2{,}58$,,	
$M_{5,2} = - 1{,}16$,,		$M_{10,8} = - 0{,}19$,,
$M_{5,4} = - 1{,}80$,,		$M_{10,9} = + 0{,}19$,,
$M_{5,6} = - 4{,}65$,,		
$M_{5,7} = + 7{,}61$,,		

Diese $M^{(2)}$-Momente sind in Abb. 745 maßstäblich aufgezeichnet.

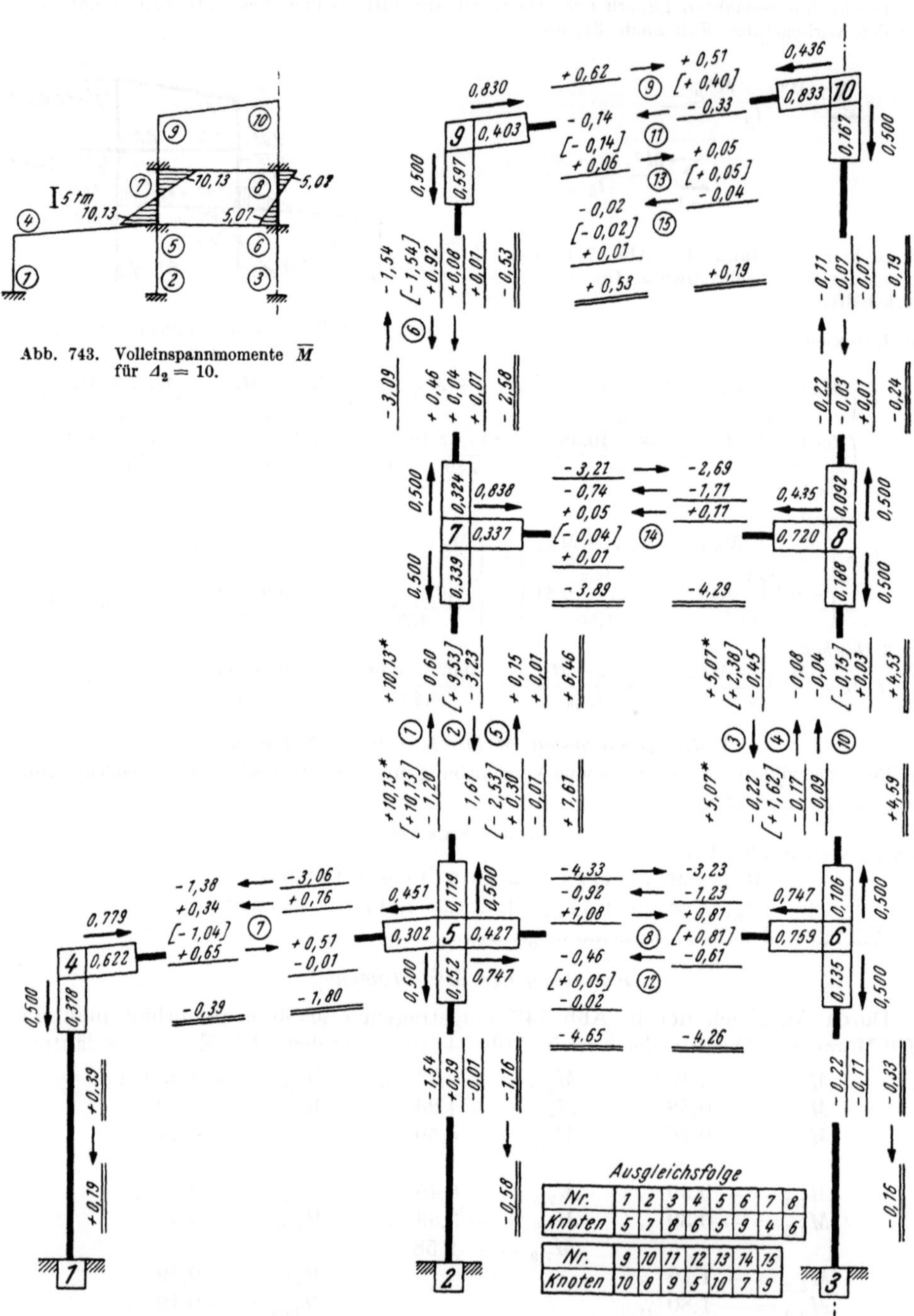

Abb. 743. Volleinspannmomente $\overline{M}$ für $\varDelta_2 = 10$.

Abb. 744. Rechnungs-Skizze zur Ermittlung der $M^{(2)}$-Momente zu Abb. 743.

Festhaltekräfte $F_1{}^{(2)}$, $F_2{}^{(2)}$, $F_3{}^{(2)}$.

Nach (68) erhält man an Hand der Abb. 744 bzw. 745 in ausführlicher Schreibweise

im 1. Geschoß:

$$F_1{}^{(2)} = \left(\frac{M_{4,1} + M_{1,4}}{l_{1,4}} + \frac{M_{5,2} + M_{2,5}}{l_{2,5}} + \frac{M_{6,3} + M_{3,6}}{l_{3,6}} \right) - \left(\frac{M_{7,5} + M_{5,7}}{l_{5,7}} + \frac{M_{8,6} + M_{6,8}}{l_{6,8}} \right) =$$

$$= \left(\frac{0,39 + 0,19}{4,50} + \frac{-1,16 - 0,58}{5,40} + \frac{-0,33 - 0,16}{5,40} \right) - \left(\frac{6,46 + 7,61}{4,50} + \frac{4,53 + 4,59}{4,50} \right) =$$

$$= - 5,44 \text{ t,}$$

im 2. Geschoß:

$$F_2{}^{(2)} = \left(\frac{M_{7,5} + M_{5,7}}{l_{5,7}} + \frac{M_{8,6} + M_{6,8}}{l_{6,8}} \right) - \left(\frac{M_{9,7} + M_{7,9}}{l_{7,9}} + \frac{M_{10,8} + M_{8,10}}{l_{8,10}} \right) =$$

$$= \left(\frac{6,46 + 7,61}{4,50} + \frac{4,53 + 4,59}{4,50} \right) - \left(\frac{-0,53 - 2,58}{4,20} + \frac{-0,19 - 0,24}{5,70} \right) = + 5,97 \text{ t,}$$

im 3. Geschoß:

$$F_3{}^{(2)} = \frac{M_{9,7} + M_{7,9}}{l_{7,9}} + \frac{M_{10,8} + M_{8,10}}{l_{8,10}} = \frac{-0,53 - 2,58}{4,20} + \frac{-0,19 - 0,24}{5,70} = - 0,815 \text{ t.}$$

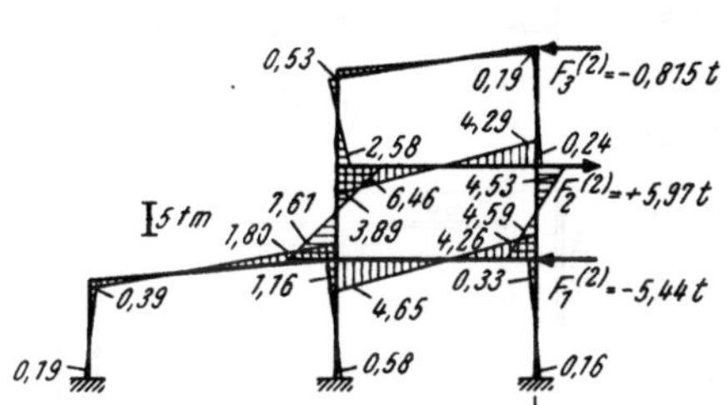

Abb. 745. $M^{(2)}$-Verlauf mit Festhaltekräften $F_1{}^{(2)}$, $F_2{}^{(2)}$ und $F_3{}^{(2)}$.

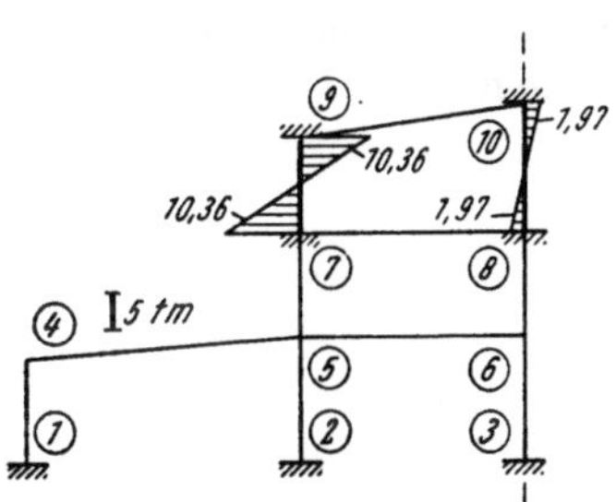

Abb. 746. Volleinspannmomente $\overline{M}$ für $\Delta_3 = 10$.

Volleinspannmomente $\overline{M}$ für $\Delta_3 = 10$ im 3. Geschoß.

Für die willkürliche Verschiebung $\Delta_3 = 10$ erhält man nach (226)

$$\overline{M}_{9,7} = \overline{M}_{7,9} = \bar{c}_{7,9} \cdot \Delta_3 = 1,036 \cdot 10 = + 10,36 \text{ tm}$$

$$\overline{M}_{10,8} = \overline{M}_{8,10} = 0,5 \, \bar{c}_{8,10} \cdot \Delta_3 = 0,5 \cdot 0,393 \cdot 10 = + 1,97 \text{ tm.}$$

In Abb. 746 sind diese $\overline{M}$-Momente eingetragen.

Ermittlung der $M^{(3)}$-Momente.

Durch den in Abb. 747 durchgeführten Ausgleich der $\overline{M}$-Momente aus Abb. 746 erhält man die $M^{(3)}$-Momente. Die Ergebnisse lauten:

$M_{1,4} = - 0,04$ tm	$M_{4,1} = - 0,09$ tm	$M_{5,2} = + 0,26$ tm
$M_{2,5} = + 0,13$,,	$M_{4,5} = + 0,09$,,	$M_{5,4} = + 0,40$,,
$M_{3,6} = - 0,04$,,		$M_{5,6} = + 0,43$,,
		$M_{5,7} = - 1,09$,,

$$M_{6,3} = -\,0{,}08 \ \text{tm}$$
$$M_{6,5} = +\,0{,}12 \ \text{,,}$$
$$M_{6,8} = -\,0{,}04 \ \text{,,}$$

$$M_{7,5} = -\,2{,}50 \ \text{,,}$$
$$M_{7,8} = -\,2{,}54 \ \text{,,}$$
$$M_{7,9} = +\,5{,}04 \ \text{,,}$$

$$M_{8,6} = -\,0{,}00 \ \text{,,}$$
$$M_{8,7} = -\,2{,}08 \ \text{,,}$$
$$M_{8,10} = +\,2{,}08 \ \text{,,}$$

$$M_{9,7} = +\,3{,}42 \ \text{,,}$$
$$M_{9,10} = -\,3{,}42 \ \text{,,}$$

$$M_{10,8} = +\,2{,}17 \ \text{,,}$$
$$M_{10,9} = -\,2{,}17 \ \text{,,} \ .$$

In Abb. 748 sind die $M^{(3)}$-Momente maßstäblich aufgetragen.

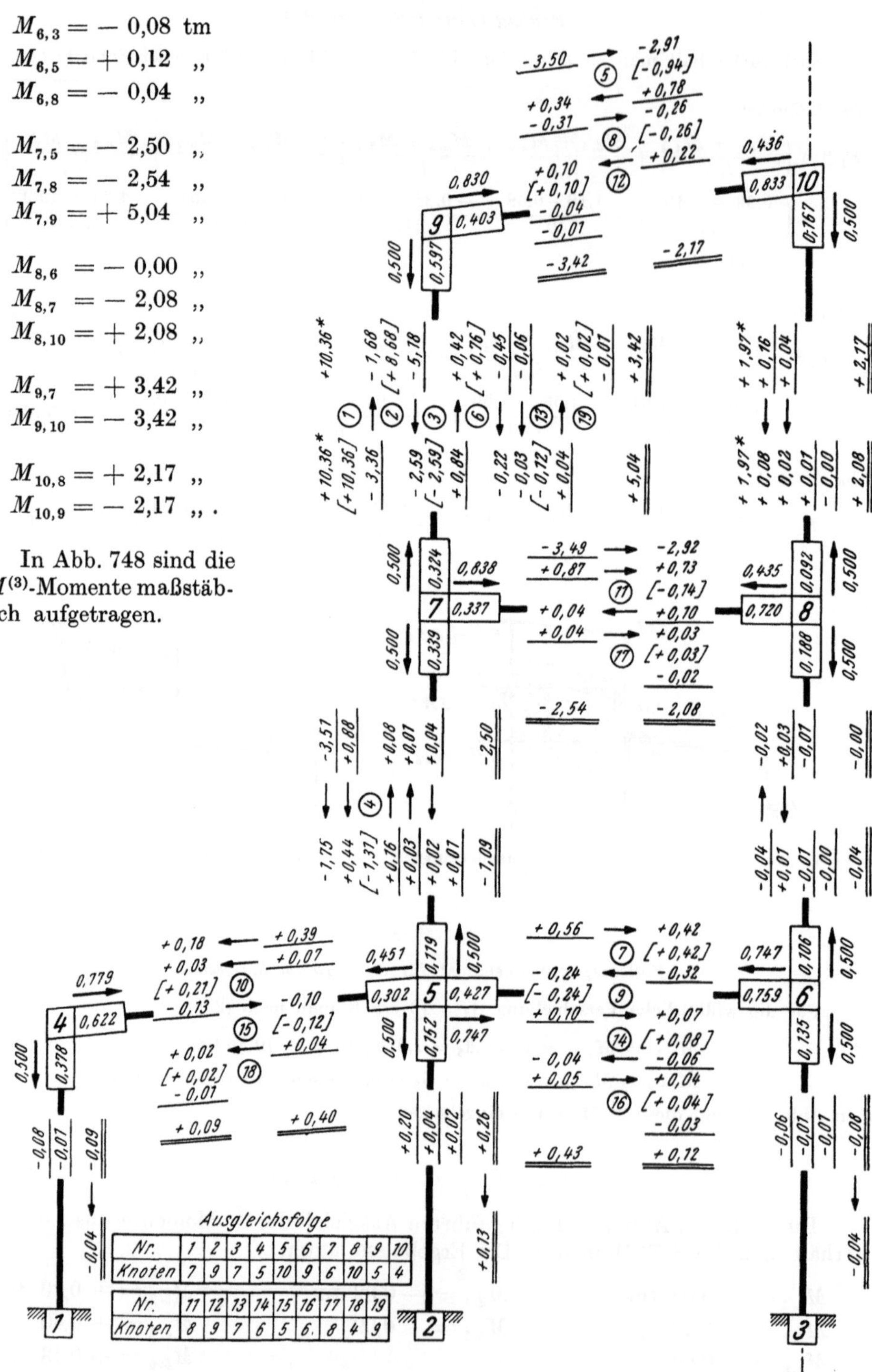

Abb. 747. Rechnungs-Skizze zur Ermittlung der $M^{(3)}$-Momente zu Abb. 746.

Festhaltekräfte $F_1^{(3)}$, $F_2^{(3)}$, $F_3^{(3)}$.

Nach (68) erhält man an Hand der Abb. 747 bzw. 748

im 1. Geschoß:

$$F_1^{(3)} = \left(\frac{M_{4,1} + M_{1,4}}{l_{1,4}} + \frac{M_{5,2} + M_{2,5}}{l_{2,5}} + \frac{M_{6,3} + M_{3,6}}{l_{3,6}}\right) - \left(\frac{M_{7,5} + M_{5,7}}{l_{5,7}} + \frac{M_{8,6} + M_{6,8}}{l_{6,8}}\right) =$$

$$= \left(\frac{-0,09 - 0,04}{4,50} + \frac{0,26 + 0,13}{5,40} + \frac{-0,08 - 0,04}{5,40}\right) - \left(\frac{-2,50 - 1,09}{4,50} + \frac{0,00 - 0,04}{4,50}\right) =$$

$$= + 0,828 \text{ t},$$

im 2. Geschoß:

$$F_2^{(3)} = \left(\frac{M_{7,5} + M_{5,7}}{l_{5,7}} + \frac{M_{8,6} + M_{6,8}}{l_{6,8}}\right) - \left(\frac{M_{9,7} + M_{7,9}}{l_{7,9}} + \frac{M_{10,8} + M_{8,10}}{l_{8,10}}\right) =$$

$$= \left(\frac{-2,50 - 1,09}{4,50} + \frac{0,00 - 0,04}{4,50}\right) - \left(\frac{3,42 + 5,04}{4,20} + \frac{2,17 + 2,08}{5,70}\right) = -3,57 \text{ t},$$

im 3. Geschoß:

$$F_3^{(3)} = \frac{M_{9,7} + M_{7,9}}{l_{7,9}} + \frac{M_{10,8} + M_{8,10}}{l_{8,10}} = \frac{3,42 + 5,04}{4,20} + \frac{2,17 + 2,08}{5,70} = + 2,76 \text{ t}.$$

Ermittlung der Umrechnungsfaktoren c_1, c_2, c_3.

Die c-Werte sind aus den Verschiebungsgleichungen gemäß (143) zu berechnen. Diese Gleichungen lauten für den vorliegenden Fall:

$$F_1^{(0)} + c_1 F_1^{(1)} + c_2 F_1^{(2)} + c_3 F_1^{(3)} = 0$$
$$F_2^{(0)} + c_1 F_2^{(1)} + c_2 F_2^{(2)} + c_3 F_2^{(3)} = 0$$
$$F_3^{(0)} + c_1 F_3^{(1)} + c_2 F_3^{(2)} + c_3 F_3^{(3)} = 0.$$

Durch Einsetzen der bereits ermittelten F-Werte erhält man:

$$- 1,15 + 8,850\, c_1 - 5,440\, c_2 + 0,828\, c_3 = 0$$
$$- 1,40 - 0,308\, c_1 + 5,970\, c_2 - 3,570\, c_3 = 0$$
$$- 1,00 + 0,026\, c_1 - 0,815\, c_2 + 2,760\, c_3 = 0.$$

Die Auflösung ergibt

$$c_1 = + 0,432, \quad c_2 = + 0,572, \quad c_3 = + 0,527.$$

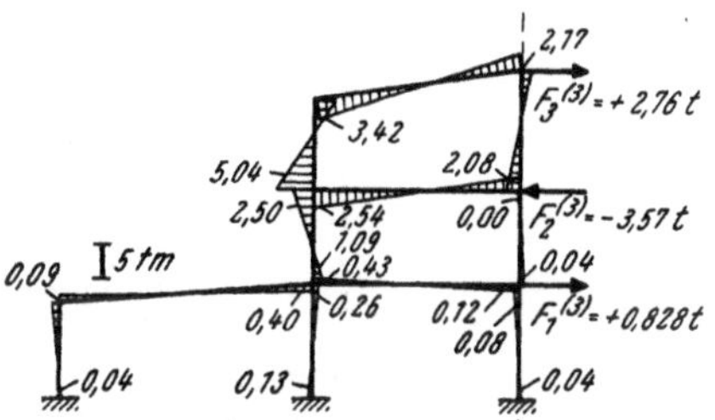

Abb. 748. $M^{(3)}$-Verlauf mit Festhaltekräften $F_1^{(3)}$, $F_2^{(3)}$ und $F_3^{(3)}$.

Endgültige Momente für die waagrechten Knotenlasten P_1, P_2, P_3, P_4.

Mit Hilfe der Umrechnungsfaktoren c und der für die Verschiebungszustände $\varDelta_1 = 10$, $\varDelta_2 = 10$, $\varDelta_3 = 10$ bereits ermittelten Momente $M^{(1)}$, $M^{(2)}$, $M^{(3)}$ können die Momente für die waagrechten Knotenlasten aus Formel (145) berechnet werden, wobei im vorliegenden Fall aber $M^{(0)} = 0$ ist; es wird also:

$$M = + c_1\, M^{(1)} + c_2\, M^{(2)} + c_3\, M^{(3)}.$$

Durch Einsetzen der entsprechenden Werte erhält man:

$$M_{1,4} = 0,432 \cdot 7,42 + 0,572 \cdot 0,19 + 0,527 \cdot (- 0,04) = + 3,30 \text{ tm}$$
$$M_{2,5} = 0,432 \cdot 10,38 + 0,572 \cdot (- 0,58) + 0,527 \cdot 0,13 = + 4,22 \text{ ,,}$$
$$M_{3,6} = 0,432 \cdot 5,10 + 0,572 \cdot (- 0,16) + 0,527 \cdot (- 0,04) = + 2,09 \text{ ,,}$$

$$M_{4,1} = 0,432 \cdot 5,84 + 0,572 \cdot 0,39 + 0,527 \cdot (- 0,09) = + 2,69 \text{ ,,}$$
$$M_{4,5} = 0,432 \cdot (- 5,84) + 0,572 \cdot (- 0,39) + 0,527 \cdot 0,09 = - 2,69 \text{ ,,}$$

$$M_{5,2} = 0,432 \cdot 10,04 + 0,572 \cdot (- 1,16) + 0,527 \cdot 0,26 = + 3,82 \text{ ,,}$$
$$M_{5,4} = 0,432 \cdot (- 5,43) + 0,572 \cdot (- 1,80) + 0,527 \cdot 0,40 = - 3,17 \text{ ,,}$$
$$M_{5,6} = 0,432 \cdot (- 4,12) + 0,572 \cdot (- 4,65) + 0,527 \cdot 0,43 = - 4,21 \text{ ,,}$$
$$M_{5,7} = 0,432 \cdot (- 0,49) + 0,572 \cdot 7,61 + 0,527 \cdot (- 1,09) = + 3,57 \text{ ,,}$$

$$M_{6,3} = 0{,}432 \cdot \quad 4{,}83 \; + 0{,}572 \cdot (-\,0{,}33) + 0{,}527 \cdot (-\,0{,}08) = +\,1{,}86 \text{ tm}$$
$$M_{6,5} = 0{,}432 \cdot (-\,4{,}42) + 0{,}572 \cdot (-\,4{,}26) + 0{,}527 \cdot \quad 0{,}12 = -\,4{,}29 \text{ ,,}$$
$$M_{6,8} = 0{,}432 \cdot (-\,0{,}41) + 0{,}572 \cdot \quad 4{,}59 \; + 0{,}527 \cdot (-\,0{,}04) = +\,2{,}43 \text{ ,,}$$

$$M_{7,5} = 0{,}432 \cdot (-\,0{,}19) + 0{,}572 \cdot \quad 6{,}46 \; + 0{,}527 \cdot (-\,2{,}50) = +\,2{,}30 \text{ ,,}$$
$$M_{7,8} = 0{,}432 \cdot \quad 0{,}12 \; + 0{,}572 \cdot (-\,3{,}89) + 0{,}527 \cdot (-\,2{,}54) = -\,3{,}51 \text{ ,,}$$
$$M_{7,9} = 0{,}432 \cdot \quad 0{,}08 \; + 0{,}572 \cdot (-\,2{,}58) + 0{,}527 \cdot \quad 5{,}04 = +\,1{,}21 \text{ ,,}$$

$$M_{8,6} = 0{,}432 \cdot (-\,0{,}18) + 0{,}572 \cdot \quad 4{,}53 \; + 0{,}527 \cdot \quad 0{,}00 = +\,2{,}51 \text{ ,,}$$
$$M_{8,7} = 0{,}432 \cdot \quad 0{,}17 \; + 0{,}572 \cdot (-\,4{,}29) + 0{,}527 \cdot (-\,2{,}08) = -\,3{,}48 \text{ ,,}$$
$$M_{8,10} = 0{,}432 \cdot \quad 0{,}01 \; + 0{,}572 \cdot (-\,0{,}24) + 0{,}527 \cdot \quad 2{,}08 = +\,0{,}96 \text{ ,,}$$

$$M_{9,7} = 0{,}432 \cdot \quad 0{,}02 \; + 0{,}572 \cdot (-\,0{,}53) + 0{,}527 \cdot \quad 3{,}42 = +\,1{,}51 \text{ ,,}$$
$$M_{9,10} = 0{,}432 \cdot (-\,0{,}02) + 0{,}572 \cdot \quad 0{,}53 \; + 0{,}527 \cdot (-\,3{,}42) = -\,1{,}51 \text{ ,,}$$

$$M_{10,8} = 0{,}432 \cdot \quad 0{,}00 \; + 0{,}572 \cdot (-\,0{,}19) + 0{,}527 \cdot \quad 2{,}17 = +\,1{,}03 \text{ ,,}$$
$$M_{10,9} = 0{,}432 \cdot \quad 0{,}00 \; + 0{,}572 \cdot \quad 0{,}19 \; + 0{,}527 \cdot (-\,2{,}17) = -\,1{,}03 \text{ ,, } .$$

Diese Momente beziehen sich auf die linke Tragwerkshälfte unter der Wirkung der
halben waagrechten Belastung. Da in der rechten Tragwerkshälfte das antimetrische
Momentenbild auftritt, ergeben sich für das gesamte Tragwerk unter der Wirkung

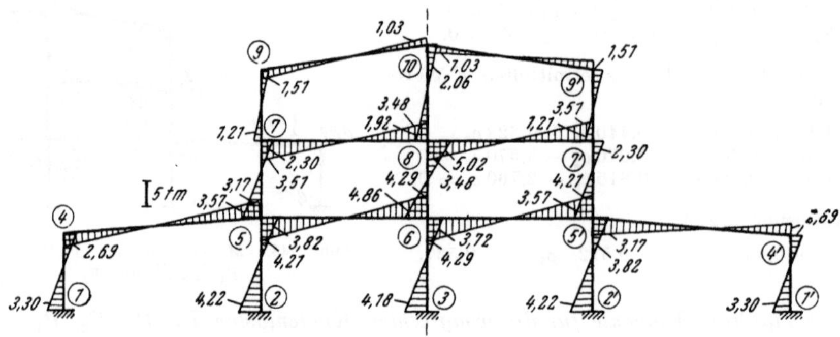

Abb. 749. Endgültiger M-Verlauf für die waagrechte Belastung.

der gesamten waagrechten Belastung in den Stielen 3—6, 6—8 und 8—10 der
Symmetrale die doppelten Werte (vgl. Abb. 339a und 340a) der vorstehenden
Rechnung, also

$$M_{3,6} = 2 \cdot 2{,}09 = +\,4{,}18 \text{ tm} \qquad M_{8,6} = 2 \cdot 2{,}51 = +\,5{,}02 \text{ tm}$$
$$M_{6,3} = 2 \cdot 1{,}86 = +\,3{,}72 \text{ ,,} \qquad M_{8,10} = 2 \cdot 0{,}96 = +\,1{,}92 \text{ ,,}$$
$$M_{6,8} = 2 \cdot 2{,}43 = +\,4{,}86 \text{ ,,} \qquad M_{10,8} = 2 \cdot 1{,}03 = +\,2{,}06 \text{ ,, } .$$

In Abb. 749 ist der gesamte M-Verlauf maßstäblich eingetragen.

Dritter Abschnitt.

Tragwerke mit Einflußlinien und bei Temperaturwirkung.

Vorbemerkung.

In diesem Abschnitt gelangen zunächst Tragwerke mit Vouten aus dem Gebiet des Brückenbaues zur Behandlung. An ihnen wird die Ermittlung der M-Einflußlinien unter Verwendung der beiden im Ersten Teil des Buches ausführlich dargelegten Methoden, der sogenannten „Gelenkmethode" und der Methode mit „ideellen" Knotenlasten, gezeigt. Schließlich wird für ein Tragwerk ohne Vouten der Einfluß der Temperaturwirkung, ebenfalls unter Anwendung der CROSS-Methode, untersucht.

I. Tragwerke mit Einflußlinien.

Zahlenbeispiel 31.

Unsymmetrischer zweifeldiger Brückenrahmen mit Vouten (Abb. 750). Volle Einspannung bei 1 und 2. Unverschiebliches Lager bei 3. Es sind die Momente infolge ständiger Belastung $q = 2{,}7$ t/m gemäß Abb. 750 sowie die Einflußlinien

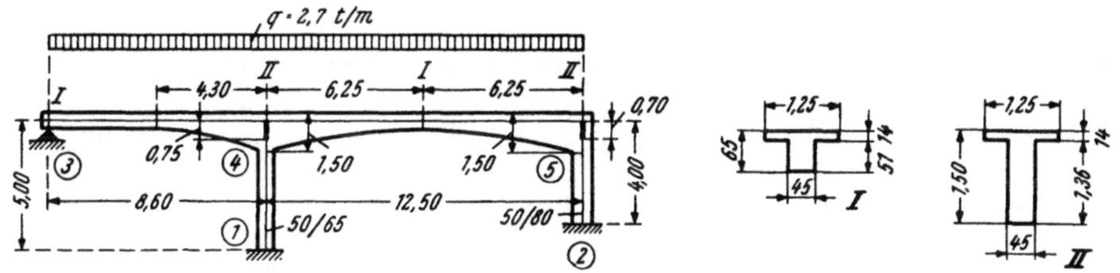

Abb. 750. Tragwerksabmessungen und Belastungsangaben.　　　Abb. 751. Plattenbalken-Querschnitte I und II.

für das Stabanschlußmoment $M_{4,5}$ nach Verfahren A („Gelenkmethode") zu ermitteln. Die Veränderlichkeit der Trägheitsmomente ist in den Stielen durch die Annahme von starren Strecken mit $J = \infty$ bei 4 und 5 zu berücksichtigen.

a) Berechnung der Momente infolge ständiger Belastung $q = 2{,}7$ t/m (Abb. 750).

Bei der Bestimmung der Festwerte sind für die Stäbe 3—4 und 4—5 das Trägheitsmoment der Plattenbalken-Querschnitte mit den in Abb. 751 ersichtlichen Abmessungen in Rechnung zu stellen. Die in der Festwerttabelle enthaltenen „relativen" Steifigkeitswerte a_1, a_2 werden gemäß (179a) berechnet aus:

$$a_1 = \frac{1000\,J_c}{l} \cdot \mathfrak{a}_1 \quad \text{und} \quad a_2 = \frac{1000\,J_c}{l} \cdot \mathfrak{a}_2.$$

Festwerttabelle.

Stab	b/h (cm)	J_c (m⁴)	b/h_A (cm)	J_A (m⁴)	l (m)	l_v (m)
1—4	50/65	0,01144	50/∞	∞	5,00	0,75
2—5	50/80	0,02133	50/∞	∞	4,00	0,70
3—4 }	siehe	0,01575 }	siehe	0,17116	8,60	4,30
4—5 }	Abb. 751/I	0,01575 }	Abb. 751/II	0,17116	12,50	6,25

Stab	$\lambda = \dfrac{l_v}{l}$	$n = \dfrac{J_c}{J_A}$	$a_1\ (a_1{}^0)$	a_2	$a_1\ (a_1{}^0)$	a_2	Tafel
1—4	0,15	0	7,64	4,71	17,48	10,78	8
2—5	0,175	0	8,67	4,86	46,23	25,92	8
3—4 [1]	0,50	0,092	(6,42)	—	(11,76)	—	12
4—5	0,50	0,092	14,20	14,20	17,89	17,89	10

[1] Für Stab 3—4 wird wegen der gelenkigen Lagerung bei 3 der Steifigkeitswert $a^0{}_{4,3}$ gebraucht.
Nach (190b) wird unter Verwendung der Tafel 12: $a^0{}_{4,3} = \dfrac{1000\,J_c}{l} \cdot a_1{}^0 = \dfrac{15,75}{8,6} \cdot 6,42 = 11,76$.

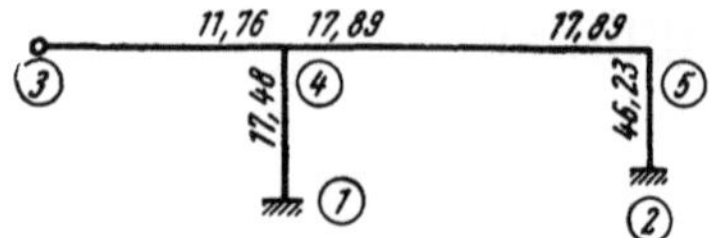

Abb. 752. Festwertskizze (a- und a^0-Werte).

Die Stabfestwerte a_1, a_2 und $a_1{}^0$ überträgt man in die Festwertskizze (Abb. 752); dabei ist zu beachten, daß die a_1-Werte bei Stäben mit einseitigen Vouten immer zur Voutenseite gehören.

Momentenverteilungszahlen μ.

Nach (213) ist allgemein $\mu_{n,i} = \dfrac{a_{n,i}}{\Sigma\,a_{n,i}}$. Damit erhält man an Hand der Festwertskizze (Abb. 752)

für Knoten 4: $\Sigma a = a_{4,1} + a^0{}_{4,3} + a_{4,5} = 17,48 + 11,76 + 17,89 = 47,13;$

$$\mu_{4,1} = \frac{17,48}{47,13} = 0,371; \qquad \mu_{4,3} = \frac{11,76}{47,13} = 0,249; \qquad \mu_{4,5} = \frac{17,89}{47,13} = 0,380;$$

für Knoten 5: $\Sigma a = a_{5,2} + a_{5,4} = 46,23 + 17,89 = 64,12;$

$$\mu_{5,2} = \frac{46,23}{64,12} = 0,721; \qquad \mu_{5,4} = \frac{17,89}{64,12} = 0,279.$$

Überleitungszahlen γ.

Aus Tafel 31 erhält man

für Stab 1—4 (einseitig starre Strecke mit $\lambda = 0,15$, $n = 0$) $\gamma_{4,1} = 0,471$,

für Stab 2—5 (einseitig starre Strecke mit $\lambda = 0,175$, $n = 0$) $\gamma_{5,2} = 0,462$.

Für Stab 4—5 (beidseitig parabolische Vouten mit $\lambda = 0,50$, $n = 0,092$) ergeben sich aus Tafel 34 $\gamma_{4,5} = \gamma_{5,4} = 0,720$.

Volleinspannmomente $\mathfrak{M}$.

Für Stab 3—4 (einseitig parabolische Voute mit $\lambda = 0,50$, $n = 0,092$, $l = 8,60$) erhält man aus Tafel 20

$$\mathfrak{M}^0{}_{4,3} = -\varkappa\,q\,l^2 = -0,191 \cdot 2,7 \cdot 8,60^2 = -38,10 \text{ tm}.$$

Für Stab 4—5 (beidseitig parabolische Vouten mit $\lambda = 0,50$, $n = 0,092$, $l = 12,50$) wird aus Tafel 18

$$\mathfrak{M}_{4,5} = +\varkappa\,\frac{q\,l^2}{12} = +1,255 \cdot \frac{2,7 \cdot 12,50^2}{12} = +44,10 \text{ tm}; \qquad \mathfrak{M}_{5,4} = -44,10 \text{ tm}.$$

Momentenausgleich (vgl. Abb. 753).

Nach Eintragung der Werte μ, γ und $\mathfrak{M}$ in die Rechnungs-Skizze (Abb. 753) kann der Ausgleich in üblicher Weise vorgenommen werden. Die Ergebnisse lauten:

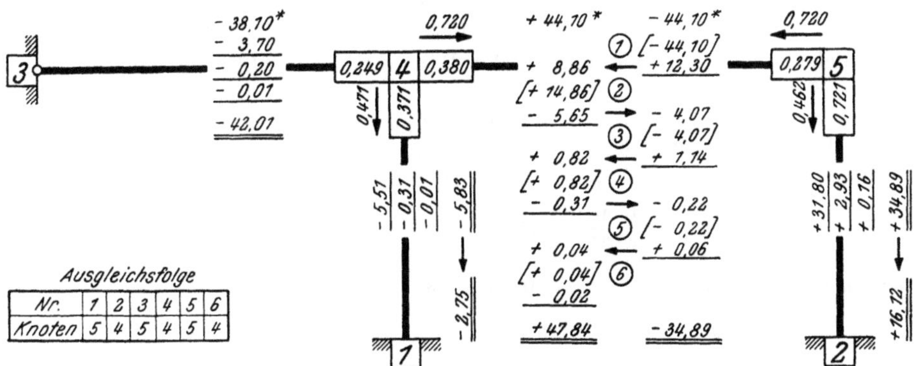

Abb. 753. Rechnungs-Skizze zur Ermittlung der Momente infolge ständiger Belastung.

$$M_{1,4} = -\ 2,75 \text{ tm} \qquad M_{4,1} = -\ 5,83 \text{ tm} \qquad M_{5,2} = +\ 34,89 \text{ tm}$$
$$M_{2,5} = +\ 16,12 \text{ ,,} \qquad M_{4,3} = -\ 42,01 \text{ ,,} \qquad M_{5,4} = -\ 34,89 \text{ ,,} \ .$$
$$\phantom{M_{2,5} = +\ 16,12 \text{ ,,}} \qquad M_{4,5} = +\ 47,84 \text{ ,,}$$

In Abb. 754 ist der gesamte M-Verlauf maßstäblich eingezeichnet.

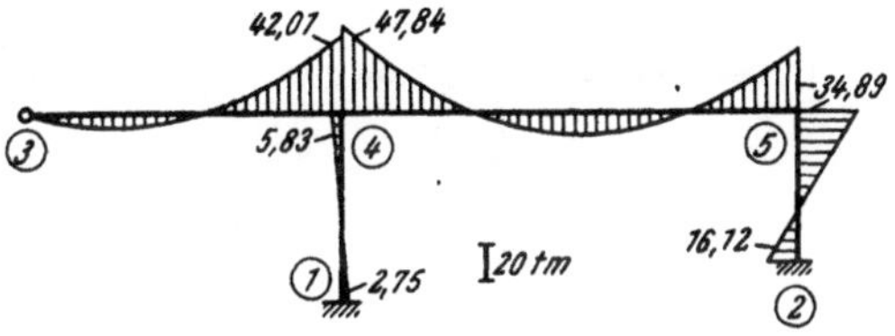

b) Ermittlung der Einflußlinie für $M_{4,5}$ nach Verfahren A (,,Gelenkmethode'').

Die Durchführung der Berechnung kann nach den Anweisungen Seite 173 erfolgen. Danach ist zunächst der M-Verlauf für das gesamte Tragwerk nach

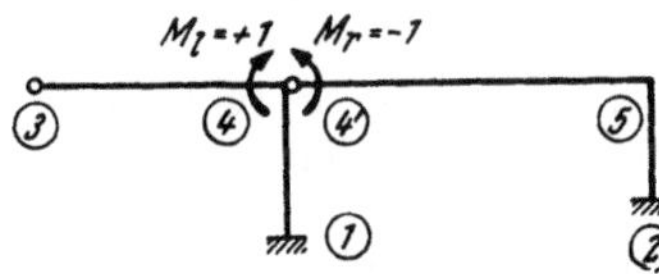

Abb. 754. Endgültiger M-Verlauf für die ständige Belastung.

Einschaltung eines Gelenkes unmittelbar rechts vom Knoten 4 unter der Wirkung des Momentenpaares $M_l = +\ 1$ und $M_r = -\ 1$ zu ermitteln (vgl. Abb. 755). Für das neue Tragsystem können folgende Stabfestwerte aus dem ursprünglichen Tragwerk übernommen werden:

Abb. 755. Momentenpaar $M = \pm\ 1$ im Gelenk bei Knoten 4.

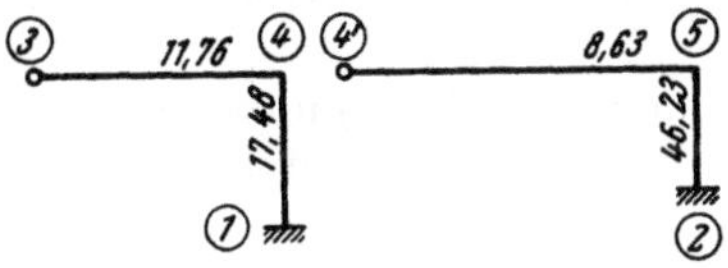

Abb. 756. Festwertskizze für das Tragsystem nach Gelenkeinschaltung (a- und a^0-Werte).

$$a_{4,1} = 17,48; \qquad a^0{}_{4,3} = 11,76; \qquad a_{5,2} = 46,23.$$

Neu zu berechnen ist lediglich $a^0{}_{5,4'}$ für den Stab $4'{-}5$ mit $\lambda = 0,50$, $n = 0,092$, $l = 12,50$ m. Nach (190a) ist allgemein

$$a^0{}_{m,n} = \frac{1000\,J_c}{\alpha_m}.$$

Für den vorliegenden Fall erhält man aus Tafel 30

$$\alpha_m = \bar{\alpha} \cdot l = 0{,}146 \cdot 12{,}50 = 1{,}825.$$

Damit wird

$$a^0_{5,\,4'} = \frac{1000 \cdot 0{,}01575}{1{,}825} = 8{,}63.$$

Sämtliche a- und a^0-Werte sind in der Festwertskizze (Abb. 756) eingetragen.

Momentenverteilungszahlen μ.

Nach (213) erhält man hier

für Knoten 4: $\Sigma a = a_{4,1} + a^0_{4,3} = 17{,}48 + 11{,}76 = 29{,}24;$

$$\mu_{4,1} = \frac{17{,}48}{29{,}24} = 0{,}598; \qquad \mu_{4,3} = \frac{11{,}76}{29{,}24} = 0{,}402;$$

für Knoten 5: $\Sigma a = a_{5,2} + a^0_{5,4'} = 46{,}23 + 8{,}63 = 54{,}86;$

$$\mu_{5,2} = \frac{46{,}23}{54{,}86} = 0{,}843; \qquad \mu_{5,4'} = \frac{8{,}63}{54{,}86} = 0{,}157.$$

Überleitungszahlen γ.

Von vorher können übernommen werden: $\gamma_{4,1} = 0{,}471$; $\gamma_{4',5} = 0{,}720$; $\gamma_{5,2} = 0{,}462$.

Momentenausgleich.

Mit den in den Rechnungs-Skizzen (Abb. 757 a, b) eingetragenen Werten

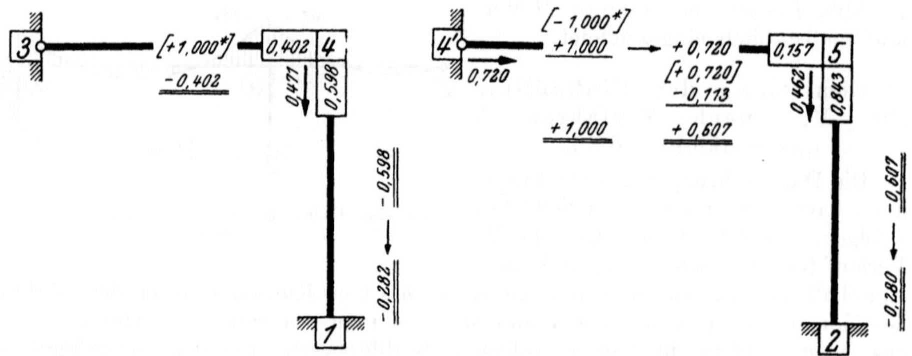

Abb. 757a. Ausgleich des Momentes $M = +1$.   Abb. 757b. Ausgleich des Momentes $M = -1$.

Abb. 757a, b. Rechnungs-Skizzen für den Ausgleich des Momentenpaares $M = \pm 1$ aus Abb. 755.

μ, γ und den Knotenmomenten $M_4 = +1$ bzw. $M_{4'} = -1$ (vgl. Abb. 755) kann der Ausgleich durchgeführt werden. Die Ergebnisse lauten:

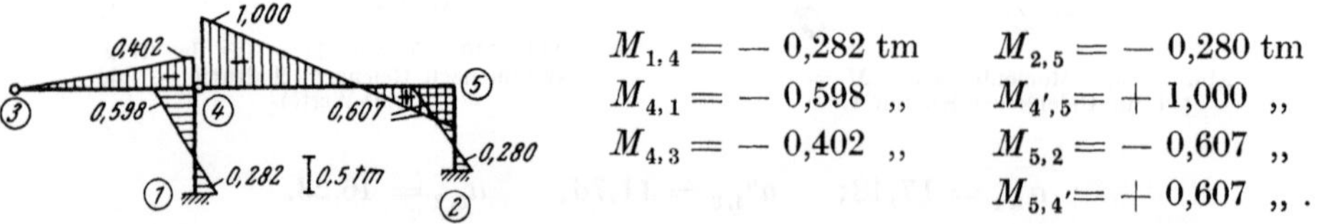

$$M_{1,4} = -0{,}282 \text{ tm} \qquad M_{2,5} = -0{,}280 \text{ tm}$$
$$M_{4,1} = -0{,}598 \text{ ,,} \qquad M_{4',5} = +1{,}000 \text{ ,,}$$
$$M_{4,3} = -0{,}402 \text{ ,,} \qquad M_{5,2} = -0{,}607 \text{ ,,}$$
$$M_{5,4'} = +0{,}607 \text{ ,, .}$$

Abb. 758. M-Verlauf für das Momentenpaar $M = \pm 1$ aus Abb. 755.

In Abb. 758 sind diese Momente mit den für „Biegungsmomente" geltenden Vorzeichen (vgl. Seite 169) maßstäblich aufgetragen.

Ermittlung des Gelenkwinkels $\overline{\gamma}_4$.

Nach (268a) ist

$$\overline{\gamma}_n = (M_{n,n-1} \cdot \overline{\alpha}_{n,n-1} - M_{n-1,n} \cdot \overline{\beta}_\nu)\, l_\nu + (\overline{\alpha}_{n,n+1} - M_{n+1,n} \cdot \overline{\beta}_{\nu+1})\, l_{\nu+1}.$$

Im vorliegenden Fall erhält man also den Winkel $\overline{\gamma}_4$ im Gelenk bei 4 mit

$$\overline{\gamma}_4 = (M_{4,3} \cdot \overline{\alpha}_{4,3} - M_{3,4} \cdot \overline{\beta}_{3,4})\, l_{3,4} + (\overline{\alpha}_{4,5} - M_{5,4} \cdot \overline{\beta}_{4,5})\, l_{4,5}$$

oder wegen $M_{3,4} = 0$

$$\overline{\gamma}_4 = M_{4,3} \cdot \overline{\alpha}_{4,3} \cdot l_{3,4} + (\overline{\alpha}_{4,5} - M_{5,4} \cdot \overline{\beta}_{4,5})\, l_{4,5}.$$

Die hier vorkommenden Winkelwerte $\overline{\alpha}_{4,3}$, $\overline{\alpha}_{4,5}$ und $\overline{\beta}_{4,5}$ ergeben sich aus den Hilfstafeln, und zwar

für Stab 3—4 mit $\lambda = 0{,}50$, $n = 0{,}092$ aus Tafel 28 $\overline{\alpha}_{4,3} = 0{,}156$

für Stab 4—5 mit $\lambda = 0{,}50$, $n = 0{,}092$ aus Tafel 30 $\overline{\alpha}_{4,5} = 0{,}146$, $\overline{\beta}_{4,5} = 0{,}105$.

Mit diesen Winkelwerten und den Absolutwerten von $M_{4,3}$ und $M_{5,4}$ (siehe Erläuterungen Seite 171) erhält man

$$\overline{\gamma}_4 = 0{,}402 \cdot 0{,}156 \cdot 8{,}60 + (0{,}146 - 0{,}607 \cdot 0{,}105)\, 12{,}50 = 1{,}568.$$

Zahlenmäßige Ermittlung der Einflußlinien für $M_{4,5}$.

Nach (269) ergeben sich die Einflußlinien-Ordinaten für einen Stab i mit

$$\eta^{(i)}{}_M = (M_m\, \eta_m + M_n\, \eta_n)\, \frac{l^2{}_i}{\overline{\gamma}}.$$

Setzt man hier den soeben ermittelten Wert $\overline{\gamma} = 1{,}568$ ein, so erhält man für den vorliegenden Fall

$$\eta^{(i)}{}_M = \frac{l^2}{1{,}568}\, (M_m\, \eta_m + M_n\, \eta_n).$$

Die Auswertung dieser Formel geschieht am besten tabellarisch, wobei die Ordinaten η_m und η_n für den Stab 3—4 (einseitig parabolische Voute) aus Tafel 40 und für Stab 4—5 (beidseitig gleiche parabolische Vouten) aus Tafel 42 entnommen werden können. Die M-Werte sind in Abb. 758 enthalten. Es wird also

für Stab 3—4 (Feld 1) mit $M_{3,4} = 0$, $M_{4,3} = -0{,}402$ tm und $l = 8{,}6$ m,

$$\eta^{(1)}{}_M = \frac{8{,}6^2}{1{,}568}\, (0 - 0{,}402\, \eta_4) = -18{,}96\, \eta_4;$$

für Stab 4—5 (Feld 2) mit $M_{4,5} = -1{,}0$ tm, $M_{5,4} = +0{,}607$ tm, $l = 12{,}50$ m,

$$\eta^{(2)}{}_M = \frac{12{,}50^2}{1{,}568}\, (-1{,}0\, \eta_4 + 0{,}607\, \eta_5) = 99{,}6\, (-\eta_4 + 0{,}607\, \eta_5) = -99{,}6\, \eta_4 + 60{,}5\, \eta_5.$$

Die weitere Rechnung ist in der nachstehenden Tabelle leicht zu verfolgen. Die Ergebnisse, also die endgültigen Ordinaten der gesuchten $M_{4,5}$-Einflußlinie sind in der Tabelle durch Fettdruck hervorgehoben. Sie sind in Abb. 759 maßstäblich aufgetragen.

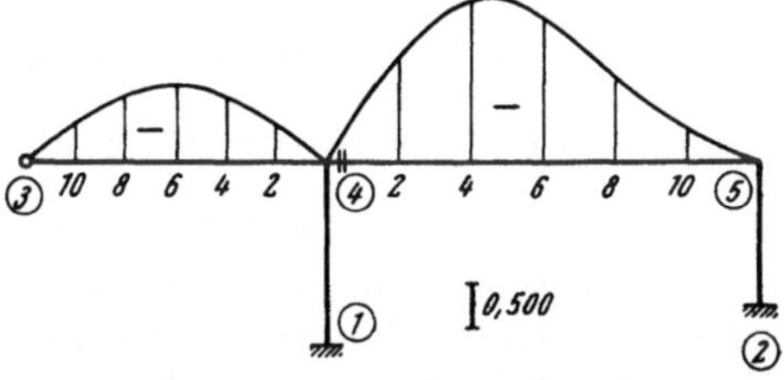

Abb. 759. Endgültige $M_{4,5}$-Einflußlinie.

Ermittlung der M-Einflußlinien für $M_{4,5}$.

	Stab 3—4 $\lambda = 0{,}50$ $n = 0{,}092$ $l_1 = 8{,}60$ m		Stab 4—5 $\lambda = 0{,}50$ $n = 0{,}092$ $l_2 = 12{,}50$ m			
	$\eta^{(1)}_M = -18{,}96\,\eta_4$; Tafel 40		$\eta^{(2)}_M = -99{,}6\,\eta_4 + 60{,}5\,\eta_5$; Tafel 42			
Ort	η_4	$\eta^{(1)}_M = -18{,}96\,\eta_4$	η_4 / η_5	$-99{,}6\,\eta_4$	$+60{,}5\,\eta_5$	$\eta^{(2)}_M = (4)+(5)$
	(1)	(2)	(3)	(4)	(5)	(6)
1	0,0126	**— 0,239**	0,0118 0,0087	— 1,175	+ 0,526	**— 0,649**
2	0,0241	**— 0,457**	0,0225 0,0174	— 2,241	+ 1,053	**— 1,188**
3	0,0342	**— 0,648**	0,0317 0,0256	— 3,160	+ 1,549	**— 1,611**
4	0,0417	**— 0,791**	0,0385 0,0331	— 3,835	+ 2,003	**— 1,832**
5	0,0462	**— 0,876**	0,0422 0,0390	— 4,205	+ 2,360	**— 1,845**
6	0,0471	**— 0,893**	0,0424 0,0424	— 4,225	+ 2,565	**— 1,660**
7	0,0446	**— 0,846**	0,0390 0,0422	— 3,885	+ 2,553	**— 1,332**
8	0,0391	**— 0,741**	0,0331 0,0385	— 3,300	+ 2,329	**— 0,971**
9	0,0313	**— 0,593**	0,0256 0,0317	— 2,550	+ 1,918	**— 0,632**
10	0,0218	**— 0,413**	0,0174 0,0225	— 1,733	+ 1,361	**— 0,372**
11	0,0113	**— 0,214**	0,0087 0,0118	— 0,867	+ 0,714	**— 0,153**

Zahlenbeispiel 32.

Symmetrischer Durchlaufträger über drei Feldern (Abb. 760). Es sind die
Momente für die ständige Belastung $q = 2{,}9$ t/m sowie die Einflußlinie für M_2 und
für das Feldmoment M_f im 1. Feld an der Stelle $x = l/3 = 4{,}0$ m vom Auflager 1
zu berechnen. Für die Ermittlung der Steifigkeitszahlen sind die Plattenbalken-
Querschnitte nach Abb. 761 in Rechnung zu stellen.

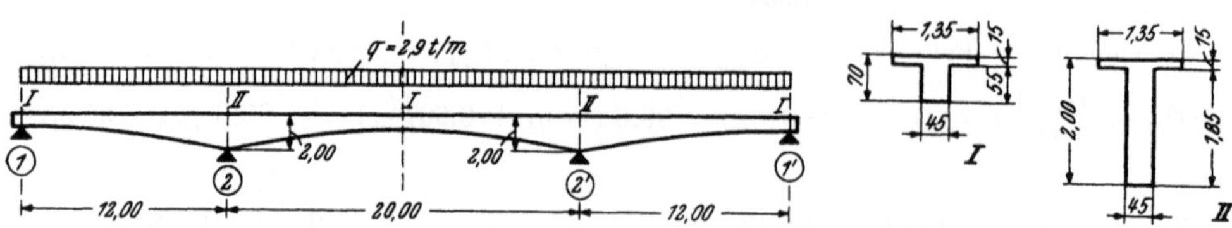

Abb. 760. Tragwerksabmessungen und Belastungsangaben. Abb. 761. Plattenbalken-Querschnitte I und II.

a) *Lotrechte Belastung* $q = 2{,}9$ t/m.

Wegen Symmetrie des Tragwerkes und der Belastung ergeben sich hier verschiedene Vereinfachungen in der Berechnung. Für die Gelenkstäbe 1—2 bzw.
1'—2' ist der Steifigkeitswert a^0, für den Symmetriestab 2—2' der Steifigkeitswert
a' in Rechnung zu stellen.

Stabfestwerte a^0 und a'.

Für Stab 1—2 mit $J_c = 0,02026$ m⁴, $l = 12,0$ m, $\lambda = \dfrac{l_v}{l} = \dfrac{12,0}{12,0} = 1,00$, $n =$
$= \dfrac{J_c}{J_A} = \dfrac{0,02026}{0,4007} = 0,0506 \sim 0,05$ erhält man aus Tafel 12 $\mathfrak{a}^0_1 = 17,18$ und damit
nach (190 b)

$$a^0_{2,1} = \frac{1000\,J_c}{l} \cdot \mathfrak{a}^0_1 = \frac{20,26 \cdot 17,18}{12,0} = 29,00,$$

für Stab 2—2' mit $l = 20,0$ m, $\lambda = \dfrac{l_v}{l} = \dfrac{10,0}{20,0} = 0,50$, $n = \dfrac{J_c}{J_A} = \dfrac{0,02026}{0,4007} =$
$= 0,0506 \sim 0,05$ erhält man aus Tafel 14 $\mathfrak{a}' = 4,61$ und damit nach (193 b)

$$a'_{2,2'} = \frac{1000\,J_c}{l} \cdot \mathfrak{a}' = \frac{20,26 \cdot 4,61}{20,0} = 4,67.$$

Diese a^0- und a'-Werte werden in die Festwertskizze (Abb. 762) eingetragen.

Momentenverteilungszahlen μ.

Für Knoten 2 erhält man an Hand der Abb. 762 nach (213)
$\Sigma a = a^0_{2,1} + a'_{2,2'} = 29,00 + 4,67 = 33,67$ und damit

$$\mu_{2,1} = \frac{a^0_{2,1}}{\Sigma a} = \frac{29,00}{33,67} = 0,861;$$

$$\mu_{2,2'} = \frac{a'_{2,2'}}{\Sigma a} = \frac{4,67}{33,67} = 0,139.$$

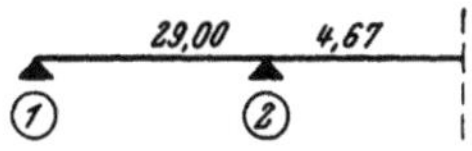

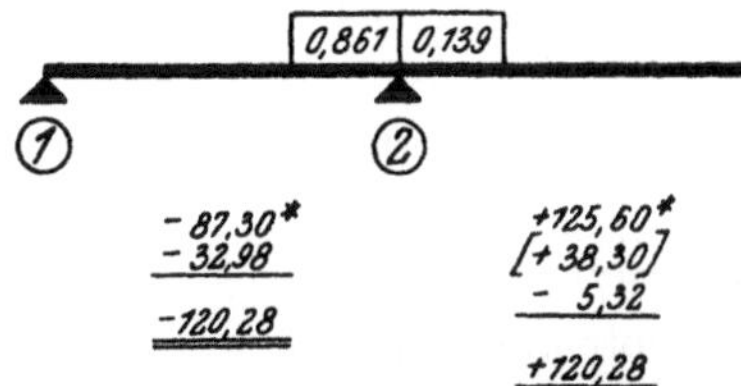

Abb. 762. Festwertskizze für symmetrische Belastung (a^0- und a'-Werte).

Volleinspannmomente $\mathfrak{M}$.

Für Stab 1—2 (einseitig parabolische Voute mit $\lambda = 1,00$, $n = 0,05$, $l = 12,0$ m und Gelenk bei 1) ist nach Tafel 20

$$\mathfrak{M}^0_{2,1} = -\varkappa\, q\, l^2 = -0,209 \cdot 2,9 \cdot 12,0^2 = -87,30 \text{ tm},$$

für Stab 2—2' (beidseitig parabolische Vouten mit $\lambda = 0,50$, $n = 0,05$, $l = 20,0$ m) ist nach Tafel 18

$$\mathfrak{M}_{2,2'} = +\varkappa\, \frac{q\,l^2}{12} = 1,299 \cdot \frac{2,9 \cdot 20,0^2}{12} = +125,60 \text{ tm}; \qquad \mathfrak{M}_{2',2} = -125,60 \text{ tm}.$$

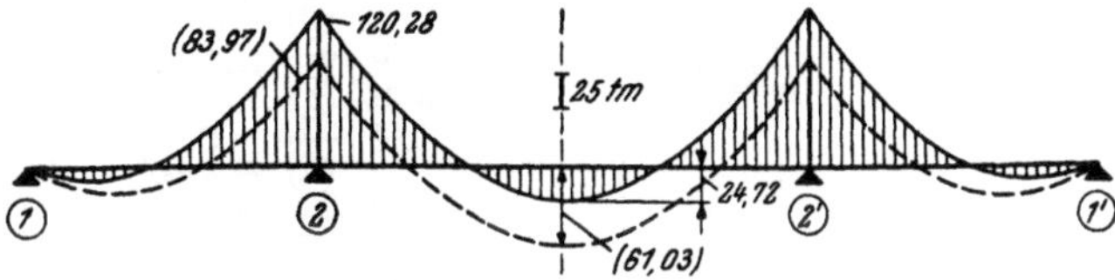

Abb. 763. Rechnungs-Skizze zur Ermittlung der Momente infolge ständiger Belastung.

Momentenausgleich.

Nach Einschreiben der Verteilungszahlen μ in die Rechnungs-Skizze (Abb. 763) kann die Verteilung des Knotenrestmomentes $M_2 = +38,30$ tm auf die beiden Stäbe 2—1 und 2—2' vorgenommen werden. Damit ist hier der Ausgleich bereits beendet und die endgültigen Momente ergeben sich durch algebraische Addition der Teilbeträge in gewohnter Weise, und zwar wird $M_{2,1} = -M_{2,2'} = -120,28$ tm. In Abb. 764 ist der gesamte M-Verlauf maßstäblich dargestellt. Zum Vergleich ist darin auch der M-Verlauf für das gleiche Tragwerk ohne Voutenwirkung gestrichelt eingezeichnet.

b) Ermittlung der Einflußlinie für das Stützenmoment M_2 nach Verfahren B.

Abb. 764. Endgültiger M-Verlauf für ständige Belastung mit Voutenwirkung (———) und ohne Voutenwirkung (— — — —).

Die Durchführung der Rechnung kann nach den Anweisungen Seite 178 erfolgen. Da die Momente unmittelbar links und rechts der Stütze 2 gleiche Größe haben, so ist es gleichgültig, ob die Einflußlinie für das Moment $M_{2,1}$ oder für $M_{2,2'}$ ermittelt wird. Einfacher ist in diesem Fall die Berechnung der Einflußlinie für $M_{2,1}$, weil hier die ideelle Belastung gemäß Abb. 765 nur aus dem Knotenmoment $M_2 = a^0{}_{2,1}$ besteht. Die gleichzeitige Belastung am Stabende 1 entfällt, weil dort ein Gelenk vorhanden ist, dessen Wirkung bereits durch die Steifigkeitszahl a^0 des Gelenkstabes erfaßt ist.

Ermittlung der M-Einflußlinie für die „ideelle" Belastung $M_2 = a^0{}_{2,1}$; Steifigkeitszahlen a^0 und a.

Die Steifigkeitszahl $a^0{}_{2,1} = 29,00$ kann aus der Berechnung für lotrechte Belastung übernommen werden; hingegen ist $a_{2,2'}$ neu zu berechnen, weil jetzt die Belastung unsymmetrisch ist. Es wird also

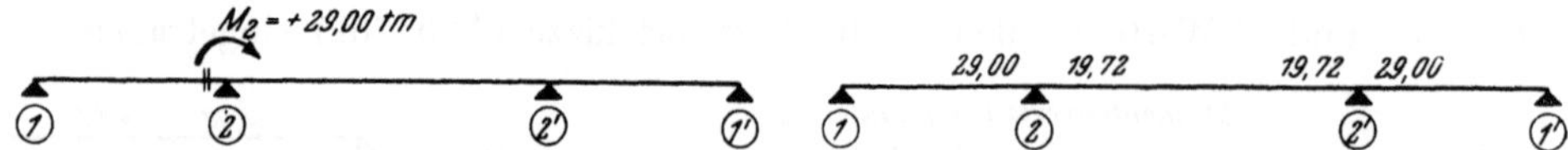

Abb. 765. „Ideelle" Knotenbelastung $M_2 = +29,00$ tm zur Ermittlung der $M_{2,1}{}^{(8)}$-Einflußlinie.   Abb. 766. Festwertskizze für unsymmetrische Belastung (a- und a^0-Werte).

für Stab 2—2' mit $\lambda = 0,5$, $n = 0,05$, $l = 20,0$ m aus Tafel 10 $\mathfrak{a} = 19,47$ und damit nach (180 a)

$$a_{2,2'} = \frac{1000\, J_c}{l} \cdot \mathfrak{a} = \frac{20,26 \cdot 19,47}{20,0} = 19,72.$$

Die Werte a^0 und a werden in die Festwertskizze (Abb. 766) übertragen.

Momentenverteilungszahlen μ.

An Hand der Festwertskizze (Abb. 766) erhält man nach (213)

für Knoten 2: $\Sigma a = a^0{}_{2,1} + a_{2,2'} = 29,00 + 19,72 = 48,72$ und

$$\mu_{2,1} = \frac{29,00}{48,72} = 0,595; \qquad \mu_{2,2'} = \frac{19,72}{48,72} = 0,405.$$

Ebenso ist *im Knoten 2'* in symmetrischer Anordnung $\mu_{2',2} = 0,405$ und $\mu_{2',1'} = 0,595$.

Überleitungszahlen γ.

Für Stab 2—2' (beidseitig parabolische Vouten mit $\lambda = 0,50$, $n = 0,05$) ist aus Tafel 34

$$\gamma_{2,2'} = \gamma_{2',2} = 0,764.$$

Momentenausgleich (vgl. Abb. 767).

Nach Eintragung der Werte μ, γ und der ideellen Knotenbelastung $M_2 = a^0{}_{2,1} =$

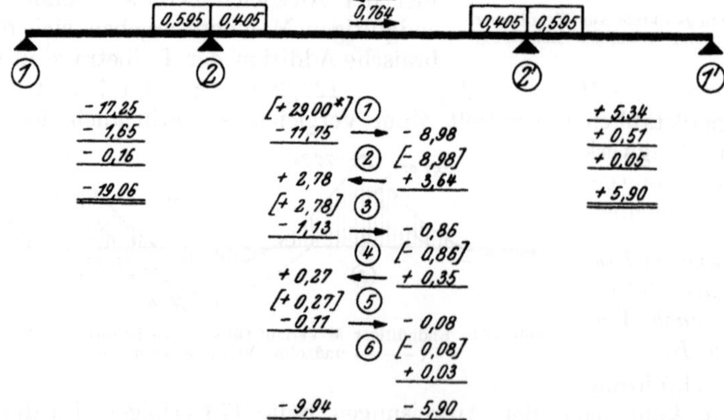

Abb. 767. Rechnungs-Skizze für den Ausgleich des „ideellen" Knotenmomentes $M_2 = +29,00$ tm aus Abb. 765.

$= + 29{,}00$ tm in die Rechnungs-Skizze (Abb. 767) wird der Ausgleich in üblicher Weise durchgeführt. Die Ergebnisse lauten:

$$M_{2,1} = -19{,}06 \text{ tm}, \qquad M_{2,2'} = -9{,}94 \text{ tm}, \qquad M_{2',2} = -5{,}90 \text{ tm}$$
$$M_{2',1'} = +5{,}90 \text{ ,, } .$$

Zur Probe muß hier $M_{2,1} + M_{2,2'} = = -29{,}00$ tm sein.

In Abb. 768 ist der M-Verlauf maß-stäblich aufgetragen.

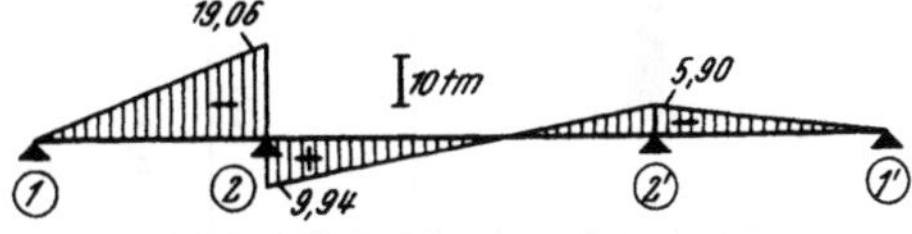

Abb. 768. M-Verlauf für die „ideelle" Knotenbelastung aus Abb. 765.

Ermittlung der Biegelinien-Ordinaten $y^{(s)}$ für die in Abb. 768 dargestellte M-Linie.

Nach (279) erhält man die Biegelinie für einen Stab m—n aus

$$y^{(s)}{}_{m,n} = (M_m\, \eta_m + M_n\, \eta_n)\, \frac{l^2}{1000\,J_c}.$$

Dabei ist zu beachten, daß die Vorzeichen aller M-Werte nach der Vorzeichenregel für Biegungsmomente (siehe Seite 169) zu verwenden sind.

Für Feld 1 (Stab 1—2) ist $M_{1,2} = 0$, $M_{2,1} = -19{,}06$ tm, $l = 12{,}0$ m und $1000\,J_c = = 20{,}26$ m⁴; damit wird

$$y^{(s)} = -\frac{19{,}06 \cdot 12{,}0^2}{20{,}26} \cdot \eta_2 = -135{,}5\,\eta_2.$$

Die Werte der Ordinaten η_2 sind aus Tafel 40 zu entnehmen.

Für Feld 2 (Stab 2—2') ist $M_{2,2'} = +9{,}94$ tm, $M_{2',2} = -5{,}90$ tm, $l = 20{,}0$ m, $1000\,J_c = 20{,}26$ m⁴; damit wird

$$y^{(s)} = (9{,}94\,\eta_2 - 5{,}90\,\eta_{2'})\,\frac{20{,}0^2}{20{,}26} = 196{,}2\,\eta_2 - 116{,}5\,\eta_{2'}.$$

Die η-Werte sind aus Tafel 42 zu entnehmen.

Für Feld 3 (Stab 2'—1') ist $M_{2',1'} = -5{,}90$ tm, $M_{1',2'} = 0$, $l = 12{,}0$ m, $1000\,J_c = = 20{,}26$ m⁴; damit wird

$$y^{(s)} = (-5{,}90\,\eta_{2'} + 0)\,\frac{12{,}0^2}{20{,}26} = -41{,}90\,\eta_{2'}.$$

Die η-Werte sind aus Tafel 40 zu entnehmen.

Ermittlung der endgültigen Einflußlinie für $M_{2,1}$.

Die mit Hilfe der vorstehenden Ausdrücke zu ermittelnde Biegelinie mit den Ordinaten $y^{(s)}$ ist nach (281) noch mit der Einflußlinie für $\mathfrak{M}^0{}_{2,1}$ zu überlagern, um die endgültige Einflußlinie für $M_{2,1}$ zu erhalten. Diese Überlagerung wirkt sich aber nur im 1. Feld aus, da die $\mathfrak{M}^0{}_{2,1}$-Einflußlinie sich nur über dieses Feld erstreckt.

Es ergeben sich also für die Ordinaten η_M der $M_{2,1}$-Einflußlinie in den einzelnen Feldern folgende gebrauchsfertige Ansätze:

im Feld (1): Nach (281) wird hier unter Verwendung der oben zusammengestellten Ausdrücke für $y^{(s)}$

$$\eta^{(1)}{}_M = y^{(s)} + \eta_{\mathfrak{M}} \cdot l_1 = -135{,}5\,\eta_2 + \eta_{\mathfrak{M}} \cdot 12{,}0;$$

Ermittlung der Einflußlinie für $M_{2,1}$.

Feld (1) $\lambda = 1,00$ $n = 0,05$ $l = 12,0$ m

Feld (2) $\lambda = 0,50$ $n = 0,05$ $l = 20,0$ m

Feld (3) $l = 12,0$ m $\lambda = 1,00$ $n = 0,05$

$\eta^{(1)}{}_M = -135,5\,\eta_2 + \eta_\mathfrak{M} \cdot 12,0;$ Tafel 40 bzw. Tafel 26

$\eta^{(2)}{}_M = 196,2\,\eta_2 - 116,5\,\eta_{2'};$ Tafel 42

$\eta^{(3)}{}_M = -41,90\,\eta_{2'};$ Tafel 40

Ort	η_2	$-135,5\,\eta_2$	$\eta_\mathfrak{M}$	$\eta_\mathfrak{M} \cdot 12,0$	$\eta^{(1)}{}_M = (2)+(4)$	η_2 $\eta_{2'}$	$196,2\,\eta_2$	$-116,5\,\eta_{2'}$	$\eta^{(2)}{}_M = (7)+(8)$	$\eta_{2'}$	$\eta^{(3)}{}_M = -41,90\,\eta_{2'}$
	(1)	(2)	(3)	(4)	(5)	(6)	(7)	(8)	(9)	(10)	(11)
1	0,0047	— 0,637	0,080	+ 0,960	**+ 0,323**	0,0101 0,0078	+ 1,982	— 0,909	**+ 1,073**	0,0047	**— 0,197**
2	0,0089	— 1,206	0,153	+ 1,836	**+ 0,630**	0,0195 0,0156	+ 3,826	— 1,817	**+ 2,009**	0,0089	**— 0,373**
3	0,0125	— 1,694	0,215	+ 2,580	**+ 0,886**	0,0279 0,0232	+ 5,475	— 2,703	**+ 2,772**	0,0125	**— 0,524**
4	0,0156	— 2,114	0,268	+ 3,216	**+ 1,102**	0,0345 0,0301	+ 6,770	— 3,507	**+ 3,263**	0,0156	**— 0,654**
5	0,0177	— 2,398	0,305	+ 3,660	**+ 1,262**	0,0383 0,0356	+ 7,515	— 4,145	**+ 3,370**	0,0177	**— 0,742**
6	0,0189	— 2,561	0,323	+ 3,876	**+ 1,315**	0,0386 0,0386	+ 7,575	— 4,495	**+ 3,080**	0,0189	**— 0,792**
7	0,0187	— 2,534	0,321	+ 3,852	**+ 1,318**	0,0356 0,0383	+ 6,985	— 4,460	**+ 2,525**	0,0187	**— 0,784**
8	0,0174	— 2,358	0,299	+ 3,588	**+ 1,230**	0,0301 0,0345	+ 5,905	— 4,020	**+ 1,885**	0,0174	**— 0,729**
9	0,0146	— 1,978	0,250	+ 3,000	**+ 1,022**	0,0232 0,0279	+ 4,550	— 3,250	**+ 1,300**	0,0146	**— 0,612**
10	0,0106	— 1,436	0,181	+ 2,172	**+ 0,736**	0,0156 0,0195	+ 3,061	— 2,272	**+ 0,789**	0,0106	**— 0,444**
11	0,0056	— 0,759	0,095	+ 1,140	**+ 0,381**	0,0078 0,0101	+ 1,531	— 1,177	**+ 0,354**	0,0056	**— 0,235**

In Abb. 769 ist die Einflußlinie für $M_{2,1}$ maßstäblich dargestellt.

im Feld (2): Nach (281a) wird

$$\eta^{(2)}{}_M = y^{(8)} = 196{,}2\,\eta_2 - 116{,}5\,\eta_2';$$

im Feld (3): Nach (281a)

$$\eta^{(3)}{}_M = y^{(8)} = -\,41{,}90\,\eta_2'.$$

Es sind also in den Feldern (2) und (3) die $y^{(8)}$-Ordinaten identisch mit den Ordinaten der gesuchten $M_{2,1}$-Einflußlinie.

Die Auswertung der hier angegebenen Ausdrücke für $y^{(8)}$ und die Überlagerung mit den l_1-fachen Ordinaten $\eta_\mathfrak{M}$, die aus Tafel 26 entnommen werden können, ist in der vorstehenden Tabelle durchgeführt. Der Gang der Rechnung ist dort leicht zu verfolgen.

In Abb. 769 ist die Einflußlinie für $M_{2,1}$ maßstäblich dargestellt. Zum Vergleich ist darin auch die Einflußlinie ohne Voutenwirkung gestrichelt eingezeichnet.

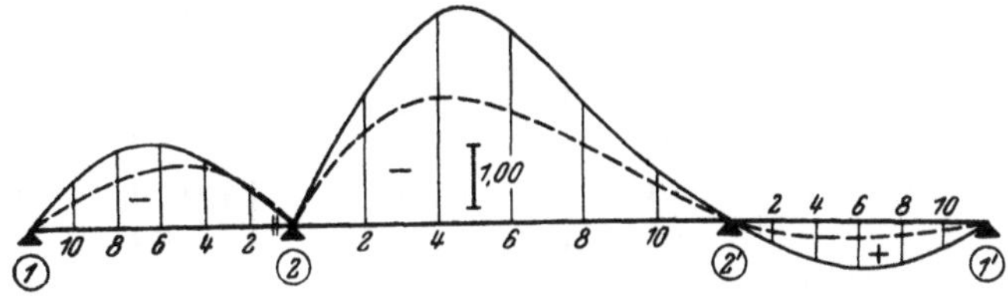

Abb. 769. $M_{2,1}$-Einflußlinie mit Voutenwirkung ($-$) und ohne Voutenwirkung ($\cdots$).

c) Ermittlung der Einflußlinie für das Feldmoment M_f im 1. Feld an der Stelle $x = l/3$ vom Auflager 1.

Nach (282) erhält man das Feldmoment M_x an der Stelle x bzw. x' allgemein aus:

$$M_x = M_1\,\frac{x'}{l} + M_2\,\frac{x}{l} + M_0{}^{(x)}.$$

Für $x = 0{,}\dot{3}\,l$ und $x' = 0{,}\dot{6}\,l$ wird mit den hier gewählten Bezeichnungen

$$M_f = 0{,}\dot{6}\,M_1 + 0{,}\dot{3}\,M_2 + M_0{}^{(x)}.$$

Führt man an Stelle von M_1, M_2 und $M_0{}^{(x)}$ die entsprechenden Einflußlinien-Ordinaten ein, so erhält man die Einflußlinie für M_f. Dabei ist zu beachten, daß die Vorzeichen aller M-Werte nach der Vorzeichenregel für **Biegungsmomente** (siehe Seite 169) zu verwenden sind. Die Einflußlinie für $M_0{}^{(x)}$ erstreckt sich nur über das Feld (1). Die einzelnen Ordinaten sind in Abb. 770 eingetragen. Für die tabellarische Auswertung (siehe nächste Seite) ergibt sich also wegen $M_1 = 0$

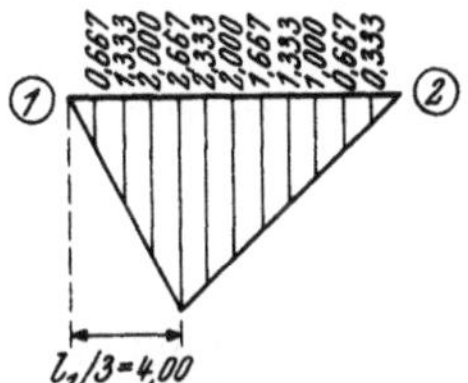

Abb. 770. Ordinaten der $M_0{}^{(x)}$-Einflußlinie im ersten Feld.

für Feld (1): $\eta_f^{(1)} = 0{,}\dot{3}\,\eta_M^{(1)} + \eta_{M_0}$

für Feld (2): $\eta_f^{(2)} = 0{,}\dot{3}\,\eta_M^{(2)}$

für Feld (3): $\eta_f^{(3)} = 0{,}\dot{3}\,\eta_M^{(3)}.$

In Abb. 771 ist die Einflußlinie für M_f maßstäblich aufgetragen. Zum Vergleich ist darin auch die Einflußlinie ohne Voutenwirkung gestrichelt eingezeichnet.

Ermittlung der Einflußlinie für das Feldmoment M_f im Feld (1) an der Stelle $x = l/3$ vom Auflager 1.

	Feld (1)			Feld (2)		Feld (3)	
	$\eta_f^{(1)} = 0,\dot3\,\eta_M^{(1)} + \eta_{M_0}$			$\eta_f^{(2)} = 0,\dot3\,\eta_M^{(2)}$		$\eta_f^{(3)} = 0,\dot3\,\eta_M^{(3)}$	
	$\eta_M^{(1)}$ $0,\dot3\,\eta_M^{(1)}$	η_{M_0}	$\eta_f^{(1)} = (1) + (2)$	$\eta_M^{(2)}$	$\eta_f^{(2)} = 0,\dot3\,\eta_M^{(2)}$	$\eta_M^{(\,)}$	$\eta_f^{(3)} = 0,\dot3\,\eta_M^{(3)}$
Ort	(1)	(2)	(3)	(4)	(5)	(6)	(7)
1	$-0,323$ $-0,108$	$+0,333$	$+0,225$	$-1,073$	$-0,358$	$+0,197$	$+0,066$
2	$-0,630$ $-0,210$	$+0,667$	$+0,457$	$-2,009$	$-0,670$	$+0,373$	$+0,124$
3	$-0,886$ $-0,295$	$+1,000$	$+0,705$	$-2,772$	$-0,924$	$+0,524$	$+0,175$
4	$-1,102$ $-0,367$	$+1,333$	$+0,966$	$-3,263$	$-1,088$	$+0,654$	$+0,218$
5	$-1,262$ $-0,421$	$+1,667$	$+1,246$	$-3,370$	$-1,123$	$+0,742$	$+0,247$
6	$-1,315$ $-0,438$	$+2,000$	$+1,562$	$-3,080$	$-1,027$	$+0,792$	$+0,264$
7	$-1,318$ $-0,439$	$+2,333$	$+1,894$	$-2,525$	$-0,842$	$+0,784$	$+0,261$
8	$-1,230$ $-0,410$	$+2,667$	$+2,257$	$-1,885$	$-0,628$	$+0,729$	$+0,243$
9	$-1,022$ $-0,341$	$+2,000$	$+1,659$	$-1,300$	$-0,433$	$+0,612$	$+0,204$
10	$-0,736$ $-0,245$	$+1,333$	$+1,088$	$-0,789$	$-0,263$	$+0,444$	$+0,148$
11	$-0,381$ $-0,127$	$+0,667$	$+0,540$	$-0,354$	$-0,118$	$+0,235$	$+0,078$

In Abb. 771 ist die Einflußlinie für M_f maßstäblich aufgetragen.

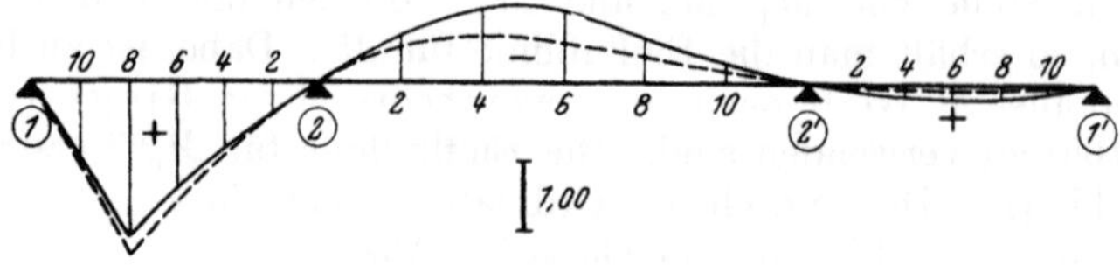

Abb. 771. Einflußlinie für M_f im ersten Feld mit Voutenwirkung (—) und ohne Voutenwirkung (- - - -).

Zahlenbeispiel 33.

Unsymmetrischer, dreifeldiger Brückenrahmen (Abb. 772). Volle Einspannung bei 1 und 2. Festes Lager bei 3 und verschiebliches Lager bei 6. Es sind die Momente infolge ständiger Belastung $q = 3,1$ t/m sowie die Einflußlinien für die Stabendmomente $M_{4,5}$, $M_{5,4}$ und für das Feldmoment M_f im 2. Feld an der

Stelle $x = 5\,l_2/12$ zu ermitteln. Es sollen hierbei die starren Strecken an den oberen Enden der Stiele 1—4 und 2—5 berücksichtigt werden.

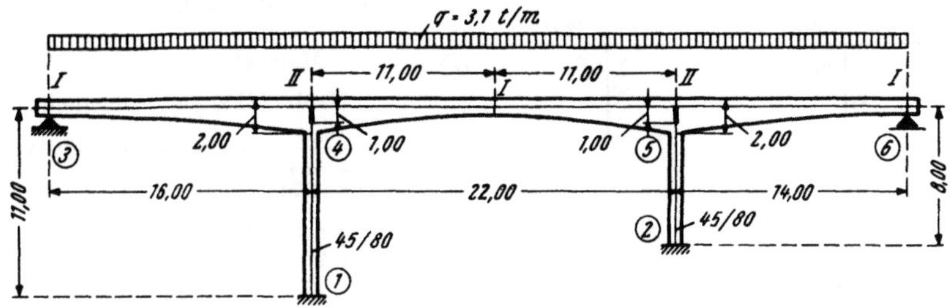

Abb. 772. Tragwerksabmessungen und Belastungsangaben.

a) *Lotrechte Belastung* $q = 3,1$ t/m.

Die Ermittlung der Stabfestwerte in der folgenden Tabelle geschieht unter der Annahme von Plattenbalken-Querschnitten bei den Stäben 3—4, 4—5, 5—6 gemäß Abb. 773. Die „relativen" Steifigkeitszahlen a_1, a_2, b ergeben sich nach (179a) aus

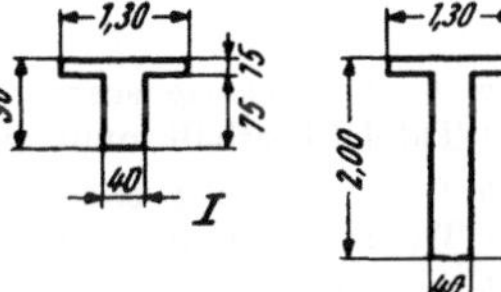

Abb. 773. Plattenbalken-Querschnitte I und II zu Abb. 772.

$$a_1 = \frac{1000\,J_c}{l} \cdot \mathfrak{a}_1; \qquad a_2 = \frac{1000\,J_c}{l} \cdot \mathfrak{a}_2;$$

$$b = \frac{1000\,J_c}{l} \cdot \mathfrak{b}.$$

Festwerttabelle.

Stab	b/h (cm)	J_c (m⁴)	b/h_A (cm)	J_A (m⁴)	l (m)	l_v (m)	$\lambda = \dfrac{l_v}{l}$	$n = \dfrac{J_c}{J_A}$
1—4	45/80	0,01920	45/∞	∞	11,00	1,00	0,091	0
2—5	45/80	0,01920	45/∞	∞	8,00	1,00	0,125	0
3—4	siehe	0,03836	siehe	0,3657	16,00	16,00	1,00	0,105
4—5	Abb. 773	0,03836	Abb. 773	0,3657	22,00	11,00	0,50	0,105
5—6	I	0,03836	II	0,3657	14,00	14,00	1,00	0,105

Stab	λ	n	$\mathfrak{a}_1\ (\mathfrak{a}^0{}_1)$	$\mathfrak{a}_2$	$\mathfrak{b}$	$a_1\ (a^0{}_1)$	a_2	b	Tafel
1—4	0,091	0	5,88	4,40	2,87	10,26	7,68	5,01	8
2—5	0,125	0	6,87	4,58	3,28	16,49	10,99	7,87	8
3—4[1]	1,00	0,105	(11,28)	—	—	(27,04)	—	—	12
4—5	0,50	0,105	13,21	13,21	9,37	23,03	23,03	16,34	10
5—6[1]	1,00	0,105	(11,28)	—	—	(30,91)	—	—	12

[1] Für die Gelenkstäbe 3—4 und 5—6 mit $\lambda = 1,0$, $n = 0,105$ und $l = 16,0$ m bzw. $l = 14,0$ m wird nach (190b) unter Verwendung der Tafel 12

$$a^0{}_{4,3} = \frac{1000\,J_c}{l} \cdot \mathfrak{a}^0{}_{4,3} = \frac{38,36}{16,0} \cdot 11,28 = 27,04$$

und

$$a^0{}_{5,6} = \frac{1000\,J_c}{l} \cdot \mathfrak{a}^0{}_{5,6} = \frac{38,36}{14,0} \cdot 11,28 = 30,91.$$

Sämtliche Stabfestwerte a_1, a_2 und $a^0{}_1$ werden in die Festwertskizze (Abb. 774) eingetragen. Die a_1-Werte gehören bei Stäben mit einseitigen Vouten stets auf die Voutenseite.

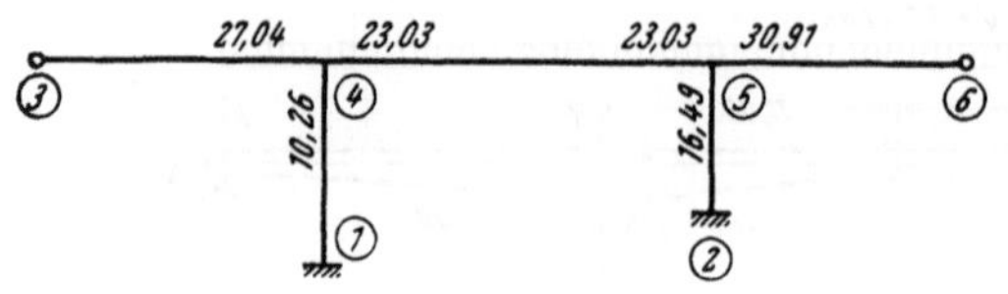

Abb. 774. Festwertskizze (a- und a^0-Werte).

Momentenverteilungszahlen μ.

Nach (213) ist allgemein $\mu_{n,i} = \dfrac{a_{n,i}}{\Sigma a_{n,i}}$. An Hand der Festwertskizze (Abb. 774) erhält man

für Knoten 4: $\Sigma a = a_{4,1} + a^0{}_{4,3} + a_{4,5} = 10{,}26 + 27{,}04 + 23{,}03 = 60{,}33$;

$$\mu_{4,1} = \frac{10{,}26}{60{,}33} = 0{,}170; \qquad \mu_{4,3} = \frac{27{,}04}{60{,}33} = 0{,}448; \qquad \mu_{4,5} = \frac{23{,}03}{60{,}33} = 0{,}382,$$

für Knoten 5: $\Sigma a = a_{5,2} + a_{5,4} + a^0{}_{5,6} = 16{,}49 + 23{,}03 + 30{,}91 = 70{,}43$;

$$\mu_{5,2} = \frac{16{,}49}{70{,}43} = 0{,}234; \qquad \mu_{5,4} = \frac{23{,}03}{70{,}43} = 0{,}327; \qquad \mu_{5,6} = \frac{30{,}91}{70{,}43} = 0{,}439.$$

Überleitungszahlen γ.

Stab 1—4 (einseitig starre Strecke mit $\lambda = 0{,}091$, $n = 0$).
Aus Tafel 31 erhält man $\gamma_{4,1} = 0{,}488$.

Stab 2—5 (einseitig starre Strecke mit $\lambda = 0{,}125$, $n = 0$).
Aus Tafel 31 erhält man $\gamma_{5,2} = 0{,}478$.

Stab 4—5 (beidseitig parabolische Vouten mit $\lambda = 0{,}50$, $n = 0{,}105$).
Nach Tafel 34 wird $\gamma_{4,5} = \gamma_{5,4} = 0{,}709$.

Volleinspannmomente $\mathfrak{M}$.

Stab 3—4 (einseitig parabolische Voute mit $\lambda = 1{,}00$, $n = 0{,}105$, $l = 16{,}00$ m).
Aus Tafel 20 wird

$$\mathfrak{M}^0{}_{4,3} = -\varkappa\, q\, l^2 = -\,0{,}187 \cdot 3{,}1 \cdot 16{,}0^2 = -\,148{,}40 \text{ tm.}$$

Stab 4—5 (beidseitig parabolische Vouten mit $\lambda = 0{,}50$, $n = 0{,}105$, $l = 22{,}0$ m).
Aus Tafel 18 ergibt sich

$$\mathfrak{M}_{4,5} = +\varkappa\, \frac{q\, l^2}{12} = +\,1{,}244 \cdot \frac{3{,}1 \cdot 22{,}0^2}{12} = +\,155{,}50 \text{ tm;} \qquad \mathfrak{M}_{5,4} = -\,155{,}50 \text{ tm.}$$

Stab 5—6 (einseitig parabolische Voute mit $\lambda = 1{,}00$, $n = 0{,}105$, $l = 14{,}00$ m).
Aus Tafel 20 wird

$$\mathfrak{M}^0{}_{5,6} = +\varkappa\, q\, l^2 = +\,0{,}187 \cdot 3{,}1 \cdot 14{,}0^2 = +\,113{,}60 \text{ tm.}$$

Momentenausgleich (vgl. Abb. 775).

Nach Eintragung der Grundwerte μ, γ, $\mathfrak{M}$ in die Rechnungs-Skizze (Abb. 775) kann der Ausgleich in üblicher Weise durchgeführt werden. Die Ergebnisse lauten:

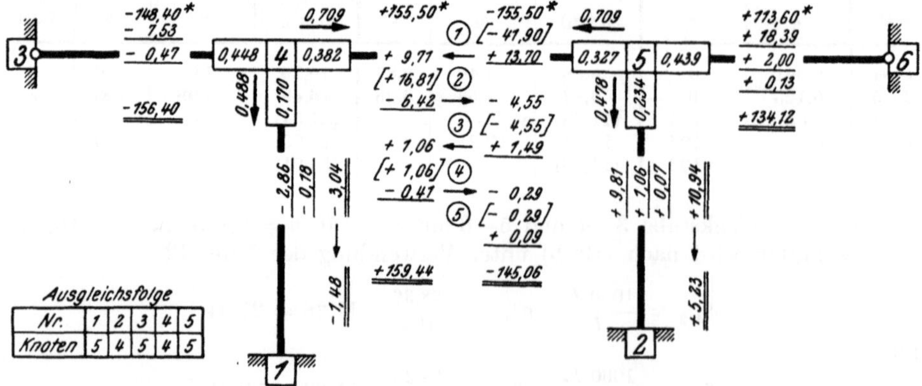

Abb. 775. Rechnungs-Skizze zur Ermittlung der Momente für durchgehende Gleichlast $q = 3{,}1$ t/m.

$$M_{1,4} = -\ 1{,}48 \text{ tm} \qquad M_{4,1} = -\ \ \ 3{,}04 \text{ tm} \qquad M_{5,2} = +\ \ 10{,}94 \text{ tm}$$
$$M_{2,5} = +\ 5{,}23 \ \text{,,} \qquad M_{4,3} = -\ 156{,}40 \ \text{,,} \qquad M_{5,4} = -\ 145{,}06 \ \text{,,}$$
$$M_{4,5} = +\ 159{,}44 \ \text{,,} \qquad M_{5,6} = +\ 134{,}12 \ \text{,,} \ .$$

In Abb. 776 ist der gesamte M-Verlauf maßstäblich dargestellt.

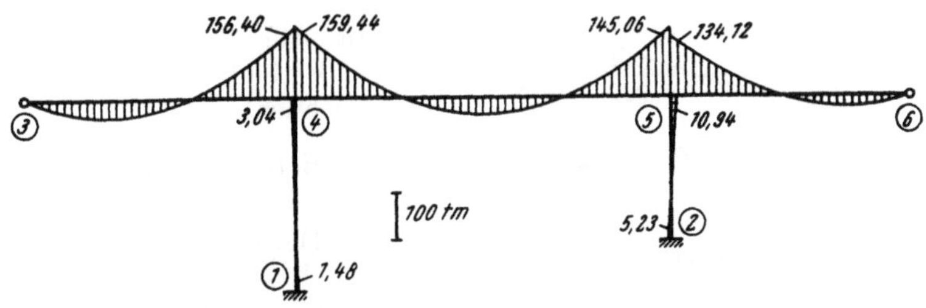

Abb. 776. M-Verlauf für durchgehende Gleichlast $q = 3{,}1$ t/m.

b) *Ermittlung der Einflußlinie für $M_{4,5}$ nach Verfahren B.*

Die Durchführung der Rechnung kann nach den Anweisungen Seite 178 erfolgen. Danach ist zunächst die M-Linie für die „ideelle" Belastung $M_4 = a_{4,5}$ im Knoten 4 und $M_5 = b_{4,5}$ im Knoten 5 zu ermitteln. Diese Werte können aus der Festwerttabelle entnommen werden, und zwar:

$$M_4 = a_{4,5} = +\ 23{,}03 \text{ tm}$$
$$M_5 = b_{4,5} = +\ 16{,}34 \ \text{,,} \ .$$

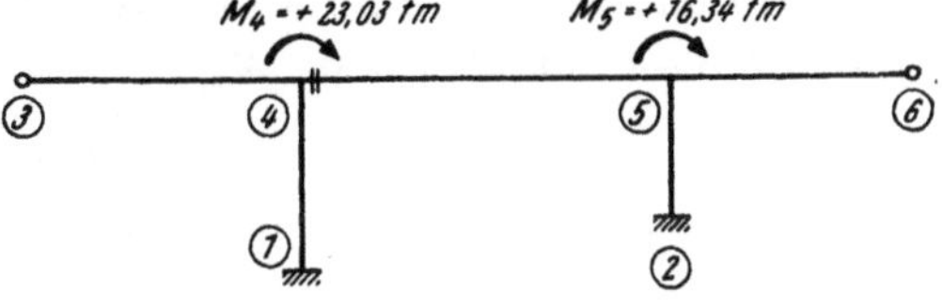

Abb. 777. „Ideelle" Knotenmomente zur Ermittlung der $M^{(s)}_{4,5}$-Einflußlinie.

In Abb. 777 ist diese ideelle Belastung eingetragen.

Die Verteilungszahlen μ und die Überleitungszahlen γ können unverändert aus der früheren Berechnung für lotrechte Belastung übernommen werden. Man

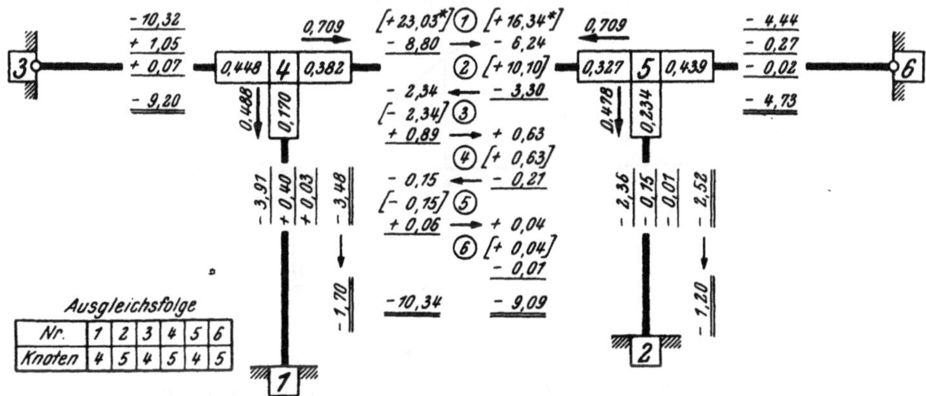

Abb. 778. Rechnungs-Skizze für den Ausgleich der „ideellen" Knotenmomente $M_4 = a_{4,5} = +\ 23{,}03$ tm und $M_5 = b_{4,5} = +\ 16{,}34$ tm aus Abb. 777.

trägt sie in die Rechnungs-Skizze (Abb. 778) ein und führt den Ausgleich der ideellen Knotenmomente $M_4 = +\ 23{,}03$ tm und $M_5 = +\ 16{,}34$ tm, die in der Rechnungs-Skizze als „Knotenrestmomente" in eine eckige Klammer zu setzen sind, in üblicher Weise durch. Das Ergebnis dieses Ausgleiches lautet:

$$M_{1,4} = -\,1,70 \text{ tm} \qquad M_{4,1} = -\,3,48 \text{ tm} \qquad M_{5,2} = -\,2,52 \text{ tm}$$
$$M_{2,5} = -\,1,20 \;,, \qquad M_{4,3} = -\,9,20 \;,, \qquad M_{5,4} = -\,9,09 \;,,$$
$$M_{4,5} = -\,10,34 \;,, \qquad M_{5,6} = -\,4,73 \;,, \quad .$$

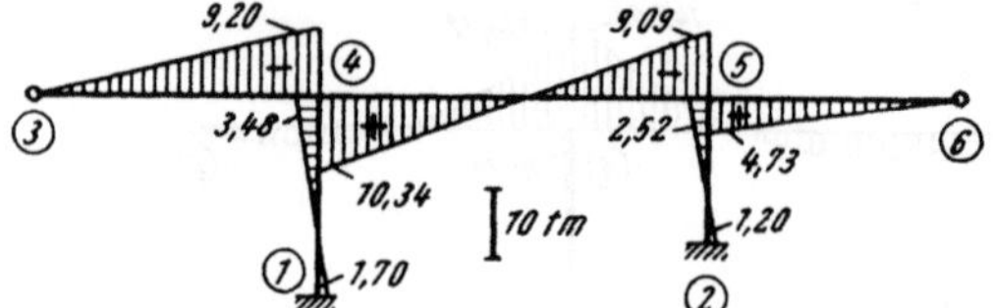

Abb. 779. M-Verlauf für die „ideelle" Knotenbelastung aus Abb. 777.

In Abb. 779 ist der zugehörige M-Verlauf maßstäblich aufgezeichnet.

Ermittlung der Biegelinie für die in Abb. 779 dargestellte M-Linie.

Die Ordinaten dieser Biegelinie erhält man nach (279) für einen Stab m-n allgemein aus

$$y^{(s)}{}_{m,n} = (M_m\,\eta_m + M_n\,\eta_n)\,\frac{l^2}{1000\,J_c}.$$

Die Auswertung dieser Formel für die drei Stäbe 3—4, 4—5 und 5—6 erfolgt am besten tabellarisch. Die Werte η_m und η_n sind für den Stab 3—4 und 5—6 aus Tafel 40 und für den Stab 4—5 aus Tafel 42 zu entnehmen. Man erhält somit

für Stab 3—4 mit $M_{3,4} = 0$, $M_{4,3} = -\,9,20$ tm, $l_1 = 16,0$ m, $1000\,J_c = 38,36$ m⁴,

$$y^{(s)} = -\,9,20\,\eta_4\,\frac{16,0^2}{38,36} = -\,61,4\,\eta_4;$$

für Stab 4—5 mit $M_{4,5} = +\,10,34$ tm, $M_{5,4} = -\,9,09$ tm, $l_2 = 22,0$ m, $1000\,J_c = 38,36$ m⁴,

$$y^{(s)} = (10,34\,\eta_4 - 9,09\,\eta_5)\,\frac{22,0^2}{38,36} = 130,5\,\eta_4 - 114,7\,\eta_5;$$

für Stab 5—6 mit $M_{5,6} = +\,4,73$ tm, $M_{6,5} = 0$, $l_3 = 14,0$ m, $1000\,J_c = 38,36$ m⁴,

$$y^{(s)} = 4,73\,\eta_5\,\frac{14,0^2}{38,36} = 24,17\,\eta_5.$$

Ermittlung der endgültigen Einflußlinie für $M_{4,5}$.

Durch Überlagerung der soeben mit ihren Ordinaten $y^{(s)}$ ermittelten Biegelinie mit der Einflußlinie für $\mathfrak{M}_{4,5}$ erhält man die endgültige Einflußlinie für $M_{4,5}$, und

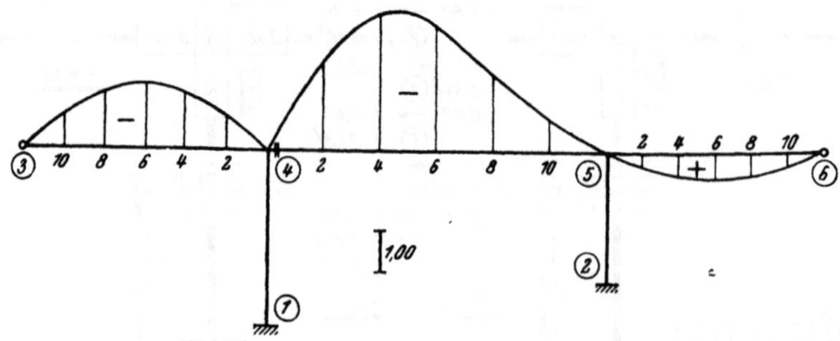

Abb. 780. $M_{4,5}$-Einflußlinie.

zwar wird hier nach (281) $\eta_M = y^{(s)} \pm \eta_{\mathfrak{M}} \cdot l$. Die Ordinaten $\eta_{\mathfrak{M}}$ sind im vorliegenden Fall gemäß Abb. 490a,b *negativ* einzuführen, weil sich der zu untersuchende Querschnitt am *linken* Stabende befindet. Die Ordinaten können aus Tafel 24 entnommen werden. Auch diese Rechnung wird in der folgenden Tabelle durchgeführt [vgl. die Spalten (7), (8), (9)]. Die Endergebnisse sind durch Fettdruck hervorgehoben und in Abb. 780 aufgetragen.

Ermittlung der Einflußlinie für $M_{4,5}$.

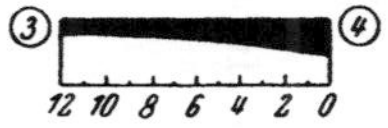

Tafel 40

Stab 3—4 $\lambda = 1,00$ $n = 0,105$ $l = 16,0$ m

$\eta^{(1)}M = -61,4\,\eta_4$

Stab 4—5 $\lambda = 0,50$ $n = 1,05$ $l = 22,0$ m

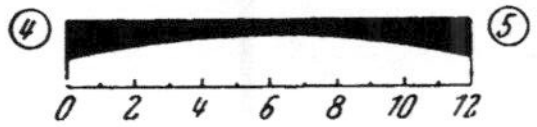

Tafel 42 bzw. Tafel 24

$\eta^{(2)}M = 130,5\,\eta_4 - 114,7\,\eta_5 + \eta_M \cdot 22,0$

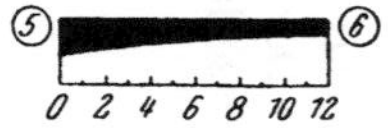

Tafel 40

Stab 5—6 $\lambda = 1,00$ $n = 0,105$ $l = 14,0$ m

$\eta^{(3)}M = 24,17\,\eta_5$

Ort	η_4	$\eta^{(1)}M =$ $= -61,4\,\eta_4$	$\dfrac{\eta_4}{\eta_5}$	$130,5\,\eta_4$	$-114,7\,\eta_5$	$y^{(8)} = (4)+(5)$	η_M	$\eta_M \cdot 22,0$	$\eta^{(2)}M =$ $= (6)+(8)$	η_5	$\eta^{(3)}M =$ $= 24,17\,\eta_5$
	(1)	(2)	(3)	(4)	(5)	(6)	(7)	(8)	(9)	(10)	(11)
1	0,0071	− 0,436	0,0123 / 0,0090	+ 1,605	− 1,032	+ 0,573	0,079	− 1,738	− 1,165	0,0071	+ 0,172
2	0,0132	− 0,810	0,0233 / 0,0179	+ 3,041	− 2,053	+ 0,988	0,141	− 3,105	− 2,117	0,0132	+ 0,319
3	0,0182	− 1,117	0,0327 / 0,0263	+ 4,270	− 3,020	+ 1,250	0,186	− 4,095	− 2,845	0,0182	+ 0,440
4	0,0220	− 1,351	0,0396 / 0,0339	+ 5,170	− 3,890	+ 1,280	0,205	− 4,510	− 3,230	0,0220	+ 0,532
5	0,0245	− 1,504	0,0433 / 0,0399	+ 5,650	− 4,575	+ 1,075	0,198	− 4,360	− 3,285	0,0245	+ 0,592
6	0,0255	− 1,566	0,0434 / 0,0434	+ 5,660	− 4,975	+ 0,685	0,167	− 3,675	− 2,990	0,0255	+ 0,616
7	0,0250	− 1,535	0,0399 / 0,0433	+ 5,205	− 4,965	+ 0,240	0,122	− 2,684	− 2,444	0,0250	+ 0,604
8	0,0226	− 1,388	0,0339 / 0,0396	+ 4,425	− 4,545	− 0,120	0,078	− 1,716	− 1,836	0,0226	+ 0,546
9	0,0187	− 1,148	0,0263 / 0,0327	+ 3,430	− 3,750	− 0,320	0,041	− 0,902	− 1,222	0,0187	+ 0,452
10	0,0134	− 0,823	0,0179 / 0,0233	+ 2,336	− 2,673	− 0,337	0,018	− 0,396	− 0,733	0,0134	+ 0,324
11	0,0070	− 0,430	0,0090 / 0,0123	+ 1,175	− 1,411	− 0,236	0,003	− 0,066	− 0,302	0,0070	+ 0,169

In Abb. 780 ist die $M_{4,5}$-Einflußlinie maßstäblich aufgetragen.

c) *Ermittlung der Einflußlinie für $M_{5,4}$ nach Verfahren B.*

Der Vorgang ist dergleiche wie vorher. Die „ideelle" Belastung ist jetzt $M_5 = a_{5,4} = + 23{,}03$ tm und $M_4 = b_{4,5} = + 16{,}34$ tm (vgl. Abb. 781). Der Ausgleich dieser Knotenmomente ist in Abb. 782 durchgeführt. Die Ergebnisse lauten:

$$M_{1,4} = - 0{,}98 \text{ tm} \qquad M_{4,1} = - 2{,}00 \text{ tm} \qquad M_{5,2} = - 4{,}65 \text{ tm}$$
$$M_{2,5} = - 2{,}22 \text{ ,,} \qquad M_{4,3} = - 5{,}26 \text{ ,,} \qquad M_{5,4} = - 9{,}66 \text{ ,,}$$
$$M_{4,5} = - 9{,}09 \text{ ,,} \qquad M_{5,6} = - 8{,}72 \text{ ,, .}$$

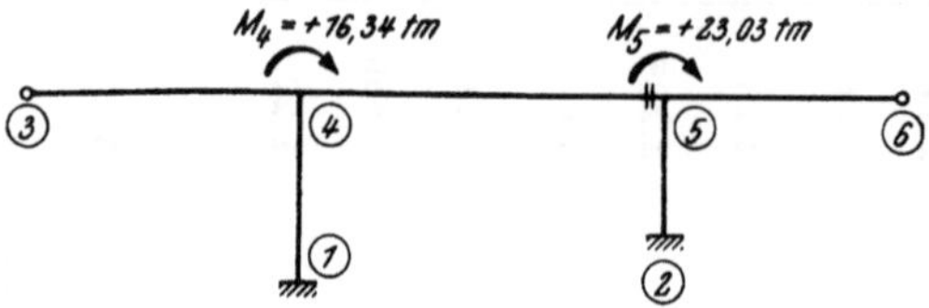

Abb. 781. „Ideelle" Knotenmomente zur Ermittlung der $M^{(8)}_{5,4}$-Einflußlinie.

In Abb. 783 ist der M-Verlauf maßstäblich eingezeichnet.

Ermittlung der Biegelinien-Ordinaten $y^{(8)}$ für die M-Linie nach Abb. 783.

Nach (279) ist

$$y^{(8)}{}_{m,n} = (M_m \eta_m + M_n \eta_n) \frac{l^2}{1000 J_c}.$$

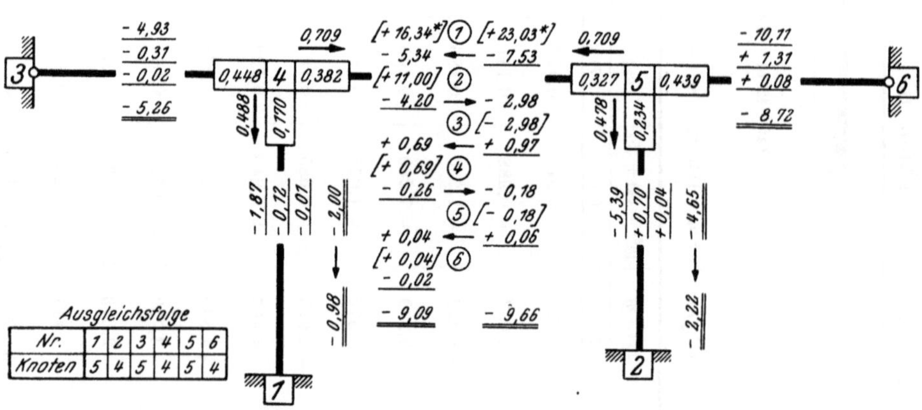

Abb. 782. Rechnungs-Skizze für den Ausgleich der „ideellen" Knotenmomente $M_5 = a_{5,4} = + 23{,}03$ tm und $M_4 = b_{4,5} = + 16{,}34$ tm aus Abb. 781.

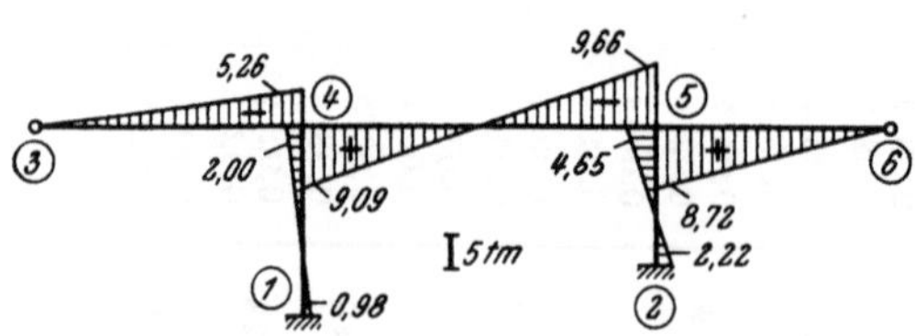

Abb. 783. M-Verlauf für die „ideelle" Knotenbelastung aus Abb. 781.

Man erhält also ähnlich wie vorher *für Stab 3—4* mit $M_{3,4} = 0$, $M_{4,3} = - 5{,}26$ tm, $l_1 = 16{,}0$ m, $1000 J_c = 38{,}36$ m⁴,

$$y^{(8)} = (0 - 5{,}26\, \eta_4) \frac{16{,}0^2}{38{,}36} = - 35{,}1\, \eta_4;$$

(Die Ordinaten η_4 sind aus Tafel 40 zu entnehmen)

für Stab 4—5 mit $M_{4,5} = + 9{,}09$ tm, $M_{5,4} = - 9{,}66$ tm, $l_2 = 22{,}0$ m, $1000 J_c = 38{,}36$ m⁴,

$$y^{(8)} = (9{,}09\, \eta_4 - 9{,}66\, \eta_5) \frac{22{,}0^2}{38{,}36} = 114{,}7\, \eta_4 - 121{,}9\, \eta_5;$$

(Die Ordinaten η_4 und η_5 erhält man aus Tafel 42) *für Stab 5—6* mit $M_{5,6} = +\,8{,}72$ tm, $M_{6,5} = 0$, $l_3 = 14{,}0$ m, $1000\,J_c = 38{,}36$ m⁴,

$$y^{(8)} = 8{,}72\,\eta_5\,\frac{14{,}0^2}{38{,}36} = 44{,}55\,\eta_5.$$

(Die Ordinaten η_5 sind aus Tafel 40 zu entnehmen).

Die Auswertung dieser Ausdrücke erfolgt Seite 344 tabellarisch [siehe Spalten (1) bis (6), (10) und (11)].

Ermittlung der endgültigen Einflußlinie für $M_{5,4}$.

Nach (281) erhält man für das Feld mit dem zu untersuchenden Querschnitt die Einflußlinien-Ordinaten aus

$$\eta_M = y^{(8)} + \eta_{\mathfrak{M}} \cdot l.$$

Hier sind die $\eta_{\mathfrak{M}}$-Ordinaten, die aus Tafel 24 entnommen werden können, gemäß Abb. 491a mit *positivem* Vorzeichen einzuführen, weil es sich um einen Querschnitt am *rechten* Stabende handelt.

Auch dieser Teil der Rechnung wird in der gleichen Tabelle Seite 344 durchgeführt [siehe Spalten (7), (8), (9)]. Die Endergebnisse, also die Ordinaten η_M der gesuchten $M_{5,4}$-Einflußlinie, sind durch Fettdruck gekennzeichnet und in Abb. 784 aufgetragen.

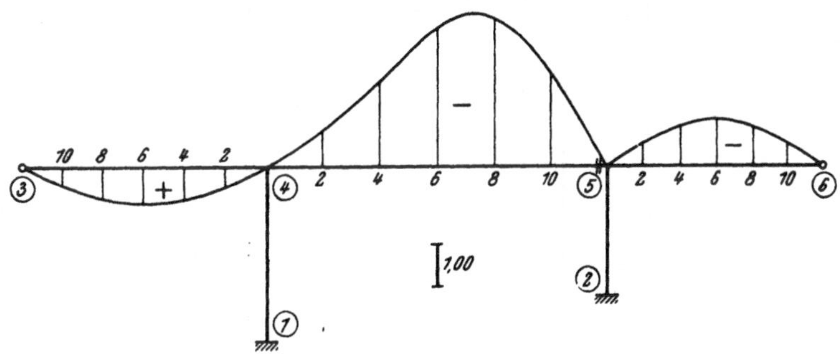

Abb. 784. $M_{5,4}$-Einflußlinie.

d) *Einflußlinie für das Feldmoment M_f im 2. Feld.*

An der Stelle $x = 5\,l/12 = 0{,}41\dot{6}\,l$ vom Knoten 4 und $x' = 7\,l/12 = 0{,}58\dot{3}\,l$ vom Knoten 5 ist die Einflußlinie für M_f zu ermitteln.

Nach (282) ist für ein Feldmoment an der Stelle x bzw. x' allgemein

$$M_x = M_1\,\frac{x'}{l} + M_2\,\frac{x}{l} + M_0^{(x)}.$$

Für $x = 0{,}41\dot{6}\,l$ und $x' = 0{,}58\dot{3}\,l$ wird also mit der hier gewählten Bezeichnung

$$M_f = 0{,}58\dot{3}\,M_{4,5} + 0{,}41\dot{6}\,M_{5,4} + M_0^{(x)}.$$

Man braucht somit nur an Stelle der Werte $M_{4,5}$, $M_{5,4}$ und $M_0^{(x)}$ die entsprechenden Einflußlinien-Ordinaten $\eta_{4,5}$, $\eta_{5,4}$ und η_{M0} zu setzen, um die Einflußlinien-Ordinaten η_f für M_f zu erhalten, also

$$\eta_f = 0{,}58\dot{3}\,\eta_{4,5} + 0{,}41\dot{6}\,\eta_{5,4} + \eta_{M0}.$$

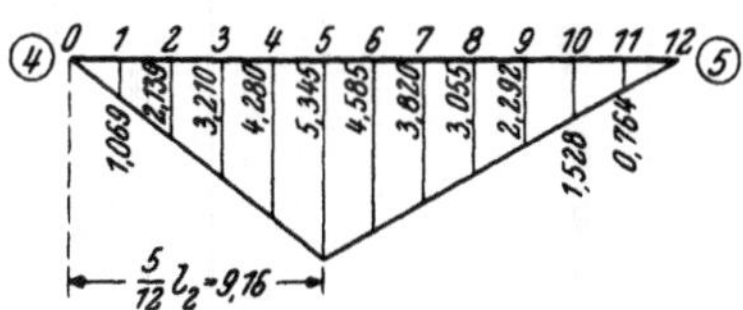

Abb. 785. Ordinaten der $M_0^{(x)}$-Einflußlinie im zweiten Feld.

Ermittlung der Einflußlinie für $M_{5,4}$.

Stab 3—4 $\lambda = 1,00$ $n = 0,105$ $l = 16,0$ m $\eta^{(1)}{}_M = -\,35,1\,\eta_4$ Tafel 40

Stab 4—5 $\lambda = 0,50$ $n = 1,05$ $l = 22,0$ m   Tafel 42 bzw. Tafel 24 $\eta^{(2)}{}_M = 114,7\,\eta_4 - 121,9\,\eta_5 + \eta_{\mathfrak{M}} \cdot 22,0$

Stab 5—6 $\lambda = 1,00$ $n = 0,105$ $l = 14,0$ m $\eta^{(3)}{}_M = 44,55\,\eta_5$ Tafel 40

Ort	η_4	$\eta^{(1)}{}_M = -\,35,1\,\eta_4$	$\dfrac{\eta_4}{\eta_5}$	$114,7\,\eta_4$	$-\,121,9\,\eta_5$	$(4) + (5)$	$\eta_{\mathfrak{M}}$	$\eta_{\mathfrak{M}} \cdot 22,0$	$\eta^{(2)}{}_M = (6) + (8)$	η_5	$\eta^{(3)}{}_M = 44,55\,\eta_5$
	(1)	(2)	(3)	(4)	(5)	(6)	(7)	(8)	(9)	(10)	(11)
1	0,0071	− 0,249	0,0123 / 0,0090	+ 1,411	− 1,097	+ 0,314	0,003	+ 0,066	+ 0,380	0,0071	+ 0,316
2	0,0132	− 0,463	0,0233 / 0,0179	+ 2,673	− 2,182	+ 0,491	0,018	+ 0,396	+ 0,887	0,0132	+ 0,588
3	0,0182	− 0,639	0,0327 / 0,0263	+ 3,750	− 3,206	+ 0,544	0,041	+ 0,902	+ 1,446	0,0182	+ 0,811
4	0,0220	− 0,772	0,0396 / 0,0339	+ 4,540	− 4,130	+ 0,410	0,078	+ 1,716	+ 2,126	0,0220	+ 0,980
5	0,0245	− 0,860	0,0433 / 0,0399	+ 4,970	− 4,865	+ 0,105	0,122	+ 2,684	+ 2,789	0,0245	+ 1,091
6	0,0255	− 0,895	0,0434 / 0,0434	+ 4,980	− 5,290	− 0,310	0,167	+ 3,675	+ 3,365	0,0255	+ 1,136
7	0,0250	− 0,878	0,0399 / 0,0433	+ 4,580	− 5,280	− 0,700	0,198	+ 4,355	+ 3,655	0,0250	+ 1,114
8	0,0226	− 0,793	0,0339 / 0,0396	+ 3,890	− 4,830	− 0,940	0,205	+ 4,510	+ 3,570	0,0226	+ 1,007
9	0,0187	− 0,656	0,0263 / 0,0327	+ 3,015	− 3,985	− 0,970	0,186	+ 4,090	+ 3,120	0,0187	+ 0,833
10	0,0134	− 0,470	0,0179 / 0,0233	+ 2,053	− 2,840	− 0,787	0,141	+ 3,102	+ 2,315	0,0134	+ 0,597
11	0,0070	− 0,246	0,0090 / 0,0123	+ 1,032	− 1,499	− 0,467	0,079	+ 1,738	+ 1,271	0,0070	+ 0,312

In Abb. 784 ist die $M_{5,4}$-Einflußlinie maßstäblich aufgetragen.

Ermittlung der Einflußlinie für das Feldmoment M_f im Feld (2) an der Stelle $x = 5\,l/12 = 0{,}41\dot{6}\,l$ vom Knoten 4.

	Stab 3—4			Stab 4—5				Stab 5—6		
	$\eta_f^{(1)} = 0{,}58\dot{3}\,\eta_{4,5} + 0{,}41\dot{6}\,\eta_{5,4}$			$\eta_f^{(2)} = 0{,}58\dot{3}\,\eta_{4,5} + 0{,}41\dot{6}\,\eta_{5,4} + \eta_{M_0}$				$\eta_f^{(3)} = 0{,}58\dot{3}\,\eta_{4,5} + 0{,}41\dot{6}\,\eta_{5,4}$		
Ort	$\eta_{4,5}$ $0{,}58\dot{3}\,\eta_{4,5}$	$\eta_{5,4}$ $0{,}41\dot{6}\,\eta_{5,4}$	$\eta_f^{(1)} =$ $= (1) + (2)$	$\eta_{4,5}$ $0{,}58\dot{3}\,\eta_{4,5}$	$\eta_{5,4}$ $0{,}41\dot{6}\,\eta_{5,4}$	η_{M_0}	$\eta_f^{(2)} =$ $(4) + (5) + (6)$	$\eta_{4,5}$ $0{,}58\dot{3}\,\eta_{4,5}$	$\eta_{5,4}$ $0{,}41\dot{6}\,\eta_{5,4}$	$\eta_f^{(3)} =$ $= (8) + (9)$
	(1)	(2)	(3)	(4)	(5)	(6)	(7)	(8)	(9)	(10)
1	— 0,436 — 0,254	+ 0,249 + 0,104	— 0,150	— 1,165 — 0,679	— 0,380 — 0,158	+ 1,069	+ 0,232	+ 0,172 + 0,100	— 0,316 — 0,132	— 0,032
2	— 0,810 — 0,472	+ 0,463 + 0,193	— 0,279	— 2,117 — 1,234	— 0,887 — 0,370	+ 2,139	+ 0,535	+ 0,319 + 0,186	— 0,588 — 0,245	— 0,059
3	— 1,117 — 0,651	+ 0,639 + 0,266	— 0,385	— 2,845 — 1,659	— 1,446 — 0,602	+ 3,210	+ 0,949	+ 0,440 + 0,257	— 0,811 — 0,338	— 0,081
4	— 1,351 — 0,788	+ 0,772 + 0,322	— 0,466	— 3,230 — 1,883	— 2,126 — 0,886	+ 4,280	+ 1,511	+ 0,532 + 0,310	— 0,980 — 0,408	— 0,098
5	— 1,504 — 0,877	+ 0,860 + 0,358	— 0,519	— 3,285 — 1,915	— 2,789 — 1,162	+ 5,345	+ 2,268	+ 0,592 + 0,345	— 1,091 — 0,455	— 0,110
6	— 1,566 — 0,913	+ 0,895 + 0,373	— 0,540	— 2,990 — 1,743	— 3,365 — 1,402	+ 4,585	+ 1,440	+ 0,616 + 0,359	— 1,136 — 0,473	— 0,114
7	— 1,535 — 0,895	+ 0,878 + 0,366	— 0,529	— 2,444 — 1,425	— 3,655 — 1,523	+ 3,820	+ 0,872	+ 0,604 + 0,352	— 1,114 — 0,464	— 0,112
8	— 1,388 — 0,809	+ 0,793 + 0,330	— 0,479	— 1,836 — 1,070	— 3,570 — 1,487	+ 3,055	+ 0,498	+ 0,546 + 0,318	— 1,007 — 0,420	— 0,102
9	— 1,148 — 0,669	+ 0,656 + 0,273	— 0,396	— 1,222 — 0,712	— 3,120 — 1,300	+ 2,292	+ 0,280	+ 0,452 + 0,264	— 0,833 — 0,347	— 0,083
10	— 0,823 — 0,480	+ 0,470 + 0,196	— 0,284	— 0,733 — 0,427	— 2,315 — 0,965	+ 1,528	+ 0,136	+ 0,324 + 0,189	— 0,597 — 0,249	— 0,060
11	— 0,430 — 0,251	+ 0,246 + 0,102	— 0,149	— 0,302 — 0,176	— 1,271 — 0,530	+ 0,764	+ 0,058	+ 0,169 + 0,099	— 0,312 — 0,130	— 0,031

In Abb. 786 ist die Einflußlinie für M_f maßstäblich aufgetragen.

Hierbei werden die Vorzeichen der Werte M bzw. η nach der üblichen Vorzeichenregel für Biegungsmomente (siehe Seite 169) eingeführt. Die Ordinaten η_{M0} der

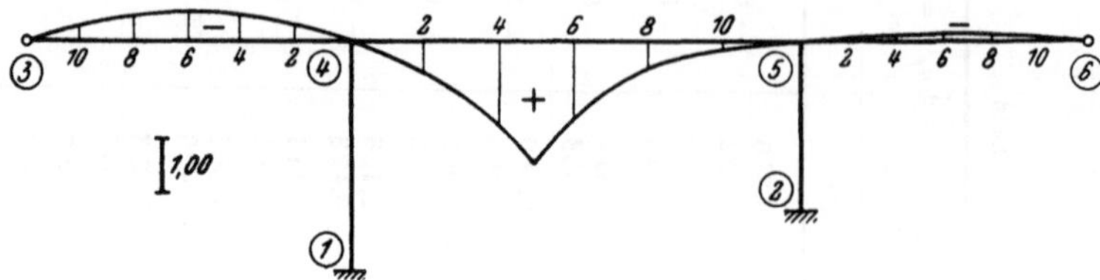

Abb. 786. Einflußlinie für M_f im zweiten Feld.

$M_0^{(x)}$-Einflußlinie sind gesondert in Abb. 785 eingetragen. Diese Rechnung wird Seite 345 ebenfalls tabellarisch durchgeführt; die Ergebnisse sind in Abb. 786 aufgetragen.

II. Tragwerke bei Temperaturwirkung.

Zahlenbeispiel 34.

Unsymmetrischer Zweifeldrahmen in Stahlbeton mit Fußgelenk bei (1). Es sind die Momente für eine Temperaturerhöhung um 20° zu ermitteln. Die Tragwerksabmessungen sind aus Abb. 787 zu entnehmen. Die Stabfestwerte k und k^0 sowie die für die Berechnung der Volleinspannmomente $\overline{M}^t$ gebrauchten Werte $6\,EJ/l^2$ bzw. $3\,EJ/l^2$ werden in der folgenden Tabelle ermittelt $(E = 210.000\,\mathrm{kg/cm^2})$.

Festwerttabelle.

Stab	b/h (cm)	J (m⁴)	l (m)	$k = \dfrac{1000\,J}{l}$	$k^0 = 0,75\,k$	$\dfrac{6\,EJ}{l^2}$ (t)	$\dfrac{3\,EJ}{l^2}$ (t)
1—4[1]	50/60	0,00900	4,0	2,25	1,69	—	3540
2—5	50/50	0,00521	5,0	1,04	—	2625	—
3—6	40/40	0,00213	3,5	0,61	—	2190	—
4—5	40/70	0,01143	7,0	1,63	—	2940	—
5—6	40/80	0,01707	9,0	1,90	—	2655	—

[1] Stab mit Gelenk.

Die Steifigkeitswerte k und k^0 werden in die Festwertskizze Abb. 788 eingetragen.

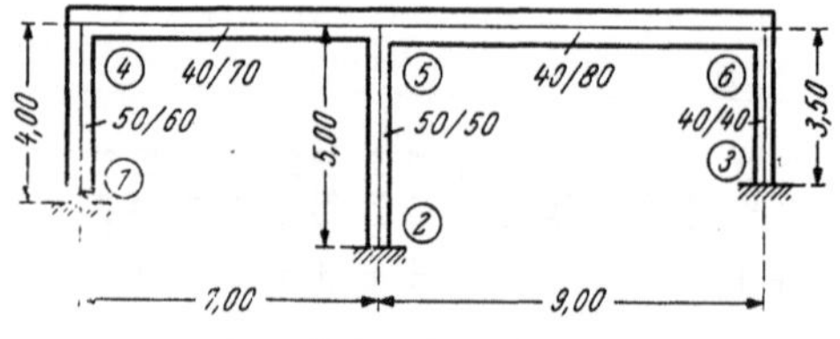

Abb. 787. Tragwerksabmessungen.

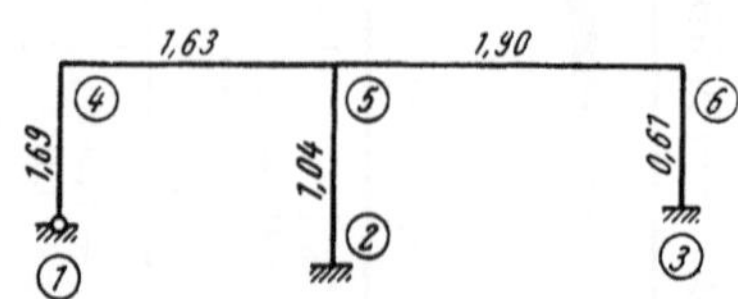

Abb. 788. Festwertskizze (k- und k^0-Zahlen).

Ermittlung der μ-Zahlen.

An Hand der Festwertskizze erhält man nach (29)

für Knoten 4: $\Sigma k = k^0_{4,1} + k_{4,5} = 1,69 + 1,63 = 3,32;$

$$\mu_{4,1} = \frac{k^0_{4,1}}{\Sigma k} = \frac{1,69}{3,32} = 0,509; \qquad \mu_{4,5} = \frac{k_{4,5}}{\Sigma k} = \frac{1,63}{3,32} = 0,491$$

und in gleicher Weise

für Knoten 5: $\quad \mu_{5,2} = 0,227; \qquad \mu_{5,4} = 0,357; \qquad \mu_{5,6} = 0,416$
sowie *für Knoten 6:* $\quad \mu_{6,3} = 0,243; \qquad \mu_{6,5} = 0,757.$

Berechnung der Längenänderungen λ.

Die λ-Werte werden für $t^0 = 20^0$ und $\omega = 0,00001$ nach (286) tabellarisch ermittelt.

Stab	l (m)	λ (m) $= \omega \cdot t^0 \cdot l$
1—4	4,0	0,0008
2—5	5,0	0,0010
3—6	3,5	0,0007
4—5	7,0	0,0014
5—6	9,0	0,0018

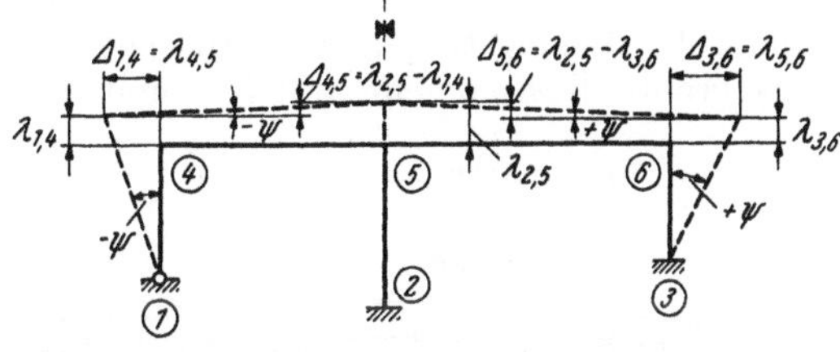

Abb. 789. Ermittlung der Stabendverschiebungen Δ aus den Längenänderungen λ.

Ermittlung der Δ-Werte.

Hält man den hier gegebenen Rahmen im Knoten 5 gegen waagrechte Verschiebungen fest, so können die diesem Zustand entsprechenden Δ-Werte an Hand der Abb. 789 aus den bereits berechneten λ-Werten leicht ermittelt werden.

Man erhält unter Beachtung der Vorzeichenregel für die Δ-Werte (das Vorzeichen von Δ stimmt mit dem Vorzeichen des Stabdrehwinkels ψ überein!):

$$\Delta_{1,4} = -\lambda_{4,5} = -0,0014 \text{ m}$$
$$\Delta_{2,5} = 0$$
$$\Delta_{3,6} = +\lambda_{5,6} = +0,0018 \text{ m}$$
$$\Delta_{4,5} = +\lambda_{1,4} - \lambda_{2,5} = 0,0008 - 0,0010 = -0,0002 \text{ m}$$
$$\Delta_{5,6} = +\lambda_{2,5} - \lambda_{3,6} = 0,0010 - 0,0007 = +0,0003 \text{ m.}$$

Berechnung der Volleinspannmomente $\overline{M}^t$.

Mit den in den letzten beiden Spalten der Festwerttabelle berechneten Hilfswerten erhält man nach (287) bzw. (288)

für Stab 1—4

$$\overline{M}^t_{4,1} = \frac{3\,EJ}{l^2} \cdot \Delta_{1,4} = -3540 \cdot 0,0014 = -4,96 \text{ tm,}$$

für Stab 3—6

$$\overline{M}^t_{3,6} = \overline{M}^t_{6,3} = \frac{6\,EJ}{l^2} \cdot \Delta_{3,6} = 2190 \cdot 0,0018 = +3,94 \text{ tm,}$$

für Stab 4—5

$$\overline{M}^t_{4,5} = \overline{M}^t_{5,4} = \frac{6\,EJ}{l^2} \cdot \Delta_{4,5} = -2940 \cdot 0,0002 = -0,588 \text{ tm,}$$

für Stab 5—6

$$\overline{M}^t_{5,6} = \overline{M}^t_{6,5} = \frac{6\,EJ}{l^2} \cdot \Delta_{5,6} = 2655 \cdot 0,0003 = +0,797 \text{ tm.}$$

Im Stab 2—5 treten keine Volleinspannmomente $\overline{M}^t$ auf, weil dort wegen der Festhaltung im Knoten 5 die Verschiebung $\varDelta_{2,5} = 0$ ist.

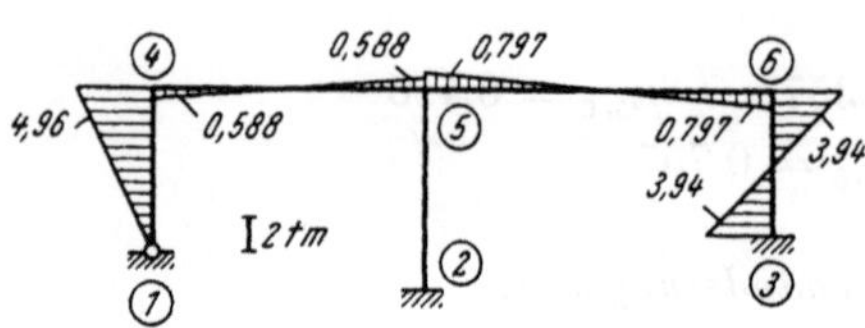

Abb. 790. Volleinspannmomente $\overline{M}^t$.

In Abb. 790 sind die hier ermittelten Volleinspannmomente $\overline{M}^t$ unter Berücksichtigung des Vorzeichens maßstäblich aufgetragen.

Ausgleich der $\overline{M}^t$-Momente.

Die Durchführung erfolgt in der Rechnungs-Skizze Abb. 791. Darin sind zunächst die μ-Zahlen und die $\overline{M}^t$-Werte aus Abb. 790 eingetragen. Der Ausgleich wird im Knoten 4 begonnen, weil dort das größte Restmoment auftritt, und zwar ist

$$M_4 = \Sigma \overline{M}^t = \overline{M}^t_{4,1} + \overline{M}^t_{4,5} = -\,4{,}960 - 0{,}588 = -\,5{,}548 \text{ tm.}$$

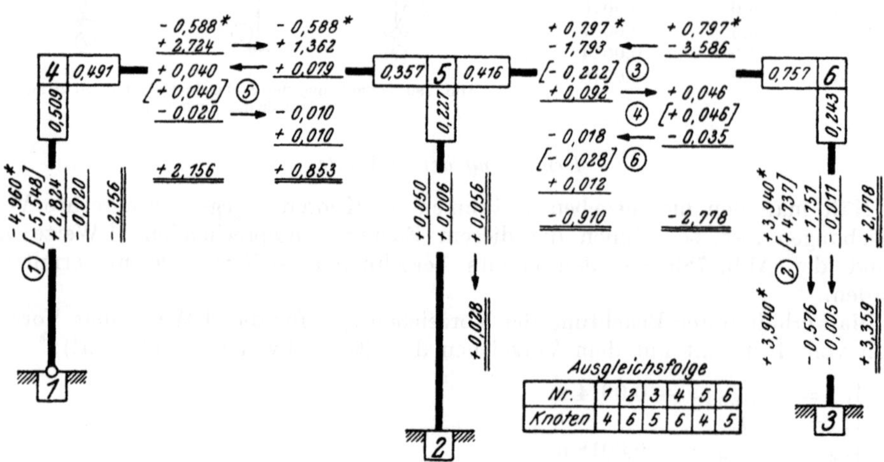

Abb. 791. Rechnungs-Skizze für den Ausgleich der $\overline{M}^t$-Momente aus Abb. 790.

Die Verteilung dieses Momentes im Knoten 4 ergibt:

$$M'_{4,1} = -\,\mu_{4,1}\, M_4 = 0{,}509 \cdot 5{,}548 = +\,2{,}824 \text{ tm}$$
$$M'_{4,5} = -\,\mu_{4,5}\, M_4 = 0{,}491 \cdot 5{,}548 = +\,2{,}724 \text{ ,, .}$$

Die Weiterleitung zum Knoten 5 ergibt

$$M''_{5,4} = 0{,}5\, M'_{4,5} = 0{,}5 \cdot 2{,}724 = +\,1{,}362 \text{ tm.}$$

Der nächste Ausgleich erfolgt bei Knoten 6. Hier ist das Restmoment

$$M_6 = \Sigma \overline{M}^t = \overline{M}^t_{6,3} + \overline{M}^t_{6,5} = +\,3{,}940 + 0{,}797 = +\,4{,}737 \text{ tm.}$$

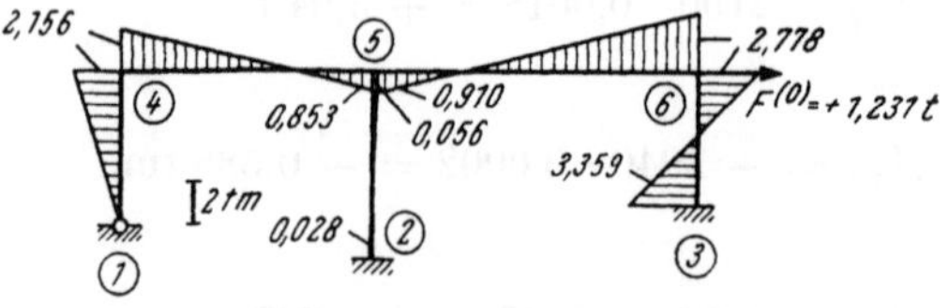

Abb. 792. $M_t^{(0)}$-Verlauf mit Festhaltekraft $F^{(0)}$.

Die weitere Rechnung ist in der Rechnungs-Skizze (Abb. 791) durchgeführt. Die Ergebnisse nach Beendigung des Ausgleiches im unverschieblich festgehaltenen Tragwerk ($M_t^{(0)}$-Momente) sind in Abb. 792 eingetragen.

Ermittlung der Festhaltekraft $F^{(0)}$.

Nach (74) ist $F^{(0)} = \sum \dfrac{M^o + M^u}{l}$. Somit wird hier in ausführlicher Schreibweise

$$F^{(0)} = \frac{M_{4,1}}{l_{1,4}} + \frac{M_{5,2} + M_{2,5}}{l_{2,5}} + \frac{M_{6,3} + M_{3,6}}{l_{3,6}}$$

und mit den Zahlenwerten aus Abb. 791 oder 792

$$F^{(0)} = \frac{-2,156}{4,00} + \frac{0,056 + 0,028}{5,00} + \frac{2,778 + 3,359}{3,50} = -0,539 + 0,017 + 1,753 =$$
$$= + 1,231 \, \text{t}.$$

Die Festhaltekraft im Knoten ist also von links nach rechts gerichtet ($\longrightarrow +$).

Nun sind die Verschiebungsmomente für die in umgekehrter Richtung angreifende Kraft $H = -F^{(0)} = -1,231$ t zu ermitteln. Das soll hier unter Anwendung des Verfahrens I geschehen.

Ermittlung der Verschiebungsmomente $M^{(1)}$ nach Verfahren I (mit Verschiebungsgleichungen).

Die Beschreibung des Rechnungsganges für dieses Verfahren ist Seite 93 gegeben. Man denkt sich vorerst das im Knoten 5 angenommene Festhaltelager beseitigt. Dadurch verwandelt sich die dort als Auflagerreaktion wirksam gewesene Festhaltekraft in eine Verschiebungskraft mit umgekehrtem Richtungssinn. Für die weitere Berechnung der zugehörigen Verschiebungsmomente ist es natürlich völlig gleichgültig, ob man diese Verschiebungskraft im Knoten 4, 5 oder 6 annimmt.

Volleinspannmomente $\overline{M}$ für $\Delta = + 2$ (vgl. Abb. 793).

Für den unten gelenkig angeschlossenen Stiel 1—4 erhält man nach (62) $\overline{M}^{(o)} = k^o/l \cdot \Delta$, also hier

$$\overline{M}_{4,1} = \frac{1,69}{4,0} \cdot 2 = + 0,845 \, \text{tm}.$$

Für die oben und unten eingespannten Stiele 2—5 und 3—6 wird nach (58)

$$\overline{M}^o = \overline{M}^u = \frac{1,5\,k}{l} \cdot \Delta,$$

somit für den Stiel 2—5

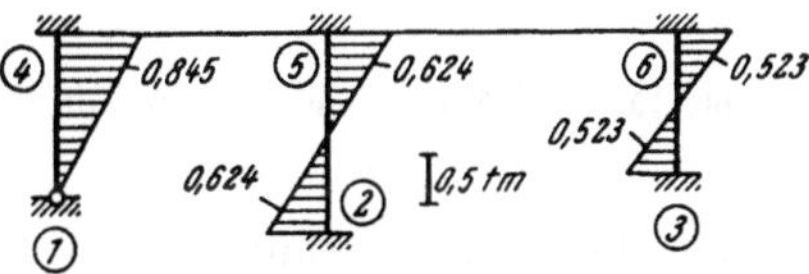

Abb. 793. Volleinspannmomente $\overline{M}$ für $\Delta = + 2$.

$$\overline{M}_{2,5} = \overline{M}_{5,2} = \frac{1,5 \cdot 1,04}{5,0} \cdot 2 = + 0,624 \, \text{tm},$$

und für den Stiel 3—6

$$\overline{M}_{3,6} = \overline{M}_{6,3} = \frac{1,5 \cdot 0,61}{3,5} \cdot 2 = + 0,523 \, \text{tm}.$$

Diese $\overline{M}$-Momente sind in Abb. 793 aufgetragen.

Nun wird der Rahmen wieder unverschieblich festgehalten und die in Abb. 793 eingetragenen Volleinspannmomente $\overline{M}$ nach CROSS ausgeglichen. Diese Rechnung ist in üblicher Weise gesondert in der Rechnungs-Skizze Abb. 794 durchgeführt. Die μ-Zahlen können aus der Rechnungs-Skizze Abb. 791 übernommen werden.

Der Ausgleich wird nach Eintragung der $\overline{M}$-Werte im Knoten 4 mit $M_4 = +\,0,845$ tm begonnen. Als Ergebnis der Rechnung erhält man:

$$
\begin{aligned}
M_{2,5} &= +\,0,596 \text{ tm} & M_{5,2} &= +\,0,569 \text{ tm} \\
M_{3,6} &= +\,0,465 \text{ ,,} & M_{5,4} &= -\,0,286 \text{ ,,} \\
& & M_{5,6} &= -\,0,283 \text{ ,,} \\
M_{4,1} &= +\,0,438 \text{ ,,} & & \\
M_{4,5} &= -\,0,438 \text{ ,,} & M_{6,3} &= +\,0,408 \text{ ,,} \\
& & M_{6,5} &= -\,0,408 \text{ ,, .}
\end{aligned}
$$

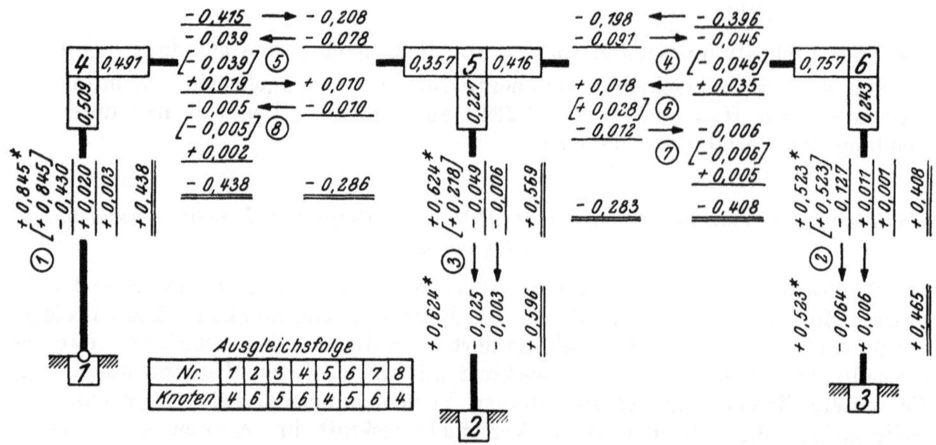

Abb. 794. Rechnungs-Skizze zur Ermittlung der $M^{(1)}$-Momente zu Abb. 793.

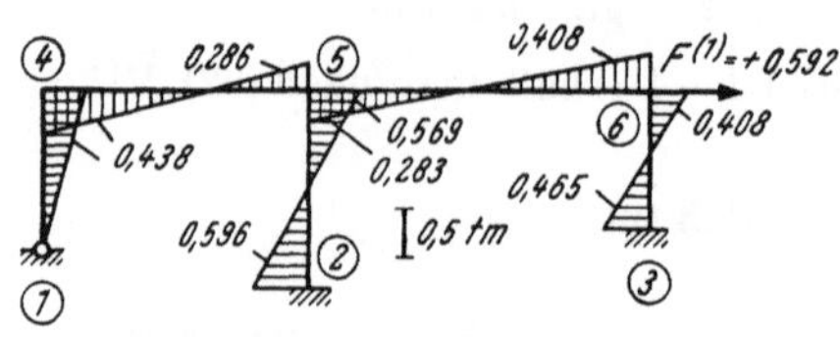

Abb. 795. $M^{(1)}$-Verlauf mit Festhaltekraft $F^{(1)}$.

In Abb. 795 sind diese $M^{(1)}$-Momente maßstäblich aufgetragen.

Festhaltekraft $F^{(1)}$.

Die dem $M^{(1)}$-Verlauf entsprechende Festhaltekraft $F^{(1)}$ ergibt sich nach (74) aus

$$
F = \sum \frac{M^o + M^u}{l}.
$$

Unter Bezugnahme auf die in Abb. 794 bzw. 795 eingeschriebenen $M^{(1)}$-Werte erhält man

$$
F^{(1)} = \frac{M_{4,1}}{l_{1,4}} + \frac{M_{5,2} + M_{2,5}}{l_{2,5}} + \frac{M_{6,3} + M_{3,6}}{l_{3,6}} =
$$

$$
= \frac{0,438}{4,00} + \frac{0,569 + 0,596}{5,00} + \frac{0,408 + 0,465}{3,50} = 0,1095 + 0,233 + 0,2495 = +\,0,592 \text{ t.}
$$

Ermittlung des Umrechnungsfaktors c.

Nach (140) lautet die Verschiebungsgleichung für 1-stöckige Rahmen

$$
F^{(0)} + c \cdot F^{(1)} = 0.
$$

Daraus wird

$$
c = -\,\frac{F^{(0)}}{F^{(1)}}.
$$

Setzt man für $F^{(0)}$ und $F^{(1)}$ die bereits ermittelten Werte ein, so erhält man:

$$c = -\,\frac{1,231}{0,592} = -\,2,08.$$

Endgültige Momente.

Sie ergeben sich nach (142) aus $M = M^{(0)} + c \cdot M^{(1)}$. Man erhält also an Hand der Abb. 792 und 795 bzw. 791 und 794:

$$M_{2,5} = +\,0,028 - 2,08 \cdot \quad\; 0,596 = -\,1,212 \text{ tm}$$
$$M_{3,6} = +\,3,359 - 2,08 \cdot \quad\; 0,465 = +\,2,392 \text{ ,,}$$

$$M_{4,1} = -\,2,156 - 2,08 \cdot \quad\; 0,438 = -\,3,067 \text{ ,,}$$
$$M_{4,5} = +\,2,156 - 2,08 \cdot (-\,0,438) = +\,3,067 \text{ ,,}$$

$$M_{5,2} = +\,0,056 - 2,08 \cdot \quad\; 0,569 = -\,1,128 \text{ ,,}$$
$$M_{5,4} = +\,0,853 - 2,08 \cdot (-\,0,286) = +\,1,448 \text{ ,,}$$
$$M_{5,6} = -\,0,910 - 2,08 \cdot (-\,0,283) = -\,0,321 \text{ ,,}$$

$$M_{6,3} = +\,2,778 - 2,08 \cdot \quad\; 0,408 = +\,1,931 \text{ ,,}$$
$$M_{6,5} = -\,2,778 - 2,08 \cdot (-\,0,408) = -\,1,931 \text{ ,, .}$$

In Abb. 796 ist der M-Verlauf maßstäblich dargestellt.

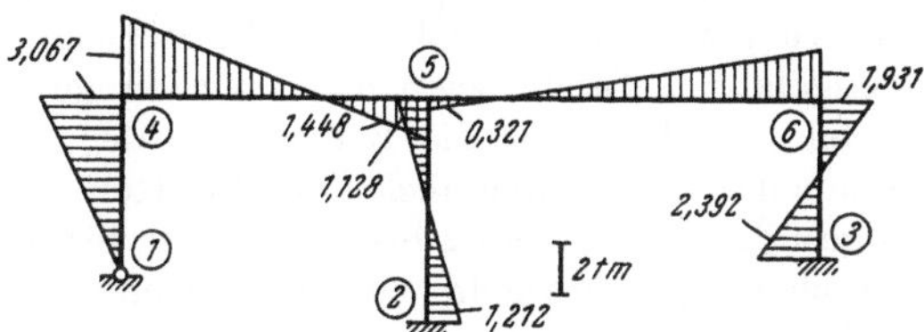

Abb. 796. Endgültiger M-Verlauf für eine Temperaturerhöhung um 20°.

Dritter Teil.

Hilfstafeln.

Allgemeine Erläuterungen und Hinweise.

Bei der Gliederung des gesamten Tafelteiles wie auch bei der Einrichtung und Ausstattung der einzelnen Hilfstafeln wurde versucht, durch strenge Systematik ein Optimum an Übersicht und Bequemlichkeit bei der praktischen Benutzung zu erreichen.

Ein großer Teil der vorliegenden Tafeln konnte aus dem Buch des Verfassers „Rahmentragwerke und Durchlaufträger" übernommen werden, wo sie sich in 5 Auflagen bereits bestens bewährt haben. Es war daher naheliegend, auch die neu hinzugekommenen Zahlen- und Kurventafeln in der gleichen Art darzustellen und auszustatten, um die für die Benutzung erwünschte Einheitlichkeit des gesamten Tafelwerkes auch hier zu gewährleisten. Über die Einrichtung der verschiedenen, in Gruppen zusammengefaßten Tafeln seien hier noch einige grundsätzliche Hinweise gegeben: In Tafel 1 sind die für die Berechnung der Steifigkeitszahlen benötigten Trägheitsmomente von Rechtecksquerschnitten gebräuchlicher Abmessungen zusammengestellt. Die Tafeln 2 bis 4 enthalten für häufig vorkommende Belastungsfälle gebrauchsfertige Formeln zur Ermittlung der Volleinspannmomente $\mathfrak{M}_1$ und $\mathfrak{M}_2$ sowie der Endtangentenwinkel $\alpha^0{}_1$ und $\alpha^0{}_2$ für Träger mit konstanten Querschnitten. In den Tafeln 5 und 6 sind die Formeln für das Volleinspannmoment $\mathfrak{M}^0{}_1$ der sog. „Gelenkstäbe" zusammengestellt. Die Tafelgruppe 7 bis 10 enthält die Steifigkeitswerte a und b von Stäben mit einseitig oder beidseitig geraden bzw. parabolischen Vouten. Durch die Leitwerte $\lambda = l_v/l$ und $n = J_c/J_A$ sind die verschiedensten Voutenformen erfaßbar, einschließlich der auch für praktische Fälle besonders wichtigen zwei *Grenzfälle*, nämlich für $\lambda = 0$ oder $n = 1$ (d. s. Stäbe mit konstantem Querschnitt ohne Vouten) und $n = 0$ bei beliebigen λ-Werten zwischen 0 und 1 (d. s. Stäbe mit einer starren Strecke gleich der Voutenlänge l_v). Für den erstgenannten Grenzfall ($\lambda = 0$ oder $n = 1$) erscheinen die Hilfswerte in der ersten Spalte bzw. in der untersten Reihe der Zahlentafeln, und zwar ist dort stets $a_1 = a_2 = a = 4$ und $b = 2$; für den zweiten Grenzfall ($n = 0$, $0 < \lambda < 1$) finden sich die zugehörigen Werte in der letzten Spalte dieser Tafeln.

Mit der Annahme von unendlich starren Strecken an den Stabenden als Ersatz für die Voutenwirkung bzw. für die sprunghaft veränderlichen Querschnitts-Trägheitsmomente kann z. B. in Rahmenstützen gerechnet werden (vgl. Zahlenbeispiele 31, 33). Ganz besondere Wichtigkeit kommt dieser Annahme aber im Bereich von Stabkreuzungen bei Vierendeelrahmen zu, wenn die Querschnittshöhen der einzelnen Pfosten und Riegel im Verhältnis zu den Stablängen sehr groß sind. Eine Vernachlässigung der sprunghaft veränderlichen Trägheitsmomente an den Stabkreuzungspunkten würde in solchen Fällen zu völlig falschen Ergebnissen führen. Dieser schon aus rein theoretischen Erwägungen erkennbare große Einfluß zeigt sich besonders anschaulich in den Ergebnissen einer mit den Werten der Tafel 7 bis 10 (siehe Fußnote Seite 130) bereits vor mehr als 20 Jahren durchgeführten Vergleichsberechnung eines schwer belasteten 4-geschossigen Vierendeel-Rahmentragwerkes[1] (vgl. Abb. 797 bis 800). Der Größenunterschied der Stabanschlußmomente beträgt an verschiedenen Stellen weit über 100%. In den Abb. 799 und 800 sind die aufschlußreichen Ergebnisse dieser Vergleichsberechnung gegenübergestellt. Die bei der Ausrüstung des gesamten Tragwerkes damals vorgenommenen Messungen der lotrechten Knotenpunktsverschiebungen stimmten mit jenen unter Berücksichtigung der sprunghaft veränderlichen Querschnitts-Trägheitsmomente rechnerisch ermittelten Werten sehr gut überein[1].

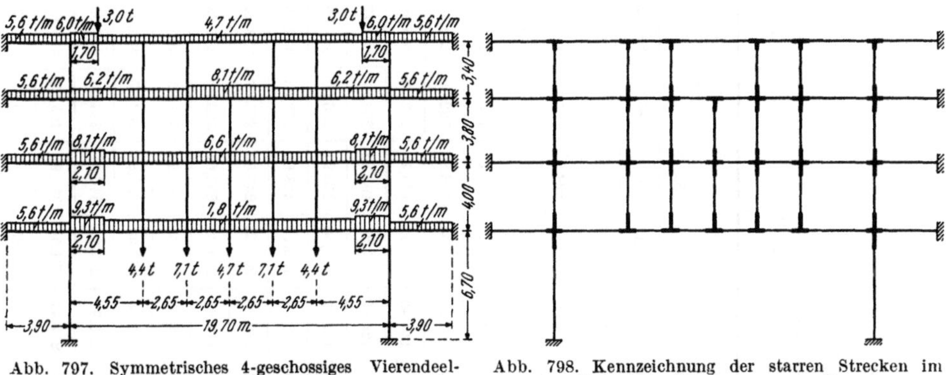

Abb. 797. Symmetrisches 4-geschossiges Vierendeel-Rahmentragwerk; Spannweiten, Stablängen und Belastungsangaben.

Abb. 798. Kennzeichnung der starren Strecken im Bereich der Stabkreuzungspunkte.

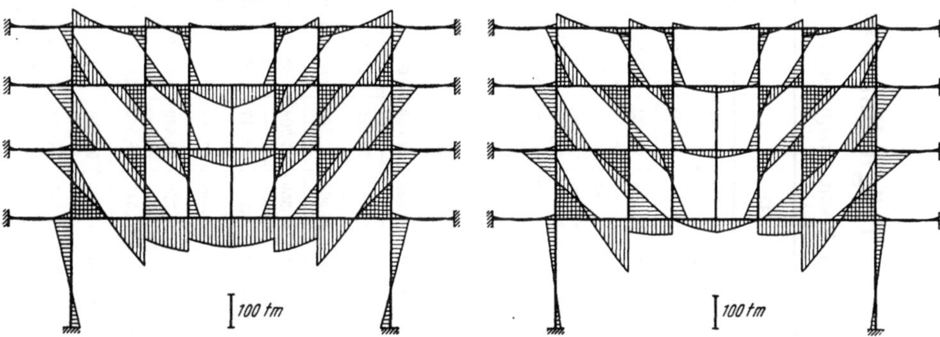

Abb. 799. M-Verlauf bei Vernachlässigung der Veränderlichkeit der Stabquerschnitte.

Abb. 800. M-Verlauf bei Berücksichtigung der Veränderlichkeit der Stabquerschnitte.

Aus den hier angeführten Gründen sind auch bei allen übrigen Tafelgruppen diese Grenzwerte für unendlich starre Strecken mit aufgenommen, und zwar in den Tafeln 11 und 12 für die Steifigkeitswerte $a^0{}_1$ von „Gelenkstäben", in den Tafeln 13 und 14 für die Steifigkeitswerte a' von „Symmetrie-Stäben", in den Tafeln 15 bis 26 für die Volleinspannmomente $\mathfrak{M}_1$, $\mathfrak{M}_2$ bzw $\mathfrak{M}^0{}_1$ von beidseitig voll eingespannten Stäben bzw. „Gelenkstäben", in den Tafeln 27 bis 30 für die Endtangentenwinkel α_1, α_2, β, in den Tafeln 31 bis 34 für die „Überleitungszahlen" γ bei Voutenstäben sowie in den Tafeln 35 bis 42 für die Endtangentenwinkel $\alpha^0{}_1$ und $\alpha^0{}_2$ bei durchgehenden Gleichlasten und Einzellasten.

Den Abschluß des Tafelwerkes bildet die Hilfstafel 43; sie dient zur Beschleunigung der Berechnung waagrecht verschieblicher Tragwerke nach dem „Sonderverfahren mit fingierten Knotenlasten" (siehe Erläuterungen Seite 112 ff.).

---

[1] Guldan, R. „Ein bemerkenswertes Rahmentragwerk im neuen Rathaus der Stadt Gablonz a. d. N.". Zeitschr. „HDI-Mitteilungen des Hauptvereines Deutscher Ingenieure in der ČSR", Jg. 1933, H. 15/16.

Trägheitsmomente

von Rechtecksquerschnitten in dm⁴.

$$J_s = \frac{b\,h^3}{12}$$

b(cm) \ h(cm)	10	15	20	25	30	35	40	45	50	55	60	65	70	75	80	85	90	95	100
10	0,083	0,281	0,667	1,302	2,250	3,573	5,333	7,594	10,417	13,86	18,00	22,89	28,58	35,16	42,67	51,18	60,75	71,45	83,33
15	0,125	0,422	1,000	1,953	3,375	5,359	8,000	11,391	15,625	20,80	27,00	34,33	42,88	52,73	64,00	76,77	91,13	107,17	125,00
20	0,167	0,563	1,333	2,604	4,500	7,146	10,667	15,188	20,833	27,73	36,00	45,77	57,17	70,31	85,33	102,35	121,50	142,90	166,67
25	0,208	0,703	1,667	3,255	5,625	8,932	13,333	18,984	26,042	34,66	45,00	57,21	71,46	87,89	106,67	127,94	151,88	178,62	208,33
30	0,250	0,844	2,000	3,906	6,750	10,719	16,000	22,781	31,250	41,59	54,00	68,66	85,75	105,47	128,00	153,53	182,25	214,34	250,00
35	0,292	0,984	2,333	4,557	7,875	12,505	18,667	26,578	36,458	48,53	63,00	80,10	100,04	123,05	149,33	179,12	212,63	250,07	291,67
40	0,333	1,125	2,667	5,208	9,000	14,292	21,333	30,375	41,667	55,46	72,00	91,54	114,33	140,63	170,67	204,71	243,00	285,79	333,33
45	0,375	1,266	3,000	5,859	10,125	16,078	24,000	34,172	46,875	62,39	81,00	102,98	128,63	158,20	192,00	230,30	273,38	321,52	375,00
50	0,417	1,406	3,333	6,510	11,250	17,865	26,667	37,969	52,083	69,32	90,00	114,43	142,92	175,78	213,33	255,89	303,75	357,24	416,67
55	0,458	1,547	3,667	7,161	12,375	19,651	29,333	41,766	57,292	76,26	99,00	125,87	157,21	193,36	234,67	281,47	334,13	392,96	458,33
60	0,500	1,688	4,000	7,813	13,500	21,438	32,000	45,563	62,500	83,19	108,00	137,31	171,50	210,94	256,00	307,06	364,50	428,69	500,00
65	0,542	1,828	4,333	8,464	14,625	23,224	34,667	49,359	67,708	90,12	117,00	148,76	185,79	228,52	277,33	332,65	394,88	464,41	541,67
70	0,583	1,969	4,667	9,115	15,750	25,010	37,333	53,156	72,917	97,05	126,00	160,20	200,08	246,09	298,67	358,24	425,25	500,14	583,33
75	0,625	2,109	5,000	9,766	16,875	26,797	40,000	56,953	78,125	103,98	135,00	171,64	214,38	263,67	320,00	383,83	455,63	535,86	625,00
80	0,667	2,250	5,333	10,417	18,000	28,583	42,667	60,750	83,333	110,92	144,00	183,08	228,67	281,25	341,33	409,42	486,00	571,58	666,67
85	0,708	2,391	5,667	11,068	19,125	30,370	45,333	64,547	88,542	117,85	153,00	194,53	242,96	298,83	362,67	435,01	516,38	607,31	708,33
90	0,750	2,531	6,000	11,719	20,250	32,156	48,000	68,344	93,750	124,78	162,00	205,97	257,25	316,41	384,00	460,59	546,75	643,03	750,00
95	0,792	2,672	6,333	12,370	21,375	33,943	50,667	72,141	98,958	131,71	171,00	217,41	271,54	333,98	405,38	486,18	577,13	678,76	791,67
100	0,833	2,813	6,667	13,021	22,500	35,729	53,333	75,938	104,167	138,65	180,00	228,85	285,83	351,56	426,67	511,77	607,50	714,48	833,33

Trägheitsmomente von Rechtecksquerschnitten in dm⁴.

h (cm) / b (cm)	105	110	115	120	125	130	135	140	145	150	155	160	165	170	175	180	185	190	200
10	96,5	110,9	126,7	144,0	162,8	183,1	205,0	228,7	254,1	281,3	310,3	341,3	374,3	409,4	446,6	486,0	527,6	571,6	666,7
15	144,7	166,4	190,1	216,0	244,1	274,6	307,5	343,0	381,1	421,9	465,5	512,0	561,5	614,1	669,9	729,0	791,5	857,4	1000,0
20	192,9	221,8	253,5	288,0	325,5	366,2	410,1	457,3	508,1	562,5	620,6	682,7	748,7	818,8	893,2	972,0	1055,3	1143,2	1333,3
25	241,2	277,3	316,8	360,0	406,9	457,7	512,6	571,7	635,1	703,1	775,8	853,3	935,9	1023,4	1116,5	1215,0	1319,1	1429,0	1666,7
30	289,4	332,8	380,2	432,0	488,3	549,2	615,1	686,0	762,2	843,8	931,0	1024,0	1123,0	1228,3	1339,8	1458,0	1582,9	1714,7	2000,0
35	337,6	388,2	443,6	504,0	569,7	640,8	717,6	800,3	889,2	984,4	1086,1	1194,7	1310,2	1433,0	1563,2	1701,0	1846,7	2000,5	2333,3
40	385,9	443,7	507,0	576,0	651,0	732,3	820,1	914,7	1016,2	1125,0	1241,3	1365,3	1497,4	1637,7	1786,5	1944,0	2110,5	2286,3	2666,7
45	434,1	499,1	570,3	648,0	732,4	823,9	922,6	1029,0	1143,2	1265,6	1396,5	1536,0	1684,5	1842,4	2009,8	2187,0	2374,4	2572,1	3000,0
50	482,3	554,6	633,7	720,0	813,8	915,4	1025,2	1143,3	1270,3	1406,3	1551,6	1706,7	1871,7	2047,1	2233,1	2430,0	2638,2	2857,9	3333,3
55	530,6	610,0	697,1	792,0	895,2	1007,0	1127,7	1257,7	1397,3	1546,9	1706,8	1877,3	2058,9	2251,8	2456,4	2673,0	2902,0	3143,7	3666,7
60	578,8	665,5	760,4	864,0	976,6	1098,5	1230,2	1372,0	1524,3	1687,5	1861,9	2048,0	2246,1	2456,5	2679,7	2916,0	3165,8	3429,5	4000,0
65	627,0	721,0	823,8	936,0	1057,9	1190,0	1332,7	1486,3	1651,3	1828,1	2017,1	2218,7	2433,2	2661,2	2903,0	3159,0	3429,6	3715,3	4333,3
70	675,3	776,4	887,2	1008,0	1139,3	1281,6	1435,2	1600,7	1778,4	1968,8	2172,3	2389,3	2620,4	2865,9	3126,3	3402,0	3693,4	4001,1	4666,7
75	723,5	831,9	950,5	1080,0	1220,7	1373,1	1537,7	1715,0	1905,4	2109,4	2327,4	2560,0	2807,6	3070,6	3349,6	3645,0	3957,3	4826,9	5000,0
80	771,8	887,3	1013,9	1152,0	1302,1	1464,7	1640,3	1829,3	2032,4	2250,0	2482,6	2730,7	2994,8	3275,3	3572,9	3888,0	4221,1	4572,7	5333,3
85	820,0	942,8	1077,3	1224,0	1383,5	1556,2	1742,8	1943,7	2159,4	2390,6	2637,7	2901,3	3181,9	3480,0	3796,2	4131,0	4484,9	4858,5	5666,7
90	868,2	998,3	1140,7	1296,0	1464,8	1647,7	1845,3	2058,0	2286,5	2531,3	2792,9	3072,0	3369,1	3684,8	4019,5	4374,0	4748,7	5144,2	6000,0
95	916,5	1053,7	1204,0	1368,0	1546,2	1739,3	1947,8	2172,3	2413,5	2671,9	2948,1	3242,7	3556,3	3889,5	4242,8	4617,0	5012,5	5430,0	6333,3
100	964,7	1109,2	1267,4	1440,0	1627,6	1830,8	2050,3	2286,7	2540,5	2812,5	3103,2	3413,3	3743,4	4094,2	4466,1	4860,0	5276,4	5715,8	6666,7

Volleinspannmomente $\mathfrak{M}_1$ $\mathfrak{M}_2$

Tafel 2.

Gleichmäßig verteilte Streckenlasten.

und Endtangentenwinkel α^0_1 α^0_2
(für Stäbe ohne Vouten).

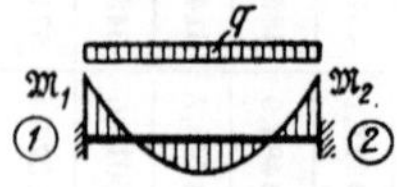

Kreuzlinienabschnitte:

$$K^0_1 = \frac{6\,\alpha^0_2}{l}; \quad K^0_2 = \frac{6\,\alpha^0_1}{l}.$$

Nr.	Belastungsart, M_0-Flächen	$\mathfrak{M}_1$ $\mathfrak{M}_2$	α^0_1 α^0_2
1		$\mathfrak{M}_1 = -\mathfrak{M}_2 = +\dfrac{q\,l^2}{12}$	$\alpha^0_1 = \alpha^0_2 = \dfrac{q\,l^3}{24}$
2		$\mathfrak{M}_1 = -\mathfrak{M}_2 = +\dfrac{q\,s}{24\,l}(3\,l^2-s^2)$ für $s=\dfrac{l}{2}$: $\mathfrak{M}_1 = -\mathfrak{M}_2 = +\dfrac{11q l^2}{192}$ für $s=\dfrac{l}{3}$: $\mathfrak{M}_1 = -\mathfrak{M}_2 = +\dfrac{13q l^2}{324}$ für $s=\dfrac{l}{4}$: $\mathfrak{M}_1 = -\mathfrak{M}_2 = +\dfrac{47q l^2}{1536}$	$\alpha^0_1 = \alpha^0_2 = \dfrac{q\,s}{48}(3\,l^2-s^2)$ für $s=\dfrac{l}{2}$: $\alpha^0_1 = \alpha^0_2 = \dfrac{11q l^3}{384}$ für $s=\dfrac{l}{3}$: $\alpha^0_1 = \alpha^0_2 = \dfrac{13q l^3}{648}$ für $s=\dfrac{l}{4}$: $\alpha^0_1 = \alpha^0_2 = \dfrac{47q l^3}{3072}$
3		$\mathfrak{M}_1 = -\mathfrak{M}_2 = +\dfrac{q\,s^2}{6\,l}(2l+a)$ für $a=s=\dfrac{l}{3}$: $\mathfrak{M}_1 = -\mathfrak{M}_2 = +\dfrac{7\,q\,l^2}{162}$	$\alpha^0_1 = \alpha^0_2 = \dfrac{q\,s^2}{12}(2\,l+a)$ für $a=s=\dfrac{l}{3}$: $\alpha^0_1 = \alpha^0_2 = \dfrac{7\,q\,l^3}{324}$
4		$\mathfrak{M}_1 = -\mathfrak{M}_2 =$ $= +\dfrac{q\,s}{12\,l}[3l^2-3(b+s)^2-s^2]$ für $a=s=b=\dfrac{l}{5}$: $\mathfrak{M}_1 = -\mathfrak{M}_2 = +\dfrac{31\,q\,l^2}{750}$	$\alpha^0_1 = \alpha^0_2 =$ $= \dfrac{q\,s}{24}[3\,l^2-3\,(b+s)^2-s^2]$ für $a=s=b=\dfrac{l}{5}$: $\alpha^0_1 = \alpha^0_2 = \dfrac{31\,q\,l^3}{1500}$
5		$\mathfrak{M}_1 = +\dfrac{q\,s^2}{12\,l^2}[2l(3l-4s)+3s^2]$ $\mathfrak{M}_2 = -\dfrac{q\,s^3}{12\,l^2}(4\,l-3\,s)$ für $s=b=\dfrac{l}{2}$: $\mathfrak{M}_1 = +\dfrac{11q l^2}{192}$ $\mathfrak{M}_2 = -\dfrac{5\,q\,l^2}{192}$	$\alpha^0_1 = \dfrac{q\,s^2}{24\,l}(2\,l-s)^2$ $\alpha^0_2 = \dfrac{q\,s^2}{24\,l}(2\,l^2-s^2)$ für $s=b=\dfrac{l}{2}$: $\alpha^0_1 = \dfrac{9\,q\,l^3}{384}$ $\alpha^0_2 = \dfrac{7\,q\,l^3}{384}$
6		$\mathfrak{M}_1 = +\dfrac{q\,s}{12\,l^2}[12ab^2+s^2(l-3b)]$ $\mathfrak{M}_2 = -\dfrac{q\,s}{12\,l^2}[12a^2b+s^2(l-3a)]$	$\alpha^0_1 = \dfrac{q\,b\,s}{24\,l}[4\,a\,(b+l)-s^2]$ $\alpha^0_2 = \dfrac{q\,a\,s}{24\,l}[4\,b\,(a+l)-s^2]$

Volleinspannmomente $\mathfrak{M}_1$ $\mathfrak{M}_2$

Tafel 3.

und Endtangentenwinkel $\alpha^0{}_1$ $\alpha^0{}_2$
(für Stäbe ohne Vouten).

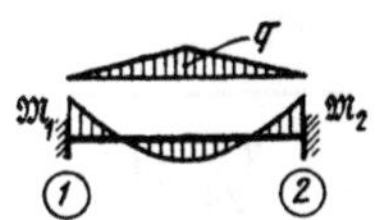

Kreuzlinienabschnitte:

$$K^0{}_1 = \frac{6\,\alpha^0{}_2}{l}; \quad K^0{}_2 = \frac{6\,\alpha^0{}_1}{l}.$$

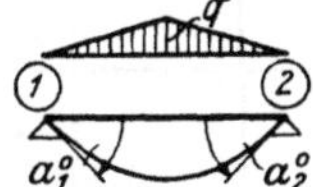

Nr.	Belastungsart, M_0-Flächen	$\mathfrak{M}_1$ $\mathfrak{M}_2$	$\alpha^0{}_1$ $\alpha^0{}_2$
7		$\mathfrak{M}_1 = -\,\mathfrak{M}_2 = +\,\dfrac{5\,q\,l^2}{96}$	$\alpha^0{}_1 = \alpha^0{}_2 = \dfrac{5\,q\,l^3}{192}$
8		$\mathfrak{M}_1 = -\,\mathfrak{M}_2 = +\,\dfrac{q\,s}{24\,l}(3\,l^2 - 2\,s^2)$ für $a = s = \dfrac{l}{4}$: $\mathfrak{M}_1 = -\,\mathfrak{M}_2 = +\,\dfrac{23\,q\,l^2}{768}$	$\alpha^0{}_1 = \alpha^0{}_2 = \dfrac{q\,s}{48}(3\,l^2 - 2\,s^2)$ für $a = s = \dfrac{l}{4}$: $\alpha^0{}_1 = \alpha^0{}_2 = \dfrac{23\,q\,l^3}{1536}$
9		$\mathfrak{M}_1 = -\,\mathfrak{M}_2 = +\,\dfrac{q\,l^2}{32}$	$\alpha^0{}_1 = \alpha^0{}_2 = \dfrac{q\,l^3}{64}$
10		$\mathfrak{M}_1 = -\,\mathfrak{M}_2 = +\,\dfrac{q\,s}{8\,l}(l^2 - 2\,s^2)$ für $a = s = \dfrac{l}{4}$: $\mathfrak{M}_1 = -\,\mathfrak{M}_2 = +\,\dfrac{7\,q\,l^2}{256}$	$\alpha^0{}_1 = \alpha^0{}_2 = \dfrac{q\,s}{16}(l^2 - 2\,s^2)$ für $a = s = \dfrac{l}{4}$: $\alpha^0{}_1 = \alpha^0{}_2 = \dfrac{7\,q\,l^3}{512}$
11		$\mathfrak{M}_1 = -\,\mathfrak{M}_2 = +\,\dfrac{q\,s^2}{12\,l}(2\,l - s)$ für $s = b = \dfrac{l}{3}$: $\mathfrak{M}_1 = -\,\mathfrak{M}_2 = +\,\dfrac{5\,q\,l^2}{324}$	$\alpha^0{}_1 = \alpha^0{}_2 = \dfrac{q\,s^2}{24}(2\,l - s)$ für $s = b = \dfrac{l}{3}$: $\alpha^0{}_1 = \alpha^0{}_2 = \dfrac{q\,l^3}{648}$
12		$\mathfrak{M}_1 = +\,\dfrac{q\,s}{12\,l}[6\,a\,(l-a) + s\,(2\,b + 3\,s)]$ für $a = b = s = \dfrac{l}{5}$: $\mathfrak{M}_1 = -\,\mathfrak{M}_2 = +\,\dfrac{29\,q\,l^2}{1500}$	$\alpha^0{}_1 = \alpha^0{}_2 = \dfrac{q\,s}{24}[6\,a\,(l-a) + s\,(2\,b + 3\,s)]$ für $a = b = s = \dfrac{l}{5}$: $\alpha^0{}_1 = \alpha^0{}_2 = \dfrac{29\,q\,l^3}{3000}$

Tafel 3 (Fortsetzung).

Volleinspannmomente $\mathfrak{M}_1$ $\mathfrak{M}_2$ und Endtangentenwinkel $\alpha^0{}_1$ $\alpha^0{}_2$.

Nr.	Belastungsart, M_0-Flächen	$\mathfrak{M}_1$ $\mathfrak{M}_2$	$\alpha^0{}_1$ $\alpha^0{}_2$
13	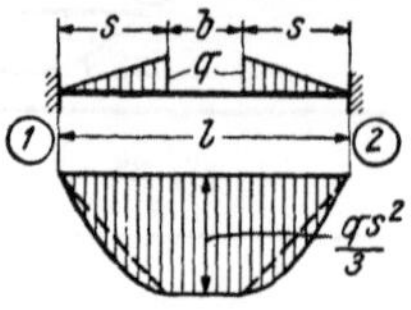	$\mathfrak{M}_1 = -\mathfrak{M}_2 = +\dfrac{q\,s^2}{12\,l}(4\,l - 3\,s)$ für $s = b = \dfrac{l}{3}$: $\mathfrak{M}_1 = -\mathfrak{M}_2 = +\dfrac{q\,l^2}{36}$	$\alpha^0{}_1 = \alpha^0{}_2 = \dfrac{q\,s^2}{24}(4\,l - 3\,s)$ für $s = b = \dfrac{l}{3}$: $\alpha^0{}_1 = \alpha^0{}_2 = \dfrac{q\,l^3}{72}$
14	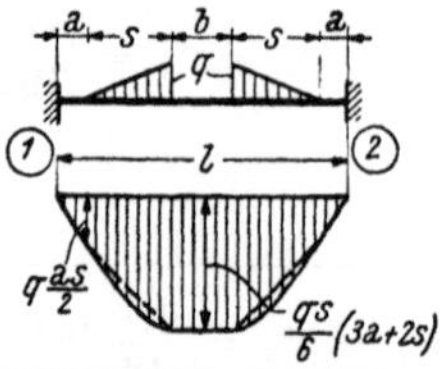	$\mathfrak{M}_1 = -\mathfrak{M}_2 =$ $= +\dfrac{q\,s}{12\,l}\left[6a(l-a) + s(4b+5s)\right]$ für $a = s = b = \dfrac{l}{5}$: $\mathfrak{M}_1 = -\mathfrak{M}_2 = +\dfrac{11\,q\,l^2}{500}$	$\alpha^0{}_1 = \alpha^0{}_2 =$ $= \dfrac{q\,s}{24}\left[6a(l-a) + s(4b+5s)\right]$ für $a = s = b = \dfrac{l}{5}$: $\alpha^0{}_1 = \alpha^0{}_2 = \dfrac{11\,q\,l^3}{1000}$
15	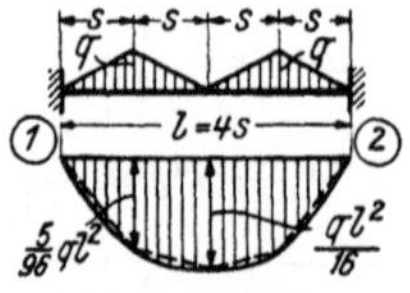	$\mathfrak{M}_1 = -\mathfrak{M}_2 = +\dfrac{17\,q\,l^2}{384}$	$\alpha^0{}_1 = \alpha^0{}_2 = \dfrac{17\,q\,l^3}{768}$
16	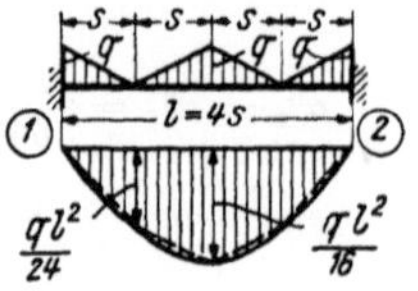	$\mathfrak{M}_1 = -\mathfrak{M}_2 = +\dfrac{5\,q\,l^2}{128}$	$\alpha^0{}_1 = \alpha^0{}_2 = \dfrac{5\,q\,l^3}{256}$
17	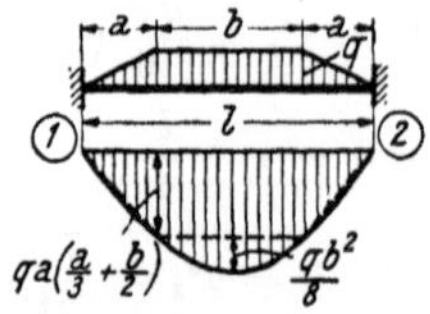	$\mathfrak{M}_1 = -\mathfrak{M}_2 =$ $= +\dfrac{q}{12\,l}\left[l^3 - a^2(2\,l-a)\right]$ für $a = b = \dfrac{l}{3}$: $\mathfrak{M}_1 = -\mathfrak{M}_2 = +\dfrac{11\,q\,l^2}{162}$	$\alpha^0{}_1 = \alpha^0{}_2 = \dfrac{q}{24}\left[l^3 - a^2(2\,l-a)\right]$ für $a = b = \dfrac{l}{3}$: $\alpha^0{}_1 = \alpha^0{}_2 = \dfrac{11\,q\,l^3}{324}$
18	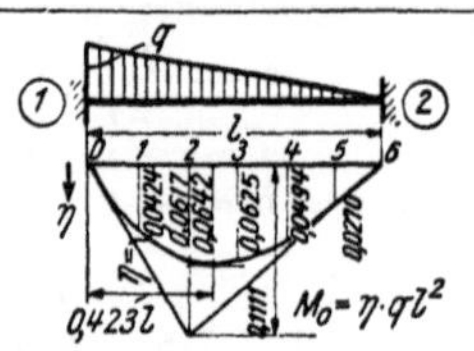	$\mathfrak{M}_1 = +\dfrac{q\,l^2}{20}$ $\mathfrak{M}_2 = -\dfrac{q\,l^2}{30}$	$\alpha^0{}_1 = \dfrac{q\,l^3}{45}$ $\alpha^0{}_2 = \dfrac{7\,q\,l^3}{360}$
19	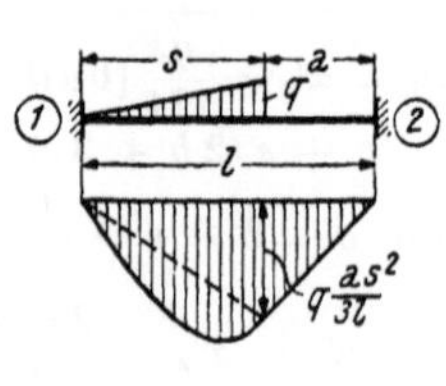	$\mathfrak{M}_1 = +\dfrac{q\,s^2}{30\,l^2}\left[10a^2 + s(5a+s)\right]$ $\mathfrak{M}_2 = -\dfrac{q\,s^3}{20\,l^2}(5\,a + s)$ für $s = a = \dfrac{l}{2}$: $\mathfrak{M}_1 = +\dfrac{q\,l^2}{30}$ $\mathfrak{M}_2 = -\dfrac{3\,q\,l^2}{160}$	$\alpha^0{}_1 = \dfrac{q\,s^2}{360\,l}\left[40a^2 + 7s(5a+s)\right]$ $\alpha^0{}_2 = \dfrac{q\,s^2}{180\,l}\left[10a^2 + 4s(5a+s)\right]$ für $s = a = \dfrac{l}{2}$: $\alpha^0{}_1 = \dfrac{41\,q\,l^3}{2880}$ $\alpha^0{}_2 = \dfrac{17\,q\,l^3}{1440}$

Volleinspannmomente $\mathfrak{M}_1\ \mathfrak{M}_2$ und Endtangentenwinkel $\alpha^0{}_1\ \alpha^0{}_2$.

Nr.	Belastungsart, M_0-Flächen	$\mathfrak{M}_1\ \mathfrak{M}_2$	$\alpha^0{}_1\ \alpha^0{}_2$
20		$\mathfrak{M}_1 = +\dfrac{q\,s^2}{60\,l^2}(10\,b\,l + 3\,s^2)$ $\mathfrak{M}_2 = -\dfrac{q\,s^3}{60\,l^2}(5\,b + 2\,s)$ für $s=b=\dfrac{l}{2}$: $\mathfrak{M}_1 = +\dfrac{23\,q\,l^2}{960}$ $\mathfrak{M}_2 = -\dfrac{7\,q\,l^2}{960}$	$\alpha^0{}_1 = \dfrac{q\,s^2}{360\,l}\,[5\,b\,(4l+s) + 8\,s^2]$ $\alpha^0{}_2 = \dfrac{q\,s^2}{360\,l}\,[10\,b\,(l+s) + 7\,s^2]$ für $s=b=\dfrac{l}{2}$: $\alpha^0{}_1 = \dfrac{53\,q\,l^3}{5760}$ $\alpha^0{}_2 = \dfrac{37\,q\,l^3}{5760}$
21		$\mathfrak{M}_1 = +\dfrac{q\,s}{60\,l^2}\,[10\,b^2\,(3a+s) +$ $+\,s^2\,(15a+10b+3s)+40abs]$ $\mathfrak{M}_2 = -\dfrac{q\,s}{60\,l^2}\,[10\,a^2\,(3b+2s) +$ $+\,s^2\,(10a+5b+2s)+20abs]$ für $a=s=b=\dfrac{l}{3}$: $\mathfrak{M}_1 = +\dfrac{q\,l^2}{45}$; $\mathfrak{M}_2 = -\dfrac{29\,q\,l^2}{1620}$	$\alpha^0{}_1 = \dfrac{q\,s}{360\,l}\,[10\,a^2\,(3b+2s) +$ $+\,20\,b^2\,(3a+s) + s^2\,(40a+$ $+\,25\,b+8\,s)+100\,a\,b\,s]$ $\alpha^0{}_2 = \dfrac{q\,s}{360\,l}\,[20\,a^2\,(3b+2s) +$ $+\,10\,b^2\,(3a+s)+s^2\,(35a+$ $+\,20\,b+7\,s)+80\,a\,b\,s]$ für $a=s=b=\dfrac{l}{3}$: $\alpha^0{}_1 = \dfrac{101\,q\,l^3}{9720}$; $\alpha^0{}_2 = \dfrac{47\,q\,l^3}{4860}$
22		$\mathfrak{M}_1 =$ $= +\dfrac{q\,s}{6\,l^2}\,[6\,a\,b^2+s^2\,(a-2b)]$ $\mathfrak{M}_2 =$ $= -\dfrac{q\,s}{6\,l^2}\,[6\,a^2\,b+s^2\,(b-2a)]$	$\alpha^0{}_1 = \dfrac{q\,b\,s}{12\,l}\,[2\,a\,(b+l)-s^2]$ $\alpha^0{}_2 = \dfrac{q\,a\,s}{12\,l}\,[2\,b\,(a+l)-s^2]$
23		$\mathfrak{M}_1 = -M\,\dfrac{b}{l}\left(2-\dfrac{3b}{l}\right)$ $\mathfrak{M}_2 = -M\,\dfrac{a}{l}\left(2-\dfrac{3a}{l}\right)$ für $a=0$: $\mathfrak{M}_1 = +M$; $\mathfrak{M}_2 = 0$ für $a=\dfrac{l}{2}$: $\mathfrak{M}_1 = \mathfrak{M}_2 = -\dfrac{M}{4}$ für $a=l$: $\mathfrak{M}_1 = 0$; $\mathfrak{M}_2 = +M$	$\alpha^0{}_1 = M\,\dfrac{l}{6}\left(\dfrac{3\,b^2}{l^2}-1\right)$ $\alpha^0{}_2 = M\,\dfrac{l}{6}\left(1-\dfrac{3\,a^2}{l^2}\right)$ für $a=0$: $\alpha^0{}_1 = M\dfrac{l}{3}$; $\alpha^0{}_2 = M\dfrac{l}{6}$ für $a=\dfrac{l}{2}$: $\alpha^0{}_1 = -\alpha^0{}_2 = -\dfrac{M\,l}{24}$ für $a=l$: $\alpha^0{}_1 = -M\,\dfrac{l}{6}$ $\alpha^0{}_2 = -M\,\dfrac{l}{3}$
24		$\mathfrak{M}_1 = +\dfrac{E\,J\,\omega\cdot\varDelta t}{h}$ $\mathfrak{M}_2 = -\dfrac{E\,J\,\omega\cdot\varDelta t}{h}$	$\alpha^0{}_1 = \alpha^0{}_2 = +\dfrac{l\,E\,J\,\omega\cdot\varDelta t}{2\,h}$

Tafel 4.

Einzellasten,
Einflußlinien.

Volleinspannmomente $\mathfrak{M}_1\ \mathfrak{M}_2$
und Endtangentenwinkel $\alpha^0_1\ \alpha^0_2$
(für Stäbe ohne Vouten).

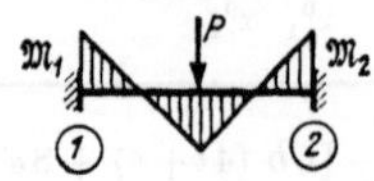

Kreuzlinienabschnitte:

$$K^0_1 = \frac{6\,\alpha^0_2}{l}; \quad K^0_2 = \frac{6\,\alpha^0_1}{l}.$$

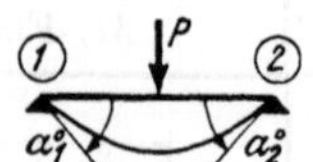

Nr.	Belastungsart, M_0-Flächen	$\mathfrak{M}_1\ \mathfrak{M}_2$	$\alpha^0_1\ \alpha^0_2$
25	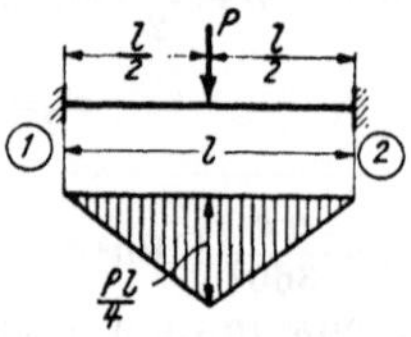	$\mathfrak{M}_1 = -\,\mathfrak{M}_2 = +\,\dfrac{P\,l}{8}$	$\alpha^0_1 = \alpha^0_2 = \dfrac{P\,l^2}{16}$
26	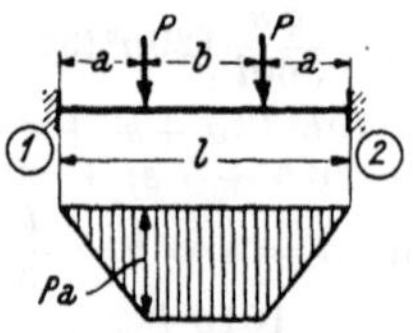	$\mathfrak{M}_1 = -\,\mathfrak{M}_2 = +\,\dfrac{P\,a\,(l-a)}{l}$ für $a = b = \dfrac{l}{3}$: $\mathfrak{M}_1 = -\,\mathfrak{M}_2 = +\,\dfrac{2\,P\,l}{9}$	$\alpha^0_1 = \alpha^0_2 = \dfrac{P\,a\,(l-a)}{2}$ $\alpha^0_1 = \alpha^0_2 = \dfrac{P\,l^2}{9}$
27	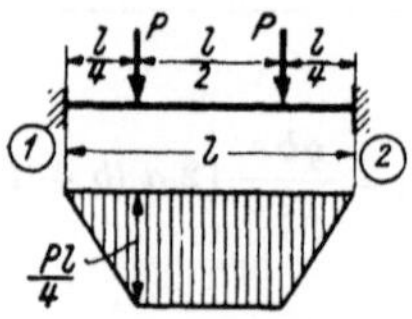	$\mathfrak{M}_1 = -\,\mathfrak{M}_2 = +\,\dfrac{3\,P\,l}{16}$	$\alpha^0_1 = \alpha^0_2 = \dfrac{3\,P\,l^2}{32}$
28	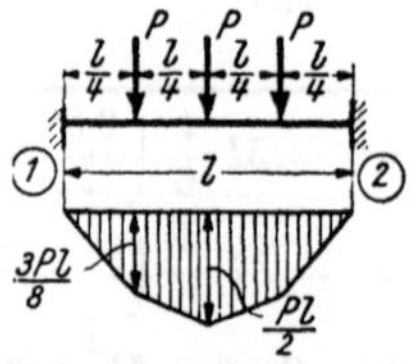	$\mathfrak{M}_1 = -\,\mathfrak{M}_2 = +\,\dfrac{5\,P\,l}{16}$	$\alpha^0_1 = \alpha^0_2 = \dfrac{5\,P\,l^2}{32}$
29	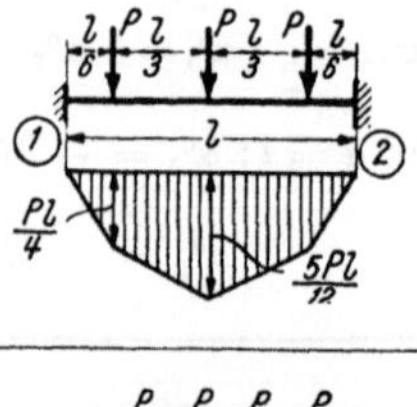	$\mathfrak{M}_1 = -\,\mathfrak{M}_2 = +\,\dfrac{19\,P\,l}{72}$	$\alpha^0_1 = \alpha^0_2 = \dfrac{19\,P\,l^2}{144}$
30	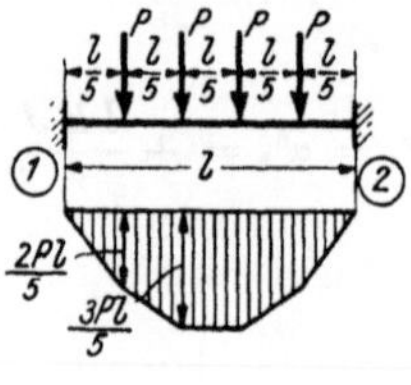	$\mathfrak{M}_1 = -\,\mathfrak{M}_2 = +\,\dfrac{2\,P\,l}{5}$	$\alpha^0_1 = \alpha^0_2 = \dfrac{P\,l^2}{5}$

Tafel 4 (Fortsetzung).

Volleinspannmomente $\mathfrak{M}_1$ $\mathfrak{M}_2$ und Endtangentenwinkel α^0_1 α^0_2.

Nr.	Belastungsart, M_0-Flächen	$\mathfrak{M}_1$ $\mathfrak{M}_2$	α^0_1 α^0_2
31	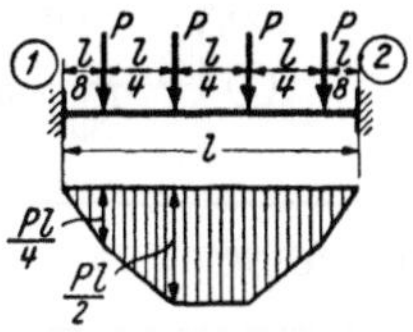	$\mathfrak{M}_1 = -\ \mathfrak{M}_2 = +\ \dfrac{11\,Pl}{32}$	$\alpha^0_1 = \alpha^0_2 = \dfrac{11\,Pl^2}{64}$
32	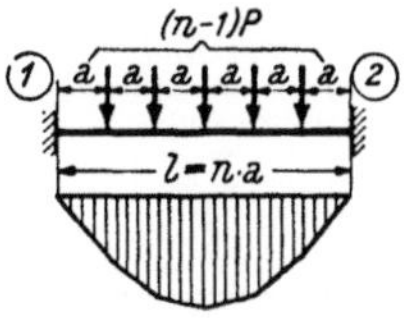	$\mathfrak{M}_1 = -\ \mathfrak{M}_2 = +\ \dfrac{Pl}{12}\cdot\dfrac{n^2-1}{n}$	$\alpha^0_1 = \alpha^0_2 = \dfrac{Pl^2}{24}\cdot\dfrac{n^2-1}{n}$
33	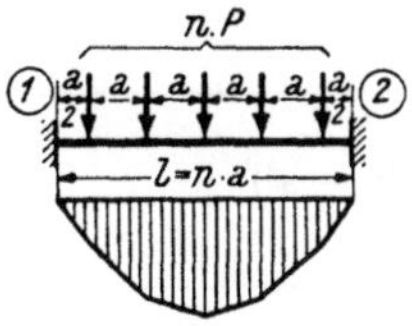	$\mathfrak{M}_1 = -\ \mathfrak{M}_2 = +\ \dfrac{Pl}{24}\cdot\dfrac{2\,n^2+1}{n}$	$\alpha^0_1 = \alpha^0_2 = \dfrac{Pl^2}{48}\cdot\dfrac{2\,n^2+1}{n}$
34	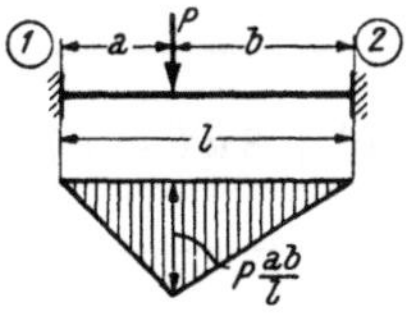	$\mathfrak{M}_1 = +\ \dfrac{P\,a\,b^2}{l^2}$ $\mathfrak{M}_2 = -\ \dfrac{P\,a^2 b}{l^2}$	$\alpha^0_1 = \dfrac{P\,a\,b}{6\,l}\,(b+l)$ $\alpha^0_2 = \dfrac{P\,a\,b}{6\,l}\,(a+l)$

Einflußlinien für $\mathfrak{M}_1$ $\mathfrak{M}_2$ 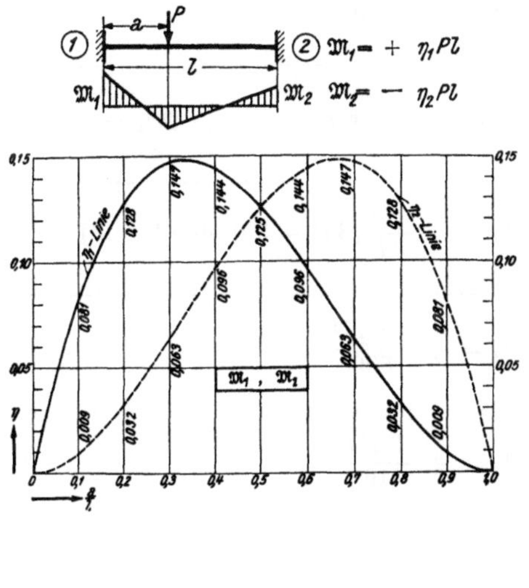	Einflußlinien für α^0_1 α^0_2 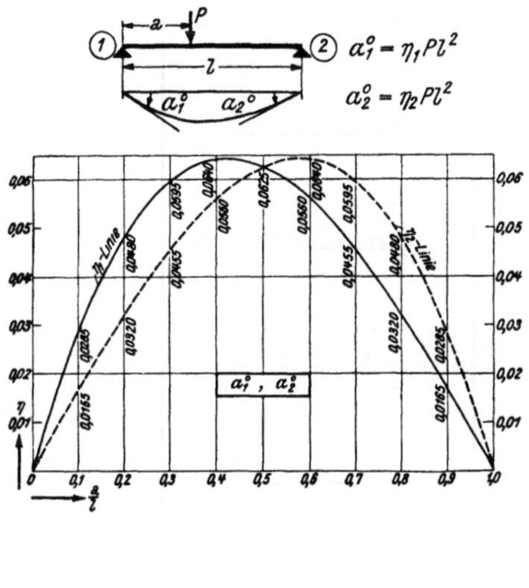

Tafel 5.

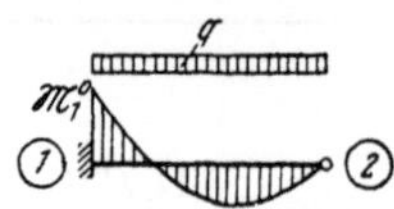

Gleichmäßig verteilte Streckenlasten.

Volleinspannmomente $\mathfrak{M}_1^0$

für „Gelenkstäbe" ohne Vouten.

Einzellasten, Einflußlinien.

Nr.	Belastungsfall	Volleinspannmomente $\mathfrak{M}_1^0$
1		$\mathfrak{M}_1^0 = + \dfrac{q\,l^2}{8}$
2		$\mathfrak{M}_1^0 = + \dfrac{9\,q\,l^2}{128}$
3		$\mathfrak{M}_1^0 = + \dfrac{7\,q\,l^2}{128}$
4		$\mathfrak{M}_1^0 = + \dfrac{q\,s^2}{8\,l^2}\,(2\,l^2 - s^2)$
5		$\mathfrak{M}_1^0 = + \dfrac{q\,s^2}{8\,l^2}\,(4\,b\,l + s^2)$
6		$\mathfrak{M}_1^0 = + \dfrac{q\,b\,s}{8\,l^2}\,(4\,a^2 + 8\,a\,b - s^2)$
7		$\mathfrak{M}_1^0 = + \dfrac{q\,s}{16\,l}\,(3\,l^2 - s^2)$
8		$\mathfrak{M}_1^0 = + \dfrac{13\,q\,l^2}{216}$
9		$\mathfrak{M}_1^0 = + \dfrac{q\,s^2}{4\,l}\,(2\,l + a);\ \text{für}\ s = a = \dfrac{l}{3}:\ \mathfrak{M}_1^0 = + \dfrac{7\,q\,l^2}{108}$
10		$\mathfrak{M}_1^0 = + \dfrac{q\,s}{8\,l}\,[3\,l^2 - 3\,(b + s)^2 - s^2]$
11		$\mathfrak{M}_1^0 = + \dfrac{31\,q\,l^2}{500}$
12		$\mathfrak{M}_1^0 = + \dfrac{3\,P\,l}{16}$

Tafel 5 (Fortsetzung).

Volleinspannmomente $\mathfrak{M}^0{}_1$ für „Gelenkstäbe".

Nr.	Belastungsfall	Volleinspannmomente $\mathfrak{M}^0{}_1$
13		$\mathfrak{M}^0{}_1 = +\dfrac{3\,P\,a\,(l-a)}{2\,l};\ \text{für } a=b=\dfrac{l}{3}:\ \ \mathfrak{M}^0{}_1 = +\dfrac{P\,l}{3}$
14		$\mathfrak{M}^0{}_1 = +\dfrac{9\,P\,l}{32}$
15		$\mathfrak{M}^0{}_1 = +\dfrac{15\,P\,l}{32}$
16		$\mathfrak{M}^0{}_1 = +\dfrac{19\,P\,l}{48}$
17		$\mathfrak{M}^0{}_1 = +\dfrac{3\,P\,l}{5}$
18		$\mathfrak{M}^0{}_1 = +\dfrac{33\,P\,l}{64}$
19		$\mathfrak{M}^0{}_1 = +\dfrac{P\,l}{8}\cdot\dfrac{n^2-1}{n}$
20		$\mathfrak{M}^0{}_1 = +\dfrac{P\,l}{16}\cdot\dfrac{2\,n^2+1}{n}$
21		$\mathfrak{M}^0{}_1 = +\dfrac{P\,a\,b}{2\,l^2}\,(b+l)$

Einflußlinie für $\mathfrak{M}^0{}_1$

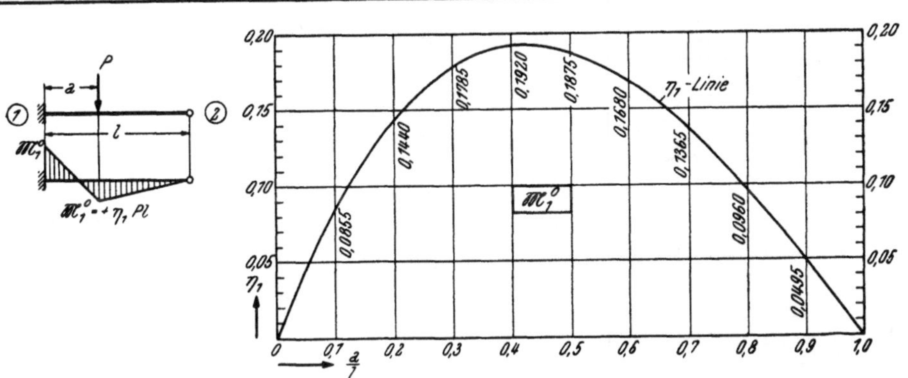

Dreiecklasten,
Momentenangriff,
Temperaturwirkung.

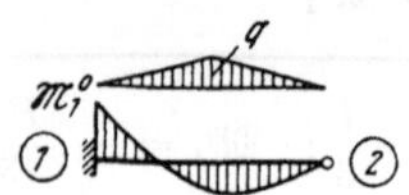

Volleinspannmomente $\mathfrak{M}^0_1$

für „Gelenkstäbe" ohne Vouten.

Nr.	Belastungsfall	Volleinspannmomente $\mathfrak{M}^0_1$
1		$\mathfrak{M}^0_1 = + \dfrac{5\,q\,l^2}{64}$
2		$\mathfrak{M}^0_1 = + \dfrac{q\,s}{16\,l}\,(3\,l^2 - 2\,s^2);\ \text{für } a = s = \dfrac{l}{4}:\ \mathfrak{M}^0_1 = + \dfrac{23\,q\,l^2}{512}$
3		$\mathfrak{M}^0_1 = + \dfrac{3\,q\,l^2}{64}$
4		$\mathfrak{M}^0_1 = + \dfrac{3\,q\,s}{16\,l}\,(l^2 - 2\,s^2);\ \text{für } a = s = \dfrac{l}{4}:\ \mathfrak{M}^0_1 = + \dfrac{21\,q\,l^2}{512}$
5		für $s = b = l/3$: für $s = l/4$: $\mathfrak{M}^0_1 = + \dfrac{q\,s^2}{8\,l}\,(2\,l - s);\ \mathfrak{M}^0_1 = + \dfrac{5\,q\,l^2}{216};\ \mathfrak{M}^0_1 = + \dfrac{7\,q\,l^2}{512}$
6		für $a = b = s = l/5$: $\mathfrak{M}^0_1 = + \dfrac{q\,s}{8\,l}\,[6\,a\,(l - a) + s\,(2\,b + 3\,s)];\ \mathfrak{M}^0_1 = + \dfrac{29\,q\,l^2}{1000}$
7		$\mathfrak{M}^0_1 = + \dfrac{q\,s^2}{8\,l}\,(4\,l - 3\,s);\ \text{für } s = b = \dfrac{l}{3}:\ \mathfrak{M}^0_1 = + \dfrac{q\,l^2}{24}$
8		für $a = b = s = l/5$: $\mathfrak{M}^0_1 = + \dfrac{q\,s}{8\,l}\,[6\,a\,(l - a) + s\,(4\,b + 5\,s)];\ \mathfrak{M}^0_1 = + \dfrac{33\,q\,l^2}{1000}$
9		$\mathfrak{M}^0_1 = + \dfrac{17\,q\,l^2}{256}$
10		$\mathfrak{M}^0_1 = + \dfrac{15\,q\,l^2}{256}$
11		für $a = b = l/3$: $\mathfrak{M}^0_1 = + \dfrac{q}{8\,l}\,[l^3 - a^2\,(2\,l - a)];\qquad \mathfrak{M}^0_1 = + \dfrac{33\,q\,l^2}{324}$
12		$\mathfrak{M}^0_1 = + \dfrac{q\,l^2}{15}$

Tafel 6 (Fortsetzung).

Volleinspannmomente $\mathfrak{M}^0{}_1$ für „Gelenkstäbe".

Nr.	Belastungsfall	Volleinspannmomente $\mathfrak{M}^0{}_1$
13	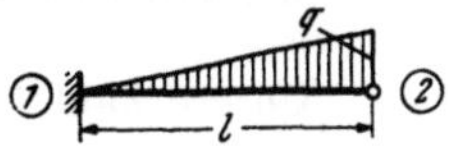	$\mathfrak{M}^0{}_1 = + \dfrac{7\,q\,l^2}{120}$
14	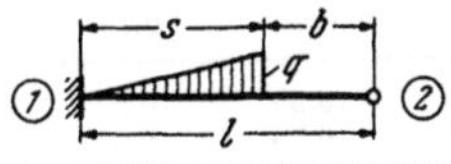	für $s = b = l/2$: $\mathfrak{M}^0{}_1 = + \dfrac{q\,s^2}{120\,l^2}\,(40\,b^2 + 35\,bs + 7\,s^2);\ \ \mathfrak{M}^0{}_1 = + \dfrac{41\,q\,l^2}{960}$
15	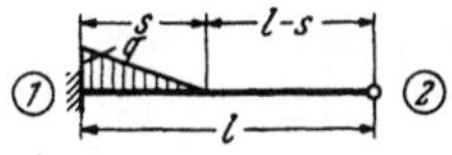	für $s = l/2$: $\mathfrak{M}^0{}_1 = + \dfrac{q\,s^2}{120\,l^2}\,(20\,l^2 - 15\,l\,s + 3\,s^2);\ \ \mathfrak{M}^0{}_1 = + \dfrac{53\,q\,l^2}{1920}$
16	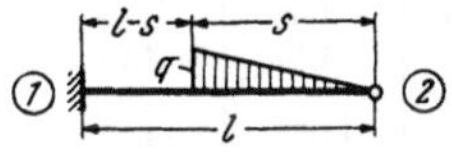	$\mathfrak{M}^0{}_1 = + \dfrac{q\,s^2}{30\,l^2}\,(5\,l^2 - 3\,s^2);\ $ für $s = \dfrac{l}{2}:\ \mathfrak{M}^0{}_1 = + \dfrac{17\,q\,l^2}{480}$
17	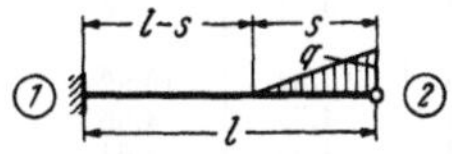	$\mathfrak{M}^0{}_1 = + \dfrac{q\,s^2}{120\,l^2}\,(10\,l^2 - 3\,s^2);\ $ für $s = \dfrac{l}{2}:\ \mathfrak{M}^0{}_1 = + \dfrac{37\,q\,l^2}{1920}$
18	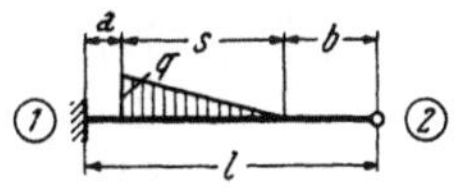	$\mathfrak{M}^0{}_1 = + \dfrac{q\,s}{120\,l^2}\,[10\,a^2\,(3\,b + 2\,s) + 20\,a\,(3\,b^2 + 2\,s^2) +$ $+\ 5\,bs\,(4\,b + 5\,s) + 4\,s\,(25\,ab + 2\,s^2)]$ für $a = s = \dfrac{l}{3}:\ \mathfrak{M}^0{}_1 = + \dfrac{101\,q\,l^2}{3240}$
19	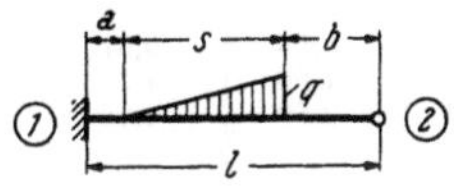	$\mathfrak{M}^0{}_1 = + \dfrac{q\,s}{120\,l^2}\,[10\,a^2\,(3\,b + s) + 20\,a\,(3\,b^2 + s^2) +$ $+\ 5\,bs\,(8\,b + 7\,s) + s\,(80\,ab + 7\,s^2)]$ für $a = s = b = \dfrac{l}{3}:\ \mathfrak{M}^0{}_1 = + \dfrac{47\,q\,l^2}{1620}$
20	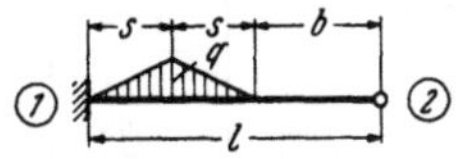	für $b = l/2$: $\mathfrak{M}^0{}_1 = + \dfrac{q\,s^2}{4\,l^2}\,(4\,l^2 - 7\,ls + 3\,s^2);\ \ \ \mathfrak{M}^0{}_1 = + \dfrac{39\,q\,l^2}{1024}$
21	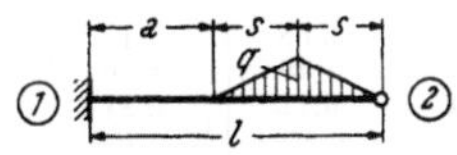	$\mathfrak{M}^0{}_1 = + \dfrac{q\,s^2}{4\,l^2}\,(2\,l^2 - 3\,s^2);\ $ für $a = \dfrac{l}{2}:\ \mathfrak{M}^0{}_1 = + \dfrac{29\,q\,l^2}{1024}$
22	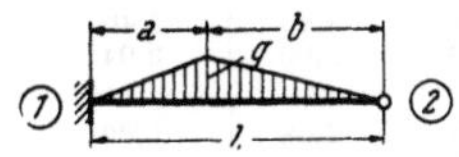	$\mathfrak{M}^0{}_1 = + \dfrac{q}{120\,l}\,(b + l)\,(7\,l^2 - 3\,b^2)$
23	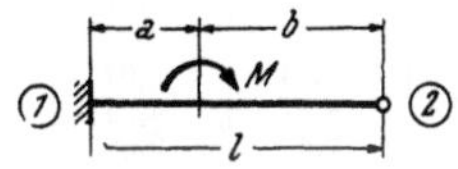	für $b = \dfrac{l}{2}:\ \mathfrak{M}^0{}_1 = - \dfrac{M}{8}$ $\mathfrak{M}^0{}_1 = - \dfrac{M}{2}\left(1 - \dfrac{3\,b^2}{l^2}\right);\ $ für $b = 0:\ \mathfrak{M}^0{}_1 = - \dfrac{M}{2}$
24	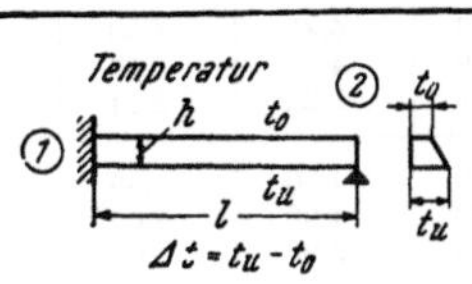	$\mathfrak{M}^0{}_1 = + \dfrac{1{,}5\,E\,J\,\omega \cdot \varDelta t}{h}$

Tafel 7.

Einseitig gerade Vouten.

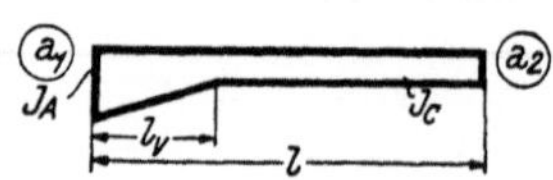

Stabfestwerte $a_1\, a_2\, b.$

$$\lambda = \frac{l_v}{l} \qquad n = \frac{J_c}{J_A}$$

Obere Zahl a_1

Mittlere Zahl a_2

Untere Zahl b

λ \ n	1,00	0,90	0,80	0,70	0,60	0,50	0,40	0,30	0,20	0,15	0,12
1,00	4,00 4,00 2,00	4,30 4,08 2,08	4,74 4,24 2,25	5,23 4,38 2,39	5,88 4,55 2,58	6,74 4,77 2,83	7,99 5,05 3,17	9,94 5,44 3,67	13,55 6,05 4,51	16,90 6,54 5,22	20,07 6,94 5,85
0,90	4,00 4,00 2,00	4,30 4,06 2,08	4,71 4,18 2,23	5,19 4,27 2,36	5,80 4,40 2,54	6,63 4,55 2,76	7,80 4,74 3,06	9,63 4,99 3,50	12,97 5,37 4,22	16,02 5,65 4,83	18,88 5,88 5,36
0,80	4,00 4,00 2,00	4,29 4,05 2,08	4,69 4,13 2,21	5,14 4,21 2,35	5,73 4,30 2,52	6,52 4,42 2,73	7,62 4,56 3,02	9,33 4,75 3,45	12,40 5,03 4,15	15,17 5,24 4,75	17,73 5,40 5,27
0,70	4,00 4,00 2,00	4,29 4,04 2,09	4,66 4,11 2,21	5,09 4,17 2,35	5,65 4,25 2,51	6,38 4,34 2,73	7,41 4,46 3,02	8,97 4,62 3,44	11,72 4,86 4,14	14,13 5,05 4,73	16,32 5,20 5,24
0,60	4,00 4,00 2,00	4,27 4,04 2,09	4,62 4,10 2,21	5,02 4,15 2,34	5,54 4,22 2,51	6,21 4,30 2,72	7,13 4,41 3,01	8,50 4,56 3,42	10,84 4,78 4,09	12,82 4,96 4,64	14,55 5,10 5,11
0,50	4,00 4,00 2,00	4,25 4,04 2,09	4,56 4,09 2,21	4,93 4,14 2,34	5,39 4,20 2,50	5,98 4,28 2,70	6,73 4,38 2,97	7,91 4,52 3,35	9,76 4,73 3,95	11,26 4,89 4,42	12,52 5,01 4,81
0,45	4,00 4,00 2,00	4,24 4,04 2,09	4,53 4,08 2,20	4,87 4,14 2,33	5,30 4,20 2,48	5,84 4,27 2,68	6,55 4,37 2,93	7,56 4,50 3,29	9,16 4,70 3,83	10,42 4,84 4,25	11,46 4,96 4,59
0,40	4,00 4,00 2,00	4,23 4,04 2,09	4,49 4,08 2,19	4,81 4,13 2,32	5,20 4,19 2,46	5,68 4,26 2,64	6,31 4,36 2,88	7,19 4,48 3,20	8,54 4,66 3,69	9,57 4,79 4,05	10,40 4,89 4,34
0,35	4,00 4,00 2,00	4,21 4,04 2,08	4,45 4,08 2,18	4,74 4,13 2,30	5,08 4,18 2,43	5,51 4,25 2,60	6,05 4,34 2,81	6,80 4,45 3,10	7,91 4,61 3,52	8,72 4,72 3,82	9,36 4,81 4,06
0,30	4,00 4,00 2,00	4,19 4,03 2,08	4,40 4,07 2,17	4,66 4,12 2,27	4,96 4,17 2,40	5,32 4,23 2,55	5,78 4,31 2,73	6,39 4,41 2,98	7,27 4,55 3,33	7,90 4,65 3,57	8,38 4,72 3,76
0,25	4,00 4,00 2,00	4,16 4,03 2,07	4,35 4,07 2,15	4,57 4,11 2,24	4,82 4,15 2,35	5,12 4,21 2,48	5,49 4,28 2,64	5,98 4,36 2,84	6,65 4,48 3,12	7,11 4,56 3,31	7,46 4,61 3,45
0,20	4,00 4,00 2,00	4,14 4,03 2,06	4,29 4,06 2,13	4,47 4,09 2,21	4,67 4,13 2,30	4,91 4,18 2,40	5,20 4,24 2,53	5,56 4,31 2,69	6,05 4,40 2,90	6,37 4,46 3,04	6,61 4,50 3,14
0,15	4,00 4,00 2,00	4,11 4,02 2,05	4,23 4,05 2,11	4,36 4,08 2,17	4,51 4,11 2,24	4,69 4,15 2,32	4,90 4,19 2,41	5,15 4,24 2,52	5,48 4,31 2,67	5,69 4,35 2,77	5,84 4,38 2,83
0,10	4,00 4,00 2,00	4,08 4,02 2,04	4,16 4,04 2,08	4,25 4,06 2,12	4,35 4,08 2,17	4,46 4,10 2,22	4,59 4,13 2,28	4,75 4,17 2,35	4,94 4,21 2,44	5,07 4,24 2,50	5,15 4,25 2,54
0,05	4,00 4,00 2,00	4,04 4,01 2,02	4,08 4,02 2,04	4,13 4,03 2,06	4,18 4,04 2,09	4,23 4,06 2,11	4,29 4,07 2,14	4,36 4,09 2,18	4,45 4,11 2,22	4,50 4,12 2,24	4,54 4,13 2,26
0,00	4,00 4,00 2,00	4,00 4,00 2,00	4,00 4,00 2,00	4,00 4,00 2,00	4,00 4,00 2,00	4,00 4,00 2,00	4,00 4,00 2,00	4,00 4,00 2,00	4,00 4,00 2,00	4,00 4,00 2,00	4,00 4,00 2,00

Tafel 7 (Fortsetzung).

$$a_1^* = \frac{E J_c}{l}\, a_1$$

$$a_2^* = \frac{E J_c}{l}\, a_2$$

$$b^* = \frac{E J_c}{l}\, b$$

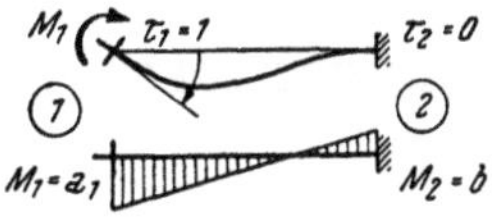

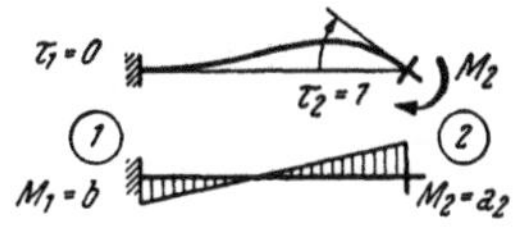

M_1 $\tau_1=1$ $\tau_2=0$ $M_1=a_1$ $M_2=b$

$\tau_1=0$ $\tau_2=1$ M_2 $M_1=b$ $M_2=a_2$

λ ╲ n	0,10	0,08	0,06	0,05	0,04	0,03	0,02	0,01	0,005	0
1,00	23,11	27,43	34,37	39,63	47,20	59,17	81,51	141,57	247,26	∞
	7,29	7,68	8,38	8,81	9,37	10,15	11,37	13,85	16,93	∞
	6,42	7,14	8,35	9,17	10,29	11,95	14,76	21,22	30,59	∞
0,90	21,60	25,45	31,49	36,03	42,50	52,58	70,99	118,55	197,46	—
	6,07	6,29	6,63	6,84	7,10	7,45	7,97	8,93	10,02	—
	5,84	6,47	7,43	8,10	9,01	10,34	12,57	17,66	24,99	—
0,80	20,13	23,51	28,68	32,51	37,88	46,06	60,45	95,02	146,04	1 220,00
	5,55	5,72	5,97	6,13	6,34	6,62	7,05	7,89	8,90	20,00
	5,74	6,37	7,31	7,97	8,87	10,18	12,38	17,28	23,97	130,00
0,70	18,33	21,10	25,23	28,21	32,26	38,21	48,08	69,27	95,73	324,44
	5,33	5,49	5,72	5,87	6,06	6,33	6,74	7,51	8,36	13,33
	5,70	6,31	7,20	7,82	8,65	9,84	11,74	15,63	20,23	53,33
0,60	16,11	18,19	21,18	23,25	25,97	29,76	35,63	46,74	58,52	122,50
	5,22	5,37	5,58	5,72	5,90	6,13	6,47	7,07	7,64	10,00
	5,52	6,06	6,82	7,34	8,00	8,92	10,30	12,82	15,38	27,50
0,50	13,61	15,02	16,96	18,24	19,86	22,00	25,09	30,34	35,22	56,00
	5,12	5,26	5,43	5,54	5,68	5,86	6,10	6,50	6,84	8,00
	5,14	5,56	6,13	6,51	6,97	7,58	8,44	9,85	11,13	16,00
0,45	12,34	13,44	14,95	15,91	17,11	18,66	20,83	24,33	27,44	39,73
	5,06	5,17	5,33	5,43	5,54	5,69	5,89	6,19	6,45	7,27
	4,87	5,23	5,70	6,01	6,37	6,85	7,50	8,52	9,40	12,56
0,40	11,09	11,94	13,07	13,78	14,64	15,74	17,22	19,54	21,51	28,89
	4,98	5,08	5,21	5,29	5,39	5,50	5,66	5,89	6,08	6,67
	4,57	4,86	5,24	5,48	5,76	6,12	6,60	7,33	7,93	10,00
0,35	9,89	10,52	11,35	11,86	12,47	13,22	14,22	15,73	16,97	21,45
	4,88	4,97	5,07	5,14	5,22	5,31	5,43	5,60	5,74	6,15
	4,25	4,48	4,77	4,95	5,16	5,43	5,77	6,28	6,68	8,05
0,30	8,77	9,22	9,81	10,17	10,58	11,09	11,75	12,72	13,49	16,21
	4,78	4,84	4,93	4,98	5,04	5,11	5,20	5,32	5,42	5,71
	3,90	4,08	4,30	4,43	4,59	4,78	5,02	5,36	5,64	6,53
0,25	7,73	8,05	8,45	8,69	8,97	9,30	9,73	10,33	10,81	12,44
	4,66	4,71	4,78	4,81	4,86	4,91	4,97	5,06	5,13	5,33
	3,56	3,69	3,85	3,94	4,05	4,18	4,34	4,57	4,75	5,33
0,20	6,80	7,01	7,27	7,43	7,60	7,81	8,07	8,44	8,73	9,69
	4,53	4,57	4,62	4,64	4,67	4,71	4,75	4,81	4,86	5,00
	3,22	3,31	3,42	3,48	3,55	3,64	3,75	3,90	4,01	4,38
0,15	5,96	6,09	6,25	6,35	6,45	6,57	6,73	6,94	7,10	7,64
	4,40	4,43	4,46	4,48	4,50	4,52	4,55	4,59	4,62	4,71
	2,89	2,94	3,01	3,06	3,10	3,15	3,22	3,31	3,38	3,60
0,10	5,22	5,29	5,38	5,43	5,48	5,55	5,63	5,74	5,82	6,09
	4,27	4,28	4,30	4,31	4,32	4,34	4,35	4,38	4,39	4,44
	2,57	2,60	2,64	2,67	2,69	2,72	2,76	2,81	2,84	2,96
0,05	4,57	4,60	4,63	4,65	4,68	4,70	4,73	4,78	4,81	4,91
	4,13	4,14	4,15	4,15	4,16	4,16	4,17	4,18	4,19	4,21
	2,28	2,29	2,31	2,32	2,33	2,34	2,35	2,37	2,39	2,44
0,00	4,00	4,00	4,00	4,00	4,00	4,00	4,00	4,00	4,00	4,00
	4,00	4,00	4,00	4,00	4,00	4,00	4,00	4,00	4,00	4,00
	2,00	2,00	2,00	2,00	2,00	2,00	2,00	2,00	2,00	2,00

Tafel 8.

Einseitig parabol. Vouten.

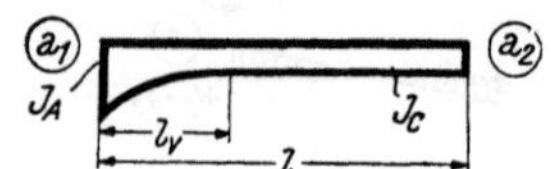

Stabfestwerte $a_1\, a_2\, b$.

$$\lambda = \frac{l_v}{l} \qquad n = \frac{J_c}{J_A}$$

Obere Zahl a_1

Mittlere Zahl a_2

Untere Zahl b

$\lambda \backslash n$	1,00	0,90	0,80	0,70	0,60	0,50	0,40	0,30	0,20	0,15	0,12
1,00	4,00	4,28	4,61	5,01	5,52	6,19	7,12	8,52	10,95	13,08	15,00
	4,00	4,06	4,12	4,20	4,29	4,40	4,54	4,72	5,01	5,22	5,40
	2,00	2,09	2,20	2,33	2,49	2,70	2,97	3,36	4,00	4,52	4,97
0,90	4,00	4,27	4,58	4,97	5,45	6,08	6,94	8,23	10,44	12,33	14,01
	4,00	4,05	4,10	4,17	4,24	4,34	4,45	4,61	4,85	5,02	5,17
	2,00	2,09	2,20	2,32	2,48	2,68	2,94	3,31	3,91	4,40	4,81
0,80	4,00	4,25	4,55	4,91	5,36	5,95	6,74	7,91	9,87	11,51	12,95
	4,00	4,04	4,09	4,15	4,21	4,30	4,40	4,54	4,75	4,90	5,03
	2,00	2,09	2,19	2,32	2,47	2,66	2,91	3,26	3,83	4,29	4,67
0,70	4,00	4,24	4,52	4,85	5,27	5,80	6,51	7,54	9,23	10,61	11,79
	4,00	4,04	4,08	4,14	4,20	4,27	4,36	4,49	4,68	4,82	4,94
	2,00	2,09	2,19	2,31	2,45	2,64	2,87	3,21	3,74	4,15	4,50
0,60	4,00	4,22	4,47	4,78	5,15	5,62	6,24	7,12	8,52	9,62	10,55
	4,00	4,04	4,08	4,13	4,18	4,25	4,34	4,45	4,63	4,76	4,86
	2,00	2,08	2,18	2,29	2,43	2,60	2,82	3,13	3,60	3,96	4,26
0,50	4,00	4,20	4,42	4,69	5,01	5,41	5,93	6,65	7,75	8,59	9,27
	4,00	4,03	4,07	4,12	4,17	4,23	4,31	4,42	4,57	4,68	4,77
	2,00	2,08	2,17	2,27	2,40	2,55	2,75	3,02	3,42	3,72	3,96
0,45	4,00	4,18	4,39	4,64	4,93	5,30	5,76	6,40	7,35	8,06	8,64
	4,00	4,03	4,07	4,11	4,16	4,22	4,30	4,39	4,53	4,64	4,71
	2,00	2,08	2,16	2,26	2,38	2,52	2,71	2,95	3,31	3,57	3,78
0,40	4,00	4,17	4,36	4,58	4,85	5,17	5,59	6,14	6,95	7,54	8,01
	4,00	4,03	4,07	4,11	4,15	4,21	4,28	4,37	4,49	4,58	4,65
	2,00	2,07	2,15	2,24	2,35	2,49	2,65	2,87	3,19	3,42	3,60
0,35	4,00	4,15	4,33	4,53	4,76	5,04	5,40	5,87	6,55	7,03	7,41
	4,00	4,03	4,06	4,10	4,14	4,19	4,26	4,34	4,45	4,53	4,59
	2,00	2,07	2,14	2,23	2,32	2,44	2,59	2,79	3,06	3,25	3,40
0,30	4,00	4,14	4,29	4,46	4,67	4,91	5,21	5,60	6,15	6,53	6,83
	4,00	4,03	4,06	4,09	4,13	4,18	4,23	4,30	4,40	4,47	4,52
	2,00	2,06	2,13	2,20	2,29	2,40	2,53	2,69	2,92	3,08	3,20
0,25	4,00	4,12	4,25	4,40	4,57	4,77	5,01	5,32	5,75	6,05	6,27
	4,00	4,02	4,05	4,08	4,12	4,16	4,20	4,26	4,34	4,40	4,44
	2,00	2,05	2,11	2,18	2,25	2,34	2,45	2,59	2,77	2,90	2,99
0,20	4,00	4,10	4,20	4,32	4,46	4,62	4,81	5,05	5,37	5,59	5,75
	4,00	4,02	4,04	4,07	4,10	4,13	4,17	4,22	4,28	4,33	4,36
	2,00	2,04	2,09	2,15	2,21	2,28	2,37	2,48	2,62	2,72	2,79
0,15	4,00	4,08	4,16	4,25	4,35	4,47	4,61	4,78	5,00	5,15	5,26
	4,00	4,02	4,04	4,06	4,08	4,10	4,13	4,17	4,22	4,25	4,27
	2,00	2,04	2,07	2,12	2,17	2,22	2,29	2,36	2,47	2,54	2,58
0,10	4,00	4,05	4,11	4,17	4,24	4,32	4,41	4,51	4,65	4,74	4,81
	4,00	4,01	4,03	4,04	4,06	4,07	4,09	4,12	4,15	4,17	4,18
	2,00	2,03	2,05	2,08	2,11	2,15	2,19	2,25	2,31	2,35	2,38
0,05	4,00	4,03	4,06	4,09	4,12	4,16	4,20	4,25	4,32	4,36	4,39
	4,00	4,01	4,01	4,02	4,03	4,04	4,05	4,06	4,08	4,09	4,09
	2,00	2,01	2,03	2,04	2,06	2,08	2,10	2,12	2,16	2,18	2,19
0,00	4,00	4,00	4,00	4,00	4,00	4,00	4,00	4,00	4,00	4,00	4,00
	4,00	4,00	4,00	4,00	4,00	4,00	4,00	4,00	4,00	4,00	4,00
	2,00	2,00	2,00	2,00	2,00	2,00	2,00	2,00	2,00	2,00	2,00

$$a_1^* = \frac{E J_c}{l} a_1$$

$$a_2^* = \frac{E J_c}{l} a_2$$

$$b^* = \frac{E J_c}{l} b$$

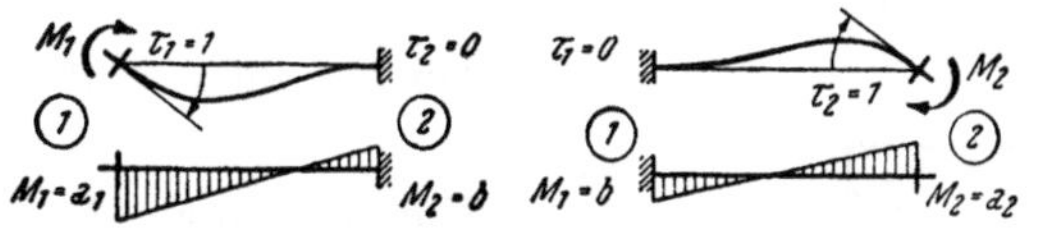

λ \ n	0,10	0,08	0,06	0,05	0,04	0,03	0,02	0,01	0,005	0
1,00	16,77	19,21	22,87	25,53	29,20	34,67	44,16	66,43	99,40	∞
	5,55	5,74	5,99	6,16	6,38	6,67	7,11	7,94	8,88	∞
	5,36	5,89	6,65	7,18	7,87	8,86	10,49	13,91	18,38	∞
0,90	15,55	17,64	20,73	22,94	25,95	30,35	37,77	54,38	77,38	—
	5,29	5,44	5,65	5,78	5,96	6,18	6,53	7,17	7,87	—
	5,18	5,66	6,35	6,82	7,44	8,31	9,72	12,60	16,21	—
0,80	14,25	15,99	18,50	20,27	22,63	26,01	31,53	43,20	58,15	1220,00
	5,14	5,27	5,45	5,57	5,72	5,92	6,22	6,76	7,35	20,00
	5,01	5,45	6,07	6,49	7,04	7,80	8,99	11,35	14,14	130,00
0,70	12,84	14,22	16,17	17,51	19,27	21,71	25,56	33,18	42,16	324,44
	5,03	5,16	5,32	5,42	5,55	5,73	5,98	6,43	6,90	13,33
	4,80	5,19	5,72	6,08	6,53	7,16	8,11	9,90	11,88	53,33
0,60	11,35	12,39	13,82	14,77	16,00	17,66	20,16	24,81	29,86	122,50
	4,94	5,05	5,19	5,28	5,39	5,53	5,74	6,09	6,44	10,00
	4,51	4,84	5,27	5,55	5,91	6,39	7,09	8,34	9,64	27,50
0,50	9,85	10,58	11,56	12,20	13,00	14,05	15,57	18,24	20,94	56,00
	4,84	4,93	5,04	5,11	5,20	5,31	5,47	5,72	5,96	8,00
	4,16	4,41	4,73	4,95	5,21	5,54	6,02	6,84	7,63	16,00
0,45	9,12	9,72	10,50	11,01	11,64	12,46	13,62	15,59	17,53	39,73
	4,78	4,86	4,96	5,02	5,09	5,19	5,32	5,53	5,72	7,27
	3,96	4,17	4,45	4,62	4,84	5,11	5,50	6,14	6,74	12,56
0,40	8,40	8,88	9,51	9,90	10,39	11,01	11,88	13,32	14,70	28,89
	4,71	4,78	4,86	4,92	4,98	5,06	5,17	5,34	5,49	6,67
	3,74	3,92	4,15	4,29	4,47	4,69	4,99	5,49	5,94	10,00
0,35	7,72	8,09	8,58	8,88	9,24	9,71	10,35	11,38	12,34	21,45
	4,64	4,69	4,77	4,81	4,86	4,93	5,02	5,15	5,27	6,15
	3,52	3,67	3,85	3,97	4,11	4,28	4,51	4,89	5,23	8,05
0,30	7,06	7,35	7,72	7,94	8,21	8,55	9,01	9,73	10,40	16,21
	4,56	4,60	4,66	4,70	4,74	4,79	4,86	4,97	5,06	5,71
	3,30	3,41	3,56	3,65	3,75	3,89	4,06	4,34	4,58	6,53
0,25	6,45	6,66	6,93	7,09	7,28	7,52	7,84	8,34	8,78	12,44
	4,47	4,51	4,56	4,58	4,62	4,66	4,71	4,79	4,86	5,33
	3,07	3,16	3,27	3,34	3,42	3,51	3,64	3,84	4,01	5,33
0,20	5,88	6,03	6,21	6,32	6,46	6,62	6,83	7,16	7,45	9,69
	4,38	4,41	4,45	4,47	4,49	4,52	4,56	4,62	4,66	5,00
	2,84	2,91	2,99	3,04	3,09	3,16	3,25	3,39	3,51	4,38
0,15	5,35	5,44	5,56	5,64	5,72	5,82	5,96	6,16	6,34	7,64
	4,29	4,31	4,33	4,35	4,37	4,39	4,41	4,45	4,48	4,71
	2,62	2,67	2,72	2,75	2,79	2,84	2,90	2,99	3,06	3,60
0,10	4,86	4,91	4,98	5,02	5,07	5,13	5,21	5,32	5,41	6,09
	4,19	4,21	4,22	4,23	4,24	4,25	4,27	4,29	4,31	4,44
	2,41	2,43	2,47	2,49	2,51	2,54	2,57	2,62	2,66	2,96
0,05	4,41	4,44	4,47	4,48	4,50	4,53	4,56	4,61	4,65	4,91
	4,10	4,11	4,11	4,12	4,12	4,13	4,14	4,15	4,16	4,21
	2,20	2,21	2,23	2,24	2,25	2,26	2,27	2,30	2,32	2,44
0,00	4,00	4,00	4,00	4,00	4,00	4,00	4,00	4,00	4,00	4,00
	4,00	4,00	4,00	4,00	4,00	4,00	4,00	4,00	4,00	4,00
	2,00	2,00	2,00	2,00	2,00	2,00	2,00	2,00	2,00	2,00

Tafel 9.

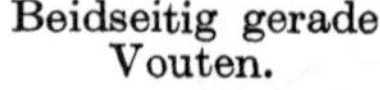
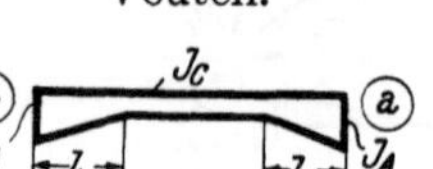

Stabfestwerte $a\,b$.

Beidseitig gerade Vouten.

$\lambda = \dfrac{l_v}{l}$ 　Obere Zahl $\mathfrak{a}$ 　$a^* = \dfrac{E\,J_c}{l}\,\mathfrak{a}$

$n = \dfrac{J_c}{J_A}$ 　Untere Zahl $\mathfrak{b}$ 　$b^* = \dfrac{E\,J_c}{l}\,\mathfrak{b}$

λ \ n	1,00	0,90	0,80	0,70	0,60	0,50	0,40	0,30	0,20	0,15	0,12
0,50	4,0 2,0	4,29 2,19	4,67 2,43	5,12 2,73	5,69 3,12	6,47 3,66	7,56 4,43	9,26 5,68	12,36 8,04	15,20 10,28	17,86 12,43
0,45	4,0 2,0	4,28 2,18	4,63 2,42	5,05 2,71	5,59 3,09	6,31 3,61	7,31 4,35	8,84 5,52	11,58 7,71	14,04 9,75	16,31 11,67
0,40	4,0 2,0	4,26 2,18	4,59 2,41	4,98 2,68	5,48 3,04	6,13 3,53	7,02 4,21	8,37 5,28	10,72 7,22	12,77 8,97	14,62 10,57
0,35	4,0 2,0	4,25 2,17	4,54 2,39	4,90 2,64	5,35 2,98	5,92 3,42	6,70 4,03	7,86 4,96	9,79 6,59	11,41 7,99	12,83 9,24
0,30	4,0 2,0	4,22 2,16	4,49 2,36	4,81 2,59	5,20 2,89	5,69 3,27	6,35 3,80	7,30 4,58	8,82 5,87	10,03 6,92	11,05 7,83
0,25	4,0 2,0	4,20 2,14	4,43 2,32	4,70 2,52	5,03 2,78	5,44 3,10	5,97 3,53	6,71 4,14	7,84 5,10	8,69 5,85	9,38 6,45
0,20	4,0 2,0	4,17 2,13	4,36 2,27	4,58 2,44	4,85 2,65	5,17 2,91	5,58 3,24	6,12 3,69	6,90 4,35	7,46 4,84	7,89 5,21
0,15	4,0 2,0	4,13 2,10	4,28 2,22	4,45 2,35	4,65 2,51	4,88 2,69	5,17 2,93	5,53 3,23	6,03 3,65	6,37 3,94	6,62 4,16
0,10	4,0 2,0	4,09 2,07	4,20 2,15	4,31 2,24	4,44 2,35	4,59 2,47	4,76 2,61	4,98 2,79	5,26 3,02	5,44 3,17	5,57 3,28
0,05	4,0 2,0	4,05 2,04	4,10 2,08	4,16 2,13	4,22 2,18	4,29 2,23	4,37 2,30	4,47 2,37	4,58 2,47	4,65 2,53	4,70 2,57
0	4,0 2,0	4,00 2,00	4,00 2,00	4,00 2,00	4,00 2,00	4,00 2,00	4,00 2,00	4,00 2,00	4,00 2,00	4,00 2,00	4,00 2,00

λ \ n	0,12	0,10	0,08	0,06	0,05	0,04	0,03	0,02	0,01	0,005	0
0,50	17,86 12,43	20,40 14,52	24,02 17,55	29,73 22,38	34,05 26,11	40,24 31,53	50,01 40,19	68,16 56,57	116,72 101,44	202,00 182,02	∞ ∞
0,45	16,31 11,67	18,44 13,51	21,43 16,14	26,06 20,26	29,49 23,37	34,33 27,81	41,77 34,71	55,08 47,25	88,24 79,06	140,41 129,89	— —
0,40	14,62 10,57	16,32 12,08	18,64 14,17	22,14 17,35	24,65 19,67	28,09 22,87	33,16 27,65	41,67 35,76	60,45 53,89	85,01 77,87	375,5 370,0
0,35	12,83 9,24	14,10 10,38	15,77 11,90	18,21 14,13	19,88 15,68	22,09 17,75	25,18 20,66	30,00 25,25	39,30 34,19	49,45 44,04	114,4 107,9
0,30	11,05 7,83	11,93 8,62	13,05 9,64	14,62 11,07	15,65 12,03	16,96 13,24	18,70 14,87	21,23 17,26	25,57 21,39	29,74 25,39	49,38 44,38
0,25	9,38 6,45	9,95 6,97	10,66 7,60	11,61 8,46	12,20 9,01	12,98 9,72	13,86 10,54	15,14 11,73	17,16 13,62	18,92 15,28	26,00 22,00
0,20	7,89 5,21	8,24 5,52	8,66 5,89	9,20 6,38	9,53 6,67	9,92 7,03	10,40 7,46	11,02 8,03	11,96 8,90	12,73 9,60	15,56 12,22
0,15	6,62 4,16	6,82 4,33	7,05 4,53	7,34 4,78	7,51 4,93	7,70 5,10	7,94 5,31	8,24 5,58	8,67 5,96	9,00 6,26	10,14 7,29
0,10	5,57 3,28	5,67 3,36	5,78 3,46	5,92 3,58	5,99 3,64	6,08 3,72	6,19 3,81	6,32 3,92	6,50 4,08	6,64 4,20	7,11 4,61
0,05	4,70 2,57	4,74 2,60	4,78 2,63	4,83 2,67	4,86 2,70	4,89 2,72	4,93 2,75	4,97 2,79	5,03 2,84	5,08 2,88	5,23 3,00
0	4,00 2,00	4,00 2,00	4,00 2,00	4,00 2,00	4,00 2,00	4,00 2,00	4,00 2,00	4,00 2,00	4,00 2,00	4,00 2,00	4,00 2,00

Tafel 10.

Beidseitig parabol. Vouten.

Stabfestwerte $a\,b$.

$\lambda = \dfrac{l_v}{l}$ Obere Zahl a $a^* = \dfrac{E\,J_c}{l}\,a$

$n = \dfrac{J_c}{J_A}$ Untere Zahl b $b^* = \dfrac{E\,J_c}{l}\,b$

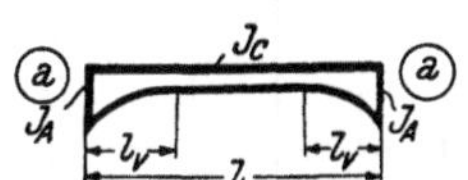

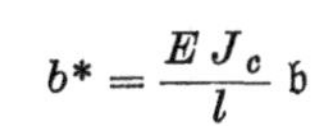

λ \ n	1,00	0,90	0,80	0,70	0,60	0,50	0,40	0,30	0,20	0,15	0,12
0,50	4,0 2,0	4,23 2,16	4,51 2,35	4,84 2,59	5,25 2,89	5,78 3,29	6,51 3,84	7,58 4,68	9,38 6,14	10,92 7,42	12,28 8,57
0,45	4,0 2,0	4,22 2,15	4,47 2,34	4,78 2,56	5,16 2,84	5,64 3,21	6,30 3,71	7,24 4,47	8,81 5,75	10,11 6,85	11,24 7,82
0,40	4,0 2,0	4,20 2,14	4,44 2,32	4,72 2,52	5,06 2,78	5,49 3,12	6,07 3,57	6,89 4,23	8,21 5,33	9,28 6,24	10,19 7,03
0,35	4,0 2,0	4,18 2,13	4,40 2,29	4,65 2,48	4,95 2,71	5,33 3,01	5,83 3,40	6,52 3,97	7,61 4,88	8,46 5,60	9,17 6,22
0,30	4,0 2,0	4,16 2,12	4,35 2,26	4,57 2,43	4,84 2,63	5,16 2,89	5,58 3,22	6,15 3,69	7,01 4,41	7,67 4,97	8,19 5,43
0,25	4,0 2,0	4,14 2,11	4,30 2,23	4,49 2,37	4,71 2,55	4,98 2,76	5,32 3,03	5,77 3,40	6,43 3,95	6,91 4,36	7,29 4,69
0,20	4,0 2,0	4,12 2,09	4,25 2,19	4,40 2,31	4,58 2,45	4,79 2,62	5,05 2,83	5,39 3,11	5,87 3,50	6,20 3,79	6,46 4,01
0,15	4,0 2,0	4,09 2,07	4,19 2,15	4,31 2,24	4,44 2,35	4,60 2,47	4,78 2,62	5,02 2,81	5,34 3,08	5,56 3,26	5,72 3,40
0,10	4,0 2,0	4,06 2,05	4,13 2,11	4,21 2,17	4,30 2,24	4,40 2,32	4,52 2,41	4,66 2,53	4,85 2,68	4,98 2,79	5,07 2,86
0,05	4,0 2,0	4,03 2,03	4,07 2,06	4,11 2,09	4,15 2,12	4,20 2,16	4,26 2,21	4,32 2,26	4,41 2,33	4,46 2,37	4,50 2,40
0	4,0 2,0	4,00 2,00	4,00 2,00	4,00 2,00	4,00 2,00	4,00 2,00	4,00 2,00	4,00 2,00	4,00 2,00	4,00 2,00	4,00 2,00

λ \ n	0,12	0,10	0,08	0,06	0,05	0,04	0,03	0,02	0,01	0,005	0
0,50	12,28 8,57	13,52 9,64	15,21 11,10	17,69 13,29	19,47 14,88	21,90 17,06	25,46 20,30	31,52 25,87	45,32 38,79	65,09 57,58	∞ ∞
0,45	11,24 7,82	12,25 8,70	13,61 9,89	15,56 11,63	16,94 12,87	18,77 14,53	21,40 16,94	25,69 20,92	34,89 29,56	46,95 41,06	— —
0,40	10,19 7,03	10,99 7,72	12,05 8,65	13,52 9,07	14,54 10,89	15,86 12,09	17,71 13,79	20,61 16,47	26,40 21,91	33,33 28,49	375,5 370,0
0,35	9,17 6,22	9,78 6,75	10,56 7,44	11,64 8,40	12,36 9,05	13,27 9,88	14,52 11,02	16,39 12,74	19,90 16,01	23,75 19,64	114,4 107,9
0,30	8,19 5,43	8,64 5,82	9,20 6,31	9,95 6,98	10,44 7,42	11,05 7,97	11,86 8,70	13,03 9,77	15,10 11,67	17,21 13,64	49,38 44,38
0,25	7,29 4,69	7,60 4,96	7,99 5,30	8,49 5,74	8,81 6,02	9,20 6,37	9,71 6,82	10,42 7,46	11,60 8,54	12,75 9,59	26,00 22,00
0,20	6,46 4,01	6,67 4,19	6,92 4,41	7,24 4,68	7,44 4,86	7,68 5,07	7,99 5,34	8,40 5,70	9,07 6,30	9,68 6,85	15,56 12,22
0,15	5,72 3,40	5,85 3,51	6,00 3,64	6,20 3,80	6,31 3,90	6,45 4,02	6,62 4,17	6,85 4,37	7,21 4,68	7,52 4,96	10,14 7,29
0,10	5,07 2,86	5,14 2,92	5,22 2,99	5,32 3,08	5,39 3,13	5,46 3,19	5,54 3,26	5,66 3,36	5,83 3,51	5,98 3,63	7,11 4,61
0,05	4,50 2,40	4,53 2,43	4,56 2,46	4,61 2,49	4,63 2,51	4,66 2,53	4,69 2,56	4,74 2,60	4,80 2,65	4,86 2,70	5,23 3,00
0	4,00 2,00	4,00 2,00	4,00 2,00	4,00 2,00	4,00 2,00	4,00 2,00	4,00 2,00	4,00 2,00	4,00 2,00	4,00 2,00	4,00 2,00

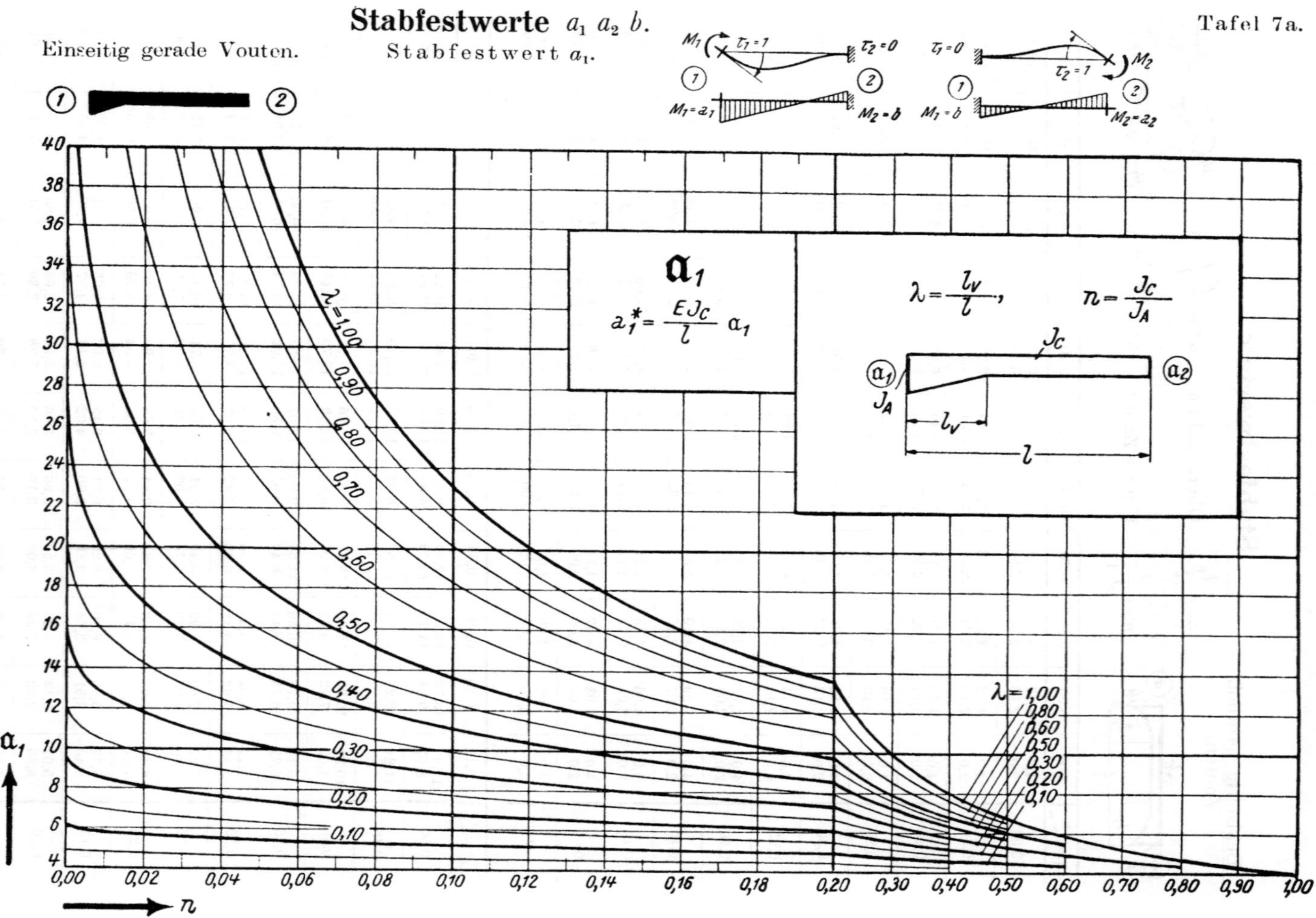
Stabfestwerte $a_1\,a_2\,b.$
Einseitig gerade Vouten.
Stabfestwert a_1.
Tafel 7a.
α_1
$a_1^{*}=\dfrac{EJ_c}{l}\,\alpha_1$
$\lambda=\dfrac{l_v}{l}$, $n=\dfrac{J_c}{J_A}$
$\lambda=1,00$
0,90
0,80
0,70
0,60
0,50
0,40
0,30
0,20
0,10
$\lambda=1,00$
0,80
0,60
0,50
0,30
0,20
0,10
α_1
n
40 38 36 34 32 30 28 26 24 22 20 18 16 14 12 10 8 6 4
0,00 0,02 0,04 0,06 0,08 0,10 0,12 0,14 0,16 0,18 0,20 0,30 0,40 0,50 0,60 0,70 0,80 0,90 1,00
Hilfstafeln.

Einseitig gerade Vouten.   Stabfestwert a_2.   Tafel 7a (Fortsetzung).

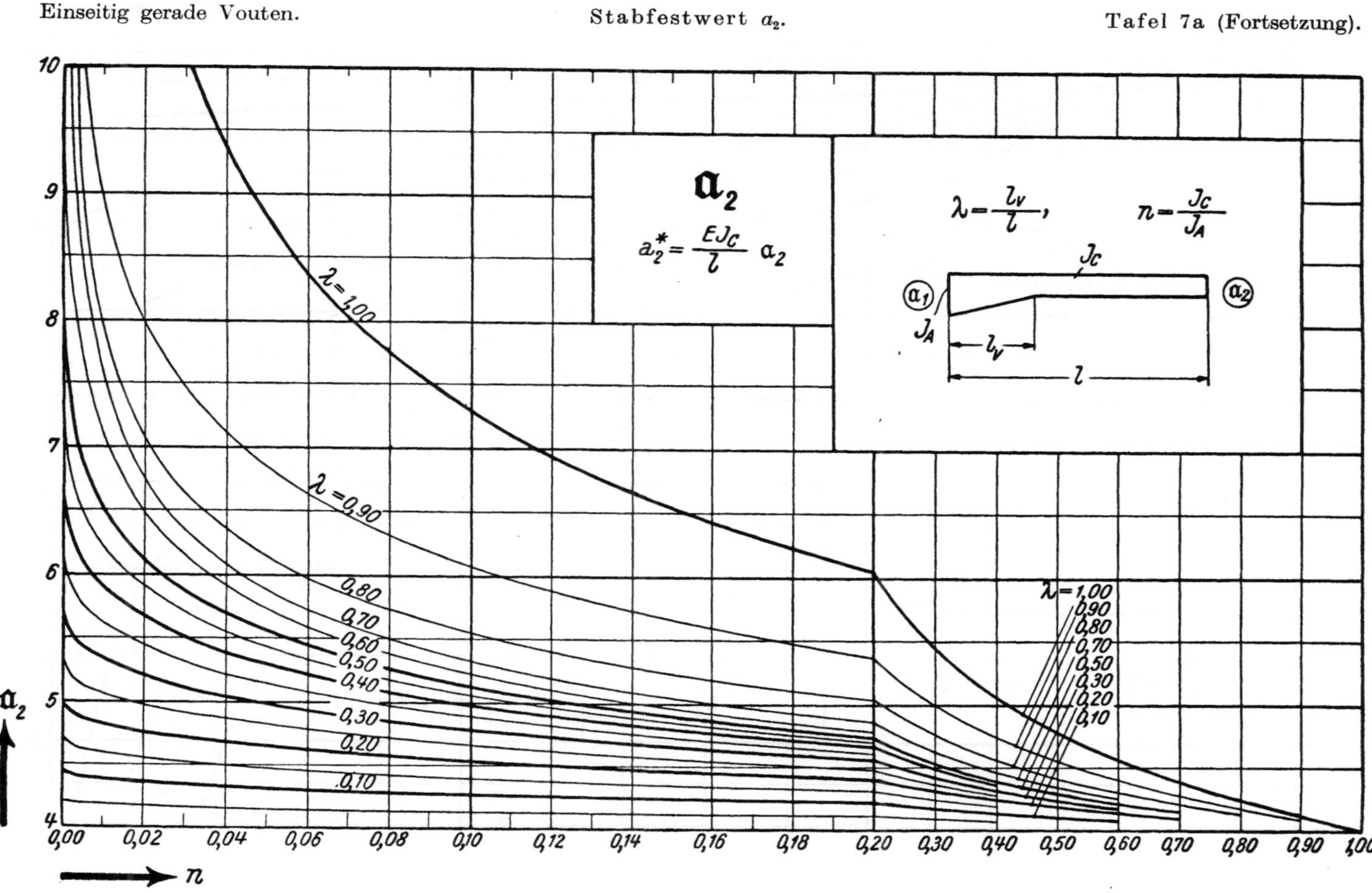

Einseitig gerade Vouten.   Stabfestwert b.   Tafel 7a (Fortsetzung).

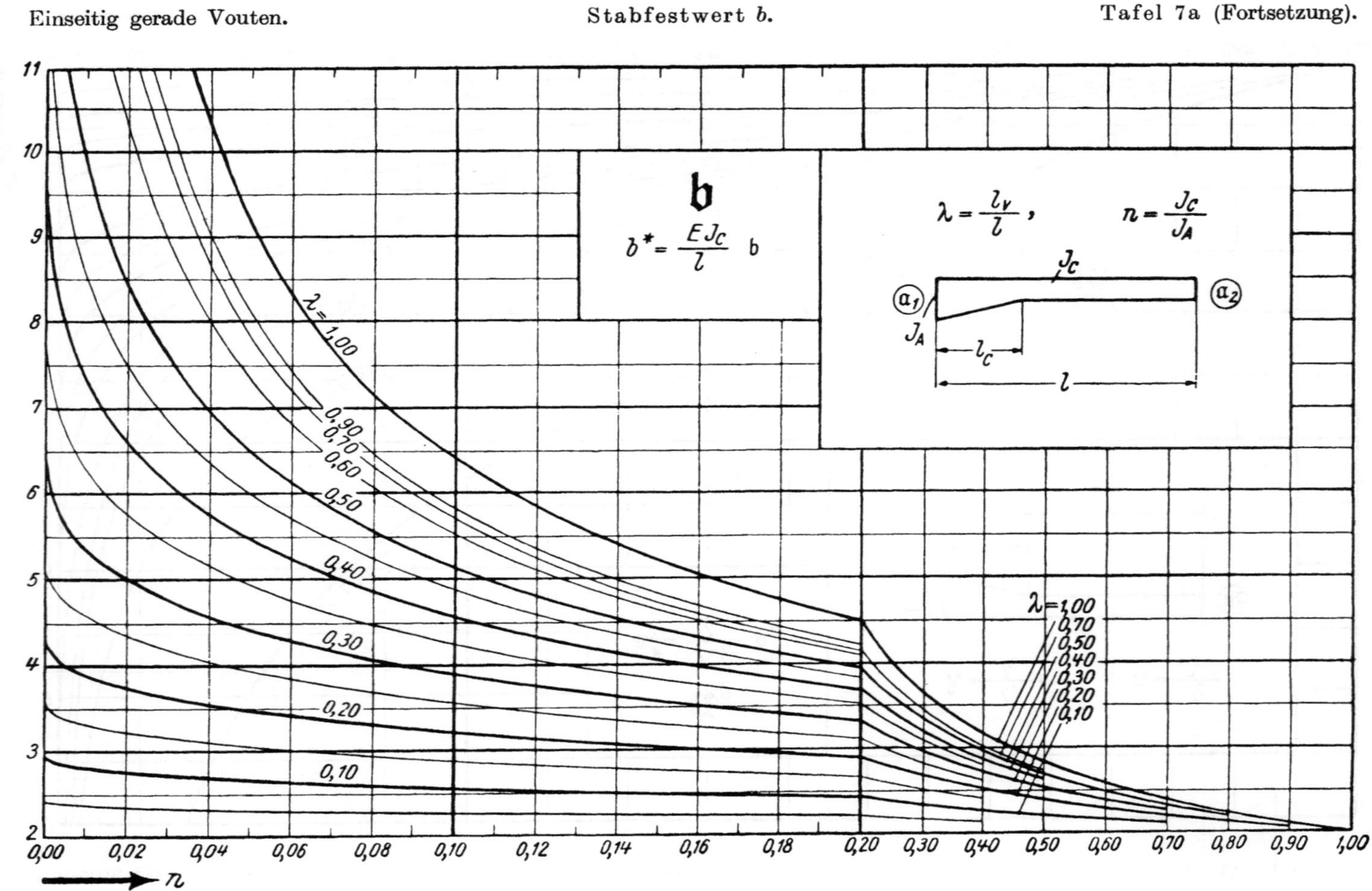

Stabfestwerte $a_1\,a_2\,b.$
Stabfestwert a_1.

Tafel 8a.

Einseitig parabol. Vouten.

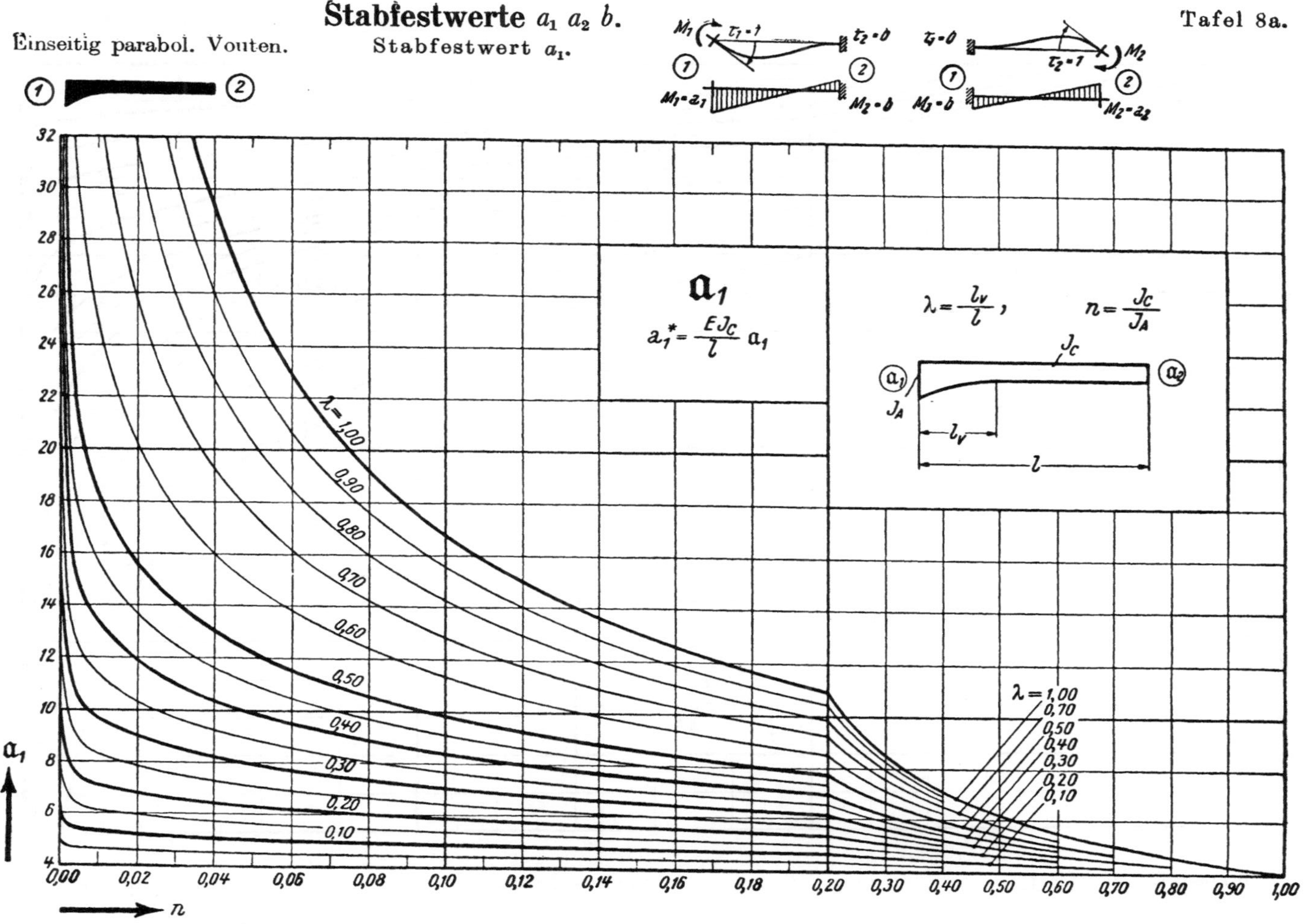

Einseitig parabol. Vouten. Stabfestwert a_2. Tafel 8a (Fortsetzung).

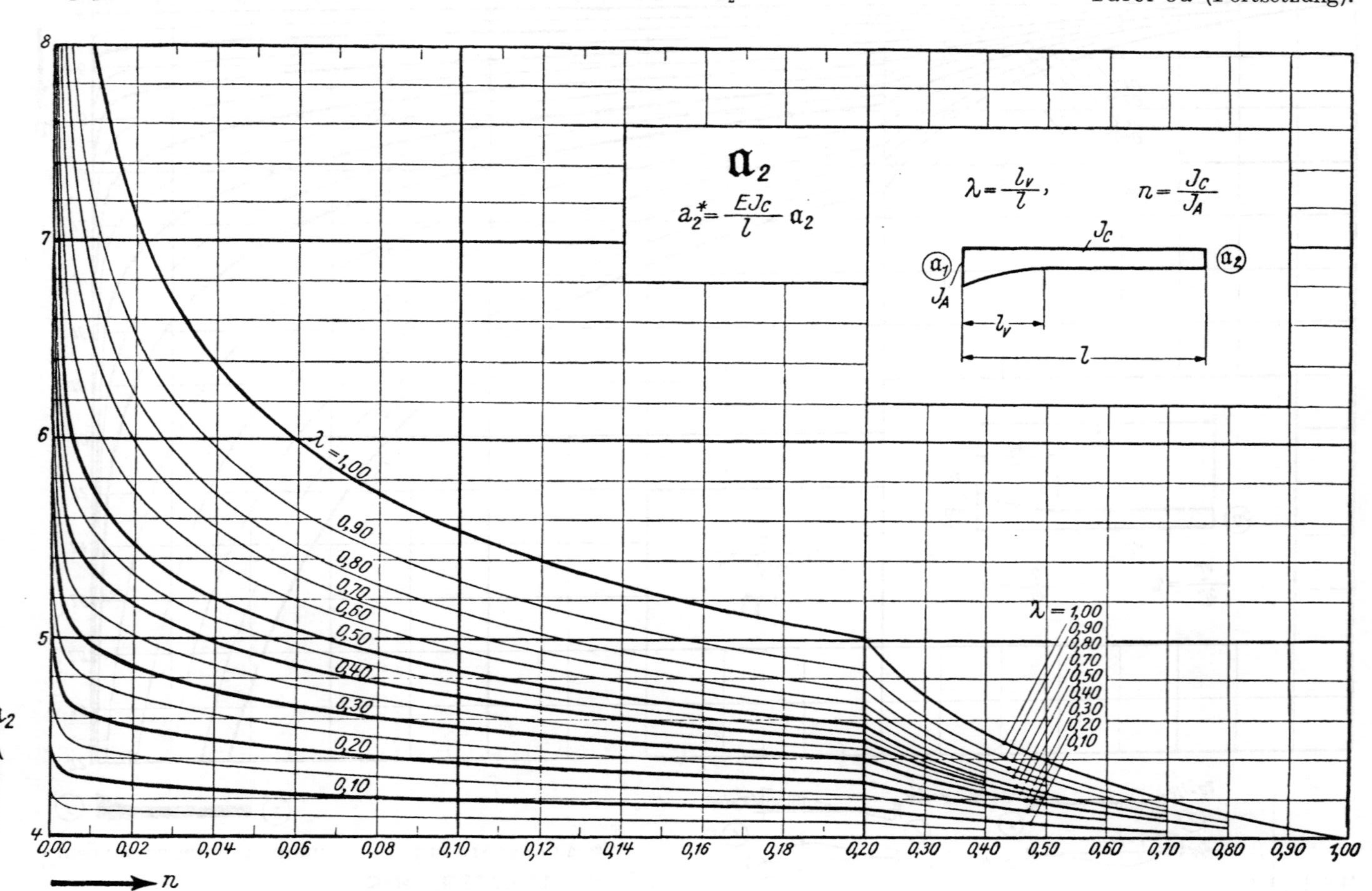

Einseitig parabol. Vouten. Stabfestwert *b*. Tafel 8a (Fortsetzung).

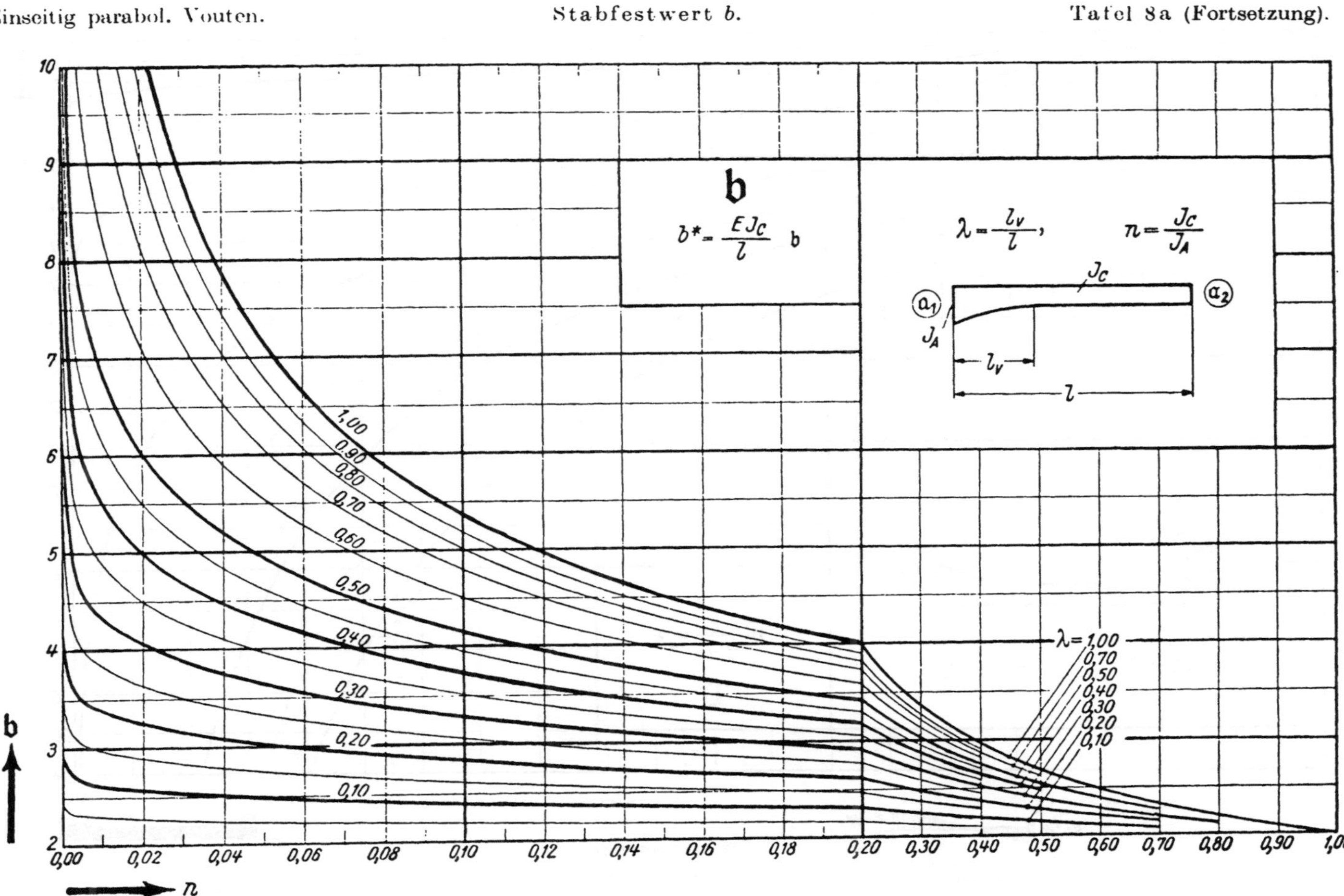

Beidseitig gerade Vouten.

Stabfestwerte $a\,b.$
Stabfestwert $a.$

Tafel 9a.

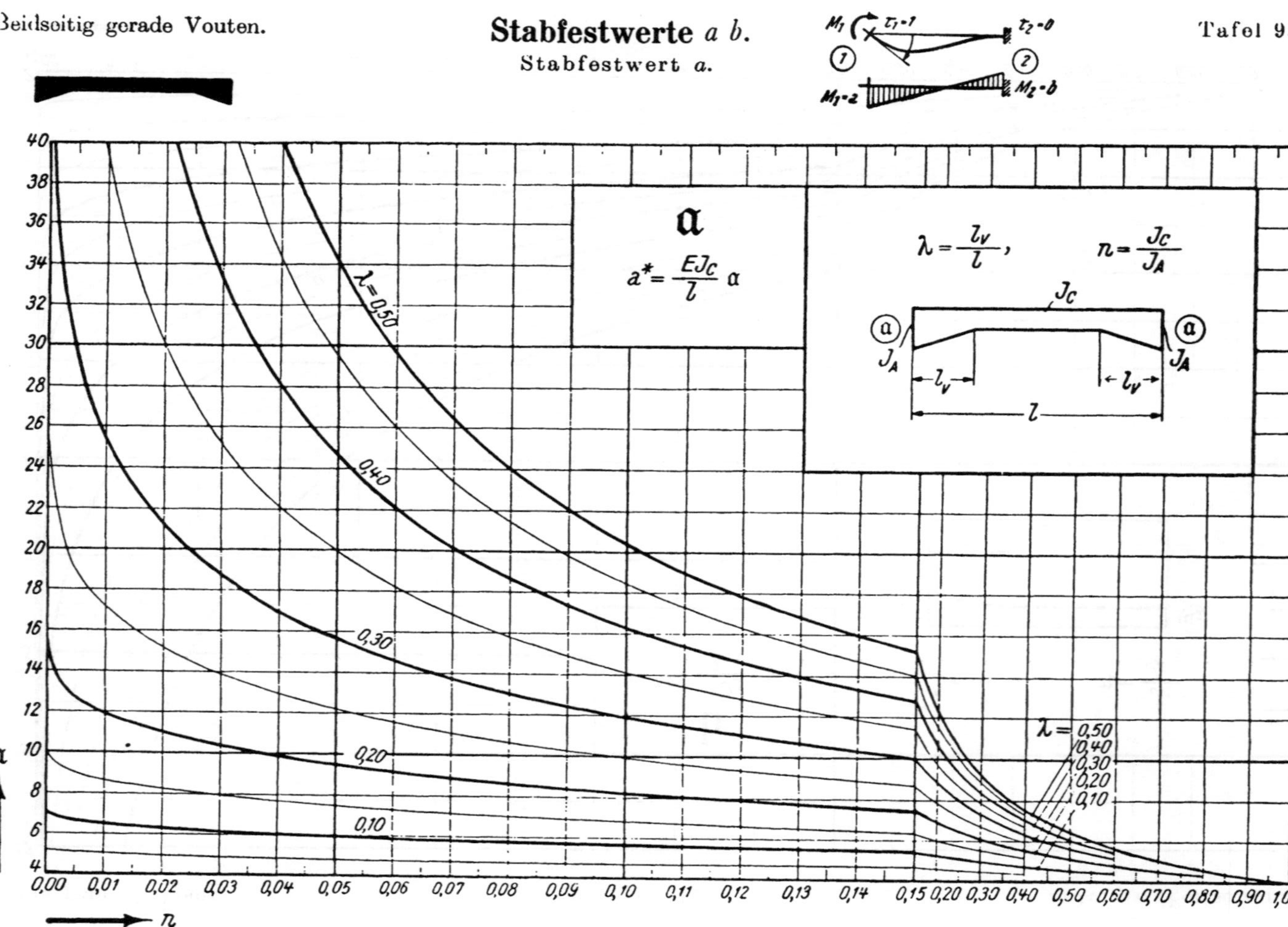

Beidseitig gerade Vouten.

Stabfestwert b.

Tafel 9a (Fortsetzung).

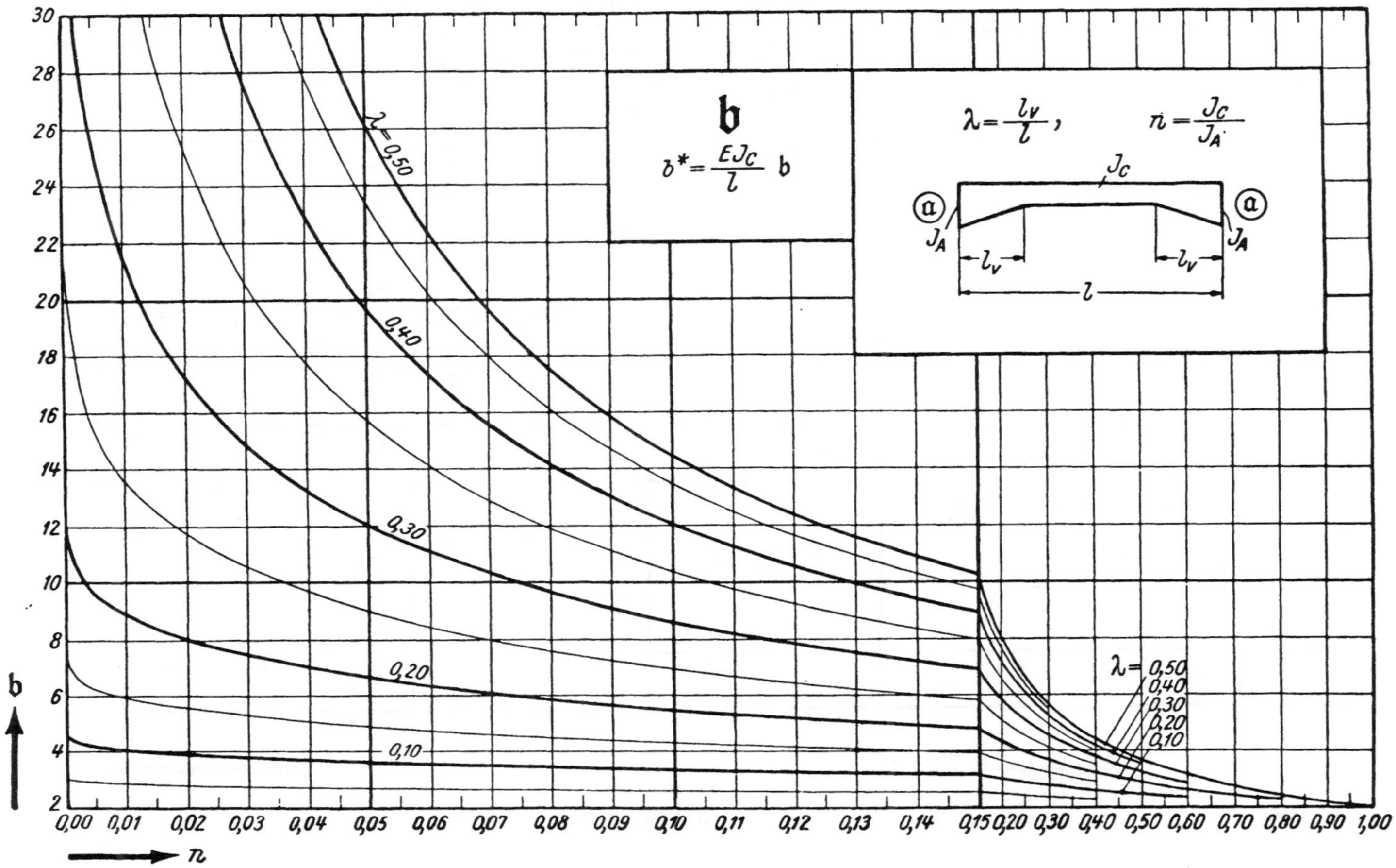

Tafel 10a.

Stabfestwerte $a\,b$.

Stabfestwert a.

Beidseitig parabol. Vouten.

$$\lambda = \frac{l_v}{l}, \qquad n = \frac{J_c}{J_A}$$

$$a \qquad a^* = \frac{E J_c}{l}\,\alpha$$

$\lambda = 0{,}50$

$0{,}40$

$0{,}30$

$0{,}20$

$0{,}10$

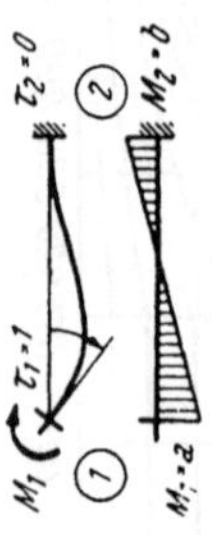

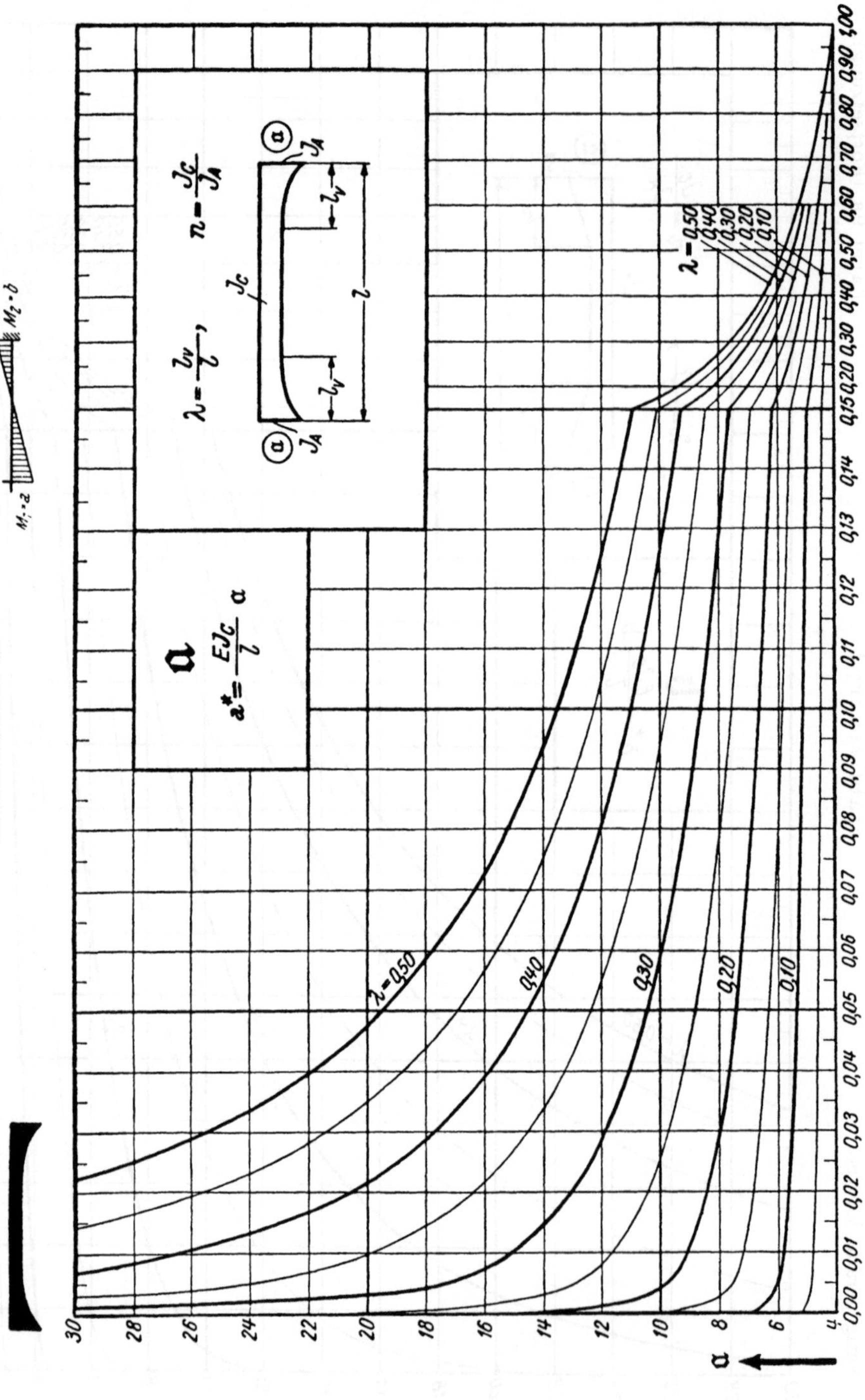

Beidseitig parabol. Vouten. Stabfestwert b. Tafel 10 a (Fortsetzung).

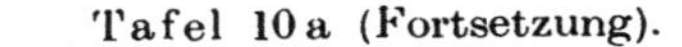

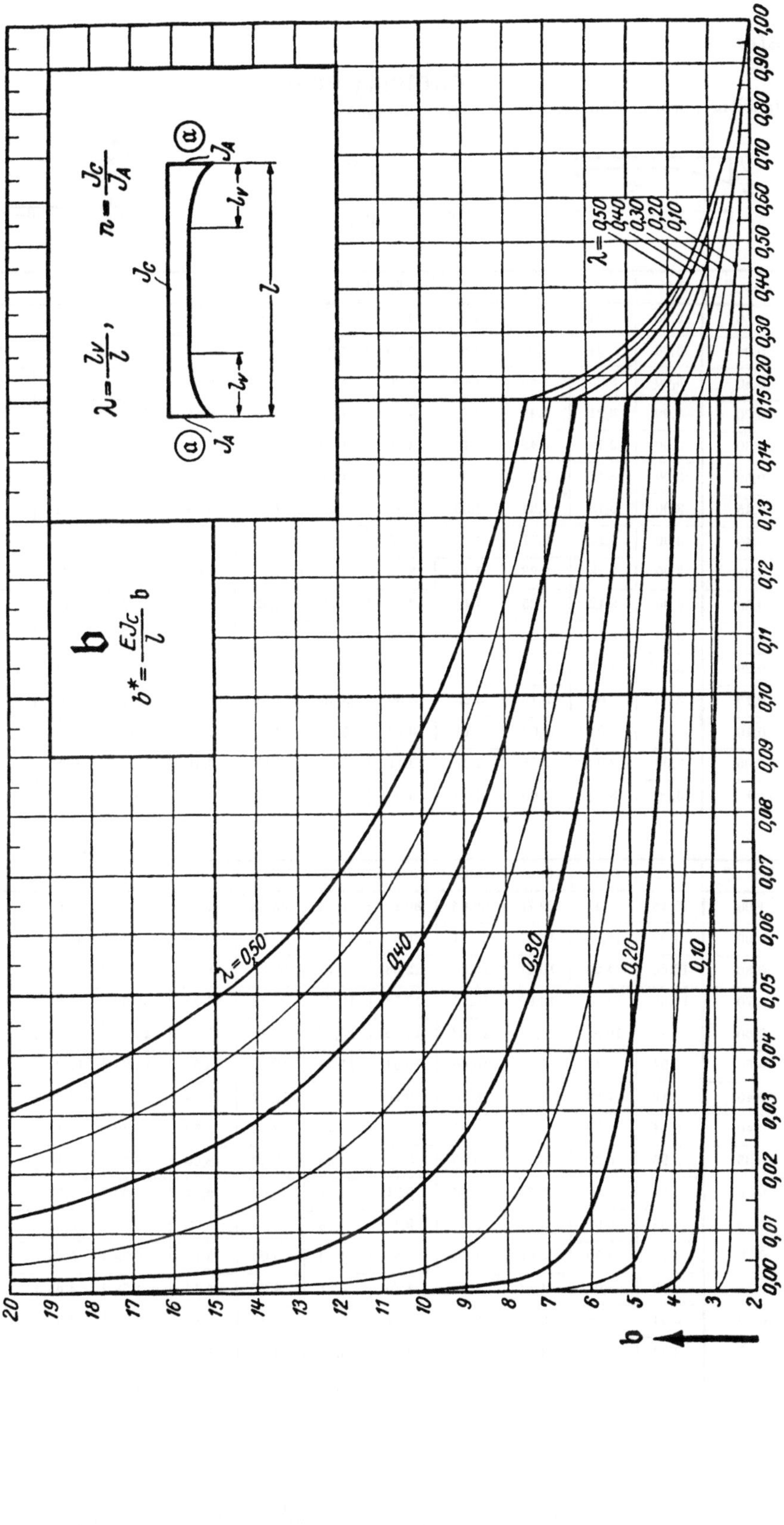

Tafel 11.

Stabfestwerte a_1^0

Einseitig gerade Vouten.   für „Gelenkstäbe".

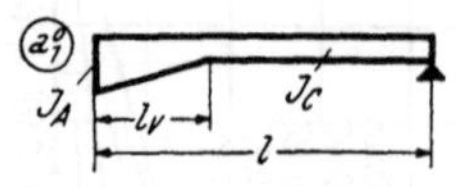

$$\lambda = \frac{l_v}{l} \qquad a_1^{0*} = \frac{E\,J_c}{l}\,a_1^0$$

$$n = \frac{J_c}{J_A} \qquad \text{Tafelwerte: } a_1^0$$

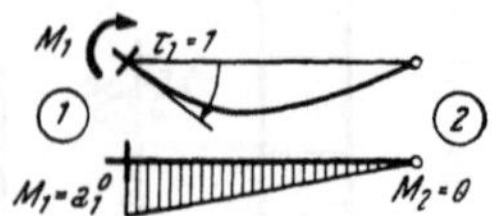

λ \ n	1,00	0,90	0,80	0,70	0,60	0,50	0,40	0,30	0,20	0,15	0,12
1,00	3,00	3,24	3,55	3,92	4,41	5,05	5,99	7,46	10,20	12,74	15,18
0,90	3,00	3,24	3,52	3,88	4,35	4,95	5,81	7,19	9,62	11,90	14,08
0,80	3,00	3,23	3,50	3,83	4,26	4,83	5,62	6,85	9,01	10,87	12,66
0,70	3,00	3,21	3,46	3,77	4,17	4,67	5,38	6,41	8,20	9,71	10,99
0,60	3,00	3,19	3,42	3,70	4,05	4,48	5,08	5,95	7,35	8,47	9,43
0,50	3,00	3,17	3,38	3,61	3,91	4,27	4,76	5,43	6,45	7,25	7,94
0,45	3,00	3,15	3,34	3,56	3,83	4,15	4,59	5,15	6,02	6,71	7,19
0,40	3,00	3,14	3,31	3,51	3,75	4,03	4,41	4,90	5,62	6,14	6,54
0,35	3,00	3,13	3,28	3,46	3,66	3,92	4,22	4,63	5,21	5,62	5,95
0,30	3,00	3,12	3,25	3,40	3,57	3,79	4,05	4,39	4,83	5,15	5,38
0,25	3,00	3,10	3,22	3,34	3,48	3,66	3,86	4,13	4,48	4,72	4,88
0,20	3,00	3,09	3,17	3,28	3,39	3,52	3,69	3,88	4,13	4,31	4,42
0,15	3,00	3,07	3,13	3,22	3,30	3,39	3,51	3,65	3,82	3,94	4,02
0,10	3,00	3,04	3,09	3,14	3,19	3,26	3,33	3,42	3,52	3,58	3,64
0,05	3,00	3,02	3,05	3,07	3,11	3,13	3,16	3,21	3,25	3,28	3,30
0	3,00	3,00	3,00	3,00	3,00	3,00	3,00	3,00	3,00	3,00	3,00

λ \ n	0,12	0,10	0,08	0,06	0,05	0,04	0,03	0,02	0,01	0,005	0
1,00	15,18	17,45	20,79	26,04	30,12	35,84	45,05	62,50	111,00	200,00	∞
0,90	14,08	16,03	18,81	23,21	26,37	31,25	38,50	50,00	83,30	143,00	—
0,80	12,66	14,29	16,41	19,80	22,38	25,71	30,30	38,50	58,80	83,30	333,00
0,70	10,99	12,20	13,89	16,13	17,73	19,85	22,73	27,78	37,00	47,60	111,00
0,60	9,43	10,31	11,36	12,82	13,85	15,10	16,75	19,28	23,26	27,78	47,60
0,50	7,94	8,47	9,09	10,00	10,64	11,36	12,27	13,51	15,38	17,24	23,81
0,45	7,19	7,63	8,13	8,85	9,26	9,80	10,42	11,24	12,66	13,70	18,18
0,40	6,54	6,90	7,30	7,81	8,06	8,47	8,93	9,52	10,42	11,11	13,89
0,35	5,95	6,21	6,49	6,85	7,09	7,35	7,69	8,06	8,70	9,17	10,87
0,30	5,38	5,59	5,78	6,06	6,21	6,41	6,62	6,84	7,30	7,63	8,77
0,25	4,88	5,01	5,15	5,35	5,46	5,59	5,75	5,92	6,21	6,41	7,09
0,20	4,42	4,50	4,61	4,74	4,81	4,90	5,00	5,13	5,29	5,43	5,85
0,15	4,02	4,07	4,13	4,22	4,26	4,31	4,37	4,46	4,55	4,63	4,88
0,10	3,64	3,66	3,70	3,76	3,77	3,80	3,85	3,88	3,94	3,98	4,12
0,05	3,30	3,31	3,33	3,36	3,37	3,38	3,39	3,40	3,42	3,45	3,50
0	3,00	3,00	3,00	3,00	3,00	3,00	3,00	3,00	3,00	3,00	3,00

Stabfestwerte a_1^0
für „Gelenkstäbe".

Einseitig parabol.Vouten.

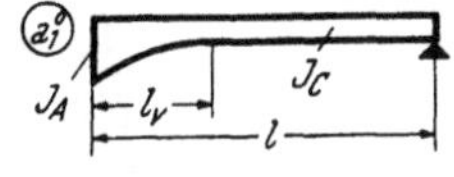

$$\lambda = \frac{l_v}{l} \qquad a_1^{0*} = \frac{E\,J_c}{l}\,a_1^0$$

$$n = \frac{J_c}{J_A} \qquad \text{Tafelwerte: } a_1^0$$

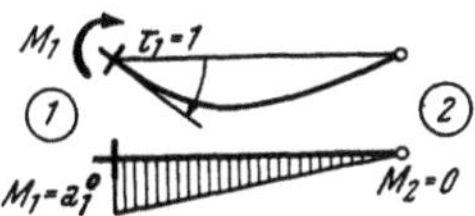

λ \ n	1,00	0,90	0,80	0,70	0,60	0,50	0,40	0,30	0,20	0,15	0,12
1,00	3,00	3,20	3,43	3,72	4,07	4,53	5,18	6,14	7,76	9,17	10,42
0,90	3,00	3,19	3,40	3,66	4,00	4,43	5,00	5,85	7,30	8,48	9,52
0,80	3,00	3,18	3,38	3,62	3,92	4,31	4,81	5,56	6,76	7,75	8,62
0,70	3,00	3,16	3,34	3,56	3,83	4,17	4,61	5,24	6,25	7,04	7,69
0,60	3,00	3,15	3,31	3,50	3,73	4,03	4,41	4,93	5,71	6,33	6,83
0,50	3,00	3,13	3,27	3,44	3,62	3,88	4,17	4,59	5,18	5,62	5,99
0,45	3,00	3,12	3,25	3,39	3,57	3,79	4,07	4,43	4,93	5,32	5,59
0,40	3,00	3,11	3,23	3,36	3,52	3,70	3,94	4,26	4,70	5,00	5,24
0,35	3,00	3,10	3,20	3,32	3,46	3,62	3,82	4,08	4,44	4,70	4,88
0,30	3,00	3,08	3,18	3,28	3,39	3,53	3,70	3,92	4,20	4,43	4,57
0,25	3,00	3,07	3,15	3,24	3,33	3,45	3,58	3,76	3,98	4,15	4,26
0,20	3,00	3,06	3,12	3,19	3,27	3,36	3,46	3,60	3,77	3,88	3,97
0,15	3,00	3,04	3,09	3,15	3,21	3,27	3,34	3,44	3,56	3,65	3,70
0,10	3,00	3,03	3,06	3,10	3,14	3,18	3,23	3,29	3,37	3,41	3,45
0,05	3,00	3,01	3,03	3,05	3,07	3,09	3,12	3,15	3,18	3,21	3,22
0	3,00	3,00	3,00	3,00	3,00	3,00	3,00	3,00	3,00	3,00	3,00

λ \ n	0,12	0,10	0,08	0,06	0,05	0,04	0,03	0,02	0,01	0,005	0
1,00	10,42	11,57	13,16	15,50	17,18	19,49	22,88	28,65	46,70	62,50	∞
0,90	9,52	10,53	11,76	13,51	14,83	16,67	19,23	23,26	32,26	43,50	—
0,80	8,62	9,35	10,31	11,73	12,66	13,89	15,63	18,52	24,39	31,25	333,00
0,70	7,69	8,26	9,01	10,05	10,75	11,63	12,82	14,49	17,86	21,74	111,00
0,60	6,83	7,25	7,75	8,48	8,93	9,54	10,31	11,36	13,33	15,38	47,60
0,50	5,99	6,29	6,62	7,09	7,41	7,81	8,26	8,93	10,10	11,11	23,81
0,45	5,59	5,85	6,14	6,49	6,76	7,04	7,41	7,94	8,77	9,62	18,18
0,40	5,24	5,44	5,65	5,95	6,14	6,37	6,67	7,04	7,69	8,26	13,89
0,35	4,88	5,05	5,24	5,48	5,62	5,78	5,99	6,29	6,76	7,14	10,87
0,30	4,57	4,67	4,83	5,00	5,10	5,24	5,41	5,62	5,95	6,25	8,77
0,25	4,26	4,35	4,44	4,58	4,66	4,76	4,88	5,03	5,26	5,46	7,09
0,20	3,97	4,03	4,12	4,22	4,27	4,33	4,41	4,51	4,67	4,81	5,85
0,15	3,70	3,75	3,80	3,86	3,89	3,94	3,98	4,05	4,17	4,24	4,88
0,10	3,45	3,47	3,51	3,55	3,56	3,58	3,62	3,66	3,72	3,77	4,12
0,05	3 22	3,23	3,25	3,26	3,27	3,28	3,29	3,31	3,33	3,36	3,50
0	3,00	3,00	3,00	3,00	3,00	3,00	3,00	3,00	3,00	3,00	3,00

Tafel 11a.

Stabfestwerte a_1^0
für „Gelenkstäbe".

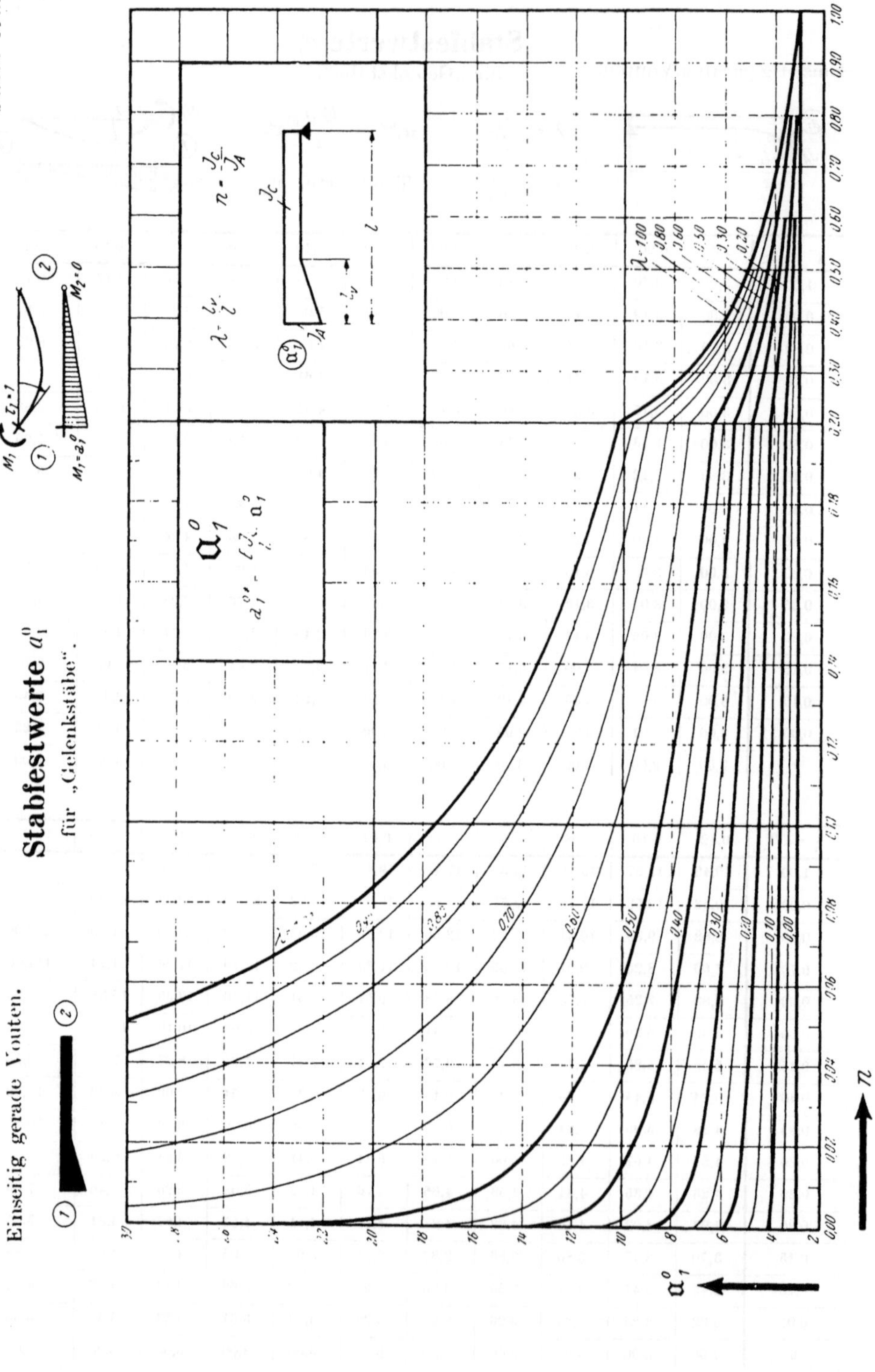

Einseitig gerade Vouten.

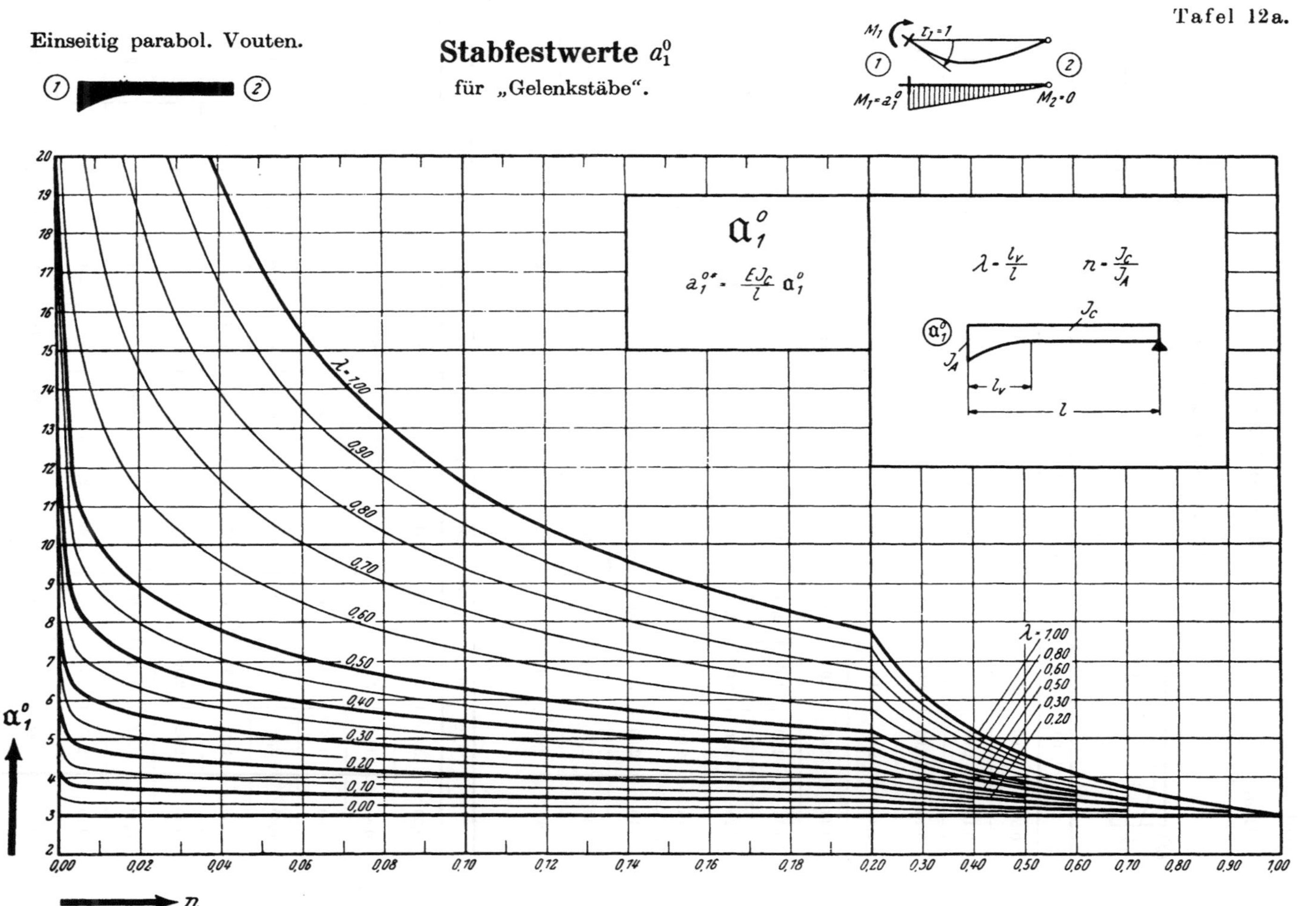

Einseitig parabol. Vouten.
Stabfestwerte a_1^0
für „Gelenkstäbe".
a_1^0
$a_1^{0''} = \frac{EJ_c}{l}\, a_1^0$
$\lambda = \frac{l_v}{l}$
$n = \frac{J_c}{J_A}$
$\lambda = 1.00$
0.90
0.80
0.70
0.60
0.50
0.40
0.30
0.20
0.10
0.00
$\lambda = 1.00$
0.80
0.60
0.50
0.30
0.20

Tafel 13.

Beidseitig gerade Vouten.

Stabfestwerte a'

für „Symmetriestäbe" bei symmetrischer Belastung.

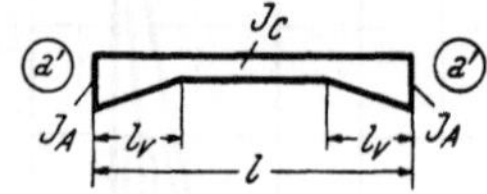

$$\lambda = \frac{l_v}{l} \qquad a'^* = \frac{E\,J_c}{l}\,a'$$

$$n = \frac{J_c}{J_A} \qquad \text{Tafelwerte: } a'$$

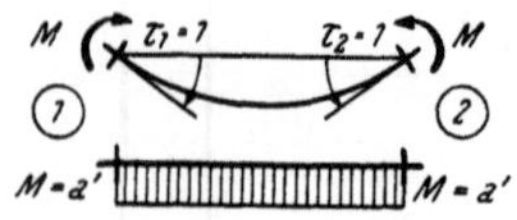

λ \ n	1,00	0,90	0,80	0,70	0,60	0,50	0,40	0,30	0,20	0,15	0,12
0 50	2,00	2,10	2,23	2,39	2,57	2,81	3,13	3,58	4,32	4,92	5,41
0,45	2,00	2,10	2,21	2,34	2,50	2,70	2,96	3,31	3,88	4,27	4,64
0,40	2,00	2,09	2,18	2,30	2,43	2,60	2,81	3,09	3,51	3,81	4,05
0,35	2,00	2,07	2,16	2,26	2,37	2,51	2,67	2,89	3,19	3,42	3,58
0,30	2,00	2,06	2,13	2,22	2,31	2,42	2,55	2,72	2,95	3,11	3,21
0,25	2,00	2,05	2,11	2,17	2,25	2,34	2,44	2,56	2,73	2,85	2,92
0,20	2,00	2,04	2,09	2,14	2,20	2,27	2,34	2,43	2,55	2,62	2,67
0,15	2,00	2,03	2,07	2,11	2,15	2,19	2,24	2,31	2,39	2,43	2,47
0,10	2,00	2,02	2,04	2,07	2,09	2,12	2,16	2,19	2,24	2,27	2,29
0,05	2,00	2,01	2,02	2,03	2,05	2,06	2,07	2,09	2,11	2,13	2,14
0	2,00	2,00	2,00	2,00	2,00	2,00	2,00	2,00	2,00	2,00	2,00

λ \ n	0,12	0,10	0,08	0,06	0,05	0,04	0,03	0,02	0,01	0,005	0
0,50	5,41	5,89	6,49	7,34	7,94	8,72	9,81	11,60	15,38	20,00	∞
0,45	4,64	4,93	5,29	5,78	6,11	6,53	7,09	7,81	9,17	10,53	20,00
0,40	4,05	4,24	4,48	4,78	4,98	5,21	5,51	5,91	6,54	7,14	10,00
0,35	3,58	3,72	3,88	4,08	4,20	4,33	4,50	4,76	5,10	5,41	6,67
0,30	3,21	3,31	3,42	3,55	3,63	3,72	3,83	3,97	4,18	4,35	5,00
0,25	2,92	2,99	3,06	3,14	3,19	3,25	3,32	3,41	3,53	3,64	4,00
0,20	2,67	2,72	2,76	2,82	2,85	2,89	2,93	2,99	3,07	3,13	3,33
0,15	2,47	2,49	2,53	2,56	2,58	2,60	2,62	2,66	2,70	2,74	2,86
0,10	2,29	2,30	2,32	2,34	2,35	2,36	2,38	2,40	2,42	2,44	2,50
0,05	2,14	2,14	2,15	2,16	2,16	2,17	2,17	2,18	2,19	2,20	2,22
0	2,00	2,00	2,00	2,00	2,00	2,00	2,00	2,00	2,00	2,00	2,00

Stabfestwerte a'

für „Symmetriestäbe" bei symmetrischer Belastung.

Beidseitig parabol. Vouten.

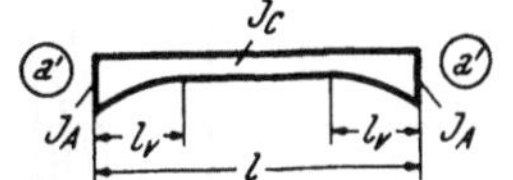

$$\lambda = \frac{l_v}{l} \qquad a'^* = \frac{E J_c}{l}\, a'$$

$$n = \frac{J_c}{J_A} \qquad \text{Tafelwerte: } a'$$

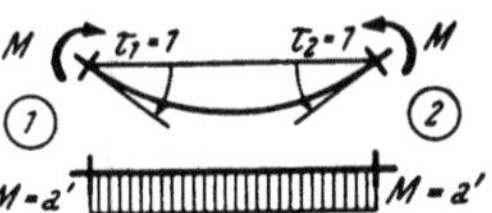

λ＼n	1,00	0,90	0,80	0,70	0,60	0,50	0,40	0,30	0,20	0,15	0,12
0,50	2,00	2,07	2,15	2,25	2,36	2,49	2,67	2,90	3,24	3,50	3,70
0,45	2,00	2,06	2,13	2,22	2,32	2,43	2,58	2,77	3,06	3,26	3,42
0,40	2,00	2,06	2,12	2,19	2,27	2,37	2,50	2,66	2,89	3,05	3,17
0,35	2,00	2,05	2,11	2,16	2,24	2,32	2,43	2,56	2,73	2,85	2,95
0,30	2,00	2,04	2,09	2,14	2,20	2,26	2,35	2,46	2,60	2,69	2,76
0,25	2,00	2,03	2,07	2,12	2,16	2,22	2,28	2,36	2,48	2,54	2,60
0,20	2,00	2,03	2,06	2,09	2,13	2,17	2,22	2,28	2,36	2,41	2,45
0,15	2,00	2,02	2,04	2,07	2,10	2,12	2,16	2,20	2,26	2,29	2,32
0,10	2,00	2,01	2,03	2,04	2,06	2,08	2,11	2,13	2,17	2,19	2,20
0,05	2,00	2,00	2,01	2,02	2,03	2,04	2,05	2,06	2,08	2,09	2,10
0	2,00	2,00	2,00	2,00	2,00	2,00	2,00	2,00	2,00	2,00	2,00

λ＼n	0,12	0,10	0,08	0,06	0,05	0,04	0,03	0,02	0,01	0,005	0
0,50	3,70	3,89	4,11	4,40	4,61	4,84	5,17	5,64	6,49	7,46	∞
0,45	3,42	3,55	3,72	3,93	4,07	4,24	4,46	4,78	5,32	5,88	20,00
0,40	3,17	3,27	3,39	3,55	3,65	3,77	3,92	4,14	4,48	4,85	10,00
0,35	2,95	3,03	3,13	3,24	3,31	3,39	3,51	3,65	3,88	4,12	6,67
0,30	2,76	2,82	2,89	2,97	3,02	3,09	3,16	3,26	3,42	3,57	5,00
0,25	2,60	2,64	2,69	2,75	2,79	2,82	2,88	2,96	3,06	3,15	4,00
0,20	2,45	2,48	2,52	2,56	2,58	2,61	2,65	2,70	2,77	2,83	3,33
0,15	2,32	2,34	2,36	2,39	2,40	2,43	2,45	2,48	2,53	2,56	2,86
0,10	2,20	2,21	2,23	2,25	2,26	2,27	2,28	2,30	2,32	2,35	2,50
0,05	2,10	2,10	2,11	2,12	2,12	2,12	2,13	2,14	2,15	2,16	2,22
0	2,00	2,00	2,00	2,00	2,00	2,00	2,00	2,00	2,00	2,00	2,00

Tafel 13a.

Stabfestwerte a'
für „Symmetriestäbe"
bei symmetrischer Belastung.

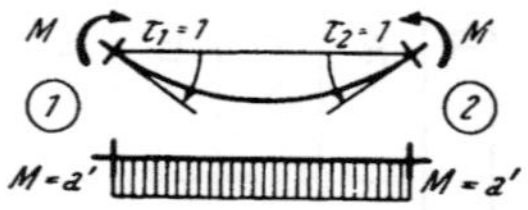

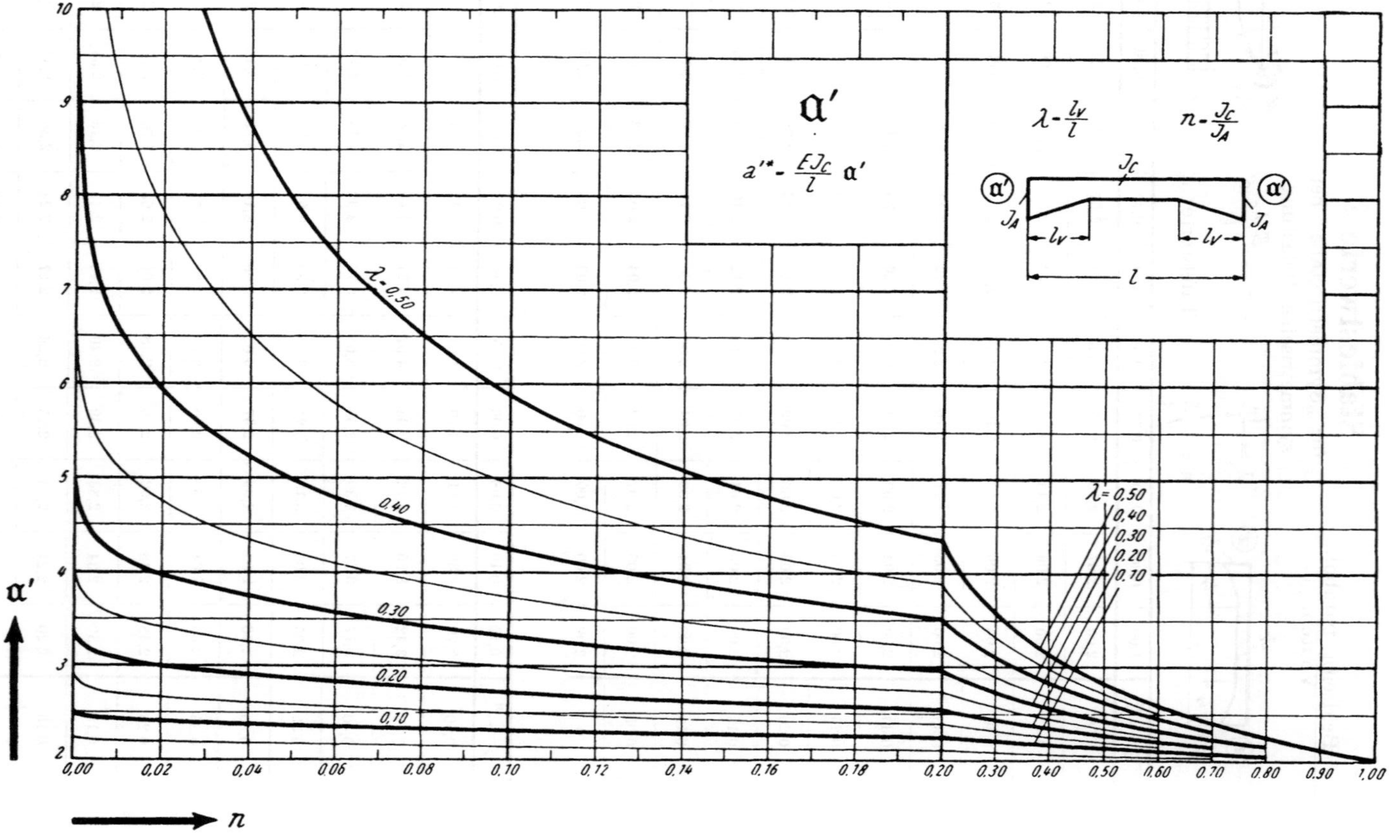

Beidseitig gerade Vouten.

$M = a'$
$M = a'$

$\lambda = \dfrac{l_V}{l}$

$n = \dfrac{J_C}{J_A}$

α'

$a'^* = \dfrac{E J_C}{l}\,\alpha'$

$\lambda = 0{,}50$
$0{,}40$
$0{,}30$
$0{,}20$
$0{,}10$

$\lambda = 0{,}50$
$0{,}40$
$0{,}30$
$0{,}20$
$0{,}10$

0,00 0,02 0,04 0,06 0,08 0,10 0,12 0,14 0,16 0,18 0,20 0,30 0,40 0,50 0,60 0,70 0,80 0,90 1,00

n

α'

10 9 8 7 6 5 4 3 2

Tafel 14a.

Beidseitig parabol. Vouten.

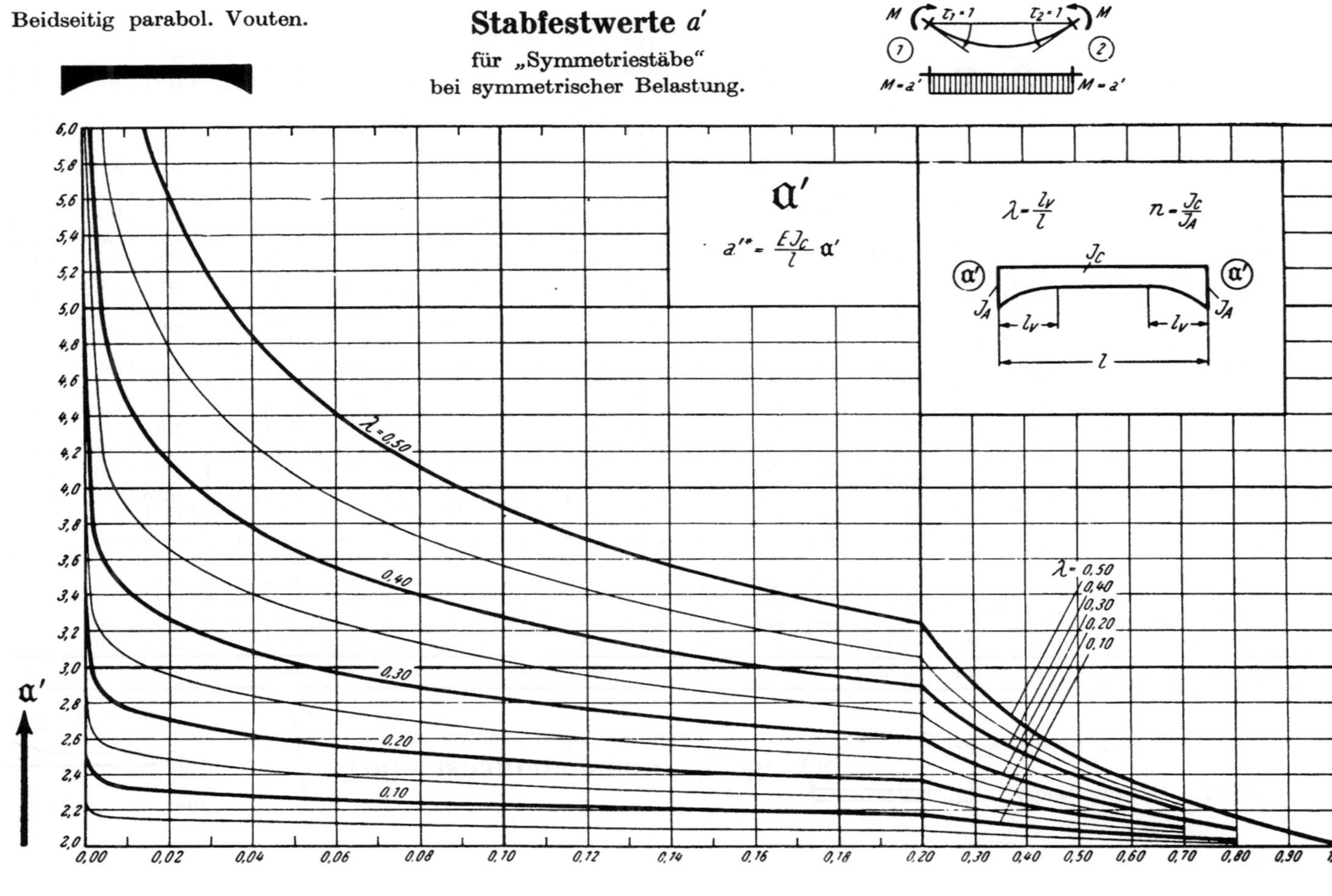

Tafel 15.

Einseitig gerade Vouten. $\quad \lambda = \dfrac{l_v}{l}$

$n = \dfrac{J_c}{J_A}$

Volleinspannmomente $\mathfrak{M}_1\ \mathfrak{M}_2$
bei durchgehender Gleichlast.

Obere Zahl $\varkappa_1 \quad \mathfrak{M}_1 = +\,\varkappa_1 \dfrac{q\,l^2}{12}$

Untere Zahl $\varkappa_2 \quad \mathfrak{M}_2 = -\,\varkappa_2 \dfrac{q\,l^2}{12}$

λ \ n	1,00	0,90	0,80	0,70	0,60	0,50	0,40	0,30	0,20	0,15	0,12	0,10	0,08	0,06	0,05	0,04	0,03	0,02	0,01	0,005	0
1,00	1,0 1,0	1,018 0,978	1,043 0,955	1,071 0,931	1,110 0,897	1,146 0,865	1,193 0,826	1,255 0,777	1,348 0,709	1,416 0,663	1,469 0,629	1,513 0,602	1,571 0,566	1,638 0,531	1,683 0,507	1,739 0,479	1,812 0,445	1,916 0,400	2,095 0,331	2,274 0,272	6,000 0,000
0,90	1,0 1,0	1,020 0,978	1,046 0,954	1,077 0,929	1,116 0,896	1,157 0,863	1,209 0,822	1,278 0,772	1,381 0,704	1,456 0,658	1,516 0,624	1,566 0,597	1,629 0,565	1,711 0,528	1,764 0,504	1,830 0,477	1,916 0,444	2,042 0,401	2,266 0,336	2,502 0,280	5,410 0,010
0,80	1,0 1,0	1,022 0,979	1,049 0,959	1,081 0,934	1,120 0,904	1,164 0,873	1,219 0,836	1,293 0,789	1,404 0,727	1,487 0,685	1,553 0,654	1,609 0,629	1,679 0,600	1,773 0,564	1,834 0,542	1,911 0,516	2,014 0,485	2,167 0,442	2,448 0,375	2,754 0,314	4,840 0,040
0,70	1,0 1,0	1,024 0,982	1,052 0,963	1,085 0,941	1,126 0,915	1,173 0,887	1,232 0,853	1,313 0,810	1,435 0,752	1,527 0,713	1,602 0,683	1,665 0,659	1,745 0,631	1,852 0,594	1,923 0,572	2,012 0,545	2,131 0,511	2,306 0,465	2,619 0,391	2,938 0,323	4,290 0,090
0,60	1,0 1,0	1,026 0,983	1,056 0,966	1,091 0,947	1,134 0,924	1,184 0,898	1,249 0,866	1,338 0,826	1,471 0,770	1,572 0,731	1,653 0,701	1,722 0,676	1,809 0,647	1,923 0,610	1,997 0,587	2,090 0,559	2,211 0,523	2,382 0,476	2,667 0,401	2,926 0,337	3,760 0,160
0,50	1,0 1,0	1,028 0,984	1,061 0,968	1,097 0,951	1,142 0,930	1,196 0,905	1,266 0,874	1,359 0,835	1,498 0,779	1,601 0,740	1,683 0,710	1,751 0,686	1,835 0,657	1,943 0,620	2,012 0,598	2,095 0,571	2,200 0,538	2,342 0,494	2,559 0,430	2,739 0,379	3,250 0,250
0,45	1,0 1,0	1,027 0,985	1,059 0,969	1,100 0,952	1,145 0,931	1,200 0,907	1,271 0,877	1,364 0,838	1,502 0,783	1,602 0,745	1,681 0,716	1,746 0,692	1,825 0,664	1,925 0,629	1,987 0,608	2,062 0,583	2,154 0,552	2,276 0,512	2,457 0,456	2,601 0,412	3,003 0,303
0,40	1,0 1,0	1,026 0,985	1,059 0,970	1,101 0,953	1,147 0,933	1,202 0,909	1,272 0,879	1,364 0,841	1,496 0,788	1,591 0,751	1,665 0,723	1,724 0,701	1,796 0,675	1,885 0,642	1,940 0,623	2,004 0,600	2,083 0,572	2,185 0,538	2,332 0,489	2,445 0,452	2,760 0,360
0,35	1,0 1,0	1,026 0,985	1,058 0,971	1,101 0,954	1,146 0,934	1,200 0,911	1,267 0,882	1,355 0,846	1,479 0,795	1,566 0,760	1,632 0,735	1,685 0,714	1,747 0,690	1,824 0,661	1,871 0,644	1,925 0,624	1,990 0,600	2,072 0,571	2,189 0,530	2,277 0,500	2,523 0,423
0,30	1,0 1,0	1,025 0,986	1,060 0,972	1,098 0,956	1,141 0,937	1,193 0,914	1,256 0,887	1,337 0,853	1,449 0,806	1,526 0,775	1,583 0,752	1,628 0,734	1,681 0,713	1,745 0,688	1,782 0,673	1,826 0,656	1,878 0,636	1,943 0,612	2,033 0,578	2,100 0,554	2,290 0,490
0,25	1,0 1,0	1,024 0,987	1,057 0,973	1,093 0,958	1,133 0,940	1,180 0,919	1,237 0,894	1,309 0,863	1,406 0,822	1,471 0,794	1,518 0,775	1,555 0,759	1,597 0,742	1,648 0,718	1,681 0,709	1,712 0,695	1,752 0,679	1,801 0,660	1,868 0,634	1,919 0,615	2,063 0,563
0,20	1,0 1,0	1,023 0,988	1,052 0,976	1,084 0,962	1,119 0,946	1,160 0,927	1,209 0,905	1,270 0,878	1,349 0,840	1,400 0,821	1,438 0,805	1,466 0,792	1,498 0,779	1,537 0,763	1,559 0,753	1,581 0,743	1,614 0,730	1,650 0,715	1,698 0,695	1,734 0,681	1,840 0,640
0,15	1,0 1,0	1,022 0,990	1,045 0,979	1,071 0,967	1,100 0,954	1,133 0,938	1,172 0,920	1,219 0,899	1,279 0,872	1,316 0,855	1,344 0,843	1,364 0,834	1,387 0,823	1,414 0,811	1,430 0,804	1,447 0,797	1,467 0,788	1,492 0,777	1,525 0,763	1,549 0,753	1,623 0,723
0,10	1,0 1,0	1,016 0,993	1,034 0,984	1,053 0,975	1,074 0,965	1,098 0,954	1,125 0,941	1,157 0,926	1,196 0,907	1,221 0,896	1,238 0,888	1,251 0,882	1,266 0,875	1,282 0,867	1,292 0,863	1,303 0,858	1,315 0,852	1,330 0,846	1,350 0,837	1,364 0,830	1,410 0,810
0,05	1,0 1,0	1,009 0,996	1,019 0,991	1,029 0,986	1,041 0,980	1,053 0,974	1,067 0,967	1,084 0,959	1,103 0,950	1,115 0,944	1,123 0,940	1,129 0,937	1,136 0,934	1,144 0,930	1,148 0,928	1,153 0,926	1,159 0,923	1,165 0,920	1,175 0,916	1,181 0,913	1,203 0,903
0	1,0 1,0	1,0 1,0	1,0 1,0	1,0 1,0	1,0 1,0	1,0 1,0	1,0 1,0	1,0 1,0	1,0 1,0	1,0 1,0	1,0 1,0	1,0 1,0	1,0 1,0	1,0 1,0	1,0 1,0	1,0 1,0	1,0 1,0	1,0 1,0	1,0 1,0	1,0 1,0	1,0 1,0

Einseitig parabol. Vouten. $\quad \lambda = \dfrac{l_v}{l}$

$n = \dfrac{J_c}{J_A}$

Volleinspannmomente $\mathfrak{M}_1\ \mathfrak{M}_2$
bei durchgehender Gleichlast.

Obere Zahl $\varkappa_1 \quad \mathfrak{M}_1 = + \varkappa_1 \dfrac{q\,l^2}{12}$

Untere Zahl $\varkappa_2 \quad \mathfrak{M}_2 = - \varkappa_2 \dfrac{q\,l^2}{12}$

λ \ n	1,00	0,90	0,80	0,70	0,60	0,50	0,40	0,30	0,20	0,15	0,12	0,10	0,08	0,06	0,05	0,04	0,03	0,02	0,01	0,005	0
1,00	1,0 / 1,0	1,025 / 0,983	1,053 / 0,963	1,086 / 0,941	1,124 / 0,916	1,170 / 0,887	1,229 / 0,852	1,307 / 0,808	1,421 / 0,748	1,505 / 0,707	1,572 / 0,676	1,628 / 0,652	1,697 / 0,622	1,789 / 0,586	1,847 / 0,563	1,920 / 0,536	2,012 / 0,504	2,153 / 0,458	2,391 / 0,389	2,632 / 0,327	6,000 / 0,000
0,90	1,0 / 1,0	1,025 / 0,984	1,054 / 0,965	1,088 / 0,944	1,127 / 0,921	1,175 / 0,893	1,235 / 0,860	1,316 / 0,818	1,434 / 0,760	1,521 / 0,721	1,590 / 0,691	1,648 / 0,667	1,720 / 0,638	1,814 / 0,603	1,875 / 0,581	1,951 / 0,555	2,047 / 0,523	2,191 / 0,478	2,436 / 0,410	2,683 / 0,349	5,410 / 0,010
0,80	1,0 / 1,0	1,026 / 0,985	1,056 / 0,967	1,090 / 0,948	1,130 / 0,926	1,179 / 0,899	1,241 / 0,869	1,323 / 0,829	1,444 / 0,774	1,534 / 0,736	1,604 / 0,708	1,663 / 0,685	1,737 / 0,657	1,833 / 0,622	1,894 / 0,601	1,971 / 0,576	2,069 / 0,544	2,212 / 0,501	2,454 / 0,432	2,694 / 0,373	4,840 / 0,040
0,70	1,0 / 1,0	1,027 / 0,986	1,057 / 0,970	1,092 / 0,952	1,133 / 0,931	1,183 / 0,906	1,246 / 0,877	1,330 / 0,839	1,452 / 0,786	1,542 / 0,750	1,613 / 0,723	1,672 / 0,700	1,744 / 0,674	1,839 / 0,640	1,900 / 0,619	1,974 / 0,595	2,069 / 0,564	2,205 / 0,522	2,432 / 0,457	2,648 / 0,399	4,290 / 0,090
0,60	1,0 / 1,0	1,027 / 0,987	1,058 / 0,971	1,093 / 0,954	1,135 / 0,935	1,185 / 0,912	1,248 / 0,883	1,331 / 0,847	1,452 / 0,797	1,540 / 0,762	1,609 / 0,736	1,665 / 0,715	1,734 / 0,689	1,825 / 0,657	1,880 / 0,638	1,948 / 0,614	2,035 / 0,585	2,156 / 0,546	2,353 / 0,486	2,534 / 0,433	3,760 / 0,160
0,50	1,0 / 1,0	1,027 / 0,987	1,057 / 0,973	1,093 / 0,957	1,134 / 0,938	1,183 / 0,916	1,244 / 0,889	1,324 / 0,855	1,439 / 0,808	1,520 / 0,776	1,583 / 0,751	1,634 / 0,731	1,696 / 0,708	1,775 / 0,679	1,824 / 0,661	1,883 / 0,640	1,956 / 0,614	2,057 / 0,579	2,215 / 0,527	2,355 / 0,482	3,250 / 0,250
0,45	1,0 / 1,0	1,027 / 0,988	1,057 / 0,974	1,091 / 0,958	1,131 / 0,940	1,179 / 0,919	1,239 / 0,893	1,316 / 0,860	1,425 / 0,815	1,501 / 0,784	1,560 / 0,761	1,607 / 0,742	1,664 / 0,720	1,736 / 0,693	1,781 / 0,676	1,834 / 0,656	1,899 / 0,632	1,988 / 0,601	2,126 / 0,553	2,246 / 0,513	3,003 / 0,303
0,40	1,0 / 1,0	1,026 / 0,988	1,055 / 0,975	1,089 / 0,960	1,128 / 0,942	1,174 / 0,922	1,230 / 0,897	1,303 / 0,866	1,405 / 0,823	1,475 / 0,794	1,529 / 0,772	1,572 / 0,755	1,623 / 0,735	1,688 / 0,710	1,727 / 0,695	1,774 / 0,677	1,831 / 0,655	1,908 / 0,627	2,025 / 0,585	2,127 / 0,549	2,760 / 0,360
0,35	1,0 / 1,0	1,025 / 0,989	1,053 / 0,976	1,085 / 0,961	1,122 / 0,945	1,165 / 0,925	1,218 / 0,902	1,286 / 0,873	1,378 / 0,833	1,442 / 0,807	1,490 / 0,787	1,528 / 0,771	1,572 / 0,754	1,629 / 0,731	1,663 / 0,717	1,703 / 0,701	1,752 / 0,682	1,817 / 0,657	1,915 / 0,620	1,999 / 0,590	2,523 / 0,423
0,30	1,0 / 1,0	1,024 / 0,989	1,050 / 0,977	1,080 / 0,964	1,114 / 0,948	1,154 / 0,930	1,202 / 0,909	1,263 / 0,882	1,345 / 0,846	1,401 / 0,822	1,442 / 0,805	1,475 / 0,791	1,514 / 0,775	1,561 / 0,755	1,590 / 0,744	1,623 / 0,730	1,664 / 0,714	1,718 / 0,692	1,796 / 0,662	1,866 / 0,635	2,290 / 0,490
0,25	1,0 / 1,0	1,022 / 0,990	1,046 / 0,979	1,073 / 0,967	1,103 / 0,953	1,139 / 0,936	1,181 / 0,917	1,234 / 0,893	1,305 / 0,862	1,352 / 0,842	1,387 / 0,826	1,414 / 0,815	1,446 / 0,801	1,484 / 0,785	1,508 / 0,775	1,535 / 0,763	1,568 / 0,750	1,610 / 0,732	1,674 / 0,706	1,727 / 0,685	2,063 / 0,563
0,20	1,0 / 1,0	1,019 / 0,991	1,040 / 0,981	1,063 / 0,970	1,090 / 0,958	1,120 / 0,944	1,156 / 0,928	1,200 / 0,908	1,258 / 0,882	1,296 / 0,864	1,323 / 0,852	1,345 / 0,843	1,370 / 0,832	1,400 / 0,818	1,418 / 0,811	1,439 / 0,801	1,464 / 0,791	1,496 / 0,777	1,544 / 0,756	1,585 / 0,740	1,840 / 0,640
0,15	1,0 / 1,0	1,016 / 0,993	1,033 / 0,984	1,052 / 0,976	1,073 / 0,966	1,097 / 0,954	1,125 / 0,941	1,159 / 0,925	1,203 / 0,905	1,231 / 0,892	1,252 / 0,882	1,268 / 0,875	1,286 / 0,867	1,308 / 0,857	1,321 / 0,851	1,336 / 0,844	1,354 / 0,836	1,377 / 0,826	1,412 / 0,811	1,440 / 0,798	1,623 / 0,723
0,10	1,0 / 1,0	1,011 / 0,994	1,024 / 0,988	1,037 / 0,982	1,052 / 0,975	1,069 / 0,967	1,089 / 0,957	1,112 / 0,946	1,142 / 0,932	1,160 / 0,923	1,174 / 0,917	1,184 / 0,912	1,196 / 0,907	1,210 / 0,900	1,219 / 0,896	1,228 / 0,892	1,240 / 0,886	1,254 / 0,879	1,276 / 0,870	1,294 / 0,861	1,410 / 0,810
0,05	1,0 / 1,0	1,006 / 0,997	1,013 / 0,994	1,020 / 0,990	1,028 / 0,986	1,037 / 0,982	1,047 / 0,977	1,059 / 0,971	1,074 / 0,964	1,083 / 0,959	1,090 / 0,956	1,095 / 0,954	1,102 / 0,951	1,108 / 0,948	1,112 / 0,946	1,116 / 0,944	1,122 / 0,941	1,129 / 0,938	1,139 / 0,933	1,147 / 0,929	1,203 / 0,903
0	1,0 / 1,0	1,0 / 1,0	1,0 / 1,0	1,0 / 1,0	1,0 / 1,0	1,0 / 1,0	1,0 / 1,0	1,0 / 1,0	1,0 / 1,0	1,0 / 1,0	1,0 / 1,0	1,0 / 1,0	1,0 / 1,0	1,0 / 1,0	1,0 / 1,0	1,0 / 1,0	1,0 / 1,0	1,0 / 1,0	1,0 / 1,0	1,0 / 1,0	1,0 / 1,0

Tafel 17.

Volleinspannmomente $\mathfrak{M}_1\ \mathfrak{M}_2$
bei durchgehender Gleichlast.

Beidseitig gerade Vouten.

$$\lambda = \frac{l_v}{l} \qquad n = \frac{J_c}{J_A}$$

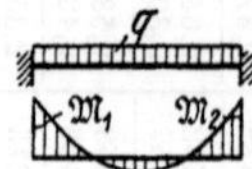

$$\mathfrak{M}_1 = -\ \mathfrak{M}_2 = +\ \varkappa\ \frac{q\,l^2}{12}$$

Tafelwerte: $\varkappa$

λ \ n	1,00	0,90	0,80	0,70	0,60	0,50	0,40	0,30	0,20	0,15	0,12
0,50	1,000	1,012	1,028	1,044	1,062	1,084	1,109	1,141	1,183	1,211	1,231
0,45	1,000	1,013	1,031	1,048	1,068	1,091	1,119	1,154	1,199	1,229	1,251
0,40	1,000	1,014	1,032	1,050	1,072	1,096	1,125	1,160	1,207	1,237	1,259
0,35	1,000	1,015	1,033	1,052	1,073	1,097	1,126	1,161	1,207	1,236	1,256
0,30	1,000	1,015	1,032	1,051	1,072	1,095	1,123	1,156	1,199	1,225	1,244
0,25	1,000	1,015	1,031	1,048	1,068	1,090	1,115	1,145	1,183	1,207	1,223
0,20	1,000	1,013	1,028	1,043	1,061	1,080	1,102	1,128	1,160	1,180	1,194
0,15	1,000	1,011	1,023	1,036	1,051	1,067	1,084	1,105	1,131	1,146	1,157
0,10	1,000	1,008	1,017	1,027	1,037	1,049	1,062	1,077	1,094	1,104	1,112
0,05	1,000	1,005	1,010	1,015	1,020	1,027	1,033	1,041	1,050	1,056	1,060
0	1,000	1,000	1,000	1,000	1,000	1,000	1,000	1,000	1,000	1,000	1,000

λ \ n	0,12	0,10	0,08	0,06	0,05	0,04	0,03	0,02	0,01	0,005	0
0,50	1,231	1,247	1,267	1,289	1,302	1,318	1,337	1,361	1,395	1,422	1,500
0,45	1,251	1,269	1,289	1,312	1,326	1,342	1,362	1,385	1,419	1,442	1,495
0,40	1,259	1,276	1,296	1,318	1,331	1,347	1,364	1,385	1,413	1,434	1,480
0,35	1,256	1,272	1,290	1,311	1,323	1,337	1,352	1,371	1,396	1,413	1,455
0,30	1,244	1,257	1,274	1,293	1,303	1,315	1,329	1,345	1,367	1,382	1,420
0,25	1,223	1,235	1,249	1,265	1,274	1,284	1,296	1,310	1,328	1,340	1,375
0,20	1,194	1,204	1,215	1,228	1,236	1,244	1,253	1,265	1,280	1,290	1,320
0,15	1,157	1,164	1,173	1,183	1,189	1,195	1,203	1,211	1,223	1,231	1,255
0,10	1,112	1,117	1,123	1,130	1,134	1,138	1,143	1,149	1,157	1,163	1,180
0,05	1,060	1,062	1,065	1,069	1,071	1,073	1,076	1,079	1,083	1,086	1,095
0	1,000	1,000	1,000	1,000	1,000	1,000	1,000	1,000	1,000	1,000	1,000

Tafel 18.

Volleinspannmomente $\mathfrak{M}_1\ \mathfrak{M}_2$
bei durchgehender Gleichlast.

Beidseitig parabol.
Vouten.

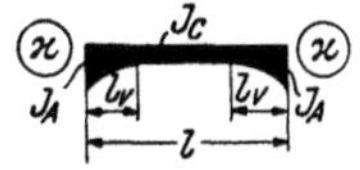

$$\lambda' = \frac{l_v}{l}$$

$$n = \frac{J_c}{J_A}$$

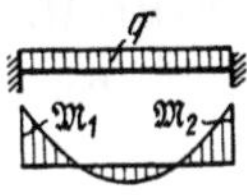

$$\mathfrak{M}_1 = -\ \mathfrak{M}_2 = +\ \varkappa\,\frac{q\,l^2}{12}$$

Tafelwerte: $\varkappa$

$\lambda\backslash n$	1,00	0,90	0,80	0,70	0,60	0,50	0,40	0,30	0,20	0,15	0,12
0,50	1,000	1,014	1,029	1,046	1,065	1,087	1,113	1,145	1,186	1,213	1,233
0,45	1,000	1,014	1,029	1,046	1,066	1,088	1,113	1,145	1,185	1,212	1,231
0,40	1,000	1,014	1,029	1,046	1,064	1,086	1,111	1,141	1,180	1,206	1,224
0,35	1,000	1,013	1,028	1,044	1,062	1,082	1,106	1,135	1,172	1,195	1,212
0,30	1,000	1,013	1,026	1,041	1,058	1,077	1,099	1,125	1,159	1,180	1,196
0,25	1,000	1,011	1,024	1,038	1,053	1,070	1,089	1,113	1,142	1,161	1,174
0,20	1,000	1,010	1,021	1,033	1,046	1,060	1,077	1,097	1,122	1,137	1,149
0,15	1,000	1,008	1,017	1,026	1,037	1,049	1,062	1,078	1,097	1,109	1,118
0,10	1,000	1,006	1,012	1,019	1,027	1,035	1,044	1,055	1,069	1,077	1,083
0,05	1,000	1,003	1,007	1,010	1,014	1,019	1,024	1,029	1,037	1,041	1,044
0	1,000	1,000	1,000	1,000	1,000	1,000	1,000	1,000	1,000	1,000	1,000

$\lambda\backslash n$	0,12	0,10	0,08	0,06	0,05	0,04	0,03	0,02	0,01	0,005	0
0,50	1,233	1,248	1,266	1,287	1,299	1,314	1,331	1,352	1,384	1,408	1,500
0,45	1,231	1,246	1,263	1,283	1,295	1,309	1,326	1,346	1,376	1,400	1,495
0,40	1,224	1,238	1,254	1,273	1,285	1,298	1,313	1,333	1,360	1,383	1,480
0,35	1,212	1,225	1,240	1,258	1,268	1,280	1,294	1,312	1,338	1,358	1,455
0,30	1,196	1,207	1,221	1,237	1,246	1,157	1,269	1,285	1,308	1,326	1,420
0,25	1,174	1,185	1,196	1,210	1,218	1,227	1,238	1,252	1,272	1,288	1,375
0,20	1,149	1,157	1,167	1,178	1,185	1,193	1,202	1,213	1,230	1,243	1,320
0,15	1,118	1,125	1,132	1,141	1,146	1,152	1,160	1,168	1,181	1,192	1,255
0,10	1,083	1,088	1,093	1,099	1,103	1,107	1,112	1,118	1,127	1,134	1,180
0,05	1,044	1,047	1,049	1,053	1,054	1,057	1,059	1,062	1,067	1,071	1,095
0	1,000	1,000	1,000	1,000	1,000	1,000	1,000	1,000	1,000	1,000	1,000

Tafel 15a.

Einseitig gerade
Vouten.

Volleinspannmomente $\mathfrak{M}_1\ \mathfrak{M}_2$
bei durchgehender Gleichlast.

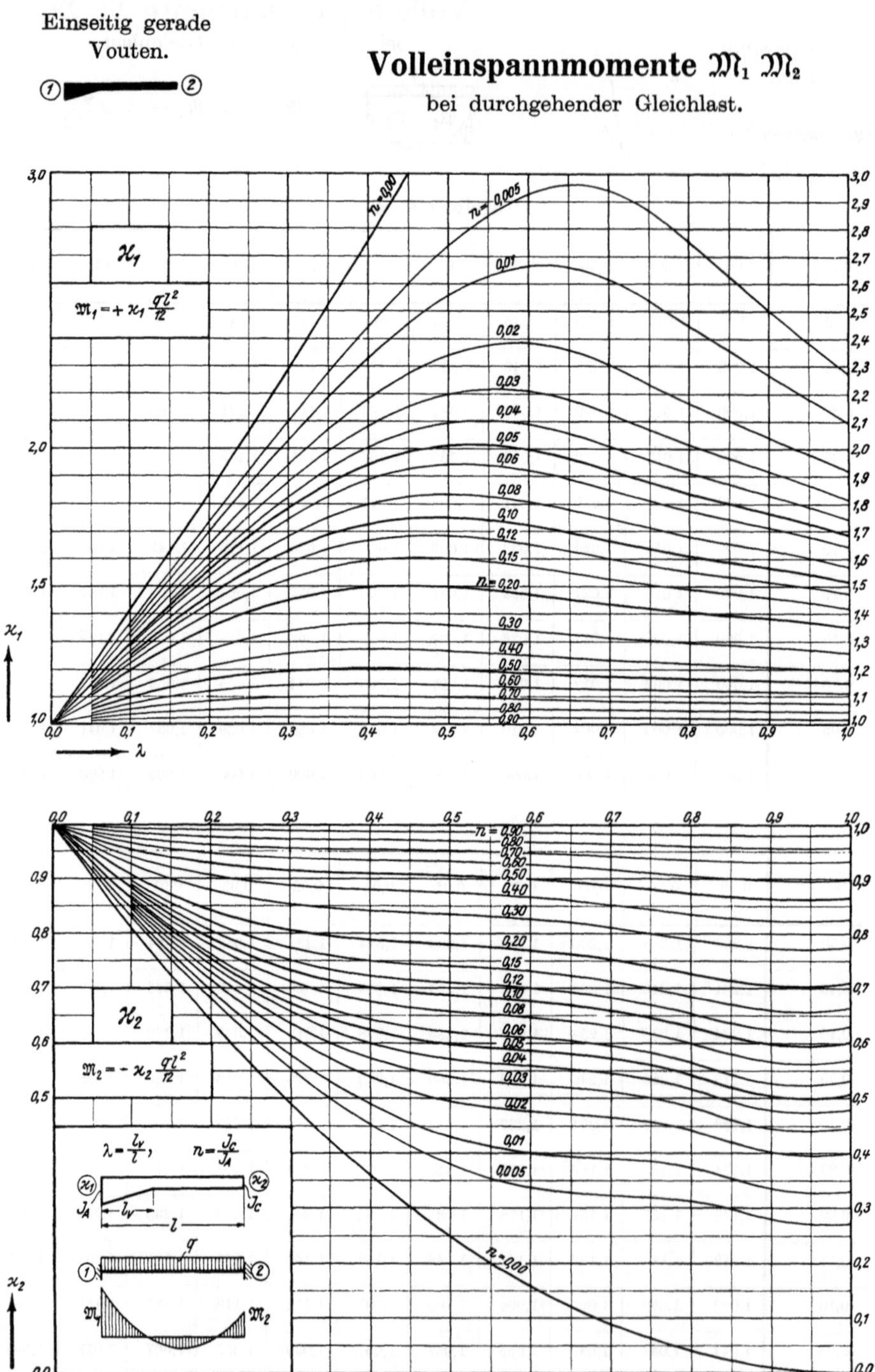

Tafel 16a.

Einseitig parabol.
Vouten.

Volleinspannmomente $\mathfrak{M}_1\,\mathfrak{M}_2$
bei durchgehender Gleichlast.

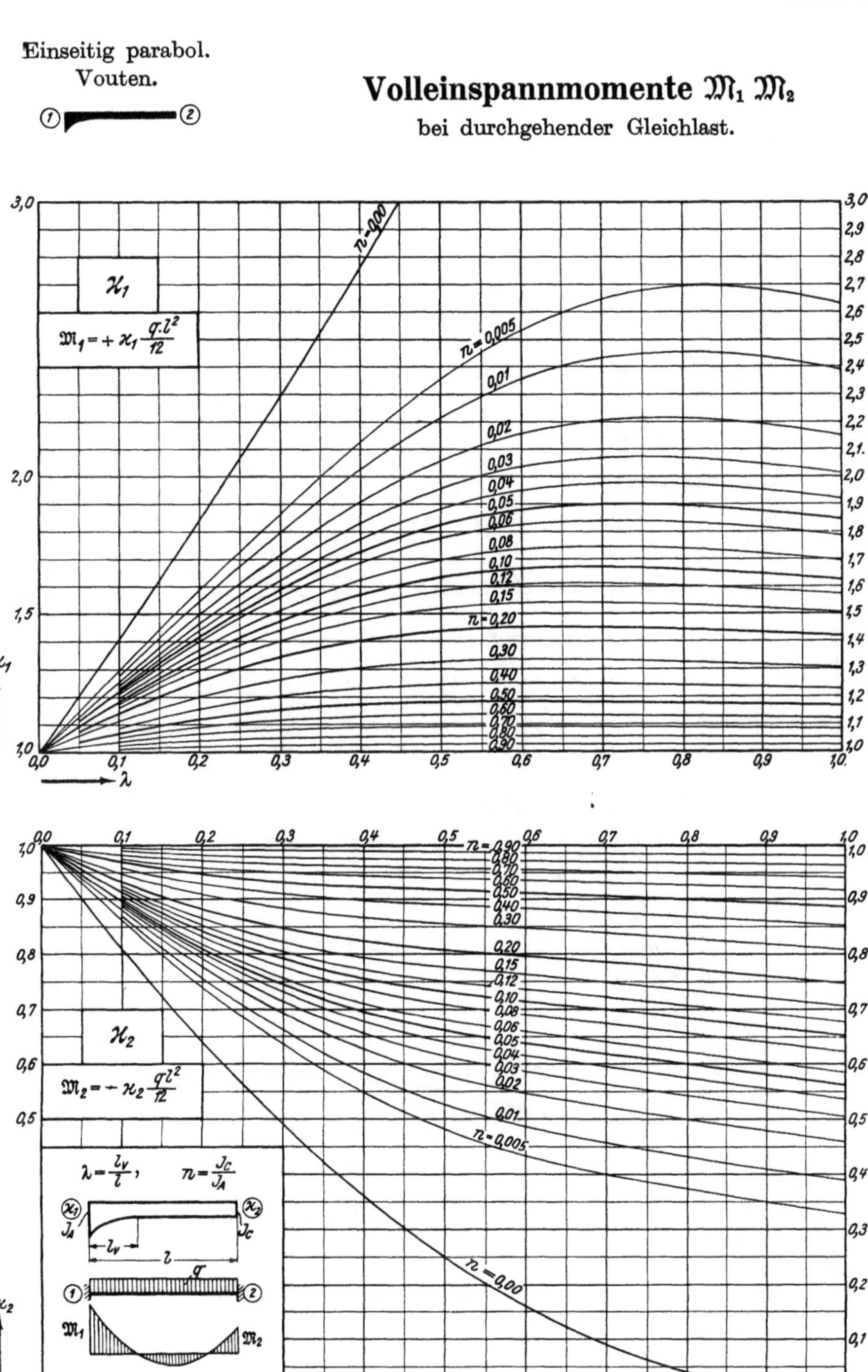

Tafel 17a.

Beidseitig gerade Vouten.

Volleinspannmomente $\mathfrak{M}_1\,\mathfrak{M}_2$
bei durchgehender Gleichlast.

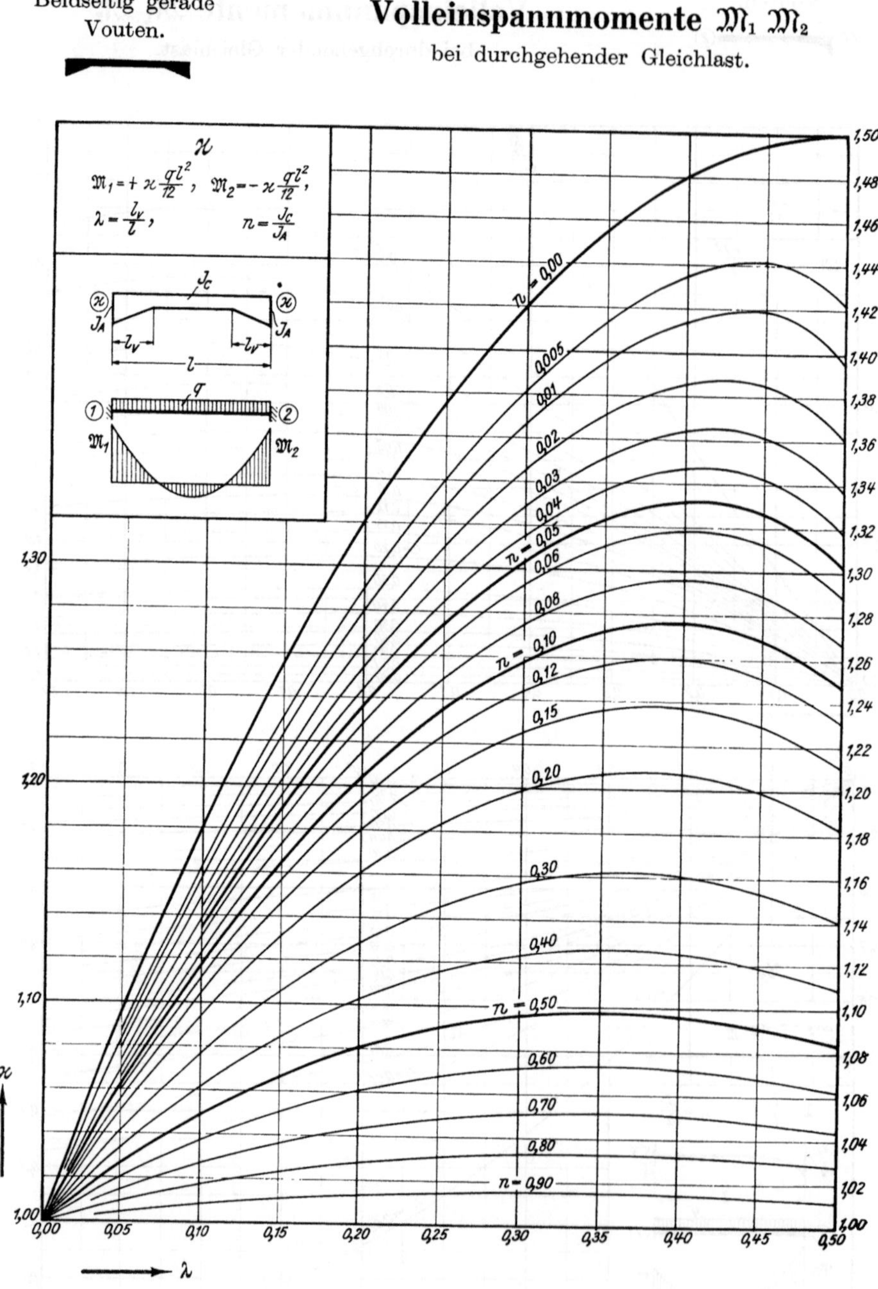

Beidseitig parabol.
Vouten.

Volleinspannmomente $\mathfrak{M}_1\ \mathfrak{M}_2$
bei durchgehender Gleichlast.

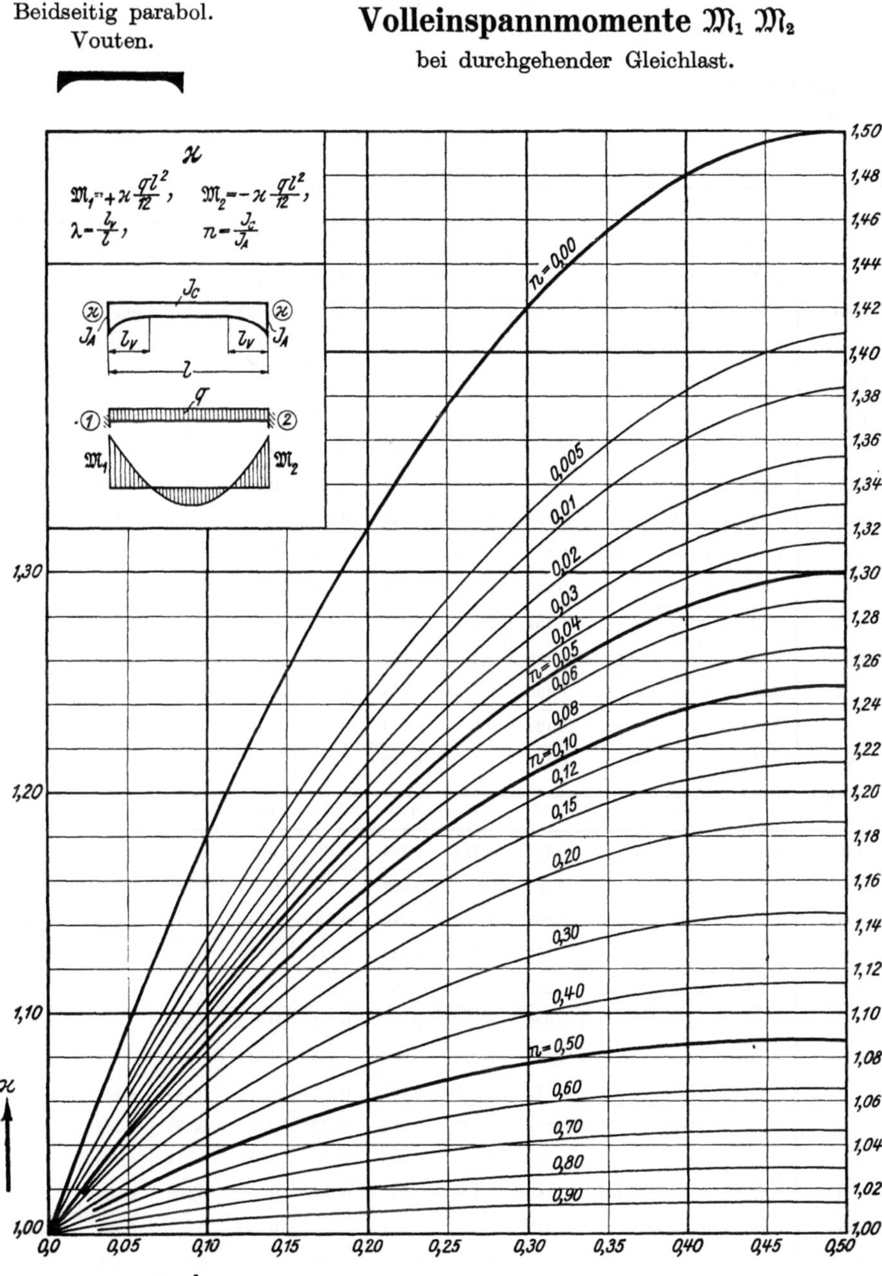

Tafel 19.

Einseitig gerade Vouten.

Volleinspannmomente $\mathfrak{M}^0_1$
für „Gelenkstäbe" bei durchgehender Gleichlast.

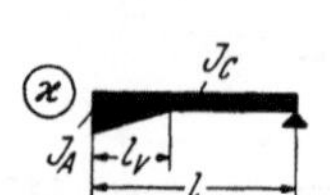

$$\lambda = \frac{l_v}{l}$$

$$n = \frac{J_c}{J_A}$$

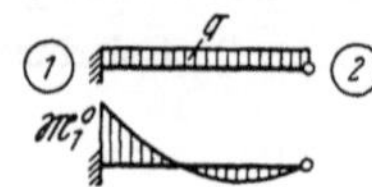

$$\mathfrak{M}^0_1 = + \varkappa \, q \, l^2$$

Tafelwerte: $\varkappa$

λ \ n	1,00	0,90	0,80	0,70	0,60	0,50	0,40	0,30	0,20	0,15	0,12
1,00	0,125	0,126	0,129	0,132	0,135	0,138	0,142	0,148	0,156	0,162	0,167
0,90	0,125	0,127	0,129	0,133	0,136	0,140	0,145	0,152	0,161	0,168	0,174
0,80	0,125	0,127	0,130	0,134	0,138	0,142	0,148	0,156	0,167	0,176	0,183
0,70	0,125	0,128	0.131	0,135	0,139	0,144	0,151	0,160	0,173	0,183	0,191
0,60	0,125	0,128	0,132	0,136	0,140	0,146	0,153	0,163	0,177	0,188	0,196
0,50	0,125	0,128	0,132	0,136	0,141	0,147	0,155	0,165	0,179	0,189	0,197
0,45	0,125	0,128	0,132	0,136	0,141	0,147	0,155	0,165	0,178	0,188	0,195
0,40	0,125	0,128	0,132	0,136	0,141	0,147	0,154	0,164	0,177	0,185	0,192
0,35	0,125	0,128	0,132	0,136	0,141	0,146	0,153	0,162	0,174	0,181	0,188
0,30	0,125	0,128	0,132	0,135	0,140	0,145	0,151	0,159	0,170	0,177	0,182
0,25	0,125	0,128	0,131	0,135	0,139	0,143	0,149	0,156	0,165	0,171	0,175
0,20	0,125	0,128	0,130	0,134	0,137	0,141	0,146	0,152	0,159	0,163	0,167
0,15	0,125	0,127	0,129	0,132	0,135	0,138	0,142	0,146	0,152	0,155	0,157
0,10	0,125	0,127	0,128	0,130	0,132	0,135	0,137	0,140	0,144	0,146	0,147
0,05	0,125	0,126	0,127	0,128	0,129	0,130	0,131	0,133	0,135	0,136	0,136
0	0,125	0,125	0,125	0,125	0,125	0,125	0,125	0,125	0,125	0,125	0,125

λ \ n	0,12	0,10	0,08	0,06	0,05	0,04	0,03	0,02	0,01	0,005	0
1,00	0,167	0,170	0,175	0,181	0,184	0,189	0,195	0,203	0,217	0,231	0,500
0,90	0,174	0,178	0,184	0,192	0,197	0,203	0,211	0,223	0,244	0,267	0,463
0,80	0,183	0,188	0,196	0,205	0,212	0,219	0,230	0,245	0,272	0,300	0,425
0,70	0,191	0,198	0,206	0,217	0,224	0.233	0,244	0,260	0,286	0,310	0,388
0,60	0,196	0,203	0,212	0,222	0,229	0,237	0,248	0,262	0,283	0,300	0,350
0,50	0,197	0,204	0,211	0,220	0,226	0,233	0,241	0,252	0,268	0,280	0,313
0,45	0,195	0,201	0,208	0,217	0,222	0,228	0,235	0,244	0,257	0,267	0,294
0,40	0,192	0,197	0,204	0,211	0,215	0,221	0,227	0,234	0,245	0,253	0,275
0,35	0,188	0,192	0,198	0,204	0,208	0,212	0,217	0,223	0,232	0,238	0,256
0,30	0,182	0,186	0,190	0,195	0,198	0,202	0,206	0,211	0,218	0,223	0,238
0,25	0,175	0,178	0,182	0,186	0,188	0,191	0,194	0,198	0,203	0,207	0,219
0,20	0,167	0,169	0,172	0,175	0,177	0,179	0,182	0,185	0,188	0,191	0,200
0,15	0,157	0,159	0,161	0,163	0,165	0,166	0,168	0,170	0,173	0,175	0,181
0,10	0,147	0,149	0,150	0,151	0,152	0,153	0,154	0,155	0,157	0,158	0,163
0,05	0,136	0,137	0,138	0,139	0,139	0,139	0,140	0,140	0,141	0,142	0,144
0	0,125	0,125	0,125	0,125	0,125	0,125	0,125	0,125	0,125	0,125	0,125

Tafel 20.

Volleinspannmomente $\mathfrak{M}^0_1$

Einseitig parabol.
Vouten.

für „Gelenkstäbe" bei durchgehender Gleichlast.

$$\lambda = \frac{l_v}{l} \qquad n = \frac{J_c}{J_A}$$

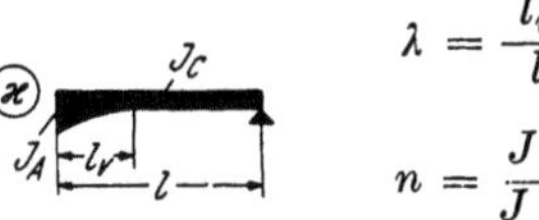

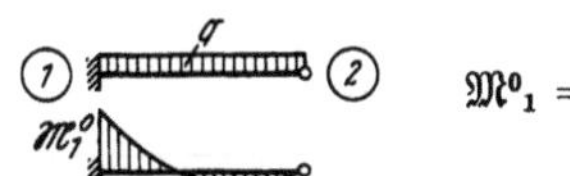

$$\mathfrak{M}^0_1 = + \varkappa\, q\, l^2$$

Tafelwerte: $\varkappa$

$\lambda \diagdown n$	1,00	0,90	0,80	0,70	0,60	0,50	0,40	0,30	0,20	0,15	0,12
1,00	0,125	0,128	0,131	0,134	0,138	0,143	0,149	0,157	0,168	0,176	0,183
0,90	0,125	0,128	0,131	0,134	0,139	0,144	0,150	0,159	0,171	0,179	0,186
0,80	0,125	0,128	0,131	0,135	0,139	0,145	0,151	0,160	0,172	0,182	0,188
0,70	0,125	0,128	0,131	0,135	0,140	0,145	0,152	0,161	0,173	0,182	0,189
0,60	0,125	0,128	0,131	0,135	0,140	0,145	0,152	0,161	0,173	0,181	0,188
0,50	0,125	0,128	0,131	0,135	0,140	0,145	0,151	0,159	0,170	0,178	0,184
0,45	0,125	0,128	0,131	0,135	0,139	0,144	0,150	0,158	0,168	0,176	0,181
0,40	0,125	0,128	0,131	0,134	0,139	0,143	0,149	0,156	0,166	0,172	0,177
0,35	0,125	0,128	0,131	0,134	0,138	0,142	0,147	0,154	0,163	0,168	0,173
0,30	0,125	0,128	0,130	0,133	0,137	0,141	0,145	0,151	0,159	0,164	0,168
0,25	0,125	0,127	0,130	0,132	0,135	0,139	0,143	0,148	0,155	0,159	0,162
0,20	0,125	0,127	0,129	0,131	0,134	0,137	0,140	0,145	0,150	0,153	0,156
0,15	0,125	0,127	0,128	0,130	0,132	0,134	0,137	0,141	0,144	0,147	0,149
0,10	0,125	0,126	0.127	0,129	0,130	0,132	0,134	0,136	0,138	0,140	0,141
0,05	0,125	0,126	0,126	0,127	0,128	0,129	0,130	0,131	0,132	0,133	0,133
0	0,125	0,125	0,125	0,125	0,125	0,125	0,125	0,125	0,125	0,125	0,125

$\lambda \diagdown n$	0,12	0,10	0,08	0,06	0,05	0,04	0,03	0,02	0,01	0,005	0
1,00	0,183	0,188	0,195	0,203	0,209	0,215	0,224	0,236	0,256	0,276	0,500
0,90	0,186	0,192	0,199	0,208	0,213	0,220	0,229	0,242	0,263	0,283	0,463
0,80	0,188	0,194	0,201	0,211	0,216	0,223	0,232	0,245	0,265	0,284	0,425
0,70	0,189	0,195	0,202	0,211	0,216	0,223	0,231	0,243	0,261	0,278	0,388
0,60	0,188	0,193	0,200	0,208	0,213	0,218	0,226	0,236	0,252	0,265	0,350
0,50	0,184	0,189	0,194	0,201	0,205	0,210	0,216	0,225	0,237	0,248	0,313
0,45	0,181	0,185	0,190	0,197	0,200	0,205	0,210	0,217	0,228	0,238	0,294
0,40	0,177	0,181	0,186	0,191	0,194	0,199	0,203	0,209	0,219	0,227	0,275
0,35	0,173	0,176	0,180	0,185	0,188	0,191	0,195	0,201	0,209	0,215	0,256
0,30	0,168	0,171	0,174	0,178	0,181	0,183	0,187	0,191	0,198	0,203	0,238
0,25	0,162	0,165	0,167	0,171	0,173	0,175	0,178	0,181	0,187	0,191	0,219
0,20	0,156	0,158	0,160	0,163	0,164	0,166	0,168	0,171	0,175	0,178	0,200
0,15	0,149	0,150	0,152	0,154	0,155	0,156	0,158	0,160	0,163	0,165	0,181
0,10	0,141	0,142	0,144	0,145	0,146	0,146	0,147	0,149	0,151	0,152	0,163
0,05	0,133	0,134	0,134	0,135	0,136	0,136	0,136	0,137	0,138	0,139	0,144
0	0,125	0,125	0,125	0,125	0,125	0,125	0,125	0,125	0,125	0,125	0,125

Tafel 19a.

Einseitig gerade
Vouten.

Volleinspannmomente $\mathfrak{M}_1^0$

für „Gelenkstäbe" bei durchgehender Gleichlast.

$$\mathfrak{M}_1^0 = +\varkappa\,q\,l^2$$

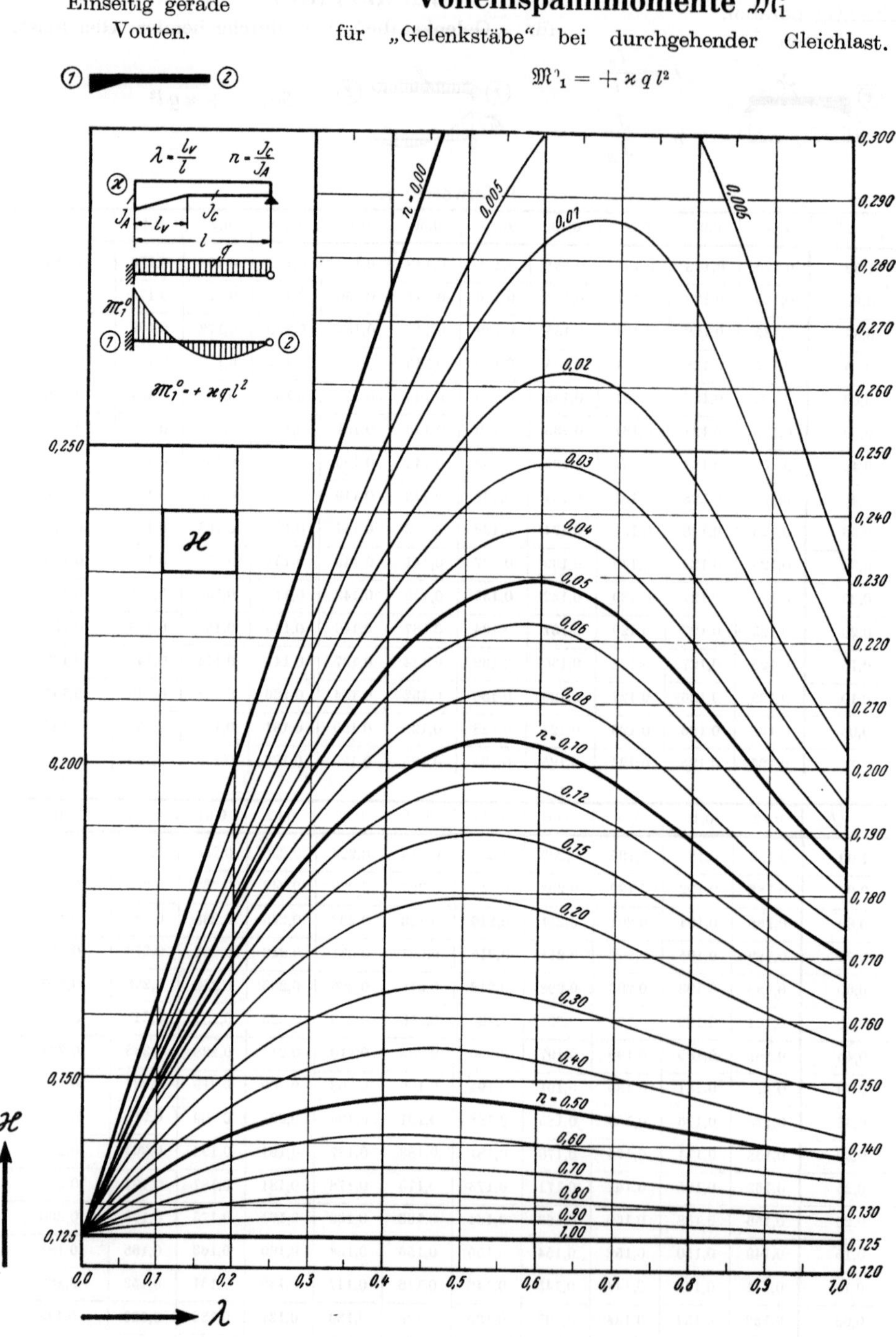

Tafel 20a.

Volleinspannmomente $\mathfrak{M}_1^0$

Einseitig parabol.
Vouten.

für „Gelenkstäbe" bei durchgehender Gleichlast.

$$\mathfrak{M}^0_1 = + \varkappa\, q\, l^2$$

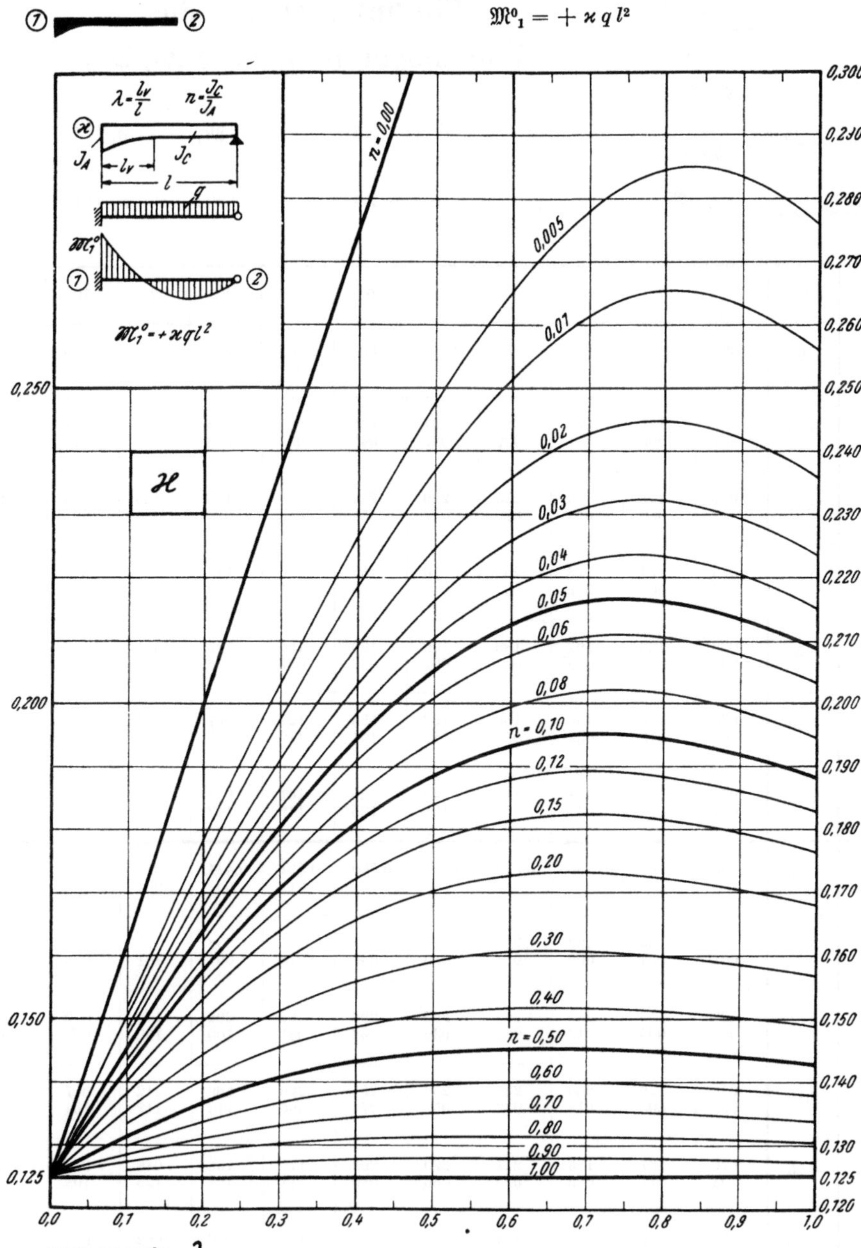

Guldan, Cross-Methode

26

Tafel 21.
Einseitig gerade Vouten.

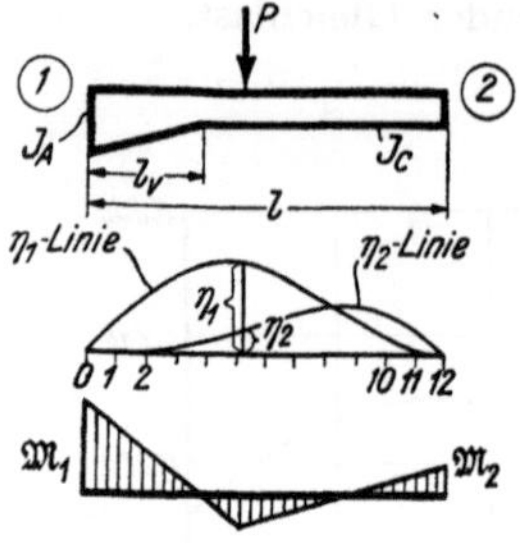

Einflußlinien für die Volleinspannmomente $\mathfrak{M}_1\,\mathfrak{M}_2$.

$$\lambda = \frac{l_v}{l} \qquad \text{Obere Zahl } \eta_1 \qquad \mathfrak{M}_1 = +\,\eta_1\,P\,l$$

$$n = \frac{J_c}{J_A} \qquad \text{Untere Zahl } \eta_2 \qquad \mathfrak{M}_2 = -\,\eta_2\,P\,l$$

λ	n	1	2	3	4	5	6	7	8	9	10	11
	0,00	0,083 —	0,167 —	0,250 —	0,333 —	0,417 —	0,500 —	0,583 —	0,667 —	0,750 —	0,833 —	0,917 —
	0,03	077 001	141 005	190 011	225 020	241 031	245 043	229 055	194 068	147 075	088 074	029 056
	0,05	077 002	138 006	186 014	215 025	229 037	227 051	208 065	173 078	126 085	074 081	024 058
1,00	0,10	076 002	134 009	176 019	202 032	210 048	202 065	180 081	147 092	103 098	057 090	018 061
	0,20	075 002	129 012	167 025	186 042	190 061	180 080	156 097	123 108	084 111	044 098	013 065
	0,50	075 003	126 015	156 034	169 056	167 080	153 101	127 119	097 128	064 126	034 107	010 067
	1,00	070 007	116 023	141 047	148 074	142 101	125 125	101 142	074 148	047 141	023 116	007 070
	0,00	0,083 —	0,167 —	0,250 —	0,333 —	0,417 —	0,500 —	0,521 012	0,444 037	0,313 063	0,167 074	0,048 058
	0,03	080 001	156 004	222 009	279 017	318 030	332 047	301 070	238 091	161 101	082 096	023 065
	0,05	080 001	153 005	215 012	263 023	293 039	298 058	267 081	209 100	140 108	072 099	019 066
0,50	0,10	079 002	146 008	200 018	238 032	256 052	251 074	220 096	169 113	112 117	057 104	017 066
	0,20	076 003	137 011	183 025	211 043	220 066	208 089	177 111	135 124	088 125	044 108	013 068
	0,50	074 004	126 018	159 037	174 062	172 088	157 110	130 129	096 139	062 133	031 113	009 069
	1,00	070 007	116 023	141 047	148 074	142 101	125 125	101 142	074 148	047 141	023 116	007 070

Obere Zahl η_1
Untere Zahl η_2

Einseitig gerade Vouten.
Einflußlinien für $\mathfrak{M}_1 \mathfrak{M}_2$.

λ	n	1	2	3	4	5	6	7	8	9	10	11
	0,00	0,083 —	0,167 —	0,250 —	0,333 —	0,416 001	0,440 014	0,399 038	0,316 065	0,212 085	0,109 087	0,032 062
	0,03	082 000	159 002	228 008	286 017	320 031	311 054	269 079	206 099	134 109	069 099	020 065
	0,05	081 001	155 004	219 011	271 022	296 039	284 063	245 087	186 106	123 112	063 101	018 066
0,40	0,10	080 001	149 007	205 017	246 031	260 053	245 077	208 100	157 116	103 119	051 105	015 067
	0,20	077 003	140 011	187 025	216 044	222 067	206 092	172 113	130 126	084 126	041 109	012 068
	0,50	074 005	126 018	161 037	176 061	175 087	157 111	129 130	096 139	061 134	030 113	008 069
	1,00	070 007	116 023	141 047	148 074	142 101	125 125	101 142	074 148	047 141	023 116	007 070
	0,00	0,083 —	0,167 —	0,250 —	0,333 —	0,393 006	0,391 027	0,342 054	0,264 080	0,174 095	0,088 092	0,025 063
	0,03	083 000	160 002	229 008	285 017	306 036	291 060	246 085	186 105	122 112	061 101	018 066
	0,05	081 001	156 004	221 011	270 023	286 043	269 068	227 092	171 110	111 116	056 103	016 066
0,35	0,10	080 001	150 007	207 017	246 032	256 054	237 079	199 103	148 119	097 121	048 106	014 067
	0,20	077 002	141 010	190 024	216 044	220 068	201 094	167 115	125 128	080 128	039 109	011 068
	0,50	074 005	127 018	162 037	177 061	174 087	156 112	128 130	094 140	061 134	030 113	008 069
	1,00	070 007	116 023	141 047	148 074	142 101	125 125	101 142	074 148	047 141	023 116	007 070
	0,00	0,083 —	0,167 —	0,250 —	0,327 002	0,358 016	0,341 041	0,291 067	0,222 091	0,143 103	0,073 096	0,021 063
	0,03	082 000	160 002	230 008	278 020	287 042	266 068	223 093	167 111	108 116	054 104	015 067
	0,05	081 001	156 004	221 011	264 025	270 048	250 074	209 097	155 115	101 119	050 105	015 066
0,30	0,10	080 001	151 007	209 016	243 034	246 058	225 083	187 107	138 122	089 124	045 107	013 067
	0,20	078 002	142 010	190 025	215 045	215 070	194 096	161 117	119 130	077 128	038 110	011 068
	0,50	073 005	128 018	163 037	177 061	173 088	154 112	126 131	093 140	060 134	029 113	008 069
	1,00	070 007	116 023	141 047	148 074	142 101	125 125	101 142	074 148	047 141	023 116	007 070

Tafel 21 (Fortsetzung).

Einseitig gerade Vouten. Obere Zahl η_1
Einflußlinien für $\mathfrak{M}_1\,\mathfrak{M}_2$. Untere Zahl η_2

λ	n	1	2	3	4	5	6	7	8	9	10	11
0,25	0,00	0,083 —	0,167 —	0,250 —	0,307 009	0,320 029	0,295 055	0,249 084	0,186 104	0,120 111	0,061 102	0,018 065
	0,03	082 000	161 002	228 009	263 025	265 050	242 076	201 100	149 117	097 120	048 106	013 067
	0,05	081 001	157 004	221 012	252 030	252 055	229 081	190 105	141 120	091 122	046 106	013 067
	0,10	081 001	152 007	207 018	234 037	232 063	209 089	173 111	128 125	082 126	041 108	011 068
	0,20	079 002	143 010	190 025	211 047	208 073	187 098	153 120	113 131	073 130	036 110	010 068
	0,50	074 005	129 018	163 037	176 062	171 089	152 113	124 132	091 141	058 135	029 113	008 069
	1,00	070 007	116 023	141 047	148 074	142 101	125 125	101 142	074 148	047 141	023 116	007 070
0,20	0,00	0,083 —	0,167 —	0,240 003	0,279 019	0,278 042	0,254 070	0,210 096	0,156 113	0,100 118	0,049 104	0,013 067
	0,03	083 001	160 003	218 012	243 032	240 058	216 085	178 108	131 123	085 124	042 108	012 068
	0,05	082 001	157 005	212 015	235 036	231 062	208 089	171 112	126 125	081 125	040 108	011 068
	0,10	081 001	151 008	201 020	220 042	216 068	193 095	158 117	117 129	075 128	037 110	010 068
	0,20	079 002	143 011	186 026	202 050	197 077	176 102	144 123	106 134	068 131	033 111	009 069
	0,50	074 005	129 018	162 037	173 063	167 090	148 115	120 133	088 142	056 136	028 114	008 069
	1,00	070 007	116 023	141 047	148 074	142 101	125 125	101 142	074 148	047 141	023 116	007 070
0,10	0,00	0,083 —	0,156 005	0,198 022	0,211 045	0,205 073	0,183 100	0,149 120	0,108 133	0,069 130	0,035 110	0,011 068
	0,03	083 002	147 008	184 027	196 051	190 079	168 105	137 125	100 136	064 132	031 112	009 069
	0,05	082 002	145 009	181 028	193 053	186 081	165 106	134 127	098 137	063 132	031 112	008 069
	0,10	081 002	141 011	175 031	187 056	180 083	159 109	129 129	095 138	061 134	030 113	008 069
	0,20	079 003	136 014	168 034	178 060	171 087	152 112	123 132	090 141	058 135	028 113	008 069
	0,50	075 006	.126 018	154 040	163 067	156 094	138 119	112 137	082 144	052 137	026 115	007 070
	1,00	070 007	116 023	141 047	148 074	142 101	125 125	101 142	074 148	047 141	023 116	007 070

Einseitig parabol. Vouten.

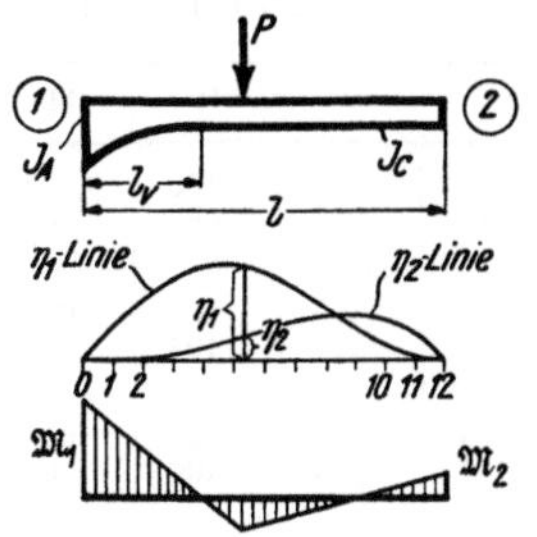

Einflußlinien für die
Volleinspannmomente $\mathfrak{M}_1$ $\mathfrak{M}_2$.

$$\lambda = \frac{l_v}{l} \qquad \text{Obere Zahl } \eta_1 \qquad \mathfrak{M}_1 = + \eta_1 \, P\,l$$

$$n = \frac{J_c}{J_A} \qquad \text{Untere Zahl } \eta_2 \qquad \mathfrak{M}_2 = - \eta_2 \, P\,l$$

λ	n	1	2	3	4	5	6	7	8	9	10	11
	0,00	0,083 —	0,167 —	0,250 —	0,333 —	0,417 —	0,500 —	0,583 —	0,667 —	0,750 —	0,833 —	0,917 —
	0,03	080 001	151 004	207 010	254 019	279 031	286 045	265 063	221 080	159 091	088 088	027 062
	0,05	078 001	146 006	200 013	240 024	259 039	259 055	235 074	194 090	136 098	073 093	022 063
1,00	0,10	078 002	141 008	188 019	220 033	231 050	224 070	199 089	158 104	108 109	057 099	016 065
	0,20	076 003	135 011	176 025	199 042	204 063	191 085	166 103	128 117	085 119	043 104	012 067
	0,50	070 006	122 019	154 037	168 060	166 085	151 108	125 126	094 136	060 132	030 111	008 069
	1,00	070 007	116 023	141 047	148 074	142 101	125 125	101 142	074 148	047 141	023 116	007 070
	0,00	0,083 —	0,167 —	0,250 —	0,333 —	0,417 —	0,500 —	0,521 012	0,444 037	0,313 063	0,167 074	0,048 058
	0,03	082 000	157 003	222 010	269 021	293 039	281 062	242 086	184 105	120 112	062 100	018 065
	0,05	082 001	154 005	216 013	259 026	274 047	260 071	222 095	168 112	110 117	055 104	016 067
0,50	0,10	079 002	148 008	202 018	235 035	244 058	228 083	193 105	144 120	094 122	047 106	014 067
	0,20	078 002	141 011	187 025	211 046	212 070	195 095	162 116	122 129	078 128	038 110	011 068
	0,50	074 004	127 017	161 037	175 061	171 088	153 112	126 131	093 140	060 135	029 113	008 069
	1,00	070 007	116 023	141 047	148 074	142 101	125 125	101 142	074 148	047 141	023 116	007 070

Tafel 22 (Fortsetzung).

Einseitig parabol. Vouten.   Obere Zahl η_1

Einflußlinien für $\mathfrak{M}_1$ $\mathfrak{M}_2$.   Untere Zahl η_2

λ	n	1	2	3	4	5	6	7	8	9	10	11
0,40	0,00	0,083 —	0,167 —	0,250 —	0,333 —	0,416 001	0,440 014	0,399 038	0,316 065	0,212 085	0,109 087	0,032 062
	0,03	082 000	160 003	224 010	268 024	280 044	259 071	218 095	164 113	105 117	053 104	016 066
	0,05	081 001	156 004	215 013	253 030	260 052	240 077	202 101	151 117	097 120	048 106	014 067
	0,10	080 001	149 008	203 018	233 037	234 062	215 087	178 110	133 124	085 125	043 108	012 068
	0,20	078 002	141 011	186 026	208 047	207 073	188 098	154 119	115 131	074 129	037 110	011 068
	0,50	074 004	126 018	160 037	172 061	170 089	151 113	123 132	091 141	058 135	029 113	008 069
	1,00	070 007	116 023	141 047	148 074	142 101	125 125	101 142	074 148	047 141	023 116	007 070
0,35	0,00	0,083 —	0,167 —	0,250 —	0,333 —	0,393 006	0,391 027	0,342 054	0,264 080	0,174 095	0,088 092	0,025 063
	0,03	082 000	159 003	222 011	260 026	265 050	243 076	204 099	152 116	097 121	048 106	014 067
	0,05	081 001	155 005	215 014	248 031	251 055	229 081	190 104	141 120	090 123	046 106	013 068
	0,10	080 001	149 008	201 020	228 039	228 065	207 090	171 112	126 127	081 126	041 108	012 068
	0,20	078 002	142 011	185 026	205 048	203 075	182 101	150 121	111 132	070 131	035 111	010 068
	0,50	074 005	126 018	160 038	172 062	168 090	149 114	122 133	090 141	057 135	028 114	008 069
	1,00	070 007	116 023	141 047	148 074	142 101	125 125	101 142	074 148	047 141	023 116	007 070
0,30	0,00	0,083 —	0,167 —	0,250 —	0,327 002	0,358 016	0,341 041	0,291 067	0,222 091	0,143 103	0,073 096	0,021 063
	0,03	082 001	159 003	218 013	249 030	249 055	226 082	188 105	138 121	090 123	045 106	013 068
	0,05	082 000	155 005	211 016	239 034	238 060	215 086	177 109	131 124	084 125	042 108	012 067
	0,10	080 001	150 007	199 021	221 042	218 068	196 094	161 116	119 129	076 129	038 109	011 068
	0,20	078 002	141 011	184 027	202 050	197 077	176 103	144 123	106 135	068 132	034 111	010 069
	0,50	074 005	126 018	160 038	172 063	166 090	147 115	120 133	088 142	056 136	028 114	008 069
	1,00	070 007	116 023	141 047	148 074	142 101	125 125	101 142	074 148	047 141	023 116	007 070

Tafel 22 (Fortsetzung).

Obere Zahl η_1
Untere Zahl η_2

Einseitig parabol. Vouten.
Einflußlinien für $\mathfrak{M}_1$ $\mathfrak{M}_2$.

λ	n	1	2	3	4	5	6	7	8	9	10	11
0,25	0,00	0,083 --	0,167 —	0,250 —	0,307 009	0,320 029	0,295 055	0,249 084	0,186 104	0,120 111	0,061 102	0,018 065
	0,03	082 000	158 004	212 015	236 036	233 061	210 088	172 111	128 125	081 126	041 108	011 068
	0,05	082 001	154 006	205 018	227 039	223 065	200 092	164 114	121 127	077 128	039 109	011 068
	0,10	080 001	148 008	194 023	212 046	207 072	185 098	152 119	112 132	072 130	036 110	010 069
	0,20	078 002	141 012	180 029	196 053	190 080	169 106	139 125	101 136	065 133	032 112	009 069
	0,50	074 005	125 018	159 038	170 064	163 091	145 116	118 134	086 143	055 136	027 114	007 070
	1,00	070 007	116 023	141 047	148 074	142 101	125 125	101 142	074 148	047 141	023 116	007 070
0,20	0,00	0,083 --	0,167 --	0,240 003	0,279 019	0,278 042	0,254 070	0,210 096	0,156 113	0,100 118	0,049 104	0,013 067
	0,03	081 000	155 006	202 019	220 042	215 069	192 095	157 117	115 130	074 128	036 110	010 068
	0,05	081 001	151 007	196 022	213 045	207 072	185 098	151 119	111 132	071 129	035 110	010 069
	0,10	079 001	146 009	187 026	201 050	195 077	174 103	142 123	104 135	067 131	033 111	009 069
	0,20	077 003	140 013	170 033	188 056	182 083	161 104	131 128	096 138	062 133	030 113	008 069
	0,50	073 005	125 019	157 039	167 066	160 093	142 117	115 135	084 143	054 137	026 114	007 070
	1,00	070 007	116 023	141 047	148 074	142 101	125 125	101 142	074 148	047 141	023 116	007 070
0,10	0,00	0,083 ---	0,156 005	0,198 022	0,211 045	0,205 073	0,183 100	0,149 120	0,108 133	0,069 130	0,035 110	0,011 068
	0,03	077 003	141 011	174 031	185 057	178 084	157 110	128 129	094 139	060 134	029 113	008 069
	0,05	077 003	139 012	171 032	181 058	174 086	154 111	125 130	092 140	059 134	029 113	008 069
	0,10	075 003	135 014	166 035	176 061	169 088	150 113	121 132	089 141	057 135	028 114	008 069
	0,20	075 004	131 016	160 037	170 064	163 091	144 116	177 134	085 143	055 136	027 114	007 070
	0,50	073 006	123 020	150 042	159 069	152 096	134 121	109 138	080 146	051 138	025 115	007 070
	1,00	070 007	116 023	141 047	148 074	142 101	125 125	101 142	074 148	047 141	023 116	007 070

Tafel 23.

Beidseitig gerade Vouten.

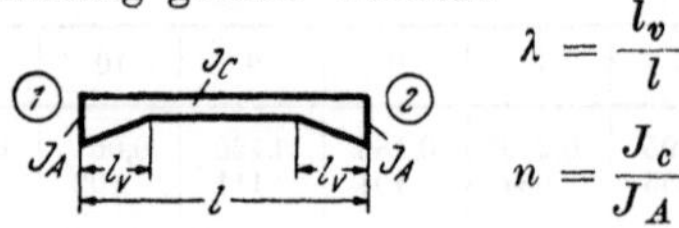

$$\lambda = \frac{l_v}{l} \qquad n = \frac{J_c}{J_A}$$

Einflußlinien für die Volleinspannmomente $\mathfrak{M}_1\,\mathfrak{M}_2$.

λ	n	1	2	3	4	5	6	7	8	9	10	11
0,50	0	0,083 —	0,167 —	0,250 —	0,333 —	0,417 —	0,500 500	— 0,417	— 0,333	— 0,250	— 0,167	— 0,083
	0,03	078 004	142 019	192 044	222 082	222 135	191 191	135 222	082 222	044 192	019 142	004 078
	0,05	077 005	139 021	185 047	210 085	211 132	183 183	132 211	085 210	047 185	021 139	005 077
	0,10	076 005	136 020	178 047	198 085	197 128	171 171	128 197	085 198	047 178	020 136	005 076
	0,20	074 006	131 022	168 048	185 082	181 121	158 158	121 181	082 185	048 168	022 131	006 074
	0,50	073 006	123 024	151 051	163 082	157 114	139 139	114 157	082 163	051 151	024 123	006 073
	1,00	070 007	116 023	141 047	148 074	142 101	125 125	101 142	074 148	047 141	023 116	007 070
0,40	0	0,083 —	0,167 —	0,250 —	0,333 —	0,406 009	0,225 225	0,009 406	— 0,333	— 0,250	— 0,167	— 0,083
	0,03	081 003	149 014	205 035	241 071	240 125	192 192	125 240	071 241	035 205	014 149	003 081
	0,05	079 003	146 016	198 039	229 075	226 127	186 186	127 226	075 229	039 198	016 146	003 079
	0,10	078 004	141 019	186 044	211 080	206 127	174 174	127 206	080 211	044 186	019 141	004 078
	0,20	075 005	134 021	174 047	192 081	188 122	161 161	122 188	081 192	047 174	021 134	005 075
	0,50	074 006	126 023	155 049	168 079	161 112	141 141	112 161	079 168	049 155	023 126	006 074
	1,00	070 007	116 023	141 047	148 074	142 101	125 125	101 142	074 148	047 141	023 116	007 070
0,35	0	0,083 —	0,167 —	0,250 —	0,333 —	0,348 058	0,212 212	0,058 348	— 0,333	— 0,250	— 0,167	— 0,083
	0,03	081 002	152 012	211 030	246 065	240 118	187 187	118 240	065 246	030 211	012 152	002 081
	0,05	080 002	148 014	204 034	235 068	226 122	181 181	122 226	068 235	034 204	014 148	002 080
	0,10	078 003	142 017	192 039	215 076	207 123	171 171	123 207	076 215	039 192	017 142	003 078
	0,20	076 005	136 019	176 045	194 080	188 120	160 160	120 188	080 194	045 176	019 136	005 076
	0,50	074 006	126 022	157 048	169 078	162 111	141 141	111 162	078 169	048 157	022 126	006 074
	1,00	070 007	116 023	141 047	148 074	142 101	125 125	101 142	074 148	047 141	023 116	007 070

Tafel 23 (Fortsetzung).

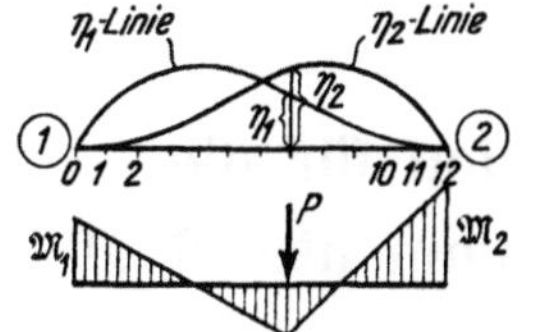

Obere Zahl η_1 $\mathfrak{M}_1 = + \eta_1\, P\, l$

Untere Zahl η_2 $\mathfrak{M}_2 = - \eta_2\, P\, l$

λ	n	1	2	3	4	5	6	7	8	9	10	11
0,30	0	0,083 —	0,167 —	0,250 —	0,322 009	0,298 087	0,200 200	0,087 298	0,009 322	— 0,250	— 0,167	— 0,083
	0,03	082 001	156 008	217 025	249 058	230 117	180 180	117 230	058 249	025 217	008 156	001 082
	0,05	081 002	153 010	208 030	236 064	220 117	175 175	117 220	064 236	030 208	010 153	002 081
	0,10	079 003	145 015	195 036	216 072	203 120	167 167	120 203	072 216	036 195	015 145	003 079
	0,20	076 005	137 018	179 042	196 077	186 118	157 157	118 186	077 196	042 179	018 137	005 076
	0,50	074 006	127 022	157 047	169 077	161 110	140 140	110 161	077 169	047 157	022 127	006 074
	1,00	070 007	116 023	141 047	148 074	142 101	125 125	101 142	074 148	047 141	023 116	007 070
0,25	0	0,083 —	0,167 —	0,250 000	0,290 030	0,259 102	0,188 188	0,102 259	0,030 290	0,000 250	— 0,167	— 0,083
	0,03	083 001	158 006	218 022	238 060	217 115	172 172	115 217	060 238	022 218	006 158	001 083
	0,05	081 002	154 009	210 026	228 064	211 115	168 168	115 211	064 228	026 210	009 154	002 081
	0,10	080 002	148 012	197 033	211 071	196 117	162 162	117 196	071 211	033 197	012 148	002 080
	0,20	078 003	140 017	181 040	194 074	182 115	153 153	115 182	074 194	040 181	017 140	003 078
	0,50	074 006	126 021	157 046	168 076	160 109	139 139	109 160	076 168	046 157	021 126	006 074
	1,00	070 007	116 023	141 047	148 074	142 101	125 125	101 142	074 148	047 141	023 116	007 070
0,20	0	0,083 —	0,167 —	0,238 008	0,256 048	0,229 110	0,175 175	0,110 229	0,048 256	0,008 238	— 0,167	— 0,083
	0,03	081 001	154 006	207 027	222 064	203 113	163 163	113 203	064 222	027 207	006 154	001 081
	0,05	080 001	151 008	201 030	214 067	197 114	160 160	114 197	067 214	030 201	008 151	001 080
	0,10	078 002	145 012	190 035	202 070	188 114	155 155	114 188	070 202	035 190	012 145	002 078
	0,20	076 003	136 017	177 040	188 074	176 112	149 149	112 176	074 188	040 177	017 136	003 076
	0,50	073 006	125 021	157 045	166 075	158 108	137 137	108 158	075 166	045 157	021 125	006 073
	1,00	070 007	116 023	141 047	148 074	142 101	125 125	101 142	074 148	047 141	023 116	007 070

Tafel 24.

Beidseitig parabol. Vouten.

$$\lambda = \frac{l_v}{l} \qquad n = \frac{J_c}{J_A}$$

Einflußlinien für die Volleinspannmomente $\mathfrak{M}_1\ \mathfrak{M}_2$.

λ	n	1	2	3	4	5	6	7	8	9	10	11
	0	0,083 / —	0,167 / —	0,250 / —	0,333 / —	0,417 / —	0,500 / 500	— / 0,417	— / 0,333	— / 0,250	— / 0,167	— / 0,083
	0,03	080 / 002	150 / 013	206 / 033	234 / 070	228 / 123	184 / 184	123 / 228	070 / 234	033 / 206	013 / 150	002 / 080
	0,05	080 / 002	147 / 014	199 / 036	225 / 072	215 / 124	178 / 178	124 / 215	072 / 225	036 / 199	014 / 147	002 / 080
0,50	0,10	079 / 003	141 / 018	187 / 041	206 / 078	199 / 122	168 / 168	122 / 199	078 / 206	041 / 187	018 / 141	003 / 079
	0,20	076 / 004	135 / 020	174 / 044	190 / 079	182 / 119	156 / 156	119 / 182	079 / 190	044 / 174	020 / 135	004 / 076
	0,50	074 / 005	124 / 022	155 / 047	167 / 077	159 / 110	139 / 139	110 / 159	077 / 167	047 / 155	022 / 124	005 / 074
	1,00	070 / 007	116 / 023	141 / 047	148 / 074	142 / 101	125 / 125	101 / 142	074 / 148	047 / 141	023 / 116	007 / 070
	0	0,083 / —	0,167 / —	0,250 / —	0,333 / —	0,406 / 009	0,225 / 225	0,009 / 406	— / 0,333	— / 0,250	— / 0,167	— / 0,083
	0,03	082 / 001	154 / 009	210 / 029	238 / 064	222 / 120	178 / 178	120 / 222	064 / 238	029 / 210	009 / 154	001 / 082
	0,05	080 / 002	149 / 012	201 / 034	224 / 069	212 / 120	172 / 172	120 / 212	069 / 224	034 / 201	012 / 149	002 / 080
0,40	0,10	079 / 003	143 / 016	192 / 039	208 / 074	197 / 119	163 / 163	119 / 197	074 / 208	039 / 192	016 / 143	003 / 079
	0,20	076 / 004	138 / 018	176 / 043	191 / 077	180 / 117	154 / 154	117 / 180	077 / 191	043 / 176	018 / 138	004 / 076
	0,50	073 / 005	124 / 022	155 / 046	167 / 076	159 / 109	138 / 138	109 / 159	076 / 167	046 / 155	022 / 124	005 / 073
	1,00	070 / 007	116 / 023	141 / 047	148 / 074	142 / 101	125 / 125	101 / 142	074 / 148	047 / 141	023 / 116	007 / 070
	0	0,083 / —	0,167 / —	0,250 / —	0,333 / —	0,348 / 058	0,212 / 212	0,058 / 348	— / 0,333	— / 0,250	— / 0,167	— / 0,083
	0,03	082 / 000	156 / 008	210 / 027	234 / 063	216 / 118	173 / 173	118 / 216	063 / 234	027 / 210	008 / 156	000 / 082
	0,05	081 / 002	150 / 011	203 / 031	221 / 069	206 / 119	168 / 168	119 / 206	069 / 221	031 / 203	011 / 150	002 / 081
0,35	0,10	080 / 002	145 / 014	190 / 036	206 / 072	193 / 117	160 / 160	117 / 193	072 / 206	036 / 190	014 / 145	002 / 080
	0,20	077 / 004	137 / 018	177 / 041	189 / 075	179 / 115	151 / 151	115 / 179	075 / 189	041 / 177	018 / 137	004 / 077
	0,50	073 / 005	124 / 021	156 / 046	166 / 076	158 / 109	137 / 137	109 / 158	076 / 166	046 / 156	021 / 124	005 / 073
	1,00	070 / 007	116 / 023	141 / 047	148 / 074	142 / 101	125 / 125	101 / 142	074 / 148	047 / 141	023 / 116	007 / 070

Tafel 24 (Fortsetzung).

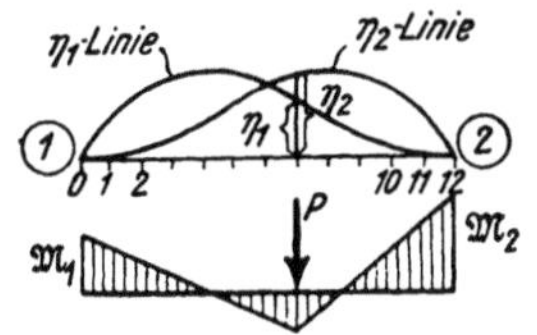

Obere Zahl η_1 $\mathfrak{M}_1 = + \eta_1\, P\, l$

Untere Zahl η_2 $\mathfrak{M}_2 = - \eta_2\, P\, l$

λ	n	1	2	3	4	5	6	7	8	9	10	11
0,30	0	0,083 —	0,167 —	0,250 —	0,322 009	0,298 087	0,200 200	0,087 298	0,009 322	0,250	0,167	0,083
	0,03	082 001	156 007	210 025	225 065	209 115	167 167	115 209	065 225	025 210	007 156	001 082
	0,05	082 002	151 011	202 030	216 068	200 116	163 163	116 200	068 216	030 202	011 151	002 082
	0,10	080 003	146 013	189 036	202 072	189 115	157 157	115 189	072 202	036 189	013 146	003 080
	0,20	078 004	138 017	175 041	187 075	176 113	149 149	113 176	075 187	041 175	017 138	004 078
	0,50	073 005	124 021	156 046	165 076	157 108	136 136	108 157	076 165	046 156	021 124	005 073
	1,00	070 007	116 023	141 047	148 074	142 101	125 125	101 142	074 148	047 141	023 116	007 070
0,25	0	0,083 —	0,167 —	0,250 000	0,290 030	0,259 102	0,188 188	0,102 259	0,030 290	0,000 250	0,167	0,083
	0,03	082 001	155 008	204 028	216 066	197 114	161 161	114 197	066 216	028 204	008 155	001 082
	0,05	081 001	151 010	196 032	208 069	192 114	158 158	114 192	069 208	032 196	010 151	001 081
	0,10	080 002	146 012	186 036	196 072	182 114	152 152	114 182	072 196	036 186	012 146	002 080
	0,20	078 003	138 016	173 041	183 074	171 112	146 146	112 171	074 183	041 173	016 138	003 078
	0,50	073 005	123 020	154 046	164 075	156 107	135 135	107 156	075 164	046 154	020 123	005 073
	1,00	070 007	116 023	141 047	148 074	142 101	125 125	101 142	074 148	047 141	023 116	007 070
0,20	0	0,083 —	0,167 —	0,238 008	0,256 048	0,229 110	0,175 175	0,110 229	0,048 256	0,008 238	0,167	0,083
	0,03	082 001	152 008	192 033	203 069	187 112	154 154	112 187	069 203	033 192	008 152	001 082
	0,05	081 001	149 010	187 035	197 070	182 112	152 152	112 182	070 197	035 187	010 149	001 081
	0,10	080 002	140 014	178 038	188 072	175 111	147 147	111 175	072 188	038 178	014 140	002 080
	0,20	077 003	131 017	168 042	178 074	167 109	142 142	109 167	074 178	042 168	017 131	003 077
	0,50	073 005	123 020	153 046	162 075	154 106	133 133	106 154	075 162	046 153	020 123	005 073
	1,00	070 007	116 023	141 047	148 074	142 101	125 125	101 142	074 148	047 141	023 116	007 070

Tafel 21a.

Einseitig gerade Vouten.

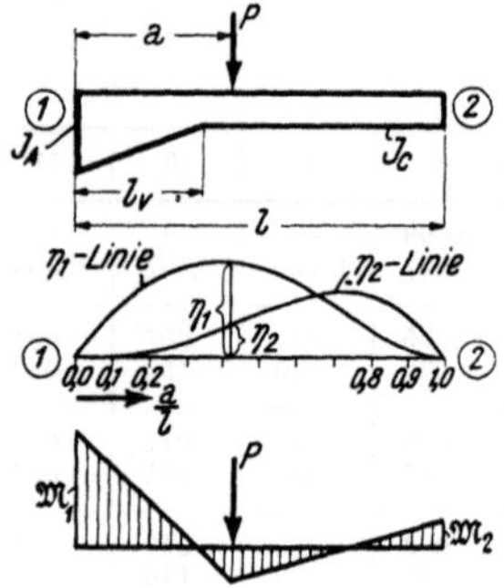

Einflußlinien
für die Volleinspannmomente
$\mathfrak{M}_1\ \mathfrak{M}_2.$

$$\lambda = \frac{l_v}{l} \qquad \mathfrak{M}_1 = + \eta_1\ P\,l$$

$$n = \frac{J_c}{J_A} \qquad \mathfrak{M}_2 = -\,\eta_2\ P\,l$$

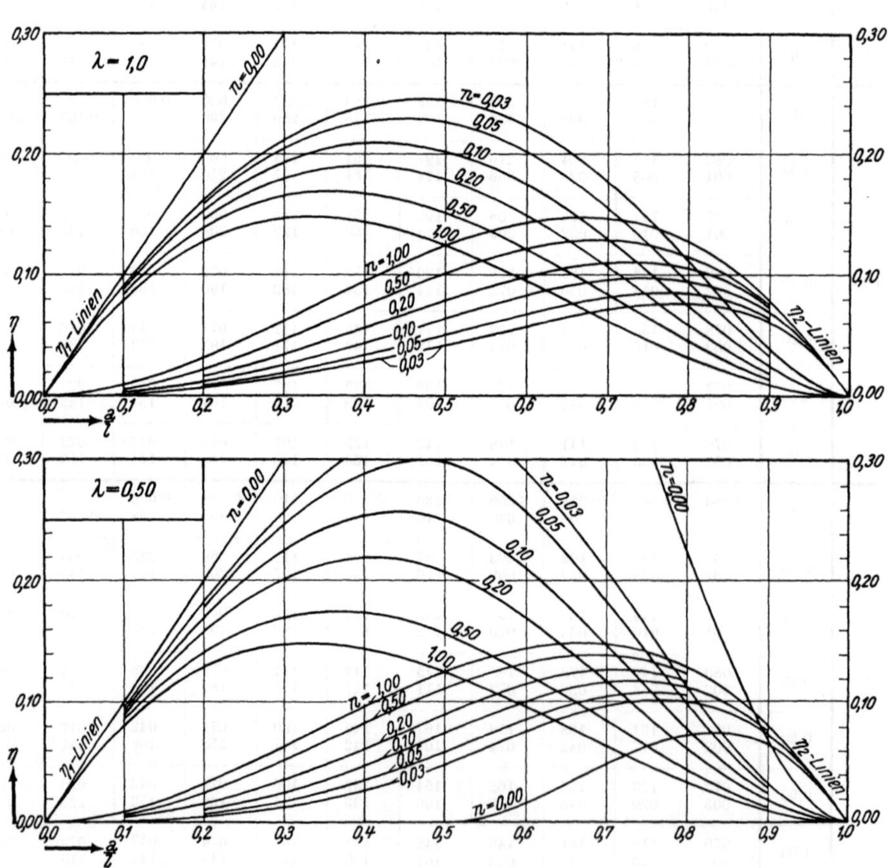

Tafel 21a (Fortsetzung).

Einflußlinien für $\mathfrak{M}_1$ $\mathfrak{M}_2$.

$$\mathfrak{M}_1 = + \eta_1 \, P \, l \qquad \mathfrak{M}_2 = - \eta_2 \, P \, l$$

Einseitig gerade Vouten.

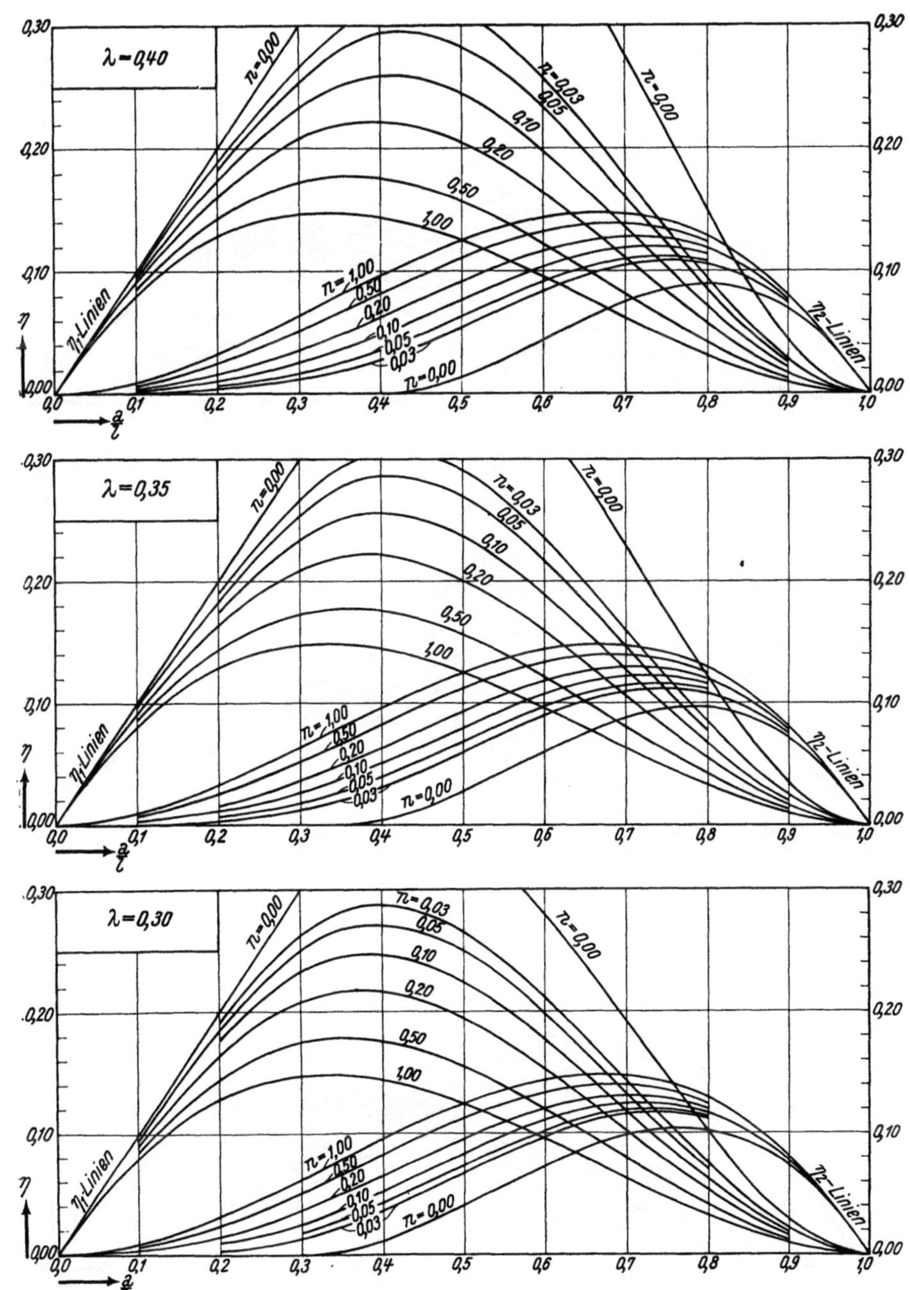

Tafel 21a (Fortsetzung).

$$\text{Einflußlinien für } \mathfrak{M}_1 \; \mathfrak{M}_2.$$
$$\mathfrak{M}_1 = + \, \eta_1 \; P\,l \qquad \mathfrak{M}_2 = - \, \eta_2 \; P\,l$$

Einseitig gerade Vouten.

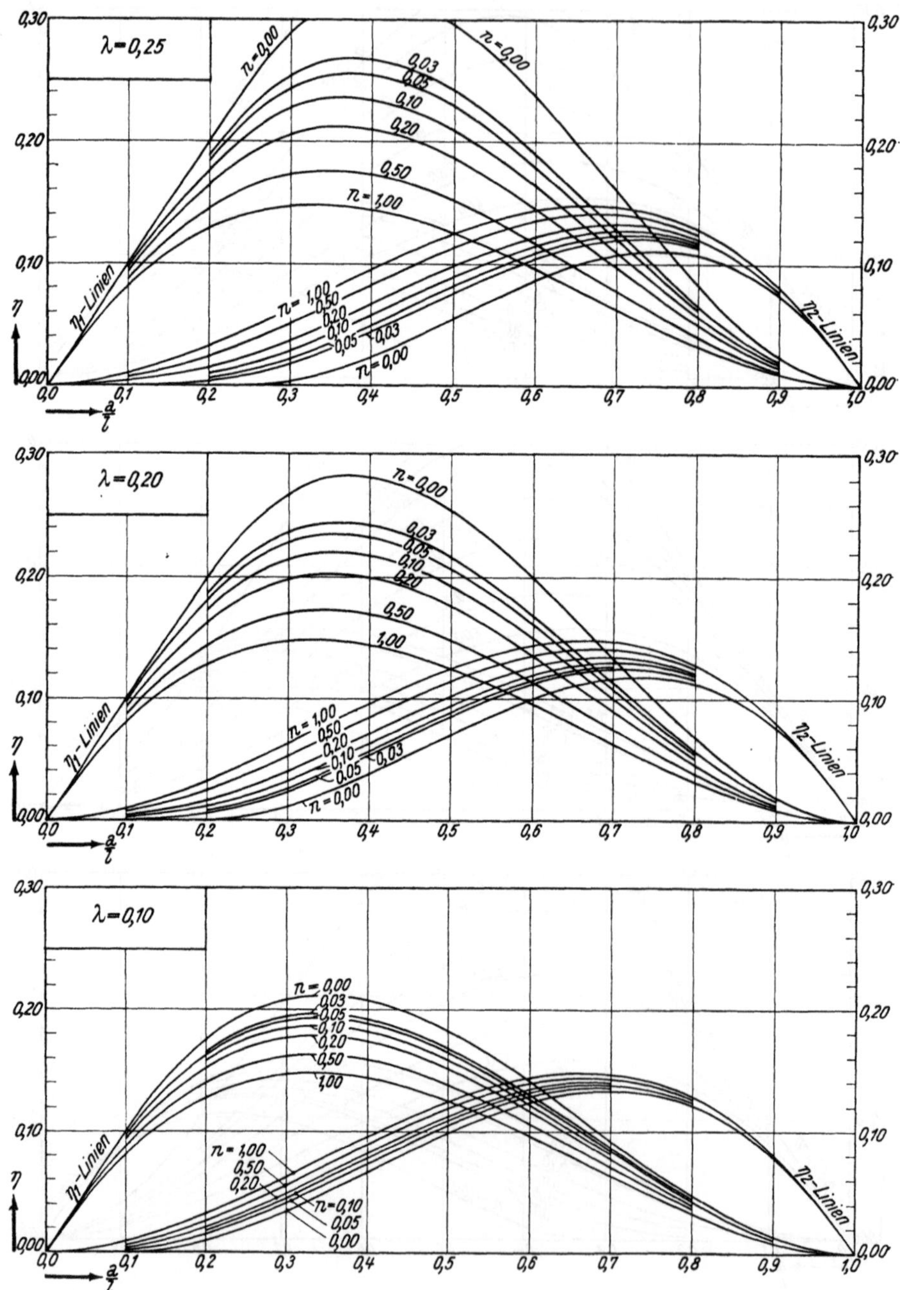

Einseitig parabol. Vouten.

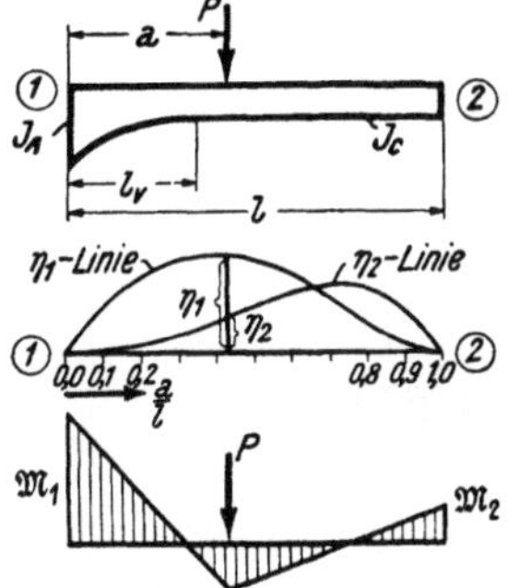

Einflußlinien
für die Volleinspannmomente
$\mathfrak{M}_1 \, \mathfrak{M}_2$.

$$\lambda = \frac{l_v}{l} \qquad\qquad \mathfrak{M}_1 = + \, \eta_1 \; P\,l$$

$$n = \frac{J_c}{J_A} \qquad\qquad \mathfrak{M}_2 = - \, \eta_2 \; P\,l$$

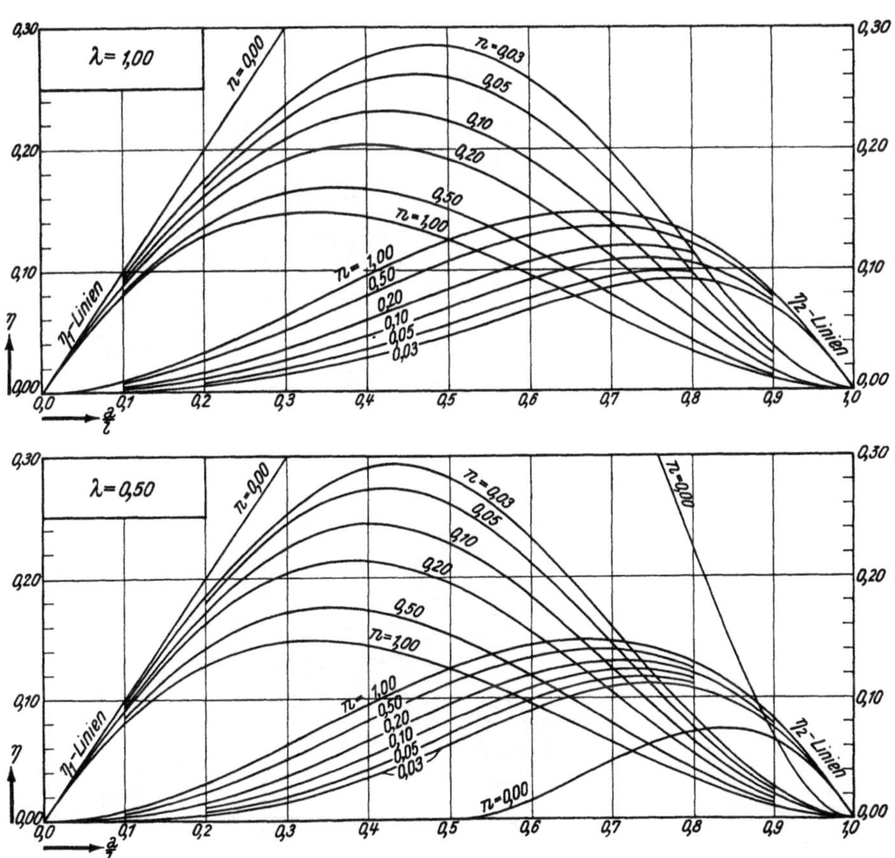

Tafel 22a (Fortsetzung).

Einflußlinien für $\mathfrak{M}_1$ $\mathfrak{M}_2$.

$\mathfrak{M}_1 = + \eta_1 \; P\,l \qquad \mathfrak{M}_2 = - \eta_2 \; P\,l$

Einseitig parabol. Vouten.

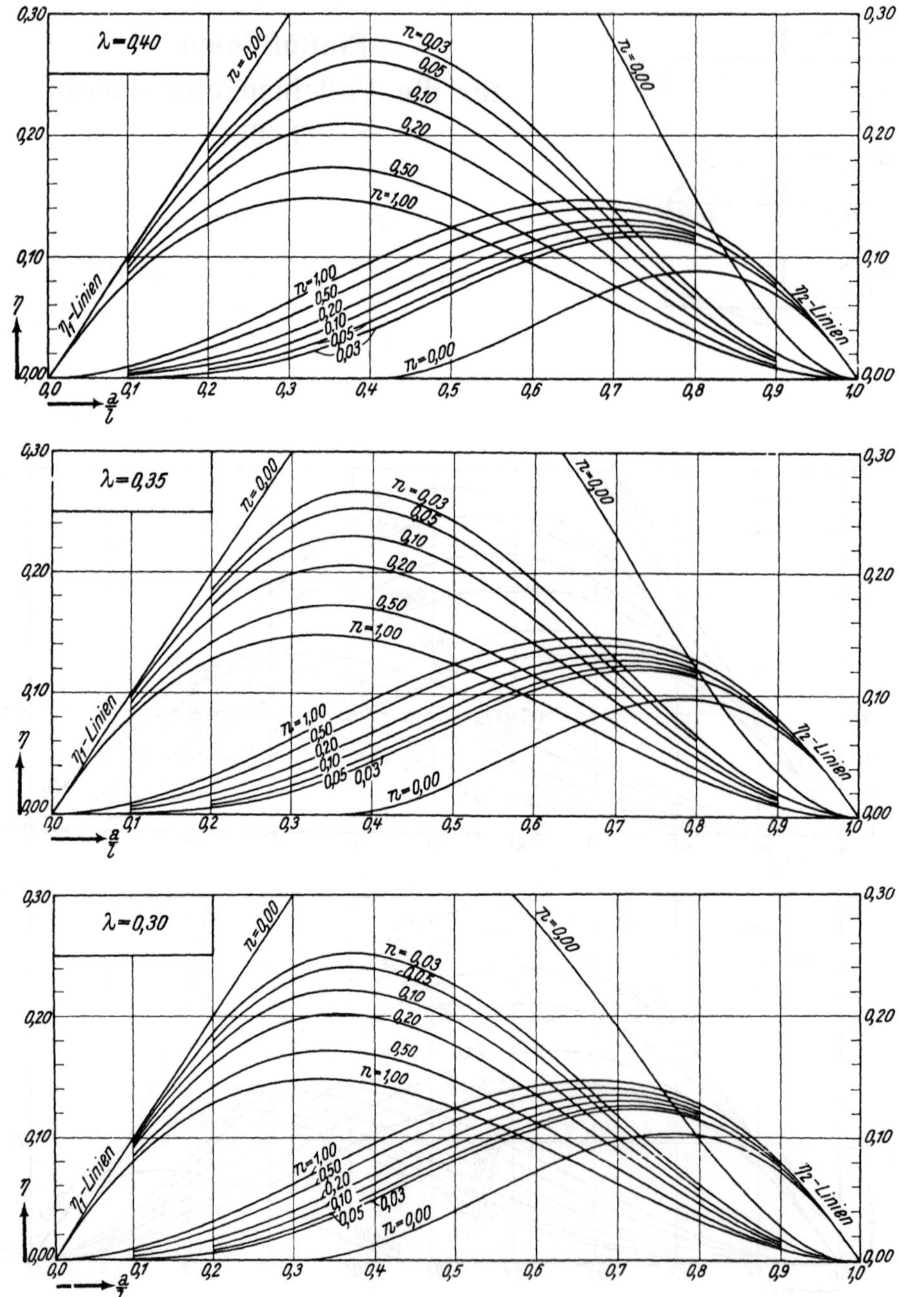

Tafel 22a (Fortsetzung).

Einflußlinien für $\mathfrak{M}_1\ \mathfrak{M}_2$.

$$\mathfrak{M}_1 = +\,\eta_1\ P\,l \qquad \mathfrak{M}_2 = -\,\eta_2\ P\,l$$

Einseitig parabol. Vouten.

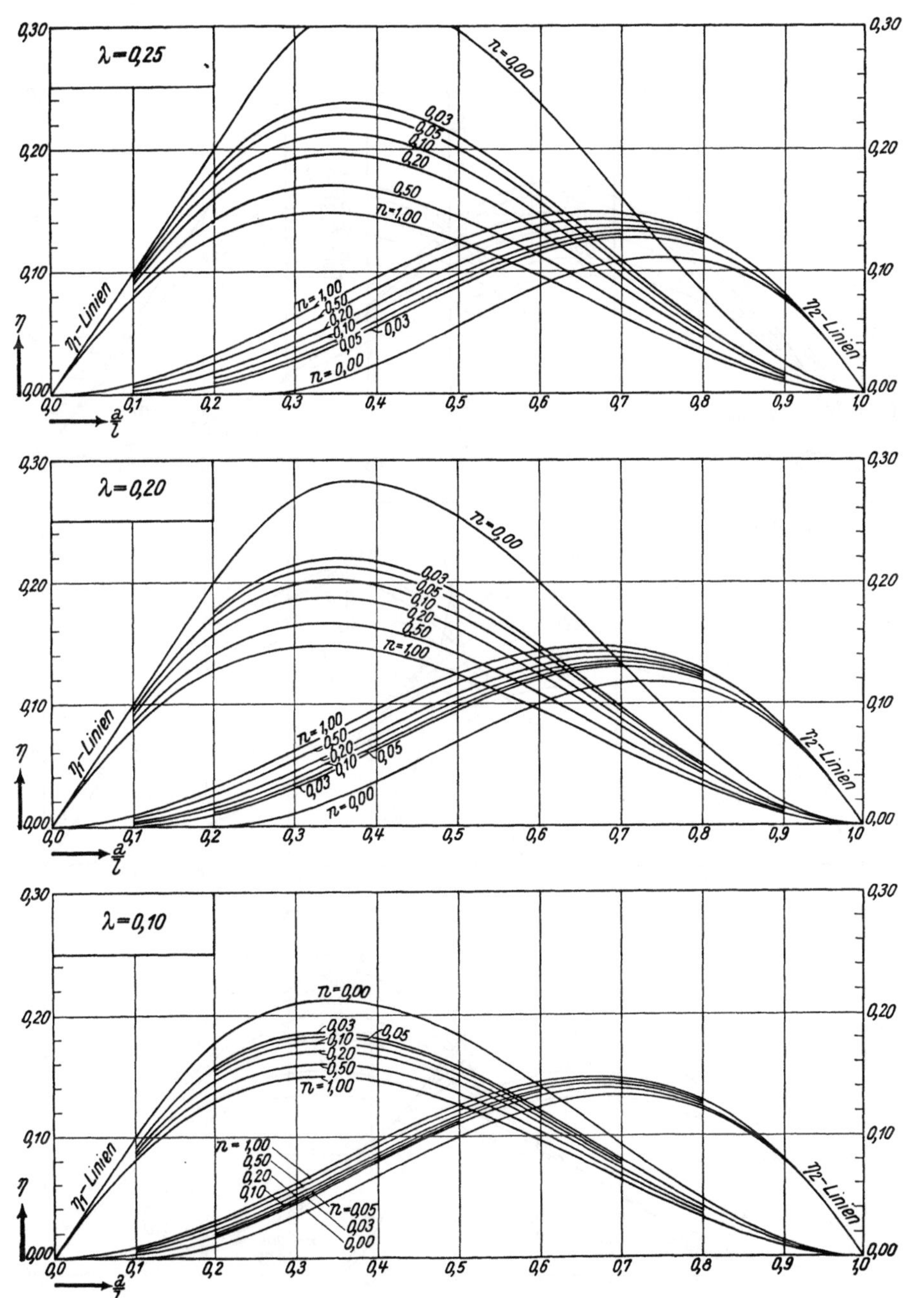

Tafel 23a.

Beidseitig
gerade Vouten.

Einflußlinien für die
Volleinspannmomente $\mathfrak{M}_1 \mathfrak{M}_2$.

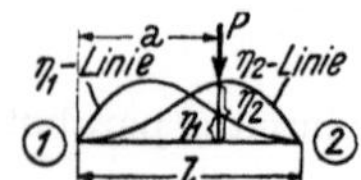

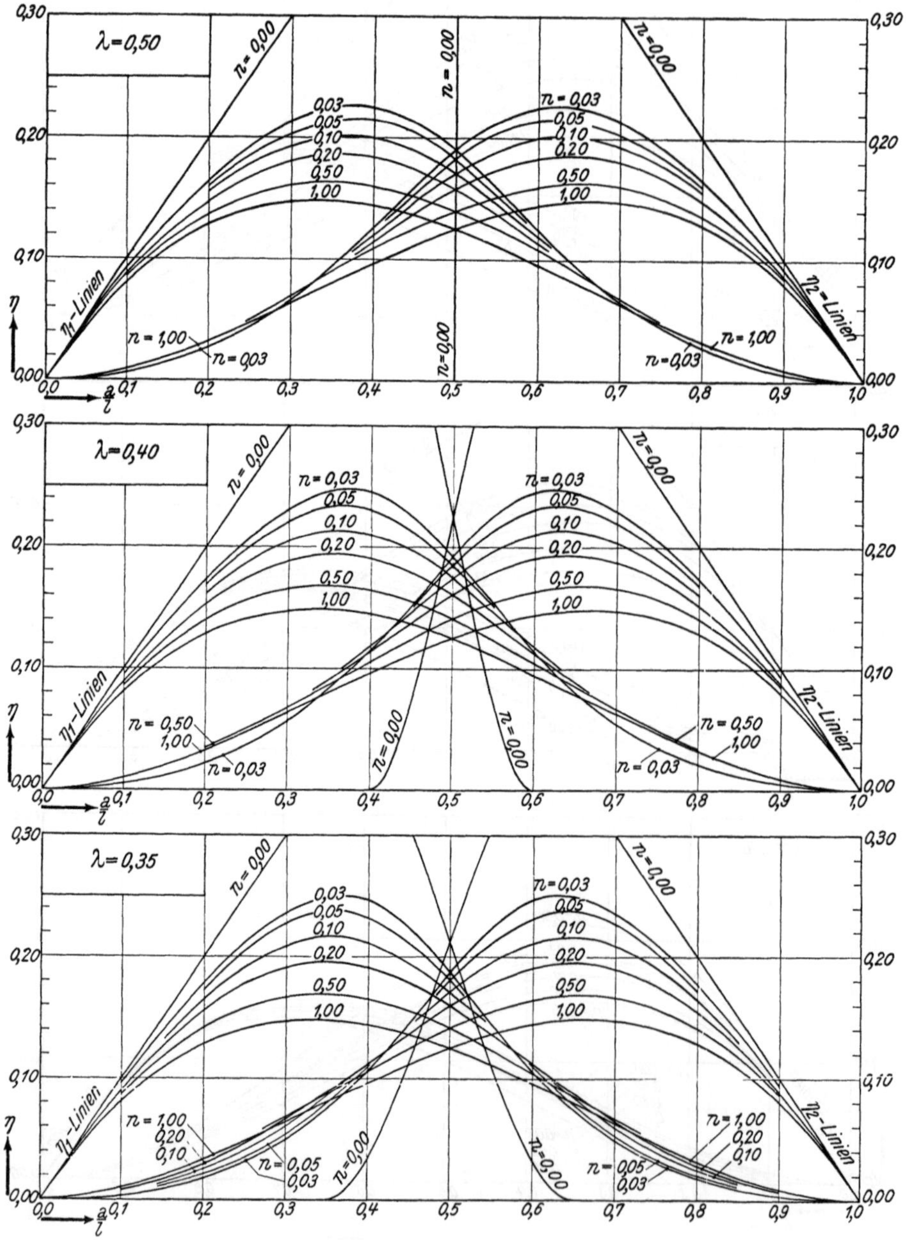

Tafel 23a (Fortsetzung).

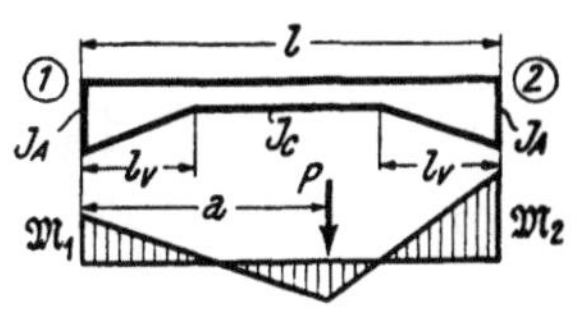

$$\lambda = \frac{l_v}{l} \qquad \mathfrak{M}_1 = + \eta_1\ P\,l$$

$$n = \frac{J_c}{J_A} \qquad \mathfrak{M}_2 = - \eta_2\ P\,l$$

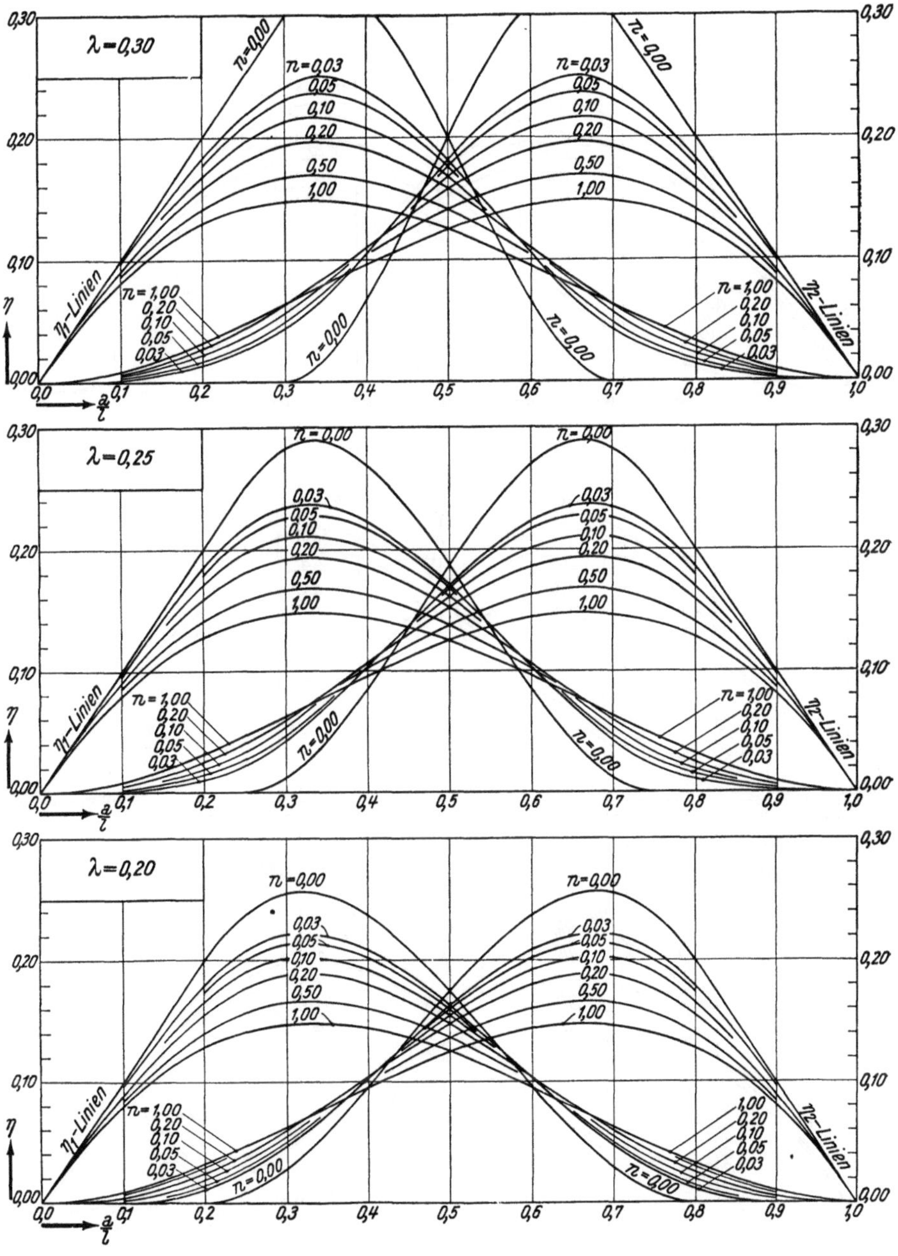

Tafel 24a.

Beidseitig
parabol. Vouten.

Einflußlinien für die
Volleinspannmomente $\mathfrak{M}_1$ $\mathfrak{M}_2$.

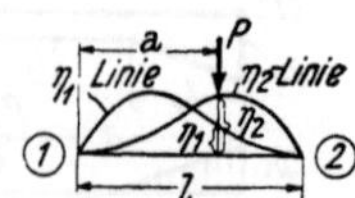

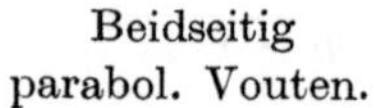

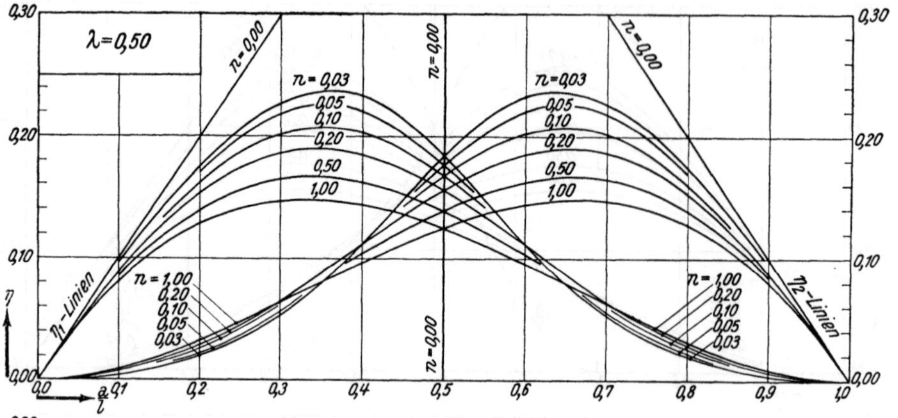

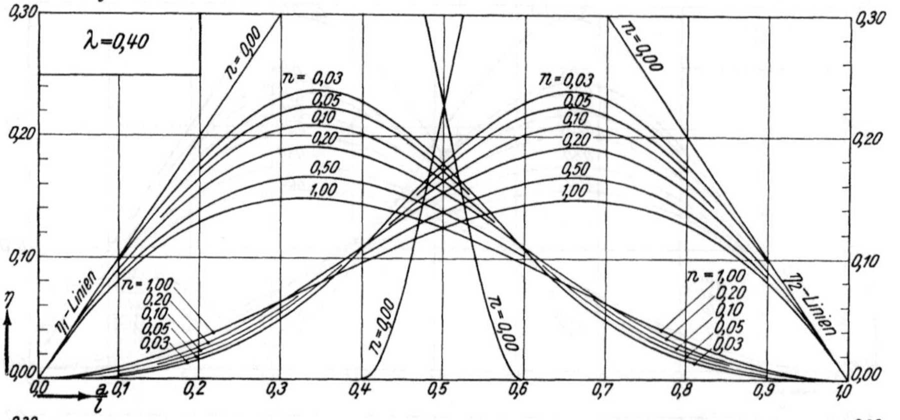

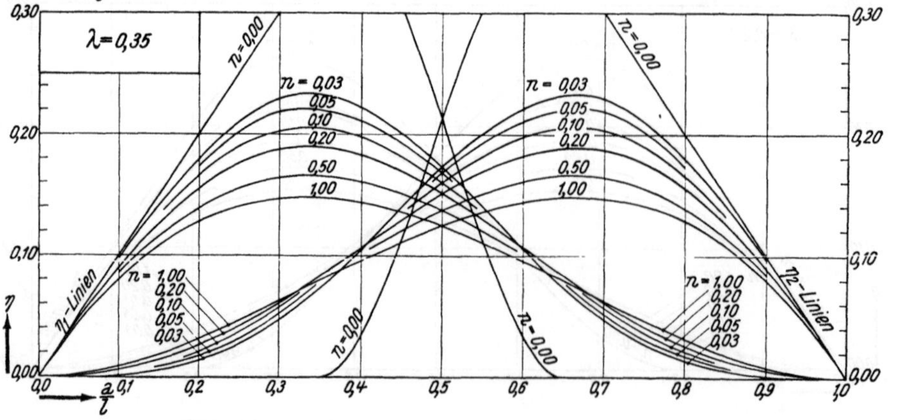

Tafel 24a (Fortsetzung).

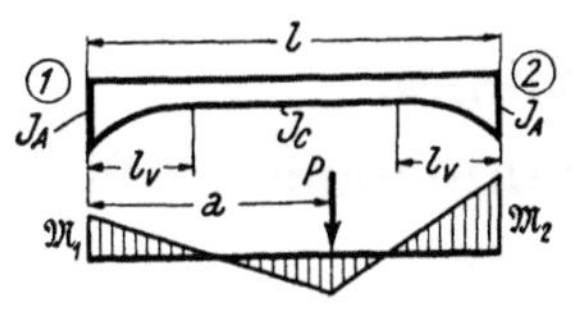

$$\lambda = \frac{l_v}{l} \qquad \mathfrak{M}_1 = + \eta_1 \, P \, l$$

$$n = \frac{J_c}{J_A} \qquad \mathfrak{M}_2 = - \eta_2 \, P \, l$$

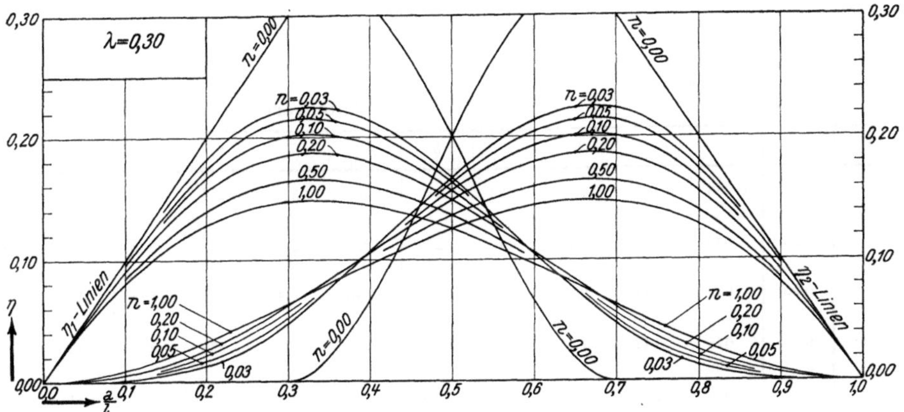

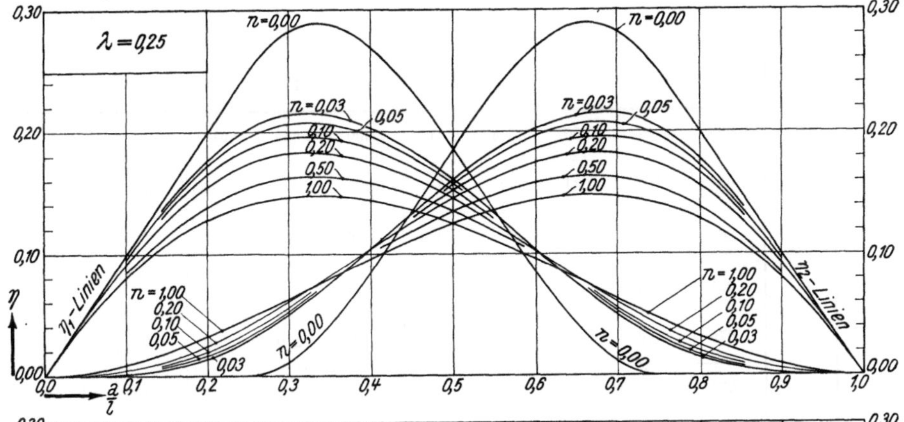

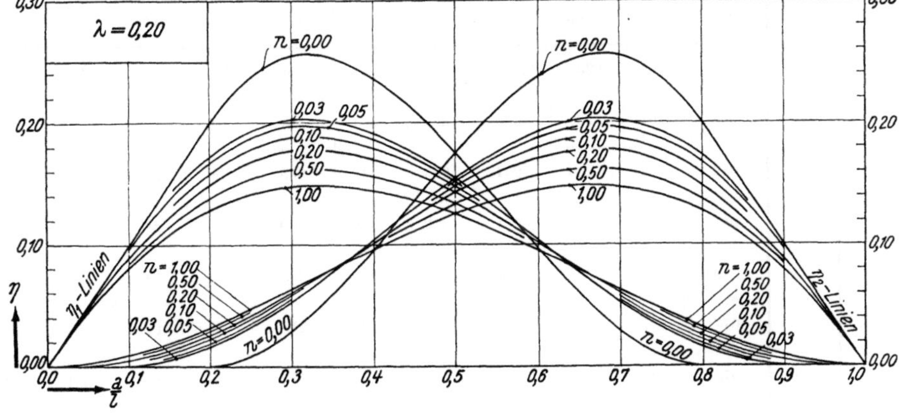

Tafel 25.
Einseitig gerade Vouten.

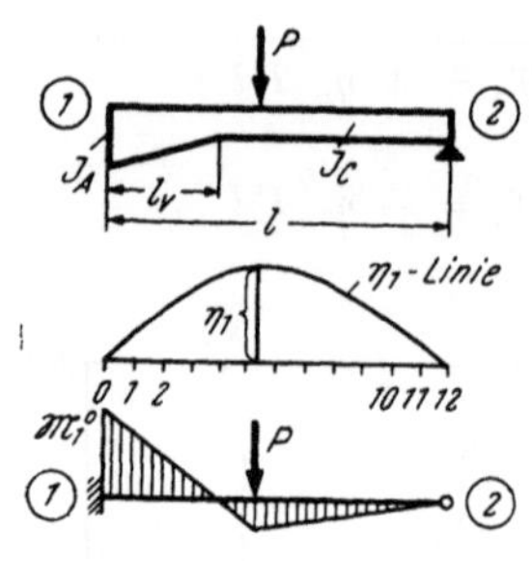

Einflußlinien
für die Volleinspannmomente $\mathfrak{M}^0_1$

bei „Gelenkstäben".

$$\lambda = \frac{l_c}{l}$$

$$n = \frac{J_c}{J_A}$$

$$\mathfrak{M}^0_1 = + \eta_1\, P\, l$$

Tafelwerte: η_1

λ	n	1	2	3	4	5	6	7	8	9	10	11
	0	0,083	0,167	0,250	0,333	0,417	0,500	0,583	0,667	0,750	0,833	0,917
	0,03	080	147	203	249	278	296	294	274	235	175	095
	0,05	079	144	201	241	268	280	276	254	215	158	084
1,00	0,10	078	142	193	230	252	259	251	228	189	136	072
	0,20	078	138	186	217	236	240	228	204	167	117	062
	0,50	077	135	176	202	215	213	198	173	139	098	050
	1,00	074	128	165	185	193	188	172	148	118	081	042
	0	0,083	0,167	0,250	0,333	0,417	0,500	0,545	0,518	0,439	0,315	0,164
	0,03	081	161	234	301	357	393	392	356	292	206	107
	0,05	081	159	229	290	339	366	362	327	267	188	097
0,50	0,10	081	154	218	270	309	326	317	283	230	162	084
	0,20	079	146	204	247	275	282	270	239	192	134	070
	0,50	077	137	182	213	228	226	211	184	146	102	053
	1,00	074	128	165	185	193	188	172	148	118	081	042
	0	0,083	0,167	0,250	0,333	0,417	0,461	0,456	0,414	0,339	0,239	0,125
	0,03	082	161	237	305	355	371	357	316	255	179	092
	0,05	082	159	230	294	336	349	335	296	239	168	086
0,40	0,10	081	155	221	274	309	316	300	264	212	147	077
	0,20	079	149	207	251	275	279	262	230	184	127	066
	0,50	077	137	184	214	229	226	210	182	144	100	051
	1,00	074	128	165	185	193	188	172	148	118	081	042

Einseitig gerade Vouten.

Tafelwerte: η_1 Einflußlinien für $\mathfrak{M}^0_1$ bei „Gelenkstäben". Tafel 25 (Fortsetzung).

λ	n	1	2	3	4	5	6	7	8	9	10	11
	0	0,083	0,167	0,250	0,333	0,401	0,426	0,413	0,369	0,298	0,208	0,108
	0,03	083	162	237	302	343	352	333	293	237	164	086
	0,05	082	160	232	292	327	335	316	277	223	155	080
0,35	0,10	081	156	222	274	303	306	289	252	202	140	072
	0,20	079	149	208	250	272	273	255	223	178	122	063
	0,50	077	138	185	214	227	225	208	180	143	099	050
	1,00	074	128	165	185	193	188	172	148	118	081	042
	0	0,083	0,167	0,250	0,329	0,376	0,388	0,368	0,326	0,261	0,183	0,093
	0,03	082	162	238	297	326	330	310	271	217	151	078
	0,05	082	160	231	286	313	316	295	257	207	143	074
0,30	0,10	081	157	222	271	293	293	274	238	190	132	068
	0,20	080	149	208	248	266	264	247	214	171	119	061
	0,50	077	139	185	214	226	221	205	177	141	097	050
	1,00	074	128	165	185	193	188	172	148	118	081	042
	0	0,083	0,167	0,250	0,316	0,349	0,350	0,332	0,290	0,231	0,163	0,083
	0,03	082	163	236	284	308	307	286	249	199	138	070
	0,05	082	160	231	277	297	295	276	239	191	133	068
0,25	0,10	082	157	221	262	280	277	258	224	178	124	063
	0,20	080	150	207	244	259	255	237	204	164	113	057
	0,50	077	140	185	213	223	219	202	174	138	096	049
	1,00	074	128	165	185	193	188	172	148	118	081	042
	0	0,083	0,167	0,243	0,296	0,316	0,315	0,294	0,255	0,203	0,140	0,072
	0,03	083	162	227	268	285	282	262	226	181	126	065
	0,05	083	161	223	262	278	275	255	220	175	121	062
0,20	0,10	083	157	215	250	264	261	241	209	166	115	058
	0,20	080	150	203	235	248	243	225	194	154	106	055
	0,50	077	139	183	209	219	214	196	170	134	094	048
	1,00	074	128	165	185	193	188	172	148	118	081	042
	0	0,083	0,159	0,213	0,241	0,254	0,250	0,229	0,197	0,156	0,108	0,056
	0,03	083	152	201	228	240	234	215	185	147	101	052
	0,05	083	151	198	226	236	231	213	183	145	100	051
0,10	0,10	082	148	194	221	230	225	207	178	142	098	050
	0,20	081	144	188	213	221	217	200	172	136	094	048
	0,50	078	136	176	199	207	202	186	160	126	088	045
	1,00	074	128	165	185	193	188	172	148	118	081	042

Tafel 26.
Einseitig parabol. Vouten.

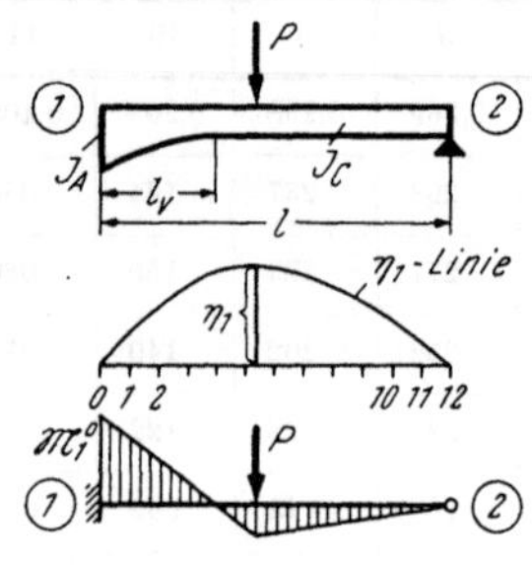

Einflußlinien
für die Volleinspannmomente $\mathfrak{M}_1^0$

bei „Gelenkstäben".

$$\lambda = \frac{l_v}{l}$$

$$n = \frac{J_c}{J_A}$$

$$\mathfrak{M}^0{}_1 = + \eta_1\, P\, l$$

Tafelwerte: η_1

λ	n	1	2	3	4	5	6	7	8	9	10	11
	0	0,083	0,167	0,250	0,333	0,417	0,500	0,583	0,667	0,750	0,833	0,917
	0,03	081	156	220	279	320	346	349	327	280	205	109
	0,05	080	153	215	268	305	323	321	299	250	181	095
1,00	0,10	080	149	206	252	279	292	285	258	213	153	079
	0,20	078	144	196	233	254	259	248	221	180	126	066
	0,50	074	134	177	205	218	217	202	177	141	098	050
	1,00	074	128	165	185	193	188	172	148	118	081	042
	0	0,083	0,167	0,250	0,333	0,417	0,500	0,545	0,518	0,439	0,315	0,164
	0,03	082	160	232	291	334	346	332	294	237	166	086
	0,05	082	159	229	284	319	329	314	276	223	156	081
0,50	0,10	081	155	218	265	294	299	283	247	199	138	072
	0,20	080	149	206	245	264	266	249	219	174	120	062
	0,50	076	137	183	212	224	221	205	177	141	097	050
	1,00	074	128	165	185	193	188	172	148	118	081	042
	0	0,083	0,167	0,250	0,333	0,417	0,461	0,456	0,414	0,339	0,239	0,125
	0,03	082	163	233	290	321	325	306	269	213	149	077
	0,05	082	160	226	279	305	307	290	253	202	140	072
0,40	0,10	081	155	217	262	283	284	265	232	184	129	066
	0,20	079	149	205	241	259	258	239	208	166	115	059
	0,50	076	137	182	210	223	218	201	174	138	096	049
	1,00	074	128	165	185	193	188	172	148	118	081	042

Einseitig parabol. Vouten.

Tafelwerte: η_1

Einflußlinien für $\mathfrak{M}^0{}_1$ bei „Gelenkstäben". Tafel 26 (Fortsetzung).

λ	n	1	2	3	4	5	6	7	8	9	10	11
	0	0,083	0,167	0,250	0,333	0,401	0,426	0,413	0,369	0,298	0,208	0,108
	0,03	082	162	232	283	308	309	290	253	202	140	072
	0,05	082	159	227	274	296	296	276	240	192	134	069
0,35	0,10	081	155	216	258	277	275	256	222	177	123	064
	0,20	079	150	203	238	255	251	233	202	160	111	057
	0,50	077	137	182	208	220	215	199	172	136	094	048
	1,00	074	128	165	185	193	188	172	148	118	081	042
	0	0,083	0,167	0,250	0,329	0,376	0,388	0,368	0,326	0,261	0,183	0,093
	0,03	083	161	229	273	294	293	273	237	190	131	068
	0,05	082	159	223	265	285	282	262	227	181	126	064
0,30	0,10	081	155	214	251	267	264	245	212	169	117	060
	0,20	079	148	202	235	248	244	226	196	156	108	056
	0,50	077	136	182	208	218	213	196	170	134	094	048
	1,00	074	128	165	185	193	188	172	148	118	081	042
	0	0,083	0,167	0,250	0,316	0,349	0,350	0,332	0,290	0,231	0,163	0,083
	0,03	083	161	223	263	279	276	256	222	176	122	062
	0,05	083	158	218	255	270	267	247	214	170	119	061
0,25	0,10	081	154	210	244	256	252	234	203	161	112	057
	0,20	079	149	199	230	241	237	219	188	150	104	053
	0,50	077	135	180	206	214	210	193	166	132	091	046
	1,00	074	128	165	185	193	188	172	148	118	081	042
	0	0,083	0,167	0,243	0,296	0,316	0,315	0,294	0,255	0,203	0,140	0,072
	0,03	082	159	215	249	263	258	239	206	164	113	058
	0,05	082	156	211	244	256	252	232	200	159	110	057
0,20	0,10	080	152	204	233	245	241	222	192	152	105	054
	0,20	079	146	194	222	233	228	209	181	143	099	050
	0,50	076	136	179	203	211	207	190	163	130	089	046
	1,00	074	128	165	185	193	188	172	148	118	081	042
	0	0,083	0,159	0,213	0,241	0,254	0,250	0,229	0,197	0,156	0,108	0,056
	0,03	079	148	193	219	228	223	205	177	140	097	049
	0,05	079	146	190	215	225	219	202	174	138	096	049
0,10	0,10	077	143	186	211	220	215	197	170	135	094	048
	0,20	077	140	181	206	214	209	192	165	131	091	046
	0,50	076	134	172	196	203	198	182	157	124	086	044
	1,00	074	128	165	185	193	188	172	148	118	081	042

Tafel 25a.

Einseitig gerade Vouten.

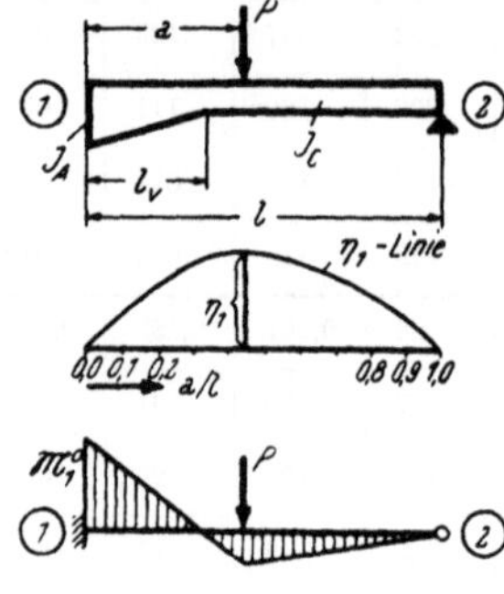

Einflußlinien
für die Volleinspannmomente $\mathfrak{M}_1^0$

bei „Gelenkstäben".

$$\lambda = \frac{l_v}{l}$$

$$n = \frac{J_c}{J_A}$$

$$\mathfrak{M}^0{}_1 = + \eta_1 \, P \, l$$

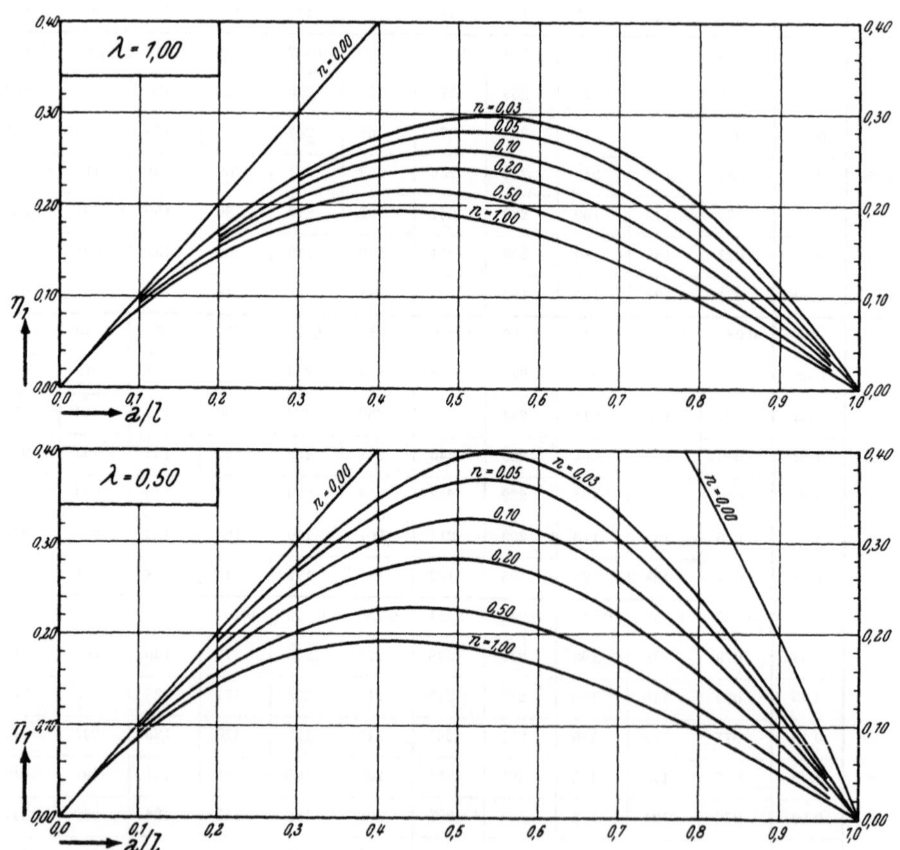

Tafel 25a (Fortsetzung).

Einseitig gerade Vouten.

Einflußlinien für $\mathfrak{M}^0_1$ bei „Gelenkstäben".

$$\mathfrak{M}^0_1 = + \eta_1\, P\, l$$

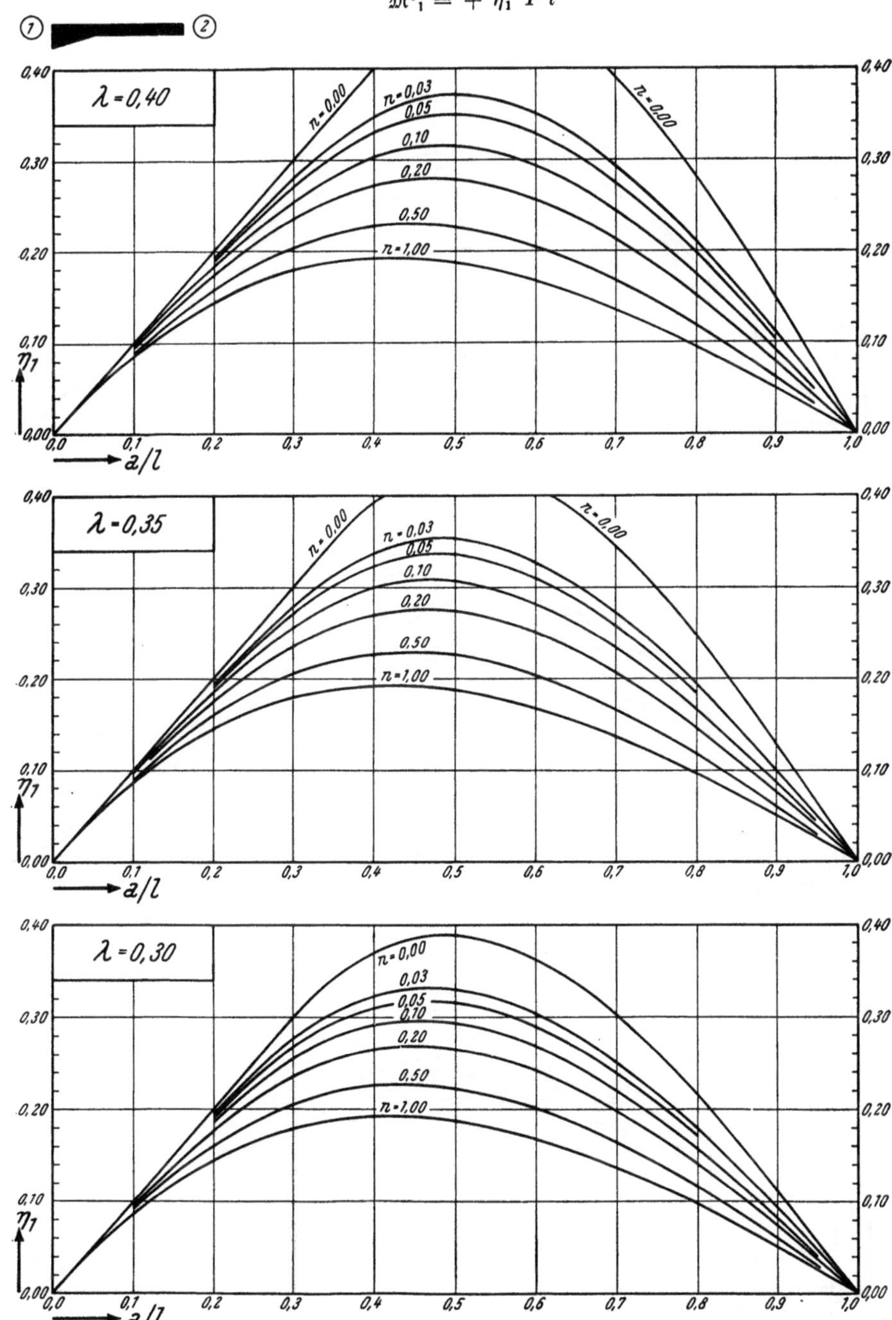

Tafel 25a (Fortsetzung).

Einseitig gerade Vouten.

Einflußlinien für $\mathfrak{M}^0{}_1$ bei „Gelenkstäben".

$$\mathfrak{M}^0{}_1 = + \eta_1 \, P \, l$$

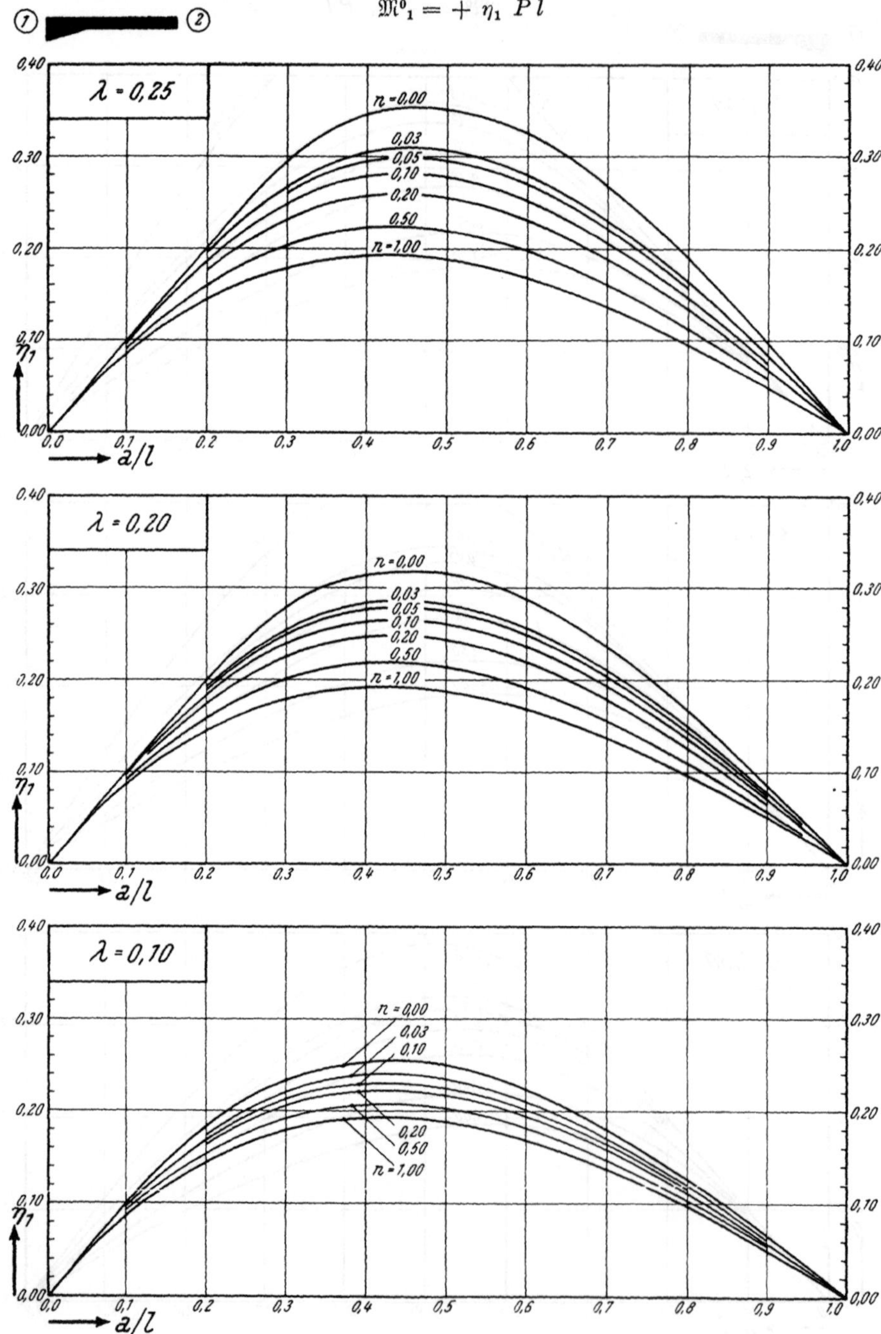

Einseitig parabol. Vouten.

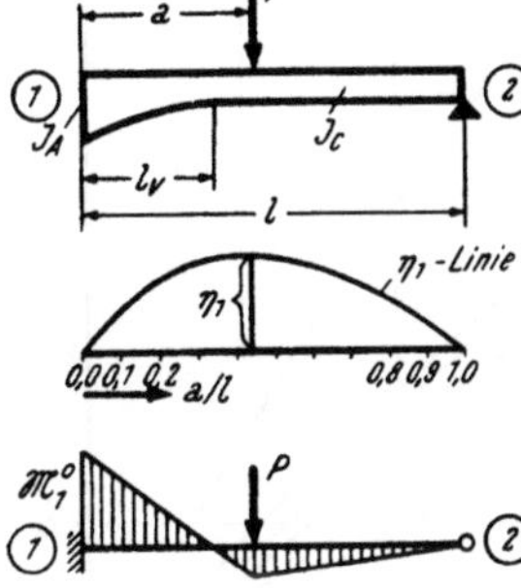

Einflußlinien
für die Volleinspannmomente $\mathfrak{M}_1^0$

bei „Gelenkstäben".

$$\lambda = \frac{l_v}{l}$$

$$n = \frac{J_c}{J_A}$$

$$\mathfrak{M}^0{}_1 = + \eta_1 \, Pl$$

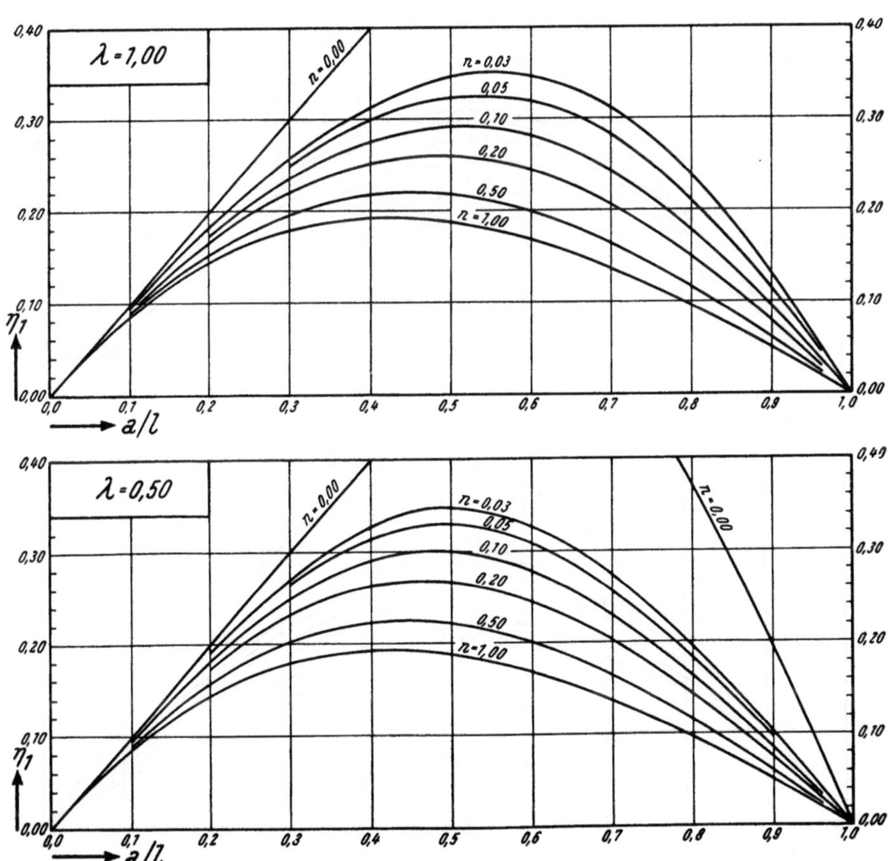

Tafel 26a (Fortsetzung).

Einseitig parabol. Vouten.

Einflußlinien für $\mathfrak{M}^0{}_1$ bei „Gelenkstäben".

$$\mathfrak{M}^0{}_1 = + \eta_1 \, P \, l$$

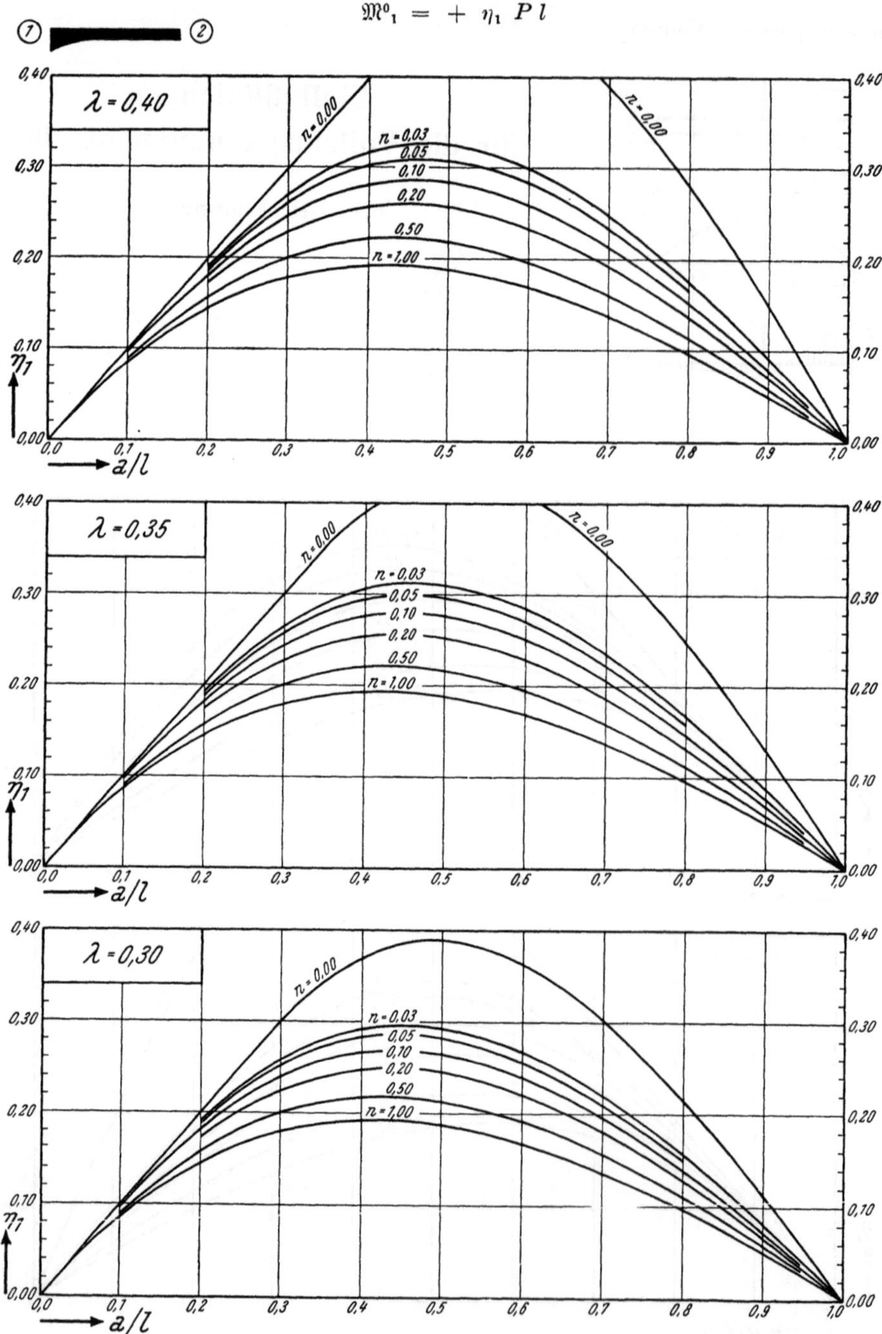

Tafel 26a (Fortsetzung).

Einseitig parabol. Vouten.

Einflußlinien für $\mathfrak{M}^0{}_1$ bei „Gelenkstäben".

$$\mathfrak{M}^0{}_1 = + \eta_1 \; P\,l$$

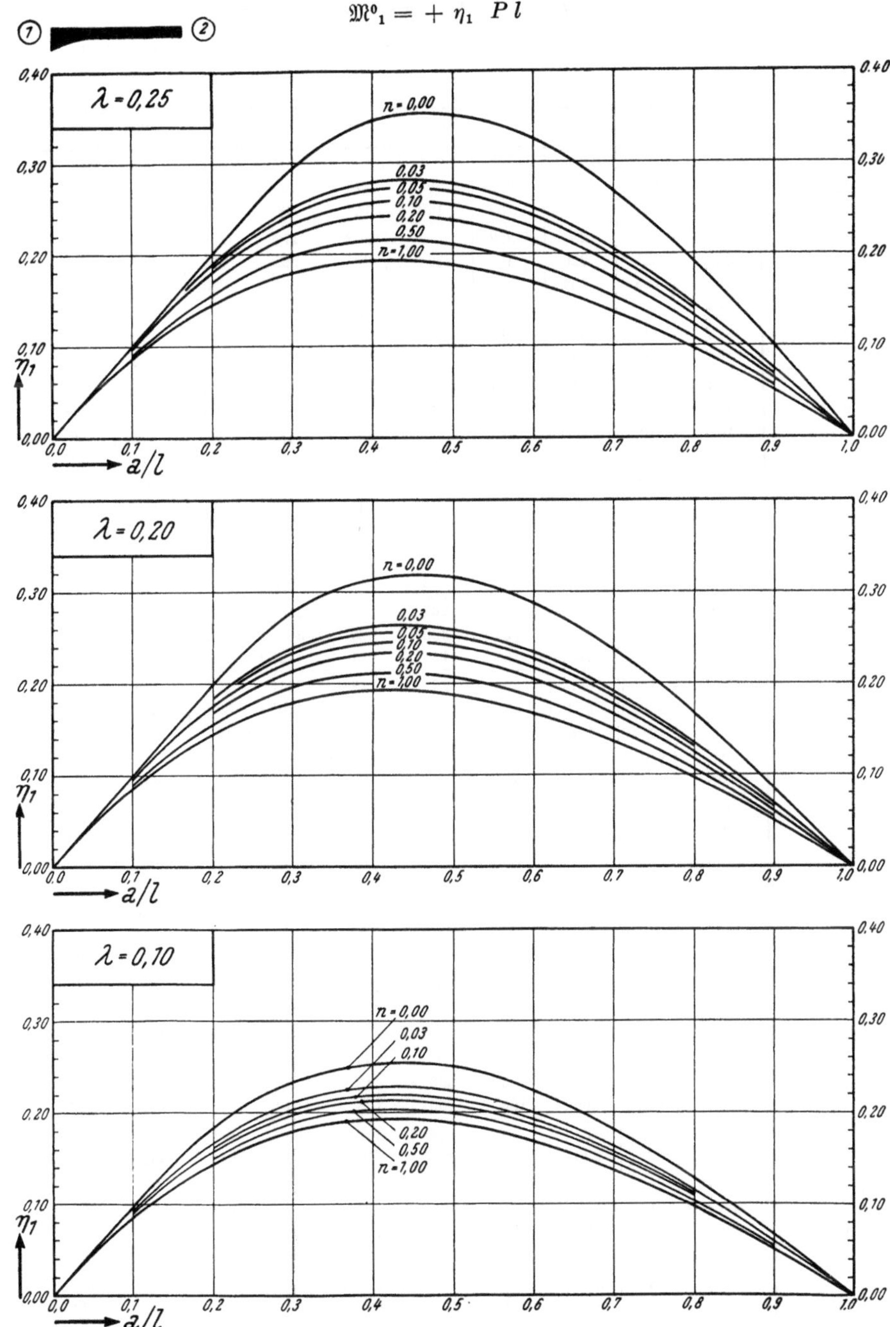

Tafel 27.

Einseitig gerade Vouten.

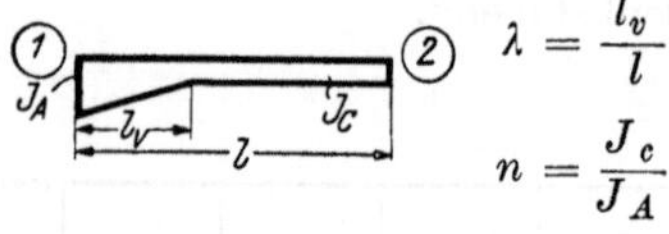

$$\lambda = \frac{l_v}{l} \qquad n = \frac{J_c}{J_A}$$

Endtangentenwinkel $\alpha_1\ \alpha_2\ \beta$

für $M = +1$ am frei aufliegenden Träger.

λ \ n	1,00	0,90	0,80	0,70	0,60	0,50	0,40	0,30	0,20	0,15	0,12
1,00	0,333	0,309	0,282	0,255	0,227	0,198	0,167	0,134	0,098	0,079	0,066
	333	325	315	305	293	279	264	245	219	203	191
	166	157	149	139	129	117	105	090	073	063	056
0,90	333	309	284	258	230	202	172	139	104	084	071
	333	327	320	312	304	294	283	269	250	238	230
	166	158	151	142	133	122	111	098	081	072	065
0,80	333	310	286	261	235	207	178	146	111	092	079
	333	329	324	319	313	306	298	288	275	267	260
	166	160	153	145	137	128	118	106	092	083	077
0,70	333	312	289	265	240	214	186	156	122	103	091
	333	331	327	323	319	315	309	303	294	289	285
	166	161	155	149	142	135	126	116	104	097	091
0,60	333	313	292	270	247	223	197	168	136	118	106
	333	332	329	327	325	322	318	314	309	305	303
	166	162	158	153	147	141	134	126	117	110	106
0,50	333	315	296	277	256	234	210	184	155	138	126
	333	332	331	330	328	327	325	322	319	317	316
	166	163	160	156	152	148	142	136	129	124	121
0,45	333	317	299	281	261	241	218	194	166	149	139
	333	333	332	331	330	328	327	325	323	321	320
	166	164	161	158	154	151	146	141	135	131	128
0,40	333	318	302	285	267	248	227	204	178	163	153
	333	333	332	331	331	330	329	328	326	325	324
	166	164	162	160	157	154	150	146	141	138	135
0,35	333	319	305	289	273	255	237	216	192	178	168
	333	333	333	332	332	331	330	330	328	328	327
	166	165	163	161	159	156	154	150	146	144	142
0,30	333	321	308	294	280	264	247	228	207	194	186
	333	333	333	333	332	332	331	331	330	330	329
	166	165	164	162	161	159	157	154	151	149	148
0,25	333	323	311	299	287	273	259	242	223	212	205
	333	333	333	333	333	332	332	332	332	331	331
	166	166	165	164	162	161	160	158	155	154	154
0,20	333	324	315	305	295	284	271	258	242	232	226
	333	333	333	333	333	333	333	333	332	332	332
	166	166	165	165	164	163	162	161	159	158	158
0,15	333	326	319	311	303	295	285	274	262	254	249
	333	333	333	333	333	333	333	333	333	333	333
	166	166	166	166	165	165	164	163	162	162	161
0,10	333	329	324	318	313	307	300	292	284	279	275
	333	333	333	333	333	333	333	333	333	333	333
	166	167	166	166	166	166	165	165	165	164	164
0,05	333	331	328	326	322	319	316	312	308	305	303
	333	333	333	333	333	333	333	333	333	333	333
	166	167	167	167	166	166	166	166	166	166	166
0,00	333	333	333	333	333	333	333	333	333	333	333
	333	333	333	333	333	333	333	333	333	333	333
	166	166	166	166	166	166	166	166	166	166	166

Tafel 27 (Fortsetzung).

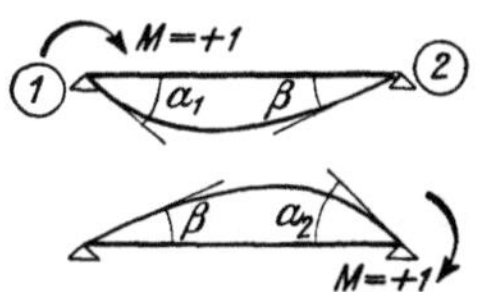

	Obere Zahl $\bar{\alpha}_1$	$\alpha_1{}^* = \dfrac{\alpha_1}{EJ_c} = \bar{\alpha}_1 \dfrac{l}{EJ_c}$
	Mittlere Zahl $\bar{\alpha}_2$	$\alpha_2{}^* = \dfrac{\alpha_2}{EJ_c} = \bar{\alpha}_2 \dfrac{l}{EJ_c}$
	Untere Zahl $\bar{\beta}$	$\beta^* = \dfrac{\beta}{EJ_c} = \bar{\beta} \dfrac{l}{EJ_c}$

λ \ n	0,12	0,10	0,08	0,06	0,05	0,04	0,03	0,02	0,01	0,005	0
1,00	0,066	0,057	0,048	0,038	0,033	0,028	0,022	0,016	0,009	0,005	—
	191	182	172	157	150	140	129	115	094	076	—
	056	050	045	038	035	031	026	021	014	009	—
0,90	071	063	053	043	038	032	026	020	012	007	0,000
	230	223	216	205	199	193	185	174	159	146	090
	065	060	055	048	045	041	036	031	024	018	005
0,80	079	070	061	051	045	039	033	026	017	012	003
	260	256	251	243	239	235	229	222	211	202	163
	077	073	068	062	059	055	051	045	038	033	017
0,70	091	082	072	062	056	050	044	036	027	021	009
	285	281	278	273	271	267	263	258	251	245	219
	091	087	083	078	075	072	068	063	057	052	036
0,60	106	097	088	078	072	066	060	052	043	036	021
	303	301	298	295	294	292	289	286	282	278	261
	106	103	099	095	093	090	087	083	076	073	059
0,50	126	118	110	100	094	088	082	074	065	058	042
	316	314	313	311	310	309	308	306	303	302	292
	121	119	116	113	111	108	106	103	099	095	083
0,45	139	131	123	113	108	102	096	089	079	073	055
	320	320	319	317	317	316	315	313	311	310	303
	128	126	124	121	119	118	115	113	109	106	096
0,40	153	145	137	128	123	118	112	105	096	090	072
	324	324	323	322	322	321	320	319	318	317	312
	135	134	132	129	128	126	125	122	119	117	108
0,35	168	161	154	146	141	136	130	124	115	109	092
	327	327	326	326	325	325	325	324	323	322	319
	142	140	139	137	136	135	133	131	129	127	120
0,30	186	179	173	165	161	156	151	148	137	131	114
	329	329	329	329	328	328	328	327	327	326	324
	148	147	146	144	143	142	141	140	138	136	131
0,25	205	199	194	187	183	179	174	169	161	156	141
	331	331	331	331	330	330	330	330	330	329	328
	154	152	151	150	150	149	148	147	146	145	141
0,20	226	222	217	211	208	204	200	195	189	184	171
	332	332	332	332	332	332	332	332	331	331	331
	158	157	157	156	156	155	155	154	153	152	149
0,15	249	246	242	237	235	232	229	224	220	216	205
	333	333	333	333	333	333	333	333	333	332	332
	161	161	161	160	160	160	160	159	159	158	157
0,10	275	273	270	266	265	263	260	258	254	251	243
	333	333	333	333	333	333	333	333	333	333	333
	164	164	164	164	164	164	163	163	163	163	162
0,05	303	302	300	298	297	296	295	294	292	290	286
	333	333	333	333	333	333	333	333	333	333	333
	166	166	166	166	166	166	166	166	166	166	166
0,00	333̇	333̇	333̇	333̇	333̇	333̇	333̇	333̇	333̇	333̇	333̇
	333̇	333̇	333̇	333̇	333̇	333̇	333̇	333̇	333̇	333̇	333̇
	166̇	166̇	166̇	166̇	166̇	166̇	166̇	166̇	166̇	166̇	166̇

Tafel 28.

Einseitig parabol. Vouten.

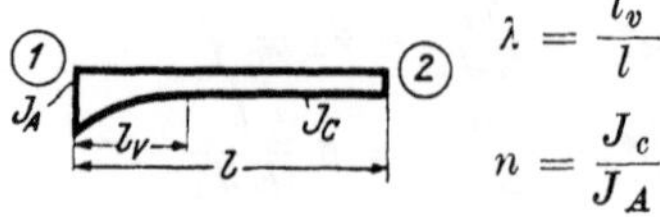

$$\lambda = \frac{l_v}{l}$$

$$n = \frac{J_c}{J_A}$$

Endtangentenwinkel $\alpha_1 \ \alpha_2 \ \beta$

für $M = + 1$ am frei aufliegenden Träger.

λ \\ n	1,00	0,90	0,80	0,70	0,60	0,50	0,40	0,30	0,20	0,15	0,12
1,00	0,333	0,313	0,292	0,269	0,246	0,221	0,193	0,163	0,129	0,109	0,096
	333	330	326	322	317	311	303	294	282	273	267
	166	161	156	150	143	135	127	116	103	094	088
0,90	333	314	294	273	250	226	200	171	137	118	105
	333	331	328	325	321	317	312	305	296	289	285
	166	162	157	152	146	139	132	123	111	103	098
0,80	333	315	296	276	255	232	208	180	148	129	116
	333	332	330	327	325	322	318	313	307	303	299
	166	163	159	154	149	144	137	129	119	113	108
0,70	333	317	299	281	261	240	217	191	160	142	130
	333	332	331	329	328	326	323	320	316	313	310
	166	164	160	157	153	148	143	136	128	122	118
0,60	333	318	302	286	268	248	227	203	175	158	147
	333	333	332	331	330	328	327	325	322	320	319
	166	164	162	159	156	152	148	143	136	132	129
0,50	333	320	306	291	276	258	240	218	193	178	167
	333	333	332	332	331	330	330	328	327	326	325
	166	165	163	161	159	156	153	149	144	141	139
0,45	333	321	308	295	280	264	246	226	203	188	179
	333	333	333	332	332	331	331	330	329	328	327
	166	165	164	162	160	158	155	152	148	145	143
0,40	333	322	310	298	284	270	254	235	213	200	191
	333	333	333	333	332	332	331	331	330	329	329
	166	166	164	163	161	159	157	155	152	149	148
0,35	333	323	313	301	289	276	262	245	225	213	205
	333	333	333	333	333	332	332	332	331	331	331
	166	166	165	164	162	161	159	157	155	153	152
0,30	333	325	315	305	295	283	270	255	238	227	210
	333	333	333	333	333	333	333	332	332	332	332
	166	166	165	164	163	162	161	160	158	156	155
0,25	333	326	318	309	300	290	279	266	251	242	235
	333	333	333	333	333	333	333	333	333	332	332
	166	166	166	165	164	164	163	162	160	159	159
0,20	333	327	321	314	306	298	289	278	265	258	252
	333	333	333	333	333	333	333	333	333	333	333
	166	166	166	166	165	165	164	163	162	162	161
0,15	333	329	324	318	312	306	299	291	281	275	270
	333	333	333	333	333	333	333	333	333	333	333
	166	166	166	166	166	166	165	165	164	164	164
0,10	333	330	327	323	319	315	310	304	297	293	290
	333	333	333	333	333	333	333	333	333	333	333
	166	167	166	166	166	166	166	166	166	165	165
0,05	333	332	330	328	326	324	321	318	315	312	311
	333	333	333	333	333	333	333	333	333	333	333
	166	167	167	167	167	167	166	166	166	166	166
0,00	333	333	333	333	333	333	333	333	333	333	333
	333	333	333	333	333	333	333	333	333	333	333
	166	166	166	166	166	166	166	166	166	166	166

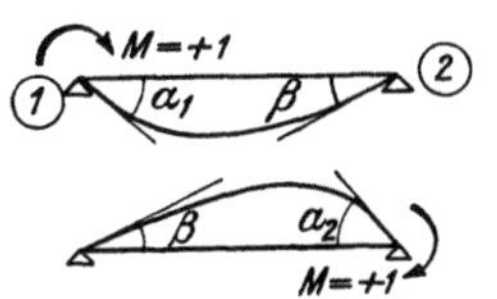

Obere Zahl $\bar{\alpha}_1$	$\alpha_1{}^* = \dfrac{\alpha_1}{E J_c} = \bar{\alpha}_1 \dfrac{l}{E J_c}$
Mittlere Zahl $\bar{\alpha}_2$	$\alpha_2{}^* = \dfrac{\alpha_2}{E J_c} = \bar{\alpha}_2 \dfrac{l}{E J_c}$
Untere Zahl $\bar{\beta}$	$\beta^* = \dfrac{\beta}{E J_c} = \bar{\beta} \dfrac{l}{E J_c}$

λ \ n	0,12	0,10	0,08	0,06	0,05	0,04	0,03	0,02	0,01	0,005	0
1,00	0,096	0,086	0,076	0,065	0,058	0,051	0,044	0,035	0,024	0,016	—
	267	261	255	246	241	235	227	217	199	183	—
	088	084	078	072	068	063	058	051	042	034	—
0,90	105	095	085	074	067	060	052	043	031	023	0,000
	285	281	276	270	266	262	256	248	235	223	090
	098	094	089	083	079	075	070	064	055	047	005
0,80	116	107	097	085	079	072	064	054	041	032	003
	299	296	293	289	286	283	279	274	265	256	163
	108	104	100	095	092	088	084	078	069	062	017
0,70	130	121	111	100	093	086	078	069	056	046	009
	310	309	306	304	302	300	297	293	287	282	219
	118	115	112	107	105	102	098	093	086	079	036
0,60	147	138	129	118	112	105	097	088	075	065	021
	319	318	316	315	313	312	310	308	304	301	261
	129	126	123	120	118	115	112	108	102	097	059
0,50	167	159	151	141	135	128	121	112	099	090	042
	325	324	323	322	322	321	320	319	317	315	292
	139	137	135	132	130	129	126	123	119	115	083
0,45	179	171	163	154	148	142	135	126	114	104	055
	327	327	326	325	325	324	324	323	321	320	303
	143	142	140	138	136	135	133	130	126	123	096
0,40	191	184	177	168	163	157	150	142	130	121	072
	329	329	328	328	327	327	327	326	325	324	312
	148	146	145	143	142	141	139	137	134	131	108
0,35	205	198	191	183	178	173	167	159	148	140	092
	331	330	330	330	329	329	329	328	328	327	319
	152	151	150	148	147	146	145	143	141	138	120
0,30	219	214	207	200	196	191	185	178	168	160	114
	332	331	331	331	331	331	330	330	330	329	324
	155	155	154	153	152	151	150	149	147	145	131
0,25	235	230	225	218	215	210	205	199	190	183	141
	332	332	332	332	332	332	332	332	331	331	328
	159	158	157	157	156	156	155	154	153	151	141
0,20	252	248	243	238	235	231	227	222	214	208	171
	333	333	333	333	333	333	333	332	332	332	331
	161	161	161	160	160	159	159	158	157	157	149
0,15	270	267	264	259	257	254	251	247	240	236	205
	333	333	333	333	333	333	333	333	333	333	332
	164	163	163	163	163	162	162	162	161	161	157
0,10	290	288	285	282	281	279	276	273	269	265	243
	333	333	333	333	333	333	333	333	333	333	333
	165	165	165	165	165	165	165	164	164	164	162
0,05	311	310	308	307	306	305	304	302	300	298	286
	333	333	333	333	333	333	333	333	333	333	333
	166	166	166	166	166	166	166	166	166	166	166
0,00	333̇	333̇	333̇	333̇	333̇	333̇	333̇	333̇	333̇	333̇	333̇
	333̇	333̇	333̇	333̇	333̇	333̇	333̇	333̇	333̇	333̇	333̇
	166̇	166̇	166̇	166̇	166̇	166̇	166̇	166̇	166̇	166̇	166̇

Tafel 29.

Endtangentenwinkel $\alpha\,\beta$

Beidseitig gerade
Vouten.

für $M = +\,1$ am frei aufliegenden Träger.

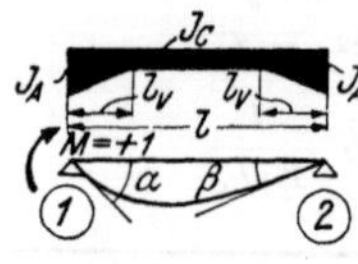

$$\lambda = \frac{l_v}{l} \qquad n = \frac{J_c}{J_A}$$

Obere Zahl $\bar{\alpha}$ $\alpha^* = \dfrac{\alpha}{E\,J_c} = \bar{\alpha}\,\dfrac{l}{E\,J_c}$

Untere Zahl $\bar{\beta}$ $\beta^* = \dfrac{\beta}{E\,J_c} = \bar{\beta}\,\dfrac{l}{E\,J_c}$

λ \ n	1,00	0,90	0,80	0,70	0,60	0,50	0,40	0,30	0,20	0,15	0,12
0,50	0,333̇ 166̇	0,314 160	0,294 153	0,273 146	0,251 138	0,227 129	0,202 118	0,173 106	0,140 091	0,121 082	0,109 076
0,45	333̇ 166̇	316 161	297 156	278 149	258 142	236 135	212 126	186 116	155 103	138 096	126 090
0,40	333̇ 166̇	317 162	300 158	283 152	264 147	244 141	222 133	198 125	171 115	154 108	144 104
0,35	333̇ 166̇	319 163	304 160	288 155	271 151	253 146	234 140	212 134	187 126	172 120	162 117
0,30	333̇ 166̇	321 164	307 161	293 158	279 155	263 151	245 147	226 142	204 135	191 132	182 129
0,25	333̇ 166̇	322 165	311 163	299 161	286 158	273 155	258 152	241 149	222 144	210 141	203 139
0,20	333̇ 166̇	324 165	315 164	305 163	294 161	283 159	271 157	257 155	241 152	231 150	225 149
0,15	333̇ 166̇	326 166	319 165	311 164	303 163	294 162	285 161	274 160	261 158	254 157	249 156
0,10	333̇ 166̇	329 166	324 166	318 166	313 165	306 165	300 164	292 164	284 163	278 162	275 162
0,05	333̇ 166̇	331 167	328 167	326 166	323 166	319 166	316 166	312 166	308 166	305 166	303 165
0,00	333̇ 166̇	333̇ 166̇	333̇ 166̇	333̇ 166̇	333̇ 166̇	333̇ 166̇	333̇ 166̇	333̇ 166̇	333̇ 166̇	333̇ 166̇	333̇ 166̇

λ \ n	0,12	0,10	0,08	0,06	0,05	0,04	0,03	0,02	0,01	0,005	0,00
0,50	0,109 076	0,099 071	0,089 065	0,078 059	0,071 055	0,064 050	0,056 045	0,047 039	0,035 030	0,026 024	0,000 000
0,45	126 090	117 086	108 081	097 076	091 072	085 069	077 064	069 059	057 052	049 046	025 025
0,40	144 104	136 100	127 097	117 092	112 089	106 086	099 083	091 078	081 072	073 067	051 049
0,35	162 117	155 114	147 111	138 107	133 105	128 103	122 100	114 096	105 091	098 087	077 073
0,30	182 129	175 127	168 124	160 121	156 120	151 118	145 116	139 113	130 109	124 106	105 095
0,25	203 139	197 138	191 136	184 134	180 133	176 132	171 130	165 128	158 125	152 123	135 115
0,20	225 149	220 148	215 147	209 145	206 144	203 143	198 142	194 141	187 139	182 138	168 132
0,15	249 156	245 156	241 155	237 154	234 154	231 153	228 153	224 152	219 151	215 150	204 146
0,10	275 162	272 162	270 161	266 161	265 161	263 161	260 160	257 160	254 159	251 159	243 157
0,05	303 165	302 165	300 165	298 165	297 165	296 165	295 165	294 165	292 165	290 165	286 164
0,00	333̇ 166̇	333̇ 166̇	333̇ 166̇	333̇ 166̇	333̇ 166̇	333̇ 166̇	333̇ 166̇	333̇ 166̇	333̇ 166̇	333̇ 166̇	333̇ 166̇

Tafel 30.

Endtangentenwinkel α β

Beidseitig parabol. Vouten.

für $M = +1$ am frei aufliegenden Träger.

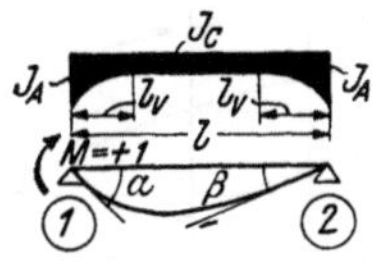

$$\lambda = \frac{l_v}{l} \qquad n = \frac{J_c}{J_A}$$

Obere Zahl $\bar{\alpha}$ $\qquad \alpha^* = \dfrac{\alpha}{EJ_c} = \bar{\alpha}\,\dfrac{l}{EJ_c}$

Untere Zahl $\bar{\beta}$ $\qquad \beta^* = \dfrac{\beta}{EJ_c} = \bar{\beta}\,\dfrac{l}{EJ_c}$

λ \ n	1,00	0,90	0,80	0,70	0,60	0,50	0,40	0,30	0,20	0,15	0,12
0,50	0,333	0,320	0,305	0,290	0,273	0,256	0,236	0,213	0,186	0,170	0,159
	166	163	159	155	151	145	139	132	122	115	111
0,45	333	321	308	293	278	262	244	223	198	183	172
	166	164	161	157	153	149	144	138	129	124	120
0,40	333	322	310	297	283	268	252	233	210	196	187
	166	164	162	159	156	152	148	143	136	132	129
0,35	333	323	312	301	289	275	260	243	223	210	202
	166	165	163	161	158	155	152	148	143	139	137
0,30	333	324	315	305	294	282	269	254	236	225	218
	166	165	164	162	160	158	156	153	149	146	144
0,25	333	326	318	309	300	290	279	266	250	241	234
	166	166	165	163	162	161	159	157	154	152	151
0,20	333	327	321	314	306	298	288	278	265	257	252
	166	166	165	165	164	163	162	160	158	157	156
0,15	333	329	324	318	312	306	299	291	281	275	270
	166	166	166	165	165	164	164	163	162	161	161
0,10	333	330	327	323	319	315	310	304	297	293	290
	166	167	166	166	166	166	165	165	164	164	164
0,05	333	332	330	328	326	324	321	318	315	312	311
	166	167	167	167	167	166	166	166	166	166	166
0,00	333	333	333	333	333	333	333	333	333	333	333
	166	166	166	166	166	166	166	166	166	166	166

λ \ n	0,12	0,10	0,08	0,06	0,05	0,04	0,03	0,02	0,01	0,005	0,00
0,50	0,159	0,150	0,141	0,130	0,123	0,116	0,108	0,097	0,083	0,071	0,000
	111	107	103	097	094	090	086	080	071	063	000
0,45	172	165	156	146	140	133	125	115	102	091	025
	120	117	113	109	106	103	099	094	086	079	025
0,40	187	180	172	162	157	151	143	134	122	111	051
	129	126	123	120	117	115	112	107	101	095	049
0,35	202	195	188	179	175	169	162	154	143	133	077
	137	135	132	130	128	126	123	120	115	110	073
0,30	218	212	205	198	193	188	182	175	165	156	105
	144	143	141	139	137	136	134	131	127	124	095
0,25	234	229	224	217	213	209	204	197	188	181	135
	151	150	148	147	146	145	143	141	139	136	115
0,20	252	248	243	237	234	231	226	221	213	207	168
	156	155	155	154	153	152	151	150	148	146	132
0,15	270	267	263	259	257	254	250	246	240	235	204
	161	160	160	159	159	158	158	157	156	155	146
0,10	290	288	285	282	281	279	276	273	269	265	243
	164	164	163	163	163	163	163	162	162	161	157
0,05	311	310	308	307	306	305	304	302	300	298	286
	166	166	166	166	166	166	166	166	165	165	164
0,00	333	333	333	333	333	333	333	333	333	333	333
	166	166	166	166	166	166	166	166	166	166	166

Tafel 27a.

Endtangentenwinkel $\alpha_1\ \alpha_2\ \beta$

für $M = +1$ am frei aufliegenden Träger.

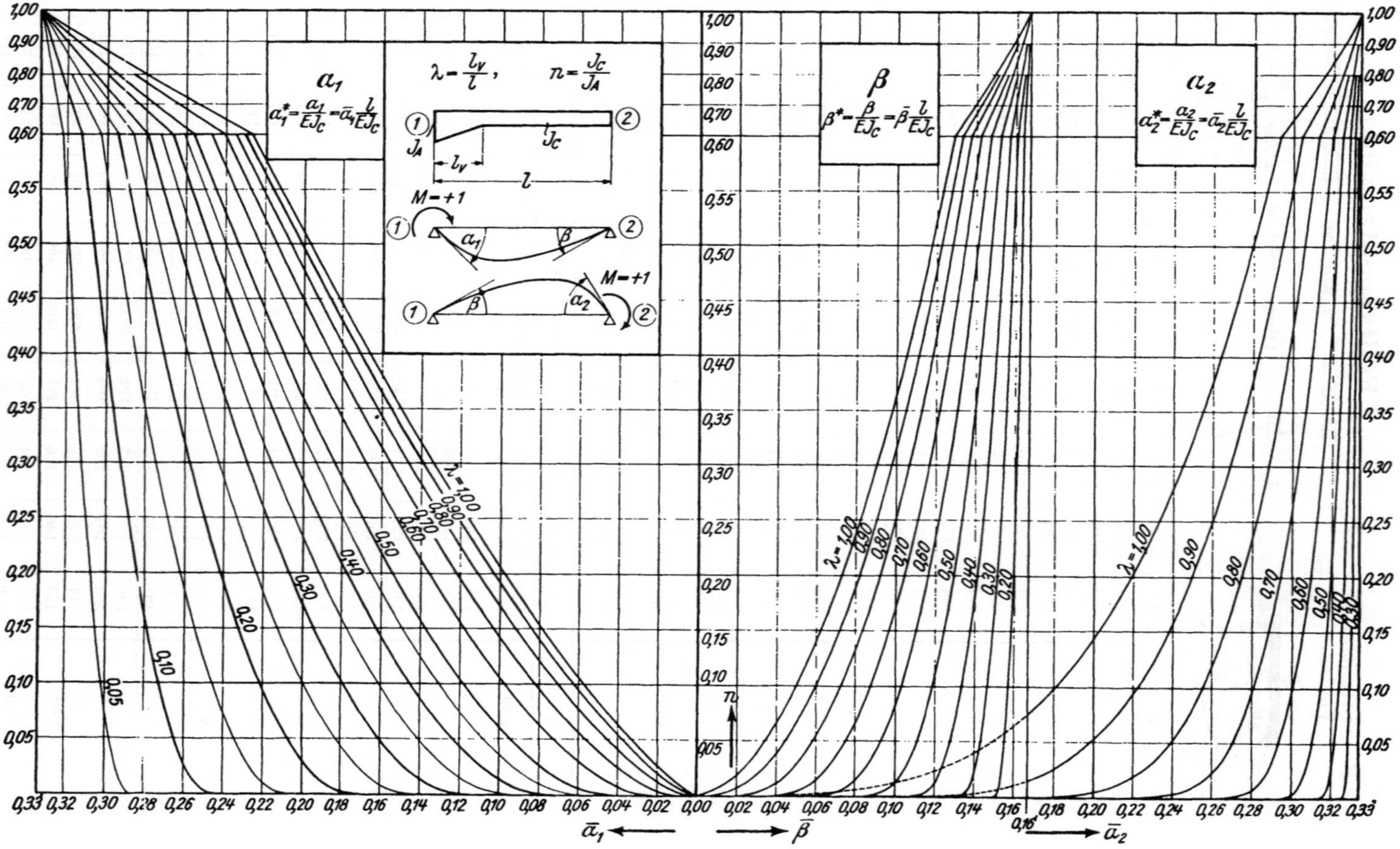

Einseitig gerade Vouten.

Endtangentenwinkel $\alpha_1\ \alpha_2\ \beta$

für $M = +1$ am frei aufliegenden Träger.

Einseitig parabol.
Vouten.

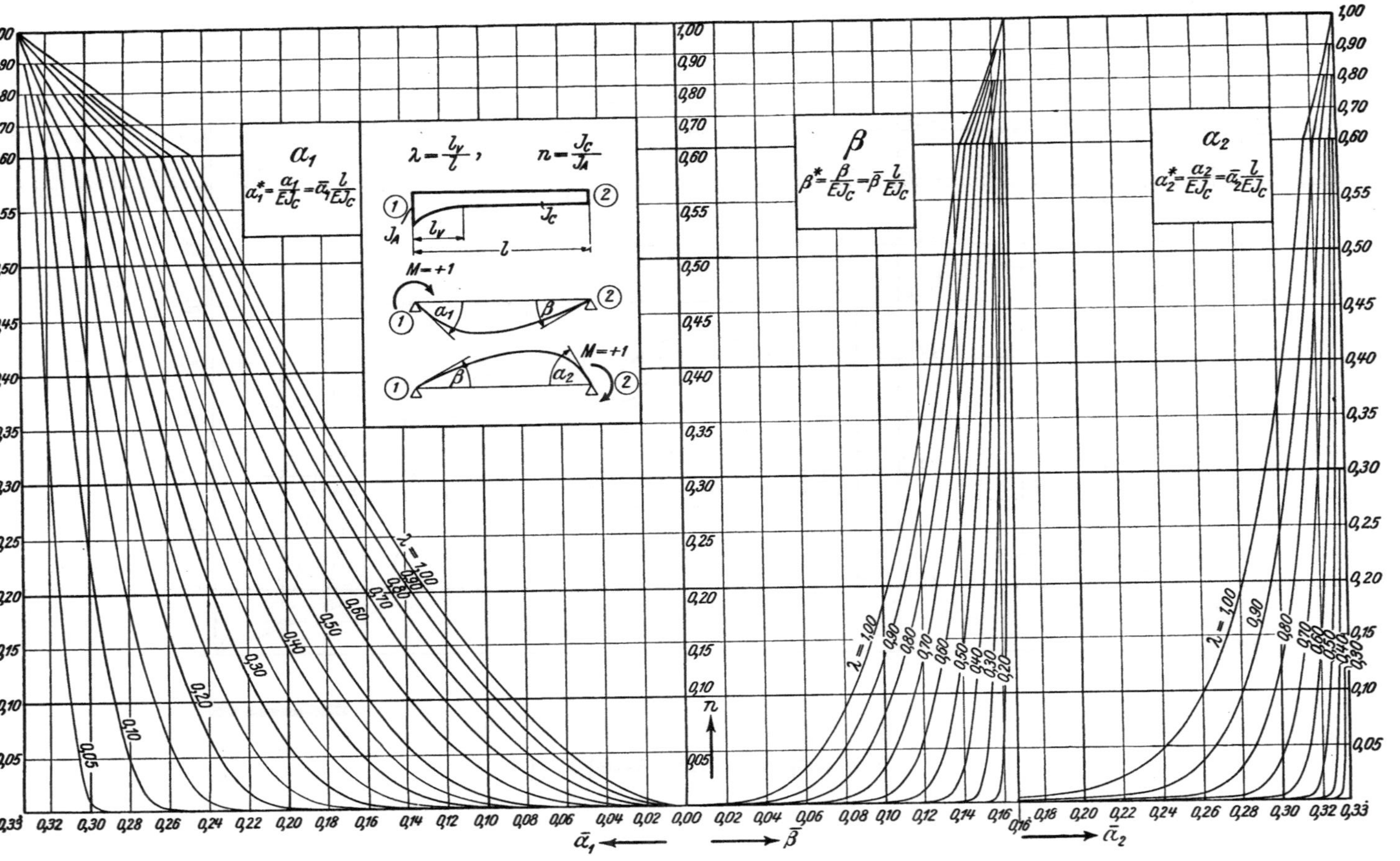

Beidseitig gerade Vouten.

Endtangentenwinkel $\alpha\,\beta$

für $M = +1$ am frei aufliegenden Träger.

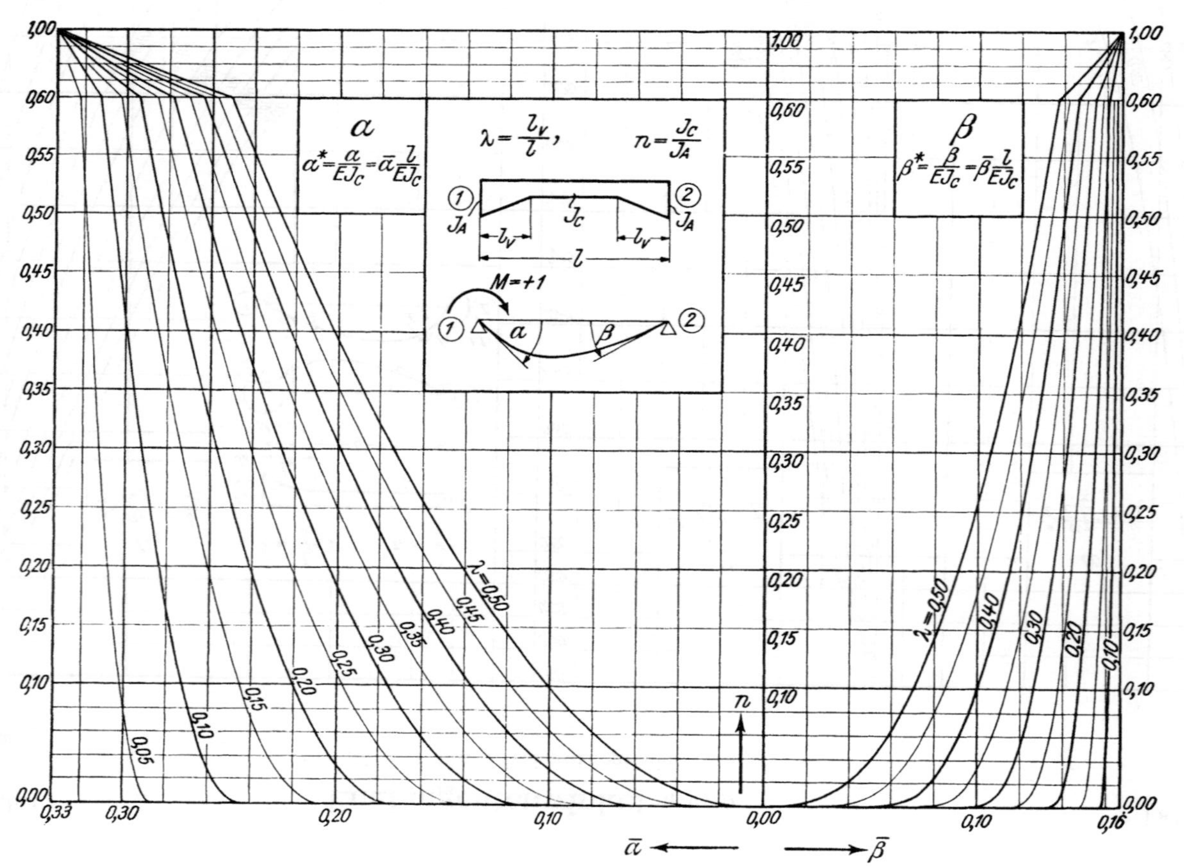

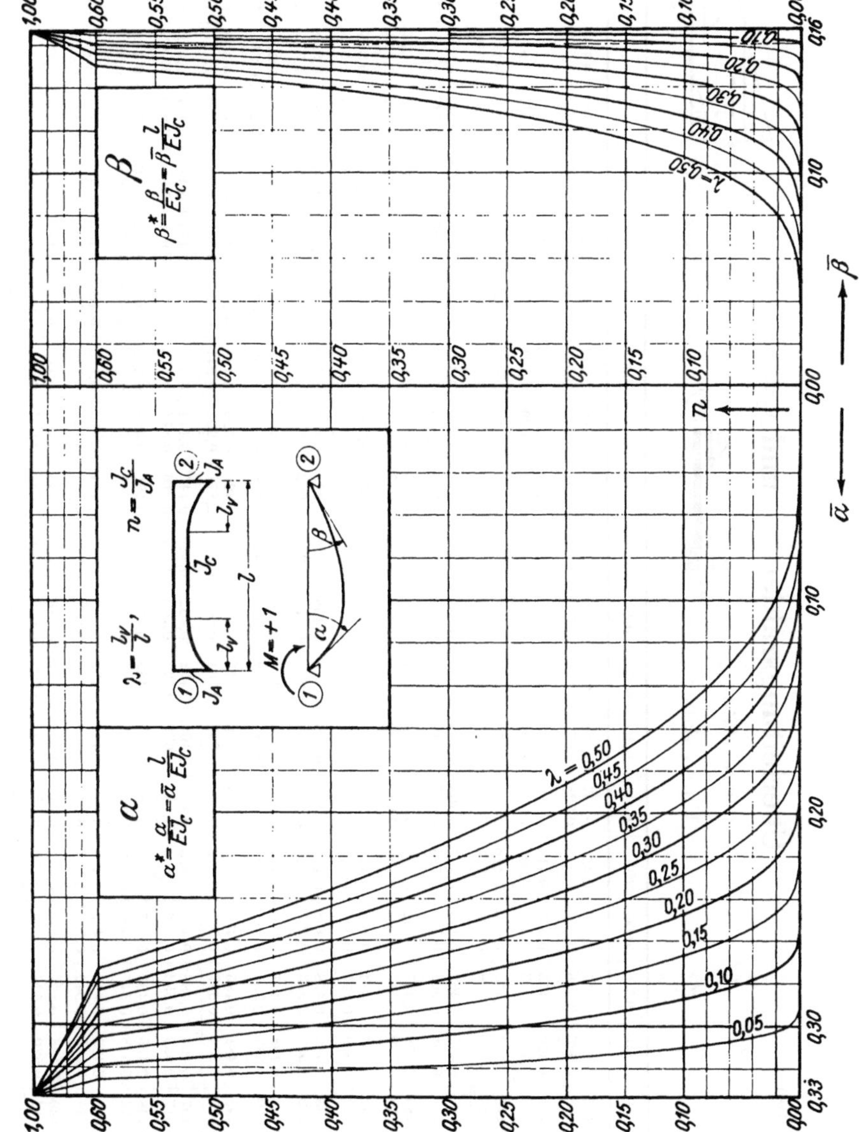
Tafel 30a.
Endtangentenwinkel α β
für M = + 1 am frei aufliegenden Träger.
Beidseitig parabol. Vouten.
λ = 0,50
0,45
0,40
0,35
0,30
0,25
0,20
0,15
0,10
0,05
λ = 0,50
0,40
0,30
0,20
0,10

Einseitig gerade Vouten.

Überleitungszahlen $\gamma_{1,2}$ und $\gamma_{2,1}$

$\lambda = \dfrac{l_r}{l}$

$n = \dfrac{J_c}{J_A}$

Obere Zahl $\gamma_{1,2}$

Untere Zahl $\gamma_{2,1}$

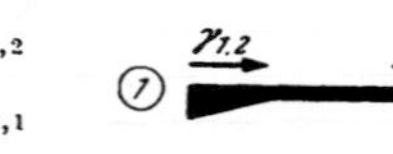

λ \ n	1,00	0,90	0,80	0,70	0,60	0,50	0,40	0,30	0,20	0,15	0,12	0,10	0,08	0,06	0,05	0,04	0,03	0,02	0,01	0,005	0
1,00	0,500	0,485	0,472	0,457	0,439	0,420	0,397	0,369	0,333	0,309	0,292	0,278	0,260	0,243	0,231	0,218	0,202	0,181	0,150	0,124	
	0,500	0,508	0,526	0,546	0,567	0,593	0,628	0,675	0,746	0,798	0,843	0,881	0,930	0,996	1,041	1,098	1,177	1,298	1,532	1,807	
0,90	0,500	0,484	0,472	0,455	0,437	0,416	0,392	0,363	0,325	0,302	0,284	0,270	0,254	0,236	0,225	0,212	0,197	0,177	0,149	0,127	
	0,500	0,512	0,531	0,553	0,577	0,607	0,646	0,701	0,786	0,855	0,912	0,962	1,029	1,121	1,184	1,269	1,388	1,577	1,978	2,494	
0,80	0,500	0,475	0,472	0,457	0,439	0,419	0,396	0,370	0,335	0,313	0,297	0,285	0,271	0,255	0,245	0,234	0,221	0,205	0,182	0,164	0,107
	0,500	0,515	0,535	0,558	0,586	0,618	0,662	0,726	0,825	0,907	0,976	1,034	1,114	1,225	1,300	1,399	1,538	1,756	2,190	2,693	6,500
0,70	0,500	0,487	0,475	0,462	0,445	0,427	0,408	0,384	0,353	0,335	0,321	0,311	0,299	0,285	0,277	0,268	0,258	0,244	0,226	0,211	0,164
	0,500	0,517	0,538	0,563	0,591	0,629	0,677	0,745	0,851	0,937	1,008	1,069	1,149	1,259	1,332	1,427	1,555	1,742	2,081	2,420	4,000
0,60	0,500	0,489	0,478	0,467	0,452	0,438	0,422	0,402	0,377	0,362	0,351	0,343	0,333	0,322	0,316	0,308	0,300	0,289	0,274	0,263	0,225
	0,500	0,519	0,539	0,565	0,595	0,633	0,683	0,750	0,856	0,936	1,002	1,057	1,129	1,222	1,283	1,356	1,455	1,592	1,813	2,013	2,750
0,50	0,500	0,492	0,484	0,474	0,462	0,452	0,439	0,424	0,405	0,393	0,384	0,378	0,370	0,361	0,357	0,351	0,345	0,336	0,325	0,316	0,286
	0,500	0,520	0,539	0,565	0,595	0,631	0,678	0,741	0,835	0,904	0,960	1,010	1,057	1,129	1,175	1,227	1,294	1,384	1,515	1,627	2,000
0,45	0,500	0,493	0,486	0,478	0,468	0,458	0,448	0,436	0,418	0,408	0,401	0,395	0,389	0,382	0,378	0,372	0,367	0,360	0,350	0,343	0,316
	0,500	0,519	0,539	0,563	0,591	0,628	0,671	0,731	0,815	0,878	0,925	0,962	1,010	1,069	1,107	1,150	1,204	1,273	1,376	1,457	1,727
0,40	0,500	0,494	0,488	0,481	0,473	0,466	0,456	0,446	0,432	0,423	0,417	0,412	0,407	0,401	0,398	0,393	0,389	0,383	0,375	0,369	0,346
	0,500	0,519	0,537	0,561	0,587	0,620	0,661	0,714	0,792	0,846	0,888	0,918	0,957	1,006	1,036	1,072	1,113	1,166	1,245	1,304	1,500
0,35	0,500	0,495	0,481	0,485	0,478	0,472	0,465	0,456	0,445	0,438	0,434	0,429	0,426	0,420	0,417	0,414	0,411	0,406	0,399	0,394	0,375
	0,500	0,517	0,534	0,557	0,581	0,612	0,648	0,697	0,764	0,809	0,844	0,871	0,901	0,941	0,963	0,991	1,023	1,063	1,121	1,164	1,308
0,30	0,500	0,497	0,493	0,488	0,483	0,479	0,473	0,466	0,458	0,452	0,449	0,446	0,443	0,438	0,436	0,433	0,431	0,427	0,421	0,418	0,403
	0,500	0,517	0,533	0,552	0,576	0,602	0,633	0,676	0,732	0,768	0,797	0,816	0,843	0,872	0,890	0,911	0,935	0,965	1,008	1,041	1,143
0,25	0,500	0,498	0,495	0,491	0,487	0,484	0,480	0,475	0,469	0,466	0,463	0,461	0,458	0,456	0,453	0,452	0,449	0,446	0,442	0,440	0,429
	0,500	0,516	0,528	0,547	0,566	0,589	0,616	0,651	0,696	0,726	0,748	0,764	0,783	0,805	0,819	0,833	0,851	0,873	0,903	0,926	1,000
0,20	0,500	0,498	0,497	0,494	0,492	0,489	0,486	0,483	0,479	0,477	0,475	0,474	0,472	0,470	0,468	0,467	0,466	0,464	0,462	0,459	0,452
	0,500	0,514	0,525	0,540	0,557	0,574	0,597	0,624	0,659	0,682	0,698	0,711	0,724	0,740	0,750	0,760	0,773	0,790	0,810	0,825	0,875
0,15	0,500	0,499	0,498	0,497	0,496	0,495	0,492	0,489	0,487	0,486	0,485	0,485	0,483	0,482	0,481	0,480	0,479	0,478	0,477	0,476	0,471
	0,500	0,512	0,520	0,532	0,545	0,559	0,575	0,595	0,620	0,636	0,646	0,657	0,666	0,675	0,683	0,689	0,697	0,708	0,721	0,732	0,765
0,10	0,500	0,500	0,500	0,499	0,499	0,498	0,497	0,495	0,494	0,493	0,493	0,492	0,492	0,491	0,491	0,491	0,491	0,490	0,489	0,488	0,486
	0,500	0,508	0,515	0,522	0,532	0,542	0,552	0,564	0,580	0,590	0,596	0,602	0,609	0,614	0,620	0,623	0,627	0,635	0,642	0,647	0,667
0,05	0,500	0,500	0,500	0,500	0,500	0,499	0,499	0,499	0,499	0,499	0,499	0,499	0,499	0,499	0,499	0,498	0,497	0,497	0,497	0,497	0,497
	0,500	0,504	0,508	0,511	0,517	0,520	0,526	0,533	0,540	0,544	0,547	0,552	0,553	0,557	0,559	0,560	0,563	0,564	0,567	0,570	0,579
0	0,500	0,500	0,500	0,500	0,500	0,500	0,500	0,500	0,500	0,500	0,500	0,500	0,500	0,500	0,500	0,500	0,500	0,500	0,500	0,500	0,500
	0,500	0,500	0,500	0,500	0,500	0,500	0,500	0,500	0,500	0,500	0,500	0,500	0,500	0,500	0,500	0,500	0,500	0,500	0,500	0,500	0,500

Überleitungszahlen $\gamma_{1,2}$ und $\gamma_{2,1}$.

$$\lambda = \frac{l_v}{l} \qquad n = \frac{J_c}{J_A}$$

Obere Zahl $\gamma_{1,2}$
Untere Zahl $\gamma_{2,1}$

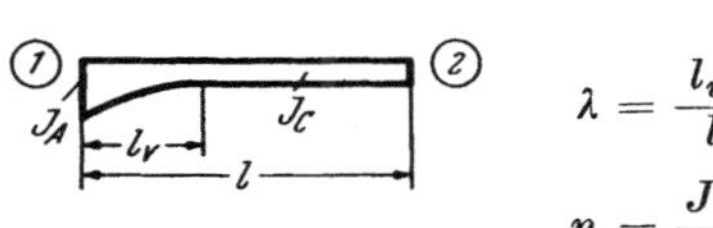

λ	Zahl	n = 1,00	0,90	0,80	0,70	0,60	0,50	0,40	0,30	0,20	0,15	0,12	0,10	0,08	0,06	0,05	0,04	0,03	0,02	0,01	0,005	0
1,00	$\gamma_{1,2}$	0,500	0,488	0,478	0,465	0,451	0,436	0,416	0,394	0,365	0,346	0,331	0,320	0,307	0,291	0,281	0,270	0,256	0,238	0,209	0,185	—
	$\gamma_{2,1}$	0,500	0,515	0,534	0,558	0,587	0,614	0,654	0,712	0,798	0,866	0,920	0,966	1,026	1,110	1,166	1,234	1,328	1,475	1,752	2,070	—
0,90	$\gamma_{1,2}$	0,500	0,490	0,479	0,467	0,454	0,441	0,423	0,402	0,375	0,357	0,343	0,333	0,321	0,306	0,297	0,287	0,274	0,257	0,232	0,209	—
	$\gamma_{2,1}$	0,500	0,517	0,537	0,556	0,585	0,618	0,661	0,718	0,806	0,877	0,931	0,979	1,040	1,124	1,180	1,248	1,345	1,489	1,757	2,060	—
0,80	$\gamma_{1,2}$	0,500	0,491	0,481	0,470	0,460	0,448	0,432	0,413	0,388	0,373	0,361	0,352	0,341	0,328	0,320	0,311	0,300	0,285	0,263	0,243	0,107
	$\gamma_{2,1}$	0,500	0,518	0,538	0,559	0,587	0,619	0,661	0,718	0,806	0,876	0,928	0,975	1,034	1,114	1,165	1,231	1,318	1,445	1,679	1,924	6,500
0,70	$\gamma_{1,2}$	0,500	0,493	0,484	0,474	0,465	0,455	0,441	0,426	0,405	0,392	0,382	0,374	0,365	0,354	0,347	0,339	0,330	0,317	0,298	0,282	0,164
	$\gamma_{2,1}$	0,500	0,517	0,535	0,558	0,586	0,618	0,658	0,715	0,799	0,861	0,911	0,953	1,006	1,075	1,122	1,177	1,250	1,356	1,540	1,722	4,000
0,60	$\gamma_{1,2}$	0,500	0,494	0,488	0,480	0,472	0,464	0,452	0,440	0,423	0,412	0,404	0,397	0,391	0,381	0,376	0,369	0,362	0,352	0,336	0,323	0,225
	$\gamma_{2,1}$	0,500	0,516	0,534	0,555	0,581	0,612	0,650	0,703	0,778	0,834	0,877	0,913	0,958	1,015	1,051	1,097	1,156	1,235	1,370	1,497	2,750
0,50	$\gamma_{1,2}$	0,500	0,496	0,491	0,485	0,479	0,472	0,464	0,454	0,441	0,433	0,427	0,422	0,417	0,410	0,405	0,401	0,394	0,387	0,375	0,364	0,286
	$\gamma_{2,1}$	0,500	0,516	0,533	0,551	0,576	0,603	0,638	0,684	0,748	0,795	0,830	0,860	0,895	0,939	0,967	1,002	1,043	1,101	1,196	1,280	2,000
0,45	$\gamma_{1,2}$	0,500	0,498	0,492	0,488	0,483	0,476	0,470	0,461	0,450	0,443	0,438	0,434	0,429	0,424	0,420	0,416	0,410	0,404	0,394	0,384	0,316
	$\gamma_{2,1}$	0,500	0,515	0,531	0,549	0,572	0,597	0,630	0,672	0,731	0,772	0,803	0,829	0,858	0,897	0,920	0,951	0,985	1,033	1,111	1,178	1,727
0,40	$\gamma_{1,2}$	0,500	0,498	0,494	0,490	0,486	0,480	0,475	0,468	0,459	0,453	0,449	0,446	0,441	0,436	0,433	0,430	0,426	0,420	0,412	0,404	0,346
	$\gamma_{2,1}$	0,500	0,514	0,530	0,545	0,566	0,591	0,620	0,658	0,711	0,747	0,774	0,794	0,820	0,854	0,872	0,898	0,925	0,964	1,028	1,082	1,500
0,35	$\gamma_{1,2}$	0,500	0,498	0,496	0,492	0,489	0,485	0,480	0,474	0,467	0,462	0,459	0,456	0,453	0,449	0,446	0,444	0,441	0,436	0,430	0,423	0,375
	$\gamma_{2,1}$	0,500	0,513	0,527	0,543	0,560	0,582	0,608	0,643	0,688	0,719	0,741	0,759	0,783	0,810	0,825	0,845	0,868	0,898	0,950	0,992	1,308
0,30	$\gamma_{1,2}$	0,500	0,499	0,497	0,495	0,492	0,488	0,485	0,481	0,475	0,472	0,469	0,466	0,464	0,461	0,460	0,457	0,455	0,451	0,446	0,440	0,403
	$\gamma_{2,1}$	0,500	0,511	0,525	0,538	0,555	0,574	0,598	0,626	0,664	0,689	0,708	0,724	0,741	0,764	0,777	0,791	0,812	0,833	0,873	0,905	1,143
0,25	$\gamma_{1,2}$	0,500	0,499	0,499	0,497	0,494	0,492	0,489	0,486	0,482	0,479	0,477	0,476	0,474	0,472	0,471	0,469	0,467	0,464	0,460	0,457	0,429
	$\gamma_{2,1}$	0,500	0,510	0,521	0,534	0,547	0,563	0,583	0,608	0,638	0,659	0,673	0,687	0,701	0,717	0,729	0,740	0,753	0,773	0,802	0,825	1,000
0,20	$\gamma_{1,2}$	0,500	0,499	0,499	0,498	0,496	0,494	0,493	0,491	0,488	0,486	0,485	0,484	0,483	0,482	0,481	0,480	0,478	0,476	0,474	0,471	0,452
	$\gamma_{2,1}$	0,500	0,509	0,517	0,528	0,539	0,552	0,567	0,588	0,612	0,628	0,640	0,649	0,660	0,672	0,680	0,688	0,699	0,713	0,734	0,753	0,875
0,15	$\gamma_{1,2}$	0,500	0,500	0,499	0,498	0,497	0,496	0,495	0,494	0,493	0,492	0,491	0,491	0,490	0,489	0,489	0,488	0,487	0,486	0,485	0,483	0,471
	$\gamma_{2,1}$	0,500	0,508	0,512	0,522	0,532	0,541	0,555	0,566	0,585	0,598	0,604	0,611	0,620	0,628	0,632	0,638	0,647	0,658	0,672	0,683	0,765
0,10	$\gamma_{1,2}$	0,500	0,500	0,499	0,499	0,499	0,498	0,497	0,497	0,496	0,496	0,496	0,496	0,496	0,496	0,495	0,495	0,494	0,493	0,492	0,491	0,486
	$\gamma_{2,1}$	0,500	0,506	0,509	0,515	0,520	0,528	0,536	0,546	0,557	0,564	0,569	0,575	0,581	0,585	0,589	0,592	0,598	0,603	0,611	0,617	0,667
0,05	$\gamma_{1,2}$	0,500	0,500	0,500	0,500	0,500	0,500	0,499	0,499	0,499	0,499	0,499	0,498	0,498	0,498	0,498	0,498	0,498	0,497	0,497	0,497	0,497
	$\gamma_{2,1}$	0,500	0,501	0,506	0,508	0,511	0,515	0,519	0,522	0,529	0,533	0,536	0,537	0,538	0,543	0,544	0,546	0,547	0,548	0,554	0,558	0,579
0	$\gamma_{1,2}$	0,500	0,500	0,500	0,500	0,500	0,500	0,500	0,500	0,500	0,500	0,500	0,500	0,500	0,500	0,500	0,500	0,500	0,500	0,500	0,500	0,500
	$\gamma_{2,1}$	0,500	0,500	0,500	0,500	0,500	0,500	0,500	0,500	0,500	0,500	0,500	0,500	0,500	0,500	0,500	0,500	0,500	0,500	0,500	0,500	0,500

Tafel 33.

Überleitungszahlen γ.

Beidseitig gerade
Vouten.

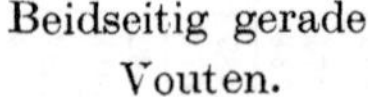

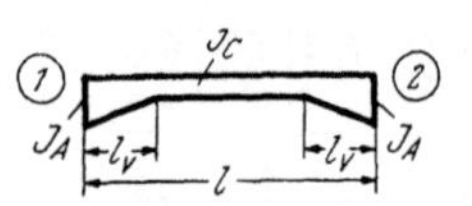

$$\lambda = \frac{l_v}{l}$$

$$n = \frac{J_c}{J_A}$$

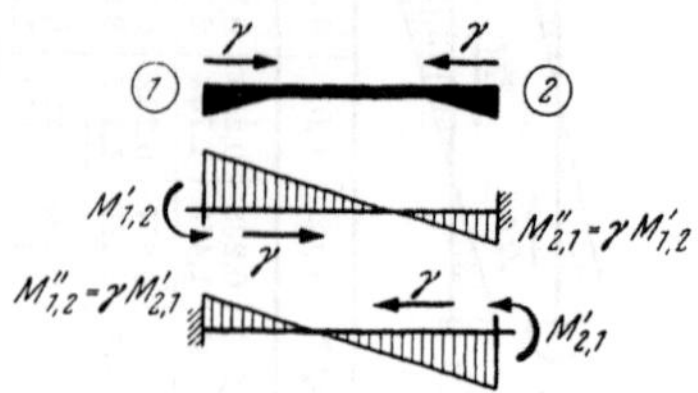

Tafelwerte: γ

λ \ n	1,00	0,90	0,80	0,70	0,60	0,50	0,40	0,30	0,20	0,15	0,12
0,50	0,500	0,509	0,521	0,533	0,548	0,566	0,586	0,613	0,651	0,676	0,696
0,45	0,500	0,511	0,524	0,537	0,553	0,572	0,595	0,624	0,666	0,694	0,716
0,40	0,500	0,512	0,526	0,538	0,556	0,576	0,600	0,631	0,674	0,702	0,723
0,35	0,500	0,512	0,526	0,539	0,557	0,578	0,602	0,632	0,673	0,700	0,720
0,30	0,500	0,512	0,526	0,538	0,556	0,575	0,598	0,627	0,666	0,690	0,709
0,25	0,500	0,511	0,524	0,536	0,553	0,570	0,591	0,617	0,651	0,673	0,688
0,20	0,500	0,510	0,521	0,532	0,546	0,563	0,581	0,603	0,630	0,649	0,660
0,15	0,500	0,508	0,517	0,527	0,539	0,552	0,567	0,584	0,605	0,619	0,628
0,10	0,500	0,506	0,512	0,520	0,529	0,538	0,548	0,560	0,574	0,584	0,590
0,05	0,500	0,504	0,507	0,512	0,516	0,520	0,526	0,531	0,539	0,544	0,547
0	0,500	0,500	0,500	0,500	0,500	0,500	0,500	0,500	0,500	0,500	0,500

λ \ n	0,12	0,10	0,08	0,06	0,05	0,04	0,03	0,02	0,01	0,005	0
0,50	0,696	0,712	0,731	0,753	0,767	0,784	0,804	0,830	0,869	0,901	1,000
0,45	0,716	0,733	0,753	0,777	0,793	0,810	0,831	0,858	0,896	0,925	0,994
0,40	0,723	0,740	0,760	0,784	0,798	0,814	0,834	0,858	0,892	0,916	0,975
0,35	0,720	0,736	0,755	0,776	0,789	0,804	0,821	0,842	0,870	0,891	0,943
0,30	0,709	0,723	0,739	0,757	0,769	0,781	0,795	0,813	0,837	0,854	0,899
0,25	0,688	0,701	0,713	0,729	0,739	0,749	0,761	0,775	0,794	0,808	0,846
0,20	0,660	0,670	0,680	0,694	0,700	0,709	0,717	0,729	0,744	0,754	0,785
0,15	0,628	0,635	0,642	0,651	0,657	0,662	0,669	0,677	0,687	0,696	0,719
0,10	0,590	0,594	0,599	0,605	0,608	0,612	0,616	0,620	0,628	0,633	0,648
0,05	0,547	0,549	0,550	0,553	0,556	0,556	0,558	0,561	0,565	0,570	0,574
0	0,500	0,500	0,500	0,500	0,500	0,500	0,500	0,500	0,500	0,500	0,500

Überleitungszahlen γ.

Beidseitig parabol.
Vouten.

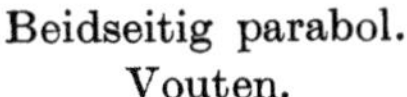

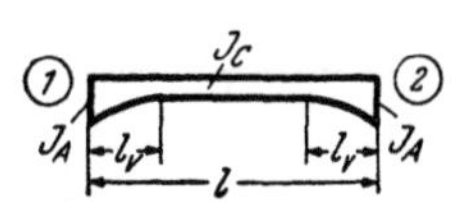

$$\lambda = \frac{l_v}{l}$$

$$n = \frac{J_c}{J_A}$$

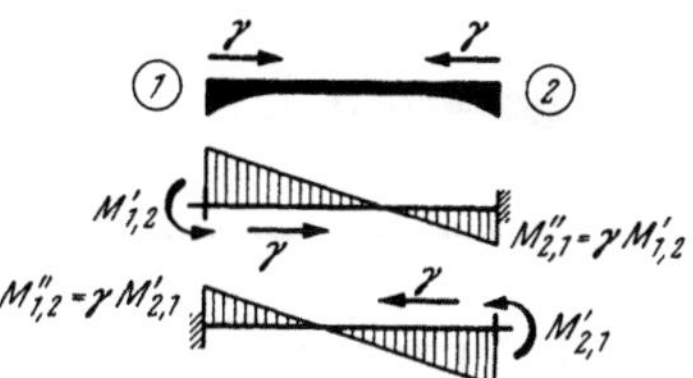

Tafelwerte: γ

λ \ n	1,00	0,90	0,80	0,70	0,60	0,50	0,40	0,30	0,20	0,15	0,12
0,50	0,500	0,510	0,522	0,535	0,551	0,569	0,590	0,618	0,655	0,680	0,698
0,45	0,500	0,510	0,522	0,535	0,550	0,569	0,589	0,616	0,653	0,678	0,696
0,40	0,500	0,510	0,522	0,534	0,549	0,568	0,587	0,614	0,649	0,672	0,690
0,35	0,500	0,510	0,521	0,533	0,548	0,565	0,583	0,609	0,641	0,662	0,678
0,30	0,500	0,510	0,520	0,532	0,544	0,560	0,577	0,600	0,629	0,648	0,663
0,25	0,500	0,509	0,519	0,528	0,541	0,554	0,570	0,589	0,614	0,631	0,643
0,20	0,500	0,507	0,516	0,525	0,536	0,547	0,560	0,576	0,597	0,611	0,621
0,15	0,500	0,506	0,514	0,521	0,529	0,538	0,548	0,560	0,577	0,586	0,594
0,10	0,500	0,504	0,510	0,515	0,521	0,527	0,534	0,543	0,553	0,560	0,564
0,05	0,500	0,502	0,506	0,509	0,511	0,514	0,518	0,523	0,528	0,531	0,533
0	0,500	0,500	0,500	0,500	0,500	0,500	0,500	0,500	0,500	0,500	0,500

λ \ n	0,12	0,10	0,08	0,06	0,05	0,04	0,03	0,02	0,01	0,005	0
0,50	0,698	0,713	0,731	0,751	0,764	0,779	0,797	0,821	0,856	0,885	1,000
0,45	0,696	0,710	0,727	0,747	0,760	0,774	0,792	0,814	0,847	0,875	0,994
0,40	0,690	0,703	0,718	0,737	0,749	0,762	0,779	0,799	0,830	0,855	0,975
0,35	0,678	0,690	0,705	0,722	0,732	0,745	0,759	0,777	0,805	0,827	0,943
0,30	0,663	0,674	0,686	0,702	0,711	0,721	0,734	0,750	0,773	0,793	0,899
0,25	0,643	0,653	0,663	0,676	0,683	0,692	0,702	0,716	0,736	0,752	0,846
0,20	0,621	0,628	0,637	0,646	0,653	0,660	0,668	0,679	0,695	0,708	0,785
0,15	0,594	0,600	0,607	0,613	0,618	0,623	0,630	0,638	0,649	0,660	0,719
0,10	0,564	0,568	0,573	0,579	0,581	0,584	0,588	0,594	0,602	0,607	0,648
0,05	0,533	0,536	0,538	0,540	0,542	0,543	0,545	0,549	0,552	0,556	0,574
0	0,500	0,500	0,500	0,500	0,500	0,500	0,500	0,500	0,500	0,500	0,500

Tafel 31a.

Überleitungszahlen $\gamma_{1,2}$ und $\gamma_{2,1}$.

Einseitig gerade Vouten.

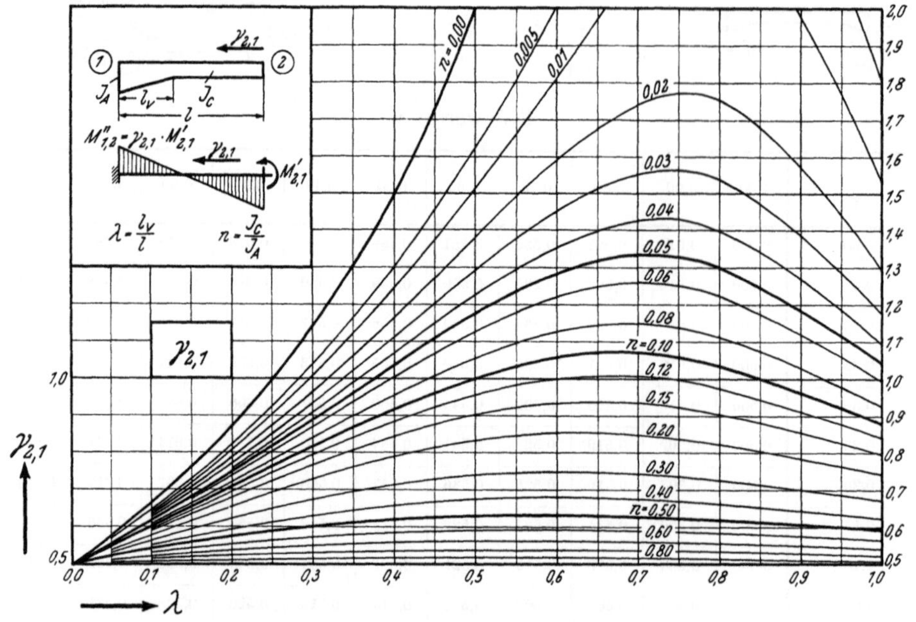

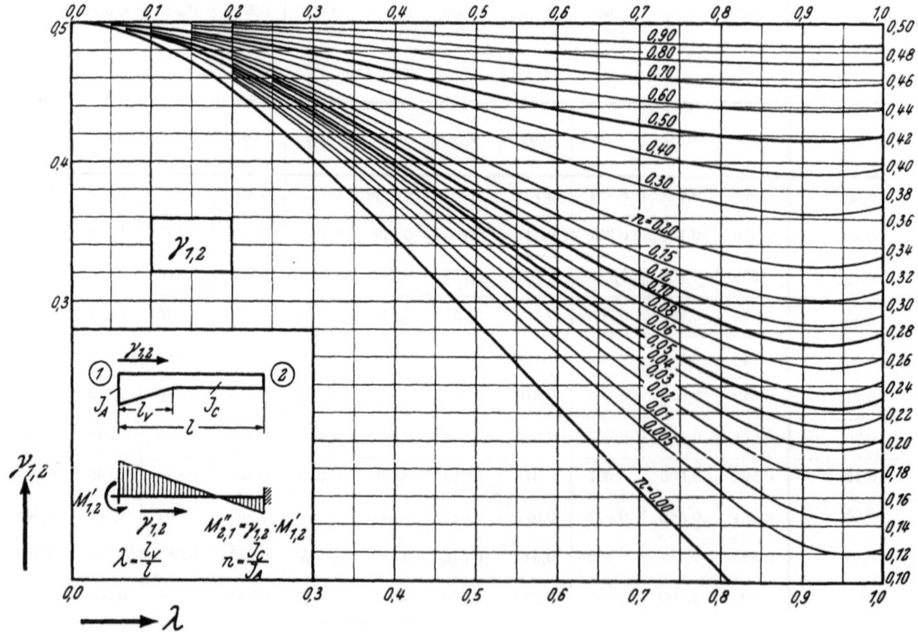

Tafel 32a.

Überleitungszahlen $\gamma_{1,2}$ und $\gamma_{2,1}$.

Einseitig parabol. Vouten.

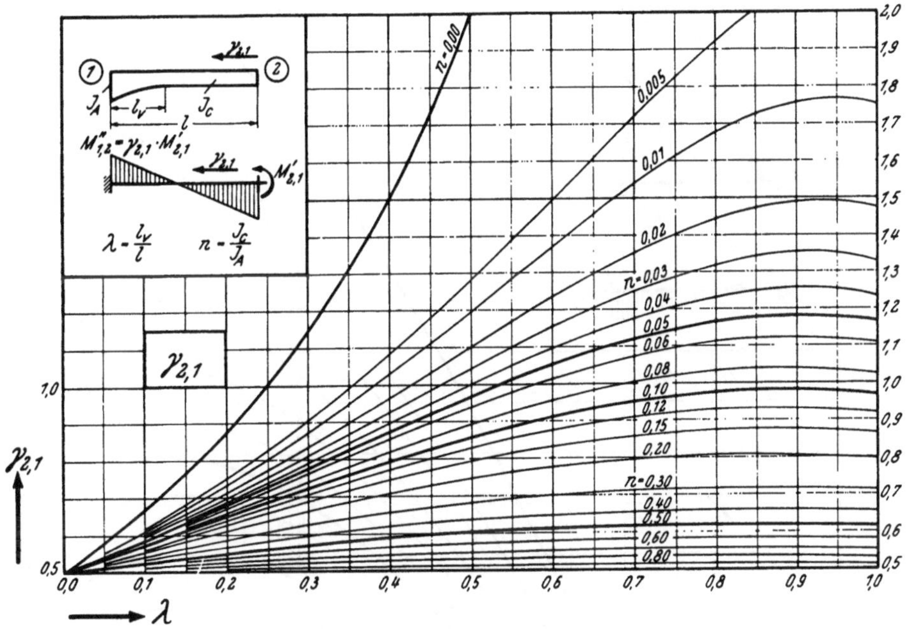

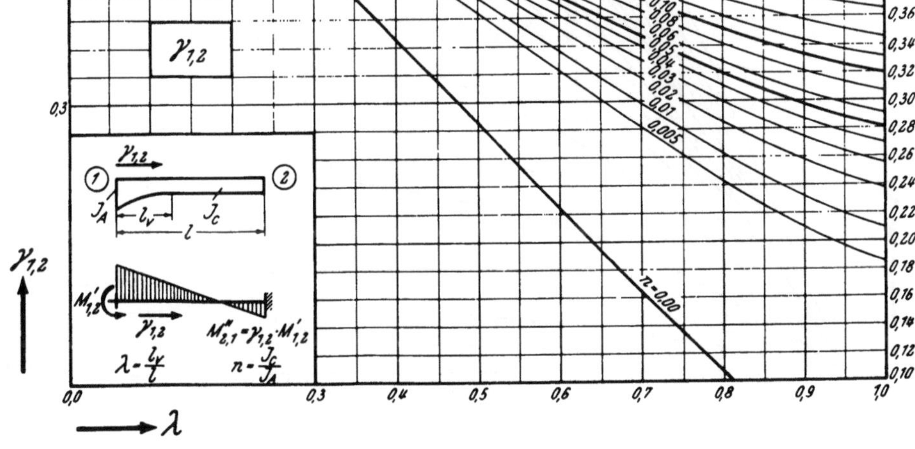

Tafel 33a.

Überleitungszahlen γ.

Beidseitig gerade Vouten.

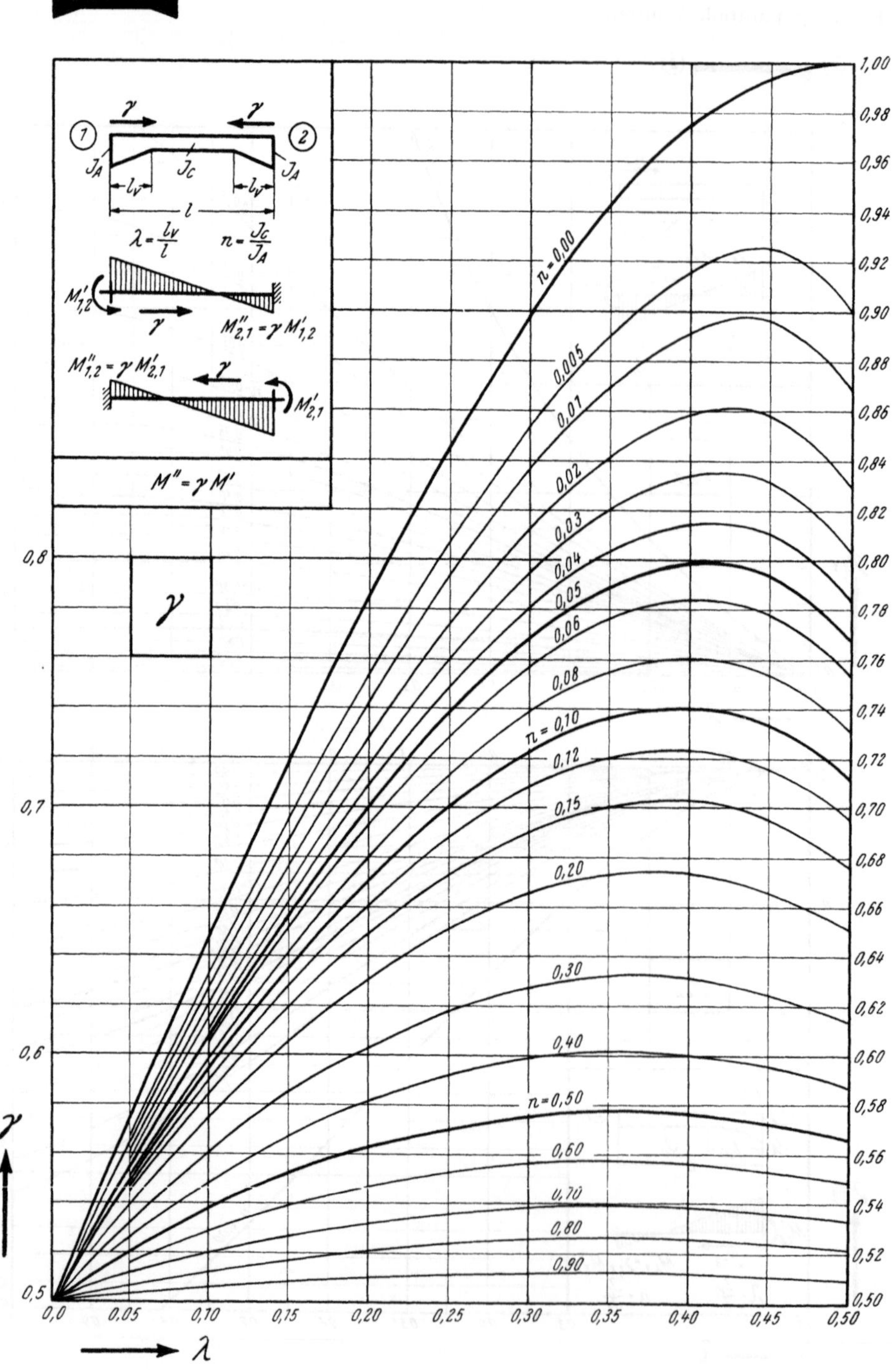

Überleitungszahlen γ.

Beidseitig parabol. Vouten.

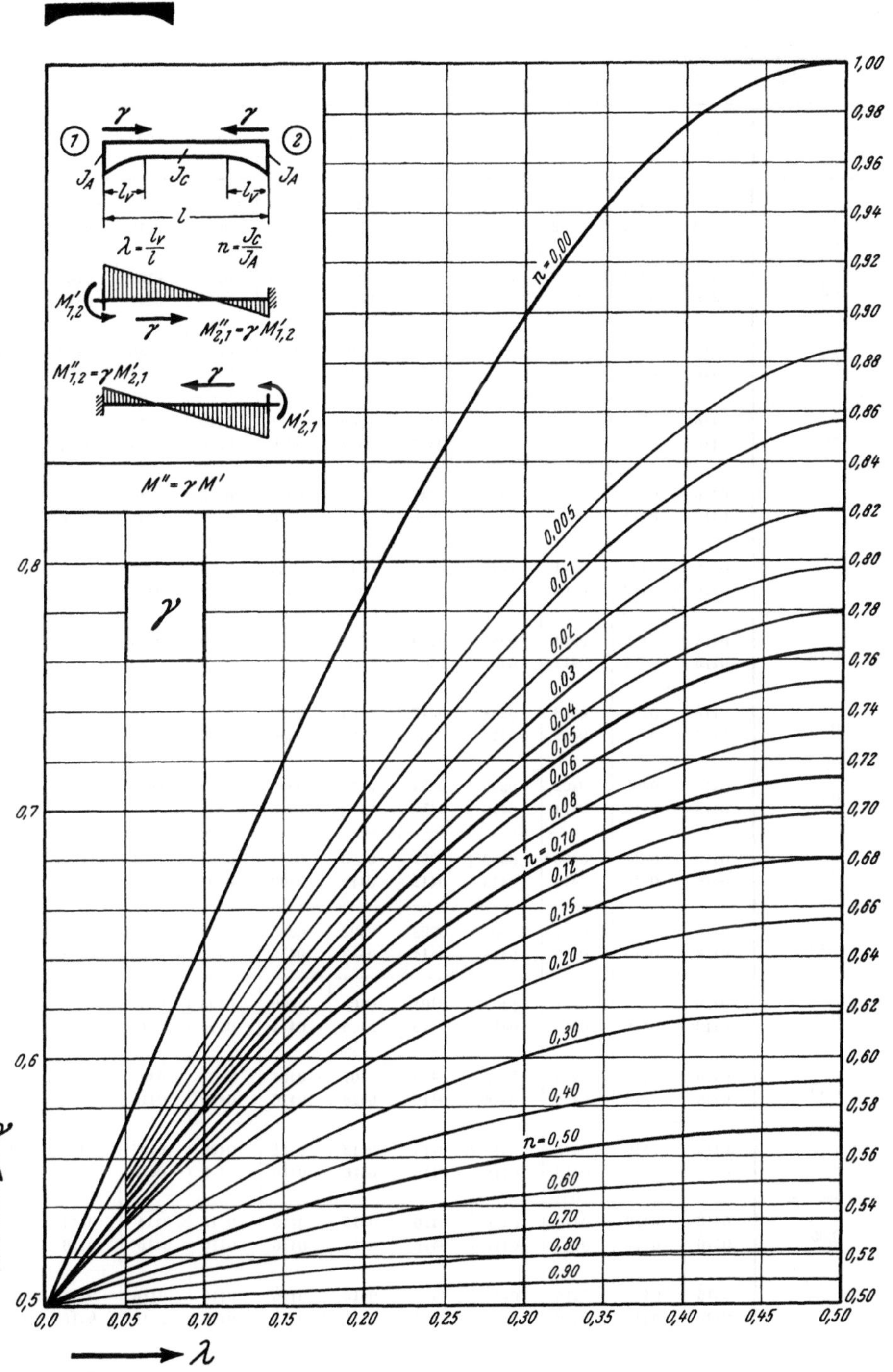

Guldan, Cross-Methode

Tafel 35.
Einseitig gerade Vouten.

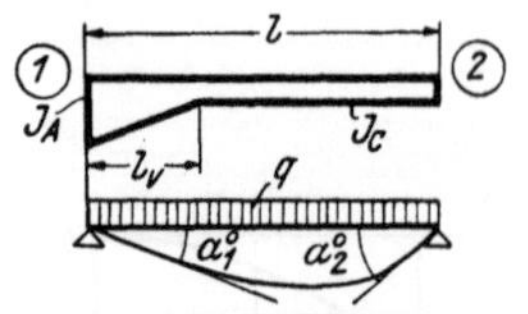

Endtangentenwinkel $\alpha^0{}_1\ \alpha^0{}_2$

am frei aufliegenden Träger
bei durchgehender Gleichlast.

λ \ n	1,00	0,90	0,80	0,70	0,60	0,50	0,40	0,30	0,20	0,15	0,12
1,00	0,0416̇	0,0392	0,0364	0,0336	0,0306	0,0273	0,0238	0,0198	0,0153	0,0127	0,0110
	0416̇	0401	0382	0361	0338	0314	0286	0253	0212	0186	0168
0,90	0416̇	0394	0369	0342	0313	0282	0249	0211	0167	0141	0124
	0416̇	0403	0387	0369	0350	0329	0305	0277	0241	0218	0202
0,80	0416̇	0396	0373	0348	0323	0294	0263	0228	0186	0162	0145
	0416̇	0405	0393	0379	0364	0347	0327	0304	0274	0255	0242
0,70	0416̇	0398	0378	0357	0334	0309	0281	0249	0211	0188	0173
	0416̇	0408	0398	0388	0377	0364	0349	0332	0309	0294	0284
0,60	0416̇	0401	0384	0366	0347	0326	0302	0275	0242	0222	0208
	0416̇	0411	0404	0397	0389	0380	0370	0357	0341	0330	0323
0,50	0416̇	0405	0391	0377	0362	0345	0326	0304	0277	0260	0249
	0416̇	0413	0409	0405	0399	0393	0387	0379	0368	0362	0357
0,45	0416̇	0406	0394	0382	0369	0354	0338	0319	0295	0281	0271
	0416̇	0414	0411	0407	0403	0399	0394	0388	0380	0375	0371
0,40	0416̇	0408	0398	0388	0377	0364	0350	0334	0314	0302	0293
	0416̇	0415	0412	0410	0407	0404	0400	0396	0390	0386	0383
0,35	0416̇	0409	0402	0393	0384	0374	0363	0349	0333	0323	0316
	0416̇	0415	0414	0412	0410	0408	0405	0402	0398	0395	0393
0,30	0416̇	0411	0405	0398	0391	0383	0374	0364	0351	0343	0337
	0416̇	0416	0414	0413	0412	0411	0409	0407	0404	0402	0401
0,25	0416̇	0412	0408	0403	0398	0392	0386	0378	0368	0362	0358
	0416̇	0416	0415	0414	0414	0413	0412	0411	0409	0408	0407
0,20	0416̇	0414	0411	0408	0404	0400	0396	0390	0384	0380	0377
	0416̇	0416	0416	0415	0415	0415	0414	0414	0413	0412	0412
0,15	0416̇	0415	0414	0412	0409	0407	0404	0401	0397	0394	0393
	0416̇	0416	0416	0416	0416	0416	0416	0415	0415	0415	0414
0,10	0416̇	0416	0415	0414	0413	0412	0411	0409	0407	0406	0405
	0416̇	0416	0416	0416	0416	0416	0416	0416	0416	0416	0416
0,05	0416̇	0416	0416	0416	0416	0415	0415	0415	0414	0414	0414
	0416̇	0417	0417	0416	0416	0416	0416	0416	0416	0416	0416
0	0416̇	0416̇	0416̇	0416̇	0416̇	0416̇	0416̇	0416̇	0416̇	0416̇	0416̇
	0416̇	0416̇	0416̇	0416̇	0416̇	0416̇	0416̇	0416̇	0416̇	0416̇	0416̇

Tafel 35 (Fortsetzung).

$$\lambda = \frac{l_v}{l} \qquad n = \frac{J_c}{J_A}$$

Obere Zahl $\bar{\alpha}^0{}_1$ $\qquad \alpha_1{}^0{}^* = \dfrac{\alpha^0{}_1}{E\,J_c} = \bar{\alpha}^0{}_1\,\dfrac{q\,l^3}{E\,J_c}$

Untere Zahl $\bar{\alpha}^0{}_2$ $\qquad \alpha_2{}^0{}^* = \dfrac{\alpha^0{}_2}{E\,J_c} = \bar{\alpha}^0{}_2\,\dfrac{q\,l^3}{E\,J_c}$

$\lambda \diagdown n$	0,12	0,10	0,08	0,06	0,05	0,04	0,03	0,02	0,01	0,005	0
1,00	0,0110	0,0098	0,0084	0,0069	0,0061	0,0053	0,0043	0,0033	0,0020	0,0012	—
	0168	0155	0140	0122	0112	0100	0087	0071	0050	0035	—
0,90	0124	0112	0098	0083	0074	0065	0055	0044	0029	0020	0,0002
	0202	0190	0176	0159	0150	0139	0126	0111	0089	0073	0022
0,80	0145	0133	0119	0104	0095	0086	0076	0063	0048	0037	0013
	0242	0232	0220	0206	0198	0188	0177	0163	0144	0129	0075
0,70	0173	0161	0149	0134	0126	0117	0106	0094	0078	0066	0035
	0284	0276	0267	0255	0249	0241	0232	0221	0205	0193	0145
0,60	0208	0198	0187	0173	0166	0157	0148	0136	0120	0109	0075
	0323	0317	0311	0303	0298	0292	0286	0278	0266	0256	0219
0,50	0249	0240	0231	0220	0213	0206	0198	0188	0174	0164	0130
	0357	0353	0349	0343	0340	0337	0332	0327	0319	0312	0287
0,45	0271	0263	0255	0245	0239	0233	0225	0216	0204	0194	0163
	0371	0368	0365	0361	0358	0355	0352	0348	0342	0337	0316
0,40	0293	0287	0280	0271	0266	0260	0254	0246	0235	0227	0198
	0383	0381	0379	0375	0374	0372	0369	0366	0361	0358	0342
0,35	0316	0310	0304	0297	0293	0288	0283	0276	0267	0260	0235
	0393	0392	0390	0388	0386	0385	0383	0381	0378	0375	0364
0,30	0337	0333	0328	0322	0319	0315	0311	0306	0298	0292	0272
	0401	0400	0399	0398	0397	0396	0395	0393	0391	0389	0382
0,25	0358	0355	0351	0347	0344	0341	0338	0334	0328	0324	0308
	0407	0407	0406	0405	0405	0404	0403	0403	0401	0400	0396
0,20	0377	0374	0372	0369	0367	0365	0363	0360	0356	0353	0341
	0412	0411	0411	0411	0410	0410	0410	0409	0408	0408	0403
0,15	0393	0391	0390	0388	0387	0386	0384	0383	0380	0378	0371
	0414	0414	0414	0414	0414	0414	0414	0413	0413	0413	0412
0,10	0405	0405	0404	0403	0403	0402	0401	0401	0399	0398	0395
	0416	0416	0416	0416	0416	0416	0416	0416	0416	0415	0415
0,05	0414	0413	0413	0413	0413	0413	0413	0412	0412	0412	0411
	0416	0416	0416	0416	0416	0416	0416	0416	0416	0416	0416
0	041$\dot6$	041$\dot6$	041$\dot6$	041$\dot6$	041$\dot6$	041$\dot6$	041$\dot6$	041$\dot6$	041$\dot6$	041$\dot6$	041$\dot6$
	041$\dot6$	041$\dot6$	041$\dot6$	041$\dot6$	041$\dot6$	041$\dot6$	041$\dot6$	041$\dot6$	041$\dot6$	041$\dot6$	041$\dot6$

Tafel 36.
Einseitig parabol. Vouten.

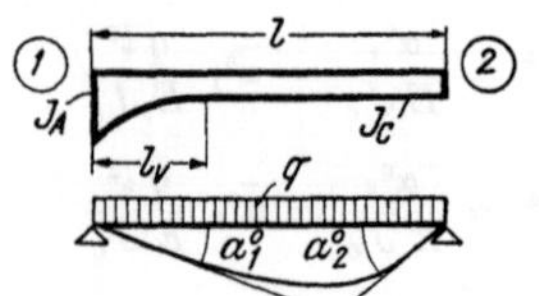

Endtangentenwinkel $\alpha^0{}_1\ \alpha^0{}_2$
am frei aufliegenden Träger
bei durchgehender Gleichlast.

λ \ n	1,00	0,90	0,80	0,70	0,60	0,50	0,40	0,30	0,20	0,15	0,12
1,00	0,0416 0416	0,0399 0408	0,0381 0398	0,0361 0388	0,0339 0376	0,0315 0362	0,0288 0345	0,0256 0325	0,0217 0298	0,0192 0279	0,0175 0266
0,90	0416 0416	0401 0410	0385 0402	0367 0394	0347 0384	0325 0372	0300 0359	0271 0342	0234 0320	0211 0305	0195 0293
0,80	0416 0416	0404 0412	0389 0406	0374 0399	0356 0391	0336 0383	0314 0372	0288 0359	0255 0342	0234 0330	0219 0321
0,70	0416 0416	0405 0413	0393 0409	0380 0404	0365 0398	0348 0392	0329 0384	0306 0375	0278 0362	0259 0353	0246 0346
0,60	0416 0416	0408 0414	0398 0412	0387 0408	0375 0404	0361 0400	0345 0395	0326 0388	0302 0379	0287 0373	0276 0368
0,50	0416 0416	0410 0415	0402 0414	0394 0412	0384 0409	0374 0406	0362 0403	0347 0399	0328 0393	0316 0389	0307 0386
0,45	0416 0416	0411 0416	0404 0415	0397 0413	0389 0411	0380 0409	0370 0406	0357 0403	0341 0399	0331 0396	0323 0394
0,40	0416 0416	0412 0416	0406 0415	0401 0414	0394 0412	0387 0411	0378 0409	0367 0407	0354 0404	0345 0402	0339 0400
0,35	0416 0416	0413 0416	0409 0416	0404 0415	0398 0414	0392 0413	0385 0411	0377 0410	0366 0408	0359 0406	0354 0405
0,30	0416 0416	0414 0416	0410 0416	0407 0416	0403 0415	0398 0414	0393 0413	0386 0412	0378 0411	0372 0410	0368 0409
0,25	0416 0416	0414 0416	0412 0416	0410 0416	0406 0416	0403 0415	0399 0415	0394 0414	0388 0413	0384 0413	0381 0412
0,20	0416 0416	0415 0416	0414 0416	0412 0416	0410 0416	0408 0416	0405 0416	0402 0415	0398 0415	0395 0415	0393 0414
0,15	0416 0416	0416 0416	0415 0416	0414 0416	0413 0416	0411 0416	0410 0416	0408 0416	0405 0416	0404 0416	0402 0416
0,10	0416 0416	0416 0416	0416 0416	0416 0416	0415 0416	0414 0416	0413 0416	0413 0416	0411 0416	0411 0416	0410 0416
0,05	0416 0416	0416 0416	0416 0416	0416 0416	0416 0416	0416 0416	0416 0416	0416 0416	0415 0416	0415 0416	0415 0416
0	0416 0416	0416 0416	0416 0416	0416 0416	0416 0416	0416 0416	0416 0416	0416 0416	0416 0416	0416 0416	0416 0416

Tafel 36 (Fortsetzung).

$$\lambda = \frac{l_v}{l} \qquad n = \frac{J_c}{J_A}$$

Obere Zahl $\overline{\alpha}^0{}_1$ $\qquad \alpha_1{}^0* = \dfrac{\alpha^0{}_1}{EJ_c} = \overline{\alpha}^0{}_1 \dfrac{q\,l^3}{EJ_c}$

Untere Zahl $\overline{\alpha}^0{}_2$ $\qquad \alpha_2{}^0* = \dfrac{\alpha^0{}_2}{EJ_c} = \overline{\alpha}^0{}_2 \dfrac{q\,l^3}{EJ_c}$

λ \ n	0,12	0,10	0,08	0,06	0,05	0,04	0,03	0,02	0,01	0,005	0
1,00	0,0175	0,0163	0,0148	0,0131	0,0121	0,0110	0,0098	0,0082	0,0061	0,0045	—
	0266	0255	0243	0227	0218	0207	0193	0175	0148	0124	—
0,90	0195	0183	0169	0158	0143	0132	0120	0104	0082	0064	0,0002
	0293	0284	0274	0261	0253	0243	0231	0216	0191	0170	0022
0,80	0219	0208	0195	0179	0170	0160	0147	0132	0110	0092	0013
	0321	0314	0305	0294	0288	0280	0271	0258	0238	0220	0075
0,70	0246	0236	0224	0210	0202	0192	0181	0167	0145	0128	0035
	0346	0341	0334	0326	0322	0316	0308	0299	0283	0269	0145
0,60	0276	0267	0257	0245	0238	0230	0220	0207	0188	0172	0075
	0368	0365	0360	0355	0351	0347	0342	0335	0324	0314	0219
0,50	0307	0300	0292	0283	0277	0270	0262	0251	0235	0222	0130
	0386	0384	0381	0378	0375	0373	0370	0365	0358	0351	0287
0,45	0323	0317	0310	0302	0297	0291	0283	0274	0260	0248	0163
	0394	0392	0390	0387	0385	0383	0381	0378	0372	0367	0316
0,40	0339	0333	0328	0320	0316	0311	0305	0297	0285	0274	0198
	0400	0399	0397	0395	0394	0392	0391	0388	0384	0380	0342
0,35	0354	0350	0345	0339	0335	0331	0326	0320	0309	0301	0235
	0405	0404	0403	0402	0401	0400	0399	0397	0394	0391	0364
0,30	0368	0365	0361	0356	0354	0350	0346	0341	0333	0326	0272
	0409	0409	0408	0407	0406	0406	0405	-0404	0402	0400	0382
0,25	0381	0379	0376	0372	0370	0368	0365	0361	0355	0350	0308
	0412	0412	0411	0411	0410	0410	0410	0409	0408	0407	0396
0,20	0393	0391	0389	0387	0385	0384	0382	0379	0375	0371	0341
	0414	0414	0414	0414	0413	0413	0413	0413	0412	0411	0403
0,15	0402	0402	0400	0399	0398	0397	0396	0394	0392	0390	0371
	0416	0416	0415	0415	0415	0415	0415	0415	0415	0414	0412
0,10	0410	0410	0409	0408	0408	0408	0407	0406	0405	0404	0395
	0416	0416	0416	0416	0416	0416	0416	0416	0416	0416	0415
0,05	0415	0415	0415	0415	0414	0414	0414	0414	0414	0413	0411
	0416	0416	0416	0416	0416	0416	0416	0416	0416	0416	0416
0	0416̇	0416̇	0416̇	0416̇	0416̇	0416̇	0416̇	0416̇	0416̇	0416̇	0416̇
	0416̇	0416̇	0416̇	0416̇	0416̇	0416̇	0416̇	0416̇	0416̇	0416̇	0416̇

Tafel 37.

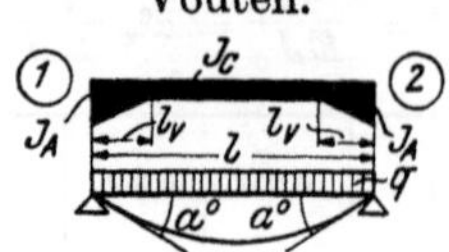

Beidseitig gerade Vouten.

Endtangentenwinkel α^0

am frei aufliegenden Träger bei durchgehender Gleichlast.

$$\lambda = \frac{l_v}{l} \qquad n = \frac{J_c}{J_A} \qquad \alpha^{0*} = \frac{\alpha^0}{E\,J_c} = \bar{\alpha}^0\,\frac{q\,l^3}{E\,J_c}$$

Tabellenwerte: $\bar{\alpha}^0$

λ \ n	1,00	0,90	0,80	0,70	0,60	0,50	0,40	0,30	0,20	0,15	0,12
0,50	0,0416̇	0,0400	0,0384	0,0365	0,0344	0,0321	0,0296	0,0266	0,0228	0,0205	0,0189
0,45	0416̇	0403	0389	0373	0356	0337	0315	0290	0258	0239	0225
0,40	0416̇	0405	0394	0381	0367	0351	0334	0313	0287	0271	0260
0,35	0416̇	0408	0399	0388	0377	0365	0351	0334	0314	0301	0292
0,30	0416̇	0410	0403	0395	0387	0378	0367	0354	0339	0329	0322
0,25	0416̇	0412	0407	0401	0395	0389	0381	0372	0361	0354	0349
0,20	0416̇	0414	0410	0407	0403	0398	0393	0387	0380	0375	0372
0,15	0416̇	0415	0413	0411	0409	0406	0403	0400	0395	0393	0391
0,10	0416̇	0416	0415	0414	0413	0412	0410	0409	0407	0406	0405
0,05	0416̇	0416	0416	0416	0416	0415	0415	0415	0414	0414	0414
0,00	0416̇	0416̇	0416̇	0416̇	0416̇	0416̇	0416̇	0416̇	0416̇	0416̇	0416̇

λ \ n	0,12	0,10	0,08	0,06	0,05	0,04	0,03	0,02	0,01	0,005	0,00
0,50	0,0189	0,0177	0,0163	0,0146	0,0137	0,0126	0,0113	0,0098	0,0076	0,0059	0,0000
0,45	0225	0215	0203	0189	0181	0171	0161	0147	0129	0114	0062
0,40	0260	0251	0242	0230	0223	0215	0206	0195	0180	0167	0123
0,35	0292	0285	0278	0268	0263	0257	0250	0240	0228	0218	0182
0,30	0322	0317	0311	0303	0299	0295	0289	0282	0272	0265	0237
0,25	0349	0345	0341	0335	0332	0329	0325	0320	0313	0307	0287
0,20	0372	0369	0366	0363	0361	0359	0356	0353	0348	0344	0330
0,15	0391	0389	0387	0385	0384	0383	0381	0380	0377	0374	0366
0,10	0405	0404	0403	0402	0402	0401	0400	0400	0398	0397	0393
0,05	0414	0413	0413	0413	0413	0413	0412	0412	0412	0412	0411
0,00	0416̇	0416̇	0416̇	0416̇	0416̇	0416̇	0416̇	0416̇	0416̇	0416̇	0416̇

Endtangentenwinkel α^0

am frei aufliegenden Träger
bei durchgehender Gleichlast.

Beidseitig parabol. Vouten.

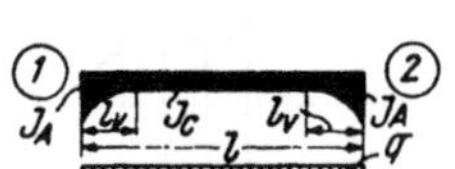

$$\lambda = \frac{l_v}{l} \qquad n = \frac{J_c}{J_A} \qquad \alpha^0* = \frac{\alpha^0}{E J_c} = \bar{\alpha}^0 \frac{q l^3}{E J_c}$$

Tabellenwerte: $\bar{\alpha}^0$

λ \ n	1,00	0,90	0,80	0,70	0,60	0,50	0,40	0,30	0,20	0,15	0,12
0,50	0,0416̇	0,0408	0,0399	0,0388	0,0377	0,0363	0,0348	0,0329	0,0305	0,0289	0,0277
0,45	0416̇	0409	0402	0393	0383	0372	0359	0344	0323	0310	0300
0,40	0416̇	0411	0404	0397	0390	0381	0370	0358	0341	0330	0322
0,35	0416̇	0412	0407	0402	0395	0388	0380	0370	0357	0348	0342
0,30	0416̇	0413	0409	0405	0401	0395	0389	0382	0372	0365	0360
0,25	0416̇	0414	0412	0409	0405	0402	0397	0392	0385	0380	0376
0,20	0416̇	0415	0413	0411	0409	0407	0404	0400	0396	0393	0390
0,15	0416̇	0416	0415	0414	0412	0411	0409	0407	0405	0403	0401
0,10	0416̇	0416	0416	0415	0415	0414	0413	0412	0411	0410	0410
0,05	0416̇	0416	0416	0416	0416	0416	0416	0416	0415	0415	0415
0,00	0416̇	0416̇	0416̇	0416̇	0416̇	0416̇	0416̇	0416̇	0416̇	0416̇	0416̇

λ \ n	0,12	0,10	0,08	0,06	0,05	0,04	0,03	0,02	0,01	0,005	0
0,50	0,0277	0,0268	0,0257	0,0244	0,0236	0,0226	0,0215	0,0200	0,0177	0,0156	0,0000
0,45	0300	0292	0283	0272	0265	0257	0248	0235	0215	0198	0062
0,40	0322	0316	0308	0299	0293	0287	0279	0268	0252	0238	0123
0,35	0342	0337	0331	0324	0319	0314	0308	0300	0287	0275	0182
0,30	0360	0357	0352	0347	0343	0339	0334	0328	0318	0309	0237
0,25	0376	0374	0371	0367	0364	0361	0358	0353	0346	0340	0287
0,20	0390	0388	0386	0384	0382	0380	0378	0375	0370	0366	0330
0,15	0401	0400	0399	0398	0397	0396	0394	0393	0390	0387	0366
0,10	0410	0409	0409	0408	0408	0407	0406	0406	0404	0403	0393
0,05	0415	0415	0415	0414	0414	0414	0414	0414	0414	0413	0411
0,00	0416̇	0416̇	0416̇	0416̇	0416̇	0416̇	0416̇	0416̇	0416̇	0416̇	0416̇

Einseitig gerade Vouten.

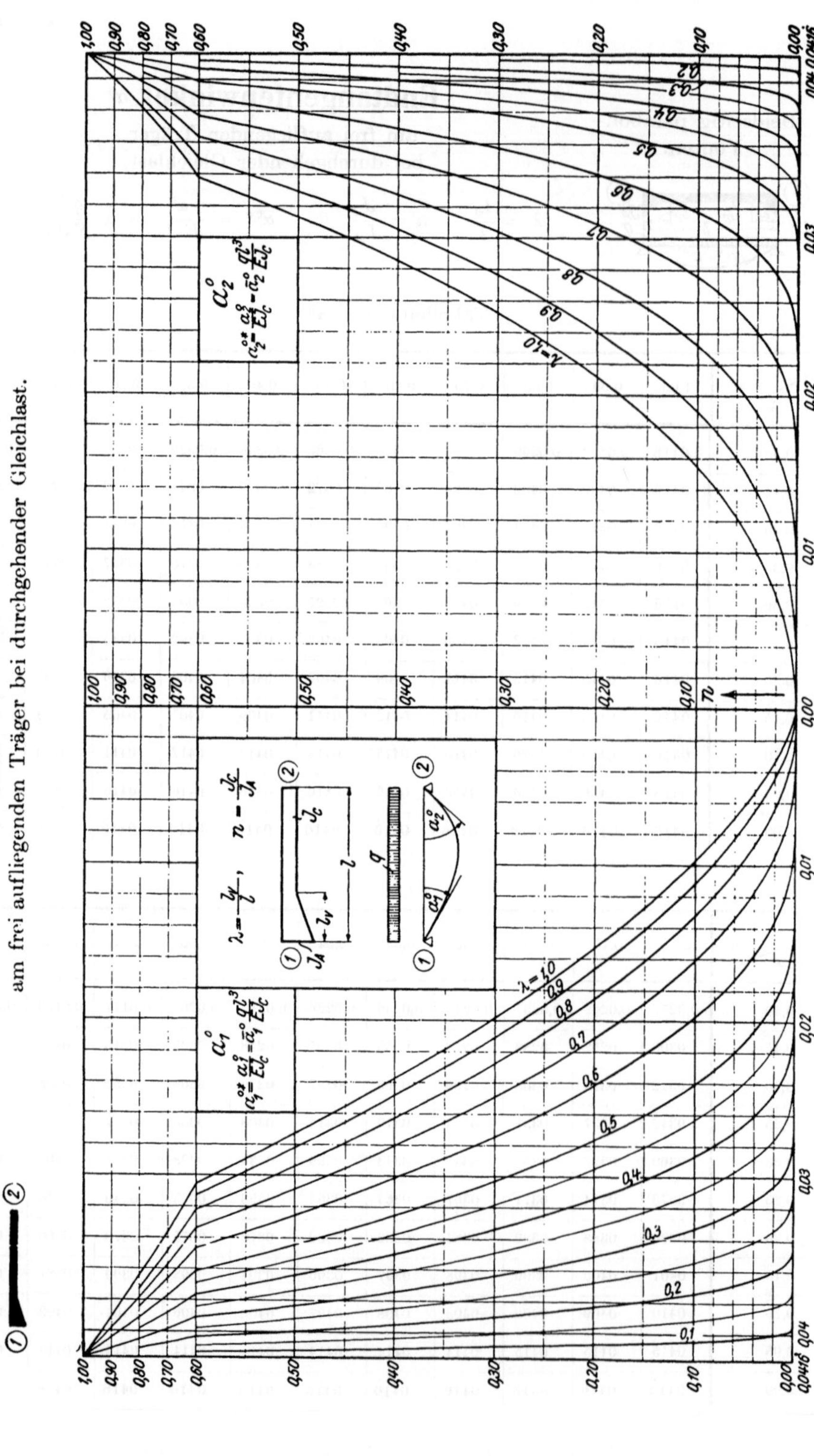

Endtangentenwinkel α^0_1 α^0_2
am frei aufliegenden Träger bei durchgehender Gleichlast.

Einseitig parabol. Vouten.

Tafel 36a.

Endtangentenwinkel $\alpha^0{}_1\,\alpha^0{}_2$

am frei aufliegenden Träger bei durchgehender Gleichlast.

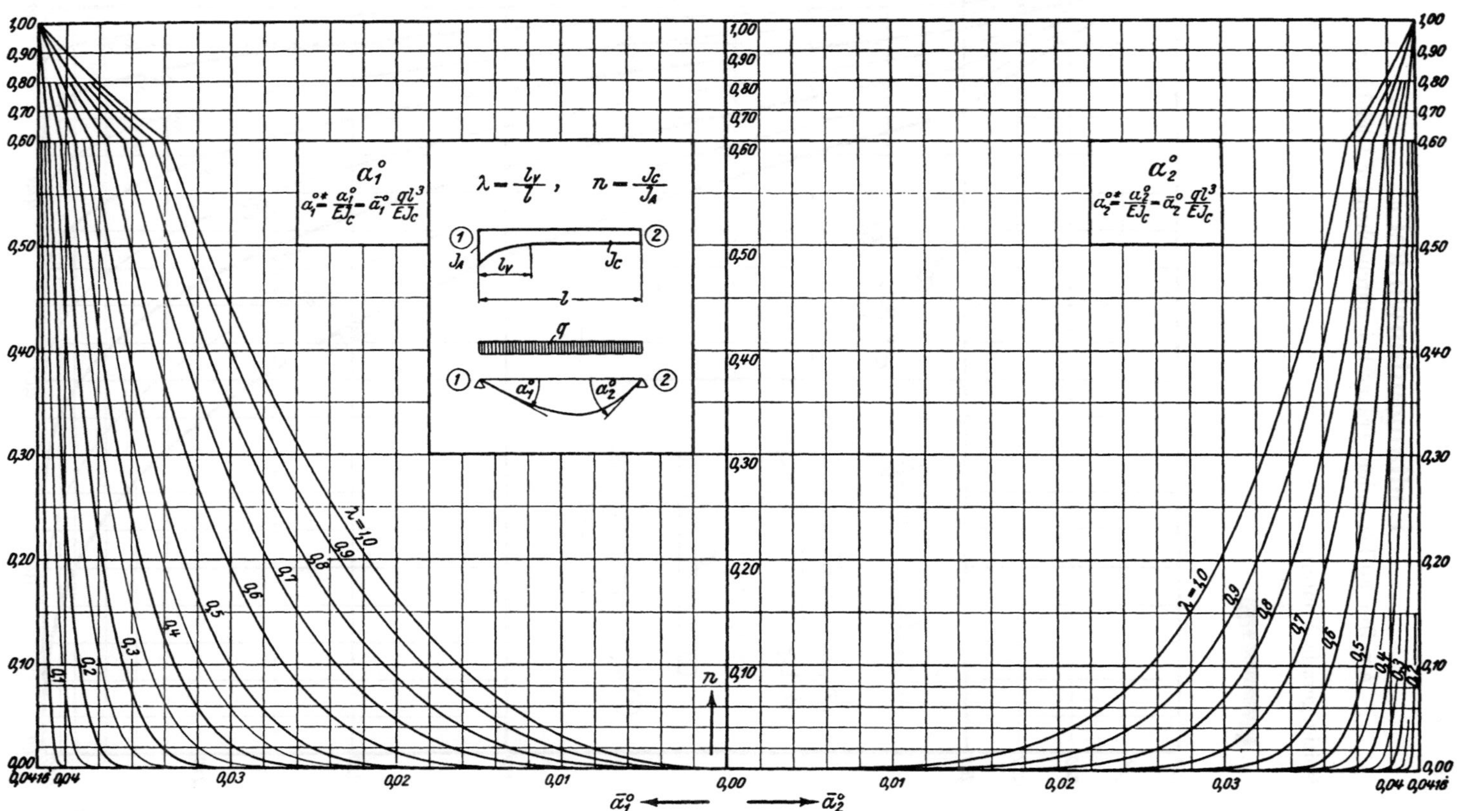

Tafel 37a.

Endtangentenwinkel α^0
am frei aufliegenden Träger bei durchgehender Gleichlast.

Beidseitig gerade Vouten.

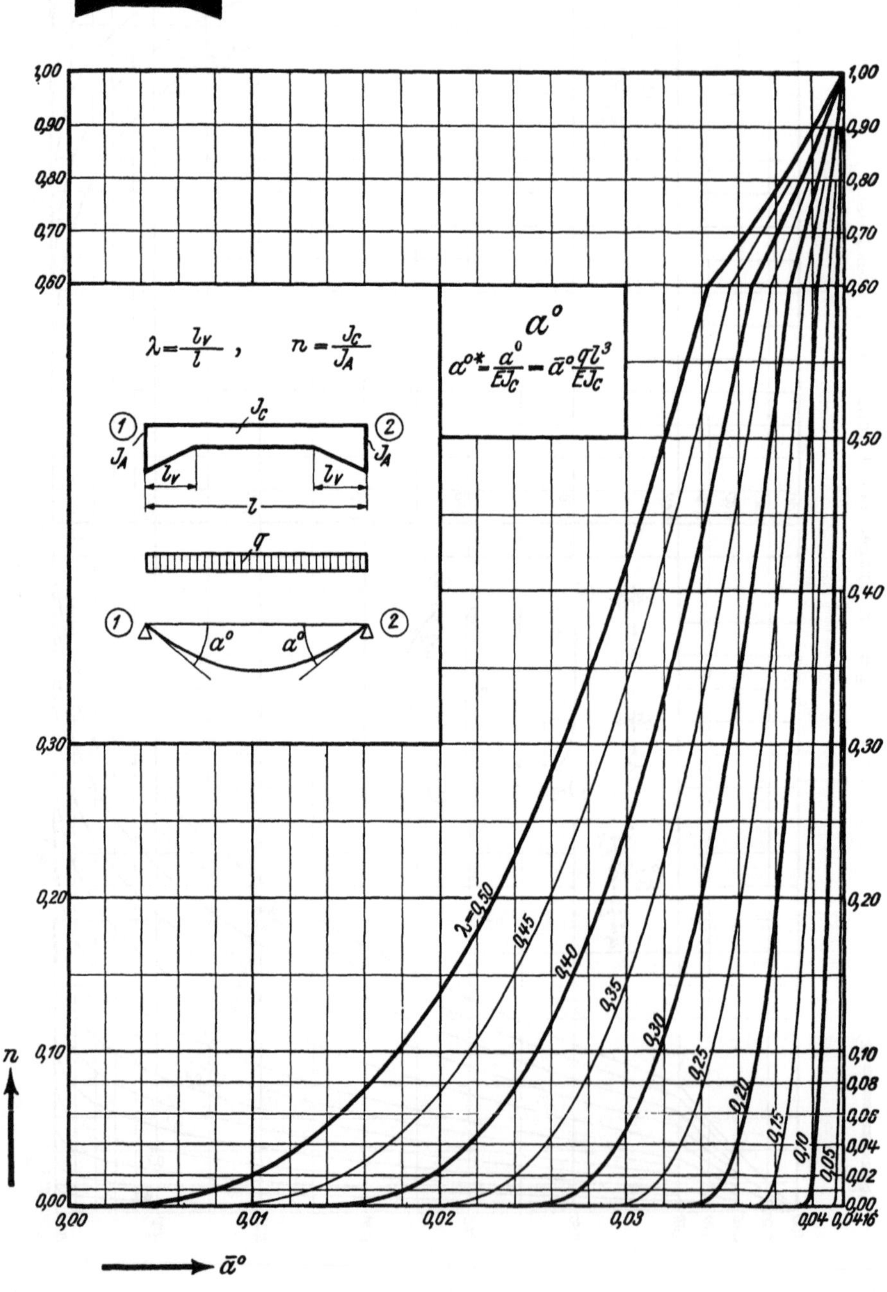

Tafel 38a.

Endtangentenwinkel α^0
am frei aufliegenden Träger bei durchgehender Gleichlast.

Beidseitig parabol. Vouten.

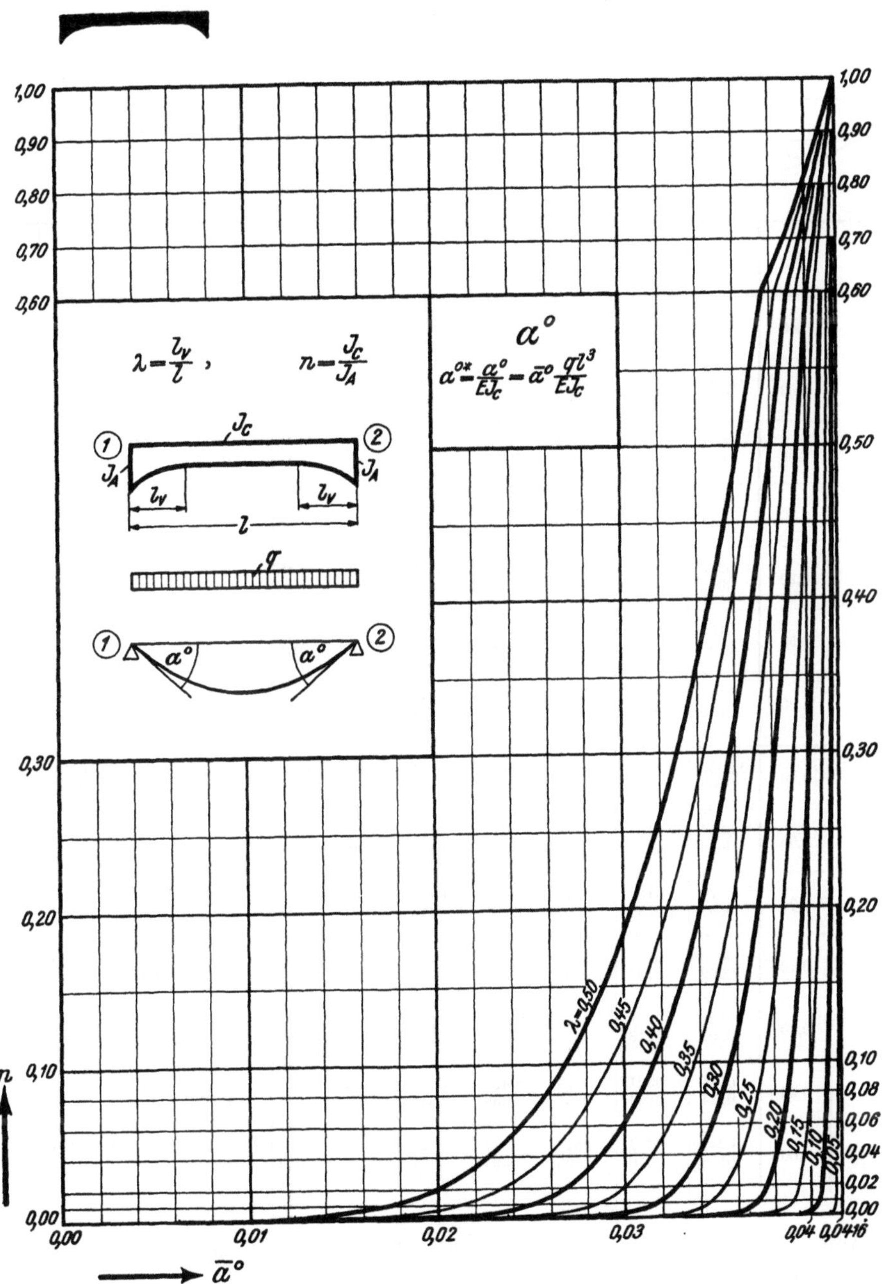

Tafel 39.

Einseitig gerade Vouten.

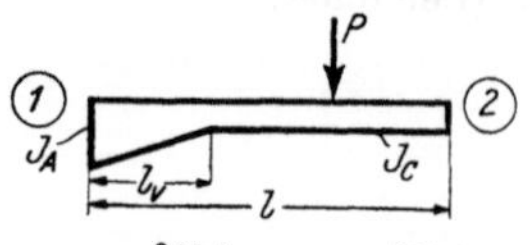

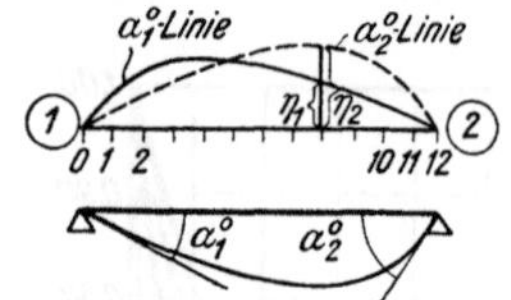

Einflußlinien
der Endtangentenwinkel $\alpha^0_1\ \alpha^0_2$
am frei aufliegenden Träger.

$$\lambda = \frac{l_v}{l}$$ Obere Zahl η_1 $$\alpha_1{}^{0*} = \frac{1}{EJ_c}\,\eta_1\,P\,l^2$$

$$n = \frac{J_c}{J_A}$$ Untere Zahl η_2 $$\alpha_2{}^{0*} = \frac{1}{EJ_c}\,\eta_2\,P\,l^2$$

λ	n	1	2	3	4	5	6	7	8	9	10	11
	0,00	— —	— —	— —	— —	— —	— —	— —	— —	— —	— —	— —
	0,03	0,0018 0023	0,0033 0044	0,0045 0065	0,0055 0084	0,0062 0104	0,0066 0119	0,0065 0132	0,0061 0138	0,0052 0136	0,0039 0119	0,0021 0079
	0,05	0026 0029	0048 0058	0067 0085	0080 0111	0089 0135	0093 0156	0092 0170	0085 0177	0072 0171	0053 0147	0028 0095
1,00	0,10	0044 0044	0081 0083	0111 0123	0132 0160	0144 0193	0149 0220	0144 0237	0131 0242	0109 0230	0078 0192	0041 0121
	0,20	0075 0060	0135 0121	0182 0177	0213 0229	0231 0272	0234 0306	0223 0326	0199 0327	0163 0304	0115 0248	0060 0151
	0,50	0152 0097	0266 0190	0348 0277	0400 0355	0423 0418	0420 0462	0391 0482	0342 0472	0275 0427	0192 0338	0098 0199
	1,00	0244 0138	0424 0270	0547 0390	0617 0494	0641 0574	0625 0625	0574 0641	0494 0617	0390 0547	0270 0424	0138 0244
	0,00	0,0035 0069	0,0070 0139	0,0104 0208	0,0139 0277	0,0174 0347	0,0209 0417	0,0227 0469	0,0216 0478	0,0183 0445	0,0131 0355	0,0068 0209
	0,03	0067 0088	0131 0176	0192 0264	0247 0349	0293 0429	0322 0497	0321 0535	0292 0532	0240 0482	0169 0382	0087 0223
	0,05	0076 0092	0150 0184	0216 0275	0273 0362	0319 0444	0345 0510	0341 0546	0308 0541	0251 0489	0177 0386	0091 0225
0,50	0,10	0095 0099	0182 0197	0258 0293	0319 0383	0364 0467	0385 0531	0374 0563	0334 0554	0271 0500	0190 0393	0099 0228
	0,20	0121 0107	0227 0213	0315 0315	0382 0410	0424 0493	0437 0553	0417 0582	0369 0570	0297 0511	0208 0401	0107 0232
	0,50	0180 0124	0321 0244	0428 0357	0498 0459	0532 0542	0530 0591	0495 0613	0430 0595	0343 0528	0238 0413	0123 0238
	1,00	0244 0138	0424 0270	0547 0390	0617 0494	0641 0574	0625 0625	0574 0641	0494 0617	0390 0547	0270 0424	0138 0244

Anm.: Die Kreuzlinienabschnitte sind allgemein $K^0_1 = \dfrac{\alpha^0_2}{\beta}$; $K^0_2 = \dfrac{\alpha^0_1}{\beta}$; ($\beta$ siehe Tafel 27 bis 30).

Obere Zahl η_1
Untere Zahl η_2

Einseitig gerade Vouten.
Einflußlinien für $\alpha^0_1\ \alpha^0_2$.

λ	n	1	2	3	4	5	6	7	8	9	10	11
0,40	0,00	0,0060 / 0090	0,0120 / 0180	0,0180 / 0270	0,0240 / 0360	0,0299 / 0450	0,0332 / 0519	0,0328 / 0550	0,0299 / 0547	0,0244 / 0494	0,0173 / 0399	0,0089 / 0227
	0,03	0092 / 0104	0182 / 0207	0266 / 0311	0340 / 0409	0397 / 0498	0415 / 0560	0399 / 0587	0354 / 0574	0286 / 0515	0201 / 0403	0104 / 0233
	0,05	0101 / 0106	0197 / 0212	0285 / 0289	0362 / 0417	0415 / 0505	0431 / 0566	0413 / 0592	0364 / 0578	0294 / 0516	0206 / 0404	0106 / 0233
	0,10	0118 / 0111	0226 / 0222	0320 / 0328	0399 / 0430	0449 / 0518	0459 / 0577	0435 / 0601	0383 / 0585	0308 / 0522	0215 / 0409	0111 / 0236
	0,20	0141 / 0117	0265 / 0232	0367 / 0343	0446 / 0446	0490 / 0532	0495 / 0588	0466 / 0611	0408 / 0592	0326 / 0529	0227 / 0412	0117 / 0238
	0,50	0191 / 0130	0340 / 0253	0455 / 0369	0530 / 0472	0565 / 0554	0560 / 0608	0520 / 0627	0450 / 0606	0358 / 0536	0248 / 0419	0127 / 0241
	1,00	0244 / 0138	0424 / 0270	0547 / 0390	0617 / 0494	0641 / 0574	0625 / 0625	0574 / 0641	0494 / 0617	0390 / 0547	0270 / 0424	0138 / 0244
0,35	0,00	0,0076 / 0099	0,0153 / 0200	0,0229 / 0299	0,0302 / 0399	0,0368 / 0491	0,0391 / 0557	0,0378 / 0583	0,0337 / 0571	0,0277 / 0511	0,0192 / 0400	0,0098 / 0231
	0,03	0108 / 0111	0212 / 0221	0309 / 0330	0394 / 0436	0446 / 0524	0458 / 0581	0434 / 0605	0382 / 0589	0308 / 0525	0215 / 0410	0111 / 0237
	0,05	0115 / 0113	0225 / 0225	0327 / 0337	0412 / 0441	0462 / 0528	0471 / 0585	0445 / 0608	0391 / 0591	0314 / 0527	0219 / 0412	0113 / 0238
	0,10	0131 / 0117	0251 / 0233	0358 / 0345	0442 / 0450	0488 / 0536	0494 / 0592	0464 / 0615	0406 / 0596	0326 / 0530	0226 / 0414	0117 / 0239
	0,20	0152 / 0121	0287 / 0241	0399 / 0357	0480 / 0462	0522 / 0545	0522 / 0601	0488 / 0621	0425 / 0601	0339 / 0535	0235 / 0417	0121 / 0240
	0,50	0197 / 0132	0352 / 0258	0472 / 0376	0547 / 0479	0581 / 0560	0573 / 0614	0531 / 0632	0459 / 0610	0365 / 0539	0253 / 0421	0129 / 0242
	1,00	0244 / 0138	0424 / 0270	0547 / 0390	0617 / 0494	0641 / 0574	0625 / 0625	0574 / 0641	0494 / 0617	0390 / 0547	0270 / 0424	0138 / 0244
0,30	0,00	0,0095 / 0109	0,0191 / 0218	0,0286 / 0327	0,0376 / 0434	0,0430 / 0520	0,0446 / 0578	0,0422 / 0601	0,0373 / 0583	0,0302 / 0525	0,0209 / 0407	0,0106 / 0232
	0,03	0124 / 0117	0246 / 0234	0359 / 0350	0448 / 0458	0493 / 0542	0497 / 0597	0467 / 0619	0410 / 0600	0328 / 0534	0227 / 0415	0117 / 0239
	0,05	0132 / 0119	0258 / 0238	0372 / 0354	0461 / 0461	0504 / 0546	0508 / 0600	0477 / 0620	0415 / 0601	0332 / 0534	0231 / 0417	0119 / 0240
	0,10	0145 / 0122	0280 / 0244	0399 / 0361	0484 / 0467	0525 / 0550	0526 / 0604	0492 / 0625	0427 / 0604	0340 / 0537	0238 / 0418	0122 / 0241
	0,20	0165 / 0125	0310 / 0249	0430 / 0368	0513 / 0474	0550 / 0556	0547 / 0610	0509 / 0628	0440 / 0607	0352 / 0539	0245 / 0420	0125 / 0242
	0,50	0201 / 0133	0367 / 0263	0489 / 0382	0565 / 0484	0596 / 0565	0586 / 0618	0541 / 0635	0468 / 0612	0371 / 0541	0257 / 0422	0131 / 0243
	1,00	0244 / 0138	0424 / 0270	0547 / 0390	0617 / 0494	0641 / 0574	0625 / 0625	0574 / 0641	0494 / 0617	0390 / 0547	0270 / 0424	0138 / 0244

Tafel 39 (Fortsetzung).

Einseitig gerade Vouten.
Einflußlinien für $\alpha^0{}_1 \; \alpha^0{}_2$.

Obere Zahl η_1
Untere Zahl η_2

λ	n	1	2	3	4	5	6	7	8	9	10	11
0,25	0,00	0,0117 0117	0,0235 0235	0,0352 0352	0,0444 0461	0,0492 0546	0,0492 0595	0,0464 0618	0,0405 0596	0,0325 0533	0,0224 0411	0,0117 0239
	0,03	0144 0123	0287 0246	0409 0366	0495 0473	0534 0556	0534 0610	0498 0629	0433 0607	0346 0538	0240 0419	0123 0242
	0,05	0150 0124	0294 0249	0421 0369	0503 0475	0542 0557	0541 0611	0503 0629	0437 0608	0349 0539	0243 0420	0124 0242
	0,10	0163 0126	0312 0253	0439 0373	0522 0478	0557 0561	0553 0614	0515 0632	0446 0609	0355 0541	0247 0420	0126 0242
	0,20	0179 0129	0336 0257	0464 0378	0543 0482	0577 0565	0570 0616	0528 0635	0458 0612	0363 0542	0252 0422	0129 0243
	0,50	0210 0136	0382 0268	0505 0384	0580 0488	0609 0569	0597 0621	0551 0638	0475 0615	0376 0543	0261 0423	0133 0243
	1,00	0244 0138	0424 0270	0547 0390	0617 0494	0641 0574	0625 0625	0574 0641	0494 0617	0390 0547	0270 0424	0138 0244
0,20	0,00	0,0142 0124	0,0285 0249	0,0416 0370	0,0505 0479	0,0542 0560	0,0540 0612	0,0502 0631	0,0435 0607	0,0347 0540	0,0240 0420	0,0124 0243
	0,03	0168 0132	0325 0257	0456 0378	0536 0483	0571 0565	0564 0616	0523 0635	0453 0612	0360 0541	0250 0422	0128 0243
	0,05	0172 0133	0334 0261	0463 0380	0543 0484	0576 0565	0569 0618	0527 0635	0457 0612	0363 0541	0251 0422	0129 0243
	0,10	0181 0134	0347 0264	0476 0382	0554 0486	0586 0567	0578 0619	0534 0636	0462 0613	0367 0542	0254 0422	0130 0243
	0,20	0194 0136	0363 0265	0491 0384	0568 0488	0598 0569	0588 0621	0543 0638	0469 0614	0372 0542	0258 0423	0132 0243
	0,50	0218 0137	0395 0268	0519 0387	0593 0491	0620 0571	0607 0623	0559 0640	0482 0616	0381 0544	0264 0424	0135 0244
	1,00	0244 0138	0424 0270	0547 0390	0617 0494	0641 0574	0625 0625	0574 0641	0494 0617	0390 0547	0270 0424	0138 0244
0,10	0,00	0,0202 0135	0,0385 0268	0,0513 0389	0,0586 0492	0,0615 0572	0,0603 0625	0,0557 0641	0,0478 0618	0,0378 0545	0,0263 0423	0,0137 0244
	0,03	0219 0135	0397 0268	0523 0389	0596 0493	0623 0573	0609 0624	0560 0641	0483 0617	0382 0544	0265 0424	0137 0244
	0,05	0220 0136	0400 0269	0525 0389	0598 0493	0624 0573	0610 0624	0562 0641	0484 0617	0383 0544	0265 0424	0137 0244
	0,10	0223 0136	0403 0269	0528 0390	0600 0493	0627 0573	0612 0624	0563 0641	0485 0617	0384 0544	0266 0424	0137 0244
	0,20	0228 0137	0408 0269	0532 0390	0604 0493	0630 0573	0615 0624	0566 0641	0487 0617	0386 0544	0267 0424	0137 0244
	0,50	0240 0137	0416 0270	0540 0390	0611 0494	0636 0574	0620 0625	0570 0641	0491 0617	0388 0544	0268 0424	0138 0244
	1,00	0244 0138	0424 0270	0547 0390	0617 0494	0641 0574	0625 0625	0574 0641	0494 0617	0390 0547	0270 0424	0138 0244

Einseitig parabol. Vouten.

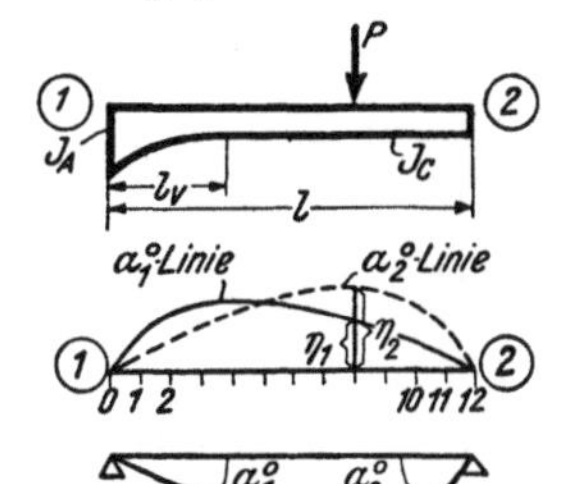

Einflußlinien
der Endtangentenwinkel $\alpha^0_1\ \alpha^0_2$
am frei aufliegenden Träger.

$$\lambda = \frac{l_v}{l} \qquad n = \frac{J_c}{J_A}$$

Obere Zahl η_1 $\qquad$ $\alpha_1{}^{0*} = \dfrac{1}{E\,J_c}\,\eta_1\,P\,l^2$

Untere Zahl η_2 $\qquad$ $\alpha_2{}^{0*} = \dfrac{1}{E\,J_c}\,\eta_2\,P\,l^2$

λ	n	1	2	3	4	5	6	7	8	9	10	11
	0,00	— —	— —	— —	— —	— —	— —	— —	— —	— —	— —	— —
	0,03	0,0036 0048	0,0068 0097	0,0097 0144	0,0122 0190	0,0140 0233	0,0151 0270	0,0153 0298	0,0143 0311	0,0122 0299	0,0090 0251	0,0048 0156
	0,05	0047 0056	0089 0113	0125 0168	0156 0220	0177 0269	0189 0309	0187 0338	0174 0347	0146 0330	0106 0274	0056 0168
1,00	0,10	0069 0069	0129 0139	0178 0205	0216 0268	0241 0323	0251 0369	0246 0398	0223 0403	0185 0375	0132 0306	0069 0184
	0,20	0101 0085	0185 0170	0252 0250	0300 0324	0328 0388	0334 0436	0321 0463	0286 0462	0232 0424	0164 0339	0084 0202
	0,50	0162 0113	0293 0222	0389 0324	0452 0414	0480 0487	0478 0539	0447 0561	0390 0548	0311 0492	0218 0386	0111 0225
	1,00	0244 0138	0424 0270	0547 0390	0617 0494	0641 0574	0625 0625	0574 0641	0494 0617	0390 0547	0270 0424	0138 0244
	0,00	0,0035 0069	0,0070 0139	0,0104 0208	0,0139 0277	0,0174 0347	0,0209 0417	0,0227 0469	0,0216 0478	0,0183 0445	0,0131 0355	0,0068 0209
	0,03	0099 0104	0194 0208	0280 0310	0353 0408	0403 0493	0419 0554	0401 0580	0355 0568	0287 0509	0201 0399	0104 0231
	0,05	0111 0108	0214 0217	0308 0322	0384 0422	0431 0508	0444 0568	0423 0594	0373 0579	0300 0518	0210 0406	0108 0235
0,50	0,10	0129 0114	0246 0227	0348 0337	0423 0436	0468 0521	0476 0580	0450 0603	0394 0587	0316 0524	0220 0409	0114 0237
	0,20	0153 0120	0287 0237	0395 0351	0472 0453	0511 0537	0514 0593	0481 0615	0420 0596	0335 0531	0232 0414	0120 0237
	0,50	0198 0130	0355 0255	0474 0372	0548 0476	0579 0557	0572 0611	0530 0630	0458 0608	0364 0538	0252 0420	0129 0242
	1,00	0244 0138	0424 0270	0547 0390	0617 0494	0641 0574	0625 0625	0574 0641	0494 0617	0390 0547	0270 0424	0138 0244

Tafel 40 (Fortsetzung).   Einseitig parabol. Vouten.   Obere Zahl η_1
                               Einflußlinien für $\alpha^0{}_1\ \alpha^0{}_2$.   Untere Zahl η_2

λ	n	1	2	3	4	5	6	7	8	9	10	11
0,40	0,00	0,0060 0090	0,0120 0180	0,0180 0270	0,0240 0360	0,0299 0450	0,0332 0519	0,0328 0550	0,0299 0547	0,0244 0494	0,0173 0399	0,0089 0227
	0,03	0124 0116	0244 0231	0349 0344	0434 0450	0482 0535	0487 0592	0459 0614	0402 0596	0322 0530	0224 0413	0116 0238
	0,05	0134 0118	0260 0236	0369 0349	0453 0454	0497 0540	0501 0595	0471 0616	0412 0598	0329 0533	0229 0415	0118 0239
	0,10	0149 0122	0286 0243	0401 0358	0484 0463	0523 0548	0525 0602	0489 0623	0426 0602	0340 0536	0237 0418	0122 0240
	0,20	0170 0126	0318 0250	0436 0367	0517 0471	0553 0555	0550 0609	0511 0627	0444 0606	0353 0538	0245 0420	0126 0241
	0,50	0206 0131	0369 0261	0491 0378	0566 0494	0600 0565	0589 0618	0544 0635	0470 0612	0373 0541	0258 0422	0132 0243
	1,00	0244 0138	0424 0270	0547 0390	0617 0494	0641 0574	0625 0625	0574 0641	0494 0617	0390 0547	0270 0424	0138 0244
0,35	0,00	0,0076 0099	0,0153 0200	0,0229 0299	0,0302 0399	0,0368 0491	0,0391 0557	0,0378 0583	0,0337 0571	0,0277 0511	0,0192 0400	0,0098 0231
	0,03	0138 0120	0270 0241	0387 0358	0473 0464	0515 0548	0516 0602	0484 0622	0422 0602	0336 0537	0234 0418	0120 0241
	0,05	0146 0122	0284 0244	0403 0362	0487 0467	0529 0551	0529 0605	0493 0624	0428 0604	0342 0537	0239 0418	0122 0241
	0,10	0161 0125	0307 0250	0428 0368	0511 0473	0549 0556	0546 0609	0508 0628	0440 0607	0351 0540	0244 0419	0125 0241
	0,20	0180 0129	0336 0255	0458 0375	0537 0478	0573 0562	0565 0615	0525 0633	0455 0610	0361 0542	0251 0421	0129 0242
	0,50	0213 0136	0377 0263	0503 0384	0579 0486	0609 0568	0597 0620	0550 0637	0475 0614	0376 0542	0261 0423	0133 0243
	1,00	0244 0138	0424 0270	0547 0390	0617 0494	0641 0574	0625 0625	0574 0641	0494 0617	0390 0547	0270 0424	0138 0244
0,30	0,00	0,0095 0109	0,0191 0218	0,0286 0327	0,0376 0434	0,0430 0520	0,0446 0578	0,0422 0601	0,0373 0583	0,0302 0525	0,0209 0407	0,0106 0232
	0,03	0152 0125	0299 0249	0424 0370	0508 0475	0545 0557	0542 0611	0506 0629	0439 0608	0350 0539	0242 0419	0125 0242
	0,05	0161 0126	0312 0252	0436 0372	0520 0477	0556 0559	0552 0613	0512 0631	0445 0610	0355 0541	0246 0421	0126 0242
	0,10	0173 0128	0331 0255	0456 0376	0537 0481	0571 0563	0565 0616	0524 0634	0453 0611	0361 0543	0251 0421	0128 0243
	0,20	0189 0131	0353 0260	0479 0380	0558 0484	0590 0566	0580 0618	0536 0636	0464 0614	0369 0544	0256 0423	0131 0243
	0,50	0218 0137	0386 0265	0515 0386	0589 0490	0617 0570	0604 0622	0556 0639	0480 0615	0380 0543	0263 0423	0134 0244
	1,00	0244 0138	0424 0270	0547 0390	0617 0494	0641 0574	0625 0625	0574 0641	0494 0617	0390 0547	0270 0424	0138 0244

Obere Zahl η_1 Untere Zahl η_2 — Einseitig parabol. Vouten. Einflußlinien für $\alpha^0_1 \; \alpha^0_2$. — Tafel 40 (Fortsetzung),

λ	n	1	2	3	4	5	6	7	8	9	10	11
0,25	0,00	0,0117 0117	0,0235 0235	0,0352 0352	0,0444 0461	0,0492 0546	0,0492 0595	0,0464 0618	0,0405 0596	0,0325 0533	0,0224 0411	0,0117 0239
	0,03	0169 0129	0330 0257	0459 0378	0539 0484	0574 0564	0567 0616	0526 0636	0456 0612	0358 0543	0251 0422	0129 0243
	0,05	·0177 0130	0339 0259	0469 0380	0548 0484	0581 0565	0573 0619	0531 0636	0459 0612	0364 0544	0253 0422	0130 0244
	0,10	0187 0131	0354 0261	0483 0383	0560 0487	0592 0568	0582 0620	˙0540 0638	0465 0614	0370 0544	0263 0422	0131 0244
	0,20	0200 0133	0372 0265	0499 0385	0576 0489	0604 0569	0593 0622	0548 0638	0473 0616	0375 0545	0260 0423	0133 0244·
	0,50	0223 0138	0400 0265	0524 0388	0597 0492	0624 0572	0610 0623	0561 0640	0484 0616	0383 0544	0265 0424	0135 0244
	1,00	0244 0138	0424 0270	0547 0390	0617 0494	0641 0574	0625 0625	0574 0641	0494 0617	0390 0547	0270 0424	0138 0244
0,20	0,00	0,0142 0124	0,0285 0249	0,0416 0370	0,0505 0479	0,0542 0560	0,0540 0612	0,0502 0631	0,0435 0607	0,0347 0540	0,0240 0420	0,0124 0243
	0,03	0184 0132	0362 0265	0489 0384	0566 0488	0596 0569	0586 0621	0542 0638	0468 0615	0371 0543	0257 0423	0132 0243
	0,05	0192 0134	0366 0265	0495 0385	0571 0489	0601 0570	0591 0621	0545 0638	0471 0615	0373 0543	0259 0423	0132 0243
	0,10	0198 0135	0377 0266	0505 0386	0580 0490	0609 0571	0597 0622	0550 0639	0475 0615	0376 0543	0261 0423	0133 0244
	0,20	0209 0135	0393 0269	0515 0388	0589 0491	0617 0572	0604 0623	0556 0640	0480 0616	0380 0544	0263 0424	0134 0244
	0,50	0226 0137	0404 0269	0532 0389	0604 0493	0630 0573	0615 0624	0566 0641	0487 0617	0386 0544	0267 0424	0137 0244
	1,00	0244 0138	0424 0270	0547 0390	0617 0494	0641 0574	0625 0625	0574 0641	0494 0617	0390 0547	0270 0424	0138 0244
0,10	0,00	0,0202 0135	0,0385 0268	0,0513 0389	0,0586 0492	0,0615 0572	0,0603 0625	0,0557 0641	0,0478 0618	0,0378 0545	0,0263 0423	0,0137 0244
	0,03	0225 0135	0407 0269	0532 0390	0604 0493	0630 0573	0615 0624	0565 0641	0487 0617	0385 0544	0267 0424	0136 0244
	0,05	0229 0135	0409 0269	0533 0390	0605 0493	0631 0573	0616 0625	0566 0641	0488 0617	0386 0544	0267 0424	0136 0244
	0,10	0233 0136	0412 0270	0536 0390	0607 0493	0633 0574	0618 0625	0568 0641	0489 0617	0387 0544	0268 0424	0137 0244
	0,20	0236 0136	0415 0270	0539 0390	0610 0494	0635 0574	0620 0625	0569 0641	0490 0617	0388 0545	0268 0424	0137 0244
	0,50	0240 0137	0420 0270	0543 0391	0614 0494	0638 0574	0622 0625	0572 0641	0492 0617	0389 0545	0269 0424	0138 0244
	1,00	0244 0138	0424 0270	0547 0390	0617 0494	0641 0574	0625 0625	0574 0641	0494 0617	0390 0547	0270 0424	0138 0244

Tafel 41.

Beidseitig gerade Vouten.

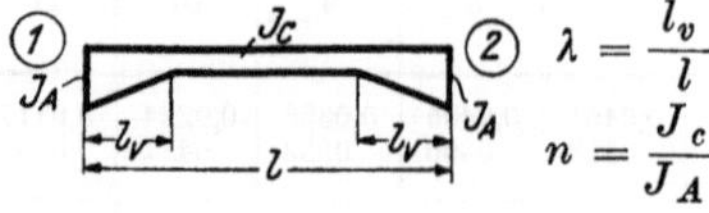

$\lambda = \dfrac{l_v}{l}$

$n = \dfrac{J_c}{J_A}$

Einflußlinien
der Endtangentenwinkel $\alpha^0{}_1\ \alpha^0{}_2$
am frei aufliegenden Träger.

λ	n	1	2	3	4	5	6	7	8	9	10	11
	0	—	—	—	—	—	—	—	—	—	—	—
	0,03	0,0046 0038	0,0089 0075	0,0128 0112	0,0162 0146	0,0186 0177	0,0194 0194	0,0177 0186	0,0146 0162	0,0112 0128	0,0075 0089	0,0038 0046
	0,05	0057 0045	0111 0091	0158 0135	0196 0176	0223 0210	0230 0230	0210 0223	0176 0196	0135 0158	0091 0111	0045 0057
0,50	0,10	0079 0059	0150 0117	0210 0173	0257 0224	0286 0266	0291 0291	0266 0286	0224 0257	0173 0210	0117 0150	0059 0079
	0,20	0110 0076	0204 0151	0279 0221	0334 0284	0364 0335	0365 0365	0335 0364	0284 0334	0221 0279	0151 0204	0076 0110
	0,50	0167 0108	0311 0213	0409 0310	0477 0396	0504 0461	0495 0495	0461 0504	0396 0477	0310 0409	0213 0311	0108 0167
	1,00	0244 0138	0424 0270	0547 0390	0617 0494	0641 0574	0625 0625	0574 0641	0494 0617	0390 0547	0270 0424	0138 0244
	0	0,0042 0041	0,0085 0082	0,0127 0123	0,0169 0164	0,0210 0205	0,0225 0225	0,0205 0210	0,0164 0169	0,0123 0127	0,0082 0085	0,0041 0042
	0,03	0081 0069	0159 0137	0233 0205	0297 0269	0342 0323	0349 0349	0323 0342	0269 0297	0205 0233	0137 0159	0069 0081
	0,05	0091 0074	0178 0148	0256 0220	0323 0288	0367 0344	0373 0373	0344 0367	0288 0323	0220 0256	0148 0178	0074 0091
0,40	0,10	0109 0083	0210 0167	0296 0246	0365 0320	0407 0379	0410 0410	0379 0407	0320 0365	0246 0296	0167 0210	0083 0109
	0,20	0134 0095	0253 0189	0350 0279	0421 0359	0460 0424	0459 0459	0424 0460	0359 0421	0279 0350	0189 0253	0095 0134
	0,50	0189 0119	0334 0233	0447 0338	0521 0429	0551 0500	0543 0543	0500 0551	0429 0521	0338 0447	0233 0334	0119 0189
	1,00	0244 0138	0424 0270	0547 0390	0617 0494	0641 0574	0625 0625	0574 0641	0494 0617	0390 0547	0270 0424	0138 0244
	0	0,0064 0060	0,0129 0122	0,0193 0182	0,0257 0242	0,0308 0295	0,0318 0318	0,0295 0308	0,0242 0257	0,0182 0193	0,0122 0129	0,0060 0064
	0,03	0100 0083	0196 0166	0287 0247	0364 0324	0410 0383	0414 0414	0383 0410	0324 0364	0247 0287	0166 0196	0083 0100
	0,05	0109 0087	0212 0174	0308 0259	0385 0338	0428 0399	0432 0432	0399 0428	0338 0385	0259 0308	0174 0212	0087 0109
0,35	0,10	0125 0095	0241 0189	0342 0279	0420 0363	0461 0426	0461 0461	0426 0461	0363 0420	0279 0342	0189 0241	0095 0125
	0,20	0148 0104	0279 0207	0385 0305	0463 0393	0501 0459	0498 0498	0459 0501	0393 0463	0305 0385	0207 0279	0104 0148
	0,50	0196 0123	0351 0240	0468 0351	0542 0444	0572 0517	0563 0563	0517 0572	0444 0542	0351 0468	0240 0351	0123 0196
	1,00	0244 0138	0424 0270	0547 0390	0617 0494	0641 0574	0625 0625	0574 0641	0494 0617	0390 0547	0270 0424	0138 0244

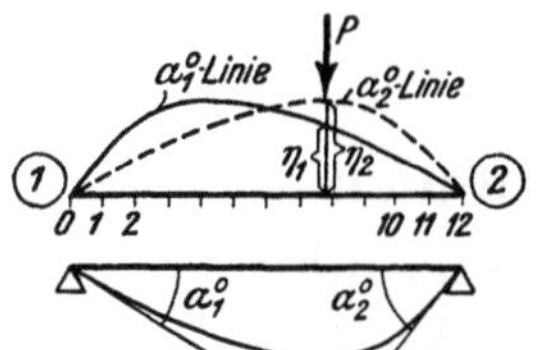

Tafel 41 (Fortsetzung).

Obere Zahl η_1 $\qquad$ $\alpha_1{}^{0*} = \dfrac{1}{EJ_c}\,\eta_1\,P\,l^2$

Untere Zahl η_2 $\qquad$ $\alpha_2{}^{0*} = \dfrac{1}{EJ_c}\,\eta_2\,P\,l^2$

λ	n	1	2	3	4	5	6	7	8	9	10	11
0,30	0	0,0087 0079	0,0176 0158	0,0263 0237	0,0348 0314	0,0396 0374	0,0400 0400	0,0374 0396	0,0314 0348	0,0237 0263	0,0158 0176	0,0079 0087
	0,03	0120 0096	0236 0192	0344 0287	0429 0373	0470 0436	0471 0471	0436 0470	0373 0429	0287 0344	0192 0236	0096 0120
	0,05	0128 0099	0250 0199	0361 0296	0445 0382	0484 0447	0483 0483	0447 0484	0382 0445	0296 0361	0199 0250	0099 0128
	0,10	0141 0105	0274 0210	0388 0310	0470 0400	0508 0468	0504 0504	0468 0508	0400 0470	0310 0388	0210 0274	0105 0141
	0,20	0161 0113	0305 0224	0423 0329	0503 0421	0538 0492	0533 0533	0492 0538	0421 0503	0329 0423	0224 0305	0113 0161
	0,50	0203 0127	0367 0250	0483 0361	0560 0457	0589 0532	0579 0579	0532 0589	0457 0560	0361 0483	0250 0367	0127 0203
	1,00	0244 0138	0424 0270	0547 0390	0617 0494	0641 0574	0625 0625	0574 0641	0494 0617	0390 0547	0270 0424	0138 0244
0,25	0	0,0112 0095	0,0226 0191	0,0339 0287	0,0427 0373	0,0468 0435	0,0469 0469	0,0435 0468	0,0373 0427	0,0287 0339	0,0191 0226	0,0095 0112
	0,03	0142 0108	0278 0216	0402 0321	0485 0412	0521 0480	0517 0517	0480 0521	0412 0485	0321 0402	0216 0278	0108 0142
	0,05	0148 0110	0289 0221	0414 0327	0496 0419	0532 0487	0527 0527	0487 0532	0419 0496	0327 0414	0221 0289	0110 0148
	0,10	0160 0115	0309 0229	0433 0337	0513 0431	0548 0501	0542 0542	0501 0548	0431 0513	0337 0433	0229 0309	0115 0160
	0,20	0178 0120	0333 0238	0459 0349	0537 0444	0569 0517	0560 0560	0517 0569	0444 0537	0349 0459	0238 0333	0120 0178
	0,50	0211 0132	0380 0253	0499 0370	0575 0468	0606 0546	0595 0595	0546 0606	0468 0575	0370 0499	0253 0380	0132 0211
	1,00	0244 0138	0424 0270	0547 0390	0617 0494	0641 0574	0625 0625	0574 0641	0494 0617	0390 0547	0270 0424	0138 0244
0,20	0	0,0139 0110	0,0281 0220	0,0410 0328	0,0494 0418	0,0530 0487	0,0525 0525	0,0487 0530	0,0418 0494	0,0328 0410	0,0220 0281	0,0110 0139
	0,03	0162 0117	0314 0231	0449 0348	0531 0443	0564 0514	0556 · 0556	0514 0564	0443 0531	0348 0449	0231 0314	0117 0162
	0,05	0166 0118	0323 0234	0457 0352	0538 0447	0570 0519	0562 0562	0519 0570	0447 0538	0352 0457	0234 0323	0118 0166
	0,10	0175 0120	0338 0241	0473 0358	0550 0454	0581 0527	0572 0572	0527 0581	0454 0550	0358 0473	0241 0338	0120 0175
	0,20	0188 0123	0353 0248	0487 0365	0565 0463	0599 0538	0584 0584	0538 0599	0463 0565	0365 0487	0248 0353	0123 0188
	0,50	0216 0133	0387 0259	0516 0378	0589 0477	0619 0557	0606 0606	0557 0619	0477 0589	0378 0516	0259 0387	0133 0216
	1,00	0244 0138	0424 0270	0547 0390	0617 0494	0641 0574	0625 0625	0574 0641	0494 0617	0390 0547	0270 0424	0138 0244

Tafel 42.

Beidseitig parabol. Vouten.

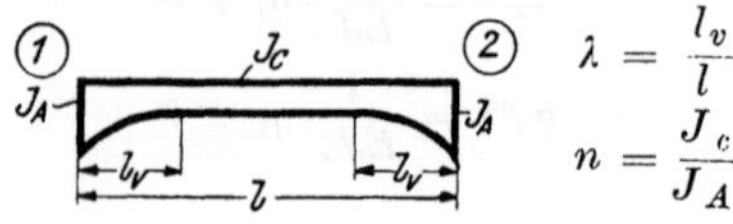

$$\lambda = \frac{l_v}{l} \qquad n = \frac{J_c}{J_A}$$

Einflußlinien der Endtangentenwinkel $\alpha^0_1 \; \alpha^0_2$
am frei aufliegenden Träger.

λ	n	1	2	3	4	5	6	7	8	9	10	11
	0	— —	— —	— —	— —	— —	— —	— —	— —	— —	— —	— —
	0,03	0,0088 0071	0,0173 0143	0,0250 0212	0,0313 0277	0,0351 0328	0,0356 0356	0,0328 0351	0,0277 0313	0,0212 0250	0,0143 0173	0,0071 0088
	0,05	0101 0078	0195 0156	0279 0232	0345 0301	0383 0356	0386 0386	0356 0383	0301 0345	0232 0279	0156 0195	0078 0101
0,50	0,10	0122 0089	0231 0178	0324 0261	0393 0337	0430 0397	0431 0431	0397 0430	0337 0393	0261 0324	0178 0231	0089 0122
	0,20	0147 0101	0275 0201	0379 0295	0449 0378	0484 0443	0481 0481	0443 0484	0378 0449	0295 0379	0201 0275	0101 0147
	0,50	0196 0120	0349 0236	0465 0345	0539 0440	0566 0512	0557 0557	0512 0566	0440 0539	0345 0465	0236 0349	0120 0196
	1,00	0244 0138	0424 0270	0547 0390	0617 0494	0641 0574	0625 0625	0574 0641	0494 0617	0390 0547	0270 0424	0138 0244
	0	0,0042 0041	0,0085 0082	0,0127 0123	0,0169 0164	0,0210 0205	0,0225 0225	0,0205 0210	0,0164 0169	0,0123 0127	0,0082 0085	0,0041 0042
	0,03	0118 0093	0231 0185	0333 0276	0412 0357	0452 0420	0454 0454	0420 0452	0357 0412	0276 0333	0185 0231	0093 0118
	0,05	0128 0097	0249 0195	0355 0289	0433 0372	0473 0437	0472 0472	0437 0473	0372 0433	0289 0355	0195 0249	0097 0128
0,40	0,10	0145 0105	0278 0210	0390 0307	0467 0396	0505 0463	0500 0500	0463 0505	0396 0467	0307 0390	0210 0278	0105 0145
	0,20	0166 0113	0314 0225	0428 0330	0506 0421	0538 0492	0533 0533	0492 0538	0421 0506	0330 0428	0225 0314	0113 0166
	0,50	0204 0125	0366 0248	0486 0360	0564 0458	0593 0535	0581 0581	0535 0593	0458 0564	0360 0486	0248 0366	0125 0204
	1,00	0244 0138	0424 0270	0547 0390	0617 0494	0641 0574	0625 0625	0574 0641	0494 0617	0390 0547	0270 0424	0138 0244
	0	0,0064 0060	0,0129 0122	0,0193 0182	0,0257 0242	0,0308 0295	0,0318 0318	0,0295 0308	0,0242 0257	0,0182 0193	0,0122 0129	0,0060 0064
	0,03	0134 0102	0262 0205	0375 0303	0457 0391	0495 0457	0494 0494	0457 0495	0391 0457	0303 0375	0205 0262	0102 0134
	0,05	0143 0106	0277 0212	0394 0313	0474 0403	0511 0470	0509 0509	0470 0511	0403 0474	0313 0394	0212 0277	0106 0143
0,35	0,10	0159 0112	0302 0222	0421 0328	0500 0419	0535 0489	0530 0530	0489 0535	0419 0500	0328 0421	0222 0302	0112 0159
	0,20	0177 0119	0331 0236	0453 0344	0530 0438	0563 0511	0554 0554	0511 0563	0438 0530	0344 0453	0236 0331	0119 0177
	0,50	0209 0127	0374 0251	0501 0369	0575 0467	0604 0546	0590 0590	0546 0604	0467 0575	0369 0501	0251 0374	0127 0209
	1,00	0244 0138	0424 0270	0547 0390	0617 0494	0641 0574	0625 0625	0574 0641	0494 0617	0390 0547	0270 0424	0138 0244

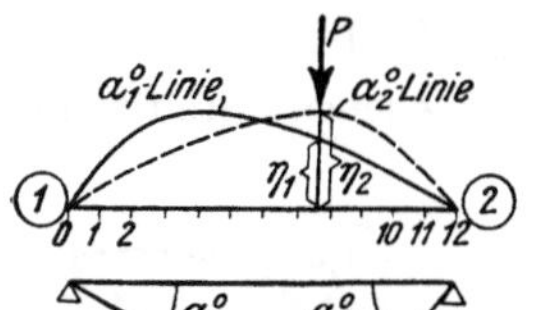

Tafel 42 (Fortsetzung).

Obere Zahl η_1 $\qquad \alpha_1^{0*} = \dfrac{1}{EJ_c}\,\eta_1\,P\,l^2$

Untere Zahl η_2 $\qquad \alpha_2^{0*} = \dfrac{1}{EJ_c}\,\eta_2\,P\,l^2$

λ	n	1	2	3	4	5	6	7	8	9	10	11
	0	0,0087 0079	0,0176 0158	0,0263 0237	0,0348 0314	0,0396 0374	0,0400 0400	0,0374 0396	0,0314 0348	0,0237 0263	0,0158 0176	0,0079 0087
	0,03	0154 0111	0294 0222	0418 0328	0498 0420	0534 0488	0529 0529	0488 0534	0420 0498	0328 0418	0222 0294	0111 0154
	0,05	0159 0114	0306 0228	0431 0335	0511 0428	0545 0498	0540 0540	0498 0545	0428 0511	0335 0431	0228 0306	0114 0159
0,30	0,10	0171 0118	0327 0236	0452 0347	0531 0441	0564 0512	0555 0555	0512 0564	0441 0531	0347 0452	0236 0327	0118 0171
	0,20	0187 0123	0351 0245	0476 0358	0553 0455	0583 0528	0574 0574	0528 0583	0455 0553	0358 0476	0245 0351	0123 0187
	0,50	0214 0130	0383 0256	0513 0377	0586 0476	0614 0553	0599 0599	0553 0614	0476 0586	0377 0513	0256 0383	0130 0214
	1,00	0244 0138	0424 0270	0547 0390	0617 0494	0641 0574	0625 0625	0574 0641	0494 0617	0390 0547	0270 0424	0138 0244
	0	0,0112 0095	0,0226 0191	0,0339 0287	0,0427 0373	0,0468 0435	0,0469 0469	0,0435 0468	0,0373 0427	0,0287 0339	0,0191 0226	0,0095 0112
	0,03	0168 0119	0327 0238	0455 0349	0534 0444	0566 0515	0559 0559	0515 0566	0444 0534	0349 0455	0238 0327	0119 0168
	0,05	0175 0121	0337 0242	0465 0354	0544 0450	0574 0522	0565 0565	0522 0574	0450 0544	0354 0465	0242 0337	0121 0175
0,25	0,10	0185 0124	0353 0247	0480 0360	0556 0458	0586 0532	0577 0577	0532 0586	0458 0556	0360 0480	0247 0353	0124 0185
	0,20	0200 0128	0371 0252	0497 0369	0572 0468	0600 0543	0589 0589	0543 0600	0468 0572	0369 0497	0252 0371	0128 0200
	0,50	0220 0132	0389 0256	0520 0379	0596 0481	0624 0561	0608 0608	0561 0624	0481 0596	0379 0520	0256 0389	0132 0220
	1,00	0244 0138	0424 0270	0547 0390	0617 0494	0641 0574	0625 0625	0574 0641	0494 0617	0390 0547	0270 0424	0138 0244
	0	0,0139 0110	0,0281 0220	0,0410 0328	0,0494 0418	0,0530 0487	0,0525 0525	0,0487 0530	0,0418 0494	0,0328 0410	0,0220 0281	0,0110 0139
	0,03	0187 0125	0356 0248	0485 0365	0563 0462	0593 0537	0582 0582	0537 0593	0462 0563	0365 0485	0248 0356	0125 0187
	0,05	0191 0126	0364 0251	0491 0368	0569 0466	0598 0541	0587 0587	0541 0598	0466 0569	0368 0491	0251 0364	0126 0191
0,20	0,10	0201 0128	0374 0255	0501 0372	0578 0471	0606 0547	0594 0594	0547 0606	0471 0578	0372 0501	0255 0374	0128 0201
	0,20	0209 0130	0385 0260	0512 0377	0588 0477	0615 0554	0602 0602	0554 0615	0477 0588	0377 0512	0260 0385	0130 0209
	0,50	0225 0134	0399 0264	0528 0383	0604 0487	0631 0566	0612 0612	0566 0631	0487 0604	0383 0528	0264 0399	0134 0225
	1,00	0244 0138	0424 0270	0547 0390	0617 0494	0641 0574	0625 0625	0574 0641	0494 0617	0390 0547	0270 0424	0138 0244

Tafel 43. **Relative Verschiebungsgrößen Δ und $\Delta^{(E)}$**

infolge waagrechter Knotenlasten P bei Rahmen mit verschiedenen Steifigkeitsverhältnissen zwischen Riegeln und Stielen.[1]

Δ .... Verschiebung bei „unverdrehbaren" Knoten.
$\Delta^{(E)}$ .. Verschiebung im „Endzustand".
k_r .... Steifigkeitszahlen der Riegel.
k_s .... Steifigkeitszahlen der Stiele.

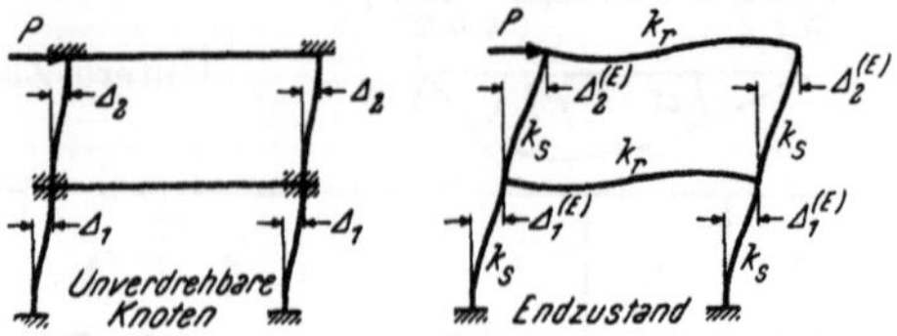

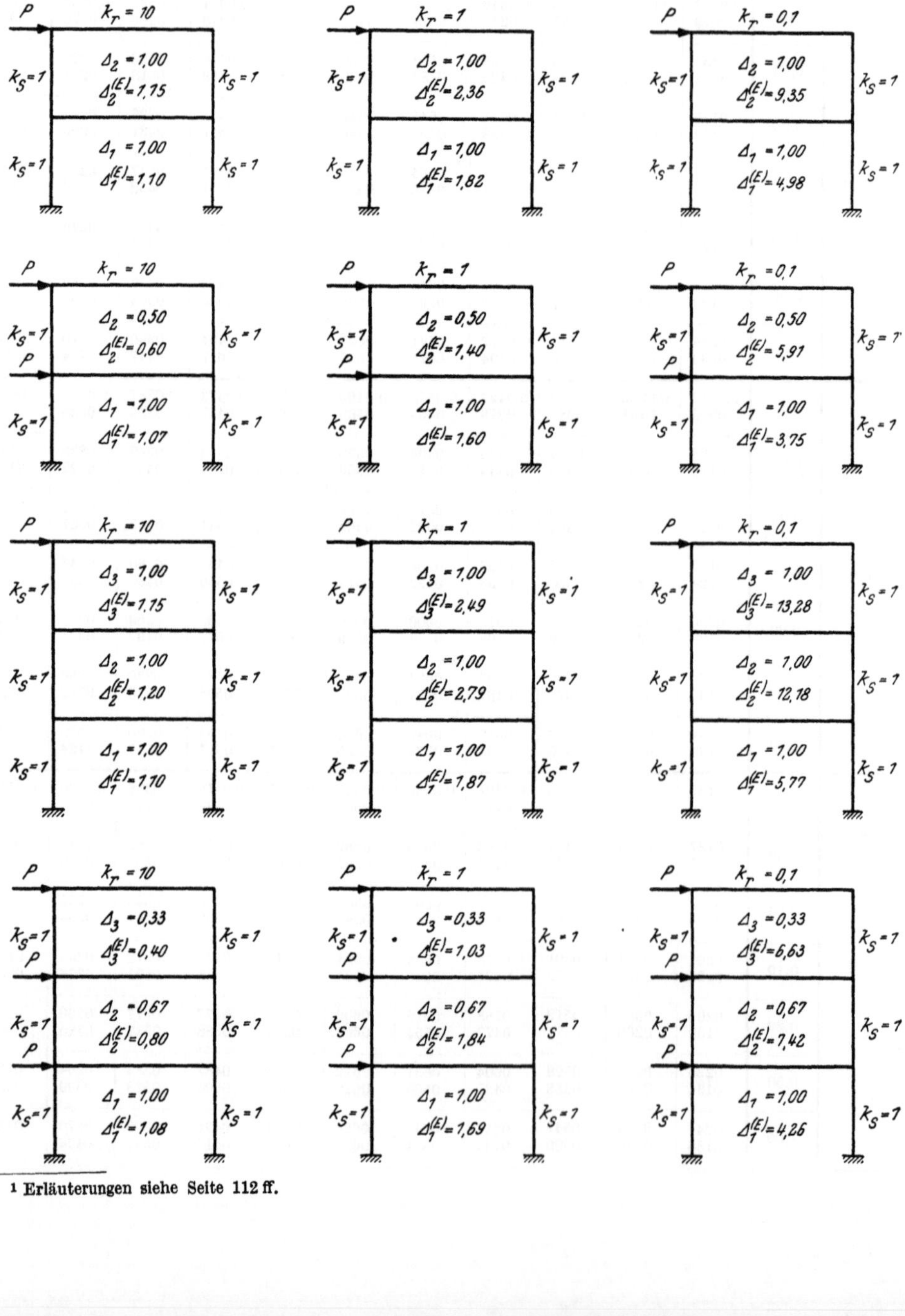

Reihe 1

$k_r = 10$: $\Delta_2 = 1{,}00$; $\Delta_2^{(E)} = 1{,}15$; $\Delta_1 = 1{,}00$; $\Delta_1^{(E)} = 1{,}10$

$k_r = 1$: $\Delta_2 = 1{,}00$; $\Delta_2^{(E)} = 2{,}36$; $\Delta_1 = 1{,}00$; $\Delta_1^{(E)} = 1{,}82$

$k_r = 0{,}1$: $\Delta_2 = 1{,}00$; $\Delta_2^{(E)} = 9{,}35$; $\Delta_1 = 1{,}00$; $\Delta_1^{(E)} = 4{,}98$

Reihe 2

$k_r = 10$: $\Delta_2 = 0{,}50$; $\Delta_2^{(E)} = 0{,}60$; $\Delta_1 = 1{,}00$; $\Delta_1^{(E)} = 1{,}07$

$k_r = 1$: $\Delta_2 = 0{,}50$; $\Delta_2^{(E)} = 1{,}40$; $\Delta_1 = 1{,}00$; $\Delta_1^{(E)} = 1{,}60$

$k_r = 0{,}1$: $\Delta_2 = 0{,}50$; $\Delta_2^{(E)} = 5{,}91$; $\Delta_1 = 1{,}00$; $\Delta_1^{(E)} = 3{,}75$

Reihe 3

$k_r = 10$: $\Delta_3 = 1{,}00$; $\Delta_3^{(E)} = 1{,}75$; $\Delta_2 = 1{,}00$; $\Delta_2^{(E)} = 1{,}20$; $\Delta_1 = 1{,}00$; $\Delta_1^{(E)} = 1{,}10$

$k_r = 1$: $\Delta_3 = 1{,}00$; $\Delta_3^{(E)} = 2{,}49$; $\Delta_2 = 1{,}00$; $\Delta_2^{(E)} = 2{,}79$; $\Delta_1 = 1{,}00$; $\Delta_1^{(E)} = 1{,}87$

$k_r = 0{,}1$: $\Delta_3 = 1{,}00$; $\Delta_3^{(E)} = 13{,}28$; $\Delta_2 = 1{,}00$; $\Delta_2^{(E)} = 12{,}18$; $\Delta_1 = 1{,}00$; $\Delta_1^{(E)} = 5{,}77$

Reihe 4

$k_r = 10$: $\Delta_3 = 0{,}33$; $\Delta_3^{(E)} = 0{,}40$; $\Delta_2 = 0{,}67$; $\Delta_2^{(E)} = 0{,}80$; $\Delta_1 = 1{,}00$; $\Delta_1^{(E)} = 1{,}08$

$k_r = 1$: $\Delta_3 = 0{,}33$; $\Delta_3^{(E)} = 1{,}03$; $\Delta_2 = 0{,}67$; $\Delta_2^{(E)} = 1{,}84$; $\Delta_1 = 1{,}00$; $\Delta_1^{(E)} = 1{,}69$

$k_r = 0{,}1$: $\Delta_3 = 0{,}33$; $\Delta_3^{(E)} = 6{,}63$; $\Delta_2 = 0{,}67$; $\Delta_2^{(E)} = 7{,}42$; $\Delta_1 = 1{,}00$; $\Delta_1^{(E)} = 4{,}26$

In allen Feldern: $k_s = 1$.

---

[1] Erläuterungen siehe Seite 112 ff.

Literaturverzeichnis.

(Begrenzter Ausschnitt aus dem umfangreichen in- und ausländischen Schrifttum über die CROSS-Methode und verwandte Berechnungsverfahren.)

CROSS, Hardy, Analysis of Continuous Frames by Distributing Fixed-End Moments. Trans. Am. Soc. C. E. 1932, S. 1ff.

CROSS, H. u. MORGAN, N. D., Continuous Frames of Reinforced Concrete, New York 1932.

CHARON, P., La méthode de CROSS, théorie et applications, Paris 1953.

COEPYN, W. C., Berekening van Staafwerken volgens de Methode „CROSS", 2. Aufl., Groningen-Batavia 1949.

DAŠEK, V., Das allgemeine Kräfte- und Momentenverteilungsverfahren, Beton und Eisen 1941, S. 202ff.

DERNEDDE-BARBRÉ, Das CROSS'sche Verfahren, 3. Aufl., Berlin 1955.

DERNEDDE, W., Näherungsweise Berechnung von durchlaufenden Trägern und Rahmen, Bauingenieur 1938, S. 45ff.

DISCHINGER, F., Das Verfahren der stufenweisen Annäherung von CROSS in SCHLEICHER, F., Taschenbuch für Bauingenieure, S. 1403ff., Berlin 1949.

ENGESSER, F., Die Berechnung der Stockwerkrahmen, Eisenbau 1920, S. 81ff.

FORNEROD, M. F., Berechnung mehrstöckiger kontinuierlicher Rahmen durch die Methode der algebraischen Momentenverteilung, Schweizerische Bauzeitung 1933, S. 223ff.

FRIES, W., Fachwerk und Rahmenwerk, S. 293ff., Berlin 1953.

GRAVINA, PEDRO B. J., O Processo da Compensação dos Deslocamentos; Contribuição para a Teoria e o Cálculo dos Pórticos, São Paulo-Brasil 1953.

GRINTER, L. E., Analysis of Continuous Frames by Balancing Angle Changes. Proc. Am. Soc. C.E. 1936, S. 995ff.

GULDAN, R., Rahmentragwerke und Durchlaufträger, 5. Aufl., S. 160ff., Wien 1952. — Dissertation „Beitrag zur Vereinfachung der Berechnung hochgradig statisch unbestimmter Tragwerke mit besonderer Berücksichtigung der Systeme mit verschieblichen Knotenpunkten" (Auszug in der Zeitschr. „HDI-Mitteilungen des Hauptvereines Deutscher Ingenieure in der ČSR", Jg. 1931).

v. HALLER, H. u. KRANL, R., Vereinfachte Berechnung der Rahmenstütze, Bauingenieur 1942, S. 65ff.

JOHANNSON, J., Das CROSS-Verfahren, Berlin 1948.

KANI, G., Die Berechnung mehrstöckiger Rahmen, 3. Aufl., Stuttgart 1954.

KAUFMANN, W., Statik der Tragwerke, 3. Aufl., S. 206ff., Berlin 1949.

KOHL, E., Rekursionsformeln zur Ermittlung der Momenten- und Drehwinkelfestpunkte und ihre Anwendung zur Berechnung von Durchlaufbalken und Rahmentragwerken, Bauingenieur 1953, S. 237ff.

KUPFERSCHMID, V., Ebene und räumliche Rahmentragwerke, Wien 1952.

LUETKENS, O., Die Methoden der Rahmenstatik, S. 145ff., Berlin 1949.

MÖRSCH, E., Das CROSS'sche Verfahren, Stuttgart 1947.

OLIVARES, A. E., Procedimiento aproximado para el cálculo de pórticos múltiples sometidos a fuerzas horizontales, Caracas-Venezuela 1952. (Sonderdruck aus „Revista del Colegio de ingenieros de Venezuela" Nr. 199.)

PRENZLOW, C., Tragwerksberechnung nach CROSS, 2. Aufl., Berlin 1953.

Pucher, A., Lehrbuch des Stahlbetonbaues, 2. Aufl., S. 142ff., Wien 1953.

Rothe, A., Stabstatik, S. 107ff., Berlin 1953.

Sattler, K., Das Verfahren Slavin zur Untersuchung der Stabilität ganzer Fachwerksysteme, Bautechnik 1953, S. 222ff.

Schadoursky, V., Berechnung der mehrstöckigen Rahmen in schrittweiser Annäherung, Bauingenieur 1952, S. 113f.

Schröder, H., Die Rahmenberechnung nach dem Cross-Verfahren, Beton-Kalender 1955, S. 308ff.

Titze, Th., Momentenausgleichsverfahren, Wien 1948.

van Tussenbroek, P. J. u. Mijling, F. H., De Rekenmethode Cross voor de Betonen Staalconstructeur, Amsterdam 1952.

Ulrich, B., Die Berechnung der Stockwerkrahmen, 2. Aufl., Zürich 1948.

Valentin, W., Diagramme, Einflußlinien und Momente für Durchlaufträger und Rahmen, Wien 1950.

Wix, H. u. Dornau, H., Beitrag zum Momentenausgleichsverfahren, Bauingenieur 1942, S. 267ff.

Zaytzeff, S., La méthode de Hardy Cross et ses simplifications, 2. Aufl., Paris 1953.

MIX
Papier aus verantwortungsvollen Quellen
Paper from responsible sources
FSC® C105338
www.fsc.org

If you have any concerns about our products,
you can contact us on
ProductSafety@springernature.com

In case Publisher is established outside the EU,
the EU authorized representative is:
Springer Nature Customer Service Center GmbH
Europaplatz 3, 69115 Heidelberg, Germany

Printed by Libri Plureos GmbH
in Hamburg, Germany